CB003459

Técnica de Laboratório

3ª edição

Técnica de Laboratório

3ª edição

Coordenador
ROBERTO DE ALMEIDA MOURA
Professor-Titular de Microbiologia Clínica da Universidade de São Paulo

Coautores
ADEMAR PURCHIO
Professor do Instituto de Ciências Biomédicas da Universidade de São Paulo

CARLOS SUEHITA WADA
Farmacêutico-Bioquímico e Especialista em Informática Aplicada ao Laboratório Clínico

THEREZINHA VERRASTRO DE ALMEIDA
Professora Livre-Docente de Hematologia da Faculdade de Medicina da Universidade de São Paulo

Atheneu

EDITORA ATHENEU

São Paulo — Rua Jesuíno Pascoal, 30
Tel.: (11) 6858-8750
Fax: (11) 6858-8766
E-mail: atheneu@atheneu.com.br

Rio de Janeiro — Rua Bambina, 74
Tel.: (21) 3094-1295
Fax: (21) 3094-1284
E-mail: atheneu@atheneu.com.br

Ribeirão Preto — Rua Barão do Amazonas, 1.435
Tel.: (16) 3323-5400
Fax: (16) 3323-5402

Belo Horizonte — Rua Domingos Vieira, 319 — Conj. 1.104

PLANEJAMENTO GRÁFICO: Equipe Atheneu

Dados Internacionais de Catalogação na Publicação (CIP)
(Câmara Brasileira do Livro, SP, Brasil)

Técnicas de laboratório/coordenador: Roberto de Almeida Moura.
– 3. ed. – São Paulo: Editora Atheneu, 2008.

Vários Autores.

1. Diagnóstico laboratorial 2. Laboratório patológicos – Técnicas 3. Química clínica I. Moura, Roberto de Almeida.

CDD-616-0756
98-5385 NLM-QY 230

Índices para catálogo sistemático:
1. Amostras: coleta: exames clínicos laboratoriais: técnicas, ciências médicas 616.0756

MOURA R. DE A.
Técnicas de Laboratório — 3ª edição

Prefácio à terceira edição

A grande aceitação do livro *Técnicas de Laboratório* comprova a necessidade de um livro de técnicas, em português.

A Segunda Edição deste livro não foi notada como tal, tendo sido considerada, erroneamente, uma reimpressão da primeira.

Passados nove anos da primeira edição, decidimos pela reformulação da equipe de colaboradores. Alguns se foram, outros chegaram; todos, não obstante, tendo como meta a correta transmissão do conhecimento científico. Somos, pois, agradecidos.

As técnicas aqui descritas são aquelas que efetivamente se inserem na realidade do laboratório clínico brasileiro, ou seja, de uso comum.

Técnicas que somente podem ser executadas em centros de pesquisa ou em Universidades e que escapam à utilização dos laboratórios clínicos não foram consideradas.

PROF. ROBERTO DE ALMEIDA MOURA
COORDENADOR

Prefácio à segunda edição

A grande aceitação da primeira edição desta obra fez com que a mesma equipe trabalhasse a fundo para realizar uma profunda revisão nos capítulos que mais se alteraram devido ao advento de nova tecnologia.

A parte de *Bioquímica,* de autoria do Prof. Durval Mazzei Nogueira e dos Professores Alexandre La Rocca Rossi, Bruno Struffaldie Gunter Hoxter, foi completamente modificada, sofrendo grande ampliação. Grande ênfase foi dada aos interferentes em análises clínicas, assunto esse que, além de constituir um capítulo novo, foi tratado também, individualmente, juntamente com várias determinações bioquímicas.

A parte de *Microbiologia,* a nosso encargo, sofreu igualmente uma completa atualização, não somente na nomenclatura dos microrganismos, mas também em tecnologia. Devido à crescente dificuldade de importação que atravessa o País, ampliamos o capítulo de *Meios de Cultura,* acrescentando a formulação e'o modo de preparo dos meios mais comumente usados em laboratório de análises clínicas. Foram acrescentados dois novos capítulos, um sobre a *esterilização em laboratório de análises* e outro sobre a *bacteriologia de anaeróbios.*

A parte da *Imunologia,* também a nosso encargo, foi também completamente revista e ampliada. Foram acrescentadas várias *microtécnicas*, bem como várias *reações de imunofluorescência.*

A parte de *Hematologia,* a cargo da Professora Therezinha Verrastro de Almeida, sofreu uma rigorosa revisão, sendo acrescentados os *caracteres morfológicos das células hemopoiéticas* e da *fórmula leucocitária.* Foi dada também maior ênfase ao *mecanismo da coagulação e às provas usadas em laboratório.* Queremos agradecer a colaboração do Dr. Francisco Di Grado, Chefe do Serviço de Hematologia do Laboratório Central do Hospital das Clínicas de São Paulo, que auxiliou na seleção das 36 excelentes fotomicrografias apresentadas.

A parte de *Parasitologia,* a cargo do Professor José de Oliveira Coutinho foi completamente revista e atualizada.

A parte de *Micologia,* a cargo do Professor Livre-Docente Adhémar Purchio foi igualmente atualizada.

A característica primordial do livro, foi porém mantida: as técnicas foram descritas sem nada ocultar; e os detalhes importantes foram abordados.

Ao ensejo agradecemos ao Dr. Paulo da Costa Rzezinski, *Diretor-Médico da Editora Atheneu,* pelas sugestões que vieram enriquecer a presente edição.

Acreditamos que cumprimos assim a missão que nos foi atribuída.

PROF. DR. ROBERTO A. MOURA
COORDENADOR

PARTE 1

BIOQUÍMICA CLÍNICA 1

Carlos Suehita Wada

Parte 1
Bioquímica Clínica

1

Organização e Comportamento Laboratorial

INTRODUÇÃO

Uma constante evolução das técnicas bioquímicas tem provocado uma grande reformulação nos ensaios que, ano a ano, tornam-se ultrapassados.

Isto implica em uma completa revisão, com a introdução de novas metodologias. No entanto, o emprego de técnicas mais sofisticadas, embora, geralmente, mais precisas e exatas, muitas vezes encontram barreiras, tais como:

a) produtos pouquíssimo comercializados;
b) reagentes de baixa estabilidade;
c) emprego de aparelhos cada vez mais sofisticados e de maior custo;
d) maior complexidade no manuseio dos reagentes;
e) reagentes de alto custo etc.

Ainda que pese o fato da busca constante do aprimoramento das técnicas bioquímicas, muitas vezes, o resultado não implica, clinicamente, que o ensaio necessite ser tão exato e preciso. Isto possibilita a utilização de técnicas mais simples e rápidas. Porém, neste caso, é necessário estarmos atentos quanto aos possíveis interferentes, às condições gerais do doseamento e ao estado físico do paciente, para podermos avaliar, corretamente, o resultado obtido.

A determinação de um componente orgânico não é efetuada através de uma técnica padrão, utilizável em todos os ensaios. Portanto, há necessidade de correlacionar as propriedades físico-químicas do componente com as várias técnicas existentes e dentre estas, selecionar a mais específica e exata.

Partindo da experiência laboratorial prática, envolvendo os resultados obtidos através dos anos, selecionamos uma série de técnicas que variam em sua complexidade, mas que, certamente irá facilitar na organização do laboratório de Bioquímica.

PROCEDIMENTOS GERAIS

Num laboratório de Bioquímica Clínica, é evidente a necessidade de observar certos cuidados, tanto na manipulação quanto na limpeza. Tal desempenho refletirá diretamente na qualidade dos resultados obtidos.

Para tal, existem certas regras básicas que condicionam o comportamento rotineiro do analista técnico, sem as quais não se pode ter nenhuma confiabilidade ou segurança:

Regras Técnicas Básicas

a) Nunca utilizar a mesma pipeta para diferentes soluções;
b) Nunca pipetar soluções tóxicas ou corrosivas, sem a utilização de pêra de borracha ou algodão na extremidade superior da pipeta;
c) Evitar pipetar diretamente do frasco estoque;
d) Não recolocar as sobras dos reativos nos respectivos frascos estoque;
e) Utilizar papel absorvente e enxugar o líquido excedente da ponta da pipeta, antes de esvaziá-la;
f) As pipetas graduadas com halo fosco deverão ser assopradas;
g) As pipetas volumétricas deverão tocar suas pontas na superfície do líquido pipetado;
h) Observar a posição da pipeta. Ela deverá estar na posição vertical e o menisco deverá coincidir com a linha graduada, ao nível dos olhos;
i) Observar se a solução do frasco estoque exige homogeneização antes da sua retirada;
j) Evitar toda contaminação proveniente de tampas de frascos colocadas em lugares indevidos. Voltar a tampa, assim que puder;

k) Retirar somente a quantidade de solução necessária;
l) Observar, minuciosamente, se o material utilizado está completamente limpo;
m) Ao utilizar pipetas para medir sangue, ácidos concentrados, álcalis ou suspensões, lavar, imediatamente, todo o material;
n) Utilizar avental de cor clara para detecção e proteção de possíveis acidentes de trabalho;
o) Possuir conhecimentos de primeiros socorros. Afixar, em lugar de fácil acesso, um quadro explicativo dos socorros de emergência. Manter os medicamentos sempre em ordem.

Limpeza de Material

Os materiais de vidro exigem uma lavagem bem rigorosa.

Qualquer resíduo poderá provocar a obtenção de falsos resultados nas análises.

Existem, comercialmente, vários detergentes tanto em pó quanto líquidos, que facilitam, sobremaneira, a limpeza da vidraçaria. O modo de utilizá-los irá depender da concentração do produto e também da intensidade da sujeira.

Algumas misturas podem ser preparadas, no próprio laboratório, tais como:

MISTURA SULFOCRÔMICA

Preparo

Misturar 100g de bicromato de potássio em 100mL de água destilada. Adicionar, cuidadosa mente, ácido sulfúrico concentrado até perfazer 2.000mL, esfriando o balão, contendo a mistura, em água corrente.

Modo de usar

a) Lavar o material com detergente;
b) Enxaguar com água corrente;
c) Colocar o material na mistura sulfocrômica, durante 24 horas;
d) Enxaguar bem em água corrente;
e) Passar água destilada ou deionizada e secar em estufa.

A temperatura deverá ser inferior a 60 C.

MISTURA ALCALINA

Preparo

Misturar 50g de hidróxido de sódio em lentilhas, 50mL de água destilada e 400mL de álcool.

Modo de usar

a) Retirar a sujeira grosseira e mergulhar na mistura alcalina;
b) Deixar em repouso, por algumas horas ou de um dia para outro;
c) Enxaguar com água corrente em abundância;
d) Passar solução diluída de ácido clorídrico;
e) Passar bastante água destilada;
f) Secar em estufa regulada a uma temperatura inferior a 60°C.

Preparação de Soluções

A correta preparação das soluções tem grande importância na exatidão dos ensaios efetuados no Laboratório de Análises Clínicas.

Algumas definições:

a) Solução	– mistura homogênea de duas ou mais substâncias;
b) Soluto	– é a substância que se dissolve;
c) Solvente	– é a substância que dissolve o soluto;
d) Concentração	– é a quantidade de soluto que se encontra dissolvida em determinada quantidade de solvente.

A concentração é expressa de várias formas:

Percentagem	– é a relação entre o peso (p) ou volume (v) do soluto e 100g ou 100mL de solução final. Podemos ter: p/p, p/v, v/v e v/p.
Molaridade	– é o número de moles de soluto presentes em um litro de solução.
Normalidade	– é o número de equivalentes-grama de soluto presentes em um litro de solução;
Molalidade	– é o número de moles do soluto por quilograma do solvente.

Preparo de uma Solução de Ácido Clorídrico Normal

Preparar, inicialmente, uma solução de ácido clorídrico aproximadamente normal. Como o ácido concentrado tem um grau de pureza que varia de 36 e 37% e uma densidade aproximada de 1,19, temos de calcular o volume e ser medido.

São necessários 36,5g de HCL puro para um litro de solução. Supondo que o HCL utilizado tenha 37g de ácido em 100g de solução, temos:

100g de solução - 37g de HCL puro
x - 36,5g de HCL puro necessários
onde x = 98,65g de solução

Como a densidade da solução é 1,19, o volume necessário será 98,65 : 1,19 = 82,9mL.

Para a solução aproximadamente normal, devemos deixá-la ligeiramente concentrada (cerca de 5%), utilizando portanto 87mL do ácido clorídrico concentrado e completando, a 1.000mL, com água destilada.

PADRONIZAÇÃO DO ACIDO CLORÍDRICO EXATAMENTE NORMA L

Preparar as Seguintes Soluções:

a) Solução padrão de carbonato de sódio — Secar, previamente, cerca de 10g de carbonato de sódio anidro, a 260-270°C, por 30 minutos. Deixar, em dissecador, até adquirir temperatura ambiente. Pesar exatamente 5,3g do carbonato e dissolver, em água destilada, utilizando um balão volumétrico de 100mL e completando até a marca.
b) Indicador de vermelho de metila — Dissolver 100mg de vermelho de metila em 100mL de etanol a 95% (v/v).

Técnica:

a) Encher totalmente uma bureta de 25mL com o ácido clorídrico aproximadamente normal, acertando o menisco com a graduação zero.
b) Pipetar, exatamente, 10mL da solução padrão normal de carbonato de sódio normal para um erlenmeyer de 125mL. Acrescentar 20mL de água destilada e aquecer a mistura a 60-70°C.
c) Utilizando 3 gotas do indicador de vermelho de metila, titular com a solução de ácido clorídrico.

O ponto final é determinado pelo aparecimento de cor alaranjada. Uma gota a mais dará uma cor vermelha persistente; portanto, no caso de se atingir este ponto, descontar o volume de uma gota;

d) Cálculo

Igualando o número de equivalentes das substâncias que reagiram dando o ponto final, podemos calcular a normalidade do ácido. Suponhamos que tenham sido gastos 9,1mL do ácido clorídrico.

$$V_1 \times N_1 = V_2 \times N_2$$

V_1 = Volume do ácido (= 9,1)
N_1 = Normalidade do ácido (a ser determinada)
V_2 = Volume da solução padrão (= 10)
N_2 = Normalidade da solução padrão (= 1)
$9{,}1 \times N_1 = 10 \times 1$ e $N_1 = 1{,}1$.

Nota-se que a solução preparada tem concentração 1,1N e necessita de diluição para obtenção de uma solução normal.

Sabemos que numa diluição o número equivalente permanece o mesmo, com a mudança da quantidade de solvente e, consequentemente, modificação no valor da concentração.

Supondo que restaram 950mL da solução de ácido clorídrico aproximadamente normal, nós teremos:

$950 \times 1{,}1 = V_2 \times 1$ onde V_2 será o volume total final para que a solução se torne 1N.

No caso, V_2 é igual a 1.045mL e, como já temos 950mL de solução, bastará adicionar 95mL de água e obteremos a solução exatamente 1N.

Notas

a) Quando a solução preparada tiver normalidade inferior a 1, adicionar mais ácido até obter uma normalidade superior a l e titular novamente;
b) Outros ácidos podem ser preparados da mesma forma. Logicamente, devemos ter a sua massa molecular, densidade e concentração;
c) Para obter solução de hidróxilo de sódio normal podemos titulá-la contra a solução de ácido clorídrico preparada como acima.

Preparo de Soluções Diluídas

A diluição é geralmente expressa como uma relação entre o número de partes da solução original e o número de partes da solução final. Assim, uma diluição 1/3, contém uma parte da solução original em três partes de solução final e uma diluição de soro a 1/5, com água destilada, conterá uma parte de soro e quatro partes de água, totalizando cinco partes de solução final.

Quando efetuamos diluições, a partir de uma solução original, podemos utilizar a seguinte fórmula:

$$D = \frac{C_2}{C_1}$$

D_1 = diluição efetuada ou a ser efetuada
C_1 = concentração da solução original
C_2 = concentração da solução obtida ou a se obter.

Exemplo: Obter uma solução de NaC1 a 2% a partir de uma solução a 5%.

Portanto, $D = \frac{2}{5}$ e bastará diluirmos 2 partes da solução a 5% a 5 partes de volume final e obtermos a solução de NaCl a 2%.

Quando queremos um determinado volume final, bastará multiplicá-lo pela diluição e teremos o valor do volume de solução original requerido para efetuar a diluição.

No exemplo acima citado, caso se queira obter 100mL de solução de NaCl a 2%, faremos:

$$V_2 \times D = V_i$$

V_2 = Volume final da diluição
D = Diluição
V_1 = Volume da solução original a ser diluída

$$100 \times \frac{2}{5} = V_1 \text{ e } V_1 = 40\text{mL}$$

Portanto, diluir 40mL da solução de NaCl a 5% a lOOmL de solução final.

Nota

Em casos de altas concentrações nas dosagens, quando é necessária a diluição da amostra, o fator de multiplicação (ou de diluição) será o inverso da diluição.

Calibração de Pipetas para Hemoglobina

É efetuada medindo-se 0,02mL de mercúrio com a pipeta de Sahli (ou de hemoglobina). Em seguida, pesa-se o mercúrio, que deverá dar 270,7mg a 25°C.

É uma calibração bastante sensível. Uma variação de mais ou menos 5mg é aceitável, pois o erro será menor que ± 2%.

SISTEMA INTERNACIONAL DE UNIDADES DE MEDIDA

A Convenção Internacional do Metro resolveu, em 1975, acatar as resoluções, recomendações e declarações da Conferência Geral de Pesos e Medidas no sentido de adotar o Sistema Internacional (SI) de medidas para o intercâmbio comercial e cultural entre as nações. No Brasil, estas resoluções foram oficializadas, em 3 de maio de 1978, pelo Decreto 81.621 da Legislação Federal.

Este sistema compreende 7 unidades de base e unidades suplementares (Tabela I). Destas unidades de base se deduzem as unidades derivadas (alguns exemplos na Tabela II). Numa outra tabela (Tabela III), estão indicados os prefixos do SI a serem utilizados para exprimir múltiplos ou submúltiplos das unidades. Algumas unidades derivadas de uso frequente receberam nomes especiais (Tabela IV). Consagradas pelo uso, conservaram-se algumas unidades "não SI" ainda permitidas (Tabela V). Outras unidades "não SI" foram admitidas para uso temporário, com a recomendação de substituí-las o quanto antes pelas unidades do SI (Tabela VI). Finalmente, temos uma outra tabela de unidades "não SI" para uso especial (Tabela VII).

O decreto brasileiro ainda aponta várias diretrizes, como:

Grafia dos Nomes de Unidades

a) Os nomes por extenso começam sempre com letra minúscula, exceto o grau Celsius.
b) Na expressão do valor numérico de uma Grandeza a respectiva unidade pode ser escrita por extenso ou representada por símbolo, mas não por ambos. Exemplo: quilogramas por segundo ou kg/s (e não kg por segundo).
c) No plural, os nomes escritos por extenso das unidades recebem a letra "s" no final, exceto para aquelas cuja forma no singular termina pelas letras "s", "x" ou "z". Exemplos: 220 volts, 100 megahertz, 30 siemens.

Grafia dos Símbolos das Unidades

a) Os símbolos e prefixos são invariáveis e não devem ser modificados pela colocação conjunta de sinais, letras ou índices. Exemplos: lm, 36m, 24h, 80kg, 30A;
b) Os prefixos não podem ser justapostos num mesmo símbolo.

Exemplo: ng (e não mμg);

c) Os prefixos podem coexistir num símbolo composto por multiplicação ou divisão, recomendando-se colocar sempre uma unidade básica no denominador. Exemplos: kV.mm, 9g/L (e não 0,9g/100mL);
d) O expoente de um símbolo com prefixo afeta o conjunto todo.

Exemplo: $1\text{mm}^3 = 10^{-9}\text{m}^3$.

Grafia dos Números que Representam Quantidades (não códigos, chapas, telefones, datas)

a) A parte inteira é separada da parte decimal por uma vírgula, colocando-se um 0 (zero) à esquerda da vírgula para números menores do que 1;
b) Os números que representam quantias em dinheiro ou quantidades de mercadorias, bens ou serviços devem ser escritos com os algarismos separados em grupos de três, a contar da vírgula para a esquerda e para a direita, com pontos separando esses grupos entre si.

Admite o uso das palavras:

mil	=	10^3	=	1.000
milhão	=	10^6	=	1.000.000
bilhão	=	10^9	=	1.000.000.000
trilhão	=	10^{12}	=	1.000.000.000.000

Entretanto, esta regra não é aplicável para trabalhos de caráter técnico ou científico, recomendando-se nestes casos o emprego dos prefixos do SI. Exemplo: 30Mm (e não 30.000km).

A legislação brasileira ainda admite alguns fatores decimais consagrados pelo uso:

hecto	h	10^2	=	100
deca	da	10^1	=	10
deci	d	10^{-1}	=	0,1
centi	c	10^{-2}	=	0,01

Pronúncia dos nomes dos múltiplos e submúltiplos decimais:

a) Os nomes dos prefixos são pronunciados por extenso, prevalecendo a sílaba tônica da unidade, exceto as palavras quilômetro, decímetro, centímetro e milímetro, consagradas pelo uso.

Tabela 1.1

a) Unidades de base

Grandeza	*Unidade*	*Símbolo*
Comprimento	metro	m
Massa	quilograma	kg
Tempo	segundo	s
Corrente elétrica	ampère	A
Temperatura termodinâmica	kelvin	K
Quantidade de matéria	mol	mol
Intensidade luminosa	candela	cd

b) Unidades suplementares

Ângulo plano	radiano	rad
Ângulo sólido	esterradiano	sr

Tabela 1.2
Unidades derivadas, deduzidas das unidades-base

Grandeza	*Unidade*	*Símbolo*
Área	metro quadrado	m^2
Volume	metro cúbico	m^3
Massa específica	quilograma por metro cúbico	kg/m^3
Vazão	metro cúbico por segundo	m^3/s
Velocidade	metro por segundo	m/s
Concentração de substância	mol por metro cúbico	mol/m^3

Tabela 1.3
Prefixos do SI

Fator	*Prefixo*	*Símbolo*	*Fator*	*Prefixo*	*Símbolo*
10^{18}	exa	E	10^{-3}	mili	m
10^{15}	peta	P	10^{-6}	micro	u
10^{12}	tera	T	10^{-9}	nano	n
10^{9}	giga	G	10^{-12}	pico	P
10^{6}	mega	M	10^{-15}	fento	f
10^{3}	quilo	k	10^{-18}	atto	a

Tabela 1.4
Unidades derivadas que recebem nomes especiais

Grandeza	*Unidade*	*Símbolo*	*Derivação*
Frequência	hertz	Hz	B^{-1}
Força	newton	N	$m.k.g.s^{-2}$
Pressão	pascal	Pa	N/m^2
Trabalho. Energia, Calor	joule	J	N.m
Fluxo radiante, Potência	watt	W	J/s
Carga elétrica	coulomb	c	A.s
Tensão elétrica	volt	V	W/A
Capacitância	farad	F	C/V
Resistência elétrica	ohm	Ω	V/A
Condutância	siemens	S	A/V
Fluxo magnético	weber	Wb	V.s
Densidade do fluxo magnético	tesla	T	Wb/m^2
Indutância	henry	H	Wb/A
Fluxo luminoso	lúmen	Im	cd.sr
Iluminamento	lux	lx	$cd.sr/m^2$
Temperatura Celsius	grau Celsius	°C	K
Dose absorvida (radiação)	Gray	Gy	J/kg
Atividade (mat. radioativo)	becquerel	Bq	s^{-1}

Tabela 1.5
Unidades "não SI" permitidas — consagradas pelo uso

Grandeza	*Unidade*	*Símbolo*	*Valor*
Tempo	minuto	min	60s
	hora	h	3.600s
	dia	d	86.400s
Ângulo plano	grau	o	Π/180rad
	minuto	'	Π /10.800rad
	segundo	"	Π /648.000rad
Volume	litro	ℓ	$10^{-3}m^3$
Massa	tonelada	t	1.000kg

Nota: O litro foi redefinido para corresponder exatamente 10^{-3} m^3. Na grafia impressa, para não confundir *ℓ* com *1,* o litro é simbolizado com um L maiúsculo.

Tabela 1.6
Unidades "não SI" admitidas temporariamente

Grandeza	*Unidade*	*Símbolo*	*Valor*
Comprimento	angström	Ä	10^{-10} m
Pressão	atmosfera	atm	101 325Pa
	bar	bar	100.000Pa
Área de corte nuclear	barn	b	10^{-28} m
Radioatividade	curie	Ci	$3{,}7 \times 10^{10}$ Bq
Aceleração da gravidade	gal	Gal	$0{,}01 m/s^2$
Radiação absorvida	rad	rad	10^{-2} Gy
Carga elétrica por unidade de massa	röntgen	R	2,58C/kg

Tabela 1.7
Unidades "não SI" para uso especial

Grandeza	*Unidade*	*Símbolo*	*Valor*
Energia elétrica	elétron-volt	eV	$1{,}60219 \times 10^{-19}$ J
Massa atômica	unidade de massa	u	$1{,}66057 \times 10^{-27}$ kg
Comprimento (astron.)	parsec	pc	$3{,}0857 \times 10^{16}$ m
Distância (astron.)	unidade astron.	UA	149.600×10^{6} m
Concentração de íons	P (íon)	P (íon)	-log(íon)mol/L
Atividade catalítica	katal	kat	mol/s

Na aplicação destas recomendações aos trabalhos dos laboratórios de análises clínicas, podemos acrescentar mais algumas considerações:

a) As expressões quantitativas devem sempre respeitar a ordem das grandezas, na preferência de maior para menor. Assim as datas deveriam ser 1981 junho 11 ou seja, ano-mês-dia, assim como hora-minuto-segundo. Este tipo de expressão já é utilizado pelos computadores.
b) As reações químicas, in vivo ou in vitro, são determinadas por processos governados por leis estequiométricas formuladas em termos moleculares. As determinações quantitativas devem ser expressas com referência aos grupos de átomos, moléculas ou íons participantes. O uso de unidades de massa, tais como mg/L serve unicamente para decidir se um determinado valor é maior ou menor que um certo valor de referência. O resultado expresso em mol/L, além de servir para isso, esclarece adicionalmente as reações ao nível funcional. A transformação dessas unidades é feita dividindo a concentração em miligraas por dL pelo décimo do peso molecular para achar o resultado em mmol/L.

Exemplo: 900mg de NaC1 em 100mL correspondem a

$$\boxed{\frac{900}{5{,}85} = 154 \text{ mmol/L}}$$

2

Fotometria

INTRODUÇÃO

A incidência da luz branca sobre um prisma de vidro ou quartzo produz uma decomposição em raios de luz de diferentes comprimentos de onda. Um anteparo colocado no trajeto desses raios, produzirá uma faixa de cores.

A zona de espectro eletromagnético correspondente ao espectro visível vai de 400 a 750nm. Abaixo de 400nm corresponde à faixa ultravioleta e acima de 750nm, à região infravermelha.

As faixas de comprimentos de onda, em manômetros, são:

Ultravioleta (invisível)	abaixo de 400nm
Violeta	400 - 450nm
Azul	450 - 500nm
Verde	500 - 570nm
Amarelo	570 - 590nm
Alaranjado	590 - 620nm
Vermelho	620 - 750nm
Infravermelho (invisível)	acima de 750nm

Quando uma luz incide sobre um material que apresenta uma determinada cor é porque ele absorveu todas as cores, menos essa determinada cor. Desta forma, podemos dizer que materiais coloridos apresentam sempre maior absorção em determinados comprimentos de onda. As cores absorvidas e as cores refletidas são complementares e, após superposição, apresentam cor próxima do branco ou do cinza.

Ao mesmo tempo, uma luz incidente sobre determinada solução provoca diminuição da intensidade energética na luz emergente. Isto é provocado pela parte de luz absorvida.

CONCEITOS GERAIS

Lei de Lambert-Beer

A lei de Lambert relaciona a diminuição da intensidade da luz emergente com o aumento da espessura do meio absorvente.

A lei de Beer relaciona a diminuição de intensidade da luz emergente com o aumento da concentração do meio absorvente.

A lei de Lambert-Beer é expressão surgida da reunião das outras duas:

$I = I_o . e^{-KXC}$ ou $I = I_o . 10^{-KXC}$ onde

I = Intensidade da luz emergente

I_o = Intensidade da luz incidente

e = Base do sistema neperiano de logaritmos

x = Espessura da solução atravessada pela luz em cm.

c = Concentração molar da solução.

A lei de Lambert-Beer é válida para luz monocromática.

Definição de Transmitância

O termo transmitância foi dado à relação I/I_o, onde I corresponde à luz emergente ou transmitida e

I_0 à luz incidente. Considerando-se I_0 igual ou maior que I, a transmitância terá valores entre zero e um.

Em porcentagem, sua variação será de 0 a 100.

Definição de Absorbância

A absorbância foi definida como logaritmo do inverso da transmitância ou seja:

$$A = \log \frac{1}{T} \quad \text{ou} \quad A = -\log T = 2 - \log\%T$$

Aplicação Prática da Lei de Lambert-Beer

Voltando à lei de Lambert-Beer, podemos chegar à seguinte expressão:

$$A = \log(\frac{1}{T}) = -\log 10.^{-KXC} = KXE$$

Tendo-se soluções de mesma composição e concentrações diferentes, podemos utilizar a expressão anterior:

$$A_1 = K.X.C_1 \text{ e}$$
$$A_2 = K.X.C_2,$$

onde mantemos todas as condições da solução, exceto sua concentração C_1

Dividindo-se as duas expressões, teremos:

$$\frac{A_1}{A_2} = \frac{C_1}{C_2}$$

Caso tenhamos o valor da concentração C_1, teremos:

$$C_2 = \frac{C_1}{A_1} \times A_2$$

Esta expressão representa uma reta com coeficiente angular igual a $\mathbf{C_1/A_1}$ e que passa pela origem.

Luz Monocromática

Como já foi ressaltado, a lei de Lambert-Beer somente se aplica à luz monocromática. Isto quer dizer que há necessidade de limitarmos, ao máximo, a faixa de comprimento de onda a ser usada.

Para obtermos essa limitação, utilizamos filtros ópticos e prismas ou grades de difração:

a) Filtros ópticos de vidro ou gelatina — possuem grandes bandas de passagem, trabalhando somente na região do espectro visível.
b) Filtros de interferência — possibilitam obter uma banda de passagem até 5nm e podem ser utilizados para a região ultravioleta.
c) Prismas — através do desdobramento da luz branca, permitem a obtenção de uma faixa de emissão de até 0,5nm e operam tanto no visível como no ultravioleta.
d) Grades de difração — Com as características dos prismas, tem a desvantagem de frequentemente reterem depósitos de sujeira nos seus sulcos. No entanto, são mais baratos.

Medida Fotométrica

Fundamentalmente, é uma medida quantitativa da absorção ou transmissão de energia provinda de uma luz branca que passa por uma barreira selecionadora de faixa de comprimento de onda, atravessa uma solução em análise e esbarra em uma célula fotoelétrica. Logicamente, a energia final tem intensidade menor que a incidente. A fotocélula transforma a energia luminosa em elétrica, que é lida num galvanômetro.

Aparelhos Fotométricos

a) Fotocolorimetros

Os fotocolorimetros utilizam filtros que somente conseguem limitar as faixas de comprimento de onda ou bandas de passagem superiores a 20nm. Portanto, são considerados aparelhos de qualidade inferior.

b) Espectrofotômetros

A utilização de prismas ou grades de difração possibilita um melhor desempenho com relação ao estreitamento das faixas que são inferiores a 20nm. São considerados aparelhos de qualidade superior.

O emprego de filtros de interferência com pequena faixa de emissão acabou com o conceito de que somente os colorímetros são providos de filtros.

Condições Necessárias para Medida

Uma solução segue a lei de Lambert-Beer, quando possui as seguintes condições:

a) A luz que incide sobre ela é monocromática.
b) O meio é homogêneo e o índice de refração é idêntico em todas as direções.
c) A absorção devida ao solvente é insignificante.
d) Não há associação nem dissociação das moléculas.
e) Não existe reação entre o absorvente e as moléculas do solvente.

Curvas de Absorção

Sabemos que uma determinada solução colorida, ao final de uma análise, deve ser lida num comprimento de onda apropriado. Ao traçarmos a curva de absorção teremos, no pico máximo, o comprimento de onda desejável para a determinada medida, onde a absorção da cor em questão é maior.

Tendo, em ordenadas, as absorbâncias e, em abscissas, os comprimentos de onda, estará traçada a curva de absorção para uma determinada solução colorida.

Curvas de Calibração

Antes de padronizarmos qualquer método, precisamos traçar uma curva de calibração que irá avaiiar se o produto colorido final segue a lei de Lambert-Beer.

Utilizando padrões de concentrações conhecidas, seguimos a metodologia de forma semelhante àquela imposta às amostras desconhecidas.

Efetuadas as leituras, traçamos uma curva, onde a absorbância fica em ordenadas e a concentração em abscissas. Caso a leitura tenha sido efetuada em transmitância, traçar a curva em papel semilog.

A curva deverá ser uma reta passando pela origem, caso a solução siga a lei de Lambert-Beer.

FOTOMETRIA DE CHAMA

Quando a energia de uma chama excita os elétrons de um átomo, eles passam para um nível de energia superior. Os elétrons são instáveis nesse estado excitado e voltam ao nível de energia inicial, emitindo, assim, energia luminosa. O comprimento de onda dessa luz é igual ao daquele que absorve os átomos em questão, no seu aspecto de absorção. A teoria quântica demonstra que cada átomo ou íon possui número definido de estados energéticos de seus elétrons. Desta forma, cada átomo ou íon irá produzir um número determinado de comprimento de onda.

O fotômetro de chama utiliza esse princípio: uma solução é atomizada numa chama e emite luz. As linhas de emissão do elemento analisado em questão são isoladas de outras radiações e medidas.

A excitação que produz os espectros de emissão é alcançada, submetendo-se a amostra a altas temperaturas. Quanto maior a temperatura, maior será o número de elementos excitados e, portanto, maior a intensidade de emissão. Na prática, utiliza-se, geralmente, a mistura gás e ar para conseguir o estado excitado.

A separação do espectro de emissão característico do elemento é feita mediante o uso de filtros ópticos ou prismas.

A intensidade da emissão é proporcional à concentração do elemento excitado.

Alguns cuidados básicos devem ser tomados na fotometria de chama:

a) Contaminações - Evitar, ao máximo, o contato com a pele, pois pode haver contaminação com o suor.

As tampas de cortiça não devem ser utilizadas, pois podem absorver sais das soluções e são facilmente contamináveis.

As tampas de vidro esmerilhadas também são facilmente contamináveis.

Os frascos de vidro são rapidamente atacados pela água, que retira traços mensuráveis de sódio e potássio, sendo portanto impróprios para o armazenamento dos padrões.

Devemos utilizar frascos de polietileno ou de vidro Pyrex (neste caso, após deixá-lo vários dias em água bidestilada, para eliminar todos os álcalis solúveis de sua superfície).

b) Preparo dos padrões — Utilizar produtos de grau analítico. Para o sódio e potássio, empregamos geralmente os cloretos e para os demais, empregamos os nitratos e os carbonatos, pois têm menos tendência a formar precipitados com outras substâncias presentes na amostra.

Utilizar sempre água bidestilada ou deionizada.

Não utilizar papel de filtro nas preparações, pois ele pode reter os íons das soluções.

Antes do uso, os padrões devem ser agitados para perfeita homogeneização.

CALIBRAÇÃO E CONTROLE DAS CONDIÇÕES FUNCIONAIS DO ESPECTROFOTÔMETRO

Calibração

O método mais comumente utilizado para calibrar um espectrofotômetro é através de filtros especiais de absorção, devidamente calibrados com o óxido de hólmio e o didímio. Fazer as leituras e compará-las com a curva de transmitância espectral do filtro utilizado.

O acerto é feito através da orientação contida no catálogo de cada fabricante de aparelho.

Controle

Preparar uma solução de sulfato de níquel, como a seguir:

- Em um balão volumétrico de 50mL, dissolver exatamente 10g de sulfato de níquel $NiSO_4.6H_2O$ em 40mL de água destilada. Adicionar 0,5mL de ácido clorídrico concentrado e completar a exatamente 50mL com água destilada. Filtrar e transferir para cubetas novas, limpas e bem secas. Fechar muito bem as cubetas, utilizando, de preferência, tampa plástica e selo de parafina. Preparar também um branco de ácido clorídrico, diluindo 0,5mL de ácido clorídrico concentrado em água destilada até perfazer exatamente 50mL de solução. Transferir a solução para cubetas novas, limpas e secas, selando-as da mesma forma que a solução de sulfato de níquel.

Estas soluções são estáveis por vários anos, à temperatura ambiente.

Procedimento

a) Inicialmente, calibrar o aparelho utilizando o didímio.
b) Ajustando a transmitância em 100%T com o braço, efetuar a leitura de transmitância de solução de sulfato de níquel, nos comprimentos de onda de 400, 460, 510, 550 e 700nm.
c) Repetir o processo semanalmente, e anotar os resultados.

As leituras não deverão ser diferentes entre si, tendo como referência:

Comprimento de onda	*Leitura em % transmitância*
400nm	inferior a 4
460nm	28 + ou - 3
510nm	mínimo de 68
550nm	54 + ou - 2
700nm	inferior a 2

d) Interpretação
   - d.1. As leituras em 400 e 700nm correspondem aos pontos de menor transmitância e detectam a presença de energia parasita. Um aumento acima de 3%T exige correção (sujeira na parte óptica, lâmpada envelhecida, falha no dispersador de difração).
   - d.2. A leitura em 510nm corresponde ao ponto de transmitância máxima e detecta a mudança na banda de emissão. Diminuição de mais de 3%T indica aumento da banda e exige correção (torsão ou curvatura no filamento da lâmpada, avaria no dispersador de difração).
   - d.3. As leituras em 460 e 550nm correspondem às partes ascendentes e descendentes da curva de transmitância e controlam a calibração do comprimento de onda. A relação entre as absor-bâncias nestes comprimentos de onda deverá estar próxima de 2:1. Demonstra a linearidade do aparelho. Diminuição de uma leitura acima de 2%T acompanhada de aumento equivalente da outra exige correção (má calibração do comprimento de onda; problemas com a lâmpada, com a fotocélula, com as lentes ou com a fenda de saída; falhas no fornecimento da energia elétrica, no sistema fotossensível ou no dispersador de difração).

CALIBRAÇÃO E UTILIZAÇÃO DE CUBETAS PARA COLORIMETRIA

Calibração das cubetas

a) Preparar uma solução aquosa de hemoglobina 50mg/dL.
b) Transferir a solução a uma cubeta padrão ou calibrada e acertar a leitura do fotômetro em 50%T, utilizando um filtro verde ou 540nm de comprimento de onda.
c) Efetuar a leitura da solução aquosa de hemoglobina, utilizando as cubetas a serem calibradas, girando-as em várias posições dentro do receptáculo.
d) Poderão ser aproveitadas todas as cubetas que coincidirem com uma transmitância de 0,3%.

Utilização das cubetas

Para leituras em comprimentos de onda de 320 a 1.000nm, podem ser utilizadas cubetas de vidro. Para comprimentos de onda menores devemos utilizar cubetas de quartzo.

Nunca utilizar cubetas mal lavadas ou riscadas.

3

Padronização e Controle de Qualidade

INTRODUÇÃO

Toda análise laboratorial visa a obtenção de resultados compatíveis com a metodologia empregada. No entanto, fatores que, muitas vezes, fogem ao nosso controle, provocam a obtenção de valores diferentes para uma determinada análise laboratorial de um mesmo material biológico.

Este fato deixa bastante clara a necessidade de um controle de quáidade constante para que possamos desfrutar de resultados exatos e seguros.

Vários fatores contribuem para o sucesso do controle de qualidade. Entre eles, podemos citar:

a) *Procedimento correio na coleta das amostras*

Procurar ter sempre, em disponibilidade, um manual de coleta que irá auxiliar nas dificuldades que surgirem, evitando assim erros grosseiros, que irão influir, definitivamente, nos resultados finais. É importante ficar caracterizada a individualidade com relação às condições clínicas do paciente. Cada análise tem por finalidade a pesquisa de um componente que pode variar em função de outros fatores tais como jejum, sexo, idade, horário de coleta, interferências medicamentosas, esforço físico, dia do ciclo, etc. Uma boa análise começa por uma boa coleta.

b) *Pureza dos reagentes*

É essencial, em todas as análises, que todos os reagentes envolvidos tenham os índices recomendados de pureza. Sem a obediência deste item, qualquer metodologia empregada fica impedida de apresentar a devida *performance.*

Não deixar de observar as condições de água empregada.

c) *Padronização correta*

Efetuada a padronização, ela deverá ser checada para obtenção de resultados confiáveis. Os padrões deverão ser bem conservados, evitando contaminações e deteriorações. É necessário termos consciência de que um padrão incorreto irá influir em todas as amostras que irão acompanhá-lo.

d) *Aparelhagem utilizada*

Toda aparelhagem selecionada deverá estar calibrada e mantida dentro dos limites permissíveis de utilização.

Efetuar sempre uma manutenção preventiva.

e) *Seleção e limpeza do material utilizado*

Cuidar para que seja efetuada uma rigorosa seleção de todo material volumétrico e que o mesmo apresente condições de trabalho, com relação a sua limpeza.

f) *Treinamento técnico do pessoal*

O analista técnico deve estar apto a realizar os ensaios sem a supervisão contínua do responsável.

Para tanto, ele deverá estar bastante preparado e consciente da responsabilidade do trabalho realizado. Deverá conhecer os detalhes da metodologia empregada, assim como as possíveis deformações que poderão surgir nas várias etapas de desenvolvimento do ensaio.

g) *Ambiente e condições de trabalho*

Além do pessoal técnico e especializado, temos a obrigação de manter um ambiente de trabalho sadio. Isto quer dizer que existe a necessidade de oferecermos todas as condições de trabalho, em todos os sentidos, para evitarmos insatisfações que invariavelmente influem, decisivamente, no desempenho final.

h) *Cálculos corretos*

É óbvia a necessidade de utilizar corretamente o cálculo matemático. Observar as regras de arredondamento: Quando o último algarismo é menor que 5, arredonda-se para baixo.

Exemplo:

11,4 vai para 11. Quando o último algarismo é maior que 5, arredonda-se para cima. Exemplo: 13,6 vai para 14.

Quando o último algarismo é 5, arredonda-se para o número par mais próximo. Exemplo: 11,5 vai para 12 e 14.5 para 14.

i) *Manutenção de um programa de controle de qualidade.*

Esse programa deverá envolver, além do controle de qualidade intraiaboratorial, um programa de qualidade interlaboratorial. A seguir, descreveremos a implantação de um programa de controle de qualidade, partindo da fase analítica.

CONCEITOS BÁSICOS

Alguns termos comumente usados são descritos, a seguir:

1. *Exatidão:* Relação entre o valor encontrado e o valor verdadeiro. Um método é exato, quando os valores encontrados estão bem próximos dos valores verdadeiros.

Ela é medida pelo erro da média.

2. *Precisão:* Representa a obtenção de resultados bastante próximos entre si. Um método é preciso, quando os valores encontrados são reprodutíveis ou repetitivos.

Ela é medida pelo desvio padrão ou pelo coeficiente de variação.

3. *Sensibilidade:* Representa a capacidade de um método medir pequenas concentrações, ou seja, a detecção da menor quantidade diferente de zero ou possibilitar a distinção entre pequenas variações na concentração de um determinado componente em uma ou várias amostragens. Ela representa a inclinação da curva de calibração de um determinado método.
4. *Especificidade:* Significa que o resultado obtido é devido à medição exata de um determinado componente, em uma amostra, sem a interferência de outros componentes também presentes.

IMPLANTAÇÃO DE UM CONTROLE DE QUALIDADE INTRALABORATORIAL

Levando-se em conta que as regras básicas de procedimento laboratorial já estejam sendo obedecidas, chegamos ao momento de implantar um sistema de controle de qualidade, que visará distanciar o método analítico dos erros que comumente, determinam falsos resultados.

A simples utilização de somente um padrão na rotina diária não serve como medida de controle, pois ele está sujeito a deterioração, vaporação, etc. Além disso, geralmente ele não apresenta as mesmas características do material analisado. Portanto, surge a necessidade do emprego dos soros controles.

Esses soros controles poderão ser comprados no comércio, ou preparados no próprio laboratório.

Os soros controles comerciais, liofilizados ou estabilizados, têm uma durabilidade maior que um ano e podem ter parâmetros conhecidos ou não. Os soros com valores conhecidos trazem indicados o valor médio e o desvio padrão, além da metodologia utilizada. Levar em conta que várias substâncias adicionadas não são de procedência humana o que pode traduzir numa ligeira diferença de comportamento em relação ao material biológico humano.

Preparação do Soro Controle

O soro controle pode ser preparado de várias maneiras; o que muda, geralmente, é a forma de armazenamento.

Pode-se guardar sobras de soro da rotina diária e congelar a—20°C, em frasco de vidro. Cada nova sobra é depositada, simplesmente, sem descongelar as sobras anteriores. Quando se obtiver um bom número de alíquotas diferentes (cerca de 500), descongelar todo o material e homogeneizar muito bem, tomando cuidado para não formar espuma, evitando a desnaturação das proteínas. A seguir é distribuído em alíquotas suficientes para a utilização de um dia de trabalho e que são congeladas. Utilizar frascos de boa vedação, pois o congelamento não impede a evaporação da água do soro. Devem ser renovados de 3 em 3 meses.

Podemos, também, preparar soros controles estabilizados. O procedimento é o seguinte:

Juntar, diariamente, soros sem turvação, icterícia e hemólise, acrescentando 5mL de glicerina p.a. para cada 5mL de soro. Guardar na geladeira, em frasco de vidro. O frasco plástico não deve ser utilizado, pois existe a possibilidade da absorção das proteínas pelas suas paredes.

O soro assim obtido terá valores baixos. Para aumentarmos as concentrações dos componentes devemos adicionar, individualmente, os devidos constituintes, como a seguir.

Para cada 100mL da mistura soro-glicerina, adicionar:

a) Ácido úrico — 1mg de ácido úrico irá aumentar 1mg/dL de ácido úrico.
b) Albumina — 1g de albumina irá aumentar 1g/dL de albumina e 1g/dL de proteínas totais.
c) Cálcio — 2,7mg/dL de cloreto de cálcio irá aumentar 1mg/dL de cálcio.
d) Colesterol — 6,5mg de Amerchol (Produto das Refinações de Milho Brasil) aumentará 1mg/dL em colesterol e 2,5mg/dL em lipídeos totais. Para método colorimétrico.

e) Creatinina — lmg de creatinina aumentará 1mg/dL na concentração final de creatinina.
f) Ferro — 0,1mL da Solução de Cloreto férrico ($FeCl_3.6H_2O$) a 48mg/dL aumentará 10mg/dL em ferro.
g) Fósforo — 3,2mg de ácido, fosfórico aumentará 1mg/dLem fósforo.
h) Glicose — lmg de glicose aumentará 1mg/dL de glicose.
i) Magnésio — 8,8mg de acetato de magnésio aumentará 1mg/dL em magnésio.
j) Potássio — 7,5mg de cloreto de potássio aumentará 1mEq/L em potássio.
k) Sódio - 5,85mg de cloreto de sódio aumentará 1mEq/L em sódio.
l) Ureia - 1mg de ureia aumentará 1mg/dL de ureia.

Obs.: Para os cloretos, a adição aos itens c, f, j e k aumentará 2,48mEq/L de cloretos

Para outros componentes:

a) Triglicerídeos — Utilizar 100mL do *pool* de soros sem turvação, sem hemólise e sem icterícia, adicionando 100 mg de azida sódica. Homogeneizar. É estável por 12 meses se conservado na geladeira.

Podemos, também, fazer uma mistura com etilenoglicol na proporção de 2 volumes de soro para 1 volume de conservante.

b) Enzimas
   b1. TGO, TGP, CPK e DHL - Cortar bem fino um grama de fígado de porco fresco e um grama de coração de porco fresco e colocar em 10mL de cloreto de sódio a 0,9%. Cobrir bem o material e deixar em contato, a 37°C, por 5 horas, agitando de vez em quando. Filtrar. Juntar 5mL do filtrado a 5mL da mistura soro-glicerina. Misturar bem, distribuir em pequenas quantidades e armazenar no congelador. E estável por oito meses. A mistura soro-glicerina pode ser substituída pela mistura soro-etilenoglicol.
   b2. Fosfatase alcalina — Utilizar leite fresco, sem pasteurização. Diluir 1/10 em mistura soro-glicerina ou soro-etilenoglicol. Misturar bem, distribuir em pequenas quantidades e armazenar no congelador. É estável por 8 meses.
   b3. Fosfatase ácida — Diluir esperma recente a 1/50.000 em solução de ácido acético 0,IN. Dividir em alíquotas pequenas e armazenar no congelador. É estável por 3 meses.

   Congelar e descongelar somente uma vez.

   – Centrifugar uma alíquota de espuma recente e utilizar o sobressalente, acertando o pH a 4,8, com ácido acético 0,2N. Para 0,2 mL do esperma, preparado como descrito anteriormente, adicionar 100mL da mistura soro-glicerina ou mistura soro-etilenoglicol.
   b4. Amilase — Colher 4mL de saliva. Centrifugar. Juntar 100mL da mistura soro-glicerina ou soro-etilenoglicol ao sobressalente. Misturar bem, aliquotar em pequenas quantidades e armazenar no congelador.

Preparação de Urina Controle

Esta urina servirá de controle positivo para a pesquisa de proteínas, glicose, corpos cetônicos, hemoglobina e bilirrubina.

a) Preparar sangue humano hemolisado, adicionando 1mL de sangue humano em 5mL de água. Deixar em repouso por uma hora. Agitar e centrifugar.
b) Preparar a urina controle, misturando os seguintes componentes:

Urina	100mL
Soro humano	1mL
Acetona	1mL
Glicose	500g
Bile de boi ou de galinha	1mL
Sobrenadante do hemolisado (a)	1mL
Azida sódica	200mg

Misturar bem, dividir em alíquotas e guardar em vidro escuro.

É estável por 8 meses, a 4°C.

Utilização do Soro Controle

Obtido o soro controle, ele deve ser introduzido, aleatoriamente, na bateria de amostras e processado como de rotina. Anotamos, diariamente, os resultados obtidos no Mapa Mensal de Controle e podemos, desta forma, avaliar o desempenho das dosagens efetuadas. Existem vários tipos de Mapas de Controle. No entanto, podemos optar por um bem simples e fácil de entender. Este mapa será representado, no eixo das abscissas, pelos dias do mês e no eixo das ordenadas, pelos valores obtidos em concentração, indicando a média e os limites de controle. Utilizaremos um papel milimetrado e faremos um traço nas linhas correspondentes à média e aos limites de controle, como a seguir:

Estabelecimento dos Limites de Controle

Inicialmente, precisaremos estabelecer um valor médio. Tudo estará resolvido se tivermos um soro controle com valores conhecidos, caso contrário, teremos de estabelecer um valor médio.

Esse valor médio será encontrado, fazendo dosagem em quadruplicata. Não tendo ainda nenhuma

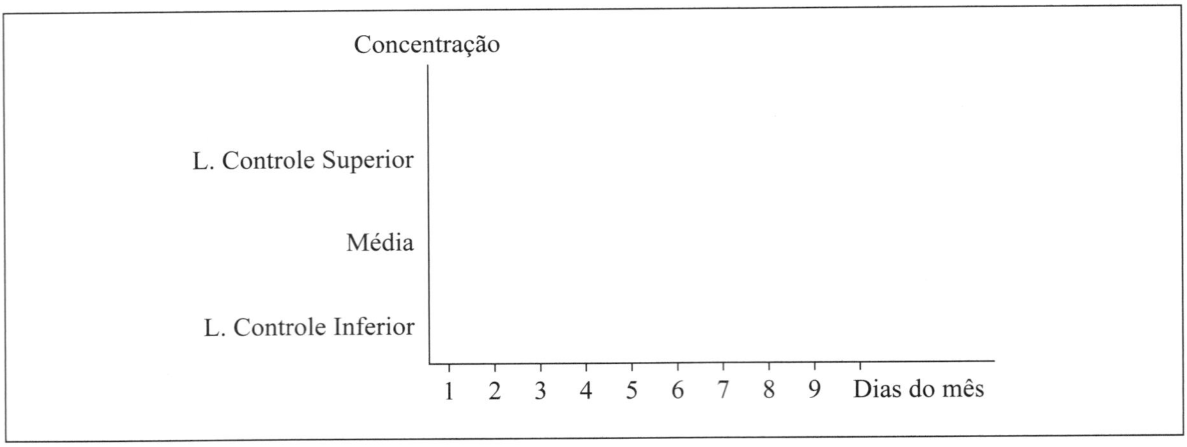

avaliação estatística, empregaremos para os limites de controle, os Limites de Erro Permitido de Tonks (LEPT).

Os LEPT são calculados a partir da fórmula:

$$\text{LEPT} = \frac{\text{1/4 do intervalo normal}}{\text{média do intervalo normal}} \times 100$$

Exemplo de cálculo: Uma dosagem de um componente qualquer que tenha valores normais ou de referência de 80 a 120.

$$\text{LEPT} = \frac{1/4\ (120 - 80)}{100} \times 100 = 10\%$$

Tonks também recomenda que um limite máximo de 10% seja estabelecido para todos os métodos. No entanto, no caso das dosagens de enzimas, pela dificuldade em se conseguir uma precisão de 10%, os limites foram alargados para 20%.

Por outro lado, algumas dosagens têm os LEPT baixos e foram também pouco aumentados para poderem ser ajustados às condições de trabalho. São os casos, por exemplo, de sódio, cloretos e cálcio, entre outros. Procurar, nestes casos, efetuar as análises em duplicata.

Após realização de 30 dosagens de um soro controle, devemos fazer um estudo estatístico, como a seguir:

a) Cálculo da média $\overline{X}$

$$\overline{X} = \frac{\Sigma\, x}{N}$$

$\Sigma\, x$ = somatória dos resultados
N = número de resultados

b) Cálculo da diferença da média X – X

Tendo o valor médio X, subtrair cada resultado obtido. Não levar em conta o sinal negativo.

c) Cálculo do quadrado da diferença $(X - X)^2$

Elevar ao quadrado, as diferenças obtidas no item b.

d) Calculo do desvio padrão S

$$S = \sqrt{\frac{\Sigma\, (X - X)^2}{N - 1}}$$

S = medida da dispersão de um grupo de valores em relação à média.
$\Sigma\, (\overline{X} - X)^2$ = somatória dos quadrados da diferença
N = número de resultados
N – 1 = graus de liberdade

e) Cálculo do Coeficiente de Variação (CV) ou Desvio Padrão Relativo

$$\text{CV} = \frac{\text{Desvio padrão}}{\text{Média dos resultados}} \times 100$$

O coeficiente de variações mede a precisão do método. Quanto menor o CV, maior será a precisão. Admite-se um valor máximo de 5% para o CV.

Como havíamos visto anteriormente, os Limites de Erro Permitido de Tonks serviam como base para o estabelecimento da faixa de dispersão. Com o cálculo do desvio padrão, poderemos agora ter limites de controles estatísticos e não empíricos como era o caso dos LEPT. Os limites de Controle Estatísticos LCE têm seus valores calculados por X ± 2CV, isto é, a média mais ou menos 2 coeficientes de variação.

Estes limites estatísticos só serão empregados, quando forem menores que os LEPT. Caso contrário, permanecerão os LEPT e serão procurados, intensamente, as causas da falta de precisão do método.

Nos casos em que os LEPT são bastante baixos, existe claramente a necessidade de maior cuidado pois o resultado obtido tem de ter a capacidade de diferenciar resultados normais de anormais. Para conseguir tal intento, será interessante a realização desses exames em duplicata, pois haverá redução dos erros e do coeficiente de variação por um fator igual a raiz quadrada de dois.

$$\text{Precisão de duplicatas} = \frac{CV}{\sqrt{2}}$$

$$\text{Precisão de triplicatas} = \frac{CV}{\sqrt{3}}$$

Estudo dos Mapas de Controle

O soro controle incluído, aleatoriamente, terá seu resultado analisado, diariamente. Quando se obtiver um resultado fora dos limites de controle, devemos anotar no mapa e repetir a dosagem. Caso o novo resultado estiver dentro da faixa de controle, anotar, entre parênteses, ao lado do valor inicial. Para o cálculo estatístico, utilizar o resultado fora dos limites de controle. Toda e qualquer correção efetuada, deveremos anotar em relatório anexo para possibilitar futura análise da metodologia empregada.

A visualização diária dos mapas permitirá a avaliação do desempenho analítico.

Quando os valores aumentam ou diminuem continuamente, mesmo que dentro dos limites de controle, por mais de 5 dias, estaremos diante de uma tendência.

Pode ser ocasionado por degradação de um ou mais reativos, alteração dos padrões, má conservação do próprio soro controle, etc.

Os valores deverão estar distribuídos da seguinte forma: aproximadamente a metade na faixa superior a partir do valor médio e a outra metade, na faixa inferior. A maior parte se situa na zona central.

Quando 5 ou mais resultados consecutivos estiverem de um mesmo lado da média e mantivermos valores mais ou menos constantes, teremos um desvio. Ele é indicativo de alteração nos calibradores, modificação na sensibilidade dos reativos, contaminação de um ou mais reativos, etc.

Dois valores em dias consecutivos não poderão estar fora da faixa de controle.

Após cada mês, efetuar o estudo estatístico com os dados obtidos, calculando o Coeficiente de Variação, avaliando assim a precisão.

Quando possuímos soro controle com valores conhecidos, podemos avaliar, também, a exatidão. Utilizar o Erro da Média que é calculado da seguinte forma:

$$\text{Erro da Média} = \frac{\sqrt{\frac{\Sigma d^2}{N}}}{\text{Valor Real}}$$

d = diferença entre cada valor obtido e o valor real conhecido

N = número de dosagens

Valor Real = valor conhecido do soro controle.

Quando o Erro da Média for igual ou maior que a metade do Erro permitido de Tonks, o método será inexato.

O Erro da Média depende da precisão, pois quando houver grande dispersão nos resultados obtidos, ocorrerá perda da exatidão. Portanto, é incorreto avaliar a exatidão, comparando o valor médio obtido, com o valor real, simplesmente.

É importante ressaltar que os erros mais constantes são os provenientes de um mal comportamento laboratorial e displicência quanto à obediência rigorosa aos detalhes que cada metodologia impõe.

Controle de Qualidade Interlaboratorial

Já familiarizado com o Controle de Qualidade Intralaboratorial devemos procurar participar de um controle interlaboratorial.

Este novo controle irá analisar resultados de laboratórios diferentes e verificar se os valores obtidos são comparáveis. Buscaremos, assim, a concordância dos resultados em centros diferentes. Logicamente, este controle não irá substituir o controle intralaboratorial.

4

Amostras

INTRODUÇÃO

A coleta de material é o primeiro passo para todas as análises efetuadas em Laboratório Clínico. Dela dependem todas as etapas seguintes, de forma a ser impossível a obtenção de resultados exatos sem um procedimento correto e a utilização de material apropriado.

É essencial a utilização de material completamente limpo, para evitar falsos resultados, no final da marcha analítica. Certas dosagens, como chumbo, sódio, potássio, ferro, cobre, PBI, etc, exigem atenção especial devido às concentrações baixíssimas ou à facilidade de contaminação.

Descreveremos, de uma forma geral, a obtenção das amostras mais utilizadas em Bioquímica Clínica. Ao decorrer de cada método será especificado o tipo de material biológico desejável para a realização do ensaio.

SANGUE

A amostra de sangue é, de preferência, colhida em jejum. Após ingestão de uma refeição, há absorção de alimentos que poderão afetar a dosagem de alguns componentes bioquímicos. No entanto, com exceção da glicose, triglicerídeos, lipídeos, fósforo inorgânico e sódio, a concentração da maioria dos constituintes químicos não sofre modificação significativa após ligeira refeição. Portanto, nem sempre é obrigatória a condição de jejum, mas é necessária que seja anotada a observação.

Geralmente, emprega-se o soro em vez de plasma ou sangue total.

O sangue total é composto pelo plasma e pelos elementos figurados. O soro é o plasma sem fibrina.

Existem, normalmente, diferenças de concentrações dos componentes do plasma e do interior das hemácias. Isto implica em resultados diferentes para as análises realizadas no plasma ou soro e no sangue total. Devemos, portanto, evitar a ocorrência de hemólise.

Obtenção do Soro

Deixar o sangue extraído num tubo de ensaio bem limpo, à temperatura ambiente, para coagular espontaneamente, por cerca de 15 minutos. Caso possa ser utilizado um banho-maria a 37°C, deixar por menos tempo.

Desprender o coágulo, que fica aderido nas paredes, através de um bastão de vidro, passando-o pela periferia do tubo, tomando o máximo de cuidado para não produzir hemólise.

Centrifugar a 2.500 rpm por 5 minutos. Se deixarmos o coágulo retrair antes da centrifugação, obteremos maior volume de soro. Contudo, levar em conta as possíveis trocas realizadas entre o soro e as hemácias.

Após a centrifugação, retirar o soro do coágulo através de uma pipeta, evitando aspirar as hemácias.

Sangue Total e Plasma

Em alguns casos, o constituinte bioquímico deve ser analisado no sangue total, por causa da sua maior concentração no interior das hemácias. Nestes casos, o resultado irá depender do hematócrito.

O emprego de plasma, apresenta as seguintes vantagens:

a) A centrifugação do sangue pode se processar logo após a sua retirada.
b) Obtêm-se quantidades maiores de material para as análises.

O plasma é obtido pela centrifugação do sangue total colhido com anticoagulante. Quando há necessidade de se ter plasma sem anticoagulante químico, recolher o material em recipiente revestido com parafina ou silicone, ou em recipiente de polietileno ou de teflon e centrifugar imediatamente.

CONSIDERAÇÕES SOBRE ALGUNS ANTICOAGULANTES

Heparina

A heparina evita a conversão da protrombina em trombina e consequentemente a transformação de fibrogênio em fibrina.

A heparina está presente normalmente, em pequenas quantidades, no sangue, razão pela qual ela é considerada o anticoagulante natural. Apesar disso, é pouco utilizada por causa do seu preço elevado.

A forma, encontrada no comércio, é de sal de sódio, potássio, amônio ou lítio. Utiliza-se numa concentração de 0,2mg para cada mL de sangue a ser adicionado e evaporar à temperatura inferior a 100°C.

A heparina comercial frequentemente vem contaminada com fosfatos, razão pela qual deve ser evitado o seu uso nas dosagens de fósforo.

Mesmo em concentrações superiores às necessárias, para evitar a coagulação, não há alteração no volume das hemácias.

EDTA (ácido etilenodiaminotetracético)

O EDTA atua por quelação sobre os íons cálcio.

É encontrado, no comércio, sob a forma ácida ou sob a forma de sal de sódio ou potássico. O sal potássico tem a vantagem de dissolver-se mais facilmente.

É empregado na concentração de 1mg por mL de sangue. Mesmo em concentrações superiores, não se nota alterações no volume das hemácias.

Utilizar 0,1mL da solução de EDTA a 1% para cada mL de sangue a ser adicionado, e evaporar à temperatura ambiente.

Não utilizá-lo para determinações de cálcio e fosfatases.

Oxalatos

Os oxalatos de sódio, potássio ou lítio atuam por precipitação dos íons cálcio.

O oxalato de potássio é mais utilizado, na concentração de 1 a 2mg por mL de sangue. Ele pode ser empregado na forma aquosa, quando se usa 0,01mL de uma solução a 20% por cada mL de sangue a ser adicionado. Caso se queira utilizar o oxalato seco, evaporar o anticoagulante em temperatura inferior a 100°C, visto que o oxalato se decomporá transformando-se em carbonato.

O perigo de hemólise aumenta com a concentração do oxalato e é praticamente inevitável quando a concentração do sal excede a 3mg por mL de sangue.

Há redução das hemácias, com a consequente diluição do plasma. Portanto, há necessidade de separação imediata, após a retirada do sangue.

Fluoretos

O fluoreto de sódio atua como anticoagulante captando os íons cálcio; no entanto, ele é pouco utilizado nesta função, devido à grande concentração necessária, que é de 10mg por mL de sangue.

O fluoreto tem também a propriedade de inibir a ação das enzimas glicolíticas. Desta forma, nas dosagens de glicose, utiliza-se o fluoreto associado ao oxalato ou ao EDTA. A concentração utilizada é de 1mg de fluoreto por mL de sangue.

Citrato de Sódio

O citrato de sódio tem ação anticoagulante por transformar o cálcio em forma não ionizada.

Emprega-se cerca de 4mg por mL de sangue. Contudo, o citrato causa a retirada de água das hemácias, diluíndo o plasma, restringindo, assim, o seu uso em determinações bioquímicas.

URINA

A forma de coleta da urina vai variar de acordo com os ensaios que irão ser realizados.

1. Provas qualitativas — Geralmente, é suficiente uma única amostra, colhida, de preferência, pela manhã.
2. Provas Quantitativas — Nesses casos é necessário saber se existe período preestabelecido ou não. Geralmente é por período de 24 horas e deve ser obedecida a seguinte regra.

Pela manhã, ao acordar, o paciente esvazia a bexiga, despreza a urina e marca a hora. Guarda todas as emissões até o dia seguinte, à mesma hora, quando deverá esvaziar a bexiga, guardando também esta urina. As amostras emitidas deverão ser guardadas na geladeira.

Os preservativos para a urina serão especificados durante a descrição de cada método.

5

Análise por Fracionamento

ELETROFORESE

Introdução

Nos últimos anos, a eletroforese tem se constituído numa técnica bastante empregada, graças à evolução adquirida, trazendo simplificação na metodologia e maior facilidade na aquisição dos equipamentos.

A eletroforese é uma técnica de separação quantitativa de misturas que se baseia na utilização de um campo elétrico.

Os íons se deslocam em direção ao pólo de sinal oposto, independentemente de outros íons, conservando assim, sua estrutura e suas propriedades. Para que uma partícula se mova, é necessário possuir uma carga positiva ou negativa. As moléculas proteicas são anfóteras, portanto, formam cargas positivas em presença de soluções ácidas e cargas negativas em presença de soluções alcalinas. No ponto isoelétrico, isto é, no pH da solução em que as cargas positivas se equivalem às negativas, o movimento, sob a ação do campo elétrico, é nulo.

A mobilidade é função da carga elétrica do íon, do gradiente de tensão do campo elétrico e da viscosidade do meio de corrida.

A forma iônica dos componentes dá estabilidade à separação eletroforética, visto terem cargas de mesmo sinal. Ao mesmo tempo que migram no mesmo sentido e direção, eles se repelem, evitando reações entre si.

A eletroforese é aplicável a todos os íons, não importando o tamanho e a forma.

Material Necessário

FONTE DE CORRENTE CONTINUA

A energia elétrica domiciliar tem a forma de corrente alternada. Portanto, existe a necessidade de um aparelho que transforme a corrente alternada em contínua. Ele deve ainda ter um regulador de tensão de 100 a 300 volts, para separação de íons grandes. As correntes usadas são da ordem de 5 a 25 miliampères.

CUBA ELETROFORÉTICA

Composta por uma caixa plástica dividida em 2 compartimentos, possuindo cada compartimento, um elétrodo, em posições diagonalmente opostas.

PONTE MÓVEL DA CUBA

É uma parte feita de plástico, com a finalidade de servir de suporte para a fita. Deve ter altura menor que a cuba para evitar tocar a tampa.

Eletroforese de Proteínas

REAGENTES

Tampões

a) Dietilbarbiturato de sódio (Veronal sódico) 8,24g
   Água destilada qsp 1L
   Acrescentar 1g de azida sódica por litro e conservar na geladeira.
b) Triidroximetilaminometano 5g
   Glicina (ácido aminocético) 5g
   Pirofosfato de sódio 5g
   Água destilada qsp 1L

Corantes

a) Corante I 0,5g
   Ácido tricloroacético 5g
   Água destilada qsp 100mL
   O corante I pode ser: azocarmin B, azul de bromofenol, azul Procion, verde lissamina, verde luz, vermelho Ponceau S.
b) Corante II 0,5g

Metanol	48mL
Ácido acético glacial	5mL
Água destilada	qsp 100mL

O corante II pode ser: negro de amido, azul de Coomassie B

Líquidos de lavagem

a) Líquido de lavagem para o corante I:

Ácido acético glacial	50mL
Água destilada	qsp 1L

Obs.: No caso de ácido acético técnico, utilizar 60mL.

b) Líquido de lavagem para o corante II

Metanol	475mL
Ácido acético glacial	50mL
Água destilada	qsp 1L

Eluente

Ácido acético glacial	800mL
Água destilada	qsp 1L

PROCEDIMENTO

Em Papel de Filtro

Utilizar papel de filtro do tipo Whatman nº 1 ou similar, nacional ou estrangeiro.

a) Marcar as tiras, em uma das partes, para identificação, com lápis ou tinta indelével.
b) Despejar tampão na cuba, igualando os níveis.
c) Colocar as tiras de papel de filtro no tampão, durante alguns minutos. Retirar o excesso líquido através de leve prensagem entre folhas de papel de filtro ou de mata-borrão.
d) Esticar a tira firmemente na ponta. As duas pontas deverão ficar submersas no tampão. Caso seja necessário, reforçar a fixação da parte submersa com pedaços de papel de filtro.
e) Aplicar a amostra a uma distância de um terço da extremidade do papel, deixando alguns milímetros de margem de cada lado. Geralmente é aplicado 2 microlitros por cm de largura ou quantidade de líquido, contendo 10 a 200 microgramas de proteínas. Isto corresponde a amostras contendo de 0,5 a 10g de proteínas.

Soluções mais concentradas deverão ser diluídas com solução fisiológica e as mais diluídas deverão ser concentradas (ver adiante). A aplicação deve ser numa Unha perpendicular à corrida. Como se trata de uma técnica semiquantitativa, o volume aplicado não é rigoroso; portanto, podemos utilizar uma micropipeta, um tubo capilar, um pequeno retângulo formado por 2 grampos espetados numa rolha de cortiça, etc. Existem, comercialmente, aplicadores destinados a este fim.

f) Colocar a ponte na cuba com o lado da amostra voltado para o pólo negativo. Este procedimento deve ser imediatamente após a aplicação, para evitar a evaporação.
g) Ligar a fonte, aplicando de 10 a 20 volts por cm de comprimento da tira, durante cerca de 2 horas. Quanto mais baixa a voltagem, tanto maior o tempo necessário, que dependerá também das dimensões da tira, da temperatura, do tipo de papel e da condutibilidade do tampão. Podemos controlar o tempo, utilizando um soro contendo hemoglobina e algumas gotas de solução aquosa de azul de bromofenol. O corante azul migrará na zona da albumina, enquanto o excesso de hemoglobina forma uma mancha de cor vermelha na metade do caminho percorrido pela frente.
h) Desligar a corrente no final da separação, cortar as extremidades das tiras e deixar secar uma estufa de 60 a 100°C.
i) Retirar o tampão da cuba e colocar no frasco original, reconstituindo o volume inicial, com água destilada, caso tenha havido muita concentração.
j) Colocar as tiras secas no Corante I ou Corante II, durante um mínimo de 10 minutos. Devolver a solução corante ao frasco original para reutilização. A solução corante pode corar até 50 fitas ou mais; no entanto, recomenda-se acrescentar 1 a 2mL de ácido acético após ter corado 30 fitas, com a finalidade de neutralizar a alcalinidade produzida pelos restos do tampão das tiras.
k) Lavar as tiras com o líquido apropriado para o tipo de corante, até que as manchas apareçam nítidas num fundo branco. Secar as tiras na estufa ou à temperatura ambiente.
l) Leitura

Densitometria — Embeber cada tira em óleo mineral Nujol e retirar o excesso com papel de filtro. Realizar a leitura na tira parcialmente translúcida.

Eluição - Recortar o papel seco nas partes incolores entre as manchas e extrair as manchas em tubos de ensaio contendo o eluidor. Para a fração albumina utilizar 15mL e para as outras 4 globulinas, utilizar 3mL de eluidor. Recortar também um pedaço não tingido de tira com a largura do maior pedaço colorido cortado e eluir com 3mL. Utilizar este último pedaço como branco para leitura. Centrifugar todos os tubos e ler a absorbância sobrenadante (para o verde). No cálculo final, multiplicar a leitura da albumina por 5, para igualar as diluições. Efetuar a soma das absorbâncias e calcular o fator de multiplicação de cada fração.

$$F = \frac{\text{absorbância da fração}}{\text{soma das absorbâncias}}$$

Multiplicando o fator por 100, teremos o valor em percentagem. Multiplicando o fator pelo valor das proteínas totais, teremos a concentração de cada fração. O valor das proteínas totais pode ser determinado pelo método do biureto.

Em acetato de celulose

a) Marcar uma das partes das tiras com tinta indelével.
b) Despejar tampão na cuba, igualando os níveis.
c) Mergulhar as tiras na superfície da solução tampão, lentamente, para que haja preenchimento homogêneo nos poros das tiras. As tiras de acetato com fundo plástico devem ser submersas na posição vertical e bem lentamente.
d) Após 10 minutos, retirar as tiras, removendo o excesso de tampão por prensagem em papel de filtro.
e) Esticar bem a fita na ponte, deixando as duas pontas com tamanho suficiente para ter contato com a solução tampão. A superfície penetrável é a face opaca, que é visível após a secagem com o papel de filtro e é sobre ela que é feita a aplicação.
f) Aplicar 1 microlitro de amostra ou 10 a 100 microgramas de proteína por cm de largura, a cerca de 2cm da extremidade da tira. Em casos de volumes maiores, recomenda-se aplicações múltiplas sucessivas, deixando o material penetrar bem entre as aplicações. Colocar rapidamente a ponte na cuba com tampão, com o lado da amostra voltado para o pólo negativo.
g) Aplicar uma tensão de 10 a 20 volts por cm de comprimento, durante 10 a 30 minutos. O tempo exato deverá ser estabelecido, por experiência, com o decorrer dos ensaios.
h) Desligar a corrente, retirar as fitas e colocá-las em um recipiente, contendo o Corante I ou Corante II, sem secagem prévia, durante 10 minutos, no mínimo. O corante será utilizado várias vezes. O tampão também deverá ser guardado no frasco original, reconstituindo o volume com água destilada, caso tenha ocorrido concentração.
i) Lavar as fitas com o líquido apropriado até as manchas aparecerem nitidamente contra fundo incolor.
j) Leitura

Eluição – Recortar as fitas ainda úmidas nas partes incolores entre as manchas e extrair a mancha de cada pedaço em tubos de ensaio contendo eluente. Proceder como na técnica para eletroforese em papel.

Densitometria — Desidratar as fitas em metanol, por um minuto ou mais. Em seguida, colocá-las, por alguns minutos, em uma solução diafanizadora, composta por: 14mL de ácido acético glacial, 85mL de metanol e 1mL de glicerina. Para suportes com fundo plástico, substituir o glicerol por um mL de solução de polietilenoglicol 4.000 a 20%.

Esticar as tiras numa placa ou lâmina de vidro removendo as bolhas de ar e levar a uma estufa de 60 a 80°C até transparentização. Inverter a placa, ainda quente, com as fitas em cima de uma folha de papel até o esfriamento. Efetuar a leitura em densitômetro.

Gel de ágar ou de agarose

A presença de 6% de grupos sulfatados no ágar provoca um movimento do tampão dentro do gel em direção ao pólo negativo, interferindo com a migração das proteínas. A agarose não apresenta este inconveniente. Por esta razão, aplicar a amostra na parte central da lâmina, quando estiver sendo utilizada a agarose.

a) Preparar um gel a 1%, fervendo 1g de ágar ou agarose com 100mL de tampão TRIS diluído ao meio, com agitação constante até formação de uma solução cristalina. Evitar fervura violenta e demorada.
b) Deixar o gel esfriar até uma temperatura ao redor de 50°C. Distribuir o gel ainda quente em cima de lâminas ou placas de vidro ou plástico, pipetando 0.1 a 0,2mL para cada cm^2 de superfície, espalhando bem até cobrir toda a superfície. Deixar esfriar em temperatura ambiente. Pode ser conservada, em câmara úmida, por vários dias.
c) Secar o ponto de aplicação com um pedacinho de papel de filtro e colocar 0,1 e 0.2 microlitros de soro na superfície do gel. Podemos fazer um pequeno corte com uma lâmina de barbear, em caso de quantidades maiores.
d) Cobrir cada lado da ponte com papel de filtro umedecido com o tampão e colocar a lâmina invertida, de forma a estabelecer contato elétrico com o tampão:
e) Ligar a fonte e aplicar uma tensão de 10 e 20 volts por cm de comprimento do gel, durante um tempo que varia de 10 a 15 minutos e que vai depender do pH e da concentração iônica do tampão.
f) Secar o gel, após desligar a fonte, em estufa ou com jato de ar quente, utilizando um secador de cabelos.

g) O processo de coloração é semelhante aos métodos anteriores.
h) A lavagem deve ser realizada com o líquido apropriado, mas sem agitação e com muito cuidado. Após a última lavagem as lâminas devem ser cobertas por um papel de filtro umedecido em água e colocadas em estufa ou deixadas ao ar livre até evaporação do solvente.

CONCENTRAÇÃO DE SOLUÇÕES PROTÉICAS

As soluções proteicas utilizadas em eletroforese deverão conter de 5 a 100g de proteínas por litro. As soluções com menos de 0,5g/L não serão visíveis. Amostras como o liquor, urina, líquido ascítico, líquido sinovial ou sucos digestivos poderão ser concentradas. Num saquinho feito de celofane, dialisar 5 a 10mL da amostra contra goma-arábica em pó ou em solução (cola doméstica), por 24 a 48 horas à temperatura ambiente. Todas as moléculas com peso molecular abaixo de 30.000, incluindo a água e os sais, vão sair do saquinho, ficando uma massa coloidal quase seca, contendo todas as proteínas. Lavar a parte externa do saquinho em água corrente e adicionar 1 a 2 gotas de água ou salina, esfregando entre os dedos, para solubilizar as proteínas. Esta solução terá uma concentração até 500 vezes maior de proteínas e poderá ser aplicada diretamente na eletroforese.

VALORES DE REFERÊNCIA PARA PROTEÍNAS

	g/dL
Proteínas totais (biureto)	6,2 a 8,3
Albumina	3,6 a 4,9
Alfa-1 globulina	0,2 a 0,4
Alfa-2 globulina	0,45 a 0,8
Beta globulina	0,65 a 1,05
Gamaglobulina	0,8 a 1,6

INTERPRETAÇÃO

a) *Albumina*

A albumina forma uma faixa homogênea e a altura do pico pode ser usada para avaliar a concentração. A pré-albumina costuma ser incluída, perfazendo menos de 0,25% de albumina.

b) *Alfa-1*

Esta fração consiste de antitripsina, transtiroxina, transcortina, protrombina, glicoproteína ácida (mucoproteína), lipoproteína e trombina. Somente a antitripsina e a glicoproteína afetam a forma do perfil. A antitripsina perfaz 65% da alfa-1 e um resultado baixo da alfa-1 costuma indicar antitripsina baixa. A glicoproteína ácida, (oroseromucóide) forma normalmente 30% do valor total da alfa-1 e qualquer aumento pode ser atribuído a esta fração. Estas duas frações migram com mesma velocidade, de maneira que elevações assimétricas da alfa-1 são devidas aos outros componentes, como também subdivisões em mais frações.

c) *Alfa-2*

Esta fração consiste de haptoglobina, macroglobulina, Hb-glicoproteína, ceruloplasmina, várias enzimas e fatores de coagulação. A haptoglobina e a macroglobulina constituem mais da metade da fração e são as únicas que costumam provocar mudanças do perfil. A macroglobulina pode ser avaliada pela indicação da frente da curva da alfa-2. A anormalidade mais frequente é uma elevação na parte traseira do pico da alfa-2 e representa haptoglobina aumentada. A haptoglobina pode ser localizada saturando o soro com hemoglobina e corando após a eletroforese, primeiro com Ponceau e, em seguida, com benzidina, a haptoglobina virando azul. Modificações anormais no fim da curva da alfa-2 ou fiações extras indicam variações das outras proteínas.

d) *Beta*

A betaglobulina separa-se frequentemente em frações. O pico mais rápido consiste de transferrina e hemopexina; a transferrina perfaz mais de 60% desta porção, sendo o seu nível responsável pelas flutuações observadas. A hemopexina constitui ao redor de 30% da Beta-1, mas o nível não pode ser interpretado por elevação do perfil. A fração Beta-2 consiste de lipoproteína, das frações C3, 4 e 5 do Complemento, além de várias enzimas e fatores de coagulação. A beta-lipo constitui normalmente 60% e C_3 e os outros, 30% da Beta-2. As modificações da Beta-2 não são interpretadas facilmente.

e) *Gama*

A fração gama contém as imunoglobulinas IgG, A. M. D e E, além de algumas enzimas. A IgA normal forma 12% da gama total, no vale entre Beta-2 e Gama. Quando a IgA aumenta, este valor se levanta e pode formar uma ponte entre os dois picos. Quando a IgA diminui, a linha se aproxima da base até tocá-la, na ausência de IgA. A IgM normal forma 3% da Gama total, na frente anódica (rápida) da Gama, de pouca influência sob a forma de curva, mas quando a IgG permanece nos níveis normais, um aumento da IgM pode dar uma saliência nesta parte da curva. A IgG, que perfaz normalmente 85% da Gama, é responsável pelas modificações da curva.

Eletroforese de lipoproteínas

REAGENTES

Tampão

Triidroximetilaminometano	9,2g
Glicina	14,7g
Cloreto de sódio	1,3g

Água destilada qsp 1 litro

Corante

Corante para lipídeos

Etanol

O corante para lipídeos pode ser: Sudan preto B, Ciba 7B, vermelho óleo.

Eluente

Acetato de etila	800mL
Metanol	200mL

PROCEDIMENTO

O uso do papel de filtro como suporte não é recomendado para a separação das lipoproteínas.

Dentre as marcas de acetato de celulose, utilizamos o Cellogel (Chemetron) e o Titan (Helena).

1. Depositar 6 a 8 microlitros por cm de largura em 3 aplicações sucessivas sobre o mesmo ponto. Esperar que ocorra absorção do soro pela fita, depois de cada aplicação.
2. Correr a eletroforese, utilizando o tampão TRIS/Glicina e proceder da seguinte forma:

a) Cellogel

Corar as tiras ainda úmidas em uma mistura de 6 partes do corante para lipídeos com 7 partes de NaOH a 5%, preparada na hora. Deixar por 2 horas ou mais. Desprezar o corante e lavar com água.

Efetuar a leitura. As tiras úmidas podem ser lidas diretamente no densitômetro ou extraídas com o eluente e lidas no espectofotômetro em 600nm ou com filtro amarelo. Calcular como a eletroforese de proteínas em papel de filtro. Neste caso, as eluições serão idênticas.

Caso se queira transparentizar, colocar a fita em uma solução de cloreto de zinco a 35% e deixar em contato, por 45 minutos. Em seguida, esticar bem numa placa de vidro, retirando todas as bolhas. Levar a uma estufa regulada de 70 a 80ºC por 30 a 40 minutos, para que as fitas fiquem transparentes. Deixar esfriar, derramar um pouco de solução de glicerol a 10% e esfregar suavemente com a mão até que a fita se solte da placa. Esticar a fita em uma garrafa, prendendo as extremidades com fita adesiva. Levar novamente a uma estufa regulada de 70 a 80°C e deixar por cerca de 30 minutos. Deixar esfriar e proceder a leitura.

b) Titan

As tiras úmidas serão coradas em uma mistura de 35mL de corante para lipídeos com 10mL de hidróxido de sódio a 4%, preparada na hora. Deixar no corante durante 30 a 180 minutos. Uma pequena agitação acelera o processo e o tempo de duração determina a intensidade.

Desprezar o corante e lavar as tiras com água, limpando a superfície com algodão molhado.

Efetuar a leitura. A eluição deverá ser efetuada como para o Cellogel. Para densitometria, colocar a tira numa solução de 4 partes de glicerol e 1 parte de metanol durante 5 minutos ou passar um pouco de glicenol na superfície. Tirar o excesso com papel de filtro e efetuar a leitura.

VALORES DE REFERÊNCIA PARA LIPOPROTEÍNAS

Frações	*%*	*mg/dl,*
Alfa lipoproteína	20-35	100-240
Pré-beta lipoproteína	10-25	80-200
Beta lipoproteína	45-65	220-500
Quilomícrons	0	0

Eletroforese de isoenzimas

ISOENZIMAS DA CREATINA – FOSFOQUINASE

Reagentes

a) Tampão

É o mesmo tampão veronal utilizado para a eletroforese de proteínas.

b) Solvente do substrato

Trietanolamina	0,1 mmol/L pH = 7,0
Glicose	2 mmol/L

c) Substrato

Acetato de magnésio	10 mmol/L
Fosfocreatina	35 mmol/L
Glutation	9 mmol/L
ADP	1 mmol/L
AMP	10 mmol/L
NADP	0,6 mmol/L
HK	V ≥ 1200 U/L
GDP	≥ 1200 U/L

d) Solução corante

Nitroblue tetrazolium (NBT) Sigma 6876	3mg
Metassulfato de fenazina (PMS) Sigma 9625	0,3mg
Água destilada	5mL
Perhidrol (100 volumes)	0,01mL

Preparar na hora do uso.

c) Mistura substrato-corante

Utilizar 2,5mL do solvente para dissolver o substrato e acrescentar 1g de sacarose e 0,3mL da solução corante.

Procedimento

a) Correr a eletroforese com a aplicação de 3 a 12 microlitros (dependerá da atividade enzimática) em fita de acetato de celulose, utilizando tensão de 300 volts, durante 40 minutos.

b) Terminada a corrida, desligar a cuba, retirar a fita e colocá-la sobre uma lâmina de vidro.

Espalhar bem a mistura substrato-corante, colocar uma tira de papel de filtro sobre a fita e pressionar uma segunda lâmina de vidro sobre a primeira, eliminando as bolhas.

c) Incubar o "sanduíche", em câmara úmida, a 37°C, durante 30 a 60 minutos.

d) Efetuar a leitura.

Interpretação

Fração BB	na região da albumina
Fração MB	na região da alfa-2
Fração MM	na região da gama

ISOENZIMAS DA FOSFATASE ALCALINA

Reagentes

a) Tampão
É o mesmo tampão veronal utilizado para a eletroforese de proteínas.

b) Solvente do substrato

Diefanolamina	10 mL
Cloreto de magnésio $MgC1_2 6H_2O$	10 mg
Água destilada	80 mL

Ajustar para pH = 9,8 com ácido clorídrico concentrado (mais ou menos 0,4mL) e completar com água destilada para 100mL.

c) Substrato

Naftil-fosfato ácido de sódio (Sigma N 7000)	6 mg

d) Solução corante

Fast bluerr salt (Sigma F 0500)	50 mg
Água destilada	50 mL

Preparar no momento de uso

e) Solução descolorante

Ácido acético glacial	40 mL
Água destilada	60 mL

f) Mistura reativa
Dissolver 6 mg do substrato em 1 mL do solvente. Preparar na hora do uso.

Procedimento

a) Correr a eletroforese com a aplicação de 3 a 12 microlitros (dependerá da atividade enzimática) em 2 fitas de acetato de celulose, utilizando tensão de 300 volts, durante 40 minutos.

b) Desligar a cuba, retirar as fitas e espalhar a mistura reativa 4 vezes, absorvendo o excesso, com papel de filtro, a cada passagem.

c) Incubar as fitas, em câmara úmida, a 37°C, durante 30 a 60 minutos.

d) Em seguida, colocar as fitas na solução corante, 2 minutos, lavando logo após com a solução descolorante.

e) Corar uma das fitas para proteína, usando o Corante I.

Interpretação

Fração H (fígado)	na alfa-1
Fração F (fígado)	na alfa-2
Fração O (osso)	entre alfa-2 e beta
Fração P (placenta)	na beta
Fração I (intestino)	um pouco atrás da beta
Fração B (bile)	um pouco atrás da gama

Obs.: A fração F está sempre presente.

ISOENZIMAS DE LACTATO DESIDROGENASE

Reagentes

a) Tampão
O mesmo utilizado para a eletroforese de proteínas

b) Solvente do substrato

Lactato de sódio	1 mol/L
Ácido láctico a 85%	4 mL
Hidróxido de sódio 2,5 mol/L	14 mL
Água destilada	17 mL

c) Substrato e revelador

NAD (Sigma N 7004)	10 mg
NBT (Sigma N 6876)	3 mg
PMS (Sigma N 9625)	1 cristal
Água destilada	4 mL
Lactato de sódio 1 mol/L	1 mL

Preparar no momento do uso

d) Solução transparentizadora

Glicerina	1 mL
Ácido acético glacial	30 mL
Água destilada	qsp 100 mL

Procedimento

a) Correr a eletroforese com a aplicação de 9 a 12 microlitros (dependerá da atividade enzimática) no centro da fita de acetato de celulose, utilizando tensão de 300 volts, durante 40 minutos.

b) Desligar a cuba, retirar a fita e espalhar 4 vezes a mistura substrato-revelador, recém-preparada, absorvendo o excesso, com papel de filtro, a cada passagem.

c) Incubar, em câmara úmida, a 37°C, durante 30 a 60 minutos.

d) Em seguida, colocar a fita na solução transparentizadora, durante 10 minutos e finalmente, aquecer em estufa a 60-70°C até tornar-se translúcida.

e) Efetuar a leitura.

Valores de referência

Isoenzimas	*% da atividade total do LDH*
LDH_1	17-27
LDH_2	27-37
LDH_3	18-25
LDH_4	3-8
LDH_5	0-5

IMUNOELETROFORESE E CROMATOGRAFIA

Imunoeletroforese

INTRODUÇÃO

A imunoeletroforese surgiu da combinação de duas técnicas: a eletroforese e a reação de imunoprecipitação entre antígeno e anticorpo, através de difusão.

A técnica foi estabelecida pelos trabalhos de Pierre Grabar, que utilizou a eletroforese de proteínas de fluidos biológicos em gel de ágar, seguida de imunodifusão, numa direção perpendicular.

O princípio geral baseia-se no fato de que, quando um soro sofre separação eletroforética, ocorre fracionamento das proteínas. Desligando-se a corrente elétrica e aplicando, numa linha paralela à corrida eletroforética, um anti-soro, este irá se difundir de forma perpendicular, enquanto que as frações protéicas irão se difundir radialmente. No encontro entre os dois, haverá formação de vários complexos invisíveis e solúveis que gradualmente se condensam num precipitado visível de composição mais ou menos fixa.

Um excesso de antígeno ou de anticorpos sobre a proporção ótima impede geralmente a formação de um precipitado visível ou provoca a sua redissolução. O antígeno costuma ter melhor solubilidade que o anticorpo.

Na imunodifusão, vamos encontrar excesso de antígeno de um lado do precipitado, com divisa nítida e excesso de anticorpo de outro lado, com divisa mais difusa. Entretanto, esta relação entre antígeno e o anticorpo depende da origem do anti-soro.

Observam-se, às vezes, artefatos de duplicação de áreas, mas eles são facilmente diferenciados, pois são sempre paralelos e se distinguem dos verdadeiros arcos hiperbólicos.

Se em lugar do soro anti-humano total, utilizarmos um soro contendo anticorpos específicos contra uma determinada fração protéica, haverá uma reação de imunoprecipitação somente contra aquela determinada fração.

Qualquer substância hidrossolúvel, capaz de induzir a formação de anticorpos, poderá ser analisada qualitativa ou quantitativamente pela imunoeletroforese.

TÉCNICA

Para realizar a imunoeletroforese, é necessário utilizar um suporte poroso, como o acetato de celulose, gel de ágar ou agarose. O gel de acrilamida não é recomendado para trabalhos clínicos.

EM ACETATO DE CELULOSE (CELLOGEL)

Utilizar os mesmos tampões das proteínas. Em caso de se usar o tampão TRIS, correr com uma voltagem mais baixa e aumentar o tempo de corrida.

a) Despejar o tampão na cuba, igualando os níveis.
b) Embeber as tiras de Cellogel no tampão dentro da própria cuba, durante um mínimo de 10 minutos e um máximo de 12 horas. Tirar o excesso de tampão por prensagem em papel de filtro.
c) Esticar as tiras na ponta, deixando as duas pontas com tamanho suficiente para estabelecer contato com o tampão. Se necessário, utilizar pequenas tiras de papel de filtro, embebidas no tampão.
d) Aplicar de 3 a 5 microlitros de soro a ser analisado em forma de gota circular, num ponto próximo ao pólo negativo, a 4mm da borda da tira. Utilizando tiras de 2,5cm de largura e uma ponte de 11cm, os pontos de aplicação ficarão numa distância de 1cm da parte dobrada da tira. Deixar o soro penetrar bem até que a superfície da gota aplicada se apresente sem brilho.
e) Fechar a tampa da cuba e ligar a corrente, ajustando a tensão em 250 volts. Com tensão mais baixa, aumentar o tempo de corrida, que costuma ser de 80 minutos para as condições apontadas. O tempo exato de corrida deve ser estabelecido por experiência. Pode-se utilizar um indicador (azul de bromofenol, Ponceau etc.) misturado com o soro; ele migrará com a albumina. É recomendado obter uma separação maior que a eletroforese simples de proteínas, mas a albumina deverá ainda ficar distante da dobra anódica (pólo positivo), para não prejudicar a formação do arco da pré-albumina.
f) Passado o tempo, desligar o aparelho e abrir a tampa, sem retirar a parte que deverá ficar em contato com o tampão até o final da colocação do anti-soro.
g) Numa linha contínua no centro da tira e paralela à corrida eletroforética, aplicar 20 microlitros de anti-soro anti-humano total e após penetração do anti-soro, retirar a ponte da cuba e colomicrolitros do mesmo anti-soro. Finalizada a penetração do anti-soro retirar a

ponte da cuba e colocar numa câmara úmida, que é formada por uma simples caixa plástica ou de vidro, contendo papel de filtro ou algodão molhados, no fundo, e que poderá ser tampada para evitar a evaporação. Costuma-se selar a tampa com esparadrapo.

h) Deixar a câmara úmida, em temperatura ambiente, por 24 a 48 horas. A difusão pode ser apressada, em casos urgentes, colocando a caixa na estufa a 37°C, aonde bastariam 4 a 6 horas de incubação. Contudo, não é procedimento recomendável, pois afeta a qualidade dos arcos formados. Não é aconselhável, também, a difusão por período maior de 2 dias, à temperatura ambiente.

i) Lavar as tiras com agitação em solução de cloreto de sódio a 6 g/L e a 37°C, durante 1 a 2 horas com frequentes trocas (4 a 6) da solução de lavagem, a fim de extrair e solubilizar todas as proteínas não precipitadas e, principalmente, o excesso de anti-soro.

j) Corar as tiras lavadas na solução corante de proteínas (verde luz, Ponceau, negro de amido, azul de Coomassie) durante 30 minutos ou mais. O verde luz e o Ponceau dão colorações mais nítidas e menos intensas que as outras duas. Lavar, em seguida, com a solução de lavagem apropriada.

k) Transparentizar as tiras lavadas pelo mesmo procedimento descrito na eletroforese de proteínas.

EM ÁGAR OU AGAROSE

O ágar é constituído por 2 polissacarídeos: a agarose e a agaropectina. Esta última contém outros grupos sulfônicos que se dissociam no tampão alcalino dando carga negativa ao suporte de ágar. Como o ágar está fixo e não pode se movimentar em direção ao pólo positivo, o líquido com as proteínas migra na direção oposta, deslocando as globulinas mais lentas (beta e gama) para trás do ponto de aplicação. Para contrabalançar este efeito de eletrosmose aplica-se o soro no meio do campo.

A agarose, entretanto, que pode ser obtida por purificação do ágar, apresenta eletrosmose mínima e é, por isso, preferível. O gel de agarose deve ser preparado em cima de um fundo sólido que pode ser uma lâmina de microscopia ou folha de plástico não deformável. Para uma lâmina de 7,5 x 2,5cm, devemos aplicar 3 mL de gel, ou seja, 0,16 mL por cm^2

a) Suspender 0,7g de agarose numa mistura de 50 mL de água e 50 mL de tampão para proteínas, ferver suavemente até dissolução completa e deixar esfriar um pouco. Distribuir a solução ainda bastante fluida e quente em cima das lâminas, bem limpas e desengorduradas.

b) Após esfriamento e solidificação da camada de gel, fazer 2 pocinhos para a colocação das amostras de soro por meio de uma pipeta de Pasteur, com a ponta lixada, retirando o gel dos pocinhos por sucção. Em seguida, cortar o gel da canaleta central sem retirar o gel, usando 2 lâminas de barbear paralelas, intercaladas com uma lâmina de vidro para microscopia que distancia uma face cortante de outra. No caso do gel de agarose, os dois pocinhos podem ser colocados perto do pólo negativo, como no caso do Cellogel, mas para o gel de ágar, é preferível fazer os pocinhos no centro da lâmina, por causa da eletrosmose.

c) Encher um pocinho com o soro a ser analisado e o outro, com soro normal, por meio de tubos capilares. Estabelecer contato com o tampão da cuba por meio de pedaços de papel de filtro grosso. Quando a distância entre o nível do tampão e a ponta do gel for maior que 1cm, o papel de ligação deve ser coberto com um pouco de gel (o mesmo gel, derretido e distribuído com pipeta). Recomenda-se colocar esponjas nos compartimentos do tampão da cuba, apoiando a lâmina, gel para cima, sobre as esponjas, estabelecendo contato com pequenas tiras de papel de filtro grosso inclinado. A superfície angular de contato manterá um fluxo adequado de tampão por capilaridade.

d) Fechar a tampa e passar uma corrente de 10 volts por cm de comprimento do gel, durante um número de minutos igual à voltagem total.

e) Desligar a corrente e retirar a lâmina da cuba.

f) Retirar agora o gel da canaleta, invertendo a lâmina com cuidado e utilizando um palito ou tubo capilar para soltar o gel.

g) Colocar a lâmina, com a face do gel voltada para cima, numa superfície horizontal e encher a canaleta com o anti-soro, por meio de uma micropipeta ou tubo capilar.

h) Deixar a lâmina, numa câmara úmida, em temperatura ambiente, durante 48 a 72 horas. Após este tempo, aparecem os arcos de precipitação.

i) Lavar a lâmina sem agitação em solução de cloreto de sódio a 6 g/L, com várias trocas cuidadosas, durante 48 horas, no mínimo. Esta lavagem tem por finalidade eliminar as proteínas não precipitadas. Cobrir as lâminas com papel de filtro umedecido e deixar secar na estufa (até 60°C) ou à temperatura ambiente.

j) Destacar o papel de filtro e os fiapos de papel com um jato de água e colocar a lâmina no corante de proteínas durante 30 minutos. Lavar por trocas sucessivas da solução de lavagem (ácido acético a 5%) e deixar secar ao ar livre.

Intensificação de arcos e imunoprecipitados (gel de agarose).

Deixar as lâminas, após a lavagem e antes de secar, durante 5 minutos, em temperatura ambiente, numa solução de ácido tânico a 20 g/L, contendo ainda 0,1g de azida sódica. Os precipitados e arcos tornam-se bem visíveis, sem necessidade de coloração. Entretanto, se houver necessidade de corar a lâmina, o tratamento com ácido tânico deve ser limitado a uma passagem rápida pela solução, lavando em seguida com água.

INTERPRETAÇÃO

Esta parte exige uma certa prática, mas convém lembrar que a imunoeletroforese clássica tem aplicação clínica limitada e permite apenas verificar se determinada fração está presente ou ausente. A comparação entre 2 arcos de mesma tira ainda aponta, grosso modo, diferenças na intensidade e largura entre 2 soros aplicados, mas esta interpretação semiquantitativa é muito falha, devido à falta de sensibilidade.

A forma do arco de IgG dá margem à identificação de gamapatias monoclorais de mobilidades diferentes. Gamapatias de outras imunoglobulinas devem ser demonstradas com o uso de anti-soros específicos.

Comparam-se os arcos dos 2 soros com relação à posição, intensidade, formato, comprimento e espessura. Para identificação, lembrar que os pesos moleculares indicados entre parênteses mantêm relação com a distância da canaleta, em função da velocidade de difusão, orientando assim a identificação.

a) Na zona da albumina, deve aparecer o arco característico da albumina (66.000), encontrado na canaleta. A pré-albumina (50.000) se destaca como uma curva final comprida, a pequena distância da canaleta, cortando o ramo mais avançado da albumina. Às vezes, aparecem duas ou três pré-albuminas no soro, sem maior significado clínico.
b) Na zona da globulina alfa-1 nota-se como mais evidente, o arco grande e largo da antitripsina (54.000) cortando o lado catódico da albumina e quase encontrando na canaleta. Um pouco mais acima aparece, numa posição quase paralela à antitripsina, o arco mais delgado da alfa-1-glicoproteína-ácida (44.100). A alfa-1-lipoproteína (180.000 a 350.000) forma um arco mais difuso e mais achatado e curto, mais afastado da canaleta, em posição variável. No acetato de celulose, esta fiação nem sempre é visível e mesmo no gel de agarose, sua identificação exige cuidado.
c) Na zona de globulina alfa-2 aparece macroglobulina (725.000) como arco nítido, forte, levemente ovalado, pouco espesso e mais afastado da canaleta. Outro arco, fino, abaixo da macroglobulina, quase paralelo, mas às vezes um pouco mais catódico, é a ceruloplasmina (132.000), mais próxima da canaleta. Outra fração, a haptoglobina (100.000) costuma formar um ou dois arcos difusos, encostados na canaleta, em posição mais catódica.
d) Na zona de globulina beta aparece o arco grande, bem evidente, da transferrina (76.500) quase encostado na canaleta. Dois arcos ligados entre si, bem nítidos (formas de asas de passarinho) logo acima da transferrina, representam o complemento C_3c (185.000); o arco mais anódico que corta a parte avançada da transferrina é o complemento inativado, o arco mais lento sendo do complemento fresco. Outro arco fino, mais fraco, paralelo à transferrina, é a hemopexina (57.000), de difícil identificação. No gel de agarose pode-se ver ainda, bem mais afastado da canaleta, o arco difuso e curto de beta-lipoproteína (2.400.000) em posição mais catódica. No acetato de celulose, a lipoproteína não aparece.
e) Na zona da globulina gama aparece nitidamente a linha comprida da imunoglobina IgG (150.000) quase reta, afastada da canaleta estendendo-se às vezes até a zona da alfa-globulina. Outra linha tênue, quase paralela à IgG, e um pouco mais afastada da canaleta, é a IgM (900.000). Estas duas linhas começam no poço de colocação do soro. A identificação de outra imunoglobulina, a IgA (160.000) oferece dificuldade. Esta fração forma um arco semicircular próximo da canaleta, entre a zona da beta e aquela da gama, mais nítido no gel de agarose do que no Cellogel. Usando o corante de negro de amido ou de azul Coomassie, aparecem ainda outros arcos de outras imunoglobulinas.

Imunoeletroforese de Contracorrente (Contra- imunoeletroforese)

Nesta técnica, o antígeno migra em direção a seu anticorpo formando um precipitado na zona de encontro.

O anticorpo é uma imunoglobulina de baixa mobilidade eletroforética.

O antígeno, muitas vezes, tem mobilidade maior e tende a ultrapassar o anticorpo na eletroforese. Costuma-se colocar o anticorpo a 0,5cm do centro (tira de Cellogel ou lâmina de gel) no lado anódico e o antígeno a 0,5cm do centro, no lado catódico, de tal maneira que a distância entre os dois seja de 1cm.

O anticorpo é empurrado em direção ao centro, portanto em sentido posto à migração eletroforética, pela corrente de evaporação que leva as proteínas dos lados ao centro e pela eletrosmose que provoca um fluxo líquido em direção ao cátodo. Esta contribuição da eletrosmose é mínima no Cellogel e no gel de agarose e o antígeno vence facilmente esta força oposta à sua migração. As mobilidades relativas do antígeno e do anticorpo dependem também do pH e do sistema tampão.

Outras Técnicas de Imunoeletroforese

a) Unidimensionais
  - a.1) Imunoeletroforese de foguete — quantificação de um único antígeno ou anticorpo.
  - a.2) Imunoeletroforese de linha - comparação quantitativa de antígenos independentes.
  - a.3) Imunoeletroforese de linha e foguete — antígenos relacionados.

b) Bidimensionais
  - b.l) Imunoeletroforese cruzada — identificação do antígeno.
  - b.2) Imunoeletroforese de linha cruzada — quantificação de antígeno.
  - b.3) Imunoeletroforese de gel intermediário — quantificação de anticorpo.

IMUNOELETROFORESE DE FOGUETE

O antígeno migra junto com as outras proteínas contidas na amostra para dentro do anticorpo, dando um precipitado em forma de foguete, cuja altura é proporcional à concentração do antígeno, permitindo assim a sua identificação e quantificação mesmo na presença de outros antígenos. O anticorpo fica distribuído por toda a superfície do suporte.

Um tipo de imunoeletroforese reversa de foguete pode ser utilizado para analisar anticorpos contra antígenos incorporados no gel, correndo a eletroforese no pH do ponto isoelétrico do antígeno.

IMUNOELETROFORESE DE LINHA

Utilizada para determinação simultânea de vários antígenos numa mistura. As amostras a serem comparadas — padrão e desconhecidas — são incorporadas em estreitas barras retangulares de gel de agarose e colocadas em contato com o gel contendo anti-soro. A migração eletroforética num sentido perpendicular às barras antigênicas formará linhas contínuas entre os precipitados antigenicamente idênticos.

IMUNOELETROFORESE DE LINHA E FOGUETE

Esta técnica combina as duas anteriores e é usada para identificar determinado componente numa mistura de muitos antígenos ou anticorpos. Uma faixa retangular de um antígeno de referência é intercalada entre a camada de gel com anti-soro e a camada contendo os poços de antígenos. A migração do antígeno de referência para dentro da camada de anti-soro vai formar uma linha contínua de imunoprecipitado que se eleva nas posições correspondentes à migração do mesmo antígeno nas amostras colocadas nos poços.

IMUNOELETROFORESE CRUZADA

Esta técnica é indicada para identificar e quantificar misturas de antígenos, utilizando um anti-soro polivalente. Uma primeira corrida eletroforética separa os antígenos em vários grupos de acordo com as suas mobilidades. Numa segunda corrida em direção perpendicular, os antígenos migram para dentro da camada de anti-soro dando precipitados em forma de campânulas, parcialmente superpostas.

IMUNOELETROFORESE DE LINHA CRUZADA

Serve para destacar determinado antígeno numa mistura complexa, sendo uma combinação da imunoeletroforese cruzada com a de linha. Após a eletroforese na primeira dimensão, intercala-se uma camada de gel contendo o antígeno em questão; entre o gel da mistura de antígenos (já separados pela primeira eletroforese) e o gel de anti-soro. Aparecerá após a eletroforese na segunda dimensão uma linha contínua no meio do perfil com um pico correspondente ao antígeno procurado.

IMUNOELETROFORESE DE GEL INTERMEDIÁRIO

Utilizada para identificar determinado tipo de anticorpo numa mistura. Após a primeira corrida com antígenos de referência no poço, uma camada de gel intermediário contendo um ou mais anticorpos a serem investigados é colocada entre o gel da primeira dimensão e o gel superior do anti-soro. Após a corrida na segunda dimensão, aparecerão curvas típicas de imunoprecipitados no gel intermediário, demonstrando identidade com os picos correspondentes no gel superior.

Cromatografia

As técnicas cromatográficas empregadas no laboratório clínico são: camada delgada, papel de filtro, coluna e gasosa.

A cromatografia em camada delgada oferece vantagens de simplicidade de aparelhagem, economia de material e de tempo. Placas de vidro de 20 x 20cm ou menores são cobertas com uma suspensão aquosa de celulose em pó ou de silica-gel, da espessura de poucos décimos de milímetro. Após a secagem, o pó absorvente adere na placa que agora pode ser semeada com o material clínico (extrato de lipídeos, aminoácidos ou açúcares), em pequenas porções (5 a 20 microlitros), aplicados a 2cm da margem inferior. Em seguida, a placa é colocada dentro de um recipiente contendo no fundo uma camada de poucos milímetros de altura da fase móvel ou eluente. O recipiente é mantido fechado para evitar a evaporação dos solventes. A separação cromatográfica processada em 20 a 60 minutos, num movimento ascendente único e repetido. Após eliminação dos solventes por secagem, a placa é pulverizada com o revelador próprio para cada tipo de metabólito.

A separação dos componentes está na dependência da polaridade dos mesmos: a substância mais polar deslocando-se menos da origem.

$$Rf = \frac{\text{distância origem — mancha}}{\text{distância origem — frente da migração}}$$

O valor do Rf de cada componente é calculado e comparado com valores de Rf encontrados com substâncias padrões.

6

Determinações Bioquímicas

IONS INORGÂNICOS

Cálcio

O cálcio, em sua totalidade, não se encontra difusível. Cerca da metade apresenta-se unido a proteínas, especialmente a albumina. A outra metade é representada por 5% de cálcio complexado, principalmente com citratos, e 50% de cálcio ionizado.

A fração não difusível existe sem atividade fisiológica.

Para a determinação do cálcio total, foram propostos vários métodos, envolvendo precipitação, titulação, complexometria, fotometria de chama ou absorção atômica.

As técnicas de precipitação têm a desvantagem de não dosar todo o cálcio pela dificuldade encontrada na separação da forte ligação com as proteínas. Além disso, apresentam muitas etapas até o resultado final.

A titulação direta apresenta dificuldade na vinculização do ponto final.

A fotometria de chama, nas dosagens de cálcio, não têm apresentado um desempenho satisfatório, semelhante às dosagens de sódio, potássio e lítio.

A determinação por absorção atômica em que pese o fato de ser considerado o método de eleição, apresenta a desvantagem do alto custo.

MÉTODO DE BACHRA, MODIFICADO

Fundamento

O cálcio é titulado, diretamente, pelo EDTA, na presença de ácido calconcarboxílico como indicador, em pH alcalino. O pH igual a 12 minimiza a interferência do magnésio.

Amostras biológicas

Soro e urina.

Reativos

a. Solução de hidróxido de potássio, aproximadamente 2,4N. Dissolver 13,3g de hidróxido de potássio em água destilada. Completar para 100ml. Guardar em frasco de polietileno.

b. Indicador a 0,1%.

Dissolver 100mg de ácido calconcarboxílico em 100mL de etanol a 95% (v/v). Guardar a 4°C em frasco escuro.

c. Solução de EDTA

Dissolver 380mg de etilendiamino tetracetato dissódico em 500mL de água destilada. Conservar à temperatura ambiente, em frasco de polietileno. É estável durante vários meses.

d. Solução de citrato de sódio 0,05M

Dissolver 1,47g de citrato de sódio diidratado em água destilada e completar a 100mL. Guardar a 4°C.

e. Padrão de cálcio com 10mg/dL.

Pesar, aproximadamente, 300mg de carbonato de cálcio num béquer de 100mL. Adicionar, exatamente, 50mL de ácido clorídrico 0,1N. Agitar, por meio de um bastão de vidro, por 15 minutos. Filtrar para um balão volumétrico de 1.000mL, através de um papel de filtro Whatman 42. Lavar o bequer com várias porções de água e transferir para o balão, filtrando. Completar o volume com água destilada. Esta solução é estável à temperatura ambiente.

Técnica para Soro

a. Em um tubo de ensaio, 15 x 25mm, pipetar 0,5mL de soro.

b. Adicionar 5 gotas de hidróxido de potássio aproximadamente 2,4N.
c. Adicionar 3 gotas do indicador a 0,1%.
d. Imediatamente, titular, com uma pipeta de 4mL de capacidade, graduada em centésimos, utilizando a solução de EDTA. O ponto final é conseguido, quando surge uma cor azul. Esta solução pode passar a ser verde-escura, em casos de soro contendo hemoglobina ou bilirrubina, em grandes quantidades.
e. Proceder da mesma forma, com o padrão de 10mg/dL
f. Cálculo.

$$\frac{\text{Volume (em mL) gasto no soro}}{\text{Volume (em mL) gasto no padrão}} \times 10 = \text{mg de cálcio/dL de soro}$$

mgCa/dL x 0,5 = mEqCa/L
mgCa/dL x 0,2495 = mmol/L

Técnica para urina

a. Misturar bem o volume total de 24 horas e medir.
b. Obter uma alíquota e aquecer, num banho-maria a 56°C, durante 10 minutos, com agitações ocasionais.
c. Acidificar até pH igual a 5, usando HC ℓ IN e papel indicador.
d. Adicionar, para um tubo 15 x 125mm, 0,5mL de urinae 0,5mL de citrato de sódio 0,05M.
e. Rapidamente, acrescentar 5 gotas de hidróxido de potássio aproximadamente 2,4N e 3 gotas do indicador a 0,1%.
f. Titular, imediatamente, com a solução de EDTA, como na técnica para o soro. O ponto final não é tão nítido quanto no soro.
g. A padronização é idêntica à técnica para o soro.
h. Cálculo

$$\frac{\text{Volume (em mL) gasto na urina}}{\text{Volume (em mL) gasto no padrão}} \times 10 = \text{mg de Ca/dL de urina}$$

$$\frac{\text{Volume de 24 horas (em mL) x mg de Ca/dL}}{100} = \text{mg de Ca/24h}$$

Nota

O citrato, utilizado na técnica para a urina, pouco antes da titulação, serve para eliminar a interferência de quantidades relativamente grandes de magnésio e fosfatos.

Valores de referência para cálcio (método de Bachra, modificado)

a. Soro

	mg/dL	ou	mEq/L
Recém-nascidos	8 a 14		4 a7
Crianças	9 a 11,6		4 a 5,8
Adultos	9 a 11		4,5 a 5.,5

Para obter em mmol/L, fazer:
mg/dL x 0,2495 = mmol/L.

b. Urina

A concentração da urina varia com a dieta. Em adultos, com ingestão normal de cálcio, a taxa, geralmente, varia de 50 a 400mg em 24 horas.

Para obter em mmol/24h:
mg/24 x 0,02495 =mmol/24h.

MÉTODO COMPLEXIMÉTRICO

Fundamento

O cálcio forma um complexo colorido com a cresolftaleína complexona, que é medido fotometricamente. A interferência do magnésio é eliminada por meio de um outro complexo, que é a 8-hidroxiquinoleína.

Amostras biológicas

Soro ou urina

Reativos

a. Solução cromogênica

Num balão volumétrico de 100mL, dissolver 250mg de cresolftalexona em 70mL de solução de ácido clorídrico 0,25N. Adicionar 250mg de 8-hidroxiquinoleína e 0,2mL de sterox. Misturar até dissolução completa e acertar o volume a 100mL com a solução de ácido clorídrico 0,25N. Guardar, no escuro, em frasco de polietileno.

b. Solução tampão de trietanolamina pH = 11.

Num balão volumétrico de 200mL, solubilizar 25mL de trietanolamina em cerca de 150mL de metanol a 35%. Adicionar 0,3mL de sterox, agitar, ajustar o pH a 11 com solução de hidróxido de sódio 2N e completar a 200mL com metanol a 35%. Guardar, no escuro, em frasco de polietileno.

c. Padrão de cálcio com 10mg/dL.

Idem ao método anterior.

Técnica para soro

a. Em duas cubetas de cloromimetria de 1cm de espessura, marcadas A (amostra) e P (padrão), pipetar 3,5mL da solução tampão de trietanolamina e 0,05mL da solução cromogênica.

b. Misturar e ler as absorbâncias em 550nm ou filtro verde, contra água destilada. Serão as leituras A_1 e P_1.

c. Adicionar na cubeta A, 0,02mL de soro e na cubeta P, 0,02ml do padrão. Homogeneizar, por inversão ou através de um bastão de vidro.

d. Novamente, efetuar as leituras como em (2). Serão as leituras A_2 e P_2.

e. Cálculo para o soro

$$\frac{A_2 - A_1}{P_2 - P_1} \text{ x } 10 = \text{mg de Ca/dL de soro}$$

Técnica para urina

a. Colher a urina em meio ácido para prevenir a contaminação e a precipitação dos sais de cálcio.

Para tanto, utilizar 1 mL de HCℓ aproximadamente 6N para cada 100mL de urina. O ácido clorídrico pode ser obtido diluindo a 1/2 o concentrado, com água destilada. Homogeneizar.

b. Medir o volume total urinário.

c. Seguir a mesma técnica para o soro, substituindo a amostra pela urina.

d. Cálculo

$$\frac{A_2 - A_1}{P_2 - P_1} \text{ x } 10 = \text{mg de Ca/dL de urina}$$

$$\frac{\text{Volume (em mL) x mg/dL}}{100} = \text{mg de Ca/24h}$$

Notas

a. A reação se completa, instantaneamente, em temperatura entre 1° a 40°C. A cor é estável por 12 horas.

b. Para soros lipêmicos ou com muita hemólise, utilizar mais uma cubeta para cada soro nestas condições, marcando-a como B_A (branco da amostra).

Seguir o mesmo procedimento técnico, adicionando antes da primeira leitura, aproximadamente 10mg de EDTA. Agitar e ler a absorbância. Será a leitura B_{A1} Continuar com a metodologia e obter a leitura B_{A2}

Cálculo

$$\frac{(A_2 - A_1) - (B_{A2} - B_{A1})}{P_2 - P_1} \text{ x } 10 = \text{mg/de Ca/dL de soro}$$

onde A_2, A_1, P_2 e P_1 são as mesmas obtidas na técnica para o soro.

c. A lei de Beer é seguida até concentrações de 15 mg/dL. Para valores superiores, diluir com água destilada, repetir a dosagem e multiplicar pelo fator de diluição.

d. O coeficiente de variação do método é de 1,6%, com uma exatidão de 1,2% e uma recuperação de 98 a 102%. O erro permitido de Tonks é de 4%.

Valores de referência para cálcio (método compleximétrico)

a. Soro

	mg/dL	*ou*	*mEq/L*
Recém-nascidos	8 a 14		4 a 7
Crianças	9 a 11		4,5 a 5,5
Adultos	8,5 a 10,8		4,3 a 5,4

Para obter em mmol/L:

mg/dL x 0,2495 = mmol/L

b. Urina

A concentração do cálcio urinário varia com a dieta. Em adultos, com ingestão normal de cálcio, a taxa geralmente varia de 50 a 400mg em 24 horas.

Para se obter emmmol/24h:

mg/24h x 0,02495 = mmol/24h.

OBSERVAÇÕES

a. O soro deve ser separado o mais rápido possível. O contato prolongado com o coágulo poderá produzir passagem do cálcio para as células, dando resultados falsamente baixos.

b. A precipitação de proteínas por dematuração poderá também acarretar valores mais baixos.

c. O cálcio não deve ser dosado em plasma obtido com os seguintes anticoagulantes: oxalatos, EDTA, fluoretos e citratos. Alguns autores atribuem à heparina, resultados mais baixos, razão pela qual também deve ser evitada a sua utilização.

d. O soro, guardado no refrigerador, mantém a concentração de cálcio inalterada até 6 meses.

e. A vidraria utilizada deverá estar perfeitamente limpa. Lavar, deixar em solução de HCℓ a 20%, durante uma noite e enxaguar, várias vezes, com água destilada.

f. Podemos calcular o valor do cálcio ionizado. Para tanto, necessitamos realizar as dosagens de cálcio, albumina e proteínas totais.

$$\frac{6 \text{ x Ca} - \left(\frac{0{,}19 \text{ x PT}) + \text{A})}{3}\right)}{(0{,}19 \text{ x PT}) + \text{A} + 6} = \text{mg de Ca ionizado/dL de soro}$$

onde

Ca = Cálcio em mg/dL

PT = Proteínas totais em g/dL

A = Albumina em g/dL

Alterações em pH sanguíneo produzem variações no cálcio ionizado. Para cada 0,1 de modificação no pH, há uma alteração de 0,4mg no cálcio ionizado, no sentido inverso ao da modificação de pH.

Os valores de referência para o cálcio ionizado são: 4,0 a 5,4 mg/dL ou 2,0 a 2,7 mEq/L.

g. Para conseguir maior precisão, é aconselhável a realização do ensaio em duplicata ou triplicata.
h. Valores diminuídos de cálcio sérico são encontrados no hipoparatireoidismo, pseudo-hipoparatireoidismo, hiperfosfatemia aguda, osteoporose, raquitismo, pancreatite aguda, esteatorréia, acidose, nefrose e nefrites.
i. Valores elevados de cálcio sérico são encontrados no hiperparatireoidismo, no carcinoma metastático, na sarcoidose, no mieloma múltiplo, em alguns casos de hipervitaminose D, no hipertireoidismo, na hipercalcemia idiopática da criança, na tireotoxicose grave. No hipertireoidismo, quando houver exaustão do tecido ósseo, o valor poderá ser normal ou baixo.
j. Com a queda dos valores de cálcio pode ocorrer tetania, clinicamente semelhante à ocorrida na hipomagnesemia, havendo necessidade de dosar tanto o cálcio quanto o magnésio, para o diagnóstico.

Cloretos

A metodologia para a dosagem de cloretos, em geral, obedece o princípio de que o cloreto forma compostos praticamente indissociáveis com a prata e com o mercúrio.

A primeira técnica foi descrita por Volhard. Ela se baseava na precipitação dos cloretos pelo nitrato de prata. A partir daí, várias modificações foram propostas. Van Slyke modificou o método, empregando o nitrato de prata em meio nítrico concentrado, à quente. Posteriormente, Sendroy introduziu a técnica iodométrica, com a formação do cloreto de prata e o iodato. Schales e Schales utilizaram a técnica mercurimétrica. Nela, o ctoreto era titulado por uma solução padrão de mercúrio e o excesso de mercúrio formava complexo de cor azul-violeta com a difenilcarbazona, que era utilizada como indicador.

Podemos utilizar ainda, técnicas fotométricas que se baseiam na troca de cloro por ditizonato de prata ou cloroanilato de mercúrio. Esta troca libera estequiometricamente, ditizona ou ácido cloranílico, ambos coloridos, respectivamente.

Existem, ainda, os métodos potenciométricos que num futuro bem próximo, deverão ser bastante empregados.

Fisiologicamente, o cloreto é o ânion mais abundante do líquido extracelular. Tem importante papel nos pulmões, quando o sangue venoso se transforma em arterial.

MÉTODO DE SCHALES E SCHALES, MODIFICADO

Fundamento

Os íons cloreto combinam com os íons mercúrio, formando cloreto mercúrico, não dissociado e solúvel.

O excesso dos íons mercúrio é detectado ao final da titulometria pela sua combinação com difenilcarbazona, formando um complexo de cor azul-violeta.

Amostras biológicas

Soro, plasma heporinizado, urina, liquor, suor e outras amostras desproteinizadas.

Reativos

a. Indicador - Difenilcarbazona a 0,1% (p/v).

Dissolver 100mg de S-difenilcarbazona em 100mL de álcool etílico a 95% (v/v). Guardar em frasco escuro e no refrigerador. Preparar, novamente, quando estiver com cor amarelada ou vermelho-cereja.

b. Ácido nítrico aproximadamente 1N

Diluir 6mL de ácido nítrico concentrado a 100mL com água destilada.

c. Solução de nitrato mercúrico

Adicionar 3mL de ácido nítrico concentrado a 20mL de água destilada e dissolver nela, 3,2g de nitrato mercúrico, $Hg(NO_3)_2$. Completar para 1.000mL com água destilada.

d. Solução padrão de cloreto com 100 mEq/L:

Secar o cloreto de sódio, a 105°C, por uma hora.

Pesar 5,845g e dissolver em 3mL de ácido nítrico concentrado e cerca de 100mL de água destilada. Após dissolução, completar para 100mL com água destilada.

Técnica geral

a. Pipetar para um tubo 15 x 125 mm, 2mL de água destilada e exatamente 0,2mL de amostra.
b. Adicionar 1 gota de ácido nítrico 1N e 3 gotas do indicador.

c. Titular com a solução de nitrato mercúrico, utilizando pipeta graduada em centésimos, até aparecimento de cor ligeiramente violeta, persistente por um minuto.
d. Repetir, igualmente, trocando a amostra por 0,2mL da solução padrão.
e. Cálculo

$$\frac{\text{Volume (em mL) gasto na amostra}}{\text{Volume (em mL) gasto no padrão}} \times 100 = \text{mEq de Cl L}$$

Técnica para urina

a. Acidificar a urina, com ácido nítrico 1N, até pH igual a 3, aproximadamente. Verificar com papel indicador.
b. Empregar a técnica geral, utilizando 0,2mL da urina acidificada.
c. Cálculo

$$\frac{\text{Volume (em mL) gasto na urina}}{\text{Volume (em mL) gasto no padrão}} \times 100 = 100 \text{ mEq de } Cl^-/L \text{ de urina}$$

$$\frac{\text{Volume de 24h (em mL)} \times \text{mEq } Cl^-/L}{1.000} = \text{mEq de } Cl^-/24h$$

Notas

a. Para a obtenção de amostra biológica desproteinizada, colocar 1mL do material, 8mL de uma solução de H_2SO_4 1/12N, misturar por inversão e deixar em repouso por 10 minutos. Adicionar 1 mL de uma solução de tungstato de sódio a 10%, agitar fortemente e filtrar. Seguir a técnica geral, multiplicando o resultado final por 10.
b. O valor de cloretos é expresso em NaC1. Muitas vezes é necessário ter os resultados em mg/dL de NaC1. Neste caso, multiplicar o resultado obtido em mEq/L por 5,85 e teremos o resultado em mg/dL expressos em NaC1.
c. Para a coleta de suor, proceder da seguinte forma: Lavar bem, com sabão, a região tóraco-abdominal do paciente. Enxaguar bem, retirando todo o sabão. Enxugar com um pano bem limpo. Envolver com um plástico bem limpo e seco a pele dó paciente. Cobrir com um lençol, dobrado em quatro partes e colocar sob uma fonte térmica. Aquecer por 20 minutos, tendo o cuidado para o paciente não se queimar. Retirar o plástico, cuidadosamente, colhendo o suor para a dosagem. Para prevenir a contaminação do suor proveniente das axilas colocar uma mecha de algodão em cada uma delas.
d. Para maior precisão, aconselha-se realizar o ensaio em duplicata ou triplicata.

Valores de referência para cloretos

a. Soro e plasma
   98 a 108 mEq/L
b. Líquor
   118 a 132 mEq/L
c. Urina
   120 a 250 mEq/24h
   A excreção de cloro na urina varia com a dieta.
d. Sangue total
   76 a 85 mEq/L
e. Glóbulos
   47 a 54 mEq/L
f. Suor
   10 a 60 mEq/L

Os valores em mmol são iguais aos valores em mEq.

MÉTODO COLORIMÉTRICO

Fundamento

Os cloretos ligam-se ao mercúrio do cloroanilato de mercúrio, formando cloreto de mercúrio que é solúvel, mas não ionizando. Ao mesmo tempo é liberado o ácido cloroamílico, estequiometricamente, que tem cor vermelha e pode ser medida, fotometricamente.

Amostras biológicas

Soro ou urina.

Reativos

a. Cloroanilato de mercúrio
b. Solução de ácido nítrico a 15% (v/v).
c. Solução padrão de cloreto com 100 mEq/L.

Pesar 585mg de cloreto de sódio, previamente seco a 105°C, por uma hora. Dissolver num balão volumétrico de 100mL, completando o volume com água destilada. Conservar em refrigerador.

Técnica

a. Em três tubos de ensaio, marcados A, P e B, respectivamente amostras, padrão e branco, adicionar 3mL da solução de ácido nítrico a 15% e 5mg de cloroanilato de mercúrio.

b. Adicionar, no tubo A, 0,05 mL de soro ou urina diluída a 1:2; no tubo P, 0,05 mL do padrão e no tubo B, 0,05ml de água destilada.

Agitar, cuidadosamente, e deixar, em repouso, por 5 minutos.

c. Centrifugar, em alta rotação, por 5 minutos, verter os sobrenadantes para cubetas de colorimetria e ler as absorbâncias em 540nm, ajustando o zero com o tubo B.

d. Cálculo

d1. Para soro

$$\frac{\text{Absorbância de amostra}}{\text{Absorbância do padrão}} \times 100 = \text{mEq de } Cl^{-} /\text{L de soro}$$

d.2. Para urina

$$\frac{\text{Absorbância de amostra}}{\text{Absorbância do padrão}} \times 100 = \text{mEq de } Cl^{-} /\text{L de soro}$$

Valores de referência

Iguais aos do método anterior.

OBSERVAÇÕES

a. Separar o soro o mais rápido possível, para evitar trocas entre o cloreto do plasma e das hemácias.
b. Centrifugar o liquor ou a urina, antes da dosagem.
c. As amostras, guardadas no refrigerador, permanecem uma semana sem alteração.
d. Interferentes: alguns íons como Br^{-}, I^{-}, SCN^{-}, S^{2-} ou sulfidril reagem com o mercúrio, podendo acarretar erro.
e. Toda a vidraria utilizada deve ser muito bem lavada com água destilada ou deionizada, para evitar contaminação com a significativa concentração de cloro proveniente da água corrente.
f. Valores aumentados de cloretos no sangue são encontrados nas nefroses, nas glomerulonefrites, na obstrução completa do trato urinário, na hipertensão, na descompensação cardíaca, na administração excessiva de cloretos.
g. Valores diminuídos no sangue são encontrados em casos de vômitos, diarreias severas, obstrução intestinal, fístulas pancreáticas, hipoparatireoidismo e na doença de Addison.
h. A dosagem de cloretos no suor é importante por apresentar quantidades duas a quatro vezes superiores ao normal, em portadores da doença fibrocística do pâncreas (mucoviscidose).

Cobre

O cobre, juntamente com o ferro, participa da síntese da hemoglobina. Também participa das enzimas citocromo-oxidase e da tirosinase.

O cobre sérico está distribuído da seguinte forma: aproximadamente 96% está unido à alfa-2 globulina do soro, como ceruloplasmina, cerca de quase 4% está unido à albumina e uma mínima quantidade está livre ou dialisável.

MÉTODO DE GUBLER E COLS., MODIFICADO

Fundamento

A adição de ácido clorídrico dissocia o cobre das proteínas que são, posteriormente, precipitadas. O cobre existente é determinado, fotometricamente, fazendo-o reagir com o dietilditiocarbamato. Adiciona-se citrato para formar um complexo de ferro solúvel, o que evita a sua interferência.

Amostras biológicas

Soro ou urina.

Reativos

a. Solução de ácido clorídrico 2N.
b. Solução de ácido tricloroacético a 20%.
c. Solução de dietilditiocarbamato de sódio a 0,1%, que deve ser preparada somente na hora do uso, por causa da sua instabilidade.
d. Solução saturada de citrato de sódio.

O citrato de sódio pode estar contaminado com cobre, razão pela qual existe a necessidade de sua separação. Transferir a solução saturada para um funil de decantação. Juntar NH_4OH concentrado até pH igual a 9. Verificar com papel indicador. Adicionar 1mL da solução de dietilditiocarbamato de sódio e extrair com 5mL de álcool isoamílico. Desprezar a fase alcoólica e juntar mais 1mL da solução de dietilditiocarbamato de sódio, extrair com mais 5mL de álcool isoamílico. Repetir a operação, até que a fase alcoólica fique incolor.

e. Solução saturada de pirofosfato de sódio.

Esta solução deve ser preparada no máximo dois dias antes de seu uso. Deve-se comprovar que não está contaminada com cobre.

f. Solução de amônia.

Misturar 2 volumes de NH_4OH concentrado com um volume de água destilada.

g. Solução estoque de cobre.

Dissolver 500mg de sulfato de cobre pentaidratado ($CuSO_4 \cdot 5H_2O$) até perfazer 100mL, com água destilada.

h. Solução padrão de cobre com 2,5 μg/mL.

Diluir a solução estoque de cobre na proporção 1/500.

Técnica para soro

a. Marcar três tubos de ensaio B (branco), P (padrão) e A (amostra) e adicionar
   Tubo B: 2mL de água, 2mL de HCℓ2N e 2mL da solução de ácido tricloroacético a 20%. Misturar.
   Tubo P: 2mL do padrão, 2mL de HCℓ2N e 2mL da solução de ácido tricloroacético a 20%. Misturar.
   Tubo A: 2mL de soro e 2mL de HCℓ2N .Misturar e deixar em repouso por 10 minutos. Adicionar 2mL da solução de ácido tricloroacético a 20%, misturar, tampar com papel alumínio e colocá-lo em um banho de água a 90-95°C, durante 15 minutos, agitando-o a cada 5 minutos. Esfriar em água corrente e depois, centrifugar.
b. Transferir para outros 3 tubos de ensaio marcados, B, Pe A, 3,6mL do tubo B (branco), 3,6mL do tubo P (padrão) e 3,6mL de sobrenadante do tubo A (amostra), respectivamente.
c. Adicionar a todos os tubos:
   a) 0,3ml da solução de pirofosfato de sódio. Misturar.
   b) 0,3mL da solução de citrato de sódio. Misturar.
   c) 0,6mL da solução de amônia. Misturar e verificar, com papel indicador, o pH resultante que deverá estar em torno de 8,5 a 9.
d. Misturar o conteúdo de cada tubo e transferi-los para cubetas de colorimetria e ler as absorbâncias em 460nm, ajustando o zero do aparelho com água.
e. Juntar, a cada tubo, 0,3mL da solução de dietilditiocarbamato de sódio, misturar e voltar a ler as absorbâncias, antes que transcorram 10 minutos. As absorbâncias finais do branco (A_B), do padrão (A_p) e da amostra (A_A) são calculadas mediante a subtração das leituras correspondentes, antes e após a adição do dietilditiocarbamato. A correção corresponde à absorção de fundo, que devido à mudança de volume (4,8 para 5,1) é tão pequena que pode ser desprezada. Uma vez estabelecido que, para um lote de reativos, o branco e o padrão não possuem absorção antes da adição de dietilditiocarbamato, podem omitir-se as correspondentes leituras.
f. Cálculo.

$$\frac{A_A - A_B}{A_P - A_B} \times 254 = \mu g \text{ de Cu/dL de soro}$$

Técnica para urina

a. A urina é submetida à digestão úmida da seguinte forma: transferir 10mL de urina para um frasco de Kjeldahl de 100mL. Juntar 1mL de ácido sulfúrico concentrado e 2mL de ácido nítrico concentrado. Aquecer. Deixar esfriar e adicionar 0,5mL de ácido nítrico concentrado e 0,5mL de ácido perclórico a 70%. Aquecer até que se desprendam vapores brancos (SO_3) Esfriar. Juntar 10mL de água destilada, aquecer até ebulição e a seguir, deixar esfriar.
b. Preparar um branco digerido, aquecendo 2,5mL de ácido nítrico concentrado, 1mL de ácido sulfúrico concentrado e 0,5mL de ácido perclórico a 70%. Aquecer até que se desprendam vapores brancos. Esfriar e adicionar 10mL de água destilada.
c. Preparar, igualmente, um padrão digerido, com 1ml de solução padrão, 2,5ml de ácido nítrico concentrado, 1mL de ácido sulfúrico concentrado e 0,5mL de ácido perclórico a 70%. Aquecer até que se desprendam vapores brancos. Esfriar e adicionar 10mL de água destilada.
d. Transferir cada um dos líquidos digeridos para funis de decantação de 125mL. Adicionar a cada um deler, 5mL de solução saturada de citrato de sódio c 5mL da solução saturada de pirofosfato de sódio. Juntar a solução de amônia até pH igual a 9, verificando com papel indicador.
e. Adicionar 1mL da solução de dietilditiocarbamato de sódio a cada funil de separação e, a seguir, l,5mL de álcool isoamílico e extrair.
f. Desprezar a fase aquosa inferior, transferindo a fase alcoólica para tubos de ensaio e centrifugar.
g. Após a centrifugação, transferir o sobrenadante para cubetas de colorimetria de 1cm de espessura e antes que transcorram 10 minutos, efetuar as leituras em 460nm, ajustando o zero do aparelho com álcool isoamílico.
h. Cálculo.

$$\frac{A_A - A_B}{A_P - A_B} \times 254 = \mu g \text{ de Cu/dL de urina}$$

$$\frac{\text{Volume (em mL) de 24h x } \mu g/L}{1.000} = g \text{ de Cu/24h.}$$

Nota

A reação segue a lei de Beer até concentrações séricas na ordem de 900 μg/dl.

Valores de referência para cobre

a. Soro

	$\mu g/dL$
Recém-nascidos	12 a 67
3 a 10 anos	27 a 153
Mulheres	85 a 155
Homens	70 a 140

Para obter em µmol/L:
µg/dl x 0,1574 = µmol/L
b. Urina

OBSERVAÇÕES

a. O cobre é estável, no soro, até 2 semanas, quando conservado em refrigerador.
b. Utilizar agulha de aço inoxidável para a coleta de amostra.
c. Evitar qualquer hemólise, pois o conteúdo de cobre nas hemácias é superior ao do soro.
d. Valores aumentados são encontrados nas anemias (perniciosa, megaloblástica da gravidez, aplástica), na leucemia aguda e crônica (linfoma maligno, hemocromatose, lúpus eritematoso, febre reumática aguda, hipo e hipertireoidismo).
e. Valores diminuídos são encontrados na nefrose (perda de ceruloplasmina na urina), moléstia de Wilson, remissão de leucemia aguda, Kwashiorkor.

Conteúdo de CO_2 total

A reserva alcalina é a concentração de bases que um fluido orgânico dispõe para enfrentar, imediatamente, a toda invasão ácida do organismo. A reserva alcalina é representada, principalmente, pelos bicarbonatos.

No plasma sanguíneo, há equilíbrio entre os bicarbonatos, o ácido carbônico e o CO_2 dissolvido. Este estado de equilíbrio depende da tensão de CO_2 que, nos vasos sanguíneos, é de 40mmHg. Na prática, o equilibrio é conseguido pelo ar expirado, por uma pessoa normal, num funil de decantação, contendo a amostra. Mede-se, posteriormente, CO_2 total.

Os valores da reserva alcalina são bem semelhantes aos do conteúdo de CO_2, trazendo menos informações que estes.

Os métodos mais utilizados para a medida do CO_2 total são os gasométricos, aonde pode ser medido o volume do gás à pressão constante ou pressão do gás a volume constante.

Além deles, existem métodos titulométricos que determinam, efetivamente, a concentração de bicarbonato em vez do conteúdo de CO_2 da amostra.

MÉTODO DE VAN SLYKE

Fundamento

A amostra biológica, colhida em condições anaeróbias, é acidificada, no aparelho gasométrico de Van Slyke, com desprendimento de gás carbônico que é medido volumetricamente.

Amostras biológicas

Sangue total, plasma ou soro, colhidos anaerobicamente, isto é, sob camada de óleo mineral.

Reativos

a. Ácido láctico 1N

Diluir 90mL de ácido láctico concentrado (a 85%) a 1.000mL, com água destilada. Estável à temperatura ambiente.

b. Álcool caprílico (octanol 1)

Técnica

a. Com as torneiras abertas, encher completamente o aparelho. Fechar a torneira superior e abaixar o reservatório de mercúrio, fazendo vácuo e deixando o mercúrio descer até quase o tubo de borracha. Subir, lentamente, o reservatório até o mercúrio, encher de novo o aparelho. Expulsar a água acumulada sobre o mercúrio pelo tubo de saída superior esquerdo. Repetir a operação, mantendo, porém, o vácuo por 2 a 3 minutos, com ambas as torneiras fechadas. Subir o reservatório, rapidamente. O mercúrio, passando pelos dois ramos inferiores, ao chocar-se com a torneira inferior, deverá produzir um estalido característico. Abrir a torneira inferior e continuar subindo o reservatório até o mercúrio chocar-se com a torneira superior, produzindo novamente o som anterior. Caso não se escute um som metálico, será necessário lubrificar de novo as torneiras, devido a possíveis vazamentos.
b. Colocar 1mL de água na antecâmara superior descrita e adicionar 2 gotas de álcool caprílico (antiespumante).
c. Adicionar, sob a camada aquosa, 1mL da amostra, através de pipeta volumétrica.
d. Para evitar a difusão do CO_2 através da água, passar, sem perda de tempo, o conteúdo da antecâmara (a amostra, o álcool e a água) para o aparelho, abrindo, cuidadosamente, a torneira superior e mantendo o nível do mercúrio abaixo desta. Interromper antes que o ar penetre na câmara de extração do aparelho.
e. Colocar 1mL de ácido láctico 1N na antecâmara e introduzir somente 0,5mL do mesmo. Fechar a torneira superior. O volume não deve ser superior a 2,5mL.

f. Descer o reservatório até o mercúrio esvaziar a câmara de extração e atingir a marca 50 e fechar a torneira inferior.

g. Agitar o aparelho 3 minutos, a fim de desprender o CO_2.

h. Abrir a torneira inferior e passar todo o conteúdo líquido para o ramo inferior direito. Girar a torneira e fazer o mercúrio subir pelo ramo inferior esquerdo, até que os níveis do mesmo no reservatório e na haste graduada estejam na mesma horizontal. Fechar a torneira inferior.

i. Ler o volume gasoso, tomar a temperatura ambiente e a pressão barométrica. Ver notas.

j. Expulsar o conteúdo líquido pelo tubo de saída superior esquerdo e lavar o aparelho duas vezes com água, uma vez com a solução de ácido nítrico a 10% (v/v) e finalmente várias vezes com água destilada. Conservar o aparelho com água e com as torneiras abertas.

k. Cálculo

k1. Para fins clínicos, podemos utilizar a seguinte fórmula:

F	mL de CO_2 (0°C e 760mmHg) por 100mL de plasma				F	mL de CO_2 (0°C e 760mmHg) por 100mL de plasma			
	15°	20°	25°	30°		15°	20°	25°	30°
0,20	9.1	9.9	10.7	11.8	0.60	47.7	48.1	48.5	48.6
1	10.1	10.9	11.7	12.6	1	48.7	49.0	49.4	49.5
2	11.0	11.8	12.6	13.5	2	49.7	50.0	50.4	50.4
3	12.0	12.8	13.6	14.3	3	50.7	51.0	51.3	51.4
4	13.0	13.7	14.5	15.2	4	51.6	51.9	52.2	52.3
5	13.9	14.7	15.5	16.1	5	52.6	52.8	53.2	53.2
6	14.9	15.7	16.4	17.0	6	53.6	53.8	54.1	54.1
7	15.9	16.6	17.4	18.0	7	54.5	54.8	55.1	55.1
8	16.8	17.6	18.3	18.9	8	55.5	55.7	56.0	56.0
9	17.8	18.5	19.2	19.8	9	56.5	56.7	57.0	56.9
0.30	18.8	19.5	20.2	20.8	0.70	57.4	57.6	57.9	57.9
1	19.7	20.4	21.1	21.7	1	58.4	58.6	58.9	58.8
2	20.7	21.4	22.1	22.6	2	59.4	59.5	59.8	59.7
3	21.7	22.3	23.0	23.5	3	60.3	60.5	60.7	60.6
4	22.6	23.3	24.0	24.5	4	61.3	61.4	61.7	61.6
5	23.6	24.2	24.9	25.4	5	62.3	62.4	62.6	62.5
6	24.6	25.2	25.8	26.3	6	63.2	63.3	63.6	63.4
7	25.5	26.2	26.8	27.3	7	64.2	64.3	64.5	64.3
8	26.5	27.1	27.7	28.2	8	65.2	65.3	65.5	65.3
9	27.5	28.1	28.7	29.1	9	66.1	66.2	66.4	66.2
0.40	28.4	29.0	29.6	30.0	0.80	67.1	67.2	67.3	67.1
1	29.4	30.0	30.5	31.0	1	68.1	68.1	68.3	68.0
2	30.3	30.9	31.5	31.9	2	69.0	69.1	69.2	69.0
3	31.3	31.9	32.4	32.8	3	70.0	70.0	70.2	69.9
4	32.3	32.8	33.4	33.8	4	71.0	71.0	71.1	70.8
5	33.2	33.8	34.3	34.7	5	71.9	72.0	72.1	71.8
6	34.2	34.7	35.3	35.6	6	72.9	72.9	73.0	72.7
7	35.2	35.7	36.2	36.5	7	73.9	73.9	74.0	73.6
8	36.1	36.6	37.2	37.4	8	74.8	74.8	74.9	74.5
9	37.1	37.6	38.1	38.4	9	75.8	75.8	75.8	75.4
0.50	38.1	38.5	39.0	39.3	0.90	76.8	76.7	76.8	76.4
1	39.1	39.5	40.0	40.3	1	77.8	77.7	77.7	77.3
2	40.0	40.4	40.9	41.2	2	78.7	78.6	78.7	78.2
3	41.0	41.4	41.9	42.1	3	79.7	79.6	79.6	79.2
4	42.0	42.4	42.8	43.0	4	80.7	80.5	80.6	80.1
5	42.9	43.3	43.8	43.9	5	81.6	81.5	81.5	81.0
6	43.9	44.3	44.7	44.9	6	82.6	82.5	82.4	82.0
7	44.9	45.3	45.7	45.8	7	83.6	83.4	83.4	82.9
8	45.8	46.2	46.6	46.7	8	84.5	84.4	84.3	83.8
9	46.8	47,1	47.5	48.6	9	85.5	85.3	85.2	84.8
0.60	47.7	48.1	48.5	47.6	1.00	86.5	86.2	86.2	85.7

Volume gasoso lido x 100 — Correção = Vol CO_2/dL onde o valor da correção varia, de acordo com:

Volume gasoso lido (mL)	*Correção*
0,2 -0,3	10
0,31-0,51	11
0,52-0,73	12
0,74-0,96	13
0,97 ou mais	14

k2. Para medidas mais exatas, utilizar a seguinte fórmula:

$$F = \text{Volume gasoso x } \frac{\text{pressão barométrica}}{760}$$

Calculado o valor da fórmula, procurar o volume de CO_2/dL, diretamente na tabela, de acordo com a temperatura de trabalho.

Notas

a. O ácido láctico poderá ser substituído por ácido sulfúrico a 5%, quando se emprega soro ou plasma. Não utilizar no caso de sangue total.
b. Podemos utilizar uma solução contendo 25mmoles/L de Na_2CO_3, para averiguar o método, já que ele não se utiliza de padrões. Pesar exatamente 265mg de carbonato de sódio anidro (previamente seco a 250°C por uma hora e levado ao dessecador até adquirir a temperatura ambiente). Dissolver a 100mL com água destilada previamente fervida, isenta de CO_2. Conservar em frasco de polietileno e no refrigerador. Estável por um mês. Proceder o ensaio da mesma forma, sem o uso do álcool caprílico.
c. É difícil conseguir deixar todo o líquido no ramo inferior direito. Caso sobre líquido na haste graduada, nivelar o bulbo a 1/13 do volume líquido, acima do menisco do mercúrio e ler somente o volume gasoso.
d. Uma modificação prática, embora menos precisa, é efetuada através de passagem direta de todo o líquido para a haste graduada, logo após desprendimento de todo CO_2. Nivelar o bulbo a 1/13 do volume líquido, acima do menisco do mercúrio e ler somente o volume gasoso.
e. Para as condições médias em São Paulo, pode-se utilizar a pressão barométrica de 695mm de Hg.
f. Para transformarmos Vol CO_2/dL em mmoles/L ou mEq/L, dividir por 2,23.

Valores de referência para CO_2 total (Van Slyke)

Os valores de referência, para adultos normais, são de 51 a 72mL de CO_2 /dL ou 23 a 32 mmoles/L.

MÉTODO TITULOMÉTRICO

Fundamento

A uma solução de quantidade conhecida de ácido clorídrico, adiciona-se soro ou plasma. O dióxido de carbono formado é eliminado por agitação e o excesso de íons hidrogênio é dosado.

Amostras biológicas

Soro ou plasma, colhido anaerobicamente.

Reativos

a. Ácido clorídrico 0,01 N.

Diluir 10mL de uma solução de HCℓ exatamente 0,1N para 100mL, com solução salina a 1%, isenta de CO_2. Preparar diariamente.

b. Solução saturada de hidróxido de sódio.

Preparar 500mL de uma solução saturada de hidróxido de sódio em água destilada. Conservar em frasco plástico bem tampado. A solução é estável indefinidamente. Deixar os carbonatos sedimentarem e utilizar o sobrenadante.

c. Solução estoque de NaOH 0,1N

Diluir 2,7mL da solução saturada de NaOH para 500mL com água destilada isenta de CO_2. Padronizar contra HCℓ0, 1N, usando o Vermelho de Fenol como indicador. Conservar em frasco plástico bem tampado e renovar semanalmente.

d. Solução de NaOH 0,01N

Diluir 10mL de solução estoque de NaOH 0,1N a 100mL com solução salina a 1%, isenta de CO_2.

Titular contra a solução de ácido clorídrico 0,01N, usando 2 gotas de Vermelho de Fenol como indicador. Conservar bem tampada e preparar diariamente.

e. Solução salina a 1%

Dissolver 10g de cloreto de sódio a um litro com água isenta de CO_2. A solução deve ser mantida bem fechada. Permanece estável indefinidamente, desde que protegida da atmosfera.

f. Solução indicadora de Vermelho de Fenol

Dissolver 0,1 g de Vermelho de Fenol em 5,7mL de hidróxido de sódio 0,05N. Completar a 100mL com água isenta de CO_2. Conservar em frasco plástico bem tampado. Estável indefinidamente.

g. Água isenta de CO_2.

Ferver água destilada, transferir para frascos plásticos e tampar bem. Evitar contato com o ar atmosférico.

h. Álcool caprílico.

Técnica

a. Molhar a extremidade de um bastão de vidro fino com o álcool caprílico. Levar ao tubo com a amostra e homogeneizar.
b. Pipetar para um erlenmeyer, 6mL da solução salina a 1%, 0,1 mL da amostra e 2 gotas do indicador de Vermelho de Fenol.
c. Tampar e agitar cuidadosamente. Considerar; como controle para visualização.
d. Pipetar 0,1mL da amostra em um erlenmeyer. Adicionar 1mL de ácido clorídrico 0,01N e 4mL da solução salina a 1%.
e. Agitar vigorosamente, no mínimo, durante um minuto, para saída de CO_2.
f. Adicionar 2 gotas do indicador de Vermelho de Fenol e, logo após, titular com a solução de hidróxido de sódio 0,01N até coloração rósea persistente durante cerca de 15 segundos e semelhante ao controle.
g. Anotar a leitura em ml.
h. Cálculo
   1,00 — leitura em ml = A.
   4 x 100 = mEq de bicarbonato/l de amostra.

Nota

Os testes devem ser efetuados em duplicata.

Valores de referência para CO_2 total (titulométrico)

22 a 31 mEq/L .

Os valores em mmol/L são iguais aos valores em mEq/L.

OBSERVAÇÕES

a. O CO_2 é solúvel no óleo mineral, razão pela qual o transporte das amostras deve ser realizado sem agitação. Realizar o ensaio no prazo máximo de 30 minutos.
b. Valores aumentados são encontrados na acidose respiratória, em presença de insuficiência respiratória, aguda ou crônica.

Ocorrem também na alcalose metabólica, por ingestão excessiva de alcalinos, perda de ácido pelo vômito, na perda excessiva de potássio pelos rins.

c. Valores diminuídos são encontrados na alcalose respiratória e na acidose metabólica.

Ferro

A metade da quantidade férrica existente no homem está presente na hemoglobina e o restante, preferentemente, nas formas de armazenamento como ferritina e hemossiderina.

Uma pequena fração, importante do ponto de vista funcional, é o ferro sérico, ligado à betaglobulina transferrina (siderofilina).

O ferro ingerido na forma de hidróxido férrico coloidal é reduzido ao estado ferroso, pela ação do ácido clorídrico, no estômago. É absorvido no duodeno e, em determinadas condições, pequena quantidade é absorvida pelo intestino delgado e cólon. Na mucosa intestinal, o ferro é oxidado para o estado férrico e se combina com proteínas formando a ferritina, armazenada nas células da mucosa. Após a liberação da ferritina, o íon férrico é reduzido para íon ferroso e entra na circulação sanguínea, ligando-se à betaglobulina transferrina.

MÉTODO DO TPTZ,

Fundamento

Em meio ácido e na presença de redutor, o ferro é liberado da transferrina. Posteriormente, o ferro reduzido reage com o TPTZ, formando um complexo colorido, que é medido fotometricamente.

Amostra biológica

Soro.

Reativos

a. Solução de ácido clorídrico 2N.
b. Solução de ácido tricloracético a 20% (p/v).
c. Solução de TPTZ a 0,04M.

Dissolver 128,4mg de 24,6 tripindil S-triazina (TPTZ) em HCℓ(em 1mL de HCℓ IN, até dissolver). Diluir a 100mL, com água destilada.

Conservar a 4°C.

d. Solução de cloreto de hidroxilamônio a 10% (p/v). Conservar a 4°C.
e. Solução de acetato de amônia a 50% (p/v). Conservar a 4°C.
f. Reagente cromogênico.

Juntar 2 volumes de acetato de amônio a 50%, 1 volume de cloreto de hidroxilamônio e 1 volume da solução de TPTZ. Esta solução deve ser preparada no momento do uso.

g. Solução padrão estoque de ferro com 100 μg/mL.

Dissolver 10mg de ferro puro (em fios) em 0,5mL de ácido clorídrico 6N e 0,5mL de ácido nítrico 6N e completar o volume a 100mL, com água deionizada.

h. Padrões diluídos de uso.

Em 5 balões volumétricos de 100mL, adicionar 0,5; 1,0; 1,5; 2,0 e 2,5mL do padrão estoque com 100 μg/mL e diluir a 100mL com ácido clorídrico 0,01N.

Corresponderá, respectivamente, a 50, 100, 150, 200 e 250 = μg/dL.

Técnica

a. Marcar 7 tubos de ensaio com tampa esmerilhada, B (Branco), A (Amostra), P_1, P_2, P_3, P_4 e P_5 (Padrões), e pipetar:
tubo B: 2mL de água deionizada.
tubo A: 1mL de soro e 1mL de água deionizada.
tubos P_1, P_2, P_3, P_4 e P_5: 1mL de cada padrão e 1mL de água deionizada.
b. Adicionar em todos os tubos 1mL de ácido clorídrico 2N, misturar e deixar repousar por 10 minutos.
c. Adicionar em todos os tubos 1mL de ácido tricloroacético a 20%, tampar e agitar vigorosamente por 30 segundos.
d. Centrifugar o tubo A, por 15 minutos, a 3.000 rpm.
e. Em outros 7 tubos marcados, transferir 2mL de cada sobrenadante.
f. Adicionar 1mL do reagente cromogênico, recém-preparado, misturar e deixar repousar por 10 minutos.
g. Ler as absorbâncias, em 595nm, acertando o zero com o branco.
h. Cálculo

Traçar a curva padrão e ler a respectiva concentração.

Nota

O método não deve ser utilizado quando o paciente está em tratamento com deferioxamina.

Valores de referência para ferro

Soro.
60 a 175 μ/dL.
Para obter em μmol/L: μg/dl x 0,1791= μmol/L.

CAPACIDADE DE LIGAÇÃO TOTAL DO FERRO (TIBC, TRANSFERRINA)

Fundamento

A transferrina do soro é totalmente saturada após tratamento com ferro em excesso. O ferro não combinado é precipitado com carbonato de magnésio e o ferro combinado é determinado no sobrenadante.

Amostra biológica

Soro.

Reativos

a. Carbonato de magnésio.
b. Reativos para dosagem de ferro.

Técnica

a. Adicionar 0,2mL do padrão estoque de ferro 100 μg/mL, 2,8mL de água deionizada e 1mL de amostra. Agitar durante 3 minutos e deixar em repouso por 10 minutos à temperatura ambiente.
b. Adicionar 100mg de carbonato de magnésio e misturar vigorosamente. Deixar, no agitador, durante 15 minutos. Centrifugar por 15min, à velocidade máxima.
c. Passar o sobrenadante para outro tubo e colocar mais 100mg de carbonato de magnésio. Deixar, no agitador, por mais 10 minutos e centrifugar novamente durante 15 minutos, à velocidade máxima.
d. Passar o sobrenadante para um outro tubo de ensaio e voltar a centrifugar, durante 15 minutos à velocidade máxima.
e. Tomar 2mL do sobrenadante e prosseguir com o método de ferro total, substituindo o tubo A.
f. Cálculo

Multiplicar o resultado encontrado na curva, por 2.

Valores de referência para TIBC

Soro.
250 a 400 μg/dL.

OBSERVAÇÕES

a. O sangue deve ser colhido, sem anticoagulante, em tubo de vidro bem limpo e seco. O soro deve estar livre de hemólise.
b. Nas repetições de dosagens para controle terapêutico é aconselhável fazer a coleta sempre no mesmo horário porque, normalmente, ocorrem acentuadas variações diurnas de ferro sérico.
c. Utilizar material perfeitamente limpo. Deixar pipetar em tubos de ensaio imersos por uma hora em ácido nítrico a 10% e depois lavar com água deionizada, em abundância.
d. Encontramos valores aumentados de ferro sérico na hemocromatose, nas anemias hemolétricas, perniciosa e aplástica, na hepatite infecciosa.
e. Valores diminuídos de ferro sérico são encontrados nas anemias ferroprivas em geral e na nefrose, devido à perda de transferrina.
f. Quando são realizadas as dosagens de ferro e capacidade total de fixação do ferro, (transferrina) podemos determinar a percentagem de saturação da transferrina.

$$\text{Saturação (em \%)} = \frac{\text{Ferro sérico (em µg/dl)}}{\text{Transferrina (em µg/dl)}} \times 100$$

Os valores de referência para a saturação de transferrina são de 20 a 55%.

Fósforo

O fósforo total no sangue encontra-se sob a forma de radicais em combinações orgânicas como fosfoproteínas, fosfolipídeos, ácidos nucléicos e derivados e nos ésteres fosfóricos de vários compostos. Dois terços do fósforo ingerido são excretados pela urina.

A absorção do fósforo é feita nas partes altas do intestino delgado, onde o pH é favorável. Os fatores que influem na absorção são a sua concentração no intestino, o pH intestinal e a presença de cálcio. Todos os elementos com a capacidade de formar fosfatos insolúveis, como, por exemplo, o magnésio, o chumbo, o ferro, o berílio, o alumínio e o estrôncio, prejudicam a absorção.

Geralmente, o exame solicitado é a determinação do fósforo inorgânico e não do fósforo total, que é ensaio realizado após digestão úmida.

A metodologia mais utilizada baseia-se na redução do ácido fosfomolíbdico, com a formação do azul de molibdênio.

MÉTODO DE FISKE E SUBBAROW

Fundamento

O fosfato, após precipitação das proteínas com o ácido tricloroacético, reage com o molibdato de amônio, formando fosfomolibdato de amônio. Com a adição do ácido aminonaftolsulfônico, o fosfomolibdato de amônio forma o óxido de molibdênio ou azul de molibdênio, que é medido, fotometricamente.

Amostras biológicas

Soro e urina.

Reativos

a. Ácido tricloroacético a 10% (p/v).

Dissolver 100g de ácido tricloroacético (TCA) em água destilada, até completar 1.000ml.

b. Reativo de molibdato.

Em 20mL de água destilada, adicionar 8,3mL de ácido sulfúrico concentrado. Dissolver 2,5g de molibdato de amônio $(NH_4)_6\ Mo_7O_{24}\ 4H_2O$). Transferir para um balão de 100ml e completar o volume com água destilada. Esta solução deverá ser desprezada quando se tornar azul ou aparecer sedimento.

c. Reativo redutor.

Dissolver 125mg do ácido aminonaftolsulfônico, 7,29g de bissulfito de sódio e 250mg de sulfito de sódio em 50mL de água destilada. Filtrar, se necessário. Guardar em frasco escuro, bem fechado. É estável por um mês.

d. Solução estoque de fósforo com 20mg/dL.

Secar, a 80°C, por uma noite, deixando esfriar em dessecador, o diidrogenofosfato de potássio (KH_2PO_4). Pesar 877mg e dissolver em cerca de 500mL de água destilada. Adicionar 8mL de HCℓ concentrado e transferir para um balão de um litro, completando o volume com água destilada. Guardar no refrigerador.

e. Padrão diluído de fósforo

Diluir 1mL do padrão estoque para 100mL com ácido tricloroacético a 10%. Guardar em refrigerador. Este padrão equivale a 4mg/dL de fósforo, para esta técnica.

Técnica para soro

a. Em um tubo, contendo 4,75mL de ácido tricloroacético a 10%, pipetar, gota a gota, 0,25mL de soro. Misturar bem.
b. Centrifugar ou filtrar, através de papel Whatman nº 42 ou similar.
c. Marcar 3 tubos de ensaio, B (Branco), P (Padrão) e A (Amostra), colocando:
   tubo B: 2,5mL de TCA a 10%.
   tubo P: 2,5mL do padrão diluído.
   tubo A: 2,5mL do sobrenadante ou filtrado.
d. Adicionar a cada um dos tubos, 0,25mL do Reativo de molibdato. Agitar.
e. Acrescentar 0,1mL do reativo redutor. Misturar e deixar, em repouso, por 10 minutos.
f. Ler as absorbâncias do padrão e da amostra, em 660 nm ou filtro vermelho, ajustando o zero do aparelho com o branco.
g. Cálculo.

$$\frac{\text{Absorbância da Amostra}}{\text{Absorbância do Padrão}} \times 4 = \text{mg de fósforo inorgânico/dL}$$

Técnica para urina

a. Medir o volume urinário e misturar bem.
b. Aquecer uma alíquota a 56°C, por 10 minutos, para dissolver os cristais formados.
c. Acidificar com HCℓ IN até pH igual a 5, empregando papel indicador.

d. Filtrar, caso a amostra permaneça turva.
e. Diluir a urina a 1/10 com água destilada e utilizar 0,25mL, seguindo a técnica para o soro, desde o primeiro passo.
f. Cálculo.

$$\frac{\text{Absorbância da Amostra}}{\text{Absorbância do Padrão}} \times 40 = \text{mg/dL}$$

$$\frac{\text{Volume de 24h (em mL)} \times \text{mg/dL}}{100} = \text{mg de fósforo inorgânico/24h}$$

Notas

a. Não se deve deixar ultrapassar o repouso de 10 minutos, antes da leitura, evitando, dessa forma, a reoxidação e a diminuição da cor.
b. Para valores acima de 10mg/dL, diluir o sobrenadante ou filtrado com igual volume de TCA a 10% e repetir o teste. Multiplicar o resultado final por 2.

Valores de referência para fósforo (método de Fiske e Subbarow)

a. Soro

	mg/dL
Crianças	4a7
Adultos	2,5 a 4,8

Para obter em mmol/L: mg/dL x 0,3229 =mmol/L

b. Urina

A concentração na urina varia com a dieta.

Geralmente, a faixa aceitável para adultos, é de 340 a 1.000mg/24h.

Para obter em mmol/L:
mg/24h x 0,03229 = mmol/24h

MÉTODO DE TANSSKY E SHORR

Fundamento

Idêntico ao método anterior.

Amostras biológicas

Soro e urina.

Reativos

a. Reativo de molibdato

Adicionar 13,9mL de ácido sulfúrico concentrado em 30mL de água, cuidadosamente. Dissolver 5g de molibdato de amônio p.a. e completar para 50mL com água destilada.

b. Reativo cromogênico.

A 70mL de água destilada, adicionar 10mL do reativo anterior. Dissolver, nesta solução, 5g de sulfato ferroso heptahidratado ($FeSO_4.7H_2O$). Completar para 1.000mL com água destilada.

c. Solução de fósforo com 5mg/dL.

Dissolver 0,219g de $KH_2 PO_4$, previamente seco (ver método anterior) num balão volumétrico de 1.000mL, com água destilada, até completar o volume. Adicionar algumas gotas de clorofórmio como preservativo e guardar em frasco de polietileno. Desprezar quando aparecerem sinais de crescimento bacteriano.

d. Ácido tricloroacético (TCA) a 12% (p/v).

Técnica para soro

a. Em um tubo de ensaio, contendo 2,9mL de ácido tricloroacético a 12%, pipetar 0,1mL de soro. Agitar, repousar por 10 minutos e centrifugar.
b. Marcar três tubos, B (Branco), P (Padrão) e A (Amostra) e colocar.
   Tubo B: 1,5mL de TCA a 12%.
   Tubo P:0,05mL do padrão e 1,45mL de TCA a 12%.
   tubo A: 1,5ml do sobrenadante.
c. Acrescentar 1mL do reativo cromogênico e deixar em repouso por 5 minutos.
d. Ler as absorbâncias, em 660nm ou com filtro vermelho, ajustando o zero com o branco.
e. Cálculo.

$$\frac{\text{Absorbância de Amostra}}{\text{Absorbância do Padrão}} \times 5 = \text{mg de fósforo inorgânico/dL}$$

Técnica para urina

a. Seguir a mesma técnica para a urina de Fiske e Subbarow até a diluição 1/10. Utilizar 0,1 mL, seguindo a técnica para o soro de Tansky e Shorr, desde o primeiro passo.
b. Cálculo.

$$\frac{\text{Absorbância da Amostra}}{\text{Absorbância do Padrão}} \times 50 = \text{mg de fósforo inorgânico/dL}$$

$$\frac{\text{Volume de 24h (em mL)} \times \text{mg/dL}}{100} = \text{mg de fósforo inorgânico/24h}$$

Valores de referência para fósforo (método de Tanssky e Shorr)

a. Soro

	mg/dL
Crianças	4 a 7
Adultos	2,5 a 5

Para obter em mmol/L: mg/dL x 0,3229 = mmol/L.

b. Urina
Adultos: 340 a 1.000 mg/24h.
A excreção urinária de fósforo varia com a dieta.
Para obter em mmol/L:
mg/24h x 0,03229 = mmol/ 24h.

OBSERVAÇÕES

a. O soro deve ser separado o mais rápido possível. O sangue oxalatado interfere na reação.
b. Realizar imediatamente a dosagem ou refrigerar a amostra, evitando o aumento do fósforo inorgânico, proveniente da hidrólise enzimática dos ésteres orgânicos lábeis. Desta forma, a concentração permanece estável por uma semana.
c. Não utilizar sangue hemolisado.
d. Toda vidraria deve estar perfeitamente limpa. Lavar os tubos com TCA a 10%, para remover o fósforo aderido ao vidro, proveniente de muitos detergentes.
e. Valores aumentados são encontrados em casos de insuficiência renal crônica, hipoparatireoidismo, processos ósseos e mieloma múltiplo, nas administraçõesdeantiácidosalcalinos,vitaminaD, heparina, pituitrina e tetraciclina.
f. Valores diminuídos são encontrados em casos de raquitismo, osteomalácia, hiperparatireoidismo insuficiência renal tubular congénita, após administração de hidróxido de alumínio, epinefrina, insulina.

Magnésio

O magnésio é um importante íon intracelular, essencial em vários sistemas enzimáticos que se relacionam com o metabolismo dos lipídeos, proteínas e carboidratos.

MÉTODO DE SKY-PECK

Fundamento

O magnésio forma um complexo de coloração vermelha, com o amarelo titan, na presença de uma base, cuja intensidade é determinada espectrofotometricamente.

Amostras biológicas

Soro, plasma heparinizado ou urina.

Reativos

a. Solução de ácido tricloroacético (TCA) a 10% (p/v).
b. Solução de ácido tricloroacético (TCA) a 5% (p/v).
c. Solução de álcool polivinílico (PVA) a 0,015% (p/v).

Suspender 15mg de álcool polivinílico em aproximadamente 1mL de álcool etílico a 95% e verter a mistura em 50mL de água destilada, com agitação constante. Dissolver, até que a solução se torne límpida, por aquecimento, em banho-maria a 65°C e agitação. Esfriar e completar a 100mL com água. Adicionar alguns cristais de timol para a preservação da solução.

d. Solução estoque de amarelo titan.

Dissolver 35mg de amarelo titan em aproximadamente 80mL da solução de álcool polivinílico a 0,015% e completar a 100mLcom a mesma solução. Guardar à temperatura ambiente, em frasco escuro.

e. Solução de amarelo titan, de uso.

Diluir a solução estoque a 1:10, com a solução de álcool polivinílico a 0,015%, no momento do uso.

f. Solução de hidróxido de lítio 2N.

Dissolver 8,39g de hidróxido de lítio monoidratado em cerca de 80mL de água. Em seguida, completar a 100ml, com água destilada.

g. Solução padrão de magnésio com 5mg/dL.

Dissolver 50,67mg de sulfato de magnésio heptaidratado em cerca de 80mL de água. Em seguida, completar a 100mL, com água destilada.

Técnica para soro ou plasma heparinizado

a. Em um tubo de ensaio, contendo 4,5mL de ácido tricloroacético a 5%, adicionar, gota a gota e agitando, 0,5mL de soro ou plasma. Deixar 10 minutos em repouso e centrifugar a 3.500rpm, durante 15 minutos.
b. Em outros três tubos marcados B (Branco), P (Padrão) e A (Amostra), pipetar:
tubo B: ImL de água e ImL de TCA a 10%.
tubo P: ImL de padrão e ImL de TCA a 10%.
tubo A: 2mL do sobrenadante.
c. Adicionar, em todos os tubos, 1mL da solução de amarelo titan de uso e 1mL da solução de hidróxido de lítio 2N. Agitar e deixar em repouso, por 15 minutos.
d. Ler as absorbâncias, em 540nm, ajustando o zero do aparelho com o branco.

e. Cálculo.

$$\frac{\text{Absorbância de Amostra}}{\text{Absorbância do Padrão}} \times 25 = \text{mg de magnésio/dL}$$

Técnica para urina

a. Homogeneizar a urina e medir o volume
b. Adicionar 1 gota de HCℓ concentrado para cerca de 20mL de urina. Diluir a 1:5, com água destilada, misturar bem e seguir a técnica para o soro.
c. Cálculo

$$\frac{\text{Absorbância da Amostra}}{\text{Absorbância do Padrão}} \times 125 = \text{mg de magnésio/dL de urina}$$

$$\frac{\text{Volume de 24 (em mL)} \times \text{mg/dL}}{100} = \text{mg de magnésio/24h}$$

Nota

a. A reação segue a lei de Beer até concentrados iguais a 3,2 mg/dL.
b. A cor é estável, no mínimo, por uma hora.

Valores de Referência para Magnésio

a. Soro ou plasma heparinizado 1,8 a 2,9 mg/dL
Para obter em mmol/L: mg/dL x 0.4114 = mmol/L
b. Urina.
15 a 300mg/24h.
Para obter em mmol/24h:
mg/24h x 0,04114 = mmol/24h.
A excreção urinária varia com a dieta.

OBSERVAÇÕES

a. As amostras são estáveis durante uma semana, à temperatura ambiente.
b. As amostras hemolisadas dão resultados mais altos, pois as hemácias contêm três vezes mais magnésio do que o soro ou plasma.
c. Utilizar vidraria bem limpa. Após lavagem, deixar o material imerso por uma noite, numa solução de ácido clorídrico a 20%. Em seguida, lavar várias vezes com água destilada e secar.
d. Valores aumentados são encontrados mais comumente na insuficiência renal. Aparece também nas enfermidades hepáticas.
e. Valores diminuídos são encontrados na hipoalbuminemia, já que o magnésio está ligado à albumina e à globulina. Na má nutrição, má absorção, pancreatite aguda, alcoolismo e acidose diabética, pode resultar em excessiva perda de magnésio ou reposição inadequada. Raramente, podemos encontrar valores diminuídos no hipertiréoidismo, hiperparatireoidismo e hiperaldosteronismo.

Sódio e Potássio

Os eletrólitos do organismo podem ser intra ou extracelulares.

O sódio é o cátion predominante no líquido extracelular, enquanto o potássio é o cátion que predomina no líquido intracelular.

Esta distribuição é, biologicamente, muito importante, pois vários mecanismos dela dependem: excitabilidade nervosa e muscular, processos secretores e atividades enzimáticas.

O sódio é o eletrólito mais importante na manutenção da pressão osmótica. Quando a concentração de sódio extracelular se eleva, há passagem de água das células. Caso ocorra o contrário, as células absorvem a água.

Tanto o sódio quanto o potássio são importantes na regulação renal do equilíbrio acidobásico, porque os íons hidrogênio são substituídos no túbulo renal pelo sódio e potássio. Neste caso, o potássio tem maior importância que o sódio, pois o bicarbonato potássico é a principal solução tampão inorgânica intracelular.

O método de escolha para a determinação desses íons é a fotometria de chama, devido à precisão e à rapidez. Existem aparelhos que determinam, simultaneamente, as duas concentrações.

MÉTODO POR FOTOMETRIA DE CHAMA

Fundamento

Ver capítulo sobre Fotometria.

Amostras biológicas

Soro, urina ou suor.

Aparelhagem: fotômetro de chama

Verificar e seguir as especificações do aparelho a ser utilizado.

Reativos

a. Solução A.
Pesar 7,306g de cloreto de sódio, previamente seco, e dissolver em água bidestilada, até completar 500mL.
b. Solução B.
Pesar 1.491 g de cloreto de potássio, previamente seco, e dissolver em água bidestilada, até completar 500mL.
c. Solução C.
Diluir 5mL da solução A, em água bidestilada, até completar 50mL.
d. Solução padrão de sódio 150mEq/L e potássio 5mEq/L.
Juntar 30mL da solução C e 2,5mL da solução B e completar o volume a 500mL com água bidestilada. Conservar em frasco plástico bem limpo.

Procedimento

a. Ligar o fotômetro de chama.
b. Ligar o compressor, ajustando a pressão para 5 libras. Atomizar água bidestilada ou deionizada por alguns instantes e verificar se o excesso de líquido está sendo drenado.
c. Abrir a torneira de saída de gás e deixá-lo chegar ao queimador. Apertar seguidamente o botão de ignição até certificar-se de que a chama acendeu.
d. Ajustar a pressão do ar no compressor para a pressão de trabalho. Geralmente de 10 a 15 libras.
e. Ajustar a chama, controlando o fluxo de gás. A chama deverá ter proporção perfeita de combustível e ar. Não tem zonas amareladas. Ela é uma chama azul com formação de cones azuis pequenos e perfeitamente definidos em seus contornos. Este ajuste deve ser feito aspirando água bidestilada ou deionizada.
f. Ajustar a chave que controla o tipo de dosagem (sódio ou potássio) e zerar o aparelho com água bidestilada ou deionizada.
g. Aspirar a solução padrão diluída a 1:100 com água bidestilada e ajustar os valores do íon em análise (150 para o sódio ou 5 para o potássio), utilizando o botão apropriado.
h. Repetir as leituras com água e com padrão até que se obtenha boa reprodução das leituras.
i. Atomizar o soro problema diluído a 1:100 com água bidestilada e fazer a leitura.
j. A cada 3 amostras, conferir o valor do padrão.
k. Após as determinações, aspirar água bidestilada durante um minuto e desligar o conjunto, na seguinte ordem:
1º desligar o aparelho; 2º fechar a torneira do gás e desligar o compressor só depois de extinta a chama.

Nota

Utilizar frascos plásticos, para evitar contaminações com sódio e potássio provenientes de frascos de vidro, que são rapidamente atacados pela água.

Valores de referência para sódio

a. Soro
134 a 146 mEq/L.
b. Sangue total
Aproximadamente 84 mEq/L.
c. Urina
43 a 220 mEq/24h.
d. Suor
Crianças até um ano: 10 a 40 mEq/L.
A partir de um ano: 10 a 80 mEq/L.

Os valores de mmol são iguais aos valores em mEq.

Valores de referência para potássio

a. Soro
3,5 a 5,4 mEq/L.
b. Urina
30 a 110mEq/24h.

Os valores em mmol são iguais aos valores em mEq.

OBSERVAÇÕES

a. Separar o sangue imediatamente para evitar a difusão do potássio dos eritrócitos para o soro.
b. Quando as amostras são guardadas em refrigerador, elas são estáveis por duas semanas.
c. Para coleta de suor, ver nota na descrição da dosagem de cloretos.

Lítio

Os sais de lítio são atualmente utilizados para tratamento em psiquiatria, principalmente, na psicose maníaco-depressiva.

Infelizmente, as doses terapêutica e tóxica apresentam valores muito próximos. Surgiu, então, a necessidade de um rigoroso controle periódico da dosagem do lítio.

Com o emprego da técnica utilizando a fotometria de chama, tornou-se acessível e relativamente simples a rotina desse controle.

MÉTODO POR FOTOMETRIA DE CHAMA

Fundamento

Ver capítulo sobre Fotometria.

Amostras biológicas

Soro ou plasma heparinizado.

Aparelhagem

Fotômetro de chama com filtro especial.

Verificar e seguir as especificações do aparelho a ser utilizado.

Reativos

a. Solução estoque de lítio com 10mEq/L

Pesar 0,424g de cloreto de lítio, dessecado previamente a 120°C, durante 2 horas. Dissolver e completar o volume a l.000mL com água destilada. Guardar em frasco de polietileno.

b. Solução padrão de lítio com 2 mEq/L.

Diluir 20mL da solução estoque de lítio a 100mL com água destilada. Guardar em frasco de polietileno.

Técnica

a. Em balões volumétricos de 10mL, marcados como B (Branco), P (Padrão) e A (Amostra), colocar:
   Branco: 0,4mL de soro livre de lítio.
   Padrão: 0,4mL do padrão com 5mEq/L e 0,4mL de soro livre de lítio.
   Amostra: 0,4mL da amostra.
b. Diluir cada balão a 10mL com água destilada e misturar.
c. Colocar o filtro de lítio na posição, atomizar o branco e zerar o aparelho.
d. Atomizar o padrão de lítio e ajustar para leitura igual a 10.
e. Atomizar a amostra e efetuar a leitura.
f. Cálculo.

Dividir a leitura da amostra por 5 e obter o resultado em mEq/L.

Notas

a. O acerto do padrão em 20, possibilita melhor visualização e maior precisão nas dosagens.
b. As soluções do branco e do padrão são preparadas com um soro isento de lítio, para evitar interferência de outros eletrólitos, como o sódio e o potássio.
c. As soluções branco e padrão são estáveis por 15 horas.
d. Quando os valores obtidos forem superiores a 2mEq/L, diluir as amostras e repetir o ensaio.

Valores de referência para lítio

As concentrações terapêuticas oscilam em torno de 0,8 a 1,2mEq/L. Os efeitos tóxicos podem aparecer quando os níveis de lítio no soro excedem l,5mEq/L.

OBSERVAÇÕES

a. Valores de litemia em torno de 2mEq/l mostram sinais de intoxicação, tais como: diarreia, vômitos, fraqueza muscular, visão nublada, anorexia, cansaço, tremores nas mãos e alterações cardíacas. Estes sintomas podem se manifestar em concentrações inferiores às referidas.
b. Intoxicações por superdosagem determinam delírios, alucinações, podendo chegar ao estado de coma e finalmente, morte.

COMPONENTES LIPIDICOS

Colesterol Total e Esterificado

O colesterol é um dos componentes orgânicos mais estudados, devido ao fato de pertencer a um importante grupo de moléculas complexas, da classe dos lipídeos, denominados esteróides.

Normalmente, dois terços do colesterol encontram-se na forma esterificada. Esta esterificação ocorre no fígado, através de reação com muitos ácidos graxos.

Muitos métodos foram descritos para a determinação do colesterol. Em geral, os métodos baseiam-se na reação de Liebermann-Burchard, na reação com cloreto férrico e ácido sulfúrico e nas reações enzimáticas.

MÉTODO DE HUANG, MODIFICADO

Fundamento

O colesterol livre e esterificado reage com o reagente de Liebermann-Burchard, através de dupla ligação entre o C5 e o C6, formando-se um complexo de cor verde, cuja intensidade é medida, fotometricamente.

Amostras biológicas

Soro ou plasma heparinizado.

Reativos

a. Reativo cromogênico.

Refrigerar, previamente, o anidrido acético e o ácido sulfúrico. Colocar um béquer de 2 litros em banho de gelo, adicionar 300mL de anidrido acético gelado e 150mL de ácido acético glacial. Misturar e acrescentar 55mL do ácido sulfúrico concentrado gelado, aos poucos e sob agitação constante.

Deixar no banho de gelo por meia hora e transferir para um frasco escuro. Adicionar 10g de sulfato de sódio anidro e agitar até dissolução completa.

Utilizar após 12 horas. Conservar em geladeira, desprezando quando o reativo adquirir cor parda. Usar o reativo gelado.

b. Solução padrão de colesterol com 200mg/dL.

Pesar exatamente, 200mg de colesterol p.a. e dissolver em 70mL de ácido acético glacial.

Aquecer a 37°C até completa dissolução.

Completar a 100mL, com ácido acético glacial.

Aquecer, caso haja recristalizaçâo.

c. Solução de digitonina a 1% (p/v).

Dissolver 100mg de digitonina $C_{56}H_{92}O_{29}$ em 10mL de metanol. É estável por um mês.

Técnica sem extração

a. Marcar 2 tubos, P (Padrão) e A (Amostra) e pipetar:
   Padrão: 0,05mL do padrão de colesterol.
   Amostra: 0,05 mL da amostra.
b. Adicionar, em ambos os tubos, 2,5mL do reativo cromogênico gelado. Agitar, imediata e vigorosamente.
c. Colocar em banho de água a 37°C durante 15 minutos, ao abrigo da luz.
d. Efetuar as leituras fotométricas, em 625nm ou com filtro vermelho, dentro dos 10 minutos seguintes, ajustando o zero do aparelho com o reativo cromogênico não gelado.
e. Cálculo.

$$\frac{\text{Absorbância de Amostra}}{\text{Absorbância do Padrão}} \times 200 = \text{mg de colesterol total/dL}$$

Técnica com extração

a. Pipetar 4,5mL de isopropanol p.a. e adicionar 0,5mL de soro, gota a gota. Agitar, fortemente, durante 30 segundos. Deixar repousar por 5 minutos e agitar, novamente, durante 30 segundos. Centrifugar, a 3.000 rpm, por 5 minutos.
b. Marcar um tubo como A (Amostra) e pipetar 0,5mL do sobrenadante límpido. Evaporar, em banho fervente, até secagem completa.
c. Marcar um outro tubo como P (Padrão) e pipetar:
   tubo P: 0,05mL de padrão 200mg/dL.
   tubo A: 0,05mL de ácido acético glacial e misturar.
d. Adicionar, em ambos os tubos, 2.5ml do reativo cromogênico gelado. Agitar imediata e vigorosamente. Colocar em banho de água a 37°C, durante 15 minutos, ao abrigo de luz.
e. Ler as absorbâncias, em 625nm ou com filtro vermelho, dentro dos 10 minutos seguintes, ajustando o zero do aparelho com o reativo cromogênico não gelado.
f. Cálculo.

Idêntico à técnica sem extração.

Técnica para determinação do colesterol livre

a. Pipetar 4,5mL de isopropanol p.a. e adicionar 0,5mL de soro, gota a gota. Agitar, fortemente, durante 30 segundos. Deixar repousar por 5 minutos e agitar, novamente, durante 30 segundos. Centrifugar, a 3.000 rpm, por 5 minutos.
b. Transferir 1mL do sobrenadante límpido para outro tubo e adicionar 0,25mL da solução de digitonina a 1% e 0,25mL de água destilada. Agitar a repousar 15 minutos.
c. Centrifugar, a 3.000rpm, por 5 minutos.
d. Decantar o sobrenadante, não deixando perder o precipitado. Deixar o tubo invertido sobre o papel absorvente para remover o excesso de líquido.
e. Adicionar 1,5mL de acetona p.a. Agitar, fortemente, para ressuspender o precipitado.
f. Centrifugar, a 3.000rpm, por 5 minutos.
g. Desprezar o sobrenadante e deixar drenar o excesso de acetona, deixando o tubo invertido sobre papel absorvente.
h. Evaporar - a acetona em banho-maria fervente. Cuidar para que a evaporação seja total, pois poderá acarretar falsos resultados elevados. Marcar este tubo como A (Amostra).
i. Marcar um outro tubo como P (Padrão) e pipetar:
   Padrão: 0,05mL de padrão 200mg/dL.
   Amostra: 0,05mL de ácido acético glacial e misturar.
j. Adicionar, em ambos os tubos, 2,5mL do reativo cromogênico gelado. Agitar imediata e vigorosamente.
k. Colocar em banho de água a 37°C, durante 15 minutos, ao abrigo da luz.
l. Efetuar as leituras fotométricas, em 625nm ou com filtro vermelho, dentro dos 10 minutos seguintes, ajustando o zero com o reativo cromogênico não gelado.
m. Cálculo.

$$\frac{\text{Absorbância de Amostra}}{\text{Absorbância do Padrão}} \times 100 = \text{mg de colesterol livre/dL}$$

Determinação do colesterol esterificado

Determinado por cálculo:

Colesterol total - Colesterol livre = Colesterol esterificado.

Notas

a. O reativo cromogênico deve ser mantido no refrigerador. O aparecimento de cor amarelada não interfere. Contudo, uma cor marrom-escura indica que o reativo deve ser desprezado.
b. Toda a vidraria deve estar perfeitamente limpa e completamente seca, pois o reativo hidratado produz falsos resultados diminuídos e turvação.
c. Utilizar o reativo ainda gelado. O aparecimento de turvação iricial não interfere, pois a mesma desaparece após incubação a 37°C.
d. Efetuar as leituras no período máximo de 10 minutos, após o desenvolvimento da cor. Quando houver muitas amostras, o reativo cromogênico deve ser adicionado com intervalos de tempo idênticos entre as amostras e as leituras.
e. Em casos de icterícia ou hemólise, os resultados poderão ser falsamente elevados. Utilizar, nestes casos, o método extrativo.
f. A reação é linear até 400mg/dL. Para resultados maiores, diluir o soro com salina e realizar nova determinação.

Multiplicar o resultado pelo fator de diluição.

g. Algumas substâncias podem interferir, causando aumento na concentração do colesterol: álcool etílico, esteróides metabólicos, anticonceptivos orais, corticosteróides, adrenalinas, éter, levodopa, noradrenalina, fenotiazinas e penicilamina.
h. Outras substâncias podem causar interferências, diminuindo a concentração do colesterol: nicotinato de alumínio, ácido aminossalicílico, medicamentos antidiabéticos, ácido ascórbico, clortetraciclina, colestiramina, clorofibrato, colchicina, dextrotiroxina, EDTA dissódico, glucagon, heparina, kanamicina, neomicina, ácido nicotínico, paramomicina, pentametilenotetrazol, fenfosfamina, salicilatos e citosteróis.
i. O método apresenta uma recuperação superior a 95%.

Valores de referência para o colesterol total (método de Huang, modificado)

a. Soro ou plasma

Idade	*Colesterol total em mg/dL*
Recém-nascidos	45 a 100
1 a 19 anos	120 a 230
20 a 29 anos	120 a 240
30 a 39 anos	135 a 270
40 a 49 anos	150 a 310
50 a 59 anos	160 a 330

Para se obter valores em mmol/L:
mg/dL x 0,02586 = mmol/L.

Valores de referência pam o colesterol esterificado

60 a 80% do colesterol total

MÉTODO DE LOEFFER EMCDOUGALD. MODIFICADO

Fundamento

O colesterol é extraído com o reativo cromogênico. O sobrenadante obtido, após centrifugação, é tratado com ácido sulfúrico e o colesterol sofre oxidação nas posições 3, 6, produzindo um composto colorido, medido fotometricamente.

Amostras biológicas

Soro ou plasma colhido com heparina.

Reativos

a. Reativo cromogênico.

Pesar 0,85g de cloreto férrico hexaidratado ($FeCI_3.6H_2O$) e 2,5g de ácido cítrico e dissolver, completando a 1.000mL, com ácido acético glacial. Conservar, à temperatura ambiente, em frasco escuro. Estável por 6 meses.

b. Solução padrão de colesterol com 200mg/dL.

Idêntica ao do método de Huang.

c. Ácido sulfúrico concentrado.

d. Solução de digitonina a 1% (p/v).

Pesar 100mg de digitonina p.a. e dissolver em 10mL de etanol a 50%(v/v).Aquecer suavemente a 56°C, até completa dissolução. É estável por um mês.

Técnica para colesterol total

a. Marcar dois tubos, A (Amostra) e P (Padrão), e pipetar: tubo A: 0,05mL da amostra.
tubo P: 0,05ml do padrão.
b. Adicionar a cada um dos tubos 4,5mL do reativo cromogênico, lentamente e com agitação constante. Misturar e deixar em repouso por 2 a 3 minutos. Centrifugar a 3.000rpm, por 5 minutos.
c. Marcar outros tubos, B (Branco), A (Amostra) e P (Padrão), e pipetar:

Branco: 1,5mL do reativo cromogênico.
Amostra: 1,5mL do sobrenadante do tubo A obtido em (2).
Padrão: 1,5mL da mistura anterior do tubo P.

d. Acrescentar 1mL de ácido sulfúrico concentrado, pelas paredes do tubo. Tampar imediatamente e misturar por inversão. Caso não seja possível, misturar com uma vareta de vidro até completa homogeneização.
e. Deixar, em repouso, por 20 minutos, deixando esfriar os tubos, à temperatura ambiente.
f. Efetuar as leituras fotométricas, em 560nm, zerando o aparelho com o branco.
g. Cálculo.

$$\frac{\text{Absorbância da Amostra}}{\text{Absorbância do Padrão}} \times 200 = \text{mg de colesterol total/dL}$$

Técnica para o colesterol livre

a. Em tubo de ensaio, pipetar 0,1 mL de soro e 2,4mL de isopropanol. Agitar, vigorosamente, por 30 segundos. Deixar, em repouso, por 5 minutos.
b. Centrifugar, a 3.000rpm, por 5 minutos.
c. Em outro tubo de ensaio com tampa de vidro, colocar 1mL do sobrenadante de isopropanol.
d. Adicionar 1mL da solução de digitonina a 1% e 2mL de acetona. Misturar por agitação.
e. Colocar o tubo, em banho de gelo, por 30 minutos.
f. Centrifugar por 5 minutos. Desprezar o sobrenadante, deixando o tubo invertido sobre papel absorvente, por 5 minutos.
g. Adicionar 5mL de acetona e agitar, até ressuspender o precipitado.
h. Centrifugar e desprezar o sobrenadante, deixando o tubo invertido, sobre papel absorvente, por 5 minutos.
i. Evaporar toda a acetona em banho de água fervente. Cuidar para que a evaporação seja completa. Marcar como A (Amostra).
j. Marcar um outro tubo como P (Padrão) e pipetar:
Padrão: 0,05mL de padrão com 200mg/dL.
Amostra: 0,05mL de ácido acético glacial e agitar suavemente.
k. Adicionar 4,5mL do reativo cromogênico em ambos os tubos, lentamente. Misturar e deixar em repouso por 2 a 3 minutos.
l. Marcar outros tubos, B (Branco), A (Amostra) e P (Padrão), e pipetar:
Branco: 1,5mL do reativo cromogênico.
Padrão: 1,5mL da mistura anterior do tubo P.
Amostra: 1,5mL da mistura anterior do tubo A.
m. Continuar a partir do item (d) da técnica para o colesterol total de Loeffler e McDougald.
n. Cálculo.

$$\frac{\text{Absorbância da Amostra}}{\text{Absorbância do Padrão}} \times 250 = \text{mg de colesterol livre/dL}$$

Determinação do colesterol esterificado

a. Determinação por cálculo.

Colesterol total — colesterol livre = colesterol esterificado.

b. Porcentagem de colesterol esterificado em relação ao colesterol total.

$$\frac{\text{mg/dL de colesterol esterificado} \times 100}{\text{mg/dL de colesterol total}}$$

Notas

a. O desenvolvimento da cor é devido à reação exotérmica. Portanto, não alterar a temperatura produzida (± 60°C), nem esquentando, nem esfriando os tubos.
b. Aguardar, pelo menos, 20 minutos, para efetuar as leituras.
c. A reação obedece à lei de Beer até concentrações de 400mg/dL. Para concentrações maiores, diluir, determinar novamente e multiplicar pelo fator da diluição.
d. A hemoglobina e a bilirrubina praticamente não interferem, a não ser em altas concentrações.
e. Medicamentos contendo brometos causam falsos resultados aumentados.
f. Contaminantes como nitrito e nitratos produzem diminuição da cor.

Valores de referência para o colesterol total (método de Loeffler e McDougald, modificado)

a. Soro ou plasma

Idade	*Colesterol total em mg/dl*
Recém-nascido	45 a 100
Menos de 20 anos	160 a 240
21 a 30 anos	160 a 250
31 a 40 anos	185 a 290
41 a 50 anos	215 a 305
51 a 60 anos	215 a 300
Mais de 60 anos	200 a 290

Para obter valores em mmol/:
mg/dL x 0,02586= mmol/L

Valores de referência para o colesterol esterificado

60 a 80% do colesterol total

MÉTODO ENZIMA TICO COLORIMÉTRICO

Fundamento

Os ésteres de colesterol são hidrolisados pela colesterol-esterase.

O colesterol livre resultante é oxidado pela enzima colesterol-oxidase, com consumo de oxigênio, a Δ^4-colestenona e peróxido de hidrogênio. O peróxido de hidrogênio obtido oxida, com o auxílio da enzima catalase, o metanol a formaldeído. Na presença de íons amônio, o formaldeído reagindo com a acetilcetona forma um composto amarelo cuja intensidade de cor é proporcional à concentração.

Amostras biológicas

Soro ou plasma heparinizado

Reativos

a. Tampão fosfato de amônio 0,6M, pH = 7; Metanol 1,7M; catalase > 700 U/mL. Conservar sempre bem fechado, a 4°C. Estável por 9 meses.
b. Acetilacetona 0,42M; metanol 2,5M; Hidroxipolietoxidodecano 2,1%. Estável por 1 ano, a 4°C.
c. Colesterol esterase $\geq$ 7 U/mL. Estável por 1 ano, a 4°C.
d. Colesterol oxidase $\geq$ 4 U/mL. Estável por 1 ano, a 4°C.
e. Mistura reagente do colesterol.

Misturar os reativos acima na proporção 25: 1,25:0,1 de a, b, e c, respectivamente.

Estável por um mês, a 4°C ou uma semana, a 25°C.

Técnica

a. Pipetar diretamente para o fundo de um tubo de ensaio, marcado B (Branco), 0,02mL da amostra e 5mL da mistura reagente do colesterol.
b Misturar bem o conteúdo do tubo.
c. Num outro tubo de ensaio, marcado A (Amostra), pipetar diretamente no fundo, 0,02mL da solução de colesterol-oxidase (d).
d. Pipetar 2,5 mL do tubo branco para o tubo amostra. Devolver o excesso para o tubo branco.
e. Misturar bem. Incubar os tubos por 60 minutos, no mínimo, a 37°C.
f. Medir a absorbância do tubo amostra contra o tubo branco, em 410nm, utilizando cubetas de 1cm de espessura.
g. Cálculo.

Absorbância da amostra x 1 290 = mg de colesterol/dL.

Notas

a. Quando se fizer determinações em série, usando cubas de fluxo ou sucção, recomenda-se medir todos os brancos primeiramente e, depois, as amostras.
b. Os resultados não se alteram se o tempo de incubação exceder uma hora.
c. Turvações que ocorram na solução tampão fosfato de amônio não interferem na dosagem, desde que se filtre a solução.
d. Pode-se utilizar padrões conhecidos de colesterol e preparar uma curva de calibração.

Valores de referência para o colesterol total (método enzimático colorimétrico)

a. Soro

Homens: 20 a 30 anos	até 260 mg/dL
acima de 30 anos	até 260 mg/dL
Mulheres:	
20 a 40 anos	até 250 mg/dL
41 a 50 anos	até 280 mg/dL
acima de 50 anos	até 330 mg/dL

Para se obter valores em mmol/L:
mg/dL x 0,02586 = mmol/L.

Valores baseados em levantamento piloto realizado entre 900 pessoas sadias.

OBSERVAÇÕES

a. O soro é estável, por uma semana, no refrigerador. Congelado, a estabilidade aumenta para 6 meses.
b. Anticoagulantes como citrato, oxalato, fluoreto, etc, podem causar falsos resultados diminuídos, devido á passagem de água dos eritrócitos para o plasma.
c. Alguns autores observaram um aumento de colesterol sérico no período pós-ovulatório, pré-menstrual e um nível bastante alto na ovulação.
d. Valores aumentados são encontrados na hipercolesterolemia essencial, na hiperlipidemia essencial, na síndrome nefrótica, no diabete melito, no hipotireoidismo, na icterícia obstrutiva, na gravidez e, ocasionalmente, em outras patologias.
e. Valores diminuídos são encontrados nas lesões hepáticas severas, no hipertireoidismo, na desnutrição e nas hipolipoproteinemias.

Colesterol de alta densidade (HDL-colesterol)

Vários estudos realizados sobre a incidência de moléstias cardiovasculares demonstraram uma relação inversa com os níveis de colesterol nas alfalipoproteínas ou de alta densidade e a frequência de doença.

Desta forma, enquanto o colesterol nas beta e pré-betalipoproteínas deve ser considerado um fator de risco, o colesterol na alfa-lipoproteína ajuda a dissolver depósitos lipídicos porventura formados na parede dos vasos.

MÉTODO POR PRECIPITAÇÃO

Fundamento

A adição de heparina e manganês no soro provoca a precipitação de lipoproteínas de muito baixa densidade (VLDL) e lipoproteínas de baixa densidade (LDL).

A fração HDL, ou seja, a lipoproteína de alta-densidade permanece no sobrenadante e é determinada por método enzimático.

Amostra biológica

Soro, sem hemólise, após jejum de 12 horas.

Reativos

a. Solução de cloreto de sódio 0,15M.

Dissolver 0,877g de cloreto de sódio, em água deionizada, até completar 100mL.

b. Reativo de heparina com 5.000 U/mL.

Diluir 1mL de heparina sódica (100.000 U/mL) com 1mL de cloreto de sódio 0,15M. Guardar no refrigerador.

c. Reativo de cloreto manganoso 1M.

Dissolver 19,79g de $MnC\ell_2,4H_2O$, em água deionizada, até completar 100mL.

d. Reativos para dosagem enzimática de colesterol.

Técnica

a. Em um tubo de ensaio, pipetar 0,5mL de soro e 0,025 mL do reativo de heparina. Misturar bem.
b. Adicionar 0,025mL do reativo de $MnC\ell_2$ 1M e imediatamente, misturar com agitador elétrico.
c. Deixar repousar, por 30 minutos, à temperatura ambiente.
d. Centrifugar, a 2.600rpm, por 10 minutos.
e. Caso o sobrenadante não esteja claro: a) repetir o ensaio, utilizando a diluição do soro a 1/2 com $NaC\ell$ 0,15M, ou b) adicionar 0,5mL de $NaC\ell$ 0,15M, 0,025mL do reativo de heparina e 0,025mL do reativo de $MnC\ell_2$ 1M na mistura original, agitar, repousar por 10 minutos e centrifugar. O sobrenadante deverá estar claro.
f. Preparar um branco com 0,5mL de água deionizada, 0,025mL do reativo de heparina e 0,025mL do reativo de $MnC\ell_2$.
g. Realizar a dosagem do sobrenadante obtido e do branco, utilizando um método enzimático.
h. Cálculo.

Diminuir o resultado do branco do resultado do sobrenadante. Multiplicar o valor obtido por 1,1. Caso tenha havido diluição, multiplicar pelo fator.

Notas

a. Quando o soro estiver lipêmico, diluir previamente o soro 1/2, com NaC1 0,15M e multiplicar o resultado final por 2.
b. O sobrenadante límpido pode ser conservado por uma noite, a 4°C.
c. As amostras de soro podem ser conservadas, a 4°C, por uma semana.

Valores de referência para HDL-colesterol

Numa tentativa de determinarem os valores normais do HDL-colesterol, os pesquisadores Castelli e cols. elaboraram uma correlação entre a concentração do HDL-colesterol e o fator de risco para as moléstias coronarianas.

HDL-colesterol (mg/dl)	*Riscos de moléstias coronarianas*
até 25	Riscos em nível perigoso
26 a 35	Riscos altos
36 a 44	Riscos moderados
45 a 59	Riscos médios
60 a 74	Riscos abaixo da média
acima 75	Proteção provável

Finley e cols. dão como valores normais, os seguintes dados:

Homens — 45mg/dL
Mulheres - 55mg/dL

Colesterol de baixa densidade (LDL-colesterol)

DETERMINAÇÃO ATRAVÉS DE CÁLCULO, SEGUNDO FRIEDEWALD

$$\text{Colesterol LDL (em mg/dL)} = \text{Colesterol Total} - \frac{\text{Triglicerídeos}}{5} - \text{Colesterol HDL}$$

A fórmula para cálculo do LDL-Colesterol fornece resultados seguros, quando:

a. não existirem quilomícrons na amostra.

b. a concentração de triglicerídeos não for superior a 400mg/dL.
c. for possível excluir uma hiperlipoproteinemia do tipo III.

A partir dos 30 anos, recomenda-se, independente do sexo, as seguintes concentrações como valores limites:

suspeito: a partir de 150mg/dL.
elevado: a partir de 190mg/dL.

Fosfolipídeos

Os fosfolipídeos são lipídeos que se encontram conjugados tendo, em sua estrutura, um radical fosfato. Os mais importantes são a lecitina, a cefalina e a esfingomielina.

A distribuição aproximada dos fosfolipídios no soro ou no plasma normais, expressa como percentagem de fósforo lipídico total é a seguinte:

Lecitina	68 a 73%
Isolecitina	5 a 8%
Esfingomielina	17 a 18%

O restante é relativo à cefalina.

MÉTODO DE ZILVERSMITE FISKE-SUBBAROW

Fundamento

Após precipitação das proteínas com ácido tricloroacético, a matriz orgânica é digerida com ácido perclórico e o fósforo é determinado pelo método de Fiske-Subbarow.

Amostra biológica

Soro não hemolisado, após jejum de 12 horas.

Reativos

a. Ácido tricloroacético (TCA) a 10% (p/v).
b. Ácido perclórico a 70% p.a.
c. Reagentes para dosagem do fósforo (Método de Fiske-Subbarow).
d. Padrão diluído de fósforo.

Diluir 5mL do padrão estoque a 20mg/dL a 100mL com água destilada. Guardar no refrigerador. Equivale a 10mg/dL, na técnica descrita.

Técnica

a. Num tubo de centrífuga grande pipetar 0,2mL de soro e 3mL de água destilada. Misturar.
b. Adicionar 3mL de ácido tricloroacético a 10%, lentamente e com agitação constante. Repousar por 5 minutos.
c. Centrifugar a 2.500rpm por 5 minutos e desprezar o sobrenadante.
d. Deixar o tubo invertido por 5 minutos, para escorrer todo o líquido excedente.
e. Adicionar mL de ácido perclórico a 70% e uma pérola de vidro.
f. Aquecer suavemente sobre uma chama pequena até que a solução fique transparente e incolor (20 a 30 minutos).
g. Deixar esfriar e acrescentar 5mL de água destilada.

Marcar este tubo como A (Amostra).

h. Marcar outros tubos, B (Branco) e P (Padrão) e pipetar:

Branco: 0,8mL de ácido perclórico a 70% e 5mL de água destilada.

Padrão: 0,8mL de ácido perclórico a 70%, 2mL de padrão diluído de fósforo e 3mL de água destilada.

i. Adicionar a todos os tubos. A, B e P, 0,5mL do reativo de molibdato e misturar.
j. Acrescentar 0,2mL do reativo redutor em todos os tubos. Deixar repousar por 10 minutos.
k. Ler as absorbâncias, em 660nm ou filtro vermelho, ajustando o zero do aparelho com o branco.
l. Cálculo.

$$\frac{\text{Absorbância da Amostra}}{\text{Absorbância do Padrão}} \times 10 = \text{mg de fósforo/dL}$$

Como o peso molecular médio dos fosfolipídeos é 800 e cada molécula possui um átomo de fósforo,

800 — 32 x = 4% de fósforo
100 — x
4mg de fósforo — 100mg de fosfolipídeos
1mg de fósforo — 25mg de fosfolipídeos

Portanto, multiplicar o fósforo concentrado por 25, para obter os mg/dL de fosfolipídeos.

A fórmula final ficará:

$$\frac{\text{Absorbância da Amostra}}{\text{Absorbância do Padrão}} \times 250 = \text{mg de fosfolipídeos/dL}$$

Notas

a. Emprega-se 0,8mL de ácido perclórico para o branco e para o padrão, porque, geralmente, são consumidos 0,2mL do ácido na digestão da amostra.
b. O ácido perclórico em contato com a matéria orgânica a quente poderá causar explosão.

Valores de referência para fosfolipídeos

Soro

Em adultos normais, os valores variam de 125 a 300mg/dL de fosfolipídeos.

MÉTODO DE WATCHER, MODIFICADO

Fundamento

Precipitam-se as proteínas e os fosfolipídeos com o ácido tricloroacético. O precipitado é digerido com ácido perclórico e água oxigenada, produzindo ortofosfato. O fósforo inorgânico é determinado, posteriormente, através do molibdato e sulfato ferroso.

Amostra biológica

Soro sem hemólise, após jejum de 12 horas.

Reativos

a. Ácido tricloroacético a 10% (p/v).
b. Ácido tricloroacético a 5% (p/v).
c. Ácido perclórico a 70% p.a.
d. Água oxigenada a 30 v.
e. Reativo cromogênico.

A 70mL de água destilada, adicionar 3mL de ácido sulfúrico concentrado. Dissolver 300mg de molibdato de amônio e depois, 450mg de sulfato ferroso ($FeSO_4.7H_2O$). Adicionar 0,5mL de BRIJ-35. Completara 100mL, com água destilada.

f. Solução padrão de fósforo com 5mg/dL.

Dissolver 57,8mg de fosfato ácido dissódico ($Na_2HPO_4.12H_2O$), em água destilada, até completar 100mL.

Técnica

a. Em um tubo marcado A (Amostra), pipetar 0,1mL de soro e 2mL de ácido tricloroacético a 10%.

Agitar bem e deixar em repouso, por 10 minutos, à temperatura ambiente.

b. Centrifugar a 2.500rpm, durante 10 minutos e desprezar o sobrenadante. Ressuspender o precipitado com 4mL de ácido tricloroacético a 5% e centrifugar, novamente.
c. Desprezar o sobrenadante e deixar o tubo invertido sobre papel absorvente por 5 minutos, para eliminar o líquido excedente.
d. Marcar outros tubos, B (Branco) e P (Padrão) e pipetar, respectivamente, 0,1mL de água e 0,1mL de padrão.
e. Adicionar aos três tubos, 0,5mL de ácido perclórico a 70% e quatro gotas de água oxigenada a 30%.
f. Aquecer, em chama direta, até a secura e continuar até a presença de apenas pontos brancos. Deixar esfriar à temperatura ambiente.
g. Adicionar, em todos os tubos, 2mL de água destilada; agitar e pipetar 2mL do reativo cromogênico. Agitar e deixar em repouso, durante 10 minutos.
h. Ler as absorbâncias em 660nm, ajustando o zero do aparelho com o branco.
i. Cálculo.

$$\frac{\text{Absorbância da Amostra}}{\text{Absorbância do Padrão}} \times 125 = \text{mg de fosfolipídeos/dL de soro}$$

Nota

A reação é linear até concentrações de 350mg de fosfolipídeos por dL de soro. Com resultados maiores, diluir o soro com água destilada, repetir a determinação e multiplicar o resultado obtido pelo fator de diluição.

Valores de referência para fosfolipídeos

Ver o método anterior.

OBSERVAÇÕES

a. Os fosfolipídeos são estáveis por 7 dias, quando a amostra é conservada em geladeira.
b. Tomar cuidado na digestão da matéria orgânica. Iniciar o aquecimento, suavemente, pelo menos até passar a fase de formação da espuma (cerca de 5 minutos).
c. Observar também, os problemas apontados na dosagem de fósforo inorgânico.
d. A epinefrina, os estrógenos, os anticonceptivos orais, a asparaginase e a sacarose aumentam a concentração dos fosfolipídeos.
e. A aspirina, a contaminação bacteriana e o etanol aumentam os fosfolipídeos.
f. Os fosfolipídeos atuam como dissolventes intermediários de outros lipídeos séricos, razão pela qual torna-se possível o soro permanecer claro, mesmo com concentração de lipídeos totais em torno de 2.000mg/dL.
g. O aumento dos fosfolipídeos é característico, particularmente, nas hiperlipemias secundárias. Há, também, aumento na cirrose biliar primária com grande redução na relação colesterol/fosfolipídeos, na hiperlipemia essencial, na nefrose e em outras patologias.
h. Há diminuição dos fosfolipídeos nas hipolipemias, entre outras patologias.

Lipídeos totais

Os lipídeos totais são constituídos por várias frações como: ácidos graxos livres transportados por albumina, triglicerídeos, fosfolipídeos, colesterol e seus ésteres, cerebrosídeos (glicolipídeos), acetalfosfatídeos, álcoois superiores, carotenóides, hormônios esteróides e as vitaminas lipossolúveis (A, D, E e K).

Vários métodos foram propostos; dentre eles, o gravimétrico, que foi considerado padrão pela maior exatidão e reprodução.

Contudo, a técnica envolvendo a sulfafosfovanilina tem sido uma das mais utilizadas, pela maior facilidade de manuseio dos reativos.

MÉTODO DE SPERRY E BRAND, MODIFICADO

Fundamento

Os lipídeos são determinados, gravimetricamente, após extração com uma mistura clorofórmiometanol e posterior purificação por difusão de substâncias hidrossolúveis em água.

Amostras biológicas

Soro ou plasma, após 12 horas de jejum.

Reativos

a. Metanol absoluto
b. Clorofórmio
c. Clorofórmio-metanol 2:1 (v/v).

Técnica

a. Num balão volumétrico de 50mL, adicionar 16mL de metanol.
b. Pipetar 2mL de soro (1mL, caso esteja lipêmico), com agitação constante.
c. Adicionar 16mL de clorofórmio e aquecer até a fervura, em banho a vapor.
d. Esfriar e diluir até 50mL com clorofórmio. Homogeneizar por inversão e filtrar, rapidamente, através de papel de filtro Whatman nº 1 ou similar.
e. Transferir 40mL do filtrado para um béquer de 100mL. Lentamente, adicionar água até alcançar cerca de 1cm da borda superior do béquer. Cuidadosamente, transferir o béquer para dentro de um béquer de 1.000mL e, neste, adicionar água até 2,5cm do topo. O béquer de 100mL deverá ficar completamente imerso na água, fazendo com que o metanol e outras substâncias hidrossolúveis se difundam para a fase aquosa, deixando os lipídeos na camada clorofórmica e na interface. Deixar, em repouso, por uma noite.
f. Aspirar, cuidadosamente, a água do béquer de 1.000mL e depois a do béquer de 100mL. Tomar o máximo de cuidado para não mexer na interface. Uma pequena quantidade de água pode permanecer no béquer.
g. Evaporar o solvente até a secura em banho a vapor, com o auxílio de uma corrente de ar seco ou nitrogênio. Pode-se adicionar metanol, para ajudar a evaporação da água.
h. Dissolver o resíduo com 2mL da mistura clorofórmio-metanol quente e filtrar, através de um filtro de vidro com placa porosa, para um frasco seco e tarado, de 15mL. Lavar o béquer quatro vezes sucessivas com 2mL da mistura clorofórmio-metanol e juntar os líquidos de lavagem, filtrados, no mesmo frasco de 15mL.
i. Evaporar o solvente num banho de vapor com ajuda de ar seco ou nitrogênio, até a secura. Limpar a superfície externa do balão.
j. Transferir o balão para um dessecador, contendo cloreto de cálcio anidro e deixar, em repouso, por uma noite, sob vácuo.
k. Pesar com aproximação de 0,1mg. Subtrair o peso do frasco, para obter o peso dos lipídeos.
l. Cálculo.

Nos 40mL da diluição da amostra 2/50, a quantidade de soro existente é 1,6mL. Portanto:

$$P \times \frac{100}{1{,}6} \text{ ou } P \times 62{,}5 = \text{mg de lipídeos totais/dL}$$

onde P = peso dos lipídeos em mg.

Caso tenha utilizado ImL de soro, multiplicar o resultado por 2.

Notas

a. O resíduo final contém nitrogênio equivalente a 3mg/dL e cloretos, como cloreto de sódio, equivalente a 17mg/dL. Entre os compostos nitrogenados, estão presentes os aminoácidos, a ureia e o ácido úrico.
b. A precisão do método é de 5%.

Valores de referência para lipídeos totais

Soro ou plasma	
Recém-nascidos	100 a 250mg/dL
Acima de 1 ano	450 a 1.000mg/dL

MÉTODO DE SULFOFOSFOVANILINA

Fundamento

Os compostos insaturados reagem com o ácido sulfúrico para produzir o íon "carbonium". Este íon reage com o grupo carbonila da fosfovanilina, produzindo um composto colorido que é estabilizado por ressonância.

Amostras biológicas

Soro ou plasma com EDTA, sem hemólise, colhidos após 12 horas de jejum.

Reativos

a. Reativo cromogênico.

Dissolver 152mg de vanilina p.a. em 76mL de ácido fosfórico a 85% e completar a 100mL com água destilada. Guardar em frasco escuro.

Estável por um ano, à temperatura ambiente.

b. Solução padrão de lipídeos 1.000mg/dL.

Dissolver 1g de trioleína, em álcool etílico, até perfazer 100mL.

c. Ácido sulfúrico concentrado.

Técnica

a. Marcar dois tubos, A (Amostra) e P (Padrão), e pipetar:
   tubo A: 0,05mL da amostra.
   tubo P: 0,05mL do padrão de lipídeos.
b. Adicionar, em ambos os tubos, 2mL de ácido sulfúrico concentrado, agitar bem e colocar em banho de água fervente, por 10 minutos. Esfriar à temperatura ambiente.
c. Marcar outros tubos, B (Branco), A (Amostra) e P (Padrão), e pipetar:
   Branco: 0,1 mL de ácido sulfúrico concentrado.
   Amostra: 0,1mL da mistura do tubo A.
   Padrão: 0,1mL da mistura do tubo P.
d. Adicionar, a todos os tubos, 2mL do reativo cromogênico e misturar bem. Incubar, a 37°C, por 5 minutos, esfriar e ler as absorbâncias em 530nm, zerando o aparelho com o branco.
e. Cálculo

$$\frac{\text{Absorbância da Amostra}}{\text{Absorbância do Padrão}} \times 1.000 = \text{mg de lipídeos totais/dL}$$

Notas

a. A reação segue a lei de Beer até 1.200mg/dL.

Para valores maiores, diluir o soro com salina e repetir a dosagem. Multiplicar o resultado final pelo fator da diluição.

b. Conservar o reativo cromogênico ao abrigo da luz. O aparecimento, com o decorrer do tempo, de uma leve cor, não interfere na reação.
c. Evitar a evaporação do padrão, conservando-o em geladeira. Antes do uso, esperar atingir a temperatura ambiente.
d. Detergentes e álcoois com caderno maiores que 2 átomos de carbono podem interferir nas determinações, produzindo resultados falsamente elevados.

Valores de referência

Ver o método anterior.

OBSERVAÇÕES

a. Estudos efetuados em soros conservados à temperatura de 25°C, indicaram uma diminuição no teor de lipídeos totais de 5% e 10%, no terceiro e no sexto dia, respectivamente. Acredita-se que as diminuições sejam devidas à perda de glicerol e ácidos graxos voláteis formados após hidrólise dos ésteres.
b. As amostras devem ser conservadas no refrigerador, onde são estáveis por 24 horas.
c. Quando se tem o perfil lipídico de um soro, a exatidão das determinações pode ser conferida por:
   Lipídeos totais = (1,5037 x colesterol total) + + fosfolipídeos + triglicerídeos.
d. Valores aumentados podem ser encontrados na gravidez, no diabetes, no hipotireoidismo, na glomerulonefrite crônica, na icterícia obstrutiva.
e. Valores diminuídos podem ser encontrados no hipertireoidismo, nas infecções agudas, nas anemias graves e nas hipolipoproteinemias.

NEFA (Ácidos Graxos Livres)

Os ácidos graxos livres figuram na dieta em pequeno número e a fração maior apresenta-se incorporada aos lipídeos mais complexos, principalmente nos triglicerídeos e fosfatídeos.

Os depósitos de gordura humanos contêm cerca de 25% de ácido palmítico, 50% de ácido oléico, 8% de ácidos graxos polinsaturados com 18 átomos de carbono (principalmente, ácido linoléico e linolênico), 2% de ácidos altamente polinsaturados, 6% de ácido esteárico e 7% de acidopalmitoléico. A composição destes depósitos é consideravelmente influenciada pela dieta gordurosa.

MÉTODO DE REGOUN, MODIFICADO

Fundamento

Após extração dos ácidos graxos livres, pela ação da mistura reagente, há formação de um sabão de cobre e o metal é medido pela reação com o dietilditiocarbamato de sódio em butanol secundário.

Amostras biológicas

Soro ou plasma heparinizado sem hemólise. Após jejum de 12 horas.

Reativos

a. Líquido extrator

Misturar 280mL de clorofórmio, 210mL de heptano e 100mL de metanol.

b. Solução de nitrato de cobre 0,5M.

Pesar 120,7g de nitrato de cobre ($Cu(NO_3)_2 \cdot 3H_2O$) e dissolver, em água destilada, até completar 1.000mL.

c. Solução de trietanolamina IM.

Dissolver 149g de trietanolamina e dissolver, em água destilada, até completar 1.000mL.

d. Solução de hidróxido de sódio 2,5N.

Dissolver 100g de hidróxido de sódio, em água destilada, até completar 1.000mL.

e. Mistura reagente

Misturar 10mL da solução de nitrato de cobre 0,5M, 10mLde trietanolamina IM, 1,4mLde hidróxido de sódio 2,5N e água destilada até completar 100mL de solução.

Dissolver na mistura, 3,5g de cloreto de sódio a uma temperatura de 25 a 30°C e ajustar o pH a 8,1. Esta solução é estável, por uma semana, quando conservada no refrigerador.

f. Reativo cromogênico.

Pesar 100mg de dietilditiocarbamato de sódio e dissolver, em butanol secundário, até completar 100mL. O reativo deve ser preparado no dia do uso.

g. Solução de ácido palmítico.

Dissolver 512mg de ácido palmítico e dissolver, em clorofórmio, até completar 1.000mL.

Técnica

a. Marcar três tubos de centrífuga, munidos de tampa esmerilhada, B (Branco), P (Padrão) e A (Amostra), e pipetar:
   Branco: 0,3mL de água destilada.
   Padrão: 0,3mL de padrão.
   Amostra: 0,3mL de soro.
b. Adicionar 7mL do líquido extrator. Agitar os tubos bem tampados por 5 minutos. Centrifugar, a 3.000rpm, por 5 minutos.
c. Marcar outros 3 tubos, B, P e A, e pipetar 5mL da fase orgânica. Adicionar a todos eles, 2mL da mistura reagente. Agitar por 2 minutos e centrifugar, durante 5 minutos, a 3.000rpm.
d. Marcar outros três tubos. B, P e A, e colocar 3mL dos respectivos sobrenadantes e 0,5mL do reativo cromogênico em todos eles.
e. Agitar e ler as absorbâncias em 435nm, ajustando o zero do aparelho com água destilada.
f. Cálculo.

$$\frac{\text{Absorbância da amostra - Absorbância do branco}}{\text{Absorbância do padrão - Absorbância do branco}} \times 2 = \text{mEq de NEFA/L}$$

Notas

a. É muito utilizada a dosagem dos ácidos graxos livres no plasma heparinizado. No entanto, pode-se utilizar soro, desde que se separe do coágulo rapidamente e se processe a extração antes de 3 horas após a coleta.
b. A 25-30°C, observa-se um aumento de 16% na concentração dos ácidos graxos livres, após 6 horas de 38 a 50%, após 24 horas.
c. De 0 a 10°C, o aumento após 6 horas é de 2% e de 12 a 25%, após 24 horas.
d. Alguns autores afirmam que a amostra congelada é estável várias semanas; outros, porém, afirmam haver aumento de 12 a 50%, após 24 horas.
e. Os extratos em solventes orgânicos refrigerados são estáveis durante vários dias. O aumento deve ser proveniente da liberação dos ácidos graxos, por conversão da lecitina a isolecitina, catalisada pela lecitinase A.
f. A mistura reagente deve ser preparada sempre da mesma forma. Além do pH, da concentração da trietanolamina e do cobre, a concentração de cloreto de sódio também influi, significativamente. Em baixas concentrações de cloreto de sódio, grande quantidade de complexo formado de cobre-ácido graxo fica na camada aquosa, dando leituras mais baixas. É recomendado dissolver o cloreto de sódio em temperaturas de 25 a 30°C.
g. O reativo cromogênico, quando preparado antecipadamente, dá leituras fotométricas mais baixas.
h. A estabilidade da cor da reação parece ser constante, no mínimo, por 20 minutos.
i. O ácido láctico e os fosfolipídeos, que podem ser extraídos pelos solventes do líquido extrator, causam resultados falsamente elevados.
j. Concentrações muito elevadas de ácido acético, acetoacético e β-hidroxibutírico interferem, dando, também, resultados falso-positivos.

k. A anfetamina, a cafeína, a adrenalina, o etanol, o hormônio de crescimento, a lecitina e os anticonceptivos orais podem aumentar a concentração dos ácidos graxos livres.
l. Podem ocorrer diminuição por interferência do acetoacetato, dos aminoácidos, da asparaginase, da aspirina, dos citratos e da neomicina, entre ambos.
m. A recuperação na técnica descrita é de aproximadamente 99% e a precisão de cerca de 5%.

Valores de referência para ácidos graxos livres

0,1 a 0,6mEq/L

OBSERVAÇÕES

a. Há aumento dos ácidos graxos livres na inanição, anemia grave e glomerulonefrite, bem como na restrição de glicídeos.
b. Pode ocorrer aumento nas hiperlipemias dos tipos IV e V, no entanto, não é obrigatório no quadro bioquímico destes tipos.
c. Há diminuição dos ácidos graxos livres com a administração de glicose ou de insulina e aumento no diabetes, na fome, no aumento da secreção dos corticóides e de hormônios da tireóide.
d. Durante grande esforço físico, inicialmente há uma diminuição dos ácidos graxos livres, pois há captação destes pelos músculos para fornecimento de energia. No final do esforço, há aumento dos ácidos graxos livres, o que indica uma mobilidade das reservas adiposas.

Triglicerídeos

Os triglicerídeos ou gorduras neutras são formados por 3 ácidos graxos unidos ao glicerol por ligação e se constituem, na maior parte dos lipídeos encontrados nas pré-betalipoproteínas e nos quilomícrons.

Os triglicerídeos podem ser hidrolisados por meio de ácidos e bases fortes ou por meio de enzimas (lipases). Após liberação do glicerol, geralmente, é efetuada a sua determinação.

A concentração de triglicerídeos é baseada no conteúdo de glicerol.

MÉTODO DE SOLONI, MODIFICADO

Fundamento

Os triglicerídeos são extraídos seletivamente com uma mistura de Varsol e isopropanol, por inversão de fases. Posteriormente, sofrem transesterificaçâo pelo etóxido de sódio, dando glicerol, que é oxidado a formaldeído, pelo metaperiodato de sódio. O formaldeído resultante reage com a acetilacetona, em presença de amônia, formando um complexo de cor amarela (3,5-diacetil-1,4 diidrolutidina), que é medido, fotometricamente.

Amostras biológicas

Soro ou plasma (EDTA), sem hemólise, colhidos após jejum de 12 horas.

Reativos

a. Líquido extrator.

Misturar 336mL de Varsol (ESSO) e 591mL de isopropanol. Agitar bem e adicionar 73mL de ácido sulfúrico 2N, lentamente. Caso o líquido turve, aquecer ligeiramente a 37°C.

b. Transesterificante.

Dissolver 1,2g de sódio metálico, cuidadosamente, em 10mL de etanol absoluto e adicionar butanol secundário até o volume de 100mL.Conservar à temperatura ambiente.

c. Oxidante.

Dissolver 86mg de metaperiodato de sódio em 100mL de ácido sulfúrico 0,7N. Conservar em refrigerador.

d. Reagente cromogênico.

Dissolver 77g de acetato de amônio, 4,9g de arsenito de sódio e 4mL de acetilacetona, em água destilada, até volume final de 1.000mL.Conservar no refrigerador, em frasco escuro.

e. Solução padrão de 200mg/dL.

Diluir 200mg de trioleína p.a. em isopropanol até volume final de 100mL. Guardar, no refrigerador, em frasco bem tampado, para evitar evaporação.

Técnica

a. Em três tubos de ensaio marcados B (Branco), P (Padrão) e A (Amostra), pipetar:
tubo B: 0,5mL de água destilada.
tubo P: 0,25mL do padrão.
tubo A: 0,25mL da amostra.
b. Nos tubos A e P, adicionar 0,25mL de água destilada.
c. Agitar, fortemente, o líquido extrator. Caso haja turvação, aquecer ligeiramente a 37°C e agitar bem. Adicionar, a todos os tubos, com uma pipeta bem seca, 2mL deste líquido extrator.
d. Agitar, vigorosamente, durante 30 segundos. Deixar em repouso até separação das fases.
e. Passar para outros três marcados B (Branco), P (Padrão) e A (Amostra), 0,1mL dos respectivos sobrenadantes. Pipetar diretamente no fundo dos tubos.

f. Adicionar 2 gotas de transesterificante, em todos eles, misturar e colocar num banho-maria a 55-65°C, durante 10 minutos.
g. Mantendo sempre os tubos no banho-maria, adicionar 0,5mL do oxidante em cada tubo. Misturar bem, manter por mais 10 minutos e acrescentar 5mL do reagente cromogênico. Misturar suavemente, por inversão, e deixar os tubos no banho por mais 10 minutos. O nível de água deve ser superior ao nível dos reagentes nos tubos.
h. Esfriar e ler as absorbâncias em 410nm ou com filtro azul, ajustando o zero do aparelho com o branco.
i. Cálculo.

$$\frac{\text{Absorbância da Amostra}}{\text{Absorbância do Padrão}} \times 200 = \text{mg de triglicerídeos/mL}$$

Notas

a. Não introduzir pipetas molhadas no líquido extrator.
b. Tempos maiores aos indicados na fase de incubação não interferem na reação.
c. Caso não haja separação das camadas, na fase de extração, inverter o tubo 2 ou 3 vezes e esperar.
d. Caso haja formação de emulsão no produto final, centrifugar, antes de ler.
e. Manter sempre o nível de água superior ao nível dos reagentes.
f. Conforme a turbidez da amostra, diluir a amostra com solução fisiológica e multiplicar o resultado final pelo fator de diluição.
g. Valores superiores a 250mg/dL podem fugir à faixa útil de leitura. Nestes casos, diluir o produto corado e o branco com água destilada, fazer nova leitura e multiplicar o resultado final pelo fator de diluição. Isto é permitido até 1.200mg/dL.
h. A cor final é estável por 3 horas.
i. O excesso de albumina pode ocasionar resultados baixos, por diminuir a solubilidade dos triglicerídeos nos solventes.
j. O padrão pode ser constituído por óleo de milho do tipo Mazola.
k. Embora 6,5% dos triglicerídeos dá amostra se percam durante o processo, os resultados não são afetados, pois esta perda é compensada pelo uso de padrão.
l. A recuperação do método é de 97 a 102% e o coeficiente de variação de 5%.
m. Evitar contaminações com formaldeído. Não utilizar tampas de baquelite nos frascos contendo os reativos.
n. Os reativos são estáveis por um ano, caso se tomem todos os cuidados técnicos.

Valores de referência para triglicerídeos (método de Soloni, modificado)

a. Soro ou plasma

Idade	*Triglicerídeos em mg/dL*
Até 29 anos	até 140
30 a 39 anos	até 150
40 a 49 anos	até 160
50 a 59 anos	até 190

Para obter valores em mmol/L:
mg/dL x 0,01143= mmol/L.

MÉTODO ENZIMA TICO

Fundamento

O glicerol dos triglicerídeos é liberado da molécula, através da ação das enzimas lipase e esterase. Posteriormente, ele é determinado pelas seguintes reações:

$$\text{Glicerol} + \text{ATP} \xrightarrow{\text{glicerol quinase}} \text{glicerol-3-fosfato} + \text{ADP}$$

$$\text{ADP} + \text{fosfoenolpiruvato} \xrightarrow{\text{fosfoquinase}} \text{ATP} + \text{piruvato}$$

$$\text{Piruvato} + \text{NADH} + H^{+} \xrightarrow{\text{lactato-desidrogenase}} \text{Lactato} + NAD^{+}$$

A quantidade de glicerol presente é proporcional ao decréscimo em absorbância do NADH.

Amostras biológicas

Soro ou plasma, sem hemólise, colhidos após jejum de 12 horas.

Reativos

a. Reativo tampão I

Tampão fosfato pH 7,0	50mmol/L
Sulfato de magnésio	4mmd/L
Dodecilsulfato de sódio	0,35mmol/L

b. Reativo II

NADH	10mmol/L
ATP	22mmol/L
Fosfoenolpiruvato	18mmol/L

Estável por 2 semanas, a 4°C

c. Reativo III

Lactato-desidrogenase	> 300 U/mL
Piruvatoquinase	> 50 U/mL
Lipase	> 4.000 U/mL
Esterase	> 30 U/mL

d. Reativo IV

Glicerolquinase	> 150 U/mL

e. Mistura reativa
Misturar os reativos I, II e III na proporção 50:1:1, respectivamente. A quantidade dos reativos vai depender do número de dosagens. Estável por 8 horas, à temperatura ambiente ou por 30 horas, a 4°C.

Técnica

a. Em duas cubetas espectrofotométricas, de 1cm de espessura, marcadas como A (Amostra) e BR (Branco do Reativo), pipetar 2,5mL da mistura reativa.
b. Pipetar 0,05mL da amostra no Tubo A e 0,05mL de água destilada no tubo BR. Misturar por inversão e deixar em repouso, por 10 minutos, a 20-25°C.
c. Ler as absorbâncias, em 340nm, zerando o aparelho com água destilada. Serão as leituras A_1 e BR_1.
d. Adicionar 0,01mL do Reativo IV nas duas cubetas.
e. Misturar novamente por inversão e deixar em repouso por aproximadamente 10 minutos e voltar a ler as absorbâncias, em 340nm, contra água destilada. Serão as leituras A_2 e BR_2.
f. Cálculo

BR = Absorbância do Branco de Reativos $= BR_1 — BR_2$

A = Absorbância da Amostra $= A_1 — A_2$
(A - BR) x 711 = mg de triglicerídeos/dL

Notas

a. A leitura BR correspondente ao branco de reativos pode ser determinada apenas uma vez e subtraída, a cada vez, da leitura obtida para a amostra. Repetir com cada lote de reativos.
b. Para a correção do glicerol livre, subtrai-se 10mg de triglicerídeos por dL, do valor total.
c. O limite de diluição corresponde à leitura de amostra igual a 0,800. Para concentrações superiores, fazer uma diluição 1/10 com solução fisiológica, repetir a determinação e multiplicar o resultado obtido por 10.
d. O plasma pode ser colhido com o uso de EDTA ou heparina.
e. A vidraria deve estar bem limpa, isenta de gorduras e glicerol.
f. Pode-se utilizar padrões conhecidos de triglicerídeos e preparar uma curva de calibração.

Valores de referência para triglicerídeos (método enzimático)

Soro ou plasma

Suspeito	a partir de 150mg/dL
Elevado	a partir de 200mg/dL

Para obter os valores em mmol/L:
mg/dL x 0,01143 = mmol/L

OBSERVAÇÕES

a. Os triglicerídeos séricos são estáveis por 3 dias a 4°C. Homogeneizar a amostra antes de analisá-la. Não congelar.
b. Na mesma idade, os níveis são maiores nos homens do que nas mulheres. Estes níveis não são afetados no ciclo menstrual, porém, estão aumentados na gravidez.
c. O uso de anticonceptivos orais provoca aumento em cerca de 45%.
d. A concentração dos triglicerídeos aumenta após as refeições atingindo, geralmente, a concentração máxima após 3 horas.
e. É esta fração de lipídeos que, quando em concentrações aumentadas, produz e lactescência do soro.
f. Há aumento dos triglicerídeos pela interferência bacteriana, dos estrógenos, do álcool, da sacarose e do tabagismo.
g. Há diminuição da concentração dos triglicerídeos por interferência de substâncias como a asparaginose, glucagon e heparina por via endovenosa.
h. O aumento dos triglicerídeos ocorre na hiperlipemia essencial, na moléstia de estocagem de glicogênio, no diabete melito, na síndrome nefrótica e na cirrose hepática.

Carotenóides

Os carotenóides são normalmente transportados com lipoproteínas em forma de complexos. Eles formam um grupo de compostos que são os maiores precursores da vitamina A, no homem.

MÉTODO DE KOLMER

Fundamento

Após a quebra das cadeias formadas pelos carotenóides, com a adição do etanol, os pigmentos são extraídos com éter de petróleo. A absorbância é lida em 420nm e a concentração é determinada tendo como referência um padrão de dicromato de potássio.

Amostra biológica

Soro.

Reativos

a. Etanol a 95%.
b. Éter de petróleo P.E 35-60°C.
c. Padrão artificial de caroteno.

Dissolver 200mg de dicromato de potássio ($K_2Cr_2O_r$) em cerca de 500mL de água destilada. Completar para 1.000mL,com água destilada. Corresponde a 1,12 µg de carotenóides/mL.

Técnica

a. Em dois tubos de ensaio, pipetar 1mL de soro, ImL de etanol a 95% e 2mL de éter de petróleo.
b. Fechar os tubos com rolhas recobertas com "Parafilm" e misturar, vigorosamente, por 5 minutos.
c. Destampar e selar os tubos com "Parafilm". Centrifugar, por 5 minutos, a 2.000-2.500 rpm.
d. Cuidadosamente, retirar o éter de petróleo dos dois tubos e misturar em uma cubeta de leitura. Deixar tampada, para evitar evaporação.
e. Ler a absorbância, em 420nm, zerando o aparelho com éter de petróleo.
f. Ler, também, a absorbância do padrão de dicromato de potássio, em 420nm, zerando o aparelho com água destilada.
g. Cálculo.

$$\frac{\text{Absorbância da Amostra}}{\text{Absorbância do Padrão}} \times 224 = \mu g \text{ de carotenóides/dL}$$

Nota

O soro deve estar livre de hemólise, protegido da luz e colhido em jejum.

Valores de referência para carotenóides

Soro
40 a 300 µg/dL.

OBSERVAÇÕES

a. A determinação de carotenóides no soro são úteis para investigar pacientes com possível síndrome de má-absorção.
b. Valores diminuídos são encontrados, além da esteatorréia e dieta pobre, nas doenças hepáticas e na febre alta.
c. Valores aumentados são encontrados no hipotireoidismo, diabetes, hiperlipidemia e excesso de ingestão de caroteno (cenoura).

COMPONENTES GLICIDICOS

Glicose

Vários métodos foram propostos para a determinação de glicose. No início, basicamente, era utilizado o seu poder redutor. Como decorrer dos anos, várias técnicas neste sentido foram desenvolvidas. Os oxidantes mais empregados foram os íons cobre e os íons ferricianeto; ambos, em meio alcalino.

Naturalmente, estes métodos sofrem interferências de outros agentes redutores, presentes na amostra, o que determina a falta de especificidade para a análise em questão.

Outros métodos, aonde a glicose reage diretamente com certas substâncias orgânicas, foram desenvolvidos. Destas substâncias, a ortotoluidina é a mais utilizada.

Posteriormente, os métodos enzimáticos foram surgindo e colocados em prática. Como exemplo, podemos citar o método de glicose-oxidase e o método da hexoquinase.

MÉTODO DA ORTOTOL UIDINA

Fundamento

A glicose reage especificamente com a ortotoluidina, a quente e em presença de ácido acético glacial, dando lugar a uma mistura, em equilíbrio, de uma glicosilamina e a correspondente base de Schiff: A intensidade da cor verde é medida, fotometricamente.

Amostras biológicas

Soro, plasma, urina, líquor e outras.

Reativos

a. Reativo cromogênico

Num frasco de 2.000mL, colocar 1,5g de tiouréia, acrescentar 940mL de ácido acético glacial e 60mL de ortotoluidina. Misturar até completa dissolução e guardar em frasco escuro. A temperatura ambiente, é estável por 12 meses e, em geladeira, por 24 meses.

b. Solução padrão de glicose.

Pesar, exatamente, 1g de glicose e dissolver em 800mL de água destilada. Adicionar 1g de ácido benzóico e diluir até completar 1.000mL. Estável por um ano, quando conservada em geladeira.

Técnica direta

a. Marcar 3 tubos, B (Branco), P (Padrão) e A (Amostra), e pipetar:
   Branco: 0,05mL de água destilada.
   Padrão: 0,05mL do padrão.
   Amostra: 0,05mL da amostra.
b. Colocar, em todos os tubos, 2,5mL do reativo cromogênico e agitar bem.
c. Colocar os tubos, em banho fervente, durante 10 minutos.
d. Esfriar em água corrente por 2 a 3 minutos e ler as absorbâncias, em 630nm ou filtro vermelho, acertando o zero do aparelho com o branco.
e. Cálculo.

$$\frac{\text{Absorbância da Amostra}}{\text{Absorbância do Padrão}} \times 100 = \text{mg de glicose/dL}$$

Técnica com desproteinizaçao para sangue total

a. Em um tubo contendo 1,9mL de ácido tricloroacético (TCA) a 10%, colocar 0,1 mL da amostra. Agitar e centrifugar, durante 5 minutos, a 2.500 rpm.
b. Marcar 3 tubos, B (Branco), P (Padrão) e A (Amostra), e pipetar:
   Branco: 0,5mL de TCA a 10%.
   Padrão: 0.5mL de uma diluição de 0,1 mL do padrão e 1,9mL de TCA a 10%.
   Amostra: 0.5mL do sobrenadante.
c. Adicionar, em todos os tubos, 2,5mL do reativo cromogênico e agitar bem.
d. Colocar todos os tubos em banho fervente, durante 10 minutos.
e. Esfriar em água corrente, por 2 a 3 minutos, e efetuar as leituras, em 630nm ou com filtro vermelho, zerando o aparelho com o branco.
c. Cálculo.

$$\frac{\text{Absorbância da Amostra}}{\text{Absorbância do Padrão}} \times 100 = \text{mg de glicose/dL}$$

Notas

a. A urina e o liquor podem seguir a metodologia direta para o soro ou plasma.
b. A hemoglobina até 350mg/dL e a bilirrubina até 20mg/dL não interferem no método sem desproteinização. Quantidades maiores dão erros positivos para a hemoglobina e negativos para a bilirrubina.
c. A lactose e a galactose, presentes em casos de gravidez e durante a lactação ou em casos raros de galactosemia infantil, respectivamente, podem reagir com a ortotoluidina. A manose também reage.
d. Os sucedâneos plasmáticos, tipo polidextrana, interferem na reação, provocando turvação na reação final. Nestes casos, desproteinizar, substituindo o TCA por etanol.
e. Toda a vidraria deve estar perfeitamente limpa e seca, pois a reação é sensível à umidade.
f. É importante o uso de ortoluidina, a mais incolor possível. A adição de tiouréia como antioxidante confere ao reativo uma cor ligeiramente amarelada. A absorbância desta solução frente a um branco de ácido acético não deve ser superior a 0,015.
g. É recomendável não desproteinizar com ácido perclórico. O resfriamento, em água muito fria, pode provocar turvação.
h. É importante que a ebulição não se interrompa por tempo maior que um minuto. O nível de água no banho deve ser superior ao dos reagentes e, no momento da colocação dos tubos, a água já deverá estar fervendo.
i. A reação segue a lei de Beer até 1.500mg/dL. Quandoosvaloresforemmaioresque300mg/dL. diluir a solução final com o reativo de cor, efetuar novamente as leituras e calcular, multiplicando o resultado final pelo fator de diluição. Determinar, desta maneira, até 1.500mg/dL.
j. Somente os métodos da ortotoluidina e da hexoquinose fornecem resultados exatos para a glicose urinária, em concentrações inferiores a 0,2g/dL.

Valores de referência para glicose (método ortotoluidina).

a. Soro e plasma.
   70 a 110mg/dL.
b. Sangue total.
   60 a 100mg/dL.
c. Liquor
   40 a 70mg/dL.
d. Urina.
   até 30mg/dL ou até 0,25g/24 horas.
   Para obter valores em mmol/L:
   mg/dL x0,0555 = mmol/L.

MÉTODO DA GLICOSE-OXIDASE

Fundamento

A glicose é oxidada enzimaticamente, pela glicose-oxidase, em ácido glucônico e água oxigenada. A água oxigenada em presença de peroxidase produz a copulação oxidativa do fenol com a 4-aminofenazona, dando lugar à formação de um cromógeno vermelho-cereja, que é medido fotometricamente.

A reação segue o esquema:

Glicose + O_2 + H_2O $\xrightarrow{GOD}$ ácido glucônico + + H_2O_2 $2H_2O_2$ + 4-aminofenazona +

+ Fenol $\xrightarrow{POD}$ 4-(p-benzoquizona-monoimino) -fenazona +$4H_2O$

Amostras biológicas

Soro, plasma ou liquor. Evitar hemólise.

Reativos

a. Reativo cromogênico (concentração no sistema).

Tampão Tris	46mmoles/L pH = 7,0
GOD	> 3.000U/L
POD	> 400U/L
4-aminofenazona	1,25mmoles/L
Fenol	2,75mmoles/L

Estável por um mês, no refrigerador.

b. Solução padrão de glicose.
Constituída de uma solução contendo 100mg/dL.

Técnica

a. Em três tubos marcados, B (Branco), P (Padrão) e A (Amostra), pipetar:
tubo P: 0,02mL do padrão de glicose.
tubo A: 0,02mL da amostra.
b. Adicionar 2,5mL do reativo cromogênico nos 3 tubos.
c. Misturar e incubar, a 37°C, por 10 minutos.
d. Retirar do banho e ler as absorbâncias, em 505nm ou com filtro verde, zerando o aparelho com o branco.
e. Cálculo.

$$\frac{\text{Absorbância da Amostra}}{\text{Absorbância do Padrão}} \times 100 = \text{mg de glicose por 100 mL}$$

Notas

a. O controle de tempo e da temperatura de incubação não são críticos, podendo oscilar entre 10 a 12 minutos, e entre 37 2ºC, respectivamente.
b. O nível de água no banho deve ser superior ao dos reativos para a correta incubação.
c. O aparecimento de leve cor rósea na solução cromogênica não afeta os resultados.
d. A cor do produto final é estável por 60 minutos.
e. A reação segue a lei de Beer até 450mg/dL. Para valores superiores, diluir ao meio o produto corado final com o reativo cromogênico, efetuar as leituras, novamente, e multiplicar o resultado por 2.
f. Utilizar material bem limpo, pois contaminações poderão acarretar falsos resultados.

Valores de referência para glicose (método da Glicose-oxidase)

a. Soro ou plasma.
70 a 110mg/dL
b. Liquor
40 a 74mg/dL.
Para obter valores em mmol/L:
mg/dL x 0,0555 = mmol/L.

OBSERVAÇÕES

a. A determinação da glicemia deve ser realizada imediatamente após a coleta do sangue, pois há destruição enzimática da glicose sanguínea pelas hemácias e pelos leucócitos. Esta destruição é máxima a 37°C, e nem mesmo em amostras congeladas, a glicólise é inibida. Centrifugar o sangue dentro de 30 minutos após a colheita. Caso contrário, utilizar fluoreto como conservador (1mg/mL de sangue).
b. Para a urina, devemos evitar a contaminação bacteriana. Geralmente, é utilizada, como amostra, a urina de 24 horas preservada com 5mL de ácido acético glacial, colocado no frasco antes de iniciar a coleta. Utilizar o método da ortoluidina.
c. Fisiologicamente, a glicose está presente na urina em quantidades inferiores a 0,25g por 24 horas.

Valores superiores não indicam, de forma conclusiva, a existência de diabete melito, o qual só é comprovado pela curva glicêmica. Quando a glicemia e a curva glicêmica apresentarem valores normais, estaremos diante de uma glicosúria renal. Isto pode ocorrer no diabete renal hereditário, com reabsorção tubular menor que 200mg/minuto, quando o normal é de 350mg/minuto, de transmissão autossômica dominante. Pode também ser adquirido nos casos de nefrite, nos estados de choque com comprometimento renal, nas intoxicações por monóxido de carbono, sais de urânio e cianetos, na glicosúria da gravidez, após infecções, após infarto do miocárdio, na meningite ou após administração de morfina, estricnina, cafeína e curare.

d. Encontramos aumento da glicemia, além do diabete melito, nas nefrites, no hipertireoidismo, nas doenças da supra-renal e nas doenças hipofisárias.
e. Encontramos hipoglicemia na neoplasia pancreática que afeta as ilhotas de Langerhans, no mal de Addison, no hipotireoidismo e no hiperinsulinismo.

Frutose

A frutose constitui a maior fonte de energia para os espermatozóides e é responsável pela mobilidade dos mesmos. É possível reativar a motilidade diminuída dos espermatozóides com um agregado de frutose. Apresenta correlação positiva com os níveis de testosterona, dependendo também da integridade do epitélio das glândulas vesiculares. Portanto, o nível de frutose no líquido seminal constitui um parâmetro indireto e pouco específico da produção de testosterona. Informa, também, sobre o estado funcional das glândulas vesiculares.

MÉTODO COLORIMÉTRICO EMPREGANDO A REAÇÃO DE SELIWANOFF

Fundamento

O método baseia-se na reação de Seliwanoff, na qual cetoses, sejam pentoses ou hesoxes, reagem com o resorcinol em condições drásticas de pH e temperatura, dando um composto de coloração vermelha, cuja intensidade é proporcional à concentração de frutose.

Amostra biológica

Esperma recente ou conservado em geladeira.

Reativos

a. A solução aquosa de resorcina a 1%.

Conservar na geladeira, em frasco escuro. Estável por um mês.

b. Solução aquosa de ácido clorídrico a 30% (v/v).
c. Solução aquosa padrão de frutose 500mg/100mL.

Esta solução deverá ser dividida em pequenas alíquotas e guardadas a -20°C, por período de 4 a 6 meses.

Técnica

a. Centrifugar o esperma, por 20 minutos, a 2.000 rpm. Utilizar o sobrenadante.
b. Em três tupos marcados, B (Branco), P (Padrão) e A (Amostra), pipetar:
   tubo B: 1mL de água destilada,
   tubo P: 0,8mL de água destilada e 0,2mL de padrão.
   tubo A: 0,8mL de água destilada e 0,2mL do sobrenadante.
c. Adicionar, em todos os tubos, 1mL da solução de resorcina e 3mL de ácido clorídrico a 30%. Agitar.
d. Colocar os tubos num banho de água fervente por 5 minutos.
e. Retirar os tubos e colocá-los num banho de gelo por 5 minutos.
f. Filtrar o conteúdo do tubo teste em papel de filtro Ederól, Whatman nº 42 ou similar.
g. Ler as absorbâncias, em 530nm, zerando o aparelho com o branco.
h. Cálculo.

$$\frac{\text{Absorbância da Amostra}}{\text{Absorbância do Padrão}} \times 500 = \text{mg de frutose/dL}$$

Notas

a. Quando a dosagem não é processada imediatamente, centrifugar o esperma, após a liquefação total e guardar o sobrenadante na geladeira. Caso o material fique a 37°C ou à temperatura ambiente, inicia-se a frutólise, pelos espermatozóides.
b. Após a manutenção do esperma a 37°C, por 5 horas, em frasco bem fechado, o material deverá apresentar concentrações de frutose inferiores à inicial, alcançando valores de 50% mais baixos, em média.
c. O método obedece à lei de Beer para leituras de 0,050 a 0,700.

Valores de referência para frutose

Esperma
150 a 350 mg/dL

OBSERVAÇÕES

a. A frutose espermática acha-se diminuída em todos os estados de deficiência de andrógenos, nas alterações inflamatórias das vesículas espermáticas e na oclusão dos canais eferentes das vesículas espermáticas.

b. Além disso, seu nível é tanto mais baixo quanto maior o número de espermatozóides do ejaculado.

Hemoglobina glicosilada

A Hemoglobina glicosilada é um constituinte normal do sangue humano. Em 1958, Schroeder e outros identificaram três componentes da hemoglobina. Estes componentes foram denominados HbA_{1a}, HbA_{1b} e HbA_{1C}, sendo este último considerado o principal. Por apresentarem mobilidade cromatográfica mais rápida do que a HbA, foram chamadas de "fração rápida". Estas substâncias foram denominadas, no conjunto, como hemoglobina glicolisada devido a apresentarem carboidratos em sua estrutura molecular.

Inicialmente, não foram encontradas funções fisiológicas específicas para a hemoglobina glicosilada até que foi verificado que havia um aumento de 2 a 3 vezes, em suas concentrações, nas pessoas diabéticas, quando comparadas com as pessoas não diabéticas.

De acordo com o estudo de sua biossíntese, a concentração da hemoglobina glicosilada no diabético deve ser proporcional à concentração média de glicose contida nas hemácias, durante determinado período de tempo.

A hemoglobina glicosilada possui uma vida média longa e reflete as concentrações de glicose, às quais as hemácias foram expostas. Portanto, a sua determinação pode nos dizer o nível médio da glicemia durante os dois últimos meses, sendo um indicador para o controle do diabete.

MÉTODO POR MICROCROMA TOGRAFIA, DE TRIVELLIE COLS.

Fundamento

Após a obtenção do hemolisado, o mesmo é submetido a uma microcromatografia em coluna, com a separação da fração rápida e da hemoglobina total.

Amostra biológica

Sangue total colhido com EDTA.

Reativos

a. Solução salina isotônica.

Dissolver 9g de cloreto de sódio, em água destilada, até completar 1.000mL de solução.

b. Tampão A

$NaH_2PO_4H_2O$	4,59g
Na_2HPO_4	1,18g
KCN	0,65g
Azida sódica	0,65g
Água destilada	qsp 1.000mL

O pH deverá ser 6,7

c. Tampão B

$NaH_2PO_4.H_2O$	14,35g
Na_2HPO_4	6,52g
Água destilada	qsp 1.000mL

O pH deverá ser 6,4.

d. Resina de troca iônica.

Poderão ser utilizadas as seguintes resinas:

Amberlite IRC-50, resina catiônica para adsorver preferencialmente cátions.

Carboximetilcelulose, com carga negativa que prende íons com carga positiva.

Bio Rex 70, 200 e 400 mesh, na forma sódica.

e. Preparo da coluna.

Equilibrar a resina com 2 a 5 volumes do tampão A, durante, no mínimo, 4 dias, com troca diária do tampão.

Preparar colunas com aproximadamente 10cm de altura, preencher as mesmas até a metade com a resina e equilibrar como descrita acima. Fechar as colunas, em sua parte superior, com rolha de borracha. Manter as colunas numa temperatura de 20 a 24°C.

Técnica para hemolisado

a. Lavar as hemácias com solução salina por duas vezes, após remover o plasma por centrifugação.
b. Hemolisar o lavado de células com o tampão 6,7 (cerca de um volume de células para seis volumes do tampão).
c. Centrifugar para remover resíduos em suspensão.

A concentração final do hemolisado em hemoglobina deve estar entre 15 a 30g/L.

Técnica cromatográfica

Executar todos os itens da técnica, entre 20 e 24°C.

a. Colocar a solução tampão A, na columa cromatográfica, em quantidade suficiente para cobrir a resina.

O mesmo deverá apresentar pH igual ao do tampão 6,7.

b. Colocar 0,05mL de hemolisado bem no centro da coluna.

c. Eluir com 1,5mL do tampão A. Recolher o eluato em um tubo marcado com FR (Fração Rápida).
d. Eluir agora com l,5mL do tampão B. Recolher em um tubo marcado Hb, correspondente â hemoglobina não glicosilada.
e. Diluir o eluato do tampão A para 3mL e o do tampão B para 15mL com os respectivos tampões.
f. Medir as absorbâncias, em 415nm, zerando o aparelho com água destilada.
g. Cálculo.

$$\frac{AFR}{^{A}FR^{+5}\,^{A}HB} = \%\ \text{Hb glicosilada,}$$

onde
^{A}FR = Absorbância da fração rápida.
^{A}HB = Absorbância da fração não glicosilada.

Notas

a. As eluições efetuadas com os tampões A e B deverão ter volumes exatamente iguais a l,5mL.
b. Respeitar rigorosamente a temperatura e os volumes indicados.
c. A presença de mais de 2% de hemoglobina fetal prejudica os resultados. As hemoglobinas S e C não interferem na mobilidade da fração rápida, mas na sua presença a técnica deve ser modificada como se segue: Não eluir a fração lenta, mas determinar a hemoglobina total por diluição de 0,5mL do hemolisado original em 15mL do tampão B, com leitura da absorbância, em 415nm, contra água destilada.

Calcular a concentração da hemoglobina glicosilada pela fórmula:

$$\frac{AFR}{5 \times A_{HB}\ \text{total}} = \%\ \text{Hb glicosilada}$$

Valores de referência para hemoglobina glicosilada

Foram encontrados os valores de 4,3 para hemácias jovens e 7,8 em hemácias velhas nos indivíduos normais.

Para pacientes diabéticos, os valores são respectivamente 6,8 e 12,7%.

São considerados como valores normais para este método, as cifras de 7 ± 2,9%. São considerados como valores diabéticos as taxas de 13 ± 2,3%.

COMPONENTES NITROGENADOS NÃO PROTÉICOS

Ácido úrico

O ácido úrico é o produto final mais importante do metabolismo das purinas no homem, em animais superiores e em cães.

As fontes de ácido úrico são duas: a endógena, a partir da destruição de tecidos do próprio organismo, e a exógena, proveniente da alimentação.

Os métodos de determinação do ácido úrico baseiam-se em métodos químicos e em métodos enzimáticos.

Os métodos químicos mais empregados são os que utilizam a reação de redução do ácido fosfotúngstico em meio alcalino.

Os métodos enzimáticos, por sua vez, baseiam-se na ação da uricase, que tem capacidade de transformar o ácido úrico em alantoína.

MÉTODO DE CARAWAY, MODIFICADO

Fundamento

O ácido úrico reduz, em meio alcalino, o fosfotungstato a azul de tungsténio, que é medido, fotometricamente.

Amostras biológicas

Soro ou urina.

Reativos

a. Reativo fosfotúngstico, estoque.

Dissolver, num balão de um litro, ao qual possa ser ajustado um condensador de refluxo, 40g de tungstato de sódio ($Na_2WO_4.2H_2O$) isento de molibdato, segundo Folin, em 300mL de água. Adicionar 32mL de ácido ortofosfórico a 85% e algumas pérolas de vidro. Adaptar o balão no condensador de refluxo e ferver, suavemente, por 2 horas. Deixar a solução esfriar até a temperatura ambiente e completar para 1.000mL, com água destilada. Dissolver, nesta solução, 32g de sulfato de lítio ($LiSO_4.H_2O$). Guardar, na geladeira, em frasco escuro. É estável indefinidamente.

b. Solução de carbonato de sódio a 14%.

Dissolver 70g de carbonato de sódio anidro em balão volumétrico de 500mL, contendo água destilada. Completar até a marca. Filtrar, caso apresente turvação. Guardar em frasco de polietileno.

c. Solução de ácido sulfúrico 2/3N.

Diluir 9,4mL de ácido sulfúrico concentrado, em água destilada, até completar 500mL.

d. Solução de tungstato de sódio.

Dissolver 10g de tungstato de sódio ($Na_2WO_4 \cdot 2H_2O$) em água destilada, até completar 100mL.

e. Solução estoque de ácido úrico com 100mg/dl.

Colocar em um balão volumétrico de 100mL, contendo 50mL de água destilada, 100mg de ácido úrico e 60mg de carbonato de lítio. Aquecer a mistura até 60°C, por cerca de 5 minutos, para dissolução completa. Deixar esfriar à temperatura ambiente.

Esta solução fica levemente turva. Adicionar 2mL de formaldeído a 40% e, em seguida, 2,5mL de ácido sulfúrico 1N, agitando sempre. Completar, a 100mL, com água destilada. Guardar em frasco escuro, bem fechado e na geladeira. É estável, pelo menos, por um ano.

f. Padrão diluído de ácido úrico.

Diluir 0,5mL da solução estoque de ácido úrico a 100mL, com água destilada. Quando guardada em geladeira, é estável por 2 semanas. Equivale, nesta técnica, a 5mg/dL.

Técnica para soro

a. Marcar um tubo de ensaio A (Amostra) e pipetar 4mL de água, 0,5mL de soro e 0,25mL da solução de ácido sulfúrico 2/3N. Misturar e adicionar 0,25mL da solução de tungstato de sódio. Agitar e centrifugar, durante 10 minutos, a 2.500rpm.
b. Marcar três tubos, B (Branco), P (Padrão) e A (Amostra) e pipetar.
   tubo B: l,5mL de água destilada.
   Tubo P: l,5mL do padrão diluído.
   tubo A: l,5mL do sobrenadante.
c. Adicionar, em todos os tubos, 0,5mL de carbonato de sódio a 14%. Misturar e esperar 10 minutos.
d. Adicionar, em todos os tubos, 0,5mL do reagente fosfotúngstico. Misturar e deixar, em repouso, por 15 minutos.
e. Ler as absorbâncias, em 700nm ou com filtro vermelho, acertando o zero do aparelho com o branco.
f. Cálculo.

$$\frac{\text{Absorbância da Amostra}}{\text{Absorbância do Padrão}} \times 5 = \text{mg do ácido úrico/dL}$$

Técnica para urina

a. Caso a urina se encontre turva, aquecer por 10 minutos, a 57°C, para dissolver uratos ou cristais de ácido úrico.
b. Diluir a urina 1/100, com água destilada.
c. Realizar o ensaio, igual â técnica para o soro, utilizando a diluição no lugar do sobrenadante, a partir do item 2.
d. Cálculo.

$$\frac{\text{Absorbância da Amostra}}{\text{Absorbância do Padrão}} \times 50 = \text{mg de ácido úrico/dL de urina}$$

$$\frac{\text{Volume de 24h (em mL) x mg/dL}}{100} = \text{mg de ácido úrico/24h}$$

Notas

a. Algumas substâncias podem reduzir o ácido fosfotúngstico, interferindo nos resultados, tais como: ergotamina, glutation, os fenóis, o ácido ascórbico, a glicose, a tirosina, o triptofano, a cistina e a cisteína. Como a maioria dessas substâncias estão presentes no interior das hemácias, não devemos utilizar o sangue total ou com hemólise para as análises.
b. Quando formos trabalhar com plasma, convém utilizarmos o oxalato de lítio, para evitar a precipitação de fosfotungstatos de sódio ou de potássio, que produzem turbidez.
c. A incubação de 10 minutos, após a adição de carbonato de sódio, impede a ação de outras substâncias redutoras como o ácido ascórbico.
d. As soluções devem ser preparadas com água destilada, isenta de cloro.
e. A reação é linear até 15mg/dL. Para valores maiores, diluir a amostra e repetir a dosagem. Multiplicar o resultado final pelo fator de diluição.
f. A recuperação é de 98% e a precisão é de 5%.

Valores de referência para ácido úrico (método de Caraway, modificado)

a. Soro

Homens	2,5 a 7mg/dL
Mulheres	1,5 a 6mg/dL

Para obter os valores em µmol/L:
mg/dL x 59,48 = µmol/L.

b. Urina.
250 a 750 mg/24h.

Para obter os valores em mmol/24h:
mg/24h x 0,005948 = mmol/24h.

MÉTODO ENZIMÁTICO DA URICASE (KAGEYAMA)

Fundamento

Por ação da uricase, o ácido úrico se desdobra em alantoína e peróxido de hidrogênio. Este oxida, com a ajuda da catalase, o metanol a formaldeído, que com a acetilacetona e íons amônio, dá uma coloração amarela, cuja intensidade é proporcional à concentração de ácido úrico.

Amostras biológicas

Soro ou urina.

Reativos

a. Reativo cromogênico.

Dissolver 10g de fosfato dibásico de amônio, 0,3mL de ácido fosfórico a 85%, 10mL de álcool metílico, 0,2mL de acetilacetona, 10mg de catalase e 2mg de uricase (2,82 unidades/mg), em água destilada, até um volume de 100mL e filtrar. Esta solução é estável, durante 10 dias, no refrigerador.

b. Reativo branco.

Dissolver 10g de fosfato dibásico de amônio, 0,3mL de ácido fosfórico a 85%, 10mL de álcool metílico, 0,2mL de acetilacetona e 10mg de catalase, em água destilada, até um volume de 100mL e filtrar. Esta solução é estável, durante 10 dias, no refrigerador.

c. Solução estoque de ácido úrico.

Num balão volumétrico de 100mL, colocar 100mg de ácido úrico puro e 80mg de carbonato de lítio e 15mL de água destilada. Aquecer a 60°C e uma vez dissolvido, esfriar e completar a 100mL com água destilada.

d. Padrão diluído de ácido úrico.

Diluir 10mL da solução estoque a 100mL, com água destilada.

Técnica para soro

a. Marcar 4 tubos, BP (Branco do Padrão), BA (Branco da Amostra), P (Padrão) e A (Amostra) e pipetar:
   tubo BP: 0,2mL do padrão diluído.
   tubo P: 0,2mL do padrão diluído.
   tubo BA: 0,2mL da amostra.
   tubo A: 0,2mL da amostra.
b. Acrescentar 3mL do reativo branco nos dois tubos, BP e BA e 3mL do reativo cromogênico nos outros dois tubos.
c. Misturar e levar todos os tubos ao banho-maria a 37°C e deixar por 70 minutos.
d. Esfriar em água corrente.
e. Ler as absorbâncias, em 410nm, zerando o aparelho com os respectivos brancos.
f. Cálculo.

$$\frac{\text{Absorbância da Amostra}}{\text{Absorbância do Padrão}} \times 10 = \text{mg do ácido úrico/dL}$$

Técnica para urina

a. Caso a urina se encontre turva, aquecer por 10 minutos, a 57°C, para dissolver uratos ou cristais de ácido úrico.
b. Diluir a urina 1:10, com água destilada.
c. Realizar o teste, utilizando a mesma técnica para o soro, pipetando a diluição, no lugar da amostra.
d. Cálculo

$$\frac{\text{Absorbância da Amostra}}{\text{Absorbância do Padrão}} \times 100 = \text{mg de ácido úrico/dL}$$

$$\frac{\text{Volume de 24h (em mL) x mg/dL}}{100} = \text{mg de ácido úrico/24h}$$

Notas

a. Em determinações em série, utilizando cubetas de sucção ou fluxo contínuo, é aconselhável medir todos os brancos da amostra e logo todas as amostras.
b. Pode ser utilizado plasma heparinizado.

Valores de referência do ácido úrico (método enzimático)

a. Soro

Homens	3,4 a 7mg/dL
Mulheres	2,4 a 5,7mg/dL

Para obter os valores em *μmol*/L, fazer:
mg/dL x 59,48 = μmol/L.

b. Urina
300 a 900 mg/24h.

Para obter os valores em mmol/24h:
mg/24h x 0,005948 = mmol/24h.

OBSERVAÇÕES

a. O soro mantém estável o teor de ácido úrico por 3 dias, conservado no refrigerador. Congelado, o soro é estável por 6 meses. À temperatura ambiente, é estável, no máximo, por 2 dias. Na urina, à temperatura ambiente, o ácido úrico é estável por cerca de 3 dias.

b. Após exercícios violentos e prolongados, há um aumento na concentração de ácido úrico no soro. A excreção urinária permanece aumentada por uns dois dias após tal exercício.
c. Há aumento de ácido úrico no soro em processos gotosos, insuficiência renal (glomerulonefrite aguda, nefrite crônica, anúria obstrutiva), insuficiência cardíaca, leucemias e policiterrtias, pneumonias, mieloma múltiplo, anemia perniciosa, intoxicação por clorofórmio, óxido de carbono e álcool metílico, insuficiência hepática grave, coma diabético, hipertensão arterial.
d. Com pouco valor científico, encontramos valores diminuídos em necrose aguda do fígado e nos defeitos tubulares renais.

Creatina e creatinina

A creatina-fosfato é um composto de alto conteúdo energético e representa a reserva que dará origem à síntese de ATP.

Quando a creatina-fosfato cede seu fosfato, ela se transforma em creatina e caso não seja ressinte-tizada, irá se desidratar e converter em creatinina que se difunde facilmente e é excretada pela urina.

A conversão de creatina em creatinina não é reversível.

A técnica de rotina para a determinação de creatina em creatinina geralmente aceita, emprega a reação de Jaffé. Esta é baseada na reação da creatinina com o ácido pícrico, em meio alcalino.

Vários componentes biológicos interferem na reação, por isso foram propostas várias modificações, com o emprego de reagentes que adsorvem a creatinina, separando-a das outras substâncias não específicas.

MÉTODO DE OWEN, MODIFICADO

Fundamento

A creatina transforma-se em creatinina em meio ácido e por ação do calor.

A creatinina reduz o picrato alcalino, formando ácido picrâmico, de coloração alaranjada, que é medido fotometricamente.

Amostras biológicas

Soro, plasma ou urina.

Reativos

a. Solução de ácido túngstico.

Dissolver 1g de álcool polivinílico em 100mL de água aquecida (não ferver). Esfriar à temperatura ambiente e transferir para um balão volumétrico de 1.000mL, contendo 11,1g de tungstato de sódio biidratado em 300mL de água destilada. Misturar. Em outro béque adicionar 2,1 mL de ácido sulfúrico concentrado a 300mL de água destilada. Misturar e adicionar esta solução á solução de tungstato. Diluir a 1.000mL com água destilada e misturar. Estável por 2 anos, à temperatura ambiente. Não refrigerar.

b. Solução de ácido pícrico, 0,036M.

Dissolver 8,25g de ácido pícrico anidro ou 9,16g de ácido pícrico, contendo 10-12% de água, até completar 1.000mL, com água destilada. A solução é estável, à temperatura ambiente, protegida da luz solar. Portanto, guardar em frasco escuro.

c. Solução de hidróxido de sódio 1,4N.

Dissolver 54g de hidróxido de sódio, em água destilada, até completar 1.000mL. Estável por 2 anos, à temperatura ambiente. Conservar em frasco de polietileno.

d. Solução de ácido oxálico saturada.

Adicionar ácido oxálico, num frasco contendo água destilada, até não mais dissolver.

e. Reagente de Lloyd.

São utilizados, aproximadamente, 50mg para cada absorção. Depois de pesado uma vez, observar a quantidade, que corresponde à uma ponta de espátula.

f. Solução estoque de creatinina 100mg/dL.

Dissolver 100mg de creatinina, com ácido clorídrico 0,1N, até completar 100mL. Guardar no refrigerador, em frasco escuro.

g. Padrão diluído de creatinina.

Diluir 2mL da solução estoque de creatinina em 2mL de ácido clorídrico 0,1N, com água destilada, até completar 100mL. Adicionar 2 gotas de tolueno e conservar no refrigerador, em frasco escuro.

Técnica sem o reagente de Lloyd (cromogênios totais)

A. Para a creatinina sérica.

a. Pipetar 4,5mL do ácido túngstico, seguido de 0,5mL de soro. Misturar, vigorosamente, por 10 segundos. Centrifugar por 10 minutos.
b. Marcar 3 tubos, B (Branco), P (Padrão) e A (Amostra), e adicionar:
   tubo B: 1,5mL de água.
   tubo P: 1,35mL de água e 0,15mL do padrão.
   tubo A: 1,5mLdo sobrenadante.
c. Adicionar 0,5mL do ácido pícrico, em todos os tubos. Misturar bem.
d. Acrescentar 0,25mL de NaOH 1,4N no tubo branco e misturar.

e. Adicionar, com intervalos de 30 segundos, a solução de NaOH aos tubos restantes, misturando.
f. Exatamente 15 minutos após a adição de NaOH, efetuar a leitura das absorbâncias, em 500nm, contra o branco. Ler, sequencialmente, mantendo intervalos de 30 segundos.
g. Cálculo

$$\frac{\text{Absorbância da Amostra}}{\text{Absorbância do Padrão}} \times 2{,}0 = \text{mg de creatinina/dL}$$

B. Para a creatina sérica.
a. A um tubo de ensaio, pipetar 4,5mL de ácido túngstico, seguido de 0,5mL de soro. Misturar, vigorosamente, por 10 segundos. Centrifugar por 10 minutos.
b. Cuidadosamente, passar o sobrenadante para um outro tubo limpo e marcado.
c. Utilizando 1,5mL do sobrenadante, dosara creatinina. Refrigerar o sobrenadante restante, enquanto for utilizado. Será a creatinina pré-formada.
d. Marcar 3 tubos graduados de Pyrex, B (Branco), P (Padrão) e A (Amostra), e pipetar:
tubo B: 3mL de água.
tubo P: 2,85mL de água e 0,15mL de padrão.
tubo A: l,5mL de água e l,5mL de sobrenadante.
e. Adicionar 0,5mL de ácido pícrico em todos os tubos.
f. Levar os tubos ao banho de água fervente. Verificar se o nível da água do banho é superior ao nível dos reagentes. Deixar até que os volumes dos tubos sejam menores que 2mL (leva cerca de uma hora e meia a 2 horas).
g. Esfriar à temperatura ambiente e diluir a 2mL com água destilada.
h. Adicionar 0,25mL de NaOH 1,4N para o tubo branco e misturar.
i. Acrescentar, com intervalos de 30 segundos, 0,25mL de NaOH 1,4N aos tubos restantes, agitando.
j. Exatamente após 15 minutos ler as absorbâncias contra o branco, em 500nm.

Manter 30 segundos de intervalo entre as leituras.
k. Cálculo

$$\frac{\text{Absorbância da Amostra}}{\text{Absorbância do Padrão}} \times 2 = \text{creatinina total mg/dL}$$

Creatinina total = creatinina pré-formada + creatinina formada.

Creatinina formada x 1,16 = creatina em mg/dL.

C. Para a creatinina urinária.
a. Utilizar a mesma técnica da creatinina sérica, substituindo o tubo amostra por 1,5mL de uma diluição 1:200 de urina. Caso haja proteinúria, desproteinizar fazendo uma diluição de 1:10 com o ácido túngstico. Diluir o sobrenadante 1:20 para atingir a diluição 1:200 desejada.

Para o tubo padrão, utilizar 0,3mL da solução padrão e 1,2mL de água destilada.
b. Cálculo

$$\frac{\text{Absorbância da Amostra}}{\text{Absorbância do Padrão}} \times 0{,}8 = \text{mg de creatinina/ml de urina}$$

Volume de 24 horas (em mL) x mg/ml = mg creatinina/24h.

D. Para a creatina urinária
a. A técnica é idêntica à da creatina sérica, substituindo o tubo amostra por 1,5mL de uma diluição 1:200 e mais l,5mL de água. Caso haja proteinúria, remover como na técnica anterior. Para o tubo padrão, utilizar 0,3mL do padrão e 2,7mL de H_2O. Não adicionar NaOH no desconhecido antes do aquecimento.
b. Cálculo.

$$\frac{\text{Absorbância da Amostra}}{\text{Absorbância do Padrão}} \times 0{,}8 = \text{mg creatinina total/mL}$$

creatinina formada = creatinina total = creatinina pré-formada

creatinina formada x 1,16 = mg de creatina/ml

Volume de 24 horas (em mL) x mg/dL = mg de creatinina/24h.

Procedimento com o reagente de Lloyd (creatinina verdadeira)

A. Para a creatinina sérica.
a. Pipetar, para um tubo marcado, 4,5mL de ácido túngstico seguido de 0,5mL de soro. Misturar, vigorosamente, por 10 segundos. Centrifugar por 10 minutos.
b. Marcar outros 3 tubos, B (Branco), P (Padrão) e A (Amostra) e adicionar.
tubo B: 2,5mL de água.

tubo P: 2,35mL de água e 0,15mL do padrão.
tubo A: 1mL de água e 1,5mL do sobrenadante.

c. Adicionar 0,25mL da solução aquosa de ácido oxálico para cada tubo.
d. Acrescentar cerca de 50mg do reagente de Lloyd em todos os tubos.
e. Fechar os tubos com rolhas de borracha e colocar no agitador elétrico por 10 minutos.
f. Centrifugar, decantar os sobrenadantes e deixar os tubos invertidos para drenar bem.
g. Adicionar l,5mL de água, 0,5mL de ácido pícrico e 0,25mL de NaOH 1,4N, para todos os tubos.
h. Fechar todos os tubos com as mesmas rolhas e voltar a agitar por 10 minutos.
Centrifugar.
i. Transferir os sobrenadantes para cubetas de colorimetria e ler as absorbâncias, em 500nm, contra o branco, após 20 minutos contados a partir do item 7.
j. Cálculo

$$\frac{\text{Absorbância da Amostra}}{\text{Absorbância do Padrão}} \text{ x } 2 = \text{mg de creatinina/dL}$$

B. Para a creatina sérica.
a. Pipetar para um tubo de ensaio marcado, 4,5mL de ácido túngstico, seguido de 0,5mL de soro. Misturar, vigorosamente, por 10 segundos. Centrifugar.
b. Utilizar 1,5mLdo sobrenadante para determinar a creatinina. Será a creatinina pré-formada. Refrigerar o sobrenadante restante enquanto não for utilizado.
c. Marcar outros 3 tubos graduados de Pyrex B (Branco), P (Padrão) e A (Amostra) e pipetar:
tubo B: 3mL de água.
tubo P: 2,85mL de água e 0,15mL do padrão.
tubo A: l,5mL de água e l,5mL do sobrenadante.
d. Adicionar 0,5mL de ácido pícrico em todos os tubos.
e. Levar os tubos num banho de água fervente, com o nível de água superior ao nível dos reagentes. Deixar até que o nível caia abaixo de 2mL.
f. Esfriar os tubos à temperatura ambiente e diluir para 2,5mL com água destilada.
g. Juntar 0,25mL da solução de ácido oxálico saturado em todos os tubos.
h. Acrescentar, cerca de 50mg do reagente de Lloyd em todos os tubos.
i. Fechar todos os tubos com rolhas de borracha e colocar no agitador mecânico, por 10 minutos.
j. Centrifugar, decantar os sobrenadantes e deixar os tubos invertidos para drenarem bem.
k. Adicionar 1,5mL de água, 0,5mL de ácido pícrico e 0,25mL de NaoH1 1,4N em todos os tubos.
l. Fechar todos os tubos com as mesmas rolhas e voltar a agitar por 10 minutos. Centrifugar.
m. Transferir os sobrenadantes para cubetas de colorimetria e ler as absorbâncias, em 500nm, contra o branco, após 20 minutos contados a partir do item k.
n. Cálculo

$$\frac{\text{Absorbância da Amostra}}{\text{Absorbância do Padrão}} \text{ x } 2 = \text{mg de creatinina total/dL}$$

Creatinina formada = creatinina total = creatinina pré-formada

Creatinina formada x 1,16 = mg de creatinina/dl

C. Para a creatinina urinária.
a. Utilizar a mesma técnica da creatinina sérica, substituindo o tubo amostra por 1,5mL de uma diluição 1/200 da urina e 1,0mL de água destilada. Em casos de proteinúria, removê-la como no procedimento da creatinina urinária sem o reagente de Lloyd. Para o tubo Padrão, utilizar 0,30mL do padrão e 2,2mL de água destilada.
b. Cálculo

$$\frac{\text{Absorbância da Amostra}}{\text{Absorbância do Padrão}} \text{ x } 0{,}8 = \text{mg de creatinina/mL}$$

Volume de 24 horas (em mL) x mg/mL = mg de creatinina/24h

D. Para a creatina urinária.
a. Utilizar a mesma técnica da creatina sérica, substituindo o tubo Amostra por 1,5mL da diluição 1:200 de urina e l,5mL de água destilada.

Em casos de proteinúria, removê-las como no procedimento da creatinina urinária sem o reagente de Lloyd.

Para o padrão, utilizar 0,3mL do padrão e 2,7mL de água destilada.

b. Cálculo

$$\frac{\text{Absorbância da Amostra}}{\text{Absorbância do Padrão}} \times 0{,}8 = \text{mg de creatinina total/mL}$$

creatinina formada = creatinina total = creatinina pré-formada

creatinina formada x 1,16 = mg de creatina/mL

Volume de 24 horas (em mL) x mg/mL = mg de creatina/24h.

Notas

a. Com espectrofotômetros com bandas de passagem inferior ou igual a 20nm, a cor obedece à lei de Beer entre 485 e 520nm. Caso contrário, como é o caso do emprego de alguns filtros, é necessário fazer uma curva com, no mínimo, dois padrões para cada série de determinações.
b. Não devem ser dosados os soros e as urinas contendo bromossulfaleína ou vermelho de fenol, sem antes um tratamento com zinco granulado.
c. A especificidade é aumentada se o reagente de Lloyd é utilizado para adsorver a creatinina e separá-la dos outros cromogênios.
d. Hemólises ligeiras não afetam a determinação da creatinina sérica. No entanto, hemólises alteram o valor da creatinina em 100 a 200%.
e. Alguns autores (Husdan e Rapoport) aconselham a dosagem da creatinina verdadeira (com o reagente de Lloyd) no soro, quando a taxa glicose é superior a 300mg/dL e, no soro e na urina, para os diabetes acidósicos não controlados.
f. Os mesmos autores, comparando 3 metodologias diferentes, concluíram que para a creatinina urinária, os métodos são equivalentes e para a creatinina sérica, os valores de creatinina verdadeira são inferiores aos cromogênios totais.

Valores normais para creatina e creatinina (método de Owen)

a. Soro

a.1. Creatinina verdadeira

Homens	0,6 a l,2mg/dL
Mulheres	0,5 a 1 mg/dL
Crianças até 2 anos	0,3 a 0,6mg/dL

Os valores de cromogênios totais são cerca de
0,2 a 0,3mg/dL maiores.
Para obter os valores em µmol/L:
mg/dL x 88,40 = µmol/L

a.2. Creatina

Homens	0,2 a 0,6mg/dL
Mulheres	0,3 a 1 mg/dL

Valores mais altos em crianças e na gravidez.
Para obter os valores µmol/L:
mg/dl x 76,26 = µmol/L

b. Urina

b.l. Creatinina

Homens	20 a 26mg/kg/24h ou 1 a 2g/24h
Mulheres	14 a 22mg/kg/24h ou 0,8 a 1,8g/24h
Crianças	20 a 30mg/kg/24h

b.2 Creatina

Homens	0 a 40mg/24h
Mulheres	0 a 100mg/24h

Valores mais altos em crianças e na gravidez.

MÉTODO DE JAFFÊ, MODIFICADO

Fundamento

Idêntico ao anterior.

Amostras biológicas

Soro, plasma ou urina.

Reativos

a. Ácido pícrico 32mmol/L.

Dissolver 7,33g de ácido pícrico anidro ou 8,14g de ácido pícrico, contendo 10-12% de H_2O, até completar 1.000mL, com água destilada. Guardar em frasco escuro. Estável à temperatura ambiente.

b. Solução estoque de creatinina.

Dissolver 100mg de creatinina, em solução de HC1 0,1N, até completar 100mL. Guardar no refrigerador, em frasco escuro.

c. Solução padrão diluído de creatinina.

Adicionar 1mL da solução estoque de creatinina, 1ml da solução de ácido clorídrico 0,1N e água destilada até completar 100mL. Adicionar 2 gotas de tolueno e conservar no refrigerador, em frasco escuro.

d. Solução de hidróxido de sódio 2N.

Dissolver 8g de NaOH, em água destilada, até perfazer 100mL. Conservar em frasco de polietileno.

Técnica para soro

a. Marcar 3 tubos de ensaio, B (Branco), P (Padrão) e A (Amostra) e colocar 3mL de ácido pícrico em todos eles.
b. Adicionar, respectivamente:
tubo B: 0,4mL de água.
tubo P: 0,4mL da solução padrão.

tubo A: 0,4mL da amostra.

c. Misturar bem e centrifugar por 10 minutos a 3.000 rpm.
d. Pipetar para outros 3 tubos marcados, 2mL dos respectivos sobrenadantes e adicionar 0,1mL de hidróxido de sódio 2N em todos eles.
e. Misturar bem e deixar, em repouso, por 25 minutos.
f. Ler as absorbâncias, entre 540-550nm, acertando o zero do aparelho com o branco.
g. Cálculo

$$\frac{\text{Absorbância da Amostra}}{\text{Absorbância do Padrão}} \times 2 = \text{mg de creatinina/dL}$$

Técnica para urina

a. Diluir a urina 1/10, com água destilada e proceder igual à técnica para o soro.
b. Cálculo.

$$\frac{\text{Absorbância da Amostra}}{\text{Absorbância do Padrão}} \times 20 = \text{mg de creatinina/dL}$$

$$\frac{\text{Volume de 24h (em mL) x mg/dL}}{100} = \text{mg de creatinina/24h}$$

Notas

a. O soro e o plasma fornecem resultados idênticos.
b. Efetuar as leituras, entre 25 e 40 minutos de repouso.
c. Realizar as dosagens, dentro de 48 horas, a partir da coleta do material.
d. Pipetar o sobrenadante, cuidadosamente. Qualquer precipitado levado pela pipeta fornecerá falsos resultados.
e. Os volumes podem ser alterados, proporcionalmente.

Valores de referência para creatina e creatinina (método de Jaffé, modificado)

a. Soro ou plasma

Homens	0,7 a 1,4mg/dL
Mulheres	0,7 a l,2mg/dL

Para obter os valores em µmol/L:
mg/dL x 88,40 = µmol/L.

b. Urina

Homens	1.500 a 2.500mg/24h
Mulheres	800 a 1.500mg/24h

Para obter os valores em mol/24h:
mg/24h x 0,00884 = mmol/24h

OBSERVAÇÕES

a. A creatinina sérica e urinária permanecem estáveis por 24 horas, à temperatura ambiente. São estáveis por vários meses, quando congelados.
b. A creatina urinária e sérica permanecem estáveis por 24 horas, à temperatura ambiente. São estáveis por vários meses, quando congelados.
c. Evitar o calor durante a leitura das absorbâncias, pois ocorre um aumento não-proporcional com a temperatura. Efetuar as leituras, rapidamente.
d. Valores aumentados de creatinina no sangue são encontrados nas nefrites, obstruções urinárias e anúria.
e. Há diminuição da creatinina no sangue na atrofia muscular.
f. Há aumento da creatinina na urina diretamente relacionado com as enfermidades musculares. Como exemplo, podemos citar: inanição, miopatias, diabete melito, encefalites.

Ureia

A ureia se forma no fígado a partir dos grupos amino dos aminoácidos e constitui, no homem, no produto final do metabolismo do nitrogênio. A ureia passa para o sangue e se distribui por todos os tecidos a líquidos do organismo, devido à sua grande difusibilidade.

Desta forma, o sangue, a linfa, o líquor e a bile possuem, aproximadamente, a mesma concentração de ureia.

Diversas técnicas foram apresentadas para a determinação da ureia. Podemos citar a medida quantitativa da amônia, após aquecimento da ureia em altas temperaturas, as medidas gasométricas com o volume do nitrogénio formado da reação da ureia com o hipobromito alcalino.

No entanto, estas técnicas tornaram-se ultrapassadas, restando somente duas, de uso corrente: as que envolvem a diacetilmonoxima e as que utilizam a enzima urease.

MÉTODO DA DIACETILMONOXIMA (1)

Fundamento

A ureia reage com a diacetilmonoxima na presença de tiossemicarbazida e íons cádmio, em meio ácido. A cor rosa-púrpura resultante é proporcional à concentração de ureia.

Amostras biológicas

Soro ou urina.

Reativos

a. Solução de ureia com 26mg/litro.

Dissolver 26mg de ureia, em água destilada, até completar um litro.

b. Reagente A.

Num balão volumétrico de 1.000mL, que contenha cerca de 100mL de água destilada, adicionar lenta e cuidadosamente, 44mL de ácido sulfúrico concentrado.

A seguir, adicionar 66mL de ácido ortofosfórico a 85%.

Esfriar a solução até a temperatura ambiente, sem usar banho de gelo. Adicionar, dissolvendo, sucessivamente: 50mg de tiossemicarbozida, 2g de sulfato de cádmio hexaidratado e 10mL da solução de ureia 26mg/L. Misturar e diluir a um litro, com água destilada. O reagente é estável, por 6 meses, quando guardado no refrigerador e em frasco escuro.

c. Reagente B.

Dissolver 20g de diacetilmonoxima (2,3-butanodiona monoxima) em cerca de 600mL de água destilada, contida num balão volumétrico de 1.000mL. Completar até a marca com água destilada. Estável, por 6 meses, quando conservada no refrigerador e em frasco escuro.

d. Solução padrão de ureia com 40mg/dL.

Dissolver 40mg de ureia p.a., em água destilada, até completar 100mL. Colocar 5 gotas de clorofórmio. Estável, por 6 meses, quando refrigerado em frasco escuro.

Técnica para soro

a. Marcar 3 tubos, B (Branco), A (Amostra) e P (Padrão) e pipetar 5mL do reagente A em todos eles.
b. Adicionar, a seguir:
   tubo P: 0,02mL do padrão de ureia.
   tubo A: 0,02mL da amostra.
c. Agitar e pipetar, em todos os tubos, 0,5mL do reagente B.
d. Agitar e colocar os tubos, em banho de água fervente, por 10 minutos.
e. Esfriar os tubos e efetuar as leituras, em 540nm, zerando o aparelho com o branco.
f. Cálculo.

$$\frac{\text{Absorbância da Amostra}}{\text{Absorbância do Padrão}} \times 40 = \text{mg de uréia/dL}$$

Técnica para urina

a. Diluir a urina 1/50, com água destilada e dosar, seguindo a técnica para o soro.
b. Cálculo.

$$\frac{\text{Absorbância da Amostra}}{\text{Absorbância do Padrão}} \times 2.000 = \text{mg de uréia/dL}$$

$$\frac{\text{Volume de 24h (em mL) x mg/dL}}{100} = \text{mg de uréia/24h}$$

Notas

a. A pequena quantidade de ureia colocada no reagente A, melhora a linearidade do método.
b. A tiossemicarbazida aumenta a intensidade da cor e promove a fotoestabilidade do complexo colorido, porém a absorbância decresce em até 7%, após 30 minutos, na ausência dos íons cádmio.
c. A reação é linear até 150mg/dL. Para valores maiores, diluir a amostra, fazer nova dosagem e multiplicar o resultado final pelo fator de diluição.
d. Além da ureia, a citrulina pode reagir com a diacetilmonoxima. No entanto, sua concentração nos líquidos biológicos humanos nunca é superior a 1 mg/dL e sua interferência não é significativa.

Valores de referência para ureia (método da diacetilmonoxima I)

a. Soro
   20 a 42mg/dL.
   Para obter os valores em mmol/L:
   mg/dL x 0,1665 = mmol/L.
b. Urina
   13 a 36g/24h.
   Para obter os valores em mmol/24h:
   g/24h x 16,65 = mmol/24h.

MÉTODO DA DIACETILMONOXIMA (2)

Fundamento

A ureia reage com a diacetilmonoxima, na presença de tiossemicarbarida, em meio ácido, para formar um complexo colorido. A intensidade da cor é proporcional à concentração de ureia.

Amostras biológicas

Soro, plasma, urina, líquido amniótico ou liquor.

Reativos

a. Solução estoque de diacetilmonoxima com 2,5g/dL.

Dissolver 2,5g de diacetilmonoxima (2,3 butanodiona, 2-oxima) em água destilada, até completar 100ml. Filtrar e conservar em frasco escuro.

b. Solução estoque de tiossemicarbazida 0,5g/dL.

Dissolver 0,5g de tiossemicarbazida, em água destilada, até completar 100mL. Conservar em frasco escuro.

c. Reagente cromogênico.

A um balão volumétrico de 1.000mL, contendo cerca de 200mL de água, adicionar 33,5mL da solução de tiossemicarbazida e 33,5mL da solução de diacetilmonoxima. Completar a l.000mL, com água destilada. Estável, à temperatura ambiente, por um ano, em frasco escuro.

d. Solução estoque de cloreto férrico-ácido fosfórico.

Dissolver 4g de cloreto férrico $FeC\ell_3.6H_2O$ em 30mL de água destilada. Transferir para uma proveta de 500mL e adicionar, lentamente, 75mL de ácido fosfórico a 85%. Completar a 450mL, com água destilada.

e. Solução de ácido sulfúrico a 15%.

Num balão volumétrico de 1.000mL, contendo cerca de 700mL de água destilada, adicionar, lentamente, com agitação constante, 150mL de ácido sulfúrico concentrado. Completar até 1.000mL, com água destilada.

f. Reativo ácido.

Num balão volumétrico de 1.000mL, colocar cerca de 500mL de ácido sulfúrico a 15%. Adicionar 1mL da solução estoque de cloreto férrico-ácido fosfórico e completar o volume com H_2SO_4 a 15%. É estável à temperatura ambiente, por um ano, em frasco escuro.

g. Solução padrão de ureia, com 70mg/dL.

Dissolver 70mg de ureia, em água destilada, até completar 100mL.

Técnica para soro

a. Marcar três tubos, B (Branco), P (Padrão) e A (Amostra) e pipetar:
   tubo B: 0,02mL de água destilada.
   tubo P: 0,02mL do padrão de ureia.
   tubo A: 0,02mL da amostra.
b. Adicionar 3mL do reativo cromogênico, em todos os tubos, e misturar.
c. Adicionar 2,5mL do reativo ácido. Agitar e colocar os tubos, em banho de água fervente, por 10 minutos.
d. Esfriar, em água corrente, por 2 a 3 minutos.
e. Ler as absorbâncias, em 520nm ou com filtro verde, zerando o aparelho com o branco.
f. Cálculo.

$$\frac{\text{Absorbância da Amostra}}{\text{Absorbância do Padrão}} \times 70 = \text{mg de uréia/dL}$$

Técnica para urina

a. Diluir a urina 1:50, com água destilada, e dosar igual à técnica para soro.
b. Cálculo.

$$\frac{\text{Absorbância da Amostra}}{\text{Absorbância do Padrão}} \times 3.500 = \text{mg de uréia/dL}$$

$$\frac{\text{Volume de 24h (em mL) x mg/dL}}{100} = \text{mg de uréia/24h}$$

Técnica com desproteinização para sangue total

a. Desproteinizar o soro, plasma ou sangue total, utilizando o tungstato de sódio, com diluição 1:10 (ver item I, técnica para soro, método de Caraway para o ácido úrico).
b. Diluir o padrão 1:10, com água destilada.
c. Marcar três tubos, B (Branco), P (Padrão) e A (Amostra), e pipetar:
   tubo B: 0,2mL de água destilada.
   tubo P: 0,2mL do padrão diluído 1:10 com água.
   tubo A: 0,2mL do sobrenadante da amostra.
d. Continuar como a técnica para o soro, a partir do item 2.
e. Cálculo.

$$\frac{\text{Absorbância da Amostra}}{\text{Absorbância do Padrão}} \times 70 = \text{mg de uréia/dL}$$

Notas

a. A cor permanece estável por 20 minutos.
b. Plasmas lipêmicos até 1.800mg/dL, ictéricos até 20mg/dL ou moderadamente hemolisados não interferem com o método sem desprotei-

nização. Para valores maiores, realizar a prova com desproteinização.

c. A reação segue a lei de Beer até 120mg/dL. Para resultados maiores, diluir a amostra com água destilada, realizar novamente o ensaio e multiplicar o valor final pelo fator da diluição.
d. O método apresenta coeficiente de variação de 3,8%.
e. É recomendável a utilização de pipeta automática ou de hemoglobina para pipetagem dos volumes de 0,02mL. Retirar o excesso da amostra da parte externa da pipeta e lavar a mesma três vezes no reagente cromogênico, para que todo o conteúdo seja transferido.
f. Não interferem anticoagulantes como fluoreto, oxalato, heparina ou EDTA.

Valores de referência para ureia (método da diacetilmonoxima 2)

a. Soro ou plasma.
   18 a 40mg/dL.
b. Sangue total.
   15 a 36mg/dL.
   Para valores em mol/L:
   mg/dl x 0,1665 = mmol/L
c. Urina.
   13 a 36g/24h.
   Para valores em mmol/24h:
   g/24hx 16,65 =mmol/24h.

MÉTODO DA UREASE

Fundamento

A urease transforma a ureia em amônia e dióxido de carbono, especificamente. A amônia formada reage com fenol, na presença de hipoclorito de sódio, em meio alcalino, produzindo um azul de indofenol. O nitroprussiato atua como catalisador. A intensidade da cor é proporcional à concentração de ureia.

Amostras biológicas

Soro, plasma colhido com EDTA e urina.

Reativos

a. Solução tamponada de urease.

Dissolver 150mg de urease e 1g de etilendiamino-tetracetato-dissódico (EDTA), em 90mL de água destilada. Acertar o pH a 6,5, com hidróxido de sódio 0,1N. Completar a 100mL com água destilada. Esta solução é estável por um mês, quando conservada em refrigerador.

b. Solução de fenol-nitroprussiato.

Dissolver 50g de fenol (C_6H_5OH) e 250mg de nitroprussiato de sódio ($Na_2[Fe\ (CN)_5\ NO]. 2H_2O$) em 900mL de água destilada. Completar a 1.000mL. Guardar em frasco escuro, no refrigerador. Quando esta solução tornar-se parda, refazê-la.

c. Solução de hipoclorito alcalino.

Pesar 25g de hidróxido de sódio e 2,1g de hipoclorito de sódio NaOCℓ, dissolver e diluir a 1.000mL, com água destilada. Como alternativa para o hipoclorito, pode ser utilizado o branqueador comercial QBOA, que contém 5,2% de hipoclorito. Pesar então 25gde NaOH e adicionar 43mL do branqueador e diluir a 1.000mL com água destilada. É estável por dois meses, guardado em frasco escuro, no refrigerador.

d. Solução padrão de ureia com 40mg/dL.

Pesar 400mg de ureia, dissolver e diluir a 1.000mL, com água destilada. Adicionar 5 gotas de clorofórmio.

Conservar no refrigerador.

Técnica para soro

a. Marcar três tubos, B (Branco), P (Padrão) e A (Amostra) e pipetar 0,2mL de água destilada em todos eles.
b. Pipetar 0,02mL do padrão no tubo P e 0,02mL da amostra no tubo A, lavando a pipeta três vezes na água dos respectivos tubos.
c. Adicionar 0,2mL da solução tamponada de urease em todos eles. Misturar e incubar, a 37°C, por 15 minutos (ou 5 minutos a 55°C).
d. Adicionar, a cada tubo, 1mL da solução de fenol-nitroprussiato. Misturar e acrescentar 1mL da solução de hipoclorito alcalino. Misturar, rapidamente, e incubar, novamente, a 37°C, por 20 minutos (ou 3 minutos a 55°C).
e. Adicionar 10mL de água destilada em todos os tubos e misturar por inversão.
f. Ler as absorbâncias, em 560nm ou filtro verde, acertando o zero do aparelho com o branco.
g. Cálculo.

$$\frac{\text{Absorbância da Amostra}}{\text{Absorbância do Padrão}} \times 40 = \text{mg de uréia/dL}$$

Técnica para urina

a. Diluir a urina 1:50, com água destilada e incluir um quarto tubo, marcando-o como BA (Branco da Amostra). Este tubo será ensaiado como o tubo B (Branco), com a seguinte diferença: no item (4), da técnica anterior, após a adição da solução de fenol-nitroprussiato e posterior mistura, adicionar 0,02mL da diluição 1:50 da urina. Misturar e adicionar a solução de hipoclorito alcalino. Misturar rapidamente e incubar, a 37°C, por 20 minutos (ou 3 minutos a 55°C).

b. Cálculo.

Absorbância da Amostra = Absorbância do tubo A - Absorbância do tubo BA.

$$\frac{\text{Absorbância da Amostra}}{\text{Absorbância do Padrão}} \times 2.000 = \text{mg de uréia/dL}$$

$$\frac{\text{Volume de 24h (em mL) x mg/dL}}{100} = \text{mg de uréia/24h}$$

Notas

a. Não utilizar fluoreto nem anticoagulantes que contenham sais amoniacais.
b. Em presença de metais pesados, a urease se inativa rapidamente, razão pela qual é empregado o EDTA, que se complexa com os metais pesados, impedindo a inativação. Além disso, o EDTA em pH igual a 6,5 atua como solução tampão, pois o meio deve ser levemente ácido, para prevenir qualquer perda de NH_3.
c. Caso não seja possível utilizar pipeta automática ou de hemoglobina, podemos fazer uma diluição 1/10 do padrão e da amostra e utilizar 0,2mL no ensaio. Incluir um tubo B (Branco) com 0,2mL de água e continuar a partir do item (3).
d. O branco da amostra, utilizado na dosagem urinária, é necessário na realização da técnica, pois a urina elimina, normalmente, sais amoniacais, que são também dosados. No cálculo, a quantidade desses sais amoniacais é subtraída, através do branco da amostra.
e. Para efetuar este ensaio, evitar qualquer contaminação com amônia, inclusive usar água destilada isenta de amônia.

Valores de referência para ureia (método da urease)

a. Soro ou plasma
   15 a 45 mg/dL.
   Para obter valores em mmol/L:
   mg/dL x 0,1665 = mmol/L.

b. Urina.
   13 a 36g/24h.
   Para obter valores e mmol/24h:
   g/24hx 16,65.

OBSERVAÇÕES

a. A ureia sérica é estável, por 24 horas, à temperatura ambiente. Conservado no refrigerador, o soro tem a concentração uréica estabilizada por uma semana e, congelado, por 6 meses.
b. A ureia na urina é estável por vários dias, na geladeira, desde que o pH seja ácido, abaixo de 4.
c. Valores aumentados de ureia sanguínea são encontrados em problemas renais, intoxicações com CCl_4 e $HgCl_2$, ingestão aumentada de proteínas, uremia pós-operatória, pneumonia, coma diabético, insuficiência supra-renal, insuficiência circulatória e desidratações.
d. Valores diminuídos de ureia sanguínea são encontrados na gravidez, insuficiência hepática e desnutrição.
e. Valores aumentados de ureia urinária são encontrados na alimentação hiperprotéica, síndrome febril, hipertireoidismo e período pós-operatório.
f. Diminuição da ureia urinária pode ocorrer na inanição, insuficiência renal e insuficiência hepática grave.

Pigmentos biliares — bilirrubinas total e fracionada

Os pigmentos biliares são um grupo de substâncias coradas que se encontram na bile e que são quimicamente formadas por 4 núcleos pirrólicos unidos entre si por átomos de carbono. Estes pigmentos têm uma estrutura linear e aberta, ao contrário das substâncias do grupo HEME, cuja estrutura também é tetrapirrólica, porém cíclica.

Os pigmentos biliares mais importantes são a bilirrubina e a biliverdina. Nos animais superiores predomina a bilirrubina e nos inferiores, a biliverdina. Estudos efetuados, demonstraram que 70 a 90% de bilirrubina deriva, principalmente, dos eritrócitos circulantes.

No soro normal, existem 2 tipos de bilirrubina, o que é comprovado pela reação com o ácido sulfanílico diazotado. Desta forma, parte da bilirrubina reage em poucos minutos, sendo chamada de Bilirrubina Direta; o restante só reage quando se adiciona álcool e é chamado de Bilirrubina Indireta.

A reação direta ocorre com a parte da bilirrubina que está conjugada, principalmente com o ácido glicurônico; temos, assim, os mono e diglicuronídeos. No fígado, por ação das enzimas encontradas nos microssomos, a bilirrubina livre é conjugada, passando a integrar a bile; por esta razão, em condições normais, todo o pigmento biliar dá a reação direta. O fígado é o órgão onde a conjugação é mais ativa, porém não se deve excluir a possibilidade de localização em outros órgãos, mesmo que em menor intensidade. Esta conjugação aumenta a solubilidade da bilirrubina em água, havendo portanto reação imediata com o ácido sulfamílico diazotado.

A bilirrubina conjuga-se, também, em pequenas quantidades, com os sulfatos e outras substâncias. A bilirrubina livre liga-se, fortemente, às proteínas plasmáticas, especialmente à albumina.

Quando a bilirrubina não está conjugada, é muito pouco solúvel em água e a reação só ocorre após a adição de álcool, o que aumenta a sua solubilidade.

Estudos realizados provaram a existência da formação da bilirrubina extra-hepática. A substância escura que se forma no hematoma, denomina-se hematoidina e é idêntica à bilirrubina.

A bilirrubina de origem extra-hepática vai para o sangue onde se encontra fixada à albumina e, às vezes, em pouca quantidade, às globulinas.

MÉTODO DE MALLOY E EVELYN, MODIFICADO

Fundamento

A bilirrubina reage com o diazorreagente para formar a azobilirrubina, de cor vermelha que é medida, fotometricamente. Em meio aquoso, temos os diglicuronídeos que reagem dentro de um minuto e os monoglicuronídeos que reagem dentro de 15 minutos.

Em presença de metanol, torna-se acelerada a reação de todas as formas de bilirrubina, inclusive a bilirrubina não conjugada.

Amostras biológicas

Soro ou plasma.

Reativos

a. Metanol p.a.

b. Solução A.

Dissolver 1g de ácido sulfanílico em 500mL de água destilada, juntar 15mL de ácido clorídrico concentrado e completar o volume a 1.000mL com água destilada. É estável, indefinidamente.

c. Solução B.

Dissolver 500mg de nitrito de sódio ($NaNO_2$) a 100mL, com água destilada. Conservar, no refrigerador, em frasco escuro. É estável por 15 dias.

d. Diazorreagente.

Misturar 0,3mL da solução B e 9,7mL da solução A. Preparar no momento do uso.

e. Diazobranco.

Diluir 15mL de ácido clorídrico concentrado a 1.000mL, com água destilada.

f. Solução padrão artificial.

Pipetar 2mL de uma solução de permanganato de potássio exatamente 0,1N, para um balão volumétrico de 100mL e completar o volume com água destilada. Esta solução equivale a uma amostra de soro, após reação com o diazorreagente, que contenha uma concentração de 20mg de bilirrubina por dL.

Tomar 0,5mL desta solução e adicionar 9,5mL de água destilada. Misturar e ler, em 550nm, ajustando o zero com água destilada. Equivale a 1 mg/dL equivalente a 20mg/dL.

Tomando-se 0,1mL da solução e diluindo-se até perfazer 10mL teremos uma nova solução, que equivalerá a 0,2mg/dL.

Técnica

a. Diluir a amostra 1:10, com água destilada.
b. Marcar 4 tubos de colorimetria, BBD (Branco da Bilirrubina Direta), BD (Bilirrubina Direta), BBT (Branco da Bilirrubina Total) e, BT (Bilirrubina Total), e pipetar:
   tubo BBD: 1,25mL de metanol p.a. e 0,25mL do diazobranco.
   tubo BD: 1,25mL de metanol p.a. e 0,25mL do diazorreagente.
   tubo BBT: 1,25 mL de metanol p.a. e 0,25mL do diazobranco.
   tubo BT: 1,25mL de metanol p.a. e 0,25mL do diazorreagente.
c. Misturar e adicionar 1mL da amostra diluída nos tubos BBD, BBT e BT. Misturar suavemente.
d. Adicionar, logo em seguida, 1mL da diluição no tubo BD, misturar suavemente e marcar, simultaneamente o tempo de um minuto.
e. Após, exatamente, um minuto, ler a absorbância do tubo BD, em 550nm, zerando o aparelho com o tubo BBD. Será a leitura BDI.
f. Após 15 minutos, ler absorbâncias:
   a. BD contra BBD, que será a leitura BDT.
   b. BT contra BBT, que será a leitura BT.
g. Cálculo.

Tendo o valor da leitura da aborbância do padrão artificial de 1 mg/dL:

$$\frac{\text{Absorbância da BDI}}{\text{Absorbância do Padrão}} \times 1 = \text{mg de Bilirrubina Direta Imediata/dL}$$

$$\frac{\text{Absorbância da BDT}}{\text{Absorbância do Padrão}} \times 1 = \text{mg de Bilirrubina Direta Total/dL}$$

$$\frac{\text{Absorbância do BT}}{\text{Absorbância do Padrão}} = \text{mg de Bilirrubina Total/dL}$$

Bilirrubina Indireta Total = Bilirrubina Total
Bilirrubina Direta Total

Notas

a. hemólise provoca diminuição da cor da azobilirrubina, dando falsos resultados baixos.
b. Adicionar os reagentes e as amostras na sequência descrita, pois pode haver formação de precipitado, invalidando os resultados. Agitar, após cada adição de reagente.

Valores de referência para bilirrubina

Soro ou plasma

Recém-Nascidos
(valores de bilirrubina total em mg/dL)

A termo	*Prematuros*	
Sangue de cordão ate 2,5		
1º dia	até 6	até 8
2º dia	até 8	até 12
3º ao 5º dia	até 12	até 24
Acima de 1 mês	até 1,5	até 1,5

Adultos
(valores em mg/dL)

Bilirrubina Direta Imediata	0 a 0,2
Bilirrubina Direta Total	0,2 a 0,4
Bilirrubina Total	0,2 a 1
Bilirrubina Indireta Total	0,1 a 0,6

Para obter os valores em μmol/L:
mg/dL x 17,10 = μmol/L

OBSERVAÇÕES

a. A bilirrubina no soro é instável e a sua determinação deve ser o mais rápida possível. A luz direta do sol e temperatura ambiente podem causar diminuição de 50% na sua concentração, após uma hora. Guardados no escuro e no refrigerador, os soros mantêm a concentração de bilirrubina por 4 dias. Congelados, os soros se conservam por três meses.
b. Aumentos fisiológicos na concentração de bilirrubina são encontrados na permanência e em grandes alturas, dietas ricas em carne, recém-nascidos.
c. Aumentos patológicos são encontrados na icterícia obstrutiva (predomina a bilirrubina direta), icterícia hepatocelular ou parenquimatosa (hepatite a vírus, cirrose hepática, necrose hepática, etc), icterícia hemolítica (anemia hemolítica aguda, icterícia neonatorum, transfusão de sangue incompatível, etc).
d. Valores diminuídos são encontrados nas anemias intensas, ferroprivas ou aplásticas.

COMPONENTES PROTÉICOS

Proteínas totais

As proteínas constituem as substâncias específicas do plasma. Pertencem a três tipos principais: albuminas, globulinas e fibrinogênio, cada uma delas com características próprias.

O fibrinogênio é a única proteína do plasma que tem origem exclusiva no fígado. As demais frações protéicas são originárias do fígado, dos órgãos hematopoiéticos, do intestino e, provavelmente, de outros órgãos.

As proteínas têm funções relacionadas com a coagulação sanguínea (fibrinogênio), com a manutenção do equilíbrio hídrico e osmótico (principalmente a albumina), na defesa do organismo (gamaglobulina).

As hipoproteinemias são devidas principalmente à baixa da albumina e as hiperproteinemias, à elevação das frações da globulina.

Nos casos de desnutrição, de edema da fome, nas hipoproteinemias experimentais, a fração albumina diminui muito, mas com a alimentação rica em proteínas, há aumento rápido da albumina.

MÉTODO DO BIURETO

Fundamento

Os íons Cu^{++}, em meio alcalino, reagem com compostos com mais de duas ligações peptídicas, dando um complexo de cor violeta. A intensidade de cor é medida, fotometricamente.

Amostras biológicas

Soro, plasma, urina e liquor.

Reativos

a. Reativo do biureto.

Em um balão volumétrico de 1.000mL, contendo 500mL de água destilada, dissolver l,5g de sulfato de cobre II ($CuSO_4.5H_2O$) e 6g de tartarato duplo de sódio e potássio ($KNaC_4H_4O_6.4H_2O$).

Acrescentar, com agitação constante, 300mL de hidróxido de sódio a 10% (p/v). Misturar bem e dissolver 1g de iodeto de potássio. Completar o volume com água destilada e filtrar. Guardar em frasco de polietileno. É estável à temperatura ambiente, em frasco escuro. Desprezar quando aparecer um precipitado negro ou avermelhado.

b. Solução padrão de albumina com8g/dL.

Dissolver 8g de albumina p.a., em água destilada, até completar 100mL.

c. Cloreto de sódio a 0,85% (p/v).

Dissolver 8,5g de cloreto de sódio, em água destilada, até perfazer 1.000mL.

d. Solução padrão de albumina com 6g/dL.

Dissolver 6g de albumina p.a., em água destilada, até completar 100mL. Será utilizada para dosagem de proteínas na urina.

Técnica para soro ou plasma

a. Marcar 3 tubos de ensaio, B (Branco), P (Padrão) e A (Amostra), e pipetar:
   tubo B: 2mL de NaCl a 0,85%.
   tubo A: 0,1ml da amostra e 1,9mL de NaCl a e 1,9mL de NaCl a 0,85%.
   tubo A: 0,1 ml da Amostra e l,9ml de NaCl a 0,85%.
b. Pipetar 8mL do reativo do biureto em todos os tubos. Misturar e deixar, em repouso, por 15 a 30 minutos, à temperatura ambiente.
c. Ler as absorbâncias, em 550nm ou filtro verde, zerando o aparelho com o branco.
d. Cálculo.

$$\frac{\text{Absorbância da Amostra}}{\text{Absorbância do Padrão}} \times 8 = \text{g de proteínas/dL}$$

Técnica para a urina e liquor

a. Misturar, em um tubo de ensaio, 5mL de urina ou liquor e 1mL de ácido tricloroacético 3N. Misturar.
a. Deixar em repouso, por 10 minutos, à temperatura ambiente. Centrifugar durante 10 minutos.
b. Desprezar o sobrenadante claro, deixando o tubo invertido sobre papel absorvente, durante 5 minutos. Limpar as paredes do tubo. Marcar este tubo, como A (Amostra).
d. Marcar mais dois tubos, B (Branco) e P (Padrão), e pipetar:
   tubo B: 5mL do reativo do biureto.
   tubo P: 0,1mL do padrão de albumina com 6g/dL e 5mL do reativo do biureto.
   tubo A: 5mL do reativo do biureto.
e. Agitar, novamente, os tubos, até completa dissolução do precipitado e deixar em repouso, entre 15 e 30 minutos, à temperatura ambiente.
f. Ler as absorbâncias, em 550nm ou filtro verde, contra o branco, utilizando cubetas com 2cm de espessura.
g. Cálculo.

$$\frac{\text{Absorbância da Amostra}}{\text{Absorbância do Padrão}} \times 120 = \text{mg de proteínas/dL}$$

$$\frac{\text{Volume da Urina de 24h (mL) x mg/dL}}{100} = \text{mg de proteínas/24h}$$

Notas

a. A cor produzida pelo biureto atinge um máximo dentro de 15 minutos e começa a diminuir após 30 minutos.
b. Caso ocorra turvação na reação com soros lipêmicos, adicionar 3mL de éter ao produto corado, agitar vigorosamente durante um minuto, centrifugar e ler a absorbância da camada inferior.
c. Com soros ictéricos ou hemolisados, devemos preparar um branco com 0,1 mL da amostra, 1,9mL de NaC1 a 0,85% e 8mL de hidróxido de sódio a 3% (p/v).

Ler a absorbância, em 550nm, contra um branco composto por 2mL de NaC1 a 0,85% e 8mL de hidróxido de sódio a 3% (p/v). Subtrair esta absorbância da leitura do tubo A.

d. Para valores superiores a 12g/dL de proteínas, diluir o soro com solução fisiológica e multiplicar o resultado obtido pelo fator da diluição.
e. Na técnica para a urina, quando a leitura da absorbância for superior a 0,750, diluir a amostra com água destilada e multiplicar o resultado pelo fator da diluição.
f. Os mesmos cálculos serão aplicáveis se todos os volumes forem alterados, proporcionalmente.
g. As soluções fortemente alcalinas de sais de cobre não são muito estáveis e são passíveis de redução por substâncias contaminantes no

meio. A presença de tartarato de sódio e potássio estabiliza os íons cobre e o iodeto de potássio previne a autorredução.

Valores de referência para proteínas totais

a. Soro

Recém-nascidos	5,3 a 8,9g/dL
Crianças até 6 anos	5,6 a 8,5g/dL
Adultos	6,2 a 8,3g/dL

b. Urina
25,0 a 100mg/24h.

c. Liquor
15 a 45mg/dL.

OBSERVAÇÕES

a. As amostras de soro são estáveis até uma semana, quando congeladas e por 3 dias, em refrigerador.
b. Evitar hemólise, ao máximo possível.
c. Soro contendo substâncias expansoras do plasma (dextrana, PVP, Hemacel) causam falsas elevações nas concentrações de proteínas.
d. Ocorre aumento de proteínas totais séricas nas desidratações, no mal de Addison, nos choques traumáticos e operatórios.
e. Há diminuição na concentração de proteínas totais séricas nos estados edematosos, nas afecções renais e nos estados de desnutrição.

DETERMINAÇÃO DE PROTEÍNAS NA URINA

Fundamento

As proteínas da urina são precipitadas pelo reativo de Tsuchiya, a 56°C e determinadas com o reativo de Benedict.

Amostra biológica

Urina.

Reativos

a. Reativo de Tsuchiya, modificado por Lehmann.

Em um frasco escuro e munido com tampa, colocar 5mL de ácido clorídrico concentrado, 6mL de água destilada e 77mL de etanol a 95% (v/v).

Dissolver 1,5g de ácido fosfotúngstico nessa mistura. Esta solução é estável, à temperatura ambiente.

b. Solução reativa de Benedict.

Num béquer, contendo 60mL de água destilada, dissolver 17,3g de citrato de sódio diidratado e 10g de carbonato de sódio anidro. Em outro béquer, dissolver 1,73g de sulfato cúprico pentaidratado em 10mL de água destilada quente. Misturar as duas soluções e diluir a 100mL, com água destilada.

c. Solução de hidróxido de sódio a 3%.
d. Solução padrão de prote ínas com 150mg/dL.

Técnica

a. Marcar 3 tubos, B (Branco). P (Padrão) e A (Amostra) e pipetar:
tubo B: 2mL de urina.
tubo P: 2mL de Padrão com 150mg/dL.
tubo A: 2mL de urina.
b. Adicionar, em todos os tubos, 2mL do reativo de Tsuchiya, agitar e aquecer a 56°C, durante 15 minutos. Esfriar em água corrente.
c. Centrifugar, a 3.000 rpm, durante 10 minutos. Desprezar, cuidadosamente, o sobrenadante e deixar os tubos invertidos sobre o papel absorvente, para drenar todo o líquido excedente.
d. Ressuspender o precipitado em 1mL de etanol absoluto e repetir o item anterior (3).
e. Adicionar, aos tubos, 3mL de hidróxido de sódio a 3% e agitar, até dissolver o precipitado.
f. Adicionar aos tubos A e P, 0,2mL do reativo de Benedict e ao tubo B, 0,2mL de hidróxido de sódio a 3%. Agitar e deixar em repouso, à temperatura ambiente, durante 20 minutos.
g. Ler as absorbâncias, em 540nm, zerando o aparelho com o branco.
h. Cálculo.

$$\frac{\text{Absorbância da Amostra}}{\text{Absorbância do Padrão}} \times 150 = \text{mg de proteínas/dL}$$

Notas

a. Caso a concentração seja maior que 200mg/dL diluir a urina, refazer a dosagem e multiplicar o resultado final pelo fator de diluição.
b. A reação atinge o máximo de coloração em 20 minutos e permanece estável por 60 minutos.
c. Ver também ANÁLISE DE URINA.

Valores de referência para proteínas na urina

Urina.
25 a 100mg/24h.

Albumina

A albumina, sendo uma proteína de transporte, desempenha funções importantes. Em condições normais, a proteína se mantém em concentrações dentro de limites relativamente estreitos.

A albumina tem grande afinidade por ânions, sendo que no sangue é a única fração que apresenta esta propriedade.

Vários corantes aniônicos podem ser utilizados para a determinação direta da albumina. Para que toda a albumina seja corada, é necessária uma ligação rígida entre albumina e corante.

Tensoativos evitam a turvação das amostras, aumentando a sensibilidade do método.

MÉTODO DO VERDE DE BROMOCRESOL

Fundamento

A albumina é detectada graças ao fenómeno denominado "erro protéico dos indicadores" que ocasiona uma mudança de cor de determinados indicadores, na presença de albumina, em meio tamponado. O verde de bromocresol reage com a albumina, formando um complexo corado de cor verde, que é medido, fotometricamente.

Amostra biológica

Soro.

Reativos

a. Solução estoque de verde de bromocresol (VBC).

A uma quantidade de aproximadamente 50mL de água destilada, adicionar 50mg de verde de bromocresol, 6,5mL de hidróxido de sódio 1N, 3mL de ácido láctico a 90% e ImL de "Tween 80". Misturar, ajustar o pH da solução a 4, com ácido láctico e completar a 100mL, com água destilada.

b. Reativo de uso.

Diluir a solução estoque anterior a 1/5, com água destilada. Preparar na hora do uso.

c. Padrão de albumina com 3g/dL.

Dissolver 3g de albumina bovina fração V, em água destilada, até completar 100mL.

Técnica

a. Marcar três tubos, B (Branco), P (Padrão) e A (Amostra), adicionando 10mL do reativo de uso em todos eles.
b. A seguir, pipetar, respectivamente:
tubo P: 0,02mL do padrão de albumina.
tubo A: 0,02ml da amostra.
c. Misturar e deixar, em repouso, por 10 minutos, à temperatura ambiente.
d. Ler as absorbâncias, em 630nm ou filtro vermelho, acertando o zero com o branco.
e. Cálculo.

$$\frac{\text{Absorbância da Amostra}}{\text{Absorbância do Padrão}} \times 3 = \text{g de albumina/dL}$$

Notas

a. A reação do verde de bromocresol depende da natureza da albumina utilizada; a albumina bovina difere da albumina humana cristalizada.

Convém, portanto, padronizar a solução de albumina bovina com soros, de valores conhecidos.

b. Soros moderadamente lipêmicos não interferem na reação.
c. Os anticoagulantes a serem utilizados, no caso de plasmas, são a heparina e o EDTA.
d. É recomendável a utilização de pipeta de hemoglobina ou automática para a adição da amostra e do padrão. Limpar o lado externo da pipeta e lavar 3 vezes com o próprio reativo.
e. A recuperação do método é de 99% e a precisão é de 5%.
f. A vidraria deve estar perfeitamente limpa, pois ácidos e álcalis interferem nos resultados.

Valores de referência para albumina

Soro ou plasma.
3,5 a 5g/dl.

OBSERVAÇÕES

a. O soro é estável por 3 dias, em refrigerador e uma semana, em congelador.
b. Não utilizar amostras muito hemolisadas. Aparentemente, 1mg% de hemoglobina ocasiona aumento de 1mg% de albumina.
c. Há aumento pela interferência da amplicilina, nas desidratações, nas lipemias, no exercício muscular, no uso inadequado de torniquete na coleta.
d. Há diminuição da albumina nas hepatopatias, "stress", traumas, má-nutrição, síndrome nefrótico.
e. Com a diminuição da albumina temos aparecimento de edemas, pois as proteínas têm papel importante na distribuição dos líquidos orgânicos. Quando os níveis são inferiores a 2g/dL quase sempre há aparecimento de edema.
f. Tendo-se os valores de proteínas totais e de albumina, o valor das globulinas pode ser

Proteínas totais (g/dL) - Albumina (g/dL) = Globulinas (g/dL).

g. A relação A/G (albumina/globulina) é calculada dividindo a concentração de albumina (em g/dL) pela concentração de globulinas (em g/dL). Os valores de referência para a relação A/G são de 1.2 a 2,2.
h. Na gravidez, encontramos cerca de 1g/dL de diminuição em relação aos valores normais, nos primeiros 2 trimestres.

Mucoproteínas

De acordo com a classificação de Winzler, as proteínas unidas aos glicídeos se dividem em mucoproteínas e glicoproteínas.

As glicoproteínas são as proteínas unidas a carboidratos que contêm menos de 4% de hexosamina. As mucoproteínas contêm mais de 4% de hexosamina e são determinadas da seguinte forma:

a. Através das propriedades antigênicas ou por separação, graças às suas propriedades físicas, usando-se por exemplo, a eletroforese.
b. Determinação quantitativa das substâncias que compõem as mucoproteínas, mediante a análise dos glicídeos ou da parte protéica.

MÉTODO DE WINZLER

Fundamento

Após desproteinização com ácido perclórico, as mucoproteínas permanecem em solução. Estas são, posteriormente, precipitadas pelo ácido fosfotúngstico e quantificadas com a utilização do reagente de Folin-Ciocalteau.

Amostra biológica

Soro.

Reativos

a. Solução de ácido perclórico 1.8M.

Diluir 70mL de ácido perclórico concentrado (a 72%), em água destilada, até completar 500mL. Esta solução é estável indefinidamente.

b. Ácido fosfotúngstico a 5% (p/v).

Dissolver 5,0g de ácido fosfotúngstico ($H_3[P(W_3O_{10})_4],H_2O$) em ácido clorídrico 2N, até perfazer 100mL.

É estável à temperatura ambiente.

c. Cloreto de sódio a 0,85% (p/v).

Dissolver 8,5g de cloreto de sódio, em água destilada, até perfazer 1.000mL.

d. Reagente estoque de Folin-Ciocalteau.

Num latão de boca esmerilhada de 1.000mL,colocar 50g de tungstato de sódio ($Na_2WO_4 2H_2O$), 12,5g de molibdato de sódio ($Na_2M_0O_4.2H_2O$) e 350mL de água destilada. Misturar por rotação, até dissolução e adicionar 25mL de ácido ortofosfórico a 85% e 50mL de ácido clorídrico concentrado. Adaptar um condensador de refluxo e ferver, brandamente, por 10 horas. Deixar esfriar e remover o condensador Juntar 75g de sulfato de lítio, 25mL de água destilada e 3 a 4 gotas de água oxigenada a 30%.

Ferver a mistura por 15 minutos. O reagente deve apresentar cor amarela, sem nenhum traço de cor verde. Caso contrário, tratar, novamente, com água oxigenada e ferver. Esfriar a temperatura ambiente e diluir a 1.000mL, com água destilada. Filtrar e conservar, em frasco escuro, em refrigerador.

e. Reagente cromogênico de uso.

Diluir o reagente estoque de Folin-Ciocalteau a 1/3, com água destilada (1 parte do reagente estoque e 2 partes de água).

f. Carbonato de sódio a 20% (p/v).

Dissolver 200g de carbonato de sódio anidro, com água destilada, até perfazer 1.000mL.

g. Padrão estoque de tirosina a 20mg/dL.

Dissolver 50mg de tirosina, em ácido clorídrico 0.1N até perfazer 250ml de solução. Estável em refrigerador.

h. Padrão de uso.

Diluir o padrão estoque, com ácido clorídrico 0,1N, a ¼ (1 parte do padrão e 3 partes de ácido clorídrico 0,1N).

É estável, em refrigerador, por uma semana.

Técnica

a. Num tubo de ensaio marcado A (Amostra), colocar 2,25mL de cloreto de sódio a 0,85% e 0,25mL de soro. Gotejar, com agitação constante, 1,25mL de ácido perclórico 1.8M. Deixar em repouso, por 10 minutos e filtrar através de papel de filtro Whatman nº 50 ou similar.
b. Pipetar 2,5mL do filtrado para um tubo de centrífuga marcado A (amostra) e adicionar 0,5mL de ácido fosfotúngstico a 5%. Misturar e deixar, em repouso, por 10 minutos. Centrifugar 5 minutos, a 3.000 rpm, e decantar todo o sobrenadante.
c. Lavar o precipitado com 1mL de ácido fosfotúngstico a 5%, ressuspendendo o mesmo, por agitação. Centrifugar, novamente, em alta rotação.
d. Decantar o sobrenadante e deixar o tubo invertido até escorrer todo o líquido excedente.
e. Marcar mais dois tubos, B (Branco) e P (Padrão) e pipetar.
   tubo B: 1,75mL de água destilada.
   tubo P: 1,5mL de água destilada e 0,25mL do padrão de uso.
   tubo A: 1,75mL de água destilada.

f. Adicionar 0,5mL de carbonato de sódio a 20% em todos os tubos e misturar. O tubo A deverá ser agitado, suavemente, até dissolução completa de todo o precipitado.
g. Juntar 0,25mL do reativo cromogênico de uso em todos os tubos. Misturar e levar a banho-maria de 37°C, por 15 minutos.
h. Esfriar rapidamente os tubos, até temperatura ambiente e acrescentar 1mL de água destilada em todos eles.
1. Ler as absorbâncias, em 680nm ou filtro vermelho, acertando o zero do aparelho com o branco.
j. Cálculo.

$$\frac{\text{Absorbância da Amostra}}{\text{Absorbância do Padrão}} \times 7,5 = \text{mg de tirosina/dL de soro}$$

$$\text{mg/dL} \times 23,8 = \text{mg de mucoproteínas/dL de soro}$$

Notas

a. A desproteinização pelo ácido perclórico deve ser processada à temperatura de 22 a 25°C. Caso a temperatura seja diferente, colocar em banho de água apropriado. Em temperaturas acima de 26°C, podemos obter resultados falsamente baixos.
b. Esta metodologia não leva a resultados exatos de mucoproteínas, pois elas não são bem recuperadas. Existe, também, a influência da temperatura, do tempo e de absorção pelo papel de filtro. A recuperação do método é de 75% e a precisão é de ± 15%.
c. O soro deve ser previamente diluído em solução fisiológica, para depois ser precipitado.
d. O emprego de plasma dá resultados de até 30% mais baixos que o soro, qualquer que seja o anticoagulante.
e. O reagente de Folin-Ciocalteau deverá apresentar cor amarela, sem estar esverdeado. Caso contrário, tratar com água oxigenada.
f. Do volume total de 3,75mL foram utilizados, após filtração, 2,5mL somente. Como a quantidade de padrão pipetada é igual â quantidade de soro inicial, isto é, 0,25mL, há necessidade de um fator de multiplicação a ser utilizado e que será igual a 3,75 : 2,5. Portanto o fator final sera:

$$\frac{3,75}{2,5} \times 5,0 = 7,5$$

Valores de referência para mucoproteínas

Soro

Em adultos normais, a concentração de mucoproteínas varia de 2 a 4,5mg/dL expressos em tirosina ou 48 a 106mg/dL em mucoproteínas.

OBSERVAÇÕES

a. O soro deve ser separado, no máximo, duas horas após a retirada do sangue. Os valores aumentam à medida que o soro permanece em temperatura ambiente. Pode ser guardado, por uma semana, em refrigerador.
b. Valores aumentados são encontrados nas inflamações agudas, na febre reumática, na tuberculose, no câncer, na icterícia obstrutiva e, algumas vezes, no diabete.
c. Valores diminuídos são encontrados na insuficiência hepática (hepatites e cirroses), na insuficiência da supra-renal e na insuficiência hipofisária.

COMPONENTES HORMONAIS

Hormônios do córtex da supra-renal

O córtex da supra-renal secreta hormônios denominados esteróides. Os esteróides são compostos policíclicos derivados do ciclo pentano peridrofenantreno.

Os esteróides são produzidos em sua maior parte pelo córtex da supra-renal e as respectivas gônadas (testículos e ovários). Por outro lado, durante a gravidez, a placenta produz esteróides em quantidades consideráveis.

As funções dos hormônios esteróides estão perfeitamente esclarecidas na maioria dos casos e abrangem desde a regulação do meio interno e do metabolismo glicídico e protídico, até a das funções sexuais.

Dependendo de sua atividade biológica e de sua estrutura química, podemos agrupá-los em quatro tipos principais:

a. Estrógeno, com 18 átomos de carbono.
b. Andrógeno, com 19 átomos de carbono.
c. Progesterona, com 21 átomos de carbono.
d. Corticóides, com 21 átomos de carbonos, que são os hormônios da supra-renal característicos.

Os corticóides isolados até agora têm sua origem no "pregnano", que possui 21 átomos de carbono e contém o grupo — CH_2 — OH como cadeia lateral no carbono 17. Regulam o metabolismo da água e dos minerais (mineralocorticóides) e ainda agem no metabolismo glicídico (glicocorticóides).

Entre o grupo dos mineralocorticóides, encontramos a 11-deoxicorticosterona e a aldosterona e entre os glicocorticóides encontramos o cortisol, cortisona, corticosterona e 11-deidrocorticosterona.

O corticóide secretado em maior quantidade pelo córtex da supra-renal é o cortisol e a medida de sua excreção ou de seus metabólitos na urina serve para averiguar o funcionamento da glândula. O cortisol e compostos semelhantes são encontrados com a terminologia de 17-hidroxicorticosteróides.

Dentro da grande variedade de hormônios esteróides conhecidos existe um grupo de 19 átomos de carbono, relacionado principalmente com as funções sexuais que, por apresentar um grupo carbonila no C_{17}, são conhecidos como 17-cetoesteróides. Estes hormônios, no homem, têm sua origem no córtex da supra-renal em cerca de 2/3 do total, enquanto que 1/3 restante é produzido pelos testículos. Na mulher, derivam praticamente quase que na sua totalidade do córtex da supra-renal, podendo entretanto os ovários produzirem quantidades muito baixas. Os principais constituintes deste grupo são: androsterona, diidroepiandrosterona e etilcolanolona. Esses compostos são excretados na urina (na forma de glicuronato de sulfatos).

Os 17-cetoesieróides sáo considerados, em geral, como índice da produção e excreção de andrógenos, se bem que se deve considerá-los como sinônimo de "atividade androgênica", porque os andrógenos mais ativos como a testosterona, 5-a-diidrotestosterona e alguns androsteróides e androstonódios possuem uma função alcoólica no C_{17} em lugar da função cetona e não são incluídos na determinação dos 17-cetoesteróides urinários.

Normalmente, os hormônios esteróides são secretados para a circulação pelas glândulas endócrinas que os produzem, sofrem perifericamente modificações estruturais e biológicas, cumprem seu efeito hormonal e são excretados, principalmente, por via urinária.

DETERMINAÇÃO DOS 17-HIDROXICORTICOSTERÓIDES TOTAIS (MÉTODO DE REDDY, MODIFICADO)

Fundamento

A urina acidificada sofre saturação pela ação do sulfato de sódio anidro. Os 17-hidroxicorticosteróides passam por um processo extrativo, através do n-butanol. O extrato urinário é purificado com o carbonato de sódio anidro. A seguir, faz-se reagir os 17-hidroxi com a fenilidrazina, em meio ácido, produzindo cor amarela, cuja intensidade é medida, fotometricamente.

Amostra biológica

Urina de 24 horas.

Reativos

a. Sulfato de sódio anidro p.a.

b. Carbonato de sódio anidro p.a.

c. Ácido sulfúrico a 62% (V/V).

Colocar 380mL de água destilada num erlenmeyer de 2.000mL e deixar dentro de um banho de gelo. Adicionar lentamente e com agitação constante, 620mL de ácido sulfúrico concentrado.

d. Fenilidrazina

Purificar a fenilidrazina da seguinte forma: Num béquer de 1.000mL, colocar aproximadamente 500mL de etanol absoluto. Aquecer o álcool, utilizando aparelho elétrico, e com agitação, adicionar-cloridrato de fenilidrazina ($C_6H_8N_2HC\ell$), em pequenas quantidades, até que não dissolva mais. Deixar esfriar à temperatura ambiente e, mantendo protegido da luz, colocar por uma noite, em refrigerador. Filtrar através de papel de filtro Whatman nº 1 duplo, usando um funil de Buchner e sucção. Colocar os cristais em um dessecador e, após secagem, guardar em frasco escuro, bem fechado.

e. Reagente fenilidrazina — ácido sulfúrico.

Dissolver 130mg da fenilidrazina-purificada em 200mL de ácido sulfúrico a 62%. Guardar, no refrigerador, em frasco bem fechado.

f. n-Butanol.

Purificar o álcool da seguinte forma: Num frasco de boca esmerilhada, para destilação, com capacidade para 1.000mL, colocar aproximadamente 750mL de n-butanol (C_4H_9-OH), 2 gotas de ácido sulfúrico a 62% e 25mg de fenilidrazina. Misturar e destilar, com aparelhagem toda de vidro, usando aquecedor elétrico. Desprezar os primeiros 50mL e os últimos 100mL.

g. Solução estoque de cortisol a 100mg%.

Dissolver 100mg de cortisol em aproximadamente 90mL de etanol. Completar a um volume de 100mL com o mesmo álcool. Guardar em refrigerador.

h. Padrão de uso.

Diluir 0,5mL da solução estoque de cortisol, com água destilada, até completar 50mL. Guardar no refrigerador. Equivale a 1mg/dL.

Técnica

a. Medir o volume urinário de 24 horas.
b. Marcar 3 erlenmeyers de 50mL, com tampa esmerilhada, B (Branco), P (Padrão) e A (Amostra), e pipetar, respectivamente, 10mL de água destilada, 10mL do padrão de uso e 10mL de

urina. Ajustar a pH igual a 1, com ácido sulfúrico a 62% e papel indicador.

c. Adicionar cerca de 3g de sulfato de sódio e misturar imediatamente, durante um minuto. Rever o pH, que deve ser igual a 1, com o papel indicador.
d. Adicionar 10mL de n-butanol em todos os erlenmeyers, tampando-os convenientemente. Agitar energicamente por 15 minutos e, em seguida, centrifugar por 5 minutos.
e. Marcar 3 tubos, B (Branco), P (Padrão) e A (Amostra) e pipetar 8mL das respectivas camadas superiores (fase butanólica). Adicionar 0,5g de carbonato de sódio a cada um, tampar e agitar energicamente. Deixar em repouso por 5 minutos. Em seguida, centrifugar por 5 minutos.
f. Marcar 6 tubos de ensaio e colocar.
   tubo 1 e tubo 2: 1mL do sobrenadante do branco.
   tubo 3 e tubo 4: 1mL do sobrenadante do padrão.
   tubo 5 e tubo 6: 1mLdo sobrenadante da amostra.
g. Aos tubos 1, 3 e 5, adicionar 4mL de ácido sulfúrico a 62% e agitar.
h. Aos tubos 2, 4 e 6, adicionar 4mL do reagente fenilidrazina-ácido sulfúrico e agitar.
i. Levar todos os tubos, protegidos da luz, a um banho a 60°C, durante 20 minutos. Esfriar em banho de água.
j. Ler as absorbâncias, em 410nm ou com filtro azul, acertando o zero do aparelho com água destilada.
k. Cálculo.
   k.1. Cálculo das absorbâncias corrigidas B, P e A.
   B = Absorbância do tubo 2 – Absorbância do tubo 1
   P = Absorbância do tubo 4 – Absorbância do tubo 3.
   A = Absorbância do tubo 6 – Absorbância do tubo 5.
   k.2. Cálculo da concentração

$$\frac{A - B}{P - B} \times 1,0 = \text{mg de 17- hidroxicorticosteróides/dL}$$

$$\frac{\text{Volume de 24h (em mL) x mg/dL}}{100} = \text{mg de 17-hidroxi corticosteróides/24h}$$

Notas

a. O pH ácido e a adição de sulfato de sódio têm por finalidade facilitar a extração dos 17-OH livres e conjugados através do n-butanol.
b. O carbonato de sódio tem a finalidade de remover, do extrato, certos cromogênicos fenólicos não específicos.

Valores de referência para 17-OH

Urina de 24 horas	
Homens	2 a 10mg/24h
Mulheres	1 a 8mg/24h

OBSERVAÇÕES

a. Colher a urina conservando o recipiente na geladeira, durante todo o período.
b. Valores aumentados podem ser encontrados na síndrome de Cushing, síndrome adrenogenital, adenoma e carcinoma do córtex da supra-renal.
c. Valores diminuídos são encontrados no hipopituitarismo, na doença de Addison.

DETERMINAÇÃO DOS 17-CETOSTERÓIDES TOTAIS (MÉTODO DE ROJKIN)

Fundamento

Os 17-cetosteróides (17KS) conjugados são hidrolisados, em meio ácido, na presença de formol. Extraem-se os 17-cetosteróides com o acetato de etila e lava-se o extrato com álcalis. Posteriormente, evapora-se e é feita a determinação pela reação de Zimmermann, com a formação de um complexo de cor vermelha, que é medido, fotometricamente.

Amostra biológica

Urina de 24 horas.

Reativos

a. Mistura de hidrólise.

Num balão volumétrico de 1.000mL, contendo 400mL de água destilada, adicionar, sob agitação constante e lentamente, 401,6mL de ácido sulfúrico concentrado. Deixar o balão em um banho de água corrente, durante a adição do ácido. Deixar esfriar, adicionar 50,7mL de formaldeído (d = 1,07, 37%), agitar e completar o volume a 1.000mL, com água destilada.

b. Tolueno p.a.
c. Acetato de etila (P.E. = 76,5 a 77,5°C).
d. Hidróxido de sódio em lentilhas.
e. Solução de hidróxido de potássio 8,5M.

Dissolver 55,46g de hidróxido de potássio (86%) em aproximadamente 50mL de água e completar o volume a 100mL.Conservar em frasco de polietileno bem fechado e desprezar quando se observar turbidez.

f. Diluente aquoso — cloreto de benzetônio. Dissolver 2,8g de cloreto de diisobutil-cresoxietoxi-etil-dimetil-benzil-amônio (cloreto de benzetônio-Hyamine) em cerca de 900mL de água e completar a 1.000mL.

g. Solução de m-dinitrobenzeno.

Dissolver 1g de m-dinitrobenzeno em aproximadamente 90mL do diluente aquoso e completar a 100mL, com o próprio diluente. Conservar no refrigerador e desprezar, quando adquirir cor.

h. Solução padrão de deidroepiandrosterona (DEA).

Dissolver 4mg de deidroepiandrosterona em cerca de 90mL de metanol, completando o volume a 100mL com o próprio metanol. Conservar no refrigerador, bem tampado.

Técnica

a. Marcar 3 tubos com tampa esmerilhada, B (Branco), P (Padrão) e A (Amostra), e pipetar:
tubo B: 2mL de água destilada.
tubo P: 0,5mL do padrão e 1,5mL da água destilada.
tubo A: 2mL de urina.
b. Juntar 0,5mL da mistura de hidrólise e 0,5mL de tolueno. Agitar, sem inverter. Colocar os tubos destampados, em banho fervente, durante 10 minutos. Esfriar em banho de água.
c. Adicionar, em todos os tubos, 4,5mL de acetato de etila e agitar vigorosamente durante um minuto. Deixar em repouso até a separação de fases e desprezar a camada inferior. Utilizar uma seringa com agulha comprida. Tomar cuidado para não desprezar a camada superior.
d. Colocar 5 lentilhas de hidróxido de sódio em cada tubo e agitar, vigorosamente. Centrifugar, a 2.500 rpm, por 5 minutos.
e. Marcar outros três tubos, B (Branco), P (Padrão) e A (Amostra), e pipetar 2,5mL dos respectivos sobrenadantes. Levar a um banho de água a 70-80°C. Aquecer a água até ebulição suave, para completar a evaporação. Assoprar a boca de cada tubo, para eliminar os vapores e retirá-los do banho. Deixar esfriar.
f. Dissolver os resíduos em 0,25mL de metanol, lavando as paredes dos tubos. Juntar 0,5mL da solução de hidróxido de potássio 8,5M e 0,1mL da solução de m-dinitrobenzeno, a todos os tubos. Misturar suavemente.
g. Deixar os tubos em banho de água a 37°C, por 5 minutos.
h. Adicionar, em seguida, 2,5mL do diluente aquoso e misturar por inversão.
i. Ler as absorbâncias, em 530nm ou filtro verde, ajustando o zero do aparelho com o branco.
j. Calculo.

$$\frac{\text{Absorbância da Amostra}}{\text{Absorbância do Padrão}} \times 10 = \text{mg 17KS/L}$$

$$\text{Volume de 24h (em litros)} \times \text{mg/L} = \text{mg/24h}$$

Notas

a. Quando for utilizar a seringa, molhar o seu êmbolo com água e ajustar bem a agulha, para evitar entradas de ar.
b. Para evitar perda do extrato, na fase de evaporação, colocar os tubos em banho de água a 70-80°C e logo em seguida, ferver suavemente. Não utilizar chama e sim, aquecedor elétrico. O extrato seco, bem tampado, é estável por 3 dias, a 4°C.
c. Durante a fase de colorimetria, adicionar o diluente aquoso e misturar por inversão. Não agitar, para evitar a formação de espuma.
d. A cor é estável por 30 minutos.
e. Alguns interferentes, como as fenotiazinas, meprobamato, clordiazepóxido e secobarbital podem acarretar resultados mais baixos.
f. Outros interferentes, como a cloxacilina, quinidina, eritromicina e ácido nalidíxico podem acarretar falsos resultados aumentados, agindo na reação de Zimmermann.
g. Purificação do m-dinitrobenzeno.

Colocar 20g de m-dinitrobenzeno em 100mL de hidróxido de sódio a 10% (p/v) e aquecer, em banho de água fervente, até a fervura. Decantar a fase aquosa ainda quente e esfriar o resíduo. Lavar duas vezes com água destilada. Dissolver o resíduo em 750mL de etanola 95% com aquecimento não superior a 40°C. Filtrar. Adicionar 3 volumes de água e deixar esfriar. Por filtração, obter cristais que deverão ser lavados com água destilada. Colocar o m-dinitrobenzeno numa placa de Petri e desidratar em dessecador. Guardar em frasco escuro.

Valores de referência para 17KS

Urina de 24 horas	*mg/24h*
Crianças até 2 anos	1
Crianças até 6 anos	2
Crianças até 10 anos	5
Homens adultos	8 a 18
Mulheres adultas	6 a 12

OBSERVAÇÕES

a. Colher a urina, conservando o recipiente no refrigerador, durante todo o período . Estável por uma semana, a 4°C e por 4 meses, no congelador.

b. Valores aumentados são encontrados na síndrome adrenogenital, na síndrome de Cushing, na puberdade precoce masculina, em tumores testiculares, em tumores ovarianos, nos três últimos meses de gravidez, na hiperplasia, no carcinoma e no adenoma do córtex da supra-renal.
c. Valores diminuídos são encontrados na moléstia de Addison, no hipotiroidismo, na síndrome nefrótica, no hipopituitarismo, no hipogonadis-mo, em tumores da hipófise.

Hormônios da medula da supra-renal

DETERMINAÇÃO DO ÁCIDO VANIL MANDELICO (VMA)

A medula da supra-renal secreta a adrenalina e a noradrenalina. Estes hormônios recebem o nome de catecolaminas.

O ácido vanil mandélico (ácido 3-metoxi-4-hidroxi-mandélico) urinário é o mais importante metabólito, do ponto de vista quantitativo, das catecolaminas.

A determinação do VMA não é simples, pois é necessário eliminar as substâncias interferentes na urina. Esta eliminação é efetuada por extração, eletroforese ou cromatografia.

MÉTODO DE GITLOW E COLS.

Fundamento

A urina acidificada sofre extração com acetato de etila. O VMA extraído reage com o sal de diazônio da p-nitroanilina e produz um azo derivado colorido que é extraído pelo álcool amílico.

Amostra biológica

Urina.

Reativos

a. Acetato de etila p.a.
b. Carbonato de potássio a 20% (p/v).

Dissolver 200g de carbonato de potássio anidro, em água destilada, até perfazer 1.000mL.

c. Nitrito de sódio a 0,2% (p/v).

Dissolver 200mg de nitrito de sódio, em água destilada e completar a 100mL.

d. Mistura álcool amílico-piridina.

Lavar uns 110mL de álcool amílico, com 10mL de ácido clorídrico concentrado. Desprezar o ácido. Repetir a operação com água destilada, carbonato de potássio a 20% e água destilada novamente. O álcool amílico deve ser alcalino para evitar o descoramento do azoderivado.

Num balão volumétrico de 100mL, colocar ImL de piridina e completar o volume com álcool amílico alcalino.

e. p-nitroanilina a 0,1% (p/v).

Dissolver 100mg de p-nitroanilina, em 2mL de ácido clorídrico concentrado e completar o volume a 100mL,com água destilada.

f. p-nitroanilina diazotada.

Misturar 1 parte de p-nitroanilina a 0,1%, 1 parte de nitrito de sódio a 0,2% e 2 partes de água destilada. Este reagente deve ser preparado no momento do uso.

g. Solução estoque de VMA a 10mg/dL.

Pesar, exatamente, 10mg de VMA (ácido 3-metoxi-4-hidroxi-mandélico) e dissolver, em ácido clorídrico 0,1N, até completar 100mL. Conservar no refrigerador.

h. Padrão diluído de VMA a 1mg/dL.

Diluir a solução estoque a 1/10, com ácido clorídrico 0,1N.

Técnica

a. Colher a amostra de urina, convenientemente. Ver nota adiante.
b. Marcar um tubo de centrífuga com tampa esmerilhada, A (Amostra) e pipetar 1mL de urina e 1mL de água destilada. Acertar o pH igual a 1cm com ácido clorídrico 6N e papel indicador.
c. Juntar 4mL de acetato de etila e agitar, vigorosamente, por 15 minutos. Centrifugar e transferir o extrato para outro tubo de centrífuga com tampa esmerilhada, marcado A.
d. Fazer mais duas extraçoes com 4 e 2mL de acetato de etila. Misturar os extratos.
e. Levar o extrato a uma estufa regulada a 45-50°C e deixar evaporar completamente.
f. Juntar, ao resíduo, 2mL de água destilada.
g. Marcar outros seis tubos com tampa esmerilhada, B (Branco), P_1 ,P_2, P_3,P_4 e P_5 e pipetar.
   tubo B: 2mL de água destilada.
   tubo P_1 : 0,1mL do padrão diluído de VMA a 1,9mL de água destilada.
   tubo P_2 : 0,2mL do padrão diluído de VMA e 1,8mL de água destilada.
   tubo P_3: 0,3mL do padrão diluído de VMA e 1,7mL de água destilada.
   tubo P_4: 0,5mL do padrão diluído de VMA e 1,5mL de água destilada.
   tubo P_5: 1mL do padrão diluído de VMA e ImL de água destilada.
h. Adicionar 1mL de carbonato de potássio a 20% nos 7 tubos e misturar.

i. Acrescentar 1mL de p-nitroanilina diazotada a cada tubo e misturar.
j. Após 3 minutos, acrescentar 4mL de álcool amílico-piridina. Agitar fortemente por alguns minutos e centrifugar.
k. Transferir as camadas superiores (fase orgânica) para cubetas de colorimetria. Repousar por 10 minutos.
l. Ler as absorbâncias, em 475, 550 e 625nm, acertando o zero do aparelho cada vez com o branco. Ler, também, a absorbância do tubo A, em 450nm, zerando o aparelho com o branco.
m. Calcular as absorbâncias corrigidas, utilizando a fórmula de Allen.

$$\text{Absorbância corrigida} = A_{550} \quad \frac{A_{475} + A_{625}}{2}$$

n. Preparar a curva, relacionando as absorbâncias corrigidas com as respectivas concentrações, utilizando os tubos padrões: Equivalem, nesta técnica, a:
P_1 = 1 μg/mL
P_2 = 2 μg/mL
P_3 = 3 μg/mL
P_4 =5 μg/mL
P_5 =10 μg/mL
o. Cálculo da Amostra.

Procurar a concentração de VMA, na curva de calibração, utilizando a absorbância corrigida.

Será dada em μg/mL.

– Para urina de 24h:

$$\frac{\text{Volume de 24h (mL) x μg/ml}}{1.000} = \text{mg/24 horas}$$

– Para uma só amostra, logo após crise hipertensiva, o resultado será dado em μg de VMA por mg de creatinina.
– Índice de Gitlow.

O índice de Gitlow é dado por

$$\frac{\text{Absorbância em 450nm}}{\text{Absorbância em 550nm}}$$

Notas

a. Normas para coleta da urina de 24 horas: Fazer um regime prévio de 3 dias, evitando a ingestão de chocolate, café, bananas, frutas cítricas, alimentos contendo vanilina e drogas (aspirina e agentes anti-hipertensivos). Manter a urina em pH próximo de 2, pela adição de 10mL de ácido clorídrico 6N, ao recipiente de coleta.

Após crise hipertensiva, pode-se coletar uma só amostra, acidificando, em seguida, a pH igual a 2-3, com HCℓ6N. Neste caso, dosar a creatinina urinária, antes da determinação do VMA.

b. A acidificação é importante porque o VMA é instável em soluções neutras ou alcalinas.
c. A aplicação da fórmula de Allen é feita para evitar a interferência de cromogênios inespecíficos.

Valores de referência para VMA

Urina.	
Em adultos normais:	
Índice de Gitlow:	acima de 1,5
Ácido vanil mandélico:	1,5 a 9mg/24h
Uma só amostra:	1 a 8 μg/mg de creatinina

OBSERVAÇÕES

a. A urina acidificada pode ser guardada, no refrigerador, por um mês.
b. Aumento nas concentrações de VMA ocorre no feocromocitoma, que é um tumor caracterizado por uma excreção de catecolaminas aumentada.
c. Valores falsamente aumentados podem aparecer após ingestão de café, chá, chocolate, baunilha ou bananas.

Hormônios da tireóide

O iodo alimentar e a tirosina formam uma glicoproteína iodada especial, a tireoglobulina, que é encontrada no epitélio que reveste os folículos glandulares e representa a forma de armazenamento desses hormônios.

A L-tiroxina, a diicodotironina e produtos intermediários mono e diiodotirosina se encontram na substância colóide intrafolicular, na forma de glicoproteína especial.

Conforme as necessidades do organismo, essa glicoproteína se degrada e libera os hormônios tireoidianos, na corrente circulatória. A T-3 (5,3'-triiodotironina) é o hormônio mais ativo, cerca de 5 vezes mais que a T-4 ou L-tiroxina (tetraiodotironina).

As formas hormonais características pertencem à estruturação L.

A determinação dos hormônios tireoidianos pode ser efetuada por métodos químicos, como é o caso do PBI e por imunoensaios, casos da T_3 e T_4 (L-Tiroxina).

DETERMINAÇÃO DO PBI (IODO LIGADO ÀS PROTEÍNAS)

Quando as proteínas do soro são precipitadas, a tiroxina é carregada junto com o precipitado, daí a expressão "iodo ligado à proteína", cujo elemento é, posteriormente, determinado. O iodo aí determinado é orgânico. Como a maioria desse iodo está na forma de tiroxina, foi também chamado de iodo hormonal sérico. Estão também incluídos, no PBI, a T_3, a monoiodotirosina, a diiodotirosina, as iodoproteínas e a tireoglobulina.

Método de Barker, Humphrey e Soley, modificado

Fundamento

O iodo proteico é precipitado pelo hidróxido de zinco de Somogyi. O precipitado, em meio alcalino, é secado e posteriormente, incinerado a 620°C. O iodo presente é determinado quantitativamente, pela reação de redução dos íons céricos pelo arsenito, em meio ácido.

Amostra biológica

Soro.

Reativos

a. Sulfato de zinco a 10% (p/v).

Adicionar, lentamente. 10g de sulfato de zinco heptaidratado em água deionizada a quente.

Esfriar a solução e diluir a 1.000mL.

b. Hidróxido de sódio 0,5N.

Pesar 20g de hidróxido de sódio e dissolver em água deionizada, até completar 1.000mL. Ajustar esta solução para que sejam gastos 10,8 e 11.2mL da mesma, para titular 10mL de sulfato de zinco (diluído com cerca de 60mL de água destilada), utilizando a fenolftaleína a 1% como indicador.

c. Carbonato de sódio 4N e clorato de potássio a 2% (p/v).

Pesar 212g de carbonato de sódio anidro e 20g de clorato de potássio e dissolver em água deionizada, completando a l.000mL.

d. Reagente do ácido arsenioso.

Dissolver 986mg de óxido de arsênico III (As_2O_3) em 10mL de hidróxido de sódio 0,5N, aquecendo para facilitar a dissolução. Transferir, quantitativamente, esta solução para um balão volumétrico de 1.000mL, que contenha 850mL de água deionizada. Adicionar, lentamente e com agitação, 20mL de ácido clorídrico concentrado e 39,6mL de ácido sulfúrico concentrado.

Deixar esfriar à temperatura ambiente e completar o volume.

e. Sulfato cérico-amônico 0,0316N

A 600mL de água deionizada, adicionar lentamente 48,6mL de ácido sulfúrico concentrado. Acrescentar, em seguida, 20g de sulfato de amônio e cério IV diidratado $(NH_4)_4 Ce(SO_4)_4 2H_2O$. Esfriar a solução e diluir a 1.000mL, com água deionizada.

f. Solução estoque de iodeto com 100µg/mL.

Dissolver 130,8mg de iodeto de potássio, previamente seco, em água deionizada, até perfazer 1.000mL.

g. Padrão diluído de iodeto com 4 µg/mL.

Diluir 1mL de solução estoque de iodeto, com água deionizada, até perfazer 25mL.

h. Padrões de uso.

Em 4 balões volumétricos de 100mL, contendo 50mL de carbonato de sódio 4N (sem o cloreto de potássio), adicionar 0; 1; 2 e 4mL do padrão diluído de iodeto com 4 µg/mL. Diluir as soluções a 100mL com água deionizada e misturar. Elas conterão 0, 4, 8 e 16 µg de iodeto por dL, respectivamente.

Técnica

a. Utilizar uma sala exclusiva para esta dosagem.

Ver notas adiante.

b. Depois de separar o soro, adicionar ao mesmo 1/10 do seu volume de resina Amberlite IRA-401, misturar e deixar em repouso, por cinco minutos.

Centrifugar.

c. Colocar 1mL do soro tratado, num tubo de ensaio marcado como A (Amostra). Adicionar 7mL de água deionizada. 1mL de sulfato de zinco a 10% e 1mL de hidróxido de sódio 0,5N.

Misturar e deixar repousar por 10 minutos.

Centrifugar por 10 minutos.

d. Decantar o sobrenadante e deixar o tubo invertido para escorrer o líquido excedente.

e. Adicionar ao precipitado proteico, sem misturar, 0.5mL da solução de carbonato de sódio 4N - clorato de potássio a 2%. Levar a uma estufa regulada a 110°C, por uma noite.

f. Colocar os tubos com os precipitados dessecados numa grade metálica e levá-los a um incinerador a 620°C, por 2 horas.

g. Retirar os tubos do incinerador e deixar esfriar à temperatura ambiente. Caso fique alguma quantidade de carbono no tubo, juntar uma gota de água deionizada, voltar a dessecar em estufa, aproximadamente 10 minutos e fazer nova incineração por 5 minutos, a 620°C.

h. Juntar 110mL do reagente de ácido arsenioso para dissolver as cinzas.
i. Deixar em repouso por 15 minutos e agitar vigorosamente, centrifugando, em seguida, por 20 minutos.
j. Marcar 4 tubos de ensaio, P_1, P_2, P_3 e P_4, e pipetar 1mL dos padrões de uso com 0, 4, 8 e 16 µg/dl, respectivamente. Dessecar em estufa a 110°C. Adicionar 10mL do reagente de ácido arsenioso para dissolver o resíduo, em todos os tubos. Deixar em repouso, por 15 minutos, misturar e centrifugar por 20 minutos.
k. Marcar outros 5 tubos de ensaio e transferir 5mL de cada padrão e da amostra. Levá-los a um banho-maria regulado a 37±0,1°C.
l. Depois de adquirirem a temperatura de 37°C, adicionar a cada tubo, ImL de sulfato de amônio e cério 0,0316N, com intervalos exatos de 30 segundos.
m. Após exatamente 20 minutos da adição do sulfato de amônio e cério ao primeiro tubo e com intervalos de 30 segundos, ler as absorbâncias, em 420nm ou com filtro azul, acertando o zero do aparelho com a água.
n. Preparar uma curva de calibração, relacionando as absorbâncias com as respectivas concentrações. Como a reação é de descoloração, a leitura mais alta será a de concentração igual a 0 µg/dL.
o. Cálculo.

Obter a concentração do iodo proteico diretamente na curva de calibração. Será dado em µg/dL.

Notas

a. Todo o material utilizado deverá ser lavado com ácido nítrico aproximadamente 6N e, posteriormente, várias vezes, com água deionizada.
b. A curva de calibração não é reprodutível, razão pela qual deverá ser repetida a cada determinação.
c. A temperatura de incineração não deverá ser maior que 650°C, pois poderá haver perda de iodo. Temperaturas abaixo de 620°C, resultam numa incompleta digestão das proteínas ou na produção de partículas de carvão que aceleram a reação de redução do íon cérico.
d. Utilizando 1mL de água deionizada no lugar do soro, pode-se realizar um branco de reativos. Caso dê um valor superior a 0 µg, é necessário efetuar as devidas correções.

Valores de referência para PBI

Soro.

Em adultos normais, a concentração do PBI varia de 4 a 8 µg/dL.

OBSERVAÇÕES

a. O soro pode ser conservado por um mês, no refrigerador.
b. Os valores aumentados são encontrados no hipertireoidismo. As taxas se elevam para 8 a 20 µg/dL. Em casos de valores superiores, devemos suspeitar de contaminação com iodeto inorgânico ôu com substâncias radiopacas utilizadas em exames radiológicos.
c. No hipotireoidismo, as taxas caem para níveis inferiores a 3,5µg/dL.

7

Imunoensaios

INTRODUÇÃO

Em 1959, Berson e Yallow introduziram os sistemas de análise por saturação, utilizando a medida radioativa.

Através desta metodologia, tornou-se possível a dosagem de substâncias com pequeníssimas concentrações, na ordem de nano e picogramas. Desta forma, surgiu a possibilidade de determinar qualquer tipo de molécula biológica, desde que se consiga obter um receptor específico, e que a molécula biológica possa, de algum modo, ser marcada.

As moléculas que não são antigênicas também podem obter seus anticorpos específicos, através de formação de complexo com uma proteína. Os esteróides, por exemplo, sofrem conjugação com a albumina bovina.

Dependendo do tipo de receptor, as técnicas de saturação formam dois grupos:

a. Imunoensaio — quando o receptor específico é um anticorpo.
b. Competição proteica — quando o receptor é uma proteína transportadora específica.

Graças à sua sensibilidade, a técnica permite dosagens de polipeptídeos, catecolaminas, esteróides, antibióticos, hormônios tireoidianos, proteínas, vitaminas, drogas e outras substâncias não encontradas em concentrações suficientes para serem analisadas pelos métodos convencionais.

Como foi dito anteriormente, a metodologia exige a marcação da molécula biológica. De acordo com o tipo de marcação, os imunoensaios podem ser:

a. Radioimunoensaio — a marcação é efetuada com isótopos radioativos.
b. Enzimaimunoensaio — a marcação da molécula é feita através de enzimas.

RADIOIMUNOENSAIO

A sensibilidade da detecção radioativa confere um ótimo desempenho às técnicas de radioimunoensaio.

Comparado à reação por competição proteica, o radioimunoensaio junta a especificidade e a afinidade da ligação anticorpo-antígeno. Graças à sua maior especificidade, é possível efetuar os ensaios das amostras diretamente no líquido biológico e devido a sua grande afinidade, o volume de amostra também é menor.

Princípios Gerais do Radioimunoensaio

Trata-se de uma reação de competição de uma substância a ser determinada e da mesma substância marcada, radioisotopicamente, por um receptor específico comum a elas.

Sendo

Ag = antígeno "frio" (não radioativo)
Ag*= antígeno marcado (radioativo)
Ac = anticorpo específico

temos as seguintes reações:

$$Ag + Ac \rightleftharpoons Ag - Ac$$
$$Ag^* + Ac \rightleftharpoons Ag^* - Ac$$

No sistema total, teremos:

$$Ag + Ag^{+} + Ac \quad Ag^* — Ac + Ag - Ac$$

Caso tenhamos excesso de Ag*.

$$Ac + Ag + Ag^* - Ag - Ac + Ag^* - Ac + Ag^*$$

Desta forma, encontraremos o antígeno marcado na fração livre (como Ag*) e na fração unida (como Ag* Ac).

Fixando-se uma quantidade de Ag*e Ac e variando as quantidades de Ag, o Ag irá deslocar o Ag* da ligação Ag*- Ac, formando Ag - Ac.

Separando-se as frações livre e unida e medindo-lhes a radioatividade, poderemos determinar o deslocamento devido à quantidade de Ag introduzido.

Enfim, ensaiando padrões de concentrações conhecidas e traçando curvas relacionando as medidas radioativas com as respectivas concentrações, poderemos quantificar as amostras desconhecidas.

Componentes do Sistema

ANTÍGENO FRIO

É a substância que se vai dosar. Está presente tanto na amostra desconhecida quanto nos padrões que servirão para a construção da curva de calibração.

Alguns padrões, pela dificuldade ou impossibilidade de obtenção, são representados por formas impuras, que são definidas pelas organizações internacionais que as distribuem.

ANTÍGENO RADIOATIVO

É o antígeno natural marcado com isótopo radioativo. O elemento radioativo geralmente e' o Iodo-125 (radiação Gama) ou o Trício (radiação Beta). Do ponto de vista da estabilidade, as substâncias marcadas com o 1-125 têm um tempo de utilidade menor que as triciadas. Geralmente, os hormônios proteicos são marcados com o 1-125 e os esteróides são marcados com o trício.

O antígeno radioativo é idêntico, imunologicamente, ao antígeno frio.

ANTICORPO ESPECÍFICO

É a gamaglobulina que se liga aos antígenos frio e radioativo, de forma específica.

Existem casos em que a fórmula estrutural dos antígenos são semelhantes. Neste caso, é necessário efetuar uma extração destas substâncias na amostra.

MÉTODOS DE SEPARAÇÃO

São os processos para separar a fração unida da fração livre. A separação é uma fase crítica. Dela depende a exatidão de todo o ensaio. Os métodos mais utilizados são:

a. Por adição de precipitantes. Os mais utilizados são o duplo anticorpo, o polietilenoglicol e o carvão-dextran. Destes, só o carvão-dextran precipita a fase livre. O duplo anticorpo é um segundo anticorpo (antigamaglobulina), possuindo alto peso molecular, que vai reagir com a fração unida e precipitar.
b. Por acoplamento à fase sólida. Nesta metodologia, o anticorpo é acoplado a sólidos, o que facilita a posterior separação. Os sólidos podem ser partículas de vidro ou o próprio tubo de ensaio. Isto tornou possível a separação das fases sem a centrifugação.
c. Por separação magnética. Os anticorpos são, covalentemente, ligados a microscópicas partículas de ferro com altas características de flutuação. A utilização de um separador magnético, que atrai as partículas de ferro, torna possível a não centrifugação para a obtenção da fração unida.

MEDIDA DE RADIAÇÃO

A medida do decaimento radioativo é uma quantificação estatística. O erro percentual dependerá do número de contagens por minuto (cpm). Geralmente, efetuamos aproximadamente 10.000 contagens por minuto, o que nos dará um erro padrão de 2%.

É bom sabermos que o número de contagens por minuto variará de acordo com as características do aparelho.

Para a medida da radiação gama, são utilizado os cintiladores de cristal de iodeto de sódio ativados com tálio; no caso da radiação beta, há necessidade de se empregar os cintiladores líquidos.

Utilização do Radioimunoensaio

Inicialmente, o radioimunoensaio foi desenvolvido para um número restrito de hormônios. Posteriormente, sua aplicação foi estendida, com o desenvolvimento de novos métodos de radioimunoensaios de grande importância clínica.

Devido a esta importância, surgiram vários *kits* comerciais que vieram suprir a necessidade dos laboratórios clínicos. Logicamente, isto popularizou a utilização do radioimunoensaio no diagnóstico laboratorial. É importante, portanto, que sejam selecionados criteriosamente, os *kits* que farão parte do setor de radioimunoensaio. Alguns requisitos básicos deverão ser obedecidos, tais como: simplicidade, rapidez, estabilidade, precisão, exatidão, além de apresentar baixo grau de risco à saúde.

Devemos realizar os ensaios em sala especial e estarmos devidamente autorizados pela Comissão Nacional de Energia Nuclear (CNEN).

DETERMINAÇÃO DA TRIIODOTIRONINA (T_3) TOTAL

Fundamento

Quase toda a T_3 circulante está ligada a proteínas séricas, principalmente a TBG (Proteína ligadora de tiroxina). A dissociação é feita pelo 8-anilinonaftaleno-sulfônico (ANSA). Realiza-se, então, uma reação de competição. Após o período de incubação, a fração unida é precipitada pelo polietilenoglicol (PEG).

Amostra biológica

Soro sem hemólise.

Reativos

a. Solução extratora (ANSA).
b. Solução de anticorpo anti-T_3, tamponada.
c. Solução de T_3, marcada com Iodo radioativo I-125.
d. Solução de polietilenoglicol (PEG).
e. Padrões nas concentrações 0,50, 100, 200, 400 e 800 ng/dL correspondendo aos P_0, P_1, P_2, P_3, P_4 e P_5, respectivamente.

Técnica

a. Marcar 8 tubos de ensaio 12 x 75 mm, PEG (Controle do PEG), P_0, P_1, P_2, P_3, P_4 e P_5 (Padrões), A (Amostra).
b. Pipetar 0,2 mL dos respectivos padrões nos tubos P_0, P_1,P_2,P_3,P_4eP_5.
c. Adicionar 0,2 mL da amostra no tubo A.
d. Acrescentar 0,5 mL da solução extratora (ANSA) em todos os tubos, agitar.
e. Pipetar 0,1 mL da solução de anticorpos anti-T_3, com exceção do tubo PEG.
f. Pipetar 0,1 mL da solução de T_3 marcada com 1-125, em todos os tubos, agitar.
g. Incubar a 37°C, por 15 minutos.
h. Pipetar 1 mL da solução de PEG, gelada, em todos os tubos.
i. Centrifugar, a 2.000-3.000 rpm, por 10 minutos, à temperatura, ambiente.
j. Decantar os sobrenadantes dos tubos, cuidadosamente. Encostar as bordas dos tubos num papel absorvente, para retirar o líquido excedente.
k. Contar o precipitado de todos os tubos, utilizando um contador de poço para radiação gama, durante um minuto.
1. Calculo
   1.1. Cálculo das contagens líquidas
   contagem líquida = contagem de cada tubo — contagem do tubo PEG.
   1.2. Cálculo das porcentagens (Relação da contagem da fração ligada de cada tubo em função da contagem da fração ligada do tubo de massa zero).

$$\% = \frac{\text{contagem líquida de cada tubo}}{\text{contagem líquida do tubo } P_o} \times 100$$

   1.3. Utilizando um papel semi-log, colocar as porcentagens, em ordenadas, e as respectivas concentrações, em abscissas.
   1.4. Efetuar a leitura da concentração da amostra desconhecida, comparando a porcentagem obtida na curva de padronização.

Notas

a. As análises devem ser efetuadas em duplicata.
b. Com a exceção da solução de PEG, utilizar os reagentes somente quando eles atingirem a temperatura ambiente.
c. Para a pipetagem do PEG, utilizar pipetas de vidro, evitando, assim, a aderência da substância na parede plástica das ponteiras.
d. Centrifugar todos os tubos, simultaneamente, de preferência utilizar a mesma centrífuga.
e. Cálculo da % de capacidade de ligação: marcar um tubo de ensaio 12 x 75 mm -TOT (TOTAL) e pipetar 0,5 mL da solução extratora e 0,1 mL da solução de T_3 marcada com I-125. Agitar e contar, durante um minuto, no mesmo contador de poço utilizado para o ensaio.

$$\text{\% de capacidade de ligação} = \frac{\text{Contagem líquida do tubo } P_o}{\text{Contagem do tubo TOT}} \times 100$$

f. Os tubos de ensaio utilizados devem estar limpos e serem uniformes, quanto ao tamanho e à constituição.
g. Seguir, rigorosamente, as recomendações do fabricante, inclusas nos prospectos de cada *kit.*

Valores de Referência para T_3

Os valores estão em função da concentração de TBG (Proteína ligadora de tiroxina). Desta forma, temos as seguintes faixas, nos eritireoideus:

TBG normal: 75 a 260 ng/dl
TBG alta: 90a 340 ng/dl
TBG baixa: 50 a 120 ng/dl

Observações

a. Os soros devem ser colhidos em jejum de pelo menos 2 horas. Não utilizar soros hemolisados.
b. Caso a análise não seja realizada logo após a separação de soro, que deverá ser efetuada o mais rápido possível (no máximo, 2 horas após a coleta), deveremos congelar a amostra. Conserva-se por 180 dias, a-20° C.
c. Caso o ensaio seja processado no mesmo dia, conservar as amostras no refrigerador, até a hora do uso.
d. Vários fatores alteram a TBG e não são decorrentes da função tireoidiana, influindo nos valores de T_3 total.
   - Fatores que aumentam a T_3 total (TBG alta): doenças hepáticas, gravidez, estrógenos, pílulas anticoncepcionais, terapia com iodo, propil-tiuracil e derivados, aumento congênito da TBG.
   - Fatores que diminuem a T_3 total (TBG baixa): anticoagulantes, doenças hemolíticas, doenças renais graves, salicilatos, butazonas, difenilidantoínas, penicilina em grandes doses, diminuição congênita de TBG.

DETERMINAÇÃO DA TIROXINA (T_4) TOTAL EM FASE SÓLIDA

Fundamento

Realiza-se uma reação de competição entre o T_4 da amostra desconhecida e o T_4 radioativo adicionado, pelo anticorpo anti-T_4 que está incorporado às paredes do tubo, especialmente preparado. Após incubação, a separação é efetuada por simples decantação.

Amostra biológica

Soro, sem hemólise.

Reativos

a. Solução de T_4 marcado com 1-125, contendo 900 µg de ANS (8-anilino-l-naftaleno sulfonato de magnésio) em tampão barbital 0,075 molar.
b. Tudos de ensaio, contendo anticorpo anti-T_4, covalentemente ligado às paredes dos tubos (tubo de anticorpo).
c. Padrões de T_4, contendo 0, 2, 5, 10, 20 e 40 µg/dL correspondendo aos padrões P_0, P_1, P_2, P_3, P_4 e P_5, respectivamente.

Técnica

a. Marcar 6 tubos de ensaio, contendo anticorpos anti-T_4 covalentemente ligados às suas paredes, P_0, P_1, P_2, P_3, P_4 e P_5,e pipetar 0,025 mL de **cada** um dos respectivos padrões.
b. Marcar um outro tubo de anticorpo como A (Amostra) e pipetar 0,025 mL da amostra.
c. Adicionar 1 mL da solução de T_4 marcado com I-125 a todos os tubos.
d. Agitar os tubos, por meio de rotação suave, durante vários segundos.
e. Levar os tubos para um banho-maria a 37°C e deixar incubado por 55-65 minutos. Não é necessário agitar.
f. Desprezar o sobrenadante de todos os tubos.
g. Adicionar, aproximadamente, 2 a 3 mL de água destilada em cada tubo. Em seguida, decantá-la e tocar as bordas dos tubos em papel absorvente, para eliminar o líquido excedente.
h. Contar cada tubo, utilizando um contador de poço para radiação gama.
i. Cálculo
   i.1. Cálculo da porcentagem

Dividir a contagem de cada tubo pela contagem obtida pelo tubo P_0 e multiplicar por 100.

$$\% = \frac{\text{Contagem de cada tubo}}{\text{Contagem do tubo } P_0} \times 100$$

i.2. Utilizando um papel semi-log, colocar, em ordenadas, as porcentagens e, em abscissas, as respectivas concentrações.
i.3. Efetuar a leitura da concentração da amostra desconhecida, comparando a porcentagem obtida, na curva de padronização.

Notas

a. As análises devem ser efetuadas em duplicata.
b. Obedecer a sequência de adição dos componentes do sistema.
c. As pipetagens devem ser efetuadas no fundo dos tubos de anticorpos. Evitar formação de espuma, tendo cuidado na hora da agitação.
d. Procurar utilizar pipetas automáticas para a adição dos volumes de 0,025 mL.
e. O ANS é utilizado na reação para inibir a ligação do T_4 com a TBG do soro.
f. Seguir, rigorosamente, as recomendações do fabricante, inclusas nos prospectos de cada *kit*.

Valores de referência para T_4

A faixa encontrada nos pacientes eritireoideos para esta metodologia foi de 4,5 a 12.0 µg/dL de T_4.

Observações

a. O soro deve ser colhido em jejum de, no mínimo 2 horas. Não utilizar soros hemolisados.
b. Caso a análise não seja feita, dentro de 2 horas, após a coleta, guardar no refrigerador, se a determinação for realizada no mesmo dia, ou congelar, aonde os soros se conservarão, por 180 dias, a - 20°C.
c. Fatores que alteram a TBG e não são decorrentes da função tireoidiana podem alterar o T_4. Eles estão descritos no item 4 das OBSERVAÇÕES GERAIS da Determinação de T_3.

ENZIMAIMUNOENSAIO

O sucesso do radioimunoensaio trouxe acentudas modificações no campo das dosagens de antígenos em geral. Houve um intenso desenvolvimento e, além dos antígenos, os anticorpos específicos também foram determinados pela técnica.

Os problemas surgidos na utilização do radioimunoensaio foram se resolvendo, gradativamente, com o lançamento de novas e revolucionárias propostas.

A introdução da molécula marcada com enzima veio dar condições de utilização das mesmas técnicas, por parte de laboratórios não especializados. Com ela, desapareceram os problemas dos radioimunoensaios, referentes à estabilidade e ao risco à saúde.

Por outro lado, além das técnicas de competição utilizada nos ensaios, desenvolveram-se as técnicas do tipo *sanduíche*. O princípio básico é o seguinte:

Sendo:

S-Ac = anticorpo específico ligado a uma fase sólida S

Ag = antígeno que se quer dosar

Ac* = anticorpo marcado que é específico para o antígeno Ag

A reação tem início com a adição do Ag com o S-Ac, formando S — Ac — Ag. O Ag que não reagiu é removido, o S-Ac-Ag é lavado e Ac* é adicionado ao sistema. Como o Ac* é específico, ligar-se-á à fração unida existente, formando S-Ac-Ag-Ac*. Finalmente, o Ac* que não reagiu é removido e é realizada a medida da atividade do Ac* que reagiu.

As técnicas empregando a enzima como marcador são conhecidas como ELISA (Enzime Linked ImmunoSorbent Assays) ou EIA (Enzime ImmunoAssays).

Surgiram, também, metodologias que não necessitam de separação da fração livre da fração unida, como o EMIT, que são as denominadas *Homogeneous enzime immunoassay technique*. Elas são muito utilizadas em toxicologia.

Analisando as vantagens que o enzimaimunoensaio apresenta, podemos antever uma grande aceitação, tornando rotina a sua utilização, nos vários campos em que ela tem atuado, tais como bioquímica, virologia, bacteriologia, parasitologia, micologia, microbiologia alimentar, endocrinologia, toxicologia, medicina veterinária etc.

8

Enzimologia Clínica

A maioria das reações químicas que ocorrem nos organismos vivos são catalisadas pelas enzimas. Elas agem em pequeníssimas concentrações e estão presentes em todos os tecidos.

As enzimas são produzidas no organismo, têm grande especificidade e, quimicamente, apresentam natureza protéica. Muitas delas possuem uma fração não protéica, dialisável e termoestável, chamada coenzima.

As enzimas sofrem denaturação pela ação do calor e são sensíveis a metais pesados, detergentes, mudanças de pH e ao conteúdo salino das soluções. Também sofrem destruição por parte de microrganismos.

A partir de uma lesão sofrida por qualquer tecido, as enzimas intracelulares passam para a corrente circulatória.

As determinações das enzimas têm utilidade clínica no diagnóstico de cardiopatias, hepatopatias, distúrbios pancreáticos, doenças do músculo esquelético, ossos e outros tecidos.

A metodologia para medir a atividade de uma enzima segue, basicamente, três caminhos:

a. Pelo consumo de substrato — a enzima contida no soro é incubada com o substrato. Após certo tempo, exatamente estabelecido, verifica-se a quantidade de substrato transformado por unidade de tempo.
b. Pela formação de produto — há formação de um produto originado, através de reação enzimática, cuja quantidade é determinada.
c. Pela transformação de uma coenzima participante da reação enzimática — várias enzimas que catalisam a transferência de hidrogênio, necessitam da participação de coenzimas como doador ou aceptor de hidrogênio.

Como exemplo, podemos citar o NAD e o NADP, que absorvem a luz ultravioleta apenas no estado reduzido.

DETERMINAÇÃO DAS ENZIMAS SÉRICAS

Amilase

A amilase, também chamada diástase, é uma enzima que catalisa a liberação das ligações glicosídicas 1,4 do amido e glicogênio. Existem dois tipos de amilase: as α-amilases e as β-amilases. As alfa-amilases são encontradas nas bactérias, nos tecidos e nos fluidos animais, incluindo o sangue, a urina e a saliva. As beta-amilases são encontradas em plantas de organização mais complexa.

As alfa-amilases presentes no soro humano são secretadas principalmente pelo pâncreas e glândulas salivares. Elas são das poucas que são excretadas, exclusivamente, pela urina.

A alfa-amilase age sobre o amido, produzindo ruptura progressiva das moléculas. Desta forma, o amido se desdobra, inicialmente em dextrinas redutoras, que são logo hidrolisadas, transformando-se em unidades menores.

DETERMINAÇÃO DA α AMILASE (MÉTODO DE CARAWAY)

Fundamento

O amido do substrato é hidrolisado pela α-amilase até maltose. A solução de iodo forma um complexo coloidal de cor azul com o amido que resta da hidrólise. Comparada com um controle, a diminuição da intensidade da cor azul é proporcional à atividade amilásica.

Uma unidade amilásica corresponde à quantidade de enzima que hidrolisa 10 mg de amido, a 37°C, em 30 minutos, não dando coloração com iodo, nestas condições.

Amostras biológicas

Soro, plasma, urina e outros fluidos orgânicos.

Reativos

a. Substrato de amido tamponado, pH = 7.

Dissolver 13,3 g de fosfato dissódico anidro e 4,3 g de ácido benzóico em aproximadamente 250 mL de água destilada. Levar à ebulição. Separadamente, dissolver 200 mg de amido solúvel em 5 mL de água fria e adicioná-lo na solução quente anterior. Lavar o recipiente que continha o amido com água fria, de modo a transferir todo o conteúdo. Ferver por um minuto, deixar esfriar e transferir, quantitativamente, para um balão volumétrico de 500 mL, completando o volume com água destilada. O pH deve ser 7 ± 0,1. Estável, à temperatura ambiente, pelo menos dois meses. A solução deverá permanecer clara como água.

b. Solução estoque de iodo 0,1 N.

Dissolver 3,567 g de iodato de potássio (KIO_3), e 45 g de iodeto de potássio (KI) em cerca de 800 mL de água destilada. Adicionar, lentamente e com agitação, 9 mL de ácido clorídrico concentrado e completar o volume a 1.000 mL, com água destilada. Guardar no refrigerador.

c. Solução de uso de iodo 0,0IN.

Em um balão de 500 mL, dissolver 25 g de fluoreto de potássio (KF) em cerca de 350 mL de água destilada. Adicionar 50 mL da solução estoque de iodo 0,01N e completar o volume com água destilada. Conservar em frasco escuro e no refrigerador. É estável por um ou dois meses.

Técnica para Soro

a. Marcar dois tubos de ensaio, C (Controle) e A (Amostra), e pipetar 1 mL de substrato de amido.
b. Deixar, por 5 minutos, em banho-maria a 37°C, para estabilizar a temperatura.
c. Pipetar, exatamente, 0,02 mL da amostra no tubo A. Misturar bem e deixar incubar a 37°C, duante 7 minutos e 30 segundos, exatos.
d. Imediatamente após este tempo, adicionar, os dois tubos, 1 mL da solução de uso de iodo e 8 mL de água destilada.
e. Homogeneizar e ler as absorbâncias, em 660 nm ou filtro vermelho, acertando o zero do aparelho com água destilada.
f. Cálculo.

$$\frac{\text{Absorbância do tubo C} - \text{Absorbância da Amostra}}{\text{Absorbância do tubo C}} \times 800 = \text{U/dL}$$

Técnica para Urina

a. Medir o volume urinário e o tempo de coleta do material. Ajustar o pH da urina entre os valores 7 e 7,4. Caso esteja ácida, adicionar carbonato de sódio sólido e caso esteja alcalina, adicionar fosfato dibásico de sódio (NaH_2PO_4) até neutralização. Utilizar papel indicador de pH.
b. Realizar o ensaio, utilizando a técnica para soro, substituindo a amostra pela urina.
c. Cálculo.

$$\frac{\text{Absorbância do tubo C} - \text{Absorbância da Amostra}}{\text{Absorbância do tubo C}} \times \frac{\text{Vol (em ml)}}{\text{Tempo (e m h)}} \times 8 = \text{U/h}$$

Notas

a. Utilizar plasma colhido com heparina. Plasma citratados ou oxalatados devem ser evitados porque fornecem resultados mais baixos.
b. Quando a atividade exceder 400 unidades, diluir a amostra 1/5 com solução fisiológica e multiplicar o resultado por 5.
c. Como a saliva é rica em amilase, evitar a contaminação da mesma com os reativos e com a amostra. Nunca soprar as pipetas.
d. Ao utilizar a pipeta de hemoglobina, colocar um tubo de látex na extremidade superior.
e. Variações de 10% na absorbância do controle indicam contaminação do substrato com saliva.
f. O fator para cálculo é determinado da seguinte forma:

O substrato utilizado contém 0,4 mg de amido e é incubado com 0,02 mL de soro, durante 7 minutos e 30 segundos. Para termos o valor, em unidades por 100 mL de amostra, o fator será:

$$F = \frac{\text{0,4 me de amido}}{\text{10,0 mg de amido}} \times \frac{\text{30 min}}{\text{7,5 min}} \times \frac{\text{100 mL}}{\text{0.02 mL}} = 800$$

g. A hemólise interfere pouco, porque as hemácias não contêm amilase.
h. A mesma técnica aplicada ao soro pode ser utilizada para outros líquidos biológicos como a bile, a secreção pancreática e o suco duodenal. A secreção pancreática e o suco duodenal devem ser diluídos 1/1.000 com solução fisiológica antes da realização do teste. Multiplicar o resultado por 1.000.

Valores de referência para amilase

a. Soro ou plasma.
   60 a 160 Unidades/dL
b. Urina.
   40 a 260 Unidades/hora.

OBSERVAÇÕES

a. A amilase sérica ou urinária permanece estável por uma semana, à temperatura ambiente. Conservada no refrigerador, ela é estável por vários meses.
b. No caso de pancreatite aguda, os valores de amilase podem alcançar de 500 a 3.000 unidades por dL.
c. Valores aumentados de amilase são encontrados no carcinoma da cabeça do pâncreas, úlcera duodenal, perfuração de úlcera gástrica, hipertireoidismo, caxumba, insuficiência renal.
d. Valores diminuídos são encontrados na cirrose hepática, carcinoma hepático, hepatite, toxemia da gravidez e alcoolismo agudo.

Aldolase

A aldolase é uma enzima glicolítica que catalisa o desdobramento da frutose-1,6-difosfato em fosfato de diidroxiacetona e gliceraldeído-3-fosfato.

Existe uma outra aldolase, a frutose-1-fosfato aldolase, que pode também hidrolisara frutose-1,-6-difosfato. Esta foi detectada no soro de indivíduos acometidos de hepatite.

A aldolase é normalmente encontrada com baixa atividade no soro, porém, em muitos tecidos do organismo, está com alta atividade.

A concentração sérica aumenta nos casos em que se produzem elevações patológicas da destruição celular, sendo que a aldolase presente no soro normal procede também da destruição normal das diversas células tissulares.

DETERMINAÇÃO DA ALDOLASE (MÉTODO DE SIBLEY E LEHNINGER)

Fundamento

A aldolase atua sobre a frutose-1,6-difosfato dando gliceraldeído-fosfato e diidroxiacetona-fosfato. Ambas se fixam à hidrazina, eliminando a ação da isomerase que possa estar presente no meio. A adição de ácido tricloroacético estanca a reação e precipita as proteínas. O sobrenadante é tratado com álcali para causar hidrólise e simultâneo rearranjo das triosefosfatos a metilglioxal. Finalmente, existe a formação da 2,4-dinitrofenilidrazona, que tem cor púrpura e é medida, fotometricamente.

Uma unidade Sibley-Lehninger (SL) é definida como a atividade aldolásica capaz de transformar a frutose-1-6-difosfato contida em 1 mm^3 de solução, por 60 minutos, a 37°C, nas condições do teste.

Amostra biológica

Soro

Reativos

a. Solução tampão TRIS 0.05M, pH = 8,6.

Dissolver 0,605 g de TRIS-(hidroximetil)-aminometano em cerca de 80 mL de água destilada. Ajustar o pH igual a 8,6, caso necessário e completar o volume a 100 mL, com água destilada.

b. Solução de frutose-1,6-difosfato a 2,5%.

Dissolver 0,25 g de frutose-1,6-difosfato (sal sódico) em 10 mL de água destilada. Conservar no congelador.

c. Solução de sulfato de hidrazina 0,M; pH= 8,6.

Dissolver 7,28 g de sulfato de hidrazina em cerca de 80 mL de água destilada. Acertar o pH igual a 8,6 e completar o volume a 100 mL, com água destilada.

d. Solução de 2,4-dinitrofenilidrazina.

Dissolver 0,1 g de 2,4-dinitrofenilidrazina em cerca de 90 mL de ácido clorídrico 2N e completar o volume a 100 mL com o mesmo ácido.

e. Solução padrão de diidroxiacetona com 25 μg/mL

Dissolver 2,5 mg de diidroxiacetona em cerca de 80 mL de água e completar o volume a 100 mL. Conservar no refrigerador.

f. Solução de hidróxido de sódio 0,75N.

g. Solução de ácido tricloroacético a 10%.

Técnica

a. Em dois tubos marcados, B (Branco) e A (Amostra), adicionar 1,4 mL da solução tampão TRIS, 0,2 mL da solução de sulfato de hidrazina e 0,2 mL de soro. Deixar os tubos em banho-maria a 37°C, por 5 minutos.
b. No tubo A, pipetar 0,2 mL da solução de frutose-1,6-difosfato, misturar e deixar incubado, junto com o tubo B, a 37°C, durante exatamente 30 minutos.
c. Adicionar, em ambos os tubos, 2 mL da solução de ácido tricloroacético. Misturar e, no tubo B, adicionar 0,2 mL de frutose-1,6-difosfato Agitar.
d. Centrifugar, a 3.000 rpm, durante 5 minutos e transferir 1 mL dos respectivos sobrenadantes

e B (Branco).

e. Adicionar, em seguida, 1 mL da solução de hidróxido de sódio em ambos os tubos. Misturar e deixar em repouso, por 10 minutos, à temperatura ambiente.
f. Adicionar 1 mL da solução de 2,4-dinitrofenilidrazina, misturar e incubar, a 37°C, durante 30 minutos.
g. Acrescentar 7 mL da solução de hidróxido de sódio em ambos os tubos, agitar e deixar, em repouso, durante 5 minutos.
h. Ler as absorbâncias, em 540 nm, ajustando o zero do aparelho com o branco.
i. Cálculo.

Utilizar a curva de referênica. Ver Padronização.

Padronização

a. Em um erlenmeyer de 50 mL, pipetar 1 mL da solução padrão de diidroxiacetona, 0,1 mL da solução de sulfato de hidrazina, 1 mL da solução de ácido tricloroacécito, 2 mL da solução de hidróxido de sódio e 2 mL da solução de 2,4-dinitrofenilidrazina. Agitar e incubar em banho a 37°C, durante 20 minutos. Após este tempo, juntar 14 mL da solução de hidróxido de sódio. Esta será a mistura padrão *P.*
b. Em outro erlenmeyer, fazer o mesmo, substituindo o padrão pela água. Esta será a mistura branco B.
c. Em seis tubos, numerados de 1 a 6, adicionar as misturas P e B, nas seguintes proporções:

No do tubo	*1*	*2*	*3*	*4*	*5*	*6*
Mistura Branco (em mL)	5	4	3	2	1	0
Mistura Padrão (em mL)	0	1	2	3	4	5
Unidades S-L	0	25	50	75	100	125
Unidades Internacionais	0	18,5	37	55,5	74	92,5

d. Misturar e ler as absorbâncias, em 540 nm, contra o tubo nº1.
e. Traçar a curva de referência, colocando, em ordenadas, as absorbâncias e, em abscissas, as respectivas unidades.

Valores de referência para aldolase

Soro

Adultos 2 a 6 UI.

Em recém-nascido, são encontrados níveis 4 vezes maiores que em adultos e, em crianças, os níveis são duas vezes maiores.

OBSERVAÇÕES

a. O soro apresenta atividade aldolásica diminuindo, após 5 dias, em 8%, a 4°C e em 15% à temperatura ambiente.
b. Não utilizar soro hemolisado.
c. Valores aumentados são encontrados na distrofia muscular e na necrose muscular aguda, porém não se encontra elevada na miastenia grave ou na atrofia neurogênica. Também são encontrados valores aumentados na pancreatite hemorrágica, hepatite aguda, gangrenas extensas, pneumonia, infarto do miocárdio, casos de anemia hemolítica e, inclusive, na psicose alcoólica.

Colinesterase

A colinesterase é uma enzima que se encontra nos tecidos de todos os animais e que hidrolisa a acetilcolina, produzindo colina e ácido acético. A acetilcolina estimula os impulsos nervosos no sistema parassimpático.

Existem duas enzimas: a colinesterase verdadeira, que se encontra nos eritrócitos e no tecido nervoso, e a pseudocolinestarase, que se encontra principalmente no plasma.

Tanto a colinesterase verdadeira quanto a pseudocolinesterase originam-se do fígado, portanto vários distúrbios hepáticos acarretam diminuições na atividade colinesterásica.

No envenenamento por inseticidas à base de fosfatos orgânicos, é interessante medir ambas as colinesterases, uma vez que a enzima plasmática diminui mais rapidamente que a eritrocitária, após a intoxicação aguda.

A pseudocolinesterase localiza-se, na corrida eletroforética, entre as frações globulínicas alfa-2 e beta.

DETERMINAÇÃO DA COLINESTARASE (PSEUDOCOLINESTARASE) – MÉTODO DE ELLMAN

Fundamento

O iodeto de acetiltiocolina sofre hidrólise, formando iodeto de tiocolina e ácido acético. A tiocolina resultante reage com o ácido ditiodinitro-benzóico dando um composto amarelo, cuja intensidade é medida, fotometricamente, de forma cinética.

Amostras biológicas

Soro ou plasma.

Reativos

a. Solução tampão fosfato 0,05M, pH = 7,2.

Dissolver 7,1 g de fosfato dissódico anidro (Na_2HPO_4) e 6,8 g de fosfato monopotássico anidro (KH_2PO_4) em cerca de 800 mL de água destilada. Acertar o pH igual a 7,2 e completar a 1.000 mL com água destilada.

b. Solução de ácido ditiodinitrobenzóico 0,00025M.

Dissolver 10 mg de ácido ditiodinitrobenzóico em cerca de 80 mL da solução tampão fosfato 0,05M pH = 7,2 e completar a 100 mL, com a mesma solução tampão. É estável por 6 semanas, a 4°C.

c. Solução de iodeto de acetiltiocolina 0,156M.

Dissolver 450 mg de iodeto de acetiltiocolina em 10 mL de solução tampão fosfato 0.05M, pH = 7,2. Estável por 6 semanas, a 4°C.

Técnica

a. Acertar a temperatura do comportamento do espectrofotômetro a 25°C.
b. Utilizando uma cubeta de espectrofotometria de 1 cm de espessura, pipetar 3 mL da solução de ácido ditiodinitrobenzóico, 0,02 mL de amostra e 0,1 mL da solução de acetiltiocolina. Misturar.
c. Medir a absorbância inicial, em 405 nm e, ao mesmo tempo, disparar o cronômetro.
d. Repetir as leituras após 30, 60 e 90 segundos.
e. Determinar a média das diferenças de absorbância por 30 segundos (Δ A/30).
f. Cálculo.

ΔA/30 x 23 460 = U/L

Notas

a. Quando o ΔA/30 for maior que 0,200, diluir o soro 1/10 com solução fisiológica a 0,9% e voltar a determinar com 0,02 mL da diluição. Multiplicar o resultado final por 10.
b. O soro não sofre interferência por lipemia, hemólise ou icterícia.
c. Oxalato, EDTA, heparina e citrato, nas concentrações usuais, não interferem com o teste. O fluoreto causa inibição da atividade colinesterásica.

d. A hidrólise não enzimática do substrato é desprezível e não é considerada.
e. O fator de cálculo é encontrado a partir de:

$$\frac{\Delta A}{E \times d} \times 10^6 \times \frac{VT}{VA} \times \frac{1}{t}$$

ΔA = absorbância em 30 segundos = ΔA/30
E_{405} = 13,3 x 10^3 moles/litro por cm
d = espessura da cubeta = 1 cm
VT = volume total = 3,12 mL
VA = volume da amostra = 0,02 mL
t = tempo de 30 segundos ou 0,5 minutos

$$\text{Fator} = \frac{1}{13{,}3 \times 10^3} \times 10^6 \times \frac{3{,}12}{0{,}02} \times \frac{1}{0{,}5} = 23.460$$

Valores de referência para colinesterase

Soro ou plasma.
1.900 a 3.800 U/L

OBSERVAÇÕES

a. A colinesterase sérica permanece estável por 7 dias, no refrigerador.
b. Valores diminuídos são encontrados nas hepatopatias (hepatite, cirrose), no infarto do miocárdio, nas desnutrições e nas enfermidades crônicas debilitantes, nas anemias graves. Nas intoxicações por inseticidas, inibidores da colinesterase (alquilfosfatos, alquiltrifosfatos), os níveis de colinesterase sérica estão bastante diminuídos, mesmo antes do aparecimento dos sintomas clínicos.
c. Valores aumentados são encontrados na obesidade, na nefrose e no alcoolismo.

Ceruloplasmina

A ceruloplasmina é uma α_z-globulina, contendo cobre. É uma oxidase e, desta forma, oxida vários substratos, principalmente a p-fenilendiamina.

DETERMINAÇÃO DA CERULOPLASMINA (MÉTODO DE HENRY E COLS.)

Fundamento

A atividade da ceruloplasmina é baseada na oxidação da p-fenilendiamina em pH = 6,0 e a 37°C. Forma-se um produto de oxidação de cor púrpura (vermelho de Wurster). Efetua-se correção devido à catálise efetuada pelo cobre e ferro presentes na mistura, assim como a auto-oxidação da p-fenilendiamina, com a introdução de um branco, inibindo a ceruloplasmina, com azida sódica.

Uma unidade de atividade enzimática é definida, arbitrariamente, como um aumento de 0,001 na absorção a 530 nm, em 30 minutos, nas condições do ensaio.

Amostra biológica

Soro.

Reativos

a. Solução tampão de acetato 0,1M, pH = 6,0.

Misturar 10 mL de solução ácido acético 0,1M (0,57 mL de ácido acético glacial em 100 mL de solução) e 200 mL de solução de acetato de sódio 0,1M (1,36 g e acetato de sódio triidratado em 100 mL de solução). O pH deverá estar entre 5,95 e 6.

b. Solução de p-fenilendiamina.

Recristalizar o sal comercial da seguinte forma:

Dissolver o p-fenilendiamina em água, juntar carvão "Darco", aquecer em um banho de água a 60°C, com agitação ocasional da mistura e filtrar. Adicionar acetona ao filtrado até que apareça turvação. Deixar na geladeira por várias horas e filtrar. Secar os cristais no escuro, colocando-os em um dessecador a vácuo sobre $CaCl_2$. Conservar em frasco âmbar.

Para preparar o reativo dissolver 12,5 mg da p-fenilendiamina recristalizada em 3 mL do tampão acetato. Ajustar o pH igual a 6, utilizando papel indicador, adicionando, gota a gota, uma solução de NaOH 1N com uma pipeta sorológica de 0,2 mL (é necessário cerca de 0,1 mL). Em seguida, completar a um volume final de 5 mL, com tampão acetato.

Utilizar antes de passar 2 horas de sua preparação e manter no escuro até o momento do uso.

c. Solução de azida sódica.

Dissolver 0,1 g de azida sódica em 100 mL de tampão acetato 0,1M. O pH deverá estar entre 5,95 e 6. Conservar no refrigerador.

Técnica

a. Acertar a temperatura do compartimento do espectrofotômetro a 37°C.
b. Em cubetas de espectrofotometria, de 1 cm de espessura, marcadas B (Branco) e A (Amostra), pipetar:
   tubo B: 1 mL da solução de azida sódica, 1 mL da solução tampão de acetato e 1 mL da solução de p-fenilendiamina.
   tubo A: 2mL da solução tampão de acetato e 1 mL da solução de p-fenilendiamina.
c. Incubar ambos os tubos em banho de água a 37°C, durante 5 minutos, para equilibrar a temperatura.
d. Adicionar 0,1 mL da amostra e misturar, rapidamente.
e. Após, exatamente, 10 minutos e novamente aos 40 minutos da adição da amostra, ler as absorbâncias em 530 nm, acertando o zero com o branco.
f. Cálculo
   $(A_{40\ min} - A_{10\ min}) \times 1.000$ = Unidades de ceruloplasmina/dL.

Notas

a. Realizar o ensaio no escuro para evitar a oxidação catalítica da p-fenilendiamina.
b. O pH igual a 6 é importante para o ensaio. Após o intervalo de retardo, as velocidades de oxidação são lineares mesmo após 60 minutos. Já em pH igual a 5,8 ou inferior, nota-se uma diminuição na velocidade de oxidação durante um período de 30 a 40 minutos.
c. A oxidação da p-fenilendiamina pela ceruloplasmina sofre redução pelo ácido ascórbico presente no soro. No entanto, após o intervalo de retardo, a velocidade é linear.
d. Uma hemólise mínima não interfere. A adição de hemoglobina no soro, inclusive em concentração de 200 mg/dL não produz variação nos resultados.

Valores de referência para ceruloplasmina

Soro.

280 a 570 Unidades.

Os recém-nascidos apresentam atividades significativamente baixas, até alcançarem os níveis do adulto no final do primeiro ano de vida.

OBSERVAÇÕES

a. Os soros congelados ou conservados no refrigerador podem manter sua atividade por 2 semanas. À temperatura ambiente, a estabilidade é variável de acordo com cada soro.
b. Valores aumentados são encontrados em muitas moléstias infecciosas, crônicas e agudas, carcinoma, leucemia, colestase, esquizofrenia e gravidez.
c. A ceruloplasmina está diminuída em pacientes com a moléstia de Wilson (degeneração hepatolenticular), apresentando deficiências moderadas ou transitórias em alguns pacientes com síndrome nefrótica, síndrome de má absorção e kwashiorkor.

Creatinafosfoquinase

A creatinafosfoquinase tem importância no diagnóstico de doenças do músculo cardíaco (na suspeita de infarto do miocárdio) e de músculos esqueléticos (na detecção de portadores de distrofia muscular). Ela se encontra em altas atividades no músculo cardíaco, músculos esqueléticos e tecido cerebral e, em menor escala, nos pulmões, rins, fígado e eritrócitos. Sua função é transferir, reversivelmente, a união, rica em energia, da fosfocreatina ao difosfato de adenosina (ADP), formando-se creatina e trifosfato de adenosina (ATP).

DETERMINAÇÃO DA CREATINOFOSFOQUINASE (CPK O U CK), MÉTODO DE ROSALKI MODIFICADO

Fundamento

A creatinafosfoquinase catalisa a formação de ATP a partir de ADP e creatinina. A ATP fosforila a glicose, em presença da hexoquinase, formano glicose-6-fosfato e regenerando ADP. A glicose-6-fosfato é oxidada pelo NADP, em presença de glicose--6-fosfato-desidrogenase, formando 6-fosfogliconato e NADPH. A redução do NADP a NADPH ocasiona uma velocidade de aumento na absorbância, em 340 nm. O grau dessa velocidade irá medir a atividade de creatinafosfoquinase na amostra.

Amostras biológicas

Soro ou plasma colhido com heparina ou EDTA.

Reativos

a. Solução tampão TRIS 0,05M, pH = 6,8.

Em um balão volumétrico de 1.000 mL dissolver 6,05 g de TRIS-(hidroximetil)-aminometano em cerca de 900 mL de água destilada. Acertar o pH a 6,8 com ácido clorídrico e completar o volume com água destilada.

b. Solução de difosfato de adenosina (ADP) 0,01M.

Em um balão volumétrico de 10 mL, dissolver 49,3 mg de adenosina-S-difosfato, sal trissódico em cerca de 8 mL da solução tampão TRIS. Ajustar o pH a 6,8 e completar o volume a 10 mL com o próprio tampão. Guardar em congelador. Sua estabilidade é variável.

c. Solução de creatinafosfato 0,1 M.

Em um balão volumétrico de 10 mL, dissolver 363 mg de creatinafosfato, sal dissódico hexaidratado, em cerca de 8 mL de solução tampão TRIS. Ajustar o pH a 8 e completar o volume a 10 mL com o próprio tampão. Congelar. Sua estabilidade é variável.

d. Solução de glicose 0,2M.

Em um balão volumétrico de 10 mL, dissolver 360 mg de glicose em cerca de 8 mL da solução tampão TRIS e completar o volume a 10 mL com o próprio tampão. Congelar.

e. Solução de cloreto de magnésio 0,3M.

Em um balão volumétrico de 10 mL, dissolver 286 mg de cloreto de magnésio em cerca de 8 mL da solução tampão TRIS e completar o volume a 10 mL, com o próprio tampão.

f. Solução de NADP, 0,008M.

Em um balão volumétrico de 10 mL, dissolver 60 mg de NADP, sal dissódico, em cerca de 8 mL da solução tampão TRIS. Ajustar o pH a 6,8 e completar o volume a 10 mL com o próprio tampão. Congelar.

g. Solução de monofosfato de adenosina (AMP) 0,1M.

Em um balão volumétrico de 10 ml, dissolver 499 mg de adenosina-5-monofosfato, sal dissódico hexaidratado, em cerca de 8 mL da solução tampão TRIS. Ajustar o pH a 6,8 e completar o volume a 10 mL, com o próprio tampão. Congelar. Sua estabilidade é variável.

h. Solução de cisteína 0,05M.

Em um balão volumétrico de 10 mL, dissolver 880 mg de cloridrato de L-cisteína monoidratada em cerca de 8 mL da solução tampão TRIS. Ajustar o pH a 6,8 e completar o volume a 10 mL com o próprio tampão. Preparar na hora do uso.

i. Solução de hexoquinase.

Diluir uma suspensão de hexoquinase de levedura, com solução tampão TRIS, de modo a se obter uma solução final de cerca de 6 UI/mL. Congelar. Tem estabilidade variável.

j. Solução de glicose-6-fosfato-desidrogenase.

Diluir uma suspensão de glicose-6-fosfato-desidrogenase de levedura com solução tampão TRIS, de modo a se obter uma solução final com cerca de 3 UI/mL. Congelar. Sua estabilidade é variável.

k. Solução de substrato.

No dia de uso, levar todos os reagentes a uma temperatura de 4°C. Misturar 1 volume de cada um dos reagentes como se segue: ADP, creatinafosfato, glicose, $MgC1_2$, NADP, AMP, cisteína, hexoquinase, glicose-6-fosfato-desidrogenase e solução tampão TRIS. Deixar a 4°C até o momento de uso. Usar até 4 horas após a preparação. Verificar o pH antes do uso. Caso não seja igual a 6,8, ajustá-lo. A mistura pode ser liofilizada em alíquota com volume suficiente para um dia de uso e estocada em refrigerador. A reconstituição é feita com volume apropriado de água destilada a 4°C, através de agitação suave, deixando-se a solução em repouso até completa dissolução. O material liofilizado é estável, no mínimo, durante 6 meses, a 4°C.

Técnica

a. Acertar a temperatura do compartimento do espectrofotômetro a 25°C.
b. Utilizando uma cubeta de espectrofotome--tria, de 1 cm de espessura, pipetar 2,9 mL da solução de substrato e 0,1 mL de amostra. Misturar, suavemente, por inversão.
c. Incubar durante 6 minutos em banho a 25°C.
d. Ajustar o aparelho em uma absorbância de 0,300, em 340 nm. Fazer leituras após 1, 2, 3 e 4 minutos.
e. Determinar a média das diferenças de absorbância por minuto (ΔA/min).
f. Cálculo.

ΔA/min x 4.823 = U/L.

Notas

a. Quando o soro é guardado, a creatinafosfoquinase é rapidamente inativada, devido à oxidação dos grupos sulfidrila existentes na molécula da enzima. Esta pode ser completamente reativada, por adição de compostos sulfidrilaredutores, como o glutation reduzido ou cisteína.
b. Não utilizar amostra hemolisada por causa da interferência da mioquinase e dos substratos intermediários presentes nos eritrócitos.
c. O sulfato inibe a creatinafosfoquinase. Traços de metais bivalentes como Zn, Mn e Cu também afetam a enzima. Recomenda-se trabalhar com água deionizada e material de vidro perfeitamente livre de qualquer uma dessas contaminações.
d. O fator de cálculo é encontrado a partir de:

$$\frac{\Delta A/\text{min}}{E \times d} \times 10^6 \times \frac{VT}{VA}$$

ΔA/min = diferença entre as absorbâncias/min
$E = 6{,}22 \times 10^3$
d = 1 cm
VT = 3 mL
VA =0,1 mL

Valores de referência para CK

Soro ou plasma.
Homens: 7 a 55 U/L
Mulheres: 6 a 35 U/L

OBSERVAÇÕES

a. A atividade da creatinafosfoquinase no soro diminui cerca de 2%, quando as amostras são conservadas por 7 dias, a 4°C, e por 24 horas, a 25°C.
b. Atividade física vigorosa produz uma elevação nos níveis da creatinafosfoquinase sérica.
c. Injeções intramusculares de penicilina causam uma elevação temporária (48 horas), porém injeções de narcóticos, barbitúricos e diuréticos não possuem nenhum efeito nos níveis de CPK.
d. A creatinafosfoquinase sérica aumenta consideravelmente em qualquer lesão do músculo esquelético ou cardíaco. O nível começa a aumentar entre 2 e 4 horas, após o infarto do miocárdio, antes que os níveis de TGO, HBDH e LDH aumentem. Alcança um máximo entre 18 e 24 horas e volta ao normal após 3 dias.
e. Entre as lesões da musculatura esquelética, a distrofia muscular progressiva é caracterizada por uma grande elevação na atividade da creatinafosfoquinase sérica. Níveis patológicos são particularmente frequentes e elevados na moléstia do tipo Duchenne.
f. Níveis aumentados são também encontrados nas dermatomiosites, polimiosites, trauma muscular e após *stress* físico.

Fosfatases

As fosfatases são um grupo de enzimas que hidrolisam os ésteres fosfóricos. Têm baixa especificidade e, de acordo com o pH, são classificadas em dois tipos:

a. Fosfatase Ácida - grupo de fosfatases que é mais ativo em pH próximo de 5 e é encontrado na próstata, fígado, baço, rins, eritrócitos, leucócitos e outros tecidos.
b. Fosfatase Alcalina — grupo de fosfatases que é mais ativo em pH próximo de 10 e é encontrado nos ossos, rins, mucosa intestinal, fígado e outros tecidos.

DETERMINAÇÃO DA FOSFATASE ÁCIDA (FAC), MÉTODO DE BESSEY-LOWRY

Fundamento

O p-nitrofenilfosfato é hidrolisado em pH = 4,8 pela fosfatase ácida, dando p-nitrofenol e fosfato. Adicionando-se hidróxido de sódio, há interrupção da reação e o p-nitrofenol liberado é transformado em um ânion de cor amarela que pode ser medido, fotometricamente. A fosfatase ácida prostática é inibida pelo tartarato. A diferença entre os resultados das determinações, com e sem tartarato, dará a quantidade de enzima prostática especifica.

Uma unidade corresponde à atividade enzimática capaz de transformar 1 μmol de substrato em um minuto, nas condições do ensaio.

Amostra biológica

Soro.

Reativos

a. Solução tampão citrato, pH = 4,8.

Dissolver 11,9 g de ácido cítrico e 9,8 g de citrato de sódio em cerca de 850 mL de água destilada. Ajustar o pH a 4,8 com solução 0,1N de hidróxido de sódio ou ácido clorídrico, conforme o caso. Completar o volume a 1.000 mL com água destilada. Adicionar algumas gotas de clorofórmio como conservante. Conservar no refrigerador.

b. Solução de d-1 tartarato de sódio.

Dissolver 0,4 g de d-1 tartarato de sódio em água destilada até completar 10 mL de solução. Guardar no refrigerador.

c. Substrato de p-nitrofenilfosfato de sódio 0,012M.

Dissolver 0,40 g de p-nitrofenilfosfato de sódio, em água destilada, até completar 100 mL de solução. Aliquotar em quantidades suficientes para um dia de uso e congelar em frascos escuros. Estável por 2 meses. Desprezar caso a solução se torne amarelada.

d. Solução estoque de p-nitrofenol.

Misturar 83,5 mg de p-nitrofenol, 6 mL de hidróxido de sódio 0,1N e 90 mL de água destilada. Juntar ácido clorídrico 0,1N até coloração amarelo pálida. Completar o volume de 100 mL com água destilada. Conservar no refrigerador , onde ele permanece estável por um ano.

e. Hidróxido de sódio 0,1N.
f. Hidróxido de sódio 0,02N.

Técnica

a. Marcar 3 tubos de ensaio, B (Branco), FAT (fosfatase ácida total) e FANP (fosfatase ácida não prostática), e pipetar, em todos eles. 0,5 mL do tampão citrato e 0,5 mL do substrato de p-nitrofenilfosfato. Misturar.
b. No tubo FANP, pipetar 0,1 mL da solução de tartarato.
c. Incubar, num banho de água a 37°C, por 5 minutos.
d. Adicionar 0,2 mL de soro, nos tubos FAT e FANP, e misturar, anotando, exatamente, a hora. Deixar, no banho a 37°C, por exatamente 30 minutos.
e. Adicionar 5 mL de hidróxido de sódio 0,1N, em todos os tubos, e misturar.
f. Adicionar 0,2 mL de soro, no tubo B, e misturar.
g. Ler as absorbâncias, em 405 nm, acertando o zero do aparelho com o branco.
a. Cálculo.

Utilizar a curva de padronização.

Fosfatase ácida total — fosfatase ácida não prostática = fosfatase ácida prostática.

Padronização

a. Diluir 1 mL da solução estoque de p-nitrofenol a 100 mL, com hidróxido de sódio 0,02N. Preparar na hora do uso. Será a solução de uso.
b. Preparar 6 tubos de acordo com as seguintes proporções:

(As unidades de atividade são válidas para a fosfatase ácida).

Nº do tubo	*1*	*2*	*3*	*4*	*5*	*6*
Solução de uso de p-nitrofenol (em mL)	0,5	1	2	4	6	8
Hidróxido de sódio 0,02N (em mL)	10,6	10,1	9,1	7,2	5,1	3,1
Unidades Internacionais/L	2,8	5,6	11,2	22,4	33,6	44,8

c. Misturar e efetuar as leituras das absorbâncias, em 405 nm, contra a solução de hidróxido de sódio 0,02N.
d. Traçar a curva de padronização, colocando, em ordenadas, as absorbâncias e, em abscissas, as respectivas atividades.

Notas

a. Evitar a utilização de plasma, pois anticoagulantes como fluoreto e o oxalato inibem a fosfatase ácida.

b. Caso a absorbância final da amostra seja superior a 0,7, diluir o soro 1:10 com solução fisiológica, repetir o teste e multiplicar o resultado final por 10.

Valores de referência para fosfatase ácida

Soro.
Crianças: 8 a 12 UI/L (fosfatase ácida total)
Mulheres: 3 a 11 UI/L (fosfatase ácida total)
Homens: 3 a 13 UI/L (fosfatase ácida total)
até 3,5 UI/L (fosfatase ácida prostática).

OBSERVAÇÕES

1. A fosfatase ácida perde a atividade, rapidamente, à temperatura ambiente. Caso se queira conservar, devemos estabilizar a amostra, adicionando 5 mg de $NaHSO_4H_2O$ por mL de soro. Desta forma, permanece estável por 7 dias, à temperatura ambiente. Congelada a amostra, a fosfatase ácida permanece estável por 10 dias.
2. Não utilizar soro hemolisado, devido à presença de fosfatase ácida nos eritrócitos.
3. A atividade da fosfatase ácida no soro usada quase que exclusivamente para o diagnóstico do carcinoma de próstata. Encontram-se valores aumentados, ocasionalmente, no carcinoma mamário, com metástase nos ossos e fígado, na moléstia do Paget, em distúrbios hepáticos (também com elevação dos níveis de fosfatase alcalina), nas leucemias e em carcinoma da pele e do pâncreas.
4. Na hipertrofia prostática, verifica-se aumento da atividade fosfática total e prostática.
5. Algumas vezes, após massagem prostática, pode ocorrer aumento da atividade enzimática, acarretando diagnósticos falsos.

DETERMINAÇÃO DA FOSFATASE ALCALINA (FAL), MÉTODO DE BESSEY-LOWRY

Fundamento

Pela ação da enzima, o p-nitrofenilfosfato é hidrolisado em pH alcalino, formando p-nitrofenol e ácido fosfórico. A adição de hidróxido de sódio interrompe a reação e o para-nitrofenol liberado pode ser medido fotometricamente, pois se encontra em forma de ânion de cor amarela.

Amostra biológica

Soro.

Reativos

a. Solução tampão de glicina 0,1M, pH = 10,5. Dissolver 7,5 g de glicina, 203 mg de cloreto de magnésio hexaidratado em cerca de 800 mL de água. Acrescentar 85 mL de hidróxido de sódio 1N e misturar. Ajustar o pH a 10,5. Completar, com água destilada, até volume final de 1.000 mL. Adicionar algumas gotas de clorofórmio como conservante. O reativo é estável por um ano, a 4°C.
b. Solução substrato de p-nitrofenilfosfato de sódio 0,012M.

Igual ao método de fosfatase ácida.

c. Solução de hidróxido de sódio 0,02N.

Técnica

a. Marcar 2 tubos de ensaio, B (Branco) e A (Amostra), e pipetar, em todos eles, 0,5 mL da solução tampão de glicina e 0,5 mL da solução substrato de p-nitrofenilfosfato. Misturar.
b. Incubar, num banho de água a 37°C, durante 5 minutos.
c. Adicionar 0,1 mL da amostra no tubo A e misturar, anotando exatamente a hora. Deixar, no banho a 37°C, por exatamente 30 minutos.
d. Adicionar 10 mL de hidróxido de sódio 0,02N, em ambos os tubos, e misturar.
e. Adicionar 0,1 mL da amostra no tubo B, e misturar.
f. Ler a absorbância, em 405 nm, zerando o aparelho com o branco.
g. Cálculo.

Utilizar a curva de padronização feita para a dosagem de fosfatase ácida. Os valores de atividade para a fosfatase alcalina serão os seguintes:

Nº do tubo	*1*	*2*	*3*	*4*	*5*	*6*
UI/L	10	20	40	80	120	160

Notas

a. Evitar a utilização de plasma.
b. Absorbância da amostra maior que 0,700 exige diluição do soro 1:10 com solução fisiológica e repetição do ensaio. Multiplicar o resultado obtido por 10.

Valores de referência para fosfatase alcalina

Soro.
Crianças: 38 a 138 UI/L
Adultos: 15 a 69 UI/L

OBSERVAÇÕES

a. A fosfatase alcalina permanece estável por 7 dias, quando as amostras são conservadas no refrigerador. Congelando-se a amostra, a fosfatase alcalina se conserva por vários meses.

b. Não utilizar soro hemolisado.
c. Valores aumentados são encontrados nas icterícias obstrutivas, requitismo, osteomalácia, moléstia de Paget, osteíte fibrocística, hipertireoidismo.
d. A persistência de níveis muito baixos no soro encontra-se numa doença óssea hereditária conhecida pelo nome de hipofosfatasia.

Gama-glutamil-transferase

A γ-glutamil-transferase é uma peptidase que cinde a ligação peptídica terminal de proteínas ou peptídeos. É uma carboxipeptidase que ataca a metade terminal com o grupo carboxílico livre.

DETERMINAÇÃO DA γ-GLUTAMIL-TRANSFERASE (γ-GT), MÉTODO DE SZASZ

Fundamento

A γ-glutamil-transferase transfere o radical glutamil do substrato γ-glutamil-p-nitroanilida para a glicilglicina. Forma-se, então, a p-nitroanilina que tem coloração amarela e é medida, fotometricamente.

Amostras biológicas

Soro ou plasma com EDTA.

Reativos

a. Solução tampão TRIS 0,185M, pH = 8,25.

Em um balão volumétrico de 1.000 mL dissolver 22,4 g de TRIS-(hidroximetil)-aminometano em cerca de 900 mL de água destilada. Ajustar o pH a 8,25, com ácido clorídrico e completar o volume a 1.000 mL, com água destilada.

b. Substrato tamponado.

Em um béquer de 100 mL, dissolver 114 mg de L-glutamil-p-nitroanilida e 563 mg de glicilglicina em cerca de 80 mL do tampão TRIS, aquecendo a solução a 50-60°C até completa dissolução. (Não ultrapassar a temperatura de 60°C). Esfriar e completar o volume a 100 mL com o próprio tampão. A solução preparada é estável por 24 horas, a 20-25°C. Preparar um volume adequado para o dia de uso.

Técnica

a. Acertar a temperatura do compartimento do espectrofotômetro a 25°C.
b. Utilizando uma cubeta de espectrofotometria de 1 cm de espessura, pipetar 3 mL do substrato tamponado e deixar em banho a 25 C, durante 5 minutos.
c. Adicionar 0,2 mL de amostra, misturar por inversão e colocar a cubeta no espectrofotômetro.
d. Ajustar o aparelho em uma absorbância de 0,300, em 405 nm. Efetuar leituras, de minuto em minuto, durante 5 minutos.
e. Determinar a média das diferenças de absorbância por minuto (ΔA/min).
f. Cálculo.

ΔA/min x 1.616 = UL/

Notas

a. Caso a ΔA/min seja maior que 0,100, diluir a amostra 1/5 com solução fisiológica e repetir o ensaio. Multiplicar o resultado obtido por 5.
b. Não utilizar plasma obtido com oxalato, citrato e fluoreto.
a. O fator é calculado a partir de:

$$F = \frac{1}{[99 \times 10^3]} \times 10^6 \times \frac{3,2}{0,2} = 1.616$$

Valores de referência para γ-GT

Soro.
Mulheres: 4 a 18 U/L
Homens: 6 a 28 U/L

OBSERVAÇÕES

a. A enzima γ-glutamil-transferase se mantém estável após 7 dias, à temperatura ambiente ou no refrigerador.
b. Não utilizar soro hemolisado.
c. Frequentemente, a enzima está elevada em pacientes com distúrbios no trato hepatobiliar. Níveis elevados estão associados com câncer metastático do fígado e com a obstrução do dueto biliar, devido a neoplasmas.
d. Pacientes, ictéricos ou não, podem representar níveis elevados, se houver uma obstrução intra ou extra-hepática.
e. Valores elevados foram encontrados em pacientes após infarto do miocárdio e em pacientes neurológicos, nos quais foi demonstrada mudança ou necrose no endotélio vascular.

Glutamato-desidrogenase

A glutamato-desidrogenase é uma enzima exclusivamente mitocondrial, encontrada principalmente nas células hepáticas, cardíacas e renais.

DETERMINAÇÃO DA GLUTAMATO-DESIDROGENASE (GLDH), MÉTODO DE SCHMIDT

Fundamento

A glutamato-desidrogenase catalisa a aminoação redutiva do α-cetoglutamato, tendo NADH como co-fator. A velocidade de decréscimo da concentração de NADH é proporcional à atividade da enzima.

Uma unidade internacional corresponde à conversão de 1 μmol de substrato, por minuto, por litro.

Amostras biológicas

Soro, plasma colhido com heparina ou EDTA.

Reativos

a. Solução tampão de trietanolamina 0,05M, pH = 8.

Em um balão volumétrico de 100 mL dissolver 745 mg de trietanolamina e 134 mg de EDTA em cerca de 80 mL de água destilada. Ajustar o pH a 8, com solução de hidróxido de sódio 4N e completar o volume a 100 mL, com água destilada.

b. Substrato tamponado.

Dissolver 924 mg de acetato de amónio, 122 mg de ácido α-cetoglutárico, 58,8 mg de ADP (sal trissódico), 16,8 mg de NADH (sal dissódico) e 200 Unidades de lactato-desidrogenase em cerca de 80 mL de solução tampão de trietanolamina. Ajustar o pH a 8, se necessário, e completar o volume a 100 mL com o próprio tampão. Esta solução é estável por 8 horas a 20-25°C ou por um dia, a 4°C. Preparar no dia de uso.

Técnica

a. Acertar a temperatura do compartimento do espectrofotômetro a 25 °C.
b. Utilizando uma cubeta de espectrofotometria, de 1 cm de espessura, pipetar 2,5 mL do substrato tamponado e deixar em banho a 25°C por 5 minutos.
c. Adicionar 0,5 mL de soro, misturar por inversão e colocar a cubeta no espectrofotômetro.
d. Ajustar o comprimento de onda em 340 nm e deixar em repouso por 3 minutos.
e. Acertar a absorbância em 0,300 e efetuar as leituras de minuto em minuto, durante 5 minutos.
f. Determinar a média das diferenças de absorbância por minuto (ΔA/min).
g. Cálculo.

$\Delta A/min \times 965 = U/l$

Notas

a. Para valores de ΔA/min maiores que 0,040, diluir a amostra 1 /5 com solução fisiológica e repetir o ensaio. Multiplicar o resultado obtido por 5.
b. O fator é calculado a partir de:

$$F = \frac{1}{6,22 \times 10^3} \times 10^6 \times \frac{3,0}{0,5} = 965$$

Valores de referência para GLDH

Soro.
Mulheres: até 3 U/L
Homens: até 4 U/L

OBSERVAÇÕES GERAIS

a. A amostra permanece estável por 6 horas, à temperatura ambiente. Caso tenha sido conservada no refrigerador, não deixar por mais de 48 horas. Após 3 dias, a atividade diminui 5%, a 4°C.
b. Não utilizar soro hemolisado.
c. A glutamato-desidrogenase é hepato-específica. Ela é liberada em quantidades significantes na corrente sanguínea, somente quando a estrutura mitocondrial é destruída, isto é, na necrose das células hepáticas.
d. Comparada com as transaminases, a elevação da atividade da glutamato-desidrogenase é menor e transitória.
e. Na obstrução das vias biliares, a glutamato-desidrogenase sérica aumenta substancialmente.

α-Hidroxibutirato-desidrogenase (HBDH)

A atividade da HBDH é uma medida indireta de lactato-desidrogenase, em especial de suas isoenzimas LD1 e LD2. A maior sensibilidade da HBDH, comparada com a LDH na detecção do infarto do miocárdio é devida ao fato de que a que utilizamos é a medida das isoenzimas miocárdicas desta segunda enzima.

A HBDH sérica se eleva muito no infarto do miocárdio e, às vezes, na hepatite, porém, podem se diferenciar, uma vez que o quociente HBDH/LDH se encontra elevado no infarto e baixo na hepatite.

DETERMINAÇÃO DA α-HIDROXIBUTIRATO-DESIDROGENASE (MÉTODO DE ROSALKIE WILKINSON)

Fundamento

A HBDH catalisa, reversivelmente, a redução do α-cetobutirado a α-hidroxibutirado, com simultânea oxidação do NADH e NAD^+. O decréscimo da concentração de NADH é diretamente proporcional à atividade de HBDH.

Uma unidade internacional corresponde à conversão de um μmol de substrato, por minuto e por litro, nas condições do ensaio.

Amostras biológicas

Soro ou plasma colhido com EDTA.

Reativos

a. Solução tampão fosfato 0,05M, pH = 7,5.
b. Dissolver 7,1 g de fosfato dissódico anidro e 6,8 g de fosfato monopotássico anidro em cerca de 800 mL de água destilada. Ajustar o pH a 7,5 e completar o volume a 1.000 mL, com água.
b. Substrato tamponado.

Em um balão volumétrico de 100 mL, dissolver 37,2 mg de α-cetobutirato de sódio e 13,5 mg de NADH (sal dissódico) em cerca de 80 mL de solução tampão fosfato. Completar a 100 mL, com o próprio tampão. Estável por 5 horas, a 20-25°C ou 1 dia, a 4°C. Preparar no dia de uso.

Técnica

a. Acertar a temperatura do compartimento do espectrofotômetro a 25°C.
b. Utilizando uma cubeta de espectrofotômetro, de 1 cm de espessura, pipetar 3 mL do substrato tamponado e deixar em banho a 25°C, por 5 minutos.
c. Adicionar 0,1 mL de soro, misturar por inversão e colocar a cubeta no espectrofotômetro.
d. Ajustar o comprimento de onda em 340 nm.
e. Acertar a absorbância em 0,300 e efetuar a leituras de minuto em minuto, durante 5 minutos.
f. Determinar a média das diferenças de absorbância por minuto (ΔA/min).
g. Cálculo.

ΔA/min x 4.984 = U/L

Notas

a. Quando os valores de ΔA/min forem superiores a 0,060, diluir a amostra 1/5 com solução fisiológica e repetir o ensaio. Multiplicar o resultado obtido por 5.
b. Fator de cálculo foi determinado a partir de:

$$F = \frac{1}{6{,}22 \times 10^3} \times 10^6 \times \frac{3{,}1}{0{,}1} = 4.984$$

Valores de referência para HBDH

a. Soro.
   Crianças: (3 a 15 anos) 92 a 183 U/L
   Adultos: 55 a 140 U/L

OBSERVAÇÕES

a. A amostra permanece estável no máximo, por 6 horas, à temperatura ambiente. Caso seja conservada no refrigerador, não deixar por mais de 2 dias. Após 7 dias, ocorre diminuição da atividade enzimática em 5%, a 4°C.
b. Não utilizar amostra hemolisada.
c. O ensaio da HBDH detecta, principalmente, a fração isoenzimática LDH1, que está presente em maior atividade no músculo cardíaco que em outros órgãos. A HBDH é, portanto, mais específica para o infarto do miocárdio que a lactato desidrogenase.
d. Após o infarto do miocárdio, a HBDH se eleva, dentro de 12 e 24 horas e permanece alterada durante cerca de 14 dias.

Lactato-desidrogenase (LDH)

Vários estudos mostram que a LDH está localizada apenas no citoplasma da célula e se encontra em todos os tecidos humanos, principalmente nos rins, músculo cardíaco, músculos esqueléticos e fígado. A maior parte da LDH presente no soro normal é originária dos eritrócitos e plaquetas.

A lactato-desidrogenase pode ser separada eni diversas fiações denominadas isoenzimas.

DETERMINA ÇÃO DA LACTATO-DESIDR OGENASE (MÉTODO DE WROBLEWSKIE COLS.)

Fundamento

A LDH catalisa, reversivelmente, a conversão de piruvato a lactato com oxidação simultânea do NADH a NAD^+. O decréscimo da concentração de NADH é proporcional à atividade de LDH.

Uma unidade de internacional corresponde à conversão de 1 μmol de substrato, por minuto, por litro, nas condições do ensaio.

Amostras biológicas

Soro ou plasma colhido com heparina ou EDTA.

Reativos

a. Solução tampão fosfato 0,05M, pH = 7,5.

Dissolver 7,1 g de fosfato dissódico e 6,8 g de fosfato monopotássico anidro em cerca de 800 mL de água destilada. Ajustar o pH igual a 7,5 e completar o volume a 1.000 mL, com água.

b. Substrato tamponado.

Em um balão volumétrico de 100 mL, dissolver 7,23 mg de piruvato de sódio a 13,5 mg de NADH (sal dissódico) em cerca de 80 mL de solução tampão fosfato e completar o volume a 100 mL, com o próprio tampão. Esta solução é estável por 5 horas, a 20-25°C ou por um dia, a 4°C. Preparar no dia de uso.

Técnica

a. Acertar a temperatura do compartimento do espectrofotômetro a 25°C.
b. Utilizando uma cubeta de espectrofotométrica, de 1 cm de espessura, pipetar 3 mL do substrato tamponado e deixar em banho a 25°C, durante 5 minutos.
c. Adicionar 0,1 mL da amostra, misturar por inversão e colocar a cubeta no espectrofotômetro.
d. Ajustar o comprimento de onda em 340 nm.
e. Acertar a absorbância em 0,300 e efetuar as leituras, de minuto em minuto, durante 5 minutos.
f. Determinar a média das diferenças de absorbância por minuto (ΔA/min).
g. Cálculo.

ΔA/min x 4.984 = U/L

Notas

a. Quando os valores de ΔA/min forem superiores a 0,060, diluir o soro 1/10 com solução fisiológica e repetir o ensaio. Multiplicar o resultado final por 10.
b. O valor do fator foi calculado a partir de:

$$F = \frac{1}{6{,}22 \times 10^3} \times 10^6 \times \frac{3{,}1}{0{,}1} = 4.984$$

Valores de referência para LDH

Soro.

120 a 240 U/L.

OBSERVAÇÕES GERAIS

a. Conservar a amostra, utilizada para dosage de LDH à temperatura ambiente. Separar rapidamente do coágulo e realizar o teste antes de 48 horas. Após 3 dias, a atividade do LDH diminui em 2%, à temperatura ambiente, e em 8%, a 4°C.
b. Não congelar, pois diminui a atividade de algumas frações da desidrogenase.
c. Não utilizar soro hemolisado, pois os eritrócitos possuem concentrações muitas vezes maiores que o soro.
d. Em soros com altas atividades, os resultados iniciais podem se apresentar muito baixos porque a maior parte do NADH já foi consumido antes da medida. Neste caso, diluir o soro e repetir o ensaio.
e. O aumento da atividade de LDH não é específico e ocorre em moléstias hepáticas, após o infarto do miocárdio, nas miocardites, na distrofia muscular, anemia perniciosa e hemolítica, carcinomas, após infarto pulmonar e em moléstias renais.

Leucina-aminopeptidase (LAP)

A leucemia-aminopeptidase é uma aminopeptidase típica, não hidrolisando compostos adiados, como a benzoil-leucilglicina, porém hidrolisando a leucilglicina, a L-leucinamida, a L-leucil-glicilglicina, a L-leucil-bencilglicina, a glicil-L leucinamida, a L-glutamil-L-leucinamida, a glicilglicil-DL-leucilglicina e o ácido Lleucil-L-glutâmico. A hidrólise ocorre na carboxila terminal do resíduo da leucina, não possuindo atividade endopeptidásica.

DETERMINAÇÃO DA LEUCINA-AMINOPEPTIDASE (MÉTODO DE NAGEL E COLS.)

Fundamento

A leucina-aminopeptidase catalisa a hidrólise de L-leucina-p-nitroanilida e L-leucina e p-nitroanilina. A velocidade de formação da p-nitroanilina é determinada através do aumento de absorbância em 405 nm.

Amostras biológicas

Soro ou urina.

Reativos

a. Solução tampão de fosfato 0,1M, pH = 7,2.

Dissolver 10,22 g de fosfato dissódico anidro e 3,87 g de fosfato monossódico monoidratado em cerca de 900 mL de água. Ajustar o pH a 7,2 e completar o volume a 1.000 mL com água destilada. Guardar no refrigerador.

b. Solução de L-leucina-p-nitroanilida.

Dissolver 663 mg deLleucil p-nitroanilida, em metanol p.a., até completar 100 mL.

Estável por 6 meses, quando conservado em frasco escuro e no refrigerador.

Técnica

a. Acertar a temperatura do compartimento do espectrofotômetro a 25°C.
b. Utilizando uma cubeta de espectrofotometria, de 1 cm de espessura, pipetar 3 mL da solução tampão fosfato e 0,1 mL da solução de L-leucina-p-nitroanilida. Misturar e deixar em banho a 25ºC, durante 5 minutos.
c. Adicionar 0,1 mL de soro ou amostra dialisada (ver nota), misturar por inversão e colocar a cubeta no espectrofotômetro.
d. Ajustar o comprimento de onda em 495 nm.
e. Acertar a absorbância em 0,300 e efetuar as leituras, de minuto em minuto, durante 5 minutos.
f. Determinar a média das diferenças de absorbância por minuto (ΔA/min).
g. Cálculo.

ΔA/min x 3.232 = U/L

Notas

a. Quando os valores de ΔA/min forem superiores a 0,080, diluir a amostra 1/5 com solução fisiológica e repetir o ensaio. Multiplicar o resultado obtido por 5.
b. A amostra de urina deve ser de 24 horas, colhida sem preservativos. Dialisar 8 a 9 mL de urina filtrada, durante 90 minutos, contra água destilada. Continuar como o soro.
c. O valor do fator de cálculo foi encontrado a partir de:

$$F = \frac{1}{9{,}9 \times 10^3} \times 10^6 \times \frac{3{,}2}{0{,}1} = 3.232$$

Valores de referência para LAP

a. Soro.
8 a 22 U/L.
b. Urina.
0,6 a 4,7 U/L.

OBSERVAÇÕES

a. A atividade da leucina-aminopeptidase sérica permanece estável por 7 dias, à temperatura ambiente (20-25° C) e no refrigerador.
b. Um aumento da atividade sérica pode ser causada por liberação da enzima, a partir de lesões celulares, ou por obstrução de fluxo da bile, através dos dutos biliares.
c. Níveis muito altos ocorrem na icterícia obstrutiva e na hepatose colestásica; aumentos menores ocorrem nos distúrbios crónicos e agudos do fígado.
d. Os níveis séricos podem se elevar na pancreatite aguda, carcinoma e na gravidez.

Lipase

A lipase catalisa a hidrólise de ésteres, na posição α de triglicerídeos, fornecendo β-monoglicerídeos e ácidos graxos.

O pâncreas é o principal órgão secretor de lipase que também pode ser sintetizada pela mucosa gástrica e intestinal. Pelo menos três tipos de lipase sérica foram caracterizados, segundo sua ação sobre diferentes substratos lipídicos e por sua inibição ou ativação, através de vários compostos.

DETERMINAÇÃO DA LIPASE (MÉTODO DE VOGEL E ZIEVE, MODIFICADO)

Fundamento

O soro é incubado com uma emulsão de óleo de oliva tamponado. A diferença de absorbância antes e depois da incubação dará a atividade enzimática.

Amostra biológica

Soro, sem hemólise e sem icterícia.

Reativos

a. Solução tampão TRIS 0,05M, pH = 8,8.

Dissolver 6,057 g de TRIS-(hidroximetil)-aminometano e 3,5 g de desoxicolato de sódio em cerca de 900 mL de água destilada. Ajustar o pH igual a 8,8, com solução de ácido clorídrico 1N e completar o volume com água. Conservar no refrigerador e reajustar o pH, quando necessário.

b. Solução de óleo de oliva.

Diluir 1 mL de óleo de oliva, purificado, em acetona p.a., até volume final de 100 mL.

c. Solução substrato.

Aquecer 25 mL da solução tampão TRIS à ebulição e adicionar, lentamente, 1 mL da solução de óleo de oliva, utilizando um agitador, para obtenção de uma emulsão. O aquecimento do tampão é necessário para que a acetona se evapore, evitando assim uma possível inibição da enzima. Guardar em geladeira e emulsionar quando necessário.

Técnica

a. Diluir 0,2 mL de soro em 08 mL da solução tampão TRIS.

b. Em uma cubeta de espectrofotômetro marcada A (Amostra), pipetar 4 mL da solução substrato.
c. Adicionar 0,2 mL do soro diluído no tubo A, misturar por inversão e, imediatamente, ler a absorbância, em 400 nm, contra a solução tampão. Será a leitura A1.
d. Em seguida, incubar, a 37°C, exatamente 20 minutos e efetuar nova leitura, como anteriormente. Será a leitura A2.
b. Cálculo.
(A1 — A2) x 25 = Unidades lipásicas/mL

Notas

a. Quando a diferença das absorbâncias for maior que 1/3 da absorbância A1, repetir o ensaio com o soro diluído 1 /25.
b. Para purificar o óleo de oliva, preparar uma coluna cromatográfica de 1 x 10 cm, usando como adsorvente, óxido de alumínio, previamente ativado em estufa a 200°C, durante 10 minutos. A seguir, colocar o óleo de oliva em alíquotas de 20 mL e cromatografar durante, no mínimo, 12 horas.

Valores de referência para lipase

a. Soro.
Até 2 unidades lipásicas por mL.

OBSERVAÇÕES

a. O soro para a determinação da lipase é estável por uma semana, à temperatura ambiente.
b. Não utilizar soro hemolisado, pois a hemoglobina inibe a enzima.
c. Não utilizar soro ictérico, pois podemos obter falsos resultados elevados.
d. A lipase sérica é considerada mais sensível e mais específica que a amilase sérica, no diagnóstico da pancreatite aguda. Durante as perturbações pancreáticas, a atividade lipásica no soro pode se elevar mais lentamente que a amilase, porém pode permanecer elevada durante um período mais longo. A lipase também pode estar elevada nas doenças pancreáticas crônicas.

Transaminases

A reação de desaminação e aminação, aonde o grupo amino de um aminoácido é, reversivelmente, transferido a um cetoácido e vice-versa, é denominada transaminação. A enzima que catalisa este tipo de reação e a transaminase.

Duas dessas transaminases têm grande valor clínico e são:

a. Aspartato-transaminase (AST) ou transaminase glutâmico-oxalacética (TGO).
b. Alamina-transaminase (ALT) ou transaminase glutâmico-pirúvica (TGP).

As transaminases formam um importante elo entre o metabolismo das proteínas e dos glicídios. Elas são encontradas em todos os tecidos animais, porém, principalmente no coração, fígado, cérebro, rins e testículos.

DETERMINAÇÃO DA ASPARTATO-TRANSAMINASE (AST OU TGO), MÉTODO DE REITMAN-FRANKEL

Fundamento

A aspartato-transaminase catalisa a transferência do grupo amino do aspartato para o α-cetoglutarato, formando o glutamato e o oxalacetato. O oxalacetato formado reage com a 2,4 dinitrofenilidrazina, dando a hidrazona correspondente, cuja intensidade de cor, em meio alcalino, é proporcional à atividade enzimática.

Amostras biológicas

Soro, plasma colhido com EDTA ou heparina ou líquor.

Reativos

a. Solução tampão fosfato 0,1M, pH = 7,4.

Dissolver 11,930 g de fosfato dissódico anidro, Na_2HPO_4, e 2,178 g de fosfato monopotássico anidro (KH_2PO_4) em cerca de 900 mL de água destilada. Acertar o pH a 7,4, utilizando hidróxido de sódio 0,1N ou ácido clorídrico 0,1N. Adicionar 1 mL de cloreto de benzalcônio a 50%, como conservante. Completar o volume a 1.000 mL, com água destilada. Conservar no refrigerador.

b. Solução substrato para AST ou TGO.

Pesar 73 mg de ácido alfa-cetoglutárico a 6,65 g de ácido DL-aspártico, num béquer pequeno. Adicionar cerca de 50 mL de hidróxido de sódio 1N e agitar até completa dissolução. Ajustar o pH a 7,4, usando NaOH 0,1N ou CHI 0,1 N. Transferir para um balão volumétrico de 250 mLe completar o volume com a solução tampão de fosfato 0,1M.

c. Solução de 2,4dinitrofenilidrazina 1 mmol/L.

Dissolver 99 mg de 2,4 dinitrofenilidrazina, em ácido clorídrico IN, até volume final de 500 mL. Guardar no refrigerador.

d. Solução de hidróxido de sódio 0,4N aproximadamente.

Dissolver 16 g de hidróxido de sódio, em água destilada, até completar 1.000 mL.

e. Solução padrão de piruvato a 22 mg/dL.

Dissolver 22 mg de piruvato de sódio, em tampão fosfato 0,1M, até completar 100 mL.

Técnica

a. Marcar dois tubos de ensaio, B (Branco) e A (Amostra), e pipetar 0,5 mL da solução substrato, em ambos.
b. Incubá-los a 37°C, durante 5 minutos.
c. Adicionar 0,1 mL da amostra ao tubo A. Misturar e deixar exatamente 60 minutos, no banho a 37°C.
d. Acrescentar, em ambos os tubos, 0,5 mL da solução de 2,4-dinitrofenilidrazina e misturar. No tubo B, adicionar 0,1 mL da amostra. Agitar e deixar em repouso, por 20 minutos, à temperatura ambiente.
e. Adicionar 5 mL da solução de hidróxido de sódio 0,4N, misturar por inversão e deixar repousar por mais 10 minutos, à temperatura ambiente.
f. Ler a absorbância, em 505 nm ou filtro verde, acertando o zero do aparelho com o branco.
e. Cálculo.

Ler na curva de calibração.

Padronização

a. Preparar 5 tubos de ensaio, de acordo com as seguintes proporções:

Nº do tubo	*1*	*2*	*3*	*4*	*5*
Substrato AST (mL)	1	0,9	0,8	0,7	0,6
Solução de piruvato (mL)	0	0,1	0,2	0,3	0,4
Agua destilada (mL)	0,2	0,2	0,2	0,2	0,2
UI/1 AST ou TGO	0	11,6	29,4	54,9	91,6

Mistura

b. Adicionar 1 mL da solução de 2,4dinitrofe-nilidrazina em cada tubo. Misturar e deixar, em repouso, por 20 minutos, à temperatura ambiente.
c. Juntar 10 mL da solução de hidróxido de sódio 0,4N a cada tubo, misturar por inversão e deixar em repouso por 10 minutos.
d. Ler as absorbâncias, em 505 nm, ajustando o zero do aparelho com o tubo nº 1.
e. Traçar a curva de calibração, relacionando as absorbâncias, em ordenadas, com as respectivas atividades, nas abscissas.

Notas

a. Quando a atividade enzimática for maior que 70 UI/L, diluir a amostra 1/10, com água destilada, e repetir o ensaio.
b. Evitar o contato do hidróxido de sódio no ar, pois a presença de carbonatos pode alterar os resultados.

Valores de referência para AST ou TGO

Soro.
4 a 19 UI/L.

OBSERVAÇÕES

a. A AST permanece estável por 4 dias, quando o soro é conservado no refrigerador. Congelando, a amostra aumenta a sua estabilidade.
b. A hemólise altera os resultados, pois há maior concentração da enzima nos eritrócitos.
c. Valores aumentados são encontrados após infarto do miocárdio, na embolia pulmonar, pancreatite aguda, hepatites a vírus ou tóxica.

DETERMINAÇÃO DA ALAN INA-TRANSAMINA SE (ALT OU TGP), MÉTODO DE REITMAN-FRANKEL.

Fundamento

A alanina-transaminase catalisa a transferência do grupo amino da alanina para o α-cetoglutarato, formando o glutamato e o piruvato. O piruvato formado reage com a 2,4-dinitrofenilidrazina dando a hidrazona correspondente, cuja intensidade de cor, em meio alcalino, é proporcional à atividade enzimática.

Amostras biológicas

Soro ou plasma colhido com EDTA ou heparina.

Reativos

a. Solução tampão fosfato 0,1M, pH = 7,4.

Idêntica ao do método da AST.

b. Solução substrato para ALT ou TGP.

Pesar 73 mg de ácido alfa-cetoglutárico e 4,45g de-DLalanina num béquer pequeno. Adicionar 17,5 mL de hidróxido de sódio 1N e agitar até completa dissolução. Acertar o pH a 7,4, utilizando NaOH

0,1N ou HCL 0,1N. Transferir para um balão volumétrico de 250 mL e completar o volume com tapão de fosfato 0,1M.

c. Solução de 2,4-dinitrofenilidrazina.

Idêntica ao do método da AST.

d. Solução de hidróxido de sódio 0,4N, aproximadamente.

Idêntica ao do método da AST.

Técnica

a. A técnica é idêntica à da AST. Mudar somente o substrato utilizado e alterar o tempo de incubação a 37°C, de 60 minutos para 30 minutos.

b. Cálculo.

Utilizar a curva de calibração.

Padronização

A curva de calibração é construída de forma análoga ao método da AST. Mudar o substrato e as unidades, como a seguir:

Nº do tubo	*1*	*2*	*3*	*4*
UI/L de ALT	0	13,5	27,5	46,8

Notas

a. Quando a atividade enzimática for maior que 40 UI/L, diluir a amostra 1/10, com água destilada, e repetir o ensaio.

b. Evitar o contato do hidróxido de sódio com o ar, pois a presença de carbonatos pode alterar os resultados.

Valores de referência para ALT ou TGP

Soro.

2 a 17 UI/L.

OBSERVAÇÕES

a. A ALT permanece estável por 4 dias, quando o soro é conservado no refrigerador. Congelando a amostra, aumenta a estabilidade da enzima.

b. Não utilizar amostra hemolisada.

c. O fígado é particularmente rico em ALT. A determinação desta enzima é usada, fundamentalmente, como prova para a hepatite.

d. Na hepatite aguda, os níveis séricos de AST e ALT começam a subir, podendo voltar ao normal após 14 dias. A persistência dos valores anormais indica uma transição a um estágio crônico. O quociente AST/ALT (Índice de De Rittis) é menor que 1.

e. Na hepatite tóxica, existe um grande aumento e rápida queda nos níveis de AST e ALT; na icterícia obstrutiva, tanto a AST como a ALT sofrem apenas um ligeiro aumento.

f. Na hepatite crônica e na cirrose hepática, a AST e a ALT sofrem pequenas ou moderadas elevações.

g. Enquanto os níveis de ALT indicam um episódio agudo, os níveis de AST indicam distúrbios hepáticos crônicos.

ISOENZIMAS

As isoenzimas são grupos de enzimas, procedentes de uma espécie animal, capazes de catalisar as mesmas reações químicas, frente ao mesmo substrato específico, possuindo, no entanto, estruturas proteicas e propriedades físicas diferentes.

As várias estruturas químicas estão relacionadas à dependência filogenética de cada órgão, que sintetiza aquela enzima que melhor se adaptará às suas necessidades funcionais.

Em muitos casos coexistem várias isoenzimas dentro de uma mesma célula. Não se trata de rearranjos moleculares, mas de proteínas, quimicamente diferentes, que podem ser separadas e identificadas por diferenças na mobilidade eletroforética, no comportamento cromatográfico, na resposta frente a inibidores, na resistência à inativação térmica, nas constantes de Michaelis-Menten, nas reações imunoquímicas.

A avaliação das isoenzimas abriu um novo horizonte no diagnóstico laboratorial. Graças ao aperfeiçoamento analítico, novas entidades são descobertas, rapidamente.

Isoenzimas da lactato-desidrogenase (LDH)

As isoenzimas da lactato-desidrogenase são compostas de dois tipos de subunidades ou manômeros denominados H e M. Cada cadeia polipeptídica chamada H está ligada às mitocôndrias, enquanto a cadeia chamada M está ligada ao núcleo das células. Uma combinação desses manôme-ros, controlada geneticamente, parece ser o mecanismo pelo qual as isoenzimas são produzidas.

A LDH se compõe de 5 frações, sendo cada uma delas um tetrâmero contendo combinações variáveis dos dois manômeros.

No soro, as cadeias H e M encontram-se polimerizadas, formando tetrâmeros, da seguinte forma:

H_4	H_3M	H_2M_2	HM_3	M_4
LDH_1	LDH_2	LDH_3	LDH_4	LDH_5

A LDH_1 é a isoenzima que se encontra nos tecidos aeróbicos, enquanto a LDH_5 predomina nos tecidos anaeróbicos.

Quanto a mobilidade eletroforética, a LDH_1 migra entre a albumina e a alfa-1 globulina, a LDH_2 migra com a alfa-1 globulina, a LDH_3 migra com a beta-globulina, a LDH_4 migra com a gamaglobulina e a LDH_5 migra mais vagarosamente que a gamaglobulina.

A termoestabilidade das isoenzimas da LDH é de grande valor diagnóstico. A LDH_5 é termolábil a 65°C, quando incubada por 30 minutos, ao contrário da termoestabilidade da LDH_1. Este teste é o mais utilizado para diferenciar a fração LDH_1 da LDH_5. O soro é diluído em tampão pH = 7,4 e incubado a 65°C, por 30 minutos. Se a atividade persistir, indica a presença de LDH_1.

A estabilidade durante o armazenamento também é importante, pois quando o material biológico é armazenado a fração LDH_5 desaparece rapidamente. A LDH_5 permanece inalterada a 4°C ou a 20°C, durante um mês.

A 20ºC, existe uma rápida diminuição nas atividades das frações LDH_4 e LDH_5 em poucos dias. Após 8 a 10 dias, a 25°C, as atividades das frações LDH_2 e LDH_3 decrescem.

A menos de 0°C, a LDH_4 é menos estável, seguido a LDH_5, LDH_3 e LDH_5, nesta ordem. A LDH_1 é a mais estável ao frio.

Outro modo de identificação está baseado no fato de que a fração LDH_1 atua sobre o substrato da α-hidroxibutirato-desidrogenase, enquanto as outras frações mostram atividades progressivamente decrescentes.

Um processo de fracionameno menos utilizado está baseado no fato de que a fração LDH_1 reage melhor com a baixa concentração de substrato e não é inibida pela ureia, enquanto a fração LDH_5 reage melhor com altas concentrações de substrato e é inibida pela ureia.

A distribuição relativa das isoenzimas da LDH varia de órgão para órgão, como segue:

FONTE	*LDH_1*	*LDH_2*	*LDH_3*	*LDH_4*	*LDH_5*
Coração	40	35	20	5	0
Rim	35	30	25	10	0
Cérebro	25	35	30	10	0
Pulmão	5	10	35	35	15
Fígado	0	5	10	15	70
Músculo	0	0	10	30	60
Soro	25	35	20	10	10

Ver determinação das isoenzimas da CPK, no capítulo de Eletroforese.

Isoenzimas de creatina-fosfoquinase (CPK ou CK)

Foram descritas duas cadeias polipeptídicas chamadas M e B, que podem formar três tipos de dímeros, a saber:

Fração CK_1 – rápida, também chamada BB.

Fração CK_2 – intermediária, também chamada MB.

Fração CK_3 – lenta, também chamada MM.

A sua distribuição relativa em alguns órgãos sugere várias aplicações clínicas e é a seguinte:

FONTE	*CK_1-BB*	*CK_2-MB*	*CK_3-MM*
Músculo	0	4	96
Coração	0	40	60
Cérebro	90	0	10
Pulmão	90	0	10
Bexiga	95	0	5
Intestino	100	0	0
Soro	0	15	85

Isoenzimas da fosfatase alcalina

As fosfatases estão geralmente localizadas no citoplasma das células. A localização da fosfatase alcalina em indivíduos, na fase de crescimento, está nos osteoblastos e condroblastos do esqueleto. Desta forma, a maior parte da atividade da fosfatase alcalina está presente nos ossos deste grupo etário. No adulto, a mucosa gastrointestinal e o fígado contêm a maior atividade desta enzima; o pulmão e a bile também contêm grande quantidade. Os outros locais de produção desta enzima incluem o endotélio vascular, túbulos renais, epité-lio da tireóide, epitélio do ducto biliar, células parenquimatosas do fígado, células parenquimatosas do pâncreas, placenta, sendo também encontrada nas células da série mielóide do sangue periférico e na medula óssea.

A fosfatase alcalina apresenta, no mínimo, 7 isoenzimas que, em ordem de mobilidade decrescente, são as seguintes:

ÓRGÃO	FÍGADO	OSSO	PLACENTA	RIM	INTESTINO	BILE
FRAÇÃO	HF	0	P	R	I	B

As isoenzimas provenientes do osso e do rim são inibidas pela ureia, enquanto a placentária não o é. A isoenzima proveniente do fígado mostra um decréscimo de atividade, quando é exposta à ação da ureia em uma concentração menor que 1,5M.

Um método simples para identificar as isoenzimas da FAL é realizada por meio da observação dá estabilidade, após incubação a 56°C, durante 15 minutos e pela sua inibição frente à fenilalanina.

Foi demonstrado que, se o nível de fosfatase alcalina no soro, após incubação a 56°C, por 15 minutos, diminuir em mais de 60%, o que demonstra termolabilidade, sugere que a fonte da enzima é o osso.

Existe ainda uma isoenzima denominada "isoenzima de Regan" que é produzida por célula neoplásicas, semelhantes às do carcinoma broncogênico, tumores ovarianos e outras células malignas, incluindo linfomas. Acredita-se que as células neoplásicas produzem esta enzima e a secretam até a corrente circulatória, aumentando assim sua atividade no soro. A isoenzima de Regan é similar à placentária, quanto à termoestabilidade e inibição frente à fenilalanina.

Fonte	*Inibição por fenilalanina*	*Termoestabilidade*
Fígado	Não inibida	Moderadamente estável
Intestino	Inibida	Moderadamente estável
Placenta	Inibida	Estável
Osso	Não inibida	Lábil

Isoenzimas da fosfatase ácida

São descritas 5 frações, entre as quais temos uma do fígado, outra das hemácias e uma da próstata.

Isoenzimas da amilase

A α-amilase é encontrada no pâncreas, na glândula salivar, no fluido do cisto ovariano, no esperma, tubos de Fallopio, epitélio de Muller e nos testículos.

As mobilidades eletroforéticas relativas à albumina (100%) são:

Saliva	*Pâncreas*	*Fallopio e Muller*
S_1 22	$P_1 - 8$	$O_1 - 39$
S_2 30	$P_2 - 14$	$O_2 - 50$
S_3 36	$P_3 - 18$	

As formas S e P possuem pesos moleculares de 48.000 e aparecem na urina. Em algumas salivas, aparece uma fração, na posição P_3.

Isoenzimas da leucina-aminopeptidase

No soro normal aparece uma fração na região da a-globulina e, em mulheres grávidas, existe uma outra fração que migra na região da α-2-globulina. Nas hepatopatias aparecem, também, frações na região da albumina, β-globulina e γ-globulina. Nas obstruções biliares extra-hepáticas, observa-se aumento da fração que migra com a albumina; no carcinoma hepático, aumentam as frações isoenzi-máticas que migram com a α_1 e α_2 globulinas e nas doenças malignas do pâncreas aparecem as isoenzimas que migram nas regiões das β e γ globulinas.

Isoenzimas da aldolase

Existe uma isoenzima lenta denominada "A", do músculo, uma forma intermediária denominada "B", do fígado, e outra mais rápida chamada "C", do cérebro e tecido nervoso. A fração isoenzimática "A" é também encontada no cérebro fetal e em tumores hepáticos primários, em alguns carcinomas, na distrofia muscular e nos meningiomas. A fração "A" do músculo é 30 vezes mais ativa sobre o substrato de frutose-1,6-difosfato do que contra o monofosfato. Na moléstia de Tay-Sachs, a atividade sobre o difosfato é muito reduzida, com ausência total contra o monofosfato.

Isoenzimas da aspartato-transaminase

Através da separação eletroforética sobre papel, a aspartato-transaminase apresenta atividade em duas frações. A separação sobre gel de amido produz, de 2 a 5 componentes. A principal distinção se faz entre a citoplasmática e a mitocondrial. Normalmente, a enzima mitocondrial hepática não é observada no soro.

Fração I — rápida, do citoplasma

Fração II - lenta, da mitocôndria

9

Provas Funcionais

FUNÇÃO RENAL

Depuração renal

A depuração ou clearance é uma determinação quantitativa da excreção urinária de certas substâncias do plasma urinário.

DEPURAÇÃO DA CREATININA

A depuração de creatinina endógena não necessita administração da substância pois ela é produzida pelo próprio organismo. A produção e a excreção de creatinina é praticamente constante e a velocidade da filtração glomerular é relativamente precisa, pois a creatinina não é excretada ou absorvida pelos túbulos renais. Em caso de elevação muito grande, na taxa plasmática, ela passa a ser excretada também pelos túbulos e o valor da depuração será maior que a velocidade de filtração glomerular.

Por definição, a depuração é calculada da seguinte forma:

$$D = \frac{U \times V}{S} \times \frac{1,73}{A}$$

D = Depuração em mL/min

U = Creatinina urinária em mg/dL

V = Volume urinário (em mL) por min

S = Creatinina sérica em mg/dL

A = Superfície corporal em m^2

A depuração da creatinina endógena é corrigida para a superfície corporal média de 1,73 m^2.

Execução da prova

a. Medir a altura e o peso do paciente. Pedir ao paciente que evite ingestão de chá, café e drogas, durante a prova.
b. Instruir o paciente para:
   b.l. Esvaziar completamente a bexiga, marcar exatamente a hora e tomar 2 copos de água.
   b.2. Colher toda a urina por um período de tempo determinado (de 1 a 24 horas) guardando-a, no refrigerador, sem utilizar conservante.
c. Retirar uma amostra de sangue, durante o período de colheita da urina.

Técnica

a. Medir o volume urinário total e dividir pelo tempo de colheita. Será o V, dado em mL/min.
b. Efetuar as dosagens de creatinina no sangue e na urina. O valor de U será dado em mg/dL de urina e o S, em mg/dL de soro.
c. Determinar o valor da superfície corporal, utilizando um nomograma e os valores de peso e de altura do paciente. Será o A.
d. Calcular a depuração, utilizando a fórmula:

$$D = \frac{U \times V}{S} \times \frac{1,73}{A}$$

Notas

a. A colheita é importantíssima. A perda de qualquer alíquota urinária causará alterações nos resultados.
b. É recomendado tempo de coleta urinária de, no mínimo, 6 horas. Quanto menor o tempo, maior a ocorrência de erros no resultado final.

c. Para cálculo da superfície corporal pode-se utilizar a seguinte fórmula:

Superfície (cm^2) = peso (kg) 0.425 x altura (cm) 0,725 x 71,84

d. À medida que a insuficiência renal se pronuncia, diminui a velocidade de filtração glomerular. Desta forma, valores diminuídos são encontrados na diminuição do débito cardíaco, na hipertensão arterial, afecções do sistema vascular renal, no carcinoma dos rins, nas glomerulonefrites, entre outras doenças.

Valores de referência da depuração da creatinina

a. Com o reagente de Lloyd
   Homens: 97a 137mL/min
   Mulheres: 88 a 128 mL/min
b. Sem o reagente de Lloyd
   Homens: 85 a 125 mL/min
   Mulheres: 75 a 115 mL/min

DEPURAÇÃO DA UREIA

É uma prova que avalia o funcionamento dos rins, pela eliminação da ureia sanguínea, ao nível dos glomérulos.

Execução da prova

a. Medir a altura e o peso do paciente. Não há necessidade de preparação prévia e o paciente poderá fazer uma refeição leve pela manhã, evitando o consumo de chá ou café. Evitar exercícios violentos antes da prova e durante o teste procurar ficar sentado.
b. Esvaziar completamente a bexiga, marcar exatamente a hora e tomar um copo de água.
c. Após exatamente 60 minutos, colher toda a urina e 5 mL de sangue. Ingerir mais um copo de água.
d. Após exatamente 60 minutos da coleta anterior, colher toda a urina e mais 5 mL de sangue.

Técnica

a. Medir, separadamente, as duas amostras de urina.
b. Efetuar as dosagens de ureia das amostras de urina e de sangue.
c. Determinar o valor da superfície corporal utilizado um nomograma e os valores de peso e altura do paciente. Será o valor de A.
d. Dividir cada volume urinário encontrado por 60 e encontrar o volume-minuto. Será dado em mL/min.
e. Calcular a depuração, segundo as seguintes fórmulas:
   e.1. Para volume-minuto maior que 2 mL/min.

$$\text{Depuração máxima} = \frac{\text{U x V corrigido}}{\text{S}}$$

   e.2. Para volume-minuto igual ou menor que 2 mL/min.

$$\text{Depuração padrão} = \frac{\text{U x V corrigido}}{\text{S}}$$

U = Concentração de ureia urinária em mg/dL
S = Concentração de ureia sérica em mg/dL
V corrigido = Volume-minuto x $\frac{1,73}{\text{A (superfície corporal)}}$

Para converter mL/min em percentagem, multiplicar por 1,33, no caso da depuração máxima, e por 1,85, no caso da depuração padrão.

Valores de referência da depuração da ureia

a. Para a depuração máxima, o valor de 75 mL/min indica 100% de eficiência renal.
b. Para a depuração padrão, o valor de 54 mL/min indica 100% de eficiência renal.

Notas

a. A depuração pode variar em mais ou menos 20%; esta pode diminuir, de acordo com a idade, a partir dos 40 anos e pode aumentar, durante um período em que a diurese está elevada.
b. Valores superiores a 75% de eficiência renal indicam perfeito funcionamento; valores entre 50 e 75% indicam funcionamento duvidoso e valores abaixo de 50% indicam comprometimento renal.

Prova da concentração

Esta prova mede capacidade de reabsorção tubular.

PROVA DE CONCENTRAÇÃO DE FISHBERG

Procedimento

a. No dia anterior à prova, o paciente deverá fazer uma dieta seca, não ingerindo mais que 200 mL de líquidos. Às 18 horas, fazer a última refeição. Urinar antes de se deitar, desprezando-a.
b. No dia da prova, levantar-se, colher a urina e guardar a amostra.

c. Voltar a deitar-se e, após uma hora, colher nova amostra e guardá-la.
d. O paciente permanecerá levantado e, após mais uma hora, colher nova amostra.

Técnica

Medir a densidade das 3 amostras.

Valores de referência da prova de concentração

A densidade de, pelo menos, uma amostra deverá ser superior a 1024.

Notas

a. Não se deve efetuar o exame em pacientes com insuficiência renal clinicamente evidente ou quando a uremia está elevada.
b. É impossível efetuar a prova em edemato-sos com diurese consecutiva a mobilização do líquido dos edemas.

FUNÇÃO HEPÁTICA

Provas de labilidade serocoloidal

Geralmente, a doença hepática está ligada a alterações do metabolismo das proteínas.

Numerosas provas foram desenvolvidas no sentido de avaliarem as diversas frações protéicas e suas alterações qualitativas e quantitativas.

As reações de turvação e floculação dependem, principalmente, de alterações da δ-globulina, pois ela se torna instável frente a certos reagentes, causando precipitação. A albumina provoca inibição da precipitação.

As provas de labilidade são de grande interesse no estudo das hepatopatias; no entanto, apresentam pouca especificidade.

PROVA DEHANGER (CEFALINA - COLESTEROL)

Fundamento

A alteração proteica de um soro é avaliada através da mistura do mesmo com uma emulsão composta de cefalina e colesterol.

Amostra biológica

Soro.

Reativos

a. Suspensão-estoque de cefalina-colesterol.

Dissolver o conteúdo de um frasco de cefalina--colesterol (Difco) em 5 mL de éter etílico. Estável, quando guardada no refrigerador, em frasco bem fechado.

b. Suspensão diluída de cefalina-colesterol.

Em um béquer de 50 mL, aferido com 2 traços, correspondentes a 15 e 17,5 mL, colocar 17,5 mL de água destilada. Aquecer até temperatura de 65 a 70°C. Adicionar 0,5 mL da suspensão estoque de cefalina-colesterol, gota a gota e com agitação. Enquanto durar a adição, aquecer moderadamente, até que o líquido entre e permaneça em ebulição a fim de que seu volume seja reduzido a 15 mL. Deixar esfriar à temperatura ambiente. Esta solução apresentará um aspecto leitoso. Conserva-se por 4 semanas, no refrigerador.

c. Solução de cloreto de sódio a 0,85%.

Técnica

a. Marcar 3 tubos de ensaio de 15 mL de capacidade, B (Branco), C (Controle) e A (Amostra), e pipetar a 4 mL da solução de cloreto de sódio a 0,85%.
b. No tubo A, pipetar 0,2 mL do soro a testar e, no tubo C, pipetar 0,2 mL de um soro negativo, testado anteriormente.
c. Adicionar 1 mL da suspensão diluída de cefalina-colesterol nos 3 tubos. Misturar, girando os tubos entre as mãos.
d. Fechar os tubos com algodão e deixar em repouso, na obscuridade, à temperatura de aproximadamente 25°C.
e. Efetuar as leituras após 24 horas ou 48 horas. O branco e o controle não devem apresentar floculação ou precipitação.
f. Leitura.

Negativo: Ausência de floculação e depósito, aspecto leitoso.

(+): Líquido turvo com ligeira floculação.

(+ +): Líquido turvo com relativa floculação e pequeno depósito.

(+ + +): Líquido turvo com intensa floculação e relativo depósito.

(+ + + +): Líquido límpido com intenso depósito.

Notas

a. O soro deve ser recente e não pode ser guardado de um dia para outro, mesmo em refrigerador.
b. Amostras congeladas não podem ser utilizadas.

Valores de referência da prova de cefalina-colesterol

A leitura de 24 horas poderá ser positiva até 2 cruzes, em adultos normais.

PROVAS DE TURVAÇÃO E DA FLOCULAÇÃO DO TIMOL

Quando uma solução aquosa diluída de timol, em pH igual a 7,8, é adicionada a soros de pacientes portadores de hepatopatias, surge turbidez na mistura. As frações proteicas de soros patológicos são precipitadas devido à presença de compostos orgânicos que contêm grupos fenólicos ou devido a compostos fortemente polares, os quais neutralizam o campo elétrico formado ao redor das moléculas protéicas.

Em casos de lipemia, os soros podem dar uma reação falsa e causar aumento inespecífico de turbidez.

A floculação do soro pelo timol depende principalmente do aumento das β-globulinas e, em especial, do complexo globulina β-lipóide, porém também é positiva quando a gamaglobulina está aumentada.

Método de MacLagar, modificado.

Fundamento

O soro de pacientes com problemas hepáticos em contacto com solução tamponada de timol produz turvação.

Amostra biológica

Soro.

Reativos

a. Solução tampão de timol, pH = 7,55.

Num erlenmeyer de 2 litros de capacidade, colocar 6 g de timol puro cristalizado e 300 mL de água destilada a 95°C, recentemente fervida, para eliminar o CO_2. Agitar para dissolução parcial do timol. Adicionar 3,09 g de ácido dietilbarbitúrico e 1,69 g de dietilbarbiturato de sódio. Adicionar a seguir 720 mL de água destilada quente a 95°C. Agitar vigorosamente. Deixar em repouso até esfriar à temperatura ambiente. Adicionar 20 mL de água destilada. Colocar, nesta solução, 1 g de timol puro cristalizado e agitar vigorosamente até que a solução sobrenadante se torne transparente. Deixar em repouso, à temperatura ambiente, por 24 horas. Misturar e filtrar em papel de filtro Whatman nº 1. Acertar o pH igual a 7,55, usando soluções de ácido dietilbarbitúrico ou dietilbarbiturato de sódio, previamente preparadas. Conservar à temperatura ambiente e em frasco bem fechado. A solução deverá ser incolor.

b. Solução de cloreto de bário 0,096N.

Dissolver 1,175 g de cloreto de bário diidratado, em água destilada, até completar 100 mL de solução.

c. Solução de ácido sulfúrico 0,2N.

Diluir 0,55 mL de ácido sulfúrico concentrado (d = 1,84), lentamente, em água destilada, até completar 100 mL.

d. Suspensão estoque de sulfato de bário.

Diluir 3 mL da solução de cloreto de bário 0,0962N, em solução de ácido sulfúrico 0,2N, até completar 100 mL. Preparar a 10°C.

Técnica

a. Marcar 2 tubos de ensaio, B (Branco) e A (Amostra) e pipetar:
   tubo B: 6 mL de água destilada.
   tubo A: 6 mL da solução tamponada de timol.
b. Pipetar 0,1 mL de soro nos dois tubos e misturar. Deixar em repouso, por 30 minutos.
c. Agitar novamente e ler a absorbância, em 650 nm ou filtro vermelho, acertando o zero do aparelho com o branco. Será a leitura A.
d. Deixar os tubos repousarem, no escuro, por 18 horas. Efetuar a leitura utilizando o critério adotado na prova de Hanger.
e. Cálculo.

Absorbância AxF = Unidades Shank-Hoagland.

O fator F é encontrado na Padronização.

Padronização

a. Preparar 2 padrões a partir da suspensão de sulfato de bário, como a seguir:

	Tubo 1	*Tubo 2*
Suspensão de sulfato de bário (mL)	2,7	5,4
Solução de ácido sulfúrico 0,2N (mL)	3,3	0,6
Unidades Shank-Hoagland	10	20

b. Misturar e deixar em repouso por 30 minutos.
c. Agitar novamente e ler as absorbâncias, em 650 nm ou filtro vermelho, acertando o zero do aparelho com água destilada.
d. Cálculo do fator F.

$$F = \frac{\text{Unidades Shank-Hoagland do Padrão}}{\text{Absorbância do Padrão}}$$

Notas

a. Se, depois de algum tempo, a solução tampão de timol apresentar turvação ou precipitado, ferver a solução e, depois de esfriada, adicionar um pouco de timol. Agitar e filtrar. Acertar o pH novamente.
b. A turvação decresce com o aumento da temperatura. Não realizar a prova em temperaturas superiores a 25°C.
c. A floculação do timol poderá dar positiva, por vários meses, após a fase aguda da hepatite, mesmo a prova de Hanger já tendo sido normalizada.
d. Valores aumentados são encontrados nas cirroses, inflamação mesenquimal, hepatites cirróticas, cirroses atróficas, Kalazar, endocardites, poliartrites, pneumonia e tuberculose.

Valores de referência para a prova do timol

a. Reação de turvação.
Até 4 unidades Shank-Hoagland.
b. Reação de floculação.
Ausência de precipitação.

PROVA DE KUNKEL (DO SULFATO DE ZINCO)

Os soros de pacientes com elevada concentração de gamaglobulina produz turvação, quando entram em contacto com uma solução tampão de sulfato de zinco.

A reação de Kunkel apresenta, na maioria dos casos, um grande paralelismo com a reação do timol.

Fundamento

A turvação produzida, quando soros contendo alto teor de gamaglobulina são submetidos a uma solução tamponada de sulfato de zinco, é medida fotometricamente.

Amostra biológica

Soro.

Reativos

a. Reativos de sulfato de zinco.

Num balão volumétrico de 1.000 mL, dissolver 24 mg de sulfato de zinzo heptaidratado, 280 mg de ácido dietilbarbitúrico e 210 mg de dietilbarbiturato de sódio, em água destilada, até completar o volume total. Acertar o pH entre 7,5 e 7,55.

Técnica

a. Marcar 2 tubos de ensaio, B (Branco) e A (Amostra), e pipetar:
tubo B: 6 mL de água destilada.
tubo A: 6 mL de reativo de sulfato de zinco.
b. Adicionar 0,1 mL de soro, nos dois tubos, e misturar. Deixar em repouso por 30 minutos.
c. Agitar novamente e ler-a absorbância, em 650 nm ou filtro vermelho, acertando o zero com o branco.
d. Cálculo.

Absorbância da amostra x F = Unidades Shank-Hoagland.

O fator F é encontrado de forma idêntica à da reação de turvação do timol.

Notas

a. Utilizar soro recente, colhido no dia.
b. A influência da bilirrubina e da hemoglobina na prova é pequena.
c. As reações do sulfato de zinco e do timol dão os mesmos resultados na convalescença de hepatites infecciosas, porém apresentam diferenças marcantes na cirrose hepática, onde a reação do sulfato de zinco é sempre positiva. Em casos de hepatites residuais, a reação de Kunkel possui maior sensibilidade.
d. Como a turvação do sulfato de zinco (Kunkel) é proporcional à quantidade de gamaglobulina, ela não pode ser considerada específica para as afecções hepáticas.

Valores de referência da prova de kunkel

Soro.
2 a 12 unidades Shank-Hoagland.

PROVA DE TOLERÂNCIA À GLICOSE (GTT)

A curva glicêmica é uma prova utilizada para, geralmente, diagnosticar o diabete. Ela é uma medida da resposta do indivíduo a uma ingestão determinada de glicose.

O diabete melito é uma doença crônica, de natureza genética, caracterizada pela diminuição da capacidade de aproveitamento da glicose pelo organismo, devido à deficiência de insulina. Esta diminuição costuma ser progressiva, aparecendo, finalmente, sintomas clássicos como a glicemia elevada em jejum, glicosúria e ocorrências como poliúria, polidipsia, cetonúria e emagrecimento ou obesidade.

Condições para a realização da prova

FASE PREPARATÓRIA

a. Antes de realizar a prova, o paciente deve fazer uma dieta de 150 a 300 g diárias de açúcar, por 3 dias consecutivos.
b. Suspender o uso de qualquer droga, por 3 dias antes da prova.
c. A atividade física deve ser a considerada normal para o indivíduo.

DURANTE A PROVA

a. Obedecer a jejum de 12 horas.
b. Realizar a prova, com início entre as 7 e as 9 horas. Existe um ritmo na produção dos hormônios antagonistas da insulina. O cortisol tem nível máximo pela manhã e mínimo à tarde. Os níveis de insulina variam de forma idêntica.
c. A atividade física deve ser a mínima possível. A musculatura em atividade funciona como um substituto da insulina.
d. Não fumar, não beber café e evitar o "stress". A nicotina aumenta os níveis de ácidos graxos plasmáticos que antagonizam a insulina. A cafeína libera a adrenalina, que é um hormônio antagonizante da insulina. O mesmo ocorre no "stress".
e. Doses de glicose utilizadas.
   e.1. Adultos: administração de 75 g de glicose.
   Dissolver, em água, até conseguir uma concentração de 25%.
   e.2. Mulheres grávidas: administração de 100 g de glicose.
   Dissolver, em água, até conseguir uma concentração de 25%.
   e.3. Crianças: administração de 1,75 g/kg de peso ideal, conforme altura e idade (consultar tabelas), até um máximo de 75 g.
f. Coletar sempre as amostras nas veias do antebraço. As taxas de glicemia são diferentes nas várias regiões do corpo humano.

Execução da prova

a. Em jejum, colher uma amostra de sangue. Esvaziar a bexiga e recolher a urina. Este será o tempo zero da curva.
b. Fazer o paciente ingerir a solução de glicose, num período de 5 minutos. Anotar o horário exato.
c. Após 30, 60, 90, 120 e 180 minutos, colher novas amostras de sangue. Aos 60, 120 e 180 minutos, colher também amostras de urina. Caso o paciente apresente sintomas, colher uma amostra de sangue, imediatamente.
d. Efetuar as dosagens de glicose em todas as amostras.
e. Nota: na presença de náuseas e vómitos, suspender a prova.

Interpretação

Com a evolução dos conhecimentos referentes ao diabete, surgiram vários critérios para o diagnóstico da moléstia. Assim sendo, os critérios mais utilizados eram os de Fajans e Conn, Wilkerson Peint Sistem, University Group Diabetes Program, O'Sullivan e da British Diabetic Association.

Para dar uma maior uniformidade entre os critérios, surgiu uma nova classificação através do National Diabetes Data Group.

Assim, foi estabelecida uma nova nomenclatura:

a. Diabetes Mellitus.
   – Diabetes Mellitus insulino dependentes.
   – Diabetes Mellitus não insulino dependentes.
b. Diabetes Mellitus associado com outras condições clínicas e síndromes gerais.
c. Tolerância à glicose diminuída.
d. Diabetes gestacional.
e. Anormalidade prévia na tolerância à glicose.

Incluem-se pacientes com teste de tolerância normal, porém já tendo apresentado hiperglicemia de jejum ou a tolerância à glicose alterada, em quaisquer circunstâncias, inclusive obesidade, gravidez, infecções e infarto do miocárdio.

f. Anormalidade potencial na tolerância à glicose.

Incluem-se pacientes com teste de tolerância normal, mas com risco maior em desenvolver diabetes. São pessoas com ambos os pais diabéticos, mulheres com antecedentes de recém-nascidos com macrossomia, evidência de anticorpos antiilhotas ou de certos antígenos do sistema HLA.

Para o diagnóstico, foram estabelecidos os seguintes critérios:

a. Diabetes Mellitus em adultos e não grávidas.
   – Presença dos sintomas clássicos do diabete com declarada elevação da glicemia de jejum.
   – A glicemia plasmática de jejum igual ou maior que 140 mg/dL em mais de uma ocasião não requer o teste de tolerância.

– A glicemia de jejum menor que aquela que diagnostica o diabetes, mas apresentando um teste de tolerância à glicose com concentrações plasmáticas de 200 mg/dL ou maiores, nas dosagens de 120 minutos e em alguma outra anterior a ela.

b. Diabetes Mellitus em crianças.
   – Presença dos sintomas clássicos do diabete, além da glicemia de 200 mg/dL ou mais em qualquer horário da coleta.
   – Nas pessoas assintomáticas, com as seguintes concentrações plasmáticas:
   Jejum – igual ou maiores que 140 mg/dL.
   120 min – igual ou maiores que 200 mg/dL.
   30, 60 ou 90 min – igual ou maiores que 200 mg/dL.

c. Tolerância à glicose diminuída em adultos e não grávidas.
   As concentrações de glicose plasmática deverão ser as seguintes:
   Jejum – igual ou menores que 140 mg/dL.
   120 min – entre 140 e 200 mg/dL.
   30, 60 ou 90 min – igual ou maiores que 200 mg/dL.

d. Tolerância à glicose diminuída em crianças.
   As concentrações de glicose plasmática deverão ser as seguintes:
   Jejum – menores que 140 mg/dL.
   120 min – maiores que 140 mg/dL.

e. Diabetes gestacional.
   Dois ou mais valores, após dose oral de 100 g de glicose, deverão estar ou exceder a:
   Jejum – 105 mg/dL
   60 min – 190 mg/dL.
   120 min – 165 mg/dL
   180 min – 145 mg/dL

f. Valores de referência para adultos e não grávidas.
   As concentrações normais de glicose plasmática são as seguintes:
   Jejum – menores que 115 mg/dL
   120 min – menores que 140 mg/dL.
   30, 60 ou 90 min – menores que 200 mg/dL.

g. Valores de referência para crianças.
   As concentrações normais de glicose plasmática são as seguintes:
   Jejum – menores que 130 mg/dL.
   120 min – menores que 140 mg/dL.

Consultar também o capítulo contendo as determinações de glicose, em amostras biológicas

10
Análise de Urina

INTRODUÇÃO

O exame de urina é um precioso meio de avaliação da função renal do organismo humano, sendo, portanto, um forte elemento diagnóstico no estudo das patologias em geral. Para tanto, o emprego de técnicas sensíveis e específicas é fator preponderante para o bom desenvolvimento da análise. Com a introdução das tiras reativas, as provas químicas, anteriormente complexas e demoradas, foram substituídas e a análise foi simplificada. Logicamente, há necessidade de levar-se em conta os possíveis interferentes que possam falsear os resultados, além do fato de existirem ainda métodos químicos indispensáveis para a conclusão do diagnóstico laboratorial.

CARACTERES GERAIS

Volume urinário

O volume urinário diário de um adulto normal é de 800 a 1.800 mL. O valor do volume depende de vários fatores tais como: dieta, ingestão de água, temperatura ambiente, volume corporal, sudoração etc.

As crianças excretam mais urina por kg de peso que os adultos:

Idade	*Volume de 24 horas*
1 a 2 dias	30 a 60 mL
3 a 10 dias	100 a 300 mL
10 a 60 dias	250 a 450 mL
2 a 12 meses	400 a 500 mL
1 a 3 anos	500 a 600 mL
3 a 5 anos	600 a 700 mL
5 a 8 anos	650 a 1.000 mL
8 a Manos	800 a 1.400 mL

O aumento do volume urinário (acima de 2.000 mL, no adulto) denomina-se poliúria e pode ocorrer no diabete melito, no diabete insípido, na uremia, na nefrite crônica etc.

A diminuição do volume urinário (abaixo de 500 mL, no adulto) denomina-se oligúria e pode ocorrer na nefrite aguda, atrofia tubular renal, diarreia, vômitos, doenças cardíacas e pulmonares, desidratação, choque, reação transfusional, agentes tóxicos etc.

Quando existe retenção total de água, chamamos anúria e ela pode ocorrer em nefroses e obstrução das vias excretoras urinárias.

Normalmente, um terço da urina é excretado à noite e, dois terços, durante o dia. Quando há uma inversão destes valores, denominamos nictúria.

Ao efetuarmos uma análise qualitativa de urina, não é necessária a coleta da urina de 24 horas. Bastará uma única micção, de preferência a primeira da manhã.

Aspecto

A urina recente, normalmente, tem aspecto límpido.

Em casos patológicos, onde existe a presença de grandes quantidades de piócitos, hemácias, células epiteliais, cristais e bactérias, a urina deverá apresentar-se turva.

A contaminação com antissépticos, talcos, material fecal também poderá produzir turvação da urina.

Quanto ao aspecto, a urina é classificada em límpido, ligeiramente turvo e turvo.

Frequentemente, a turbidez é ocasionada por precipitação de fosfatos e carbonatos, em meio alcalino.

Eles se dissolvem, quando são adicionadas algumas gotas de ácido acético diluído; os carbonatos produzem desprendimento de CO_2.

O resfriamento da urina causa precipitação de uratos, em meio ácido. Um aquecimento, a 56°C, fará desaparecer a turvação.

Quando as urinas não se aclaram com o repouso, por filtração através de papel, ou por mudanças de pH, a turbidez poderá ser de origem bacteriana.

A presença de matéria gordurosa (lipúria, quilúria) também pode produzir turvação, devido às gotículas de graxa, formando emulsão.

Odor

A urina normal apresenta odor característico, ligeiramente aromático.

No entanto, após algum tempo de repouso, a urina em decomposição apresentará odor pútrido ou amoniacal, devido à fermentação bacteriana.

A dieta e a medicação também podem provocar variações no odor.

Em urinas normais, o odor é classificado como próprio, "sui generis" ou carcterístico.

Cor

Normalmente, a urina apresenta cor amarela, variando do tom claro ao escuro.

Em casos de hematúria, a urina pode apresentai se vermelha ou castanha, dependendo do estado de conservação dos eritrócitos. A ingestão de beterraba também pode provocar o aparecimento da cor vermelha.

A medicação pode também provocar mudanças na cor da urina de forma bastante variada como vermelha, verde, laranja etc.

A cor âmbar aparece, geralmente, em estados patológicos associados á problemas hepáticos.

É comum a utilização do termo amarelo citrina, para classificar a cor das urinas normais.

Densidade

A medida da densidade é realizada para verificar a capacidade de concentração e diluição do rim.

A densidade da urina normal varia de 1015 a 1025, no volume de 24 horas. Em amostras colhidas ao acaso, ela pode variar de 1003 a 1030.

MÉTODOS DE MEDIDA DA DENSIDADE

a. Utilização do urodensímetro, pesa-urina ou urinômetro.

Homogeneizar a urina e passá-la para uma proveta de tamanho apropriado. Introduzir o densímetro, com uma leve rotação, deixando-o flutuar, sem que toque nas paredes da proveta. Ler a graduação que aparece à base do menisco.

Como a densidade depende da temperatura, é necessário fazer a correção da leitura. O urodensímetro é calibrado para uma determinada temperatura. Para cada 3°C acima ou abaixo da temperatura de calibração do aparelho, adicionar ou subtrair, respectivamente, uma unidade ao último algarismo da densidade lida.

Caso o volume de urina seja insuficiente, podemos diluí-la a 1:3, de modo que o urodensímetro possa flutuar na proveta. Efetuar a leitura e multiplicar os dois últimos números da escala graduada pelo fator da diluição. Neste caso, também é necessária a correção de acordo com a temperatura. O método não é muito exato, mas pode ser utilizado para fins clínicos.

b. Utilização de refratômetro.

Como o índice de refringência de uma solução se relaciona com a quantidade de sólidos dissolvidos, é possível medir-se a densidade, por intermédio de refratômetros, utilizando apenas uma gota de urina. É um método simples e rápido e a leitura se faz diretamente sobre a escala de densidade, através de uma linha que divide a parte clara do contraste escuro, quando o aparelho é dirigido contra uma fonte de luz.

c. Para pequenos volumes, com utilização de mistura de líquidos orgânicos.

Fazer uma mistura de benzeno (d = 0,897) e clorofórmio (d = 1,504) e adicionar uma gota de urina. Adicionar um ou outro líquido até que a gota fique suspensa. Medir a densidade da mistura com um urodensímetro. O valor da leitura será o mesmo da gota de urina.

d. Utilização de fita reativa.

Recentemente, surgiu a fita reativa para medida da densidade, baseada na mudança do pka de certas moléculas polieletrolíticas que são sensíveis ao número de íons presentes na amostra de urina, o que acarreta uma mudança de pH. Na presença de um indicador, ocorre mudança de cor. A medida não é efetada por glicose ou ureia, mesmo em altas concentrações.

Verificação da exatidão da medida da densidade.

Medir a densidade de três líquidos:

a. Água destilada a 15,5°C.
b. Solução de cloreto de sódio a 0,85%, a 15°C.
c. Solução de- cloreto de sódio a 5%, a 15,5°C.

As leituras deverão ser 1.000, 1.006 e 1.035, respectivamente.

Para termos valores de densidade precisos nas provas de concentração ou diluição, devemos corrigi-los em casos de proteinúria ou glicosúria. Subtrair 0,0003 para cada grama de proteína por 1.000 mL de urina e 0,00041 para cada grama de glicose por 1.000 mL de urina. A glicose não influi na medida efetuada com tiras reativas.

Valores baixos de densidade são encontrados no diabete insípido, na nefrite crônica, em transtornos de origem nervosa, na ingestão de grandes quantidades de líquidos.

Valores elevados de densidade são encontrados no diabete melito, casos de desidratação, na nefrite parenquimatosa.

EXAME QUÍMICO

Determinação do pH urinário

O pH urinário normal varia de 4,5 a 8.

A dieta rica em proteínas aumenta a produção de fosfatos e sulfatos, acidificando a urina. Com a dieta vegetariana, o pH pode subir acima de 6. A medicação também altera o resultado.

O pH urinário deve ser medido logo após a micção, pois assim evitaremos a elevação do valor devido a alcalinização causado pelo crescimento bacteriano.

A urina noturna tem pH mais baixo por causa da acidose respiratória fisiológica do sono.

O pH urinário pode ser medido com papel indicador universal ou com pH-metro.

Proteínas

A excreção de proteínas na urina do homem adulto é cerca de 30 a 50 mg por 24 horas.

A determinação qualitativa é efetuada por testes químicos ou fitas reativas. A sensibilidade desses ensaios está em torno da concentração de excreção proteica normal; portanto, podemos avaliar as alterações com os resultados positivos.

O resultado qualitativo, geralmente, é expresso por: negativo, traços e positivo. O resultado positivo vem acompanhado pelo número de cruzes respectivo, dado pelo grau de intensidade da reação.

As proteinúrias são observadas em processos degenerativos tubulares (acima de 7g/24 h), associadas a infecções bacterianas (5 a 7g/24 h), em enfermidades vasculares, incluindo arteriosclerose (0,5 a 4 g/24 h), na hipertensão maligna (10 a 15 g/24h).

Exame qualitativo

MÉTODO UTILIZANDO O REATIVO DE ROBERT

Fundamento

Formação de metaproteínas e proteinatos insolúveis a partir da ação de ácido forte e sal de metal pesado.

Reativo de Robert

Dissolver, a quente, 100 g de sulfato de magnésio em 80 mL de água destilada. Para cada 50 mL desta solução saturada, adicionar 10 mL de ácido nítrico concentrado. Não há necessidade de usar drogas p.a.

Técnica

a. Filtrar ou centrifugar a urina.
b. Colocar 2 mL do reativo de Robert em um tubo de ensaio. Incliná-lo e deixar escorrer, pelas paredes do tubo, a mesma quantidade de urina límpida, lentamente, de modo a formar duas camadas.
c. Efetuar a leitura. Em caso positivo, haverá formação de anel branco na superfície de separação. Cada mm de espessura indicará uma cruz de positividade.

MÉTODO UTILIZANDO O REATIVO DO ÁCIDO SULFOSSALICÍLICO

Fundamento

Denaturação proteica com formação de meta proteínas.

Reativo do ácido sulfossalicílico a 3%.

Dissolver 3 g de ácido sulfossalicílico, em água destilada, até completar 100 mL.

Técnica

a. Filtrar ou centrifugar a urina.
b. Em um tubo de ensaio, contendo 0,5 mi de urina límpida, adicionar 1,5 mL do ácido sul fossalicílico a 3%. Misturar suavemente e deixai em repouso por 5 minutos.
c. Efetuar a leitura. Em caso positivo, haverá turvação proporcional a quantidade de proteínas.

PESQUISA PELO CALOR E ACIDIFICAÇÃO

Fundamento

A albumina e a globulina se coagulam pelo calor, em pH ácido.

Reativo

Adicionar 23,7 mL de ácido acético glacial e 7,4 g de acetato de sódio anidro (ou 12,4 g de acetato de sódio triidratado), em quantidade suficiente de água destilada para completar 100 mL de solução.

Técnica

a. Filtrar ou centrifugar a urina.
b. Colocar, em um tubo de ensaio, 7,5 mL da urina límpida e três gotas do reativo ácido. Misturar por inversão. Se houver precipitação de muco, centrifugar ou filtrar novamente.
c. Ferver a metade superior do tubo, contendo a urina.
d. Efetuar a leitura. Em caso positivo, aparecerá uma turvação leitosa persistente que poderá ser comparada com a metade inferior do tubo.

REAÇÃO DE HELLER

Reativos

Ácido nítrico concentrado.

Téccnica

a. Filtrar ou centrifugar a urina.
b. Em um tubo de ensaio, colocar 1 mL de ácido nítrico concentrado. Incliná-lo e deixar escorrer, pelas paredes, uma quantidade da urina límpida, até que se forme duas camadas.

Interpretação		*Taxa aproximada, de proteínas*
Ausência de turvação	Negativo	0 a 4 mg/dL
Turvação muito fraca	Traços	4 a 10 mg/dL
Turvação leve	Uma cruz	10 a 30 mg/dL
Turvação moderada	Duas cruzes	40 a 100 mg/dL
Turvação forte	Três cruzes	150 a 450 mg/dL
Floculação intensa	Quatro cruzes	500 mg/dL ou mais

c. Efetuar a leitura. Em caso positivo, haverá formação de anel branco na superfície de contato entre as duas faces. Poderá também aparecer um outro anel esbranquiçado, sempre pouco nítido, a 3 ou 4 mm acima da superfície de contacto; ele indica presença de pseudoalbumina de Moerner, sem significado patológico. Um anel avermelhado, devido à oxidação dos pigmentos normais da urina, também não tem significado.
d. Causas de erro.
   d.1. Urinas muito ricas em ureia dão, também, um anel branco (nitrato de ureia), mas ele é nitidamente cristalino e solúvel quando quente.
   d.2. Urinas muito concentradas em ácido úrico e uratos formam um anel branco um pouco acima da superfície de separação e que também se dissolve a quente.
   d.3. Urinas conservadas com timol dão anel branco de nitrotimol que é solúvel em éter.
   d.4. Substâncias resinosas, como a terebentina, copaíba (medicamentos) dão um anel branco, que é insolúvel a quente, mas solúvel em álcool.

TIRAS REATIVAS

Fundamento

Baseado no fenómeno do "erro protéico dos indicadores", ou seja, a um pH tamponado constante, o azul de tetrabromofenol, amarelo, torna-se verde-azulado, passando pelo amarelo-esverdeado e pelo verde, em presença de concentrações crescentes de proteínas.

Interpretação

Caso não haja mudança de cor, o resultado será negativo. Quando o resultado for "traços", o julgamento deverá ser clínico. Uma urina em decomposição ou alcalina, muito tamponada, pode dar resultados falsamente positivos. O mesmo acontece com compostos contaminantes de amônio.

PESQUISA DE PROTEÍNAS DE BENCE-JONES

São proteínas anormais que apresentam precipitação a 40-60°C, redissolvendo-se a temperaturas em torno de 100°C. Elas aparecem com grande frequência em pacientes com mieloma múltiplo, podendo surgir também em processos neoplásicos do osso, leucemias e nefrite crônica.

Reativo

Tampão de acetato 2M, pH = 4,9.

Em um balão volumétrico de 100 mL colocar 17,5 g de acetato de sódio triidratado a 4,1 mL de ácido acético glacial, completando o volume com água destilada.

Técnica

a. Filtrar ou centrifugar a urina.
b. Em um tubo de ensaio, colocar 4 mL da urina límpida, 1 mL do tampão de acetato e misturar. O pH final deverá ser de 4,8 a 5.

c. Levar a um banho-maria a 56°C e deixar durante 15 minutos. Qualquer precipitação indica presença da proteína de Bence-Jones.
d. Caso haja turvação ou precipitação, esquentar o tubo em banho de água fervente por 3 minutos e observar qualquer diminuição da turvação ou precipitação. A proteína de Bence-Jones redissolver-se-á a 100°C.
e. Um aumento da turvação ou precipitação ao ferver indicará a presença de albumina e globulina que irá mascarar o resultado. Portanto, filtrar o conteúdo do tubo imediatamente após retirá-lo do banho fervente e observar o filtrado. Caso seja claro e se torne turvo, à medida que se esfria, e volte a ficar claro quando retorna à temperatura ambiente, a prova é positiva para a proteína de Bence-Jones.

Notas

a. Um precipitado grande de proteína de Bence-Jones, a 56°C, poderá não se redissolver com a fervura. Neste caso, repetir a prova com a urina diluída.
b. Utilizar amostra recente ou refrigerada.

Exame quantitativo

MÉTODO DE DENIS E A YER

Fundamento

As proteínas são precipitadas pelo ácido sulfossalicílico e a turvação é medida, fotometricamente.

Reativos

a. Ácido sulfossalicílico a 3%.

Dissolver 30 g de ácido sulfossalicílico ($C_7H_6O_6S$, $2H_2O$) em água destilada, até completar 1.000 mL. Guardar em frasco escuro, à temperatura ambiente. Desprezar quando aparecer cor ou turvação.

b. Ácido clorídrico a 1,25%.

Técnica

a. Filtrar ou centrifugar a urina.
b. Em dois tubos de ensaio marcados, B (Branco) e A (Amostra), pipetar:
tubo B: 2 mL de ácido clorídrico a 1,25%.
tubo A: 2 mL de ácido sulfossalicílico a 3%.
c. Adicionar 0,5 mL de urina límpida aos tubos, misturar por inversão e deixar em repouso por 5 minutos.
d. Ler a absorbância, em 500 nm, acertando o zero do aparelho com o branco.
e. Cálculo.

Utilizar a curva de calibração.

Padronização

a. Utilizar um soro normal de concentração proteica conhecida (livre de hemólise, icterícia e lipemia) e diluir 1/50, com solução de cloreto de sódio a 0,85%.
b. A concentração da solução proteica será igual a concentração de proteínas no soro dividida por 50. Suponhamos que o valor no soro seja 7 g/dL. Então, teremos:

$$\frac{7}{50} = 0{,}14 \text{ g/dL ou } 140 \text{ mg/dL } 50$$

c. Proceder a várias diluições, com solução de NaCl a 0,85%, obtendo várias concentrações intermediárias. Seguindo o exemplo acima, teremos:

No do tubo	*1*	*2*	*3*	*4*	*5*	*6*	*7*
Solução proteica (mL)	0,3	0,9	1,5	2,4	3	4,5	6
Solução de NaCl a 0,85% (mL)	5,7	5,1	4,5	3,6	3	1,5	0
Concentrações	7	21	35	56	70	105	140

d. Efetuar as dosagens como se fossem amostras desconhecidas e anotar os resultados.
e. Traçar a curva de calibração, colocando as absorbâncias, em ordenadas, e as respectivas concentrações, nas abscissas.

Notas

a. Cada urina tem o seu próprio branco, para compensar os efeitos dos pigmentos urinários.
b. Além da albumina e da globulina, o ácido sulfossalicílico precipita as proteoses, os polipeptídeos e a proteína de Bence-Jones.

Valores de referência para proteínas na urina

A excreção média normal é de 2 a 8 mg/dL ou até 150 mg/24 horas.

Glicoses - substâncias redutoras

A glicose do filtrado glomerular é reabsorvido pelos túbulos. A capacidade máxima de reabsorção tubular é de cerca de 160 mg/dL e quando as concentrações sanguíneas ultrapassam essa cifra, aparece a glicosúria.

No adulto normal, há excreção de 130 mg de glicose durante 24 horas, em média, com concentrações menores de outros açúcares. Além da glicose, temos outros açúcares redutores como a frutose, a lactose, a galactose, a pentose.

As provas mais utilizadas para pesquisar a presença de glicose eram as que se baseavam na ação redutora sobre sais de cobre, em meio alcalino. Essa ação redutora é exercida por diferentes açúcares, além da glicose.

Outras substâncias redutoras, tais como a creatinina e o ácido cérico, normalmente excretadas pela urina, podem dar falsos resultados positivos. Entre as substâncias anormais estão o ácido homogentísico e muitos outros fármacos, tais como: clorofórmio, formol, ácido ascórbico, penicilina etc.

A prova mais sensível e específica para a glicose é a tira reativa contendo glicose oxidase.

Exame qualitativo

MÉTODO DE BENEDICT

Fundamento

A glicose urinária reduz o reativo alcalino de sulfato de cobre a um precipitado avermelhado de óxido cuproso.

Reativo

Reativo de Benedict

Dissolver 17,3 g de sulfato de cobre pentaidratado em 100 mL de água destilada quente. Dissolver, em outro frasco de 2 litros, 173 g de citrato de sódio e 100 g de carbonato de sódio anidro em cerca de 800 mL de água destilada com aquecimento. Deixar esfriar e adicionar a primeira solução a esta última, com agitação constante. Completar, com água destilada, até volume final de 1.000 mL.

Técnica

a. Em um tubo de ensaio, adicionar 2,5 mL do reativo de Benedict e 4 gotas de urina. Misturar e levar a ebulição por 2 minutos na chama direta ou por 3 minutos em banho de água fervente.
b. Retirar do aquecimento e efetuar a leitura imediatamente.
c. Interpretação.

Em casos positivos, repetir a prova com a urina defecada.

DEFECAÇÃO DA URINA

Em caso de resultados duvidosos ou quando a urina contém albumina ou quantidades elevadas de ácido úrico, creatinina e outros agentes redutores, devemos defecar a urina com o reativo de Courtonne, antes de realizar a prova de Benedict.

Aspecto	*Taxa aproximada de glicose*	
Azul claro ou esverdeado, sem precipitação	Negativo ou traços	0 a 100 mg/dL
Verde com precipitado amarelo	Uma cruz	100 a 500 mg/dL
Amarelo ou verde oliva	Duas cruzes	500 a 1.400 mg/dL
Marrom-laranja	Três cruzes	1.400 a 2.000 mg/dL
Laranja a vermelho	Quatro cruzes	2.000 mg/dL ou mais

Reativo de Courtonne

Dissolver 300 g de acetato neutro de chumbo, em água destilada, até completar 1.000 mL. Adicionar algumas gotas de ácido acético até neutralizar a solução. Estável indefinidamente.

Técnica

A 9 mL de urina, juntar 1 mL do reativo de Courtonne, agitar e filtrar imediatamente. Utilizar o filtrado.

MÉTODO DA TIRA REATIVA

Fundamento

A glicose oxidase reage com a glicose urinária formando a glicolactona e liberando 2 átomos de hidrogênio. A glicolactona se hidrata rapidamente dando ácido glicônico. O hidrogênio liberado se combina com o oxigênio atmosférico para formar o peróxido de hidrogênio. O peróxido de hidrogênio oxida a ortotoluidina em presença de peroxidase, formando coloração azul.

Interpretação

A sensibilidade e a especificidade para a glicose é maior que a prova de redução do cobre (Benedict). Das substâncias redutoras que se encontram na urina, somente a glicose dá reação positiva. Contaminações na urina, com peróxido de hidrogénio ou hipoclorito, poderão dar falsos resultados positivos. O ácido ascórbico pode causar falso negativo e os corpos cetônicos reduzem a sensibilidade do teste.

Corpos cetônicos

Os chamados corpos cetônicos da urina, o ácido acetoacético, a acetona e o ácido beta-hidroxibutírico aparecem em determinados estados patológicos e fisiológicos.

A acetona se forma por descarboxilação do ácido acetoacético e o ácido betaidroxibutírico deriva também do ácido acetoacético, mas por redução.

Os corpos cetônicos são produtos derivados principalmente do metabolismo dos ácidos graxos tendo origem hepática. Uma pequena quantidade pode ser originária de aminoácidos.

Quando o metabolismo hepático dos ácidos graxos se acelera seja por carência de glicose, como na inanição, seja por excesso de gorduras na alimentação ou seja, ainda, por não poder utilizar a glicose como no diabete, os corpos cetônicos aumentam no sangue e na urina.

Nestas condições, a produção de energia é conseguida a partir das gorduras.

A urina normal contém pequenas quantidades de corpos cetônicos, que não são detectáveis pelos métodos de pesquisa comumente utilizados.

Exame qualitativo

PESQUISA PELO REATIVO DE ROTHERA

Fundamento

A acetona e o ácido acetoacético reagem com o nitroprussiato de sódio, em meio alcalino, formando um complexo de cor roxa.

Reativo de Rothera (Imbert modificado)

Triturar 1 g de nitroprussiato de sódio a 100 g de sulfato de amônia. Conservar em vidro âmbar, bem fechado.

Técnica

Colocar cerca de 2 mL de urina em um tubo de ensaio e adicionar o reativo de Rothera até saturação (presença de depósito). Adicionar, pelas paredes do tubo, algumas gotas de amônia. Efetuar a leitura.

Interpretação

A reação positiva é indicada pelo aparecimento de anel de cor roxa, cuja intensidade é proporcional à concentração de corpos cetônicos. Um anel marrom não significa reação positiva.

MÉTODO DA TIRA REATIVA

Fundamento

Baseia-se no desenvolvimento de coloração roxa a partir da reação do ácido acetoacético ou da acetona com o nitroprussiato. A fita reativa está impregnada com nitroprussiato de sódio, glicina e fosfato.

Interpretação

Normalmente o resultado é negativo. Resultados falso-positivos podem ocorrer com amostras de urinas muito pigmentadas, contendo bromossulfaleína, grandes quantidades de fenilcetonas ou metabólitos da L-Dopa. Ela não reage com o ácido betaidroxibutírico.

PESQUISA PELO TESTE DE LANGE

Fundamento

Idêntico ao anterior.

Técnica

Colocar 2 mL de urina em um tubo de ensaio e adicionar 2 gotas de ácido acético glacial e 1 cristal de nitroprussiato de sódio. Agitar. Colocar amoníaco pelas paredes do tubo e efetuar a leitura.

Interpretação

Idêntica a anterior.

PESQUISA DO ÁCIDO ACETOACÉTICO

Reação de Gerhardt

Fundamento

O ácido acetoacético reage com o cloreto de ferro, dando uma cor vermelho-vinho.

Reativos

Cloreto de ferro a 10% (p/v).

Dissolver 10 g de cloreto de ferro III, em água destilada, até completar 100 mL.

Técnica

Num tubo de ensaio, colocar 5 mL de urina recente e 10 gotas de cloreto de ferro a 10%. A reação é positiva, quando aparecer a cor vermelho-vinho.

Aquecer a mistura até ebulição e efetuar nova leitura. Caso a cor desapareça, o teste será positivo, pois o ácido acetoacético forma acetona e CO_2. Em presença de compostos como os salicilatos, fenol, antipirina, aspirina etc, a reação também poderá dar positiva, porém após fervura, a cor persistirá.

Interpretação

Este ensaio não é muito específico e sua sensibilidade é baixa. Não reage com a acetona.

PESQUISA DO ÁCIDO BETAIDR OXIBUTÍRICO

Reação de Hart

Fundamento

Primeiramente, elimina-se a acetona e o ácido acetoacético. Depois o ácido betaidroxibutírico é transformado em acetona por oxidação. Finalmente, realiza-se a reação com nitroprussiato de sódio.

Reativos

a. Água oxigenada.
b. Reativo de Rothera ou Imbert.

Técnica

a. Diluir 20 mL de urina com 20 mL de água e adicionar 5 gotas de ácido acético glacial.
b. Levar à ebulição e deixar evaporar até redução do volume a 10 mL.
c. Esfriar e completar o volume de 20 mL, com água destilada. Misturar e repartir o conteúdo em 2 tubos de ensaio. Marcar A (Amostra) e C (Controle).
d. No tubo amostra, adicionar 1 mL de água oxigenada, aquecer um pouco e esfriar.
e. Realizar o teste de Rothera em ambos os tubos.
f. Efetuar a leitura.

Interpretação

Se o tubo A der reação positiva, haverá indicação de que o ácido betaidroxibutírico está presente. O tubo C, no entanto, deverá permanecer com a leitura negativa.

Pigmentos biliares

A bilirrubina é o resultado da desintegração que sofre a porção porfirínica da hemoglobina, quando as células do sistema reticuloendotelial destroem os eritrócitos. Nesta fase, a bilirrubina não é solúvel em água.

Nas icterícias hemolíticas, embora os valores de bilirrubinemia sejam elevados, é possível que a urina não apresente bilirrubina evidente, pois há aumento da bilirrubina livre que não é hidrossolúvel, podendo somente ser encontrada na urina, após ultrapassar o limiar renal para sua reabsorção.

A bilirrubina direta ou conjugada pode atravessar o túbulo renal e aparecer na urina, portanto a bilirrubinúria é encontrada mais facilmente nas icterícias mecânicas.

A bilirrubinúria poderá anteceder a icterícia porque o limiar renal de eliminação de bilirrubina é menor que 2 mg/dL enquanto que os indivíduos aparecem ictéricos, quando a concentração de bilirrubina direta no sangue é maior que 2,5 mg/dL.

Normalmente, as provas para detecção da bilirrubina na urina dão resultados negativos.

Exame qualitativo

A agitação da urina formando uma espuma amarelada ou amarelo-esverdeada e a cor âmbar são fortes indícios para uma pesquisa positiva. Utilizar amostras recentes.

MÉTODO DE FOUCHET

Fundamento

Há uma co-precipitação pelo cloreto de bário e uma oxidação a biliverdina, pelo cloreto férrico.

Reativos

a. Cloreto de bário a 10%.

Dissolver 10 g de cloreto de bário diidratado, em água destilada, até completar 100 mL.

b. Reativo de Fouchet.

Dissolver 25 g de ácido tricloroacético em 100 mL de água destilada. Em outro frasco, dissolver 1 g de cloreto férrico hexaidratado em 10 mL de água destilada e adicionar esta solução à anterior. Misturar e guardar em frasco escuro.

Técnica

a. Em um tubo de ensaio, colocar 5 mL de urina e 2 mL de cloreto de bário a 10%. Agitar e filtrar.

b. Sobre o precipitado retido no papel de filtro, pingar 2 gotas do reativo de Fouchet.
c. Efetuar a leitura.

Interpretação

O resultado será positivo, quando aparecer uma cor verde ou azul. Na reação negativa, poderá aparecer outra cor, devido a diversos pigmentos da urina, a medicamentos etc.

As amostras devem ser recentes e não deixadas à temperatura ambiente ou em contacto direto com a luz, pois a bilirrubina é instável. Ela é estável por um dia, quando conservada refrigerada e no escuro.

A sensibilidade da prova é de 0,05 a 0,1 mg/dL de bilirrubina.

MÉTODO DA DIAZORREAÇÃO

Fundamento

A bilirrubina reage com o sulfato de p-nitro-benzeno-diazônio-p-tolueno, dando coloração de azul a púrpura.

Reativo

Comprimido, cujo nome comercial é o Icto-test, de Ames, contendo sulfato de p-nitrobenzeno diazônio p-tolueno. Ele contém, ainda, reagentes estabilizantes, acidificantes (ácido sulfossalicílico) e efervescentes (bicarbonato e citrato).

Interpretação

O resultado positivo será indicado pela produção de cor azul a púrpura. Uma cor rosa ou vermelha representará resultado negativo. Apresenta uma sensibilidade entre 0,05 a 0,1 mg/dL de bilirrubina.

Ácidos e sais biliares

Em vários transtornos hepáticos, a urina apresenta, além da bilirrubina, outros componentes como os ácidos biliares e os sais biliares.

A pesquisa é realizada de uma forma simples, embora ela seja sujeita a muitas causas de erro. Alguns conservadores, como o timol, podem dar falso positivos.

MÉTODO DE HAY

Fundamento

Os ácidos biliares e seus sais reduzem a tensão superficial da urina e a flor de enxofre deposita-se, lentamente, no fundo do tubo.

Reativo

Flor de enxofre.

Triturar uma quantidade de enxofre e guardar num vidro, tampando-o com gaze.

Técnica

a. Filtrar a urina e levá-la a uma temperatura de 18°C ou menos. Colocá-la num frasco transparente.
b. Pulverizar a flor de enxofre na superfície da urina.
c. Efetuar a leitura.

Interpretação

Nas reações positivas, o enxofre deverá descer ao fundo do tubo, rapidamente, ou após leve agitação, de acordo com a concentração de ácidos biliares.

Se o enxofre ficar flutuando, a reação será negativa.

A reação não é específica e sofre interferência pela presença de compostos fenólicos, diversos detergentes, sabões, medicamentos ou dietas que possam influenciar a tensão superficial da urina.

Urobilinogênio

O urobilinogênio é derivado da bilirrubina pela ação da flora bacteriana intestinal. Uma parte do urobilinogênio é reabsorvido, retornando ao fígado. Uma pequena parte cai na circulação, sendo excretada pelos rins.

Normalmente, o adulto excreta menos de 4 mg por dia. Esta excreção poderá estar aumentada nas icterícias hemolíticas. Valores aumentados são também encontrados nas icterícias parenquimatosas, cirrose hepática, constipação crônica. Aumentos menores são encontrados nas icterícias obstrutivas e, se a obstrução é completa, as quantidades poderão ser imperceptíveis.

Por ação da luz e do ar atmosférico, o urobilinogênio se oxida formando a urobilina. A urobilina também se encontra na urina normal.

Exame qualitativo

PROVA DE EHRLICH

Fundamento

O urobilinogênio reage com o p-dimetilamino-benzaldeído, formando uma coloração vermelho-cereja.

Reativo

Reativo de Ehrlich.

Dissolver 10 g de p-dimetilaminobenzaldeído em 75 mL de ácido clorídrico concentrado e 75 mL de água destilada.

Técnica

a. Em um tubo de ensaio, colocar 5 mL de urina, recentemente emitida, e 0,5 mL do reativo de Ehrlich. Agitar, vigorosamente, deixar em repouso por 5 minutos e efetuar a leitura.
b. Caso o urobilinogênio esteja presente em concentrações maiores que o normal, aparecerá uma coloração vermelho-cereja. Uma coloração levemente rosada pode aparecer na urina normal.
c. Caso a reação dê positiva, a urina deverá ser diluída a 1/10, 1/20, 1/30, 1/40 etc.
d. Realizar, novamente, o ensaio, utilizando 5 mL da urina diluída e 0,5 mL do reativo de Ehrlich. Misturar e deixar 5 minutos em repouso e efetuar a leitura, anotando, como título, a máxima diluição onde ainda aparece um tinto rosado.

Interpretação

Normalmente, a reação poderá ser positiva até a diluição 1:20.

Nota

Caso a urina contenha pigmentos biliares, eliminá-los, adicionando 5 mL de uma solução de cloreto de cálcio a 10% a 20 mL de urina. Misturar bem, filtrar e realizar o teste com o filtrado.

MÉTODO DA TIRA REATIVA

São tiras impregnadas com o mesmo reativo do teste anterior, tendo, portanto, o mesmo tipo de reação.

OBSERVAÇÕES

As duas provas dão falsos resultados positivos com o porfobilinogênio e com ácido aminossalicílico.

Hemoglobina

A hemoglobina urinária pode ter duas origens:

a. da lise das hemácias derivadas de processos hemorrágicos do trato urogenital.
b. resultante da excessiva destruição de hemácias.

Em condições normais, a hemoglobina é destruída e metabolizada no sistema retículo endotelial. Não havendo uma metabolização normal, há ultrapassagem do limiar renal para a hemoglobina (100 a 130 mg/dL), ela não é reabsorvida e sofre eliminação renal. Portanto, a hemoglobinúria verdadeira está relacionada com um processo metabólico (b).

A hemoglobina proveniente da lise das hemácias é originária de uma hematúria. Pode ainda ocorrer uma hemoglobinúria, devido à lise das hemácias em urinas de muito baixas densidades e alcalinas.

A hemoglobinúria poderá ocorrer na anemia hemolítica, hemoglobinúria paroxística noturna, autoimune alérgica. Podem aparecer ainda em reações provocadas por transfusões, na malária, em queimaduras, intoxicações por agentes químicos e alcalóides.

Exame qualitativo

MÉTODO UTILIZANDO O REATIVO DE JOHANESSEN

Fundamento

Por causa da presença de hemoglobina, há decomposição da água oxigenada com liberação de oxigênio. A fenolftaleína que se encontra na forma reduzida, devido a presença de zinco, é oxidada (forma itálica). Como o meio é alcalino, aparece cor característica.

Reativo de Johanessenn

Juntar 2 g de fenolftaleína, 50 g de hidróxido de potássio e 20 g de zinco em pó, em um frasco de 500 mL e adicionar 200 mL de água destilada. Levar à ebulição até que a solução fique incolor. Esfriar e colocar igual volume de álcool absoluto. Transferir para um frasco âmbar, adicionando cerca de 30 mL de parafina líquida. Não tampar com rolha esmerilhada e conservar a solução em lugar fresco.

Técnica

a. Centrifugar cerca de 10 mL de urina e desprezar o sobrenadante.
b. Adicionar 20 gotas do reativo de Johanessenn ao sedimento e agitar bem. Adicionar 10 gotas de água oxigenada (10 volumes).
c. Efetuar a leitura.

Interpretação

Na reação negativa, não há aparecimento de cor. Na reação fracamente positiva, indicada por traços, aparece uma tênue coloração rósea. Nas reações positivas de uma a quatro cruzes, as cores vão do róseo intenso ao vermelho.

MÉTODO UTILIZANDO TIRAS REATIVAS

Fundamento

A hemoglobina decompõe o peróxido de hidrogênio e o oxigênio liberado oxida a ortotoluidina, aparecendo coloração azul.

Reativo

Tiras reativas impregnadas com ortotoluidina, hidroperóxido de cumeneve tampão citrato.

Interpretação

Na reação negativa, não há mudança de cor após um minuto. Nas reações positivas, as cores vão até um azul escuro. A sensibilidade do teste diminui com urinas que têm grande quantidade de proteínas ou alta densidade. Alguns contaminantes como o hipoclorito, podem produzir resultados falso-positivos. Aperoxidase microbiana, associada à infecções do trato urinário, também causa reação falso-positiva. Concentrações de ácido ascórbico de 10 mg dL ou mais podem causar falso negativo, na presença de traços de sangue. O aparecimento de manchas verdes nas áreas reagentes indica a presença de hemácias intactas. A prova é ligeiramente mais sensível à hemoglobina livre e à mioglobina do que aos eritrócitos íntegros.

Pesquisas complementares

Existe uma série de pesquisas solicitadas pela clínica médica que não está incluída na rotina, por se tratar de exames específicos, para a complementação de determinados diagnósticos, que muitas vezes dispensam os próprios exames rotineiros.

ESCATOL E INDICAN

Em estados de putrefação intestinal intensa, dietas excessivamente ricas em proteínas, obstrução do intestino delgado, constipação crônica, casos de peritonite e nos grandes abscessos por decomposição de proteínas, estas duas substâncias podem ser encontradas na urina.

Pesquisa do escatol - Reação de Ehrlich

Técnica

Acrescentar 1 mL de solução alcoólica (álcool--etílico) de p-dimetilaminobenzaldeído a 5% em 10 mL de urina recente. Adicionar 1 mL de ácido clorídrico concentrado e agitar bem. O aparecimento de cor azul indica presença de escatol.

Pesquisa de Indican - Reação de Obermayer

Técnica

Em um tubo de ensaio, contendo 5 mL de urina recente, adicionar 5 mL do reativo de Obermayer (solução de cloreto férrico 0,3% em ácido clorídrico concentrado). Juntar 2 mL de clorofórmio e agitar. Quando o Indican está presente, a camada clorofórmica adquire coloração de violeta escuro a azul. A urina normal pode dar uma cor azul tênue.

Nota

Os pigmentos biliares deverão ser eliminados, após tratamento da urina com cloreto de bário e posterior filtração. A formalina também interfere na reação.

— Ocasionalmente, poderá haver formação de índigo vermelho, devido à oxidação lenta. Caso existam iodetos, haverá produção de cor violeta; o timol também dará cor violeta. Eles são eliminados com a adição com um cristal de tiossulfato de sódio.

UROBILINA

A urobilina é formada pela oxidação do urobilinogênio. Normalmente, existe vestígio de urobilina presente na urina.

Método de Nauman, modificado - Reação de Schlesinger

Reativos

a. Lugol — Dissolver 5 g de iodo e 10 g de iodeto de potássio, em água destilada, até completar 100 mL.
b. Suspensão alcoólica de acetado de zinco a 10% — Misturar 10 g de acetado de zinco em álcool etílico até perfazer 100 mL.

Técnica

Em um tubo de ensaio, adicionar 10 mL de urina e 10 mL da suspensão de acetado de zinco. Agitar e filtrar. Dividir o filtrado em duas porções, A (Amostra) e C (Controle). No tubo C, colocar uma gota de ácido clorídrico concentrado. Nos dois tubos, A e C, adicionar duas gotas de lugol.

Caso a reação seja positiva, aparecerá, no tubo A, uma fluorescência amarelo-esverdeada e, no tubo C, não haverá nenhuma fluorescência.

PORFOBILINOGÊNIO

O porfobilinogêno é um precursor das porfirinas. O porfobilinogênio é incolor, mas se converte em porfobilina vermelha e uroporfirina depois de sua excreção. A eliminação de porfobilinogênio aumenta consideravelmente na porfiria intermitente aguda e pode estar aumentada na hepatite e carcinomatose.

Pesquisa de porfobilinogênio

Reativos

a. Reativo de Ehrlich — Misturar 0,7 g de p-dimetilaminobenzaldeído, 150 mL de ácido clorídrico concentrado e 100 mL de água destilada. Guardar em frasco escuro e com tampa esmerilhada. Estável por 3 a 6 meses.
b. Solução saturada de acetato de sódio em água deionizada.
c. Clorofórmio.
d. Butanol.

Técnica

a. A 3 mL de urina recente e esfriada à temperatura ambiente, juntar 3 mL do reativo de Ehrlich. Misturar bem por inversão e, imediatamente, adicionar 6 mL de solução saturada de acetato de sódio. Misturar bem, por inversão. Uma coloração rosa ou avermelhada indicativos de positividade. Dividir em duas porções.
b. Adicionar poucos mililitros de clorofórmio numa das porções e, misturar vigorosamente. Esperar pela separação das fases. Notar se houve extração total da coloração para a fase clorofórmica. Caso necessário, extrair mais uma vez. Se a coloração passar para a fase clorofórmica (inferior) será devido ao urobilinogênio. Se for devido ao porfobilinogênio e a outros compostos também reagentes, a coloração permanecerá na fase aquosa.
c. Se a coloração não for extraída pelo clorofórmio, adicionar pequena quantidade de butanol a outra porção. Misturar vigorosamente e esperar a separação das fases. O butanol só não extrairá a coloração devida ao porfobilinogênio. Portanto, serão extraídos o urobilinogênio e os outros compostos reagentes. Caso haja extração parcial, reextrair com nova porção de butanol e observar novamente as fases.

Nota

A urina recentemente emitida deverá atingir a temperatura ambiente, antes de realizar o teste, pois a urina normal contém um cromogênio (provavelmente indoxil) que reage com o reativo de Ehrlich, à temperatura corporal.

PORFIRINAS

As porfirinas são pigmentos tetrapirrólicos cíclicos, precursores das hemoglobinas e dos citocromos. Entre as afecções que se acompanham por porfirinúrias citam-se as porfirias propriamente ditas, hereditárias ou adquiridas, intoxicações por sedativos e metais pesados, em particular o chumbo, além de algumas hepatopatias e hemopatias.

Pesquisa de uro e coproporfirinas

Reativos

a. Ácido acético glacial.
b. Éter etílico anidro.
c. Ácido clorídrico concentrado.
d. Ácido clorídrico a 5% — solução aquosa.

Técnica

Num tubo de decantação, colocar 25 mL de urina e 10 mL de ácido acético glacial. Misturar e extrair, duas vezes, com 50 mL de éter etílico. Lavar os extratos etéreos com 10 mL de ácido clorídrico a 5%. Examinar, com luz ultravioleta, os líquidos de lavado e o resíduo de urina. Uma fluorescência vermelha no líquido de lavado indica a presença de coproporfirina. Quando a fluorescência aparece no resíduo urinário é porque existe uroporfirina.

LACTOSE

Método de Rubner

Técnica

A 15 mL de urina, adicionar 3 g de acetato de chumbo, agitar e filtrar. Ferver o filtrado por alguns minutos, adicionar 2 mL de amoníaco concentrado e continuar a fervura.

A lactose produzirá a formação de uma solução inicialmente vermelho tijolo e depois de um precipitado vermelho com um sobrenadante claro. A glicose dará uma solução amarela e precipitado da mesma cor.

Método de Tollens

Técnica

A 50 mL de urina, juntar a 12 mL de ácido nítrico concentrado. Aquecer em banho-maria até reduzir o volume a uns 10 mL. Esfriar e adicionar 10 mL de água destilada. Deixar em repouso por uma noite e efetuar a leitura.

Caso a lactose ou galactose estejam presentes, haverá formação de precipitado branco de ácido múcico. Pode ser identificado, microscopicamente.

FRUTOSE

Reação de Seliwanoff

Técnica

Em um tubo de ensaio, adicionar 5 mL de íirina recente e 5 mL de ácido clorídrico a 25% e levar à fervura. Adicionar uma pequena quantidade de resorcinol e voltar a ferver por mais 10 segundos.

A frutose produzirá a formação de um precipitado vermelho intenso. Separar o precipitado por filtração e dissolvê-lo em etanol. Para que a análise seja positiva, é necessário formar uma solução vermelha.

PENTOSE

Reação de Bial

Reativo

Misturar 500 mL de ácido clorídrico a 30%, 1 g de orcinol e 25 gotas de cloreto férrico a 10%.

Técnica

Levar um tubo de ensaio, contendo 5 mL do reativo, até a fervura. Adicionar, gota a gota, a urina até, no máximo, 1 mL.

Caso exista pentose, aparecerá uma cor verde.

Nota

A reação não é específica. Os ácidos urônicos (glicurônico, galacturônico etc.) podem dar positividade, porque podem originar pentoses por aquecimento.

ÁCIDO FENILPIRÚVICO

A presença deste ácido na urina é denominada fenilcetonúria. É uma doença hereditária de incidência aproximada de um em cada vinte mil nascimentos. Os pacientes fenilcetonúricos não têm capacidade de metabolizar a fenilalanina e esta acumula-se no sangue. Além da fenilalanina que se encontra também na urina, aparece o produto de sua desaminaçío, o ácido fenilpirúvico. Em consequência deste defeito metabólico, há retardamento do desenvolvimento mental denominado oligofrenia fenilpirúvica. É de grande interesse clínico o diagnóstico precoce, para iniciar-se o controle dietético.

Método de Meulemans

Fundamento

O ácido fenilpirúvico reage com os íons férrico formando uma coloração azul esverdeada. Os íons fosfato que poderiam causar falsos resultados negativos, são removidos por precipitação como fosfato amoníaco-magnesiano.

Reativos

a. Reagente de magnésio - adicionar 11 g de cloreto de magnésio, 14 g de cloreto de amónia e 20 mL de hidróxido de amónia concentrado em quantidade suficiente de água destilada para formar 1.000 mL de solução.
b. Ácido clorídrico a 10% (V/V) - diluir 10 mL de ácido clorídrico concentrado a 100 mL de solução, com água destilada.
c. Cloreto férrico a 10% - dissolver 10 g de cloreto férrico hexahidratado, em água destilada, até completar 100 mL.

Técnica

Em um tubo de ensaio, contendo 4 mL de urina, adicionar 1 mL do reagente de magnésio. Misturar, deixar em repouso por 5 minutos e filtrar. Acidificar o filtrado com 2 gotas de ácido clorídrico a 10% e acrescentar 2 gotas de cloreto férrico a 10%. Efetuar a leitura.

Interpretação

O aparecimento de cor verde ou azul esverdeada comprova a presença de ácido fenilpirúvico. A sensibilidade do teste é de 5 a 10 mg/dL.

OBSERVAÇÕES

O ácido fenilpirúvico decompõe-se rapidamente na urina, à temperatura ambiente, especialmente se for alcalina, podendo o teste tornar-se negativo dentro de uma hora e meia, em dias de intenso calor. Poderão ser conservadas por vários dias na geladeira desde que se adicionem alguns cristais de timol ou 1 mL de ácido sulfúrico a 5%. Urina seca sobre papel de filtro é estável por vários meses.

O ácido betaimidazolpirúvico é a única substância, além do ácido finilpirúvico, que dá a cor verde típica com o cloreto férrico. É excretado em uma rara enfermidade das crianças, no defeito da enzima histidina-alfa-deaminase.

A pesquisa também pode ser realizada com tiras reativas. O fundamento do método é semelhante ao do cloreto férrico.

SEDIMENTO URINÁRIO

O exame microscópico do sedimento é um estudo muito importante para a avaliação do estado funcional do rim.

Os elementos que compõem o sedimento podem sofrer muitas modificações estruturais, devido a mudanças de pH, decomposição bacteriana, baixa densidade de algumas urinas muito diluídas, alterações provocadas por medicamentos e pelo tipo de dieta etc. Muitas vezes, apresentam artefatos e contaminantes de difícil identificação. Tudo isto torna necessário um procedimento cuidadoso e meticuloso, para evitar possíveis falhas que, posteriormente, venham comprometer o diagnóstico clínico.

A coleta de urina é essencial; portanto, é importantíssimo ressaltar a necessidade da utilização de frascos bem limpos e devidamente identificados.

A amostra de urina deve ser recente e colhida segundo o pedido médico. Caso não haja recomendação especificada, colher a primeira urina da manhã, que é mais concentrada; as urinas hipotônicas podem causar lise celular e dois cilindros. Nos homens, colher o segundo jato; nas mulheres, após higiene íntima. Isto evitará contaminações com a secreção vaginal, uretral ou prostática.

Exame qualitativo

PREPARO DA AMOSTRA

a. Homogeneizar a urina e separar uma alíquota. Caso a urina apresente turbidez devido a uratos, dissolvê-los por aquecimento.
b. Transferir 10 mL da urina para um tubo de ensaio cônico graduado e centrifugá-lo, a 2.000 r.p.m. por 5 minutos. Evitar centrifugação demorada para não causar compactação dos elementos, nem deformação dos cilindros.
c. Desprezar o sobrenadante de modo que o sedimento permaneça com 1mL de volume final.
d. Homogeneizar bem o sedimento e passar uma gota para uma lâmina de vidro.
e. Espalhar o sedimento de forma uniforme e cobri-lo com uma lamínula, evitando formação de bolhas.
f. Levar ao microscópio e percorrer toda a lamínula, com a objetividade de pequeno aumento (10x) e com o condensador baixo. Verificar a distribuição dos elementos e a presença de cilindros, muco e tricomonas. Os cilindros costumam ficar nas bordas da lamínula.
g. Passar para a objetiva de maior aumento (40x), aumentar a intensidade da luz, levantar um pouco o condensador e efetuar a contagem por campo microscópico, anotando a média.

DESCRIÇÃO DOS ELEMENTOS DO SEDIMENTO

a. Leucócitos e piócitos.

Os leucócitos são os glóbulos brancos que permanecem com suas características morfológicas intactas. Já os piócitos constituem os leucócitos degenerados resultantes da luta contra infecção microbiana. A presença de piócitos nem sempre significa infecção renal. Eles apresentam granulações em seu interior, constituídas de bactérias fagocitadas.

Caso o número de piócitos por campo seja inferior a 5, com o aumento de 400x, não deve tratar-se de caso patológico. Sendo encontrado este número e em determinados campos os piócitos estejam aglomerados, deve-se colocar na observação: "Presença de aglomerados de piócitos". Tem valor clínico, principalmente em processos de infecção do trato urogenital.

A representação da contagem de piócitos não deve ser feita através de cruzes. Devemos sempre fazer as contagens dos elementos por campo. Se o número de piócitos for maior que 50 por campo, anotar "incontáveis". Caso o número seja tão grande, de forma a prejudicar a contagem dos demais elementos, anotar: "campos repletos de piócitos; contagem dos demais elementos prejudicada".

A presença de número superior a 5 piócitos por campo é denominada piúria.

O núcleo, que se encontra encoberto pelas granulações, torna-se visível pela adição de ácido acético diluído, sendo um processo simples para diferenciá-los de células epiteliais pequenas e redondas.

Os piócitos não sofrem modificações em urinas de pH normal. Em urinas muito ácidas, encontram-se retraídos, ao passo que em urinas alcalinas, eles se apresentam dilatados ou destruídos.

Se a piúria é acompanhada de proteinúria e cilindrúria, indica um processo infeccioso de vias altas, seja pielonefnte, nefrite etc. A presença de piócitos em número inferior a 5 por campo nos indivíduos normais, deve-se ao fato da eliminação de até 1.000.000 de leucócito por 12 horas.

Os piócitos estão presentes em vários processos inflamatórios, em maior ou menor quantidade, dependendo muito do caso clínico, fase da doença etc. Encontramos número mais elevado em cistites, pielonefrites agudas, ruptura de abscessos, blenorragias, uretrites, vaginites. Neste particular, é muito importante a coleta do material.

Atualmente, tem sido chamada a atenção para o aparecimento, nos casos de pielonefrite, de piócitos que apresentam grânulos citoplasma ticos, com movimentos brownianos e são chamados de células de Sternheimer-Malbin. Cita-se a especificidade desta célula na pielonefrite. Sua identificação pode ser melhor evidenciada pela coloração, utilizando-se o corante de Sternheimer-Malbin. Ver adiante.

b. Hemácias.

Num exame realizado em urina recente, colhida há poucos momentos, quando os elementos do sedimento ainda não sofreram alterações, a forma das hemácias permanece inalterada. Notar que, em urinas hipotônicas, ocorrem lises dos elementos celulares.

As hemácias podem ser confundidas com alguns elementos do sedimento urinário, como leveduras, cristais de oxalato de cálcio, etc. Entretanto, somente um descuido levaria o analista a interpretar como hematúria a presença dos citados elementos. Existe muita diferença entre eles, como: as leveduras são de contorno duplo e não são coroadas como as hemácias; os uratos amorfos apresentam-se mais escuros; os cristais de oxalato de cálcio, que apresentam várias formas, possuem poucas destas podendo confundir-se com hemácia. O ácido acético a 2% lisa as hemácias sem interferir nos cristais.

As gorduras, quando presentes em abundância, prejudicariam não só a identificação das hemácias como a dos outros elementos. Podem ser diferenciados pela solução alcoólica de Sudan III, corando as gorduras. De toda forma, o exame deveria ser repetido, pois neste caso seria por contaminação do material.

Nos vários processos hemorrágicos encontramos hemácias no sedimento. O local das hemorragias, do mesmo modo que o local das infecções (comprovado pela piúria), pode ser verificado, colhendo-se uma primeira porção de urina (primeiro jato) e, em seguida, uma segunda porção (segundo jato). Se, ao examinarmos o sedimento, for encontrado maior número de hemácias na primeira porção, a localização da hemorragia está na uretra e se a hematúria verifica-se na segunda porção, provavelmente o local da hemorragia está na bexiga. Se com as hemácias forem encontrados cilindros hemáticos e outros, a hemorragia está localizada em vias renais mais altas. A chamada "Prova dos três corpos" tem um propósito semelhante.

Quanto à forma, as hemácias apresentam-se como discos bicôncavos ou esféricos, sem núcleos. O adulto normal elimina, em média, cerca de 150.000 a 300.000 hemácias por dia, razão pela qual raras hemácias no sedimento não têm significado patológico.

Em períodos imediatos pós-menstruais e pós-gestacionais, a presença de hemácias no sedimento urinário poderá não ter significado clínico algum.

As hemácias deverão ser contadas no aumento de 400x e representadas por campo.

c. Células epiteliais.

São encontradas em urinas normais, em número variável, principalmente em urinas de mulher e mais intensamente durante a gestação.

Originam-se de vias urinárias baixas e altas, podendo estar aumentadas em várias infecções do aparelho urogenital.

Existem estudos citológicos dos epitélios das várias vias, na evolução dos casos patológicos renais.

Do ponto de vista de rotina do sedimento urinário, não é feita a classificação quanto à origem do epitélio. Sem maiores detalhes, apresentamos as seguintes origens e formas:

1. As células oriundas da bexiga, uretra e vagina, são grandes, chatas e estão predominantes.
2. As provenientes dos túbulos urinários são redondas, pouco maiores que os piócitos e o núcleo é bem definido.
3. As provenientes da pelve e do colo da bexiga são menores que as da bexiga e apresentam prolongamento do corpo celular.

No aspecto patológico, o aparecimento destas células em um cilindro epitelial puro ou hialino epitelial é de importante valor clínico.

Um tipo de célula denominada "corpo graxo oval" ou cristal birrefringente é uma célula epitelial pouco maior que um piócito; apresenta-se repleta de gotículas de gordura, muito refrintes. Com a objetiva 10X, o corpo graxo é visto como mancha escura; passando-se para a objetiva 40X, observam-se gotículas de gordura muito refringentes. Eles foram encontrados em associação a uma ampla variedade de nefropatias e parecem indicar extensa degeneração tubular.

d. Cilindros.

A presença de cilindros no sedimento urinário poderá indicar um grave prognóstico e sua investigação é obrigatória excetuando-se alguns casos de irritação e congestão renal, com o aparecimento acidental de cilindros no sedimento e ausência de proteinúria.

Como o próprio nome indica, são formações cilíndricas, sendo que o tipo predominante vai depender da enfermidade renal.

São fatores importantes, na formação dos cilindros, a concentração e a natureza da proteína na urina tubular, a concentração de solutos dialisáveis como os sais e ureia, bem como a acidez da urina.

Os cilindros podem ser classificados, de acordo com a sua origem e composição, em:

1. Cilindros hialinos.
2. Cilindros epiteliais.
3. Cilindros hemáticos.
4. Cilindros leucocitários.
5. Cilindros finos e largos.

Pode haver, eventualmente, o aparecimento de formas mistas.

1. *Cilindros hialinos.*

São originários de precipitação proteica na luz tubular. Lippman faz uma comparação bastante clara para explicar a formação desses cilindros: "Ao preparar-se a gelatina em determinada temperatura e concentração, há mudança do estado líquido para o gelatinoso. Adicionando pedaços de frutas, quando a gelatina ainda está na fase líquida, ao gelificar-se aprisiona os elementos a ela adicionados". Ocorre o mesmo quando há formação dos cilindros, com relação aos elementos encontrados (piócitos, epitélios e hemácias), no momento de sa origem. Estes elementos ficam, portanto, aprisionados. O hialino simples ou puro é o único que não possui nenhum elemento, no seu interior. É tão claro que chega a ser confundido com o campo em que se encontra, quando examinado. Deve ser examinado ao microscópio com o condensador bem baixo, como já foi recomendado não somente para esta pesquisa como para a pesquisa dos outros cilindros.

O hialino-granuloso é formado da degeneração dos elementos celulares em seu interior.

O hialino-gorduroso (graxoso) possui em seu interior gotículas de gordura, apresentando refringência, o que o diferencia dos granulosos.

Os cilindros hialinos se dissolvem em ácido acético e mais facilmente em meios diluídos e alcalinos. Portanto, os cilindros hialinos podem não aparecer no estágio final da insuficiência renal, quando estiver perdida a capacidade de concentrar e acidificar as urinas.

Os cilindros hialinos podem aparecer, em indivíduos normais, em escassa quantidade. Pode aumentar depois de exercícios violentos ou anestesia pelo éter.

2. *Cilindros epiteliais*

Por causa do edema tubular, com aderência das paredes internas dos túbulos, estes cilindros são moldados por aderência, havendo, portanto, uma compressão. Pela desintegração dos epitélios, formam-se os cilindros granulosos (grossos e finos) e, continuando a desintegração, há formação de cilindro céreo, muito característico, apresentando uma coloração amarela muito homogênea.

Como na série hialínica, na degeneração tubular gordurosa, além de gotículas de gordura dispersas, há também deposição destas nos cilindros epiteliais, constituindo os cilindros gordurosos.

3. *Cilindros hemáticos*

São formados, nos túbulos, por aglutinação das hemácias. No cilindro hemático ou eritrocítico, as hemácias encontram-se muito unidas; são observados limites celulares e apresentam-se de cor alaranjada.

Os cilindros hemáticos, denominados "verdadeiros", apresentam cor alaranjada, mas são homogéneos e os limites celulares não são notados. Constituem informação laboratorial importante, pois sua presença indica diminuição do fluxo urinário tubular e está relacionada com os processos de glomerulites.

4. *Cilindros leucocitários*

Os cilindros leucocitários são formados por leucócitos entrelaçados em uma matriz protéica. Estes cilindros têm sempre origem renal e são indicativos de doença renal intrínseca. Após centrifugação da urina, podem surgir aglomerados de leucócitos de forma cilíndrica. Eles podem ser diferenciados por estarem mais unidos entre si e com margens citoplasmáticas menos distintas que as dos cilindros.

5. *Cilindros finos e largos*

Os cilindros finos, que não devem ser confundidos com cilindros encontrados em urinas de crianças (que são menores e mais finos que os de adultos), apresentam esta característica provavelmente devido a inchação dos túbulos e são observados em quase toda a série.

Os cilindros largos são de diagnóstico mais importantes, pois sua presença indica acentuada diminuição da função renal, com tendência à uremia.

Existem, ainda, algumas formações denominadas cilindróides que não são verdadeiros cilindros. Eles possuem extremidades afiladas que podem estar torcidas ou onduladas. Dentro da sua estrutura, podem aparecer quantidade variável de gotículas de gordura. Encontram-se em processos inflamatórios e parecem representar massas formadas por muco.

CRISTAIS DE URINAS ÁCIDAS (400X)

Ácidos úrico

Uratos amorfos e cristais de ácido úrico

Ácido hipúrico

Oxalato de cálcio

Agulhas de tirosina, esferóides de leucina, placas de colesterina

CRISTAIS DE URINAS ALCALINAS (400X)

Fosfato triplo, amoníaco-magnesiano

Fosfato triplo, desenvolvendo-se

Fosfato amorfo

Fosfato de cálcio

Carbonato de cálcio

Urato de amônio

CRISTAIS DE SULFAS

Sulfanilamida

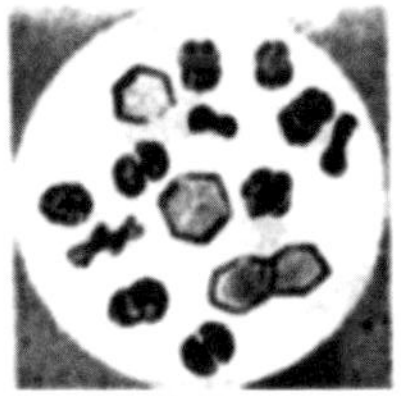

Sulfatiazol

Sulfadiazina

Sulfapiridina

CÉLULAS ENCONTRADAS NA URINA

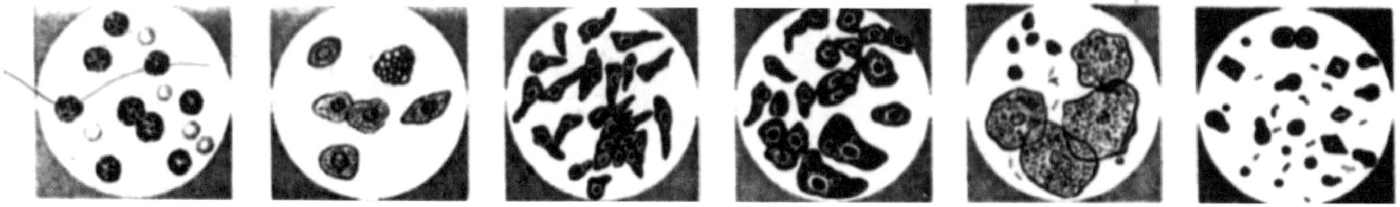

Hemácias e leucócitos · *Epitélio renal* · *Células caudadas da pelve renal* · *Epitélio uretral e da bexiga urinária* · *Epitélio vaginal* · *Leveduras, bactérias, cristais*

CILiNDROS E ARTEFATOS ENCONTRADOS NA URINA (400X)

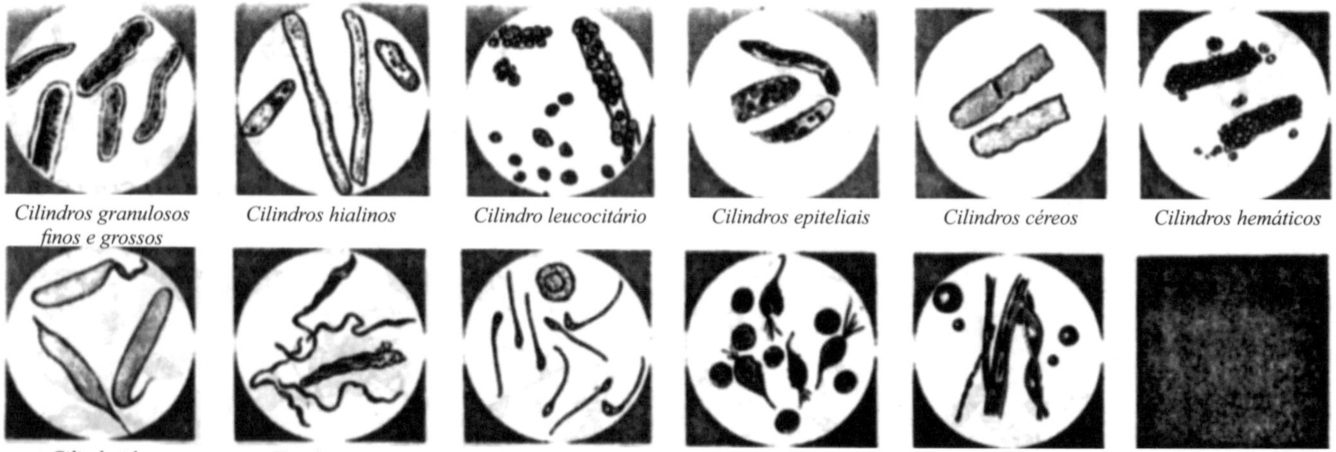

Cilindros granulosos finos e grossos · *Cilindros hialinos* · *Cilindro leucocitário* · *Cilindros epiteliais* · *Cilindros céreos* · *Cilindros hemáticos*

Cilindroides (muco) · *Fios mucosos* · *Espermatozoides* · *Tricomonas* · *Fibras vegetais e bolhas*

A contagem de cilindros é feita em elementos por campo ou elementos por lâmina. Não representar por meio de cruzes.

e. Cristais.

A cristalúria, presença de cristais no sedimento urinário, não apresenta, na maioria das vezes, interesse clínico. Sua incidência pode, em determinados casos, estar ligada aoaparecimento de cálculo renal. A análise do cálculo expelido ou retirado cirurgicamente tem grande interesse clínico e constitui um capítulo da urinálise.

A presença de cristais na urina dependerá do pH, regime dietético etc. Em urinas ácidas.são encontrados os uratos amorfos, oxalato de cálcio, ácido úrico, além de leucina, tirosina, cistina, e ácido hipúrico. Em urinas alcalinas, encontramos fosfatos amorfos, fosfato triplo ou amoníaco-magnesiano, carbonato de cálcio, fosfato de cálcio, etc.

1. *Uratos amorfos*

Apresenta-se sob a forma de granulações. Se a presença destes cristais prejudicar a observação dos demais elementos do sedimento, dissolvê-los em banho-maria a 37°C. São expressos em número de cruzes (+ a + + + +).

2. *Oxalato de cálcio*

Apresenta-se em várias formas e tamanhos. A mais comum é a de octaedro (envelope de carta), apresentando-se ainda sob a forma de 8, ovóide etc. Dissolve-se em ácido clorídrico. Sua presença no sedimento pode ser indicada por campo (até 50) ou por cruzes, quando encontrado acima de 50 por campo (+ a + + + +).

3. *Ácido úrico*

É o cristal que maior número de formas pode apresentar. A mais comum é a forma de losango, com cor amarelada característica. Apresentam-se ainda em forma de lâminas, cruz, feixe de palha etc. Os cristais podem ser incolores e de tamanho muito variado. Dissolvem-se em hidróxido. Sua presença é indicada da mesma forma que o oxalato.

4. *Leucina*

Apresentam forma de meia laranja com estrias concêntricas e radiais. São observados em necrose hepática aguda e difusa (atrofia amarela, intoxicação por fósforo, tetracloreto de carbono etc).

5. *Tirosina*

Forma de agulhas em penacho ou feixe de palha. Aparecem, em geral, juntamente com os cristais de leucina. Sua presença pode estar ligada a processos hepáticos graves.

6. *Cistina*

Os cristais de cistina apresentam forma de lâminas hexagonais incolores. Eles são solúveis no ácido clorídrico e insolúveis no ácido acético.

7. *Ácido hipúrico*

Raramente se observam cristais de ácido hipúrico na urina. Apresentam-se como conglomerados estrelados de agulhas ou de prismas alongados.

8. *Fosfatos amorfos*

Apresenta-se como poeira amorfa amarelada ou acinzentada. Solúveis em ácido acético. Representado por cruzes (+a + + + +).

9. *Fosfato triplo*

Apresenta-se em forma mais frequente de ataúde, podendo assumir outras formas; é normalmente grande. Solúvel em ácido acético, sem desprendimento de gás. Representa-se do mesmo modo que o oxalato.

10. *Carbonato de cálcio*

São encontrados, geralmente, em urinas alcalinas, porém também podem ser observados em urina neutra ou fracamente ácida. Geralmente são amorfos, mas podem apresentar a forma de halteres ou romboédrica.

Pode ser identificado por dissolver-se em ácido acético, com desprendimento de gás carbônico.

11. *Fosfato de cálcio*

Aparecem em urinas alcalinas, podendo ser ainda encontrados em urinas neutras e fracamente ácidas. Apresentam-se incolores, de aspecto brilhante podendo ser cuneiformes, em forma de agulhas, placas ou prismas, agrupadas em rosetas ou estrelados. Dissolvem-se em ácido acético, sem desprendimento de gás.

f. Muco e filamentos

O muco encontrado na maioria das urinas é formado pela precipitação de mucoproteínas. Aparece em forma de rede, dando uma ideia de teia de aranha, podendo estar ausente ou presente no sedimento. Quando presente, representá-lo em cruzes (+ a + + + +). Pode estar aumentado nas uretrites.

Os filamentos, quando presentes, podem ser anotados nas observações. São compostos de fibrinas.

g. Flora bacteriana

A urina normal, na bexiga, não contém flora bacteriana, mas ao ser emitida sistematicamente se contamina com germes da flora normal da uretra e dos genitais. Para ter valor um exame da flora bacteriana na rotina do exame do sedimento, a urina deve ser colhida com assepsia e ser imediatamente examinada (pois a urina, sendo um bom meio de cultura, tem sua flora duplicada a cada 30 minutos).

Na rotina do Laboratório Clínico, os exames de sedimento urinário são feitos em urinas colhidas em diferentes condições de assepsia e em tempos diferentes (até mesmo várias horas após a colheita) e as bactérias que vemos, na maioria das vezes, são contaminantes ou se reproduzem após a colheita.

Ainda mais: bactérias maiores, mais visível, como os lactobacilos (bacilos de Doderlein), que são frequentemente vistos em urinas de mulheres, nada mais são do que contaminações da flora vaginal normal. As bactérias patogênicas são geralmente menores, mais difíceis de serem visualizadas e frequentemente passam despercebidas.

Assim sendo, não devemos nem mencionar a presença de bactérias no exame do sedimento urinário.

Quando necessário, devemos usar de técnicas microbiológicas.

h. Observações

Quando presente deve ainda ser anotado no exame de urina:

1. Presença de fungos ou leveduras — pode ser observada em urina de mulheres ou em diabéticos, ou por contaminação.
2. Presença de *Trichomonas vaginalis* - pode ser observada em infecções provocadas por este parasita. Pode estar presente em várias quantidades. Tem grande interesse clínico.
3. Presença de gordura — pode aparecer em casos de degeneração tubular ou por contaminação.
4. Presença de espermatozóides — pode aparecer na espermatorréia. Anotar somente em urina de homens.
5. Presença de cristais de substâncias não identificadas — se não for identificado, mas presumir-se a sua origem, anotar. Ex.: sugestivo de sulfa.

Surgindo qualquer alteração nas pesquisas, quanto à morfologia dos elementos, esta deve ser assinalada, pois nem sempre o paciente segue rigorosamente as prescrições médicas, no que se refere a medicamentos, dietas etc.

Para concluir, chamamos atenção para os casos de fístulas, em que são encontrados detritos fecais no sedimento. Assinalar também nas observações.

UTILIZAÇÃO DO CORANTE DE STERNHEIMER-MALBIN

a. Preparo do corante

a.1. Solução I

Cristal violeta	3 g
Etanol a 95%	20 mL
Oxalato de amônia	0,8 g
Água tridestilada	80 mL

a.2. Solução II

Safranina	0,25 g
Etanol a 95%	10mL
Água tridestilada	100 ML

a.3. Corante de uso

Misturar 3 partes da solução I com 97 partes da solução II e filtrar. Preparar nova mistura a cada 3 meses.

b. Técnica

b.1. Centrifugar 10mL de urina recente, durante 5 minutos, a 2 000 r.p.m.

b.2. Decantar o sobrenadante e adicionar duas gotas do corante e acertar o volume a 1 ml, com solução de NaC1 a 0,85%.

b.3. Homogeneizar bem e examinar ao microscópio.

b.4. Nota: O pH da urina deverá estar compreendido entre 4 e 8. Se a urina for alcalina, precipitará o corante.

Exame quantitativo

Consiste na contagem dos elementos do sedimento urinário, como cilindros, hemácias e leucócitos, utilizando a câmara de Neubauer. Comparam-se os valores encontrados com os valores considerados normais.

É solicitado nos transtornos patológicos renais, como em doenças glomerulares, tubulares etc, não só para acompanhar a evolução da doença, possibilitando um tratamento adequado, como para constatar o restabelecimento do paciente.

PROCEDIMENTO TÉCNICO GERAL

a. Homogeneizar bem e medir o volume.
b. Transferir 10 mL de urina para um tubo cônico, graduado, de 15 mL, e centrifugar, a 2.000 r.p.m., durante 5 minutos.
c. Decantar o sobrenadante, deixando exatamente 1 mL de volume final. Caso seja necessário, completar com a própria urina sobrenadante ou com solução de cloreto de sódio a 0,85%. Homogeneizar bem, sem muita violência.
d. Ajustar a lamínula na câmara de Neubauer e colocar o sedimento, cuidadosamente. Esperar alguns instantes, para que os elementos se sedimentem.
e. Fazer uma verificação geral, com a objetiva de pequeno aumento (10X) e notar a distribuição dos elementos, que deverá estar homogénea por toda a câmara.
f. Efetuar a contagem dos elementos.
g. Cálculo.

Fórmula Geral

$$E = \frac{S}{R} \times n \times \frac{V}{10}$$

E = Nº de elementos.

S = Volume final do sedimento, em mL.

R = Volume, em mL, em que a contagem foi feita.

Como cada retículo possui 0,0001 mL, multiplicar o número de retículos contados por 0,0001. n = Número de elementos contados na câmara

V = Volume urinário, em mL.

Na contagem por mL, V será igual a 1 mL.

Na contagem por volume enviado, V será igual ao volume medido total.

10 = Volume da urina centrifugada, em mL.

h. Nota: A câmara total possui 9 retículos ou compartimentos.

CONTAGEM EM AMOSTRA ISOLADA (POR ML)

Seguir o procedimento técnico geral, com as seguintes observações:

a. Efetuar a contagem nos 4 retículos dos cantos da câmara.
b. Cálculo.
   Utilizando a fórmula geral, onde:
   A = 1 mL.
   R =4 x 0,001 = 0,004 mL.
   V = 1 mL, pois será uma contagem por mL,

$$E = \frac{1}{0,004} \text{ x n x } \frac{1}{10} \text{ ou } E = n \text{ x } 250$$

Quando o sedimento estiver muito alterado, efetuar uma diluição com solução de cloreto de sódio a 0,85% e multiplicar o resultado pelo fator da diluição.

c. Valores de referência para exame quantitativo do sedimento urinário.

Hemácias	até 5.000 por mL
Leucócitos	até 10.000 por mL
Cilindros hialinos	até 50 por mL

CONTAGEM DE ADDIS (POR 12 H)

Colher a urina num período exato de 12 horas e seguir o procedimento técnico geral, com as seguintes observações:

a. Efetuar a contagem dos elementos na área total da câmara, ou seja, nos 9 compartimentos.
b. Cálculo.
   Utilizando a fórmula geral, onde:
   S = 1 mL
   R = 9 x 0,0001 = 0,0009 mL
   V = Volume urinário de 12 horas, em mL

$$E = \frac{1}{0,0009} \text{ x n x } \frac{1}{10}$$

Substituindo os valores de n e V, teremos o número de elementos contados no volume de 12 horas.

Caso o sedimento esteja muito alterado, efetuar uma diluição com a solução de cloreto de sódio a 0,85% e multiplicar o resultado pelo fator da diluição.

c. Valores de referência para a contagem de Addis.

Hemácias	até 500.000/12 h
Leucócitos	até 1.000.000/12 h
Cilindros hialinos	até 5.000/12 h

d. Nota:

Cilindros de todos os tipos são encontrados em número de 50.000 a 1.000.000, em casos de nefrites, e as hemácias de 15.000.000 a 400.000.000, nos mesmos casos. Os leucócitos são encontrados, em casos patológicos, em número de 2.000.000 a 50.000.000.

11

Análise de Cálculos

ANÁLISE DE CÁLCULOS URINÁRIOS

Introdução

Cálculos urinários são concreções sólidas, formadas no trajeto das vias urinárias (rins, bacinete, ureter e bexiga). Resultam de deposição, por causas ainda não bem esclarecidas, de material insolúvel. Em geral, a deposição das substâncias insolúveis se faz, paulatinamente, por camadas, o que confere aos cálculos, visto em corte, um aspecto característico.

A natureza química dos mesmos é variável e a composição pode diferir de uma camada para outra; por isso, a análise deve ser efetuada no cálculo inteiro, ou numa parte que possa refletir a natureza do conjunto.

A seguir, apresentamos a classificação dos cálculos urinários, de acordo com a sua natureza química, lembrando que estes nunca são totalmente puros e podem ainda vir combinados com sangue e pigmentos biliares.

1. Ácido úrico e uratos – Sempre coloridos, desde amarelo pálido até vermelho-pardo; superfície, em geral, lisa, podendo também ser áspera e irregular.
2. Fosfatos – Em geral, formados de fosfatos alcalinoterrosos e de fosfato triplo; frequentemente, vêm misturados com uratos e oxalatos. A superfície é, geralmente, áspera, podendo ser lisa.
3. Oxalato de cálcio – São extremamente duros, existindo duas formas em sementes de linhaça (pequenos e lisos) e muriformes (de tamanho médio irregular).
4. Carbonato de cálcio – São, em geral, pequenos, esféricos, lisos e duros, brancos ou acinzentados. Raros no homem.
5. Cistina – São pequenos, lisos, ovais ou cilíndricos, brancos ou amarelos e muito moles. São raros.
6. Xantina – Cor variando do branco ao amarelo pardacento. Muitas vezes, a xantina se acha associada a ácido úrico e uratos. Muito raros.
7. Urostealita – Formado, principalmente, de gordura e ácidos graxos. Quando úmidos são moles e elásticos, porém, quando secos, tornam-se quebradiços. Muito raros.
8. Fibrina - Constituem o núcleo de outros cálculos. São raros.
9. Colesterol – Semelhantes aos de cistina. Raros.
10. Indigo – São azuis. Extremamente raros.

MARCHA ANALÍTICA PARA A ANÁLISE DE CÁLCULOS URINÁRIOS

Reativos

a. Ácido acético glacial.
b. Ácido acético a 5%.
c. Ácido clorídrico concentrado.
d. Ácido clorídrico a 10%.
e. Ácido sulfúrico concentrado.
f. Anidrido acético.
g. Carbonato de sódio a 20%.
h. Clorofórmio.
i. Hidróxido de amônio concentrado,
j. Hidróxido de potássio a 5%.
k. Hidróxido de sódio a 10%.
l. Hidróxido de sódio a 20%.
m. Solução saturada de oxalato de amônio.
n. Solução do amarelo Titan a 0,05%.
o. Solução saturada de Sudan III em álcool a 70°.
p. Reativo fosfotúngstico – igual ao da dosagem de ácido úrico.

q. Reativo de molibdato – A 20 g de ácido molíbdico (livre do amoníaco),adicionar 25 mL de hidróxido de sódio a 20%. Aquecer ligeiramente para dissolver. Esfriar e diluir para 250 mL, com água destilada. Antes do uso, misturar ácido sulfúrico concentrado, em partes iguais.
r. Reativo de Nessier – Em um balão volumétrico de 100 mL, adicionar 10 g de iodeto de mercúrio ($Hg1_2$), 7 g de iodeto de potássio (K1) e juntar cerca de 70 mL de água destilada. Agitar, até dissolver completamente. Em outro recipiente, dissolver 10 g de hidróxido de sódio em cerca de 40 mL de água destilada. Deixar esfriar e passar para o balão volumétrico, com agitação. Completar para 100 mL, com água destilada. Utilizar após 2 ou 3 dias de repouso. Se houver formação de precipitado, decantar o sobrenadante e conservar em frasco escuro.
s. Papel indicador.

Exame qualitativo

Caso os cálculos estejam sujos de sangue, lavá-los com água destilada.

Técnica

a. Fazer a descrição das características gerais do cálculo, tais como: tamanho, cor, forma, aspecto, número e peso.
b. Em um gral de porcelana, pulverizar os cálculos até obtenção de um pó fino e homogêneo.
c. Marcar 3 tubos de ensaio A, B e C, e dividir o pulverizado, deixando uma porção maior no tubo A. Se possível, deixar uma outra porção para exames complementares ou comprobatórios.
d. Ao tubo A, adicionar, lentamente, 2,5 mL de ácido clorídrico a 10%. Aquecer, brandamente, sobre uma chama, por alguns minutos. Notar o aparecimento de efervescência, durante todo o processo. Presença de efervescência: *carbonatos.*

   Adicionar 2,5 mL de água destilada e misturar Pipetar alíquotas de 0,5 mL do sobrenadante límpido, para 5 tubos de ensaio pequenos.

   Tubo 1. Neutralizar com NaOH a 10%. Adicionar 5 gotas do reativo de molibdato e aquecer numa chama. Acrescentar 5 gotas de ácido sulfúrico concentrado pelas paredes. Cor amarela na interfase: *fosfatos.*

   Tubo 2. Juntar NH_4OH concentrado, gota a gota, para alcalinizar. Observar, ao microscópio, a presença de precipitado.

   Precipitado branco amorfo: *fosfato amorfo.*
   Precipitado cristalino: *fosfato triplo.*

   Tubo 3. Alcalinizar com gotas de NaOH a 10%, até pH próximo de 8 e verificar se há turvação. Reacidificar com ácido acético a 5%.
   Turvação que desaparece após adição de ácido acético: confirma a presença de *fosfatos.*
   Turvação ou precipitado branco persistente: *oxalatos.*
   Após 10 minutos, caso não ocorra turvação, adicionar algumas gotas de solução saturada de oxalato de amônio.
   Presença de precipitado branco: *cálcio.*

   Tubo 4. Neutralizar com NaOH a 10%, juntar 8 gotas de carbonato de sódio a 20% e misturar. Acrescentar 8 gotas do reativo fosfotúngstico.
   Aparecimento de cor azul: *ácido úrico* e *uratos.*

   Tubo 5: Adicionar NaOH a 10% até pH ligeiramente alcalino. Acrescentar algumas gotas do reativo de Nessler.
   Turvação ou precipitado amarelo-alaranjado a castanho: *amônio.*
e. Aquecer o tubo B, em chama direta, durante um minuto. Presença de cheiro a couro queimado: *cistina.*
   Deixar esfriar e adicionar ácido clorídrico concentrado.
   Presença de efervescência: *oxalatos.*
   Alcalinizar com NaOH a 20% e adicionar uma gota de amarelo Titan a 0,05%. Cor ou precipitado vermelho: *magnésio.*
f. No tubo C, adicionar 2 mL de clorofórmio e agitar.
   Clorofórmio azul: *índigo.*
   f.l. Separar a fase clorofórmica do sedimento insolúvel:
      f.l.a. Evaporar algumas gotas da fase clorofórmica, numa lâmina de vidro e corar pelo Sudan III.
      Presença de gotículas de gordura: *urostealita.*
      f.l.b. Adicionar, ao restante da fase clorofórmica, 10 gotas de anidrido acético e duas gotas de ácido sulfúrico concentrado.
      Aparecimento de cor verde: *colesterol.*
   f.2. Dividir o sedimento insolúvel em 3 porções.
      f.2.a. Dissolver a segunda porção, com 2 gotas de NA_4OH concentrado, em uma lâmina de vidro. Deixar evaporar, espontaneamente, e observar ao microscópio.
      Presença de cristais laminares hexagonais: *cistina.*

f.2.b. Adicionar, à última porção, algumas gotas de hidróxido de potássio a 5%. Aquecer até a dissolução. Juntar algumas gotas de ácido acético glacial.

Precipitação com desprendimento de gás sulfídrico: *fibrina.*

f.2.c. Dissolver a primeira porção com 2 gotas de ácido nítrico concentrado a secar brandamente em banho de vapor. Formando um resíduo amarelo, adicionar 1 gota de hidróxido de sódio a 20%; aparecendo cor alaranjada, aquecer e notar presença de vermelho intenso.

Presença das cores citadas, em sequência: *xantina.*

Nota: O ácido úrico também reage, dando cor alaranjada, após evaporação e cor vermelho-cereja a púrpura, imediatamente após a adição de NaOH.

Reações complementares

Reativos

a. Cianeto de sódio a 5%.
b. Nitro-prussiato de sódio a 5%. Dissolver 5 g de nitro-prussiato de sódio, em água destilada, até completar 100 mL. Usar preparação recente.
c. Papel indicador vermelho de tornassol.
d. Solução de hidróxido de sódio a 20%.

1. Prova da cistina.

A uma pequena porção do pulverizado, adicionar algumas gotas de NH_4OH concentrado e 2 mL de cianeto de sódio a 5%, misturar bem por rotação e repousar por 5 minutos. Juntar algumas gotas de nitroprussiato de sódio a 5% e misturar novamente. Presença de cor vermelho-púrpura: *cistina.*

2. Prova de amoníaco.

Em uma porção de pulverizado, adicionar 10 gotas de hidróxido de sódio a 20%. Colocar um papel vermelho de tornassol, umedecido em água, na boca do tubo.

Aparecimento de cor azul e cheiro característico: *amoníaco.*

Conclusão

A partir dos resultados obtidos nas análises, anotar a conclusão laboratorial, descrevendo a composição química do cálculo.

Exemplo: Resultados obtidos – cálcio, oxalato e fosfato.

Relatar:

Conclusão laboratorial: Cálculo constituído de oxalato de cálcio e fosfato de cálcio.

ANÁLISE DE CÁLCULOS BILIARES

Os cálculos biliares, ou pedras de vesícula, formam-se frequentemente na vesícula biliar, mas podem também existir no canal colédoco e, mais raramente, nos canais biliares.

Existem cinco tipos de cálculos biliares.

1. Cálculos colesterínicos – São frequentes; de cor branco-acinzentada, de consistência cérea e de textura radiada. São constituídos apenas de colesterol.
2. Cálculos cálcio-colesterínicos – Frequentes; esbranquiçados ou amarelos, de textura cristalina e estratificada. Compõem-se de colesterol e cálcio.
3. Cálculos cálcio-colesterínicos pigmentários – São os mais frequentes; de cor variável, desde o pardacento até o preto. Constituem-se de colesterol e bilirrubinato de cálcio; neles se encontra também, embora raramente, a biliverdina.
4. Cálculos cálcio-pigmentários – Muito raros; são constituídos de bilirrubinato de cálcio.
5. Cálculos inorgânicos – Raríssimos no homem, compõem-se de carbonato e fosfato de cálcio.

MARCHA ANALÍTICA PARA CÁLCULOS BILIARES

Reativos

a. Ácido sulfúrico concentrado.
b. Álcool etílico.
c. Anidrido acético.
d. Clorofórmio.
e. Éter etílico.
f. Solução de acetato de sódio a 20%.
g. Solução de oxalato de amônio a 4%.
h. Solução de ácido clorídrico a 4%.
i. Solução tiocianato de potássio a 10%.
j. Solução de ácido nítrico-nitroso.
   Nitrito de sódio – 100 mg.
   Ácido nítrico concentrado – 100 mL.
k. Solução estoque de verde de bromocresol.
   Verde de bromocresol – 0,1 g.
   Solução de hidróxido de sódio 0,05N - 3,2 mL.
   Água destilada – qsp 100 mL.
   Triturar o verde de bromocresol com o hidróxido de sódio em um gral. Em seguida, completar o volume.
l. Solução de uso de verde de bromocresol.
   Solução estoque de verde bromocresol – 16 mL.
   Água destilada - qsp 100 mL.
m. Solução saturada de persulfato de potássio.
   Persulfato de potássio – 7 g.

Água destilada - qsp 100 mL.

n. Reativo molíbdico.
Dissolver 12 g de molibdato de amónio em 50 mL de ágaa destilada. Misturar, à parte, 5 mL de ácido nítrico com 100 mL de água destilada. Despejar, lentamente e agitando, a primeira solução na segunda. Deixar na estufa a 37°C, por 3 dias e decantar, como se fosse precipitado.

Exame qualitativo

Triturar o cálculo inteiro em um gral. Deixar uma parte do pó e guardar o restante para verificações comprobatórias ou análises complementares.

EXTRA TO ETÉREO

Tratar a parte do cálculo deixada no gral com 10 mL de éter etílico. Filtrar para um tubo de ensaio (conservar o papel de filtro). Juntar, ao filtrado, o dobro do seu volume em álcool etílico a 95% e misturar.

Prova do Colesterol

a. Cristalização – Deixar uma gota da solução alcoólica-etérea sobre uma lâmina de vidro e deixar evaporar. Se o cálculo contiver colesterol, verificar-se-á um resíduo branco. Ao microscópio, ver-se-ão cristais incolores, laminares, romboédricos, de cantos escalariformes.
b. Reação de Liebermann-Burchard – Colocar em um tubo de ensaio 2 mL de extrato alcoólico-etéreo e evaporar até secura, em banho-maria. Juntar 5 mL de clorofórmio e agitar. Adicionar 2 mL de anidro acético e 10 gotas de ácido sulfúrico concentrado. A prova é positiva, quando a solução adquirir cor verde-esmeralda.

EXTRATO CLORÍDRICO

Lavar a parte central do papel de filtro da extração anterior, com 5 mL de éter, aproveitando para lavar também o gral. Passar o resíduo contido no papel para o gral e triturar a massa com 10 mL de solução de ácido clorídrico a 4%. Uma efervescência indicará a presença de carbonato. Filtrar através do mesmo papel de filtro (conservar o papel).

Provas

a. Cálcio – Acrescentar, a 1 mL do extrato clorídrico, 5 gotas da solução de uso de verde de bromocresol e 5 gotas de oxalato de amônio a 4%. Adicionar, em seguida, solução de acetato a 20%, até coloração verde-azulada (pH = 5). Um precipitado ou uma turvação indica a presença de cálcio.
b. Fosfato – Acrescentar, a 1 mL do extrato clorídrico, 3 mL do reativo molíbdico. Aquecer durante 3 minutos à ebulição e esfriar. A prova é positiva, quando se forma um precipitado amarelo.
c. Ferro – Acrescentar, a 1 mL do extrato clorídrico, 1 mL da solução saturada de persulfato de potássio. Agitar e adicionar 5 gotas da solução de tiocinato de potássio a 10%. A presença de ferro é demonstrada pelo aparecimento de coloração vermelho-sanguínea.
d. Cobre – Evaporar o resto do filtrado em um cadinho de porcelana e calcinar. Dissolver o resíduo com o ácido clorídrico a 4% e alcalinizar com amoníaco. Uma cor azul indica a presença de cobre.

EXTRATO ALCOÓLICO

Lavar o papel de filtro, mantendo-o no funil, com 5 mLde água destilada. Transferir o funil para outro tubo e acrescentar 5 mL de álcool etílico. Um filtrado verde indicará a presença de biliverdina.

EXTRATO CLOROFÓRMICO

Lavar o papel de filtro da extração anterior com 5 mL de álcool. Transferir o funil para outro tubo e tratar o papel com 5 mL de clorofórmio. Juntar, ao filtrado, 5 gotas da solução de ácido nítrico-nitroso. A presença de bilirrubina será demonstrada pelo aparecimento de uma cor verde (biliverdina) ou violeta-azulado (bilicianina).

Observações

Os cálculos contendo pigmentos, cálcio e colesterol são, geralmente, concreções de colesterol e bilirrubinato de cálcio. A biliverdina ocorre raramente nos cálculos.

No homem, são raros os cálculos de bilirrubina e material inorgânico, mas em outros animais, como o gato, esses cálculos são frequentes. No homem, o cálculo mais comum é o misto de colesterol e bilirrubinato de cálcio.

Ainda não se conhece a causa pela qual se formam os cálculos biliares. Sabe-se que fatores locais são importantes, bem como a composição e a concentração de bile, devido a sua estagnação na vesícula.

As infecções constituem também fator importante, sobre quando determinam lesões nas paredes da mucosa da vesícula biliar. A dieta rica em colesterol constitui também fator que deve ser considerado.

12
Líquido Sinovial

O líquido sinovial tem a função de proteger, nutrir e lubrificar as cartilagens não vascularizadas das articulações.

Derivado do plasma sanguíneo por ultrafiltração e enriquecido de mucoproteínas secretadas pelos sinoviócitos do tecido sinovial, este líquido se apresenta normalmente límpido e transparente, de cor amarelada, contendo 2 g/dL de proteínas isentas de fibrinogênio. É interessante que o conteúdo de lipoproteínas ricas em colesterol e' maior do que a concentração destes lípides no plasma. Os poucos leucócitos presentes consistem, principalmente, de monócitos e linfócitos.

O volume do líquido sinovial pode aumentar em casos patológicos pelo aumento da permeabilidade capilar.

Nos traumatismos, aparecem hemácias e maior número de leucócitos.

O aumento das proteínas totais se relaciona com a gravidade de afecções das articulações e, principalmente, de artrites e doenças reumáticas, onde a análise dos constituintes do líquido sinovial encontra aplicação diagnóstica e prognóstica.

Líquido sinovial (principais parâmetros)

	Normal	*Nao inflamatório*	*Inflamatório*	*Infeccioso*	*Hemorrágico*
Volume (joelho)	até 3 mL	> 3mL	> 3mL	> 3 mL	> 3mL
Aspecto	límpido	límp./opalescente	opalesc./turvo	turvo	opalesc./turvo
Cor	incolor	incolor	amarela	amarela	vermelha/xantocr.
Viscosidade	elevada	pouco diminuída	diminuída	diminuída	pouco diminuída
Coágulo de fibrina	ausente	geral./ausente	presente	presente	geral./presente
Coágulo de mucina	grande	grande	pequeno e friável	em fragmentos	variável
pH	7,3 a 7,4		< 7,3	< 7,3	
Número de células	até 200	até 5.000	2.000 a 100.000	20.000 a 200.000	2.000 a 10.000
Predomínio celular	monócitos	monocit.	monocit.	polimorfo.	macrófagos
Eritrócitos	ausentes	ausentes	ausentes	ausentes	geral./presentes
Cultura	negativa	negativa	negativa	geral./positiva	geral./negativa
Proteínas (g/dl)	até 2,5	até 2,5	> 2,5	> 2,5	> 2,5
Relação α 1 /α 2	> 1	> 1	< 1	< 1	< 1
Glicose (1. sin./soro)	0,9	0,9	0,9	< 0,9	< 0,9
Complemento (1. s./soro)			diminuído	pouco diminuído	
Fator reumatóide	ausente	ausente	às vezes presente	ausente	ausente
Cristais	ausentes	ausentes	às vezes presente	ausentes	ausentes
Bilirrubinas	ausentes	ausentes	ausentes	ausentes	Presentes
Enzimas	ausentes	ausentes	variável quantidade	grande quantidade	pequena quantidade

13

Automação em Bioquímica Clínica

CONSIDERAÇÕES

O crescente avanço do conhecimento científico, em especial, relacionado com o diagnóstico clínico gerou, paralelamente, um grande desenvolvimento da tecnologia analítica.

O aparecimento de técnicas mais rápidas e específicas, facilitando e possibilitando uma correia interpretação dos resultados obtidos, contribuiu, decisivamente para um incremento no número de solicitações de exames laboratoriais.

O analista clínico, profissional que executa as determinações bioquímicas nos laboratórios de análises clínicas, deve ter conhecimento especializado em bioquímica, física e matemática. Além de necessitar de boa memória, acuidade visual, senso de responsabilidade, necessita ter também conhecimentos de causas e efeitos de todas as manobras executadas e confiança nos aparelhos, drogas, reagentes e nos métodos escolhidos.

Logicamente, o profissional é indispensável ao bom andamento dos diversos passos analíticos que compõem a rotina laboratorial. Contudo, é natural que, com a prática adquirida, muitas atividades se tornem subconscientes pela repetição contínua e pela ausência de fatores perturbantes e de variações não controláveis. Nesta fase, grande parte do trabalho rotineiro pode ser confiada a máquinas que executam manobras mecanicamente, automaticamente e sem interferência do operador humano.

A vantagem da máquina que não cansa, não reclama, não é temperamental, repetindo, constante e fielmente, todos os passos sequenciais do método, com perfeição, precisão e exatidão que pode ultrapassar a capacidade de qualquer ser humano, recomenda a introdução destes trabalhadores mecânicos em serviços de grande demanda. Não se deve esquecer, entretanto, que a máquina sempre fornece um resultado, mesmo quando este estiver errado e que, neste caso, um dado falso pode ser mais prejudicial que um dado inexistente. Porém, com o controle de qualidade, mesmo este perigo pode ser descartado.

Quando se trata da determinação dos mesmos parâmetros bioquímicos, hematológicos ou imunológicos em várias amostras, os trabalhos podem ser racionalizados pelo uso dos equipamentos automáticos. Neles, a manipulação é substituída e executada por aparelhos. As vantagens são múltiplas e, geralmente, compensam os altos custos da aquisição e manutenção da aparelhagem:

a. Há grande economia de reagentes, de tempo e da quantidade da amostra.
b. Existe a possibilidade de repetir qualquer análise em condições idênticas.
c. Aumenta a exatidão, precisão e sensibilidade das medidas.
d. Os cálculos são feitos por computador, evitando a possibilidade de erros.

Todas as etapas da análise, abaixo discriminadas, ocorrem automaticamente:

a. Pipetagem da amostra.
b. Diluição e adição dos reagentes.
c. Mistura, aquecimento ou incubação.
d. Transferência para a cubeta do fotômetro.
e. Leitura fotométrica no comprimento de onda determinado.
f. Cálculos e registro dos resultados.

De maneira geral, existem 3 tipos de sistemas automáticos:

A. Sistemas de fluxo contínuo - A amostra é adicionada aos reagentes, misturada e incubada dentro de uma corrente líquida, separando uma amostra da outra, através da segmentação dos fluxos por bolhas de ar.

B. Sistemas descontínuos - A amostra é transferida com adição dos reagentes para dentro de cubetas isoladas, misturadas e incubadas, seguidas pela fotometria.

C. Sistemas de analisadores rápidos por centrifugação – As amostras são pipetadas, automaticamente, juntamente com os reagentes em várias depressões contidas em um rotor de cubetas. Pela centrifugação, os líquidos são transferidos para cubetas periféricas onde ocorre a mistura, incubação e leitura fotométrica a custos intervalos de tempo. Um computador completa os cálculos, registra e fornece os resultados.

Para as reações que exigem a desproteinização, o mais indicado é o sistema de fluxo contínuo. Para as reações de ponto final fixo recomenda-se o sistema descontínuo. Já os sistemas de analisadores rápidos por centrifugação são os ideais para as reações cinéticas.

Apesar de todas as vantagens aparentes da automação, deve-se considerar algumas limitações peculiares ao nosso País, em virtude das quais não se recomendam estes tipos de equipamentos para laboratórios de pequeno porte:

a. Os instrumentos são caros e altamente sofisticados e seu funcionamento exige conhecimentos físicos e especializados que fogem ao alcance do técnico de laboratório, tendo-se necessidade da colaboração de especialistas eletrônicos, físicos e mecânicos.

b. Os instrumentos, na maioria, não estão sendo fabricados no Brasil e devem ser importados de países que desconhecem as nossas deficiências: as dificuldades na importação, os problemas de transporte e do armazenamento de aparelhos delicados, a falta de perícia na montagem e desconhecimento de nossas condições ambientais, de país tropical, com as suas flutuações de temperatura e umidade e muitos outros obstáculos.

c. A técnica avança a passos tão rápidos que, frequentemente, surgem novos modelos mais aperfeiçoados de aparelhos nos países de origem antes que o modelo anterior chegue às mãos do usuário brasileiro. Começa então a luta para se conseguir assistência técnica e peças de substituição, com preços condizentes com a real necessidade de utilização das máquinas.

d. A falta de familiarização com as diversas partes e com o funcionamento dos aparelhos leva ao uso indiscriminado e a dificuldades de manutenção. Faltam técnicos treinados e competentes para esta manutenção, para revisão periódica, para consertos necessários e para a substituição de peças defeituosas.

14

Computação em Análises Clínicas

CONSIDERAÇÕES

Uma simples pergunta começa a incomodar a cabeça do analista clínico, preocupado com o aperfeiçoamento técnico-administrativo de seu laboratório:

- Como realizar um controle efetivo, moderno e descomplicado num Laboratório de Análises Clínicas?

Invariavelmente, a resposta esbarra, entre outras opções, no assunto Informática.

A inclusão deste capítulo deveu-se à larga utilização dos computadores em todas as atividades profissionais que exijam um alto grau de controle de qualidade e que manipulem numerosos e diferentes parâmetros, porém muito interligados.

Fica bastante claro que informatização, com a introdução dos bancos de dados eletrônicos, foi bastante proveitosa e feliz, facilitando, sobremaneira, a vida dos usuários.

Atualmente, o computador caminha firmemente os seus primeiros passos, já tendo conquistado o seu lugar ao sol. Por ora, ele tem participado, principalmente, do lado administrativo do laboratório de análises clínicas; no entanto, já auxilia grandemente na monitoração dos ensaios, controlado e diminuindo o número de erros e facilitando o trabalho.

Como qualquer elo que, satisfatoriamente, recepta, analisa e transmite impulsos entre duas entidades, ele tem de estar perfeitamente moldado e ajustado, provocando, eficazmente, um efeito aglutinador que gerará a formação de um conjunto homogéneo e cooperativo, propiciando, finalmente, a obtenção dos benefícios esperados.

Pois bem, o caminho para o patamar da tranquilidade, quando o assunto é automatização, por mais paradoxal que possa parecer, é bastante íngreme. Com bastante realismo, podemos notar que cerca de 70% das tentativas não foram satisfatórios e conduziram à conclusão bastante triste de que se fez um péssimo negócio. No entanto, cerca de 30% das tentativas conseguem obter sucesso em seus intentos, seja por interferência da sorte, seja pelo uso inteligente do caminho da sensatez. Realmente, compreendendo bem a fantasia que veste o sonho da automação total, podemos concretizar objetivos claros e definidos, desde que possamos contar com pessoal honesto e competente.

Na implantação de qualquer sistema, existem muitos pontos a ponderar, desde a finalidade de seu emprego até o tipo de linguagem mais apropriada para otimizar todo o processo. Desta forma, a experiência tem nos demonstrado que a falta de assessoramento especializado, tanto na área técnico-clínica quanto na área de informática, torna em vão a luta pela obtenção de bons resultados, trazendo consigo consequências desagradáveis, como o alto investimento e a quase nenhuma compensação.

Uma opção pela introdução do processamento de dados deve ser feita após uma fria análise do comportamento global do laboratório de análises clínicas. E assim, após fazer um levantamento das condições em detalhes e definir os objetivos prioritários, analisaremos a relação custo/benefício, que irá indicar a conveniência do investimento e a maneira ideal de realizá-lo.

Todo procedimento deve ser encarado de forma peculiar e individual, visto que os problemas de carência são muito distintos entre duas empresas.

No caso da compra de um computador, imaginar que o custo final nunca será inferior ao preço da máquina multiplicado por quatro, pois ele será acrescido do pessoal especializado, suprimentos, instalações, formulários contínuos, fitas para arquivamento e impressão, ar condicionado, manutenção preventiva etc. Saber, também, que a novidade que cerca a utilização de microcomputadores faz surgir o fenômeno do modismo e, em consequência, o aparecimento constante, no mercado, de modelos completamente novos, tornando os atuais quase que obsoletos.

O aluguel de pacotes prontos poderá vir a ser um hom investimento inicial, aonde os usuários finais, ou seja, o pessoal do laboratório, buscaria manter um contacto mais aproximado com a rotina de utilização dos sistemas. Como sempre, é preciso que o sistema se adapte bem às necessidades do laboratório e que a relação custo/beneficio seja avaliada e indique um retorno compensador.

Descreveremos, a seguir, um esqueleto de sistema de laboratório. Logicamente, várias outras rotinas poderão ser inseridas.

Basicamente, ele comporta dois grandes segmentos:

1. *Administrativo* – envolve folha de pagamento, controle de almoxarifado, controle de caixa, emissão de duplicatas, contas a pagar e a receber, relações de serviços prestados, mala direta etc.
2. *Técnico* – manipula e controla a entrada e saída de exames e resultados, inspeciona os dados do paciente, exerce um controle de qualidade nas análises realizadas etc.

Neste presente capítulo, procuraremos descrever o lado técnico, por se tratar de assunto mais específico e menos divulgado.

O sistema, em sua totalidade, é constituído de vários módulos, cada qual comportando uma determinada rotina, que trabalhará, independentemente em suas atribuições, mas partilhando dos mesmos arquivos e produzindo interações entre as várias outras rotinas.

Quando um paciente chega ao laboratório é recepcionado e processada a sua admissão. São arquivados os dados do paciente como nome, sexo, idade e outros dados adicionais, tais como tipo de cobrança, local de entrega do resultado etc.

Em seguida, são relacionados os pedidos de exames, com a descrição detalhada de cada tipo de ensaio. Neste momento, são coletados outros dados importantíssimos para o bom andamento das análises, como, por exemplo, condições do paciente, horário de coleta, medicamentos ingeridos, dia do ciclo, etc.

Finalizado o pedido de exames, o paciente entra automaticamente numa fila de espera e tem todo o seu material de teste rotulado, através de emissão de etiquetas adesivas personalizadas.

Os dados do paciente cadastrado passam a ser processados de forma a distribuir os exames, racionalmente, pelas bancadas de serviço. Assim, as listagens dos exames trarão discriminados todos os pacientes que pedirem os mesmos parâmetros laboratoriais, constantes de determinado setor do laboratório.

Realizado o exame, a entrada dos resultados será efetuada na mesma ordem das listagens de trabalho.

Um controle interno gera um arquivo com todos os resultados pendentes, isto é, que não têm ainda seus resultados prontos. É realizado, assim, um relatório diário que irá impedir o esquecimento de algum exame.

À medida que os resultados de um certo paciente estejam completamente prontos e arquivados, o seu prontuário fará parte de um lote de exames a serem impressos. Uma rotina apropriada coordenará a impressão dos resultados.

Posteriormente, os exames passarão por uma revisão bem detalhada e, finalmente, serão liberados para entrega.

É realizada, então, uma seleção de Arquivo Morto, na qual são pesquisados todos os pacientes com os resultados impressos e somente classificados aqueles que tenham permanecido por um número de dias pré-estabelecido, para que haja tempo de corrigir os erros detectados durante a revisão final. Após listagem em papel, os registros dos pacientes serão eliminados, aumentando o espaço de memória do computador, para novas admissões.

A partir desta estrutura geral, podemos formar várias sub-rotinas para complementar o sistema; tudo dependerá das necessidades e do porte do laboratório e, principalmente, do investimento realizado.

Algumas dessas subrotinas são importantíssimas, como a construção de um arquivo de comentários codificados. Isto possibilita a entrada de resultados em código, facilitando, agilizando e acabando com os erros ortográficos. Além disso, possibilitam a inserção de observações, após cada exame, quando necessário.

Não há como negar a grande melhora de qualidade e aumento na confiabilidade, decorrentes da utilização de sistemas computacionais, mas devemos nos precaver contra os problemas eventuais. Não podemos nunca esquecer que, como todo aparelhamento eletrônico, o computador está sujeito a avarias e necessita ser alimentado. Quanto ao último item, ressalta-se a utilidade dos geradores estáticos "no-break", principalmente nos locais onde a falta de energia elétrica é mais frequente. Contudo, trata-se de um alto investimento para curtos períodos de utilização (em ocasiões especiais de emergência).

Já no caso de ocorrência de problemas referentes a componentes eletrônicos da máquina, a única solução é a sua substituição. Nota-se, aqui, a importância da manutenção preventiva constante.

Nos casos mais graves, o processamento de dados pode permanecer parado por tempo indeterminado. Nestas ocasiões, sente-se como é útil e imprescindível que se tenha preservado os procedimentos manuais de operação.

Tendo procurado traçar um perfil bastante crítico na análise dos problemas, com o intuito maior de prevenir e, entendendo que cada laboratório possui suas peculiaridades e que, após reflexão sobre benefícios e sacrifícios, tanto, do ponto de vista técnico quanto administrativo, todos acabarão encontrando suas próprias respostas, podemos esperar, ansiosamente, por dias melhores e mais produtivos.

Parte 2
Microbiologia

Esta divisão diz respeito a vários problemas comumente encontrados nos laboratórios de microbiologia. O leitor notará que na medida do possível, atualizamos nesta Terceira Edição a classificação dos microrganismos. A limitação de espaço numa obra como esta e a certeza de que a maioria dos microbiologistas clínicos já possui um treinamento dessa natureza levaram-nos a ressaltar os problemas relacionados à coleta de material, à escolha de meios de cultura, à sequência dos exames bacterioscópicos, ao modo de fornecer resultados etc.

Devido ao emprego cada vez maior de corticosteróides, antibióticos de largo espectro, drogas antitumorais e à variação individual de pacientes hospitalizados (doenças metabólicas, câncer, pacientes transplantados etc), têm sido incriminadas muitas bactérias que antes não tinham o menor significado clínico.

A metodologia em si está se modificando rapidamente; estão surgindo no Brasil meios comerciais de excelente qualidade e até mesmo a automatização já está iniciando suas funções no laboratório de microbiologia. Por outro lado, as dificuldades na importação e o custo de meios de cultura, estão nos obrigando à volta ao passado, quando produzíamos, no laboratório, a maioria dos meios usados na rotina. Para orientação da nova geração de microbiologistas, acostumada apenas a se utilizar de meios comerciais, acrescentamos nesta Segunda Edição a formulação e o modo de preparo dos meios de cultura mais comuns.

Em várias áreas da microbiologia clinica há grandes diferenças de opinião quanto ao procedimento a ser seguido e sobre a significância de muitos achados. Nesses casos, fazemos uma comparação entre os métodos e aconselhamos o procedimento que, em nossa experiência, tem se mostrado mais satisfatório.

15

Métodos Microbiológicos

A grande maioria dos microbiologistas teve cursos sobre o estudo sistemático dos principais gêneros e espécies de bactérias patogênicas como estreptococos, corinebactérias etc. e isso lhes foi de grande utilidade. Acreditamos, porém, ser de utilidade prática uma cuidadosa revisão sobre a identificação de bactérias mais comumente isoladas dos diferentes materiais clínicos.

A esse respeito, poder-se-ia pensar numa classificação funcional de bactérias mais relacionada com as doenças que produzem e com os vários locais do organismos de onde podem ser cultivadas do que com os numerosos caracteres morfológicos e bioquímicos que possuem.

As principais fontes de material

A grande maioria das culturas submetidas a exame, num laboratório clínico, provém de 6 áreas principais de nosso organismo. Surpreendentemente, as espécies bacterianas encontradas nessas áreas tendem a se repetir, o que nos permite deduzir que para o reconhecimento desses agentes podemos utilizar praticamente os mesmos meios de isolamento.

Os exames microbiológicos realizados nos materiais provenientes das seis principais áreas do nosso organismo são:

a) *coproculturas* — onde nos preocupamos principalmente com a identificação dos chamados germes enteropatogênicos;
b) *culturas de material do trato geniturinário* — tanto para determinar a etiologia de doenças do trato urinário como para identificar o agente causal de processos infecciosos genitais;
c) *culturas de material da garganta e do escarro* — para elucidar a etiologia da faringites, bronquites e pneumonias;
d) *culturas de exsudatos e transudatos* — esses termos são usados aqui em seu sentido mais amplo, incluindo os espaços peritoneal e pleural, bem como lesões que se comunicam com a pele;
e) *hemoculturas* — para o diagnóstico de bacteremias e de septicemias;
f) *culturas do líquido cefalorraquidiano* — apesar de ser limitado o número de bactérias que produzem meningites ou me-ningecefalites, elas assumem grande importância, tendo em vista as graves consequências e as sequelas que podem advir dessas infecções.

Fatores de complexidade

A microbiologia clínica está se tornando mais complicada devido aos seguintes fatos:

- em primeiro lugar, a terapêutica moderna possibilita a sobrevida maior de pacientes com doenças debilitantes. Frequentemente esses pacientes sobrevivem e contraem infecções incomuns. Além disso, novas técnicas operatórias expõem os pacientes, por longos períodos, à invasão de microrganismos comumente não patogênicos;
- em segundo lugar, o amplo uso de corticosteróides frequentemente predispõe pacientes para desenvolver infecções por microrganismos que normalmente não seriam patogênicos. Essas infecções têm sido denominadas de "superinfecções" ou de "infecções oportunísticas" e estão se tornando bem comuns hoje em dia;
- em terceiro lugar, o crescente uso de drogas antitumorais frequentemente diminui a resistência do paciente contra uma grande variedade de agentes infecciosos;

– em quarto lugar, o amplo uso de antibióticos, particularmente os de largo espectro, pode também resultar na substituição da flora normal do paciente por germes que subsequentemente causam doença, ou então a flora normal pode ser alterada de modo que um dos seus membros se torne proeminente e cause o surgimento de doença. Devido a esses fatos, a lista de germes passíveis de causar doença está cada vez maior e espera-se que aumente ainda mais. Contudo, é surpreendente a frequência com que um patógeno particular está associado a uma dada infecção de um determinado local do organismo.

Regras para isolamento, cultura e avaliação dos resultados

Em geral, as regras para o isolamento, a cultura e a avaliação dos resultados obtidos pelos exames microbiológicos dos vários materiais clínicos podem ser enunciadas como segue:

1 – conheça a flora normal dos vários locais do organismo. Conheça também a flora de contaminação que normalmente ocorre no seu laboratório;

2 – adote técnicas de isolamento de modo que 95% dos microrganismos que comumente produzem doença num determinado lugar possam ser cultivados. Em culturas de material da garganta, devemos utilizar meios para isolamento de estreptococos. Contudo seria inútil cultivar todo escarro para tentar isolar *Corynebacterium diphtheriae* ou *Bordetella pertussis*. É necessário, que haja maiores informações sobre a suspeita clínica para que determinados exames sejam corretamente executados. Um excelente laboratório, capaz de efetuar muitas determinações bioquímicas ou sorológicas, torna-se virtualmente inútil se os germes patogênicos não tiverem sido isolados devido a deficiência de colheita de material;

3 – nunca determine a significância clínica ou sugira uma terapêutica, pois geralmente são necessários detalhes clínicos. Devemo-nos preocupar com a rapidez no isolamento e na identificação do agente etiológico e, quando indicado, numa rápida prova de sensibilidade a antibióticos e quimioterápicos. Devemos suspeitar de um microrganismo não comum ou de um microrganismo, mesmo comum, que seja cultivado em grande quantidade. Esses microrganismos devem ser isolados, identificados e relatados ao médico que solicitou o exame;

4 – preocupe-se sempre com a colheita e com o transporte ao laboratório, especialmente em hospitais. Materiais mal colhidos geralmente são impróprios para o isolamento de patógenos ou então um germe da flora normal pode ser dado como de significado clínico devido ao seu crescimento exagerado.

16

Meios de Cultura

Introdução

Os meios de cultura usados no laboratório de bacteriologia clínica destinam-se à produção e ao estudo das bactérias de interesse médico. Assim, além de conterem substâncias essenciais para a reprodução dessas bactérias, são formulados para a produção de antígenos específicos, para permitir o crescimento seletivo de certos microrganismos ou para demonstrar outras propriedades biológicas como hemólise, formação de esporos, produção de pigmentos ou de certas enzimas etc.

Geralmente, o agente etiológico se apresenta em pequena quantidade na amostra a ser analisada, de modo que os meios de cultura, para isolamento, devem permitir crescimento a partir de um pequeno inoculo. Cada bactéria da amostra tem de estabelecer um microambiente ideal para sua reprodução e para seu crescimento, através de sua própria capacidade metabólica.

Essa fase de crescimento inicial é crítica, especialmente para germes exigentes, quando o uso de meios de cultura deficientes, o uso de temperatura de incubação acima ou abaixo do ótimo, a falta de uma pequena tensão de CO_2 no ar ambiente etc. podem prolongar a lag-fase bacteriana e resultar na perda de sua viabilidade.

Preparação de meios de cultura – Considerações gerais

Água. Sempre deve ser usada água destilada para o preparo de meios de cultura. A água da torneira é de constituição desconhecida, variando especialmente em íons e em pH. Algumas substâncias como cobre ou cloro, na água da torneira, podem afetar o crescimento bacteriano. O uso da água deionizada pode ser aconselhado desde que não haja passagem de material orgânico pela resina e que se tenha certeza de que não houve crescimento bacteriano na resina.

Reagentes químicos. Devem ser usadas drogas da maior pureza. A não ser que a fórmula especifique de outro modo, os reagentes químicos devem ser "pró-análise"; açúcares, álcoois e glicosídeos usados nas provas de fermentação devem ser isentos de contaminação química.

Ágar. O ágar a ser usado em bacteriologia deve ser claro quando em solução e apresentar as especificações propostas pelo Comitê de Técnicas Bacteriológicas da Sociedade Americana de Bacteriologia, que são mais rígidas do que as apresentadas pela farmacopeia americana (ou brasileira). Assim, não se recomenda a utilização do ágar em rama, antigamente tão empregado. Várias firmas comerciais fornecem ágar de razoável qualidade, sendo perfeitamente utilizável para o uso rotineiro do laboratório de bacteriologia clínica. Deve-se, no entanto, seguir as recomendações dos fabricantes quanto à porcentagem de ágar a ser usada na confecção dos meios sólidos ou semi-sólidos.

Peptonas bacteriológicas. O termo peptona se refere a hidrolisado de proteína ou de materiais proteináceos que contêm quantidades variadas de aminoácidos, peptídeos, peptona, proteoses, vitaminas e carboidratos, dependendo da fonte proteica e do processo de hidrólise. A hidrólise pode ser ácida, alcalina ou enzimática (pancreática, triplica, papaínica) ou mista. A fonte de proteína varia: carne, sangue, caseína, lactoalbumina, soja etc. A hidrólise enzimática é a que menos destrói os fatores de crescimento e, quando uma peptona usada for de origem ácida ou alcalina, devem ser adicionados aminoácidos e vitaminas ao meio de cultura. A adição indiscriminada de aminoácidos a meios de cultura sintéticos apresenta efeitos inibitórios sobre o crescimento bacteriano devido ao antagonismo metabólico com outros aminoácidos essenciais. Algumas partidas de peptona contêm produtos de cisão de cistina e que inibem, por exemplo, o crescimento de *Brucella abortus*. Outras peptonas contêm compostos tóxicos como ácidos graxos ou outros produtos que se tornam nocivos durante o preparo do meio de cultura. É, portanto, da maior importância a escolha da peptona que deve ser usada nos meios de cultura.

A seleção de meios de cultura

É enorme a quantidade de meios recomendados para o isolamento de bactérias e a escolha é feita pelo laboratorista de acordo com o custo, a preferência individual, a existência de um produto comercial etc.

Os meios de cultura que iremos mencionar neste livro não são os únicos utilizáveis. Alguns laboratoristas gostariam de ter uma relação ainda mais completa, mas poderão facilmente tê-la em catálogos de firmas comerciais produtoras de meios de cultura.

Pelos motivos apresentados nas Considerações Gerais relativas à parte de Microbiologia, vamos apresentar, no final deste capítulo, a formulação e o modo de preparo dos meios de cultura mais utilizados em laboratório de análises clínicas.

A seleção de meios de cultura para isolamento de materiais provenientes de uma determinada área do corpo está condicionada primeiramente à flora microbiana normalmente patogênica para essa mesma área. Por exemplo, em casos de abscessos cerebrais tentamos isolar *Bacteroides* do líquido cefalorraquidiano, o que não é feito normalmente. O uso de meios seletivos para estafilococos no trato urinário não é tão importante como o uso de ágar-chocolate, em atmosfera de CO_2, para a cultura de hemófilos no líquido cefalorraquidiano.

Devemos fazer alguns comentários gerais sobre a seleção de meios de cultura. Os meios usados em laboratório clínico devem ser frescos e, a não ser em casos especiais, conter ainda umidade. Para isso, os tubos e as placas de cultura devem ser preparados em quantidade suficiente para serem usados durante uma semana apenas. Assim mesmo, devem ser conservados em geladeiras e preferentemente dentro de sacos plásticos, para evitar maior evaporação.

Os meios escolhidos devem permitir o crescimento dos microrganismos apropriados. Isso somente pode ser garantido pela instituição de um controle de qualidade apropriado, que regularmente comprove a eficácia de meios de cultura comerciais ou preparados no laboratório.

Há poucos anos foram colocados à disposição dos microbiologistas conjuntos de bactérias liofilizadas (Bact-Check, da Roche Diagnostics e Bactrol, da Difco). As culturas são padronizadas quanto a suas propriedades de crescimento, fermentação de açúcares e outras propriedades bioquímicas e mesmo quanto à sensibilidade a antibióticos. Essas culturas são de grande utilidade no controle de qualidade em bacteriologia.

Quando cultivamos amostras suspeitas de conterem um grande número de bactérias (como fezes, urina etc), são mais úteis os meios sólidos, pois torna-se possível a individualização de colônias de germes diferentes. Em meios líquidos, essa separação não seria obtida e poderia haver o crescimento de um microrganismo em detrimento de todos os outros. Se há suspeita, contudo, da presença de um pequeno número de bactérias num determinado material, é preferível semeá-lo primeiro em meio líquido, pois assim o isolamento será mais facilmente atingido.

Diferentes meios de cultura

De um modo didático, podemos classificar os meios de cultura em diversos tipos, mas na prática vemos que vários deles se enquadram em mais de um tipo.

Meios enriquecidos — Em laboratório clínico, geralmente, são usados meios enriquecidos com sangue, com soro ou com outros nutrientes. Dentre os meios mais usados estão o ágar-sangue e o ágar-chocolate. Recomendamos o uso de sangue desfibrinado de carneiro, estéril, para o isolamento primário, pois contém um fator que inibe o crescimento de *Haemophilus haemolyticus,* um microrganismo que pode ser confundido com estreptococo hemolítico em cultura de material do nariz ou da garganta. Sangue humano ou proveniente de estoques de bancos de sangue deve ser usado somente se não houver disponibilidade de sangue de carneiro, já que o fator inibidor do hemófilo é irregular, e o nível de antibióticos pode inibir o crescimento bacteriano. Sangue de coelho não tem o fator anti-hemófilo e é útil apenas para subculturas.

Meios seletivos — Os meios seletivos inibem o crescimento de certos microrganismos, porém permitem o crescimento de outros. Como exemplo, citamos o ágar S-S e o ágar-verde-brilhante usados em coproculturas, bem como o ágar-manitol-salino usado no isolamento de estafilococos a partir de materiais muito contaminados.

Meios diferenciais — São designados para separar vários microrganismos que dependem da utilização de carboidratos, fermentação ou oxidação ou atividade enzimática. Alguns meios são tanto diferenciais como seletivos, como os meios de Teague e de Mac Conkey.

Meios de transporte — É altamente recomendável que os meios de cultura para isolamento sejam semeados logo após a colheita de material; porém, às vezes, as culturas devem ser transportadas a lugares distantes ou não podem ser imediatamente semeadas. Para isso desenvolveram-se vários meios chamados "de transporte".

Três meios de transporte são muito usados; salina glicerinada tamponada, particularmente útil no transporte de amostras de fezes para isolamento de *Shigella* e *Salmonella,* meio de Stuart, que é um meio semi-sólido contendo tioglicolato, fosfato de glicerol e cloreto de sódio e meio de Amies, com carvão. Estes dois últimos não são meios nutritivos mas preservam a viabilidade da maioria dos patógenos, incluindo o gonococo e mesmo alguns anaeróbios.

Fórmulas e instruções para o preparo dos meios de cultura mais utilizados em laboratório de análises clínicas

De um modo geral, os meios sólidos são dissolvidos, na quantidade especificada, em água destilada e fervidos, sob agitação, por 1 minuto apenas. Não podemos deixar a mistura em aquecimento por mais de 10 minutos, mesmo sem ferver. Para preparar meios líquidos, devemos aquecê-los até a dissolução dos ingredientes. Geralmente também são fervidos para uma homogeneização mais completa e para encurtar o tempo de autoclavagem, em caso de maiores volumes.

O pH, a não ser quando especificado, é o do meio final, pronto para inoculação e é determinado a temperatura ambiente. Se um meio completo ou um meio-base for esterilizado pelo calor, o pH antes de esterilização geralmente não é o mesmo do que o medido após a mesma. Essa diferença de pH não apresenta maiores problemas para laboratórios de análises clínicas mas, para laboratórios de pesquisa, que necessitam de meios de cultura com pH mais exatos, devem ser autoclavadas várias alíquotas de 100 mL de meio contendo, cada uma delas, uma quantidade diferente do corretor de pH (ácido ou base), de modo que se possa corrigir adequadamente o produto final.

Ao preparar um meio de cultura não podemos manter à temperatura ambiente uma solução não estéril, por mais de uma hora, devido à possibilidade de evaporação de água e de crescimento microbiano, o que torna o meio contaminado com metabólitos bacterianos e com sua composição inicial alterada: alguns componentes são utilizados pelas bactérias e os demais, pelo efeito da evaporação, se concentram. As soluções não estéreis não podem, também, ser mantidas em altas temperaturas antes de serem autoclavadas (por exemplo, dentro de uma autoclave quente, esperando uma hora conveniente para iniciar a autoclavação) uma vez que vai haver cisão de vários ingredientes do meio.

Se o meio contiver fosfatos ou outros tampões ativos, devemos ajustar as quantidades dos sais do tampão para obter o pH apropriado e não ácido, mudando assim o sal para sua forma ácida. Devem ser tomadas precauções para não se alterar a fórmula do meio ao acertar o pH do mesmo.

O pH deve ser medido por potenciômetro, antes da autoclavagem e devidamente corrigido. Se o meio estiver quente, devemos usar o compensador de temperatura (resfriando o meio a cerca de 45°C, se o mesmo for adicionado de ágar). Meios líquidos são medidos à temperatura ambiente.

Nas fórmulas abaixo, daremos os nomes genéricos das peptonas e, em alguns casos, os seus nomes comerciais. Vários meios ou componentes dos meios abaixo relacionados são produzidos por vários fabricantes, geralmente com nomes diferentes e outras vezes com grafia diferente. Nós apresentaremos as fórmulas em português. Note-se que as fórmulas, em si, podem apresentar ligeiras diferenças entre os fabricantes. As formulações que apresentaremos são procedentes da Sociedade Americana de Microbiologia.

Ágar chocolate

Utilizar uma base de ágar-sangue como meios de carne de boi, ágar, de ágar-sangue, base, de Mueller Hinton etc.

Autoclavar a 121°C por 15 minutos, resfriar a 50°C e juntar, com assepsia, 5% de sangue desfibrinado de carneiro, estéril e aquecer a mistura, sob agitação, a cerca de 80°C, durante 15 minutos ou até que o meio fique de cor de chocolate.

Ágar nutriente

(ágar comum, ágar simples)

Extrato de carne	3 g
Peptona de carne, péptica	5 g
Ágar	15 g
Água destilada q.s.p	1L

pH final 6,8

Autoclavar a 121°C, 15 minutos

Ágar sangue, base

(ágar coração de boi)

Coração de boi, infusão de	450 g
Peptona de carne, péptica	10 g
Cloreto de sódio	5 g
Ágar	15 g
Água destilada q.s.p	1L

1. Deixar a carne de coração em 500 mL de água na geladeira, até o dia seguinte. Removeria gordura.
2. Juntar a peptona, aquecer lentamente até a fervura e ferver por 30 minutos. Passar por uma peneira.
3. Filtrar em papel, refazer o peso e ajustar o pH entre 6,8 e 7,3.
4. Ferver durante 10 minutos e refazer o peso.
5. Dissolver o ágar e o cloreto de sódio no restante da água, por autoclavação.
6. Combinar o ágar com o caldo e misturar bem. Ajustar o pH a 7,4.
7. Filtrar em algodão de vidro e distribuir em quantidades de 450mL.
8. Autoclavar a 121°C por 30 minutos. Resfriar a 45°C e juntar 25 mL de sangue desfibrinado, estéril, de carneiro, em cada 450mL de base. Distribuir como indicado. Guardar em geladeira.

Água peptonada alcalina
(caldo pep tonado alcalino)

Peptona de carne, péptica	10 g
Cloreto de sódio	5 g
Água destilada q.s.p	1 L

1. Dissolver e ajustar o pH para cerca de 8,4 a 8,5 com NaOH 1N.
2. Distribuir em tubos de ensaio, 10 mL em cada.
3. Alternativamente, distribuir em tubos 130 x 10 mm, 0,5 a 1mL por tubo, para transporte de *swabs* retais.
4. Autoclavar a 121°C durante 15 minutos.

Amies, meios de transporte

Cloreto de sódio	8 g
Cloreto de potássio	0,2 g
Cloreto de cálcio	0,1 g
Cloreto de magnésio	0,1 g
Fosfato monopotássico	0,2 g
Fosfato dissódico	1,5 g
Tioglicolato de sódio	1 g
Carvão, finamente pulverizado	10 g
Ágar	3,6 g
Água destilada q.s.p	1 L

1. Misturar e aquecer ligeiramente para dissolver os ingredientes solúveis.
2. Distribuir em tubos 130 x 10 mm, 1,5 mL por tubo.
3. Introduzir no tubo, mas sem encostar no meio, um *swab* preparado (não tóxico), fervido em tampão fosfato de Sorensen, 0,067 M, pH 7,4 escorrido e seco em estufa.
4. Tamponar os tubos com o *swab* sem encostar no meio e autoclavar a 121°C por 15 minutos.

Depois de colhido o material com o *swab,* introduzi-lo novamente no tubo, mergulhando-o desta vez no meio de transporte.

Caldo glicosado

Veja (Todd-Hewitt, caldo)

Caldo nutriente

Veja (ágar nutriente e omita o ágar)

Carne de boi, ágar

Infusão de carne de boi desengordurada e moída	453,6 g
Peptona de carne, péptica	10 g
Cloreto de sódio	5 g
Ágar	20 g
Água destilada q.s.q	1 L

1. Deixar a carne em infusão em água até o dia seguinte, a 4°C. Cozinhar por 1 hora de 80 a 90°C. Deixar 2 horas de repouso e filtrar em pano.
2. Juntar a peptona e o sal, ajustar a pH 7,6 com NaOH IN. Filtrar.
3. Juntar o ágar e autoclavar. Filtrar em algodão. Autoclavar novamente.

Carne de boi, caldo

O mesmo que acima, sem o ágar.

Cérebro e coração, ágar

Infusão de cérebro de bovino	200 g
Infusão de coração de bovino	250 g
Proteose – peptona	10g
Dextrose	2 g
Cloreto de sódio	5 g
Fosfato dissódico	2,5 g
Ágar	15 g
Água destilada q.s.p	1L

pH final 7,4

Distribuir e autoclavar a 121°C por 15 minutos

Cérebro e coração, caldo

O mesmo que acima, sem o ágar.

Citrato, segundo Simmons, ágar

Citrato de sódio	2 g
Cloreto de sódio	5 g
Sulfato de magnésio	0,2 g
Fosfato de amônio monobásico	1 g

Fosfato dipotássico	1 g
Ágar	15 g
Azul de bromotimol	0,08 g
Água destilada q.s.p	1L
pH final 6,9	

1. Distribuir em tubos, autoclavar a 121°C por 15 minutos e resfriar em posição inclinada, com cerca de 2,5 cm de base e 3,8 cm de inclinado.
2. Inocular a parte inclinada por meio de um estilete, com uma suspensão da cultura em estudo. Incubar por 4 dias a 37°C.

C.TA., meio de
(cistina, triptofano, ágar)

Cistina	0 5 g
Peptona de caseína, pancreática	20 g
Ágar	2,5 g
Cloreto de sódio	5 g
Sulfito de sódio	0,5 g
Vermelho de fenol	0,017g
água destilada q.s.p	1 L
pH final 7,3	

Misturar e aquecer, com agitação, até a dissolução. Distribuir e autoclavar entre 115 e 118°C por 15 minutos.

Descarboxilases, caldo, segundo Moeller

Peptona de carne, péptica	5g
Extrato de carne	5g
Púrpura de bromocresol	0,01g
Cresol vermelho	0,005g
Dextrose	0,5g
Piridoxal	0,005g
Água destilada q.s.p	1L
pH final 6,0	

1. Ajustar o ph se necessário.
2. Dividir em quatro partes; uma será o controle e juntar 1% de L-arginina monocloridrato, L-lisina (diidrocloreto) e L-ornitina (diidrocloreto) às 3 outras porções. Alternativamente, juntar 2% de aminoácidos DL.
3. Reajustar o pH da porção que contêm ornita.
4. Distribuir em tubos 13 x 100mm, fechados com rosca e autoclavar a 121ºC por 10 minutos.
5. Um pequeno precipitado floculoso nos tubos com ornitina não interfere com o seu uso.

Inocular os tubos de prova e o controle com inóculo pequeno, a partir de culturas jovens cultivadas em ágar inclinado. Cobrir com uma camada de 4 a 5 mm de vaselina líquida estéril. Incubar a 37°C e examinar diariamente durante 4 dias. Reações positivas são indicadas por uma reação alcalina (púrpura). Os meios primeiramente ficam amarelos devido à produção de ácido a partir da dextrose. A maioria das reações positivas ocorre entre 1 ou 2 dias.

Fermentação, meio base

Fosfato de amônio, dibásico	1g
Cloreto de potássio	0,2g
Sulfato de magnésio	0,2g
Extrato de levedura	0,2g
Ágar	15g
Água destilada q.s.p	1L
Púrpura de bromocresol 0,04%	20ml

Distribuir o meio base em tubos e esterilizar a 121°C por 15 minutos. Esterilizar em filtro os açúcares e juntar 10a 15% depois que o meio base tenha esfriado . . . .

Loeffler, meio de:

Soro de mamífero, não humano	750mL
Caldo nutriente	250mL
Dextrose	2,5g

1. Misturar bem mas com cuidado, para evitar a formação de bolhas.
2. Distribuir em tubos e deixá-los inclinados na autoclave. Fechar a autoclave e também a válvula bem devagar, para o vapor sair lentamente, mantendo a pressão de 15 libras.
3. Quando a temperatura atingir 121°C, fechar a válvula e manter por 15 minutos.
4. Fechar a fonte de calor da autoclave mas não abrí-la até que a pressão caia a zero e a autoclave esteja fria.

Lowenstein - Sensen, meio de

Fosfato monopotássico, anidro	2,4g
Sulfato de magnésio, $7H_2O$	0,24g
Citrato de magnésio	0,6g
Asparagina	3,6g
Fécula de batata	30g
Glicerol	12mL
Água destilada	600mL
Ovos inteiros, homogeneizados	1 L
Verde de malaquita, sol. aquosa a 2%	200mL

1. Dissolver os sais e a asparagina em água.
2. untar o glicerol e a fécula de batata, autoclavar a 121°C por 30 minutos e resfriar à temperatura ambiente.

3. Escovar os ovos, que devem ser frescos (não mais de uma semana), numa solução de sabão a 5%, deixando-os durante 30 minutos nessa solução. Em seguida, lavá-los rigorosamente em água corrente de torneira.
4. Imergir os ovos durante 15 minutos em álcool a 70%.
5. Quebrar os ovos em frasco estéril. Homogeneizar sacudindo manualmente e filtrar em quatro camadas de gaze, esterilizadas.
6. Juntar 1 litro de ovos homogeneizados à mistura de sais e fécula de batata.
7. Preparar a solução de verde de malaquita e misturá-la rigorosamente ao meio.
8. Distribuir 6 a 8 mL em tubos 20 x 150 mm com tampa de rosca.
9. Inclinar e inspissar (em banho de areia) a 85°C, durante 50 minutos.
10. Incubar durante 48 horas a 37°C para checar a esterilidade e guardar os tubos em geladeira, bem tapados.

MacConkey, ágar

Peptona de caseína, pancreática	17g
Peptona de carne, péptica	3g
Lactose	10g
Sais biliares	1,5g
Cloreto de sódio	5g
Ágar	13,5g
Vermelho neutro	0,03g
Cristal violeta	0,00 1ga
Água destilada q.s.p	1L

pH final 7,1

Podemos juntar sacarose numa concentração final de 1%.

Autoclavar a 121°C por 15 minutos. Usar em placas ou em tubos inclinados.

Motilidade, meio para

Extrato de carne	3g
Peptona de carne, péptica	10g
Cloreto de sódio	5g
Ágar	4g
Cloreto de trifeniltetrazólio	0,05g
Água destilada q.s.p	11

pH final 7,4

Distribuir cerca de 8 mL por tubo. Autoclavar a 121°C por 15 minutos.

Mueller Hinton, ágar

Infusão de carne	300g
Hidrolisado ácido de caseína	17,5g
Amido	1,5g
Ágar	17g
Água destilada q.s.p	11

pH final 7,4

Distribuir e autoclavar a 116 a 121°C por 15 minutos.

Nitrato, redução de, caldo

Hidrolisado pancreático de caseína	5g
Neopeptona *ou* outra peptcna	5g
Ágar	2,5g
Água destilada q.s.p	1L

Ferver, ajustar o pH a 7,3 ou 7,4 e juntar:

Nitrato de potássio (livre de nitritos)	1g
Dextrose	0,1g

Autoclavar a 121°C por 15 minutos.

O-F, meio base
(oxidação-fermentação, meio base)

A. Para *Corynebacterium, Enterobacteriaceae, Aeromonas* e *Pseudomonas:*

Peptona de caseína, pancreática	2g
Cloreto de sódio	5g
Fosfato dipotássico	0,3g
Azul de bromotimol	0,03g
Ágar	3g
Água destilada q.s.p	1L

1. Distribuir 3 ou 4 mL por tubo de 13 x 100 mm. Autoclavar a 121°C por 15 minutos.
2. Resfriar e juntar solução de dextrose a 10% em água destilada, para uma concentração final de 1% de dextrose. Se desejado, usar outros carboidratos.
3. Distribuir assepticamente.

Esse meio auxilia na diferenciação de microrganismos que se utilizam de carboidratos oxidativamente e não fermentativamente e, portanto, auxilia na identificação de *Pseudomonas* e membros do gênero *Acinetobacter.* Esse meio auxilia também na identificação de germes que não utilizam a glicose, de modo algum *(p.ex., Alcaligenes).* Inocular por picada, com pouco inoculo, dois tubos, a partir de uma cultura em ágar inclinado, recente. Cobrir um dos tubos com uma camada (5 mm) de vaselina líquida estéril. Incubar a 37°C por 3 a 4 dias. A formação de ácido apenas no tubo aberto indica a utilização oxidativa da dextrose. A formação de ácido nos dois tubos indica uma reação fermentativa. A falta de produção de ácido nos dois tubos indica que o germe não se utiliza de dextrose por nenhum dos dois métodos.

B. Para bacilos Gram-negativos como *Acinetobacter, Achromobacter, Flavobacterium, Moraxella* etc. (meio de King):

Peptona de caseína, pancreática	0,2g
Vermelho de fenol a 1,5%, aquoso	0,2mL
Água destilada	100mL

1. Aquecer para dissolver a peptona e ajustar o pH a 7,3.
2. Dissolver, por aquecimento, 0,3g de ágar.
3. Distribuir em tubos 16 x 125 mm, com 6 mL cada. Autoclavar a 121°C por 15 minutos.
4. Ao fundir o meio-base, resfriá-lo e juntar soluções de carboidratos, assepticamente, numa concentração final de 1%.

Pai, meio de

Ovos integrais	1L
Água destilada	500mL
Glicerol	120mL
Dextrose (opcional)	5g

Bater os ovos e a água, filtrar em gaze dobrada duas vezes, juntar o glicerol e misturar bem. Distribuir, inclinar e esterilizar como o meio de Loeffler.

Selenito, caldo
(Selenito, F, caldo)

Peptona de carne, péptica	5g
Lactose	4g
Fosfato dissódico	10g
Selenito ácido de sódio	4g
Água destilada q.s.p	1L
pH final 7,0	

Distribuir em tubos com uma profundidade de pelo menos 5 cm. Não é necessária esterilização se o meio for usado imediatamente. Ao contrário, expor os tubos ao vapor fluente por 30 minutos. Não autoclavar esse meio.

S-S ágar
(Salmonella-Shigella ágar)

Extrato de carne	5g
Peptona de carne, péptica	5g
Lactose	10g
Sais biliares	8,5g
Citrato de sódio	8,5g
Tiossulfato de sódio	8,5g
Citrato férrico	1g
Ágar	13,5g
Vermelho neutro	0,025g
Verde brilhante	0,33mg
Água destilada q.s.p	1L
pH final 7,0	

Aquecer até ferver. Não autoclavar. Resfriar a 42 ou 45°C e distribuir em placas.

Stuart, meios de transporte

Ágar	4g
Água destilada	1L

Aquecer até dissolver e então juntar, ainda a quente:

Cloreto de sódio	3g
Cloreto de potássio	0,2g
Fosfato dissódico, anidro	1,15g
Fosfato monopotássico	0,2g
Tioglicolato de sódio	1g
Cloreto de cálcio, sol. aquosa a 1%, recente	10mL
Cloreto de magnésio, $6H_2O$, sol. aquosa a 1%	10mL
pH final 7,3	

1. Mexer até dissolver. Juntar 10 g de carvão neutro, farmacêutico.
2. Distribuir em tubos de 13 x 100 mm com tampa de rosca, 5 a 6 mL por tubo, mexendo, para manter o carvão em suspensão.
3. Autoclavar a 121°C por 20 minutos. Inverter os tubos antes da solidificação, para distribuir uniformemente o carvão. Guardar em geladeira.

Nota: evitar, a qualquer tempo, um aquecimento prolongado.

Teague, meio de
(Eosona — azul metileno, meio de)

Peptona de caseína, péptica	10g
Lactose	5g
Sacarose	5g
Fosfato dipotássico	2g
Águar	13,5g
Eosina Y	0,4g
Azul de metileno	0,065g
Água destilada q.s.p	1L
pH final 7,2	

Aquecer com agitação até que o meio ferva. Autoclavar a 121°C por 15 minutos. Misturar frequentemente ao distribuir nas placas.

Tetrationato, caldo base

Polipeptona *ou* Proteose	5g
Sais biliares	1g
Carbonato de cálcio	10g
Tiossulfato de sódio	30g
Água destilada q.s.p	1L

1. Aquecer até a fervura. Resfriar a 45° ou menos.
2. Para cada 100 mL de meio base, juntar 2 mL de solução de iodo:

Iodo	6g
Iodeto de potássio	5g
Água destilada	20 mL

3. Não aquecer após a adição da solução de iodo.

Thayer-Martin, ágar

A. Base de ágar GC:

Peptona de caseína, pancreática	7,5g
Peptona de carne, péptica	7,5g
Amido de milho	1g
Fosfato dipotássico	4g
Fosfato monopotássico	1g
Cloreto de sódio	5g
Ágar	10g
Água destilada q.s p	1L

Distribuir em frascos, autoclavar a 121°C durante 15 mimutos, resfriar a 45°C, acrescentar 5 a 10% de sangue desfibrinado estéril, de carneiro, aquecer novamente a 80°C durante 15 minutos, resfriar novamente a 45°C e acrescentar:

B. Solução de antibióticos (inibidores), para dar as seguintes concentrações finais por 100 mL de meio; vancomicina, 30 µg; colistina, 750 µg e nistatina, 1.250 Unidades.

C. Acrescentar 10 mL por litro da seguinte solução de enriquecimento (IsoVitalex):

Vitamina B_{12}	0,01g
L-glutamina	10g
Adenina	1g
Hidrocloreto de guanina	0,03
Ácido paraminobenzoico	0,013
L-cistina	1,1g
Dextrose	100g
Difosfopiridina nucleotídeo (coenzima 1)	0,25g
Cocarboxilase	0,25g
Nitrato férrico	0,02g
Hidrocloreto de tiamina	0,003 g
Hidrocloreto de cisteína	25,9g
Água destilada	1L

D. Especialmente por espécimes retais, pode ser adicionado 5 mg/L de lactato de trimetropim.

Tinsdale, meio

Peptona de carne, péptica	20g
L-cisteína	0,24g
Cloreto de sódio	5g
Tiossulfato de sódio	0,43g
Ágar	14g
Água destilada q.s.p	14g

pH final 7,4

1. Aquecer com agitação e ferver por 1 minuto. Distribuir.
2. Autoclavar a 121°C por 15 minutos. Resfriar a 56°C e, a cada 100 mL de base, juntar:

Soro estéril, p. ex., de bovino	10mL
Telurito de potássio a 1%, aquoso	3mL

3. Alternativamente, o tiossulfato pode ser dissolvido em 1,7 mL de água e adicionado separadamente. Deve ser preparado recentemente, cada vez que o meio é preparado. A cistina pode ser dissolvida em 6 mL de HC1 1N e adicionada separadamente, quando será necessário juntar 6 mL de NaOH 1N para corrigir o pH final.

Todd-Hewitt, caldo

Infusão de coração bovino	500g
Peptona de carne, péptica	20g
Dextrose	2g
Cloreto de sódio	2g
Fosfato dissódico	0,4g
Carbonato de sódio	2,5g
Água destilada q.s.p	1L

pH final 7,8

Aquecer com agitação até a fervura. Distribuir e autoclavar entre 118 e 121°C por 15 minutos.

Tripticase soja, caldo

Peptona de caseína, pancreática	17g
Peptona de farinha de soja, papaínica	3g
Cloreto de sódio	5g
Fosfato dipotássico	2,5g
Dextrose	2,5g

Água destilada q.s.p	1L

pH final 7,3

Dissolver, distribuir e autoclavar entre 118 e 121°C por 15 minutos.

Urease, base, segundo Christensen

Peptona de carne, péptica	1g
Cloreto de sódio	5g
Dextrose	1g
Fosfato monopotássico	2g
Vermelho de fenol	0,012g
Ágar	15g
Água destilada q.s.p	1L

1. Dissolver o ágar em 90 mL de água destilada e autoclavar a 121°C por 15 minutos.
2. Resfriar a cerca de 50°C e acrescentar os demais ingredientes dissolvidos em 100 mL de água destilada.
3. Acertar o pH a 6,8. Distribuir e esterilizar em autoclave a 121°C por 15 minutos.

Preparar uma solução de ureia a 20%, esterilizar por filtração e distribuir em frascos previamente esterilizados. Guardar em geladeira. Juntar 10 mL dessa solução de ureia a cada 100 mL da base de ureia previamente liquefeita por fervura ou autoclavação e resfriada a 45°C. Distribuir em tubos 13 x 100 mm, ligeiramente inclinados, cerca de 1,5 mL por tubo.

Verde brilhante, ágar

Proteose – peptona	10g
Extrato de levedura	3g
Cloreto de sódio	5g
Lactose	10g
Sacarose	10g
Ágar	20g
Vermelho de fenol	0,08g
Verde brilhante a 0,5%, aquoso	2mL
Água destilada q.s.p	1L

pH final 6,7 a 7,1

Autoclavar a 121°C por 15 minutos. Guardar no escuro.

Vermelho de fenol, ágar

Peptona de caseína, tríptica	10g
Cloreto de sódio	5g
Vermelho de fenol	0,018g
Ágar	15g
Água destilada q.s.p	1L

pH final 7,4

Autoclavar entre 118 e 121°C por 15 minutos.

VM-VP

(caldo para vermelho de metila – Voges-Proskauer)

Fosfato dipotássico	5g
Peptona de carne, péptica	7g
Dextrose	5g
Água destilada	1L

pH final 6,9

Distribuir em tubos e autoclavar entre 118 e 121°C por 15 minutos.

Armazenamento de Meios de Cultura em Laboratório Clínico

No laboratório clínico, há necessidade de se ter sempre à mão uma quantidade satisfatória de meios de cultura frescos, de grande uso, como ágar-sangue, ágar-chocolate, meios de Teague, S-S etc., mas é também importante que se disponha de meios de menor uso, pois nunca se sabe o exame que vai ser necessário para atender a um novo pedido.

Há vários anos, estamos usando um método para conservar meios de cultura estéreis, que passaremos a descrever: 20 mL de meio de cultura são distribuídos em frasco-ampolas de 25 mL, fechados com rolha perfurável, de borracha e selados com tampa de alumínio. Os frascos são então auto-clavados a 121°C durante 30 minutos e deixados até o dia seguinte na estufa, para controle de esterilidade.

A maioria dos meios assim preparados pode ser conservada à temperatura ambiente durante anos e alguns, dependentes da presença de substâncias termolábeis em sua composição, são guardados em geladeira.

Para usar frascos de meios líquidos, simplesmente abrimos o selo de alumínio, retiramos a rolha de borracha com cuidados assépticos e, com esterilidade, transferimos o meio para um ou mais tubos estéreis. Podemos usar o próprio frasco, inoculando o seu meio de cultura e tampando-o com um tampão estéril proveniente de um tubo de ensaio estéril, de diâmetro semelhante ao da boca do frasco-ampola.

Se o meio for sólido, fundimos o ágar imergindo o frasco-ampola, fechado, em banho-maria fervente. Após a fusão do ágar, abrimos o selo de alumínio, retiramos a tampa e transferimos o meio para tubos por meio de pipetas estéries ou simplesmente despejamos o conteúdo do frasco-ampola em uma placa de Petri e deixamos solidificar.

Com esse mesmo sistema podemos, usando cerca de 5 mL, preparar meios inclinados e guardá-los fechados, para serem usados diretamente (meios de Loeffler, Loewentein-Jensen etc). Para a conservação de culturas bacterianas, estamos usando frasco-ampolas desse tipo, contendo meio para conservação. Após inoculados e incubados, os frasco-ampolas são novamente selados, rotulados e guardados à temperatura ambiente.

Incubação

A temperatura de incubação deve estar entre 35 e 37°C. Na realidade, a temperatura de 35°C é adequada para a maioria dos patógenos. Recomendamos que a estufa seja regulada a 36°C e assim vamos obter temperaturas entre 35,5 e 36,5°C. A temperatura não deve atingir 37°C, uma vez que várias amostras de germes (p. ex., *Neisseria gonorrhoeae)* são inibidas a essa temperatura.

Além da temperatura é importante que a atmosfera da estufa contenha umidade.

Vários grupos de microrganismos são isolados se houver um aumento da tensão de CO_2 na atmosfera *(Haemophilus influenzae* e *Brucella abortus).* Outros crescem bem melhor em tensão de CO_2 maior que a do ar atmosférico (pneumococo, gonococo, estreptococo, bacilo da tuberculose).

Como uma atmosfera de 5 a 10% de CO_2 não é lesiva a nenhum patógeno e é benéfica a muitos, sugerimos que a única estufa, mesmo nos pequenos laboratórios, seja uma estufa com CO_2 (mas que não deve ser usada para provas de sensibilidade aos antibióticos pelo método de discos, pois o pH da superfície do ágar torna-se muito baixo, causando aumento ou depressão da atividade bacteriana).

A necessidade de CO_2 é comum a todas as bactérias. Estudos com CO_2 radiativo ($^{130}CO_2$) comprovaram esse efeito. Uma extensão lógica dessa hipótese revelou que as necessidades iniciais de CO_2 devem ser satisfeitas pela substituição de produtos intermediários da fixação de CO_2, como se encontram no ciclo de Krebs e, em outras reações que ocorrem no metabolismo celular intermediário. O CO_2 produzido como produtor do metabolismo intermediário pode ser suficiente para fornecer a futura necessidade de crescimento da célula. As implicações práticas desses achados são de grande importância para o laboratório clínico: microrganismos como o pneumococo, de difícil cultivo, se cultivados em atmosfera de CO_2, conseguem sobreviver à fase de preparação metabólica e se desenvolvem, dando crescimento a colônias, ao passo que sem a atmosfera de CO_2 se inativam antes de desenvolver colônias.

MÉTODOS PARA A PRODUÇÃO DE AUMENTO DA TENSÃO DE CO_2

Há vários modos de produzir uma atmosfera com aumento da tensão de CO_2. Para muitos, o método da jarra com vela ainda é o preferido. Os tubos ou as placas de cultura são colocados numa jarra de dessecação, acende-se uma vela dentro da jarra e fecha-se a sua tampa. Não se pode encher mais de 2/3 da jarra. A vela queima um pouco do oxigénio do ar de dentro da jarra e, ao extinguir-se a chama, há o desprendimento de uma quantidade de CO_2 que, misturada no ar de dentro da jarra, vai fazer uma percentagem de 2 a 3% de CO_2 no ar.

Nota: não se trata de anaerobiose mas simplesmente CO_2 em ar.

Um outro método para produção de atmosfera de CO_2 envolve a colocação de um béquer com bicarbonato de sódio na jarra e a adição de H_2SO_4 a 10%, logo antes de fechar a tampa da jarra. Haverá a formação de uma atmosfera de cerca de 10% de CO_2.

Um terceiro método é o da estufa de $_{CO2}$. Esse tipo de estufa permite um fluxo de CO_2 ajustável.

INCUBAÇÃO DE ANAERÓBIOS

O isolamento de germes anaeróbios é muito mais exigente que o de germes aeróbios ou facultativos. É evidente que muitas amostras de materiais, particularmente provenientes de ferimentos, contêm regularmente vários anaeróbios, de significado clínico duvidoso. Atualmente sabemos que grande parte de nossa flora normal é constituída de germes anaeróbios que podem, por vários motivos, invadir determinadas áreas do nosso organismo, causando sérias infecções. O laboratório de análises clínicas deve contar com meios especiais para anaeróbios, pré-reduzidos, sem depender, como antigamente, exclusivamente do meio de tioglicolato para o isolamento de anaeróbios, que pode ser tóxico para certos anaeróbios e não ser suficiente para o crescimento de outros (falha em produzir boa anaerobiose). Nunca esquecer que a jarra de vela ou a estufa de CO_2 não cria condições de anaerobiose !

MÉTODOS PARA PRODUÇÃO DE ANAEROBIOSE

Em geral, são usados dois métodos para produção de anaerobiose. No primeiro, são usadas câmaras de cultura onde se retira o ar por meio de bomba e se refaz a pressão atmosférica com um gás inerte, geralmente nitrogênio. O segundo método é o uso de algum tipo de jarra de anaerobiose, que é produzido comercialmente e designado como de tipos Brewer, Mclntosh-Fildes, Torbal, Baird-Tatlock e Gas-Pak. Algumas dessas jarras têm o ar parcialmente retirado e, então, é acrescentado hidrogénio em água pela ação catalítica de paládio, oxigénio ou hidrogênio. Para se ter certeza de que realmente há anaerobiose, devemos usar um indicador como azul de metileno alcalino. Aconselhamos incluir na jarra um tubo semeado com um anaeróbio conhecido. Vejam-se detalhes no capítulo especializado.

17

Esterilização em Laboratório de Análises Clínicas

Ao iniciarmos o estudo desse assunto temos de, primeiramente, definir os termos esterilização e desinfecção.

Esterilização é um termo absoluto, que implica na inativação total de todos os microrganismos quanto à capacidade reprodutiva mas que não significa, necessariamente, a destruição de todas suas enzimas, de seus produtos metabólicos, toxinas etc. O termo *desinfecção,* por outro lado, denota um processo que reduz o número de bacte'rias contaminantes a um "nível razoável de segurança" mas que não implica, necessariamente, na eliminação de todos os microrganismos viáveis. Na realidade, há uma grande variedade de resultados obtidos pela desinfecção, que vão desde a própria esterilização, quando o desinfetante consegue eliminar todos os microrganismos envolvidos, até uma redução mínima no número de microrganismos contaminantes. Entre os diversos fatores que determinam a variação dos resultados obtidos podemos citar a natureza e o número dos microrganismos contaminantes, em especial a presença de esporos bacterianos, a concentração dos desinfetantes, a duração da aplicação, a quantidade de matéria orgânica presente, o tipo e o material a ser desinfetado, a temperatura de aplicação etc.

A esterilização pode ser obtida através da aplicação do calor úmido ou seco, da irradiação com raios gama ou X, de certos compostos químicos em solução ou em vapor e da filtração.

OS MECANISMOS DA ESTERILIZAÇÃO

Os mecanismos de morte dos microrganismos diferem de acordo com o método de esterilização empregado.

A esterilização pelo calor úmido envolve a desnaturação proteica, a coagulação de proteínas e de enzimas, bem como a fusão de lipídeos da membrana celular. Pelo calor seco a morte é principalmente um processo de oxidação, havendo necessidade do emprego de temperaturas mais elevadas.

As radiações esterilizantes promovem uma dupla quebra nas fitas do DNA dos microrganismos, impedindo sua regeneração e bloqueando sua replicação. Os danos causados às outras partes dos microrganismos são de pequena relevância para o processo de esterilização por meio de radiações.

Os esterilizantes químicos e gases são compostos altamente reativos quando empregados em concentração e quantidade adequadas e agem dissolvendo lipídeos da membrana celular (detergentes, solventes de lipídeos) ou por desnaturação de proteínas (certos agentes oxidantes e alquilantes).

Diferentemente dos outros métodos, o processo de filtração é o único que remove tanto os microrganismos viáveis como os mortos do gás ou do líquido que está sendo esterilizado. Assim mesmo, esse método não remove os produtos metabólicos dos microrganismos, suas toxinas etc. Esse processo baseia-se na adsorção dos microrganismos, na trama de fibras (filtro Seitz), através de porcelana porosa, não vidrada (filtro Selas) ou retenção dos mesmos em membranas porosas de nitrocelulose (tipo Millipore), com porosidade conhecida.

Como os métodos de esterilização utilizados em laboratórios de análises clínicas se limitam, em geral, aos métodos que empregam o calor, vamos nos ater unicamente a eles.

ESTERILIZAÇÃO PELO CALOR ÚMIDO

Água fervente

Os ungos, quase todos os vírus e as formas vegetativas das bactérias são esterilizados em poucos minutos em água fervente. Como a temperatura de fervura depende da altitude do local, como há resistência de grande parte dos esporos bacterianos quanto à esterilização em temperaturas abaixo de 100°C e devido à grande incidência de vírus da hepatite, a prática de se tentar esterilizar seringas, agulhas e instrumentos para pequena cirurgia por meio de fervura durante 10 a 15 minutos está hoje formalmente contra-indicada.

Tindalização

Esse processo consiste em submeter um líquido ou um matéria semi-sólido à temperatura de 100°C (vapor fluente, em autoclave com válvula de escape aberta) durante 30 a 60 minutos, por três dias consecutivos, conservando-o, nos intervalos do tratamento térmico, à temperatura ambiente.

O processo, teoricamente, mata as células vegetativas das bactérias e alguns esporos já no primeiro aquecimento e os esporos mais resistentes germinam e são mortos durante o segundo ou terceiro aquecimento. Isso exige, necessariamente, que o material seja suficientemente nutritivo para permitir que esporos bacterianos germinem num dos dois períodos de 24 horas. Desse modo, somente pode ser usado para esterilizar meios de cultura termo-sensíveis contendo carboidratos, ovos, soro etc, e, assim mesmo, desde que a contaminação inicial seja pequena.

Atualmente este processo está sendo substituído, com amplas vantagens, pela filtração estéril através de membranas de celulóide.

Calor úmido sob pressão (autoclavação)

O emprego do calor úmido sob pressão é o processo mais usado em esterilização e deve ser o método de escolha, desde que possível. É impróprio para materiais que são afetados pela umidade ou que são afetados pela temperatura atingida.

Há uma relação entre a temperatura empregada e o tempo necessário para a esterilização. Quanto maior a temperatura, menor o tempo necessário.

Relação entre temperatura e tempo de autoclavação

Temperatura, °C	100	110	115	121	125	130
Tempo	20h	2,5h	51'	15'	6,5'	2,5'

Esses números, contudo, devem ser usados apenas como guias, uma vez que, através da literatura, observamos tempos muito maiores para a destruição de esporos bacterianos.

Tempo de autoclavação para destruição de esporos bacterianos

Temperatura, °C	100	110	115	121
Germe		15'	6,5'	2,5'
B. subitilis	muitas horas		40'	
Cl. perfringens	45'	15'	4'	1'
C1. botulinum	500'	90'	40'	20'

Um fator limitante no uso do calor úmido sob pressão é o seu emprego na esterilização dos óleos e graxas, uma vez que esses produtos impedem o acesso da umidade aos microrganismos e criam condições locais que aproximam o processo ao da esterilização pelo calor seco.

Fatores que regulam a eficiência da esterilização em autoclave

A totalidade do material a ser esterilizado deve entrar em contato com o vapor saturado, na temperatura adequada e durante o tempo suficiente. Esses três fatores são importantes. Se não for usado vapor saturado, o processo virtualmente torna-se uma aplicação de calor seco, que necessita de um tempo de esterilização muito maior, como veremos adiante. Para obtermos vapor saturado devemos expulsar todo ar livre, da autoclave. A presença desse ar faz variar a temperatura obtida no processo, impedindo, às vezes, que haja uma esterilização eficiente, como podemos antever pela Tabela abaixo.

Além dessa diferença, há a tendência das misturas ar-vapor se separarem (especialmente em grandes autoclaves), o que propicia a formação de "bolsões" de ar, com a temperatura bem menor do que a do vapor.

Um fator de grande importância na exaustão completa do ar da autoclave é que geralmente as temperaturas de autoclavação são medidas por manómetros de pressão, em função das relações conhecidas e não diretamente por termômetros.

A remoção do ar é dificultada se os materiais estiverem embrulhados ou encerrados em caixas. Para contornar essa dificuldade, especialmente para a esterilização de roupas de cirurgia, foi introduzida a aplicação de vácuo antes da admissão de vapor, na autoclave. Viu-se depois que esse método é de grande importância na esterilização de materiais de borracha, inclusive de luvas cirúrgicas, uma vez que é a presença de ar e não a temperatura de esterilização que danifica esses materiais.

Infelizmente, as autoclaves de laboratório geralmente não permitem o uso de vácuo, nem antes, nem depois da autoclavação (técnica que permite a quase secagem do material esterilizado, ao ser retirado da autoclave).

Influência da remoção do ar da autoclave, na esterilização

Pressão (libra/polegada)	Temperatura, °C com vapor saturado	após remoção de 50% do ar	sem remoção do ar
5	109	94	72
10	115	105	90
15	121	112	100

Em todos os processos de esterilização pelo calor há uma relação entre temperatura e tempo, bem estabelecida e que deve ser obedecida para que se obtenha uma esterilização eficiente.

Para a esterilização de líquidos e para a maioria dos materiais usa-se uma autoclavação de 15 a 30 minutos, a 121°C. Esse tempo é necessário para a penetração do vapor nos embrulhos de materiais a serem esterilizados, para a ação letal do vapor sobre os microrganismos, bem como um tempo extra, dependendo da complexidade do material a ser esterilizado, como margem de segurança.

Influência dos materiais no tempo de autoclavação a 121°C (em minutos)

Tipo de material	Penetração	Exposição	Segurança	Total
Instrumentos	3'	12'	–	15'
Luvas (em envelopes)	5'	12'	3'	20'
Pacotes	12'	12'	6'	30'

Outro fato de muita importância é o modo de se colocar os materiais na autoclave. Devemos deixar um espaço entre os pacotes, para que haja uma circulação livre de vapor saturado entre eles.

Os tempos de autoclavação indicados acima devem variar de acordo com o tamanho da carga, com sua natureza e também com a altitude em que estiver instalada a autoclave.

Para meios de cultura, as indicações que acompanham suas instruções são relativas a volumes de 1 litro em balões de 2 litros e tamponados com algodão. Essas observações podem ser comprovadas através do uso de termopares em frascos de vários tamanhos contendo volumes variados de líquido. Enquanto que 100 mL de líquido necessitam de 16 minutos para atingir 100°C, um volume de 5 litros necessita de 42 minutos. Para melhor compreensão, daremos um exemplo observado na indústria farmacêutica: tanques de 200 litros, com 150 litros de meio de cultura, colocados em autoclaves de grande porte, industriais, levam 2 horas para atingir 100°C e 3 horas e meia para serem eficientemente esterilizados.

Quanto à altitude, temos as seguintes variações:

Influência da altitude na esterilização por 15 minutos de autoclavação

Altitude	Temperatura
ao nível do mar	121°C
a 1000 m de altitude	123°C
a 15000 m de altitude	124°C

A constituição e a operação da autoclave

A autoclave nada mais é do que uma câmara com força suficiente para suportar pressões de 20 até 30 libras por cm^2 e, eventualmente, suportar também alto vácuo.

O vapor pode ser gerado à parte e levado à autoclave por tubulações protegidas por material termo-isolante (aparelhos grandes, de uso industrial ou hospitalar) ou produzido no próprio aparelho, por meio de gás ou eletricidade (como são as autoclaves geralmente utilizadas em laboratórios de análise).

Os modelos retangulares são os mais econômicos em termos de espaço para carga útil, mas, são mais caros, pois necessitam de chapas metálicas mais espessas e mais reforçadas para suportar as pressões desenvolvidas.

A autoclave com vapor gerado à parte tem o seguinte esquema:

Essa autoclave apresenta as seguintes características:

a) possui válvulas separadas que controlam o suprimento de vapor na câmara e na jaqueta;

Esquema de uma autoclave com vapor gerado a parte

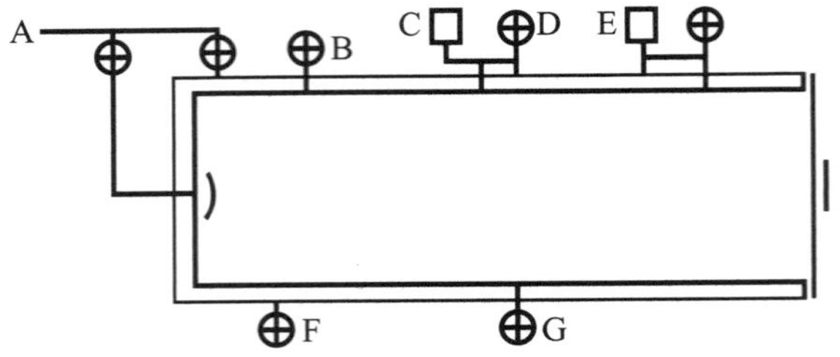

Fig. 17.1

A = vapor
B = vácuo
C = válvula de segurança
D = válvula de escape
E = filtro de ar
F = dreno da jaqueta
G = dreno da câmara

b) ao atingir a câmara o vapor não pode estar superaquecido ou seco;
c) um termômetro simples ou com registrador está instalado no dreno de vapor da câmara, na parte interna da válvula de controle. É possível a instalação de termopares para o exame da temperatura atingida em várias partes da carga da autoclave;
d) na parte inferior e superior da câmara estão instalados os registros de vapor e de ar;
e) é essencial uma boa válvula de segurança;
f) os registros de admissão de ar e de vácuo devem ter filtros de ar;
g) todas as guarnições, especialmente as da porta, devem ser à prova de ar.

A autoclave acima pode ser operada pelo método clássico ou com o ciclo de pré-vácuo. O método clássico é o único apropriado para a esterilização de líquidos e apresenta os seguintes passos:

1. após acertar a carga e fechar a porta, admitir o vapor, primeiro lentamente, com as válvulas de escape superior e inferior abertas;
2. quando todos os materiais tiverem atingido a temperatura de 98 a 100°C e todo ar tiver sido expulso, fechar os registros de escape e deixar a pressão da câmara subir lentamente, até o nível necessário;
3. manter a pressão nesse nível, de acordo com o tempo especificado;
4. cortar o afluxo de vapor e deixar a pressão cair lentamente, até que se nivele com a atmosférica. Se a queda de pressão for muito rápida, haverá perdas de material por fervura dos líquidos em esterilização;
5. abrir os registros de saída e deixar entrar ar filtrado até a carga resfriar a 80°C ou menos, antes de abrir a autoclave.

Os cuidados para operar essa autoclave, tão comum em laboratórios de análises, são os seguinte:

1. Repor a água no nível indicado (geralmente logo abaixo da grade de suporte de material). Se a fonte de calor forem resistências elétricas, a mínima falta de água, que exponha as resistências ao ar, causará sua destruição. Se a fonte de calor for o gás, que é aplicado externamente à autoclave, a água deve ser resposta para garantir a fonte de vapor.

A autoclave com gerador de vapor segue o seguinte esquema:

Fig. 17.2

A = reservatório de água
B = grade de suporte
C = válvula de segurança
D = válvula de escape
E = manômetro
F = dreno

É importante que a água seja sempre trocada (usar água destilada) para a esterilização de meios de cultura, para evitar uma contaminação química dos mesmos. Convém utilizar uma autoclave especialmente para a produção de meios de cultura.

2. Carregar a autoclave, deixando espaço entre os materiais.
3. Fechar a tampa, apertar os fechos de segurança e deixar a válvula de escape aberta.
4. Ligar as duas resistências (geralmente ligadas a 220 V, com duas chaves separadas) e esperar a emanação de vapor fluente, ininterrupto, pela válvula de escape.
5. Fechar a válvula de escape e esperar até que o manômetro atinja a pressão desejada.
6. Marcar o tempo de esterilização e desligar uma das resistências, para garantir a manutenção das condições de esterilização. Se a pressão desejada cair, ligar e desligar a resistência, mantendo a pressão adequada.
7. Terminado o tempo de autoclavação, desligar as resistências e esperar a pressão voltar a zero. Abrir imediatamente a autoclave e retirar o material, especialmente se o mesmo for meio de cultura (para não cindir constituintes essenciais do meio de cultura, tornando-o ineficiente).
8. Tratando-se de materiais embrulhados, roupas cirúrgicas etc, colocá-los em estufa de secagem.
9. Recomendamos que em cada material esterilizado seja colocada uma fita colante onde se escreve a data de esterilização.

ESTERILIZAÇÃO PELO CALOR SECO

Flambagem em chama direta

Esse método é restrito à esterilização das alças "de platina" empregadas em bacteriologia ou na colheita de materiais e na flambagem da boca de tubos e de pipetas, nas técnicas asépticas.

O forno de ar quente (forno de Pasteur)

A esterilização em forno de Pasteur necessita de temperaturas maiores e de exposições mais longas do que as empregadas na autoclave. A ação letal resulta do ar que o circunda. É fundamental que a totalidade do material permita a penetração do calor.

Devido a essas limitações, o forno de Pasteur tem um número restrito de aplicações como a esterilização de óleos, de alguns pós, de instrumentos cirúrgicos e de vidraria. Não serve para esterilizar algodão, lã, plásticos, nem pode ser usado quando houver presença de água num produto, mesmo que seja água de cristalização. Papel esterilizado em forno torna-se quebradiço e descorado, seringas com partes metálicas quebram frequentemente devido aos diferentes coeficientes de expansão. Quando esterilizamos pós devemos tomar muito cuidado com sua baixa condutibilidade térmica.

Os fornos de Pasteur são aquecidos a gás, pela parede inferior, ou pela eletricidade, pelas paredes laterais e inferior e possuem um revestimento térmico adequado para evitar uma grande perda de calor.

Ao utilizarmos os fornos, devemos deixar amplos espaços de ar entre os pacotes de materiais a serem esterilizados.

Experiências de medição de temperatura, com termopares instalados nos vários itens que estavam sendo esterilizados em forno a gás (ocorrendo o mesmo em forno elétrico com aquecimento somente na parede inferior), demostraram que uma temperatura nominal de 160°C, na realidade apresentava variações de 120 a 160°C, dependendo da posição do item dentro do forno. Viu-se também que, dependendo da posição e da carga, uma temperatura de 160°C levava de 45 a 100 minutos para ser atingida.

As opiniões não são unânimes quanto ao tempo necessário para se obter uma esterilização pelo calor seco. Recomendamos a temperatura de 170°C porque a esta temperatura o papel que usamos para embrulhar os materiais ainda mantém sua estrutura e os tampões de algodão ainda resistem. Quanto ao tempo, recomendamos 2 horas, que é o dobro do tempo necessário para a destruição de esporos de bactérias do solo, como margem de segurança.

Na tabela abaixo estão relacionadas as temperaturas e o tempo em que vários esporos bacterianos são destruídos em forno de Pasteur.

Destruição de esporos no fomo de Pasteur

	Tempo de destruição, em minutos					
Germe	*120*	*130*	*140*	*150*	*160*	*170 (Temp.°C)*
B.anthracis	–	–	180	120	90	–
Cl. botulinum	120	60	60	25	25	15
Cl. welchu	50	35	5	–	–	–
Cl. tetani	–	40	35	30	12	5
esporos do solo	–	–	–	180	90	60

Pelo exame da tabela acima, dobrando também o tempo, como margem de segurança, podemos utilizar as seguintes temperaturas e tempos de esterilização:

150°C durante 6 horas
160° C durante 3 horas
170°C durante 2 horas

Os cuidados para operar um forno de Pasteur são os seguintes:

1. Carregar o forno, deixando amplos espaços entre os pacotes.
2. Fechar a porta e ligar o aparelho.
3. Esperar a temperatura alcançar a temperatura de 170°C para depois marcar o tempo de 2 horas. Se o aparelho estivesse ainda quente devido à esterilização de uma carga anterior, devemos aumentar a margem de segurança, estendendo o tempo de esterilização para duas horas e meia.
4. Terminado o tempo de esterilização podemos retirar imediatamente todo o material que não venha a sofrer devido ao choque térmico ao ser exposto à temperatura ambiente ou deixar a carga toda dentro do forno, sem abrilo, até que tenha esfriado completamente.
5. Recomendamos que em cada material esterilizado seja colocada uma fita colante, onde se escreve a data da esterilização.

O CONTROLE DA ESTERILIZAÇÃO

Toda esterilização deve ser controlada para que se tenha uma garantia de que o processo foi adequado. Para isso, existem vários métodos, como o direto, o biológico e os químicos.

Método direto

Por esse método medimos diretamente, por meio de termopares, a temperatura alcançada em pontos estratégicos da carga de uma autoclave ou de um forno de Pasteur, onde presumimos que possa haver maior dificuldade de penetração de calor. Infelizmente, esse método não é utilizável em laboratórios de análises.

Método biológico

Ampolas com esporos de *Bacillus stearothermophilus* suspensos em meio de cultura apropriado e conservadas em geladeira podem ser utilizadas no controle de esterilização de autoclaves. Essas ampolas são colocadas na carga a ser autoclavada e terminado o processo são levadas à estufa bacteriológica, a 37°C, sem serem abertas. Se a temperatura da ampola chegou a 120°C durante a autoclavação, os esporos não estão mais viáveis e o meio de cultura das ampolas continua com sua coloração original, violeta. Se houver esporos viáveis apesar da "esterilização", em 24 horas de cultura aparecem formas vegetativas da bactéria e o líquido das ampolas se torna amarelo. Isso significa que a temperatura da ampola não chegou a 120°C.

Esses esporos, ao invés de estarem conservados em meio de cultura, podem se apresentar adsorvidos a tiras de papel e necessitam ser adicionados posteriormente ao meio de cultura apropriado para comprovar sua viabilidade ou destruição.

O uso desse método biológico tem uma limitação: eventualmente um ou outro esporo sobrevive à exposição térmica e não apresenta turvação ou mudança de coloração do meio de cultura nas 24 horas de cultura. Já foram descritos casos de retardamento de vários dias.

Métodos químicos

Esses métodos empregam produtos .químicos com ponto de fusão bem definido, colocados em ampolas ou em pequenos tubos. A substância selecionada é uma que funde na temperatura de esterilização ou muito próximo dela. Assim, para esterilização a 121°C usamos anidrido succínico (ponto de fusão 120°C), para 115°C usamos enxofre (ponto de fusão 115°C) ou acetanilamida (ponto de fusão 116°C).

Outros produtos químicos utilizáveis no controle de esterilização são os que mudam de cor pelo tratamento térmico. Geralmente tratam-se de misturas com composição mantida em segredo pelas firmas fabricantes e que se alteram em exposições de 115° durante 25 minutos ou de 121°C durante 15 minutos, para controlar esterilizações em autoclaves'ou então a 160°C durante 1 hora, para controlar fornos de Pasteur.

Como as viragens de cor dependem de reações químicas, tem-se observado que pode haver reação indicadora mesmo em temperaturas inferiores, com o aumento do tempo de exposição.

Existem ainda no comércio fitas impregnadas de substâncias que mudam de cor a 121°C, como é o caso da fita "Autoclave", da 3M.

18

Colorações

Introdução

A coloração é um dos passos mais importantes na identificação de bactérias. A finalidade da coloração é facilitar a observação microscópica das bactérias e diferenciá-las de acordo com suas características tintoriais. Na prática, os corantes são divididos em dois grupos: ácidos e básicos. Os corantes básicos são sais com base corada e que se unem eficazmente a substratos ácidos, tendo uma grande afinidade para corar material nuclear. As bactérias comportam-se como material nuclear e desse modo quase todos os corantes usados em bacteriologia são corantes básicos. Os corantes ácidos tendem a corar mais eficientemente ou substratos básicos como o citoplasma.

O uso de corantes

As colorações de maior importância para a microbiologia são as de Gram e a de Ziehl. Raramente, em laboratório clínico, usa-se coloração de esfregaços com um único corante. Geralmente, uma coloração diferencial é mais satisfatória e fornece um número muito maior de informações.

O primeiro passo é a preparação e a fixação de esfregaços. No exame bacterioscópico de materiais devemos preparar os esfregaços colocando no centro da lâmina uma alça do material e, com pequenos movimentos circulares e centrífugos, o espalhamos cuidadosamente até o seu esgotamento. Se o material for pouco fluido, primeiro colocamos na lâmina uma gota de água destilada e sobre essa gota colocamos a alça com material, fazemos uma emulsão e então espalhamos.

Na rotina do laboratório clínico, os esfregaços são fixados pelo calor, passando-se a lâmina com o esfregaço, rapidamente, umas três ou quatro vezes pela chama de um bico de Bunsen. O aquecimento serve para fixar o esfregaço e também para matar os microrganismos nele contidos. É fundamental que a lâmina esfrie antes de se começar as colorações.

Na literatura, encontram-se descritas várias colorações de Gram, porém a mais usada atualmente é a modificação proposta por Hucker. Na coloração de Gram, as bactérias Gram-positivas retêm o precipitado azul formado pelo corante cristal violeta, reagindo com lugol, enquanto que as bactérias Gram-negativas não retêm esse precipitado e tomam a coloração do corante de fundo. O precipitado sai das bactérias Gram-negativas pelo tratamento com álcool usado no processo de coloração, através da parede bacteriana. Nas bactérias Gram-negativas a parede é mais fina e possui uma alta percentagem de lipídios e baixa de mucocomplexo, sendo facilmente dissolvida ou desorganizada pelo álcool.

Na realidade, há uma gradação de Gram-positividade. Pela incorporação de P^{32} em bactérias e posterior extração dessa substância com álcool, foi verificado que há maior liberação nas bactérias Gram-negativas, de modo semelhante ao que ocorre com a coloração de Gram. Verificou-se, ainda, que nas bactérias Gram-negativas havia uma liberação de 96 a 54% de P^{32}, dependendo da bactéria em estudo, o mesmo acontecendo (entre 43 e 11%) entre as bactérias Gram-positivas. A relação abaixo dá uma **ideia** da variabilidade da colocação de Gram e explica o encontro, em material clínico, de bactérias antigamente chamadas de Gram-variáveis.

Além disso, a resistência de muitas bactérias Gram-positivas à descoloração diminui à medida que a célula bacteriana envelhece, tanto em cultura como em materiais provenientes do paciente. Bacténas mortas, mesmo há pouco tempo, são sempre Gram-negativas.

Gram	Microrganismo	% P^{32} liberado
–	*Pseudomonas sp.*	96
–	*Proteus vulgaris*	90
–	*Escherichia coli*	84
–	*Alcaligenes faecalis*	78
–	*Salmonella gallinarum*	75
–	*Moraxella (B) catarrhalis*	65
–	*Bacillus brevis*	54
+	*Leuconostoc mesenteroides*	43
+	*Clostridium perfringens*	36
+	*Streptococcus faecalis*	33
+	*Staphylococcus aureus*	26
+	*Bacillus cereus*	11

Na coloração de Ziehl-Neelsen, a coloração é feita a quente, pela fucsina concentrada e as bactérias ácido-resistentes retêm o corante após a descoloração do esfregaço com uma mistura de álcool e ácido clorídrico. Como a coloração de fundo é feita pelo azul de metileno, as bactérias que não são ácido-resistentes tomam a coloração azul. A coloração das micobactérais é uniforme, porém um excesso de impurezas iónicas na fucsina pode levar ao aparecimento de grânulos dentro das micobactérias, não relacionados a estruturas conhecidas, considerados hoje provavelmente como artefatos.

Qualidade dos corantes

Os corantes biológicos são geralmente substâncias impuras e partidas diferentes de um corante, de um mesmo fabricante, não são necessariamente equivalentes. Como em cada frasco de corante em pó (matéria-prima) frequentemente há uma mistura de corantes relacionados e de materiais não corantes como sais minerais, recomendamos que, toda vez que utilizarmos uma nova embalagem de um corante, nos certifiquemos de que esse corante realmente satisfaz às exigências técnicas.

Em todos os métodos de coloração, há vários fatores que podem influenciar nos resultados, como por exemplo o pH das soluções de lavagem, a limpeza das lâminas, a pureza dos reagentes, o modo de preparação do corante e mesmo há quanto tempo foi esse corante preparado.

Colorações mais comuns em microbiologia clínica

COLORAÇÃO DE GRAM (MODIFICAÇÃO DE HUCKER)

Preparo dos reagentes

Cristal violeta de Hucker: solução a: 2g de cristal violeta em 20 mL de álcool etílico a 95%; solução b: 0,8g de oxalato de amônio em 80 mL de água destilada; misturar a e b. Filtrar em papel de filtro após 24 horas.

Lugol: num gral, juntar 1 g de iodo, 2g de iodeto de potássio e triturar. Aos poucos, juntar 300 mL de água destilada. Preparar em quantidade que seja usada antes de 30 dias.

Corante de fundo, de Hucker (solução-estoque): 2,5g de safranina 0 em 100 mL de álcool etílico. Para usar, juntar 10 mL da solução-estoque em 90 mL de água destilada. Para usar, diluir a 10% em água destilada.

Método de coloração

a) a lâmina com o esfregaço é fixada pelo calor e esfriada;
b) cobrir a lâmina com cristal violeta de Hucker, durante 1 minuto, e lavar rapidamente em água da torneira (não exceder de 5 segundos);
c) cobrir a lâmina com lugol, durante 1 minuto. Lavar em água da torneira;
d) descorar com álcool etílico a 95% até que não se desprenda mais corante (cerca de 30 segundos). Lavar, escorrer o excesso de água;
e) cobrir a lâmina com sufranina, durante 1 minuto. Lavar em água da torneira, escorrer, secar com papel de filtro e passar rapidamente na chama de um bico de Bunsen para terminar a secagem.

Algumas bactérias Gram-negativas não se descoram imediatamente. Para neisserias, recomendamos diluir a solução *a* (de cristal violeta) a 1:5 com água destilada e depois diluir a solução *a* + *b* com a solução de oxalato de amónio (solução *b)* na proporção de 1:5.

Para anaeróbios, recomendamos diluir uma parte da mistura *a* + *b* comum com uma parte de bicarbonato de sódio a 1%, no momento da coloração.

Colorações para bacilos ácido-resistentes

COLORAÇÃO DE ZIEHL - NEELSEN

Preparo dos reagentes

Fucsina fenicada, de Ziehl: solução A: num gral, dissolver 3g de fucsina básica, triturando-se a fucsina e acrescentando-se álcool etílico a 95%, aos poucos, até completar 100 mL; solução B: dissolver 5 mL de fenol liquefeito em 95 mL de água recentemente destilada.
Misturar 10 mL da solução A com 90 mL da solução B. Filtrar após 24 horas.

Álcool-ácido: 3 mL de ácido clorídrico concentrado e 97 mL de álcool etílico a 95%.

Corante de fundo: 0,3g de azul de metileno em 100 mL de água destilada.

Método de coloração

a) a lâmina com o esfregaço é fixada pelo calor e esfriada;
b) cobrir a lâmina com fucsina fenicada e aquecer a lâmina com a chama de um bico de Bunsen, até que sejam emitidos vapores, mas sem deixar ferver. A partir desse momento, continuar a aquecer a lâmina, intermitentemente, durante 6 minutos;
c) descorar com álcool-ácido, até que não se desprenda mais corante (cerca de dois minutos). Para esfregaços mais espessos são necessários tempos mais longos. Cuidado, no entanto, para não descorar demais, pois as micobactérias podem perder sua ácido-resistência;
d) lavar a lâmina em água da torneira;
e) cobrir a lâmina com azul de metileno, durante 30 segundos. Lavar em água da torneira, escorrer o excesso de água, secar com papel de filtro e passar rapidamente na chama de um bico de Bunsen para terminar a secagem.

OLORAÇÃO FLUOROCRÔMICA PARA MICOBACTÉRIAS (MODIFICAÇÕES DE TRUANT),

Preparo dos reagentes

Corante de auramina-rodamina: auramina 0 l,5g; rodamina B 0,75g; glicerol 75 mL; fenol liquefeito 10 mL e água destilada, 50 mL. Misturar durante 24 horas, por meio de um agitador magnético. Clarificar por filtração com lã de vidro. Guardar em temperatura ambiente.

Álcool-ácido: 0,5 mL de ácido clorídrico concentrado em 99,5 mL de álcool etílico a 70%.

"Corante" de fundo: 0,5g de permanganato de potássio em 100 mL de água destilada.

Método de coloração

a) a lâmina com o esfregaço é fixada pelo calor e esfriada (para este método devemos usar lâmina bem fina e de excelente qualidade);
b) cobrir a lâmina com o corante de auramina-rodamina e deixar durante 15 minutos, à temperatura ambiente;
c) descorar em álcool-ácido, durante 2 a 3 minutos;
d) lavar em água da torneira;
e) cobrir o esfregaço com o "corante" de fundo e deixar de 2 a 4 minutos;
f) lavar em água da torneira e descorar com álcool-ácido; secar ao ar e examinar em microscópio fluorescente com filtro excitador Schott BG-12 e filtro de barragem Schott OG-1. Essa combinação de filtros dá aos bacilos uma coloração vermelho--alaranjada fluorescente, contra um fundo negro. Podemos fazer a triagem da lâmina com objetiva de médio aumento. Qualquer fluorescência deve ser então confirmada com objetiva de grande aumento, seca, ou por objetiva de imersão. É importante que a lâmina seja de boa qualidade, pois lâminas preparadas com vidro de qualidade inferior ou com defeitos de polimento apresentam, depois de coradas, fluorescências inespecíficas que podem mascarar micobactérias ou com elas serem confundidas.
   A "coloração" de fundo pelo permanganato de potássio, na realidade, é para atenuar a fluorescência dos restos celulares do esfregaço. O tratamento excessivo, de mais de 5 minutos, diminui a fluorescência até dos bacilos corados.

COLORAÇÃO DE AZUL DE METILENO ALCALINO DE LOEFFLER

Preparo dos Reagentes

Solução A: 0,3 g de azul de metileno em 30 mL de álcool etílico a 95%.

Solução B: hidróxido de potássio a 0,01%.

Misturar a solução A com 100 mL da solução B.

Método de coloração

a) fixar as lâminas com calor brando;
b) cobrir as lâminas com o corante, durante 1 a 2 minutos;
c) lavar rapidamente e enxugar em papel de filtro.

COLORAÇÃO DE ALBERT (MODIFICAÇÃO DE LEYBOURN)

Preparo dos reagentes

Solução de Albert, A: Num gral, juntar 0,15 g de azul de toluidina e 0,2 g de verde de malaquita e triturar, com 2 mL de álcool a 95%. Juntar a essa mistura 100mL de ácido acético glacial a 1%

Solução de Albert, B: Dissolver 3 g de iodeto de potássio em 5 mL de água destilada, juntar 2 g de iodo e agitar até dissolver. Juntar 298 mL de água destilada e agitar vigorosamente.

Método de coloração

a) cobrir o esfregaço seco e fixado com o corante de Albert A e deixar 5 minutos.
b) lavar rapidamente a lâmina, em água da torneira;
c) cobrir o esfregaço com o corante de Albert B. Deixar 1 minuto;
d) lavar rapidamente com água da torneira e enxugar em papel de filtro.

COLORAÇÃO DE CÁPSULAS (MÉTODO DE HISS)

Misturar uma alçada da suspensão do microrganismo em solução fisiológica com uma gota de soro normal, sobre uma lâmina de microscopia. Preparar um esfregaço e secá-lo ao ar. Fixar pelo calor. Cobrir a lâmina com cristal violeta a 1%, solução aquosa. Aquecer levemente até o aparecimento de vapores, durante 1 minuto e lavar com uma solução de sulfato de cobre a 20%. As cápsulas aparecem de coloração azulada clara ao redor das bactérias que se coram desde azul escuro até púrpura.

COLORAÇÃO DE ESPOROS (MÉTODO DE WIRTZ-CONKLIN)

Cobrir toda a lâmina com uma solução de verde de malaquita, aquosa, a 5%. Aquecer até o desprendimento de vapores durante 3 a 6 minutos e lavar em água da torneira. Contracorar com uma solução aquosa, a 5% de safranina, durante 30 segundos. Os esporos aparecem como esférulas verdes em bastonetes corados de vermelho ou com contorno avermelhado.

COLORAÇÃO DE FLAGELOS (MÉTODO DE LEIFSON)

Corante de Leifson:

Acetato de pararosanilina	3 partes
Hidrocloreto de pararosanilina	1 parte

Esses corantes devem ser certificados quanto à coloração flagelar. Como são difíceis de serem encontrados, entre nós, corantes certificados, devemos verificar o resultado atingido pelo método a cada vez que trocamos de frasco de corante em pó e devemos reservar os corantes que são satisfatórios apenas para este tipo de coloração.

Acido tânico	3 g
Água destilada	100mL
Cloreto de sódio	1,5 g
Água destilada	100 mL

Preparar o corante fazendo três soluções separadas: a) 1,5% de cloreto de sódio em água destilada, b) 3% de ácido tânico em água destilada e a mistura de corantes acima (os dois primeiros itens, em álcool etílico a 95%). Deixar a solução alcoólica de corantes à temperatura ambiente de um dia para o outro, para se certificar da sua dissolução completa. Misturar volumes iguais das 3 soluções, agitar e esperar 2 horas. Guardar em frasco bem fechado, na geladeira. O precipitado que se forma no fundo do frasco não deve ser perturbado. Se guardada à temperatura ambiente, a solução é satisfatória somente por alguns dias, para a coloração de flagelos. Se guardada em geladeira, pode ser usada até por dois meses. Se congelada, sua duração é indefinida. As soluções congeladas devem ser muito bem misturadas após o descongelamento, pois a água se separa do álcool. Depois de misturar, devemos esperar que o precipitado se deposite no fundo do frasco.

Método de coloração: as bactérias que vão ser coradas devem ser cultivadas em caldo cérebro-coração ou outro caldo apropriado, com peptona, à temperatura ambiente, por 18 a 20 horas. Colocamos 0,25 mL de formalina em 4 mL desse caldo de cultura e aguardamos 15 minutos. O tubo é então enchido com água destilada fresca, misturando e centrifugando. O sobrenadante é decantado com cuidado. Juntamos água destilada e recentrifugamos. Removemos o sobrenadante, ressuspendemos os germes em 1 ou 2 mL de água destilada e então diluímos até obter uma suspensão ligeiramente turva.

Aquecemos uma lâmina de microscopia na chama azul de um bico de Bunsen. Com a lâmina ainda quente, traçamos uma linha grossa, com lápis dermográfico perpendicular à lâmina â uma distância de 1/3 do fim da lâmina e margeando os outros 2/3 da lâmina. É nessa porção delimitada que vai ser feito o esfregaço. Resfriamos a lâmina e colocamos uma grande alçada de suspensão bacteriana no final da lâmina e fazemos essa suspensão escorrer na lâmina, em direção à outra extremidade, inclinando a lâmina. Secamos ao ar, sem fixar pelo calor.

1 mL do sobrenadante do corante é aquecido à temperatura ambiente e é aplicado sobre a lâmina com o esfregaço. À medida que o álcool da solução se evapora, forma-se um precipitado na solução, dentro 5 a 15 minutos. Preparações recentes da solução coram mais rapidamente do que solução mais antigas. Assim que se formar o precipitado sobre todo o esfregaço, a coloração está pronta e a lâmina é cuidadosamente lavada colocando-se água em cima da lâmina até a lavagem completa. Secar ao ar.

COLORAÇÃO DE FONTANA-TRIBONDEAU
(impregnação de espiroquetas, pela prata)

Soluções:

a) Solução de Ruge

Ácido acético glacial	1 mL
Formalina (a 40%)	2 mL
Água destilada	100 mL

b) Álcool absoluto

c) Solução de tanino (mordente)

Tanino (ácido tânico)	5 mL
Água fenicada a 1%	100 mL

d) Solução de nitrato de prata amoniacal, de Fontana (preparada no momento da coloração) solução de nitrato de prata a 5% (esta solução deve ser preparada a mais e guardada para outras colorações):

Nitrato de prata	1 g
Água destilada	20 mL

Dessa solução, separa-se cerca de 4 mL. Aos 16 mL restantes junta-se NH_3 diluído, gota a gota, até o aparecimento e o desaparecimento de um precipitado castanho. Aos poucos, juntamos a solução de nitrato de prata que tínhamos separado, até atingir uma tonalidade de ligeiramente opalescente.

Técnica: colher o material exsudado da lesão, fazer esfregaços e não flambar. Antes de secar, cobrir os esfregaços com o líquido de Ruge, três ou quatro vezes, durante 30 segundos, esgotando a lâmina após cada troca. (Temos então o material fixado e desemoglobinado).

Esgotada a lâmina, a cobrimos com o álcool absoluto, que deixamos evaporar. Nesta fase podemos guardar as lâminas, para continuar depois a coloração (em outro local, por exemplo).

Para corar, cobrimos com o mordente (solução de tanino), por 30 segundos, aquecendo ligeiramente até o desprendimento de vapores.

Usando a solução de nitrato de prata feita na hora, cobrimos a lâmina, esperamos 10 a 15 segundos e aquecemos ligeiramente, até o desprendimento de vapores, por 30 segundos. Lavamos em água destilada e secamos ao ar.

Os espiroquetas aparecem em castanho-escuro, sobre fundo castanho-claro.

19

Coproculturas

Introdução

Este capítulo vai tratar de culturas de fezes para o diagnóstico de várias formas de diarreia, mas nele abordaremos também as enterobactérias em geral, uma vez que várias enterobactérias podem ser isoladas de materiais não intestinais os mais diversos, como os provenientes do trato urinário, de infecções etc, onde são patogênicas. Além de enterobactérias, trataremos aqui de um grupo heterogêneo de bacilos e coco-bacilios Gram-negativos, que produzem um apreciável número de infecções e que não se utilizam dos açúcares empregados na identificação das enterobactérias. São os chamados bacilos Gram-negativos não fermentadores.

As enterobactérias ocorrem nas fezes de homens e de animais e são definidas como bacilos Gram-negativos, não esporulados e que crescem bem em meios artificiais. Podem se apresentar com motilidade e nesses casos são flageladas (flagelos peritríquios). Reduzem nitrato a nitrito, utilizam glicose fermentativamente, com produção de ácido ou de ácido e gás. A prova de indofenolxidase é negativa, não liquefazem alginato e a não ser no gênero *Erwinia,* não liquefazem pectato.

Apesar do nome "enterobactéria" significar bactéria do intestino, é fundamental que se considere a Família *Enterobacteriaceae* participando apenas de uma parte dos germes que vivem no intestino.

As fezes contêm cerca de 110^{11} (100 trilhões) de bactérias por gramo, dos mais diversos tipos: cocos e bacilos Gram-positivos e cocos, coco-bacilos e bacilos Gram-negativos, tanto aeróbios como anaeróbios. São encontráveis também vírus, fungos, parasitos, etc. Esses microrganismos apresentam-se em seus tipos clássicos e também como mutantes, por vezes difíceis de serem identificados. Ecologicamente, esses milhões de germes interferem entre si, através de antogonismos e sinergismos.

A família *Enterobacteriaceae é* composta de 20 gêneros, sendo 18 de interesse médico, por apresentarem germes patogênicos para o homem ou germes que, isolados de material humano, têm de ser levados em conta para eventuais diagnósticos diferenciais.

Os gêneros de interesse médico são: *Escherichia, Shigella, Salmonella, Citrobacter, Klebsiela, Enterobacter, Erwinia, Serratia, Hafnia, Edwardsiella, Proteus, Providencia, Morganella, Yersinia, Fluyvera, Rahnella, Cedecea* e *Tatumella.*

Três gêneros podem produzir doença entérica primária (amplas epidemias de diarreia, casos esporádicos ou casos endémicos): *Salmonella,* que é o agente etiológico da febre tifóide e de outras salmoneloses; *Shigella,* o agente da disenteria bacilar e certas raças de *Escherichia coli,* chamadas de enteropatogênicas, enterotoxigênicas e invasivas, e que podem produzir enterite especialmente em crianças pequenas, atingindo, por vezes, forma epidêmica.

As outras enterobactérias são ocasionalmente isoladas de fezes provenientes de casos de diarreia ou de pessoas normais. Hoje em dia a tendência é de verificar a predominância desses microrganismos nas fezes de que foram isolados. Não havendo predominância, devemos dar como resultado a seguinte frase: "Presença de flora normal, eutrófica". Se houver predominância, relatamos: "Flora normal, com predominância de..." ou ainda: "Presença exclusiva (ou quase exclusiva, conforme o caso), de...". A justificativa para tal procedimento é simples: como a rotina seguida para a coprocultura visa a detecção principalmente de salmonelas, shigelas e de cepas de *Escherichia coli* enteropatogênicas, grande parte desses germes, se presentes, passam desapercebidos. Somente as colônias que eram inicialmente suspeitas de serem patogênicas é que são selecionadas (pela coloração, forma, brilho etc.) e que, pela sequência dos exames, são identificadas como uma bactéria diferente. Se não utilizássemos meios seletivos e identificássemos todas as colônias isoladas em coprocultura, o que não é factível em laboratório de análises clínicas, teríamos uma noção melhor da real prevalência desses germes tanto em pessoas com alguma manifestação clínica como em casos normais. Do modo que procedemos a essas identificações, os resultados são aleatórios e raramente confirmados, inclusive pelo mesmo laboratório. Acresça-se a isso a confusão que fatalmente leva ao cliente ou a um profissional menos avisado, que tentará "tratar" seu cliente que apresentou um isolamento, por exemplo, de *Hafnia* (às vezes uma única colônia), de uma amostra de fezes normais ou não.

Todas as enterobactérias, no entanto, devem ser identificadas e relatadas se forem isoladas de outros materiais.

Colheita e processamento de amostras de fezes

As amostras de fezes devem ser colhidas no início da doença diarréica e antes de qualquer tratamento. No laboratório, as amostras devem ser semeadas o mais rapidamente possível e, quando presentes, devemos selecionar constituintes patológicos como muco, pus ou pedaços de epitélio. Amostras que não puderem ser semeadas logo após a colheita devem ser colocadas em solução para transporte. Recomendamos a salina glicerinada tamponada: cloreto de sódio, 4,2 g; fosfato dipotássico, g; fosfato monopotássico, 1 g; e vermelho de fenol 0,003 g em 700 mL de água destilada. Misturar e juntar 300 mL de glicerol p.a. Distribuir em frascos de boca larga, com tampa. Esterilizar a 121°C, durante 15 minutos. A solução tem o pH e deve permanecer rósea. Se estiver ácida, deve ser desprezada, pois terá efeito prejudicial sobre *Shigella,* caso ela esteja presente.

Para estudos epidemiológicos de disenteria em hospitais e em populações com doença diarréica têm sido usados *swabs* retais, mas os resultados de culturas positivas são inferiores em comparação com os resultados obtidos de amostras de fezes, especialmente se o agente etiológico for *Shigella.* Apesar disso, foi exatamente esse método de colheita que serviu de base a muitos trabalhos sobre a incidência de *Shigella* e de outras enterobactérias na doença diarréica.

Isolamento e identificação preliminar de enterobactérias patogênicas

para o isolamento e a identificação de *Salmonella, Shigella e Escherichia coli* (raças enteropatogênicas, em fezes de crianças), a tecnologia envolvida torna-se relativamente simples.

Meios para isolamento: em geral, os meios usados no isolamento de enterobactérias podem ser divididos em várias categorias, de acordo com sua seletividade:

- meios não inibidores ágar-sangue, ágar simples;
- meios diferenciais pouco seletivos para bactérias Gram-negativas aeróbias: meios de Teague (também chamados de meio de eosina-azul de metileno); de ágar-desoxicolato e de Mac Conkey; meio de Hektoen;
- meios-diferenciais, moderadamente seletivos: meio *Shigella-Salmonella* (também chamado de meio SS) e meio de citrato-desoxicolato:
- meios altamente seletivos: ágar-verde-brilhante; ágar-bissulfito de bismuto. O meio de ágar-verde-brilhante é particularmente útil no isolamento de salmonelas.

Ocasionalmente, raças especiais de *Shigella* não crescem em meio MacConkey ou de SS ou, então, uma *Salmonella* particular não se desenvolve em ágar-verde-brilhante. Por isso, usamos sempre um esquema onde as várias categorias de meios de cultura estão representadas.

Meios de enriquecimento: seu uso é essencial para tentativas de isolamento de enteropatogênicos de portadores, porém nós recomendamos que sejam usados de rotina. Dois desses meios são usados: meio de tetrationato e caldo-selenito F.

No meio de tetrationato, as salmonelas, incluindo *S. typhi,* aumentam muito de número e algumas shigelas podem ser isoladas. O meio de selenito-F foi proposto para o enriquecimento de salmonelas, inclusive *S. typhi,* mas não para shigelas. Contudo, os meios hoje disponíveis de várias firmas foram ligeiramente modificados, de modo que não raramente são úteis também para o isolamento de shigelas.

É importante que se note que tanto o meio de selenito como o de tetrationato podem ser tóxicos para certas raças de *Salmonella* (por ex., *Salmonella choleraesuis).*

O esquema acima é usado para fezes de adultos, a não ser que o pedido seja para isolamento também de *Escherichia coli* enteropatogénica. A placa de Teague é semeada com uma alça de suspensão de fezes em água destilada ou solução fisiológica e a placa de SS com o dobro desse inoculo. Em ambas as placas, o material é espalhado com a própria alça, em três áreas distintas, de modo a se obter colônias isoladas.

Cerca de 1 mL da suspensão de fezes, ou então 1 g de fezes, é colocado num tubo de selenito F. O mesmo é feito com o tubo de tetrationato, onde tínhamos acabado de juntar duas gotas de lugol. As placas e os tubos são incubados a 36°C de 18 a 24 horas. Depois desse tempo, inoculamos uma placa de SS com o material enriquecido no tubo de selenito e uma placa de ágar-verde-brilhante com o material proveniente do tubo de tetrationato e incubamos essas duas placas até o dia seguinte.

Coprocultura — Isolamento de Shigelas e de Salmonelas

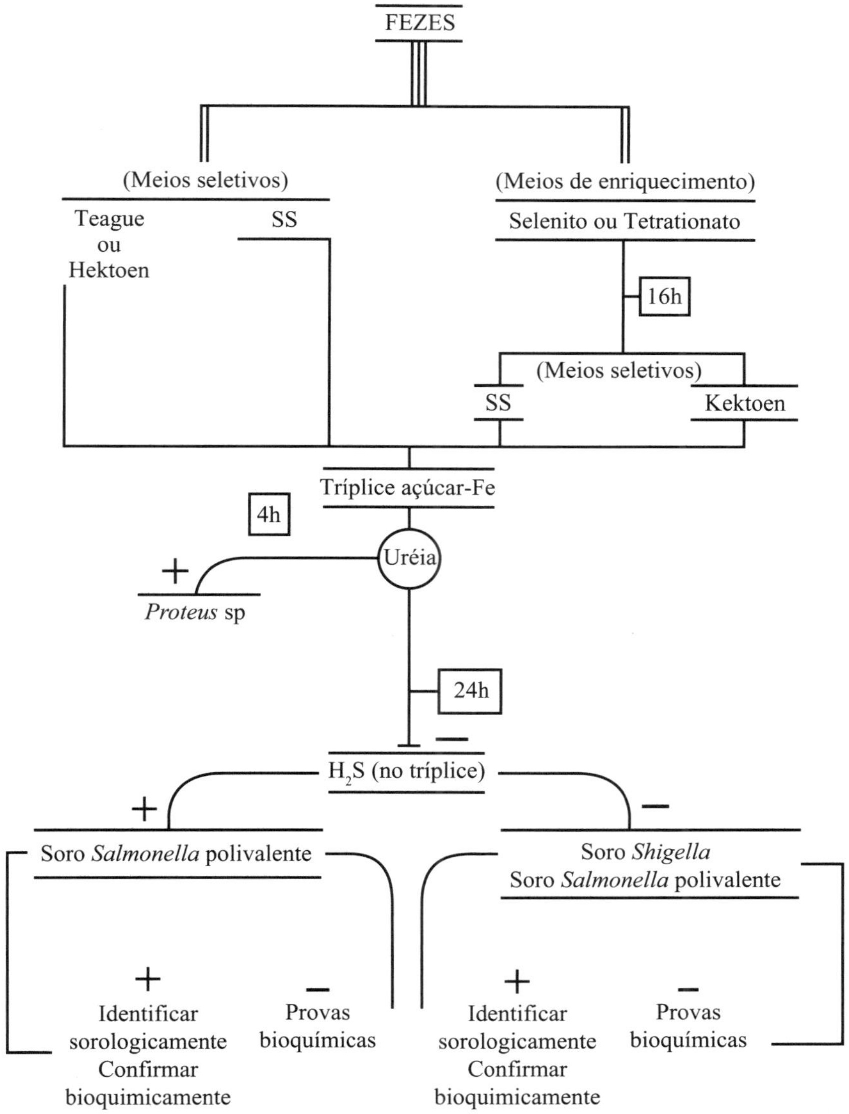

Seleção e estudos das colônias de Salmonelas e de Shigelas

O exame das placas inoculadas diretamente com suspensão de fezes ou inoculadas com material enriquecido deve ser cuidadoso. *Shigella* e *Salmonella,* geralmente, produzem colônias típicas nos diferentes meios de cultura, mas deve ser lembrado que esses aspectos podem ser alterados pelo crescimento em estreita associação com outros microrganismos. Outras vezes, esses patógenos produzem colônias atípicas, de modo que mesmo pessoas com longa experiência em enterobactérias podem se enganar com o aspecto das colônias. Recomendamos que sejam selecionadas pelo menos duas colônias representativas de cada tipo de bactéria que não seja franca fermentadora de lactose. Mesmo esse critério está sendo posto em dúvida, uma vez que têm sido isoladas raças de *Salmonella* fermentadoras de lactose. Assim sendo, não havendo numa placa nenhuma colónia suspeita, devemos selecionar dessa placa quatro colônias, mesmo lactose-positivas.

Após selecionadas, as colônias suspeitas devem ser repicadas para meios de diferenciação, por meio de estilete montado em cabo de Colle (cabo idêntico ao usado para a alça de platina) e que deve ser esterilizado a fogo antes e depois de cada repiaue.

Como os meios seletivos usados nas placas apenas inibem o crescimento de muitas bactérias, que continuam vivas na superfície do ágar chegando mesmo a formar microcolônias, é importante que não se toque a superfície do ágar com o mesmo estilete, nem mesmo para esfriá-lo como vemos costumeiramente ser feito, numa área da placa onde aparentemente não houve crescimento bacteriano. Recomendamos que o estilete seja esfriado ao ar e que cada colónia seja apenas tocada, sem aprofundar o estilete até o ágar.

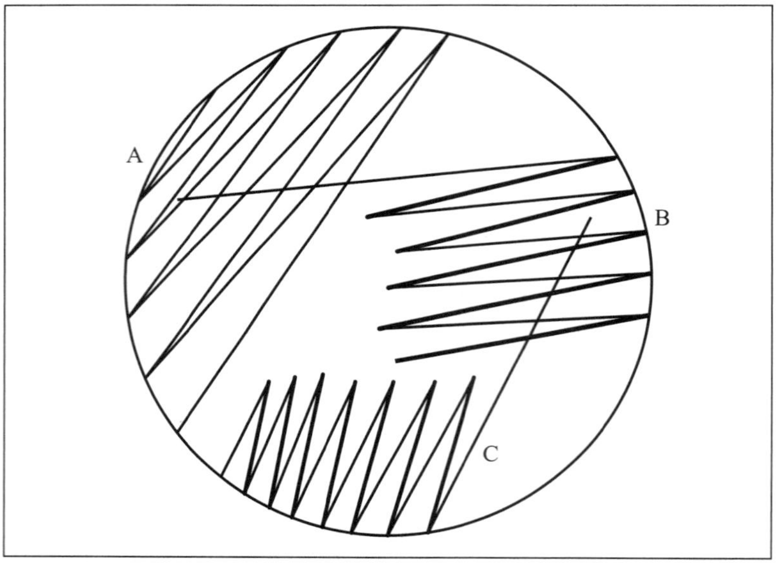

Fig. 19.4 – Semeadura de placa de cultura para isolamento de germes A = Semeadura inicial. B e C = Semeaduras posteriores, após a flambagem de alça.

Diferenciação primária

Cada colônia selecionada é repicada em dois tubos: um com meio de tríplice-açúcar-ferro e outro com meio de ureia, de Christensen. Esses dois tubos são identificados como pertencentes à mesma colônia em estudo.

O meio de ureia é inclinado e deve ser semeado pesadamente, mas só na superfície. O tubo de tríplice-açúcar-ferro também é inclinado, mas devemos semeá-lo introduzindo primeiro o estilete até o fundo e depois semeando a superfície inclinada, em ziguezague.

Os dois tubos são incubados a 37°C, durante 24 horas, 4 horas após a semeadura; no entanto, devemos observar o aspecto do meio de ureia. Após esse tempo, as culturas de *Proteus* produzem acentuada alcalinidade nesse meio, tornando-o rosado. Culturas que pertencem a outros gêneros produzem vários graus de alcalinidade depois da incubação de 24 horas ou mais ou não utilizam ureia.

O aspecto do tubo de tríplice-açúcar-ferro, no dia seguinte, dá uma boa orientação quanto à possível identidade do germe em estudo.

Se o aspecto apresentado for diferente do esperado (pelas características da colônia suspeita), a cultura pode estar misturada ou se tratar de um bacilo Gram-negativo que não é enterobactéria ou mesmo nem se tratar de bacilo Gram-negativo. Nesses casos, devemos fazer um exame bacterioscópico e tentar reisolar o germe em estudo.

Recomendamos que seja usado um meio de tríplice-açúcar-ferro comercial, de boa procedência, para que as reações observadas estejam de acordo com a Tabela a ser apresentada adiante.

Como substituto desse meio alguns laboratórios propuseram uma formulação diferente, com vantagens quanto à determinação de outros caracteres bioquímicos, mas esses meios não são convenientemente industrializados, podendo variar de partida apartida e apresentam prazo de validade muito instável.

Durante algum tempo, nós tivemos a oportunidade de utilizar, em paralelo com o meio de tríplice-açúcar-ferro, o meio de lisina-ferro, proposto por Edwards e Fife, mas sem obter a melhoria de resultados proclamada por esses autores.

Diferenciação bioquímica e outras provas

Para a diferenciação bioquímica dos membros de todos os gêneros e espécies de enterobactérias seriam necessárias dezenas de provas bioquímicas, mas devemos ressaltar que não é necessário que se façam todas as provas com cada cultura em estudo. Algumas provas são úteis para a diferenciação entre germes de uma determinada família (como as provas de descarboxilase), enquanto que outras são de utilidade limitada.

Para os trabalhos de rotina do laboratório clínico, utilizamos uma chamada "série bioquímica simplificada", que é suficiente para o diagnóstico da maioria das amostras isoladas de fezes ou de outros materiais.

Nessa série bioquímica simplificada, além das clássicas reações englobadas com a denominação de IMViC (devido às iniciais I = indol; M = vermelho de metila; V = reação de Voges-Proskauer e C = citrato), anotamos a produção ou não de H_2S, já obtida no meio de tríplice-açúcar-ferro e a produção de urease obtida no meio de Christensen. Além disso, estuda-

Reações de Enterobactérias no Meio de Tríplice-Açúcar-Ferro

Ápice	*Base*	*Gás*	*H_2S*	*Gêneros e espécies prováveis*
Ácido	Ácida	+	–	*Escherichia coli* *Enterobacter* *Klebsiella*
Ácido	Ácida	–	–	*Salmonella typhi* *Escherichia coli* *Serratia*
Ácido	Ácida	+	+	*Salmonela arizona* *Citrobacter* *Proteus mirabilis* *Proteus vulgaris*
Alcalino	Ácida	+	–	*Salmonella* *Citrobacter* *Hafnia alvei* *Escherichia coli* *Morganella morganii* *Providencia*
Alcalino	Ácida	–	–	*Salmonella typhi* *Shigella* *Escherichia coli* *Morganella morganii* *Providencia* *Serratia*
Alcalino	Ácida	–	+	*Salmonella typhi*
Alcalino	Ácida	+	+	*Salmonella* *Citrobacter* *Edwardsiella* *Proteus mirabilis* *Proteus vulgaris*

mos a motilidade da bactéria e a produção de gás, a partir de glicose.

Prova do Indol. Essa prova distingue bactérias capazes de produzir indol a partir de triptofano (dependendo da presença de uma enzima, a triptofanase). Para essa prova, inoculamos o germe em água peptonada rica em triptofano e incubamos a 37°C durante 40 a 48 horas. Para verificar a presença de indol, usamos o reativo de Ehrlich (p-dimetilaminobenzaldeído 4 g ácido clorídrico concentrado 80 mL e álcool 380 mL). Juntamos cuidadosamente 0,5 mL do reagente à cultura e observamos a formação de um anel vermelho-escuro. O reagente deve ser guardado em geladeira e desprezado-se, com o tempo, tornar-se avermelhado. Se a prova de indol for feita em culturas de 24 horas, devemos dividir a cultura com assepsia e repetir a prova no tubo não usado, no dia seguinte, se a primeira prova tiver sido negativa.

Prova do Vermelho de Metila (VM). É para indicar fermentação tipo ácida mista. Para esta prova e para a prova de Voges-Proskauer a bactéria em estudo deve ser incubada no meio de Clark e Lubs, também denominado de meio VM-VP. O tempo de incubação (a 37°C) deve ser, no mínimo, de 48 horas. Como a prova pode ser negativa após essa incubação e positiva após incubação de 4 a 5 dias, devemos dividir a cultura, com assepsia, em dois tubos. A prova do VM é verificada por meio de uma solução de vermelho de metila 0,1 g em 300 mL de álcool etílico a 95-96%. Usamos 5 gotas dessa solução por tubo de cultura. As reações positivas são vermelhas; as fracamente positivas são vermelho-alaranjadas e as negativas são amarelas (pH acima de 4,5).

Prova de Voges-Proskauer (VP). É para verificar se a bactéria é de fermentação tipo butileno-glicol. Esse tipo de bactéria desdobra a glicose em piruvato, este em alfa-acetolactato, que por sua vez passa a acetoína antes de produzir butileno-glicol. A prova de VP é para identificar a presença de acetoína. Esta, pela oxidação atmosférica, passa a diacetila, que em presença de hidróxido de potássio apresenta uma cor vermelha. Ao tubo de cultura de meio de Clark e Lubs, incubado a 37°C durante 48 horas, acrescentamos 0,6 mL de uma solução de alfa-naftol a 5% em álcool absoluto (como catalisador, para acelerar a reação). Misturando bem, juntamos 0,2 mL de uma solução aquosa de hidróxido de potássio a 40%. Agitamos violentamente. O aparecimento de uma cor vermelha ou rósea, dentro de 5 minutos, indica uma prova de VP positiva. Em geral, se uma bactéria for VM positiva, será VP negativa e vice-versa. Algumas bactérias (do tipo ácido láctico) formam, no entanto, acetoína sem sintetizar butilenoglicol e são VP positivas.

Prova do Citrato. É para verificar se uma bactéria pode se desenvolver em meio de cultura que tem apenas citrato como fonte de carboidrato. Usamos, para isso, o ágar-citrato de Simmons, em tubos inclinados, semeados com a bactéria e incubados até 4 dias. A alcalinização do meio, indicada pela mudança da cor verde para a azul, denota reação positiva. Se os resultados forem duvidosos após 4 dias de incubação, repetimos a prova e incubamos o tubo durante 7 dias à temperatura ambiente.

Prova da motilidade. É para verificar se a bactéria isolada é flagelada ou não. Recomendamos o uso de meio semi-sólido, ao qual devemos acrescentar, para melhor visualização, 0,05 g de TTC (cloreto de trifenil tetrazólio) por litro de meio. Os tubos de meio de motilidade são inoculados com estilete, picando apenas o centro da coluna de meio, até a metade do tubo. Incubamos os tubos a 37°C durante um ou dois dias. Os organismos imóveis crescem apenas ao longo da linha de incubação, enquanto que os germes móveis se difundem dessa linha de inoculação e podem se espalhar por todo o meio.

Produção de gás a partir de glicose. Nesta prova usamos meio de fermentação de carboidratos, comercial, acrescido de 1% de glicose e autoclavado a 121°C durante 15 minutos. Esse meio pode ser líquido ou semi-sólido. A presença de gás é verificada, no meio líquido, por meio de um tubo de Durham, invertido, colocado no tubo antes de sua autoclavação. No meio semi-sólido, as bolhas de gás ficam presas na intimidade do ágar. Devemos sempre nos lembrar de que não há produção de gás sem formação de ácido, que é detectado pela viragem do indicador (vermelho de fenol) para o amarelo.

Na prática, verificando-se apenas a formação de gás a partir da glicose (especialmente para enterobactéria), consideramos o microrganismo como um produtor de gás. Isso permite a simplificação dos métodos de laboratório.

Prova da fenilalanina desaminase. Em geral, acompanha a prova da urease em *Proteus* e *Morganella.* Incubamos a bactéria em meio com fenilalanina durante 24 horas e pingamos 4 a 5 gotas de cloreto férrico aquoso a 10%. Uma cor esverdeada prova a formação de ácido fenilpirúvico a partir de fenilalanina, por desaminase. Essa prova é altamente útil na separação de *Proteus, Providencia, Morganella, Ervinia, Rahnella* e algumas *Tatumella* de outras bactérias.

Provas de descarboxilação. A capacidade ou incapacidade de vários microrganismos em descarboxilar certos aminoácidos pode servir para sua diferenciação. Eventualmente, verificamos a ação de um microrganismo em identificação sobre lisina, arginina e ornitina. O meio usado nas três provas é o caldo-base para descarboxilase, de Moeller (comercial), acrescido respectivamente, de 1% de diidrocloreto de L-lisina, 1% de monoidrocloreto de L-arginina e 1% de diidrocloreto de L-ornitina. Para controle, em cada prova acrescentamos um tubo só com o caldo-base, sem aminoácido. Depois de inocular os quatro tubos, acrescentamos a cada um deles C,5 a 1 mL de vaselina líquida, estéril, e incubamos a 37°C. Examinamos diariamente, durante quatro dias. Com o crescimento bacteriano, os meios primeiro ficam amarelados devido à formação de ácido a partir de glicose. Depois, se houver descarboxilação, o meio torna-se alcalino (arroxeado). O tubo-controle (sem aminoácido) deve continuar amarelado.

EXAME SOROLÔGICO DE CULTURAS DE SALMONELAS E DE SHIGELAS.

Cada laboratório de análises clínicas apresenta suas limitações de tempo, de espaço e especialmente de ordem orçamentária para a utilização completa de métodos sorológicos para a identificação das enterobactérias patogênicas.

Contudo, *todos* os laboratórios devem estar preparados para, no mínimo, identificar sorologicamente o gênero *Salmonella* e os subgrupos do gênero *Shigella.*

Exame Sorológico das Salmonelas

Pelo estudo antigênico das salmonelas, verificou-se que elas apresentam 67 antígenos somáticos (O), que se apresentam isoladamente ou em combinações de 2 ou 3 antígenos.

A diferenciação dentro dos grupos é feita pelos diferentes antígenos flagelados (H) ou pelo antígeno Vi, quando existente. Dentro dos antígenos H, a diferenciação é feita pelas fases 1 e 2.

Todo esse mosaico antigênico levou à caracterização imunológica de mais de 2.000 salmonelas, englobadas em 50 grupos. Desses grupos, 35 são designados de A até Z (com 3 subgrupos nos grupos C e D, 4 no E e 2 no G). Os 15 grupos restantes, que contêm antígenos O isolados, são designados de acordo com seus antígenos (grupos 51, 52, etc., até 57).

Apesar do grande número, a maioria das salmonelas de interesse médico estão nos grupos A até E.

A cada sorovariante, corresponde um nome de espécie. As primeiras salmonelas tiveram seus nomes indicando a doença ou o animal de que tinha sido isolada (*S. typhi, S. paratyphi A, S. choleraesuis, S. tiphimurium, S. abortusovis,* etc.). As salmonelas descritas posteriormente receberam o nome da cidade, da região ou do país de onde foram isoladas *(S. london, S. panamá, S. brazil,* etc.).

Com o estudo antigênico, a cada salmonela é designada apenas por seus antígenos. Por exemplo, a *Salmonella paratyphi A é* hoje denominada de *Salmonela 1* 2, 12: a 1,5.

Para efeito de microbiologia clínica, contudo, ainda podem ser usados os nomes antigos.

Somente laboratórios muito bem equipados, em Centros de Tipagem de Enterobactérias, possuem soros específicos para tipar todos esses grupos. QUALQUER laboratório de análises clínicas, contudo, deve ter um soro anti-salmonela, somático, polivalente e, como há especial interesse na identificação da *Salmonella typhi,* todos os laboratórios também devem ter soro anti-salmonela do grupo D (somático) e anti-Vi.

Salmonella typhi. Se uma cultura for suspeita de *Salmonella typhi,* preparamos uma suspensão densa dessa cultura e tentamos aglutiná-la com soro anti--salmonela polivalente que contenha anti-Vi, com soro *anti-Salmonella,* somático, grupo D e com soro anti-Vi. Repetimos essas mesmas provas depois de aquecer a suspensão bacteriana durante 15 minutos em banho-maria fervente. As reações *S. typhi* são: a suspensão antes de ser aquecida aglutina com soro anti-salmonela polivalente e com soro anti-Vi, mas não aglutina com soro anti-grupo D. Após o aquecimento, continua aglutinando com soro anti-salmonela polivalente, passa a aglutinar com soro anti-grupo D e deixa de aglutinar com soro anti-Vi. Para confirmação, devem ser feitas as provas bioquímicas e provas com anti-soro flagelar (d).

Outras salmonelas. Todas as culturas suspeitas de salmonela devem ser testadas com soro anti-salmonela polivalente. Se a prova for positiva e não se tratar de *Salmonella typhi,* o relatório do exame será: *"Salmonella* sp., não tifosa". Isto já é suficiente para um grande número de laboratórios de análises. Nós, contudo, tentamos a aglutinação com soros específicos anti-A até E e relatamos: "Salmonella do grupo C_2 cujo protótipo é *S. choleraesuis"* etc. Eventualmente, não conseguimos uma aglutinação específica com soro antigrupo mas apenas com soro polivalente. Pode ser que a salmonela isolada não pertença aos grupos A até E.

Exame sorológico das Shigelas

Todo laboratório de análises deve estar preparado para determinar a espécie (ou subgrupo) da cultura de *Shigella.* São quatro as espécies de shigelas, abrangendo mais de 30 sorotipos, a saber:

- *Shigella dysenteriae,* com 10 sorovariantes (sendo dois mais comuns);

Caracteres diferenciais das enterobactérias de interesse clínico

	Escherichia coli	*Escherichia coli inativa*	*Shigella*	*Salmonella*	*Citrobacter*	*Klebsiella*	*Enterobacter*	*Erwinia*	*Serratia*	*Hafnia*	*Edwardsiella*	*Proteus*	*Providencia*	*Morganella*	*Yersinia*	*Kluyvera*	*Rahnella*	*Cedecea*	*Tatumella*
Lactose	+	(-)		D	d	D	D	d	D						D	+	+		
Gás de glicose	+	–	–	D	+	D	+	–	D	+	D	D	D	d	D	+	(+)	(+)	–
H_2S no tríplice	–	–	–	D	D	–	–	–		–	D	+		–	–	–	–	–	–
Urease	–	–	–	–	D	D	D	–	D	–	–	+	D	+	D	–	–	–	–
Fenilalanina	–	–	–	–	–	–	D	+	–	–	–	+	+	+	–	–	+	–	(+)
Lisina descarb.	(+)	d	–	D	–	D	D	–	D	+	+	–	–	–	–	D	–	–	–
Motilidade	(+)	–	–	D	+		+	+	D	+	+	+	D	+	–	D	–	D	–
Indol	+	(+)	D	–	D	D	D	–	D	–	D	D	+	+	D	(+)	–	–	–
V.M.	+	+	+	+	+	D	D	d	D	d	+	+	+	+	D	+	(+)	D	–
V.P.						D	D	d	D	d	–	D	–	–	–	–	+	D	(–)
Citrato	–	–	–	D	+	D	+	+	D	–	–	D	+	–	D	D	+	D	–

D = reações diferentes em espécies; + = 90 a 100% positivos; (+) = 76 a 89% positivos; d = 26 a 75% positivos; (-) = 11 a 25% positivos; - = 0 a 10% positivos.

Obs.: dados após 48 horas de incubação a 36°C.

- *Shigella flexneri,* com 9 sorovariantes e 9 sub--sorovariantes
- *Shigella boydii,* com 15 sorovariantes
- *Shigella sonnei,* com um sorovariante

Essas quatro espécies também denominadas, respectivamente, de subgrupos A, B, C e D.

Os soros anti-shigela que devemos ter são, na realidade, soros polivalentes anti-A, anti-B, anti-C e anti-D. Para realizar a determinação sorológica de uma cultura suspeita de *Shigella,* fazemos uma suspensão densa e tentamos aglutinação em lâmina, com os soros específicos.

Se uma suspensão não aglutinar com esses soros, devemos aquecê-la durante 15 minutos em banho-maria fervente e repetir a prova, com os mesmos soros imunes. Muitas *Shigella* possuem um antígeno capsular que inibe a aglutinação de bactérias vivas (não aquecidas) pelo soro anti-somático. Esse antígeno é inativado pelo aquecimento.

Suspensões de bactérias que não aglutinarem nem após aquecimento com os soros anti-*Shigella* devem ser testadas com soro polivalente somático anti-*Salmonella,* anti-*Salmonella* grupo D e anti-Vi, pois pode tratar-se de uma *Salmonella typhi* que não produziu H_2S no meio de tríplice-açúcar-ferro.

Culturas que apresentam o aspecto de *Shigella* no meio de tríplice-açúcar-ferro, que são urease negativa e que não aglutinam com nenhum soro devem ser submetidas a provas bioquímicas adicionais. Essas bactérias podem ser *Shigella* com determinantes antigênicos diferentes dos anticorpos presentes nos anti-soros usados ou podem ser membros de outros gêneros, como *Proteus* ou *Escherichia.*

Coprocultura Isolamento de *Escherichia coli* patogênica

Em laboratório clínico, fazemos procura especial de *Escherichia coli* enteropatogênica em fezes de crianças menores de 2 anos, independentemente do pedido do médico assistente.

Para o isolamento de *E. coli* enteropatogênica, temos de semear as fezes em placa com meio não inibidor, como ágar-simples ou ágar-sangue. Preferimos ágar-sangue pois placas desse meio são muito usadas em laboratório clínico. Não devemos usar placas de meios seletivos, já que estes meios podem ser algo impedientes para *E. coli* enteropatogênicas e as colônias desenvolvidas nesse meio podem dar reações de aglutinação atípicas, de difícil interpretação.

Porções de 10 colônias são testadas diretamente em lâmina, com os soros que dispomos. Em geral, entre nós, os laboratórios produtores de soro agrupam vários soros em um só frasco, de modo que sejam fornecidos 3 frascos, contendo *pools* de soros OB: *pool* I (soros 025:B11, 026-B6, 055:B5 e 0127:B8); *pool* II (soros 086:B7, 011:B4 e 0128:B12) e *pool* III (soros 0112;B11, 0119:B14, 0124:B17,0125:B15 e 0126:B16).

Uma aglutinação forte e rápida é evidência presuntiva e o resultado geralmente é fornecido nos seguintes termos: *"E. coli* enteropatogênica, tendo aglutinado com um *pool* de soros específicos".

Para maiores informações, o laboratório de análises deve ter, além dos *pools* de soros, os soros monoespecíficos, não somente de especificidade OB como também O.

Após o isolamento primário e feita a identificação de *Escherichia coli,* fazemos uma suspensão densa da bactéria, em cerca de 0,5 mL de cloreto de sódio a 5%.

Procedemos à aglutinação dessa suspensão com soros O e OB. Se houver aglutinação com soro OB e não houver com soro O, concluímos que há presença de antígeno B na amostra. Se a aglutinação é forte tanto com soro O como OB, a cultura deve ser plaqueada e devem ser selecionadas colônias que não aglutinem com soro O, para reexame.

Em seguida, a suspensão deve ser aquecida a 100°C durante 1 hora, resfriada e a prova de aglutinação deve ser repetida com essa suspensão aquecida. Se a cultura pertencer ao grupo antigênico correspondente a um determinado tipo de *E. coli* enteropatogênica, haverá aglutinação tanto com soro O como com soro OB. Só consideramos reação positiva quando a aglutinação for rápida e forte.

Se a prova for positiva, fazemos uma cultura da bactéria em estudo, em caldo, durante 6 horas e a aquecemos a 100°C durante 1 hora. Em seguida, vamos titular essa suspensão de bactérias com soro específico O ou OB indicado e diluído de 1:200 a 1:6.400. Incubamos os tubos de 48 a 50°C e lemos a aglutinação. O título deve ser aproximadamente o do soro declarado pelo fabricante. Isso confirma o resultado presuntivo obtido atrás.

Outras *Escherichia coli* não patogênicas e mesmo certos tipos de raças enteropatogênicas podem apresentar determinantes antigênicas comuns, causando o aparecimento de reações cruzadas. Essas reações, no entanto, apresentam título mais baixo.

Identificação de Escherichia coli enteropatogênica em material fecal, diretamente, por meio de microscopia fluorescente.

Dentro de certos limites, a microscopia fluorescente pode auxiliar no controle da doença diarréica em instituições. Essa técnica não é um substituto para o isolamento e a sorotipagem tradicional, mas desde que um agente etiológico tenha sido devidamente identificado pelos métodos tradicionais as técnicas de imunofluorescência passam a ser valiosas no exame rápido de esfregaços fecais. No entanto, todos os casos novos devem ser criteriosamente analisados, com o uso de vários anti-soros OB, uma-vez que outros tipos de *E. coli* patogênica podem ter sido introduzidos durante o surto epidêmico (ou mesmo outras bactérias, como *Shigella* ou *Salmonella).*

Em geral, os laboratórios produtores comercializam soros fluorescentes contra os sorotipos mais encontrados em diarreia infantil. Esses sorotipos são combinados em dois *pools* de um modo tal que impedem o aparecimento de reações cruzadas indesejáveis, entre os tipos. Devemos usar a técnica de imunofluorescência direta. Note-se que alguns microrganismos não relacionados, como estafilococos e enterococos, podem ser corados por muitos conjugados, devido à presença de anticorpos contra esses microrganismos no soro da maioria dos animais.

Em linhas gerais, a técnica da microscopia fluorescente para a detecção direta de *Escherichia coli* enteropatogênica é a seguinte: a amostra de fezes tem de ser recente (não serve amostra conservada em salina tamponada glicerinada). Suspendemos uma pequena quantidade de fezes em 1 mL de salina a 0,85%, estéril. Preparamos esfregaços em lâminas de microscopia especiais para fluorescência, secamos ao ar e fixamos ligeiramente pelo calor. Cobrimos uma lâmina com o *pool* de soro I e outra com o *pool* II. Colocamos essas lâminas numa placa de Petri com um algodão umedecido em água e tampamos a placa (câmara úmida). Após 30 minutos, mergulhamos as lâminas em salina tamponada pH 7,5-8,0, para remover o excesso de soro fluorescente e deixamos durante 10 minutos em outro banho de salina tamponada. Removemos a lâmina, secamos ao ar, colocamos 1 gota de líquido de montagem (9 partes de glicerina e 1 parte de tampão de carbonato, pH = 9,0) sobre o esfregaço e cobrimos com uma lâmina. Examinamos em microscópio para fluorescência munido de filtro primário Schott UG-1 (2 mm) e filtro ocular GG9 (1 mm). Uma combinação de filtros Schott BG-12 (3 mm) e Schott OG-1 (1 mm) dá resultados satisfatórios.

A fluorescência é lida em cruzes, de negativo a 4 cruzes, sendo 1 +, fluorescência ligeiramente visível; 2 +, fluorescência visível porém pouco intensa; 3 +, fuorescência verde-amarela nítida e 4 +, fluorescência máxima, brilhante, verde-amarelada, principalmente periférica.

Se o resultado com os soros polivalentes for positivo, fazemos novas preparações, com soros conjugados monoespecíficos, para determinar o sorotipo da amostra em estudo.

DETERMINAÇÃO DE ESCHERICHIA COLI ENTEROTOXIGÊNICA

Toxinas termolábeis (LT) e toxinas termoestáveis (ST) de *Escherichia coli* podem ser responsáveis por diarreias.

A pedido médico, o laboratório clínico executa a pesquisa de *E. coli* enterotoxigênica.

Para a pesquisa de estirpes toxigênicas LT, utiliza-se aglutinação em lâmina de cultura recente, com soro específico. Já existem, no Brasil, fornecedores de soro anti-LT altamente capacitados.

Quanto às estirpes ST (com toxina termoestável), os laboratórios clínicos têm mais dificuldade de demonstrar, pois há necessidade da execução de técnicas incomuns para eles (injeção de alças intestinais de coelho ou injeção de camundongos ou coelhos recém-nascidos). Injeção intradérmica de coelhos, técnicas de culturas de tecido ou, ainda, técnicas de ELISA (imunoabsorção ligada a enzimas), são positivas para os antígenos termolábeis mas negativas para os ST).

A técnica recomendada para os antígenos ST é a do emprego de camundongos recém-nascidos.

Camundongos de 1 a 4 dias são inoculados com filtrado de cultura ou com sobrenadantes de culturas de *E. coli,* juntamente com corante de azul de Evans. O material é injetado diretamente no estômago ou por via oral. 4 horas após, os camundongos são sacrificados e o acúmulo de líquidos é determinado em proporção ao peso do animal.

DETERMINAÇÃO DE ESCHERICHIA COLI INVASIVA

A determinação de *E. coli* invasiva é feita pelo teste de Sereny. Uma gota de 0,05 mL de uma suspensão de *E. coli* ou de uma cultura em caldo é inoculada no saco conjuntival do olho de um cobaio e o animal é observado por 72 horas, quanto ao desenvolvimento de queratoconjuntivite. Em caso positivo, o saco conjuntival se enche de líquido, o globo ocular se torna opaco, o olho começa a se inchar e frequentemente se fecha completamente. A prova deve ser cuidadosamente padronizada.

O gênero *Campylobacter*

O gênero *Campylobacter,* estabelecido em 1963, se apresenta como bacilos curvos, em espiral, com uma ou mais espiras, móveis, e com movimentos em saca-rolha.

No exame bacterioscópico, quando duas células se encontram, podem dar o aspecto de um S ou de uma gaivota em vôo. Em culturas velhas, adquirem a forma cocóide.

O gênero *Campylobacter* apresenta 5 espécies, sendo duas com subespécies. Entre as espécies, 5 apresentam interesse médico, a saber: *Campylobacter fetus* sbsp. *fetus, Campylobacter jejuni, Campylobacter coli, Campylobacter sputorum sbsp. sputorum* e *Campylobacter concisus.*

O *Campylobacter jejuni* tem sido considerado tão prevalente como *Shigella* e *Salmonella* na etiologia das enterites.

No laboratório clínico, o isolamento dos *Campylobacter* tem de ser feito por um dos 3 métodos;

1. filtração da suspensão do material em filtro tipo Millipore. Semeadura em placa ou caldo de cultura e incubação em atmosfera de 5% de O_2, 10% de CO_2 e 85% de N_2.
2. uso de placas com meios de cultivo seletivos:
   a. *C. fetus* sbsp. *fetus:* ágar-sangue com 2U/mL de bacitracina e 2 ng/mL de novobiocina.
   b. *C. jejuni, C. coli* e *C. sputorum* sbsp. *sputorum:* uso de meios comerciais (de Skirrow, de Butzler, Campy-BAP). Incubação a 42 ou 43°C, em atmosfera microaerofílica. Esses meios comerciais não servem para *C. fetus,* nem a temperatura de 42°C.
3. uso de atmosfera de 5% de O_2, 10% de CO_2 e 10 a 85% de H_2, para o *C. concisus.*

Problemas relativos a bacilos Gram-negativos não fermentadores

Depois de tratarmos das enterobactérias, queremos tecer alguns comentários sobre bacilos Gram-negativos que não apresentam reação no meio de tríplice-açúcar-ferro. Todas as enterobactérias fermentam pelo menos um carboidrato, a glicose, e muitas delas fermentam outros açúcares.

Um grupo de microrganismos, contudo, que está se tornando cada vez mais importante, não fermenta açúcar nenhum. Em outras palavras, pela via anaeróbia, eles não podem metabolizar carboidratos e, portanto, não podem ser identificados utilizando-se as clássicas reações de fermentação.

Caracteres diferenciais dos *Campylobacter* de interesse clínico

	C. fetus sbsp. fetus	*C. jejuni*	*C. coli*	*C. sputorum sbsp. sputorum*	*C. concisus*
Necessidade de H_2	–	–	–	–	+
Catalase	+	+	+	–	+
Redução de nitrito	–	–	–	+	+
H_2 S no tríplice	–	–	–	+	+
Cresce a 25°C	+	–	–	–	–
Cresce a 42°C	–	+	+	+	–
Hidrólise do hipurato	–	+	–	–	–
Inibido por ácido nalidíxico	–	+	+		
Inibido por cefalotina	+	–	–	+	–
Inibido por verde brilhante a 1:100.000	–	+	–		
Inibido por verde brilhante a 1: 33.000	–	+	+		

Entre esses microorganismos estão a *Eikenella corrodens* e outros pertencentes aos gêneros *Pseudomonas, Moraxella, Acinetobacter* e *Kingella.*

São microrganismos Gram-negativos bacilares ou cocóides e que estão se tornando cada vez mais importante na patogenia humana. Para sua identificação, no entanto, não podemos seguir o esquema de identificação das enterobactérias.

Os bacilos Gram-negativos que não alteram a base do meio de tríplice-açúcar-ferro devem ser estudados mais profundamente, para serem identificados, sempre que sua procedência não seja fecal.

A identificação de uma cultura pura dessas bactérias não fermentadoras envolve inicialmente a coloração de Gram, a determinação das características das colônias em placas de ágar-sangue, a presença ou não de hemólise, a prova de oxidase e se o germe utiliza carboidratos de modo fermentativo, oxidativo ou se não os utiliza.

Uma vez verificadas essas características, o germe é submetido a várias provas bioquímicas e identificado pelo esquema que apresentamos no fim deste capítulo. Alguns germes necessitam de provas adicionais como a demonstração de flagelos.

A leitura das provas deverá ser feita diariamente, até 7 dias, com exceção da prova de liquefação da gelatina, que deve ser observada pelo menos durante 14 dias antes de ser considerada negativa. As provas de indol e de redução do nitrato devem ser feitas após 24 a 48 horas de incubação.

Além das provas anteriormente descritas, a identificação dos germes Gram-negativos não fermentadores depende das verificações que passaremos a apresentar.

Produção de oxidase

A verificação da produção de oxidase é feita por meio de uma solução aquosa, a 1%, de hidrocloreto de tetrametil-p-fenilenodiamina, recentemente preparada. Uma porção da cultura é colocada num pedaço de papel de filtro e sobre ela é pingada uma gota do reativo. Em 10 segundos, nos casos positivos, há o aparecimento de uma coloração escura.

Utilização de carboidratos

Utilizando o meio O-F (meio de oxidação e fermentação, de Hugh e Leifson) Elisabeth King desenvolveu um método para identificar os microorganismos Gram-negativos não fermentadores. O método depende da capacidade desses microrganismos de oxidar (e não fermentar) vários açúcares. Muitos desses germes são oxidantes estritos. Em outras palavras, eles podem metabolizar vários substratos, como açúcares, em CO_2 e água, pelo ciclo de Krebs. Produzem pouco ácido, ao contrário dos germes fermentadores, que produzem grande quantidade de ácido, pela via de Embden-Meyerhof. Todos esses ácidos abaixam o pH do meio ou aumentam a concentração hidrogeniônica e por isso vemos uma reação positiva.

O meio O-F determina justamente essa qualidade. Esse meio contém uma baixa concentração de proteoses e peptonas (0,2%), é fracamente tamponado, mas tem concentração elevada (1%) de carboidrato. O sistema completo de King utilizava 3 jogos de tubos contendo glicose, lactose e sacarose e vários outros açúcares. Hoje, utiliza-se apenas um açúcar, a glicose, que dá identificações satisfatórias. O meio contém um indicador que mostra a produção de pequenas quantidades de ácido formado secundariamente à oxidação do carboidrato. A bactéria em estudo é semeada em dois tubos de meio O-F. Em um dos tubos, acrescentamos 0,5 mL de vaselina líquida estéril. A formação de ácido no tubo sem vaselina indica utilização oxidativa do carboidrato. Formação de ácido em ambos os tubos indica uma reação de fermentação. A não formação de ácido nos dois tubos indica a não utilização do carboidrato por ambos os métodos (trata-se de germe inativo ou não sacarolítico).

A *Escherichia coli* fermenta glicose e, portanto, ambos os tubos ficam amarelos com esse germe. A *Pseudomonas aeruginosa* não é fermentadora, mas é boa oxidante de açúcares em presença de oxigénio atmosférico. Geralmente, metaboliza os açúcares em CO_2 e água, mas alguma quantidade de ácido é produzida, de modo que pelo menos a parte superior do tubo se altera e apresenta uma reação ácida. *Pseudomonas* pode também cindir proteoses e peptonas em produtos finais alcalinos. Devemos nos lembrar, contudo, de que a concentração de peptonas no meio é extremamente baixa e que o meio é pobremente tamponado, de modo que essa reação não vai interferir com a pequena quantidade de ácido que é produzida pela oxidação da glicose e a cor amarela do meio permanece.

Uma terceira possibilidade ocorre com *Alcaligenes faecalis,* que também não é bactéria fermentadora, mas que não é também oxidante. Ambos os tubos permanecem negativos.

Prova da motilidade (método da gota pendente)

Enquanto que para as enterobactérias, como vimos anteriormente, o método do ágar semi-sólido é suficiente para a determinação da motilidade, para os bacilos Gram-negativos não fermentadores, entretanto, recomenda-se que a prova seja feita pelo método de gota pendente.

A bactéria em estudo é inoculada em caldo de cérebro e coração e incubada a 25°C durante 6 a 24 horas. Colocamos uma alçada da cultura no centro de uma lamínula e uma gota de óleo de imersão em cada ângulo da mesma. Invertemos a lamínula e a colocamos sobre a depressão de uma lâmina escavada. Examinamos com objetiva 40X. Se este aumento não for suficiente utilizamos objetiva de imersão, com muito cuidado para não quebrar, a lamínula.

A motilidade (quando os germes trocam de posição entre si), não pode ser confundida com correntezas do líquido ou com movimento browniano.

Hidrólise da esculina

Inoculamos a superfície de um tubo de ágar-esculina (esculina 1 g, citrato férrico 0,5 g, ágar-coração 40 g e água destilada q.s.p. 1 litro pH 7,0; distribuído em tubos 13 X 100 mm; autoclavados a 121°C por 15 minutos; resfriar inclinados); com uma gota de suspensão bacteriana.

Verificar diariamente, durante 7 dias, se o meio perde a fluorescência quando exposto à luz ultravioleta. Quando a esculina se hidrolisa torna-se preta e deixa de fluorescer.

Liquefação da gelatina

Inoculamos o tubo com meio de gelatina (extrato de carne 3 g, peptona 5 g, gelatina 120 g e água destilada q.s.p. 1 litro. pH 7,4; distribuir 5 mL por tubo de 15 X 125 mm e autoclavar a 121°C por 15 minutos). Incubamos de 35 a 37ºC. Diariamente, durante até 14 dias, verificamos se houve hidrólise da gelatina colocando o tubo de prova na geladeira, juntamente com um controle não inoculado.

Redução de nitratos

Semeamos um tubo de caldo com nitrato (caldo coração 25 g, KNO_3 2g, água destilada q.s.p. 1 litro. pH 7,0; distribuídos 4 mL por tubos de 15 X 125 mm contendo um tubo de Durham, invertido. Autoclavar a 121°C por 15 minutos). Incubamos durante 48 horas a 37°C.

Juntamos 0,25 mL de solução reagente A (ácido acético glacial 100 mL, água destilada 250 mL e ácido sulfanílico 2,8 g) e 0,25 mL de solução reagente B (ácido acético glacial 100 mL, água destilada 250 mL e dimetil-alfa-naftilamina 2,1 g).

Observamos o aparecimento de coloração vermelha, dentro de 1 minuto, que indica a presença de nitritos. Se não aparecer a coloração vermelha, 1) o nitrato não foi reduzido a nitrito ou 2) a redução ocorreu, porém num estagio além de nitrito, com desprendimento de nitrogênio (que deve se acumular no tubo de Durham). Para contraprova, adicionamos uma pitada de zinco em pó. Se o nitrato ainda estiver presente, será reduzido pelo zinco e em 5 minutos aparecerá uma coloração vermelha.

Produção de pigmentos

Essa prova auxilia na identificação de germes do gênero *Pseudomonas.* Utilizamos os meios A e B de King e colaboradores. Meio A: peptona 20 g, ágar 15 g, glicerol 10 mL, $MgC1_2$ l,4g,K_2SO_4 10 g, água destilada q.s.p. 1 litro. Meio B: proteose pentona nº 3 20g, ágar 15 g, glicerol 10 mL, K_2 HPO_4 a 1,5 g $MgSO_4$ 1,5 g, água destilada q.s.p. 1 litro. Ajustar o pH a 7,2. Distribuir em tubos de 15 X 125 mm. Autoclavar a 121°C por 15 minutos. Esfriar em posição inclinada.

Inoculamos a superfície dos meios. Incubamos entre 35 e 37°C e examinamos diariamente, até 7 dias. Em geral, são suficientes 48 horas.

No meio A as cores que aparecem variam de verde claro a verde escuro até azul para as cepas de *Pseudomonas aeruginosa* produtoras de piocianina e de rosa claro a marrom para cepas produtoras de piorrubina. Com cepas produtoras de ambos pigmentos a cores variam entre vermelho e azul.

No meio B o pigmento mais observado é o da pioverdina (ou fluoresceína), que é amarelo-esverdeado e fluorescente. Algumas cepas de *Pseudomonas aeruginosa* também produzem pequenas quantidades de piocianina nesse meio, tornando-o verde brilhante ou, então, grandes quantidades de piorrubina, tornando-o marrom escuro. Pigmentos amarelados não fluorescentes e que aparecem após 72 horas são produzidos por várias bactérias e devem ser ignorados.

Prova de leite tornassolado

Inocular 4 gotas da suspensão em estudo em um tubo de leite tomassolado (solução alcoólica de tornassol 2,5 mL em leite desnatado e desengordurado 100 mL. Aquecer até a fervura. Distribuir em tubos e autoclavar de 113 a 115°C por 20 minutos). Incubar a 37°C e observar durante 7 dias.

Verificamos o aparecimento de uma reação alcalina (o meio fica azulado), de uma reação ácida (o meio fica róseo), a redução do indicador (o meio fica branco) ou se o meio coagula ou se peptoniza.

Produção de catalase

A 2 ou 3 mL de caldo, adicionar água oxigenada a 10 ou 20%. A liberação de bolhas indica prova positiva.

Crescimento em ágar cetrimida

Semear um tubo de ágar cetrimida (ágar coração 40 g, solução aquosa de cetrimida a 22,5% 4 Ml, água destilada q.s.p. 1 litro. Distribuir 5 mL por tubo de 15 X 125 mm. Autoclavar a 121°C por 15 minutos e resfriar em posição inclinada). Incubar entre 34 e 37°C. Observar durante 7 dias. O crescimento de colônias indica positividade.

O gênero *Pseudomonas* será estudado na parte referente às culturas de material do trato urinário. Vamos aqui nos ater às características dos gêneros *Moraxella, Acinetobacter* e *Kingella.* Esses três gêneros, mais o gênero *Neisseria,* constituem a família *Neisseriaceae.*

O gênero Moraxella

O gênero *Moraxella,* cujo nome foi dado em homenagem a V. Morax, oftalmologista suiço, compõe-se de dois subgêneros: *Moraxella e Branhamella,* designados, respectivamente, com as letras M e B, entre parênteses: *Moraxella (M)* ou *Moraxella (B),* seguidos do nome da espécie.

O subgênero *Moraxella* engloba as seguintes espécies de interesse médico:

Bastonetes Gram-negativos que se desenvolvem em meios minerais com acetato e sais de amônio, que é o caso da *Moraxella (M) osloensis* e bastonetes que não se desenvolvem nesses meios. Destes, uma espécie é positiva para fenilalanina e urea-se: *Moraxella (M) phenylpyruvica* e outras que são negativas. Destas, uma liquefaz soro coagulado e reduz nitrato: *Moraxella (M) lacunata* e duas não liquefazem. Destas duas, uma apresenta colônias grandes e reduz nitrato: *Moraxella (M) nonliquefaciens* e a outra, com colônias pequenas e que não reduz nitrato, é *a Moraxella (M) atlantae.*

O subgênero *Branhamella* apresenta apenas organismos cocóides, com colônias hemolíticas, friáveis e que reduzem nitrato a nitrito. A única espécie de interesse médico é a *Moraxella (B) catarrhalis.*

Vamos agora comentar as espécies de *Moraxella* de interesse médico:

Moraxella (M) nonliquefaciens. É encontrada tivite de Morax-Axenfeld, encontrada antigamente em pessoas com más condições de higiene mas que hoje é rara. Há relatos de isolamentos a partir de hemoculturas.

Moraxella (M) nonliquefaciens. É encontrada no trato respiratório superior, especialmente no nariz. É de patogenia incerta mas não foi afastada a possibilidade de ser invasora secundária do trato respiratório.

Moraxella (M) atlantae. É uma espécie nova, isolada em 1976, raramente obtida de hemoculturas, do líquido céfalo-raquidiano e do baço. Não se conhece ainda seu habitat e sua patogenia.

Moraxella (M) phenylpyruvica. Tem sido isolada de hemocultura, de líquido céfalo-raquidiano, do trato genito-urinário e de outros locais. Sua patogenicidade é desconhecida mas pode ser considerada um patógeno potencialmente significativo.

Moraxella (M) osloensis. Tem sido encontrada no trato respiratório superior do homem, no trato genito-urinário e de manifestações piogênicas de articulações e de outros locais do organismo. Sua patogenicidade é incerta e pode apresentar uma patogenicidade potencial significativa.

Moraxella (B) catarrhalis. É parasita da mucosa de mamíferos, sendo ocacionalmente encontrada em corrimento vaginais, podendo ser responsável pela inflamação de mucosas, por si só ou em associação com outros germes. Tem sido relatada como causa de meningite. Antigamente era considerada *Neisseria.*

Além das espécies acima, o Manual Bergeu de 1984 apresenta a *Moraxella urethralis,* com células menores que as dos subgêneros típicos de *Moraxel-*

la e que apresentam regularmente inclusões intracelulares de poli-beta-hidroxibutirato, mas que são difíceis de serem visualizadas devido ao tamanho das bactérias.

Essas bactérias são catalase e oxidase positivas nas fenilalanina e urease negativas. Não reduzem nitrato mas reduzem nitrito. Não liquefazem gelatina ou soro coagulados.

Algumas estirpes eram antigamente denominadas de *Mima polimorpha* var. *oxidans*. A tendência é considerá-la, no futuro, como pertencente a um novo gênero da família *Neisseriaceae*.

O gênero Acinetobacter

O gênero *Acinetobacter,* cujo nome significa "bactéria sem movimento", é constituído de bacilos Gram-negativos bem curtos e grossos na fase logarítmica de crescimento, aproximando-se da forma esférica na fase estacionária.

A única espécie, *Acinetobacter calcoaceticus,* tem seu nome derivado de acetato de cálcio, que era o meio de enriquecimento usado no isolamento do bacilo.

Essa espécie possui estirpes que formam ácido (conhecidas antigamente como *Herellea vaginicola* ou *Bacterium anitratum)* e estirpes que não formam ácido (antigamente denominadas de *Alcaligenes haemolisans, Moraxella Iwoffi* ou *Mima polymorpha).*

Presente no solo, na água e no esgoto, o *Acinetobacter calcoaceticus* é frequentemente isolado de pessoas e de animais doentes ou sadios, mas não há indícios de colonização persistente.

A patogenia não está definida, parecendo ser patogênico para pessoas já debilitadas. Pode causar, infecções hospitalares, sendo os germes transmitidos principalmente pelas mãos do pessoal do hospital.

O gênero Kingella

O gênero *Kingella,* estabelecido em 1976, tem seu nome em homenagem a Elizabeth O. King, bacteriologista americana.

É composto de bastonetes retos, Gram-negativos, com a tendência de resistir à descoloração da coloração de Gram, especialmente em culturas de mais de 18 horas.

São imóveis, crescem melhor em aerobiose, são oxidase-positivas e catalase-negativas. Não liquefazem soro coagulado. São urease-negativos e fenilalanina negativa ou fraca.

O gênero contém 3 espécies, todos de interesse clínico:

Kingella kingae, descrita anteriormente como *Moraxella kingii.* Produz hemólise beta em ágar-sangue, após 48 horas, é indol-negativa e não reduz nitrato. Digere caseína. É de baixa patogenicidade. Foi isolada uma vez, de hemocultura.

Kingella indologenes. É produtora de indol e digere caseína. Não é hemolítica e não reduz nitrato. Foi isolada de conjuntivite e de abscesso de córnea.

Kingella denitrificam. Reduz nitrato, não é hemolítica e não produz indol nem digere caseína. Foi isolada de "swabs" da faringe, colhidas para a triagem de meningococo.

20

Culturas de Material do Trato Geniturinário

Introdução

O diagnóstico de infecções do trato urinário reveste-se da maior importância devido ao mau prognóstico das infecções não diagnosticadas e da doença renal crônica resultante. As infecções do trato urinário são geralmente causadas por enterobactérias, por estafilococos, por estreptococos, por *Pseudomonas aeruginosa,* ou por outros bacilos Gram-negativos. Eventualmente o laboratório de análises clínicas é solicitado a fazer exames especiais, como pesquisa de bacilos acidorresistentes na urina, pesquisa de *Salmonella typhi* (para portadores de febre tifóide), pesquisa de leptospiras, de riquétsias ou mesmo de vírus (citomegalovírus, por exemplo).

O exame microbiológico da urina é um dos mais frequentes e mais difíceis de ser corretamente executado. A colheita e o processamento dependem da suspeita clínica e, portanto, do pedido do médico.

Colheita de urina

O sistema urinário é normalmente estéril, desde os rins até a bexiga e geralmente a urina se contamina ao passar pela uretra. Os contaminantes mais frequentes são *Escherichia coli* e *Staphylococcus epidermidis.* Para diminuir essa contaminação normal das amostras de urina, antigamente era recomendada a colheita de urina por meio de sonda vesical (cateterismo). Posteriormente, viu-se que o cateterismo podia introduzir bactérias na bexiga, dando origem a infecções ou, indiretamente, podia interromper a integridade dos esfíncteres e permitir contaminação da bexiga, pela via ascendente. Hoje, o cateterismo somente é feito a pedido especial do médico do paciente e a colheita é feita de acordo com normas rígidas de assepsia, além de se desprezar o primeiro jato de urina.

A colheita mais indicada, mas que necessita de cuidados especiais, que fogem da alçada do laboratório clínico, é através da punção suprapúbica. Por meio dessa colheita confirmou-se que a urina normal é estéril e foi possível padronizar o método que se usa hoje em laboratório clínico.

Se houver uma infecção alta do aparelho urinário (rins, por exemplo), as bactérias são drenadas para a bexiga, onde sofrem intensa multiplicação, pois a urina, por si só, é um bom meio de cultura para essas bactérias. Raramente, a contaminação de uma urina estéril alcança a mesma concentração bacteriana, desde que tenha havido uma boa assepsia dos genitais externos. Supondo-se que não seja feita assepsia na colheita de urina de uma mulher com corrimento vaginal, é bem possível que 1 mL desse corrimento, contendo por hipótese 10^8 bactérias por mL, contamine 100 mL de urina estéril fazendo com que essa urina fique com 10^6 bactérias por mL. No homem, uma prostatite pode causar o aparecimento de um grande número de bactérias na urina e esse achado deve ser cuidadosamente interpretado.

Devido a esses fatos, hoje em dia é da mais absoluta necessidade a *cultura quantitativa* da urina, desde que se tenham tomado às medidas necessárias quanto à colheita e o imediato início do exame.

Colheita de urina de adultos: colher sempre o jato médio, pelo menos 3 horas depois da última micção (esse ponto é frequentemente negligenciado pelos laboratoristas mas deve ser seguido, sempre que possível, uma vez que os estudos sobre cultura quantitativa de urina foram feitos em pacientes que tinham urinado há algumas horas e porque se sabe que a maioria dos germes das infecções urinárias se reproduzem de 30 em 30 minutos, na própria urina da bexiga).

No caso de adultos, a maioria dos pacientes, devidamente instruídos, consegue colher sua própria urina, de um modo satisfatório e muito mais confortavelmente.

Colheita da urina da mulher

a) Por profissionais do laboratório.

Deve ser feita com a paciente deitada e após cuidadosa lavagem dos genitais externos. Essa lavagem deve ser feita sobre uma cuba de lavagem. Devem ser feitas duas lavagens separadas: com solução de sabão a 5% e com água morna, estéril. Com a paciente sempre deitada, desprezamos o 1º jato de urina, colhemos o 2º jato (em frasco estéril, de boca larga e tamponado com algodão cru, estéril). Desprezamos o final da micção. Marcamos a hora da colheita.

b) Pela própria paciente

Deve ser feita no sanitário. A paciente deve receber 4 compressas de gaze embebidas em solução de sabão a 5%, um frasco com água morna estéril e um frasco estéril, de boca larga, tampado com papel de alumínio. A paciente deve ser instruída para:

1. remover a roupa de baixo;
2. lavar as mãos com água e sabão, enxugando-as em toalha de papel descartável;
3. tomar posição em cima da bacia sanitária, sem nela sentar;
4. com uma das mãos manter a vulva aberta, afastando os lábios vaginais, até o fim da colheita;
5. com a outra mão passar uma compressa com sabão na vagina, apenas num sentido, da frente para trás, desprezando-a em seguida. Repetir com as outras 3 compressas;
6. lavar o sabão com água estéril, morna;
7. urinar, desprezando o primeiro jato e colhendo o jato intermediário no frasco de boca larga, desprezando o restante da urina diretamente na bacia;
8. cuidado para não colocar o dedo dentro do frasco ou em sua borda, bem como não encostá-lo na perna, na vagina ou na bacia. Tamponar imediatamente o frasco com o papel de alumínio. Marcar a hora da colheita.

Colheita de urina do homem

Deve ser feita no sanitário. O paciente deve receber 4 compressas de gaze embebidas em sabão a 5%, um frasco de água morna estéril e um frasco de boca larga, tampado com papel de alumínio. O paciente deve ser instruído para:

1. lavar as mãos com águae sabão, enxugando-as com toalha de papel, descartável;
2. retrair completamente a pele do prepúcio e lavar o pênis e a glande com as compressas embebidas em sabão;
3. remover o sabão com a água estéril;
4. urinar a primeira porção na bacia e, sem interromper o jato, colher 10 a 15 mL no frasco de boca larga, estéril;
5. urinar o restante na bacia. Tamponar o frasco com o papel de alumínio estéril. Marcar a hora da colheita.

Colheita de urina de crianças

Fazer a mesma assepsia dos genitais. Usar coletores plásticos, estéries (para meninos ou para meninas, conforme o caso) e, se a colheita não for conseguida rapidamente, trocar os coletores a cada 40 minutos. Marcar a hora da colheita e da última vez em que foi trocada a última fralda ou a hora da última micção da criança.

Colheita da urina em casos especiais

Eventualmente, uma fimose que não pode ser reduzida no laboratório pode dificultar a assepsia dos genitais de um menino. Outras vezes, um paciente (hospitalizado) tem de ser sondado. Outras vezes, ainda, temos de colher amostras de urina de pacientes com nefrostomias, através de sondas operatórias. Sempre, nesses casos, devemos descrever as condições de colheita, para que o resultado final possa ser bem interpretado.

Transporte da urina e espera para início do exame

Como já vimos, a urina é um excelente meio de cultura para a maioria das enterobactérias, que se duplicam de 30 em 30 minutos. É indispensável que se semeie a urina *imediatamente* após a colheita. Nossa recomendação é para que essa regra seja seguida à risca. Vários autores concedem um atraso de 30 minutos se a urina estiver em temperatura ambiente ou de 4 horas se a urina for conservada em geladeira. Como na rotina de laboratório de análises esses prazos podem ser facilmente ultrapassados, achamos mais fácil semear cada amostra de urina logo após a colheita. De modo algum podemos aceitar amostras de urina trazida pelos pacientes (não somente pelo tempo decorrido mas também pelas deficiências em assepsia e colheita).

Princípios gerais

1. *Contagem de bactérias na urina.* Comparando os resultados de contagem de bactérias na urina colhida com os devidos cuidados de assepsia (urina do 2º jato, pacientes depois de várias horas da última micção) com os quadros clínicos desses pacientes, obteve-se o seguinte quadro interpretativo: De 0 a 9.000 colônias por mL de urina = sem significado clínico. De 10.000 a 90.000 colônias (ou bactérias) por mL = suspeita de infecção. Exame de resultado duvisoso. Dependendo do quadro clínico e das condições de colheita deve ser repetido. 100.000 bactérias ou mais = indício de infecção.

A Associação Americana de Saúde Pública adota os seguintes critérios: há evidências de infecção:

a. pacientes que não estão sob medicação antimicrobiana:
colheita de jato médio: acima de 100.000; colheita por sonda: acima de 10.000.
b. pacientes sob medicação antibacteriana: colheita de jato médio: acima de 10.000; colheita por sonda: acima de 1.000.

Abaixo dessas quantidades, os germes não são identificados nem são feitos antibiogramas.

2. *Identificar o germe e relacionar a contagem por germe isolado.* Recomendamos que isso seja feito, pois irá orientar melhor o médico assistente. Uma contagem de 80.000 bactérias por mL pode, na realidade, ser apenas de uma provável contaminação, de cinco espécies de bactérias, cada uma com menos de 15 ou 20.000 germes por mL.
3. *Não devemos centrifugar a urina,* como era recomendado antigamente.
4. Para cultivar a urina em exame, devemos usar o meio de ágar-sangue e o meio de Teague. Esses meios irão proporcionar o crescimento da maioria das bactérias normalmente patogênicas. Meios especiais e outras técnicas só serão usados em caso de requisição especial do médico.

MÉTODOS DE TRIAGEM

Apesar de hoje sabermos que o único método digno de confiança é a cultura da urina, com contagem de bactérias, alguns laboratórios ainda se valem de métodos antigos, ultrapassados, que falham muito, especialmente se as contagens bacterianas estão entre 10.000 e 90.000 germes por mL. Nessa faixa, as falhas chegam a 60%. Os métodos de triagem ainda em uso por alguns laboratórios são:

1. *Método de TTC* (cloreto de trifeniltetrazólio). Esse método tenta medir a atividade respiratória das bactérias em crescimento. O TTC é adicionado à urina e esta é incubada durante 4 horas. Quando presentes em número significativo, as bactérias em desenvolvimento reduzem o reagente num precipitado róseo-avermelhado de trifenilformazan. Em casos de contagem de colônias além de 100.000 por mL (feitas por cultura), este método só identifica 80%. Se o germe for Gram-positivo, a sensibilidade é muito baixa.
2. *Prova do nitrito. A* maioria das bactérias patogênicas para o sistema urinário reduz nitrato a nitrito. Assim, adiciona-se nitrato à urina e depois se pesquisa nitrito. Essa prova pode ser feita à temperatura ambiente, com leitura após 1 hora. A positividade é de 75%. Outro modo é incubar a urina com nitrato a 37°C durante 4 horas, com positividade de 90% (com 10% de falsos positivos). Também aqui a positividade de germes Gram-positivos é muito baixa.
3. *Microscopia.* Fazemos esfregaço e coramos pelo método de Gram. Se os esfregaços são feitos do sedimento após centrifugação e observamos mais de 5 bactérias por campo, usando objetiva de imersão, há mais de 10^5 bactérias por mLde urina e o resultado é positivo. Se o sedimento for feito com urina sem centrifugar, devemos encontrar em média mais de uma bactéria por campo de imersão. Esse método é de difícil reprodutibilidade, uma vez que é muito difícil de se conseguir que os sedimentos urinários se fixem uniformemente nas lâminas e que não sejam lavados, posteriormente, pela coloração. Contudo, em mãos de técnicos realmente habilidosos, esse método pode apresentar resultados rápidos e de ajuda ao clínico, antes do resultado final da cultura.

MÉTODOS DE CULTURA QUANTITATIVA

1. *Cultura em lâmina.* Recentemente, surgiu no comércio um método simples e reprodutivo para cultura de urina, que recomendamos para uso hospitalar. Pelo menos duas firmas estão produzindo lâminas para cultura de urina, no Brasil. Em geral, são placas de material plástico cobertas de um lado com um meio para enterobactérias fracamente seletivo, e do outro lado com ágar-simples. Essas lâminas são fornecidas dentro de um pequeno cilindro plástico, estéril. Para serem usadas, retiramos a lâmina do cilindro plástico, mergulhamos na urina do paciente recentemente colhida, escorremos o excesso de urina, colocamos a lâmina novamente dentro do cilindro plástico, tampamos o cilindro e o incubamos, até o dia seguinte. Se não houver crescimento de colônias, incubamos durante mais um dia e damos o resultado "Não houve cres-

cimento bacteriano" se houver confirmação. Se houver crescimento, vai haver um número maior de colônias se a urina tiver um número maior de germes. As firmas produtoras fornecem um gabarito para se poder comparar o número de colônias crescidas na lâmina com esquemas padrões que correspondem a 10^5, 10^4 etc. bactérias por mL de urina. Então, por simples inspeção, podemos dizer o número de germes por mL. Para identificar a bactéria, a repicamos para meios comuns de identificação. Esse método é insuficiente para germes Gram-positivos, especialmente para estreptococos.

2. *Inóculo padronizado por alças calibradas.* É usado por alguns laboratórios. Emprega alças que podem conter quantidade exata de urina: 0,01 mL ou 0,001 mL. Numa placa de ágar-sangue colocamos 0,01 mL de urina e numa placa de Teague colocamos 0,001 mL da mesma urina. Espalhamos os inóculos com alça de Drigalski.
   Após incubação de 18 a 24 horas, a 37°C, contamos as colônias que se desenvolveram.
   Na placa de ágar-sangue: n9 de colônias X 100 = bactérias/mL.
   Na placa de Teague: nº de colônias X 1000 = bactérias/mL.
   Em seguida, identificamos os germes que se desenvolveram.
3. *Método dos tubos.* Preparamos 9 diluições da urina em estudo, trocando sempre as pipetas: 10^{-1}, 10^{-2}, 10^{-3} . . . . . . 10^{-9}. Inoculamos 1 mL de cada diluição em 9 mL de caldo tripticase-soja. Fazemos isso com uma só pipeta, mas indo da maior para a menor diluição. Para isolar e identificar os germes, inoculamos a urina em uma placa de ágar-sangue e em uma de Teague. Incubamos os tubos e as placas. No dia seguinte, o último tubo com turvação (crescimento visível) indica a contagem de germes por mL.
4. *Método de placas. Método de placas de ágar-fundido ("pour plates").* Preparamos diluições de urina 1:100 e 1:1.000, em água destilada estéril. Acrescentamos 1 mL de cada uma dessas diluições em tubos com 20 mL de ágar-comum fundido e resfriado a cerca de 50°C. Misturamos as diluições de urina nos tubos e imediatamente transferimos os conteúdos dos tubos para duas placas de Petri estéreis. Deixamos solidificar o ágar das placas e as levamos para a estufa, até o dia seguinte. Contamos a placa que tiver entre 30 e 300 colônias. Multiplicamos o número de colônias da primeira placa por 100 e os da segunda placa por 1.000, para ter o número de bactérias por mL de urina. Esse método tem a vantagem de se utilizar ágar fundido. As bactérias estritamente aeróbias que estiverem na intimidade do ágar não se desenvolvem rapidamente em colônias, o que representa um erro apreciável na contagem. Se incubarmos as placas durante mais alguns dias, vão se tornando evidentes mais e mais colônias.
   Método das placas, de superfície. É o método que recomendamos. Diluímos 1 mL de urina recentemente colhida em 9 mL de agua destilada estéril. Misturamos (temos diluição 1:10). Tomamos 1 mL dessa diluição e diluímos em outros 9 mL de água destilada estéril (temos uma diluição 1:100). Para essas diluições, trocamos de pipeta. Pipetamos 0,1 mL da diluição 1:10 numa placa de ágar-sangue e, com outra pipeta, pipetamos 0,1 mL da diluição 1:100 numa placa de Teague. Espalhamos os inóculos com alça de Drigalski e incubamos as placas até o dia seguinte. Se não houver crescimento bacteriano, incubamos as placas por mais 24 horas para confirmar a negatividade do exame. Se houver crescimento, contamos as colônias das placas de ágar-sangue e de Teague. O número de colônias na placa de ágar-sangue é multiplicado por 10 (pois usamos 0,1 mL de urina) e outra vez por 10 (pois a diluição era 1:10). O número de colônias na placa de Teague também é multiplicado primeiramente por 10 mas depois por 100 (pois a diluição aqui é 1:100). Se houver colônias de aspectos diferentes, fazemos contagens separadas de cada tipo. Uma vez feitas as contagens, partimos para a identificação dos germes isolados. Esse método permite o isolamento dos germes que mais frequentemente causam infecções urinárias, inclusive de Gram-positivos.

AS BACTÉRIAS MAIS ENCONTRADAS NA URINA

Devemos dar uma atenção especial aos gêneros de bactérias mais encontradas na urina: *Escherichia, Klebsiella, Proteus, Providencia, Morganella, Enterobacter* e *Pseudomonas.*

O gênero *Escherichia*

O gênero Escherichia já foi discutido na parte referente às coproculturas.

Nas infecções extra-intestinais, especialmente nas urinárias, estão envolvidos um pequeno número de sorovariantes, geralmente com fímbrias MR (antígenos F), determinados por plasmídeos e frequentemente hemolíticos.

Na urina não são pesquisadas amostras de *Escherichia coli* enteropatogênicas, toxigênicas ou invasivas.

Antigamente, estirpes especiais de *E. coli,* anaerogênicas, lactose negativas ou tardias e imóveis eram consideradas enterobactérias do grupo Alkalescens-Dispar. Hoje são conhecidas como *E. coli* inativas.

As dificuldades em reconhecer essas amostras certamente prejudicam as investigações

etiológicas das infecções extra-intestinais causadas pela *Escherichia coli.*

O gênero *Klebsiella*

O gênero Klebsiella é o gênero V da família Enterobacteriaceae e tem seu nome em homenagem ao bacteriologista alemão Edwin Klebs.

São bacilos Gram-negativos encapsulados, imóveis, que formou em meios sólidos colônias elevadas, brilhantes, apresentando viscosidade que varia com a estirpe, com o meio de cultura e com maior ou menor produção de cápsula. Esse aspecto não pode ser muito considerado, pois estirpes de *Enterobacter aerogenes* e de *Escherichia coli,* encapsuladas, também apresentam colônias viscosas semelhantes.

São 4 as espécies de *Klebsiella: Klebsiella pneumoniae, Klebisiella oxytoca, Klebsiella terrigena* e *Klebsiella planticola.* As duas últimas não são de interesse médico. A *Klebsiella pneumoniae* tem três subespécies: *pneumoniae, ozenae* e *rhinoscleromatis.*

O Manual Bergey de 1984 aconselha aos laboratórios clínicos que simplifiquem o nome das subespécies, denominando-as de *Klebsiella pneumoniae, Klebsiella ozenae* e *Klebsiella rhinoscleromatis.*

Apesar de *Klebisella ozenae* e *Klebsiella rhinoscleromatis* não ocorrerem na urina, vamos incluí-las na diferenciação abaixo, que pode ser útil para a identificação de bactérias isoladas de outros materiais.

Identificação das espécies de Klebsiella de interesse médico

	Klebsiella pneumoniae	*Klebsiella ozenae*	*Klebsiella rhinoscleromatis*	*Klebsiella oxytoca*
Lactose	+	(+)	–	+
Gás de glicose	+	d	+	–
H_2S no tríplice	–	–	–	–
Urease	+	d	–	+
Fenilalanina	–	–	–	–
Lisina descarb.	+	d	–	+
Motilidade	–	–	–	–
Indol	–	–	–	+
V.M.	–	+	+	–
V.P.	+	–	–	+
Citrato	d	d	–	+

+ = 90 a 100% positivos; (+) = 76 a 89% positivos; d = 26 a 75% positivos; - = 0 a 10% positivos.

O gênero *Proteus*

O gênero Proteus é o gênero XI da família *Enterobacteriaceae* e seu nome vem do deus Proteus, da mitologia grega, capaz de assumir várias formas.

São bacilos Gram-negativos pleomórficos, móveis, geralmente não encapsulados.

Na superfície de meios sólidos, a maioria das estirpes se espalham em véu ou em zonas concêntricas, produzidas por ciclos periódicos de migração. Esse véu chega a impossibilitar o isolamento de outros germes. Em laboratório clínico esse problema pode ser contornado pela incorporação de bile ou de detergentes no meio de cultura, pelo aumento da concentração de ágar para 4 ou 7% ou ainda pela incorporação de 0,1 a 0,3M de p-nitrofenilglicerol ao meio sólido (esta incorporação inibe a formação de véu sem afetar a motilidade ou a flagelação do germe).

O gênero Proteus é composto atualmente de apenas 3 espécies, sendo 2 de interesse clínico: *Proteus vulgaris* e *Proteus mirabilis.*

O *P. mirabilis* é isolado muito mais frequentemente de casos clínicos, sendo um dos principais patógenos urinários adquiridos fora do hospital e está frequentemente associado a diabetes e anomalias do trato urinário.

No hospital, é a espécie que ocorre em 1º lugar entre pacientes cateterizados, após cirurgias ou após instrumentação urológica.

Os germes do gênero *Proteus,* presentes no intestino de 25% da população, são considerados invasores oportunistas.

Identificação das espécies de Proteus de interesse médico

	Proteus vulgaris	*Proteus morganii*
Lactose	–	–
Ácido de maltose	+	–
Gás de glicose	+	+
H_2S	+	+
Urease	+	+
Fenilalanina	+	+
Lisina	–	–
Ornitina	–	+
Motilidade	+	+
Indol	+	–
V.M.	+	+
V.P.	–	d
Citrato	d	d

+ = 90 a 100% positivos; d = 26 a 75% positivos; - = 0 a 10% positivos

O gênero *Providencia*

O gênero *Providencia* é o gênero XII da família *Enterobacteriaceae* e seu nome foi dado em homenagem a Providence, uma cidade de Rhode Island, nos Estados Unidos da América.

É composto de bacilos Gram-negativos móveis, isolados de fezes diarréicas, infecções do trato urinário, ferimentos, queimaduras e bacteremias.

O gênero Providencia apresenta 3 espécies, a saber: *Providencia alcalifaciens, Providencia stuartii* e *Providencia rettgeri.*

A *Providencia alcalifaciens* é geralmente isolada de fezes diarréicas de crianças mas não se sabe seu papel.

A *Providencia stuartii* é frequentemente isolada da urina de pacientes hospitalizados e cateterizados, além de ferimentos, queimaduras e bacteremias. Raramente é isolada de fezes.

A *Providencia rettgeri é* isolada da urina de pacientes hospitalizados ou cateterizados e menos frequentemente de outros materiais. Raramente é isolada das fezes.

Identificação das espécies do gênero Providencia

	Providencia alcalifaciens	*Providencia stuartii*	*Providencia rettgeri*
Lactose	–	–	–
Ácido de inositol	–	+	+
Ácido de adonitol	+	–	+
Gás de glicose	(+)	–	–
H_2S	–	–	–
Urease	–	d	+
Fenilalanina	+	+	+
Motilidade	+	(+)	+
Indol	+	+	+
V.M.	+	+	+
V.P.	–	–	–
Citrato	+	+	+

+ = 90 a 100% positivos; (+) = 76 a 89% positivos; d = 26 a 75% positivos; - = 0 a 10% positivos.

O gênero *Morganella*

O gênero Morganella é o gênero XIII da família *Enterobacteriaceae* e seu nome se relaciona a H. de R. Morgan, bacteriologista inglês que foi o primeiro a estudar o microrganismo.

Compõe-se de apenas uma espécie: *Morganella morganii,* classificada até há pouco como *Proteus.*

É germe oportunista. Ocorre nas fezes e pode ser invasor secundário, sendo isolado de bacteremias, do trato respiratório, de ferimentos e de infecções urinárias, especialmente de origem hospitalar.

Veja suas características bioquímicas na tabela da família *Enterobacteriaceae,* na parte referente às coproculturas.

O gênero *Enterobacter*

O gênero Enterobacter é o gênero VI da família *Enterobacteriaceae* e seu nome significa "bacilo do intestino".

Tratam-se de bastonetes Gram-negativos móveis e que utilizam citrato como única fonte de carbono. Algumas estirpes apresentam cápsula.

O gênero contém 5 espécies de interesse médico, a saber: *Enterobacter cloacae, Enterobacter sakazakii, Enterobacter agglomerans, Enterobacter aerogenes* e *Enterobacter gergoviae.*

São encontrados no meio ambiente e eventualmente estão associados à microbiologia clínica, como germes oportunistas.

O *Enterobacter cloacae é* a espécie mais frequentemente isolada. Nas fezes, não é considerado patogênico. É patógeno oportunista isolado de urina, escarro e trato respiratório, pus e ocasionalmente do sangue e do líquor. Tem sido agente de infecções hospitalares, especialmente ligadas a pacientes em unidades de terapia intensiva, urológicas ou de emergência.

O *Enterobacter sakazakii é* raramente isolado de amostras clínicas. Ocorre no meio ambiente e em alimentos, podendo causar meningites e bacteremias em recém-nascidos.

O *Enterobacter agglomerans,* isolado de plantas, água, solo etc, é algumas vezes isolado de pessoas imunologicamente compromissadas, causando bacteremia transitória e ocasionais septicemias.

O *Enterobacter aerogenes* é isolado das fezes, não sendo considerado patógeno intestinal. É oportunista, tendo sido isolado do trato respiratório, do trato genito-urinário, de pus e ocasionalmente do sangue e do líquor.

O *Enterobacter gergoviae,* isolado pela primeira vez em 1976, da urina de pacientes de uma epidemia hospitalar incidiosa, em Gergovia, França. Ocorre em cosméticos e é patógeno oportunista. Foi isolado da urina, do pus, do escarro, do sangue e de outros materiais.

Identificação das espécies de Enterobacter de interesse médico

	Enterobacter cloacae	*Enterobacter sakazakii*	*Enterobacter agglomerans*	*Enterobacter aerogenes*	*Enterobacter Gergoviae*
Lactose	+	+	d	+	d
Gás de glicose	+	+	(-)	+	+
H_2S	–	–	–	–	–
Urease	d	–	(-)	–	+
Fenilalanina	–	d	(-)	–	–
Lisina	–	–	–	+	+
Ornitina	+	+	–	+	+
Arginina	+	+	–	–	–
Motilidade	+	+	(+)	+	+
Indol	–	(-)	(-)	–	–
V.M.	–	(-)	d	–	d
V.P.	+	+	d	+	+
Citrato	+	+	d	+	+

+ = 90 a 100% positivos; (+) = 76 a 89% positivos; d = 26 a 75% positivos; (-) = 11a 25% positivos; - = 0 a 10% positivos.

O gênero Pseudomonas

O gênero Pseudomonas é o gênero I da família *Pseudomonadaceae* e apresenta 91 espécies, sendo 11 de interesse médico. Como duas delas *(Pseudomonas mallei* e *Pseudomonas pseudomallei,* que causam o mormo e a melioidose, doenças de animais que podem atingir o homem, não ocorrem no Brasil, vamos nos restringir às características de 9 espécies, a *sabei: Pseudomonas aeruginosa, Pseudomonas fluorescens, Pseudomonas putida, Pseudomonas stutzeri, Pseudomonas mendocina, Pseudomonas alcaligenes, Pseudomonas pseudoalcaligenes, Pseudomonas cepacia* e *Pseudomonas acidovorans.*

A espécie mais encontrada é a *Pseudomonas aeruginosa.* São todas patógenos oportunistas. Recentemente, devido ao amplo uso de antibióticos e quimioterápicos, aos quais as *Pseudomonas* são notoriamente resistentes, esse gênero se tornou importante agente de doenças isoladas e de infecções hospitalares.

Antigamente acreditava-se que a maioria das pseudomonas apresentavam colônias pigmentadas, mas hoje sabemos que há várias estirpes e espécies não pigmentadas. São dois os principais pigmentos apresentados pelas pseudomonas: pioverdina ou fluoresceína (que é fluorescente) e piocianina.

Os pigmentos fluorescentes são insolúveis em clorofórmio mas são solúveis em água. São produzidos abundantemente em meio com pouco ferro.

A piocinina é solúvel tanto no clorofórmio como na água. Tem a coloração azul, que se difunde no meio da cultura.

Em várias espécies aparecem outros pigmentos, sendo mais importante os de coloração avermelhada e conhecidos como "pigmentos carotenóides".

Identificação das espécies de Pseudomonas de interesse médico

	P. aeruginosa	*P. fluorescens*	*P. putida*	*P. stutzeri*	*P. mendocina*	*P. alcaligenes*	*P. pseudoalcaligenes*	*P. cepacia*	*P. acidovorans*
Fluoresceína	d	d	+	–	–	–	–	–	–
Piocianina	d	–	–	–	–	–	–	+	–
Carotenóides	–	–	–	–	+	d	–		–
Crescimento a 41°C	+	–	–	d	+	+	+	d	–
Arginina deidrolase	+	+	+	–	+	+	d	–	–
Desnitrificação	+	d	–	+	+	+	d	–	–
Hidrólise da gelatina	+	+	–	–	–	d	d	d	–
Hidrólise do amido	–	–	–	+	–	–	–	–	–
Utilização de glicose	+	+	+	+	+	–	–	+	–
Utilização de L-tartarato	–	d	d	–	d	–	–	d	+

+ = 90 a 100% positivos; d = 26 a 75% positivos; - = 0 a 10% positivos.

Pesquisa e Cultura de Bacilos Acidorresistentes na Urina

Esse exame é feito sob pedido especial e aconselhamos que sejam sempre feitos tanto o exame bacterioscópico quanto o exame bacteriológico (cultura). Como na tuberculose renal a eliminação de bacilos é pequena e intermitente, temos de instruir o cliente para que traga ao laboratório todo o volume de urina colhido num período de 24 a 48 horas. Se a suspeita clínica justificar, aconselhamos que esse exame seja repetido pelo menos umas dez vezes, em dias alternados. Para cultura, recomenda-se hoje que se use cinco amostras da 1ª urina da manhã, colhidas em dias alternados.

Um erro que é praticado por alguns laboratórios é tomar uma alíquota da urina de 24 a 48 horas enviada ao laboratório (por exemplo, 50 mL) e examinar a presença de bacilos ácido-resistentes apenas nessa quantidade de urina. Devemos examinar TODA a urina enviada. Para isso, colocamos a urina em frascos de decantação, afunilados, de 1 litro e adicionamos 10 mL de uma solução de trifosfato de sódio a 10% por litro de urina. Alternativamente, usamos 1 mL por litro de uma solução de ácido tânico a 5% e em seguida colocamos 1 mL por litro de uma solução de ácido acético a 30%. Há uma floculação. Deixamos o frasco em repouso, na geladeira, até o dia seguinte. O material floculado acumula-se no fundo do frasco de decantação. Aspiramos ou decantamos o sobrenadante e o desprezamos (após autoclavação). Centrifugamos o sedimento em vários tubos de 50 mL estéreis e com tampa. Desprezamos os sobrenadantes e reunimos os sedimentos em um só tubo. Juntamos um volume igual de hidróxido de sódio a 4% e agitamos essa mistura durante 30 minutos. Neutralizamos a soda com ácido clorídrico normal, contendo vermelho de fenol como indicador. Centrifugamos novamente, desprezamos o sobrenadante e vamos examinar o sedimento. Fazemos vários esfregaços e coramos alguns pelo método de Ziehl-Neelsen e pelo menos duas lâminas pelo método de Truant, para fluorescência. Semeamos o material em meio de Loewenstein-Jensen e em meio de Middlebrook e Cohn, modificado, 7H11. Este último tem de ser cultivado em atmosfera de 10% de CO_2. Essas culturas devem ser frequentemente observadas e não podem ser desprezadas como negativas, antes de 60 dias. Se o processo de descontaminação indicado acima (soda e ácido clorídrico) mostrar-se ineficaz e perdermos as culturas por contaminação bacteriana, devemos solicitar ao cliente nova amostra, prepará-la do mesmo modo e injetar três cobaios.

Devemos tomar muito cuidado com o relatório do exame bacterioscópico, uma vez que micobactérias saprófitas podem aparecer na amostra enviada pelo cliente e somente a cultura irá revelar que não se trata do *Mycobacterium tuberculosis.* Um contaminante relativamente comum é o *Mycobacterium smegmatis,* um habitante normal dos genitais externos.

Infecções do Trato Genital

Nas infecções do trato genital (uretrite, cervicite, vulvovaginite etc), o pedido de exame geralmente se refere a um exame bacterioscópico. Eventualmente, quando o médico suspeita da presença de um protozoário, a *Trichomonas sp.,* acrescenta o pedido de exame e por vezes pede também um exame bacteriológico (cultura).

O germe mais procurado nas infecções agudas é a *Neisseria gonorrhoeae.* Outros microrganismos implicados nessas infecções são os estreptococos beta-hemolíticos, a *Escherichia coli* e outras enterobactérias, o *Staphylococcus aureus* e estreptococos anaeróbios. Frequentemente, encontramos *Gardnerella vaginalis,* ou a levedura *Candida albicans* ou o protozoário *Trichomonas vaginalis.*

Nas infecções crônicas, os microrganismos constantemente envolvidos são a *Neisseria gonorrhoeae,* a *Trichnomonas vaginalis* e a *Candida albicans.*

Outras vezes, temos lesões como úlceras, cancros ou bubões, devidos à sífilis, ao *Haemophilus ducreyi* ou ao linfogranuloma venéreo.

Como os exames de material do trato genital são muito solicitados e como está havendo hoje um grande aumento na incidência de doenças venéreas, convém que apresentemos o maior número de informações. Devemos tentar colher a maior quantidade de material possível, de cada caso, para que o exame possa ser repetido ou exames adicionais possam ser feitos. É necessário que o médico indique a suspeita clínica para que o método de colheita da amostra e a sequência do exame sejam apropriados.

COLHEITA DE CORRIMENTO

Colheita no homem. A colheita do corrimento uretral masculino é relativamente simples, mas deve ser bem executada. O paciente deve ir ao laboratório preferentemente pela manhã, sem ter urinado e sem ter tomado qualquer medicação. Instruímos o paciente para que retraia o prepúcio, limpamos o meato com gaze estéril umedecida em solução fisiológica estéril. Em seguida, fazemos o paciente espremer o pênis da base para o meato. Com a alça de platina colhemos material para exame a fresco (entre lâmina e lamínula), fazemos vários esfregaços e semeamos meios de cultura (quando solicitado).

Se houver pouco corrimento e se houver suspeita de *Trichomonas,* introduzimos no meato do paciente uns 2 a 3 cm da alça de platina ou uma pequena cureta, raspamos a mucosa e fazemos as lâminas e semeamos o material.

Quando nem assim conseguimos material, colhemos a primeira porção (2 ou 3 mL) do 1º jato de urina do paciente, desprezando o restante da micção. Centrifugamos imediatamente essa pequena amostra de urina, desprezamos o sobrenadante e consideramos o sedimento como corrimento. No relatório do exame mencionamos o tipo de colheita.

Colheita na mulher. A colheita de corrimento da mulher é difícil de ser bem feita pois exige, por parte de quem faz a colheita, perfeitos conhecimentos sobre a anatomia dos genitais femininos. A paciente deve, de preferência, ir ao laboratório pela manhã, sem ter se lavado, sem estar usando medicação vaginal pelo menos há 24 horas e sem estar tomando antibióticos ou quimioterápicos. Outra recomendação é que a paciente não urine, pelo menos uma hora antes da colheita.

O local exato da colheita e como esta deve ser feita dependem do pedido recebido pelo laboratório.

Se o pedido for o mais comumente feito: "Exame do corrimento vaginal. *Candida? Trichomonas?",* colocamos a paciente em posição ginecológica e aspiramos com uma pipeta munida de pêra de borracha cerca de 0,5 a 1 mL do corrimento. Se houver pouco corrimento, introduzimos um espéculo vaginal, abrimos parcialmente suas valvas, visualizamos o fundo do saco vaginal e daí colhemos corrimento. Se a colheita não puder ser feita com pipeta, podemos colher com dois *swabs* umedecidos em solução fisiológica estéril.

Se o pedido de exame mencionar suspeita de gonorréia, a colheita é feita de modo totalmente diferente. Após a colheita do corrimento visível, como descrito acima, fazemos uma rigorosa limpeza de toda a região, removendo todo o corrimento com solução fisiológica estéril. O corrimento primeiramente colhido é para se completar o exame, quanto à presença ou não de leveduras, de *Trichomonas* etc, mas não serve para pesquisa de *Neisseria gonorrhoeae,* uma vez que a flora normal da vagina pode conter neisserias saprófitas. A uretrite gonocócica feminina leva ao envolvimento de glândulas parauretrais, as glândulas de Skene. Passada a fase aguda, essas glândulas continuam contaminadas, sendo portanto local obrigatório de pesquisa de *Neisseria gonorrhoeae.* Para isso, calçamos luvas estéreis e introduzimos a ponta do dedo indicador no orifício vaginal, de baixo para cima, e com a outra mão afastamos os pequenos lábios vaginais. Com uma pequena massagem com a ponta do dedo indicador conseguimos, em casos positivos, obter gotas de material purulento ou apenas espesso nos orifícios de saída dos dutos de Skene ou no próprio meato urinário. Colhemos esse material com alça de platina, fazemos esfregaços e semeamos em meios apropriados.

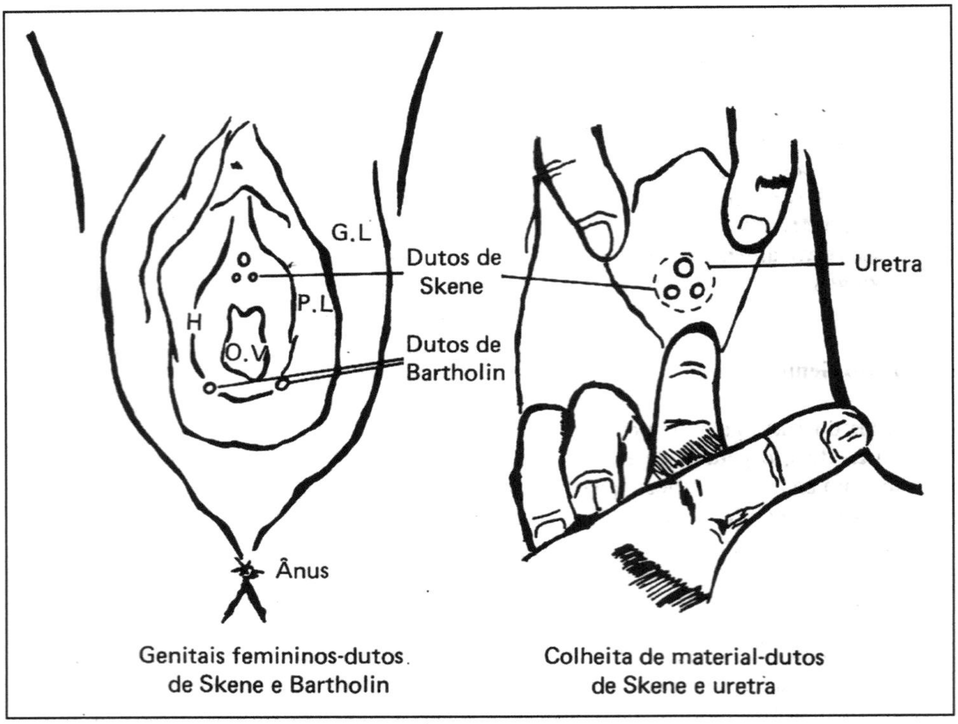

Fig. 20.1

Outros locais de predileção da *Neisseria gonorrhoeae* são as glândulas de Bartholin e as próprias glândulas do canal cervical. As infecções da glândula de Bartholin (bartolinites) de origem gonococica aparecem mais na gonococcia crônica. Para a colheita de material, apertamos a glândula de Bartholin entre o polegar e o indicador, calçados com luva estéril, e colhemos com alça de platina mesmo a menor quantidade de exsudato que conseguirmos obter. Para a colheita de material de cervicites, usamos o especulo vaginal, limpamos cuidadosamente todo o fundo de saco vaginal e o próprio orifício do canal cervical. Fechamos parcialmente as valvas do especulo de modo a comprimir o canal cervical e colhemos o exsudato que aparece no orifício cervical. Devemos tomar cuidado para não encostar a alça de platina nas paredes do fundo de saco vaginal, antes ou depois da colheita do material.

EXAME BACTERIOSCÓPICO DO CORRIMENTO

Os esfregaços devem ser imediatamente fixados pelo calor, pois as neisserias possuem uma enzima autolisante que prejudica o exame bacterioscópico do material mesmo seco mas não fixado.

Um dos esfregaços colhidos é corado pelo método de Gram. Preferimos a técnica modificada por Hucker, já que há melhor definição dos elementos de defesa celular e maior contraste entre estes e a flora existente. Ao fornecer o relatório, descrevemos a presença de elementos celulares: se há abundantes, frequentes ou raros leucócitos (ou piócitos); se há outras células (macrófagos, células epiteliais etc.) ou se há muco (corado difusamente em róseo).

Em seguida, anotamos a flora Gram-positiva: cocos isolados ou agrupados, cocos em cadeia, cocos em pequenos cachos, cocos em chama de vela, bacilos tipo difteróide, bacilos tipo Döderlein.

Em terceiro lugar, relatamos a flora Gram-negativa: bacilos finos, ou bacilos grosseiros, bacilos pleomórficos, cocobacilos, ou pequenos bacilos aos pares e agrupados "em cardume de peixe" ou a descrição sugestiva "diplococos com os caracteres morfológicos e tintoriais de *Neisseria*, de localização predominantemente intracelular".

Toda vez que descrevermos a presença de bactérias num material clínico, devemos fornecer uma impressão sobre a quantidade: abundantes, frequentes, raras ou então "flora bacteriana ausente". É importante que se relate também se as bactérias estão ou não fagocitadas pelas células, isto é, se têm ou não localização intracelular. Note-se que somente fagócitos são capazes de fagocitar bactérias, mas células epiteliais não o são. Contudo, nos últimos anos, vários pesquisadores têm dado grande importância a bacilos Gram-negativos (às vezes Gram-positivos) que parasitam a superfície de células epiteliais do cérvix ou da vagina. Trata-se da *Gardnerella vaginalis*.

Sempre que for solicitado, incluímos no relatório a parte do exame direto, feito com o material a fresco, entre lâmina e lamínula, sem coloração: presença ou ausência de leveduras filamentosas ou de *Trichomonas vaginalis* (ou *Trichomonas* sp.). Aconselhamos que esse exame seja sempre feito, desde que haja material suficiente e que o resultado seja fornecido se o exame bacterioscópico não for conclusivo.

Na blenorragia, o exame bacterioscópico é apenas sugestivo. Na fase aguda de um corrimento uretral, por exemplo, onde há frequentes diplococos intracelulares, não podemos afirmar que seja uma infecção causada pela *Neisseria gonorrhoeae*, uma vez que jã foram descritos corrimentos uretrais causados pela *Neisseria meningitidis*. Sem o exame bacteriológico (cultura), só podemos descrever o que vemos no exame bacterioscópico e no máximo acrescentamos "com os caracteres morfológicos e tintoriais de *Neisseria*" (mas sem afirmar qual o germe).

Um outro microrganismo que ocorre nos órgãos genitais é o *Acinetobacter calcoaceticus*. Esse germe se apresenta frequentemente como cocobacilos Gram-negativos tão pequenos que muitas vezes dão a impressão de diplococos. Altamente pleomórfico, esse germe se apresenta também como pequenos bacilos ou mesmo bacilos maiores. Em cultura, esse pleomorfismo é mais acentuado.

Mesmo germes Gram-positivos como estafilococos, estreptococos e difteróides, muito descorados ou então tratando-se de células velhas, que perderam a Gram-positividade, ocorrem na flora normal do trato geniturinário e podem ser confundidos com neisserias. Há uma pequena regra que pode ser, até certo tempo, útil para o diagnóstico diferencial entre a morfologia de neisseria e de outras bactérias atípicas: nas neisserias os dois cocos estão bem juntos, de modo que o diâmetro transversal do diplococo é menor que o longitudinal. Sendo, porém, as neisserias facilmente auto-lisáveis, frequentemente vemos formas atípicas, com um ou com os dois cocos muito grandes e disformes. O mesmo pode acontecer devido ao tratamento. São formas que podem passar despercebidas no exame bacterioscópico e que não são cultiváveis.

Outra causa de erro no exame bacterioscópico é a presença de neisserias saprófitas no cérvix, na vagina e mesmo no reto, determinando de 5 a 10% de resultados falso-positivos nesses exames.

Vamos aqui tecer ligeiros comentários sobre o "bacilo de Dóderlein". Recentemente, viu-se que sob essa denominação estão englobadas várias espécies vaginais de *Lactobacillus*, incluindo *L. acido-philus, L. casei, L. fermentum* e *L. cellobiosus*. São habitantes normais da vagina e se apresentam como bacilos Gram-positivos retos ou curvos, frequentemente longos e finos, ocasionalmente com ramificações rudimentares, ocorrendo geralmente isolados ou em cadeias. Sua presença ou ausência no material vaginal deve ser sempre relatada, pois pode dar ao médico informação sobre o pH vaginal.

EXAME BACTERIOLÓGICO DO CORRIMENTO

Como vários germes podem ser causadores de corrimento, temos de semear o material em vários meios de cultura. Usamos os meios de ágar-sangue, Teague, Thayer-Martin e ágar-chocolate, distribuídos em duas placas plásticas, descartáveis, divididas ao meio (chamadas de biplacas). Uma placa contém os meios de ágar-sangue e de Teague e a outra os meios de Thayer-Martin e ágar-chocolate.

Na parte de ágar-sangue isolamos praticamente todos os germes, principalmente estafilococos, estreptococos e enterobactérias. Eventualmente, crescem também neisserias. A metade com meio de Teague é específica para enterobactérias, antecipando de um dia o resultado do exame quando essas bactérias estão presentes no corrimento. O meio de Thayer-Martin é o meio de escolha para neisserias em materiais altamente contaminados com outras bactérias, uma vez que contém vancomicina, colistina e nistatina como impedientes para a maior parte dos germes Gram-positivos e Gram-negativos, inclusive neisserias saprófitas. Como, porém, uma pequena percentagem de amostras de *Neisseria gonorrhoeae* é sensível à concentração de vancomicina do meio de Thayer-Martin, semeamos o material também em ágar-chocolate, que é a base deste meio, sem os antibióticos.

Como várias amostras de neisserias patogênicas são inibidas a 37°C, regulamos a estufa em 36°C para que a oscilação da temperatura da estufa se faça entre 35,5 e 36,5°C. (A estufa assim regulada serve também para o uso geral do laboratório de microbiologia clínica.)

As placas de ágar-sangue e Teague são incubadas normalmente, mas a de Thayer-Martin tem de ser incubada em atmosfera de 2 a 3% de CO_2 o que podemos conseguir facilmente com jarra com vela.

A incubação é de 24 horas, mas se não houver crescimento incubamos mais um dia.

A identificação das colônias que se desenvolveram nas placas de ágar-sangue e de Teague segue as marchas descritas em outros capítulos deste livro. Vamos aqui tratar da identificação das colônias nos meios de Thayer-Martin e de ágar-chocolate.

ASPECTO DAS COLÔNIAS DE NEISSERIAS NOS MEIOS DE THAYER-MAR TIN E DE ÁGAR-CHOCOLATE

Nos meios de Thayer-Martin e de ágar-chocolate as colônias de *Neisseria gonorrhoeae* são geralmente translúcidas, branco-acinzentadas, finamente granulosas, brilhantes, moderadamente convexas e com margem irregular. Quase todas as amostras se tornam mucóides após 48 horas de incubação. As colônias podem variar de 1 a 5 mm de diâmetro, dependendo da população bacteriana na placa: colônias menores em regiões da placa com maior número de colônias.

A *prova da oxidase.* Os membros do gênero *Neisseria* possuem uma enzima oxidante que, em presença do ar, atua sobre certas aminas aromáticas produzindo compostos coloridos.

O reagente de oxidase é o hidrocloreto de dimetil-p-fenilenodiamina em solução aquosa de 0,5 a 1,0% e recentemente preparada. O reagente não pode estar oxidado e a solução feita com reagente em boas condições de conservação é incolor. Deve-se tomar cuidado para esse reagente não entrar em contato direto com a pele, pois é tóxico e alergênico.

O composto dimetil é lentamente oxidado pela colônia de gonococo, que se torna primeiro rósea, rapidamente passa a vermelho vivo e finalmente fica marrom escura.

A técnica original recomendava pingar o reagente na placa, de modo a cobrir as colônias e revelar quais as colônias que ficavam róseas e depois roxas. Essa técnica facilitava o encontro, às vezes, de pequenas colônias que não eram vistas nem mesmo ao estéreo-microscópio. Contudo, o reagente é letal para os gonococos dentro de poucos minutos e o exame não podia ter seguimento.

Para contornar essa deficiência, surgiram algumas modificações e nós estamos usando, com bastante proveito, o seguinte método: com uma alça de platina bem limpa e estéril retiramos uma a três colônias suspeitas e depositamos essa massa bacteriana num pedaço de papel de filtro. Temos uma pequena mancha amarelada. Pingamos o reagente no papel de filtro, perto da massa bacteriana. O reagente se difunde e envolve a mancha amarelada. Em caso de prova da oxidase positiva, a mancha cora-se de róseo, vermelho e finalmente torna-se marrom escura. Em caso de prova da oxidase negativa, a mancha não muda de cor. Deve-se tomar cuidado para não colher meio de cultura, juntamente com as colônias suspeitas uma vez que haverá resultados falsamente positivos.

Todos os membros do gênero *Neisseria,* bem como certas bactérias *(Pseudomonas)* e leveduras ocasionalmente encontradas na flora da uretra ou do cérvix, também apresentam prova de oxidase positiva. É necessário um exame bacterioscópio para confirmar a suspeita.

A prova da oxidase positiva somada às características típicas das colônias e mais ainda à presença de diplococos Gram-negativos semelhantes a gonococos nas culturas constituem evidências apenas presuntivas de presença de gonococos. Para o diagnóstico de certeza temos de fazer as provas de fermentação de açúcares.

PROVAS DE UTILIZAÇÃO DE CARBOIDRATOS

A identificação definitiva da *Neisseria gonorrhoeae,* bem como da *Neisseria meningitidis, é* auxiliada pelo estudo de sua capacidade em utilizar glicose, sacarose e maltose. O gonococo utiliza apenas glicose, enquanto o meningococo utiliza glicose e maltose.

a) Subcultivo em meios com carboidratos: colônias isoladas da *Neisseria* em estudo devem ser repicadas pesadamente em uma ou mais placas de ágar-chocolate de modo a dar crescimento a uma quantidade grande de massa bacteriana, suficiente para as provas bioquímicas. As placas são incubadas durante 18 horas. Preparar uma suspensão bem densa do microrganismo num pequeno volume de solução fisiológica. Para verificação da pureza, fazemos um esfregaço e coramos pelo método de Gram e verificamos também a atividade da oxidase.

O meio-base para os estudos de fermentação de neisserias tem de ser um meio bem rico. Usamos o meio CTA (cistina-tripticase-ágar). Antigamente, acrescentávamos a esse meio-base soluções estéreis de açúcares (a 0,5 ou 1%) e guardávamos os tubos com esses meios na geladeira, até serem usados. Com isso, muitas vezes os açúcares não estavam em boas condições de uso (especialmente os tubos contendo CTA-maltose). Atualmente, estamos procedendo do seguinte modo: distribuímos o meio-base em tubos de 12 mm, cerca de 3 ml por tubo, tamponamos com algodão e esterilizamos em autoclave a 121°C, durante 15 minutos. Depois de frios, cortamos o excesso de algodão do tampão de cada tubo e o empurramos para baixo com uma rolha de borracha, tomando cuidado para que a rolha de borracha se adapte bem em cada tubo. Assim, mantemos os tubos bem fechados e os conservamos na geladeira.

Para a rotina do estudo das reações das neisserias, usamos três açúcares: glicose, maltose e sacarose. Atualmente, estamos nos valendo de discos de papel de filtro, comerciais, impregnados com esses açúcares. Retiramos da geladeira três tubos do meio-base, aquecemos a 37°C e semeamos pesadamente com a neisseria em estudo. A semeadura é feita apenas no 1/3 superior do meio. Colocamos um disco de açúcar em cada um dos três tubos. Incubamos a 36°C durante 24 a 48 horas. O tubo com glicose fica amarelo, enquanto que os outros dois não se alteram, apesar de haver crescimento bacteriano. Devemos fazer um exame bacterioscópico para confirmar que só houve crescimento de neisserias, nos três tubos.

Certas estirpes de gonococo podem dar uma reação de glicose negativa com esse método e, ocasionalmente, estirpes de meningococo dão reações negativas com maltose, especialmente quando recentemente isoladas. Esses problemas podem ser contornados pela técnica que não utiliza cultura, descrita abaixo.

b) Técnica sem subcultivo. É uma prova recente e altamente satisfatória. São necessários os seguintes reagentes: (1) solução salina tamponada indicadora (BSS):

K_2HPO_4	0,04g
KH_2PO_4	0,01g
KCl	0,8g
vermelho de fenol, aquoso, a 1%	0,4mL
água destilada	100mL

Guardar a 5°C, em frascos de vidro com tampa de rosca.

(2) Soluções a 20%, em água destilada, de glicose, maltose e sacarose. Manter congeladas, em alíquotas de 5 a 20 mL, até o uso. Se quiser, esterilizar por filtração.

Deixar os reagentes atingirem a temperatura ambiente. Pipetar 0,3 mL de BSS num tubo (10 X 75 mm) e juntar duas alçadas cheias de uma cultura pura suspeita de *Neisseria gonorrhoeae.* Preparar uma suspensão homogénea por meio de uma pipeta Pasteur.

Tomar 3 tubos idênticos ao primeiro e marcar neles as letras g (glicose), m (maltose) e s (sacarose). Colocar 0,1 mL de BSS em cada tubo. Com uma pipeta Pasteur para cada açúcar, acrescentar ao tubo g 1 gota de glicose a 20%, ao tubo mL gota de maltose a 20% e ao tubo s 1 gota de sacarose a 20%. Com uma outra pipeta Pasteur, acrescentar aos três tubos 1 gota da suspensão de bactérias em estudo. Agitar manualmente cada tubo, para misturar bem.

Incubar em estante, em banho-maria, a 37°C, com agitações ocasionais. Não é necessário tampar os tubos. As reações aparecem em 15 a 30 minutos, mas algumas demoram até 4 horas. Não incubamos mais tempo devido à possibilidade de contaminação. A *Neisseria gonorrhoeae* degrada a glicose com a produção de ácido e não altera a maltose ou a sacarose, enquanto que a *Neisseria meningitidis* desdobra tanto glicose como maltose.

Alguns laboratórios, que têm um grande movimento proveniente de clínicas de moléstias venéreas e que têm uma alta positividade de casos de gonorréia não vão além dos estágios primários de identificação (cultura e reação de oxidase), por motivos económicos e logísticos, mas assim procedem desde que haja anuência das clínicas com que trabalham. Casos isolados devem ser investigados por inteiro.

Problemas comuns no isolamento e na identificação de Neisseria gonorrhoeae

1) Vidraria mal lavada ou especulo com resíduos de detergente ou desinfetante;

Identificação das espécies de Neisseria de interesse médico

	N. gonorrhoeae	*N. meningitides*	*N. lactamica*	*N. sicca*	*N. subflava*	*N. flavescens*	*N. mucosa*	*N. cineerea*	*N. elongata*	*N. canis*
Morfologia: cocos	+	+	+	+	+	+	+	+	–	+
Morfologia: bastonetes	–	–	–	–	–	–	–	–	+	–
Disposição: aos pares	+	+	+	+	+	+	+	+	+	+
Disposição: tétrades	–	–	–	+	+	+	–	–	–	–
Disposição: cadeias curtas	–	–	–	–	–	–	–	–	+	–
Pigmento amarelo	–	–	+	d	+	+	d	d	f	+
Ácido de glicose	+	+	+	+	+	–	+	–	–	–
Ácido de maltose	–	+	+	+	+	–	+	–	–	–
Ácido de sacarose	–	–	–	+	d	–	+	–	–	–
Ácido de lactose	–	–	+	–	–	–	–	–	–	–
Redução de nitrato	–	–	–	–	–	–	+	–	–	–

+ = 90 a 100% positivos; d = 26 a 75% positivos; f = fraco; - = 0 a 10% positivos.

2) uso de antissépticos no preparo do paciente;
3) uso de *swabs* inibidores ou meio de transporte não reduzido;
4) uso de meios inapropriados ou guardados há muito tempo;
5) uso de meios aquecidos mais tempo do que necessário;
6) uso de velas coradas, que são tóxicas; usar sempre velas brancas ao produzir atmosfera de 2 a 3% de CO_2 em ar;
7) uso de reagente de oxidase que não foi preparado recentemente ou que não foi devidamente estocado;
8) uso de inóculo muito pequeno para provas bioquímicas ou uso de colônias de mais de 18 a 24 horas;
9) inibição de certas estirpes pela vancomicina do meio Theyer-Martin;
10) maltose contaminada com glicose nas provas de degradação de açúcares.

Detecção de Neisseria gonorrhoeae produtoras de beta-lactamase

A *beta-lactamase* é uma enzima produzida por algumas cepas de *Neisseria gonorrhoeae* (e também de *Haemophilus influenzae),* que hidrolisa a ligação amídica do anel betalactâmico de penicilina e seus análogos, inativando a ação desses antibióticos.

A detecção dessa enzima pode ser feita por dois métodos – o método do tubo capilar e o método iodométrico, ambos para a detecção de ácido peniciloico no meio de teste. O método do capilar depende da alteração da cor do vermelho de fenol, indicando uma alteração do pH. O método iodométrico depende da capacidade do ácido peniciloico reduzir iodo em iodeto, resultando na descoloração do complexo azul iodo-amido.

Recomendamos, para laboratórios de análises clínicas, o método iodométrico e, deste, a adaptação para teste rápido, em lâminas, que passaremos a descrever (método de Rosenblatt e Neuman, da Clinica Mayo, 1977):

Reagentes: (1) frasco de penicilina G injetável, de 1 milhão de Unidades. Acrescentamos 1 mL de água estéril, removemos volumes de 0,15 mL e congelamos a – 20°C. Esses frascos congelados podem ser usados durante 30 dias, mas uma vez descongelados devem ser desprezados. (2) O iodo é preparado dissolvendo-se 1,5g de iodeto de potássio e 0,3g de iodo em 100 mL de tampão fosfato pH 6,4. (3) O tampão é preparado pela adição de 60 mL de tampão pH 6,0 em 40 mL de tampão pH 7,0. O iodo é guardado em frasco marrom, a 4°C. (4) A solução de amido a 0,4% é preparada dissolvendo 0,4g de amido solúvel (Difco) em 100 mL de água destilada, autoclavada a 121°C por 15 minutos e guardada a 4°C.

Preparar a mistura penicilina-iodo juntando 1,1 mL da solução de iodo a um tubo contendo 0,15 mL de penicilina G descongelada. Uma vez preparada essa mistura, deve ser usada em uma hora. Removemos, com uma alça, uma porção do microrganismo a ser testado e a suspendemos, numa lâmina de microscopia, numa gota da mistura penicilina-iodo previamente colocada. Juntamos imediatamente uma gota de solução de amido. Uma cor púrpura ou rósea que permanece durante cinco minutos significa que a prova é negativa. O desenvolvimento de uma coloração branca, dentro dos cinco minutos, indica uma prova positiva. A maioria das reações, no entanto, se completa em 30 segundos. Devemos fazer a prova juntamente com um germe que seja positivo (uma cepa de *Neisseria gonorrhoeae* produtora de betalactamase, que é difícil de ser mantida em laboratório, ou uma bactéria, como o *Staphylococcus aureus,* que é de fácil manutenção).

Sífilis

Para encerrar o capítulo sobre materiais do trato geniturinário, vamos tecer considerações sobre o diagnóstico da sífilis primária e da secundária (exames microscópicos apenas, pois as reações sorológicas serão vistas em outro capítulo), do cancróide, do linfogranuloma venéreo e do granuloma inguinal.

O cancro duro é uma lesão de pele ou de mucosa, de base endurecida e com espessamento das bordas, e que geralmente aparece 3 a 4 semanas após o contato sexual contaminante, havendo casos de surgir apenas 10 dias ou mesmo 90 dias após o contato transmissor. No cancro duro encontramos a bactéria causadora da sífilis, o *Treponema pallidum.* Frequentemente, há comprometimento dos gânglios regionais.

O cancro duro permanece apenas de 1 a 5 semanas e desaparece. Eventualmente, essa fase da sífilis (sífilis primária) é subclínica, sem o aparecimento do cancro duro.

Geralmente, 6 semanas após o aparecimento do cancro duro, aparece a sífilis secundária, em pacientes não tratados. Às vezes, essa fase da sífilis surge 2 semanas após o aparecimento do cancro duro ou mesmo 9 semanas após e, eventualmente, surge antes do cancro desaparecer.

Nessa fase aparecem erupções maculopapulosas avermelhadas na pele e nas mucosas, semelhantes a roséolas e lesões úmidas, vegetantes (condilomas) na região anogenital, na boca ou nas axilas.

A sífilis secundária desaparece espontaneamente em 2 a 6 semanas. Em 25% dos casos não tratados há recidivas cutâneas uma ou mais vezes durante um ano. Raramente, essa fase é subclínica.

Daí para a frente, vêm as fases latente e tardia, cujo diagnóstico de laboratório é sorológico.

Diagnóstico de Laboratório da Sífilis Primária e da Sífilis Secundária, pela Pesquisa de Treponema Pallidum

O encontro do *Treponema pallidum* é diagnóstico de certeza de sífilis, nesses estágios iniciais. Exames negativos não afastam a possibilidade e à menor suspeita de sífilis temos de pesquisar o *Treponema pallidum* em qualquer lesão da pele ou das mucosas. Hoje em dia, qualquer lesão genital é considerada de origem sifilítica, até que se prove o contrário.

A pesquisa do *Treponema pallidum* era feita antigamente apenas por coloração (método de Fontana-Tribondeau), mas como hoje damos muito valor ao exame do treponema vivo, para diferenciá-lo de outros espiroquetídeos, não patogênicos, o método de escolha é a pesquisa em microscopia de campo escuro. Pode-se fazer também o diagnóstico pela imunofluorescência direta, utilizando material colhido do cliente e um soro antitreponema marcado pela fluoresceína, se bem que este método é bem mais demorado e mais dispendioso, podendo também apresentar reações cruzadas com outros espiroquetídeos.

Colheita de material de cancro duro. O objetivo é colher material para exame em microscopia de campo escuro: um líquido seroso rico em treponemas e o mais livre possível de hemácias. É necessária rigorosa limpeza da lesão, para a remoção de tecidos mortos e da flora de espiroquetas, superficial.

Para a colheita de material a ser corado por método de impregnação pela prata (Fontana-Tribondeau), veja a parte referente às colorações.

Como o principal diagnóstico diferencial do cancro duro é feito com o cancro mole, causado pelo *Haemophilus ducreyi,* e como as infecções podem ser mistas, aconselhamos que toda vez que se pesquisar a presença de *Treponema pallidum* também se examine se o paciente está ou não infectado pelo germe do cancro mole e vice-versa.

Desse modo, a colheita de material deve satisfazer aos dois tipos de exame. Logo mais, ao tratarmos do cancro mole, descreveremos como nós procedemos para essa colheita de material. Contudo, vamos comentar alguns problemas que aparecem na colheita desse material:

1) se o cancro for interno, na vagina, devemos utilizar o especulo vaginal, remover o material vaginal, limpar com solução fisiológica estéril, secar, raspar com gaze, apertar com as valvas do especulo e colher o material;
2) se a lesão for num cliente do sexo masculino com fimose e se essa lesão for inacessível devido à dificuldade de redução da fimose, teremos de conseguir o auxílio de um cirurgião para a colheita desse material;
3) se o paciente vier ao laboratório com pomada sobre a lesão, devemos fazer uma limpeza completa e instruir o paciente para que ele faça compressas mornas durante 24 horas, com solução fisiológica estéril e volte para a colheita do material;
4) se o cancro duro está em fase de cura espontânea e se houver pedido médico, fazemos uma punção ganglionar (se o exame for nega-

tivo). Usamos seringa de 2 mL com 0,5 mL de solução fisiológica estéril, introduzindo a agulha no gânglio várias vezes, sem retirá-la completamente, forçando a penetração do líquido da seringa e depois colhendo o líquido resultante dessa maceração.

Colheita de material do condiloma anogenital. Essa lesão da sífilis secundária ocorre nas mucosas e é muito rica em treponema. Basta uma limpeza, escarificação, compressão e colheita do líquido que verte do condiloma.

Microscopia de Campo Escuro

Utiliza-se microscopia de campo escuro para a visualização do *Treponema pallidum* porque seu diâmetro está abaixo do poder de resolução do microscópio óptico comum. Temos de proceder à microscopia imediatamente após a colheita do material para o treponema não perder sua motilidade,

O que nos leva a resultados inseguros. O microscópio adaptado para microscopia de campo escuro deve estar bem ajustado e centrado, para que se observem muito bem tanto a morfologia como a motilidade dos germes. Devemos ter cuidados especiais com os exames negativos. Não damos resultado negativo sem ter visto pelo menos três preparações. Falsos resultados negativos podem acontecer quando no material há poucos treponemas, quando paciente está sob medicação ou quando a lesão entrou em sua fase de "cura espontânea".

Causas de erro em microscopia de campo escuro

a) *Erros na preparação da lâmina*
   I. muitos elementos refráteis (hemácias, bolhas, fragmentos de tecido);
   II. lâmina suja ou defeituosa (riscos);
   III. lâminas muito finas ou muito grossas;
   IV. lamínulas muito grossas;
   V. muito líquido entre lâmina e lamínula (fluxo muito rápido de líquido ou então muita profundidade para examinar);
   VI. muito pouco líquido entre lâmina e lamínula (acentua a evaporação);
   VII. esquecer de colocar óleo de imersão entre o condensador e a lâmina e entre a lamínula e a objetiva.
b) *Erros com o condensador*
   I. condensador fora de centro;
   II. condensador fora de foco;
   III. óleo e poeira na área refletora ou abaixo da superfície.
c) *Erros com a objetiva*
   I. uso de abertura numérica muito alta;
   II. falta de compensação entre a abertura numérica alta e o diafragma íris.
d) *Fonte de luz inadequada.*

OBSERVAÇÕES COM O MICROSCÓPIO DE CAMPO ESCURO

O *Treponema pallidum* é uma bactéria espiralada pequena, em forma de saca-rolhas, com 8 a 14 espiras rígidas, bem juntas, regulares, medindo 5 a 20 um, com uma média de 10 μm. Seu comprimento médio é ligeiramente maior do que o diâmetro de uma hemácia e uma hemácia ocasional na preparação pode servir como um critério prático para a avaliação de seu comprimento. O diâmetro da bactéria varia de 0,25 a 0,3 µm. A amplitude das espirais é de 1 µm, com uma profundidade de 0,5 a 1 µm. O aspecto espiralado se mantém apesar da movimentação.

Os movimentos característicos do *Treponema pallidum* são: movimentos lentos de translação; pouca rotação, ao longo do eixo, semelhante a um saca-rolhas; dobramento leve, ondulações lentas de ponta a ponta. Não há grandes ondulações ou achatamentos (o que acontece com germes maiores, saprófitas). O dobramento mais comum é no meio e volta como se fosse uma mola.

Germes semelhantes a borrélias são mais grossos e mais compridos que os treponemas. Podem ocorrer em lesões orais e genitais. As ondulações são irregulares, as espirais são grosseiras (apresentam de 3 a 20 espiras), há forte rotação em saca-rolhas; há extrema mobilidade de translação, com relaxamento parcial das espirais.

As leptospiras apresentam espirais extraordinariamente finas e curtas, difíceis de serem observadas. O dobramento é um gancho, em uma ou nas duas extremidades. Constantemente, apresentam rápidos movimentos de translação, para frente e para trás. Apresentam rápidas flexões e rápidos movimentos ondulatórios.

Devemos ter cuidado com a possibilidade de se tratar de infecção mista, com a presença de *Treponema pallidum* e de outro espiroquetídeo. Na dúvida, podemos nos valer de material de punção do gânglio satélite, depois de consultado o médico do paciente.

CANCRO MOLE

Também denominado de cancróide, é uma infecção genital aguda, localizada, autolimitante, caracterizada clinicamente por ulcerações no local de inoculação. Frequentemente, é acompanhada de um edema doloroso e supuração dos gânglios linfáticos regionais. Já foram observadas lesões extragenitais.

O agente etiológico é o *Haemophilus ducreyi,* encontrado no exame bacterioscópico de 70% dos casos. Os demais casos só podem ser diagnosticados por meio de cultura, o que não é fácil de se conseguir. O melhor meio de cultura é inocular material suspeito em ágar-chocolate enriquecido com 1% de Isovitalex (BBL) e incubar a 37°C em ar com 10% de CO_2.

Ao exame bacterioscópico vemos bacilos Gram-negativos pequenos, ovóides, em pares ou cadeias, tomando a formação de um "cardume de peixes". Há abundantes bacilos intra e extra-celulares, além de abundante flora de contaminação (cocos isolados e agrupados).

Devido à possibilidade de haver infecção dupla *(Haemophilus ducreyi e Treponema pallidum)* e de, às vezes, os quadros clínicos dessas duas infecções poderem se superpor, aconselhamos que toda vez que houver pedido de exame de pesquisa de *Haemophilus ducreyi* seja também tentada a cultura dessa bactéria, no sangue do próprio paciente, e que seja feito exame do material em campo escuro, para pesquisa de treponema.

Colheita de material de casos com suspeita de cancro duro ou cancro mole

1. usar luvas estéreis e tomar cuidado para não se contaminar;-
2. remover a crosta, se houver;
3. colher três esfregaços do material, com alça e flambar;
4. limpar a base da lesão com gaze umedecida em solução fisiológica estéril (não usar sabão ou antisséptico);
5. secar, raspar a lesão com gaze seca ou alça de platina para provocar ligeiro sangramento e exsudação. Desprezar;
6. apertar a base da lesão, entre polegar e indicador, e segurar até exsudação de soro claro;
7. colher material com alça e fazer três preparações, entre lâmina e lamínula e examinar essas lâminas em microscopia de campo escuro;
8. fazer três esfregaços do material, com alça e não flambar; fixar com líquido de Ruge (para a coloração de Fontana-Tribondeau), se necessário.

Granuloma Inguinal ou Donovanose

É doença da pele e das mucosas dos genitais externos, crônica, progressiva, causada pelo *Calymmatobacterium granulomatosis,* que é um bacilo Gram-negativo facultativo, altamente pleomórfico e encapsulado.

Não é isolado em laboratório clínico pois se desenvolve apenas no saco vitelino de ovos embrionados.

Pela coloração de Wright ou de Giemsa do material exsudado das lesões observamos organismos intracelulares característicos no citoplasma de fagócitos mononucleares. São bastonetes pleomórficos de azul a violeta, circundados por cápsula rósea.

O germe incide no mundo todo. É encontrado principalmente em raças da pele escura e ocorre mais em regiões quentes e úmidas. A maioria dos pesquisadores acredita que a doença não é propriamente uma doença venérea mas sim uma infecção resultante de contacto íntimo e de pobre higiene.

A Gardnerella

A *Gardnerella vaginalis* é a única espécie do gênero *Gardnerella* (nome dado em homenagem a H. L. Garner). No passado, essa bactéria era conhecida como *Haemophilus vaginalis.*

Apresenta-se como bacilos e cocobacilos Gram-negativos ou Gram-variáveis, imóveis, catalase e oxidase negativos.

Produzem ácido mas não gás a partir de vários carboidratos, incluindo maltose e amido. Hidrolizam hipurato, hemolisam sangue humano ou de coelho, mas não de carneiro.

Crescendo em meio com soro coagulado, ficam Gram-positivos (daí a antiga confusão com hemófilos).

São encontrados no trato genital masculino e feminino e são consideradas a principal causa de vaginites bacterianas "inespecíficas", causando eventualmente bacteremia pós-parto e em pacientes depois de aborto séptico ou de resecção transuretral da próstata.

Cresce melhor se o material for semeado dentro de 4 a 6 horas, em placa de meio especial, em atmosfera de CO_2 (jarra com vela). Incubação durante 48 horas, a 35°C.

O meio especial é o "Ágar-vaginalis", que consiste de Columbia ágar-base com 1% de Proteose-peptona nº 3 e depois acrescido de 5% de sangue humano.

O gênero *Chlamidia*

O gênero *Chlamidia* é o único gênero da família *Chlamidiaceae.*

Tratam-se de organismos cocóides, imóveis, que somente podem viver à custa das células hospedeiras, sendo obrigatoriamente intracelulares.

Pela análise bioquímica da parede e por estudos ao microscópio eletrônico viu-se que são germes Gram-negativos, apesar de não se corarem pelo Gram.

A multiplicação é feita por um ciclo especial, envolvendo corpúsculos elementares e corpúsculos reticulados.

Um corpúsculo elementar, que é o elemento infectante e mede de 0,2 a 0,4 um adere à membrana da célula receptível e é por ela envolvido. Fica incluído num vacúolo revestido de membrana de origem celular. Dentro do vacúolo e, à custa de elementos da célula, o corpúsculo elementar evolui para corpúsculo reticular, que se duplica sucessivamente por fissão binária, formando verdadeiras colônias intracelulares de corpúsculos reticulados, não infecciosos.

Esses corpúsculos, que medem de 0,5 a 1,5 um, se reorganizam e se condensam numa nova geração de corpúsculos elementares, infectantes, que, por morte da célula são expulsos e vão infectar novas células.

O gênero possui duas espécies: *Chlamydia psittacis e Chlamydia trachomatis.*

Chlamydia psittacis: é agente patogênico de aves e mamíferos, raramente causando doença respiratória no homem (psitacose, também chamada de ornitose).

Chlamydia trachomatis: apresenta dois biovariantes: *trachoma* e *lymphogranuloma venereum,* ambos patógenos exclusivos do homem.

Chlamydia trachomatis biov. *trachoma.* Causa infecções restritas às células escamosas e colunares de mucosas. Em áreas subdesenvolvidas, o germe causa milhões de casos de tracoma (uma séria que-ratoconjuntivite, que pode evoluir para cegueira). A transmissão é feita de criança a criança e a seus familiares, por contacto direto.

Em áreas desenvolvidas o germe é transmitido por contacto sexual, causando infecções relativamente benignas (cervicites, uretrites, conjuntivites). Pode ser também transmitido à criança, ao passar pelo canal de parto, causando conjuntivite e pneumonia no recém-nascido.

Chlamydia trachomatis biov. *lymphogranuloma venereum.* É hoje considerado um dos principais agentes de doenças sexualmente transmissíveis. É mais invasivo que o biovariante *trachoma,* causando infecções sistêmicas. Envolve principalmente tecidos linfóides. Em sua forma característica, começa por uma lesão primária pequena, indolor, genital, frequentemente desapercebida, especialmente nas mulheres. Entre 6 e 50 dias após o contacto há enfartamento ganglionar (gânglios inguinais), com dor, supuração e fistulização.

Na mulher, a infecção progride para os gânglios linfáticos da pélvis ou a lesão primária retal progride para a elefantíase genital (estiomene), para fístula anal ou retite estenosante. A infecção na mulher é mais rara que nos homens, na proporção de 1 mulher para 10 casos em homens.

O diagnóstico de laboratório é altamente deficiente. A cultura está fora de alcance do laboratório clínico, pois, somente pode ser feita em ovos embrionados ou em culturas de linhagens celulares (HeLa 229 ou McCoy).

O exame bacterioscópico feito pela coloração de Giemsa (corante concentrado e 1 hora de coloração) revela apenas cerca de 15% dos casos. O encontro positivo (corpúsculos de inclusão ovóides, paranucleares, eventualmente formando uma calota externamente ao núcleo da célula) representa apenas as colônias de corpúsculos reticulares que eventualmente puderam ser coradas. Não há coloração dos corpúsculos elementares intracelulares nem dos que foram liberados por eventuais arrebentamentos das células.

Recentemente surgiu um método utilizando microscopia fluorescente. Os corpúsculos elementares extracelulares e os eventuais corpúsculos reticulares resultantes de rupturas das células são corados por anticorpos monoclonais específicos, marcados pela fluoresceína. Os corpúsculos intracelulares, também por esse método, são raramente observados. O exame deve ser feito em conjunto com controles positivos e negativos.

Antigamente era empregada uma intradermorreação (reação de Frei). Hoje essa reação foi abandonada por ser inespecífica e poder transmitir vírus da hepatite.

OS MICOPLASMAS

Em 1967 foi estabelecida a classe *Mollicutes,* com uma ordem, *Mycoplasmatales,* que reúne as bactérias que apresentam limites celulares flexíveis.

São germes Gram-negativos bem pequenos, circundados apenas de membrana celular, sendo completamente desprovidos de parede. São resistentes às penicilinas, mas, suscetíveis a choque osmótico, a detergentes, a álcoois e à combinação de anticorpo mais complemento.

São germes pleomórficos, não se coram bem pela coloração de Gram, sendo observáveis em microscopia de campo escuro ou de contraste de fase. Podem ser eventualmente vistos após fixação

pelo metanol e coloração pelo corante de Giemsa concentrado durante 1 hora. Na microscopia eletrônica devem ser tomadas precauções quanto à osmolaridade dos fixadores e tampões, que podem alterar o tamanho e a forma dos micoplasmas.

De um modo geral, a morfologia e a ultra-estrutura dos micoplasmas devem ser baseadas na estreita correlação dos aspectos observados em microscopia de contraste de fase e de campo escuro com o aspecto em microscopia eletrônica. Não se pode confiar em colorações.

A ordem *Mycoplasmatales* apresenta uma família de interesse médico, a família *Mycoplasmataceae,* com dois gêneros: *Mycoplasma* e *Ureaplasma,* diferindo na capacidade em hidrolizar ureia.

O gênero *Mycoplasma*

O gênero *Mycoplasma* apresenta 69 espécies, 11 das quais são de interesse médico.

São parasitas das mucosas e das articulações, sendo 7 espécies associadas a doenças do trato respiratório: *M. buccale, M. canis, M. faucium, M. lipophilum, M. orale, M. pneumoniae* e *M. sallivarium.* As outras 4 espécies são associadas a doenças urogenitais: *M. fermentans, M. hominis, M. primatum* e *M. genitalium.*

Como não há parede envolvendo os germes, sua membrana adere à membrana da célula hospedeira, possibilitando a troca de antígenos entre elas, o que pode desencadear respostas imunológicas de sérias consequências para o hospedeiro.

Essa associação é refletida também pelo envolvimento de micoplasmas que aderem a linfócitos e formam vesículas envolvidas pela membrana do hospedeiro, fenômeno esse aparentemente relacionado com a conhecida indução de transformação blástica causada por micoplasmas.

É muito difícil o diagnóstico de laboratório, especialmente para os laboratórios clínicos.

A cultura é feita em meio especial (meio de Hayflick modificado), que contém: caldo base para micoplasmas 21g, extrato de levedura recentemente preparado 100 mL, soro de cavalo livre de interferência 200 mL, penicilina 1 milhão de Unidades, acetato de tálio 0,5g, anfotericina B 0,5g, dextrose a 50%, 20 mL, arginina HC1 a 50%, 4 mL, vermelho de fenol a 1% 4 mL ágar purificado, livre de inibidores 8,5 g água destilada 700 mL.

Cada partida de meio tem de ser testada com várias espécies de micoplasmas.

Depois de 2 a 14 dias de incubação em atmosfera úmida e com 5% de CO_2 em ar, se as condições forem adequadas, surgem colônias delicadas, com o aspecto de "ovo frito". Apresentam uma zona opaca central, granulosa, inserida no ágar e uma zona periférica, superficial, achatada. Em meios deficientes, ou muito secos, ou em condições atmosféricas inadequadas, não há a formação do aspecto de "ovo frito". A maioria das estirpes do *M. pneumoniae,* em isolamento primário, não apresenta o aspecto referido.

A identificação do micoplasma isolado utiliza parâmetros como morfologia das colônias, presença ou não de hemólise e inibição de crescimento com anti-soros específicos (que não existem a venda, mesmo em outros países).

O gênero *Ureaplasma*

O gênero *Ureaplasma,* descrito em 1974, discrimina uma forma de micoplasmas que necessita ou se utiliza de ureia.

Os microrganismos de origem humana ou animal são morfologicamente semelhantes aos micoplasmas e formam colônias bem menores, quase nunca apresentando o aspecto "de ovo frito". São inibidos por acetato de tálio, desoxiuridina e hidroxiluréia. Todas as estirpes hidrolizam ureia, com produção de amônia.

Ocorrem predominantemente na boca, no trato respiratório e no trato urogenital de homens e de vários animais.

Os Ureaplasma possuem duas espécies, sendo uma de interesse médico: *Ureaplasma urealyticum,* tendo sido identificados 14 sorovariantes.

O diagnóstico de laboratório está fora de alcance do laboratório comum. O melhor método de isolamento é a inoculação da amostra em meio líquido especial contendo ureia, vermelho de fenol, cisteína, vitaminas, aminoácidos e cofatores e subsequente repique em ágar especial.

Quando semeamos diretamente em meio sólido eventualmente não há crescimento de colônias ou o crescimento não é percebido.

Em ágar, é necessária uma atmosfera de 5 a 15% de CO_2 em Nitrogênio. Alguns sorovariantes exigem 100% de CO_2.

A identificação dos ureaplasmas apresenta os mesmos problemas dos micoplasmas.

21 Culturas de Material da Garganta e do Escarro

Culturas de Material da Garganta

O exame bacteriológico do material da garganta é principalmente dirigido para a detecção de infecções causadas por estreptococos hemolíticos do grupo A, para o diagnóstico da difteria e da coqueluche. Outra aplicação desse exame é a pesquisa de portadores de *Neisseria meningitidis.*

Antes de discutirmos os germes patogênicos, devemos ressaltar que há uma flora normal na garganta e na boca, constituída de várias bactérias (e fungos, como pode ser visto em outra seção deste livro). O conceito de flora normal leva em consideração vários fatores interdependentes e potencialmente qualquer membro da flora normal da boca ou da garganta pode ser considerado como um possível patógeno.

Flora, normal da garganta: a flora normal da garganta inclui estreptococos alfa-hemolíticos e mesmo beta-hemolíticos não pertencentes ao grupo A, *Moraxella (Branhamella) catarrhalis* e neisserias saprófitas, *Staphylococcus epidermidis* (e eventualmente *Staphylococcus aureus),* bacilos difteróides e enterobactérias.

Finalidade do exame microbiológico de material da garganta: detecção de estreptococos beta-hemolíticos do grupo A, detecção de meningococos (em casos de portadores), detecção de *Bordetella pertussis,* verificação da predominância de *Staphylococcus aureus,* de *Haemophilus influenzae* ou de pneumococo, isolamento de *Corynebacterium diphtheriae* e diagnóstico da angina de Vincent.

O uso intenso de imunossupressores aumentou a importância do exame microbiológico da garganta e alterou o conceito do que era denominada antigamente de flora normal. Flora normal é mais um estudo da resistência do hospedeiro em relação com a infectividade do microrganismo. Em condições normais, hospedeiro e sua flora normal vivem em equilíbrio, com as defesas imunológicas e celulares do hospedeiro impedindo qualquer infectividade agressiva por esses vários organismos. Na realidade, várias das bactérias da flora normal competem entre si, chegando à supressão mútua e poupando o hospedeiro. Se qualquer fator da resistência do hospedeiro for diminuído ou abolido (baixa no teor de anticorpos, por exemplo, após terapêutica imunossupressora), mesmo um germe bem indolente pode se tornar um patógeno potente.

Torna-se assim evidente que a adequada avaliação do resultado de uma cultura de material da garganta depende não somente do organismo presente mas também do número relativo de colônias. Uma predominância fora do comum, de qualquer microrganismo, deve ser relatada ao médico, para a devida interpretação.

Para se ter a certeza de .que a cultura do material da garganta é representativa, é importante que se reduzam ao mínimo as possibilidades de contaminação do *swab* pela flora normal. Isso é feito pela colheita de material de áreas especiais (isto é, abscessos, criptas amigdalianas, folículos inflamados, placas etc.) e evitando-se que o *swab* entre em contato com a língua, com a gengiva ou com a saliva. Recomendamos o uso de abaixador de língua, estéril (de madeira), e de uma boa iluminação.

Na realidade, como fazemos um exame bacterioscópico e um exame bacteriológico, colhemos então dois *swabs* de cada paciente. Um deles é usado para a confecção de esfregaços e o outro para a cultura.

Exame bacterioscópico do material da garganta. Os esfregaços corados pelo método de Gram, modificação de Hucker, têm de ser observados e descritos de modo semelhante ao exame bacterioscópico de corrimento mencionado anteriormente. São importantes as noções sobre a celularidade, presença de piócitos, de muco, descrição da flora Gram-positiva e da Gram-negativa, presença de fungos etc.

É muito importante, no exame bacterioscópico, que não se descriminem tipos morfológicos de bactérias, a não ser que realmente estejamos em presença de elementos que nos possam confirmar essa descrição. Por exemplo, no material de garganta (assim como em qualquer material proveniente do paciente), os estafilococos e os estreptococos geralmente se apresentam como cocos isolados e agrupados, sem possibilidade de definição. Eventualmente, há cocos em pequenas cadeias juntamente com cocos isolados e outros aos pares. Os próprios pneumococos (que hoje são classificados como estreptococos) podem se confundir com esses cocos, deixando de apresentar a forma típica de diplococo Gram-positivo em forma de chama de vela. Um relatório de um exame com essa flora deve apenas descrevê-la: "presença de abundantes (ou frequentes, ou raros) cocos Gram-positivos isolados, aos pares e em pequenas cadeias, predominantemente intracelulares (ou extracelulares)".

É claro que a cultura irá definir o tipo de germe. Ainda quanto a germes Gram-positivos, frequentemente descrevemos bacilos claviformes, pleomórficos, como difteróides.

Quanto à flora Gram-negativa, temos a presença, se for o caso, de bacilos grossos ou finos (pleomórficos ou não), de neisserias, de espiroquetas visíveis pela bacterioscopia, de bacilos fusiformes etc. Quando esses dois últimos estiverem presentes, mencionamos como "associação fuso-espiralar".

ESTAFILOCOCOS

Os estafilococos são microrganismos esféricos que em sua forma típica (em culturas sólidas) ocorrem "em cachos de uva". Crescem bem em quase todos os meios não impedientes comumente usados em laboratório clínico. Suas colônias são confluentes, circulares, de bordos lisos e opacas. As colônias são brancas, amareladas ou alaranjadas e isso era antigamente base para a classificação dos estafilococos *(albus, aureus* e *citreus).* Em caldo não há pigmentação. Nas placas de ágar-sangue de carneiro, que usamos, os estafilococos produzem três hemolisinas (alfa, beta e delta); se as hemácias forem de coelho só há produção de hemólises alfa e delta; se as hemácias forem humanas, haverá produção de hemólise delta evidente e alfa apenas parcial. Como são essas hemólises? Alfa: zona clara de hemólise, margem externa mal definida. Beta: grande halo de hemólise parcial após 24 horas de incubação, hemólise essa que se acentua e se completa se a placa for conservada em geladeira ou em temperatura ambiente. Delta: hemólise completa, estreita e de borda bem definida.

A produção de hemolisina hoje já não é mais critério de patogenicidade. Grande parte das amostras patogênicas para o homem é de hemólise alfa e delta. Outras raças possuem só hemolisina alfa, outras ainda só hemolisina delta. Raras amostras possuem os três tipos de hemolisina.

A prova da catalase

Toda a família *Micrococcaceae* (onde se inclui o gênero *Staphylococcus)* é catalase-positiva. Para essa prova, colocamos uma porção de uma colônia num tubo contendo 0,3 ml de água oxigenada fresca. Se houver formação de bolhas, a prova é positiva. Não se pode fazer essa prova com colônia proveniente de placa de ágar-sangue. Temos primeiro de repicar o germe em meio sem sangue (ágar comum, ágar-soro etc).

A prova da coagulase

A prova de coagulase hoje classifica os estafilococos em *Staphylococcus aureus* (prova positiva) e *Staphylococcus epidermidis* ou *Staphylococcos saprophyticus* (prova negativa). Na realidade, em laboratório clínico, especialmente em isolamento primário, 97% das amostras de *Staphylococcus aureus* são coagulase-positivas. Para a realização da prova usamos plasma de coelho ou humano, estéreis, frescos, congelados ou liofilizados e diluídos 1:5 em solução fisiológica estéril. Se o plasma for humano (de banco de sangue, vencido), é necessário que seja testado com amostras de *Staphylococcus aureus* fracamente e fortemente coaguladoras de plasma.

Algumas raças de *Escherichia coli, Pseudomonas aeruginosa* e de *Streptococcus faecalis* utilizam citrato liberando Ca e coagulando o plasma.

Há dois tipos de coagulase: livre e ligada; e dois tipos de prova para que essas coagulases sejam determinadas.

As coagulase livre é liberada em tubo. É a prova que aconselhamos. Um tubo de 12 mm contendo 0,5 mL de plasma de coelho estéril diluído a 1:5 é semeado com amostra da colônia suspeita e incubado a 37°C durante 18 a 24 horas. Verificamos a presença de coagulação, por mínima que seja, após 1 hora e observamos o tubo, se negativo, várias vezes depois, até o dia seguinte (é porque algumas raças de *S. aureus,* além de produzirem coagulase, também produzem fibrinolisina, que digere o coágulo depois de formado). A incubação é sempre feita em banho-maria.

A coagulase livre está relacionada com um fator do plasma, o CRF, "fator reagente de coagulase", para produzir um princípio ativo com ação semelhante à da tromboquinase. O fibrinogênio coagula e se converte em fibrina. O fator reagente de coagulase é diferente da tromboquinase, pois não necessita de cálcio.

A coagulase ligada é pesquisada em lâmina. Uma suspensão de *S. aureus* é aglutinada em presença de plasma, em até 10 minutos. Se a prova for negativa, devemos fazer a prova em tubo (coagulase livre). Por isso, na rotina, preferimos fazer as provas já em tubo.

Essa prova de coagulase ligada se refere a um fator de aglutinação *(dumping factor)*. Não necessita de CRF e esse fator está ligado às células bacterianas, não se encontrando nos filtrados de cultura.

A prova da DNAse

Esta prova acompanha a prova da coagulase para a determinação das espécies de *Staphylococcus*. Seu uso é vantajoso em laboratórios de grande movimento. Usamos meios de cultura, em placa, contendo DNA. Numa placa podemos testar oito a dez amostras de *Staphylococcus,* repicando cada cultura numa pequena área da placa (cerca de 1 cm^2). Incubamos a placa. No dia seguinte, despejamos na placa ácido clorídrico normal e esperamos uns quinze minutos. As culturas que produziram DNAse apresentam um halo claro ao redor da área semeada, enquanto que as culturas de *Staphylococcus epidermidis* não têm halo ao redor, ficando o meio de cultura turvo, como no resto da placa.

Diferenciação entre Staphylococcus epidermidis e *Staphylococcus saprophyticus:*

O *S. saprophyticus* pode causar infecção do trato urinário e é comumente encontrado no solo, no ar, na poeira e em carcaças de animais. Esse microrganismo era antigamente classificado como *Micrococcus.* A diferença com o *S. epidermidis* é a resistência à novabiocina, apresentada apenas pelo *S. saprophyticus.*

Esquema para a identificação dos estafilococos

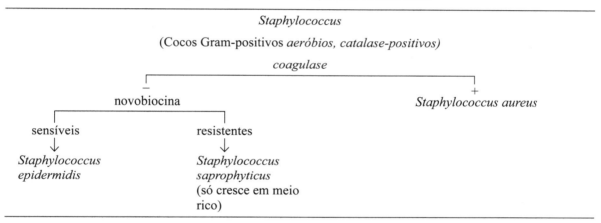

Staphylococcus

(Cocos Gram-positivos *aeróbios, catalase-positivos)*

coagulase

− novobiocina
- sensíveis ↓ *Staphylococcus epidermidis*
- resistentes ↓ *Staphylococcus saprophyticus* (só cresce em meio rico)

\+ *Staphylococcus aureus*

ESTREPTOCOCOS

Os estreptococos são microrganismos esféricos ou ovais que em sua forma típica (em meios líquidos) se apresentam em cadeia. São Gram-positivos e catalase-negativos. Seu crescimento em meios artificiais é apenas regular, necessitando assim mesmo de meios ricos. Suas colônias em placas de ágar-sangue são pequenas, acinzentadas, opalescentes e delicadas, visíveis geralmente após 18 a 24 horas de cultura. Várias espécies de estreptococos produzem colônias que hemolisam parcial ou totalmente as hemácias que as circundam. O pneumococo hoje está incluído entre os estreptococos, com a denominação de *Streptococcus pneumoniae.*

Classificação dos estreptococos

1. *Classificação baseada na análise antigênica:* Lancefield mostrou que os estreptococos hemolíticos podem ser diferenciados sorologica-mente por meio de reações de precipitação em grupos bem definidos que contêm carboidratos C, específicos. Denominou esses grupos de A até T, sendo os de maior importância média os dos grupos A, B, C, F e G (no trato respiratório), grupo D no trato urinário e na endocardite subaguda bacteriana. Os grupos E, F, H, K e O são menos frequentemente patogênicos.
Dentro dos estreptococos do grupo A, através de provas de precipitação com soros específicos antiproteínas M, de estreptococos, verificou-se que há pelo menos 55 tipos sorológicos de estreptococos do grupo A. Verificou-se ainda que alguns desses tipos estão associados à glomerulonefrite: principalmente o tipo 12, com alguns casos devidos aos tipos 4,18, 25,49, 52 e 55.
2. *Classificação baseada em características biológicas:* De acordo com as características biológicas,

os estreptococos são divididos em quatro grupos: o grupo piogênico, o grupo viridans, o grupo enterococo e o grupo láctico.

3. *Classificação baseada nas alterações hemoliticas (placas de ágar-sangue):*

A) *Estreptococos alfa-hemoliticos:* apresentam uma zona nítida de hemácias intactas mas descoradas, de hemólise parcial, com coloração esverdeada. Circundando essa zona pode haver uma zona de hemólise clara estreita ou larga, que tende a aumentar com a incubação ou se guardarmos a placa na geladeira. A hemólise alfa se assemelha à hemólise beta se essa zona externa for muito larga. É necessário que se examinem as hemólises ao microscópio. Em hemólise alfa, vemos muitas hemácias íntegras. Algumas raças de estreptococos apresentam hemólise alfa na superfície do meio de ágar-sangue, mas essa hemólise é beta se a colônia estiver na profundidade do meio.

Os estreptococos alfa-hemolíticos de interesse humano são os seguintes:

a) Estreptococo do grupo B *(Streptococcus agalactiae),* que raramente pode apresentar hemólise alfa.

b) Estreptococos do grupo D *(Streptococcus faecium,* que é do grupo D, enterococo e *Streptococcus avium* e *Streptococcus bovis,* que são do grupo D, não enterococos). O *S. faecium* tem sido isolado de fezes, de urina e de casos de endocardite e sua hemólise é sempre do tipo alfa. O *S. avium é* germe encontrado em galinhas e ocasionalmente, apenas, no homem, apresenta quase sempre hemólise alfa e o *S. bovis,* encontrado também nas fezes humanas e em endocardite, apresenta reação hemolítica alfa, na maioria das vezes, ou então ausência de hemólise.

c) Estreptococos do grupo F, G *(Streptococcus anginosus),* que podem apresentar eventualmente hemólise alfa ou ausência de hemólise. Quando alfa, constitui o estreptococo MG, relacionado com pneumonia atípica primária.

d) Estreptococo do grupo H *(Streptococcus sanguis),* que geralmente apresenta hemólise alfa.

e) Estreptococo do grupo K *(Streptococcus salivarius),* eventualmente alfa-hemolítico.

f) Estreptococos do grupo O, N *(Streptococcus mitis),* isolados da saliva, do escarro e de fezes humanas, com hemólise sempre do tipo alfa.

g) Estreptococo não grupado *(Streptococcus pneumoniae)* ou pneumococo. Antigamente denominado de *Diplococcus pneumoniae,* produz hemólise alfa em placas de ágar-sangue. Em anaerobiose, contudo, foi demonstrada a presença de uma hemolisina O, produtora de hemólise beta.

B) *Estreptococos beta-hemolíticos:* não há hemácias na zona de hemólise ou estas são muito raras. A zona não aumenta de tamanho com maior incubação ou com refrigeração. Esse tipo de hemólise aparece na maioria dos estreptococos piogênicos, mas também pode estar presente em culturas de enterococos (estreptococos fecais). Às vezes, ocorre uma dupla zona de hemólise beta. Sempre que isso acontecer, trata-se de estreptococo do grupo B (mas nem todo estreptococo do grupo B apresenta dupla hemólise). Alguns estreptococos do grupo C apresentam uma zona grande de hemólise. Os estreptococos beta-hemolíticos do grupo D apresentam grandes áreas de hemólise, que tendem a coalescer.

O estreptococo beta-hemolítico de maior interesse para o homem é o *Streptococcus pyogenes,* que representa o grupo A.

Além desse estreptococo, vários estreptococos, de outros grupos, podem apresentar reação hemolítica do tipo beta em placas de ágar-sangue de carneiro:

a) Estreptococo do grupo B *(Streptococcus agalactiae),* isolado de mastite e do leite de vaca, bem como de várias infecções humanas: 50% das estirpes bovinas apresentam um halo estreito de hemólise beta. A maioria das estirpes beta-hemolíticas, ao crescer na proximidade de estirpes de *Staphylococcus aureus* produtoras de beta-lisina, aumenta a hemólise na zona de junção das duas hemolisinas, o que constitui o teste de CAMP. Essa prova é presuntiva para estreptococos do grupo B, uma vez que raras estirpes do grupo D podem ser também CAMP positivas. A prova deve ser feita sempre em meio ambiente (nem em jarra com vela), uma vez que com 2-3% de CO_2 ou em anaerobiose surgem várias amostras do grupo A e de outros grupos também CAMP positivas.

b) Estreptococo do grupo C *(Streptococcus equisimilis).* Isolado do trato respiratório superior de doentes e de pessoas normais. Ocasionalmente é responsável por casos de erisipela e de febre puerperal. Raramente é CAMP positivo.

c) Estreptococo do grupo F, G *(Streptococcus anginosus),* isolado da garganta, de sinusite, de abscessos, bem como da vagina, da pele e de fezes. Apresenta eventualmente hemólise beta após 48 a 96 horas de cultura, antes mesmo das suas minúsculas colônias serem visíveis. A maioria das estirpes apresenta hemólise alfa ou reação gama. Raramente é CAMP positiva.

d) Estreptococo do grupo H *(Streptococcus sanguis),* presente na flora normal da boca, tendo sido isolado de casos de estomatites recorrentes e de endocardites. Apesar da maioria de suas estirpes apresentarem hemólise alfa, algumas apresentam hemólise beta.

e) Estreptococo do grupo K *(Streptococcus salivarius),* que é um germe que quase sempre não produz hemólise, sendo raras as estirpes beta-hemolíticas.

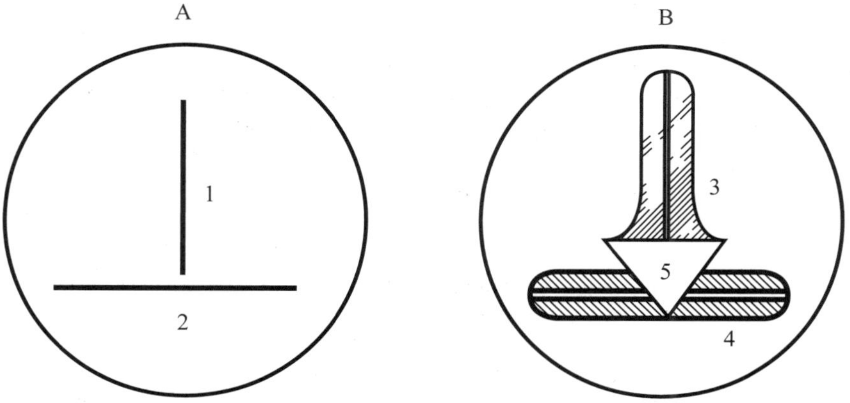

Fig. 21.1 – Prova de CAMP

A. Placa de ágar-sangue antes da incubação a 37°C por 18 horas.
B. A mesma placa, após a incubação.
1. Semeadura, em estria, da amostra de *Streptococcus* suspeita de pertencer ao grupo B.
2. Semeadura, em estria, de uma estirpe de *Staphylococcus aures* conhecidamente produtora de betalisina.
3. Zona de crescimento e hemólise do estreptococo em estudo.
4. Zona de crescimento e hemólise do estafilococo.
5. Lise aumentada (em forma de seta), na junção das duas se ncaduras, caracterizando o estreptococo como pertencente ao grupo B.

Isolamento e identificação do Streptococcus pyogenes

A procura do estreptococo beta-hemolítico do grupo A *(Streptococcus pyogenes) é* o que mais preocupa o laboratório de análises clínicas num pedido de exame comum, como "cultura do material da garganta".

É fundamental que se conheçam bem as reações hemolíticas descritas acima e que se saiba que os estreptococos do grupo A produzem dois tipos de hemolisina: hemolisina O, oxigênio-lábil, e hemolisina S, estável ao oxigénio. Algumas raças de estreptococo beta-hemolítico do grupo A produzem só estreptolisina O e suas colônias não são hemolíticas quando cultivadas na superfície de placas de ágar-sangue. Para que essas raças não sejam tomadas como estreptococos inertes, precisamos criar condições de redução de tensão do oxigénio atmosférico, utilizando a técnica do ágarfundido *(pour plate).* As colônias que se desenvolveram na intimidade do ágar apresentarão hemólise, pois nesse ambiente sua hemolisina O não estará inibida. Algumas raças dé estreptococos crescem melhor em atmosfera de 5 a 10% de CO_2 (mas isto não melhora a expressão da hemolisina O) e assim recomendamos que a placa de ágar-fundido, com o material do cliente, seja incubada em atmosfera de cinco a 10% de CO_2.

Técnica do ágar-fundido. Devido ao grande uso dessa técnica, temos de ter um estoque de tubos com meio-base para ágar-sangue, em quantidade suficiente para se distribuir em placas de Petri (20 mL cada). Na hora da semeadura, fundimos essa base em banho-maria fervente e esfriamos o meio a cerca de 45-50°C. Pipetamos no tubo 1 mL de sangue desfibrinado de carneiro, estéril e misturamos bem. O inoculo será agora introduzido no meio com sangue, do seguinte modo: o *swab* original, proveniente do paciente, é introduzido num tubo de 12 mm com solução fisiológica estéril (1 mL), vária vezes, até que se tenha uma suspensão densa. Com uma alça de platina estéril, retiramos uma amostra dessa suspensão, encostamos a alça na parede interna do tubo de modo que a alça fique apenas com inoculo no metal, sem o filme que seria mantido pela tensão superficial. Essa alça, apenas "suja" com o inoculo, é introduzida no meio de ágar-sangue ainda fundido, misturando-se bem e em seguida despejando-se o conteúdo numa placa de Petri vazia, estéril. Deixamos esfriar e esperamos que o ágar se solidifique. Depois de fria, essa placa é semeada normalmente, em superfície, com o mesmo inoculo, pelo método tradicional (o material é espalhado com a própria alça, em três áreas distintas, de modo a se obter colônias isoladas). Na área inicial, onde se supõe que haja, depois da incubação, um número maior de colônias, colocamos, logo após a semeadura, 2 cm distante um do outro, um disco de bacitracina e um disco de optoquina.

A *prova da bacitracina.* Os estreptococos beta-hemolíticos do grupo A são mais sensíveis a uma concentração baixa de bacitracina do que os outros estreptococos beta-hemolíticos. A concentração usada é de 0,05 Unidades de bacitracina por disco. Essa prova dá uma identificação presuntiva e é amplamente usada. Estreptococos beta-hemolíticos do grupo A apresentam-se inibidos (qualquer diâmetro de halo) enquanto que os outros grupos de estreptococos geralmente não são inibidos. (Algumas raças dos grupos B, C e G são inibidas, dando à prova um erro de 12 a 15%). É importante que a prova seja feita com amostra pura e sem o uso de jarra com vela.

Grupagem sorológica. Um método mais trabalhoso, porém mais sensível para a identificação de estreptococos do grupo A, é a grupagem sorológica, utilizando soro anticarboidrato C de estreptococos do grupo A. Essa grupagem é feita por técnica de precipitação, mas não pode ser feita com o estreptococo íntegro, tal como foi isolado. Temos de extrair o seu antígeno C para excetuar a reação de precipitação. A técnica usada extrai também o antígeno M, mas em laboratório clínico não há interesse em tipar os estreptococos do grupo A, pois seria uma técnica dispendiosa e demorada. Na preparação do antígeno acima mencionado, temos de partir de uma cultura pura do estreptococo isollado do paciente. Cultivamos em 40 mL de meio líquido (caldo de Todd-Hewitt ou, mais recentemente, estamos usando caldo de enriquecimento de estreptococo contendo 0,2g de azida de sódio a 0,0002 g/litro) durante 18 a 24 horas e centrifugamos. Ao sedimento acrescentamos uma gota de púrpura de metacresol a 0,04%, 0,3 ml de HC1 N/5 em solução fisiológica, de modo a atingir o pH 2 a 2,4. Em seguida colocamos o tubo em banho-maria fervente, durante 10 minutos, agitando sempre. Resfriamos e centrifugamos. Neutralizamos o sobrenadante com NaOH N/5, de modo que não ultrapasse o pH 7,6. A prova de precipitação é feita em tubo capilar. Na maioria dos casos positivos, há reação forte, dentro de 5 a 10 minutos, às vezes há reações fracas e mais lentas, sendo aconselhadas leituras a cada 30 minutos, durante 2 horas. (Note-se que excesso de antígeno pode causar dificuldade, sendo necessário diluir o antígeno para confirmar uma reação negativa.) Uma reação muito fraca é considerada negativa.

Diagnóstico de estreptococo do grupo A, por imunofluorescência. Devido às sérias repercussões clínicas que podem ter faringites causadas por estreptococos beta-hemolíticos do grupo A, foram desenvolvidas técnicas de imunofluorescência para o diagnóstico rápido dessa infecção ou para a identificação de estreptococos isolados pelos métodos tradicionais.

A imunofluorescência diretamente feita em esfregaços de material da garganta do paciente não é satisfatória. Temos de cultivar o material durante 2 a 4 horas no meio de Todd-Hewitt ou 18-24 horas no caso de enriquecimento para estreptococos (esse último tem a vantagem de ser seletivo para estreptococos evitando, no final, fluorescência cruzada com outros germes). Após o cultivo, centrifugamos o caldo durante 5 minutos a 2000 r.p.m., desprezamos o sobrenadante e ressuspendemos o sedimento em 1 mL de salina tamponada estéril, pH 7,5 e recentrifugamos. O sedimento é colhido com alça de platina e são feitos esfregaços. Secamos ao ar e fixamos com álcool a 95% durante 1 minuto e secamos por evaporação. O esfregaço fixado é então recoberto por soro antiestreptococo A, fluorescente, purificado, e fica em câmara úmida durante 30 minutos, à temperatura ambiente. Em seguida, lavamos em salina tamponada e deixamos 10 minutos em frasco com essa mesma solução. Lavamos rapidamente em água destilada, escorremos a lâmina, enxugamos levemente com papel de filtro e montamos com salina glicerinada tamponada cobrindo com lamínula. Examinamos em microscópio para fluorescência, com objetiva de imersão e munido de filtro excitador BG12 e filtro de barreira OG1. Os estreptococos do grupo A aparecem com fluorescência verde-amarelada, com bordas nítidas e centro não corado. Ocasionalmente, raças C ou G podem dar uma pequena fluorescência. Nesses casos, devemos corar esfregaços com globulina normal de coelho marcada pela fluoresceína.

Provas para a classificação de estreptococos de interesse humano

S. pyogenes	A	β	–	–	–	+	+	DI	DI
S. equisimilis	C	β	–	–	–	t	+	DI	DI
S. sanguis	H	α, β	–	+	–	+	+	DI	DI
S. pneumoniae	não gr	α, β	–	–	DI	DI	DI	DI	DI
S. anginosus	F, G	β, α, γ	–	V	–	+	+	DI	DI
S. agalactiae	B	β, α, γ	–	+	+	–	+	DI	DI
S. salivarius	K	γ, β	–	–	–	+	–	DI	DI
S. mitis	O, N	α	–	–	–	–	t	DI	DI
S. bovis	D não	α, γ	–	+	T	+	–	DI	DI
S. faecalis	D ent	γ	+	+	+	+	+	+	–
S. faecium	D ent	α	+	+	DI	+	+	–	+
S. avium	D não	α	+	DI	–	+	–	DI	DI

não gr = não grupado
D não = D, não enterococo
D ent = D, enterococo
α = maioria α
β* = β só em anaerobiose

DI = dados insuficientes
t = tardio
V = variável
+ = mais de 90% positivo
– = mais de 90% negativo

C) *Estreptococos gama (não hemoliticos).* Esses estreptococos não apresentam halo de hemólise ao redor de suas colônias.

Os que apresentam interesse para o homem são:

a) Estreptococo do grupo B *(Streptococcus agalactiae),* vide acima, que raramente pode não apresentar hemólise em ágar-sangue.

b) Estreptococo do grupo D *(Streptococcus faecalis,* enterococo e *Streptococcus bovis,* não enterococo). O *S. faecalis é* sempre de reação gama e tem sido isolado de fezes, urina e de endocardites. O *S. bovis* geralmente apresenta hemólise alfa (ver acima).

c) Estreptococo do grupo F, G *(Streptococcus anginosus),* vide acima, que ocasionalmente pode não ser hemolítico.

d) Estreptococo do grupo K *(Streptococcus salivarius),* tem sido isolado da língua, da saliva e de fezes humanas. Na maioria das vezes não tem reação hemolítica. Pode, eventualmente, ter reação alfa ou beta (vide acima).

Esquema para identificação dos estreptococos

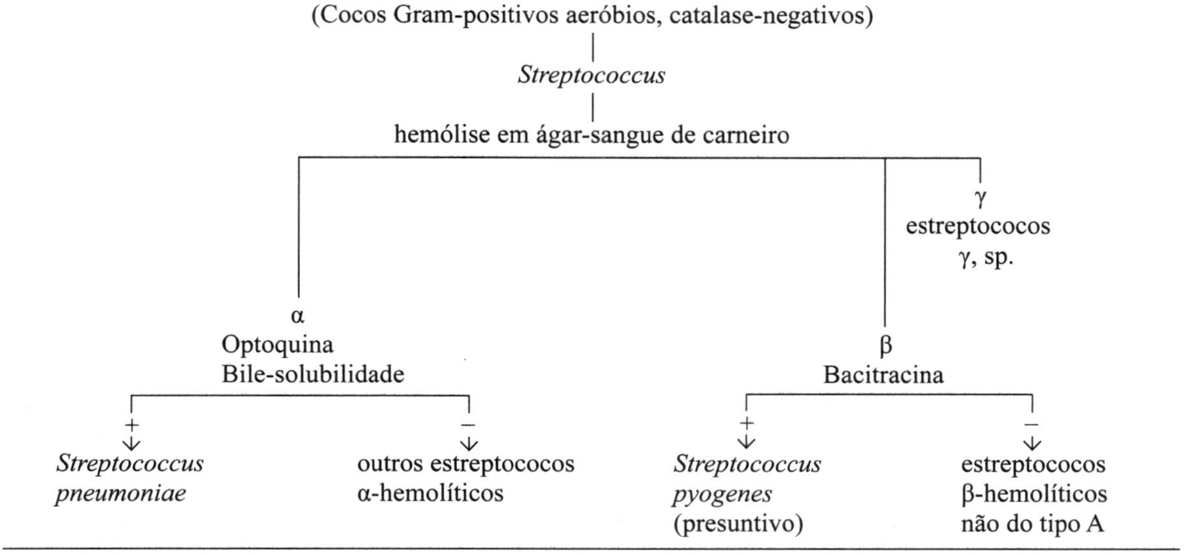

PNEUMOCOCOS

O *Streptococcus pneumoniae* se apresenta como cocos Gram-positivos geralmente aos pares (mas nem sempre), cujas faces em contacto são achatadas e as apostas são alongadas e pontiagudas, dando o aspecto de chamas de vela. Frequentemente, especialmente em meios artificiais, perde a forma de chama de vela, torna-se esférico e tende a formar cadeias de 3 ou mais cocos.

Recentemente isolados, ou na infecção clínica, os pneumococos apresentam uma cápsula polissacarídica, que é altamente antigênica e confere ao microrganismo a capacidade antifagocitária. Foram identificados pelo menos 81 tipos antigênicos diferentes desses polissacarídeos.

Em cultura (placas de ágar-sangue), os pneumococos apresentam hemólise alfa, sendo confundidos com os demais estreptococos alfa-hemolíticos.

Há duas provas simples de serem realizadas, para a diferenciação entre pneumococos e estreptococos esverdecentes comuns.

A *prova da bile-solubilidade*. Essa prova, tradicionalmente feita em tubos ou na própria placa, foi por nós adaptada para realização rápida, em lâmina. Os pneumococos possuem uma enzima autolítica, cuja ação é acelerada pela presença da bile de boi ou de soluções de taurocolato de sódio ou de disoxicolato de sódio. A *prova feita em tubos* é realizada do seguinte modo:

Em um tubo contendo 0,5 mL de bile de boi ou de seus substitutos mencionados acima, acrescentamos 5 mL da amostra em estudo cultivada em meio de tripticase-soja ou em meio de caldo-infusão de cérebro-coração. Incubamos a 37°C durante 10 a 30 minutos e examinamos ao microscópio, pela técnica da gota pendente. Os pneumococos se dissolvem. Podemos fazer a prova com uma suspensão das colônias suspeitas, desde que haja um grande número de colônias suspeitas, na placa inicial.

A *prova feita em placas*. Nas provas adicionamos os reagentes (bile ou seus derivados) na própria placa de ágar-sangue com as colônias suspeitas. Em cinco minutos, aproximadamente, as colônias de pneumococos se lisam, mas as colônias dos outros estreptococos esverdecentes não se alteram.

A *prova feita em lâminas*. Com as vantagens de poder examinar diretamente o crescimento de uma única colônia que tenha se desenvolvido na cultura de um material pobre em germes e poder reincubar a placa para o eventual desenvolvimento de maior número de colônias, recomendamos que seja usado esse método, por nós desenvolvido.

Numa lâmina comum de microscopia colocamos, em cada metade, uma gota de solução fisiológica. Com alça de platina, retiramos uma colônia suspeita, da placa de isolamento e a suspendemos nas duas gotas de lâmina. Numa das gotas, pingamos uma gota de bile ou de seus derivados e marcamos ao seu lado a letra B. Na outra gota, pingamos uma gota de solução fisiológica e ao seu lado marcamos a letra C (controle). Colocamos então a lâmina dentro de uma placa de Petri contendo um pedaço de algodão embebido em água, fechamos a placa (constituindo desde modo uma câmara úmida) e a incubamos durante 30 minutos a 37°C.

Após esse tempo, retiramos a lâmina e a fixamos em chama de bico de Bunsen. Em seguida, procedemos à coloração de Gram (ou de azul de metileno alcalino, de Loeffler).

Mesmo antes da microscopia, o simples aspecto macroscópico da lâmina pode nos dar uma ideia do resultado: na parte da lâmina que corresponde à suspensão da colônia em solução fisiológica, haverá sempre uma mancha de corante. Na parte da lâmina marcada de B e que corresponde à suspensão da colônica suspeita em bile, se não houver mancha de corante é porque o germe suspeito deve ser pneumococo. Para confirmação, fazemos a microscopia. Em caso de realmente a colônia suspeita ser de pneumococo, não vemos os germes na porção B da lâmina, pois estes foram rapidamente lisados devido à bile.

A *prova da optoquina*. Discos de papel de filtro embebido de optoquina (hidrocloreto de etil-hidrocupreína), estéreis, colocados na superfície de placas de ágar-sangue incubadas fora da jarra com vela apresentam uma zona de inibição de 15 a 30 mm se o germe em estudo for o pneumococo. A prova pode ser feita quer na placa de isolamento primário se o crescimento for puro (líquor) quer em subculturas. É uma prova de triagem e deve ser seguida da prova de bile-solubilidade. Alguns pneumococos são algo mais resistentes e se desenvolvem mais perto do disco de optoquina, enquanto que alguns estreptococos alfa-hemolíticos são parcialmente inibidos pela optoquina. Em geral, adota-se o seguinte critério: se a zona de inibição for maior que 1 mm, trata-se possivelmente de pneumococo; mas se a zona de inibição medir de 15 a 18 mm dependemos muito da prova de bile-solubilidade para o diagnóstico final.

HAEMOPHILUS INFLUENZAE

O *Haemophilus influenzae é* um bacilo Gram-negativo, estreito, pleomórfico, que necessita, para seu crescimento em culturas, da presença de dois fatores de crescimento, denominados pelas letras V e X. O fator V é NAD (nicotinamida adenina dinucleotídeo) ou seu nucleosídeo e o fator X é a protoporfirina IX ou protoheme. O sangue total fornece ambos os fatores e o *Haemophilus influenzae* só se reproduz se o meio for acrescido de sangue. Porém, como o fator V é facilmente destruído por enzimas das hemácias não aquecidas, usa-se ágar-chocolate. O aquecimento preserva o fator V, como também não altera o fator X. Como no exame de material da garganta um dos possíveis germes a ser isolado é a *Neisseria meningitidis* (caso de portadores) e como convém usar o meio de Thayer-Martin para inibir as neisserias não patogênicas bem como vários outros germes, aconselhamos acrescentar uma placa com ágar-chocolate comum, para possibilitar o isolamento de *Haemophilus influenzae.* Essa placa também é incubada em atmosfera de 2 a 3% de CO_2 (jarra com vela).

Em geral, após 24 horas de cultura, aparecem colônias pequenas incolores e transparentes. Um exame bacterioscópico dessas colônias revela bacilos Gram-negativos altamente pleomórfícos, indo de abundantes cocobacilos e frequentes filamentos. Para confirmar o isolamento do germe, fazemos a prova do satelitismo ou a prova dos discos com fatores de crescimento.

Prova do satelitismo. Semeamos a bactéria suspeita de ser *Haemophilus* em toda a superfície de uma placa de ágar-sangue, espalhando o inoculo por meio de um triângulo de Drigalki. Em seguida, com uma placa de platina, semeamos na mesma placa uma cultura de *Staphylococcus epidermidis* mas sem espalhar esse germe na placa. Com a alça fazemos um Z na placa. No dia seguinte, após a incubação, haverá crescimento de *Haemophilus* apenas ao redor do Z de estafilococos e o resto da placa estará sem crescimento bacteriano. Isso acontece porque o estafilococo usado (podendo ser também *Staphylococcus aureus,* neisserias ou pneumococos) sintetiza uma quantidade adicional de fator V, que se difunde pelo meio e vai beneficiar o crescimento do *Haemophilus.* Esse fenômeno é conhecido como satelitismo.

Prova dos discos com fatores de crescimento. Discos comerciais, impregnados de fator V, de fator X ou de uma mistura de fatores V e X são usados para se comprovar a necessidade desses fatores. Para diluir qualquer fator que possa ter sido carreado da placa de isolamento primário, suspendemos a colônia em estudo em 5 mL de caldo tripticase estéril (ou caldo triptose). Com um *swab,* semeamos toda a superfície de uma placa de ágar-tripticase-soja, com cuidado para não ume-decer demais. Colocamos os discos com os fatores de crescimento (X, V e XV), de modo a ficarenu dispostos em posição triangular e afastados cerca de 8 mm um do outro. Incubamos e observamos se há crescimento bacteriano ao redor dos discos. Crescimento indica necessidade para o fator do correspondente disco.

Tipagem sorológica. A grande maioria das amostras de *Haemophilus influenzae* é encapsulada, pertencendo a seis tipos antigênicos, designados pelas letras *a* até *f.* Existem, no comércio, anti-soros específicos contra esses tipos antigênicos, possibilitando aos laboratórios de análises, que quiserem chegar a tanto, a tipagem das amostras de hemófilos isoladas.

O gênero *Haemophilus é* composto de 16 espécies, sendo 10 de interesse médico, a saber: *Haemophilus influenzae* (com 6 biovariantes), *Haemophilus aegyptius, Haemophilus haemolyticus, Haemophilus haemoglobinophilus, Haemophilus ducreyi, Haemophilus parainfluenzae* (com 3 biovarian-

Identificação das espécies de *Haemophilus* de interesse médico

	H. influenzae						*H. aegyptius*	*H. haemolyticus*	*H. haemoglobinophilus*	*H. ducreyi*	*H. parainfluenzae*			*H. parahaemolyicus*	*H. paraphrohaemolyticus*	*H. aphrophilus*	*H. paraphrophilus*	*H. segnis*
	I	*II*	*III*	*IV*	*V*	*VI*					*I*	*II*	*III*					
Necessidade de V	+	+	+	+	+	+	+	–	–	–	+	+	+	+	+	–	+	+
Indol	+	+	–	–	+	–	–	d	+	–	–	–	–	–	–	–	–	–
Urease	+	+	+	+	–	–	+	+	–	–	–	+	+	+	+	–	–	–
Ornitina descarb.	+	–	–	+	+	+	–	–	–	–	+	+	–	d	–	–	–	–
Hemólise	–	–	–	–	–	–	–	+	–	(d)	–	–	–	+	+	–	–	–
Ácido de xilose	+	+	+	+	+	+	–	d	+	–	–	–	–	–	–	–	–	–
Ácido de manose	–	–	–	–	–	–	–	–	+	–	+	+	+	–	–	+	+	–

+ = 90 a 100% positivos; d = 11 a 89% positivos; (d) = 11 a 89% dão positividade lenta; - = 0 a 10% positivos tes), *Haemophilus parahaemolyticus, Haemophilus paraphrohaemolyticus, Haemophilus aphrophilus, Haemophilus paraphrophilus* e *Haemophilus segnis.*

BORDETELLA PERTUSSIS

Eventualmente, o laboratório de análises recebe o pedido de isolamento de *Bordetella pertussis.* Esse pedido geralmente vem apenas como "Placa da tosse" e indica o modo antigamente usado para a tentativa de isolamento do agente causal da coqueluche.

A *Bordetella pertussis,* a *Bordetella parapertussis* e a *Bordetella bronchiseptica* pertencem ao gênero *Bordetella* e estão associadas à coqueluche, à paracoqueluche ou infecções semelhantes.

A *placa da tosse.* Usamos o meio de Bordet-Géngou com 20% de sangue desfibrinado. Seguramos uma placa dessas, aberta, na frente da boca do paciente, e o induzimos a tossir na placa. Incubamos a placa a 37°C durante 4 a 5 dias. Para impedir a secagem do meio, mantemos a placa em atmosfera úmida (caixa plástica com algodão úmido ao lado da placa). As colônias de *B. pertussis* aparecem geralmente em 2 a 5 dias.

A placa de *swab nasofaringiano.* Hoje, não se usa mais a "placa da tosse", pois o crescimento de outras bactérias dificulta muito o isolamento da *B. pertussis,* já que nos 4 a 5 dias de cultura essas outras bactérias quase que invariavelmente tomam conta de toda a placa. Hoje, introduzimos um *swab* fino pela narina, até atingir a parede posterior da faringe. Para inocular a placa de Bordet-Gengou contendo 20% de sangue desfibrinado, pingamos na superfície da placa uma gota de uma solução de penicilina contendo 1.000 unidades por mL e passamos o *swab* nessa gota rodando várias vezes. A partir desse inoculo, espalhamos o material na placa, por meio de alça de platina. A penicilina é usada para inibir o crescimento de muitos dos germes da flora normal da nasofaringe.

As colônias de *Bordetella pertussis* em meio de Bordet-Gengou são pequenas, transparentes, convexas e lisas, com o aspecto de "gota de mercúrio" ou de "metade de uma pérola". As colônias de *B. parapertussis* são maiores e mais grosseiras e podem apresentar uma ligeira coloração amarela ou esverdeada. As colônias de *B. bronchiseptica* são geralmente indistinguíveis das de *B. pertussis.* Todas as três bactérias produzem hemólise no meio de Bordet-Gengou, em graus variáveis.

O exame bacterioscópico das culturas (Gram) mostra que as três espécies são Gram-negativas. No meio de Bordet-Gengou, *B. pertussis* e *B. bronchiseptica* são cocóides, enquanto que a *B. parapertussis é* mais baciliforme.

B. parapertussis e *B. bronchiseptica* crescem em ágar-sangue ou ágar comum, mas a *B. pertussis* não o faz. As duas primeiras podem até mesmo ser isoladas em ágar-sangue (porém o crescimento é geralmente pobre se a bactéria for a *B. parapertussis).* A *B. bronchiseptica* pode crescer bem em ágar-sangue e também cresce em Mac Conkey, SS e ágar-citrato de Simmons.

A *B. pertussis* é catalase-variável e oxidade-positiva. Não utiliza açúcares e é imóvel.

A *B. parapertussis* cresce em ágar-comum, é urease e citrato-positiva e oxidase-negativa. Não reduz nitrato a nitrito e é imóvel.

A *B. bronchiseptica* é catalase, urease, citrato e oxidase-positiva, reduz nitrato a nitrito e é imóvel.

A identificação da *Bordetella pertussis* e da *Bordetella parapertussis* pode ser feita por meio de soros imunes, aglutinantes, que podem ser obtidos de fontes comerciais.

CORYNEBACTERIUM DIPHTHERIAE

A pesquisa do bacilo diftérico é o exame microbiológico de maior urgência que aparece no laboratório clínico, pois sua toxina causa danos aos tecidos (inibição de enzimas como transferases, impedindo a transferência de aminoácidos do RNA mensageiro na cadeia peptídica em formação nos ribossomos) e levando à morte por toxemia. Mesmo o resultado do exame bacteriscópico, que é presuntivo, tem de ser imediatamente comunicado ao médico do paciente.

Como na maioria dos convalescentes de difteria, as culturas, de material de nariz ou de nariz e garganta, são mais frequentemente positivas do que culturas apenas de material de garganta, aconselha-se que sempre sejam examinados materiais tanto de nariz quanto de garganta. Como colhemos um *swab* para exame bacterioscópico e outro para cultura, colhemos, ao todo, quatro *swabs* por paciente.

De acordo com o fluxograma esquematizado em seguida, um *swab* de nariz e um de garganta são examinados imediatamente, após coloração de esfregaços corados pelo método de Gram, pelo método de Albert, modificação de Leybourn e pelo método do azul de metileno alcalino, de Loeffler. Um relatório provisório é imediatamente fornecido ao médico.

Com os outros dois tubos (um de nariz e um de garganta) semeamos um tubo de meio de Loeffler (ou de Pai), uma placa de meio de Tinsdale, contendo telurito de potássio, e uma placa de ágar-sangue-fundido, semeada também na superfície, para o isolamento de *Streptococcus* beta-hemolítico e outros jermes, inclusive o *Corynebacterium diphtheriae.*

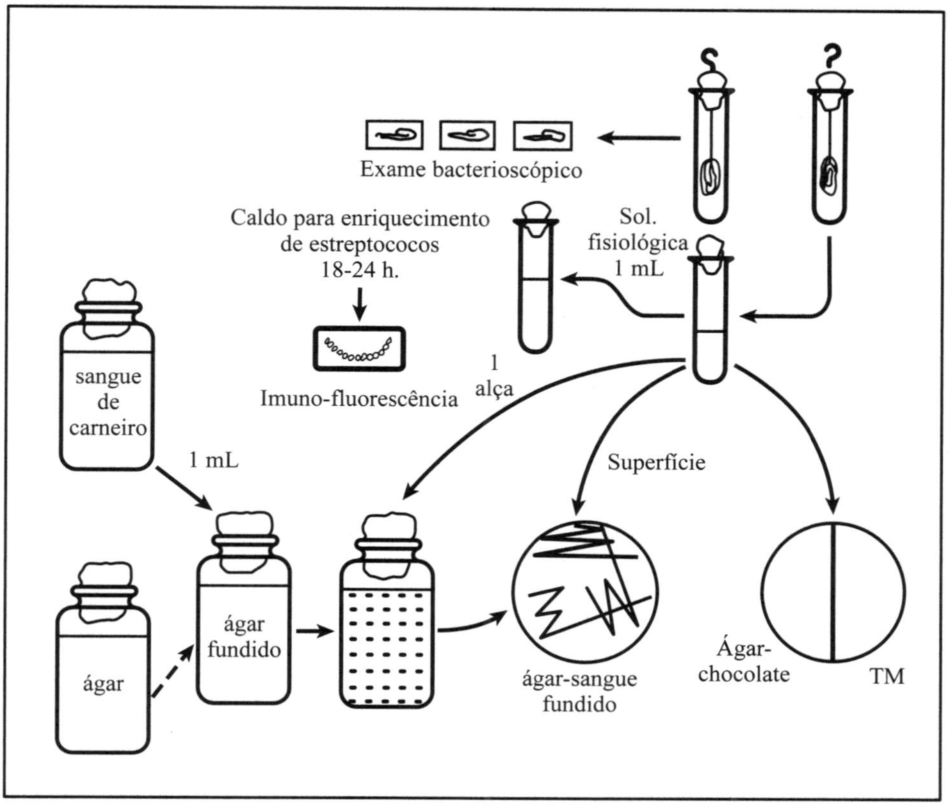

Fig. 21.2 – Exame do material de garganta

Seis e 18 horas após semear o meio de Loeffler ou de Pai, fazemos esfregaços do crescimento bacteriano e coramos pelos métodos acima discriminados. Após as 18 horas, fornecemos um relatório adicional ao médico do cliente. Se após as 24 horas a bacterioscopia for sugestiva de bacilo diftérico, cultivamos o germe durante 24 a 48 horas em placa de Tinsdale. As colônias suspeitas são novamente incubadas no meio de Pai, durante 18 horas, quando confirmamos por exame bacterioscópico e semeamos tubos de meio CTA (cistina-tripticase-ágar), que é o mesmo meio usado na diferenciação de neisserias. Esses tubos com meio-base são acrescidos de discos de reagentes estéreis (glicose, sacarose, maltose e ureia). O *Corynebacterium diphtheiriae* se utiliza de glicose e maltose, geralmente não se utiliza de sacarose e nunca se utiliza de ureia. Essa prova dá o diagnóstico definitivo.

A placa de Tinsdale semeada com os *swabs* originais é incubada de 24 a 48 horas. Se não houver crescimento de colônias suspeitas (lisas, de coloração cinza-enegrecida, brilhantes, convexas e com halo escuro, marrom, ao redor das colônias) e se esse resultado confirmar os obtidos no exame do tubo de Pai, emitimos um relatório definitivo, negando o isolamento de bacilo diftérico. Se houver colônia suspeita, temos de repicá-la para um tubo de Pai e prosseguir o exame. Não se pode fazer bacterioscopia de colônias desenvolvidas no meio de Tinsdale, pois os bacilos perdem completamente suas características.

A placa de ágar-sangue fundido semeada também na superfície, com os *swabs* originais, é incubada durante 25 horas. Nessa placa podemos isolar, principalmente, estreptococo beta-hemolítico. Se houver isolamento de bacilo diftérico, temos de repicá-lo em meio de Pai e prosseguir o exame.

DIAGNÓSTICO DE LABORATÓRIO DA DIFTERIA

É importante que se façam alguns comentários sobre o exame bacterioscópico na difteria. Recomendamos que sejam feitas sempre três colorações: Gram, Albert e azul de metileno alcalino de Loeffler. Pela coloração de Gram vemos que o *Corynebacterium diphteriae* é Gram-positivo e apresenta acentuado polimorfismo tanto em tamanho como em forma. Em cultura, esse polimorfismo é mais acentuado e depende da idade da cultura, do pH do meio, da amostra do bacilo etc. O bacilo diftérico tem tendência a ser claviforme (e daí o nome *Corynebacterium).* Frequentemente, apresenta granulações de volutina, bem observáveis pela coloração de Albert. Porém, nem todas as raças de bacilo apresentam essa coloração. Isto é muito importante, pois não se pode negar a presença de bacilos diftéricos num esfregaço somente pela ausência das granulações metacromáticas. A coloração de azul de metileno alcalino de Loeffler cora em róseo as áreas alargadas do bacilo, dando-lhe um aspecto de rosário e no mesmo campo vemos bacilos bem corados ao lado de bacilos mal corados. Tanto por essa coloração como pela de Gram, vemos que os bacilos têm a tendência de se ligar numa extremidade ou no meio, dando o aspecto de "letras chinesas" (formas em V, em L, em X, em Y). Após esse exame bacterioscópico inicial, fornecemos ao médico do paciente um relatório provisório, mesmo que seja por telefone.

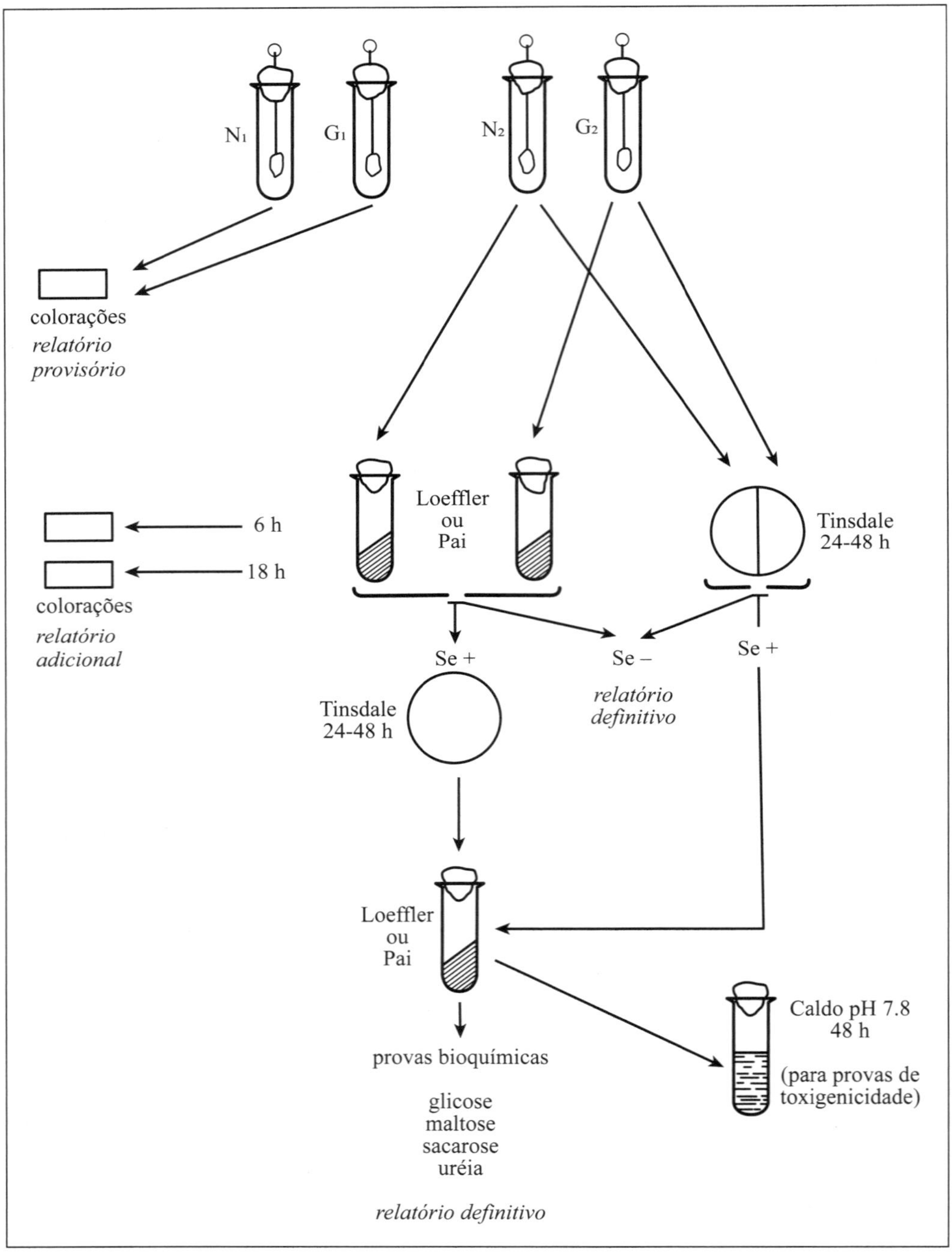

Fig. 21.3

Após 6 a 18 horas de cultivo do meio de Pai, fazemos novos exames bacterioscópicos e fornecemos um relatório adicional. O relatório definitivo será dado em 48 horas, se a placa de Tinsdale, a placa de ágar-sangue fundido e os tubos de Pai estiverem negativos para bacilo diftérico. Se qualquer um desses meios desenvolver colônias suspeitas, identificamos essas colônias e depois das provas de utilização de glicose, sacarose, maltose e ureia damos o diagnóstico definitivo.

Quando houver solicitação específica (caso de portadores), fazemos as provas para determinar a toxigenicidade do bacilo diftérico isolado. Essas provas podem ser feitas em animais ou *in vitro*.

Provas de toxigenicidade em animais. Recomendamos esta prova em casos de pequenos laboratórios, onde o pedido desse exame é esporádico. Essa prova pode ser feita em coelhos, pintos ou cobaios. Mais frequentemente são usados cobaios brancos, machos (um só animal por prova). A técnica que adotamos é a de Frazer e Weld (prova intradérmica). O germe em estudo é cultivado em caldo sem glicose, durante 48 horas. A presença de glicose baixaria muito o pH da cultura, causando necrose na pele do animal. O pH do meio de cultura é de 7,8. Depilamos o dorso do cobaio e delimitamos, com lápis dermográfico, três áreas de 2 cm^2, em duplicata, uma em cada lado do animal. Nessas áreas marcamos os sinais, respectivamente x, + e —. A área x será destinada ao exame de amostra desconhecida; a área + é reservada para a inoculação de um caldo de 48 horas, idêntico, mas de uma cultura sabidamente toxigênica. A área — será a do controle negativo (amostra não toxigênica). Com seringas de 1 mL, graduadas em mL, retiramos caldo das três culturas, separadamente e inoculamos 0,2 mL de cada caldo na sua área respectiva. Guardamos as seringas e seus caldos de cultura correspondentes em geladeira, a 4°C. Cinco horas depois injetamos 500 unidades de soro antidiftérico no cobaio, pela via intraperitoneal. Trinta minutos depois, com as mesmas seringas e com os mesmos caldos de cultura que tinham sido guardados em geladeira, injetamos as áreas correspondentes em duplicata, que até agora não tinham sido injetadas. A leitura é feita depois de 24 e de 48 horas.

A prova é positiva se a primeira injeção da amostra em estudo (x) causar lesões amplamente desenvolvidas. A segunda injeção de x nada causa ou, no máximo, determina a formação de um nódulo róseo de 5 a 10 mm, *sem* necrose. Eventualmente pode haver uma supuração. O mesmo deve acontecer com as áreas +. Nas áreas injetadas com o controle negativo não há reação cutânea. Se as duas áreas de x apresentam necrose, pode ser que; a) a cultura isolada não é *Corynebacterium diphtheriae;* b) trata-se de cultura mista ou c) o cobaio não foi protegido pela antitoxina apropriada.

Prova da toxigenicidade in vitro. Recomendamos esse método quando o número de pedidos de exame assim o justificar. Esse método é uma reação de precipitação. Gradientes de concentrações de toxina e soro antidiftérico, quando se encontram, nas condições apropriadas, precipitam. Às vezes, a precipitação é pequena e só pode ser vista por meio de iluminação especial. Uma prova não pode ser considerada negativa antes de 72 horas.

Para fazer essa prova fundimos 20 mL de meio de Tinsdale e juntamos 10% de soro de cavalo estéril. Despejamos numa placa de Petri e colocamos nessa placa uma tira de papel de filtro que tinha sido esterilizada por autoclavação (a tira mede 1,5 cm de largura por 7 cm de comprimento) e embebida de soro antidiftérico contendo 500 U/ml, dentro de um tubo contendo 3 a 4 mL desse soro diluído. Depois de embebida, a tira é esgotada do excesso de soro. Pressionamos ligeiramente a tira sobre o meio da placa, antes que este se solidifique, de modo que a mesma fique ligeiramente submersa. Colocamos então a placa na estufa por 1 hora, para secar. Semeamos a amostra em estudo (bem como uma amostra conhecidamente toxigênica e outra não-toxigênica) perpendicularmente à tira de papel de filtro, em ambos os lados da tira (ocasionalmente só um dos lados forma precipitado). Uma placa geralmente pode ser utilizada para o exame de 5 amostras, além dos controles.

As culturas toxigênicas liberam toxina, que se difunde pelo ágar e que vai precipitar o soro que também se difundiu da tira de papel de filtro. Essa precipitação se dá na zona de equivalência ou perto dela. A linha de precipitação (podem ser mais de uma) começa na linha de inoculação, 5 a 10 mm afastada do papel de filtro e progride, afastando-se obliquamente do papel de filtro, desaparecendo aos poucos.

As reações negativas só podem ser consideradas quando o controle positivo realmente apresentar linha de precipitação. Às vezes, as reações são falsamente negativas ou duvidosas devido à qualidade do soro de animal usado (cavalo e macaco são espécies mais favoráveis que coelho, porém mesmo assim convém testar previamente uma grande partida de soro e, sendo bom, o soro é distribuído em pequenas alíquotas e congelado). Isso é mais um motivo para se fazer a prova *in vivo,* se o movimento for pequeno.

A antiga classificação de amostra toxigênica pelas características da colônia não é mais feita (tipos *gravis, mitis* e *intermedium),* uma vez que apenas a presença do profago beta é que dá a característica de toxigenicidade e qualquer tipo de germe, com o fago, é toxigênico.

O exame de toxigenicidade é feito apenas no caso de suspeita de portador. Assume-se que uma amostra isolada de um doente seja necessariamente toxigênica.

Exame microbiológico do escarro

O exame microbiológico do escarro é útil na identificação de patógenos que podem estar associados com infecções pulmonares porque o escarro reflete qualquer infecção que possa estar ativa na traqueia, nos brônquios ou nos pulmões. É, portanto, essencial que o material seja constituído de escarro e não seja apenas saliva. Consideramos da maior importância que o paciente seja devidamente instruído. Para isso, não aceitamos, de regra, material trazido pelo paciente, que invariavelmente é constituído quase que exclusivamente de saliva. Fornecemos as seguintes instruções, impressas, ao paciente, solicitando que volte com novo material, devidamente colhido:

EXAME DE ESCARRO. INSTRUÇÕESPARA COLHEITA

Informações preliminares

Escarro é o material obtido da profundidade do tórax e pode ser obtido somente por meio de tosse profunda.

Saliva é o líquido da boca e *não* deve ser colhido para este exame.

Material de drenagem nasal é o material espesso que pode escorrer do nariz, internamente, para a garganta, especialmente durante o sono. Esse material, se estiver presente, deve ser eliminado da garganta *e desprezado* antes da colheita do escarro.

Instruções

1. Pela manhã, antes do café e antes de escovar os dentes ou da higiene bucal, force a saída de todo o material de sua garganta e o despreze.
2. Respire fundo umas 8 ou 10 vezes e tussa profundamente. Colha o escarro assim no recipiente fornecido pelo laboratório. Repita esse procedimento várias vezes, durante . . . .".

(No pontilhado escrevemos, conforme o caso, 1, 12, ou 24 horas ou ainda dias alternados, pela manhã).

Normalmente, a traqueia, os brônquios e os pulmões são estéreis e a flora normal obtida em culturas de escarro representa a flora da orofaringe. Os patógenos mais comumente encontrados no escarro são a *Klebsiella pneumoniae,* o *Haemophilus influenzae, o Staphylococcus aureus, Streptococcus* sp., *Streptococcus pneumoniae* e *Mycobacterium tuberculosis.* Outros patógenos que estão se tornando cada vez mais frequentes devido ao intenso uso de antibióticos e de quimioterápicos são várias outras enterobactérias, incuindo *Proteus, Serratia* e *Escherichia coli.* Ressaltamos novamente que, em determinadas condições, qualquer bactéria pode ser potencialmente patogênica.

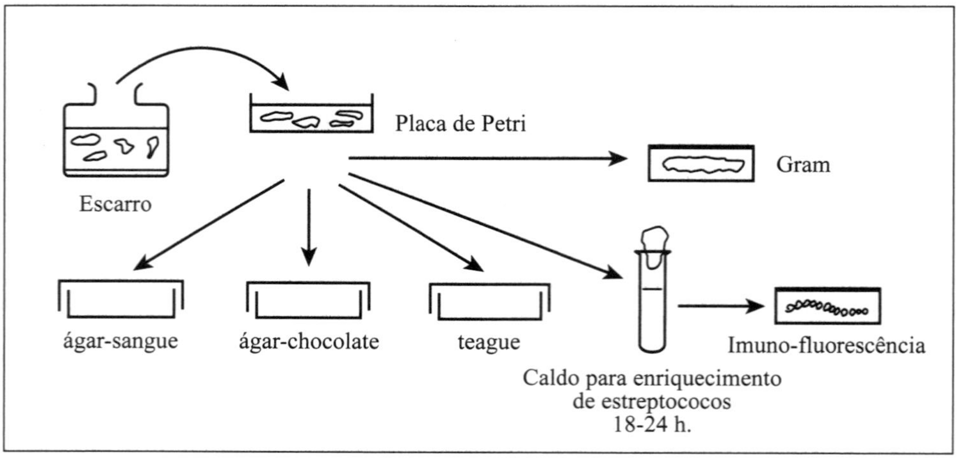

Fig. 21.4 – Exame de escarro para pneumonias bacterianas.

No exame de escarro para o diagnóstico de pneumonias bacterianas, temos de escolher uma parte mais purulenta do escarro, semear uma placa de ágar-sangue, uma de ágar-chocolate e uma de Teague. As placas de ágar-sangue e de ágar-chocolate são incubadas em atmosfera de 5 a 10% de CO_2. Para a identificação dos germes que se desenvolverem, seguimos as técnicas jâ apresentadas. Se houver suspeita de estreptococo, repicamos uma ou mais colônias em placa de ágar-sangue fundido, para a devida identificação da hemolisina. Para esse mesmo fim, semeamos o escarro em caldo de enriquecimento para estreptococos e 24 horas após podemos fazer imunofluorescência direta.

O exame bacterioscópico tem um valor muito relativo, pois a intensa multiplicação bacteriana no escarro, mesmo depois de colhido, pode confundir o analista. Para isso, quando a colheita é durante 12 ou 24 horas, recomendamos que o frasco de escarro seja guardado em caixa térmica, plástica, com gelo. Outra coisa é a lise de muitos germes Gram-positivos, tornando-os de coloração rósea; nesses casos, devemos nos valer mais da forma do que da coloração.

DIAGNÓSTICO DE LABORATÓRIO DA TUBERCULOSE PULMONAR

Os agentes causais da tuberculose humana são o *Mycobacterium tuberculosis, o Mycobacterium bovis* e, mais raramente, o *Mycobacterium avium.* Recentemente, verificou-se que outras micobactérias podem causar doença humana, mas a tendência atual é considerar como tuberculose as infecções causadas pelas três micobactérias originais e as outras infecções não englobadas com a denominação "doenças causadas por outras micobactérias". Essas doenças são infecções do pulmão ou de outros órgãos e seriam causadas pelo *Mycobacterium kansasii, Mycobacterium intracellulare* etc. Contudo, esses pacientes são tratados por fisiologistas e recebem as mesmas atenções que os casos ditos "comuns".

Classificação das micobactérias

A família *Mycobacteriaceae* pertence à ordem *Actinomycetales* e possui apenas um gênero, *Mycobacterium.*

As micobactérias são bastonetes retos ou ligeiramente curvos, eventualmente ramificados, não esporulados e sem cápsula. Se houver crescimento filamentoso ou miceliano, essa formação se divide facilmente em elementos bacterianos ou cocóides, a uma simples perturbação da cultura. Apesar de consideradas Gram-positivas, as micobactérias coram-se mal pelo Gram.

O gênero inclui parasitas obrigatórios, saprófitas e formas intermediárias. Os saprófitas crescem em substratos bem simples, outras espécies necessitam de meios complexos e outras ainda não foram cultivadas *in vitro.* Apesar de aeróbias, algumas espécies só crescem na profundidade do ágar.

As paredes das micobactérias contêm um alto teor de lipídeos, incluindo ceras constituídas de ácido micólico.

As colônias de algumas espécies são amareladas ou alaranjadas, mesmo sem exposição à luz.

O crescimento das micobactérias é lento ou muito lento. Colônias visíveis aparecem de 2 a 8 semanas de incubação e a temperatura ótima varia entre 28 e 40°C.

Não se reconhece uma divisão taxonômica em função da velocidade de crescimento das micobactérias, mas essa característica é usada na classificação das mesmas.

Por conveniência as 30 espécies de micobactérias podem ser agrupadas em espécies de crescimento lento, de crescimento rápido e micobactérias que ainda não foram cultivadas devido a necessidades especiais ainda não esclarecidas.

De todas essas espécies, vamos relacionar aqui apenas as micobactérias de interesse em laboratório clínico por serem patogênicas para o homem ou por terem sido isoladas de materiais provenientes de clientes e estarem relacionadas com doença humana.

I – Micobactérias de crescimento lento

1. *Mycobacterium tuberculosis,* causadora da tuberculose humana.
2. *Mycobacterium bovis* – causa a tuberculose dos bovinos, podendo, eventualmente, causar tuberculose humana.
3. *Mycobacterium kansasii* – causa uma doença pulmonar crônica no homem semelhante à tuberculose. Quando cultivada sem proteção luminosa as colônias jovens da micobactéria ficam amareladas (as colônias são fotocromogênicas).
4. *Mycobacterium marinum* – isolada originalmente de peixes, tem sido observada causando lesões cutâneas de ferimentos adquiridos em piscinas que possuem microrganismo. Suas colônias também são fotocromogênicas.
5. *Mycobacterum gastri* – isolada de lavado gástrico e do escarro de pessoas normais.
6. *Mycobacterium triviale* – tem sido raramente isolada do escarro mas não é patogênica. Pode ser confundida com *M. tuberculosis,* no exame bacterioscópico.
7. *Mycobacterium gordanae* – produz colônias pigmentadas mesmo no escuro (escotocromogênicas). Tem sido encontrada como saprófita no escarro, no suco gástrico e também no solo ou na água.
8. *Mycobacterium scrofulaceum* — tem sido isolado de linfadenite cervical de crianças. Encon-

trada no escarro e suco gástrico, geralmente como saprófita.

9. *Mycobacterium intracellulare* — pode causar doença pulmonar grave, no homem e lesões limitadas nos suínos. É o chamado bacilo Battey. Não é patogênica para aves (diferença com *M. avium).*
10. *Mycobacterium avium* — causa a tuberculose das aves. Menos frequentemente, causa a tuberculose dos bovinos, suínos e de outros animais. Raramente causa doença humana.
11. *Mycobacterium ulcerans* — causa úlceras cutâneas no homem, de desenvolvimento lento.

II – Micobactérias de crescimento rápido

12. *Mycobacterium smegmatis* — tem sido isolado do smegma (secreção caseosa do prepúcio, nos homens e também encontrada ao redor do clitóris e pequenos lábios nas mulheres), sem relação com doença.
13. *Mycobacterium fortuitum* — tem sido isolado de doenças respiratórias humanas.
14. *Mycobacterium peregrinum* — foram isoladas apenas duas estirpes, provenientes de material de aspiração brônquica.
15. *Mycobacterium chelonei* — tem sido ocasionalmente encontrado em escarro e em abscessos da região glútea. Ocorre também no solo.

III – Micobactérias ainda não cultivadas

16. *Mycobacterium leprae* - causadora da hanseníase humana.
17. *Mycobacterium lepraemurium* — causadora da lepra dos ratos.

O gênero *Mycobacterium* está sofrendo extensa revisão e é importante que os laboratórios clínicos acompanhem esses novos estudos.

Colheita e processamento de amostras

O escarro deve ser colhido antes de qualquer terapêutica. Em vez de colheita de 12 ou de 24 horas, convém coletar várias amostras matutinas, em dias alternados, de cerca de 10 mL e guardá-las sob refrigeração. Procedendo assim, temos menor toxicidade do escarro, menor contaminação bacteriana e maior facilidade de encontrar bacilos ácido-resistentes, pois algumas amostras são negativas e se coletadas num único frasco iriam diluir as demais.

Pacientes com dificuldade de colheita de escarro, em geral, conseguem material se forem previamente nebulizados com solução de cloreto de sódio a 10% aquecida ou com propilenoglicol. Se não conseguirmos a colheita, especialmente em crianças, a mesma é tentada com um *swab* laringeano. Não conseguindo, ainda, pode ser colhido material por meio de broncoscopia (feita por especialista) ou, como está sendo feito ultimamente, especialmente em crianças, colheita de material por punção pulmonar.

Um exame muito em voga há alguns anos era a colheita de material de lavagem gástrica e pesquisa de bacilos ácido-resistentes. Esse exame era indicado em casos de escarro negativo e sinais radiológicos bem suspeitos, nos casos de pacientes que não escarram (crianças pequenas, pacientes que deglutem escarro e pacientes com afecções neurológicas), e também nos casos de pacientes que, para efeitos de aposentadoria, enviavam escarro positivo, de outra pessoa. Esse exame ainda é feito, com menor intensidade, e nele devemos sempre empregar sonda plástica descartável.

Digestão e Descontaminação do Escarro

A – Método da acetil-cisteina - hidróxido de sódio

Prepare a quantidade desejada de N-acetil-L-cisteína — hidróxido de sódio pelo volume indicado abaixo:

	*Volume da mistura desejado***				
Solução	*50 mL*	*100 mL*	*200 mL*	*500 mL*	*1000 mL*
Hidróxido de sódio N (4%)*	25	50	100	250	500
Citrato trissódico. $2H_2O$ M/10*	25	50	100	250	500
N-acetil-L-cisteína em pó (g)	0,25	0,5	1	2,5	5

* Soluções bem estáveis.
** A mistura deve ser usada dentro de 24 horas, se guardada em geladeira.

Colocamos volumes iguais de escarro e da mistura acima. Em 5 a 30 segundos o escarro estará liquefeito. Deixamos a mistura 15 minutos à temperatura ambiente, para a descontaminação. Se for necessária uma descontaminação mais rigorosa, podemos aumentar a concentração de hidróxido de sódio ou prolongar o tempo de descontaminação para até 30 minutos.

A descontaminação que devemos obter nunca poderá ser de 100%. Se a contaminação total obtida na rotina de cultura de micobactérias for maior que 5%, devemos usar hidróxido de sódio a 6 ou 8% para preparar o reagente acima (isto é melhor que ampliar o tempo de descontaminação). Se a incidência geral de contaminação for menor que 1%, é altamente provável que muitas micobactérias estejam sendo eliminadas no próprio processo de descontaminação. Devemos tentar, nestes casos, métodos de descontaminação mais delicados, com concentração menor de soda, por exemplo.

É uma observação comum o fato de que a descontaminação por este processo é mais eficiente para o meio 7H-11 do que para o meio de Loewensteins-Jensen.

Após a descontaminação, acrescentamos ao tubo cerca de 20 mL de tampão-fosfato M/15, pH 6,8 e centrifugamos. Ao sedimento juntamos 1 mL de albumina bovina, fiação V, 0,2%, pH 6,8.

O sedimento está pronto para exame bacterioscópico e bacteriológico. Para o exame bacterioscópico fazemos vários esfregaços e coramos pelos métodos de Ziehl-Neelsen e de Truant (rodamina-auramina).

Para cultura, semeamos o material em meios de Loewenstein-Jensen (à base de ovo) e meio 7H-11, que é derivado do meio de Middlebrook 7H-10. Convém que inoculemos dois tubos de cada meio: um com o inoculo como está e outro com inoculo diluído a 1:10. A diluição tende a diminuir a concentração de substâncias tóxicas e também possibilita um crescimento mais rápido e mais eugênico das micobactérias.

Se houver solicitação de antibiograma e se no exame bacterioscópico forem vistos bacilos ácido-resistentes, fazemos o antibiograma diretamente com o inoculo inicial, mas diluído do seguinte modo; se houver menos de 1 bacilo por campo de objetiva de imersão, fazemos antibiograma com o inoculo puro e com a diluição 10^{-1}; se o bacterioscópico tiver revelado de 1 a 10 bacilos por campo, diluímos o inoculo a 10^{-1} e 10^{-2} e se houver mais de 10 bacilos por campo, diluímos o inoculo a 10^{-2} e a 10^{-3}. Os tubos de 7H-11 têm, necessariamente, de ser incubados em atmosfera de 10% de CO_2.

B - MÉTODO DO TRIFOSFATO DE SÓDIO -CLORETO DE BENZALCÔNIO

Esse método também é colhido como o do TSP-Zefiram. A solução é feita do seguinte modo: 1 kg de trifosfato de sódio ($Na_3PO_4 12\ H_2O$) em 4 litros de água destilada quente. Juntar 7,5 mL de cloreto de benzalcônio concentrado, a 17% (Zefiran).

Misturar escarro e solução em partes iguais. Esperar 20 a 30minutos e centrifugar a 3.000r.p.m. durante 20 minutos. Decantar o sobrenadante e neutralizar o sedimento com HC1 1N contendo vermelho de fenol. Inocular em meio de Loewenstein-Jensen apenas ou, se neutralizado por 10 mg% de lecitina, pode também ser inoculado em 7H-11. (O Zefiran é neutralizado por fosfolipídeo do meio à base de ovo, mas continuará bacteriostático no meio artificial.)

C - Método de Petroff (sonda-ácido clorídrico)

É o método mais amplamente usado. Juntar escarro e HONa 4% em partes iguais. Agitar 10 minutos e centrifugar a 3.000 r.p.m. durante 20 minutos. Decantar o sobrenadante e neutralizar o segi-mento com HC1 1N contendo vermelho de fenol até se obter uma cor amarela definida. Reneutralizar com soda a 4% até aparecer a cor rósea. O inoculo serve tanto para meio à base de ovo como para o meio 7H11.

O exame bacterioscópico

A presença de bacilos ácido-resistentes não indica se o germe é o *Mycobacterium tuberculosis,* ou se o bacilo é patogênico ou mesmo se o bacilo é variável ou está morto.

Usamos a bacterioscopia para detectar novos icasos, que são confirmados pela cultura (ou não). Usamos também para acompanhar o tratamento da doença, para indicar a utilidade das drogas empregadas, para estudar as colônias que crescem nos meios de cultura, para detectar micobactérias em lesões e em tecidos e raramente para identificar a espécie de micobactéria.

Ocasionalmente, a escolha cuidadosa de uma porção do escarro (grumo purulento, etc), a confecção de esfregaço direto, imediata coloração e exame bacterioscópico são mais eficientes do que realizar o exame bacterioscópico somente com o material digerido e descontaminado.

Causas de erro na bacterioscopia de bacilos ácido-resistentes

1. baixa sensibilidade do método. Em média vemos 1 bacilo por campo de objetiva de imersão se houver 5 X 10^5 bacilos por mL;
2. coloração deficiente do bacilo, por partidas deficientes de corantes;
3. descoloração insuficiente (pouco tempo, esfregaço muito grosso);
4. má coloração de contraste;
5. contaminantes ácido-resistentes na água da torneira, na tubulação da água destilada, falta de cuidado na preparação de corantes ou reagentes;
6. uso de lâminas velhas e riscadas, de onde o corante dificilmente é removido;

7. presença de artefatos ácido-resistentes, dificilmente distinguíveis de bacilos;
8. transferência para a lâmina que estamos vendo de bacilos de lâmina anterior, por meio do óleo de imersão cheio de bacilos que se destacaram do esfregaço anterior.

O aspecto dos bacilos

Pela coloração clássica, de Ziehl-Neelsen, as micobactérias se apresentam em várias formas, que vão desde cocobacilos até bacilos longos, de 0,8 a 5µm de comprimento e de 0,2 a 0,6µm de espessura. Os bacilos mais longos podem apresentar uma coloração irregular. Frequentemente, no *Mycobacterium kansasii* aparecem umas faixas, o que ajuda a se pensar nessa micobactéria. Quando se observa pleomorfismo, e, às vezes, ramificação, geralmente trata-se de *Mycobacterium intracellulare* (bacilo Battey).

O relatório do exame bacterioscópico

Dado o interesse clínico, fornecemos o resultado com uma indicação grosseira do número de bacilos por campo (pelo método de Ziehl), como recomenda a Associação Nacional de Tuberculose e Doenças Respiratórias dos Estados Unidos da América do Norte.

Observação	*Relatório*
3 a 9 bacilos por lâmina	Raros (+) bacilos ácido-resistentes
10 ou mais bacilos por lâmina	Poucos (+ +) bacilos ácido-resistentes
Mais de 1 bacilo por campo de imersão	Numerosos (+ + +) bacilos ácido-resistentes

Nota: 1 a 2 bacilos na lâmina: não relatar. Confirmar em outra lâmina, do mesmo material ou de nova amostra. Se for coloração pela rodamina e auramina, até 3 bacilos não relatamos, no primeiro achado. Por essa coloração, que é mais sensível do que a de Ziehl, os valores apresentados também são ligeiramente aumentados, a saber:

4 a 12 bacilos por lâmina = raros (+)

13 ou mais bacilos por lâmina = poucos (++)

Mais de 3 bacilos por campo de imersão = numerosos (+ + +)

A coloração pela auramina-rodamina (método de Truant)

Suas vantagens são: o exame pode ser feito com objetiva seca, de médio aumento, o que toma o exame de uma lâmina muito rápido. Só colocamos objetiva de imersão para confirmação e observar bem a morfologia do bacilo. Além disso, a coloração é eficiente para todas as micobactérias. Como desvantagens, aponta-se que a coloração de Truant cora germes mortos ou não cultiváveis.

O exame bacteriológico

Com os métodos bacterioscópicos para a detecção do bacilo da tuberculose são de valor limitado, recomendamos que sempre o material seja semeado nos meios apropriados e que o relatório do exame bacterioscópico seja fornecido apenas como uma orientação preliminar (mesmo que o pedido de exame tenha sido apenas exame bacterioscópico). Mesmo um exame bacterioscópico positivo não dispensa que o material seja inoculado em meios de cultura, para a devida identificação do agente.

Os métodos e os meios de cultura usados dependem de vários fatores como o espaço físico do laboratório, o custo envolvido, a existência de pessoal técnico treinado, o número de exames etc.

Sabe-se, hoje, que algumas amostras de micobactérias crescem bem em determinados meios de cultura e outras amostras crescem melhor em meios diferentes, de modo que se recomenda para o laboratório clínico que sejam usados dois meios diferentes.

Nós usamos os meios de Loewenstein-Jensen (à base de ovo e batata) e o meio 7H-11, que é uma modificação do meio de Middlebrook 7H-10, contendo hidrolisado de caseína, ácido oleico, albumina bovina, dextrose e catalase.

O meio 7H-11 deve ser incubado em atmosfera de 5 a 10% de CO_2. É importante saber que neste caso não é suficiente a atmosfera obtida com a chama de vela na clássica jarra com vela. Para uma jarra de cerca de 2 litros atingimos essa atmosfera colocando 1 g de bicarbonato de sódio em um Becker, cobrimos esse bicarbonato com algodão e, imediatamente antes de tampar a jarra, pipetamos em cima do algodão 2 mL de ácido sulfúrico a 1%.

O meio de Loewenstein-Jensen também se beneficia com atmosfera de 5 a 10% de CO_2. Há uma estimulação acentuada na multiplicação dos bacilos.

O uso desses métodos e desses meios de cultura melhorou tanto o isolamento de bacilos ácido-resistentes que as inoculações em cobaio estão hoje reservadas a casos muito especiais: quando por algum motivo a descontaminação de um determinado material não impede a contaminação dos meios de cultura ou quando o material, por sua natureza, contém muito poucos bacilos, como no caso de líquido cefalorraquidiano.

A temperatura de incubação é de 36 a 37°C. Para inocular os tubos, semeamos o inoculo (sedimento) em toda asuperfície inclinada do tubo de cultura e durante uma semana incubamos esse tubo em posição inclinada, para que a superfície inclinada do tubo, com o inoculo, fique em posição horizontal (para haver maior absorção do inoculo pelo meio de cultura). Em seguida, podemos colocar os tubos em posição normal. É óbvio que os tubos devem ser tampados com algodão e, se forem com tampa de rosca, esta deve estar frouxa.

O exame das culturas. O tempo de exame das culturas varia conforme a rotina do laboratório mas, para diagnóstico, é interessante que os tubos sejam examinados diariamente. A maioria dos laboratórios, contudo, faz uma inspeção semanal nos tubos de cultura inoculados. Durante a primeira semana, a inspeção diária vai reconhecer melhor as micobactérias de crescimento rápido. Para a verificação da existência de colônias na superfície dos meios de cultura, necessitamos de uma boa luz e de uma lente de aumento. Alguns laboratórios preferem examinar os tubos em microscópio entomológico.

Para o isolamento primário de bacilos ácido-resistentes, várias observações de natureza simples (por exemplo, pigmentação, velocidade de crescimento etc.) ajudam numa subdivisão preliminar das micobactérias. Essa subdivisão pode ser ampliada pelo uso de várias provas *in vitro*.

Como já apontamos atrás, o gênero *Mycobacterum* está sofrendo uma grande revisão taxonômica e é importante que tanto o laboratorista quanto o clínico estejam a par dos nomes comuns e dos nomes das espécies dos bacilos significantes para o homem.

a) Velocidade de crescimento

As micobactérias de significância clínica podem ser grosseiramente agrupadas como de crescimento rápido ou lento. Essa velocidade é determinada pela semeadura de uma micobactéria (cultivada previamente durante 7 a 10 dias em caldo) em meio sólido. Se antes de 7 dias houver um crescimento completamente maduro, a micobactéria é de crescimento rápido. As micobactérias de crescimento lento em geral crescem depois de 10 dias.

b) Temperatura ótima de crescimento

Enquanto que a maioria das micobactérias isoladas de lesões pulmonares do homem se reproduz bem em 35 a 37°C, para o agente causal do granuloma das piscinas *(M. marinum)* a temperatura ótima é de 30°C, não se desenvolvendo, em isolamento primário, acima de 33°C. Este fato, aliado à localização superficial das lesões nos cotovelos, punhos, joelhos, calcanhares ou outros "locais de atrito" são fortemente indicativos da presença do *M. marinum.*

c) Morfologia da colônia

Nos vários meios à base de ovo, as diferentes micobactérias apresentam colônias de morfologia semelhante, mas no meio 7H-11, especialmente se examinadas com estereomicroscópio, as colônias são bem características e frequentemente podemos diferenciar as espécies pela morfologia. O meio não pode conter drogas ou antibióticos, pois estes podem alterar a morfologia das colônias.

d) Produção de pigmento

A pigmentação de colônias de micobactérias pode ser de grande utilidade na sua agrupagem diferencial. Para observar essas alterações de pigmentação, temos de estudar culturas jovens, em crescimento ativo. As placas ou tubos devem ter colônias bem isoladas e os tubos não podem estar fechados com rolha de borracha, para permitir acesso de ar.

Geralmente, esses estudos são feitos em subculturas incubadas a 37°C, em meio de Loewenstein-Jensen, recobertas de papel ou pano preto (ou dentro de caixas especiais, herméticas à luz).

Em determinadas espécies, as culturas só se pigmentam depois de expostas à luz (fotocromogênicas) e em outras espécies a pigmentação se dá mesmo no escuro (escotocromogênicas).

O *Mycobacterium tuberculosis* e o*M. bovis* não apresentam pigmentação em suas colônias.

As micobactérias *M. kansasii* e *M. marinum* expostas à luz durante 1 hora e reincubadas no escuro, nas próximas 6 a 24 horas, ficam com pigmentação amarelo-limão acentuada. A ação prolongada de luz (2 a 3 semanas) frequentemente resulta no aparecimento de cristais alaranjado nas colônias.

O *M. marinum* apresenta pigmentação amarelo-escura a amarelo-alaranjada intensa, mesmo no escuro (escotocromogênica). Geralmente esse pigmento se acentua ainda mais (até a cor vermelho-tijolo) se a cultura for exposta à luz contínua por 2 semanas. A pigmentação inicial pode não surgir se o tubo de cultura tiver sido tampado com rolha de borracha, evitando a penetração de ar ou se o inoculo tiver sido muito carregado e se obtiver crescimento confluente. Nesses casos, geralmente temos uma pigmentação amarelo-clara, de tonalidade pastel. Isso clinicamente não é de grande importância, mas para a correta classificação da bactéria temos de repetir os estudos e, se possível, enviar uma repique da amostra para um centro de tipagem.

As micobactérias *M. avium, M. intracellulare* e *M. xenopi* podem apresentar ou não pigmentação. Quando apresentam, esta é amarelo-pálida, tonalidade pastel, não se afetando com ação prolongada da luz.

O *M. fortuitum* não se pigmenta.

e) Provas de sensibilidade a drogas

O antibiograma das micobactérias pode ser útil na sua identificação. A maioria dos casos recentemente diagnosticados de tuberculose é causada por raças de *M. tuberculosis* completamente suscetíveis às drogas de tratamento primário da tuberculose: isoniaziada (INH), ácido paraminossalicílico (PAS) e estreptomicina. Mesmo com tratamento, em geral o bacilo da tuberculose não é resistente a essas três drogas, ao mesmo tempo, se bem que seja frequente a resistência a uma ou a duas dessas drogas. A maioria das outras micobactérias (as que não são *M. tuberculosis) é* resistente ao PAS e se apresenta resistente ou moderadamente resistente às outras duas drogas. Outro antibiótico, a amitiozona, é útil para a diferenciação de *M. kansasii:* essa micobactéria é sensível a esse antibiótico (assim como *M. tuberculosis* e *M. bovis).*

f) Métodos bioquímicos

Nos últimos anos, houve grandes avanços na taxonomia das micobactérias, tendo sido desenvolvidas algumas provas de alta reprodutibilidade capazes de discriminar entre as micobactérias de interesse clínico e as saprófitas.

Os métodos mais simples são;

1. *Prova da niacina.* O *M. tuberculosis* produz muito mais niacina do que as outras micobactérias. Dos vários métodos para detectar niacina, o mais usado é o de Runyon, modificado por Konno. Utilizamos um tubo da bactéria cultivada em meio de Loewenstein-Jensen (em meio 7H-11 não serve) de 3 a 4 semanas. Para extrair a niacina livre pipetamos 1 mL de água destilada ou de solução fisiológica estéril dentro do tubo e esperamos de 5 a 15 minutos com o tubo inclinado, de modo que o líquido adicionado banhe a cultura. Removemos uma porção do líquido (0,5 mL) para um tubo limpo, onde pipetamos quantidades iguais de anilina e de brometo de cianogênio. Temos de fazer isso em uma capela, sob exaustão, pois há formação de gás lacrimogêneo. Se houver niacina, aparece quase que imediatamente uma coloração amarela. Antes de desprezar os tubos, juntamos um germicida alcalino, como cresol com soda, para verificar a formação, de ácido hidrociânico.

Se a prova da niacina for negativa, devemos reincubar a cultura e repetir a prova em 1 a 2 semanas.

Para simplificar essa prova, a firma Difco comercializou uma fita impregnada com os reagentes e que se colocada no extrato aquoso da cultura fica amarela se a cultura for produtora de niacina.

2. *Prova da catalase.* Essa prova pode ter valor diferencial, especialmente se for feita por técnica semiquantitativa. Na prova semiquantitativa de Wayne a bactéria é cultivada em tubo (em pé, semi-inclinado) de meio de Lowenstein-Jensen durante 2 semanas, apenas na superfície do meio. A incubação tem de ser feita sem que o tubo esteja tampado com rolha de borracha. É indispensável a inclusão de controles: a) uma raça fortemente produtora de catalase, como o *M. kansasii* ou o *M. marinum* e bacilos escotocromogênicos da água; 2) uma raça pobre produtora de catalase, como o*M. intracelulare;* 3) um controle de meio, não inoculados.

Depois das 2 semanas de incubação pipetamos dentro dos tubos 1 mL de uma mistura, em partes iguais, de uma solução de Twenn 80, a 10% em água destilada com água oxigenada a 30%. Após 5 minutos, marcamos a altura das bolhas formadas, em milímetros. A maioria dos germes de crescimento rápido, os escotocromogênicos e as raças de *M. kansasii* produzem mais do que 50 mm de bolhas; alguns não fotocromogênicos, que são clinicamente insignificantes, também podem produzir mais de 50 mm de bolhas. As outras micobactérias *(M. tuberculosis, M. bovis, M. avium)* geralmente produzem menos de 40 mm. A maioria das raças de menor significado clínico de *M. kansasii* borbulha menos de 40 mm.

3. *Prova da redução do nitrato.* Essa prova é de grande valor para a diferenciação das micobactérias de crescimento lento. *M. tuberculosis* e *M. kansasii* são fortemente positivas, enquanto que o *M. marinum* e *o M. intracellulare* são negativos ou, no máximo, muito pouco positivos. A maioria das micobactérias não significantes clinicamente são positivas em sua capacidade de reduzir nitrato.

Para realizar a prova incubamos em banho-maria a 37°C durante duas horas 1 alçada da cultura em 2 mL de nitrato de sódio M/100 em tampão fosfato M/45, pH 7,0. Juntamos então 1 gota de ácido clorídrico concentrado diluído 1:2. A adição subsequente de 2 gotas de sulfanilamida aquosa a 0,2% e 2 gotas de hidrocloreto de N-naftiletileno-diamina 0,1% resulta na formação imediata de uma cor vermelho forte nas culturas que possuem a enzima nitrato-redutase. Devemos incluir nesta prova um controle dos reagentes, sem bactéria e um controle positivo *(M. tuberculosis).* Em todos os tubos que não reagiram devemos acrescentar uma pequena quantidade de zinco em pó. Vai haver a imediata redução de nitrato a nitrito, confirmando que os reagentes estavam bons e que as provas, nesses tubos, estavam mesmo negativas.

4. *Prova da hidrólise do Tween-80.* Suspendemos uma alçada da cultura em 2 a 4 mL do seguinte substrato: tampão fosato m/15 pH 7,0, 100 mL; Tween-80, 0,5 mL solução-estoque de vermelho neutro, aquosa, a 0,1% 2 mL. Esse substrato é misturado, distribuído em tubos de 24 mL, arrolhados com rolha de borracha, esterilizados a 121°C, 15 minutos e usados antes de duas semanas. A solução é âmbar ou cor de palha. Os tubos inoculados são mantidos no escuro, a 37°C. Como controle positivo usamos *M. kansasii* e como controle dos reagentes usamos um tubo sem inocular. Examinamos diariamente, durante 3 semanas, e vemos se a cor original muda para róseo ou vermelho.
5. *Prova da redução do telurito.* Cultivamos a micobactéria em estudo em meio 7H-9, líquido, durante 7 dias, e juntamos duas gotas de telurito de potássio a 0,2% e voltamos o tubo para a estufa. Examinamos diariamente até o aparecimento de uma cor preta (até 10 dias). Se a raça for muito pigmentada, a cor será marrom-sojo.
6. *Prova da arilsulfatase* (ou da fenolftaleína-sulfatase) *de três dias.* Cultivamos a micobactéria em ágar-sulfatase de Weyne, comercial, durante 3 dias, a 37°C, em tubo fechado com rolha de borracha e depois pingamos 6 gotas de uma solução de carbonato de sócio 1M. Em 30 minutos, nos casos positivos, aparece uma coloração rósea que logo se esvai.
7. *Crescimento em ágar-MacConkey.* Especialmente quando acompanhada por uma mudança de cor e uma prova de arilsulfatase positiva, essa prova fornece evidência de se tratar do patógeno potencial *M. fortuitum.* A leitura é feita entre 5 e 11 dias de cultura. O *M. fortuitum* geralmente clareia o meio ao redor das colônias.

g) Provas de virulência em animais

Eventualmente, são feitas provas de virulência em animais. Para isso, o cobaio é usado para o *M. tuberculosis,* o coelho é usado para diferenciar entre o bacilo humano e o bovino, e a galinha é usada para o tipo aviário. Para o tipo humano, usamos cobaios de 200 a 400 g e, a não ser que se reconheça sua procedência, cada animal deve ser previamente observado durante 2 semanas e deve ser testado com tuberculina (0,1 mL de tuberculina bruta a 1:20, intradermicamente). Os animais devem ser mantidos em gaiolas apropriadas, mantidas em biotérios secos, bem iluminados e bem ventilados. Animais não inoculados e animais inoculados devem ser conservados em locais diferentes. As diversas vias de inoculação (subcutânea, intramuscular ou intraperitoneal) podem ser usadas indiscriminadamente e dependem mais da conveniência do laboratório do que de considerações teóricas sobre a eventual superioridade de uma via sobre outra. Como cobaios estão sujeitos a infecções intercorrentes e podem morrer antes que a tuberculose se evidencie, recomenda-se inocular mais de um animal, usando uma via diferente em cada animal.

Depois da inoculação, cerca de 6 a 8 semanas são necessárias para evidenciar a infecção, em média, mesmo quando se usam pequenos inóculos. A doença no cobaio pode ir desde a necrose caseosa de um gânglio até a acentuada necrose de fígado e baço, com ascite, derrame pleural, nódulos pulmonares e linfadenopatia generalizada com necrose.

É costume sacrificar-se os animais entre a sexta e oitava semanas. Após a inoculação, palpam-se os gânglios linfáticos regionais, cada 10 a 14 dias. Devemos nos lembrar, contudo, que nem sempre haverá infartamento ganglionar. Como a infecção pelo bacilo da tuberculose leva a um estado de hipersensibilidade do tipo retardado, 4 semanas depois da inoculação fazemos uma prova de tuberculina em um dos cobaios inoculados (0,5 mL de uma solução tuberculina bruta a 5%). Se o cobaio estiver sensibilizado, irá morrer dentro de 24 a 48 horas e o animal sobrevivente será sacrificado e autopsiado para se determinar a presença da tuberculose. Se os animais não morrerem após a prova da tuberculina, são observados por 2 a 4 semanas a mais, antes de serem sacrificados. Note-se que micobactérias atenuadas ou atípicas podem produzir reações de tuberculina menos pronunciadas e também doenças menos evidente.

A autópsia deve ser feita por uma pessoa treinada e todo o cuidado deve ser tomado, independentemente do resultado da reação de tuberculina. Precisamos demonstrar a presença de bacilos ácido-resistentes nos tecidos por esfregaços e cultura, antes de dar o resultado definitivo. Às vezes, são necessárias inoculações e culturas adicionais. Devemos procurar muito qualquer tipo de lesão, especialmente as lesões mínimas.

Desde o advento da quimioterapia, houve alteração da virulência de várias cepas de *M. tuberculosis,* limitando assim a prova como critério de virulência.

h) Provas de virulência in vitro

1. *O fator corda.* Há uma correlação entre a forma de crescimento do bacilo da tuberculose e sua virulência. Cultivadas em condições especiais, foi observado que as amostras virulentas de *M. tuberculosis*

e de *M. bovis* formam "cordas" de espessura variável, constituídas de bacilo ácido-resistentes orientados em paralelo. As raças atenuadas formam cordas menos orientadas e as não virulentas não formam cordas. Certas micobacte'rias saprófitas *(M. phlei, M. butyricum)* podem apresentar corda. Assim, diz-se que "todas as raças formadoras de corda não são necessariamente virulentas, mas todas as raças virulentas formam corda".

Um dos melhores métodos para demonstrar o fator corda é o seguinte: cultivar o organismo em meio líquido contendo 0,02-0,05% de Tween-80, 0,5% de albumina bovina e 5% de plasma ou soro humano não aquecido, depois de 10 a 15 dias de incubação a 37°C fazemos esfregaços, coramos pelo método de Ziehl-Neelsen e examinamos.

2. *A prova citoquimica (do vermelho neutro).* Os bacilos virulentos tomam vermelho neutro em solução alcalina tamponada e os bacilos não virulentos não o fazem.

Foi observado que a prova é constante para uma determinada raça de bacilos sabidamente virulentos. Contudo, um bacilo saprófita, de plantas, também apresenta essa prova positiva. Afora essa exceção, a prova coincide sempre com os resultados da prova de fator corda e com a virulência em animais.

A prova do vermelho neutro é feita do seguinte modo:

I. colocar aproximadamente 5 mL de metanol a 50% num tubo tampado com rolha de borracha e inocular com 1 ou 2 colônias grandes, da cultura;
II. incubar por 1 hora a 37°C e decantar o líquido;
III. adicionar novamente 5 mL de metanol a 50%, incubar por 1 hora a 37°C e decantar o líquido;
IV. adicionar aproximadamente 5 mL de tampão alcalino (combinar 1 g de barbital sódico e 5 g de cloreto de sódio em 100 mL de água destilada) e 0,2 mL de uma solução aquosa de vermelho neutro a 0,05%;

Diferenciação das micobactérias de interesse clínico

		Redução do nitrato	*Redução da niacina*	*Catalase, espuma maior que 45mm*	*Catalase 68° C*	*Tolerância a NaCl a 5%*	*Hidrólise do Tween 80 (5 dias)*	*Crescimento em ágar McConkey*	*Produção de pigmento*
M. tuberculosis	lento	+	+	–	–	–	d	–	N
M. bovis		–	–	–	–	–	–	–	N
M. kansasii		+	–	+	+	–	+	–	F
M. marinum		–	–	–	–	–	+	–	F
M. gastri		–	–	–	–	–	+	–	N
M. triviale		+	–	+	+	d	+	–	N
M. gordonae		–	–	+	+	–	+	–	E
M. scrofulaceum		–	–	+	+	–	–	–	E
Complexo M. avium-m. intracellulare		–	–	–	+	–	–	–	N
M. ulcerans		–	+	+	+	–	–	–	N
M. smegmatis	rápido	+	–	+	d	+	+	–	N
Complexo M. fortuitum-M. peregrinum		+	–	+	+	+	d	+	N
M. chelonei		–	–	+	+	d	–	d	N

\+ = mais de 84% positivas
\+ = 16-49% positivas
T = menos de 16% positivas
d = variação entre estirpes
N = não pigmentada
F = fotocromogênica
E = escotocromogênica

V. incubar durante 1 hora a 37°C. Agitar violentamente o tubo a cada 15 minutos, durante o tempo de incubação;

VI. ler o resultado. Uma prova positiva mostra qualquer grau de coloração rósea ou vermelha.

As provas do fator corda e do vermelho neutro apresentam limitações a serem consideradas, uma vez que podem não se comportar como o previsto.

Vários investigadores comprovaram que os resultados dessas duas provas podem variar de acordo com o meio de cultura, o tamanho do inóculo, o tempo de incubação e a presença de contaminantes bacterianos.

Essas provas, assim, de grande responsabilidade, não devem ser normalmente executadas por laboratórios de pequeno movimento, onde dificilmente os reagentes estão em ótimas condições de uso.

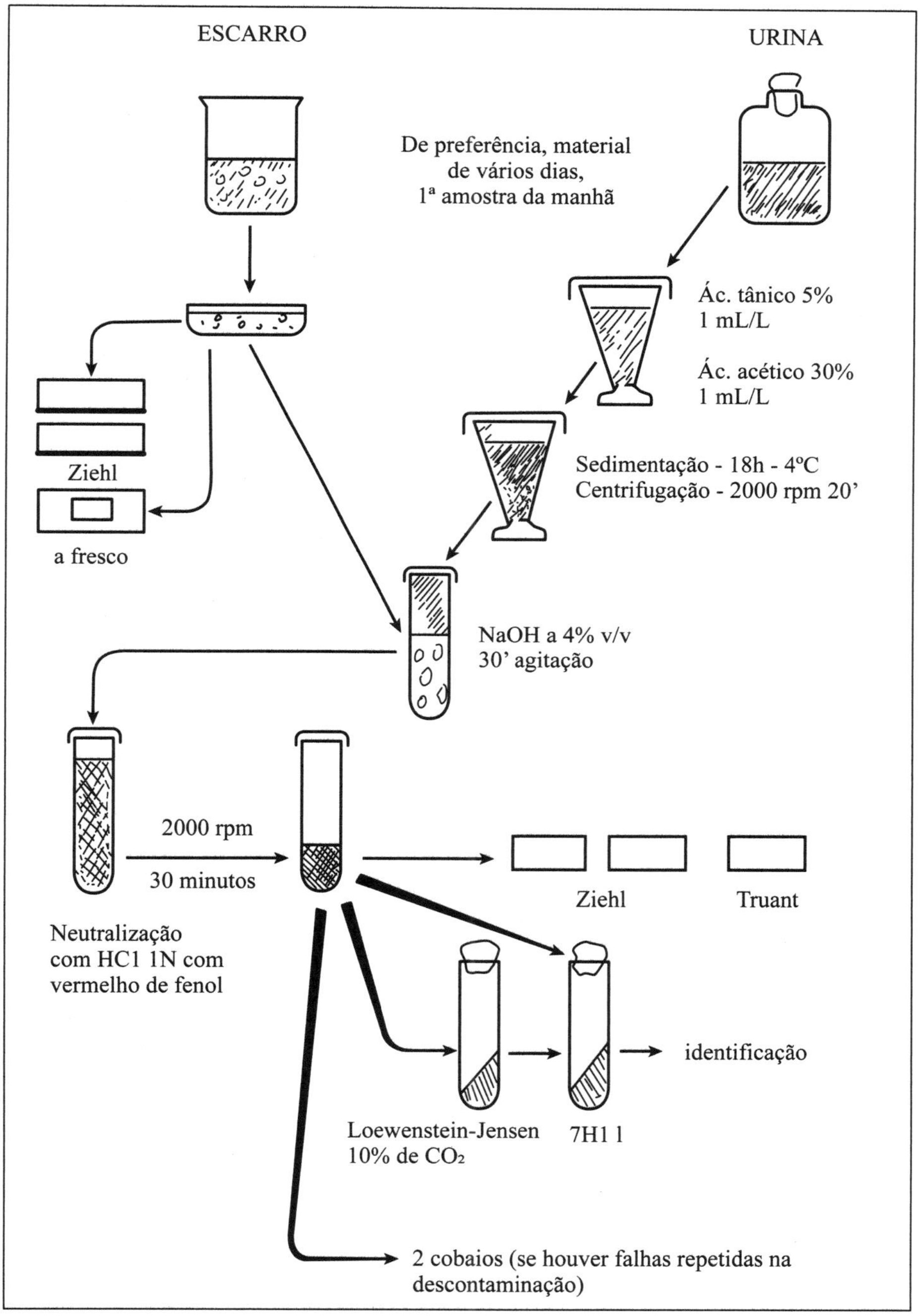

Fig. 21.5 – Pesquisa de *mycobacterium tuberculosis.*

22 Hemoculturas

Considerações gerais

Indicações clínicas

O sangue de uma pessoa normal é estéril. Durante várias doenças infecciosas ou durante complicações infecciosas de doenças primárias, podem aparecer microganismos no sangue, transitoriamente, constituindo uma bacteremia ou, se o microrganismo se multiplica intensamente no sistema circulatório, denomina-se septicemia. Em ambos os casos, poderemos ter o crescimento dos organismos em meios de cultura desde que esses microrganismos possam ser cultivados e que se obedeçam as normas para seu cultivo.

Outras causas de hemoculturas positivas podem ser os ferimentos (traumáticos ou cirúrgicos), as queimaduras, a obstrução intestinal ou urinária, etc.

Determinadas condições clínicas propiciam o surgimento de hemoculturas positivas: arteriosclerose, debilidade crônica, acidose diabética, doenças hematológicas, insuficiência hepática e doenças malignas. Atualmente, a essa lista acrescentamos imunossupressão, terapêutica citotóxica e terapêutica por meio de raios X.

Não há regras rígidas para se avaliar a significância dos achados das hemoculturas. Quase todos os germes patogênicos e vários microrganismos considerados geralmente como saprófitas já foram isolados do sangue.

As hemoculturas devem ser colhidas antes da instituição da quimioterapia e antes das refeições (pois a hiperlipemia pode dificultar a observação das culturas).

Devemos evitar, ao máximo, contaminação exógena, pela adequada assepsia da pele. Um erro comum, nesta parte, é a palpação da veia com dedo sem luva estéril, depois de feita a assepsia. Desse erro, com grande probabilidade, resulta o isolamento de *Staphylococcus epidermidis,* que pode ser significante em alguns casos clínicos. Para evitar dificuldades como essa, recomenda-se a colheita de duas amostras de sangue, sendo que a segunda deve ser colhida de 90 a 180 minutos depois.

HORA E NÚMERO DE COLHEITAS

Geralmente as bacteremias são contínuas nos casos de infecções intravasculares como endocardites, em infecções generalizadas e nas fases agudas de infecções do sistema retículo-endotelial. Nessas circunstâncias, não importa que o sangue seja colhido em amostras sucessivas ou que estas sejam bastante espaçadas entre si. A urgência está na colheita rápida em liberar o paciente para o início da terapêutica. Em outros casos, a bacteremia é intermitente e pode ser seguida de episódios de febre ou calafrios (em cerca de 1 hora). Nessas circunstâncias, a coleta de hemoculturas deve ser espaçada a intervalos, coincidindo algumas coletas com os primeiros sinais de febre. Para a maioria dos adultos, devem ser colhidas um máximo de três a quatro colheitas de 10 mL num período inicial de 24 horas. Assim, 90% dos casos positivos serão diagnosticados e a decisão de fazer mais colheitas vai depender desses resultados e do estado do paciente. Para pacientes com graves infecções e que estão sob terapêutica quimioterápica, podem ser necessárias mais amostras de sangue, sendo que algumas devem ser colhidas quando o nível do quimioterápico estiver em seu temor mais baixo.

Como uma regra geral para hemocultura de pacientes adultos, podemos estabelecer (1) em casos de graves septicemias, devem ser feitas duas colheitas de 10 mL imediatamente antes de começar o tratamento, uma em cada braço; (2) em casos de suspeita de endocardite bacteriana subaguda ou infecção intravascular de pequena monta devem ser colhida 3 amostras de 10 mL nas primeiras 24 horas, em intervalos não menores do que 1 hora, incluindo duas amostras colhidas ao primeiro sinal do episódio febril; (3) para pacientes suspeitos de bacteremia de origem desconhecida e já sob tratamento e se o tratamento não puder ser suspenso por alguns dias devem ser colhidas 4 a 6 hemoculturas nas primeiras 48 horas. As amostras devem ser colhidas logo antes da dose seguinte do medicamento que o paciente deveria tomar.

O volume do sangue a ser colhido, no caso de crianças pequenas, deve ser determinado pelo médico assistente. Em geral, amostra de 1 a 2 mL são suficientes, colhidas em duas vezes.

Recomendações básicas

INFORMAÇÕES CLÍNICAS

O laboratório necessita de informações sobre a suspeita diagnostica e a gravidade da infecção, bem como o tratamento instituído e sua dosagem. Dessas informações vai depender a hora e o número das colheitas bem como os meios de cultura a serem usados e as técnicas a serem seguidas.

ASSEPSIA DA PELE E COLHEITA DO SANGUE

Para evitar ao máximo o risco de contaminação exógena, nós seguimos as normas de colheita de sangue da Cruz Vermelha Americana, para bancos de sangue: aplicamos um torniquete no braço do paciente e palpamos as veias, escolhendo uma que seja calibrosa (se possível) e relativamente pouco móvel. Com pinça montada com gaze estéril, lavamos a pele com sabão de coco líquido, a 5%. É importante que passemos a gaze num movimento único, centrífugo, em espiral, iniciando na pele sobre a veia escolhida, num sentido único e não voltando ao ponto inicial. Com outra gaze estéril montada, removemos o sabão com álcool a 70%, centrifugamente. Com outra gaze estéril montada, aplicamos centrifugamente tintura de iodo a 2%. Removemos o iodo com uma ou duas aplicações de gaze montada, estéril, embebida em álcool a 70%, também centrifugamente. Deixamos o álcool evaporar. Não tocamos a pele com o dedo ou com qualquer outro objeto não esterilizado. Se necessário, usamos luva estéril. Devemos usar seringa estéril e seca. Podemos usar seringa plástica estéril, descartável ou então seringa de vidro previamente esterilizada. Para montar as agulhas ou o êmbolo (quando a seringa de vidro é esterilizada desmontada) devemos tomar cuidado para que não ocorra contaminação. Aconselhamos o uso de agulhas pré-esterilizadas, descartáveis, pois são de muito mais fácil penetração e de mais fácil montagem nas seringas.

Aspiramos, devagar, 10 mL de sangue de um adulto ou 1 a 2 mL de crianças. Removemos o torniquete e depois retiramos a agulha. Aplicamos um algodão com álcool a 70% e flexionamos o braço do paciente.

A ESCOLHA DO ANTICOAGULANTE

Os anticoagulantes geralmente usados em laboratório, como citrato, oxalato ou EDTA, são tóxicos para muitas bactérias e não podem ser usados. A heparina não é tóxica, mas não pode ser autoclavada. Atualmente usamos o polianetol-sulfonato de sódio, comercializado pela firma Roche com o nome Grobax (quando já vem com o meio de cultura, toma a denominação de Liquoid). Esse produto não é tóxico, e autoclavável, inativa inibidores do sangue (como complemento, betalisina e lisozima), inibe a fagocitose *in vitro* do sangue recentemente colhido e inativa certos antibióticos como estreptomicina e polimixina B que podem estar no sangue circulante do paciente. A concentração final da droga no meio de cultura é de 0,05%. O polianetol-sulfonato de sódio (SPS) vendido como Grobax é fornecido em soluções estéreis, a 5%.

A ESCOLHA DO MEIO DE CULTURA E DAS CONDIÇÕES DE INCUBAÇÃO

Quando conseguimos os 10 mL de sangue (adulto), usamos 2 frascos para hemocultura contendo 50 a 100 mL de meio em vácuo e com uma atmosfera de 10% de CO_2. Um frasco é destinado para a cultura em aerobiose e o outro para cultura em'anaerobiose. Os frascos são inoculados com 5 mL de sangue, através da rolha de borracha previamente desinfetada com iodo e álcool a 70%.

Quando se trata de crianças, o ideal seria usar meios de cultura no volume de 10 a 20 mL por frasco e inocular 1 a 2 mL de sangue. Em todo caso, o uso dos frascos de meio de cultura comerciais, de 50 mL, é satisfatório.

Os frascos para cultivo em aerobiose devem ser aerados, como descrito abaixo.

Culturas em aerobiose. Para cultura em aerobiose, recomendamos um caldo de soja com hidrolisado de caseína (como, p. ex., caldo triptose ou tripticase-soja), caldo de cérebro-coração ou outro meio rico. São vários os meios comerciais oferecidos por diversas firmas especializadas. Após inoculados com o sangue, os frascos para cultivo em aerobiose devem ser aerados, tendo para isso perfurado sua rolha com uma agulha hipodérmica contendo algodão estéril no mandril. Assim, o vácuo residual é substituído por ar, o que permite o crescimento de germes aeróbios estritos, como o *Pseudomonas* sp. A não ser que o frasco seja mantido em incubadora com CO_2, após equilibrada a pressão a agulha deve ser removida, para evitar a perda de CO_2.

Culturas em anaerobiose. Devemos usar meio pré-reduzido contendo vácuo refeito por atmosfera de 10% de CO_2. Os meios recomendados para cultura de anaeróbios devem manter um Eh de -100 mV ou menos e permitir o crescimento inclusive de raros germes mais exigentes. Os frascos não podem ser aerados.

Aditivos para inativar agentes antimicrobianos. Podemos juntar aos meios apenas penicilinase, nas quantidades recomendadas pelos seus fabricantes, se o paciente estiver tomando penicilina ou seus derivados. Devemos tomar muito cuidado com a esterilidade dessas soluções. O anticoagulante (polianetol sulfonato de sódio) por si só antagoniza aminoglicosídeos e polimixinas. Nenhuma outra adição é recomendada. Apenas a diluição do sangue no meio de cultura já assegura uma redução do nível dos agentes microbianos abaixo dos níveis inibitórios.

INCUBAÇÃO E EXAME DAS CULTURAS E SUBCULTURAS

Os frascos de hemocultura devem ser incubados a 35°C. Se houver suspeita de bacteremia causada por transfusão de sangue contaminado, devemos deixar um frasco à temperatura ambiente, para permitir o crescimento de germes psicrófilos.

Os frascos de hemocultura devem ser examinados diariamente, durante 7 dias, para se verificar crescimento bacteriano. Em casos de graves bacteremias causadas por estafilococos ou por enterobactérias, o crescimento pode ser detectado em 6 horas ou menos. Assim, uma hemocultura deve ser examinada pelo menos a cada 5 ou 6 horas, no primeiro dia de cultivo.

Para o exame, os frascos devem ser cuidadosamente removidos da estufa para não perturbar o sangue sedimentado e o sobrenadante deve ser cuidadosamente inspecionado quanto à turvação, hemólise, produção de gás e à presença de colônias bacterianas (no sobrenadante ou na camada de sangue). Com certa experiência, o analista pode visualizar até pequenas colônias. Se houver evidência de crescimento bacteriano, o frasco é agitado violentamente, para a dispersão das colônias existentes, a rolha de borracha é descontaminada com álcool a 70% e cerca de 0,25 mL são retirados com uma seringa estéril, para a confecção de esfregaços e coloração pelo método de Gram e para semear em meios apropriados: (1) ágar-sangue ou ágar-chocolate para o isolamento de germes exigentes como *Neisseria gonorrhoeae* ou *Haemophilus influenzae* e (2) ágar-sangue recentemente preparado e pré-reduzido, para germes anaeróbios. Dependendo do germe, devemos semear em meio de Teague ou em outros meios diferenciais.

Depois de inoculados, os meios para germes aeróbios devem ser incubados em atmosfera com 3% de CO_2 (jarra com vela) e os meios para germes anaeróbios devem ser cultivados em anaerobiose durante 48 horas ou mais, se os exames bacterioscópicos tinham sido indicadores da presença de germes.

Certos microrganismos, como *Haemophilus influenzae,* neisserias patogênicas, *Bacteroides, Fusobacterium, Pseudomonas* sp e *Streptococcus pneumoniae* podem crescer no sangue sedimentado sem produzir turvação no sobrenadante. Assim, devemos fazer subculturas "cegas". Para germes aeróbios, após 2 dias e 5 dias de cultura e para germes anaeróbios, 2 dias e 7 dias de cultura, mesmo com[1] aspecto negativo. Para essas subculturas, semeamos uma biplaca de ágar-chocolate, um lado com material proveniente do frasco para aerobiose e o outro lado com material do frasco para anaerobiose, em atmosfera de CO_2 e a incubamos em aerobiose. Outra biplaca, igual, é incubada em anaerobiose.

RESULTADO PRELIMINAR E FINAL DE HEMOCULTURAS NEGATIVAS E POSITIVAS

É muito importante que o médico assistente esteja a par do progresso das hemoculturas que solicitou ao laboratório. Assim, fornecemos um relatório preliminar tanto das culturas positivas como das negativas.

No caso de culturas negativas, devemos relatar: "Hemocultura negativa após 2 (ou 3) dias de incubação: o exame continua." Quando se observa crescimento bacteriano que é confirmado pela bacterioscopia, devemos nos comunicar imediatamente com o médico assistente, mesmo por telefone e enviar imediatamente um relatório escrito do exame bacterioscópico e sobre a natureza do germe observado. Lembramos que eventualmente os meios de cultura contêm um determinado número de bacilos mortos, provenientes de seus constituintes, o que poderá falsear esse resultado. É necessária uma confirmação, pelo exame das subculturas. Um relatório negativo final diz: "Ausência de crescimento após 7 dias de incubação." Esse relato descreve as condições usadas e é preferível ao resultado "estéril".

IDENTIFICAÇÃO DAS CULTURAS

O médico assistente deve receber uma indicação da provável identidade do agente infectante, logo que possível. Devido à possibilidade da existência de mais de um germe, somente o isolamento das bactérias em placas de ágar-sangue poderá esclarecer a etiologia e fornecer provas de sensibilidade aos antibióticos corretas. Depois de isoladas, as colónias são identificadas de acordo com os métodos recomendados, variando com o tipo de germe em estudo.

SIGNIFICADO DE RESULTADOS POSITIVOS

As hemoculturas estão sujeitas à contaminação, especialmente por bactérias da pele, ou do meio ambiente, quer durante a colheita, quer durante o processamento. Em ótimas condições, deve ser esperado pelo menos 2 a 3% de contaminações. Não podemos considerar contaminação apenas pela identificação do germe *(Staphylococcus epidermidis,* difteróides ou propionibactérias), pois também estes germes podem causar endocardite bacteriana subaguda ou infecção de válvulas artificiais. Em pacientes submetidos à imunossupressão, muitos germes considerados não patogênicos podem ser os agentes etiológicos. A decisão do significado do resultado positivo está ligada ao isolamento do mesmo germe em mais de uma hemocultura colhida do paciente. Se, por exemplo, de quatro amostras de sangue forem isolados *Staphylococcus epidermidis* de duas amostras, devemos examinar essas duas amostras em suas características bioquímicas e em sua sensibilidade aos antibióticos e quimioterápicos. Se forem claramente diferentes, a maior probabilidade é que tenha havido uma contaminação. O laboratório não pode declarar se um determinado germe é ou não contaminante. O clínico deve ser informado das possibilidades, mas a decisão final é exclusivamente sua.

RECOMENDAÇÕES SUPLEMENTARES

O procedimento descrito acima se aplica a germes que podem se desenvolver nos meios de cultura empregados. Quando a suspeita clínica for de brucelose ou, ainda, quando apesar de forte suspeita de bacteremia os resultados de hemoculturas forem negativos, devemos usar uma técnica especia l, empregando frascos tipo Castafleda, a saber:

Frasco tipo Castaneda: em frascos retangulares de 50 mL de capacidade distribuímos 6 mL de ágar-triptona-soja, tamponamos os frascos com algodão e autoclavamos a 121°C, durante 15 minutos. Retiramos os frascos, ainda quentes, da auto-clave e deixamos o meio solidificar numa das suas laterais, mantendo-os deitados, à temperatura ambiente, sobre uma das laterais. À parte, esterilizamos em balões o caldo triptona-soja acrescido de 0,05% de SPS (também a 121ºC, 15 minutos). Quando o ágar dos frascos estiver solidificado, acrescentamos a cada frasco, com esterilidade, 10 mL do caldo com SPS. Substituímos então o tampão de algodão pela rolha de borracha, perfurável, previamente esterilizada em autoclave. Colocamos os frascos a 36,5°C durante 72 horas, para controle de esterilidade e, em seguida, os guardamos em geladeira. Para semear, introduzimos a agulha da seringa com sangue do paciente pela rolha de borracha e injetamos 1 mL de sangue, que é delicadamente misturado com o meio de cultura. Em seguida, inclinamos o frasco de modo que toda a fase sólida do meio entre em contato com o meio líquido misturado com o sangue. Incubamos o frasco na posição vertical, a 36°C, durante 21 dias, com subculturas "cegas" a cada 7 dias.

Para suspeitas de leptospirose, inoculamos 3 gotas do sangue do paciente em vários tubos com meio de Fletcher e os incubamos no escuro, a 30°C, durante 28 dias, examinando-os semanalmente ao microscópio (campo escuro).

Para bactérias com parede deficiente (formas L), que sofreram ação de quimioterápicos, aumentamos a pressão osmótica do meio de cultura incorporando 10% de sacarose num dos frascos de meio utilizados.

Para *Peptostreptococcus* e para *Streptobacillus moniliformis,* que podem ser inibidos pelo anticoagulante usado (polianetol sulfonato de sódio), omitimos esse anticoagulante num dos frascos de hemocultura usados.

23

O Exame do Líquido Cefalorraquidiano

O exame do líquido cefalorraquidiano é utilizado para o diagnóstico de pelo menos quatro das principais afecções neurológicas, como infecções, hemorragias, doenças degenerativas e doenças neoplásicas. Sendo um material de difícil obtenção, colhido por especialista, o laboratório não se pode restringir a um determinado tipo de exame apenas, mas proceder simultaneamente ao estudo de vários parâmetros para tentar chegar ao diagnóstico de uma doença particular.

O exame microbiológico deve ser sempre feito quando houver um número anormal de células. Dependendo do tipo de células e de certas dosagens bioquímicas (dosagem de glicose, por exemplo), o próprio exame microbiológico deve ser completado com pesquisas especiais para o isolamento de micobactérias (ou, em outros casos, leptospiras etc.) Assim sendo, vamos neste capítulo rever noções básicas de anatomia e da fisiologia das meninges, da formação e circulação do líquido cefalorraquidiano (LCR), antes de tratar da colheita de LCR e do exame desse material.

As meninges

1. *Dura-máter:* é dura, brilhante, não elástica, envolvendo o cérebro. Por meio de várias pregas divide o crânio em compartimentos comunicantes. Forma a foice do cérebro, que separa os dois hemisférios cerebrais, a tenda do cerébelo, que separa os lobos occipitais do cérebro e a foice do cerebelo, que separa os dois hemisférios cerebelares. Na base do crânio funde-se com o periósteo interno. Na saída dos nervos cranianos, há um manguito de dura-máter, que continua com a dura espinhal.
2. *Aracnóide: é* uma fina membrana, entre a dura-máter e a pia-máter. Apresenta duas camadas de tecido elástico e fibroso, com mesotélio chato cubóide. Não segue as dobras e fissuras do cérebro. É fina e transparente na parte superior e mais grossa e opaca na base do crânio. Continua com a aracnóide espinhal. No seio sagital superior e transverso apresenta as vilosidades aracnóides, que empurram para dentro do seio a dura-máter e, a partir dos 7 anos de idade, afinam até a trabécula interna do crânio. O mesotélio serve de passagem do LCR para o sistema venoso.
3. *Pia-máter:* é uma membrana muito fina e muito rica em minúsculos plexos sanguíneos e células mesoteliais. Está associada com a aracnóide. Reveste o cérebro e a medula espinhal, seguindo todos os sulcos e conformações anatômicas. Por meio de suas invaginações, auxilia a formar os plexos coróides do 3º e 4º ventrículos.
4. *Espaço subaracnóideo:* é delimitado na parte de dentro pela pia-máter e na parte de fora pela aracnóide. Ao conjunto de pia-máter e aracnóide damos o nome de leptomeninges (meninges moles).
5. *Espaço subdural:* está situado entre a aracnóide e a dura-máter.

Os vasos que penetram no parênquima nervoso são recobertos de manguitos de meninges (aracnóides e pia-máter), com um espaço perivascular entre elas ou então pela fusão das duas meninges, em vasos menores.

Assim, o LCR não entra em contato direto com o sistema nervoso central, nem com a dura-máter.

FORMAÇÃO E CIRCULAÇÃO DO LCR

O LCR é formado pelos plexos coróides, que se projetam nas cavidades ventriculares. Esses plexos são redes vasculares recobertas de epêndima, que são células secretoras, de origem ectoblástica. Dos ventrículos laterais o LCR circula para o 3º ventrículo pelo forame intraventricular de Monro. Do 3º ventrículo vai ao 4º ventrículo pelo aqueduto de Sylvius. Uma pequena porção de LCR entra pelo canal central da medula. Do 4º ventrículo o LCR passa para o espaço subaracnóideo através do forame de Magendie, no teto do 4º ventrículo, até a cisterna magna ou pelo forame de Luschka, na extremidade lateral do 4º ventrículo, para a cisterna pontina. Da cisterna magna o LCR vai à cisterna superior, sobre os hemisférios cerebelares. Da cisterna pontina passa para a cisterna interpenduncular e para a cisterna quiasmática. Das cisternas, o LCR sobe pelos dois hemisférios cerebrais até as vilosidades aracnóides, tendo acesso ao sistema venoso.

FISIOLOGIA

1. *Volume:* na primeira infância o volume do LCR é de 40 a 60 mL e no adulto o volume é de 90 a 150 mL, sendo 25% desse volume encontrados no sistema ventricular e o restante no espaço subaracnóideo. Dos 12 aos 15 anos de idade o volume atinge as taxas de adulto. Normalmente há uma renovação de 40 a 50 mL de LCR por dia. Em condições especiais, como no caso de retirada de LCR, a reposição é mais rápida.
2. *Barreira hemoliquórica:* muitas substâncias estranhas administradas ao nosso organismo não atingem o sistema nervoso central. Algumas substâncias do nosso organismo não são encontradas no LCR. Há o que se costuma chamar de "barreira hemoliquórica" de natureza ainda desconhecida.
3. *Composição:* a composição do LCR depende da interação de mecanismos que participam da formação e da reabsorção bem como da barreira hemoliquórica em relação a muitas substâncias. Depende do metabolismo do sistema nervoso central. Por exemplo, parte das beta-globulinas do LCR normal vem da atividade metabólica das células nervosas, através dos espaços perivasculares.
   Em condições nomais, o LCR é límpido, incolor, levemente alcalino, com a densidade entre 1006 e 1009, apresenta uma tensão de 5 a 20 mm de água (em decúbito lateral) e contém até 4 células por mm^3. A maior parte dos componentes químicos do sangue está presente no LCR, geralmente em concentrações diferentes.
4. *Variações fisiológicas:* no LCR subaracnóideo essa concentração é maior no saco lombar do que na cisterna cerebelo-bulbar. Nos homens, a taxa de proteína é ligeiramente maior do que nas mulheres, sendo maior nos velhos do que em indivíduos jovens. As maiores variações, contudo, ocorrem nos recém-nascidos, até os 3 meses de idade.
5. *Funções:* o LCR não entra em contato direto com o sistema nervoso central e nem com a dura-máter. Suas funções principais são:
   I. proteção mecânica do sistema nervoso central. Age como um coxim líquido entre o sistema nervoso central e o estojo craniano;
   II. via de eliminação de produtos do metabolismo do sistema nervoso central;
   III. defesa contra agentes infecciosos, pela distribuição homogênea de células de defesa; e
   IV. facilita a pronta difusão de imunoglobulinas.

A COLHEITA DO LÍQUIDO CEFALORRAQUIDIANO

É possível a colheita de LCR na maioria das cavidades. Há, no entanto, locais de preferência.

A colheita de LCR só pode ser feita por profissional especializado que saiba evitar a ocorrência de acidentes, mesmo fatais, em casos imprevisíveis.

1 – Vias de colheita usuais

a) *Punção lombar: é* feita no fundo de saco lombar, com o paciente sentado (LS, lombar sentado) ou em decúbito lateral (LD, lombar deitado). Nessa punção, a agulha é introduzida entre as apófises espinhosas da 3ª E 4ª vértebra lombar (L_3-L_4) ou entre a 4ª e 5ª vértebra lombar (**L_4**-L_5) ou ainda entre a 5ª vértebra lombar e a 1ª vértebra sacral (L_5-S_1).

b) *Punção suboccipital: é* feita na cisterna magna, com o paciente sentado ou preferentemente deitado (SOD). A agulha é introduzida entre o occipital e a primeira vértebra cervical.

c) *Punção ventricular:* é feita diretamente num dos ventrículos laterais. No primeiro ano de vida, a agulha é introduzida pela fontanela bregmática. Após o fechamento da fontanela, há necessidade de trepanação da calota craniana. É evidente que esta punção só pode ser feita por neurocirurgião e com o paciente hospitalizado.

2 – Indicações e contra-indicações das punções

Na maioria dos casos, é suficiente uma punção lombar ou uma punção occipital.

a) *Punção lombar:* é a mais empregada e traz menos riscos para o paciente. Após a punção pode haver uma infiltração de LCR pelos tecidos vizinhos ao trajeto da agulha, durante 1 a 2 dias, até que o orifício causado pela agulha, na dura-máter, cicatrize. Recomenda-se que o paciente permaneça 1 a 2 dias deitado, para diminuir a perda de LCR e reduzir a hipotensão endocraniana (que causa cefaleia com o paciente em pé). Essa punção é indicada nas afecções da raque, pois apresenta as maiores alterações do LCR e no bloqueio raquidiano, onde a punção suboccipital pode revelar um LCR normal. Às vezes, são necessárias punções combinadas, comparativas.

b) *Punção suboccipital:* exige maior segurança técnica, para evitar lesão do tronco cerebral, mas é menos dolorosa, mais simples de ser feita e não leva à perda de LCR, já que nessa região a dura-máter é mais flexível e o orifício de entrada da agulha fecha-se rapidamente. É preferida na hipertensão endocraniana.

Em hipertensão causada por tumores, a punção de LCR tem de ser evitada (lombar ou occipital), pois pode haver desequilíbrio da dinâmica e queda súbita da pressão do LCR que está situado desde o espaço subaracnóideo da cisterna magna até o fundo de saco lombar. O conteúdo intracraniano, que está com a pressão aumentada, é forçado para baixo, contra o forame magno. Isso causa uma hérnia e parte do cerebelo comprime o bulbo, comprometendo centros vitais. Nesses casos são necessárias punções ventriculares e cuidados especiais.

EXAME DO LÍQUIDO CEFALORRAQUIDIANO

O exame do LCR é feito para se caracterizar o quadro liquórico do paciente. A rotina do exame do LCR inclui a descrição de suas propriedades físicas, o exame de sua citologia, de seus aspectos bioquímicos e imunológicos. Em processos inflamatórios, fazemos a pesquisa do agente etiológico.

1 – Caracteres físicos

a) *Pressão:* a pressão do LCR é medida pelo especialista que pratica a colheita e os dados são fornecidos ao laboratório, juntamente com o LCR, para fazerem parte do relatório do exame. A pressão é tomada com manômetro em cm de água, tanto no início da retirada de LCR (pressão inicial) como no final (pressão final).
   a.1) Pressão inicial: varia entre 5 a 20 cm de água em posição de decúbito LD e mede 10 cm na posição SOD. A partir de 20 cm há hipertensão e abaixo de 5 cm há hipotensão. A hipertensão pode ser devida à compressão da veia cava superior e estase venosa intracraniana ou pelo aumento do conteúdo craniano devido a processos patológicos (o que é mais comum), como nas meninges, nos tumores ou pelo aumento do próprio volume do LCR. A hipotensão surge após a punção lombar ou. após a ruptura das meninges (em infecções, traumatismos) e na insuficiência de irrigação dos plexos coróides.
   a.2) Pressão final: na hipertensão causada pelo aumento do volume de LCR, a diferença entre pressão inicial e final é pequena, mas na hipertensão devida a tumores a diferença é grande.

Os relatórios dos exames de LCR devem trazer dois coeficientes que são de utilidade aos neurologistas:

$$\text{quociente raquidiano de Ayala} = Qr = \frac{FV}{I}$$

$$\text{quociente raquidiano diferencial} = Qrd = \frac{I - F}{V}$$

1 = pressão inicial
F = pressão final
V = volume de LCR retirado.

2 – Aspecto e cor

O LCR normal é límpido e incolor "como água de rocha". O aumento de elementos figurados causa a turvação do LCR. Para relatar essa turvação usamos, conforme o caso, as seguintes descrições: turvo, fortemente turvo e purulento.

LCR hemorrágico: ocorre em processos hemorrágicos intracranianos ou em casos de hemorraria acidental. O LCR hemorrágico, devido à hemorragia acidental, clareia com o gotejar, ainda durante a colheita. O sangue coagula no LCR, após a colheita ou, se for centrifugado, o sobrenadante é claro e não contém bilirrubina mas sim oxi-hemoglobina.

LCR xantocrômico: pode estar associado à turvação, em certas meningites bacterianas. Xantocromia associada à hemorragia ocorre em hemorragias intracranianas. Xantocromias isoladas podem aparecer pela estase causada pelo bloqueio do canal raquidiano.

Eventualmente aparecem amostras de LCR esverdeadas ou azuladas, em certas meningites bacterianas (causadas por pseudomonas).

Às vezes, forma-se uma fibrina algum tempo após a colheita, dentro do tubo com LCR; esse fenômeno leva à suspeita de meningite tuberculosa. Raramente o LCR coagula espontaneamente após a colheita; trata-se de líquido de estase de bloqueio do canal raquidiano.

3 – Exame citológico

É feito pela contagem global de células por mm^3 e pela contagem específica dessas células (neutrófilos, linfócitos, monócitos, plasmócitos, células histióides e outras). Um LCR normal apresenta menos de 4 células por mm^3 (células mononucleares).

4 – Exame bioquímico

É feito pelas técnicas bioquímicas comuns para os exames de sangue (proteínas, cloretos, ureia), por técnicas próprias para LCR (pesquisa de globulinas e reações coloidais) ou por meio de técnicas de eletrofore e imunoeletroforese.

Reaçoes de pesquisa de globulinas

São reações tradicionais, sempre feitas no exame do LCR, apesar de existirem hoje provas mais específicas como as de eletroforese e imunoeletroforese do LCR.

LCR normal

	Recém-nascido	*29 mês*	*39 mês*	*Adulto*
Aspecto	límpido ou ligeiramente turvo	límpido	límpido	límpido
Cor	incolor ou xantocrômico	incolor	incolor	incolor
Nº cél/mm^3	0–15	0–15	0–4	0–4
Prot. total (mg%)	33–119	13–25	13–25	13–25
Cloretos (mg%)	702–749	680–749	680–750	680–750
Glicose (mg%)	42–78	42–78	50–80	50–80
Ureia (mg%)	15–42	15–42	15–42	15–42
Reações de Pandy e Nonne-Appelt	– ou +	–	–	–
Reações coloidais	– ou +	–	–	–

a) *Reação de Pandy:* uma gota de LCR em 1 mL de reativo de Pandy (ácido fênico a 0,66%). Um LCR normal não altera o reativo. Um LCR opalescente dá um resultado mais ou menos, um LCR turvo dá um resultado + se a turvação for leve e ++ se a turvação for intensa, formando-se, na reação, um precipitado imediato.

b) *Reação de Nonne-Appelt:* o reativo é uma solução saturada de sulfato de amónio a 85%. Colocamos em um tubo de 12 mm 0,5 mL do reativo e acrescentamos 0,5 mL de líquor, escorrendo lentamente, pelas paredes. A leitura é imediata ou feita após 24 horas. Nas provas positivas aparece um anel esbranquiçado.

Reações coloidais

a) *Reação de Takata-Ara:* num tubo com 1 mL de LCR pingamos uma gota de carbonato de sódio a 10% e agitamos fortemente. Acrescentamos 0,3 mL de uma mistura de fucsina básica de Grubler a 0,02% e sublimado corrosivo a 0,5%, em partes iguais. Deixamos o tubo à temperatura ambiente durante 18 a 24 horas. Reação negativa: não muda de cor (permanece violeta). Se fica avermelhado, trata-se de processo meningítico (sabe-se hoje que isto ocorre pelo aumento de alfa e de pré-albumina). Se há formação de um floculado, trata-se de um processo parenquimatoso (aumento de beta e gamaglobulinas). Se o aspecto é misto, trata-se de processo meningoencefálico.

b) *Reação de benjoim coloidal:* usamos uma bateria de 16 tubos de 12 mm. No 1º tubo colocamos 0,25 mL de solução ionizante (0,01 g de ClNa por litro, em água destilada) e 0,75 ml de LCR. No 2º tubo colocamos 0,5 mL de solução ionizante e 0,5 mL de LCR. No 3º tubo colocamos 1,5-mL de solução ionizante e 0,5 mL de LCR. A partir do 3º tubo colocamos 1 mL de solução ionizante. Retiramos 1 mL da mistura do 39 tubo e passamos para o 4º tubo. Misturamos, retiramos 1 mL e passamos para o 5º tubo. Continuamos até o 15º tubo. Acrescentamos 1 mL de uma solução de benjoim em todos os tubos (inclusive no 16º, que servirá de testemunha). A solução de benjoim é feita do seguinte modo: preparamos uma solução alcoólica com 2 g de benjoim, 18 mL de álcool absoluto, agitamos e filtramos. Para cada reação, preparamos uma solução da seguinte maneira: 0,3 mL da solução alcoólica acima dissolvidos em 20 mL de água destilada morna, agitando sempre. Em seguida tapamos com rolha e agitamos durante 10 minutos. Antes de usar, deixamos a solução em repouso durante 30 minutos.

A leitura da prova é feita após 24 horas, tendo-se conservado os tubos em temperatura ambiente. Verificamos se houve ou não floculação. Em LCR normal não há floculação ou há somente na zona central. Se houver floculação intensa e o sobrenadante ficar transparente, anotamos o número 2 na posição do referido tubo. Se o líquido sobre nadante não estiver transparente mas opalescente, anotamos o número 1. Se não houver floculação, marcamos o número zero.

Interpretação: benjoim com desvio à esquerda: floculação (1 ou 2) na zona esquerda (5 ou 7 primeiros tubos), o que equivale à zona parenquimatosa. Benjoim com desvio à direita: floculação (1 ou 2) na zona da direita (5 ou 7 últimos tubos); é a zona meningítica. Em casos de benjoim misto (floculação à esquerda e à direita), trata-se de processo meningoence fálico.

EXAMES IMUNOLÓGICOS

Devido à dificuldade em obtenção de LCR, fazemos sistematicamente reações imunológicas para o diagnóstico de lues e de cisticercose. Para lues são usadas as reações de VDRL e de fixação de complemento com antígeno cardiolipínico e com antígeno de cérebro de carneiro inoculado com treponema (reação de Steinfeld). Eventualmente usamos a prova de imunofluorescência com antígeno treponêmico. Para cisticercose, usamos a reação de Weinberg (fixação de complemento).

EXAME MICROBIOLÓGICO DO LCR

O LCR é colhido em dois tubos estéreis, na quantidade aproximada de 5 mL em cada tubo. Um dos tubos é destinado ao exame citológico e às dosagens bioquímicas e o outro tubo vai ao laboratório de microbiologia, onde é centrifugado durante 10 minutos a 3.000 rpm. Durante esse tempo, é feita a contagem global de células, no LCR sem centrifugação (pelo setor correspondente). Havendo mais de 4 células por mm^3, fazemos o exame microbiológico.

Separamos o sobrenadante obtido após a centrifugação e o reservamos para os exames imunológicos.

Examinamos o sedimento do LCR a fresco, entre lâmina e lamínula (pesquisa de fungos), e fazemos vários esfregaços. Coramos um esfregaço pelo método de Gram, outro pelo método de Ziehl-Neelsen e outro ainda pelo azul de metileno alcalino de Loeffler (essa coloração é extremamente útil para o estudo da morfologia bacteriana, especialmente para a bacterioscopia de formas anómalas). Eventualmente, fazemos a pesquisa de cápsulas misturando numa lâmina uma alçada de LCR e uma gota de tinta Nanquim. Cobrimos essa mistura com uma lamínula e examinamos ao microscópio, com objetiva de imersão. Às vezes, fazemos provas de aglutinação do sedimento do LCR com soros específicos, para um diagnóstico presuntivo rápido. Recentemente, com o emprego de técnicas de contra-imunoeletroforese, podemos chegar a um diagnóstico presuntivo de uma meningite causada por meningococo, pneumococo ou hemófilo em cerca de trinta minutos.

Para o exame bacteriológico do LCR semeamos o sedimento em uma placa de ágar-sangue, uma placa de ágar-chocolate, um tubo com meio de tiglicolato e guardamos o restante do sedimento, no próprio tubo de centrifugação, a 36,5°C até o dia seguinte. As placas semeadas são incubadas em atmosfera de 2 a 3% de CO_2 (jarra com vela) e examinadas no dia seguinte. O tubo de tiglicolato é incubado também a 36,5°C, fora da jarra de vela e mantido durante pelo menos quatro dias. Se houver crescimento bacteriano em qualquer desses meios, procedemos a um exame bacterioscópico e repicamos a bactéria em meios apropriados para a devida identificação. Se não houver crescoimento bacteriano nas placas semeadas, no dia seguinte, as incubamos novamente, em atmosfera de CO_2, por mais 24 horas e, a partir do sedimento do LCR que tínhamos mantido a 36,5°C, semeamos novamente uma placa de ágar-sangue, de ágar-chocolate e um tubo de tioglicolato, nas mesmas condições de incubação.

Se a dosagem de glicose for abaixo de 50 mg%, há suspeita de meningite tuberculosa e nesses casos, além das semeaduras acima, semeamos o sedimento do LCR também em meio de Loewenstein-Jensen e em meio 7H-11. Nesses casos recomenda-se também a inoculação de cobaios (pelo menos dois).

Se no exame bacterioscópico observamos bactérias Gram-positivas tipo difteróide pode tratar-se de infecção por *Listeria monocitogenes.* Além das placas de ágar-sangue e de ágar-chocolate e do tubo tioglicolato, semeamos o sedimento em placa de ágar-triptose e incubamos durante 24 horas a 36,5°C. Examinamos a presença de pequenas colónias verde-azuladas, com auxílio de lupa ou de microscópio entomológico. Se encontradas, fazemos provas de fermentação de açúcares ou identificamos com soros específicos (polivalente, *Listeria* tipo 1 e *Listeria* tipo 4) que aglutina 98% das listérias cultivadas. Nas provas de fermentação, há produção de ácido com glicose, levulose, maltose, salicina e trealose. Não há produção de ácido com dulcita, iositol, inulina, manita e rafinose. É irregular a fermentação de arabinose, galactose, glicerina, sorbitol e sacarose. A reação de nitrato é negativa, a de VM é geralmente positiva, VP é positiva e indol é negativa. A prova de catalase é positiva, não liquefaz a gelatina, não cinde amido e não produz urease.

A *Listeria* é, em geral, muito delicada, especialmente para o isolamento a partir de casos clínicos, sendo dificilmente isolada, especialmente em laboratório clínico. Recomenda-se que o sedimento do LCR seja guardado em geladeira, a 4°C, e subcultivado periodicamente durante 2 a 3 meses se a tentativa inicial for infrutífera.

Características das meningites

1. *Meningites agudas.* LCR fortemente turvo (purulento), intensa pleocitose (mais de 1.000 células por mm^3), com preponderância de neutrófilos (piócitos). No início, cloretos e glicose estão diminuídos. Há aumento de proteínas. No perfil eletroforético há poucas alterações. As reações de globulina são positivas, as reações coloidais são do tipo meningítico, sendo que a de Takata-Ara é vermelha e a de benjoim flocula à direita. Os exames bacterioscópico e bacteriológico são indispensáveis. Com a cura, há um rápido desaparecimento desse quadro liquórico. Se este persistir, pode tratar-se de terapêutica inadequada ou do advento de complicações (formação de abscessos, de coleção subdural ou de miningite septada).
2. *Meningites subagudas.* Vamos tratar aqui das bacterianas, pois podem também ser causadas por fungos, tumores ou ainda serem uma evolução de meningite aguda mal tratada. Esse tipo de meningite bacteriana é exemplificado pela meningite tuberculosa. O bacilo é de difícil encontro. O LCR apresenta ligeira turvação e, frequentemente, notamos a presença de uma fibrina delicada que se forma após a colheita do material. A pleocitose é moderada ou nítida (geralmente linfócitos). Cloretos e glicose estão diminuídos. As proteínas estão pouco aumentadas, as reações para globulinas são positivas, as reações coloidais são do tipo meningítico. Nos proteinogramas, vemos aumento de alfa e de gamaglobulina. Com tratamento a regressão é lenta, sendo cloretos e glicose os índices mais seguros da eficácia do tratamento.
3. *Meningites assépticas.* São meningites a vírus, onde aparece uma pleocitose (geralmente de linfócitos). A glicose e os cloretos estão normais, as proteínas estão levemente aumentadas, as reações para globulinas estão levemente aumentadas, as reações coloidais são inespecíficas e na eletroforese das proteínas há um aumento da gamaglobulina.
4. *Processos inflamatórios crónicos do Sistema Nervoso Central e/ou de seus envoltórios.* Aparece uma pleocitose (linfócitos, eosinófilos ou plasmócitos). Há um aumento de proteínas (devido a um aumento de gamaglobulina). As reações coloidais são do tipo parenquimatoso e a reação de Takata-Ara é do tipo floculante. Na sífilis (neurolues), além do quadro acima, as reações imunológicas para a sífilis são positivas. Neurolues com LCR normal é rara. A pleocitose indica doença ativa e é a primeira a se normalizar após tratamento adequado (em cerca de 6 meses). As provas imunológicas continuam positivas durante meses ou anos.

24
O Antibiograma

A determinação da sensibilidade aos antibióticos e quimioterápicos é uma das provas mais solicitadas em laboratório clínico, pois constitui o principal fator na escolha de um agente terapêutico para o tratamento de uma infecção bacteriana. Além do antibiograma, o médico do paciente deve conhecer a farmacologia da droga escolhida e saber se ela age ou não na infecção particular do cliente.

SUSCETIBILIDADE E RESISTÊNCIA DE MICRORGANISMOS

É difícil de se definir com precisão o que sejam suscetibilidade (ou sensibilidade) e resistência de um microrganismo a um antibiótico ou quimioterápico. Pode haver alterações nos resultados dependentes do tamanho do inoculo, do meio de cultura usado, do tempo de incubação, a natureza química da droga etc. Em geral, um microrganismo é considerado suscetível a uma droga se for morto ou inibido por uma concentração da droga facilmente obtida no local de infecção (geralmente a concentração que a droga atinge na corrente circulatória). Um microrganismo é considerado resistente se puder tolerar a maior concentração de um antibiótico que se obtém na corrente circulatória. Acredita-se, em geral, que um microrganismo resistente pode tolerar de duas a quatro vezes a concentração de antibiótico que seria suficiente para inibir ou matar um germe sensível. Contudo, os termos "suscetível" e "resistente" são relativos. Os níveis sanguíneos ou liquóricos de um antibiótico e também os níveis que essa droga atinge em qualquer parte de nosso organismo são muito variáveis e dependem da frequência de administração e das taxas de absorção e excreção.

Alguns agentes antimicrobianos produzem níveis séricos normalmente baixos, mas com níveis urinários bem altos. Assim, um germe isolado da urina e que pode ser resistente a um antibiótico (resistência determinada pela prova dos discos) pode responder bem à aplicação normal da droga devido à alta concentração que a droga atinge na urina.

Por outro lado, um microrganismo isolado de um abscesso e que é bem suscetível a um determinado antibiótico pode não responder ao tratamento porque o antibiótico não tem acesso ao local da infecção.

INDICAÇÕES DA PROVA DE SENSIBILIDADE AOS ANTIBIÓTICOS

O antibiograma está indicado sempre que o microrganismo que está causando infecção não tenha um comportamento característico em relação a antibióticos ou quimioterápicos. Estreptococos do grupo A e pneumococos apresentam um quadro de sensibilidade constante, não necessitando serem testados. O mesmo acontece com a *Neisseria gonorrhoeae* (sensível a doses adequadas de penicilina). Por outro lado, os estafilococos, as enterobactérias, os enterococos, os hemófilos e as pseudomonas precisam ser testados quanto à sensibilidade aos antibióticos e quimioterápicos. Essas bactérias sofrem forte pressão seletiva, iá que pela ação das drogas há o extermínio das bactérias sensíveis e crescimento das bactérias resistentes que estavam misturadas na população bacteriana. De grande importância também é a transmissão de resistência múltipla a antibióticos pelo fator RTF.

Não fazemos antibiograma de microrganismos saprófitas ou constituintes da flora normal.

RECOMENDAÇÕES PRELIMINARES

1. Devemos sempre fazer as provas de sensibilidade com culturas puras, pois a presença de outros germes pode resultar em grandes alterações na sensibilidade a um ou mais antibióticos.

2. Depois de estabelecidas as condições das provas, estas não podem ser alteradas, para que haja uma comparabilidade dos resultados obtidos. Alterações em meios de cultura, tempo de incubação, inoculo etc. só podem ser feitas após cuidadosos estudos.
3. Os meios de cultura empregados na prova devem garantir o melhor crescimento dos germes em estudo, mas não podem conter agentes que influam nas provas.
4. O inoculo deve ser padronizado e ser representativo da população bacteriana em estudo.

ESCOLHA DOS ANTIBIÓTICOS E DOS QUIMIOTERÁPICOS

A escolha dos antibióticos e quimioterápicos é de grande importância, devendo haver um constante relacionamento entre o laboratorista e os clínicos. Dentre os quase trinta antibióticos e igual número de quimioterápicos temos de escolher alguns para as provas de rotina. Quando surgem drogas mais eficazes, devemos incluí-las, em substituição às outras de menor eficácia.

Para germes isolados de certos materiais, é inútil a verificação da ação de certas drogas. Por exemplo, não devemos verificar a ação da furadantina sobre o pneumococo ou do ácido nalidíxico sobre o menigococo.

É útil a determinação de que antibióticos devem ser usados em cada tipo de material. Devemos tomar cuidado para não incluir no antibiograma drogas que não estejam à venda.

Várias drogas pertencem ao mesmo grupo de ação farmacológica e outras, mesmo com ação farmacologicamente distinta, comportam-se, *in vitro,* de modo semelhante sobre os microrganismos. Não se faz antibiograma de drogas associadas, com uma única exceção, hoje em dia, da verificação da suscetibilidade ao sulfametoxazol-trimetoprim. Não se faz a prova de sensibilidade de microrganismos à mandelamina (pelo método de discos), pois a ação antibacteriana dessa droga se deve à liberação de formaldeído em ambiente ácido e a prova dependeria muito da quantidade de ácido produzido no meio de cultura.

Para a rotina do laboratório clínico, recomendamos que as provas sejam feitas de acordo com o germe isolado (se Gram-positivo ou Gram-negativo) e de acordo com a procedência do material:

1) para todos os germes isolados, independentemente de propriedades tintoriais ou procedência, verificamos a suscetibilidade aos seguintes antibióticos ou quimioterápicos: sulfametoxazol-trimetoprim, ampicilina, tetraciclina, cloranfenicol, estreptomicina, carbenicilina, gentamicina, cefalosporina e novobiocina;
2) tratando-se de germes Gram-negativos (menos no caso de neisserias), acrescentamos colistina, sulfadiazina, neomicina e amicacina;
3) tratando-se de germes Gram-positivos (incluindo aqui as neisserias), acrescentamos eritromicina, penicilina, oxacilina e clindamicina;
4) toda vez que o microrganismo tiver sido isolado de urina ou de secreção uretral, acrescentamos a pesquisa de suscetibilidade ao ácido nalidíxico e à nitrofurantoína;
5) se o material de onde isolamos o germe for líquido cefalorraquidiano, além das drogas gerais do item 1, acrescentamos sulfadiazina, penicilina e oxacilina.

TÉCNICAS DE ANTIBIOGRAMA

Para a execução das técnicas de determinação da sensibilidade de microrganismos a antibióticos e quimioterápicos temos, em linhas gerais, os seguintes métodos: a) das diluições (em tubos ou em placas de ágar) e b) de difusão com discos impregnados com as drogas.

A escolha do método depende de vários fatores, sendo rapidez e simplicidade os atributos mais procurados em laboratório clínico. Frequentemente, mesmo antes de caracterizar completamente um determinado patógeno, fazemos o respectivo antibiograma e fornecemos esse resultado ao médico do paciente.

1) *Método das diluições em tubos.* Usamos meio de cultura líquido (caldo de Mueller-Hinton ou caldo de tripticase-soja para germes comuns e meio e tioglicolato para estreptococos anaeróbios, clostrídeos e outros germes anaeróbios; para hemófilos, acrescentamos 1% de sangue de coelho, desfibrinado).

Preparamos soluções concentradas das drogas a serem testadas (em geral com 1.000 unidades por mL) e as congelamos, em alíquotas de 5 mL. Para usar, descongelamos e diluímos 1:10, no próprio meio de cultura. O pH final deve estar entre 7,2 e 7,4. As drogas são obtidas das indústrias farmacêuticas como substância pura ou são usados produtos comerciais (produtos injetáveis). Geralmente, 1 unidade está contida em 1 micrograma, porém há exceções, como no caso da penicilina, onde, dependendo da potência, 0,6 micrograma equivale a 1 unidade. Sempre que se conseguir a substância pura, devemos ser informados da potência do antibiótico ou do quimioterápico por unidade de peso.

Para cada antibiótico ou quimioterápico, necessitamos de uma série de 12 tubos de 12mm, estéreis, contendo 0,5 mL do meio de cultura líquido (menos no 19 tubo). Nos tubos 1 e 2 pipetamos esterilmente 0,5 mL da solução de antibiótico contendo 100 microgramas por mL. Misturamos o conteúdo do tubo 2 e passamos esterilmente 0,5 mL para o tubo 3 e repetimos essa manobra ate' o tubo 11, trocando sempre a pipeta depois de cada diluição. Em seguida, pipetamos em todos os tubos 0,5 mL do inoculo (cultura de 24 horas, em caldo, com 10^5 a 10^6 bactérias por mL), menos no tubo 11. Misturamos bem e incubamos a 37°C durante 18 a 24 horas.

No dia seguinte, observamos o tubo 11 (controle de esterilidade do antibiótico, que deve estar límpido) e o tubo 12 (controle da cultura, que deve apresentar crescimento bacteriano, geralmente uma turvação). Desde que esses dois tubos assim estejam, observamos os outros. Se houver ação da droga sobre o microrganismo, os tubos iniciais estarão límpidos. O primeiro tubo que apresentar turvação ou outro indício de crescimento bacteriano (aglomerados etc.) demonstra que na concentração de antibiótico que corresponde a esse tubo não houve inibição do crescimento. Assim, o tubo anterior, ainda límpido, corresponde à mínima concentração de antibiótico que é inibidora para a determinada bactéria (usa-se a abreviatura CIM, concentração inibidora mínima). Se quisermos saber qual seria a concentração bactericida mínima (CBM), repicamos o líquido a cada um dos últimos três tubos límpidos, em meios sem antibiótico e vemos, após incubação de 24 horas, qual a concentração de antibiótico que tinha realmente sido letal para as bactérias.

Esse método é trabalhoso, mas é o padrão de todos os outros métodos de determinação de sensibilidade. Fornece dados precisos sobre a suscetibilidade de um determinado microrganismo. Recentemente, esse método fói adaptado para micro-técnica e já existem aparelhos para a determinação automática e simultânea de sensibilidade de uma bactéria a vários antibióticos. Recomenda-se, hoje em dia, que os laboratórios de análises executem o método de diluições em tubo, em paralelo com outros métodos, pelo menos eventualmente, como controle de qualidade.

2) *Método das diluições em placas de ágar.* Esse método incorpora as várias concentrações de antibiótico em placas diferentes de meio de cultura sólido, permitindo a pesquisa simultânea de vários microrganismos contra esse determinado antibiótico. Tem sido usado, com vantagem, em grandes hospitais que possuem mão-de-obra adequada. O meio de cultura usado é o ágar de Mueller-Hinton ou o meio de DST (para determinação da prova de sensibilidade, *determination of the sensitivity test).* O meio de cultura, previamente esterilizado, é novamente fundido, resfriado a 48°C e dividido em seis porções de 20 mL cada. A cada porção acrescentamos a droga em estudo em concentração crescente, de modo a termos, por exemplo, 1, 2,4, 8, 16 e 32 microgramas por mL de meio. Transferimos com assepsia cada porção para uma placa de Petri estéril e deixamos solidificar. Preparamos uma outra placa apenas com o meio de cultura, sem antibiótico. Semeamos nessas placas cerca de 6 a 8 culturas diferentes, marcando cada local com o número do exame em andamento e cada placa com a concentração do antibiótico e incubamos as placas de 18 a 24 horas, a 37°C. No dia seguinte, anotamos a concentração de antibiótico que inibiu cada uma das bactérias em estudo. A concentração de antibiótico nas placas está ao redor do nível sanguíneo que a droga atinge, num tratamento usual. O resultado é dado em termos de sensibilidade ou resistência e indica qual nível sanguíneo é eficiente. Como contraprova, aconselha-se que a cada dez provas de diluição em placa seja feita uma prova de diluições em tubos.

3) *Método da difusão com discos (de Bauer e Kirby).* É o método mais empregado em laboratório de análises clínicas. Baseia-se na inibição do crescimento de um microrganismo na superfície de um meio de cultura inoculado, ao redor de um disco de papel de filtro impregnado com uma droga. Só informa se um microrganismo é sensível ou resistente a um determinado antibiótico ou quimioterápico. É indispensável que esse método seja rigorosamente padronizado e, portanto, vamos, antes de tratar da técnica propriamente dita, especificar suas necessidades mínimas.

   a) *Meio de cultura:* usamos o meio de Mueller-Hinton ou o meio de DST, ambos sólidos. A composição do meio de cultura é de fundamental importância nesta prova. Meios de cultura comuns apresentam ácido paraminobenzóico, que é um constituinte geralmente presenie em peptonas e que compete com sulfamídicos, reduzindo sua ação nas provas. A presença de eletrólitos (Mg+ +) reduz a atividade de certos antibióticos (gentamicina). Concentrações de glicose menores de 0,5% reduzem a ação de vários antibióticos.

   Para bactérias mais exigentes acrescentamos sangue ao meio-base, podendo usar o meio como ágar-sangue ou como ágar-chocolate. O soro interfere com a novobiocina. Em anaerobiose, háinativação de alguns antibióticos (estreptomicina, neomicina).

   O pH do meio de cultura está entre 7,2 e 7,4. A quantidade do meio na placa é importante: deve estar distribuído em camada uniforme de 4 a 6 mm de espessura, em placas de fundo chato. As placas devem ter uma umidade que permita a pronta absorção do inoculo e a difusão da droga, podendo ser usadas 30 minutos depois de preparadas ou até no máximo após 5 dias, se conservadas em geladeira.

b) *Inóculo:* usamos sempre colônias isoladas e representativas da população em estudo. Não podemos fazer antibiograma com mais de um germe na mesma placa ou com o material colhido diretamente do paciente.

c) *Discos de antibiótico ou quimioterápico:*

   I. *Potência:* no passado, eram usados discos de três potências diferentes, para cada prova e para cada antibiótico (concentrações baixa, média e alta). Hoje, usamos apenas a alta concentração, pois esta corresponde ao maior nível sanguíneo atingido pela droga no decurso de um tratamento usual. De acordo com o padrão oficial do Centro Nacional de Análises de Antibióticos e de Insulina, da Divisão de Ciências Farmacêuticas da Food and Drug Administration, dos Estados Unidos da América do Norte, os discos de antibióticos ou quimioterápicos não podem conter mais do que 150% de seu valor declarado nem menos do que 67% desse valor.

   II. *Origem:* hoje, existem discos produzidos por firmas comerciais e controlados oficialmente pelas autoridades dos países produtores. São de grande utilidade, desde que guardados sob refrigeração, ao abrigo do ar e da luz e usados dentro do prazo de validade. Devemos tomar cuidado com discos gratuitos, de laboratórios inidôneos, que para forçar o uso de seus antibióticos ou quimioterápicos fornecem aos laboratórios de análises discos contendo enormes quantidades de drogas.

Para prepararmos os nossos próprios discos, temos de nos utilizar de um papel filtro sem produtos químicos prejudiciais e com boa qualidade de liberação da droga. Assim, primeiro temos de testar o papel. Uma vez aprovado, o papel é picotado com uma furadeira de papel, de escritório, e os pequenos discos são esterilizados em autoclave e depois secos em forno Pasteur, dentro de placas de Petri.

Medimos a quantidade de água que se embebe em cada disco (pesamos 100 discos secos e, depois de embebê-los os pesamos novamente). A diferença, dividida por 100, é a quantidade de líquido que cada disco embebe.

Fazemos uma solução da droga que contenha o número de unidades desejadas no volume que embebe cada disco. Embebemos os discos e os secamos a vácuo. Guardamos os estoques a 20°C abaixo de zero, mas sempre fazemos pequenos estoques, para que haja frequente renovação. Isso é particularmente importante para a penicilina. Os discos em uso são guardados a 4°C.

Leitura da prova: a leitura da prova é a parte mais discutida e também a que é menos controlada. Sabe-se hoje que estão errados aqueles que julgavam que a presença de um halo de inibição sempre indicava sensibilidade e a ausência desse halo indicava resistência. É necessário que o halo de inibição ultrapasse um certo diâmetro, variável para cada antibiótico, pois, em determinados casos, a concentração de antibiótico imediatamente ao redor dos discos pode ser muitas vezes maior do que a concentração do disco original.

Está definitivamente contra-indicado, também, que se forneçam os resultados das provas comparando os halos de inibição dos diferentes antibióticos, dando à prova um caráter quantitativo (resultado em cruzes de sensibilidade). O coeficiente de difusão de cada droga varia é os diâmetros dos halos também variam. Assim, uma bactéria pode ser igualmente sensível a um antibiótico que determina o aparecimento de um amplo halo e a outro cujo halo é várias vezes menor.

Dos vários métodos de difusão com discos, o de Kirby e Bauer está, cada vez mais, se tornando o método de escolha, pois emprega os requisitos vistos acima. A zona de inibição depende da ação da droga sobre a bactéria e também da difusibilidade da droga no meio de cultura. Não há zonas de inibição determinadas acima das quais todos os microrganismos, por exemplo, são suscetíveis a um dado antibiótico e abaixo da qual todos os microrganismos são resistentes. A zona que indica suscetibilidade ou resistência deve ser determinada para cada antibiótico contra cada classe de microrganismo. A concentração de cada disco é escolhida de modo a separar facilmente os germes suscetíveis dos resistentes.

MÉTODO DE KIRBYE BAUER

1. Repicar 4 a 5 colônias da bactéria em estudo em caldo triptose-fosfato ou caldo triptose-soja;
2. incubar durante 2 a 5 horas, para produzir uma suspensão bacteriana de turvação moderada. Se for necessário, padronizar contra um padrão de turvação (0,5 mL de Cl_2Ba 0,048M em 99,5 mL de H_2SO_4 0,36N) preparado mensalmente e diluindo a cultura com solução fisiológica ou água destilada estéreis, se necessário;
3. introduzir um *swab* estéril na suspensão bacteriana, remover o excesso de líquido apertando o *swab* na parede do tubo e semear a placa em toda sua superfície, passando o *swab,* em estrias uniformes, em três direções. Se a placa ficar muito úmida, esperar 30 minutos;

Tabela de interpretação dos halos de inibição

Antibiótico ou quimioterápico	*Potência do disco*	*Diâmetro do halo, em milímetros*		
		Sensível *(... ou mais)*	*intermediário*	*resistente* *(...ou menos)*
Ácido nalidíxico	30 μg	19	13-18	13
Amicacina	30 μg	17	15-16	14
Ampicilina	10 μg			
p/estafilococos e germes sensíveis à penicilina		29	21-28	20
p/Gram-negativos e enterococos		14	12-13	11
p/hemófilos			–	19
Carbenicilina				
p/Proteus sp. e *Escherichia coli*	100 μg	23	18-22	17
p/Pseudomonas	100 μg	17	14-16	13
Cefamandol	30 μg	18	15-17	14
Cefoxitina	30 μg	18	15-17	14
Cefalotina	30 μg	18	15-17	14
Cloranfenicol	30 μg	18	13-17	12
Clindamicina	2 μg	17	15-16	14
Colistina	10 μg	11	9-10	8
Eritromicina	15 μg	18	14-17	13
Estreptomicina	10 μg	15	12-14	11
Gentamicina	10 μg	15	13-14	12
Kanamiçina	30 μg	18	14-17	13
Meticilina p/estafilococos)	5 μg	14	10-13	9
Neomicina	30 μg	17	13-16	12
Novobiocina	30 μg	22	18-21	17
Nitrofurantoína	300 μg	17	15-16	14
Oxacilina	1 μg	13	11-12	10
Penicilina G				
p/estafilococos	10 U	29	21-28	20
p/outros germes	10 U	22	12-21	11
Polimixina B	300 U	12	9-11	8
Sulfametoxazoltrimetoprim*	25 μg	16	11-15	10
Sulfamidas	300 μg	17	13-16	12
Tetraciclina	30 μg	19	15-18	14
Tobramicina	10 μg	15	13-14	12
Vancomicina	30 μg	12	10-11	9

4. colocar os discos de antibiótico (no máximo 8 discos numa placa de Petri de 10 cm), com auxílio de uma pinça estéril. Essa manobra pode ser facilitada com o uso de dispositivos de distribuição simultânea, fabricados por algumas firmas (Difco, BBL). De qualquer modo, após a colocação dos discos na placa, devemos pressioná-los levemente, com uma pinça estéril, para que entrem em firme contato com a superfície do meio de cultura. (Os discos comerciais sao de fácil identificação, pois têm as iniciais do antibiótico impressas, e mesmo se usamos discos feitos no próprio laboratório devemos

colocar os discos de acordo com um gabarito que é colocado embaixo da placa e onde se vêem as posições de cada disco, por transparência, ou então marcamos o fundo da placa com lápis dermatográfico no local de cada disco a ser colocado.) Colocamos os discos de vancomicina (se forem usados) e de colistina no centro da placa, pois produzem halos pequenos:

5. incubamos as placas a 37°C durante 16 a 18 horas;
6. lemos os halos de inibição medindo-os com íegua ou paquímetro, pelo fundo da placa. Se a prova for feita em meio de ágar-chocolate, temos de medir os halos logo acima da superfície do meio de cultura, sem contudo encostar o paquímetro ou a régua na cultura. As medidas obtidas são comparadas com as da Tabela a seguir, para se determinar a sensibilidade do germe frente às drogas empregadas.

Correspondência de antibióticos, na prova de Kirby e Bauer e outras observações relativas à tabela de halos de inibição

1. Usamos discos de ampicilina para medir sensibilidade também à hetacilina e amoxicilina.
2. Estafilococos com halos intermediários, à ampicilina são suspeitos de produzirem penicilinase.
3. Usamos discos de cefalotina para medir sensibilidade também à cefaloridina, cefalexina, cefazolin, cefacetril, cefradina e cefaprina.
4. Colistina e polimixina B difundem-se mal no ágar e portanto a precisão do teste é menor do que a existente com outros antibióticos.
5. A meticilina e a oxacilina são usadas para medir a sensibilidade também das outras penicilinas resistentes à penicilinase (cloxacilina, e dicloxacilina, e nafcilina).
6. Usamos discos de penicilina G para medir a sensibilidade também à fenoximetilpenicilina e à feniticilina.
7. O disco de tetraciclina é usado para todas as tetraciclinas.
8. Cepas de *Neisseria meningitidis* sensíveis a sulfonamidas apresentam halo de inibição maior de 35 mm.
9. Nitrofurantoína e ácido nalidíxico são usados para testar germes isolados do trato urinário.

Observações sobre a leitura dos halos de inibição

1. No caso de sulfamidas os microrganismos passam várias gerações sem ser atingidos pela droga e, portanto, uma zona de crescimento ligeiro (inibição de 80% ou mais) não é levada em conta. O limite da zona é o de crescimento abundante.
2. No caso de antibiograma de *Proteus,* devemos ignorar o véu porventura existente na zona de inibição.
3. No caso de cefalosporina e de ampicilina eventualmente encontramos um anel de colônias esparsas dentro da zona de inibição, o que é um fenômeno constante com o gênero *Serratia.* Com outros microrganismos devemos verificar a pureza do inóculo e repetir a prova, se necessário. Se o inóculo estiver puro, o aparecimento dessas colônias esparsas se deve à seleção de raças resistentes.

25

Autovacinas

Antigamente pensava-se que um germe isolado de um determinado local do nosso organismo tinha propriedades diferentes do que o mesmo germe isolado de outro local. Acreditava-se que toda bactéria poderia ser utilizada no preparo de autovacina que iria proteger o paciente contra ela e daí o grande uso, naquela época, das autovacinas.

Hoje, sabemos que não importa o local de onde um germe tenha sido isolado, e nossos conhecimentos sobre o real papel dos antígenos bacterianos na patogênese das infecções vieram limitar a necessidade do preparo de autovacinas. Dos muitos antígenos de uma dada bactéria, poucos são os que interferem diretamente em sua patogenicidade e cujos anticorpos correspondentes são de natureza protetora. Sabemos, por exemplo, que são os polissacarídeos capsulares dos pneumococos que influem em sua patogenicidade, dificultando a fagocitose e induzindo a formação de anticorpos específicos. Para uma imunização contra um determinado tipo de pneumococo, portanto, necessitamos preparar uma suspensão de pneumococos encapsulados, desse tipo imunológico, o que, em laboratório clínico, é praticamente impossível, uma vez que nas condições de cultura normalmente empregadas o pneumococo perde facilmente a cápsula e uma vacina com ele preparada não teria efeito protetor. Outro exemplo é dado pelas bactérias Gram-negativas, que hoje sabemos não ser eficientemente bloqueadas por anticorpos e cujas autovacinas, contendo um alto teor de pirogênio (proveniente das próprias bactérias), devem ser contra-indicadas.

Também contra-indicada é a vacina contra estreptococo hemolítico do grupo A, pois não é lícito "imunizar", isto é, sensibilizar um paciente contra esse germe e, certamente, favorecer o aparecimento futuro de uma glomerulonefrite ou uma febre reumática.

Na realidade, o único germe contra o qual ainda se justifica o preparo de uma autovacina é o *Staphylococcus aureus*. Há quem recomende autovacina, por exemplo, da flora da garganta, no intuito de tratar de pacientes alérgicos. A cultura de material de garganta, mesmo se feita em meios ricos e não impedientes, só vai possibilitar o cultivo de uma parte da flora e nada garante que germes patogênicos ou saprófitas de difícil cultivo como hemófilos, meningococos, borélias, esporulados e outros não sejam os causadores da suposta alergia.

Apesar desses conhecimentos, o laboratório de análises é ainda solicitado a preparar autovacinas contra vários agentes, mas no relatório devemos acrescentar a seguinte frase: "Esta vacina foi preparada de acordo com pedido expresso do médico-assistente e deverá ser usada exclusivamente sob sua supervisão."

Técnica de preparo de uma autovacina

PREPARO DA SUSPENSÃO BACTERIANA

a) Obtemos uma cultura pura de bactérias e a inoculamos em meio apropriado (sólido ou líquido). Incubamos a 37°C durante 18 a 48 horas;
b) se o meio de cultura for sólido,adicionamos ao tubo ou frasco com bactéria plenamente desenvolvida um pequeno volume de solução fisiológica estéril e suspendemos os germes com auxílio de alça de platina ou com pérolas de vidro, estéries, e transferimos o sobrenadante para um tubo de centrifugação. Se o meio for líquido, transferimos diretamente para um tubo de centrifugação. Centrifugamos, desprezamos o sobrenadante e lavamos o sedimento por meio de três centrifugações em solução fisiológica estéril contendo mertiolato a 1:5.000;

c) padronizamos a suspensão na concentração desejada (geralmente o padrão da escala de Mac Farland);
d) com uma pipeta estéril transferimos a suspensão para o fundo de um tubo estéril de 20 mm, com o cuidado de não encostar a pipeta nas bordas do tubo.

INATIVAÇÃODA VACINA

A inativação da vacina pode ser feita pelo calor ou pela ação do iodo.

a) Para a inativação pelo calor, aquecemos o tubo com a suspensão em banho-maria a 60°C, durante 1 hora;
b) para inativar pelo iodo, juntamos 3 gotas de lugol (iodo 2 g, iodeto de potássio 4 g e água destilada q.s.p. 100 mL) ao tubo com a suspensão bacteriana, homogeneizamos e colocamos em estufa durante 24 horas. Em seguida clarificamos com 1 a 3 gotas de hipossulfito de sódio (solução saturada).

PROVAS DE ESTERILIDADE

a) Fazemos provas de esterilidade, semeando um tubo de caldo tripticase-soja e um tubo de tioglicolato. A prova de esterilidade tem a duração de dez dias, de acordo com as exigências da farmacopeia brasileira, devido à possibilidade do desenvolvimento de germes esporulados, anaeróbios, transferidos mecanicamente do material clínico original;
b) enquanto a prova de esterilidade se desenvolve, guardamos a vacina a 40°C;
c) se a prova revelar contaminação, reinativamos a vacina por mais 60 minutos a 60°C e repetimos a prova; se a autovacina estiver estéril, a distribuímos (15 mL) em um frasco-ampola de 20 mL de capacidade, tampamos com rolha de borracha perfurável e fechamos com selo de alumínio.

ROTULAGEM E INSTRUÇÕES

Rotulamos a vacina com o nome do paciente, o número do exame e damos, à parte, as instruções para o uso: “a não ser que o médico-assistente determine o contrário, a autovacina deve ser aplicada em duas doses intradérmicas de 0,1 e 0,2 mL com 4 dias de intervalo. Não havendo reação, devem ser aplicadas três doses por via subcutânea, de 03, 0,4 e 0,5 mL, com o mesmo intervalo de tempo. Não havendo reação, aplicamos 1 mL por dose, também de quatro em quatro dias, até o término do frasco-ampola.”

26

A Bacteriologia de Anaeróbios em Laboratório de Análises Clínicas

Considerações Gerais

Pequenos laboratórios de microbiologia clínica, com um mínimo de equipamento, podem se desincumbir hoje, satisfatoriamente, da responsabilidade de detectar a maioria dos anaeróbios de interesse clínico e fornecer aos médicos assistentes as informações suficientes para a terapêutica apropriada.

A vontade firme de executar isolamentos e identificações de germes anaeróbios é de muito maior importância do que a aquisição de uma aparelhagem sofisticada. As técnicas têm de ser seguidas com o máximo cuidado. O sucesso depende da cuidadosa atenção a ser despendida com pequenos detalhes, por mais exaustivos que sejam.

Dentre os germes anaeróbios de interesse clínico, existem espécies tão exigentes que se tornam incapazes de crescer após uma breve exposição ao ar.

De início, temos de definir, do ponto de vista prático, o que sejam germes que só crescem em tensão reduzida de oxigênio, sendo inibidos em meios sólidos cultivados em atmosfera de 10% de CO_2, pois essa atmosfera contém 18% de oxigênio.

Outro fator que determina a capacidade de crescimento dos anaeróbios é o potencial de oxidação-redução (Eh). Em Eh bem baixo, alguns germes anaeróbios (chamados de anaeróbios facultativos) podem crescer em presença de concentrações de oxigênio que seriam inibitórias.

Verificou-se que a maior parte dos germes que habitam nosso organismo é anaeróbia. Para exemplificar, cita-se que na boca, na vagina e nas glândulas sebáceas da pele há 10 germes anaeróbios estritos para 1 facultativo e que no intestino há 1.000 para 1. Dependendo das condições nutritivas e do Eh da área invadida por germes anaeróbios da flora normal, estes podem vir a causar infecções. A maioria das infecções causadas por germes anaeróbios envolve misturas de vários germes anaeróbios estritos e facultativos. Um pequeno número de infecções apresenta exclusivamente germes anaeróbios estritos. Raramente, verifica-se a presença de uma única espécie de anaeróbio causando uma infecção.

Felizmente, os germes que mais interessam ao microbiologista clínico estão entre os germes anaeróbios menos exigentes e podem assim ser isolados no laboratório clínico. Por exemplo, o germe que mais frequentemente é isolado de casos clínicos é o *Bacteroides fragilis,* que, apesar de seu nome de espécie, é bem resistente, sendo o anaeróbio não esporulado mais fácil de ser isolado.

Considerações clínicas

Em condições normais, o alto Eh dos tecidos (de aproximadamente 120 mV) inibe a multiplicação de germes anaeróbios que neles penetram. A lesão dos tecidos e a necrose levam a uma redução do Eh, o que permite a proliferação dos anaeróbios. Os fatores predisponentes comuns são os ferimentos acidentais ou cirúrgicos, os tumores (necrose por pressão), arteriosclerose, imunodepressões, alcoolismo (aspiração de material orofaringea-no) e antibioticoterapia que poupa anaeróbios (kanamicina, gentamicina).

Podem ocorrer infecções por germes anaeróbios em qualquer órgão ou tecido de nosso organismo. Os sinais clínicos e achados bacteriológicos abaixo sugerem a possibilidade de uma infecção por anaeróbio:

a) *Sinais clínicos:* (1) corrimento fétido; (2) tecido necrosado, gangrena, formação de pseudomembrana; (3) infecção próxima à mucosa; (4) gás nos tecidos ou nas secreções; (5) endocardite com hemoculturas negativas para germes aeróbios; (6) infecção associada a processos tumorais ou a outros processos que produzem destruição de tecidos; (7) tromboflebite séptica; (8) infecção após mordidas humanas ou de animais.

b) *achados bacteriológicos:* (1) morfologia típica, pela coloração de Gram, especialmente no caso de bacilos esporulados; (2) microrganismos obserbados em exame bacterioscópico mas que não se desenvolvem em meios para aeróbios, sendo que para isto não basta a observação de não terem crescido em meio de tioglicolato; (3) crescimento na profundidade do meio de cultura sólido; (4) crescimento em anaerobiose em meios contendo kanamicina, neomicina, ou paramomicina ou vancomicina, no caso de bacilos Gram-negativos; (5) mau cheiro na cultura; (6) crescimento de colônias características em placas cultivadas em anaerobiose.

Frequência de isolamentos de anaeróbios a partir de materiais clínicos

Antes da metada da década de 60, as infecções humanas mais comumente reconhecidas, causadas por anaeróbios, tinham os *Clostridium* como agente etiológico. Desde então, o aperfeiçoamento dos métodos demonstrou a predominância de espécies não esporuladas, especialmente Gram negativa. Na realidade, com exceção de *Clostridium perfringens,* os outros esporulados anaeróbios são raros em material proveniente de clientes.

A Sociedade Americana de Microbiologia, baseada em dados de vários laboratórios, apresentou em 1977 a seguinte incidência de isolamento de anaeróbios:

1) bacilos Gram-negativos (3345%)
   Bacteroides fragilis 12-21%, B. melaninogenicus 6-10% e *Fusobacterium nucleatum* 2-3%
2) cocos Gram-positivos (20-27%)
   Peptococcus asaccharolyticus 9-10%, *Peptostreptococcus anaerobius* 8-9% e *Streptococcus intermedius* 4-5%
3) bacilos Gram-negativos não esporulados (15-25%).
   Propionibacterium acnes 5-20%, *Eubacterium lentum* 3-5%†
4) bacilos Gram-positivos esporulados (6-15%)
   Clostridium perfringens 5-9%
5) cocos Gram-negativos (1-3%).

Recomendações básicas

COLHEITA DE AMOSTRAS

É fundamental que as amostras sejam apropriadamente colhidas. O exame de amostras mal colhidas representa perda de tempo e fornece resultados enganadores, que certamente irão desinformar o clínico.

Amostras que com quase toda certeza contêm uma flora anaeróbia normal ou transitória não devem ser usadas para a cultura de anaeróbios. Entre essas, estão (1) *swabs* de material de garganta ou do orofaringe; (2) escarro e amostras colhidas em broncoscopia; (3) fezes e *swabs* retais; (4) urina colhida normalmente ou por meio de sonda; (5) *swabs* vaginais ou retais; (6) amostras obviamente contaminadas com conteúdo vaginal e (7) amostras coletadas de ferimentos superficiais.

Como veremos adiante, amostras recebidas em tubos tamponados com algodão não podem ser usadas para a cultura de germes anaeróbios.

Sempre que possível, as amostras devem ser retiradas por meio de seringa e agulha estéreis, descartáveis, após uma rigorosa assepsia do local. Dessa maneira são colhidas amostras (em hospital, por médico especialista) de abscessos profundos ou de líquido de empiema, de abscessos pélvicos (por aspiração através da parede posterior da vagina), de sinusites, de abscessos pulmonares ou mesmo amostras de urina (através de punção suprapúbica).

TRANSPORTE E CONSERVAÇÃO DAS AMOSTRAS

Muitos anaeróbios morrem pela exposição das amostras ou das culturas ao O_2. Para algumas espécies poucos segundos de exposição ao oxigênio são suficientes para matá-las. Devido a isso, são necessários métodos especiais de transporte para que as amostras continuem viáveis entre o momento da colheita e o da semeadura, no laboratório.

O isolamento de *Clostridium perfringens* e de *Bacteroides fragilis* não representa uma adequação no processo de transporte, uma vez que esses microrganismos são tolerantes ao oxigênio e podem ser isolados de materiais onde germes mais exigentes tinham sido mortos pelo oxigênio.

Materiais colhidos por aspiração devem ser transportados ao laboratório na própria seringa, onde o ar é completamente expelido e é colocada uma rolha de borracha, espetada na agulha. Isso é recomendado, desde que o material chegue ao laboratório dentro de 30 minutos, uma vez que depois desse tempo o material fica imprestável pela gradual difusão de ar através do plástico da seringa.

Se houver uma quantidade suficiente de material, este deve ser colocado em um pequeno tubo, até a boca e fechado por meio de uma tampa de rosca.

O método preferido, no entanto, é o de injetar o material num frasco ou tubo cujo ar tinha sido

previamente removido por fluxo de CO_2 isento de traços de O_2.

Se for necessário o uso de *swabs,* os mesmos devem ser especialmente preparados e colocados em tubos fechados com tampa de rosca e cheios de CO_2 isento de O_2. Devem ser colhidos pelo menos dois *swabs* de cada material.

As amostras devem ser enviadas o quanto antes ao laboratório, à temperatura ambiente.

EXAME BACTERIOSCÓPICO

Material retirado do frasco, com seringa, ou proveniente de um dos *swabs* colhidos do paciente é utilizado para a preparação de esfregaços e coloração de Gram. É muito importante que esse exame seja feito o mais rapidamente possível. Como em geral os anaeróbios levam 48 horas para desenvolver colônias, um exame bacterioscópico que apresenta germes que não foram cultivados nos meios comuns, aeróbicos, pode dar uma imediata indicação, de utilidade pára o médico assistente, de que provavelmente se trata de uma infecção por germes anaeróbios. A escolha dos meios apropriados, também, é uma resultante do exame bacterioscópico.

O aspecto dos germes anaeróbios, ao exame bacterioscópico do material clínico, apresenta algumas características gerais: (1) bacilos pálidos Gram-negativos, com coloração mal distribuída, bastonetes Gram-negativos pleomórficos com terminais arredondados e coloração bipolar são característicos de *Bacteroides fragilis;* com forma filamentosa ou com terminais cônicas, provavelmente são *Fusobacterium* sp.; (2) bastonetes grossos, Gram-positivos, geralmente sem esporos visíveis, são típicos de *Clostridium perfringens.* Outros clostrídios são semelhantes mas esporulam mais facilmente. Outros clostrídios são mais raros, se apresentam como bastonetes finos, delicados, frequentemente sem esporos, pouco Gram-positivos ou mesmo Gram-negativos; (3) bacilos finos, pleomórficos, Gram-positivos, em cadeias curtas e apresentando ocasionais formas bifurcadas são provavelmente *Actinomyces* sp.

A morfologia dos cocos anaeróbios é muito variada e não pode sugerir a presença de germe anaeróbio.

SELEÇÃO DE MEIOS DE CULTURA

As amostras clínicas, para isolamento de germes anaeróbios, devem ser inoculadas pelo menos nos seguintes meios, além dos usualmente utilizados no diagnóstico de infecções causadas por germes aeróbios:

Uma biplaca plástica, descartável, contendo de um lado um meio de ágar-sangue enriquecido e do outro lado um meio de ágar-sangue lisado, contendo kanamicina e vancomicina.

Agar-sangue enriquecido: meio de ágar-sangue com base de ágar-cérebro e coração, com 0,5% de extrato de levedura, 10 ug de vitamina K e 5 µg de hemina por mL.

Ágar-sangue lisado, com kanamicina e vancomicina (ASLKV) meio de ágar-sangue com base de ágar-cérebro e coração com sangue hemolisado por repetidos congelamentos e descongelamentos adicionado de 100 µg/mL de kanamicina e de 7,5 µg de vancomicina por mL.

Meio de tioglicolato, enriquecido: além da biplaca, usamos também um tubo fechado com rosca contendo meio de tioglicolato líquido, suplementando com 5 µg/mL de hemina e 0,1 *µg/mL* de vitamina K e com 10% de soro de animal.

O uso desses meios de cultura é especialmente recomendado para laboratórios de análises clínicas. Outras técnicas, apesar de melhores, como a dos tubos rolantes, somente são factíveis em laboratórios mais especializados.

O *Bacillus melaninogenicus,* que é o segundo anaeróbio de importância em laboratório de análises clínicas, cresce mais rapidamente, produz pigmentação mais rápida e mais intensa e apresenta fluorescência em vermelho quando expostos à luz ultravioleta se tiver sido cultivado em meio de ágar-sangue lisado contendo kanamicina e vancomicina e menos intensamente quando cultivado em ágar-sangue enriquecido.

Meio de ágar gema de ovo: à base de ágar-cérebro e coração, adicionar 100 *µg/mL* de neomicina, antes de autoclavar. Resfriar e juntar uma gema de ovo bem homogeneizada para cada 500 mL de base de ágar.

ESTOCAGEM DOS MEIOS DE CULTURA

Os meios sólidos para bacteriologia de anaeróbios devem ser guardados na geladeira, a 4°C, envolvidos em saco plástico à prova de oxigênio, até o máximo de duas semanas. Alguns laboratoristas, antes de usá-los, colocam as placas em anaerobiose por 24 a 48 horas antes de serem inoculados, mas essa exigência ainda não foi definitivamente comprovada.

Os tubos de caldo tioglicolato com suplementos são mantidos à temperatura ambiente. Antes de serem usados devemos afrouxar a rosca e mantê-los em banho-maria fervente durante 10 minutos, para eliminar o O_2 dissolvido. Imediatamente após a fervura são resfriados em banho de gelo e suas tampas são fortemente rosqueadas. Se sobrarem tubos sem serem usados, devem ser desprezados.

Antes de inocular os tubos com meio de tioglicolato com suplementos devemos juntar bicarbonato de sódio na concentração final de 1 mg/mL, pipetando o mesmo no fundo do tubo, sem permitir a entrada de ar. Em seguida, acrescentamos 10% (vol/vol) de soro de animal, para completar o meio.

INOCULAÇÃO E INCUBAÇÃO DOS MEIOS

Quando o material é colhido por meio de seringa, injetamos cerca de 1 mL no fundo do tubo de tioglicolato com suplementos e soro e 1 a 2 gotas em cada meio de biplaca.

Se o material for colhido por 1 *swab,* devemos rolá-lo na superfície da placa ou, se for no tioglicolato, devemos imergi-lo, rolando várias vezes no tubo.

Para plaquear nos meios sólidos, devemos usar uma verdadeira alça de platina, grossa, e não de níquel-cromo.

Se o exame bacteriológico tivesse sido sugestivo de *Clostridium perfringens,* deveríamos usar também o meio de ágar-gema de ovo, para sua rápida identificação.

Uma vez inoculados, os meios sólidos devem ser imediatamente colocados numa jarra GasPak (Bioquest Division, Becton, Dickinson &Co), ativa-se o envelope GasPak e fecha-se a jarra.

Quando é grande a demanda de exames para germes anaeróbios, devemos ir acumulando as placas durante até um máximo de 4 horas, numa jarra com CO_2 livre de O_2 antes de colocá-las definitivamente na jarra GasPak. Cada vez que acrescentamos uma nova placa na jarra de CO_2 devemos insuflar 3 minutos de CO_2 num fluxo de 1 L/min., antes de transferi-las para a jarra GasPak.

Incubamos as placas entre 35 e 36°C durante 48 horas, sem abrir a jarra. Isso nos leva a uma perda na rapidez quando se trata de isolar germes de crescimento rápido, como *Clostridium perfringens* e *Bacteroides fragilis,* mas desse modo temos a oportunidade de obter três vezes mais isolamentos do que se abríssemos as placas após 48 horas e as reincubássemos novamente.

Recentemente foram lançados à venda, nos Estados Unidos da América, envelopes plásticos com placas individuais e a anaerobiose é feita juntando uma solução de sulfato de cobre acidificado a uma porção de palha de aço. Com isso fica contornado o problema de se esperar 48 horas para o exame de todas as placas.

EXAME DAS CULTURAS

Após 24 horas devemos examinar as culturas em aerobiose, proceder a rotina comum para a identificação desses germes e incubar as placas por mais 24 horas.

Se houve crescimento no tubo de tiglicolato, fazemos um exame bacterioscópico e se a suspeita for de *Clostridium perfringens,* devemos repicar o germe em placa de ágar-gema de ovo, para a pesquisa de lecitinase.

Após 48 horas, abrir a jarra, retirar placa por placa, examinando-a inclusive em microscópio e à luz ultravioleta (366 nm). Um crescimento na placa de ágar-sangue lisado, com kanamicina e vancomicina, indica a presença de bacilo Gram-negativo anaeróbio. Colônias pequenas, negras ou sem pigmentação, fluorescentes quando expostas à luz ultravioleta (em vermelho), são de *Bacteroides melaninogenicus.*

Se houve crescimento em aerobiose e anaerobiose, tratam-se de germes aeróbios ou facultativos. Temos de examinar os tipos das colónias (que podem ser diferentes nos diferentes meios usados) e, com o tempo, aprender a diferenciar colônias de anaeróbios de colônias de germes facultativos como *Escherichia coli, Proteus* e estafilococos.

Cada tipo de colônia de anaeróbio da placa é anotado, descrevendo-se sua morfologia, capacidade hemolítica, pigmentação e fluorescência e deve ser subcultivado tanto em aerobiose como em anaerobiose. Essas subculturas são feitas em uma placa (com várias colônias subcultivadas, em aerobiose) e em outra placa, também com várias subculturas, em anaerobiose.

É fundamental que se subcultive tanto em aero como anaerobiose a partir de uma determinada colónia. Nunca devemos usar 2 ou mais colônias "idênticas" como um único inoculo. Os sub-cultivos são incubados durante 24 horas.

No caso de o tubo de tiglicolato apresentar crescimento bacteriano, fazemos um exame bacterioscópico pela coloração de Gram e fazemos subculturas em aero e anaerobiose se as placas primárias não apresentarem crescimento bacteriano ou se formas observadas no exame bacterioscópico forem diferentes das bactérias isoladas nas placas.

Todas as placas primárias e o tubo de tioglicolato são incubados por mais 3 dias. Alguns laboratórios só desprezam as placas e o tubo após 7 dias da semeadura inicial.

EXAME DAS SUBCULTURAS

Após 24 horas de incubação, deve ser confirmada a pureza e anotado o crescimento. Se o crescimento for só em anaerobiose, trata-se de anaeróbio estrito. Devemos tomar cuidado com algumas estirpes de

Haemophilus, que apresentam esse comportamento em placas de ágar-sangue, pela ausência do fator V. Se houver suspeita da presença desse germe, semeamos em ágar-chocolate e incubamos em atmosfera de 3 a 10% de CO_2, onde vai haver crescimento. Se o germe em estudo crescer tanto em aero como em anaerobiose, trata-se de um germe facultativo. Se crescer bem em anaerobiose e crescer mal em aerobiose dizemos que se trata de um germe aerotolerante (o que pode acontecer com alguns clostrídeos).

Exceto para certas estirpes, de crescimento rápido, geralmente demora 4 dias para se saber se um germe é anaeróbio estrito ou anaeróbio aerotolerante.

DIAGNÓSTICO FINAL DOS GERMES ANAERÓBIOS

O diagnóstico final dos germes anaeróbios se baseia em suas características morfológicas, tintoriais, perfis cromatográficos (que não são muito elucidativos e ale'm de complexos, por poderem variar de cepa para cepa) e pelas provas bioquímicas. As principais provas bioquímicas usadas em bacteriologia de anaeróbios são (1) a da fermentação de glicose, lactose, maltose, sacarose, frutose e celobiose; (2) hidrólise da esculina; (3) liquefacão da gelatina; (4) produção do indol; (5) redução de nitrato a nitrito e (6) efeito do Tween-80 no crescimento.

Essas provas demandam um trabalho muito grande do laboratório clínico, alem de consumirem muito tempo, meios de cultura e mão-de-obra especializada. Felizmente, existe um modo de se apressar a detecção da maioria dos anaeróbios de interesse clínico. Trata-se da "Identificação rápida de anaeróbios", que passaremos a analisar em seguida e que pode identificar até 87% dos anaeróbios isolados em laboratórios de análises. Os demais germes devem ser relatados pelas suas propriedades observadas e enviados a centros de referência, para maiores estudos.

IDENTIFICAÇÃO RÁPIDA DE ANAERÓBIOS

Bacilos anaeróbios Gram-negativos não esporulados

O *Bacteroides fragilis* pode ser identificado com um alto grau de certeza 24 horas após semeado. Isso tem uma grande importância terapêutica, pois, ao contrário da maioria dos anaeróbios, ele é resistente à penicilina. A identificação rápida está na capacidade do *B. fragilis* crescer bem em meio contendo uma alta concentração de bile, podendo ser por ela até mesmo estimulado. Se ao exame bacterioscópico direto do material clínico observamos a presença de bastonetes Gram-negativos com terminais arredondados e coloração bipolar, há suspeita de ser *B. fragilis.* Nesse caso, além dos meios usuais devemos usar um tubo de tioglicolato também suplementado, mas contendo ainda mais 2% de bile de boi dessecada e 0,1% de desoxicolato de sódio. O *B. fragilis* não é inibido pela bile, crescendo tanto no tioglicolato comum como no tioglicolato com bile.

O *Bacteroides melaninogenicus* cresce melhor em meio com ágar-sangue lisado, produzindo colônias pigmentadas que fluorescem em vermelho pela luz ultravioleta.

O *Fusobacterium nucleatum* produz colônias pequenas, iridescentes, com aspecto de vidro moído e que esverdecem após 15 minutos de exposição ao ar, sendo inibido pela bile.

Bacilos anaeróbios Gram-positivos, esporulados

O *clostridium perfringens* produz em ágar-sangue uma dupla zona de hemólise ao redor das colônias e apresenta a reação de Nagler positiva (inibição de precipitação ao redor do crescimento em ágar-gema de ovo quando se aplica uma antitoxina anti-perfringens).

Quando houver suspeita clínica de se tratar de *Clostridium perfringens,* semeamos outra biplaca (ágar-sangue e ágar-sangue lisado), para ser aberta em 24 horas e uma placa (outra biplaca) contendo ágar gema de ovo nos dois lados e toxina anti-perfringens apenas num dos lados.

Eventualmente, outros clostrídeos precipitam o ágar-gema de ovo e essa precipitação é impedida pela antitoxina, mas as outras propriedades morfológicas e hemolíticas são diferentes das do *C. perfringens.*

A presença de *C. perfringens* não estabelece o diagnóstico da infecção, e sua ausência não exclui um diagnóstico de mionecrose ou endocardite por clostrídeos.

Os outros clostrídeos devem ser relatados como *Clostridium* sp., não *perfringens,* e enviados a um laboratório de referência.

Cocos anaeróbios Gram-positivos

Os *Peptococcus* são geralmente encontrados em grupos e os *Peptostreptococcus* são encontrados em cadeias curtas ou longas. Ambos são facilmente descorados e se apresentam predominantemente como se fossem Gram-positivos.

O *Peptostreptococcus anaeróbias* é mais suscetível ao anticoagulante SPS (polianetol sulfonato de sódio), atualmente usado para hemoculturas, do que todos os outros germes.

O *Peptococcus asaccharolyticus é* indol positivo, o que o distingue da maioria dos outros cocos anaeróbios Gram-positivos.

Bacilos Gram-positivos anaeróbios

Com exceção de *Propionibacterium acnes, é* complicada a determinação das outras espécies. O

P. acnes é catalase positivo e indol positivo. Para a prova de catalase o germe tem de ser cultivado em meio sem sangue, como o ágar gema de ovo. Em geral é germe contaminante, mas lidera os isolamentos de casos de infecções cardiovasculares pós-cirúrgicas.

Cocos anaeróbios Gram-negativos

Esses cocos compreendem o gênero *Veillonella* e sua identificação escapa das possibilidades de um laboratório de análises clínicas. No resultado deve apenas constar "presença de cocos Gram-negativos anaeróbios".

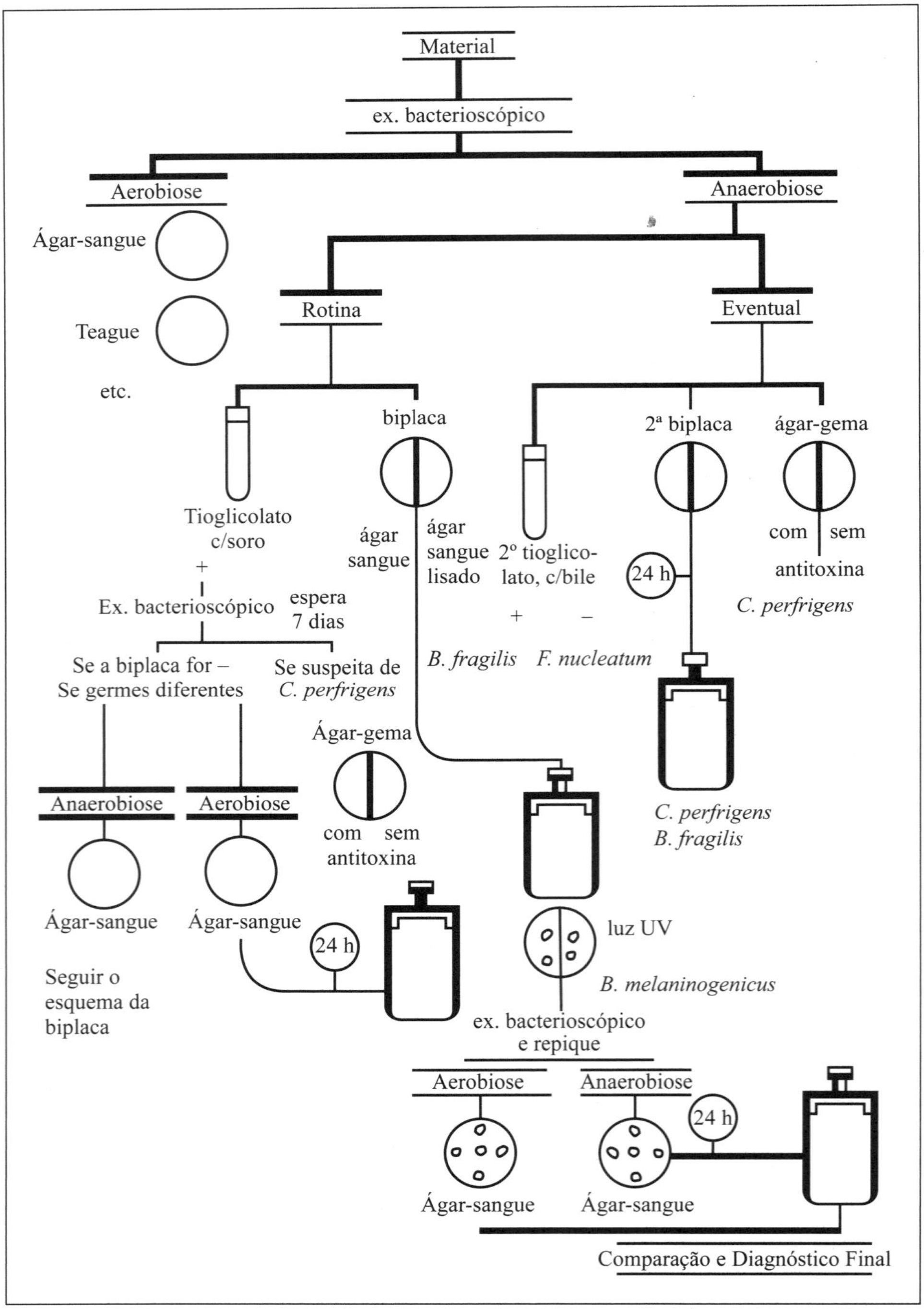

Fig. 26.1.

LIMITAÇÕES DOS PROCEDIMENTOS BÁSICOS

O método Gaspak, recomendado para ser usado em laboratório clínico, não é tão seguro quanto o de tubos rolantes ou o da câmara com luvas. O método Gaspak não protege as bactérias ao serem examinadas e, mesmo que se tome muito cuidado, a exposição ao O_2 pode ser lesiva a certos anaeróbios.

PROVAS DE SENSIBILIDADE A ANTIBIÓTICOS E QUIMIOTERÁPICOS

Essas provas não são necessárias nem recomendáveis. Além disso, vários antibióticos não exercem seu poder bactericida ou mesmo bacteriostático em anaerobiose.

Parte 3
Imunologia

A resposta imunológica tem grande aplicação no diagnóstico de laboratório, pois é sensível e especifica. Entende-se por sensibilidade a capacidade de quantidades extremamente pequenas de antígenos (frequentemente picogramas) serem suficientes para iniciar uma resposta imunológica detectável.

A especificidade da resposta imunológica permite demonstrar facilmente diferenças que métodos bioquímicos mesmo os mais precisos, não permitem. Uma única diferença num aminoácido ou numa unidade monossacarídica pode ser reconhecida pelo anticorpo especifico.

No início, o diagnóstico imunológico se restringia à demonstração de anticorpos circulantes contra agentes infecciosos. Assim, foi idealizada a reação de Widal, para o diagnóstico indireto da febre tifóide, através da demonstração de aglutininas no sangue circulante. A sorologia clássica baseava-se na busca de um aumento de titulo entre o soro colhido na fase aguda da doença e o soro colhido na fase de convalescença.

Verificou-se posteriormente que, devido à existência de antígenos cruzados, podemos fazer algumas reações imunológicas mesmo sem se ter o antígeno específico. Por exemplo, a reação de Wassermann é feita com cardiolipina e a reação de Weil-Felix se baseia em antígenos de Proteus, que apresentam cruzamento antigênico com riquétsias.

O uso de anticorpos para a identificação de antígenos de microrganismos também se iniciou com febre tifóide, na direção do agente dessa infecção com o agente da cólera, por meio de soros específicos.

Hoje, os métodos imunológicos ampliaram sua ação para estudar os distúrbios do próprio sistema imunológico. Células linfóides anormais podem perturbar a produção de imunoglobulinas, defeitos congênitos podem prejudicara produção de anticorpos circulantes, a função dos linfócitos, macrófagos, neutrófilos ou do complemento. A resposta imunológica anormal pode causar doenças alérgicas ou doenças auto-imunes.

Assim, os métodos imunológicos estão em grande desenvolvimento e novas técnicas são frequentemente descritas.

Neste livro, vamos nos ater às reações imunológicas mais representativas, como as reações de precipitação, de aglutinação etc., descrevendo, dentro de cada grupo de reações, as mais solicitadas ao laboratório clínico. Por motivos didáticos a reação de imunoeletroforese está descrita junto com as provas de eletroforese, nos capítulos de bioquímica, e as provas imunológicas mais usadas em parasitologia estão descritas aqui. As reações imunológicas em hematologia devem ser procuradas no setor correspondente.

27 Reações de Precipitação

As reações de precipitação se dão entre antígenos multivalentes (macromoléculas solúveis) e anticorpos dos tipos IgG, IgA, IgM ou, possivelmente, IgE. Há uma formação de mosaicos tridimensionais que se agregam e precipitam. A quantidade de precipitado varia com as proporções dos reagentes e para compreensão dessas reações é necessário que se recorde a curva de precipitação em meio líquido obtida numa série de tubos com um volume constante de anticorpo e quantidades crescentes de antígeno. Nessa curva chega-se a um máximo de precipitado e, depois disso, a formação de precipitado é cada vez menor. Há uma primeira zona, chamada de zona de excesso de anticorpos, onde, com muitos anti-soros, há formação de complexos insolúveis com os antígenos solúveis correspondentes. A segunda zona, chamada de zona de equivalência, é caracterizada pela precipitação conjunta de todo antígeno e de todo anticorpo, não havendo sobra nem de antígeno nem de anticorpo. A terceira zona é chamada zona de excesso de antígeno, onde o precipitado tende a não se formar devido à presença de complexos solúveis.

As reações de precipitação podem ser realizadas em meio líquido ou em gel de ágar.

REAÇÕES DE PRECIPITAÇÃO EM MEIO LÍQUIDO

Para uma segurança na interpretação dos resultados, os componentes das reações de precipitação em meio líquido devem ser claros e transparentes. A temperatura da reação e o tempo de incubação dependem do sistema antígeno-anticorpo. Antigamente as reações de precipitação em meio líquido eram realizadas em tubos finos, tipo Uhlenhuth, mas hoje preferimos tubos capilares, com cerca de 1 mm de diâmetro interno e 75 mm de comprimento. Esses tubos capilares têm a vantagem de usar pequenas quantidades de reagentes. Não há necessidade de usar capilares importados, pois os de procedência nacional, mesmo sem diâmetro padronizado, são satisfatórios para as provas. Após os reagentes serem postos em contato, os tubos capilares são simplesmente enfiados perpendicularmente em massa de modelagem (apenas uma das extremidades) e assim são mantidos durante todo o tempo da prova. A formação de um anel ou de uma zona de precipitado indica a positividade da prova.

Em laboratório de análises clínicas, as reações de precipitação são usadas para a identificação da presença de bactérias ou para pesquisar a presença de uma proteína que aparece no soro de pessoas com determinadas infecções, denominada de proteína C-reativa.

Identificação e Tipagem de Bactérias

Na identificação e na tipagem de bactérias, temos os seguintes exemplos:

a) *Prova de Ascoli.* Essa prova foi descrita para o diagnóstico de carbúnculo, nos animais, porém pode ser eventualmente utilizada para o homem. O antígeno é um extrato de órgão ou o próprio sangue do animal suspeito de infecção pelo *Bacillus anthracis,* fervido durante cinco minutos e depois filtrado. O anticorpo é um soro de coelho, anticarbúnculo. Após os reagentes entrarem em contato, no tubo capilar, este é colocado durante 1 hora a 37°C e, em seguida, levado à geladeira durante 18 horas. Juntamente com o material em exame devemos realizar, em paralelo, provas com materiais sabidamente positivos e negativos.

b) *Grupagem e tipagem de estreptococos.* (Veja grupagem sorológica do *Streptotococcus pyogenes.)* A tipagem das amostras de estreptococos do grupo A não é normalmente realizada em laboratório clínico. É feita com o mesmo antígeno extraído com hidrólise ácida e soros específicos antiproteína M. Até agora foram descritos 55 tipos sorológicos.

c) *Tipagem de Haemophilus influenzae.* Esses germes são geralmente encapsulados e produzem antígenos solúveis tipo-específicos, classificados de *a* até *f*. Quando há muitas dessas bactérias no líquido cefalorraquidiano ou mesmo no muco orofaringeano, em casos de laringite obstrutiva ou pneumonia por hemófilos, podemos fazer uma reação de precipitação entre os antígenos solúveis presentes nos respectivos materiais e soros imunes *anti-Haemophilus influenzae* tipos a,b,c,d,e ou f. A maioria dos casos de meningite por hemófilos é causada pelo tipo b. A maioria dos portadores apresenta hemófilos não tipáveis, por não serem encapsulados.

Frequentemente ocorrem reações cruzadas, especialmente com *Streptococcus pneumoniae: H. influenzae* do tipo a com *Streptococcus pneumoniae* do grupo 6, de *H. influenzae* do tipo b com *S. pneumoniae* dos grupos 6, 15, 29 e 35 e de *H. influenzae* do tipo c com *S. pneumoniae* do grupo 11.

d) *Tipagem de Neisseria meningitidis.* Se houver antígenos solúveis de *N. meningitidis* no líquido cefalorraquidiano (ocasionalmente, mesmo quando o exame bacterioscópico for negativo), podemos obter uma reação de precipitação entre o líquor e o soro antimeningocócico específico. Essa prova é efetuada por raros laboratórios de análises e, assim mesmo, geralmente com os sorotipos A, B, C e D, que correspondem aos mais comumente encontrados. A prova é feita simultaneamente em quatro capilares, um para cada tipo de anti-soro, e a precipitação observada num capilar identifica o tipo de meningococo.

Esta prova não tem muita aceitação pois depende da presença de uma grande quantidade de antígenos solúveis e de se conseguir anti-soros potentes e puros. A prova pode ser positiva devido à presença de antígenos relacionados, em microrganismos afins, como em outras neisserias e também em bactérias bem distantes, filogeneticamente, como a *Escherichia coli.*

A PROVA DA PROTEÍNA C-REATIVA

A proteína C-reativa (PCR) é uma proteína anormal que aparece na fase aguda de várias infecções, desaparece com a cura, estando presente apenas durante a fase ativa do processo e não é detectável no soro de pessoas normais. Pode aparecer também devido a processos necróticos, como no infarto do miocárdio. Quase qualquer afecção que produz uma resposta inflamatória de qualquer tecido pode determinar o aparecimento de PCR no soro, bem como nos líquidos diretamente relacionados com o tecido em questão, como líquido peritonial, líquido sinovial ou qualquer exsudato sérico.

Técnica: para a prova de PCR em tubos capilares introduzir a ponta do capilar no soro antiproteína-C adquirido no comércio, de fabricante idôneo. Deixar o soro subir, por capilaridade, até 1/3 da altura do capilar. Tampar a outra extremidade do capilar com o dedo indicador e limpar o exterior do tubo com papel de filtro. Introduzir a ponta do capilar do mesmo lado que tinha sido introduzido no anti-soro, desta vez no soro do paciente. Deixar subir por capilaridade até 1/3 da altura do tubo (o soro do paciente e o soro imune irão ocupar 2/3 do tubo capilar). Cuidado para não formar bolha de ar entre os dois soros. Segurar o capilar pelo meio e misturar os reagentes. Inserira extremidade do tubo capilar, em posição vertical, na massa de modelagem. Incubar por 2 horas a 37°C e mais 18 horas à temperatura ambiente (a técnica de algumas firmas produtoras de soro anti-proteína C recomenda 2 horas a 37°C e 18 horas em geladeira). Na ausência de precipitado a pesquisa é negativa. Precipitados de 1 mm dão resultado de uma cruz (+), de 2 mm, de duas cruzes (++), 3 mm = +++ e 4 mm ou mais = +++ + . Ocasionalmente, pode haver prozona e nesses casos devemos diluir o soro do paciente para evitar a formação de complexos solúveis.

Recomendamos que toda vez que houver formação de um precipitado (de 1 a 4 cruzes) seja dosada a proteína C-reativa, pela técnica da difusão radial de Mancini.

REAÇÕES DE PRECIPITAÇÃO EM GEL

Quando um antígeno solúvel e seu anticorpo específico reagem entre si em meio de um gel (ágar, agarose etc), difundem-se livremente um contra o outro. Se sua reação num sistema líquido produz uma precipitação, aparece uma faixa de precipitação no gel, na linha de junção das duas frentes de difusão, correspondente à zona de equivalência.

Dos vários métodos delineados para analisar as reações de precipitação em gel, ou seja:

a) imunodifusão simples, unidimensional, de Oudin;
b) imunodifusão simples, radial, de Mancini;
c) imunodifusão dupla unidimensional, de Oakley-Fulthorpe e
d) imunodifusão dupla, bidimensional de Ouch-terlony.

Os métodos b) e d) são os mais utilizados em laboratório clínico.

O Método de Mancini

Nesse método, usamos placas com ágar contendo, uniformemente disperso, um anticorpo específico contra o antígeno que queremos dosar. O ágar contém escavações devidamente espaçadas para colocarmos o material em estudo (soro, líquido cefalorraquidiano, muco, etc).

Encontramos no comércio placas para a dosagem de vários antígenos, como proteína C-reativa, fiações do complemento, transferrina, imunoglobulinas IgA, IgG, IgM, IgD e outros antígenos séricos e até mesmo placas para quantificar cadeias leves ou pesadas de imunoglobulinas, etc.

A presença de antígeno, na amostra, vai determinar o aparecimento de um halo de precipitação. A quantidade de antígeno está correlacionada com o diâmetro do halo, desde que observado o tempo de reação (de 2 ou 3 dias) e a temperatura da prova fixados pelos fabricantes. Para as placas de procedência da firma Behringwerke, que contém doze escavações, usamos as três primeiras escavações para estabelecer a referência linear de uma curva padrão. Essa curva é obtida pelo lançamento dos quadrados dos diâmetros obtidos nos halos de precipitação de três diluições de um padrão conhecido do antígeno, em função das concentrações dessas soluções. As outras escavações, uma vez determinada a curva padrão, servem para nove amostras diferentes. Se não usada totalmente, a placa pode ser conservada durante um mês, em geladeira; após isso, se não estiver ressecada, pode ser usada desde que pelo menos um ponto do padrão seja novamente dosado e esteja dentro da reta anteriormente estabelecida.

Os halos de precipitação, em geral, são bem visíveis, mas eventualmente só podem ser vistos ou ser bem medidos com auxílio de uuminação especial (colocando-se a placa em cima de uma caixa contendo iluminação fluorescente, lateral). Para determinadas dosagens (IgE, por exemplo), apesar de os fabricantes recomendarem uma intensificação química dos halos de precipitação, recomendamos o uso de outro método de dosagem, o radioimunoensaio.

O Método de Ouchterlony

O método de Ouchterlony é o método de dupla difusão em placa de ágar, em duas dimensões. As escavações no ágar podem assumir várias disposições, conforme o objetivo da prova. Podemos comparar antígenos ou anticorpos, examinando a disposição das linhas de precipitação formadas.

Antígeno e anticorpo, colocados em escavações próximas, difundem-se um contra o outro e formam um precipitado impermeável ao antígeno e ao anticorpo que o formaram, mas que é permeável a todos os outros sistemas de antígenos e anticorpos que não têm pontos de identidade com o primeiro par.

Essa é a razão da formação das linhas de identidade, não identidade e de identidade parcial (formação de esporão).

No laboratório clínico o reconhecimento desses tipos de linhas de precipitação possibilita a detecção de toxina em amostras de bacilos diftéricos (método de Elek), de enterotoxina estafilocócica ou de toxina de *Clostridium perfringens*. Nesses casos, usamos ágar contendo antitoxina e a cultura em estudo, juntamente com culturas sabidamente toxigênicas e não toxigênicas.

O Método da Contra-Imunoeletroforese

No método de contra-imunoeletroforese (CIE), que é uma aplicação da eletroforese em reações de precipitação, os antígenos migram para o ânodo, pela ação da corrente elétrica e as imunoglobulinas migram para o cátodo, pela eletroendosmose obtida pela concentração especial do tampão.

Esse método tem sido satisfatoriamente empregado na detecção dos antígenos virais (HB_sAg, da hepatite por vírus B), de antígenos bacterianos (*Streptococcus pneumoniae, Neisseria meningitidis, Haemophilus influenzae,* de antígenos de protozoários (toxoplasma) e mesmo de fungos (criptococo) e outros microrganismos.

É um método particularmente útil no diagnóstico da meningite, detectando a presença de antígenos no líquido cefalorraquidiano. Nas meningites bacterianas, é mais sensível do que o exame bacterioscópico direto e mais rápido do que a cultura, detectando 90% dos casos comprovados.

Enquanto que para a pesquisa do antígeno de hepatite B (HB_sAg), podemos usar fita de acetato de celulose, para a pesquisa de antígenos bacterianos recomendamos o uso de lâminas revestidas de gel de ágar (agarose) de preparação recente, não maior do que 4 dias. Deve ser usado o tampão barbital, pH 8,6, numa concentração de 0,05 mol/L, com a seguinte constituição.

Barbital (P.M. 184,2) 6,2 g; barbital sódico (P.M. 206,2) 34,2 g, lactato de sódio $5H_2O$ (P.M. 308,3) 1,6 g. Azida de sódio (P.M, 65) 2,0 f e água destilada q.s.p. 4 litros. Dissolver os ingredientes com ligeiro aquecimento, sob constante agitação. Resfriar à temperatura ambiente e ajustar o pH a 8,6 com NaOH (1 mol/L), se necessário. Guardar o tampão a 4°C até ser usado. O uso desse tampão pode causar a formação de um precipitado no depósito de tampão do cátodo, que pode ser removido por ácido diluído (1 mol/L).

As escavações no ágar devem estar afastadas 2 mm entre si. A escavação destinada ao anticorpo deve estar do lado do pólo positivo e a do antígeno, do lado do pólo negativo.

No caso de se usar fita de acetato, tanto o antígeno como o anticorpo devem ser depositados a essa mesma distância.

Uma eletroforese de 6 a 10 V/cm, durante 30 a 60 minutos, é suficiente para completar a migração. Em seguida, a lâmina deve ser lavada em solução fisiológica, trocando-se a solução aos 10 e aos 20 minutos, mantendo-se a mesma nesse último banho até completar 2 horas.

A presença de uma linha de precipitação, geralmente reta ou ligeiramente curva, indica um resultado positivo.

A prova deve ser feita com um controle sabidamente positivo e um negativo.

É de vital importância que os soros usados sejam altamente específicos e tenham sido previamente testados quanto à sensibilidade, à especificidade e à possível formação de artefatos, que causam reações falso positivas.

28

Reações de Aglutinação

Reações de aglutinação ocorrem entre um antígeno particulado e seu anticorpo específico (aglutinação direta) ou entre uma partícula inerte e recoberta de antígeno solúvel e seu anticorpo específico (aglutinação indireta ou passiva).

Devem-se à formação de poentes de anticorpo bivalente ligando determinantes antigênicos das superfícies de partículas adjacentes.

As reações de aglutinação, em geral, são simples, porém necessitam de uma cuidadosa padronização e do uso de controles positivo e negativo.

Fatores Críticos

1. *Concentração da suspensão do antígeno.* Quanto maior o número de partículas, mais rápida é a aglutinação, porém a presença de muitas partículas consome mais anticorpo e há uma consequente queda no título. É necessária uma padronização, que geralmente é feita por turbidimetria, comparando a suspensão do antígeno com a escala de Mac Farland ou por fotometria, contra padrões conhecidos.
2. *Temperatura.* A temperatura ideal para a reação varia com o sistema antígeno-anticorpo em estudo. Em geral, para bactérias, a reação se desenvolve melhor a 37°C. Para a pesquisa de crioaglu-ti-ninas a temperatura é de 5°C.
3. *Tempo de incubação.* Varia também com o sistema antígeno-anticorpo em estudo. Se a aglutinação é feita em lâmina, dá-se em geral rapidamente, sendo apressada ainda mais com uma ligeira agitação. Em tubos, a aglutinação é lenta, sendo uma primeira leitura geralmente feita após a incubação de 1 a 2 horas a 37°C e uma segunda leitura após 18 horas em temperatura ambiente ou a 4°C.
4. *Eletrólitos no diluente.* O diluente deve conter eletrólitos e ter o pH ao redor de 7,0. Os eletrólitos neutralizam as cargas negativas que as partículas apresentam em pH neutro, anulando a repulsão entre elas e propiciando a aproximação por forças não covalentes e a formação de pontes.

Titulagem dos Soros Aglutinantes

A titulagem de soros aglutinantes é feita com quantidades decrescentes de soro e quantidades constantes de antígeno. Após a incubação adequada quanto ao tempo e à temperatura, verificamos a olho nu ou com auxílio de uma lupa o grau de aglutinação havida e anotamos desde - (negativo) até ++. O título é a maior diluição do soro que apresenta uma aglutinação total (++) ou parcial (+). A precisão dessa prova é de 50%.

Ocasionalmente, há soros que, não diluídos ou nas diluições mais concentradas, não aglutinam antígenos. Trata-se do fenômeno de prozona. Em alguns soros isso é devido à alta concentração de anticorpos e esse fenômeno desaparece com a diluição maior do soro. Em outros soros, especialmente de pacientes e de animais, para a pesquisa de anticorpos contra a brucelose, verificamos a presença de anticorpos bloqueadores, não aglutinantes, que ocupam o local da ligação dos anticorpos aglutinantes.

Todas as reações de aglutinação são mais sensíveis na pesquisa de anticorpos do tipo IgM do que do tipo IgG.

Mesmo em condições padronizadas o título de anticorpos aglutinantes não traduz o teor total de anticorpos no soro, mas só dos anticorpos predominantes. Por exemplo, uma partícula com antígenos A, B e C em sua superfície é posta em contato com soro total anti-a+b+c. Nas maiores concentrações do soro há ligação de todos os anti-soros com seus antígenos correspondentes, porém na diluição limite, correspondendo ao título da reação, podem estar em jogo apenas os anticorpos que existirem em maior quantidade.

Aglutinações Somática e Flagelar

A imunização de animais com bactérias não flageladas ou das quais os flagelos foram removidos induz a formação de anticorpos contra o corpo bacteriano, também conhecidos como anti-somáticos (O); a imunização apenas com flagelos bacterianos produz anticorpos antiflagelares (H).

Em reações de aglutinação feitas em tubos, esses anticorpos se comportam diferentemente: os anti-O reagem com os determinantes antigênicos da superfície das bactérias específicas e causam uma aglutinação fina, granulosa, de desenvolvimento lento mas firme, devendo ser lida entre 24 e 48 horas. Os anticorpos anti-H unem os flagelos das bactérias contra os quais são específicos, causando aglutinação grosseira, floculosa, de desenvolvimento rápido mas frouxa, devendo ser lida sem agitação, após 2 horas.

Em lâminas as reações são bem mais rápidas, devido à concentração do antígeno, porém mantém os aspectos granuloso (aglutinação 0) e floculoso (aglutinação H) descrita acima.

Eventualmente, os microrganismos são revestidos de um ou mais envoltórios, que impedem o contacto Ag-Ac entre o soro de tipagem e o antígeno de bactéria. Messes casos, temos de remover esses envoltórios para conseguir a tipagem da bactéria, geralmente pela fervura.

Reações Cruzadas na Aglutinação

Quando duas espécies de bactérias, por exemplo, apresentam antígenos comuns além de seus antígenos específicos, um soro preparado contra elas aglutina ambas as espécies. Nesses casos, temos de estudar as aglutininas presentes e absorver, com soros monoespecíficos, os antígenos comuns.

Mesmo soros absorvidos podem ter uma pequena afinidade com bactérias não homólogas, especialmente se o contato entre soro de tipagem e a bactéria desconhecida for longo. Portanto, só podemos considerar uma aglutinação que se apresentar de um modo nítido e rapidamente (em geral até 4 ou 5 minutos).

Reações de Aglutinação Usadas em Laboratório Clínico

REAÇÕES DE AGLUTINAÇÃO DIRETA

Para Identificação de Microrganismo Desconhecido

São muito usadas em laboratório clínico reações de aglutinação direta para a identificação de bactérias recentemente isoladas de coproculturas, como salmonelas, shigelas e *Escherichia coli* enteropatogênica. Nos isolamentos de bactérias do líquido cefalorraquidiano são de utilidade os soros aglutinantes contra hemófilos e contra meningococos. Outros soros, como antipneumococos, antilistérias e antileptospiras são menos usados em laboratório clínico.

a) *Prova em lâmina:* devemos usar sempre culturas recentes, suspensas em solução fisiológica. Devemos usar sempre um controle em que apenas solução fisiológica é posta em contato com a bactéria. Essa suspensão não pode aglutinar espontaneamente (o que acontece no caso de colônias rugosas). Não havendo aglutinação espontânea, pingamos uma gota de soro antibacteriano numa lâmina de microscopia, em cima da suspensão bacteriana, misturamos por meio de uma alça de platina e aplicamos suaves movimentos de rotação à lâmina. Quando positiva, a aglutinação é rápida e nítida.

b) *Prova em tubo:* a prova em tubo para identificar um microrganismo desconhecido, mais usada em laboratório clínico, é a prova da titulagem dos antígenos O e K da *Escherichia coli* enteropatogênica, para confirmar os achados da pesquisa em lâmina. Usamos uma cultura de 18 horas em caldo. Dividimos a cultura em dois tubos e marcamos com as letras O e K. Fervemos o tubo O por duas horas. Diluímos as duas colunas ao meio, com solução fisiológica. Numa estante, colocamos duas fileiras de tubos 12 X 75 mm, sendo 5 tubos na primeira fila, que marcamos com a letra O e 8 na segunda fila, que marcamos com a letra K. Nas duas fileiras juntamos soro imune anti-OK nas diluições 1:50, 1:100, 1:200 etc, deixando o último tubo de cada fileira sem o soro (serão os tubos-controle). Assim, na primeira fileira vão de 1:50 a 1:3.200. Em cada tubo da primeira fila distribuímos 0,5 mL da suspensão O e nos tubos da segunda fileira colocamos 0,5 mL da suspensão K. Ao último tubo de cada fileira acrescentamos 0,5 mL de solução fisiológica. As diluições de soro, em cada tubo, dobram de valor (1:100 a 1:800 para a fileira O e 1:100 a 1:6.400 para a fileira K). Misturamos e incubamos em banho-maria a 37°C, durante 48 horas. Leitura: os controles devem ser negativos (sem aglutinação). Reações positivas apresentam um sobrenadante ligeiramente turvo e um depósito Uso e circular, no fundo do tubo.

Para a confirmação da prova em lâmina é necessário um título mínimo de 1:400 para a fileira K e 1:1.200 para a fileira O. Esses títulos podem variar conforme a potência do soro usado.

Para Detecção de Anticorpos no Soro

Várias são as reações de aglutinação direta usadas em laboratório clínico para diagnóstico sorológico. Passaremos a descrever as mais usadas.

a) *Provas para o diagnóstico da brucelose*

I. Prova em lâmina (método rápido). Distribuímos em lâminas de microscopia (ou melhor, nas escavações de placas de Huddleson) as seguintes quantidades do soro do paciente em exame: 0,08 mL, 0,04 mL, 0,02 mL e 0,01 mL. Nas quatro escavações, colocamos 0,03 mL de antígeno de brucela, corado. As diluições finais do soro passam a ser de 1:20, 1:40, 1:80 e 1:160. Misturamos com o ângulo de uma lâmina de microscopia ou com bastões de vidro e depois por movimento rotatório. Fazemos a leitura do título aglutinante do soro. Títulos acima de 1:40 são considerados positivos.

II. Prova em tubos (método lento). Em 10 tubos 12 X 75 mm colocados numa estante colocamos 0,9 mL de solução fisiológica no primeiro tubo e 0,5 mL nos demais. No primeiro tubo pipetamos 0,1 mL do soro do paciente, misturamos o conteúdo desse tubo e passamos 0,5 mL para o segundo tubo. Misturamos e passamos 0,5 mL para o tubo seguinte e fazemos isso até o 9º tubo, desprezando 0,5 mL desse tubo. Pipetamos 0,5 mL de antígeno em todos os 10 tubos. A diluição final do soro nos tubos 1 a 9 vai de 1:20, 1:40, 1:80, até 1:5.120. O último tubo serve como testemunho do antígeno. Misturamos e incubamos em banho-maria a 37°C durante 48 horas e fazemos a leitura do título aglutinante do soro. Títulos superiores a 1:80 são considerados positivos. Nesta prova podemos encontrar os seguintes inconvenientes: o resultado é negativo se a infecção foi recente; podemos ainda encontrar o fenômeno da prozona (havendo positividade somente em grandes diluições) ou então a prova pode ser negativa devido aos anticorpos bloqueadores. É assim recomendável que em casos de resultados negativos adicionemos a cada tubo uma gota de soro sabidamente positivo e incubemos novamente. Se o resultado continuar negativo, devemos aos anticorpos bloqueadores. Outro modo de verificar a presença desses anticorpos bloqueadores é lavar as brucelas e juntar o soro de Coombs. Os títulos, que eram de 1:80 ou menores, passaram a 1:320 ou mesmo a 1:5.120, especialmente na brucelose crônica.

III. Prova em papel de filtro (prova de fixação em superfície ou prova de Castañeda). Próximo à extremidade de uma tira de papel de filtro, pingamos duas gotas de antígeno concentrado de brucelas, corado pela hematoxilina e deixamos secar. Sobre a mancha seca depositamos uma gota do soro em exame. Mergulhamos a extremidade do papel de filtro em solução fisiológica e deixamos que esta se difunda, como nas provas de cromatografia ascendente. Os soros positivos fixam a mancha do antígeno, enquanto que os soros negativos e os soros contendo anticorpos bloqueadores não fixam a mancha, que é eluída pela solução fisiológica e sobe pelo papel de filtro deixando uma cauda azul mais ou menos nítida. Na realidade, as bactérias coradas é que migram, nos casos negativos e nos casos positivos elas se aglutinam devido à presença do soro e por isso não migram.

b) *Provas para o diagnóstico de leptospirose*

I. Prova em lâmina. Adicionar numa placa de Huddleson em cinco escavações, as seguintes quantidades de soro do paciente: 0,08 mL, 0,04 mL, 0,02 mL, 0,01 mL e 0,005 mL. Em todas as escavações colocamos 0,03 mL de antígeno (suspensão de leptospiras). A diluição final dos soros vai de 1:20 a 1:320. Misturamos com os ângulos de uma lâmina de microscopia ou com bastões de vidro e mantemos a placa em movimentos circulares durante 2 minutos. Fazemos a leitura da aglutinação. 4 cruzes = aglutinação completa; +++ = 75%; ++ = 50% e + = aglutinação discreta. Sempre que for positiva esta prova, devemos fazer a aglutinação em tubo. O título do soro é dado pela mais alta diluição que apresenta aglutinação nítida.

II. Prova em tubos. Em 12 tubos 12 X 75 colocados numa estante adicionamos 0,9 mL de solução fisiológica no primeiro tubo e 0,5 mL nos demais. No primeiro tubo, pipetamos 0,1 mL do soro do paciente, misturamos o conteúdo desse tubo e passamos 0,5 mL para o segundo tubo. Misturamos e passamos 0,5 mL para o tubo seguinte e fazemos isso até o 11º tubo, desprezando 0,5 mL desse tubo. Pipetamos em todos os tubos 0,5 mL do antígeno de leptospiras em estudo. As diluições finais vão de 1:20 no 1º tubo, 1:40 no 2º até 1:10.240 no 10º tubo. O 11º tubo é controle de soro e o último tubo é controle de antígeno. Agitamos os tubos e incubamos em banho-maria a 37°C, durante 2 horas, e, em seguida, em geladeira (4°C) até o dia seguinte e lemos a aglutinação. Títulos superiores a 1:200 são considerados positivos para o antígeno usado. Com o progredir da doença o título pode atingir a 1:40.000 ou mais. Pode haver, também, uma elevação de título para tipos sorológicos de leptospiras heterólogas, mas em nível mais baixo do que a homóloga.

Devemos fazer a prova com os antígenos de Sorovariantes de *Leptospira interrogans* mais comuns entre nós, como os sorovariantes *icterohaemorrhagie, grippotyphosa, canicola, pomona,* etc.

c) *Prova para febres entéricas*

I. Prova em lâmina. Utiliza antígenos O e H de *Salmonella typhi,* concentrados. É usada apenas para triagem, apresentando muitos resultados falso-positivos e falso-negativos (prozona). Deve ser substituída pela prova em tubos.

II. Prova em tubos (Reação de Widal). Não inativamos o soro do paciente, pois uma quantida-de significante de anticorpos é termolábil. Fazemos as diluições do soro do paciente numa série de 9 tubos: colocamos 4 mL no primeiro tubo e 2 mL nos demais. Ao 1º tubo juntamos 1 mL de soro do paciente. Misturamos, passamos 2 mL para o 2º tubo e assim por diante, até o último tubo. Temos as diluições (iniciais) de 1:5 a 1:1.280.

Colocamos numa estante 4 fileiras de tubos com 9 tubos e em outra estante uma fileira menor, com 4 tubos. Nesta fileira com 4 tubos (que marcamos com as letras Vi), acrescentamos 0,5 mL de soro 1:5 ao 1º tubo, 1:10 ao 29 tubo, 1:20 ao 3º tubo e 0,5 mL de solução fisiológica ao 49 tubo. Nas quatro fileiras de 9 tubos, que marcamos, respectivamente, com as letras A, B, O e H, colocamos as diluições de soro a partir de 1:10 e no último tubo de cada fila colocamos 0,5 mL de solução fisiológica.

Na estante com 4 tubos (fileira Vi), acrescentamos a cada tubo 0,5 mL de uma suspensão de antígeno Vi, diluída segundo as recomendações do fabricante. Seguindo sempre as recomendações e diluindo os antígenos logo antes da prova, colocamos 0,5 mL de antígeno em todos os tubos de cada fileira, a saber: antígeno A na fileira A, antígeno B na fileira B, antígeno O na fileira O e antígeno H na fileira H. As diluições finais dos soros dobram: passam de 1:10 a 1:40 para o antígeno Vi e 1:20 a 1:2.560 para os demais antígenos. Agitamos os tubos e os incubamos em banho-maria a 37°C. A estante com os tubos com antígeno Vi é retirada do banho-maria após 2 horas e colocada a 4°C durante 18 horas. A fileira de tubos com antígeno H é cuidadosamente lida após 2 horas e desprezada após terem sido anotados os resultados. As fileiras A, B e O permanecem no banho-maria durante 24 horas. Após esses prazos, são lidas as aglutinações. A aglutinação H é frouxa e se desfaz facilmente. Cuidado para não agitar os tubos antes de ler a aglutinação. Aconselhamos que as aglutinações sejam lidas com os tubos colocados inclinadamente cerca de dois a três centímetros acima de um espelho côncavo (para isso usamos um espelho de microscópio) e tentamos olhar a aglutinação refletida no espelho. O título de anticorpos contra qualquer um dos antígenos é a recíproca da maior diluição de soro que apresenta aglutinação desse determinado antígeno.

Na literatura médica há vários trabalhos ligando a presença de aglutininas anti-Vi a portadores de febre tifóide. Recentemente contudo, foi demonstrado que pela alta frequência de reações falso-positivas e falso-negativas, a determinação da presença de anticorpos anti-Vi é muito menos útil do que se julgava antigamente.

Interpretação dos Resultados

Antígenos				
O	*H*	*A*	*B*	*Interpretação*
100	–	–	–	Suspeito de febre tifóide
200	–	–	–	Febre tifóide no início
400	800	–	–	Febre tifóide mais avançada
50	–	200	–	Febre paratifóide A
100	–	–	400	Febre paratifóide B
25	200	–	100	Resp. secundária ou vacinação TAB
–	25	–	50	Reação negativa

*recíprocas das diluições (títulos)

d) *Provas para o diagnóstico da listeriose*

Para essa prova usamos quatro antígenos: 1:O, 1:H, 4b:O e 4b:H, correspondem às duas listérias que mais infectam o homem. As diluições seriadas no soro do paciente (e dos soros controles positivos, fornecidos pelos fabricantes) são semelhantes às dos tubos A, B, O e H da reação de Widal. A aglutinação dos antígenos O se processa a 50°C de 4 a 18 horas, pondo-se em seguida os tubos na geladeira, durante 1 ou 2 horas. A aglutinação H se processa rapidamente, após 2 horas em banho-maria a 50°C e deixa-se os tubos em meio ambiente por 15 a 30 minutos mais, antes da leitura. Enquanto a leitura dos tubos H é relativamente fácil, pois a aglutinação é floculosa, a aglutinação dos tubos O deve ser observada por meio de lupa. Devemos tomar cuidado com reações cruzadas com anticorpos antiestafilococos e contra outras bactérias Gram-positivas. Num diagnóstico suspeito o título é igual ou maior que 320. Nesse caso, recomendamos o reexame após 7 a 21 dias. Um diagnóstico definitivo é dado pelo isolamento do agente.

e) *Provas para o diagnóstico da coqueluche e da paracoqueluche*

São feitas em lâminas de microscopia ou em placas de Huddleson. Colocamos diluições do soro do cliente (de 1:2 a 1:512) em contato com os dois antígenos, que são suspensões densas (com 100 bilhões por mL) de *Bordetella pertussis* e de *Bordetella parapertussis*. As leituras são feitas ao microscópio, objetiva de médio aumento.

f) Provas para o diagnóstico das riquetsioses

I. Prova em lâminas. É feita apenas para triagem, em trabalhos de campo. Utiliza antígenos puros e concentrados. Talvez seja a melhor prova no futuro.

II. Prova em tubos (Reação de Weil-Felix). É uma reação inespecífica que ocorre graças a antígenos cruzados entre riquétsias e variantes de *Proteus vulgaris* OX-19, OX-2 e OX-K. Usamos 0,5 mL de uma diluição de soro 1:10 a 1:640 em quatro séries de tubos (um para cada antígeno). Juntamos 0,5 mL de antígeno em cada tubo, nas respectivas séries. As diluições finais do soro ficam sendo de 1:20 a 1:1.280. Agitamos os tubos e os incubamos a 37°C durante 2 horas e depois a 4°C até o dia seguinte. Lemos de zero, uma cruz a + + + + de acordo com o grau de aglutinação e de clareamento do líquido sobrenadante.

As respostas típicas que se obtêm com as suspensões de *Proteus* OX-19, OX-2 e OX-K nossoros de convalescentes de riquetsioses podem ser resumidas pelo quadro abaixo:

	Antígenos de Proteus		
	OX-19	*OX-2*	*OX-K*
Febre maculosa	++++ (+)	+ (++++)	–
Tifo epidêmico	++++	+	–
Tifo murino	++++	+	–
Riquetsiose vesicular	–	–	–
Febre Q	–	–	–

Os resultados acima, obtidos pelo exame de apenas uma amostra de sangue, são apenas sugestivos. O aumento de títulos, obtido pelo exame de duas amostras, colhidas em épocas diferentes (fase aguda e fase de convalescença), é conclusivo.

g) *Provas para o diagnóstico da mononucleose*

I. Prova rápida, em lâmina. Descrita originalmente por Hoff e Bauer, em 1965, essa recebeu vários nomes, de acordo com os laboratórios comerciais produtores de seus reagentes (monoteste, hectrol, etc). Baseia-se na aglutinação de hemácias de cavalo pelos anticorpos heterófilos que aparecem na mononucleose. Para melhor conservação das hemácias de cavalo, nessa prova são empregadas hemácias formolizadas. Essas hemácias, em contato com o soro do paciente, aglutinam se a prova for positiva. Devemos sempre incluir na prova, como controle, o exame de soro positivo e de um soro negativo. A aglutinação é rápida, sendo visível geralmente após dois minutos de misturado o soro com a suspensão de hemácias.

Prova em tubos (Reação de Paul-Bunnell-Davidsohn). Essa prova é feita em duas fases:

Primeira fase: determinação do título anti-hemácias de carneiro. Usamos no soro do paciente, inativado, uma suspensão de hemácias de carneiro a 2% e solução fisiológica. Numa série de 10 tubos 12 X 73 mm, pipetamos 0,4 mL de solução fisiológica no primeiro tubo e 0,25 mL nos demais. Ao primeiro tubo, acrescentamos 0,1 mL do soro inativo do paciente, misturamos e transferimos 0,25 mL para o segundo tubo. Repetimos essa manobra até o 9º tubo e no final desprezamos 0,25 mL. Em seguida juntamos aos 10 tubos 0,1 mL da suspensão de hemácias a 2%. As diluições finais do soro ficam sendo 1:7, 1:14, 1:28, etc, até 1:1.792 (9º tubo). O 10º tubo é controle das hemácias. Misturamos os conteúdos dos tubos e os deixamos durante 2 horas à temperatura ambiente, antes de ler as aglutinações. Se o título for igual ou superior a 1:56, praticamos a segunda fase da reação.

Segunda fase: absorção das aglutininas. Essa fase é para diferenciar entre os anticorpos heterófilos (aglutininas anticarneiro) que podem ocorrer no soro humano. As aglutininas anticarneiro comumente encontradas nos soros normais e as produzidas na doença do soro são do tipo Forssman e são removidas pela absorção com antígeno de rim de cobaio. Os anticorpos heterófilos que aparecem durante a mononucleose não são desse tipo e não são significativamente removidos pelo antígeno de rim de cobaio, porém são removidos completamente ou quase completamente após absorvidos por antígeno de hemácias de boi. Esse antígeno de hemácias de boi também remove as aglutininas da doença do soro, mas pode remover apenas de modo incompleto os anticorpos de Forssman de pessoas normais ou portadoras de outras doenças.

Preparamos esses antígenos fervendo durante 1 hora uma suspensão de rins de cobaias a 20% em salina ou uma suspensão de hemácias lavadas, de boi, a 20%, sendo ambos conservados com fenol a 0,5% em geladeira. Após a fervura dos antígenos, devemos corrigir a perda por evaporação, juntando água destilada até o volume primitivo.

A técnica de absorção que empregamos é a seguinte: tomamos dois tubos de centrifugação e marcamos num a letra C (cobaio) e no outro a letra B (boi). Ao tubo C pipetamos 1 mL da suspensão de antígeno de rim de cobaio e ao tubo B 1 mL da suspensão de antígeno de hemácias de boi. Aos dois tubos, acrescentamos 0,2 mL de soro do paciente, inativado.

Misturamos, mantemos os tubos à temperatura ambiente durante 5 minutos e os centrifugamos a 1.500 r.p.m. durante 10 minutos e colhemos os sobrenadantes.

Tomamos duas séries de 10 tubos 12 X 73 mm e marcamos numa série a letra C e na outra a letra B.

Em cada série, pipetamos 0,25 mL de solução fisiológica, do 2º ao 10º tubo. Colocamos 0,25 mL do soro absorvido com rim de cobaia no 1º e 2º tubos da série C e 0,25 mL de soro absorvido com hemácias de boi no 1º e 2º tubos da série B.

Misturamos o 2º tubo da série C e passamos 0,25 mL para o 3º tubo dessa série e assim por diante, até o 9º tubo, quando desprezamos 0,25 mL. Fazemos o mesmo com a série B.

Juntamos a todos os tubos 0,1 mL de hemácias de carneiro a 2% e lemos a aglutinação após 2 horas, tendo conservado os tubos à temperatura ambiente. As diluições finais do soro são iguais às da primeira fase (de 1:7 a 1:1.792).

Em todas as leituras, agitamos levemente os tubos para ressuspender as hemácias e verificar a presença de grumos aglutinados. O título (tanto na primeira como na segunda fase) é a recíproca da maior diluição que apresenta uma aglutinação definida, macroscópica (1 +).

Diferenciação de Anticorpos Heterófilos pela Prova de Paul-Bunnell-Davidsohn

Tipo de anticorpo	*Absorção com antigeno de rim de cobaio*	*Absorção com antigeno de hemácias de boi*
Anticorpos heterófilos da mononucleose.	Anticorpos não removidos ou queda do título não maior do que 3 tubos.	Anticorpos removidos.
Anticorpos de Forssmann em pessoas normais	Anticorpos removidos	Anticorpos não removidos ou removidos incompletamente.
Anticorpos de Forssman na doença do soro.	Anticorpos removidos.	Anticorpos removidos.

h) *Prova para o diagnóstico da pneumonia atípica primária (pesquisa de crioaglutininas)*

Tomamos uma série de 10 tubos 12 X 75 mm e pipetamos 0,3 mL de solução fisiológica em todos eles. Ao primeiro tubo adicionamos 0,3 mL do soro do paciente, inativado. Procedemos às diluições do soro, retirando 0,3 mL do 1º tubo para o 2º e assim o fazemos até o 9º tubo. Desprezamos 0,3 mL do 9º tubo. Em todos os tubos acrescentamos 0,3 mL de uma suspensão de hemácias humanas, tipo "O", a 0,5% em solução fisiológica. O último tubo é o controle das hemácias. As diluições finais vão de 1:2, 1:4 a 1:512. Misturamos os tubos, por agitação, e os mantemos na geladeira (4°C), até o dia seguinte. Lemos a aglutinação. Se positiva (título igual ou superior a 1:32), colocamos os tubos em banho-maria à 37°C durante 2 horas. Se for mesmo crioaglutinina, a aglutinação deve desaparecer.

i) *Provas para o diagnóstico da sífilis (Prova do VDRL)*

Hoje em dia, a prova do V D R L substitui, com grandes vantagens, todas as outras reações utilizadas antigamente no diagnóstico da sífilis, como as provas de Kahn, de Kline, de Meinecke, de Mazzini, de Hinton e outras.

A prova de VDRL, na realidade, é uma prova de aglutinação e não de floculação, utilizando um antigeno de cardiolipina (lipídios extraídos pelo álcool de tecidos de mamíferos) adicionado de cristais de lecitina e de colesterol (cuja função é de aumentar a superfície reagente). A reagina, que aparece durante a infecção pelo *Treponema pallidum* (ou por outros treponemas ou em várias outras condições clínicas), produz alterações na dispersão do antigeno transformando-o em flocos visíveis.

A prova do VDRL está rigidamente padronizada e não podemos introduzir nela nenhuma modificação, exatamente para que seus resultados possam ser reprodutíveis. Como essa prova mede o mesmo tipo de anticorpos que as reações de fixação de complemento tipo reação de Wassar da rigorosa padronização, ela hoje substitui com vantagens a própria reação de Wassermann. Uma prova complementar, de grande utilidade, mas que corresponde a um anticorpo diferente (anticorpo anti-treponema), é a prova de imunofluorescência (que veremos mais adiante).

A padronização da prova do VDRL inclui a observação de todos os itens abaixo:

Reagentes: antígeno de VDRL e solução salina tamponada de fosfatos, fornecidos pelos laboratórios fabricantes (americanos ou europeus). São todos de boa procedência, sendo padronizados de acordo com critérios internacionais. Conservar esses reagentes ao abrigo da luz, à temperatura ambiente e desprezar os antígenos que estiverem precipitados.

Preparo da suspensão de antígeno: a temperatura do antígeno deve estar entre 23 e 29°C na hora de preparar a suspensão. Pipetar 0,4 mL do tampão fornecido no fundo de um frasco de 30 mL, redondo, de fundo chato e munido de tampa de vidro, esmerilhada. Juntar 0,5 mL de antígeno (por meio de uma pipeta graduada de 1 mL) diretamente sobre a salina tamponada, enquanto mantemos o frasco sob agitação ligeira por rotação apenas, numa superfície lisa. O antígeno é adicionado gota a gota, mas rapidamente, de modo que os 0,5 mL da pipeta sejam esgotados em 6 segundos. O centro do frasco deve circunscrever um círculo de 2 cm de diâmetro, aproximadamente 3 vezes por segundo. Soprar a última gota da pipeta e continuar rodando o frasco por 10 segundos mais. Juntar 4,1 mL do tampão, por meio de uma pipeta de 5 mL (rapidamente), tampar o frasco e agitar a mistura da tampa para o fundo (por inversão) durante 30 segundos, numa velocidade de 30 vezes em 10 segundos. A suspensão de antígeno está agora pronta para uso e dura no máximo um dia. (O volume preparado acima é suficiente para se fazer cerca de 250 reações em lâmina.)

Se quisermos manter a suspensão de antígeno por um tempo maior, podemos estabilizá-la pela adição de 0,05 mL de uma solução alcoólica de ácido benzóico a 1% para cada 5 mL de antígeno recentemente preparado. O antígeno estabilizado deve ser guardado entre 6 e 10°C (geladeira), de onde retiramos uma alíquota apenas suficiente para o trabalho do dia, esperamos que atinja a temperatura de 23 a 29°C, fazemos as provas e desprezamos a sobra de antígeno separado para esse dia.

A suspensão estoque do antígeno poderá ser usada enquanto se mostrar reativa nas provas com soros padrões positivos, conhecidos.

Preparo e calibração de agulhas hipodérmicas para uso na prova de VDRL.

Na prova de VDRL, precisamos de agulhas calibradas, de modo que suas gotas distribuam reativos diferentes, a saber:

	Agulha nº	*Vol/Gota*	*Gotas/mL*
Antígeno	18	0,017 mL	60 ±2
Antígeno sensibilizado	21-22	0,01 mL	100 ±2

Para preparar uma agulha, limamos logo acima do bisel, até separá-lo da agulha e limamos as rebarbas eventualmente formadas. Usando tubos de vidro com encaixe esmerilhado, para adaptar no mandril das agulhas, testamos cada agulha contando o número de gotas obtidas em 1 mL de cada reagente. Devemos permitir que as gotas caiam livremente da ponta da agulha, mantida perpendicularmente à mesa de trabalho. Ajustamos as agulhas que não estiverem dentro das especificações. Se caírem muitas gotas por mL, temos que alargar a ponta com um instrumento pontiagudo, como a ponta aguçada de uma lima triangular. Se caírem poucas gotas, a abertura está muito larga e devemos ajustá-la, comprimindo ligeiramente ou limando as bordas da agulha mais para dentro.

As agulhas devem ser testadas em cada dia de trabalho, ajustadas se necessário e depois limpas com água, álcool e depois acetona, removendo-se a agulha dos tubos de vidro após a lavagem.

Outros materiais usados na prova: lâminas de vidro grossas, escavadas (com doze escavações), especiais para prova de VDRL; agitador circular, de Kline, com 180 rotações por minuto, circunscrevendo um círculo de 1,9 cm de diâmetro ou com 120 r.p.m. com círculo de 3,2 cm de diâmetro; microscópio com ocular 10X e objetiva 10X.

Verificando a suspensão do antígeno: antes de ser usada, cada suspensão antigênica deve ser testada com soros-controle, pelo método descrito abaixo. Devemos incluir pelo menos três controles, que dão resultado reagente, fracamente reagente e não reagente. O soro reagente deve também ser testado pelo método quantitativo descrito abaixo. Uma emulsão antigênica que não reproduza os títulos desses soros-controle não deve ser usada. É conveniente guardar o soro-controle em tubos plásticos, a — 20°C, em quantidades suficientes para um dia de prova, pois congelamentos e descongelamentos sucessivos alteram a reatividade desse soro.

Verificando uma nova embalagem de antígeno de VRDL, estoque: uma nova partida de antígeno de VDRL deve ser testada em paralelo com um antígeno que está dando resultados satisfatórios. Devem ser feitas provas qualitativas em pelo menos 100 soros, incluindo pelo menos 20 soros reagentes, 30 fracamente reagentes e 50 negativos. Devem ser feitas pelo menos 10 provas quantitativas em soros de reatividade variada. Essas provas em paralelo não podem ser feitas em um só dia, mas em vários.

Além disso, devemos preparar o antígeno como se usa para as reações no líquido cefalorraquidiano (LCR), como veremos adiante, e fazer pelo menos 10 reações utilizando, como simulacro de LCR, uma diluição 1:80 de um soro reagente.

É também de grande importância que o antígeno preparado da nova partida de antígeno estoque não apresente um número de reações granulosas maior do que o antígeno que está sendo usado e que foi bem padronizado.

Reação de VDRL, qualitativa, no soro: separamos o soro do coágulo (sangue colhido com seringa e agulha estéreis e secas, em tubo estéril sem anticoagulante) e o mantemos na geladeira (de 4 a 10°C). Antes da prova o soro deve ser inativado a 56°C durante 30 minutos (em banho-maria) e reaquecido durante 10 minutos a 56°C se houver decorrido mais de 4 horas entre o aquecimento original e a realização da prova. Se não se fizer isso, podemos ter resultados negativos, falsos, devido à presença de um inibidor termolábil. Recomendamos que o soro seja examinado, ao ser retirado do banho-maria, e que seja centrifugado se contiver algum precipitado. A presença de partículas pode causar grandes dúvidas durante a leitura da prova.

O soro deve atingir a temperatura ambiente, antes de ser testado. A prova de VDRL é altamente sensível à temperatura e deve ser efetuada dentro dos limites de 23 a 29°C. Temperaturas maiores aumentam a reatividade e temperaturas menores diminuem a reatividade de soros sabidamente reagentes.

Pipetamos 0,05 mL do soro inativado numa escavação da lâmina especial, espalhando o soro por toda a escavação. Juntamos uma gota de suspensão de antígeno (com agulha 18, que libera 60 gotas por mL). Rodamos a lâmina no agitador de Kline, durante 4 minutos e lemos em seguida a aglutinação, ao microscópio, aumento de 100 vezes. Os achados possíveis são os seguintes:

Grumos médios e grandes:	soro reagente (R)
grumos pequenos:	soro fracamente reagente (F)
ligeira "rugosidade":	soro não reagente (N)

Eventualmente, podemos encontrar um fenômeno de prozona. Esse tipo de reação é demonstrado quando há inibição completa ou parcial da reatividade em soros não diluídos, sendo que a reatividade máxima é obtida apenas com a diluição dos soros. Esse fenômeno de prozona pode ser tão pronunciado que somente um resultado absolutamente sem grumos pode ser considerado realmente negativo. Recomendamos assim que todos os soros reagentes, os fracamente reagentes e os não reagentes "rugosos" sejam retestados pelo método quantitativo antes de se dar a prova como terminada. Se o novo resultado for significativo, damos o resultado como reagente e incluímos o título da diluição do soro que alcançou esse resultado reagente.

Reação do VDRL, quantitativa, no soro: fazemos diluições dobradas (1:2, 1:4, etc, até 1:64) em volume de 0,1 mL e transferimos com uma só pipeta 0,05 mL de cada diluição para uma escavação da placa especial (pipetamos da maior diluição para a mais concentrada e repetimos a prova qualitativa). Relatamos o resultado em termos da maior diluição do soro que produz um resultado *Reagente* (e não fracamente reagente). Se todas as diluições testadas forem reagentes, fazemos maiores diluições do soro do paciente e testamos novamente.

Reação do VDRL, qualitativa, no liquido cefalorraquidiano (LCR): preparo da suspensão sensibilizada de antígeno: ao antígeno de VDRL, juntamos uma parte igual de uma solução de cloreto de sódio a 10%. Misturamos rodando delicadamente o frasco e deixamos repousar pelo menos 5 minutos, porém não mais que duas horas antes do uso.

O LCR é testado sem inativação, mas deve ser centrifugado sempre, mesmo que não aparente conter partículas, a olho nu. Amostras de LCR contendo sangue ou contaminadas com bactérias podem dar falsos resultados positivos e não devem ser testadas.

Pipetamos 0,05 mL do LCR em exame numa escavação da lâmina especial e pingamos uma gota com a agulha 21 ou 22, que libera 100 gotas de antígeno sensibilizado por mL Rodamos a placa no agitador de Kline durante 8 minutos e lemos ao microscópio, com aumento de 100 vezes. Grupos definidos são relatados como reagentes e ausência de grumos ou ligeira rugosidade são não-reagentes. As partículas de antígeno estão mais espalhadas que nas provas com soro e isso leva o principiante a pensar que todos os exames de LCR são reagentes. O quadro de um LCR positivo, contudo, é bem definido e, uma vez visto, não é mais esquecido.

Reação do VDRL, quantitativa, no líquido cefalorraquidiano: essa prova deve ser feita sempre que o exame qualitativo for reagente. Preparamos diluições do LCR de 1:2 a 1:64 e repetimos, com essas diluições, a técnica usada para a prova qualitativa. Damos o resultado em termos da maior diluição de líquido cefalorraquidiano que produzir um resultado reagente.

Reagentes Falso-Positivos: Essa denominação é melhor do que a de "Falsos Reagentes Biológicos", uma vez que nem só condições biológicas podem determinar o aparecimento de reações de VDRL (e de fixação de complemento com antígeno cardiolipínico) reagentes em indivíduos não sifilíticos. Essas reações podem ser divididas em duas classes: agudas e crônicas.

As reações falso-positivas agudas são transitórias e nunca persistem mais do que seis meses. A causa mais comum de seu aparecimento são infecções febris causadas por bactérias, vírus ou protozoários. Várias pessoas aparentemente normais também apresentam resultados falso-positivos transitórios, como tem sido observado em inquéritos sorológicos em doadores de bancos de sangue e em exames pré-natais. Essas reações não têm o menor significado clínico.

As reações falso-positivas crônicas duram mais de seis meses e, por vezes, muitos anos. Essas reações estão associadas a infecções crônicas como a hanseníase, a doenças auto-imunes (lúpus eritematoso, anemia hemolítica, poliarterite nodosa), a doenças do colágeno, a diabetes, à gravidez, a toxicomanias (heroína), ao uso de drogas (hidralazina) etc. Devido a essa associação com doenças graves, as reações falso-positivas crónicas requerem um acompanhamento clínico e sorológico bem apurado, com provas para fator antinúcleo, fator reumatóide, funções hepáticas, proteinograma etc.

É importante o fato de que o título de uma reação não está relacionado à sua falsa-positividade. Podem ocorrer reagentes falso-positivos com qualquer título.

Para contornar o problema dos soros reagentes falso-positivos (menos nos casos de pinta ou bouba), atualmente executa-se a reação com antígeno treponêmico: reação de FTA-ABS (veja, adiante, reação de imunofluorescência).

j) *Provas de hemaglutinação*

As provas de hemaglutinação são muito pouco usadas pelo laboratório clínico, uma vez que se destinam principalmente à identificação de vírus hemaglutinantes, como o vírus da gripe, da caxumba, da rubéola, os adenovírus etc. As hemácias usadas variam de acordo com o agente a ser identificado, sendo em geral empregadas hemácias de galinha, de pinto e de cobaio.

k) *Provas de inibição da hemaglutinação*

A prova de inibição da hemaglutinação de grande emprego, hoje em dia, em laboratório de análises clínicas, é para o diagnóstico da rubéola. O vírus da rubéola aglutina hemácias de pintos de 1 dia ou hemácias de pombo ou então de ganso. Recentemente foi desenvolvida uma técnica utilizando também hemácias humanas do grupo "O", tripsinizadas. O soro de pacientes com anticorpos contra o vírus da rubéola inibe a hemaglutinação causada pelo vírus, *in vitro.*

Para a realização dessa prova devemos nos valer de reagentes importados, altamente controlados e de dispositivos para a execução de microtécnicas (placas escavadas, em V, microdiluidores, etc). As técnicas a serem seguidas dependem da procedência dos reagentes. Como, entre nós, há maior utilização de reagentes das firmas B-D-Mérieux e da Flow Laboratories, vamos descrever ambas.

PROVA PARA O DIAGNÓSTICO SOROLÓGICO DA RUBÉOLA (SEGUNDO B-D-M-ERIEUX)

1) Material: *tampão borato pH 9,0:* ClNa 7,012 g, ácido bórico 3,092 g, NaOH N 24 mL e água destilada 1.000 mL. Esterilizar em autoclave, 30 minutos a 121°C ou então por filtração.

Tampão B.A.B.S. (ácido bórico-albumina bovina): albumina bovina, fração V, 4 g em 1.000 mL do tampão borato pH 9,0. Esterilizar por filtração e conservar em geladeira, a 4°C.

Tampão ácido pH 6,2: NaCl 8,77 g; fosfato dissódico. $2H_2O$, 10,80 g; fosfato monossódico 21,84 g e água destilada 1.000 mL. Esterilizar em autoclave a 121°C durante 30 minutos ou por filtração.

Suspensão de caolim a 4%, em tampão borato pH 9,0. Num Erlenmeyer de 3 litros, colocamos 1.000 mL de tampão borato pH 9,0 e adicionamos 250 g de caolim lavado em ácido, aos poucos e sob constante agitação magnética. Continuamos a agitar por mais 30 minutos. Distribuímos em frascos de 60 mL (50 mL por frasco) e esterilizamos a 121° durante 30 minutos, em autoclave.

Suspensão de hemácias de pinto de um dia, a 10%: sangue colhido por via intracardíaca e misturado com solução de Alsever (em partes iguais). Lavamos as hemácias 3 vezes no tampão ácido pH 6,2 e preparamos uma suspensão a 10% nesse tampão ácido.

Solução de Alsever: ClNa 4,2 g; glicose 20,5 g; citrato de sódio. $5H_2O$ 8,0 g e água destilada 1.000 mL.. Ajustamos o pH a 6,1 com solução de ácido cítrico a 5%. Esterilizamos por filtração. Conservamos na geladeira a 4°C.

Antígeno hemaglutinante B-D-Mérieux: adicionamos 1 mL de água destilada estéril, gelada (a 4°C) e conservamos o antígeno na geladeira, enquanto procedemos à sua titulagem. Em geral o antígeno tem de ser usado no mesmo dia em que foi reidratado, tal sua instabilidade.

2) Tratamento dos soros: é fundamental, para a remoção dé inibidores inespecíficos da hemaglutinação, bem como hemaglutininas espontâneas presentes em alguns soros.

Diluímos o soro inativado do paciente a 1:5 em tampão borato pH 9,0 (0,2 mL de soro e 0,8 mL de tampão); juntamos 1 mL da suspensão de caolim, misturamos e deixamos à temperatura ambiente durante 20 minutos, agitando várias vezes durante esse tempo, à mão ou então em agitador de Kahn. Centrifugamos a 4°C, 2.000 r.p.m., durante 30 minutos. Sem ressuspender o caolim juntamos 0,1 mL de hemácias de pinto a 50% em Alsever (neste ponto podemos usar hemácias de galinha). Agitamos levemente, também sem ressuspender o caolim, e deixamos 20 minutos a 4°C, misturando duas a três vezes durante esse período. Depois centrifugamos a 4°C, 1.500 r.p.m., durante 10 minutos. Colhemos o sobrenadante, que representa o soro do paciente numa diluição de 1:10. Esse soro tratado se conserva pelo menos durante 15 dias a 4°C. Não recomendamos utilizá-lo imediatamente após o tratamento e sim, pelo menos, no dia seguinte desse tratamento. O envelhecimento diminui a frequência de hemaglutininas espontâneas que inibem a reação.

Este processo está hoje sendo substituído pelo tratamento do soro com heparina-$MnCl_2$ (veja adiante), uma vez que as partidas de caolim variam e, apesar de usado em pH alcalino, o caolim absorve quantidades imprevisíveis de imunoglobulinas, especialmente da classe IgM.

3) Titulagem do antígeno: na caixa do antígeno está marcado o seu título (que deve atingir depois de reidratado com 1 mL de água destilada estéril), por exemplo, 1:64. Como necessitamos de 4 Unidades Aglutinantes na reação no exemplo citado deveríamos dividir 64 por 4, o que seria 1:16. Isso significa que teríamos de tomar 1 mL de antígeno para 15 mL de tampão B.A.B.S. A quantidade de antígeno a ser preparada depende do número de soros a ser analisado. No micrométodo, pingamos 0,05 ml de antígeno em cada escavação e como são 8 escavações, necessitamos de 0,4 mL de antígeno por soro em exame. Como sempre temos de incluir um soro positivo e um negativo, conhecidos, o mínimo de antígeno que necessitamos é 12 mL.

Como há variações entre as potências dos antígenos, recomendamos que, antes de se começar cada série de reações, o antígeno seja reidratado e titulado para que contenha realmente 4 Unidades Hemaglutinantes. Para isso, mantemos todos os reagentes em banho-maria gelado. Distribuímos 0,05 mL de tampão B.A.B.S. em oito escavações da placa. Pulando a primeira escavação, colocamos antígeno apenas na segunda (0,05 mL) e com uma pipeta metálica especial, de 0,05 mL de capacidade, misturamos e passamos o antígeno até a 8ª escavação (ficamos assim com o antígeno diluído de 1:2 (na segunda escavação) até 1:128 (na última escavação). Pingamos em seguida 0,05 mL de hemácias de pinto a 0,16% em todas as escavações. Agitamos a placa durante 5 minutos (em agitador de Kline). Levamos a placa à geladeira (4°C) durante 1 hora e meia. Retiramos a placa da geladeira e deixamos à temperatura ambiente durante 1 hora. Lemos a aglutinação. A primeira escavação (controle de hemácias) apresenta um ponto onde houve convergência de todas as hemácias. Esse ponto é redondo, bem definido e ocupa apenas a porção mais funda da escavação. Essa escavação é o controle de hemácias. Nela não pode haver hemaglutinação. Nas escavações seguintes (segunda, terceira e até sétima, se o antígeno tiver o título de 1:64), vemos o que acontece com as hemácias aglutinadas: formam uma película uniforme, recobrindo todo o fundo da escavação, sem formar o ponto de concentração de hemácias.

4) Titulagem do soro do paciente: para o exame de um soro utilizamos três séries de oito escavações (uma série para o soro do paciente, outra para um soro positivo com título conhecido e uma série para um soro negativo). Pulando a segunda escavação das três séries pingamos 0,05 mL de tampão B.A.B.S. nas demais escavações e em duas escavações separadas, na placa (serão os controles de hemácias e de antígeno). Pingamos 0,05 mL de cada soro (soro do paciente e soros-controles) nas primeiras três escavações de cada fileira respectiva. Com pipeta metálica especial, de 0,05 mL de capacidade, misturamos o soro da terceira escavação, passamos para a quarta e assim por diante, até a última.

Pulando a primeira escavação, colocamos 0,05 mL de antígeno contendo 4 Unidades Hemaglutinantes em todas as outras escavações das séries e apenas na segunda escavação separada. Deixamos a placa em geladeira (4°C) durante 2 horas, para haver a interação antígeno-anticorpo nas escavações onde o soro contiver anticorpos. Em seguida, acrescentamos hemácias de pinto a 0,16% em todas as escavações usadas na placa e levamos a placa para a geladeira (4°C) durante 1 hora e meia. Retiramos a placa da geladeira, colocamos em temperatura ambiente durante 2 horas e procedemos à leitura, do mesmo modo que lemos a titulagem do antígeno. No entanto, o aspecto aqui vai ser diferente; havendo anticorpos no soro do paciente, estes vão impedir a hemaglutinação causada pelas 4 Unidades Hemaglutinantes do antígeno, nas primeiras escavações. A primeira escavação corresponde à testemunha do soro. Aí, não deve haver hemaglutinação e as hemácias se depositam num ponto, na parte mais funda da escavação. A segunda escavação corresponde ao soro do paciente, diluição 1:10 e as demais escavações representam as outras diluições do soro do paciente (até 1:640). O título é dado pela maior diluição que inibe a hemaglutinação, *desde que* o soro-padrão negativo seja realmente negativo e que o soro positivo apresente um título compatível com o título conhecido.

Pesquisa de Anticorpos Anti-Rubéola após Degradação de IgM

Método do 2-mercaptoetanol: No intuito de diagnosticar uma rubéola recente, titulamos os anticorpos anti-rubéola, por inibição de hemaglutinação, tanto no soro do paciente, como vimos acima, como no mesmo soro tratado por uma substância que degrada os anticorpos tipo IgM para esse tipo de prova (tratamento pelo 2-mercaptoetanol).

Em primeiro lugar, procedemos ao tratamento usual do soro, para a remoção de inibidores inespecíficos, como vimos acima, apenas aumentando as quantidades: 0,8 mL de soro inativado do paciente, 3,2 mL de tampão boratado pH 9,0 e 4 mL da suspensão da caolim. Usamos 0,4 mL de hemácias a 50% é, depois de tratado o soro, aguardamos no mínimo 24 horas.

A 1,8 mL de soro tratado juntamos 0,2 mL de 2-mercaptoetanol 0,5 M e incubamos durante 1 hora a 37°C. Dialisamos até o dia seguinte em solução fisiológica a 4°C (geladeira). Fazemos, em paralelo, o exame com o soro do paciente não tratado pela 2-mercaptoetanol. Uma redução de título na ordem de duas ou mais vezes significa que a imunoglobulina responsável pelo título era IgM e que a infecção é recente.

Essa técnica não é mais recomendada, uma vez que invariavelmente há muito maior quantidade de anticorpos IgG e o título de anticorpos resultante geralmente continua muito alto, sem apresentar uma diferença com valor diagnóstico.

Método de adsorção da IgG pela proteína A de estafilococo: Atualmente é o método mais usado em laboratório clínico. A proteína A elaborada em abundância pela cepa Cowan de *Staphylococcus aureus,* fornecida pela American Type Culture Collection (ATCC), se liga à porção Fc da molécula de IgG, fazendo com que esta se ligue à bactéria, sendo depois removida por centrifugação.

A cepa Cowan é cultivada em caldo tripticase-soja durante 6 horas, a 37°C, a partir de uma cultura em fase logarítmica. Em seguida são inoculadas garrafas com ágar tripticase-soja utilizando-se, como inoculo, um volume suficiente para cobrir a superfície do ágar. Incubar as culturas a 37°C durante 18 horas. Colher as bactérias por meio de uma lavagem delicada da superfície do ágar com tampão PBS, pH 7,2 (solução A 13,8 g de $NaH_2PO_4.H_2O$/l L H_2O: solução B 21,3 g Na_2HPO_4/1,5 L H_2O: misturar 780 mL da solução A com 1220 mL da solução B. Adicionar NaN_3 a uma concentração final de 0,1%). Lavar as bactérias 3 vezes com PBS, centrifugando a 2.791 g (4.000 r.p.m. em centrífuga de 15,6 cm de raio) por 10 minutos, a 5°C. Suspender as bactérias em 100 mL de PBS com 0,5% de formalina e misturar a suspensão por 3 horas, à temperatura ambiente. Centrifugar novamente e lavar duas vezes com PBS. Ressuspender as bactérias em PBS, na proporção de 10%. Aquecer a suspensão, com agitação intermitente, durante 30 minutos, a 65°C. Lavar novamente as bactérias em PBS e ressuspender a 10%, em PBS. Manter a suspensão a 5°C. Antes de usar, lavar uma vez em PBS.

Para a absorção do soro, misturar 0,2 mL do soro em exame com o sedimento bacteriano de uma alíquota de 2 mL da suspensão a 10% de *Staphylococcus aureus* (um mL de suspensão a 10% remove 1,34 ± 0,49 mg de IgG). Incubar à temperatura ambiente por 30 minutos. Juntar 0,6 mL de PBS e centrifugar a 2275 g por 10 minutos. Colher o líquido sobrenadante, que será o soro absorvido.

Infelizmente, esse método também apresenta sérios inconvenientes. A IgG na amostra de soro se reduz de 92 a 98%. A IgG3, que representa 5% da IgG humana, não é removível pela proteína A do estafilococo. Se estiverem presentes anticorpos antirubéola da classe IgG3, estes continuarão presentes, causando uma falsa interpretação no resultado da prova. Além disso, os relatos primitivos de que apenas IgG era removida não se confirmaram. Há também uma perda de 30 a 60% de IgM ou de IgA. Se o título de IgM for muito alto, não haverá problema (neste método, como também no de marcaptoetanol) mas se a concentração for baixa a dosagem poderá se tornar impossível, abaixo da sensibilidade do método.

O método mais correto, de obtenção de IgM, que é o de ultracentrifugação do soro durante 18 horas em gradiente de sacarose e a colheita das 3 frações inferiores, das 12 que se formam, não é possível ser feito em laboratório de análises clínicas.

Prova para o Diagnóstico da Rubéola (com Antígeno de Flow Laboratories)

1) Material
   1.1. *Tampão DG V* (dextrose-gelatina-veronal)
   Ácido barbitúrico 0,58 g, gelatina 0,60 g, barbital sódico 0,38 g, $CaC1_2$ anidro 0,02 g, $MgSO_4$ $7H_2O$ 0,12 g, NaCl 8,5 g, dextrose 10 ge água destilada q.s.p. 1.000 mL. Dissolver a gelatina e o ácido barbitúrico em 250 mL de água destilada, por aquecimento. Combinar essa solução com os outros reagentes. Esterilizar em membrana Millipore

de 0,22 μm. O pH deve ser de 7,2. Guardar em geladeira.

1.2. *Diluente HSAG* (hepes, salina, albumina, gelatina).

1.2.1. Hepes, salina (5 X concentrada), solução estoque: hepes (ácido N-2 hidroxietilpiperazina N-2 etanolsulfônico) 29,8 g, NaC1 40,95 g, $CaC1_2.2H_2O$ 0,74 g, água destilada q.s.p. 1.000 mL. Dissolver os reagentes em 900 mL de água. Ajustar o pH a 6,5. Completar para 1.000 mL. Esterilizar por filtração em membrana Millipore de 0,22 μm. Guardar em geladeira.

1.2.2. Soro-albumina bovina (2 X concentrada), solução estoque: albumina bovina (fração V) 20 g, água destilada q.s.p. 1.000 mL. Dissolver a albumina em 900 mL de água, completar para 1.000 mL e esterilizar por filtração através de membrana Millipore de 0,22 *μm.* Guardar em geladeira.

1.2.3. Gelatina (10 X concentrada), solução estoque: gelatina 25 mg, água destilada q.s.p. 1.000 mL. Esterilizar em autoclave, 15 minutos a 120°C. Guardar em geladeira.

1.2.4. Diluente HSAG, solução de uso: hepes salina 5 X concentrada 200 mL, albumina bovina 2 X concentrada 500 mL, gelatina 10 X concentrada 100 mL e água destilada 200 mL. A 25°C o pH deve ser 6,2 ± 0,05. Ajustar com HC1 ou NaOH. Guardar em geladeira e usar até dois meses, se continuar estéril.

1.3. *Cloreto de manganês 1M:* $MnC1_2$ $4H_20$ O 39,6 g e água destilada q.s.p. 200 mL. Esterilizar por filtração. Descartar se aparecer precipitado marrom. Guardar em geladeira.

1.4. *Heparina 5.000 UI/mL:* Liquemine, Roche.

1.5. Mistura heparina-cloreto de manganês 1:1. Preparar no momento de uso.

1.6. *Preparo de hemácias humanas "O", tripsinizadas:*

Colher hemácias humanas "O" em solução de Alsever (veja a fórmula na parte de materiais recomendados para a prova de rubéola, pela firma B-D-Mérieux). Essas hemácias duram até 4 semanas, em geladeira. No dia de uso, lavar 3 vezes as hemácias necessárias em diluente HSAG e suspendê-las a 10 e a 50%.

Para tripsinizar as hemácias adicionamos 0,1 mL de tripsina a 1% (mantida congelada, a – 20°C e descongelada na hora de uso) a cada 1 mL da suspensão de hemácias a 10%. Deixamos repousar à temperatura ambiente durante 1 hora, misturando a cada 10 minutos. Após 1 hora, lavamos várias vezes até clarear o sobrenadante. Lavamos novamente por 3 vezes, com diluente HSAG frio. Descartamos o sobrenadante e preparamos uma suspensão de hemácias a 10%. Dessa suspensão, preparamos outra, a 0,25%: 1 mL da suspensão em 39 mL de tampão HSAG frio. (Esta suspensão deve ser preparada no momento de uso, não podendo ser guardada.)

2) Tratamento dos soros: Devemos tratar tanto o soro do paciente como os soros sabidamente negativos e positivos usados como controle. Pipetar 0,3 mL de soro em 0,45 mL de diluente HSAG. Adicionar 0,3 mL de mistura heparina-manganês 1:1 recentemente preparada e agitar suavemente. Colocar em geladeira (4°C) durante 15 minutos. Adicionar 0,3 mL de hemácias humanas "O" não tripsinizadas e agitar suavemente. Colocar novamente em geladeira, durante 1 hora, agitando algumas vezes. Adicionar 1,2 mL de diluente HSAG c centrifugar a 4°C a 1.000 r.p.m., durante 15 minutos, em centrífuga refrigerada. Pipetar o sobrenadante com cuidado e guardar na geladeira.

3) Titulagem do antígeno: reconstituir o antígeno com 1 mL de água destilada gelada, estéril. Adicionar 1 gota padronizada (0,025 mL) de diluente HSAG gelado às escavações de 1 a 12, em duas séries de uma placa de microtitulação, em V. Adicionar 1 gota de Ag às escavações 1 e 2 das duas séries (duplicata). Usando microdiluidores de 0,025 mL, diluir ao dobro as duas séries. (Diluições de 1:2 a 1:4096.) Adicionar 1 gota de diluente HSAG em todas as escavações. Adicionar 2 gotas de hemácias humanas "O", tripsinizadas, a 0,25%. Homogeneizar e incubar por 90 minutos; deixar cerca de 15 minutos à temperatura ambiente e fazer a leitura. Como controle de hemácias, numa escavação à parte pingamos 2 gotas de diluente HSAG e 2 gotas da suspensão de hemácias usada. Esse controle deve ser em botão, isto é, ausência de aglutinação. A maior diluição do antígeno que ainda aglutina completamente as hemácias é chamada de unidade hemaglutinante. Usamos 4 unidades na reação. Por ex.: se 1 U for 1/256, a diluição de uso será de 1/64. Diluir em diluente HSAG gelado.

4) Titulagem do soro do paciente: Vamos supor um caso onde tenha sido pedida a pesquisa de anticorpos IgM. Usaremos 5 fileiras de escavações, de uma placa de microtitulação em V. Todos os reagentes devem estar gelados. Adicionamos 1 gota (0,025 mL) de diluente HSAG nas cinco fileiras horizontais, desde as escavações 2 até 8, pulando a escavação 1. Pipetamos na 1ª escava-

ção 0,05 mL de soro diluído a 1:8 (é a diluição que resulta dos tratamentos anteriormente feitos com os soros do paciente, ME, SF, bem como os controles positivo e negativo) e também na escavação 12 (estas escavações serão os controles de soro). Com 5 microdiluidores de 0,025 mL, fazemos as diluições seriadas, das escavações 1 a 8. Adicionamos então 1 gota (0,025 mL) de antígeno diluído contendo 4 unidades hemaglutinantes em todas as escavações, menos na fileira 12, vertical. Homogeneizamos e incubamos por 1 hora a 4°C. Adicionamos 2 gotas (0,05 mL) de suspensão de hemácias humanas "O", tripsinizadas, a 0,25%, geladas, a todas as escavações utilizadas, da placa. Numa escavação à parte, acrescentamos 2 gotas da suspensão de hemácias e 2 gotas de diluente HSAG (será o controle de hemácias). Homogeneizamos, recobrimos a placa com um plástico ou a colocamos dentro de um recipiente fechado e a incubamos a 4°C durante 90 minutos. O título de anticorpos do soro é a maior diluição que inibe completamente a aglutinação.

O controle do antígeno deve ser feito concomitantemente. Testamos 4U, 2U, 1U, 0,5U e 0,25U do antígeno. As três primeiras escavações devem mostrar aglutinação completa, enquanto que as duas últimas não devem aglutinar, pois, por definição, uma unidade é a maior diluição que consegue aglutinar as hemácias. Em cinco escavações separadas, pingamos 1 gota de diluente HSAG, menos na primeira. Nessa primeira escavação, pingamos uma gota de antígeno utilizado na prova, bem como na 2ª escavação. Com um microdiluidor de 0,025 mL, diluímos o antígeno da segunda até a quinta escavação. Colocamos 1 gota de tampão em todas as cinco escavações e em seguida 2 gotas das hemácias usadas na prova. Incubamos juntamente com a prova.

Se o controle de soro mostrar aglutinação, devemos repetir o tratamento com hemácias. Se o controle de hemácias aglutinar, devemos usar nova partida de hemácias. Se não foram empregadas 4 Unidades Hemaglutinantes, devemos repetir a dosagem de antígeno e depois repetir a própria prova.

REAÇÕES DE AGLUTINAÇÃO PASSIVA OU INDIRETA

A este tipo de reações pertencem os mais sensíveis métodos utilizados em imunologia clínica. Trata-se da absorção artificial de antígenos solúveis a partículas, que passam por sua vez a aglutinar em presença de soro homólogo contra o antígeno absorvido. Como partículas, são usadas quase que sempre hemácias ou látex, mas podem ser utilizadas também partículas de bentonita, de colóide, etc. Em geral, antígenos polissacarídicos não muito purificados se fixam diretamente nas hemácias. Proteínas necessitam de tratamento prévio das hemácias, geralmente feito pelo ácido tânico a 1:10.000 ou a 1:100.000. Em vez de taninização, por vezes empregamos métodos especiais, como ligação covalente, usado mais para moléculas bifuncionais. São os métodos da benzidina bidiazotada (BDB), da carbodiimida e do aldeído glutárico; ponte metálica. O Cr^{+++} modifica a superfície de hemácias, propiciando uma melhor absorção de proteínas e c) ponte imunológica, que se realiza em duas etapas: na primeira, o antígeno proteico é conjugado por BDB, a anticorpos anti-Rh não aglutinantes. Na segunda etapa fixamos o conjugado a hemácias Rh positivas. Nessas provas, são necessários rigorosos controles, uma vez que anticorpos anti-hemácias (naturais) podem estar presentes e determinar falsos resultados positivos. A sensibilização das hemácias é de curta duração, mas a formolização tende a preservar as hemácias e manter os determinantes antigênicos ativos, em sua superfície (em geral por uma semana ou mais, se mantida a 4°C).

Várias técnicas substituem as hemácias por partículas de látex (ou de bentonita), sendo hoje largamente empregadas.

a) *Prova de Waaler-Rose*

A prova de Waaler-Rose é usada para o diagnóstico da artrite reumatóide, pela aglutinação de hemácias de carneiro, sensibilizadas: o soro de paciente com artrite reumatóide (em cerca de 75% dos casos) é capaz de aglutinar hemácias de carneiro sensibilizadas com hemolisina, devido a um fator, chamado de fator reumatóide.

Num tubo 16 X 100 mm, misturamos 1,5 mL de uma suspensão de hemácias de carneiro a 2% com igual quantidade de uma solução de hemolisina previamente titulada (veja preparo de hemácias sensibilizadas, na parte referente às provas de fixação de complemento). Num outro tubo, suspendemos 1,5 mL de hemácias de carneiro a 2% com 1,5 mL de solução fisiológica. Incubamos os dois tubos a 37°C durante 15 minutos (em banho-maria).

Para cada soro em exame, colocamos duas fileiras de 12 tubos 12 X 75 mm numa estante. Os tubos da primeira fileira são marcados de A1 até A1 2 e os da segunda fileira de B1 a B12. Colocamos 0,9 mL de solução fisiológica no tubo A1 e 0,4 mL nos tubos A2 até Ali. Aos tubos A12 e B12 pipetamos 0,2 mL de solução fisiológica (serão os tubos-controles de hemácias, respectivamente sensibilizadas e normais).

Pipetamos 0,1 mL de soro inativado (do paciente) no tubo A1, misturamos e obtemos uma diluição 1:10. Removemos 0,8 mL do tubo Al, 0,2 mL remanescentes. Misturamos o conteúdo do tubo A2. Removemos 0,6 mL deste tubo e colocamos 0,2 mL do tubo B2 e 0,4 mL no tubo A3. Repetimos essas manobras até o tubo Ali. Removemos 0,6 mL desse tubo, colocamos 0,2 mL, no tubo Bl1e desprezamos o restante.

Juntamos 0,2 mL de hemácias sensibilizadas a todos os tubos da fileira A e 0,2 mL de hemácias não sensibilizadas a todos os tubos da fileira B. Agitamos a estante, para misturar o conteúdo dos tubos. Incubamos durante 1 hora em banho-maria a 37°C e transferimos a estante para a geladeira (4°C) até o dia seguinte. Lemos a aglutinação, nos tubos, 30 minutos depois de retirados da geladeira. O resultado é calculado dividindo-se a recíproca da maior diluição do soro que produz aglutinação com hemácias sensibilizadas com a recíproca da maior diluição do soro que aglutina hemácias normais (anticorpos heterófilos). Por exemplo, se o resultado da fileira A for 1:320 (aglutinação até o 6º tubo, pois as diluições do soro vão de 1:10, 1:20, 1:40, 1:80, etc., até 1:20.480 no 11º tubo) e, se houver aglutinação na fileira B até 1:40, o resultado final será 320 dividido por 40, o que é igual a 8. A prova é considerada positiva com resultado final acima de 32.

b) *Prova de Middlebrook-Dubos*

Esta prova é usada para o diagnóstico e controle terapêutico de infecções causadas por micobactérias, pela hemaglutinação passiva. Para absorver anticorpos heterófilos provavelmente existentes no soro dos pacientes temos de primeiramente proceder ao preparo desses soros: 0,5 mL do soro do paciente são adicionados a 1,5 mL de hemácias de carneiro a 0,5%, misturados e mantidos à temperatura ambiente durante 10 minutos. Centrifugamos e colhemos o sobrenadante (soro diluído a 1:4).

Numa série de 10 tubos 12 X 75 mm pipetamos do 2º ao último tubo 0,5 mL de uma solução salina tamponada de fosfatos, pH 7,2 (0,15 M, constituída de 8,15 g de Na_2HPO_4 anidro, 2,45 g de KH_2PO_4, 4,50 g de NaCl e água q.s.p. 1.000 mL). Pipetamos o soro do paciente, absorvido (1:4) no 1º e no 2º tubo (0,5 mL). A partir do 2º tubo, passamos 0,5 mL para o tubo seguinte, até o 8º tubo. As diluições obtidas vão de 1:4 a 1:512.

Nos tubos 1 a 9, pipetamos 0,5 mL de uma suspensão de hemácias de carneiro a 0,5% no tampão descrito acima e absorvidas com tuberculina bruta O.T.: lavamos as hemácias de carneiro 3 vezes com o tampão pH 7,2; adicionamos 22 volumes de tampão, em Erlenmeyer; adicionamos 1 volume de papa de hemácias e misturamos. Gota a gota, adicionamos 2 volumes de tuberculina bruta O.T. (ou de BCG, não glicerinado) e incubamos em banho-maria a 37°C durante 2 horas, agitando de 15 em 15 minutos. Lavamos as hemácias 3 vezes no tampão pH 7,2 e fazemos uma suspensão a 0,05%, nesse mesmo tampão. A preparação se conserva a 4°C, durante 3 dias.

O tubo 9 é o controle de hemácia sensibilizada com tuberculina. O tubo 10 recebe 0,5 mL de hemácia normal de carneiro, a 0,5% (controle de hemácias normais).

Após a adição das hemácias nos tubos da reação, misturamos esses tubos e os incubamos a 37°C, durante 2 horas. Após esse tempo, os transferimos para a geladeira (4°C), até o dia seguinte, e lemos a aglutinação. A sensibilidade da reação é de 80%. Vacinação pelo BCG ou reações de tuberculina produzem títulos transitórios e baixos, de até 1:8. Títulos de 1:32 ou maiores são encontrados na infecção tuberculosa e na hanseníase em atividade. A reação, segundo alguns tisiologistas, é de utilidade no controle terapêutico destas doenças.

c) *As provas de látex em laboratório clinico*

A prova de látex há mais tempo empregada em laboratório clínico é a prova para o diagnóstico da artrite reumatóide (pesquisa do fator reumatóide) e frequentemente essa prova é denominada apenas de “Prova do Látex”. Como são várias as provas de látex hoje utilizadas em laboratório clínico, convém sempre que especifiquemos o tipo da prova. Assim, temos prova de látex para fator reumatóide, para anticorpos antinucleares, para anticorpos antiestreptolisina, para anticorpos antiamebas, etc.

c-1) *Prova do iátex para o diagnóstico da artrite reumatóide* (RA-test ou RF-test)

Utilizamos reagentes comerciais de boa procedência (Behringwerke, AG, Frankfurt, Alemanha ou Hyland, Los Angeles, Califórnia, Estados Unidos da América do Norte) e que são fornecidos em estojos contendo partículas de látex absorvidas com gamaglobulina humana, soros-padrões positivo e negativo diluídos a 1:20, placa de vidro quadriculada e solução tampão de glicina-NaCl, pH 8,2.

Diluímos o soro do paciente aproximadamente a 1:20, juntando 1 gota do soro em 1 mL do tampão. Em quadrados diferentes da placa de vidro, depositamos 1 gota do soro do cliente, diluído, 1 gota do soro-padrão positivo e 1 gota do soro-padrão negativo e mantemos a placa à temperatura ambiente. Agitamos levemente o frasco com as partículas de látex revestidas de gamaglobulina humana e pingamos 1 gota desse látex sobre cada um dos soros anteriormente colocados na placa. Misturamos com os ângulos de uma lâmina de microscopia e imprimimos à placa um movimento de rotação. Depois de 1 a 3 minutos, observamos o aparecimento de aglutinação, usando os soros-padrões para comparação.

Fontes de erro: aglutinações após 3 minutos não devem ser consideradas (são falso-positivos). Se o soro do paciente estiver fortemente lipêmico pode haver também falsas reações positivas. Não devemos fazer a reação com plasma, em vez de soro, pois o fibrinogênio pode provocar aglutinação inespecífica das partículas de látex.

Para uma prova semi quantitativa, podemos diluir o soro do paciente com o tampão glicina-C1Na (1:40, 1:80, etc.) e repetir a prova, anotando a maior diluição do soro em que ocorrer a aglutinação.

Em cerca de 80% dos casos de artrite reumatóide essa prova é positiva, enquanto que na febre reumatóide essa prova é positiva, enquanto que na febre reumática e na poliartrite reumática secundária crônica é quase sempre negativa.

A prova é frequentemente positiva em processos ativos de longa duração e ocasionalmente no soro de pacientes com lúpus eritematoso, hepatite, cirrose hepática, sarcoidose, sífilis e outras doenças.

c-2) *Prova do látex para anticorpos antitireoideanos* (TA-test). Essa prova é utilizada no diagnóstico da tireoidite de Hashimoto.

Os reativos são fornecidos pelo laboratório Hyland, de Los Angeles, Califórnia, Estados Unidos da América do Norte, e se constituem de partículas de látex revestidas de tireoglobulina, tampão glicina-NaC1 pH 8,2, soros-padrões negativo e positivo, diluídos a 1:20, placa de vidro quadriculada e tubos capilares.

Diluímos o soro do paciente a 1:20, aproximadamente, juntando 1 gota de soro em 1 mL do tampão e executamos a prova com a técnica descrita para a prova anterior.

Se a prova for positiva, há anticorpos antitireóide no soro do paciente.

c-3) *Prova do Látex para o Diagnóstico do Lúpus Eritematoso Sistêmico* (LE-test)

Os reativos são fornecidos pelo laboratório Hyland, de Los Angeles, Califórnia, Estados Unidos da América do Norte, e se constituem de partículas de látex revestidas de DNA, de placas de vidro e soros--controles positivo e negativo.

Uma gota do soro do paciente bem como dos soros-controles são postas em contato com as partículas de látex revestidas de DNA, misturadas com os ângulos de uma lâmina de microscopia e a aglutinação é lida após 2 minutos de rotação da placa.

A prova é positiva em 90% dos casos de lúpus eritematoso sistêmico ativo, não tratado, podendo ser positiva também em outras colagenoses.

c-4) *Prova do Látex para anticorpos Antiestreptolisina-O* (prova do látex para ASL-O)

Os reagentes são fornecidos pela firma Behringwerke AG, Frankfurt, Alemanha, e se constituem de uma suspensão aquosa de partículas de látex revestidas de estreptolisina O e de um frasco de estreptolisina-O padronizada e liofilizada. Pode-se fazer rotineiramente esta reação, em paralelo com a reação de hemólise. Aqui, não há interferência de inibidores inespecíficos da hemólise.

Dissolvemos o conteúdo de um frasco de estreptolisina-O na quantidade de solução fisiológica indicada no rótulo. A 0,3 mL dessa solução juntamos 0,1 mL do soro do paciente, agitamos e deixamos 15 minutos à temperatura ambiente. Pingamos 1 gota dessa mistura numa placa de vidro. Em cima dessa gota, pintamos 1 gota da suspensão de látex revestido de estreptolisina-O. Misturamos com um bastão de vidro. Aplicamos movimentos rotatórios à placa, durante 4 a 6 minutos e lemos a aglutinação.

Soros com mais de 200 U.I. de ASL-O por mL dão reação positiva. Como a quantidade de estreptolisina-O que acrescentamos ao soro do paciente é de 200 U.I./mL, a antiestreptolisina, até essa quantidade, é neutralizada. Havendo mais anticorcorpos (prova positiva), as partículas de látex revestidas de estreptolisina-O se aglutinam.

c-5) *Prova do Látex para Anticorpos Antiamebinos (Entamoeba histolytica)*

Os reagentes são fornecidos pela firma Ames, de Indiana, Estados Unidos da América do Norte, com o nome de "Serameba". Constituem-se de uma suspensão de látex, uma ampola com antígeno amebiano liofilizado, para sensibilizar a suspensão de látex e soros-controle, negativo e positivo, também liofilizados. Para sensibilizar a suspensão de látex, transferimos essa suspensão ao frasco contendo o antígeno liofiliado e misturamos até dissolver esse antígeno. Devemos esperar pelo menos 5 minutos antes de usar, mas não podemos usar as partículas de látex, sensibilizadas, após 24 horas de preparo, mesmo mantido na geladeira. Para reconstituir os soros liofilizados acrescentamos 0,2 mL de água destilada em suas ampolas.

Em cima de 1 gota do soro do paciente e de gotas dos soros positivo e negativo, pingamos 1 gota do látex sensibilizado com antígeno amebiano. Misturamos com os ângulos de uma lâmina de microscopia, rodamos a placa onde está sendo feita a prova, durante cinco minutos, e lemos as reações.

Um resultado positivo implica a presença ou a existência de uma invasão dos tecidos (atual ou passada) causada por *Entamoeba histolytica.* Amebas não invasivas, intestinais, não estimulam a formação de anticorpos circulares e assim uma aglutinação de látex negativa para esse antígeno geralmente exclui uma amebíase invasiva num diagnóstico diferencial.

Várias outras provas de látex foram desenvolvidas, para a pesquisa de vários antígenos ou anticorpos, porém foram abandonadas devido a provas mais sensíveis, de outra natureza (por exemplo, a prova do látex para o diagnóstico da hepatite causada pelo vírus B) ou ainda não estão suficientemente estudadas e bem aceitas (por exemplo, provas de látex para o diagnóstico da febre tifóide, da esquistossomose, etc).

c-6) *Prova do Látex para Proteína C-Reativa* (PCR-látex)

Os reagentes são fornecidos pela firma Berhringwerke AG, Frankfurt, Alemanha, e se constituem numa suspensão de partículas de látex revestidas de anticorpos antiproteína-C, bem como de soros conhecidos, negativo e positivo.

Numa lâmina de plástico, quadriculada, pingamos 1 gota do soro do paciente, em um quadrado e em dois outros, uma gota do soro positivo e uma do soro negativo. A cada uma delas acrescentamos 1 gota da suspensão de látex-PCR previamente agitada. Misturamos cada gota com uma vareta plástica e, fazendo movimentos rotatórios na placa, aguardamos o desenvolvimento das reações durante 3 a 5 minutos, à temperatura ambiente.

Um resultado positivo implica a presença de uma aglutinação nítida. Devido à alta concentração da proteína-C pode haver prozona. Nesses casos repetimos a reação com o soro diluído a 1:10 em solução fisiológica.

No intuito de especificar em forma semiquantitativa o conteúdo de PCR no soro, podemos preparar outras diluições progressivas do soro do paciente, em solução fisiológica (p.ex., 1:20, 1:40,1:60) e verificar até que diluição o resultado continua positivo.

O DIAGNÓSTICO IMUNOLÓGICO DA GRAVIDEZ

Ainda no capítulo sobre reações de aglutinação indiretas ou passivas, vamos tratar das reações imunológicas para o diagnóstico da gravidez.

Os métodos mais empregados se baseiam na detecção da gonadotrofina coriônica humana (GCH) na urina. GCH é uma glicoproteína hidrossolúvel produzida nas células de Langhans da vilosidade coriônica da placenta e é secretada na urina e no sangue. A produção de GCH não é exclusiva da gravidez (aparece também no carcinoma coriônico de ambos os sexos, na mola hidatiforme e em tumores testiculares).

As provas de diagnóstico imunológico da gravidez envolvem métodos de inibição de hemaglutinação e de aglutinação de látex. Vamos descrever apenas os tipos mais empregados hoje em dia, em laboratório clínico.

a) Prova do látex para o diagnóstico da gravidez. Os reagentes comerciais recebem diferentes nomes, conforme sua origem (Gravindex, da firma Johnson e Johnson, Pregnosticon Planotest, da firma Organon, etc). Os reagentes são um frasco de partículas de látex revestidas de GCH, um frasco com soro anti-GCH, uma lâmina de vidro, negra, funil para filtração da urina e bastões de madeira para misturar os reagentes.
Filtra-se um pouco da urina da paciente, recentemente colhida. Acrescenta-se 1 gota de urina a 1 gota de soro anti-GCH. Se a mulher estiver grávida, a taxa de GCH é suficientemente alta para neutralizar o soro anti-GCH (ao redor do 13º dia após o atraso menstrual). Se não houver GCH na urina ou se sua taxa for baixa, sobrará o soro anti-GCH que adicionamos. Em seguida, adicionamos à mistura uma gota da suspensão de partículas de látex adsorvidas com GCH. Misturamos e rodamos a lâmina durante 20 minutos. Se a urina não contiver CGH, vai haver aglutinação das partículas, causada pelo soro anti-GCH que adicionamos na primeira fase. Havendo GCH na urina, haverá neutralização do soro anti-GCH adicionado e a reação será positiva (as partículas de látex não se aglutinam, por falta do soro anti-GCH).

b) Prova da inibição de hemaglutinação para o diagnóstico da gravidez. É a prova que usamos por ser bem mais sensível do que a de látex. Os reagentes são adquiridos da firma Organon, sob o nome Pregnosticon All-In, e vêm em apenas uma ampola para cada prova, contendo soro anti-GCH, liofilizado, hemácias sensibilizadas com GCH humana, liofilizadas, e uma substância tampão, também liofilizada. Abrimos a ampola, adicionamos 0,1 mL de urina filtrada e 0,4 mL de água destilada. Agitamos a ampola durante 1 minuto e a colocamos numa estante, perpendicularmente, longe de vibrações. Deixamos a ampola repousar durante 2 horas e fazemos a leitura da prova. Se a mulher estiver grávida, a GCH da urina é neutralizada pelo soro anti-GCH da ampola e as hemácias sensibilizadas não se aglutinam e escorrem pelas bordas da ampola até o seu ponto mais fundo, formando um anel nitidamente delimitado. Se a urina não tiver GCH, as hemácias sensibilizadas vão se aglutinar graças ao soro anti-GCH da ampola e vão se depositar uniformemente por todo o fundo da ampola, formando um filme homogêneo. Em casos onde o aspecto for de um grande anel (intermediário entre os dois aspectos descritos acima), o resultado deve ser considerado duvidoso e a prova deve ser repetida em uma semana.

PRECAUÇÕES E COLETA DE AMOSTRAS PARA AS PROVAS DE DIAGNÓSTICO IMUNOLÓGICO DA GRAVIDEZ

Para se obter resultados precisos, os recipientes de coleta de urina não devem conter traços de sabões ou detergentes e as amostras devem ser livres de sangue. Preferimos a primeira amostra da manhã, especialmente se formos fazer provas quantitativas (pela diluição seriada da urina). Devemos evitar ao máximo a contaminação bacteriana da urina, mantendo-a em geladeira (a refrigeração retarda também a hidrólise da GCH). Urinas convenientemente colhidas e mantidas em geladeira podem ser testadas até 48 horas após a colheita. Se as amostras forem congeladas logo após a colheita, podem ser conservadas indefinidamente antes da prova.

Influência da menopausa: urinas de mulheres até cinco anos após a menopausa podem conter gonadotrofina pituitária, que pode reagir cruzadamente e dar falsos resultados positivos. Nesses casos, convém diluir a urina 1:2 antes da prova. Isso é particularmente importante nas provas mais sensíveis, como da inibição da hemaglutinação.

Influência de drogas: tranquilizantes e outras drogas psicotrópicas, particularmente a clorpromazina, podem causar falsos resultados positivos e nesses casos recomenda-se que sejam feitos dois tipos de testes.

Proteinúria: proteinúrias acima de 100mg/mL podem causar falsos resultados negativos ou positivos.

Contraceptivos orais e tratamentos hormonais: não há aumento na excreção de gonadotrofinas com o uso de contraceptivos. Teoricamente, não deveriam aparecer falsas reações positivas nesses casos mas, no entanto, foram descritos falsos resultados positivos na interrupção do uso de contraceptivos orais ou durante o tratamento hormonal.

DETERMINAÇÃO QUANTITATIVA DO NÍVEL DAS GONADOTROFINAS URINÁRIAS

As provas imunológicas para GCH podem ser especialmente úteis no diagnóstico de gravidez anormal, neoplasias femininas e tumores testiculares masculinos.

Para essas provas, diluímos a urina (1:2. 1:4. 1:8, 1:16 e 1:32) e fazemos as provas. Se positivas em todas as diluições, fazemos novas provas com urina mais diluída (se necessário, até 1:1.024 ou mais). A última diluição na qual se vè ainda nitidamente a formação de um anel permite avaliar a quantidade de gonadotrofina coriônica presente na amostra de urina. A prova de inibição da hemaglutinação (Pregnosticon All Inn) foi concebida de tal forma que o limiar de sensibilidade da reação imunoquímica é de 1.500 U.I. de GCH por litro de urina. A concentração de GCH é então calculada com o auxílio da seguinte fórmula:

GCH = 1.500 x título obtido (isto é, diluição)

Assim, se a diluição 1:8 for ainda positiva, a amostra contém 12.000 U.I. por litro de urina.

Se o doseamento for feito em uma urina de 24 horas, podemos avaliar a excreção de GCH nas 24 horas.

Valores normais: os níveis de GCH variam de caso para caso, porém o pico geralmente é atingido entre 60 e 80 dias depois do último período menstrual e é essencial o conhecimento da curva normal de excreção para que os resultados sejam corretamente interpretados. Os níveis caem e se estabilizam em aproximadamente 25.000 U.I. por litro, 120 dias após o último período menstrual.

29
Reações de Hemólise

Além da ação de microrganismos contra hemácias, já vistas em capítulos anteriores referentes a técnicas microbiológicas, o laboratório de análises clínicas dosa anticorpos produzidos contra algumas hemolisinas e executa reações de imuno-hemólise.

Dosagem de Anticorpos Produzidos contra Hemolisinas

Estas dosagens se referem a provas de inibição de hemólise, denominadas de pesquisa de anticorpos antiestreptolisina-O (ASL-O) e de anticorpos antiestafilolisina (AStaL).

DOSAGEM DA ANTIESTREPTOLISINA-O (ASL-0)

A maioria das raças de estreptococo do grupo A produz duas hemolisinas, O e S. Ambas são hemolíticas mas somente a hemolisina O estimula o desenvolvimento de anticorpos específicos, a antiestreptolisina-O num paciente com infecção causada por estreptococo do grupo A. O título de anticorpos antiestreptolisina-O pode ter valor diagnóstico em pacientes que estão ou estiveram há pouco tempo com infecção estreptocócica do grupo A. Basta o papel desses estreptococos em sequelas que incluem febre reumática e glomerulonefrite para que se avalie o valor da dosagem da ASL-O. Como são comuns as infecções estreptocócicas, na maioria dos indivíduos, a presença de anticorpos antiestreptolisina-O, em pequenos títulos, não pode ser considerada (até 1:200 ou 1:166, conforme a técnica empregada). Títulos altos ou o aumento de título em dosagens seriadas são significativos.

Quando estreptolisina-O em sua forma reduzida é juntada a hemácias, ocorre hemólise. Se o soro do paciente contém ASL-O, ocorre uma reação antígeno-anticorpo e o anticorpo neutraliza a estreptolisina-O parcial ou completamente, dependendo do nível de anticorpos presentes. Junta-se uma quantidade constante de antígeno (estreptolisina) a quantidades decrescentes de soro e se o anticorpo presente for suficiente para neutralizar o antígeno não haverá hemólise de hemácias que forem subsequentemente colocadas nos tubos. Num determinado ponto, onde a quantidade de antígeno ultrapassa a de anticorpos, haverá hemólise. O título de ASL-O é a recíproca da maior diluição que impede a hemólise das hemácias (na técnica de Rantz-Randall). O título de ASL-O é medido em Unidades Todd (agora equivalendo a Unidades Internacionais).

Técnica de Rantz-Randall, modificada

Podem ser usadas estreptolisinas de boa procedência, tanto líquidas conservadas sob congelação (Laboratório Pasteur de Paris) ou liofilizadas (Difco, B-D Mérieux, Slavo, Hyland, etc.) e hidratadas com o volume de água destilada declarado no rótulo.

Em geral, essas estreptolisinas precisam ser reduzidas (ativadas) pela adição de compostos sulfidrílicos (cloridrato de cisteína). Algumas firmas vendem estreptolisina liofilizada contendo cisteína e nesses casos devemos apenas hidratar o reagente e usá-lo de uma só vez.

A amostra Richard, de *Streptococcus pyogenes* do grupo A, de nº 10389 na ATCC, é internacionalmente recomendada para a produção desse antígeno e se mantém em ágar-sangue, por repiques periódicos.

Fazemos uma suspensão da cultura e estoque e semeamos em uma placa de ágar sangue. Incubamos a 37°C durante 24 horas. Repicamos duas colônias em 10 mL de caldo Todd-Hewitt e incubamos a 37°C durante 24 horas. Semeamos todo esse inóculo em

500 mL de caldo Todd-Hewitt e incubamos a 37°C durante 24 horas. Inativamos com mertiolato em pó numa concentração final de 1:5.000, durante 4 horas, em temperatura ambiente e centrifugamos e 10.000 r.p.m. durante 30 minutos. Separamos o sobrenadante e o distribuímos em frasco-ampolas, com 20 mL cada. Tampamos e congelamos a —20°C. Para usar, descongelamos a quantidade que em geral necessitamos por um mês, a padronizamos e a conservamos até 30 dias, em geladeira.

a) Padronização da Estreptolisina-O

Na padronização da estreptolisina, adicionamos a uma série de tubos de hemólise (12 x 75 mm) e estreptolisina-O pura (SLO), em quantidades crescentes, de acordo com o esquema abaixo e complementamos a 0,25 mL com uma solução tampão para ASL-O, pH 6,5 a 6,67 (KH_2PO_4 3,17 g; NaCl 7,40 g; Na_2HPO_4 1,81 g e água destilada q.s.p. 1.000 mL. Acertar o pH com solução de NaOH).

SLO	0,01	0,03	0,05	0,07	0,09	0,11	0,13
tampão	0,24	0,22	0,20	0,18	0,16	0,14	0,12
SLO	0,15	0,17	0,19	0,21	0,23	0,25	–
tampão	0,10	0,08	0,06	0,04	0,02	–	0,25

Juntamos a cada tubo 0,25 mL de uma solução de cloridrato de cisteína a 8 mg/mL (64 mg de cisteína em 8 mL de tampão alcalino preparado pela adição de 1,6 mL de NaOH a 10% ou 2,5 N em 100 mL do tampão anterior).

Mantemos os tubos durante 10 minutos à temperatura ambiente para a ativação da SLO) e, em seguida, acrescentamos a cada tubo 1 mL de ASL-O padrão diluída com tampão para ASL-O, segundo o título declarado no rótulo, para conter 1 unidade de ASL-O por mL.

Levamos ao banho-maria a 37°C durante 15 minutos e depois juntamos uma gota de hemácias lavadas de carneiro suspensas a 2% em tampão para ASL-O e incubamos novamente a 37°C, durante 10 minutos, quando lemos hemólise. O tubo com maior quantidade de SLO pura e que não apresenta hemólise é tomado como índice de combinação (I.C.) e corresponde à quantidade de SLO que neutraliza 1 unidade de ASL-O.

b) Preparo da solução de uso, de SLO

Partes iguais de cloridrato de cisteína a 8 mg/mL em tampão alcalino (solução A) e de SLO em tampão de ASL-O, na proporção determinada pelo I.C. da padronização acima, corrigida para um volume de 2 mL. Para isso, multiplicamos o valor do I.C. encontrado por 8 (uma vez que a diluição da SLO, na dosagem, perfazia um volume total de 1/8 de 2 mL, ou seja, 0,25 mL) e completamos a diferença até 2 mL com tampão para ASL-O. De acordo com o número de soros em exame, temos de preparar maior volume desse reagente, segundo o quadro abaixo:

Nº Soros	sol A (mL)	sol. B (mL)	sol. SLO p/uso (mL)	SLO pura (mL)
1	2	2	4	8 I.C.
2	4	4	8	2 x 8 I.C.
3	5	5	10	2,5 x 8 I.C.
4	7	7	14	3,5 x 8 I.C.
5	8	8	16	4 x 8 I.C.

Por exemplo: na padronização de uma estreptolisina, o I.C. foi de 0,11. Para um soro a ser analisado, colocamos 8 x 0,11 de SLO pura (= 0,88 mL) e completamos a 2,0 mL com tampão para ASL-O (= 1,12 mL), o que constitui a solução B. Juntamos o mesmo volume (2 mL) de solução A, que é a solução de cloridrato de cisteína.

No mesmo exemplo acima, para examinar 5 soros juntamos 4 x 0,88 mL de SLO pura com 4,48 mL de tampão ASL-O (para completar 8 mL), o que constitui a solução B. Juntando com 8 mL da solução A temos o volume necessário para as provas.

c) Tratamento dos soros para remoção de inibidores inespecíficos

Tem a finalidade de remover as beta-lipoproteínas e pode ser feito, entre outros, por um dos seguintes métodos:

c-1) Método de Dextran: 0,2 mL do soro (inativado) do paciente, 1,56 mL de tampão para ASL-O, 0,04 mL de sulfato de dextran (p.m. 500.000) a 10% em água destilada e 0,2 mL de cloreto de cálcio 1 M. Deixar 1 hora à temperatura ambiente. Centrifugar 10 minutos a 1.500 r.p.m. Colher o sobrenadante e com ele continuar a reação de ASL-O (é o soro do paciente diluído a 1:10).

c-2) Método da Heparina: 0,2 mL do soro do paciente, 0,05 mL de heparina com 5.000 U5/mL, 1,8 mL de cloreto de cálcio a 0,025 M. Deixar 2 horas na geladeira, centrifugar a 4.500 r.p.m. durante 10 minutos. Usar o sobrenadante (soro a 1:10).

d) Diluições do soro e técnica da reação

O soro, após o tratamento para a remoção dos inibidores inespecíficos, fica diluído a 1:10. Para a reação, necessitamos diluí-lo também a 1:100 e a 1:500. Para isso, juntamos 0,5 mL do soro 1:10 em 4,5 mL de tampão para ASL-O (fica 1:100) e juntamos 1 mL desse soro 1:100 em 4 mL de tampão para ASL-O (fica 1:500).

Numa fileira de 13 tubos de hemólise colocamos os soros diluídos, tampão para ASL-O, estreptolisina ativada, incubamos, acrescentamos hemácias de carneiro, incubamos novamente e identificamos o valor de Unidades Internacionais (ou Todd) por tubo de reação, de acordo com o esquema na página seguinte.

Leitura

Examinar cada tubo com cuidado, para verificar qualquer sinal de hemólise. O tubo 12 (controle de hemácias) não deve mostrar hemólise e o tubo 13 (controle de estreptolisina) deve estar hemolisado. O título do soro do paciente é obtido da tabela acima e corresponde à maior diluição do soro que não apresenta hemólise.

Correção do título

O resultado acima deve ser corrigido de acordo com o título obtido pelo exame de um soro padrão, com título conhecido, feito no mesmo dia e nas mesmas condições acima. O título final corrigido é obtido pela seguinte fórmula:

$$\text{Título do paciente, corrigido} = \frac{\text{título teórico do soro-padrão x título do soro do paciente}}{\text{título obtido com o soro-padrão}}$$

Técnica de Schultze e colabs. (Behringwerke)

Nesta técnica há uma comparação constante entre o título de ASL-O no soro do paciente e o título de um padrão internacional. Os reagentes são fornecidos pela firma Behringwerke, de Frankfurt, Alemanha, e se constituem dos seguintes componentes:

Soro-padrão ASL-O, com 10 U.I./mL.

Estreptolisina-O liofilizada, frascos com 200 U.I. e ampolas de tioglicolato de sódio 0,3 M, para sua ativação.

Tampão fosfato 0,006 M, pH 7,3 concentrado. Podemos preparar esse tampão, 10 vezes concentrado (0,06 M, pH 7,3) de acordo com a seguinte fórmula: solução A: $Na_2HPO_4 \cdot 12H_2O$, 21,48 g e água destilada q.s.p. 1.000 mL; solução B: KH_2PO_4 8,16 g e água destilada q.s.p. 1.000 mL. Tomar 765 mL de A e completar a 1.000 mL com a solução B. Acertar o pH, adicionando mais solução A ou solução B. Teremos assim um tampão-estoque 0,06 M, pH 7,3. Para usar, diluir 10 vezes, colocando 8,5 g/L de NaCl para ionizá-lo.

Preparo dos soros: tanto o soro do paciente como o soro-padrão são tratados pelo dextran, para a remoção de inibidores inespecíficos (veja a técnica anteriormente descrita).

Diluições dos soros e dos padrões

Preparamos duas diluições do soro do paciente (1:50 e 1:75) e a partir destas fazemos duas séries de diluições, conforme o esquema abaixo. Com o soro-padrão fazemos também duas diluições (contendo respectivamente 1,5 e 1 U.I.) e a partir destas fazemos mais diluições em cada série, conforme o esquema na página 305.

Titulação da Anti-Estreptolisina

Diluições do Soro	*1.10*			*1:100*			*1:500*					*Controles*	
Tubos	1	2	3	4	5	6	7	8	9	10	11	12	13
Soro Diluído	0,1	0,5	0,4	0,3	0,25	0,2	0,15	0,5	0,4	0,3	0,2	–	–
Tampão p/ASL-O	0,4	–	0,1	0,2	0,25	0,3	0,35	–	0,1	0,2	0,3	0,75	0,5
SLO Ativada	0,25	0,25	0,25	0,25	0,25	0,25	0,25	0,25	0,25	0,25	0,25	–	0,25
Incubar a 37°C durante 15 minutos													
Uma gota de suspensão de hemácias de carneiro a 2% (em todos os tubos)													
Incubar a 37°C durante 45 minutos													
Unidades		50	100	125	166	200	250	333	500	625	833	1250	

Após as diluições ao lado, preparamos a solução de estreptolisina-O ativada, de conformidade com o volume que formos usar. Essa solução deve ser usada imediatamente depois de 10 minutos. Como vamos usar 0,5 mL de SLO ativada por tubo, calculamos o volume total desse reagente e preparamos a solução de modo a conter:

8% de SLO liofilizada e reidratada com 5 mL
de tampão fosfato pH 7,3
(esta solução dura 1 semana)
84% de tampão fosfato pH 7,3
8% de tioglicolato de sódio 0,3 M

Pipetamos 0,5 mL dessa solução em todos os tubos e levamos ao banho-maria a 37°C, durante 25 minutos, após a agitação dos tubos.

Em seguida, adicionamos 1 gota de hemácias de carneiro a 2% (lavadas 3 vezes em solução fisiológica), agitamos os tubos e os incubamos em banho-maria a 37°C durante 45 minutos.

Depois de retirados do banho-maria centrifugamos os tubos em que a leitura de hemólise seja mais difícil (situados no limiar entre as somas de hemólise e não hemólise), tendo o cuidado de marcá-los antes com o número correspondente ao soro do paciente e com as marcações 1a, 1b ou 2a, 2b, etc, do esquema mostrado. Fazemos o mesmo com os tubos referentes ao soro-padrão.

O título é o correspondente ao 1º tubo de hemólise evidente.

O título de ASL-O do paciente é calculado multiplicando-se a recíproca da diluição encontrada, pela concentração de ASL-O encontrada no exame do soro-padrão (em U.I.).

Exemplo:

1ª diluição do soro que deu hemólise evidente 1:400

1ª diluição do soro — padrão que deu hemólise evidente = tubo 2a (0,75 U.I.)

Logo, o título do paciente - 400 x 0,75 = 300 U.I./mL. (ver pág. 514).

Esses resultados podem ser facilmente procurados na seguinte tabela

Soro Padrão	*Soro do paciente, tubo nº*													
Tubo Nº	*1a*	*1b*	*2a*	*2b*	*3a*	*3b*	*4a*	*4b*	*5a*	*5b*	*6a*	*6b*	*7a*	*7b*
1a	75	110	150	225	300	450	600	900	1200	1800	2400	3600	4800	7200
1b	50	75	100	150	200	300	400	600	800	1200	1600	2400	3200	4800
2a	40	55	75	110	150	225	300	450	600	900	1200	1800	2400	3600
2b	25	40	50	75	100	150	200	300	400	600	800	1200	1600	2400
3a	20	30	40	55	75	110	150	225	300	450	600	900	1200	1800

DOSAGEM DA ANTIESTAFILOLISINA (ASTAL)

Essa prova dosa anticorpos contra a alfa-hemolisina estafilocócica, que é um indicador que permite demonstrar e seguir o curso da infecção humana pelo *Staphylococcus aureus*.

A técnica é semelhante à descrita pela ASL-O (método de Schultze).

Os reagentes são da firma Behringwerke AG, de Frankfurt, Alemanha, consistindo de hemolisina alfa, estafilocócica, liofilisada (não necessitando de ativação); soro AStaL padrão e o mesmo tampão fosfato, pH 7,3.

O soro do paciente é apenas inativado, pois nesta reação não interferem os inibidores inespecíficos. O modo de diluir o soro do paciente e o soro-padrão é semelhante ao da prova de ASL-O, somente que as diluições são diferentes.

Nesta prova há preferência para o uso de hemácias de coelho, recentes, pois hemácias humanas ou de carneiro determinam a ocorrência de resultados não-reprodutíveis.

A leitura dos títulos é semelhante à da prova de ASL-O, mas o cálculo final de AStaL é diferente:

$$\text{Titulo de AStaL} = \frac{\text{título do soro do paciente}}{\text{título do soro-padrão}}$$

Como são comuns as infecções estafilocócicas, consideramos normais títulos até 2 U.I./mL. Acima desse valor os títulos são considerados significativos, porém maior valor é dado a aumentos de títulos, ob-

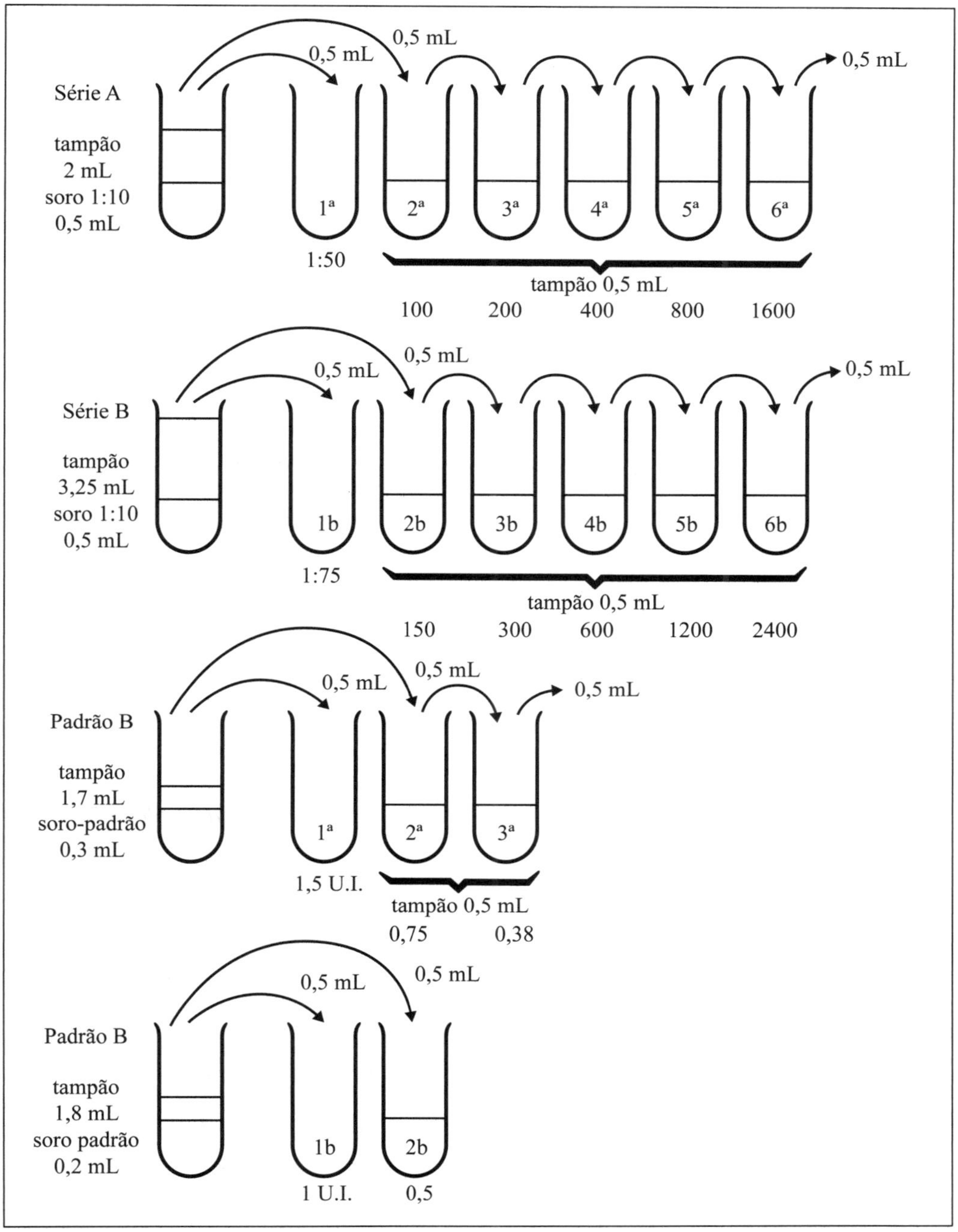

Fig. 29.1

servados em amostras colhidas em fases diferentes da doença.

Reações de Imuno-Hemdlise

A lise de hemácias, nas reações de imuno-hemólise, depende de um fator específico, termoestável, que são os anticorpos contra determinantes antigênicos da membrana da hemácia e de um fator inespecífico, que é o complemento.

Sabemos hoje que o complemento é constituído de 11 proteínas. Essas proteínas não são imunoglobulinas, já que não aumentam com a imunização e não são específicas.

A lise das hemácias é um fenómeno fácil de ser medido e, portanto, é muito usada para medidas de antígenos ou de anticorpos ou para a análise do comportamento do próprio complemento.

REAÇÕES DE FIXAÇÃO DE COMPLEMENTO

São reações sensíveis para a medida de anticorpo (Ac) ou de antígeno (Ag). Como cada molécula de Ac pode desencadear a ativação de centenas de moléculas de complemento (C), podemos obter uma considerável ampliação da reação Ag-Ac.

As reações de fixação de complemento são muito usadas para se determinar a presença de anticorpos dos tipos IgM ou IgG antimicrobianos (contra bactérias, riquétsias, clamídios, vírus) ou contra alguns fungos e parasitas. No passado houve um grande interesse no diagnóstico da sífilis (pela reação de Wassermann), porém hoje a reação de fixação de complemento é mais usada no diagnóstico de infecções causadas por vírus (citomegalovírus, respiratório-sincical, adenovírus), por clamídeos (linfogranuloma venéreo), por riquétsias, etc. Além disso, a partir de soros-padrões, a reação de fixação de complemento é usada para determinar tipos ou subtipos de vírus.

As reações de fixação de complemento passam por duas fases:

1ª fase (não-hemolítica)	Ag + Ac + C	
2ª fase (hemolítica)	Ag . Ac . C + SH	não há hemólise (+)
	Ag, Ac, C + SH	há hemólise (-)

Na primeira fase, antígenos e anticorpos são incubados com uma quantidade precisa de complemento. Os três elementos (Ag, Ac, C) são líquidos transparentes e não se percebe se houve ou não união Ag-Ac. Se houver essa união, é porque Age Ac são homólogos e, nesse caso, o complemento se liga ao complexo Ag-Ac formado. Se não houver a união Ag-Ac, é porque Age Ac não correspondem um ao outro e, permanecendo separados, não fixam o complemento.

Na segunda fase adicionamos um sistema indicador (SH, sistema hemolítico), constituído de hemácias de carneiro revestidas de anticorpos contra hemácias de carneiro (hemolisina). Essas hemácias revestidas só entram em lise quando em presença de complemento livre.

Se na primeira fase houve união Ag-Ac, esse complexo fixou o complemento e não haverá lise das hemácias por falta de C livre (a reação inicial Ag-Ac é positiva). Se na primeira fase sobrou complemento livre (reação inicial Ag-Ac negativa), vai haver lise das hemácias.

Como vimos acima, numa reação de fixação de complemento entram cinco elementos diferentes: Ag, Ac, C, hemácias de carneiro e hemolisina.

Todos esses elementos são variáveis e temos de padronizá-los e fixar quatro deles para que o restante possa ser dosado. Nas reações de fixação de complemento, os elementos são titulados em função dos outros e assim podemos titular vários tipos de antígenos, que poderão ser utilizados para um mesmo esquema de reação de fixação de complemento.

Para padronizar uma reação de fixação de complemento, uma vez sabendo o tipo de reação que vamos usar (qualitativa, semiqualitativa ou quantitativa), temos de primeiramente estabelecer o volume total da reação. Geralmente, os macrométodos usam 1,5 ou 0,7 mL de volume final e os micrométodos, hoje muito empregados, especialmente para o diagnóstico de viroses, empregam volumes de 0,125 mL.

Tanto o volume total como os volumes parciais dos elementos isolados e mesmo os tempos de incubação da primeira e da segunda fase devem ser padronizados.

Todos os elementos devem ser padronizados nas condições da reação empregada no diagnóstico.

Vamos descrever as reações qualitativas tipo Kolmer (as mais usadas em laboratório clínico), técnicas de tubos, volume de 0,7 mL.

OBTENÇÃO DOS ELEMENTOS

Hemácias de carneiro

Devemos usar sempre hemácias de dois ou mais carneiros, sangrados em frascos separados contendo solução de Alsever modificada, de acordo com a seguinte fórmula: 0,8g de citrato de sódio, 0,42g de cloreto de sódio, 2,05 g de glicose e 100 mL de água destilada. Dissolver e acertar o pH a 6,1, com solução de ácido cítrico a 5%. Esterilizar em autoclave a 118°C por 15 minutos. Colher o sangue com o máximo de esterilidade possível, volume a volume com a solução de Alsever. Guardar o sangue na geladeira a 4°C e só usar após 4 dias (quando a resistência globular já estiver estabilizada), podendo ser usado até dois meses após a colheita. Na ocasião do uso, devemos lavar separadamente as hemácias de cada carneiro, centrifugando três vezes, com grandes volumes de solução fisiológica. Após a terceira lavagem, a solução deve se apresentar límpida. Se uma das soluções estiver com sinais de hemólise após a terceira lavagem é porque as hemácias do carneiro correspondentes são muito frágeis. Descartamos as hemácias e não colhemos mais sangue desse animal (para provas de fixação de complemento). Também não devemos utilizar hemácias que apresentam hemólise, na geladeira, no dia seguinte à colheita.

Para preparar a suspensão de hemácias geralmente usada (2%, em tampão veronal ou de trietanolamina), na última lavagem centrifugamos as hemácias a 2.000 r.p.m. durante 10 minutos, para formar uma papa firme de hemácias. A partir dessa papa de hemácias, fazemos uma suspensão padronizada a 2%, em tampão veronal (TVG) ou de trietanolamina (TEA).

Para uma padronização, contamos as hemácias de carneiro, lavadas, em hematocitômetro e preparamos uma suspensão a 2%. Tomamos 0,3 mL dessususpensão, acrescentamos 2,7 mL de água destilada e medimos a densidade óptica (em colorímetro Evans, com filtro verde ou espectrofotômetro Coleman Jr., na onda de 545 nm).

Essa densidade óptica vai ser nosso ponto de partida para as padronizações a serem feitas diariamente no laboratório. A cada 3 a 4 meses padronizamos novamente as hemácias por meio de contagem.

Na padronização diária, suspendemos a papa de hemácias a cerca de 2,2%, lisamos essas hemácias como na padronização inicial e medimos a densidade óptica no mesmo aparelho usado na padronização inicial. Acertamos o volume final dessa suspensão usando a seguinte fórmula:

$$\text{Volume final} = \frac{\text{Volume da suspensão x Densidade óptica dessa suspensão}}{\text{Densidade óptica padrão}}$$

Se, por exemplo, o resultado for 1,06, devemos acrescentar 0,06 mL de diluente para cada mL da suspensão. Feito isso, medimos novamente a densidade óptica. Conservamos a suspensão em geladeira e a usamos dentro de 24 horas.

Hemolisina

É um soro de coelho (ou de outro animal), contra hemácias de carneiro. Pode ser comprada ou preparada no laboratório, em coelhos brancos machos, com cerca de três quilos, de acordo com o seguinte esquema: injeções de sangue total de carneiro, formolizado, via subcutânea (no flanco do animal, depilado), nos dias 1 (0,5 mL), 3 (1 mL), 5 (1,5 mL), 8 (2 mL) e 10 (2,5 mL). Nos dias 12 e 15 injetamos 1 mL de suspensão de hemácias lavadas, a 20% na veia marginal da orelha.

Há risco, mais raro, de choque anafilático. No 17º dia, os animais são mortos por sangria branca e o sangue é colhido num frasco de vidro e deixado à temperatura ambiente, para coagular. Cortamos então o coágulo em quatro partes, por meio de um bisturi afiado e levamos o frasco para a geladeira (4°C) até o dia seguinte, para se obter o máximo de soro. No dia seguinte, o soro é colhido, centrifugado, inativado e preservado com azida de sódio (0,022 mL de uma solução a 6%, por mL de soro).

Um outro modo de preservar hemolisina, mais comum, é o de misturá-la, em partes iguais, com glicerina neutra bidestilada. A conservação da hemolisina deve ser feita em geladeira.

Complemento

O cobaio é o animal de escolha para se obter complemento (soro sem anticoagulante, fresco). Esse reagente pode ser adquirido liofilizado ou ser então colhido no laboratório e ser guardado congelado ou misturado com preservativos químicos. Podemos usar dois métodos para obter complemento:

a) Sangrar, por via cardíaca, com seringa e agulha estéreis, cerca de 30 cobaios machos, adultos, em jejum de 24 horas. Colhemos o sangue de cada cobaio em tubo estéril separado. Para se obter boa retração do coágulo, esterilizamos os tubos com solução fisiológica e despejamos totalmente esse líquido no momento de utilizar o tubo. Deixamos os tubos em temperatura ambiente durante 6 a 8 horas e em seguida os colocamos em geladeira (a 4°C) até o dia seguinte. Separamos os soros esterilmente, centrifugamos e desprezamos os tubos que apresentarem hemólise. Misturamos os soros sem hemólise e distribuímos em porções de 1 mL em tubos, arrolhando com rolha de borracha. Congelamos a pelo menos —20°C. A conservação é boa por um período de dois meses.
b) Por este outro método, o sangue é obtido de cobaios adultos, machos, em jejum de 24 horas, após torná-los inconscientes por um golpe na nuca e seccionando os grandes vasos do pescoço em cima de um frasco de vidro, de boca larga. Devemos colher o sangue de pelo menos seis animais, no mesmo frasco, e deixar coagular em temperatura ambiente. O coágulo é cortado em quatro partes por meio de um bisturi afiado e deixado na geladeira, a 4°C, durante 1 hora. Após esse tempo, separamos o soro por centrifugação.

Preservativos químicos do complemento

Também aqui citaremos dois métodos:

a) Misturar o complemento, em partes iguais, com solução de Sonnenchein (120 g de acetato de sódio, 40 g de ácido bórico, 0,1 g de mertiolatoe água destilada q.s.p. 1.000 mL). Desse modo, o complemento pode ser conservado em geladeira.

b) Este método alternativo para a preservação do complemento denomina-se "método de Richardson", sendo necessárias duas soluções A: 0,93 g de ácido bórico (H_3BO_3), 1,29 g de bórax ($Na_2B_4H_7$ 10 H_2O), 11,74 g de sorbitol [$(C_6H_{14})_6$. 1/2 H_2 O] e 10 mL de solução saturada de cloreto de sódio. Solução B: 0,57 g de bórax, 0,81 g de azida de sódio (NaN_3) e 100 mL de solução saturada de cloreto de sódio.

Juntar oito partes do complemento a uma parte de solução B e depois colocar uma parte de solução B (sempre nessa ordem). As concentrações molares resultantes são ácido bórico 0,03 M, azida de sódio 0,0125 M, borato de sódio 0,15 M e sorbitol 0,06 M. A preservação é feita pela solução salina hipertônica e o pH é regulado a 6,0-6,40 pela solução bórax-borato-sorbitol.

O complemento preservado é usável por um ano ou mais, desde que mantido em geladeira e em frasco recoberto de papel preto. Para usar o complemento a 1:10 adicionamos uma parte do complemento preservado a sete partes de água destilada, cancelamos assim o fator de diluição e a hipertonicidade das soluções conservadoras. Uma vez diluído, o complemento deve ser imediatamente usado, pois os preservativos deixam de agir.

Diluente

Tradicionalmente usa-se como diluente, em reações de fixação de complemento, o tampão veronal, com cálcio, magnésio e gelatina (TVG). Recentemente, contudo, devido à dificuldade cada vez maior da aquisição de barbitúricos, estamos usando um tampão de trietanolamina contendo igualmente cálcio, magnésio e gelatina e que é amplamente satisfatório para ser usado em reações de fixação de complemento. É o chamado tampão TEA.

Tampão veronal (TGV): Primeiramente preparamos um tampão veronal cinco vezes isotônico, como se segue: 83,7 g de ClNa, 2,5 g de bicarbonato de sódio, 3 g de dietilbarbiturato de sódio (veronal sódico), 4,6 g de ácido dietilbarbitúrico (veronal) e água destilada q.s.p. 2.000 mL. Dissolver o ácido dietilbarbitúrico a quente em 500 mL de água destilada e adicioná-lo à solução dos outros componentes, deixando esfriar e completando o volume.

Em seguida, juntamos 200 mL desse tampão 5 vezes isotônico com 1 mL de solução de cloreto de cálcio 0,15 M ($CaCl_2$. $2H_2O$ 2,205%), 1 mL de cloreto de magnésio a 0,5 M ($MgCl_2$. $6H_2O$ 10,166%) e água destilada q.s.p. 100 mL. A gelatina deve ser dissolvida a quente em 100 mL de água destilada e acrescentada aos demais ingredientes. Para 1 litro de solução colocamos 200 mg de gelatina Difco. O pH final deve estar entre 7,2 e 7,4.

Tampão de trietanolamina (TEA): Preparamos a solução-mãe adicionando 28 mL de trietanolamina, 180 mL de HCl 1N, 1 g de $MgCl_2$. $5H_2$ O e 0,2 g de $CaCl_2$. $2H_2O$ em água destinada q.s.p. 1.000 mL.

Para uso, juntamos 100mL da solução-mãe, 0,5 g de gelatina (dissolvida separadamente, a quente), 8,5 g de ClNa e completamos para 1.000 mL.

REAÇÃO DE FIXAÇÃO DE COMPLEMENTO – TÉCNICA DE KOLMER, 1/5 DO VOLUME

a) Estabelecimento do volume da reação: para um volume total de 0,7 mL, temos os seguintes volumes parciais

volume reservado ao soro	0,2 mL
volume reservado ao antígeno	0,1 mL
volume reservado ao complemento	0,2 mL
volume reservado ao sistema hemolítico . . .	0,2 mL

b) Tempo de interação Ag-Ac-C (na primeira fase): 1 hora, a 37°C (banho-maria)

c) Tempo de hemólise em banho-maria (na segunda fase): 30 minutos, a 37°C

Todos os elementos são titulados segundo as condições acima Se houver modificação na técnica, os elementos devem ser titulados de acordo com essa modificação introduzida.

d) Titulação da hemolisina

Preparar solução-estoque de hemolisina a 1:100 (95 mL de tampão TEA, 4 mL de solução de fenol a 5% em solução fisiológica e 1 mL de hemolisina).

A partir dessa solução, preparar solução de hemolisina a 1:1.000 juntando 1 mL em 9 mL de tampão TEA.

Numa série de 12 tubos 13 x 75 mm proceder às diluições de hemolisina como indicado no quadro seguinte:

Numa série de 12 tubos de hemólise, transferimos 0,5 mL de cada diluição de hemolisina para tubos correspondentes, iniciando pelo 12º tubo. A cada um desses tubos, pipetamos 0,5 mL de uma suspensão padronizada de hemácias a 2%. Misturamos cada tubo, invertendo-os pelo menos 4 vezes.

Numa outra série de 12 tubos de hemólise, transferimos 0,2 mL das misturas hemolisina + hemácias, começando pelo 12º tubo. A todos os tubos adicionamos 0,5 mL de complemento 1:30 (independentemente de titulagem desse complemento) diluído em tampão TEA.

Agitamos bem essa estante e incubamos em banho-maria, a 37°C, durante 30 minutos.

Removemos a estante do banho-maria e lemos hemólise.

Tubo	*Hemolisina a 1:1.000 (mL)*	*Tampão TEA (mL)*	*Processamento*	*Diluição final*
1	1	–		1:1.000
2	1	1	Misturar	1:2.000
3	1	2	Misturar. Passar 1 mL ao tubo 6	1:3.000
4	1	3	Misturar. Passar 1 mL ao tubo 7	1:4.000
5	1	4	Misturar. Passar 1 mL ao tubo 8	1:5.000
6		1	Misturar. Passar 1 mL ao tubo 9	1:6.000
7		1	Misturar. Passar 1 mL ao tubo 10	1:8.000
8		1	Misturar. Passar 1 mL ao tubo 11	1:10.000
9		1	Misturar. Passar 1 mL ao tubo 12	1:12.000
10		1		1:16.000
11		1		1:20.000
12		1		1:24.000

A unidade de hemolisina é a maior diluição que revela hemólise completa.

Na titulação do complemento e ha reação de fixação do complemento utilizamos 2 unidades hemolíticas. Assim, devemos fazer a diluição de hemolisina como nos seguintes exemplos:

1 unidade = diluição 1:8.000; 2 unidades = diluição 1:4.000

1 unidade = diluição 1:6.000; 2 unidades = diluição 1:3.000

1 unidade = diluição 1:4.000; 2 unidades = diluição 1:2.000

e) Titulação do complemento

Fazer uma diluição a 1:30 do complemento (adicionando 0,2 mL de complemento em 5,8 mL de tampão TEA gelado) e manter o tubo em banho com gelo.

Numa estante com dez tubos de hemólise, mantida em banho com gelo, executar o esquema abaixo:

Tubo	*Complemento 1:30 (mL)*	*Tampão TEA (mL)*	Incubação em banho-maria a 37°C durante 1 hora	*Sistema hemolítico (mL)*
1	0,05	0,45		0,2
2	0,10	0,40		0,2
3	0,15	0,35		0,2
4	0,20	0,30		0,2
5	0,25	0,25		0,2
6	0,30	0,20		0,2
7	0,35	0,15		0,2
8	0,40	0,10		0,2
9	0,45	0,05		0,2
10	0,50	–		0,2

Incubar em banho-maria a 37°C durante 30 minutos.

Retirar a estante do banho-maria e ler hemólise.

(Menor quantidade de complemento que da hemólise total = *unidade exata* de C. O tubo seguinte, com maior quantidade de C = *unidade cheia,* de complemento. Para algumas provas de fixação de complemento são usadas *duas unidades cheias* de complemento, que representam o dobro de uma unidade cheia.)

Suponhamos que na leitura uma unidade exata seja igual a 0,20 mL da divisão 1:30 do soro de cobaio.

Duas unidades exatas estão em 0,40 mL da diluição a 1:30. Para usar 2 unidades exatas em 0,2 mL, procederemos ao seguinte cálculo:

0,4 – 30

0,2 – x

$$x = \frac{30 \text{ x } 0,2}{0,4} = \frac{6}{0,4} = 15$$

Na reação de fixação de complemento, usamos 0,2 mL de uma diluição a 1:15 de complemento, que contém duas unidades exatas.

f) Esquema da reação tipo Kolmer (quantidades em mL)

A leitura da reação é feita pela hemólise observada. (Hemólise = reação negativa.)

Não devemos fornecer os resultados em cruzes, como antigamente, mas como "soro reagente" ou "soro não reagente".

g) Preparo do soro

Para evitar a interferência do complemento do soro do paciente devemos inativar esse soro, aquecendo-o a 56°C durante 30 minutos. Se o soro não for usado no mesmo dia, devemos aquecê-lo novamente a 56°C durante 10 minutos. Se durante a inativação houver formação de partículas visíveis, devemos centrifugar o soro.

h) Diluição do soro

Tendo-se em conta que soros puros ou pouco diluídos frequentemente são anticomplementares (fenômeno ainda não bem esclarecido, que impede a reação de fixação de complemento) e ao mesmo tempo dando um caráter semiquantitativo à reação, frequentemente fazemos diluições seriadas do soro inativado, 1:2, 1:4, 1:8, 1:16, 1:32 e 1:64 e usamos assim seis tubos (correspondentes a essas diluições) em lugar do tubo "reação" do esquema acima e outros seis tubos, com as mesmas diluições, em vez do tubo "controle do soro".

Tubo	*Soro inativado*	*Tampão TEA*	*Ag*	*Complemento (2 U)*	Incubação em banho-maria a 37°C	*Sistema hemolítico*	Agitar bem as estantes e incubar em banho-maria a 37° C, 30 minutos
Reação	0,2	–	0,1	0,2		0,2	
Controle do soro	0,2	0,1	–	0,2		0,2	
Controle do Ag	–	0,2	0,1	0,2		0,2	
Controle do C	–	0,3	–	0,2		0,2	
Controle do SH	–	0,5	–	–		0,2	

Se até a última diluição houver fixação de complemento e quisermos verificar o título final, fazemos maiores diluições e repetimos a reação. O título é a maior diluição que apresenta fixação de complemento.

Em certos casos fazemos, de rotina, uma triagem apenas com uma diluição (1.4, por exemplo) e somente repetimos a reação (com maiores diluições) se o soro for reagente.

Se não houver hemólise até uma determinada diluição do soro (p. ex., 1:32) e o mesmo acontecer com o controle desse soro, o resultado será: "soro anticomplementar".

Se não houver hemólise até uma diluição do soro (p. ex., 1:32) e se no controle desse soro não houver hemólise apenas até uma diluição inferior (p. ex., 1:16), o título é válido e o resultado será: "soro reagente", título 1:32).

i) Diluições de antígeno

Os antígenos usados em laboratório clínico são geralmente adquiridos e devem ser usados na diluição indicada pelo fabricante, porém ao introduzirmos uma nova reação no laboratório, devemos ter não só o antígeno como também um soro conhecido, com título reagente conhecido contra esse antígeno. Com esses dois elementos fazemos uma titulação de antígeno em bloco e verificamos qual a melhor diluição do antígeno a ser usada pela técnica que estamos empregando.

j) *Titulação de antígeno em bloco*

Em duas séries de 6 tubos de hemólise preparamos diluições seriadas do soro e do antígeno (Ag):

Diluições do soro (1:2, 1:4, etc, até 1:64): pipetamos 0,3 mL de tampão TEA em todos os tubos. No primeiro tubo, juntamos 0,3 mL de soro. Misturamos e passamos 0,3 mL para o segundo tubo, etc, até o 6º tubo.

Diluições do Ag (1:5, 1:10, etc, até 1:60): pipetamos 0,8 mL de tampão TEA no primeiro tubo e 0,4 mL nos demais. Ao primeiro tubo juntamos 0,2 mL do Ag. Misturamos e passamos 0,4 mL para o segundo tubo etc., até o 6º tubo.

Tomamos uma estante com três fileiras de 6 tubos de hemólise e marcamos a 1ª fileira de "reação", a 2ª de "controle do soro" e a 3ª de "controle do Ag". Em seguida pipetamos:

na 1ª fileira
- 0,1 mL de cada diluição do soro
- 0,1 mL de cada diluição de Ag
- 0,1 mL de tampão TEA

na 2ª fileira

0,1 mL de cada diluição de soro

0,2 mL de tampão TEA

na 3ª fileira

0,1 mL de cada diluição de Ag

0,2 mL de tampão TEA

A todos os tubos, pipetamos 0,2 mL de complemento (2 U).

Levamos os tubos ao banho-maria a 37°C durante 1 hora.

Juntamos 0,2 mL de sistema hemolítico e lemos hemólise após 30 minutos, a 37°C.

Para essa técnica a dose de antígeno é a maior diluição que reage com uma diluição do soro fixando complemento, tendo 0% de hemólise.

REAÇÃO DE FIXAÇÃO DE COMPLEMENTO POR MICROTÉCNICA, SEGUNDO KOLMER

Como exemplo dessa técnica, vamos apresentar aqui a técnica que atualmente usamos para a dosagem de anticorpos contra citomegalovírus.

Utilizamos placas plásticas com poços em "U", microdiluidores e com capacidade de 0,025 mL e pipetas que pingam gotas com esse mesmo volume. O volume final da reação é de cinco gotas, ou seja, de 0,125 mL.

A) Titulação da hemolisina

É feita uma diluição da hemolisina-estoque, do modo apresentado no item D (2). Em seguida, adicionamos 1 gota de cada diluição numa escavação diferente, numa fileira de uma placa de microtitulação. Usamos uma única pipeta, começando da hemolisina mais diluída para a mais concentrada.

Adicionamos 1 gota de complemento diluído a 1:50, 1 gota de hemácias de carneiro a 2% (padronizada como vimos acima) e 2 gotas de TEA em todas as escavações utilizadas.

Agitamos cuidadosamente a placa e a incubamos a 37°C durante 1 hora, em câmara úmida. Agitamos a placa aos 15 e aos 30 minutos.

Levamos à geladeira e deixamos sedimentar. Realizamos a leitura. A maior diluição que dá *hemólise completa* é chamada de 1 unidade. Por exemplo, o 10º tubo, 1/16.000 - hemólise total; 2U de hemolisina correspondem a 1 /8.000.

B) Sistema hemolítico

Juntar em partes iguais hemácias de carneiro a 2% e 2U de hemolisina. Homogeneizar e incubar a 37°C por 30 minutos.

C) Titulação do complemento

Como regra geral, costumamos, em virologia, titular complemento em presença do antígeno a ser usado na reação. O complemento deve ser potente e livre de anticorpos virais. Essa dosagem deve ser feita cada vez que a reação for efetuada.

Preparar uma diluição a 1:100 em TEA gelada. Misturar, evitando a formação de espuma. Guardar a 4°C.

Diluir o antígeno a ser usado, na potência de 2U da diluição do teste.

A partir dessa diluição 1:100 do complemento, fazer as seguintes diluições: tomar 7 tubos, em banho de gelo e pipetar 0,5 mL da diluição de complemento em todos. Ao 1º tubo acrescentar 0,1 mL de TEA gelado, ao tubo 2 0,2 mL, aumentando 0,1 mL por tubo, até chegar ao tubo 7, onde vai 0,7 mL. Às diluições dos tubos ficam sendo de 1:120, 140, 160, 180, 200, 220 e 240.

Em seguida, executamos numa placa de microtitulação o seguinte esquema:

Reagente	*gotas adicionadas*						
TEA	– 1	– 1	– 1	– 1	– 1	– 1	– 1
Antígeno diluído	1 1	1 1	1 1	1 1	1 1	1 1	1 1
Diluição do	1 1	2 1	2 1	2 1	2 1	2 1	2 1
complemento	1:120	1:140	1:160	1:180	1:200	1:220	1:240

Agitar a placa cuidadosamente e incubar a 4 C durante 4 horas, em câmara úmida. Depois disso, retirar a placa da geladeira e deixar em temperatura ambiente por 15 minutos.

Juntar 2 gotas de hemácias sensibilizadas a cada escavação. Agitar com cuidado e incubar a 37°C durante 15 minutos.

Ler e anotar os resultados. O ponto final é a diluição que não apresenta lise na escavação que contém 1 gota de complemento (correspondendo a 1U de complemento). Na prova são usadas 2 unidades numa gota (0,025 mL) de complemento.

Exemplo: se uma diluição 1:60 de complemento tem uma leitura 4+ na escavação com 1 gota e traços de hemácias na escavação com 2 gotas, uma diluição 1:40 conterá 2 unidades por gota.

D) Titulação do antígeno

Cada partida nova de antígeno deve ser titulada, para se determinar a diluição ideal para uso. Para isso, diluições dobradas do antígeno devem ser tituladas frente a diluições dobradas de soro padrão específico. Esse método, frequentemente chamado de titulação "em bloco", é ilustrado pelo seguinte exemplo:

1. Preparar as diluições iniciais do soro imune e do soro negativo em TEA. Inativar a 56°C durante 30 minutos, em banho-maria.
2. Preparar as diluições seriadas dos soros em TEA usando microdiluidores de 0,025 mL. Usar 5 a 6 diluições, incluindo 2 acima e 3 abaixo do título conhecido do soro imune.
3. Preparar diluições do antígeno a ser titulado e diluir o lote antigo para conter 2 unidades.

Diluição do antígeno	*Diluições do soro imune*					*Soro negativo*	*Controle de complemento Unidades de complemento*			
	1:8	*1:16*	*1:32*	*1:64*	*1:128*	*1:8*	*2.0*	*1.5*	*1.0*	*1.5*
1:2	4*	4	4	0	0	0	0	0	±	4
1:4	4	4	4	1	0	0	0	0	0	4
1:8	4	4	4	2	0	0	0	0	0	4
1:16	4	4	4	2	0	0	0	0	0	4
1:32	4	4	2	0	0	0	0	0	0	4
1:64	1	0	0	0	0	0	0	0	0	4
Lote antigo do antígeno	4	4	4	0	0	0	0	0	0	4
Antígeno controle (não infectado)	0	0	0	0	0	0	0	0		4
Controle do soro	0	0	0	0	0	0				

*quantidade de fixação

4. Diluir o controle do antígeno (tecido não infectado), como o fez para o antígeno antigo em uso.
5. Diluir o complemento em TEA para conter 2 unidades. Preparar os controles de complemento contendo 1,5, 1 e 0,5 unidades, a partir da diluição com 2 unidades — em 3 tubos pipetar 1,5, 1 e 0,5 mL de complemento com 2 unidades e completar a 2 mL com TEA gelada. Guardar a 4°C até o momento de ser usado.
6. Começando com a maior diluição do antígeno, pingar 1 gota de cada diluição nas escavações apropriadas. Adicionar o antígeno controle e o lote anterior de antígeno nas escavações correspondentes.
7. Juntar 1 gota de TEA ao controle de soro e nas escavações de controle de complemento.
8. Juntar 1 gota das diluições apropriadas de complemento aos controles de complemento contendo 0,5, 1 e 1,5 unidades. À prova propriamente dita e ao controle de 2U de complemento, juntar 1 gota de complemento com 2 unidades.
9. Agitar as placas com cuidado, colocar em câmara úmida e deixar até o dia seguinte (cerca de 16 a 18 horas), em geladeira, a 4°C.
10. Aquecer as placas durante 15 minutos à temperatura ambiente e juntar 2 gotas de sistema hemolítico em todas as escavações usadas. Misturar com vibrador ou a mão e incubar a 37°C durante 15 a 30 minutos ou até que o controle de complemento se apresente claro.
11. Manter as placas em geladeira para que as hemácias não Usadas se sedimentem e leia. A maior diluição de antígeno que mostra fixação 3 + ou 4+ com a maior diluição de soro imune é geralmente considerada como 1 unidade (1:16, no exemplo). Usar 2 unidades de antígeno num volume de 0,025 mL. Em algumas titulações uma certa diluição de antígeno pode apresentar fixação de complemento 3 + ou 4 + com uma diluição maior de soro do que acontece com diluições do antígeno 2 vezes maior ou 2 vezes menor. Por exemplo, uma diluição a 1:4 do antígeno dá uma fixação 4 + numa diluição a 1:32 do soro, uma diluição de antígeno a 1:8 dá fixação 4 + numa diluição 1:64 do soro, uma diluição 1:16 do antígeno dá fixação 4 + com diluição 1:32 do soro. Nesse caso, a diluição 1:16 é considerada 1 unidade do antígeno e 1:8 2 unidades.

E) O teste em si

1. Diluir o soro do paciente e os soros positivo e negativo na microplaca, utilizando 1 gota de TEA e o microdiluidor de 0,025 mL. Obtemos as diluições 1:2, 1:4, 1:8, etc.
2. Diluir o antígeno no seu título certo.
3. Diluir o complemento (2 unidades cheias).

	Soro diluído	Antígeno	TEA	Complemento 2U	1,5U	1U
Reação	1	1	–	1	–	–
Controles do soro	1	–	1	1	–	–
do antígeno	–	1	1	1	–	–
do compl., 2U	–	–	2	1	–	–
do compl. 1,5U	–	–	2	–	1	–
do compl. 1U	–	–	2	–	–	1
do sistema hemolítico	–	–	3	–	–	–

4. Colocar as gotas dos elementos de acordo com o seguinte esquema:
5. Agitar cuidadosamente e incubar a 4°C por 18 horas.
6. Preparar o sistema hemolítico (no dia seguinte).
7. Tirar as placas da geladeira e deixá-las por 15 minutos à temperatura ambiente.
8. Pingar 2 gotas de sistema hemolítico em todas as cavidades. Homogeneizar e incubar a 37°C por 1 hora, agitando aos 15 e 30 minutos.
9. Colocar na geladeira até sedimentar. 2U e 1,5U de complemento devem dar hemólise total, 1U pode dar 1 +.
   4 + 8% de hemólise (botão de hemácias perfeito)
   3 + 25% de hemólise (até aqui consideramos positivo)
   2 + 50% de hemólise
   1 + 75% de hemólise

DOSAGEM DO COMPLEMENTO HUMANO (TÉCNICA DE MALTANER, MALTANER E WADSORTH)

A) Tampão: TEA, solução de uso.

B) Hemácias

Suspensão a 5%. Padronização: 0,1 mL + 0,9 mL de água deve dar uma absorbância entre 0,54 e 0,56 (100% de hemólise).

C) Hemolisina

Prepara-se duas estantes com 2 séries de 12 tubos cada uma. Na 1ª colocam-se tubos não padronizados, sendo que uma série é para hemácias e a outra é para diluição de hemolisina. Na 2ª estante colocam-se tubos padronizados, que serão usados para a reação, em duplicata, para confirmação dos resultados. Preparam-se inicialmente uma diluição de hemolisina a 1:50. Homogeneizar bem a solução estoque e pipetar 0,1 mL de hemolisina em 4,9 mL de tampão. Homogeneizar e deixar estabilizar em banho de gelo no mínimo por 10 minutos. Agora prepara-se o complemento (soro de cobaio) numa diluição que dê 50% de hemólise, isto é, a quantidade de soro puro de cobaia que dá 50% de hemólise e que está entre 0,001 mL e 0,002 mL, numa média de 0,0015 mL. Assim, se usarmos 0,3 mL de complemento diluído, essa quantidade deverá ter 0,0015 mL de complemento puro. Assim, a diluição ideal é de 1:200. Feita a diluição do complemento, deixar estabilizar pelo menos 10 minutos em banho de gelo.

Agora fazemos as diluições da hemolisina. Para isso, tomamos a 1ª fileira de tubos não padronizados e colocamos do 2º ao 12º tubo, 0,5 mL de tampão. No 1º e no 2º tubo colocamos 0,5 mL da solução de hemolisina a 1:50. Tomamos o 2º tubo, misturamos e transferimos 0,5 mL para o 3º tubo, diluindo sucessivamente, sempre trocando de pipeta. Desprezamos 0,5 mL no final. Desse modo, temos as seguintes diluições: 1:50, 1:100, 1:200, 1:400, 1:800, 1:1.600, 1:3.200, 1:6.400, 1:12.800, 1:25.600, 1:51.200 e 1:102.400.

Toma-se agora a 2ª fileira de 12 tubos e coloca-se em todos 0,5 mL de hemácias padronizadas. Homogeneizar com os tubos da frente. Deixar no mínimo 10 minutos à temperatura ambiente. Tomar as duas fileiras de tubos padronizados e colocar 0,2 mL do respectivo sistema hemolítico. A seguir, adicionar 0,3 mL de complemento a 1:200. Agitar bem e levar ao banho-maria a 37°C durante 15 minutos. Interromper a reação, adicionando 0,5 mL de tampão gelado em todos os tubos. Agitar e centrifugar. Ler as transferências e converter em % de hemólise. O grau de hemólise vai aumentando das diluições maiores para as menores e depois de certa diluição permanece constante. O título de hemolisina é dado pela diluição a partir da qual o grau ou % de hemólise se torna constante.

D) 4 prova em si

(Dosagem do complemento humano)

1. Fazer as diluições de 1:10, 1:20, 1:40 e 1:60 a partir do soro não inativado. Usar banho de gelo.
2. Para cada uma dessas diluições, fazer uma série de outras diluições, em banho de gelo, segundo o seguinte esquema:

Tubo	Soro diluído (mL)	TEA (mL)	Sistema hemolítico (mL)
1	0,06	0,24	0,2
2	0,09	0,21	0,2
3	0,12	0,18	0,2
4	0,15	0,15	0,2
5	0,18	0,12	0,2
6	0,21	0,09	0,2
7	0,24	0,06	0,2
8	0,27	0,03	0,2
9	0,30		0,2

3. Incubar a 37°C por 30minutos e acrescentar a cada tubo 0,5 mL de tampão gelado. Agitar.
4. Centrifugar a 1.500 r.p.m. durante 5 minutos as fileiras de tubos que aparentam estar com 50% de hemólise.
5. Colocar num papel Bilog já traçado como convém, em abcissas as percentagens de hemólise e em ordenadas o número dos tubos correspondentes. O 1º tubo corresponde à ordenada zero.
6. Trace a curva. Tome em mm a distância A-B correspondente à altura que vai do ponto 50% até o ponto em que o mesmo encontra a curva.
7. Transforme essa medida em unidades de complemento (veja tabela adiante).
8. Divida 120pela diluição do soro da série que usou para traçar a curva (10, 20,40 ou 60).
9. Multiplique esse número pela unidade de complemento encontrada. Divida uma unidade por esse valor encontrado. Assim, temos U/mL.

Exemplo

A fileira de tubos que escolhemos foi a da diluição 1:40. Se a nossa distância foi de 120mm, o que corresponde a 0,001 unidade de complemento, 120 dividido por 40 é igual a 3 e 0,001 x 3 é igual a 0,003; 1 unidade dividida por 0,003 é igual a 333U/mL. A dosagem de complemento, no soro do paciente, é de 333U/mL.

Explicações do cálculo

1. A unidade de complemento se relaciona com mm de distância 50% porque a altura do gráfico corresponde ao número do tubo que tem uma quantidade conhecida de soro que podemos relacionar com quantidade de complemento num soro padrão (no caso, soro de cobaia).
2. O fator de diluição divisor é de 120 porque 120 seria a diluição ideal para um soro de cobaia. Nosso soro, portanto, terá um fator diferente. Multiplicando-se esse fator pela quantidade acima estaremos corrigindo o erro feito ao se relacionar quantidade de complemento no nosso soro e no soro da cobaia.
3. Divide-se a unidade pelo valor encontrado para se obter unidades por mL.

Determinação da Unidade de Complemento

Distância AB em milímetros	Unidade de complemento (K_0)
102,0	0,00090
105,6	0,00092
109,6	0,00094
113,2	0,00096
116,8	0,00098
120,4	0,00100
123,6	0,00102
127,2	0,00104
130,4	0,00106
133,6	0,00108
136,8	0,00110
140,0	0,00112
142,8	0,00114
146,0	0,00116
149,2	0,00118
152,0	0,00120
154,8	0,00122
157,6	0,00124
160,4	0,00126
163,2	0,00128
166,0	0,00130
168,4	0,00132
171,2	0,00134
173,6	0,00136
176,4	0,00138
178,8	0,00140
181,2	0,00142
183,6	0,00144
186,0	0,00146
188,4	0,00148
190,8	0,00150
193,2	0,00152
195,6	0,00154
197,6	0,00156
200,0	0,00158
202,0	0,00160

Determinação da Unidade de Complemento

Distância AB em milímetros	*Unidade de complemento (K_0)*
204,4	0,00162
206,4	0,00164
208,4	0,00166
210,4	0,00168
212,4	0,00170
214,8	0,00172
216,8	0,00174
218,8	0,00176
220,4	0,00178
222,4	0,00180

OUTRAS REAÇÕES DE FIXAÇÃO DE COMPLEMENTO

Na prática do laboratório clínico, a reação de fixação de complemento, antigamente indispensável para o diagnóstico da sífilis, está sendo hoje substituída pela reação de VDRL e pelas reações de imunofluorescência. Com isso, de uma reação muito usada, passou a um plano bem inferior, sendo reservada mais para o diagnóstico de viroses e parasitoses.

Em linhas gerais, a reação de fixação de complemento é principalmente usada para o diagnóstico de:

Doenças causadas por vírus: arboviroses, coriomeningite linfocitária, herpes simples, parainfluenza, adenoviroses e infecções causadas pelo vírus respiratório sincicial, pelo reovírus e pelo citome-galovírus. Essas são as aplicações mais frequentes desta reação em laboratório clínico.

Doenças produzidas por riquétsias e clamideos: febre Q, linfogranuloma e psitacose.

Doença produzida por bactérias: sífilis (reação de Wassermann).

Doenças produzidas por fungos: blastomicose, histoplasmose.

Doenças causadas por protozoários e vermes: doença de Chagas (reação de Machado-Guerreiro), cisticercose (reação de Weinberg), toxoplasmose.

Várias dessas reações são rotineiramente feitas no líquido cefalorraquidiano (reação de Wassermann, reação de Weinberg). O preparo do líquido cefalorraquidiano consiste em centrifugá-lo, colher o sobrenadante e inativá-lo a 56°C durante 15 minutos para destruir substâncias anticomplementares termolábeis (pois um líquido cefalorraquidiano normal não contém complemento). Ao contrário dos soros, não diluímos o líquido cefalorraquidiano para fazer as reações de fixação de complemento, nas provas de triagem.

As reações tipo Kolmer com diluições do soro nos dão uma ideia do teor de anticorpos existentes, mas não são reações quantitativas. Utilizam unidades de complemento que evidenciam 100% de hemólise (CH_{100}).

As provas que utilizam CH_{50} (unidades de complemento que evidenciam hemólises de 50%) são muito sensíveis. São as provas quantitativas (de Meyer e colaboradores) e as semiquantitativas (erroneamente classificadas, por alguns, como quantitativas), como as provas de Maltaner, Christensen, Stein & Van Ngu etc.

No método de Mayer, as diluições do soro (ou do antígeno) são adicionadas do antígeno e de 100 CH_{50} e incubadas durante 18 horas a 4°C. Para detectar ação anticomplementar, tanto soro como antígeno, separadamente, são incubados com complemento. Após a incubação, dosamos, nas misturas, o complemento não fixado e, por diferença, obtemos o número de unidades de complemento fixadas. O método de Mayer permitiu estabelecer com precisão que a relação antígeno-anticorpo, em reações de fixação de complemento, assemelha-se à da curva de precipitação.

Nos métodos semiquantitativos (Maltaner etc), usamos pequenas quantidades de complemento (2 a 5 CH_{50}) para que a quantidade residual de C não fixado seja na ordem de 0,8 a 1,2 CH_{50} e que possa ser determinada pela adição de sistema hemolítico às misturas fixadoras não diluídas. Nessas técnicas, usamos uma dose de antígeno capaz de reagir otimamente numa faixa de diluições do soro. Para estabelecer essa dose é necessário usar uma curva de isofixação para uma reação em bloco, onde se varia soro e Ag em direções perpendiculares.

30 Técnicas de Imunofluorescência

Muitos tecidos vivos absorvem radiações ultravioletas, violetas ou azuis e emitem luz verde, amarela ou vermelha. A autofluorescência de microrganismos é em geral muito fraca para ser utilizada em microscopia. A combinação específica com produtores químicos fluorescentes, chamados de fluorocromos, possibilitou a identificação, a localização e a contagem de muitos microrganismos. A conjugação de radicais fluorescentes a moléculas de anticorpos possibilitou o uso da microscopia fluorescente na rápida identificação de antígenos (bactérias, vírus, protozoários, helmintos, determinadas células etc), bem como na detecção e quantificação de anticorpos contra esses antígenos.

Para a microscopia fluorescente deve haver uma fonte de radiação (ultravioleta ou outra), bem como um filtro excitador para controlar a radiação e um filtro-barreira para impedir a transmissão da luz da amostra para os olhos e para a obtenção de um melhor contraste de visibilidade. Como o alumínio é melhor refletor de luz ultravioleta do que a prata, o espelho de vidro, comum, é substituído pelo espelho de alumínio. Apesar da quantidade de luz ser baixa, a fluorescência parece brilhante, especialmente se a luz ambiental for reduzida. A óptica do microscópio, por sua vez, não pode fluorescer. Contudo, apesar de um equipamento especialmente feito para fluorescência apresentar vantagens técnicas, um microscópio comum de laboratório clínico, com uma fonte de radiação externa e com filtros apropriados, pode ser convertido para trabalhos em fluorescência.

Quando o filtro-barreira impede a passagem da energia excitante, a amostra fluorescente é vista contra um fundo escuro. Nesse exemplo, o filtro excitador azul-violeta limita a radiação da fonte para comprimentos de onda absorvidos pelo fluorocromo auramina O. A barreira deixa passar a fluorescência amarela mas bloqueia toda luz azul excitadora. As bactérias amarelo-claras são facilmente visíveis com uma objetiva de abertura numérica de 0,5, de 8 mm e uma ocular 15 ou 20 X. Essa objetiva tem um grande campo e seu poder de resolução permite uma pesquisa rápida, sem o uso de técnicas de imersão.

O isotianato de fluoresceína e compostos da rodamina são os fluorocromos mais usados na conjugação com anticorpos para torná-los fluorescentes sob condições adequadas de iluminação.

A fluorescência de compostos marcados pela fluoresceína, os mais usados em laboratório de análises clínicas, é de cor verde-maçã, cor para a qual a retina apresenta o máximo de sensibilidade e que geralmente não é encontrada espontaneamente em tecidos ou microrganismos.

Certos fatores são de importância considerável na intensidade da luz emitida pela fluoresceína. Em pH 8,5 a intensidade atinge ao máximo, porém diminui e mesmo desaparece pela alta concentração de íons, pela presença de metais pesados e, até mesmo, por altas concentrações da própria fluoresceína.

A fonte de iluminação mais comumente usada em laboratório de análises clínicas é a de arco de mercúrio (lâmpada HBO-200). Recentemente tem sido cada vez mais utilizada a lâmpada de halogênio (quartzo-iodo-tungstênio). Para outros fins, como fotomicrografias, são usadas lâmpadas de xenon. Recentemente, têm sido utilizados raios laser como fonte de iluminação, sendo especialmente úteis na medida da intensidade de fluorescência.

A lâmpada de halogênio, com filtro de interferência para a excitação de fluorocromos, pode substituir a de arco de mercúrio especialmente para fluorocromos cujo ponto de fluorescência máxima está nas ondas visíveis de maiores amplitudes, como fluoresceína e rodamina. Essa lâmpada é de baixa voltagem (100 W), é barata e não necessita dos transformadores especiais usados com as lâmpadas de xenon ou de mercúrio. No entanto, como a intensidade de sua emissão é baixa na porção de ondas de menor amplitude do espectro visível, seu uso somente foi possível após o desenvolvimento dos filtros de interferência especiais que permitem a excitação dos fluorocromos no máximo de sua absorção.

Com tantas alternativas, vários são os tipos de microscópio existentes, com características isoladas ou combinadas e quem for adquirir um microscópio de fluorescência deve saber que este é um campo novo e sujeito a frequentes mudanças. A escolha do equipamento, no laboratório clínico, deve ser determinada pelas condições do laboratório e pelo serviço que o microscópio vai prestar. O melhor microscópio é o que dá os resultados para o tipo de técnicas que estão sendo empregadas.

São de grande comodidade microscópios que possibilitam o exame pela microscopia óptica comum, pela microscopia de campo escuro e pela microscopia fluorescente. Frequentemente, para confirmar exames negativos, temos de observar o antígeno (não-fluoresceríte), pela microscopia óptica comum.

Uma recente inovação no campo da microscopia fluorescente é o uso da iluminação incidente, também chamada de epi-iluminação. Essa inovação, útil para laboratórios de pesquisa; permite o exame de um esfregaço corado simultaneamente por dois fluorocromos, como a fluoresceína e a rodamina, mas seu custo impede, por enquanto, seu emprego rotineiro em laboratórios de análises clínicas.

Microscópio de Fluorescência

Os componentes essenciais de um microscópio de fluorescência estão esquematizados abaixo. A importância desses componentes será discutida, em seguida.

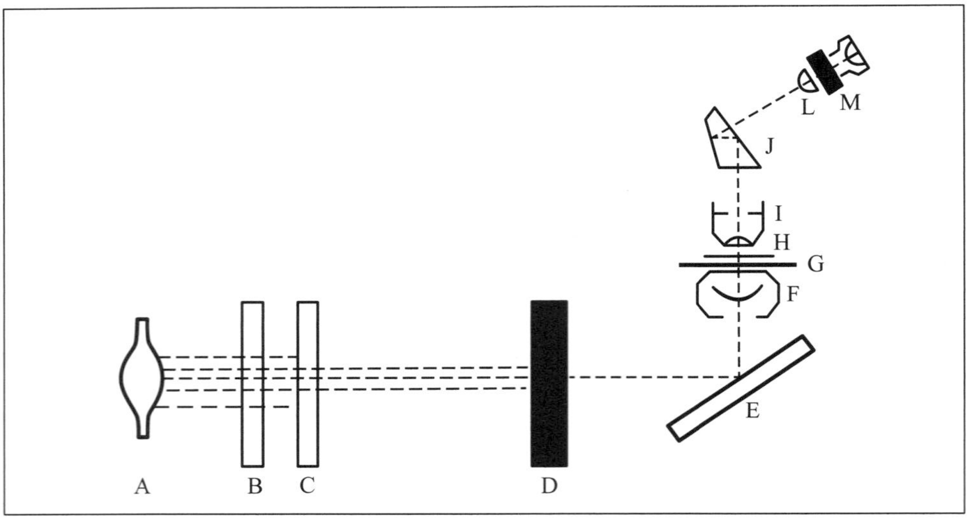

Fig. 30.1 – Representação esquemática do microscópio de fluorescência.

A = lâmpada de vapor de mercúrio; B = filtro de absorção de calor; C = filtro de absorção de vermelho; D = filtro excitador; E = espelho a 45°; F = condensador cardióide; G = lâmina; H = lamínula, I = objetiva de imersão com diafragma íris; J = prisma; L = ocular; M = filtro de barragem.

OBJETIVAS

Há quatro tipos de objetivas que interessam ao microscopista que trabalha com fluorescência: acromáticas, apocromáticas, de fluorita e planacromáticas. Todas as objetivas são caracterizadas pelas aberturas numéricas (AN), aumentos e distâncias focais.

Abertura numérica é a medida da luz que atravessa e que traduz o poder de resolução do sistema de lentes. O limite do aumento útil de qualquer objetiva é de 1.000 vezes a AN. As objetivas podem consistir de 3 a 10 ou mais elementos, dependendo do tipo e da extensão da correção.

As objetivas acromáticas são as menos corrigidas e as mais baratas. Como elas têm menos lentes, há menor perda de luz por reflexão. As objetivas de fluorita estão entre as acromáticas e as apocromáticas, sendo corrigidas tanto cromaticamente como esfericamente para duas cores. Pelo menos uma das lentes das objetivas de fluorita consiste de fluorita de cálcio, que possui autofluorescência. Contudo, são mínimas as dificuldades que surgem dessa autofluorescência, quando a objetiva é usada com um condensador de campo escuro. As objetivas apocromáticas consistem de sete ou mais lentes, sendo algumas delas de fluorita. Sua focalização é mais crítica, a perda de luz refletida é maior e são objetivas mais caras do que as anteriores. Todavia, se necessitamos resolução e luminosidade máximas, devemos usar essas objetivas altamente corrigidas e com suas grandes aberturas numéricas.

Na microscopia fluorescente há certos fatores que encorajam o uso das objetivas mais baratas, acromáticas. A maioria dos microscopistas emprega um condensador cardióide de campo escuro (ou um biesférico), que resulta num contraste melhor do que se fosse empregado um condensador de campo claro. Além disso, o espectro de fluorescência é, em sua maioria, monocromático e, no caso da fluoresceína, é emitido na faixa verde, uma faixa para a qual a retina é altamente sensível.

As objetivas planacromáticas servem principalmente para fotomicroscopia, onde o achatamento do campo é de grande importância e dão seus melhores resultados em cortes finos ou em esfregaços. Seu uso é limitado pelo fato de não poderem ser usadas se as lâminas ou as lamínulas forem mais espessas e também pelo custo mais elevado.

Recentemente foram introduzidas objetivas de imersão que trabalham em água e não com óleo de imersão. Apesar de sua excelente qualidade e de evitar o uso de óleo, essas objetivas ainda não entraram para o uso rotineiro do laboratório de análises clínicas, sendo mais usadas em epi-iluminação.

CONDENSADORES

Em microscopia fluorescente, são usados quase que exclusivamente condensadores de campo escuro por ser difícil a obtenção do contraste desejado por meio de um condensador de campo claro e porque as observações com o condensador de campo claro são incômodas para a vista. Contudo, é importante que no microscópio haja também uma lâmpada de tungsténio, para servir de fonte no exame de partículas que não se recobriram de fluoresceína (microscopia de campo escuro).

Há dois tipos principais de condensador de campo escuro: de refração e de reflexão, sendo a principal diferença a abertura numérica que se consegue com os dois. O condensador de campo escuro tipo refração pode ser usado com objetivas cuja AN não excede de 0,85, isto é, objetivas de pequeno e médio aumento. O condensador de campo escuro tipo reflexão necessita de objetivas de maior potência e é empregado na maioria dos trabalhos em imunofluorescência. São preferidos tanto os condensadores biesféricos como os cardióides de dupla reflexão. Ambos os tipos produzem um cone oco de luz com AN indo de 1,20 a 1,40. A máxima AN das objetivas de imersão que podem ser usadas com proveito com tais condensadores é aproximadamente 0,05 menor do que a AN do condensador. Se não for mantida essa relação, a luz entra diretamente na objetiva e perdemos o efeito de campo escuro. Controlamos isso preferentemente por um diafragma íris, na objetiva, que permite o ajuste variável da AN da objetiva. Todos os condensadores necessitam ter uma gota de óleo de imersão interposta entre sua superfície superior e a face inferior da lâmina que vai ser examinada. Condensadores de campo escuro “secos”, isto é, que não usam óleo de imersão, possuem uma AN menor, com prejuízo da luminosidade dos preparados, sendo contra-indicados em microscopia fluorescente.

LÂMINAS

É muito importante, tanto para a microscopia fluorescente como para a de campo escuro, que a espessura da lâmina seja compatível com as características técnicas do sistema óptico do microscópio.

Se a lâmina for mais grossa, o ponto focal do condensador cai dentro da espessura do vidro ou se for muito fina o mesmo cai no óleo de imersão entre o condensador e a lâmina ou entre a lamínula e a objetiva.

Poucas marcas de microscópio aceitam lâminas além de 1,1 a 1,2 mm de espessura. Hoje em dia, usamos lâminas especiais para microscopia fluorescente, com espessura não maior que 1 mm, feitas de vidro de boa qualidade, claro, não-fluorescente, bem polidas e muito bem lavadas antes do uso.

LAMÍNULAS

A espessura da lamínula usada é também crítica. As objetivas de imersão (e também as de grande aumento, secas) são geralmente corrigidas para o uso de lamínulas de 0,17 mm de espessura com índice de refração de 1,52. Geralmente, as lamínulas encontradas no comércio têm um índice de refração uniforme, mas variam muito em espessura, o que geralmente causa o aparecimento de imagens esfumaçadas e imprecisas. A variação de espessura compatível com imagens nítidas diminui de acordo com a abertura numérica da objetiva. Por exemplo, uma objetiva seca de AN 0,95 permite desvio menor do que 0,003 mm em espessura. As objetivas de imersão são menos sensíveis aos desvios de espessura. Se o óleo de imersão tiver um índice de refração diferente do da lamínula, pode haver grande influência na qualidade da imagem.

ÓLEO DE IMERSÃO

Em microscopia fluorescente, é imperativo que seja usado um óleo não fluorescente (temos usado, com proveito, o óleo de imersão Zeiss D = 1,515). Devemos evitar excesso de óleo ou óleo de alta viscosidade, tanto entre o condensador e a lâmina como entre a lamínula e a objetiva. Todo óleo deve ser removido ao fim do dia de trabalho.

LIQUIDO DE MONTAGEM

Os líquidos de montagem podem ser ajustados para qualquer pH compatível com a fluorescência do fluorocromo empregado, mas para fluoresceína não deve ser abaixo de pH 7,0, pois a fluorescência cai rapidamente. Recomenda-se que preparações com fluoresceína sejam montadas em glicerina tamponada, de pH 9 ou 9,5. Usamos misturar 9 partes de glicerina comercial com 1 parte de tampão carbonato-bicarbonato pH 9,5 (13 mL de uma solução de Na_2CO_3 21,2 g/l + 37 mL de uma solução de $NaHCO_3$ 16,8 g/L em água destilada q.s.p. 200 mL).

O título específico aparente de um conjugado aumenta com líquido de montagem pH 9,0, mas também há aumento de coloração inespecífica. Para determinados trabalhos, é aconselhável o uso de pH 7,2: 9 volumes de glicerina e 1 volume de salina tamponada fosfatada pH 7,2 (8,5 g de NaCl, 1,79 g de $Na_2HPO_4.7H_2O$, 0,406 g de $NaH_2PO_4.H_2O$ em 1 litro de água destilada).

FILTROS

A seleção da combinação apropriada de filtro excitador e de filtro de barreira é essencial para o sucesso da microscopia fluorescente. Nessa seleção, é importante a natureza da preparação em exame, mas a combinação sofre também modificações de acordo com a preferência do microscopista.

Em geral, o filtro de barreira (ocular) é escolhido para absorver o máximo da radiação excitadora. Isso torna mais negro o campo e aumenta o contraste. Às vezes, desejamos que algo da luz da radiação excitadora passe pelo filtro de barreira, para servir de fundo azul para a fluorescência amarelo-esverdeada da fluoresceína.

TIPO DE FILTRO				*Comentário*
Excitador	*Espessura (mm)*	*Barreira*	*Espessura (mm)*	
BG-12(S)[a]	3	OG-1 (S)	1-2	Amplamente usado em bacteriologia
PG-25 (S)	3	OG-1 (S)	1-2	Igual ou melhor que BG-12
UG-1 (S) ou 5840 (C)[b]	2	GG-9 (S)	1-2	Muitos usos em bacteriologia, especialmente para cortes de tecido, impressões e material clínico contendo células dos tecidos
UG-1 (S)	2	W2A ou W2B[C]		Trabalhos com vírus, especialmente com vírus da raiva; também excelente para bactérias em tecidos
5840(C)	2	W2A ou W2B		Idem
5113 (C)	3	W2A ou W2B		Fungos
Filtro de absorção de calor				
BG-22 (S)	2			Substituído pelo KG-1 ou KG-2
KG-1 (S)	2-3			Semelhante ao KG-2
KG-2 (S)	2-3			T maior entre 350 e 450 mm mas com menor absorção de calor que o KG-1
Filtro de absorção de vermelho				
BG-14 (S)	3			Substituído pelo BG-38
BG-38 (S)	2-3			T maior entre 350 e 450 mm mas com maior absorção de calor

a = Schott; b = Corning; c = Kodak Wratten

As combinações de filtro mais usadas em microscopia fluorescente com condensador de campo escuro lâmpada HBO-200 são:

Imuno fluorescência

A imunofluorescência permite a localização de antígenos ao nível celular usando seus anticorpos específicos, marcados por fluorocromos, de modo que os antígenos se tornam visíveis ao microscópio de fluorescência. De acordo com o mesmo princípio, podemos localizar anticorpos ao nível celular usando seu antígeno correspondente, marcado por fluorocromo. Essas técnicas estão sendo cada vez mais usadas em imunologia e em microbiologia. Por esse processo, têm sido identificados antígenos desconhecidos, tem sido observada a presença de antígenos conhecidos em tecidos e microrganismos e também tem sido detectada a presença de complexos antígeno-anticorpo e mesmo do complemento em certos tecidos. Tem tido ampla aplicação a verificação da existência de anticorpos circulantes contra antígenos virais, bacterianos, micóticos e parasitários no sangue de pessoas infectadas.

As técnicas de imunofluorescência podem ser diretas ou indiretas.

IMUNOFLUORESCÊNCIA DIRETA

Anticorpos marcados pelo fluorocromo são aplicados a preparações contendo o antígeno correspondente. Hoje em dia, por esse método direto, podemos detectar no tecido renal ou em biópsias imunoglobulinas e complemento associados a complexos antígeno-anticorpo. Podemos examinar biópsias de rim de pacientes com glomerulonefrite ou de outras doenças renais para verificar a presença de IgG, IgA, IgM ou complemento. Em bacteriologia, um dos poucos métodos de imunofluorescência direta ainda usados em laboratório clínico é a identificação do estreptococo do grupo A.

IMUNOFLUORESCÊNCIA INDIRETA

O antígeno é tratado com anticorpo não marcado e o complexo antígeno-anticorpo resultante é tratado com um anticorpo marcado, contra as imunoglobulinas da espécie animal em que foi preparado o anti-soro não marcado usado anteriormente. Pelo método indireto foram encontrados, no soro de pacientes, anticorpos contra antígenos nos núcleos, na pele, no estômago, nos músculos estriados e lisos, na tireóide, nas supra-renais, no ovário, nos testículos etc, em várias doenças auto-imunes.

No diagnóstico sorológjco de infecções, a prova mais usada hoje em dia é a da pesquisa de anticorpos antitreponemas, pela microscopia fluorescente indireta (prova do FTA-ABS). Em segundo lugar vem a prova para anticorpos antitoxoplasmose.

Essas provas, contudo, apesar de serem altamente específicas, apresentam reações cruzadas com antígenos (ou anticorpos) semelhantes ou ligeiramente parecidos (reações cruzadas) e, por isso, necessitam ser rigorosamente controladas, inclusive com a inclusão dos antígenos mais comumente semelhantes.

Provas de Imunofluorescência Direta

IDENTIFICA ÇÃO DE ESTREPTOCOCOS DO GRUPO A

Os estreptococos do grupo A são de grande importância clínica e sua rápida identificação é altamente desejável. Podemos identificar esse germe após isolado em placa de ágar-sangue, após cultivo em caldo ou mesmo num simples esfregaço feito a partir de um swab da orofaringe, desde que tenhamos um conjugado antiestreptocócico fluorescente, isto é, soro de coelho antiestreptococo do grupo A, marcado pelo isotiocianato de fluoresceína.

Após isolado em placas de ágar-sangue

Após isolar um estreptococo hemolítico (técnica do ágar fundido), bacitracina positivo, colhemos várias colônias com alça ou com raspagem de um swab na superfície da placa e transferimos as colônias para um tubo contendo 0,5 mL de tampão fosfato, pH 7,2 e fazemos um esfregaço, em lâmina especial para fluorescência. Fazemos o mesmo com um estreptococo do grupo A, um estafilococo e estreptococos dos grupos C e G (controles positivos e negativos). Secamos as lâminas ao ar e fixamos em acetona p.a. durante 5 minutos (em cubas de coloração). Removemos as lâminas da acetona e deixamos secar.

Juntamos 1 gota de soro antiestreptococo do grupo A, marcado pela fluoresceína, e espalhamos esse soro por todo o esfregaço, em cada lâmina. Incubamos em câmara úmida durante 30 minutos. Decantamos depois o excesso de reagente, imergimos as lâminas na salina tamponada fosfatada pH 7,2 durante 30 segundos em cuba de coloração e, depois, imergimos em solução tamponada nova, durante 10 minutos. Imergimos depois as lâminas em água destilada seca. Juntamos uma gota de líquido de montagem, pH 7,2, e cobrimos com lamínula. Fixamos a lamínula com esmalte de unha, transparente, e examinamos ao microscópio com objetiva de imersão. Anotamos a intensidade da fluorescência do seguinte modo: 4 + = fluorescência máxima, brilhante, amarelo-esverdeada; contornos nítidos; o centro das células é nitidamente definido e sem coloração. 3 + = fluorescência amarelo-esverdeada menos brilhante; contornos nítidos; o centro das células é nitidamente definido e sem coloração. 2+ = fluorescência menos brilhante mas definida; contornos menos nítidos; o centro das células aparece embaçado e sem coloração. 1+ = fluorescência tênue mas definida, com periferia e centro das células de mesma intensidade.

Uma diluição satisfatória do reagente da prova é aquela que cora estirpes do grupo A com fluorescência 4^+ ou 3^+ e de outros grupos não mais que 1^+ ou 2^+.

Após cultivo em meio liquido

O swab da garganta é semeado em meio *Streptosel,* contendo azida de sódio a 0,0002 g/L, para enriquecimento de estreptococos. Incubamos 18-24 horas a 37°C, centrifugamos, desprezamos o sobrenadante, adicionamos 1 mL de tampão fosfatado, pH 7,2 ao sedimento, centrifugamos novamente, decantamos, ressuspendemos as células e executamos a técnica acima.

Diretamente do swab

Suspendemos o conteúdo de um swab em 0,5 mL de salina tamponada fosfatada, pH 7,2, preparamos a lâmina do esfregaço e as lâminas dos controles negativos e positivos e executamos a técnica descrita acima. Não se recomenda o exame direto do swab por ser pouco sensível e por apresentar problemas de fluorescência cruzada com outros microrganismos.

DEMONSTRAÇÃO DE ANTÍGENOS DO VÍRUS DA RAIVA

Atualmente, o diagnóstico da raiva é feito mais pela imunofluorescência do que por outros métodos, pois sua sensibilidade é altamente satisfatória e é bem mais rápido que os outros métodos. Em trabalhos comparativos, foram obtidos 99,4% de resultados positivos em casos conhecidos de raiva, enquanto que, pelo método da inoculação em camundongo, a positividade foi de 98,3 e a pesquisa de corpúsculos de Negri chegou apenas a 65,8%.

Os tecidos do animal suspeito são usados para fazer impressões ou esfregaços (hipocampo, cerebelo, medula, cérebro, medula espinhal ou glândula salivar). Como controle positivo fazemos esfregaços de cérebro de camundongo recém-nascido inoculado com vírus de raiva. Alguns tecidos nervosos de camundongos normais produzem autofluorescência. As lâminas são secas ao ar e depois colocadas em cuba de coloração, com acetona fria e depois colocadas em congelador (–15 a –20°C) durante duas horas e deixadas ao ar para secar. As lâminas devem ser manuseadas como sendo contaminantes. Pingamos sobre as lâminas uma gota de anticorpo anti-rábico, conjugado à fluoresceína. Procedemos às lavagens e à montagem fmal da lâmina como na técnica anterior, somente que o pH recomendado para essa reação é de 7,4. Secar, cobrir com lamínula e examinar ao microscópio fluorescente. Os esfregaços positivos para raiva contêm estruturas fluorescentes de cor verde-maçã, de vários tamanhos, indo de pequenos corpúsculos, chamados de areia viral ou poeira viral, até os clássicos corpúsculos de Negri, bem maiores.

PESQUISA DE TREPONEMA PALLIDUM PELA TÉCNICA DE IMUNOFLUORESCÊNCIA DIRETA

Devido à inexistência de reagentes comerciais, esse método está limitado aos laboratórios de análise que produzem seus próprios conjugados. O conjugado antitreponema deve ter um título alto e ser adequadamente absorvido para eliminar reações cruzadas com espiroquetas saprófitas. A grande vantagem do método é que não depende da movimentação dos treponemas para o diagnóstico de certeza. Uma fluorescência positiva, mesmo em esfregaços preparados e enviados pelo correio, é diagnóstica. Como controle positivo, usa-se uma suspensão de *T. pallidum,* cepa de Nichols usada na reação de FTA—ABS.

Provas de Imunofluorescência Indireta

PROVA DE IMUNOFLUORESCÊNCIA PARA ANTICORPOS ANTITREPONÊMICOS, APÓS ABSORÇAO (FTA-ABS)

O soro de pacientes sifilíticos, quando testado por imunofluorescência indireta, em esfregaços contendo treponemas, dá a esses espiroquetas uma fluorescência verde-maçã (prova de FTA). Como há grupos antigênicos comuns a treponemas patogênicos e não patogênicos, podem ocorrer falsos resultados positivos, especialmente se o soro do paciente estiver pouco diluído. Para contornar essa possibilidade foi desenvolvida a prova de FTA— ABS, baseada na absorção dos anticorpos cruzados induzidos pelos treponemas, através do extrato de treponema de Reiter, não patogênico.

Recomenda-se a técnica padronizada pelo Venereal Disease Research Laboratory, de Atlanta, Estados Unidos da América, e que é a seguinte:

A *Material*

1. Estufa bacteriológica ajustável a 35-37°C
2. Microscópio de fluorescência com campo escuro
3. Papel absorvente
4. Câmara úmida (recipiente tampado contendo papel umedecido)

5. Agulha hipodérmica, sem bisel, adaptada à pipeta
6. Óleo de imersão não fluorescente (Nujol).

B. Vidraria

1. Lâminas de microscopia, ultrafinas, demarcadas com tinta resistente à lavagem. As lâminas devem ser rigorosamente desengorduradas, deixando-as em álcool-ácido (3% de HC1 em álcool 70% em água), por alguns dias e lavando-as copiosamente em água corrente e água destilada. Se ainda necessário, usar detergentes de uso doméstico. Depois da lavagem em água destilada, enxugar as lâminas individualmente e guardá-las em local seco e isento de poeira, embrulhadas em grupos de dez ou menos.
2. Lamínulas 22 X 22 ou 22 X 50 mm, igualmente limpas
3. Cubas de Coplin
4. Pipetas de 1 mL em centésimos
5. Tubos de ensaio 12 X 75 mm

C. Reagentes

1. Suspensão de *Treponema pallidum,* amostra de Nichols, obtida de tecido testicular de coelhos com 7 a 9 dias de inoculação e preservada por liofilização. Obter a suspensão antigênica de acordo com as instruções do fabricante. Um antígeno reconstituído satisfatório deve conter um mínimo de 7 a 10 treponemas por campo de aumento grande, seco (para lâminas fixadas com metanol) ou um mínimo de 30 microrganismos para lâminas fixadas por acetona. A suspensão deve ser livre de materiais estranhos como fragmentos de tecido, fibrina etc. As suspensões de antígeno guardadas em geladeira podem ser usadas durante 2 semanas, a não ser que o antígeno se aglutine ou se contamine e enquanto der resultados satisfatórios com soros controle.
2. Absorvente de Reiter, padronizado, preparado a partir de culturas de treponema de Reiter obtido comercialmente ou produzido no laboratório.

Para se preparar o absorvente de Reiter, no laboratório, temos de manter uma cepa do treponema de Reiter, em meio líquido de tioglicolato distribuído de 10 a 15 mL em tubos de 16 X 160, adicionado, no momento de uso, de 10% de soro inativado de coelho ou de vitelo. Esse soro deve ser inativado a 56°C durante 2 horas e mantido a 37°C durante 1 semana, para a total destruição de aglutininas para treponemas e de complemento. Semeamos 0,5 a 1 mL da cultura original, em cada tubo. Com 48 a 72 horas, a 37°C, há crescimento exuberante. Fechamos então os tubos com rolha de borracha estéril e os conservamos à temperatura ambiente, ao abrigo da luz. Repicamos a cada 3 meses. As culturas permanecem viáveis até 6 a 8 meses.

Para a obtenção do antígeno, usamos o meio de Pillot modificado, a saber: hidrolisado de lactoalbumina 15 g, extrato de levedura 5g, Na_2HO_4, $12H_2O$ 8 g, carbonato de amônio 1 g, cloridrato de L-cisteína 0,5 g, ácido ascórbico 0,5 g, glicose 5 g e água destilada q.s.p. 1.000 mL. Dissolvemos os componentes, levamos o meio a uma ligeira alcalinidade (pH 7,8 a 8) com NaOH. Autoclavamos a 115°C por 20 minutos, em frascos hermiticamente fechados com borracha. Conservamos à temperatura ambiente. Antes de semear, adicionamos 10% de soro de coelho ou de vitelo inativado como acima indicado.

Com 3 dias de cultura a 37°C o crescimento de treponemas é muito abundante. Semeamos volumes de 50 mL de meio com 1 a 2 mL do meio com treponemas em crescimento ativo.

Para depositar os treponemas e lavá-los, centrifugamos entre 5.000 e 10.000 r.p.m.

Para preparar o reagente "absorvente", para a reação de FTA–ABS, fervemos ou autoclavamos o meio de cultura todo, após o crescimento exuberante do treponema de Reiter e filtramos em papel. Concentramos o filtrado para 1 /20 do volume, por evaporação, colocando pérolas de vidro e mantendo sob fervura branda por algumas horas.

O adsorvente, guardado entre 6 e 10°C pode ser usado indefinidamente se não se contaminar e continuar dando resultados satisfatórios com os soros controle.

3. Conjugado antiglobulina humana, marcado pela fluoresceína, de qualidade satisfatória. Guarde em alíquotas convenientes (0,3 mL ou mais) a –20°C ou menos. Globulina anti-humana de alto título pode ser reconstituída ao volume e diluída 1:10 em salina fosfatada estéril contendo 1:5.000 de mertiolato ou urna solução salina tamponada fosfatada contendo 2% de Tween 80 antes de congelar. Quando descongelar para uso, não recongelar mas guardar sem diluir na geladeira (de 6 a 10ºC) não mais de uma semana.
4. Solução salina tamponada fosfatada, pH 7,2, cuja fórmula por litro é NaCl 7,65 g; Na_2HPO_4 0,724 g; KH_2PO_4 0,21 g. A solução deve ser desprezada se houver contaminação por fungos ou bactérias.
5. Tween 80 a 2%, em PBS. Para preparar, aquecer os dois reagentes num banho-maria a 56ºC por 15 a 30 minutos. A 98 mL

de PBS juntar 2 mL de Tween 80, medindo com o fundo de uma pipetta e lavando-a no PBS. O pH deve estar entre 7 e 7,2. Essa solução mantém-se bem na geladeira mas deve ser desprezada se houver precipitação. Recomenda-se que cada vez que se prepara uma nova partida de PBS prepare-se também uma nova solução de Tween 80.

6. Glicerina alcalina para montagem das lâminas. Juntar 9 partes de glicerina p.a. e 1 parte da seguinte solução tampão pH 8,7 (10 mL da solução B e 0,4 mL da solução A). Solução A: Na_2CO_3 0,5M (5,3 g para 100 mL de água destilada). Solução B: $NaCO_3$ 0,5M (4,2 g para 100 mL de água).
7. Acetona pura. Não fixar mais de 60 lâminas com 200 mL de acetona. Esfregaços fixados pela acetona podem ser usados no dia da preparação ou ser guardados a -20°C ou abaixo. Esfregaços fixados e congelados podem ser usados indefinidamente, desde que os resultados dos controles sejam satisfatórios. Não descongele e recongele os esfregaços.

D. Preparo das lâminas com Treponema pallidum

1. Adicionar o volume de água destilada indicado, ao antígeno liofilizado, passando-o por várias vezes, sob pressão, por uma agulha intradérmica adaptada a uma pequena seringa. Os antígenos mantidos em suspensões mertiolatadas são utilizados diretamente.
2. Com pipeta e agulha, depositar gotas de suspensão antigênica sobre as áreas demarcadas da lâmina, aspirando-as novamente para deixar somente uma película uniforme de líquido.
3. Deixar secar por 30 minutos em estufa a 37°C. É opcional afixação pela acetona, que se faz à temperatura ambiente durante 10 minutos. Renovar a acetona a cada 60 lâminas.
4. As lâminas fixadas são guardadas a -20°C ou menos, embaladas em papel não absorvente e em papel de alumínio.

E. Preparo dos soros

Inativar os soros em exame a 56°C durante 30 minutos. Soros anteriormente inativados deverão ser novamente aquecidos por 10 minutos, a 56°C no dia da reação.

F. Soros testemunhas e controles

Em cada dia em que sejam feitas provas de FTA-ABS, devem ser incluídos sete soros-padrões, diluídos a 1:5, a saber:

Soro	*diluído 1:5 em r*	*reação*
fortemente reagente	PBS	R 4 +
	absorvente	R 3-4 +
racamente reagente	PBS	R 2-3 +
	absorvente	R 1 +
reação inespecífica	PBS	R 2 +
	absorvente	N
controle de colorações	PBS	N
inespecíficas	absorvente	N

R = reagente; N = não reagente.

G. Reação FTA-ABS

1. Identificar as lâminas.
2. Numerar tubos 12 X 75 correspondentes a soros testemunhas e a soros a serem examinados.
3. Para cada soro, pipetar 0,08 mL de adsorvente de Reiter no tubo correspondente e adicionar 0,02 mL de soro. Misturar oito vezes.
4. Depois de uma incubação de 30 minutos, à temperatura ambiente, depositar uma gota de cada mistura (cerca de 0,03 mL) sobre as áreas antigênicas correspondentes nas lâminas, inclusive das testemunhas.
5. Incubar as lâminas a 37°C por 30 minutos, em câmara úmida.
6. Lavá-las por cerca de 5 segundos com PBS. Mergulhá-las em PBS por 10 minutos, por 2 vezes.
7. Enxugar delicadamente as lâminas com papel absorvente e secar os preparados com jato de ar quente.
8. Em cada área de reação, depositar uma gota de conjugado diluído, segundo o título, em PBS com Tween a 2% e azul de Evans a 1 mg%.
9. Repetir as manobras 5, 6 e 7.
10. Montar as lâminas com glicerol alcalino e lamínula. Examinar imediatamente ao microscópio de fluorescência (as lâminas podem ser conservadas no escuro até cerca de 4 horas) com objetiva seca de grande aumento. O aumento total deve ser de aproximadamente 400X. Para uso rotineiro os filtros usados são o BG12 (excitador) e OG1 (de barreira). Nas áreas não fluorescentes devemos examinar pela microscopia óptica comum, pela técnica do campo escuro, para nos certificarmos da presença de treponemas.

Observações: a fixação pela acetona é dispensada por alguns pesquisadores, bem como a inativação dos soros em exame.

H. Leitura

Usando o controle de soro fracamente reagente, absorvido (Reativo, 1 +) como padrão de leitura, verificar a intensidade das fluorescências de toda a prova e anotar.

I. *Interpretação*

Soros reagentes: confirmam a presença de anticorpos treponêmicos mas não indicam o estágio ou a atividade da infecção.

Soros não reagentes: não foram detectados anticorpos treponêmicos. Se houver suspeita de uma infecção anterior, pode ser útil a repetição da prova.

Positividade limítrofe: resultados inconclusivos e que não podem ser interpretados. Pode se tratar de níveis muito baixos de anticorpos ou então de fatores inespecíficos. Um seguimento, do caso e repetição do exame podem ser úteis.

A reação de FTA-ABS é mais usada para se determinar se uma prova de reagina reativa é devida à sífilis latente ou a alguma condição clínica diferente. Pode ser também usada em pacientes com prova de reagina não reativa mas com evidência clínica de sífilis. É mais sensível que a prova de imobilização de treponemas em todos os estágios da sífilis, especialmente nos pacientes muito jovens ou muito idosos. Uma vez positiva, a prova tende a permanecer positiva durante longos períodos de tempo. Têm sido relatadas falsas reações positivas em pacientes com doenças associadas com o aumento de globulinas anormais, em pacientes com lúpus eritematoso, com anticorpos antinucleares e durante a gravidez. A maioria dessas reações é limítrofe ou, quando muito, fracamente reagente.

É importante que se ressalte, também, que a reação de FTA-ABS não distingue entre sífilis e outras treponematoses como pinta e framboesa, mesmo após a adsorção do soro com adsorvente de Reiter.

Leituras da reação de FTA-ABS

Leitura	*Intensidade da fluorescência*	*Resultado*
4+	Muito forte	Reagente (+)
3+	Forte	Reagente (+)
2+	Moderada	Reagente (+)
1 +	Equivalente ao soro fracamente reagente, R 1 +	Reagente (+)[a]
<1 +	Controle fraco mas definido, menor que R1+	Limítrofe (B)[a]
– a =	Nenhuma, até pouco visível	Não reagente (N)

[a] Retestar todas as amostras com intensidade de fluorescência 1+ ou menor. Se um soro que era 1+ e na repetição der 1+ ou mais, o resultado será "Reagente". Todos os outros resultados são relatados como "Limítrofes". Não é necessário retestar soros "Não Reagentes'.

PROVA DE IMUNOFLUORESCÊNCIA PARA A TOXOPLASMOSE

Está comprovado que todas as vezes em que há sintomatologia sugestiva de toxoplasmose os resultados das provas de imunofluorescência indireta em esfregaços de *Toxoplasma gondii* são semelhantes aos da antiga prova de Sabin-Feldman, só que as provas de imunofluorescência apresentam a vantagem de não necessitar de organismos vivos e serem mais fáceis e menos perigosas para serem feitas.

Preparo das lâminas com toxoplasmas

1. Inocular camundongos com *Toxoplasma gondii*, via peritoneal, e dois dias após colher exsudato peritoneal, com seringa e agulha, depois de injetar 3 mL de solução fisiológica estéril. Observar ao microscópio a presença de toxoplasmas devendo haver no mínimo 10 a 20 parasitas por campo de 400X.
2. Adicionar a esse material, em partes iguais, uma solução salina tamponada contendo formol a 2%, misturar e deixar 30 minutos à temperatura ambiente (ou a 37°C), com eventual agitação.
3. Romper os grumos da suspensão passando-a várias vezes pela agulha de uma seringa munida de agulha intradérmica. Centrifugar a mistura por alguns segundos, desligando a centrífuga assim que atingir a 3.000 r.p.m., para a sedimentação de partículas maiores. Colher o sobrenadante e centrifugá-lo a 3.000 r.p.m. durante 10 minutos, para a sedimentação dos parasitas. Ressuspender o sedimento em solução fisiológica (volume 2 ou 3 vezes maior que o do líquido peritoneal) e centrifugar novamente. Lavar duas vezes mais.
4. Acrescentar diluente até se obter uma suspensão de 15 a 30 toxoplasmas por campo de 400 X.
5. Distribuir o antígeno no maior número possível de lâminas. Depositar pequenas gotas de suspensão nas áreas delimitadas sobre as lâminas, aspirando o excesso de líquido, para que reste apenas um ténue filme líquido sobre a lâmina.

6. Secar as lâminas em estufa a 37°C, durante 30 minutos. Conservá-las no congelador, embrulhadas em papel e em folha de alumínio. Os toxoplasmas assim mantidos permanecem antigenicamente estáveis durante vários meses (a —20°C).

Método

1. Secar as lâminas ao ar ou sob ojato aquecido de um secador de cabelos.
2. Pipetar, nas áreas correspondentes, as diluições do soro do paciente, a partir da mais diluída para a mais concentrada:

1,5 mL de solução fisiológica (SF) + 0,1 mL de soro = 1:16
0,1 mL da diluição 1:16 + 0,3 mL de SF = 1:64
5,0 mL de SF + 0,05 mL de soro = 1:100
0,2 mL de soro 1:100 + 0,3 mL de SF = 1:250
0,1 mL de soro 1:100 + 0,9 mL de SF = 1: 1.000
05 mL de soro 1:100 + 2,0 mL de SF = 1:4.000

Se for necessário, devemos preparar diluições mais elevadas (1:8.000, 1:16.000, 1:32.000 etc), juntando-se 0,5 mL de diluente a 0,5 mL de diluição 1:4.000, misturando e passando 0,5 para um tubo seguinte contendo 0,5 mL de diluente etc.

3. Incubar as lâminas em câmara úmida a 37°C por 30 minutos (ou 45 minutos).
4. Lavá-las por imersão em solução salina tamponada, por 5 minutos, duas vezes, trocando de solução.
5. Enxugar o verso e as bordas das lâminas com papel de filtro e secá-las em jato de ar aquecido.
6. Recobrir as áreas quadriculadas com uma gota de conjugado específico antitoxoplasma (IgG ou IgM), diluído, segundo o título, em soluções PBS contendo azul de Evans a 1 mg%.
7. Incubar novamente a 37°C por 30 a 45 minutos, lavar duas vezes em PBS, 10 minutos cada, secar, montar em glicerina, colocar lamínula e observar ao microscópio para fluorescência, campo escuro, objetiva de imersão.

O título é a maior diluição de soro para a qual se evidencia fluorescência em toda a periferia do toxoplasma, ainda que de pequena intensidade (+). Nas reações negativas os toxoplasmas não apresentam fluorescência ou está localizada apenas em uma das extremidades dos parasitas.

PROVA DE IMUNOFLUORESCÊNCIA PARA A DOENÇA DE CHAGAS

1. Reconstituir o antígeno liofilizado, de acordo com as instruções do fabricante ou o antígeno preparado no laboratório, juntando 1 mL de água destilada.

Para preparar o antígeno no laboratório, utilizamos culturas de 10 dias de *Tripanosoma cruzi* em meio líquido (LIT), lavadas três vezes em PBS. O sedimento é suspenso em formalina a 2% em PBS e é mantido à temperatura ambiente por cerca de 24 horas. Depois de centrifugado, suspendemos em salina com 6% de dextran, distribuímos 1 mL por frasco-ampola e liofilizamos.

O meio de LIT tem a seguinte composição: a) infuso de fígado 6 g, triptose 10 g, NaCl 8 g, KC1 0,8 g, Na_2HPO_4 anidro 13 g (se com $7H_2O$=3 g e se com 13 H_2O = 35 g), dextrose 2 g e água destilada q.s.p. 2 litros; b) soro de vitela; c) solução de hemoglobina: lavar hemácias (de vitela ou de outra espécie) por 3 vezes, em solução salina. Lisar 1 volume de papa com 9 volumes de água destilada, misturando bem e aguardando por alguns minutos, para lise total. Centrifugar a 2.000 r.p.m., durante 20 minutos. Conservar distribuída e congelada.

Para preparar o meio, dissolvemos separadamente, em volumes de cerca de 700 mL de água, a infusão de fígado e a triptose. Dissolvemos à parte, misturamos as três soluções e completamos para 2 litros. Adicionamos 100 a 200mL de soro de vitela, aquecemos a mistura a 56°C por 1 hora, com agitação ocasional. Resfriamos bem e juntamos 40 mL da solução de hemoglobina. Acertamos o pH a 7,2, se necessário, centrifugamos a 2.000 r.p.m. por 20 minutos para retirar eventuais precipitados. Conservamos o meio congelado.

Para uso, esterilizamos por filtração em Seitz. Fazemos prova de esterilidade por 48 horas, a 37°C. Antes de filtrar, podemos acrescentar antibióticos, como 1.500 U de penicilina por mL.

2. Verificar a riqueza do antígeno, em tripanossomos e preparar lâminas iguais às das reações depositando pequenas gotas sobre as áreas demarcadas e retirando em seguida todo o excesso de líquido, deixando apenas uma película de antígeno recobrindo a área. Secar as lâminas ao ar, montar com glicerina e lamínula. Observar ao microscópio em campo escuro e objetiva de imersão. De acordo com o número médio de parasitos por campo microscópico, acertar a diluição da suspensão antigênica, pela adição de solução salina, para que as lâminas restem em torno de 10 a 30 flagelados por campo.
3. Preparar as lâminas de reação como indicado. Secá-las à temperatura ambiente. As que não forem ser utilizadas imediatamente devem ser embrulhadas em papel não absorvente e em papel de alumínio e guardadas em congelador a —20°C ou menos, preferivelmente dentro de um dessecador. Para uso, são previamente aquecidas à temperatura ambiente.
4. Inativar os soros a serem examinados a 56°C durante 30 minutos e diluí-los 1/20 em PBS. Os soros podem ser usados também sem inativação.

5. Se as amostras de sangue tiverem sido colhidas em papel de filtro (Whatman nº 1 ou Klabin 80 g/m), recortar discos da mancha de sangue com cerca de 4 cm^2 e embebê-los por cerca de 1 hora com 0,25 mL de salina tamponada, em tubos de hemólise inclinados. Colocar então os tubos na posição vertical e recolher o líquido eluído (a diluição do soro será de 1:16).
6. Incubar por 30 minutos a 37°C as diluições de soro ou os eluatos, sobre as respectivas áreas antigênicas, em câmara úmida.
7. Remover os soros das lâminas por meio de uma lavagem rápida e mais dias de 10 minutos, em PBS.
8. Enxugar o excesso de líquido das áreas antigênicas com papel de filtro. Secar os preparados com jato de ar quente.
9. Pipetar em cada área antigênica cerca de 0,02 mL de conjugado diluído segundo o título para essa reação, em PBS, contendo azul de Evans a 1 mg%. Incubar as lâminas a 37°C por 30 minutos, em câmara úmida.
10. Escorrer o excesso de conjugado e lavar as lâminas rapidamente por imersão e depois em duas trocas de PBS, 10 minutos em cada.
11. Montar os preparados com glicerina e colocar a lamínula. Observar ao microscópio de fluorescência, com campo escuro. As reações positivas apresentam fluorescência dos parasitas, principalmente na periferia dos mesmos, tanto dos corpos como dos flagelos dos tripanossomos. Nas reações negativas os parasitas se mostram não fluorescentes, discretamente corados em vermelho, ou apresentam discretas fluorescências de localização intracelular e não periférica.

PROVA DE IMUNOFLUORESCÊNCIA PARA A MALÁRIA

A. *Preparo de lâminas com plasmócitos humanos.*

1. Coletar 10 a 20 mL de sangue, rico em plasmócitos, em anticoagulante. Corar alguns esfregaços para identificação dos plasmódios e contagem por campo.
2. Dentro de 30 a- 60 minutos após a colheita, centrifugar o sangue e lavar as hemácias 5 vezes em volumes de solução salina tamponada 10 vezes maiores do que o da papa de hemácias.
3. Suspender a papa de hemácias lavadas em volume suficiente de solução salina tamponada, de acordo com o número de plasmódios por campo. Com 1 plasmódio por campo, suspender as hemácias em volume igual de diluente, o que resulta ao redor de 15 parasitas por campo nas preparações para imunofluorescência.
4. Com pipeta adaptada a agulha sem bisel, depositar gotas da suspensão em cada área demarcada da lâmina de microscopia, aspirando o excesso de material de modo a deixar apenas o suficiente para a formação de um filme de hemácias.
5. Secar as lâminas por 30 minutos à temperatura ambiente e guardá-las a – 70°C, embrulhadas em papel não absorvente e em papel de alumínio.

B. *Reações*

6. Retirar as lâminas do congelador e imergi-las em água destilada por 10 minutos, sob ligeira agitação, para remover a hemoglobina.
7. Enxugar as bordas e o verso das lâminas com papel de filtro, e secá-las sob jato de ar quente.
8. Diluir os soros a 1/20 e adiante, se necessário, com diluições triplas ou quádruplas, em salina tamponada contendo Tween 80 a 1%.
9. Recobrir as áreas quadriculadas com cerca de 0,02 mL das diluições de soros correspondentes e incubar as lâminas a 37°C por 30 minutos, em câmara úmida.
10. Lavar as lâminas por 10 minutos, duas vezes.
11. Secá-las com papel de filtro. Colocar sobre cada área cerca de 0,02 mL de conjugado diluído segundo o título em solução salina tamponada contendo Tween 80 a 1% e azul de Evans a 1 mg%.
12. Incubar em câmara úmida a 37°C por 30 minutos.
13. Lavar por 3 vezes em salina tamponada, 10 minutos cada.
14. Observar em microscópio de fluorescência com campo escuro.

PROVA DE IMUNOFLUORESCÊNCIA PARA ANTICORPOS ANTINUCLEARES COM NÚCLEOS DE LEUCÓCITOS

1. Preparar esfregaços de sangue periférico humano com leucocitose, colhido por picada digital, como se fosse para o preparo de hemograma. Pode-se utilizar também sangue venoso imediatamente depois de colhido; sem anticoagulante.
2. Secar as lâminas ao ar. Imergi-las ou recobri-las com álcool 98-99% por 5 minutos. Secá-las ao ar e, com esmalte de unha, delimitar as áreas de reação.
3. Proceder à reação de fluorescência com períodos de incubação de 30 minutos a 37°C, em câmara úmida, tanto para os soros como para o conjugado. Utilizar soros não diluídos nas reações qualitativas e diluídos a 1:10, 1:20, 1:40, 1:80, 1:160, 1:320, 1:640, 1:1280 e mais, se necessário, nas reações quantitativas.
4. Lavar as lâminas rapidamente em água e em seguida em 3 trocas de solução salina tamponada, 10 minutos cada.
5. Enxugar o verso e as bordas das lâminas com papel de filtro e secá-las com jato de ar quente.

6. Pipetar o conjugado, diluído segundo o título em solução salina tamponada contendo Tween 80 a 1% e azul de Evans a 1 mg% e incubar novamente.
7. Repetir os itens 4 e 5.
8. Montar os preparados com glicerina alcalina e lamínula.
9. Ler ao microscópio de fluorescência com campo escuro. Nas reações positivas os núcleos dos leucócitos assumem uma fluorescência nítida. Nas reações feitas paralelamente com soros negativos testemunhas, não deverá haver qualquer fluorescência nuclear. A fluorescência nuclear se apresenta em geral difusa por todo o núcleo, ocasionalmente localizando-se apenas na periferia dos núcleos como um traço brilhante, ou mais raramente apresentando-se na forma de áreas irregulares, desigualmente distribuídas nos núcleos.

Titulagem dos conjugados para reações de imunofluorescência

O título do conjugado deve ser determinado em função de cada tipo de prova, devendo ser medido novamente a cada novo frasco de conjugado, para cada nova partida de antígeno e para cada lâmpada que trocamos no microscópio de fluorescência. Deve-se proceder como segue:

1. Secar bem as lâminas contendo os antígenos respectivos.
2. Marcar os locais para as reações positivas e negativas.
3. Preparar diluições dobradas do soro positivo com solução salina tamponada pH 7,2, de 1:20 até 1:1280 ou como for indicado de acordo com a positividade prevista para os soros positivos. O soro negativo é diluído a 1:20.
4. Depositar pequenas gotas (0,02 mL) das diluições dos soros (positivo e negativo) em cada área demarcada da lâmina.
5. Incubar a 37°C durante 30 minutos, em câmara úmida.
6. Preparar diluições crescentes dos conjugados em solução salina tamponada contendo Tween 80 a 1% e azul de Evans a 1 mg%. A série de diluições varia nos seguintes casos:

Conjugado anti-Ig total, para a maioria das reações: 1:20, 1:40, 1:60, 1:80, 1:100 e 1:120

conjugado puro (mL)	0,2					
sol. Azul de Evans	0,38	0,2	0,1	0,1	0,4	0,1
	0,2	0,2	0,1	0,1	0,1	0,1
diluições finais	1:20	1:40	1:60	1:80	1:100	1:120

Conjugado acima, para antígeno de leucócitos humanos: 1:5, 1:10, 1:20, 1:40 e 1:80

conjugado puro (mL)	0,08				
sol. azul de Evans	0,32	0,2	0,2	0,2	0,2
	0,2	0,2	0,2	0,2	0,2
diluições finais	1:5	1:10	1:12	01:40	1:80

conjugado anti-IgM: 1:20, 1:40, 1:60, 1:80, 1:100 e 1:120

conjugado anti-IgG: 1:80,1:100, 1:120 e 1:140

conjugado puro (mL)	0,01			
sol. azul de Evans	0,79	0,1	0,04	0,15
	0,2	0,2	0,2	0,2
diluições finais	1:80	1:100	1:120	1:140

7. Remover os soros de cada lâmina sob delicado jato de água e lavá-las por imersão em trocas de solução salina tamponada, 5 minutos cada vez.
8. Enxugar o verso e as bordas das lâminas com papel de filtro e ao redor das áreas de reação. Secá-las com jato de ar quente.
9. Com pipetas de 0,1 mL(uma para cada série de pipetagem), depositar pequena gota (0,02 mL) das diluições em cada uma das respectivas áreas de reação das lâminas. Começar pelo fim da série, do último tubo até o 1º. Incubar as lâminas durante 30 minutos a 37°C em câmara úmida.
10. Lavar as lâminas como no item 7 aumentando os tempos para 10 minutos e por três vezes.
11. Enxugar as lâminas, como em 8. Montá-las em glicerina e lamínula.
12. Observar ao microscópio de fluorescência com campo escuro, anotando a presença ou ausência de fluorescência em cada área antigénica e assi-

nalando, quando possível, a localização dessa fluorescência (periferia do parasita, intracelular, núcleo, citoplasma etc).

Para título do conjugado, tomamos a maior diluição capaz de fornecer reatividade máxima, ou melhor, a maior diluição que dá, com segurança, o título esperado.

O USO DE MICROTÉCNICAS EM IMUNOLOGIA

Em 1955, o pesquisador húngaro Gyola Takatzy devisou uma técnica de executar reações sorológicas, utilizando placas escavadas, micropipetas e diluidores calibrados que evoluíram para os sistemas hoje amplamente empregados, de microtitulação.

Esses sistemas possibilitam diluições seriadas de pequenos volumes (0,025 mL ou 0,05 mL) e podem ser usados tanto para a dosagem de antígenos ou outros reagentes, como de anticorpos.

A grande economia de mão-de-obra, de tempo para executar as reações, bem como do uso de vidraria e de reagentes foi altamente favorável aos laboratórios de análises clínicas, que passaram a usar microtitulações.

Um sistema de microtitulação é constituído de três componentes principais: placas escavadas, micropipetas calibradas e microdiluidores.

PLACAS ESCAVADA S

As placas escavadas usadas entre nós são de plástico (lucite), reutilizáveis, contendo 96 escavações dispostas em 12 fileiras horizontais (marcadas de 1 a 12) e 8 fileiras verticais (marcadas de A a H).

As placas apresentam as escavações com fundo pontiagudo (em "V") ou arredondado (em "U").

Quando são usadas com reagentes infectantes, as placas devem ser desinfetadas por imersão em Lisoform a 5%, durante pelo menos 1 hora. Para serem reutilizadas, as placas devem ser sempre lavadas com detergente, água de torneira e água destilada.

MICROPIPETAS CALIBRADAS

As micropipetas comportam em geral 5 a 7 mL de líquido e são projetadas para pingar gotas de 0,025 mL ou de 0,05 mL, desde que mantidas em posição vertical. A calibração é feita com solução de cloreto de sódio a 0,85%. É necessário um treinamento para que a técnica de pipetagem seja reprodutível, dentro de um erro admissível de 2%.

Materiais de viscosidade maior ou menor alteram os volumes, mas uma vez determinado o volume de uma gota de um material diferente (pela média da pesagem de 100 gotas, por exemplo), os volumes permanecem dentro da precisão de 2%. Para a maioria das provas sorológicas, no entanto, não é necessário o calculo dos volumes reais.

A ponta da micropipeta deve ser mantida a cerca de 1,2 cm acima da escavação, no momento de uso.

Micropipetas contaminadas, feitas de vidro, podem ser autoclavadas; se o tubo for plástico, devem ser desinfetadas em Lisoform a 5% durante pelo menos 1 hora.

Se forem utilizadas para pipetar material infeccioso, as micropipetas não podem ser levadas à boca, tendo de ser manuseadas com pera de borracha ou com pró-pipeta.

A direção do gotejamento e sua velocidade dependem do esquema técnico e da prática do operador. Um operador treinado leva de dois a três minutos para pipetar nas 96 escavações de uma placa.

MICRODILUIDORES

Os microdiluidores são dispositivos especiais de aço, soldados na ponta de uma haste também metálica, designado para tomar amostras de volumes conhecidos (de 0,025 mL ou de 0,05 mL), transferi-las para as escavações da placa contendo líquido de diluição, misturar com esse líquido e transferir, em série, as diluições obtidas.

O diluidor propriamente dito é uma peça metálica raiada, com reintrâncias, que por capilaridade e tensão superficial se enche com líquido assim que entra em contato com este.

A utilização dos microtituladores segue os seguintes passos:

a) *Flambagem:* para qualquer uso, o microdiluidor, já limpo, é submetido à flambagem logo antes de ser novamente usado. Para isso, encostamos a ponta do diluidor na parte azul da chama de um bico de Bunsen e o aquecemos apenas até começar a ficar rubro. De modo nenhum devemos flambá-lo por mais tempo, até atingir a cor vermelha brilhante. Isso enfraquece a liga metálica, encurta a vida do diluidor e eventualmente introduz imprecisões de volume e nas diluições.
b) *Molhagem prévia*: logo depois de frios, os diluidores são molhados em água, solução fisiológica ou no diluente usado na prova. Essa medida serve para molhar o diluidor, melhorando a precisão do método.

Para molhar, o diluidor é apenas encostado na superfície do líquido, em posição inclinada, para evitar um eventual aprisionamento de bolha de ar, no interior da ponta do diluidor. Uma vez molhado, isso não mais acontece.

Nunca mergulhar totalmente o diluidor. O excesso de líquido, que provém da haste do diluidor que foi totalmente mergulhado, produz resultados imprecisos.

Para evitar isso, convém colocar o líquido numa bandeja plástica numa quantidade apenas suficiente para molhar a ponta do diluidor. Se houver molhagem excessiva, a haste e o diluidor devem ser secos com papel de filtro e a molhagem deve ser repetida.

c) *Controle do diluidor:* após a molhagem prévia, devemos examinar o diluidor para ver se apresenta alguma bolha de ar. Não havendo, vamos verificar se a pré-lavagem foi apropriada, utilizando uma carteia de papelão impressa com círculos, apropriada para o volume do microdiluidor que estamos usando. Encostamos o medidor cheio de líquido no centro de um dos círculos gravados. O líquido é absorvido e se difunde exatamente até o limite impresso, do círculo, se o diluidor estiver apropriadamente pré-molhado. Esse método de controle não é relativo à precisão do volume empregado.

Logo após a checagem do diluidor, enquanto este ainda estiver úmido, deve ser usado. Se secar, os resultados serão imprecisos.

d) *Tomada da amostra e preparo das diluições:* o diluidor pré-molhado serve para colher o volume desejado da amostra e para colocá-lo na primeira escavação contendo diluente, correspondendo à primeira diluição.

Preliminarmente, pingamos diluente na fileira das escavações reservadas para as diluições do soro, usando micropipeta calibrada. O volume de cada gota deve ser o mesmo a ser introduzido pelo diluidor.

Com o diluidor ainda úmido, encostamos sua ponta no soro, sem imergi-la. Removemos o diluidor carregado, sem tocar nas paredes do tubo. Colocamos o diluidor carregado na primeira escavação da fileira e o rodamos 4 a 5 vezes para a direita e o mesmo para a esquerda, num tempo de 2 a 4 segundos. Se a rotação for mais lenta, a mistura não se faz corretamente. Se for muito rápida, formam-se bolhas, o que também causa erro de diluição. Com isso, obtemos, no primeiro tubo, uma diluição de 1:2. Levantamos o diluidor, que contém agora a diluição 1:2 e o colocamos na segunda escavação e repetimos as manobras até obter a última diluição planejada.

Devemos tomar cuidado para que o diluidor nunca encoste nas bordas ou paredes das escavações.

Um técnico treinado, capaz de segurar ao mesmo tempo 8 diluidores e de girá-los concomitantemente, com a outra mão, pode diluir 8 soros ao mesmo tempo. Existem dispositivos mecânicos para o uso simultâneo de 8 ou 12 diluidores.

e) *Desinfecção de diluidor contaminado:* um diluidor contaminado tem de ser primeiramente descontaminado em Lisoform a 5% pelo menos-por 1 hora e depois lavado várias vezes em água destilada e seco, antes de ser flambado. Devemos flambar também a haste. Sem a limpeza prévia, há formação de depósitos, o que causa erros de diluição. Se isso ocorrer, limpar com ultra-som e não usar pinos, arames ou escovas, que irão danificar o diluidor.

f) *Lavagem comum do diluidor:* Logo após o uso, o diluidor é encostado em papel absorvente e depois lavado. A ponta é imersa totalmente em água destilada, rodada várias vezes e encostada em papel absorvente que não solte fibras (fibras que se prendem ao diluidor causam erros de diluição).

Muitas são as possibilidades de uso de microtécnicas, para a dosagem de anticorpos ou de antígenos, em praticamente todos os ramos do laboratório clínico (bacteriologia, micologia, virologia, parasitologia, imunoematologia e até bioquímica).

Vamos expor a sequência técnica envolvida na maioria dos exames feitos por microtitulação, sem entrar na descrição de técnicas específicas. Estas poderão ser facilmente adaptadas pelos interessados.

Sequencias de uma Técnica de Microtitulação

ESCOLHA DO TIPO DE PLACA

A escolha de placas "V" ou "U" é de preferência individual. Nós preferimos usar placas com escavações em "V". Quando se tratam de reações de hemaglutinação ou similares, a leitura é facilitada pelo ponto central mais rebaixado, onde as hemácias se acumulam num ponto bem visível.

Quando são reações de hemólise, a presença de hemácias, no ponto central rebaixado, assinala com mais facilidade as diluições onde não houve hemólise.

Outros têm fortes motivos para preferir placas com escavações em "U". Outros, ainda, usam os dois tipos de placa.

ESCOLHA DO VOLUME DO TESTE

Conforme a técnica, padronizamos o uso de pipetas calibradas e de microdiluidores de 0,025 mL ou de 0,05 mL. Na padronização da técnica, levamos em consideração que a capacidade de cada escavação é de 12 gotas de 0,025 mL ou de 6 gotas de 0,05 mL (num volume total de 0,3 mL por escavação).

Devemos nos certificar que tanto as placas como as pipetas e diluidores devem estar rigorosamente limpas, para que os volumes não sofram alterações incontroláveis.

PREPARO DO DILUENTE NECESSÁRIO

Os diluentes usados são os mesmos das macro-técnicas e variam amplamente, conforme o tipo de exame.

PREPARO DE ANTÍGENOS, COMPLEMENTO, SUSPENSÃO DE HEMÁCIA S, ETC.

Podem ser usados antígenos comerciais ou preparados no laboratório, bem como outros reagentes, sempre que tenham sido devidamente controlados, frente a reagentes que levam a resultados conhecidamente positivos e a conhecidamente negativos.

PREPARO DOS SOROS OU OUTROS LÍQUIDOS A SEREM DILUÍDOS

No preparo das diluições, acima referido, contamos com a primeira diluição do soro como sendo 1:2. Eventualmente, quando os títulos esperados são bem maiores, partimos de diluições bem mais altas. Para isso, fazemos diluições prévias, em tubos ou mesmo em escavações extras, começando a primeira diluição no ponto desejado.

Outras vezes são necessárias diluições mais frequentes do que as de razão 2, a partir de 1:2. Nesses casos, podemos nos utilizar de uma segunda fila de escavações horizontais. Enquanto fazemos, na fila superior, diluições 1:2, 1:4, 1:8, etc, na segunda fila, partindo de uma diluição feita à parte, de 1:3, obtemos diluições 1:6, 1:12, 1:24, etc. No geral, esse soro estará diluído a 1:2, 1:3 (se colocarmos o soro na primeira escavação da segunda fila, sem diluir), 1:4,1:6,1:8, etc.

CONSERVAÇÃO DOS REA GENTES E DO EQUIPAMENTO QUE ESTÁ SENDO USADO

Dependendo da técnica, todos os reagentes (ou alguns deles) e também o material empregado têm de ser conservados em geladeira quando não estiverem sendo manuseados.

IDENTIFICAÇÃO DA PLACA

Se forem várias placas, estas devem ser numeradas. Deve haver marcação em fita colante aderente a cada placa e escrita com tinta que não se dissolva em água. Devem ser identificados o número do exame e as iniciais do paciente, as escavações dos controles, etc.

PIPETAGEM DO DILUENTE

Encher a pipeta calibrada escolhida, com o diluente e pingar uma gota em cada escavação planejada.

ADIÇÃO DO SORO DO PACIENTE

Há três métodos pelos quais podem ser iniciadas as diluições em série:

a) a primeira fila de escavações, na vertical, fica reservada para simples depósitos de soro. Com uma pipeta Pasteur, pipetamos cerca de 0,1 a 0,2 de soro na primeira escavação. Com outra pipeta Pasteur fazemos o mesmo com outro soro na primeira escavação da segunda fileira horizontal, e assim por diante. Nas demais escavações horizontais pingamos diluente e fazemos as diluições. As primeiras escavações verticais, que são apenas depósito de soro, não recebem reagentes.

b) Utilizando uma pipeta calibrada de 0,025 mL, podemos iniciar as reações com soro puro (1:1) ou diluído a 1:2, a saber:

 b.1. para iniciar com soro 1:1, pingamos na primeira escavação duas gotas de soro com 0,025 mL e nas demais, o diluente. Com o diluidor de 0,025, passamos soro para a segunda escavação e daí por diante, até a última diluição. Todas as escavações recebem antígeno, etc.

 b.2. para iniciar com diluição 1:2, pingamos diluente nas escavações e, nas primeiras, pingamos também o soro. Daí, com diluidor, fazemos as outras diluições.

c) Utilizando o diluidor, para partir de uma diluição 1:2, procedemos como já visto anteriormente.

DILUIÇÃO DO SORO

As diluições são feitas com microdiluidor. Não se pode esperar mais do que 5 minutos para fazer as diluições.

LAVAGEM DAS PIPETAS E DILUIDORES USADOS

Adição dos Antígenos

Usar micropipetas, do mesmo modo que no caso de soro.

COBRIR A PLACA PARA EVITAR EVAPORAÇÃO

Com cuidado, cobrimos a placa com filme plástico Roloplac (de uso doméstico).

AGITAÇÃO DA PLACA

Segurando a placa por um canto, dá-se pequenas batidas, delicadas, no canto oposto, apenas suficientes para misturar os líquidos, sem permitir que atinjam o plástico de revestimento.

INCUBAÇÃO

Dependendo da técnica, incubamos à temperatura ambiente, na geladeira ou em estufa, pelo tempo recomendado.

ADIÇÃO DE OUTROS REAGENTES

De acordo com a técnica, são adicionados outros reagentes, nas escavações apropriadas. A placa é novamente agitada e incubada, de acordo com a técnica.

LEITURA

A leitura das provas de microtitulações é semelhante às provas correspondentes, em tubos.

RESULTADOS

Iguais aos das provas em tubo.

Parte 4
Hematologia

31 Colheita de Material

Qualquer que seja a origem do material a ser colhido para um exame hematológico, devemos sempre levar em consideração as seguintes normas:

1. o paciente deve estar bem acomodado e psiquicamente preparado;
2. o material a ser usado deve ser limpo, bem esterilizado, ou, melhor ainda, deve-se preferir o descartável (lancetas, agulhas, seringas);
3. a escolha do local para se retirar sangue deve ser feita em função da qualidade necessária e (X) calibre do vaso a ser puncionado;
4. o local a ser puncionado deve ser limpo com solução anti-séptica (álcool a 70% em água);
5. o garroteamento para a estase venosa não deve ultrapassar de um minuto, evitando-se congestão local e hemoconcentração;
6. o sangue deve fluir facilmente do local da punção;
7. após a retirada do material deve-se fazer a distribuição do mesmo, para os tubos receptores, depois de retirar a agulha da seringa;
8. os esfregaços em lâminas devem ser feitos logo após a colheita, evitando-se a coagulação do material ou a ação dos anticoagulantes sobre as células;
9. quando o material é colhido com anticoagulante, a homogeneização do mesmo deve ser delicada, evitando-se a lise das células;
10. quando se deseja grande quantidade de material, deve-se usar tubos com vácuo que permitem colheita mais rápida, bem como fácil troca dos tubos sem manipular muito a veia do paciente;
11. após a punção, deve-se fazer uma hemostasia compressiva no local.

SANGUE VENOSO

Em geral, usa-se o sangue venoso para a maioria dos exames hematológicos. A sua obtenção é feita pela punção das veias mais acessíveis. As que são mais facilmente puncionadas localizam-se nas regiões do antebraço, do pescoço e inguinais. Na criança, também se utiliza a região da fontanela frontal.

Veia cubital

É a preferida nos exames rotineiros, pois apresenta frequentemente bom calibre e sua punção é pouco dolorosa. Antes da punção, deve-se avaliar a orientação do vaso pela visualização ou pela palpação digital e fazer a agulha penetrar e aprofundar nessa direção.

As veias do dorso da mão apresentam inconvenientes, sendo por vezes mais calibrosas do que as cubitais: são móveis e a pele da região é mais sensível. Em pacientes obesos, entretanto, pode ser mais fácil o seu acesso do que as da prega do cotovelo.

Após a punção, quando esta se verifica no dorso da mão, deve-se fazer uma hemostasia mais demorada.

Veias jugulares

Quando as veias das regiões dos antebraços e mãos forem inatingíveis, principalmente em crianças, recorre-se à punção das jugulares.

Veia jugular externa

Consegue-se colher sangue da veia jugular externa imobilizando-se bem o paciente, principalmente crianças (enfaixando-as com um lençol) e colocando sua cabeça em nível pouco inferior ao do tronco. A cabeça deve rodar para o lado oposto ao da punção, permitindo boa visualização da veia. O paciente deverá fazer esforço respiratório, assoprando com boca e nariz fechados (no adulto) ou, com choro provocado (na criança), para aumentar a estase venosa. A agulha deve penetrar diretamente sobre a veia, que nessa região é bem superficial. Após a punção, com o paciente sentado, deve-se fazer uma compressão mais demorada.

Veia jugular interna

A veia jugular interna é puncionada quando não conseguimos colher sangue da veia jugular externa. Após a imobilização do paciente e colocando-a na mesma posição do caso anterior, deve-se tomar como ponto de referência o músculo esternoclidomastóideo. A agulha deve penetrar no ponto que coincide com a metade da distância entre a origem e a inserção do músculo, ao nível da sua margem posterior. A direção da agulha, após a penetração da pele, deve ser com a ponta voltada para a fúrcula esternal mantendo-se quase paralela à pele e aprofundando-se pouco mais de 0,5 cm. Se não fluir sangue, retira-se a agulha, lentamente, até se obter o material. A posição deverá ser então mantida até se completar a quantidade de sangue necessária. Após a colheita, deve-se fazer a compressão local por alguns minutos.

Veia femural

A veia femural também é usada quando não se consegue as veias mais superficiais. O paciente deve ficar em decúbito dorsal horizontal, com o membro inferior (do mesmo lado da punção) semifletido, devendo o joelho ficar ao nível da cama. Quando for uma criança, esta deve ser imobilizada, na posição acima, por um auxiliar. Palpa-se ao nível de prega inguinal o pulso da femural e punciona-se logo abaixo do ligamento inguinal, para dentro da artéria pulsátil. A agulha deve penetrar na direção vertical até tocar a parte óssea. Lentamente, deve ser retirada fazendo-se pressão negativa ou seringa até se observar o fluxo sanguíneo. A posição da agulha deve então ser mantida até a colheita completa do material. Após a punção, deve-se comprimir o local por alguns minutos.

Seio longitudinal

É usado em crianças que ainda apresentam a fontanela anterior aberta. A punção deve ser feita ao nível do ângulo posterior da fontanela. A agulha deverá entrar fazendo um ângulo de 30 a 90°. A penetração da agulha deve ser de aproximadamente 3 mm, com o cuidado de não alcançar o espaço subaracnóideo. Após a colheita, a compressão deve ser delicada porém eficiente até a parada do sangramento.

SANGUE ARTERIAL

O sangue arterial não é usado em testes hematológicos de rotina. Em estudos especiais do sangue arterial, pode-se obter o material da artéria femural, sendo que na punção procura-se alcançar a mesma, fazendo-se a agulha penetrar na sua direção, orientada pela palpação do pulso da artéria radial.

SANGUE CAPILAR

É frequentemente usado em crianças quando se empregam micrométodos ou em adultos para alguns exames como estudo de plaquetas, citologia e citoquímica celular.

A colheita se faz após punção da polpa digital dos dedos ou do grande artelho, na criança. Pode-se ainda utilizar a região do calcanhar, nos recém-nascidos.

A profundidade e a extensão do corte devem ser feitas de modo a permitir um sangramento fácil. É contra-indicada a compressão dos tecidos após a punção, para melhorar a irrigação local.

Para esta colheita devem ser usados estiletes ou lâminas cortantes esterilizadas e descartáveis. Está formalmente contra-indicado o uso da lanceta automática, que não podendo ser bem esterilizada facilita a transmissão da hepatite e outras doenças.

Após a punção, deve-se desprezar a primeira gota de sangue, absorvendo-a com algodão seco, evitando-se que a amostra seja contaminada com o anti-séptico usado.

MEDULA ÓSSEA

É importante, em doenças hematológicas, o estudo do órgão hemopoiético — a medula óssea. Deve-se procurar obter material adequado para um bom exame. O estudo da medula óssea pode ser feito com o material obtido por biopsia do osso ou por aspiração do "sangue medular" com agulhas mais simples. A punção com agulhas, apesar da desvantagem de fornecer uma pequena amostra do material, apresenta muitas vantagens sobre a retirada de um fragmento ósseo. É mais fácil de ser realizada, exigindo pequena anestesia local (por vezes até desnecessária) e emprego de agulhas de menor calibre, porém sempre com mandril, para evitar a obstrução por fragmento ósseo. Fornece resultados mais rápidos e, na maioria dos casos, informações suficientes para o diagnóstico.

Na biópsia óssea, usa-se a retirada cirúrgica do fragmento com agulhas especiais (trefinas), mais calibrosas do que as agulhas comuns usadas para aspiração. Os tipos dessas trefinas variam com o idealizador e o fabricante, sendo encontradas no comércio com nomes diversos: Vim-Silverman, Turkel e Bethell, Westerman-Jensen, Jamshid-Swaim etc.

A punção aspirativa é feita com agulhas mais simples, com calibre pouco maior do que o das agulhas de punção sanguínea (9- 10- 12), podendo ter dispositivo que fixa a profundidade de penetração das mesmas.

Usa-se agulha com calibre de 9 a 10 (de bisel pequeno) e comprimento de 25 mm. A profundidade de penetração da agulha variará de acordo com o osso escolhido (esterno, tíbia, ilíaco, apófises espinhosas), a espessura da pele e do tecido subcutâneo do paciente.

Ao se atingir a resistência do osso, controla-se o aprofundamento da agulha por 1 a 2 mm. Retira-se o mandril e insere-se uma seringa de capacidade de 10 a 20 ml. Faz-se aspiração contínua até se obter cerca de 0,1 a 0,2 ml de material. A aspiração forte pode fornecer mais material, porém contaminado com sangue periférico, o que altera a apreciação da celularidade medular.

Antes da introdução da agulha, deve-se escolher o local da punção, fazer assepsia e anestesia da pele, do subcutâneo e do periósteo. Para a assepsia usa-se solução de mertiolato ou um anti-séptico equivalente. Para a anestesia usa-se 0,5 a 1 mL da solução de novocaína ou xilocaína a 1%, fazendo uma infiltração da pele, do subcutâneo e do periósteo. Com a anestesia local, temos obtido melhor colheita. Na introdução do anestésico, empregamos seringas descartáveis. O material após a colheita deve ser colocado sobre lâminas ou lamínulas para se fazer o esfregaço. Pode ainda ser colocado sobre uma lâmina ou vidro de relógio e dele ser escolhido os "grumos" ou "fragmentos de medula" que são colocados em solução fixadora (tipo Zenker ou Bouin) e encaminhados para inclusão em parafina e cortes. Este material não nos dará a arquitetura óssea como nos preparados feitos de fragmento ósseo obtido pela trefina ou biopsia direta do osso. A biópsia é indicada nos casos em que não conseguimos material pela punção aspiradora ê é realizada ao nível da crista ou apófise espinhosa posterior do ilíaco. Estes casos são pouco frequentes, como por exemplo as escleroses ou fibroses ósseas, cuja biópsia do osso constitui um dos únicos meios de diagnóstico. Para obtermos boas amostras para culturas medulares, devemos retirar cerca de 1 a 2 mL de material.

Osso esterno

O esterno é o local preferido para o estudo da medula óssea no adulto. Apresenta vantagens por ser superficial, conter grande quantidade de medula e fornecer bom material celular. Com o paciente na posição deitada e em decúbito dorsal, pode-se escolher no esterno dois locais para a posição: *manúbrio e corpo.*

1. *Manúbrio* – Traça-se mentalmente um triângulo tendo por vértice superior o ponto médio da fúrcula esternal e como vértices laterais o ponto de encontro das bordas laterais do osso e o segundo espaço intercostal (logo acima do ângulo de Louis). Os pontos situados no meio da linha básica do triângulo ou 1 cm abaixo do meio da fúrcula esternal são considerados os ideais para a penetração da agulha.
2. *Corpo* – Considera-se o ponto de punção ideal, no corpo do esterno, o situado na região mediana do osso, 1 cm abaixo do ângulo de Louis.

Após assepsia e anestesia locais, introduz-se a agulha até se alcançar a resistência óssea. Coloca-se a agulha em posição vertical ao osso, introduzindo-a com movimento giratório até se sentir passar a tábua externa e chegar à medula. Esta profundidade é de alguns milímetros (2 a 5 mm) e varia com a idade do paciente (é menor na criança). Uma vez atingida a medula, retira-se o mandril, aspira-se o material (0,1 a 0,2 mL) e faz-se a distribuição em lâminas ou lamínulas para a extensão das células antes que o sangue coagule.

Em relação às crianças, deve-se ter o cuidado na pressão da agulha, pois a tábua óssea é mais delgada e, às vezes, cartilaginosa, correndo-se o risco de transfixar todo o osso, atingindo os vasos da base do coração.

Tíbia

A tíbia é o local recomendado para a obtenção de medula óssea em crianças até 2-3 anos de idade. Depois disso, a ossificação dificulta a entrada da agulha. Introduz-se a agulha na face medial da perna, ao nível da cabeça da tíbia, logo abaixo da tuberosidade tibial.

A técnica é a mesma daí por diante. No recém-nascido, não se faz anestesia local, sendo a punção mais fácil e rápida.

Ilíaco

O ilíaco pode ser puncionado em vários locais: *espinhas e crista.*

1. *Espinha ântero-superior* – Introduz-se a agulha imediatamente abaixo da espinha ântero-superior e aprofunda-se até sentir atravessar a tábua óssea externa. Retira-se o mandril da

agulha e aspira-se. O material é menos celular do que o obtido no esterno e a pressão sobre a agulha para se alcançar a medula deve ser maior do que a empregada nos exames anteriores.

2. *Crista ilíaca* – É o outro local para se colher medula óssea. Os pontos ideais ficam 2 cm para trás e para baixo da direção da espinha ilíaca ântero-superior, na própria crista ou na espinha posterior. Estas punções são feitas com o paciente em decúbito lateral ou sentado. Com anestesia local e não percebendo a manipulação da agulha, o paciente permite melhor esta colheita do que a do esterno.
3. *Biópsia* – No mesmo local da punção, da crista e após anestesia da pele e pequena incisão com bisturi, introduz-se a agulha de biópsia e aprofunda-se até o osso. Retira-se o mandril, aprofunda-se mais 2 a mm e então retira-se de vez a agulha que trará no seu interior um pedaço da medula o qual será colocado no líquido fixador e enviado para exame histológico.

Apófises espinhosas

Como a punção do ilíaco, a punção das apófises espinhosas apresenta a vantagem de ser melhor tolerada pelos pacientes, pois a manipulação é feita na posição sentada, sobre as apófises espinhosas das vértebras de D_{10} a L_4. A agulha é introduzida perpendicularmente ao osso, em direção à apófise espinhosa. Deve-se ter os mesmos cuidados na assepsia, na anestesia, na aspiração e na distribuição do material, como já foi assinalado.

GÂNGLIOS

A punção de um gânglio superficial aumentado é feita com agulha de punção venosa com comprimento de 25 a 30 mm e de calibre 9 a 12.

A técnica da punção requer rigorosa assepsia da pele e fixação do gânglio, o que na maioria das vezes é feito pelo próprio operador.

Após a introdução da agulha na pele, o operador fixa o gânglio com uma das mãos e com a outra introduz a agulha (atravessando a pele, o subcutâneo e a cápsula do gânglio) até atingir sua parte central. Alguns movimentos giratórios da agulha fazem a liberação do tecido ganglionar. Aspira-se com pequena pressão negativa na seringa e distribui-se o material obtido em lâminas ou em tubos coletores. O material que se obtém pode ser abundante em casos supurativos ou necróticos e escasso em processos inflamatórios não supurativos ou necróticos ou nos tumores em geral. Quando se obtém muito material purulento ou necrótico, deve-se realizar outros exames como bacterioscópico, bacteriológico, micológico, inoculações etc, além do citológico.

BAÇO

O exame citológico do baço pode ser feito por punção aspirativa do órgão ou após a esplenectomia (punção ou impressão da superfície de corte).

A punção aspirativa do baço é feita usando-se agulhas com mandril, de calibre 8 a 10 e comprimento de 40 a 50 mm.

A punção do baço deve ser feita com habilidade e rapidez, pois o traumatismo do órgão pode ser acompanhado de sangramento incontrolável, tornando necessária a esplenectomia de urgência. Essa punção é assim contra-indicada nos casos onde há alterações na hemostasia ou quando o órgão é de difícil acesso.

O paciente é colocado em decúbito dorsal semi-lateral e, após rigorosa assepsia local, introduz-se a agulha, atravessando a pele. Com o paciente imobilizado e com o abdome insuflado (durante uma parada expiratória), introduz-se rapidamente a agulha no baço, retira-se o mandril e aspira-se levemente com a seringa. Retira-se em seguida a agulha com movimento rápido. Faz-se boa compressão local, imobiliza-se a região com atadura ou esparadrapo largo, durante 24 a 48 horas. O paciente deve permanecer em repouso no leito e a pressão arterial deve ser controlada a cada 2 horas, por 24 horas.

O material colhido é distribuído em lâminas para o estudo citológico ou em tubos especiais, como os de cultura.

O exame do baço após a esplenectomia não oferece dificuldade. O órgão pode sofrer cortes seriados para exames macro e microscópico. O exame citológico pode ser feito por punção aspiradora do órgão retirado, ou por impressão da superfície de corte sobre lâminas ou lamínulas.

TUMORES

Os tumores superficiais, no sentido genérico do termo, podem ser examinados citologicamente e, neste caso, podem ser analisados pelo hematologista. A obtenção do material deve ser feita diretamente do tumor e os cuidados de assepsia, anestesia e aspiração são os mesmos descritos para as outras punções.

O material colhido, de aspecto sanguinolento, supurativo, necrótico ou celular, deve ser distribuído em lâminas, lamínulas, tubos de ensaio, conforme a natureza do exame a se realizar — citológico, bacteriológico, micológico ou oncológico.

Após a retirada cirúrgica dos tumores profundos, pode-se colher o material por punção aspirativa direta ou imprimindo a superfície de corte sob lâminas ou lamínulas.

Anticoagulantes

O sangue colhido e transferido para tubos de vidro ou de plástico sem qualquer substância no seu interior irá coagular. Após um período de 1 a 3 horas e em temperatura de 37°C, deixará separar da parte coagulada (gelificada) um líquido - o soro.

Podemos acelerar a coagulação colocando o sangue em frasco de Erlenmeyer com pérolas de vidro ou com um bastão de vidro giratório e fazendo agitação leve durante uns 5 a 10 minutos. No final desse tempo, teremos a fibrina do coágulo presa nas pérolas (que param o barulho do atrito no vidro) ou no bastão de vidro, ficando o soro, as hemácias e os leucócitos livres. O sangue assim obtido é chamado desfibrinado, isto é, livre de fibrina. Este sangue é incoagulável e é indicado como fonte de glóbulos (vermelhos e brancos) e de soro.

É importante sabermos exatamente a que temperatura, depois da colheita, o sangue coagulou. Em imunologia, há exames especiais que requerem coagulação em temperatura indicada e material de colheita (seringas, tubos etc.) também em temperatura adequada. Esses exames são relacionados com anticorpos frios e quentes, o que veremos com detalhes no capítulo da imunoematologia.

A maioria dos exames hematológicos requer, entretanto, que o sangue seja total e fluido. Usamos, para isso, substâncias chamadas anticoagulantes que, retirando o cálcio ou inibindo outros fatores da coagulação, conseguem manter o sangue fluido. Esses anticoagulantes, geralmente, não interferem na composição do sangue, de modo que não prejudicam o resultado final do exame.

São conhecidos numerosos anticoagulantes, porém somente alguns são usados na rotina dos exames hematológicos.

OXALATOS

Podem ser usados alguns de seus sais, isoladamente, ou em misturas. Agem sobre o cálcio do sangue, formando um composto insolúvel — o oxalato de cálcio. Apresentam, porém, ação sobre os leucócitos, sendo contra-indicados quando se faz o estudo morfocitoquímico dos glóbulos brancos. Usam-se os sais de sódio, amônio e potássio separados ou em mistura, sendo que estes apresentam menor ação degenerativa sobre os leucócitos. Assim mesmo, os esfregaços de sangue para o estudo citológico não devem ser feitos de sangue oxalatado.

Para estudo de fatores de coagulação usam-se oxalatos de sódio ou de potássio, separadamente (são agentes descalcificantes de ação reversível), na proporção de 1:9.

Solução de oxalato de sódio 0,1 M

Oxalato de sódio	1,35 g
Água destilada	100 mL

Solução de oxalato de potássio 0,1 M

Oxalato de potássio anidro	1,40 g
Água destilada	100mL

Mistura de Paul-Heller ou solução de Wintrobe

Oxalato de amônio	1,2 g
Oxalato de potássio	0,8 g
Água destilada	100 mL

Em geral, usa-se a mistura de Wintrobe, seca (1 mL para 9 mL de sangue). A secagem é feita pela colocação dos tubos com a solução em estufa a 60°C durante 12 a 18 horas.

CITRATO

O citrato é um dos anticoagulantes mais usados para os testes de coagulação, principalmente os que incluem as plaquetas.

As soluções mais usadas são as seguintes:

Citrato trissódico (5,5 H_2O)	3,8 g
Água destilada	100 mL
ou	
Citrato trissódico (2 H_2O)	3,1 g
Água destilada	100 mL

Essas soluções devem ser conservadas em geladeira, de preferência em ampolas estéreis ou então filtradas antes do uso (já que facilmente apresentam contaminação com fungos).

A proporção que se usa do anticoagulante é de 1 parte de solução para 9 partes de sangue.

SOLUÇÃO A.C.D.

É um anticoagulante muito usado em bancos de sangue para conservação do material, impedindo hemólise dos glóbulos vermelhos. No laboratório, usa-se em colheita de exames relacionados com problemas hemolíticos.

A sua composição é:

Citrato trissódico	1,32 g
Ácido cítrico	0,48 g
Dextrose	1,47 g
Água destilada	100 mL

É usada na proporção de 0,25 mL para 1 mL de sangue.

HEPARINA

É um anticoagulante (tipo antitrombina e antitromboplastina) que age inibindo a coagulação.

É considerado um bom anticoagulante, pois não altera a morfologia dos glóbulos brancos e vermelhos e não provoca hemólise. A heparina é mais usada nos testes de avaliação da fragilidade dos glóbulos vermelhos, na proporção de 0,1 a 0,2 mg para 1 mL de sangue. Os esfregaços de sangue colhidos com heparina apresentam um fundo azulado, após a coloração.

SEQUESTRENO (EDTA)

É o sal dissódico ou dipotássico do ácido etilenodiaminotetracético (EDTA). É um anticoagulante que forma com o cálcio um sal insolúvel. Age muito pouco sobre a degeneração celular e, ultimamente, tem sido mais usado que os oxalatos, nos exames de rotina.

A solução empregada é:

EDTA (Na_2)	1,0 g
Solução fisiológica	100 mL.

A proporção indicada é de 0,1 mL da solução acima (ou 1 mg do pó) para 1 mL de sangue.

Tempo de Conservação do Sangue

Devemos ter conhecimento das alterações que ocorrem no sangue após a colheita e sua relação com os diferentes anticoagulantes.

As alterações mais frequentes são:

1. após a colheita, os glóbulos vermelhos aumentam de volume;
2. a fragilidade osmótica dos glóbulos vermelhos aumenta;
3. a velocidade da hemossedimentação aumenta;
4. os neutrófilos e monócitos apresentam sinais de degeneração celular como vacúolos no citoplasma e lobulação do núcleo;
5. o tempo de protrombina aumenta;
6. os fatores da coagulação (especialmente os lábeis, V e VIII) diminuem de atividade.

Para evitarmos essas alterações e, consequentemente, falsos resultados nos exames, recomendamos:

1. o material depois de colhido deve ser logo examinado ou preparado para o exame;
2. o sangue usado para os exames morfocitoquímicos deve ser livre de anticoagulante e distribuído em lâmina, bem como corado o mais rapidamente possível.
3. a hemossedimentação, o tempo de protrombina e os testes de hemólise devem ser realizados logo após a colheita;
4. quando for usado o oxalato como anticoagulante, o material não deve ser usado após um período de 2 a 3 horas depois de colhido;
5. quando o anticoagulante for a heparina ou o seqúestreno, esse tempo pode ser de até 6 horas;
6. caso haja necessidade de espera, o material deverá ser conservado em geladeira a 4°C até o momento do exame;
7. o sangue deve ser agitado com suavidade, pois a agitação violenta destrói as células.

Preparo de Esfregaços de Sangue

O exame do sangue distendido ou esfregaço sanguíneo deve ser feito do material logo após a colheita e, se possível, sem ação de qualquer anticoagulante.

O material de vidro (lâminas e lamínulas) deve ser quimicamente limpo e desengordurado. Preferimos os esfregaços em lâminas de vidro 24 x 76 mm lapidadas por serem elas resistentes e de mais fácil manipulação.

O sangue capilar ou venoso, os materiais de medula óssea, de baço, de gânglio ou de tumores devem ser colocados sobre uma lâmina de microscopia (A), próximo a uma de suas extremidades. Junto à gota do material coloca-se uma lâmina auxiliar, aparada nos cantos (B), encosta-se no material e faz-se o mesmo correr, por capilaridade, até suas bordas. Mantendo uma inclinação de 45°, faz-se a lâmina auxiliar deslizar sobre a primeira, com movimento firme e delicado. Seca-se então o esfregaço, ao ar, e identifica-se escrevendo sobre ele com um lápis. O material é então fixado, corado e examinado (Fig. 31.1).

O esfregaço deverá ser fino e regular para se ter boa distribuição das células.

Pode-se usar lamínulas, que permitem melhor distribuição celular, porém o seu uso requer mais habilidade.

Tomam-se duas lamínulas, A e B. Em A coloca-se uma gota do material. Coloca-se em seguida a lamínula B sobre a A e, assim que o material se espalhar por ambas, faz-se um movimento circular rápido e separam-se as mesmas. Obtêm-se assim películas finas, que se secam ao ar. Identifica-se e cora-se o material. Após a coloração monta-se a lamínula sobre uma lâmina de microscopia com uma gota de óleo de imersão.

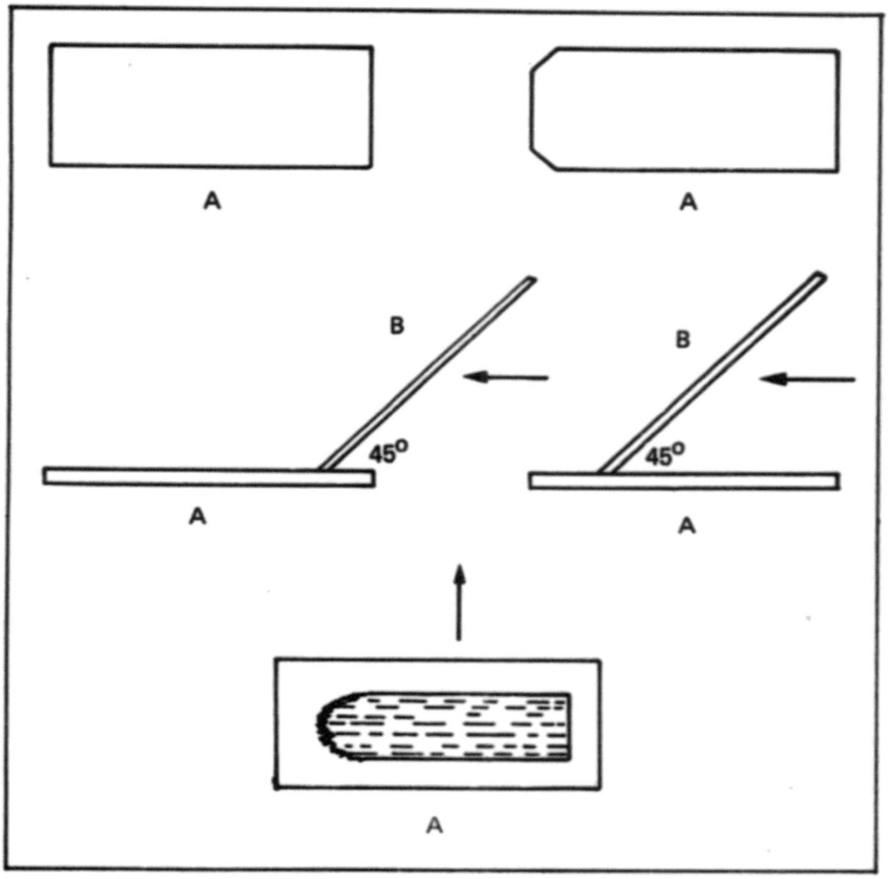

Fig. 31.1

32

Estudo dos Elementos Figurados do Sangue

No homem, após o nascimento encontramos os elementos figurados granulócitos, eritrócitos e plaquetas se originando na medular dos ossos. No adulto, a medula óssea funcionante é encontrada principalmente no esterno, costelas, corpos vertebrais e ilíacos enquanto na criança até os três anos também nos ossos longos como tíbia, fêmur etc.

O esfregaço obtido por punção da medular desses ossos permite um estudo das células das linhagens eritroblástica, granulocítica e megacariocítica e avaliação dos diferentes estádios de amadurecimento. Ainda na medula óssea é encontrada uma certa proporção de células linfóides, plasmáticas e monocíticas as quais são formadas principalmente no baço, timo, gânglios linfáticos e outros agrupamentos linfóides do corpo.

O estudo quantitativo e morfológico das células das diferentes linhagens, no sangue, constitui a avaliação da forma leucocitária e, na medula óssea, o mielograma.

Uma vez colhido, o material, sangue ou medula, é distribuído em esfregaço sobre lâminas de vidro que passará a ser corado pelos corantes usuais e então analisado pela microscopia.

A formação do sangue (hematopoiese) tem origem na célula primitiva do sistema retículo-endotelial também conhecida como *stem cell* que, sob estímulos especiais, sofre um processo evolutivo de maturação ganhando caracteres e funções definidas quando então é lançada no sangue periférico.

A célula reticular primitiva dá origem a uma célula totipotente, o hemocitoblasto, capaz de dar origem a todas as linhagens sanguíneas passando ou não por uma célula intermediária denominada hemoistioblasto, capaz de originar as células de estroma medular como fibroblastos, células endoteliais e osteoblastos.

O hemocitoblasto segue sua evolução, dando origem a elementos diferenciados, capazes de evoluir para uma única linhagem: eritroblástica, granulocítica, megacariocítica, linfoblástica, monoblástica. Esta é a teoria monofilética de Maximow.

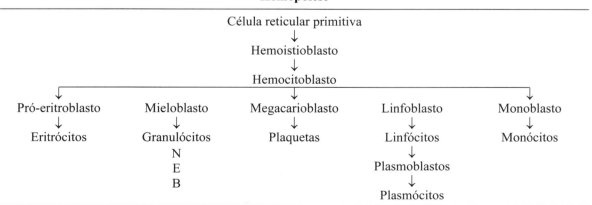

Esquema 32.1
Hemopoiese

Célula reticular primitiva
↓
Hemoistioblasto
↓
Hemocitoblasto
↓

Pró-eritroblasto	Mieloblasto	Megacarioblasto	Linfoblasto	Monoblasto
↓	↓	↓	↓	↓
Eritrócitos	Granulócitos	Plaquetas	Linfócitos	Monócitos
	N		↓	
	E		Plasmoblastos	
	B		↓	
			Plasmócitos	

Caracteres morfológicos das células hemopoiéticas

Célula reticular primitiva: apresenta forma arredondada, com diâmetro entre 20 e 30 μm. O núcleo possui cromatina com aspecto delicado formando retículo de malhas finas contendo 1 a 2 nucléolos de pequeno tamanho. O citoplasma é claro e limpo, podendo conter alguns grãos corados (grãos azurófilos) ou material fagocitado.

Hemoistioblasto: raramente encontrado no esfregaço de medula óssea normal, apresenta diâmetro maior do que a anterior (35 μm). O núcleo é redondo e relativamente pequeno para o tamanho da célula. Apresenta 1 a 2 nucléolos de limites bem nítidos. O citoplasma tem limites imprecisos dando o aspecto de célula alongada ou estrelada e contém vários grãos azurófilos.

Hemocitoblasto: apresenta diâmetro em torno de 20 μm. O núcleo, relativamente grande (15 μm) para o tamanho da célula, contém cromatina formando um retículo delicado e um nucléolo bem visível. Para os autores de língua inglesa, esta célula é chamada de mieloblasto.

ERITROPOIESE

O período de tempo calculado para se formar uma célula vermelha madura a partir da primeira célula já diferenciada, o pró-eritroblasto, é de 72 horas. Durante esse tempo ocorrem 4 mitoses sucessivas de modo que um pró-eritroblasto dá origem a 16 células maduras, passando por 4 fases distintas: eritroblasto basófilo, eritroblasto policromatófilo, eritroblasto ortocromático e reticulócito.

Esquema 32.2
Eritropoiese

Pró-eritroblasto
↓
Eritroblasto basófilo
↓
Eritroblasto policromatófilo
↓
Eritroblasto ortocromático
↓
Reticulócito
↓
Eritrócito

Caracteres morfológicos

Pró-eritroblasto: apresenta diâmetro de 20 μm com núcleo redondo, contendo rede de cromatina delicada e um a dois nucléolos bem visíveis. O citoplasma bem corado em azul com um halo mais claro ao redor do núcleo.

Eritroblasto basófilo: de diâmetro pouco menor do que o anterior apresenta núcleo de cromatina mais condensada, nucléolo pouco visível e citoplasma intensamente basófilo.

Eritroblasto policromatófilo: diâmetro em torno de 12 μm, apresenta núcleo de cromatina mais condensada, nucléolo pouco visível e citoplasma mais acidófilo que o anterior.

Eritroblasto ortocromático: apresenta diâmetro em torno de 10 μm. O núcleo é bem mais condensado (picnótico), sem nucléolo. O citoplasma é acidófilo (de cor rosada) pela síntese completa da hemoglobina.

Reticulócito: apresenta diâmetro de 8 μm, e não contém núcleo. O citoplasma é todo acidófilo e apresenta um retículo que só se cora com corante vital (azul brilhante de cresil). O reticulócito constitui o eritrócito jovem lançado ao sangue.

PLAQUETOGÊNESE

As plaquetas se originam dos megacariócitos da medula óssea que por sua vez são células oriundas dos megacarioblastos.

Esquema 32.3
Plaquetogênese

Megacarioblasto
↓
Pró-megacariócito
↓
Megacariócito
↓
Plaqueta

Megacarioblasto: é uma célula de 16 a 25 μm de diâmetro com núcleo lobulado (uma ou duas diploidias) com cromatina finamente reticular, podendo ter 1 a 2 nucléolos visíveis. O citoplasma é escasso, de cor azul claro.

Caracteres morfológicos das células da linhagem eritroblástica

Célula	*Tamanho aproximado*	*Núcleo*	*Citoplasma*
pró-eritroblasto	20μm	cromatina delicada nucléolos	basófilo
eritroblasto basófilo	15μm	cromatina mais grosseira	basófilo intenso
eritroblasto policromatófilo	12μm	cromatina bem grosseira	policromatófilo
eritroblasto ortocromático	10μm	núcleo picnótico	acidófilo (basofilia residual)
reticulócito	8μm	ausência de núcleo (retículo visível após coloração supravital)	acidófilo

Pró-megacariócito: com diâmetro de 20 a 45 μm, núcleo mais lobulado que a anterior e cromatina mais densa. O citoplasma é mais abundante e apresenta algumas granulações azurófilas, próximas ao núcleo.

Megacariócito: é a maior de todas as células da medula óssea, com 30 a 90 μm de diâmetro, núcleo multilobulado e citoplasma com grânulos azurófilos, mais abundantes nas formas mais maduras (megacariócito granuloso). Comumente, na periferia destas células observamos projeções de citoplasma com grânulos, representando as plaquetas em formação.

Plaquetas: de tamanho variando de 2 a 5 μm, são porções de citoplasma, contendo granulações no seu interior. Não apresentam núcleo ou nucléolos.

GRANULOPOIESE

O mieloblasto originado do hemocitoblasto é a célula que se diferenciará nas demais células granulocíticas da linhagem neutrófila, eosinófila e basófila, passando pelas fases de maturação denominadas de: pró-mielócito, mielócito, metamielócito, bastonete e segmentado ou polimorfonuclear. Em relação à linhagem basófila e importante notar que as formas intermediárias de metamielócito e bastonete não são evidenciadas.

Caracteres morfológicos

Mieloblasto: apresenta diâmetro igual ou pouco maior que 20 μm, contendo núcleo redondo, com rede de cromatina delicada e um nucléolo bem visível. O citoplasma é escasso, possui uma coloração de fundo azulado e granulações grosseiras, azurófilas.

Pró-mielócito: com diâmetro em torno de 20 μm apresenta núcleo de cromatina mais densa que a anterior, porém ainda delicada e contendo ou não nucléolos. O citoplasma além das granulações azurófilas (inespecíficas) começa a apresentar grânulos específicos de tipo neutrófilo, eosinófilo ou oasófilo.

Mielócito: de menor diâmetro (12 a 18 μm) apresenta núcleo ovalado, com cromatina mais densa e ausência de nucléolos. O citoplasma contém apenas granulações específicas (neutrófilas, eosinófilas e basófilas).

Metamielócito: de diâmetro em torno de 15 μm, apresenta citoplasma como a anterior. O núcleo apresenta a forma de rim, com cromatina grosseira.

Bastonete: com diâmetro em torno de 12 a 14 μm, apresenta citoplasma com as mesmas características da célula anterior. O núcleo apresenta forma em ferradura e cromatina bem densa.

Segmentado: de diâmetro em torno de 12 μm, apresenta citoplasma com as mesmas características das anteriores desde mielócito. O núcleo tem aspecto lobulado podendo ter um a 5 lobos, em média 3.

Esquema 32.4
Granulopoiese

		Mieloblasto	
	↓		↓
MEDULA ÓSSEA	Pró-mielócito Neutrófilo (N)	Pró-mielócito Eosinófilo (E)	Pró-mielócito Basófilo (B)
	↓	↓	↓
	Mielócito N	Mielócito E	Mielócito B
SANGUE PERIFÉRICO	↓	↓	↓
	Metamielócito N	Metamielócito E	↓
	↓	↓	↓
	Bastonete N	Bastonete E	↓
	↓	↓	↓
	Segmentado N	Segmentado E	Segmentado B

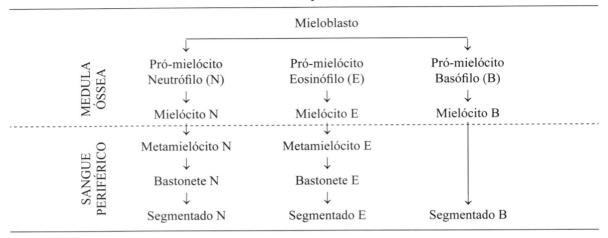

Caracteres morfológicos das células da linhagem granulocítica

	N: neutrófilas	*E: eosinófilas*	*B: basófilas*
Célula	*Tamanho aproximado*	*Núcleo*	*Citoplasma*
mieloblasto	20 μm	redondo cromatina delicada nucléolos	basófilo granulações azurófilas
pró-mielócito	20 μm	redondo cromatina delicada nucléolos	basófilo granulações azurófilas granulações específicas
mielócito	18 μm	oval cromatina mais condensada ausência de nucléolo	acidófilo granulações especificas (N-E-B)
metamielócito	15 μm	reniforme cromatina grosseira	acidófilo granulações específicas (N-E-B)
bastonete	12 μm	em ferradura cromatina grosseira	acidófilo granulações específicas (N-E-B)
segmentado	12 μm	lobulado (média = 3)	acidófilo granulações específicas (N-E-B)

LINFOCITOGÊNESE

Os linfócitos são formados na medula óssea, baço, gânglios linfáticos, no timo, nos agrupamentos linfóides do trato digestivo e trato respiratório dos mamíferos. Do ponto de vista morfológico, bioquímico e funcional, as células linfóides não são todas iguais.

A célula linfóide jovem (linfoblasto) pode ter origem em dois compartimentos diferentes: 1) órgãos linfóides centrais ou primários que são o timo e o equivalente da bursa (bursa de Fabricius das aves) e 2) órgãos linfóides periféricos como o baço e gânglios linfáticos.

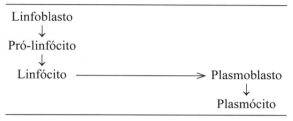

Esquema 32.5
Linfocitogênese

Linfoblasto
↓
Pró-linfócito
↓
Linfócito ——————→ Plasmoblasto
↓
Plasmócito

Caracteres Morfológicos

Linfoblasto: é uma célula semelhante morfologicamente ao hemocitoblasto oferecendo ás vezes dificuldade na identificação (necessitando de colorações citoquímicas). Tem a forma redonda e citoplasma escasso. O núcleo apresenta uma rede de cromatina delicada porém pouco mais densa do que a do hemocitoblasto. Contém 1 nucléolo visível. Seu diâmetro varia de 15 a 20 μm.

Linfócito: de diâmetro menor (8 a 10 µm), apresenta um núcleo tomando quase toda célula, citoplasma escasso e de coloração basófila (azulada) podendo ter alguma granulação inespecífica. O núcleo apresenta cromatina condensada e grosseira, sem nucléolo.

Plasmoblasto: apresenta diâmetro de 10 a 12 µm com citoplasma basófilo (cor azul arroxeada) e núcleo desviado para a periferia, contém cromatina mais grosseira do que a dos linfoblastos. Possui 1 a 2 nucléolos.

Plasmócito: diâmetro de 10 µm, apresenta um núcleo desviado para a periferia, como a anterior, porém sem nucléolo e a cromatina é densa. O citoplasma é basófilo e de coloração mais acentuada que na célula anterior.

Células monocíticas

Monoblasto: de diâmetro de 25 µm, apresenta citoplasma redondo praticamente desprovido de granulações. O núcleo é redondo ou alongado, cromatina delicada e pode apresentar um a 3 nucléolos.

Monócito: tem 15 a 20 µm de diâmetro, citoplasma mais abundante que na célula anterior, contendo diversas granulações azurófilas e núcleo em geral arredondado sem nucléolo e cromatina delicada.

FÓRMULA LEUCOCITÁRIA

Os leucócitos, uma vez produzidos na medula dos ossos, podem ficar armazenados na própria medula e em outros órgãos reservatórios sendo lançados na circulação à medida que vão sendo solicitados para manter o número normal de 4.000 a 10.000 por mm^3. As variações quantitativas acima de 10.000/mm^3 são denominadas *leucocitoses* e os valores abaixo de 4.000/mm^3 são chamados *leucopenias.*

As leucocitoses e leucopenias podem ocorrer em condições fisiológicas ou normais. As variações patológicas, entretanto, são mais marcantes e acompanhadas por variações qualitativas importantes, auxiliando o diagnóstico do estado mórbido.

Distinguimos dois tipos de leucócitos no sangue:

a) Polimorfonucleares ou granulócitos
b) Monomorfonucleares ou agranulócitos

Entre os polimorfonucleares encontramos: neutrófilos, eosinófilos e basófilos.

A apresentação desses leucócitos no sangue se faz obedecendo uma certa proporção, o que é chamado de fórmula leucocitária.

Os valores absolutos são determinados em relação ao número global dos leucócitos. Como normalmente variam em torno de 4.000 a 10.000, os valores relativos e absolutos seriam os seguintes:

Leucócitos: 4.000 – 10.000/mm^3

Fórmula leucocitária	*relativa (%)*	*absoluta (por mm^3)*
Neutrófilo: blastonetes	3 – 5	120/500
segmentados	50 – 65	2.000/6.500
Eosinófilos	1 – 4	40/400
Basófilos	0 – 1	0/100
Linfócitos	20 – 30	800/3.000
Monócitos	6 – 8	240/800

Os leucócitos mais numerosos no sangue periférico são os segmentados neutrófilos, os quais, dotados de poder fagocitário, constituem os elementos de defesa contra agentes infecciosos, especialmente as bactérias piogênicas. Podem atravessar as paredes dos vasos para atacar os germes patogênicos fagocitando e digerindo os mesmos graças a enzimas proteolíticas de seu citoplasma. Nas fases agudas das infecções piogênicas a leucocitose encontrada ocorre por aumento dos segmentados neutrófilos (neutrofilia) ocorrendo também aumento dos bastonetes (bastonetose) e mesmo aparecimento de metamielócitos ou células mais jovens da mesma linhagem, o que é chamado de desvio à esquerda dos neutrófilos. Esta reação pode ser exagerada, simulando uma leucemia granulocítica crônica e é chamada de reação leucemóide.

A forma de reação às infecções também apresenta diferenças com a idade do paciente. Nas crianças de tenra idade é comum observar-se infecções agudas acompanhadas de leucocitose com predomínio dos mononucleares.

Nas leucopenias acompanhadas por neutropenias as causas são variadas.

Os quadros seguintes sintetizam os tipos de variações leucocitárias nas diferentes condições fisiológicas e patológicas.

Quadro 32.1

		Tipo de Resposta	*Observações*
ESTÍMULOS FISIOLÓGICOS	1. Crescimento (idade).	Recém-nascido: leucocitose frequente, porém discreta. Neutrofilia. Depois da 3ª semana, os leucócitos caem para valores praticamente normais e há linfocitose.	Durante a terceira infância e a velhice não se percebem praticamente variações no número de leucócitos.
	2. Exercício físico.	Leucocitose com neutrofilia acentuada.	Nas crises convulsivas pode-se ter também leucocitose devido ao esforço.
	3. Transtornos emocionais.	Leucocitose discreta. Linfocitose.	Ansiedade. Pânico.
	4. Gravidez	Leucocitose discreta. Neutrofilia.	Estes achados são mais marcados próximo ao parto.
	5. Fatores climáticos.	Calor, irradiação solar: leucocitose. Linfocitose ou neutrofilia. Raios ultravioletas; linfocitose.	As grandes altitudes podem produzir leucopenia.
INFECÇÕES	1. Bactérias piogênicas (estafilococo, estreptococo).	1ª fase: Leucocitose. Neutrofilia. Eosinopenia. Linfopenia. 2ª fase: Monocitose. Diminuição do número total de leucócitos. 3ª fase: Aparecem os eosi-nófilos e aumentam os linfócitos. Estas fases compõem a evolução do chamado "hemograma de Schilling" no curso das infecções piogênicas.	Hemossedimentação acelerada. Granulações tóxicas nos segmentos neutrófilos. Desvio à E. Pode ocorrer púrpura secundária com plaquetopenia.

Continuação do Quadro 32.1

		Tipo de Resposta	*Observações*
	2. Enterobactérias *(Salmonella, Shigella, Proteus, Brucella)*. Tuberculose pulmonar.	Leucopenia. Neutropenia. Eosinopenia. Na fase aguda ocorre leucocitose com neutrofilia, discretas. Às vezes, reação leucemóide com leucocitose acentuada (tuberculose miliar). Nos casos crónicos, leucopenia com linfomonocitose.	Hemossedimentaçao acelerada. Desvio à E. Hemossedimentação acelerada. Adenopatia (escrofulose). Anemia em geral hipocrômica.
	3. Viroses (sarampo, parotidite, gripe, rubéola, varicela, mononucleose infecciosa, poliomielite, febre amarela, hepatite)	Em geral, leucopenia ou leucocitose discreta. Na mononucleose pode haver leucocitose com a presença constante de linfomonocitose e linfó citos atípicos. Linfocitose.	Hemossedimentação acelerada. Podem ocorrer infecções graves acompanhadas de púrpura plaquetopênica secundária (exemplo: sarampo).
	4. Rickettsioses (tifo epidêmico, tifo murino, febre Q, doença de tsutsugamushi).	Leucopenia, exceto quan do há complicações bacterianas superajuntadas. Raramente leucocitose, com monocitose.	É frequente o exantema de tipo hemorrágico.
	1. Protozooses: *E. histolytica* Leishmanioses Malária. Giardíase Tripanosomose	Leucopenia. Nas crises piréticas da malária pode haver discreta leucocitose. Monocitose às vezes (paludismo, tripanossomose e leishmaniose).	Na leishmaniose visceral pode haver hiperesplenismo secundário (pancitopenia esplénica). Anemia hemolítica na malária.
PARAXITOSES	2. Helmintíases: Ascaridíase Teníase Estrongiloidíase Esquistossomose Ancilostomíase Tricocefalíase	Leucocitose discreta. Às vezes, leucopenia. Eosinofilia acentuada.	Na esquitossomose hepatosplênica pode ocorrer a pan citopenia esplênica. Nas infestações parasitárias em geral, ocorre anemia intensa tipo microcítica hipocrômica. Hemossedimenta ção acelerada.
	3. Micoses: Blastomicose Histoplasmose	Em geral, leucopenia. Às vezes, leucocitose, quando há infecção bacteriana associada.	Anemia quase constante. Adenopatia e esplenomegalia. Diagnóstico diferencial com tuberculose ganglionar (não ulcerada), linfoma

Quadro 32.2

		Tipo de Resposta	*Observações*
COLAGE-NOSES	1. Lúpus eritematoso disseminado.	Leucopenia quase constante. Às vezes número normal de leucócitos. Neutropenia frequente.	Anemia, às vezes com hiper-hemólise. Plaquetopenia numerosas vezes. Hemossedimentação acelerada.
	2. Poliarterite nodosa	Número normal de leucócitos, mais raramente leucocitose discreta.	Raramente anemia. Hemossedimentação acelerada.
	3. Dermatomiosite. Esclerodermia.	Leucócitos em geral em número normal. Eosinofilia discreta.	Anemia discreta. Raramente adenopatia e hepatosplenomegalia na dermatomiosite.
	4. Artrite reumatóide.	Leucócitos em geral em número normal ou leucócitos nas agudizações. Leucopenia nos casos de evolução longa. Neutrofilia.	Anemia frequente nos casos crónicos (normocítica e normoerônica). Hemossedimentação acelerada no período de atividade da doença.
	5. Síndrome de Felty.	Leucopenia com diminuição de todos os tipos de leucócitos. Às vezes, ocorre eosinofilia.	Ocorre no adulto com artrite reumatóide + anemia + esplenomegalia.
	6. Doença de Still-Chauffard.	Leucocitose. Desvio à E.	Ocorre na criança com artrite reumatóide + adenopatia + anemia. Em ambas as situações há hemossedimentação acelerada.
LINFOMAS	1. Granuloma benigno de Boek-Besnler-Schaumann.	Leucocitose; ás vezes, nú mero normal de leucócitos. Mais raramente, leucopenia. Eosinofilia. Monocitose, às vezes.	Macropoliadenopatia. Esplenomegalia, às vezes. Anemia e plaquetopenia raramente.
	2. Linfoma de Hodgkin.	Pode haver leucocitose discreta ou número normal de leucócitos. A leucopenia pode ocorrer independentemente da terapêutica. Linfopenia. Neutrofilia. Eosinofilia raramente. Monocitose.	Anemia, às vezes com hiper-hemólise. Plaquetose. Quando há invasão medular pode haver plaquetopenia. Adenopatia. Hepatosplenomegalia.
	3. Micose fungóide.	Leucócitos/mm^3 nos limites inferiores da normalidade ou leucopenia. Linfopenia. Eosinofilia. Granulações tóxicas. Monocitose.	Adenopatia. Não há hepato nem esplenomegalia. Lesões cutâneas características.
	4. Linfoma histiocítico	Leucocitose. Linfocitose. Em fase final pode evoluir como leucemia linfática (linfoblástica ou linfocítica).	Anemia. Na fase final, costuma evoluir como leucemia linfática crônica ou aguda.

Continuação do Quadro 3.2

5. Linfoma linfocítico	Número normal de leucócitos ou leucocitose, com linfocitose. Raros linfoblastos circulantes.	Anemia e plaquetopenia quando há invasão medular. Adenopatias gigantes.
6.Reticulossarcoma.	Número normal de leucócitos ou leucopenia, com granulocitopenia.	Anemia e plaquetopenia quando há invasão medular. Adenopatia e hepatosplenomegalia
7. Leucossarcoma.	Leucocitose quase constante. Leucopenia raramente. Linfocitose com presença de células linfóides sarcomatosas ou células reticulares sarcomatosas.	Anemia e plaquetopenia por invasão medular. Adenopatia e hepatosplenomegalia.
8. Retículo-histomo-nocitose da criança (moléstia de Abt-Letterer- Siwe)	Leucocitose quase constante. Presença de células nucleoladas monocíticas. Praticamente, corresponde à leucemia monocítica. Granulocitopenia.	Anemia e plaquetopenia por invasão medular. Adeno patia e hepatosplenomegalia. Às vezes, tumores cutâneos

Quadro 32.3

	Tipo de Resposta	*Observações*
1. Leucemia mielóide aguda: a) Mieloblástica b) Paramieloblástica c) Hemocitoblástica mielóide	Leucocitose. Hiato leucêmico. Percentagem elevada de células nucleoladas (mieloblasto, paramieloblasto, hemocitoblasto). Leucopenia, raramente.	Anemia. Plaquetopenia (púrpuras). Raras vezes há hi perplasia da mucosa gengival.
2. Leucemia linfóide aguda.	Leucocitose. Granulocitopenia. Percentagem elevada de células linfóides nucleoladas. Leucopenia, raramente.	Anemia. Plaquetopenia (púrpuras). Muito frequente em crianças e jovens. crianças e jovens.
3. Leucemia monocítica.	Leucocitose. Granulocitopenia. Percentagem elevada de células monocíticas nucleoladas. Leucopenia, raramente.	Anemia. Plaquetopenia (púrpuras). É frequente a hiperplasia da mucosa gengival.
4. Eritroleucemia.	Leucocitose, em geral. Presença de elevado número de Células mielóides jovens (mieloblastos).	Eritroblastose e megaloblastose acentuadas, associadas à leucocitose. Anemia e plaquetopenia. Em certos casos não há participação da linhagem mielóide (eritremia).

Continuação do Quadro 32.3

LEUCEMIAS CRÔNICAS	5. Leucemia de células reticulares.	Leucócitos normais, às vezes, leucocitose, às vezes leucopenia. Granulocitopenia. Presença de percentagem elevada de células com características de indiferenciação acentuadas, da linhagem retículo-histiocitária.	Anemia. Plaquetopenia. Hemorragias frequentes. É frequente a associação com o reticulossarcoma.
	5. Leucemia mielóide crônica.	Leucocitose elevada. Acentuado desvio à E. Em geral não há percentagem muito grande de células nucleoladas, exceto nos surtos de agudização. Eosinofilia. Basofilia.	Anemia constante. Plaquetopenia pode ocorrer. Hepatosplenomegalia e macropoliadenia constante. Muito rara antes dos 3 anos.
	6. Leucemia linfóide crônica.	Leucocitose, com presença de linfócitos maduros. Células nucleoladas em pequena percentagem, exceto nos surtos de agudização. Granulocitopenia.	Esplenomegalia constante. Com frequência, há aumento de gânglios cervicais, axilares, mediastinais, inguinais e mesentéricos. Anemia hemolítica frequente. Plaquetopenia pode ocorrer. É muito rara em crianças e jovens.
DOENÇAS HEMORRÁGICAS	1. Púrpuras plaquetopênicas.	Leucócitos em número normal quando não há perda sanguínea. Na vigência de hemorragia, há leucocitose com desvio à E às vezes acentuado.	Anemia hemorrágica. Plaquetopenia. Esplenomegalia frequente nos casos de púrpura crônica.
	2. Púrpuras plaquetarias: hiperplaquetose. tromboastenia.	Leucocitose quando há hemorragia. Desvio à E.	Anemia hemorrágica. Plaquetas em número normal ou aumentado. Esplenomegalia rara.
	3. Púrpuras vasculares.	Leucocitose quando há hemorragia. Desvio à E.	Anemia hemorrágica (normocítica e normocrômica). Plaquetas em número normal. Esplenomegalia presente às vezes.
	4. Doenças por deficiência de fatores de coagulação.	Leucocitose quando há hemorragia. Desvio à E.	Anemia hemorrágica. Plaquetas em número normal. Tempo de sangria, normal; tempo de coagulação, aumentado.

Quadro 32.4

		Tipo de Resposta	Observações
SÍNDROME DE HIPOFUNÇÃO MEDULAR	Hipoplasia medular: a) Primária b) Secundária	Leucopenia. Neutropenia Linfocitose relativa.	Anemia e plaquetopenia são geralmente constantes. Não há hepatosplenomegalia.
	Mielofibrose e Osteo-mielosclerose.	Leucopenia. Granulocitopenia. Linfomonocitose relativa. Presença de pequena percentagem de células mielóides (blastos).	Anemia e plaquetopenia constantes; esplenomegalia precoce e hepatosplenomegalia, às vezes. Metaplasia mielóide vicariante em órgãos embrionariamente hemopoiéticos. Diagnóstico diferencial com leucemia mielóide.
RETICULOSES DE ACÚMULO	Moléstia de Gaucher.	Leucopenia frequente. Linfocitose mais raramente monocitose.	Anemia. Mais raramente plaquetopenia. Encontro de células de Gaucher nos órgãos ricos em SRE. Esplenomegalia frequente. Sintomas neurológicos presentes, raras vezes.
	Moléstia de Niemann--Pick	Leucopenia frequente. Linfocitose e monocitose. Raramente leucocitose.	Anemia grave em geral. Plaquetopenia, às vezes. Esplenomegalia e hepatomegalia frequentes. Encontro de células típicas nos órgãos ricos em SRE. Sintomas neurológicos muito frequentes.
	Moléstia de Hand-Schüller-Christian.	Leucopenia frequente. Monocitose discreta, às vezes.	Anemia e plaquetopenia moderadas. Adenopatia. Hepatosplenomegalia praticamente constante. Nos órgãos ricos em SRE, encontra-se aspecto granulomatoso mais ou menos característico, podendo ocorrer passagem para a forma de evolução mais maligna (Abt-Letterer-Siwe).
CONDIÇÕES ESPECIAIS	Eosinofilia Tropical	Leucocitose. Eosinofilia elevada.	Esplenomegalia pode existir. Infiltração pulmonar simulando tuberculose similar. Com grande frequência há infestação por filária.
	Coqueluche	Leucocitose acentuada com desvio à E., em geral muito evidente (reação leucemóide). Ausência de blastos circulantes. Linfocitose.	Quadro hematológico pode ser muito semelhante ao da leucemia linfática, não há, porém, anemia ou plaquetopenia.
	Linfocitose aguda benigna da criança (moléstia de Smith).	Leucocitose com linfocitose acentuada, simulando, às vezes, a leucemia linfática, outras vezes, a mononucleose infecciosa.	Ocorre quase sempre na criança. Microadenopatia cervical frequentemente associada à infecção das vias aéreas superiores. Sinais nervosos âs vezes. Não há hepatosplenomegalia. Reações de aglutinação negativa.

Para a avaliação quantitativa dos glóbulos vermelhos, dos glóbulos brancos e das plaquetas na corrente sanguínea, usamos o método visual ou direto ou o método de contagem automática. O princípio deste último se baseia na contagem automática pela projeção das células ou pela contagem de impulsos eletrônicos por mudança de voltagem. Existem aparelhos onde as imagens das células são projetadas em um tubo fotomultiplicador, outros onde as células são iluminadas e os feixes de luz são convertidos em impulsos eletrônicos para um tubo fotomultiplicador, outros ainda onde a suspensão de células passa por uma corrente de diluentes, sendo a imagem das células iluminada e projetada em um fotomultiplicador e, finalmente, outros que contam as células que passam por orifícios muito pequenos, produzindo a cada passagem um impulso eletrônico. Todos os aparelhos apresentam um manual instruindo sobre o seu funcionamento, os líquidos diluentes que devem ser usados e a diluição que deve ser obedecida. Os modelos mais aperfeiçoados apresentam vantagens inclusive de ordem económica e estão substituindo as contagens visuais. A reprodutibilidade, a facilidade e a rapidez na realização dos exames são as maiores vantagens do método.

A contagem visual em câmara ainda é um método muito usado. A câmara de contagem pode ser a mesma para qualquer tipo de célula. Há, entretanto, pequenas variações quanto ao tipo da câmara preferida. Vamos descrever os tipos principais encontrados à venda, dando os caracteres próprios de cada um.

CÂMARAS DE CONTAGEM

São também conhecidas como hemocitômetros. Constam de uma peça de vidro espesso contendo um rebaixamento na parte central que é separado das partes laterais por duas pequenas valetas. As melhores câmaras apresentam a parte central espelhada. Nessa parte está gravado o retículo. As câmaras podem ter de um a quatro retículos, todos separados por valetas para impedir que as suspensões de células se misturem. O desnível da parte central corresponde à altura da câmara, que vem gravada ao lado, em cada peça.

O retículo varia com a fabricação. Os tipos mais encontrados são:

Retículo de Neubauer — É formado por 9 quadrados de 1 mm^2 de área e portanto tem 9 mm^2 de superfície. A profundidade da câmara é de 0,1 mm. O volume total da câmara é de 0,9 mm^3. Cada um dos 9 quadrados é subdividido. Os quatro quadrados chamados externos (A, B, C, D) são divididos em 16 pequenos quadrados, medindo cada um 1/16 do mm^2. O quadrado central (E) é dividido em 25 pequenos quadrados medindo cada um 1 /25 do mm^2. Cada um destes, por sua vez, é dividido em outros 16 quadradinhos medindo 1/400 do mm^2 (Fig. 32.1).

Retículo de Burker — Apresenta 9 quadrados, de 1 mm^2, sendo cada um dividido em 16 quadrados menores, medindo 1/16 do mm^2. A profundidade da câmara é de 0,05 mm, a área total é de 9 mm^2 e o volume total é de 0,45 mm^3.

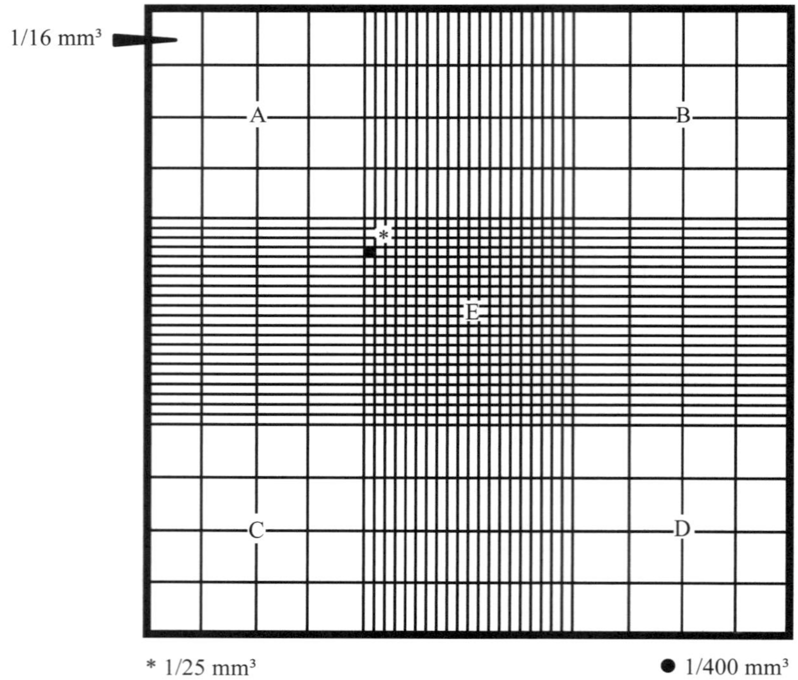

Fig. 32.1 – Retículo de Neubauer.

Retículo de Fuchs-Rosenthal — Apresenta 16 quadrados de 1 mm^2. A profundidade da câmara é o de 0,2 mm. A área total da câmara é de 16 mm^2 e o volume total é de 3,2 mm^3.

A fórmula geral para a contagem de células em qualquer tipo de câmara é a seguinte:

células/mm³ = células por mm² X profundidade de câmara X diluição

Quando se conta mais de 1 mm², aplica-se a fórmula abaixo, substituindo as células/mm² por:

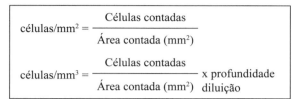

$$\text{células/mm}^2 = \frac{\text{Células contadas}}{\text{Área contada (mm}^2\text{)}}$$

$$\text{células/mm}^3 = \frac{\text{Células contadas}}{\text{Área contada (mm}^2\text{)}} \times \frac{\text{profundidade}}{\text{diluição}}$$

A câmara tipo Neubauer é a mais usada na rotina.

Para a contagem dos glóbulos vermelhos, usamos o quadrado central (E) e contamos 5 dos quadradinhos.

Para a contagem dos glóbulos brancos, usamos todos os quadrados externos (A, B, C, D). Para as plaquetas usamos o mesmo quadrado central (E) que utilizamos para os glóbulos vermelhos.

Para a contagem de eosinófilos, usamos a câmara com maior profundidade (0,2 mm), de Fuchs-Rosenthal.

CONTAGENS HABITUAIS

Contagem dos Glóbulos Vermelhos

Material e reagentes

1. Tubos de vidro tamanho 9 x 75 mm.
2. Pipetas diluidoras, tipo Sahli, de 0,02 mL.
3. Pipetas de 4 mL.
4. Hemocitômetro tipo Neubauer.
5. Microscópio óptico comum.
6. Solução diluente (Solução de Gower).

Sulfato de sódio anidro	62,5 g
Ácido acético glacial	166,5 mL
Água destilada	1.000 mL

Método

1. Pipetar 4 mL de solução diluente de Gower em um tubo de ensaio.
2. Pipetar rigorosamente 0,2 mL de sangue capilar ou venoso com anticoagulante (bem homogeneizado na hora da pipetagem) e transferir para o tubo contendo o diluente, lavando a pipeta 2 a 3 vezes no mesmo líquido (diluição 1:200).
3. Agitar levemente invertendo o tubo várias vezes, durante 2 minutos.
4. Colher com pipeta de Pasteur uma amostra da diluição e colocar na câmara de contagem.
5. Deixar sedimentar por 3 minutos e contar ao microscópio com ocular X 10 e objetiva seca de 40 X.

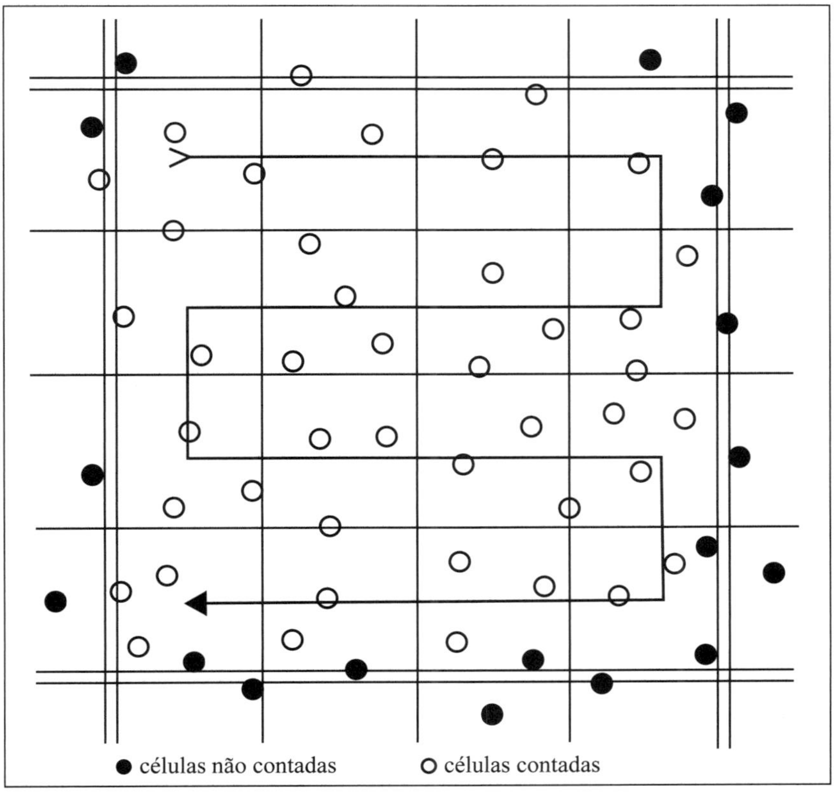

Fig. 32.2

6. Contar no retículo central 5 pequenos quadrados (contendo cada um 16 quadradinhos). Esses 5 quadrados podem ser os 4 externos e um central ou 5 quadrados seguidos em diagonal. Contar todas as células que ficarem dentro dos quadrados e sobre duas linhas do quadrado.
7. Aplicar a fórmula geral para determinar o número de glóbulos vermelhos por mm^3 (nº g.v./mm^3).

nº g.v./mm^3 = nº g.v./mm^2 x profundidade x diluição
nº g.v./mm^3 = nº g.v. contados nos 5 quadrados 5 x 10 x 200
nº g.v./mm^3 = nº g.v. contados nos 5 quadrados x 10.000

Valores normais

Sexo masculino: 5.147.000 ± 360.000/mm^3
Sexo feminino: 4.515.000 ± 415.000/mm^3

Referências

1. Jamra, M. & Araújo, R. A. - *Rev. Bras. de Pesquisas Med. e Biol. 3:5*-15, 1970.
2. Miale, J. B. - *Laboratory Medicine Hematology.* C.V. Mosby St. Louis, 1972.
3. Vieira de Barros, N. - *An. Fac. Med. S. Paulo,* 20:37-43, 1944.

Cuidados no método

1. O sangue colhido da polpa digital ou do calcanhar deve fluir facilmente evitando-se a compressão dos tecidos vizinhos.
2. O sangue colhido da veia não deve conter coágulos, bem como o garroteamento feito para a colheita não deve ultrapassar de 1 minuto, para evitar a hemoconcentração.
3. O tempo entre a colheita e o exame não deve ultrapassar de 3 horas se o anticoagulante usado for oxalato, e de 6 horas se for o sequestreno.
4. O material (tubos, pipetas, câmara) deve estar muito limpo.
5. Em casos de auto-aglutinação de glóbulos vermelhos, a diluição deve ser feita com solução fisiológica e, quando houver presença de crioaglutinina, há necessidade de se aquecer o material (sangue, solução fisiológica etc.) por ocasião da diluição e da contagem.
6. Em casos de anemias deve-se fazer diluições menores e nas poliglobulinas deve-se fazer diluições maiores do que as habituais.
7. A agitação para homogeneizar o sangue antes da diluição deve ser delicada, para evitar hemólise.

Contagem dos Glóbulos Brancos

Material e reagentes

1. Tubos de ensaio de 9 X 75 mm.
2. Pipetas diluidoras tipo Sahli, de 0,02 mL.
3. Pipetas de 1 mL com divisões, de 0,01 mL.
4. Hemocitômetr tipo Neubauer.
5. Microscópio ótico comum.
6. Solução diluente (Sol. de Turk):

Ácido acético glacial	1,5 mL
Violeta de genciana 1/100	1,0 mL
Água destilada q.s.p	100 mL

Método

1. Pipetar 0,38 mL da solução diluente em um tubo de ensaio.
2. Pipetar rigorosamente 0,02 mL de sangue capilar ou venoso com anticoagulante (bem homogeneizado na hora da pipetagem) e transferir para o tubo com diluente, lavando a pipeta 2 a 3 vezes no mesmo líquido (diluição 1:20).
3. Misturar bem o diluente com o sangue (assoprando a pipeta no interior do diluente) durante 2 minutos.
4. Colher uma amostra da diluição com pipeta de Pausteur e colocar na câmara de contagem.
5. Deixar sedimentar por 3 minutos e contar no microscópio com ocular X 6 e objetiva seca de 40X.
6. Contar todas as células coradas dos quadrados externos do retículo (A, B, C, D) da câmara de Neubauer (Fig. 2).
7. Aplicar a fórmula geral: nº de glóbulos brancos (nº g. b./mm^3).

$$\text{n}^\circ\ \text{g.b/mm}^3 = \frac{\text{n}^\circ\ \text{g. b. contados nos 4 quadrados}}{\text{4 (área em mm}^2\text{ contada)}} \text{ x profundidade da câmara x diluição}$$

ou seja:

$$\text{n}^\circ\ \text{g.b/mm}^3 = \frac{\text{n}^\circ\ \text{g. b. contados nos 4 quadrados}}{4} \text{ x 10 x 20}$$

$$\text{n}^\circ\text{g.b./mm}^3 = \frac{\text{n}^\circ\ \text{g.b. contados nos 4 quadrados}}{\text{x 50}}$$

Cuidados no método

1. Os mesmos cuidados (itens 1 a 4) assinalados para a contagem dos glóbulos vermelhos.

2. Em casos de leucocitose fazer diluições maiores (1:50, 1:100, 1:200) e em casos de leucopenias fazer diluições menores (1:10, 1:5).

   Valores normais: 4.000 - 10.000/mm³.

Referências:

1. Jamra, M. & col. Sinopse de Hematologia, *in Rev. de Medicina,* 45:213, 1959.
2. Miale, J. B. - *Laboratory Medicine Hematology,* C. V., Mosby. St. Louis 1972.
3. Wintrobe, M. M. - *Clinical Hematology.* Lea & Febiger, Philadelphia, pág. 261, 1968.

Contagem de Plaquetas

Existem muitos métodos para contagem de plaquetas, desde os mais simples em esfregaços de sangue corados (método indireto de Fônio), até os métodos mais sofisticados como a contagem automática eletrônica.

Descrevemos aqui o método que recomendamos por ser de fácil realização, boa reprodutibilidade e econômico.

Material e reagentes

1. Pipetas de bulbo de boa procedência (calibrada com mercúrio) e com diluição 1:100.
2. Hemocitômetro tipo Neubauer (superfície espelhada).
3. Microscópio óptico comum ou de contraste de fase.
4. Solução diluente:

   Oxalato de amônio . . . . 1,0 g
   Água destilada . . . . 100 mL
   (guardar em geladeira e filtrar antes de usar)

Método

1. Pipetar o sangue capilar ou venoso (colhido com seqüestreno em vidro siliconizado ou em plástico) até a marca 1.
2. Completar até a marca 101 com a solução diluente.
3. Agitar delicadamente a pipeta por 5 minutos, desprezar as 3 primeiras gotas e colocar o líquido na câmara de contagem, por capilaridade.
4. Deixar sedimentar por 10 a 15 minutos em câmara úmida (colocando-se ao lado da câmara um algodão embebido em água e cobrindo os dois com uma placa de Petri).
5. Contar as plaquetas contidas nos 25 quadrados do quadrado central (E) da câmara, com microscópio de fase ou comum, usando-se a ocular x 10 e objetiva seca de 40X.
6. Aplicar a fórmula geral para obter o número de plaquetas por mm³.

   Nº de plaquetas/mm³ = Nº de plaquetas contadas nos 25 quadrados x 10 x 100

   ou seja:

   Nº de plaquetas/mm³ = Nº de plaquetas dos 25 quadrados x 1.000.

Cuidados no método

1. O material usado na contagem das plaquetas deve ser muito limpo.
2. O diluente deve ser filtrado na hora do exame.
3. O sangue colhido de capilar deve fluir facilmente. Quando venoso, deve ser colhido com seqüestreno e em tubos plásticos ou de vidro siliconizado.
4. Contar, na câmara, no mínimo 300 plaquetas.
5. Usar câmara espelhada.

   Valores normais: 140.000 - 440.000/mm³

Referência

1. Brecher, G. & Cronkite, E. P. - J. Appl. Physiol., 3:365, 1950.

CONTAGENS ESPECIAIS

Contagem de Eosinófilos

Material e reagentes

1. Pipetas de diluição tipo Sahli, de 0,02 mL.
2. Pipetas de 1mL com divisão de 0,01 mL.
3. Tubos de ensaio, tamanho 9 x 75 mm.
4. Hemocitômetro tipo Fuchs-Rosenthal.
5. Microscópio óptico comum.
6. Solução diluente:

   Solução aquosa de floxina ou de eosina a 1% . . . . 10 mL
   Água destilada . . . . 40 mL
   Propilenoglicol . . . . 50 mL
   Solução aquosa de carbonato de sódio a 10% . . . . 1 mL

Filtrar e guardar à temperatura ambiente. (É estável por um mês.)

Método

1. Pipetar 0,38 mL da solução diluente em um tubo de ensaio.

2. Pipetar rigorosamente 0,02 mL de sangue capilar ou venoso (colhido com sequestreno) e transferir para o tubo contendo o diluente, lavando a pipeta no mesmo, por 2 a 3 vezes.
3. Misturar bem o sangue com o diluente.
4. Colocar uma amostra da diluição do sangue na câmara de Fuchs-Rosenthal, usando-se 2 retículos.
5. Deixar sedimentar em ambiente úmido (câmara de contagem e uma porção de algodão embebido em água, sob uma placa de Petri) por 30 minutos.
6. Contar os eosinófilos (corados em vermelho) com objetiva seca de 40x e ocular x 10.
7. Aplicar a fórmula geral:

$$\text{N° de eosinófilos/mm}^3 = \frac{\text{N° de eosinófilos contados}}{\text{área contada (mm}^2\text{) da câmara x diluição}} \times \text{profundidade}$$

ou seja:

$$\text{N° de eosinófilos/mm}^3 = \frac{\text{N° de eosinófilos contados nas 2 câmaras}}{32} \times 5 \times 20$$

ou

$$\text{N° de eosinófilos /mm}^3 = \frac{\text{N° de eosinófilos contados nas 2 câmaras}}{6{,}4} \times 20$$

Valores normais: 50 – 250/mm^3.

Referências

1. Dacie, J. V. & Lewis, S.M. - Pracfical Hematology, J.E. A. Churchill, London, 1970.
2. Miale, J.B. - Laboratory Medicine Hematology, C.V. Mosby, St. Louis, 1972.

Contagem de Basófilos

Material e reagentes

1. Pipetas de 0,02 mL, tipo Sahli.
2. Pipetas de 0,1 mL.
3. Tubos de ensaio tamanho 9 x 75 mm.
4. Hemocitômetro tipo Fuchs-Rosenthal.
5. Microscópio óptico comum.
6. Solução diluente:

Cloreto de cetilpiridínio a 0,5%	25 mL
Água destilada	25 mL
Azul de toluidina a 0,8% em sulfato de alumínio a 5%	20 mL

7. Sequestreno - solução a 0,1%, em solução fisiológica.

Método

1. Colocar 0,08 mL da solução de sequestreno em um tubo de ensaio.
2. Pipetar 0,02 mL de sangue capilar, acrescentar ao tubo contendo sequestreno e misturar.
3. Pipetar 0,1 mL do diluente, colocar no tubo de ensaio contendo o sangue e sequestreno e misturar.
4. Com uma pipeta colher uma amostra da mistura e colocar em dois retículos da câmara.
5. Deixar em repouso para sedimentar, em ambiente úmido (com algodão embebido em água, sob uma placa de Petri).
6. Contar os basófilos das 2 câmaras (aparecem corados em vermelho-púrpura).
7. Aplicar a fórmula:

$$\text{N° de basófilos/mm}^3 = \frac{\text{N° total de basófilos nas 2 câmaras}}{6{,}4} \times 20$$

Valores normais: 20 — 50/mm^3.

Referência

1. Shelley, W. B. & Parnes, H. M. - *JAMA,* 192:368, 1965.

Contagem de Reticulócitos

A visualização dos reticulócitos se faz pela coloração do RNA residual, com corantes supravitais.

Material e reagentes

1. Tubos capilares de vidro.
2. Lâminas de vidro.
3. Solução corante:

Azul brilhante de cresil	1,0 g
Solução fisiológica 0,9%	100 ml
Citrato de sódio $2H_2O$	0,4 g

Método

1. Colocar 2 gotas de sangue em uma lâmina de vidro com 2 gotas de solução corante.
2. Misturar bem e colocar num tubo capilar deixando 10 minutos.
3. Após esse tempo, fazer esfregaçosdo sangue em lâminas.
4. Deixar secar e examinar com objetivas de imersão após sobrecorar ou não com Leishman.
5. Contar em 1.000 glóbulos vermelhos quantos contêm grânulos ou retículos.

6. Sabendo-se o número absoluto de glóbulos vermelhos podemos calcular o número de reticulócitos por mm^3, do seguinte modo:

$$N^o \text{ de reticulócitos}/mm^3 = \frac{\% \text{ de reticulócitos}}{100} \times n^o \text{ de glóbulos vermelhos por } mm^3$$

Valores normais: 0,56 - 2,72%
24.000 - 84.000 mm^3

Referências

1. Atwater, J. & Erslev, A. J. - *in* Williams, W. J. & Col., Mc Graw-Hill Book Co., N. York, 1391, 1972.
2. Brecher, G - *Amer. J. Clin. Path.,* 79:895, 1949.

COLORAÇÕES HABITUAIS

Existem muitos corantes usados para diferenciar os vários componentes celulares, permitindo reconhecer ao microscópio os diversos tipos morfológicos das células de hemopoiese.

Esses corantes consistem na fusão de diversas substâncias usadas por Ehrlich e Romanovsky, e são conhecidos como corantes panópticos. Na Inglaterra, é usado mais frequentemente o corante tipo Leishman, enquanto que na América do Norte é mais difundido o uso do corante de Wright e na França o de May — Grunwald — Giemsa.

Usamos o corante de Leishman, que dá uma diferenciação celular muito boa, permitindo um bom estudo citológico.

Leishman

Corante de Leishman em pó .... 0,2 g
Álcool metílico absoluto .... 100 mL

O corante deve ser dissolvido no álcool e durante a primeira semana ser agitado 2 a 3 vezes. Após a dissolução deverá ficar em repouso por um mês antes de ser usado.

Coloração

1. O material (sangue, medula óssea etc.) deverá ser distendido sobre lâmina de vidro e secado ao ar.
2. Colocar o corante sobre o esfregaço até cobri-lo completamente e deixar por 1 a 3 minutos (tempo de fixação).
3. Colocar sobre o corante a mesma quantidade (gotas) de água destilada de pH neutro ou até o aparecimento de uma película irisada na superfície do corante. Homogeneizar bem.
4. Deixar por 10 a 13 minutos (fase de coloração) e lavar a lâmina com jato abundante de água. Limpar o verso da lâmina e deixar secar à temperatura ambiente.

Wright

1. Corante de Wright em pó .... 9 g
   Corante de Giemsa em pó .... 1 g
   Glicerina .... 90 mL
   Álcool metílico absoluto .... 2.910 mL
   Misturar os corantes e o álcool em um balão de vidro. Agitar por 5 minutos. Repetir a agitação diariamente, por uma semana. Deixar em repouso 1 mês antes de usar.
2. Tampão de fosfato, pH 6,4:
   Solução a) Na_2 HPO_4 anidro .... 9,47 g
   Água destilada .... 1000 mL
   Solução b) KH_2 PO_4 anidro .... 9,08 g
   Água destilada .... 1000 mL
   Solução-tampão, pH 6,4:
   Solução a) Na_2 HPO_4 – 0,067 M ..... 26,5 mL
   Solução b) KH_2 FO_4 – 0,067 M ...... 73,5 mL

Coloração

1. Colher o material e distender sobre lâminas. Secar ao ar.
2. Mergulhar a lâmina rapidamente (cerca de 15 segundos) em um recipiente (cuba de Coplin) contendo álcool metílico absoluto (tempo de fixação). Retirar a lâmina e secar ao ar.
3. Colocar a lâmina na horizontal com o esfregaço voltado para a parte superior e sobre o mesmo colocar o corante de Wright por 1 minuto.
4. Colocar sobre o corante, na mesma quantidade, a solução tampão de pH = 6,4.
5. Homogeneizar e deixar corar por 8 a 10 minutos.
6. lavar em água corrente. Limpar o verso da lâmina e deixar secar à temperatura ambiente.

May-Grünwald - Giemsa

1. Corante de May – Grunwald .... 0,3 g
   Álcool metílico absoluto .... 100 mL
   Após a dissolução do corante no álcool, deixar no mínimo 2 a 3 dias antes de usar. Antes de usar, filtrar e misturar em igual volume do tampão de fosfato de pH 7,2.
2. Tampão de fosfato
   Solução a) Na_2HPO_4 anidro .... 9,47 g
   Água destilada .... 1000 mL
   Solução b) KH_2 PO_4 anidro .... 9,08 g
   Água destilada .... 1000 mL
   Tampão pH 7,2

Solução a) . . . . 71,5 mL
Solução b) . . . . 28,5 mL

3. Corante de Giemsa

Corante Giemsa em pó . . . . 0,6 g
Álcool metílico absoluto . . . . 100 mL

Após dissolver bem o corante, deixar em repouso 2 a 3 dias.

Antes de usar, filtrar e diluir com o tampão pH 7,2, na proporção de 1 parte do corante para 9 do tampão.

Coloração

1. Secar ao ar o esfregaço.
2. Fixar em álcool metílico absoluto (cuba de Coplin) por 15 minutos.
3. Retirar a lâmina e, sem secar, passar para o corante de May-Grunwald, deixando 15 minutos.
4. Retirar a lâmina e, após fazer correr o excesso do corante sobre um papel de filtro, passar para outro recipiente contendo o corante de Giemsa.
5. Deixar a lâmina 30 minutos imersa no corante de Giemsa.
6. Retirar a lâmina e passar para outro recipiente contendo o tampão, lavando-a por 10 a 20 segundos.
7. Retirar a lâmina e secar ao ar.

Giemsa

Corante de Giemsa em pó . . . . 1,0 g
Glicerol . . . . 66 mL
Álcool metílico absoluto . . . . 66 mL

Misturar o corante com glicerol e aquecer a 56°C durante 90 a 120 minutos. Acrescentar o álcool metílico e misturar bem. Deixar em repouso 7 dias. Filtrar antes de usar.

Coloração

1. Deixar a lâmina imersa no corante (em cuba de Coplin) durante 20 a 30 minutos.
2. Retirar e lavar em água corrente. Limpar o verso da lâmina.
3. Deixar secar ao ar.

COLORAÇÕES ESPECIAIS

Coloração para Peroxidase

Principio

A peroxidase é uma enzima encontrada nos grânulos do citoplasma das células mielóides e libera oxigênio quando na presença do peróxido de hidrogênio. O oxigênio liberado oxida a benzidina, dando um composto de coloração amarelo-esverdeada para marrom.

Reagentes

1. Solução alcoólica de formalina a 10%:

Formalina a 40% . . . . 10 mL
Álcool etílico a 95% . . . . 90 mL
(guardar em geladeira)

2. Reagentes da peroxidase:

Benzidina . . . . 25 mg
Álcool etílico a 95% . . . . 6 mL

Acrescentar:

Peróxido de hidrogênio a 3% . . . . 0,02 mL
Água destilada . . . . 4 mL

Este reagente deve ser preparado na hora de ser usado.

Coloração

1. Fixar o esfregaço na solução alcoólica de formalina por 30 segundos.
2. Lavar a lâmina em água corrente e secar ao ar.
3. Corar com o reagente da peroxidase por 5 a 7 minutos.
4. Lavar em água corrente e sobrecorar com um dos corantes habituais (Leishman, Wright ou Giemsa).
5. Procurar ao microscópio os grãos de peroxidase que aparecem de coloração amarelo-esverdeada para o marrom.

Cuidados necessários

1. Os esfregaços de sangue e de medula não devem ter mais do que 1 dia.
2. O peróxido de hidrogênio deve ser de preparo recente.
3. A quantidade de peróxido de hidrogênio deve ser rigorosamente medida, pois o excesso pode destruir a enzima antes de libertar o oxigênio.

Resultado

Encontramos grãos peroxidase-positivos, amarelo-esverdeados em: mielócitos, metamielócitos, bastonetes, segmentados neutrófilos e eosinófilos. Os monócitos são levemente positivos, mas os monoblastos são positivos.

São negativos: basófilos, linfócitos, megacariócitos, eritroblastos, reticulócitos e glóbulos vermelhos. Os demais blastos são negativos.

Referência

1. Kaplov, L.S. - Blood, 26: 215, 1965.

Coloração para Fosfatase Alcalina

Reagentes

1. Solução alcoólica de formalina a 10%:
   Formalina a 36% .... 10 mL
   Álcool metílico absoluto .... 90 mL
   (Conservar em geladeira)
2. Solução-estoque de propanodiol ...... 0,2 M
   2-amino-2 metil – 1,3 propanodiol .... 10,5 g
   Água destilada .... 500 mL
   (Conservar em geladeira)
   Solução para uso: propanodiol 0,5 M (pH 9,75)
   Solução-estoque de propanodiol 0,2 M .... 25 mL
   HC1 0,1N 5mL
   Água destilada q.s.p .... 100 mL
   (Conservar em geladeira)
3. Mistura-substrato: (pH 9,5 a 9,6)
   α naftil-fosfato de sódio .... 35 mg
   Fast-blue RR .... 35 mg
   (sal diazônico do 4-benzol 2:5 metoxianilina)
   Propanodiol 0,05 M .... 35 mL
   Esta mistura deve ser preparada na hora.
   Filtrar, usar e desprezar o restante.

Coloração

1. Lâminas com esfregaço devem ser recentes e secas ao ar.
2. Imergir em cubas de Coplin com a solução alcoólica de formaldeído (para fixar) por 30 segundos em temperatura mais ou menos a 5°C.
3. Lavar em água corrente por 10 segundos.
4. Incubar na mistura-substrato por 15 minutos, à temperatura ambiente.
5. Lavar em água corrente por 10 segundos e sobrecorar com hematoxilina de Harris por 3 a 4 minutos.
6. Examinar em microscópio as células com grânulos azuis e contar 100 leucócitos, seguindo uma escala de positividade de 0 a + + + +, do seguinte modo:

0	sem coloração.
+	grânulos ocasionais e citoplasma difusamente corado em tom esverdeado.
+ +	número moderado de grânulos e citoplasma difusamente corado.
+ + +	fortemente positiva com numerosos grânulos.
+ + + +	fortemente positiva com numerosos grânulos confluentes.

Multiplica-se o número encontrado pela sua respectiva positividade. A soma desses valores será o escore. Ex.:

Positividade

5	0	–	0
2	+ (1)	–	2
30	+ + (2)	–	60
12	+ + + (3)	–	36
10	+ + + + (4)	–	40
		Escore	138

Resultado

Os valores normais do escore vão de 15 a 100.

Em geral, somente as células mielóides mostram atividade de fosfatase alcalina. Nas leucocitoses infecciosas, há um aumento do escore. Diminui ou se torna igual a zero na leucocitose da leucemia mielóide crônica.

Cuidados

Os esfregaços devem ser recentes e corados antes de 8 horas após a colheita do sangue. O esfregaço pode ser feito de sangue capilar ou venoso, sem anticoagulante ou, então, com heparina ou oxalato.

Não é recomendável fazer esfregaços com sangue colhido com seqüestreno.

Deve-se fazer concomitantemente com o exame do paciente uma coloração de sangue colhido de gestantes no final da gravidez (como controle positivo).

Referências

1. Kaplow, L. S. - Am. J. Clirt. Phat., 39:439, 1963.

Coloração para Fosfatases Ácidas

Fosfatases ácidas não especificas

Reagentes

1. Solução fixadora

Acetona	60mL
Água destilada q.s.p	100mL

2. Solução I

Tampão de Michaelis pH 5

Acetato de sódio	1,94g
Barbital sódico	2,94g
Água destilada	100mL
HC1N	q.s.p. pH5
Solução de NaC1 a 8,5%	40 mL
Água destilada	q.s.p. 500 mL

Conservar a 4°C

Solução II

Solução estoque do substrato: Naftol AS-ácido difosfórico sal sódico em N-N' dimetil formami-da-10mg/mL.

Conservar a 4°C

Solução III

NO_2Na a 4%

Preparar na hora

Solução IV

Cloridrato de pararosanilina	2g
HC1 2N	50mL

Aquecer levemente sem levar à ebulição.

Deixar esfriar à temperatura ambiente e filtrar.

Conservar a 4°C

Mistura corante

Solução III	1,5mL
Solução IV	1,0mL

Esperar 2 minutos e acrescentar:

Solução I	90mL
Solução II	3mL

Reajustar o pH com NaOH N.

Coloração

1. Fixar os esfregaços na solução fixadora por 60 segundos.
2. Lavar com água destilada.
3. Incubar na mistura corante durante 1 hora e 30 minutos a 37°C.
4. Lavar com água destilada.
5. Contracorar 1 minuto com verde de metila a 1% ou hematoxilina de Harris.
6. Lavar com água destilada e secar ao ar.

Resultado

A reação do naftol AS difosfato com a pararosanilina a pH 5 evidencia as fosfatases ácidas nos linfócitos e monócitos.

Referências:

1. Sultan, C & col. - *Técnicas em Hematologia* - Ed. Toray S/A - Barcelona - 1979.

Fosfatases ácidas específicas

A mesma técnica anterior, acrescentando à

Mistura de uso	90mL
Ácido L tartárico	695mg
NaOHN q.s.p	pH 5

Resultado

A reação é positiva quando se observa grãos vermelhos e brilhantes no citoplasma das células. Nas Síndromes Linfoproliferativas teremos:

a) Reação negativa ou levemente positiva na Leucemia Linfóide Crónica e Leucemia Aguda Linfóide de Células B.
b) Reação positiva, forte ou moderada e inibida pelo ácido tartárico, na Leucemia Linfóide Aguda de Células T.
c) Reação positiva, não inibida pelo ácido tartárico na Leucemia por Tricoleucócitos (Hairy cell ou célula cabeluda).

Referência:

1. Sultan, C. & col. - Técnicas em Hematologia - Ed. Toray S/A - Barcelona - 1979.

Coloração para Esterases

α-naftilesterases

Reagentes

1. Formol

Tampão fosfato pH:7,8-8

$NaHPO_4.2H_2O$ 0,1 M	48mL
KH_2PO_4 0,1 M	2mL

2. Solução de α-naftilacetato

Preparar antes do uso

α-naftilacetato	20mg
Acetona	0,4mL

3. Solução corante

Preparar na hora e filtrar antes de usar:

Tampão fosfato	80mL
Propilenoglicol	2mL
Solução naftilacetato	0,4mL

(acrescentar gota a gota agitando sempre)
Fast Blue BB salt 100mg

Coloração

1. Fixar 5 minutos em vapores de formol
2. Lavar e secar. Incubar 30 minutos à temperatura ambiente na solução corante.
3. Lavar com água destilada.
4. Contracorar por 5 minutos com verde de metila.
5. Lavar com água destilada e secar ao ar.

Resultado

A reação positiva mostra granulações no citoplasma, coradas em marrom. Nos monócitos, células reticulares e megacariócitos é ++. Nos linfócitos +. Nos plasmócitos ±. É negativa nas células mielóides.

Referência

1. Sultan, C. & col. - Técnicas em Hematologia - Ed. Toray S/A - Barcelona - 1979.

Cloroacetatoesterases

Reagentes

1. Solução fixadora
   Metanol .... 9 volumes
   Formol .... 1 volume
   Conservar a 4°C
2. Solução Tampão (Tampão de Michaelis pH = 7,4)
   Veronal sódico 60mL
   (Solução 0,1 M 20,68g/L)
   HC1 0,1 M 40mL
   (N/10)
3. Solução naftol AS-D-cloroacetato (NASD-cloroacetato)
   naftol AS-D-cloroacetato 40mg
   acetato 3,2mg
   A dissolução é rápida e total. Preparar na hora de usar.
4. Solução de incubação
   Preparar na hora de usar.
   Tampão 40mL
   Água destilada 40mL
   Propilenoglicol (propanodiol 1-2) 2mL
   Solução de NASD cloroacetato 3,2mL
   Acrescentar gota a gota, agitando continuamente (é normal aparecer turvação)
   Fast Garnet GBC salt 40mg
   Dissolver por agitação. Aparece uma turvação pardo-avermelhada. Filtrar sobre papel para obter uma solução límpida.
5. Hematoxilina de Harris

Coloração

1. Fixar os esfregaços 3 minutos na solução fixadora a frio.
2. Lavar e secar.
3. Incubar 50 minutos na solução de incubação á temperatura ambiente.
4. Lavar em água corrente.
5. Contracorar 10 minutos com hematoxilina de Harris (filtrar diretamente sobre os esfregaços).
6. Lavar em água corrente e secar ao ar.

Resultado

A reação é positiva quando aparecem agregados de cor marrom-vermelha no citoplasma das células. Só é positiva nas células granulocíticas (do mieloblasto ao polinuclear). É leve ou negativa nos monócitos e linfócitos.

Referência:

1. Sultan, C. & col. - *Técnicas em Hematologia* - Ed. Toray S/A - Barcelona - 1979.

Esterases (especificas) monocitdrias (NASDA)

Reagentes

1. Formol
   Solução de aldeído fórmico a 30% RP para análises.
2. Tampão fosfato pH 6,9
   Solução 0,1 M de fosfato disódico 60mL
   Solução 0,1 M de fosfato monopotássico 40mL
   ou Tampão Merck ref. 9887 (pH 7).
3. Solução de naftol -AS-D-acetato (NASD-acetato)
   Naftol-AS-D-acetato 24mL
   Acetona 4,5mL
   (a dissolução é rápida e total)
4. Solução de incubação

Tampão fosfato	200mL
Propilenoglicol	4mL
Solução NASD-acetato	3,8mL
Acrescentar gota a gota agitando (aparece um leve precipitado)	
Fast Blue BB salt	200mg

Depois da dissolução do corante, filtrar sobre o papel.
Obtém-se uma solução amarela, límpida.
Dividir em duas partes de 100mL:

a primeira é usada como tal (NASDA) à segunda se acrescenta 150mL de fluoreto sódico (NASDA F)

5. Hematoxilina de Harris

Coloração

1. Fixar dois esfregaços (24 horas após a Coleta) por 5 minutos em vapores de formol.
2. Incubar 70 minutos à temperatura ambiente; o primeiro esfregaço na solução NASDA e o segundo esfregaço na solução NASDA F.
3. Lavar cuidadosamente com água destilada.
4. Contracorar por 10 minutos com a solução de hematoxilina filtrada diretamente sobre as lâminas.
5. Lavar de novo com água destilada.
6. Secar ao ar.

Resultado

A reação é positiva quando aparecem grãos azuis de tamanho variado.

No primeiro esfregaço todas as células da linhagem granulocítica e monocítica são positivas e tanto mais positivas quanto mais jovens forem as células.

No segundo esfregaço só são positivas as células da linhagem granulocítica, sendo que as células da linhagem monocítica inibem a atividade enzimática pelo fluoreto de sódio.

Referências:

1. Sultan, C. & Col. - *Técnicas em Hematologia* - Ed. Toray S/A - Barcelona - 1979.

Coloração para Polissacarideos, Mucopolissacarídeos e Mucoproteínas (PAS – Reação do Ácido Periódico Schiff)

Reagentes

1. Solução alcoólica de formalina a 10% (Pág. 551)
2. Solução de ácido periódico:
   Cristais de ácido periódico .... 5 g
   Água destilada .... 500 mL
   (Guardar em vidro escuro. É estável até 3 meses)
3. Metabissulfito de sódio10g
   Água destilada 2000 mL
4. Reagente de Schiff já preparado ou:
   a) Fucsina básica 5g
   Água destilada .... 500 mL

Dissolver o corante em água destilada quente. Esfriar e filtrar. Saturar com SO_2 gasoso, borbulhando por 1 hora. Colocar 2 g de carvão ativado por poucos segundos e filtrar em papel Whatman nº 1 para um vidro escuro.

b) Água com SO_2.

Saturar a água destilada com SO_2, borbulhando o gás por 1 a 2 minutos. Deve ser preparado na hora da coloração.

Coloração

1. Fixar o esfregaço na solução alcoólica de formalina, em cuba de Coplin, por 5 minutos.
2. Lavar em água e colocar em cuba contendo o ácido periódico a 1% durante 10 minutos.
3. Lavar em água e colocar em cuba contendo o reagente de Schiff ou fucsina básica por 30 minutos. Borbulhar água com SO_2 por 2 a 3 minutos.
4. Transferir a lâmina rapidamente para 3 banhos sucessivos (de 2 minutos cada um) em solução de metabissulfito, a 0,5%.
5. Lavar em água por 5 minutos.
6. Sobrecorar com hematoxilina de Harris por 10 a 15 minutos.

Resultado

Na reação positiva, encontramos grãos corados em vermelho. São frequentes nas células linfóides, nos eritroblastos da eritremia e ausentes nas células da série granulocítica e eritroblástica normal.

Referências

1. Hayhoe, F.G.J. & col. - *The Cytology and Cytochemistry of Acute Leukaemias*. London. Her Majesty's Stationery Office, 1964.
2. Mac Manus, J.F. - *Nature, 158:202,* 1946.

Coloração para Lipídeos (Sudan Black)

Reagentes

1. Solução de Sudan B:
   Sudan black B .... 0,3 g
   Álcool etílico absoluto .... 100 mL
   Agitar frequentemente por 1 a 2 dias até que todo pó se dissolva.
   Filtrar e guardar.
2. Solução tampão:
   Misturar:
   Solução a) Fenol puro .... 16 g
   Álcool etílico absoluto .... 30 mL
   com
   Solução b)Na_2 $HPO_4.12H_2O$ .... 0,3 g
   Água destilada .... 100 mL
3. Solução corante de Sudan:
   Solução 1 .... 60 mL
   Solução 2 .... 40 mL

Misturar e filtrar. A mistura deve ser neutra ou ligeiramente alcalina. Pode ser guardada por 2 a 3 semanas.

4. Solução fixadora: formalina a 40%.
5. Solução de álcool etílico absoluto.

Coloração

1. Fixar o esfregaço em vapor de formalina a 40% durante 10 minutos (colocando a lâmina em frasco fechado contendo no fundo formol a 40%).
2. Retirar e imergir na solução corante de Sudan por 30 minutos.
3. Lavar em álcool etílico absoluto por 2 a 3 vezes.
4. Sobrecorar com os corantes habituais e examinar. As células positivas apresentam coloração escura no citoplasma.

Resultado

Os linfócitos e eritroblastos são negativos. A série granulocítica é positiva, aumentando a positividade de pró-mielócito para os polimorfonucleares. Os monócitos são discretamente positivos.

Referências

1. Hayhoe, F.G.J. & col. - *The Cytology and Cytochemistry of Acute Leukaemias*. Her Majesty's Stationery Office, London, 1964.

Coloração para RNA

Reagentes

1. Misturar as soluções abaixo:

Solução a) Acetato de sódio	1,4 g
Água destilada	10,0 mL
Solução b) Sulfato de magnésio	2,46 g
Água destilada	10 mL

Acrescentar 80 mL de água destilada.

2. Solução ribonuclease:

Ribonuclease	4 mg
Solução 1	50 mL

Coloração

1. Fixar duas lâminas com esfregaços de sangue de igual espessura, em álcool metílico absoluto, por 15 minutos.
2. Secar as duas lâminas ao ar.
3. Deixar a primeira lâmina para controle. Tratar a segunda lâmina com:
Solução de ribonuclease a 37°C por 30 a 60 minutos e em seguida lavar em água e secar ao ar.
4. Sobrecorar ambas as lâminas pelo Giemsa e examinar.

Resultados

Na lâmina tratada pela ribonuclease, as células se apresentam descoradas e na lâmina controle, que normalmente contém a enzima, as células aparecem basófilas.

Referência

1. Miale J.B. - *Laboratory Medicine Hematology*. C.V. Mosby Company. Saint Louis, 1972.

Coloração para DNA (Reação de Feulgen)

Reagentes

1. Álcool metílico absoluto.
2. Ácido clorídrico 1 N:

HC1 concentrado	36,4 mL
Água destilada q.s.p	1000 mL

3. Reagente de Schiff:

Fucsina básica	1,0 g
Água destilada	200 mL

Dissolver a fucsina, por agitação, com água destilada quente. Esfriar até 50°C, filtrar e acrescentar 20 mL de HC1 IN. Esfriar à temperatura ambiente e acrescentar 1,0 g de bissulfito de sódio anidro. Deixar à temperatura ambiente no mínimo por 24 horas antes de usar. Guardar em vidro escuro e usar à temperatura ambiente. A solução é amarelo-pálida; se ficar vermelha deverá ser desprezada.

4. Água com SO_2-
Diluir:

Solução de bissulfito de sódio anidro a 10%	10 mL
HC11N	10 mL
Água destilada	200 mL

(conservar em frasco bem fechado)

Coloração

1. Fixar o esfregaço em álcool metílico absoluto por 15 minutos.
2. Imergir em água morna por 5 minutos.
3. Colocar em HC1 IN a 60°C por 4 minutos.
4. Lavar em HC1 IN frio e depois lavar em água destilada.
5. Imergir no reagente de Schiff por 1 a 1 ½ hora.
6. Lavar em 3 frascos sucessivos (2 minutos cada) contendo água com SO_2.
7. Mergulhar em água morna por 5 a 10 minutos.
8. Secar ao ar e examinar.

Resultado

A cromatina nuclear e os restos nucleares ficam na cor vermelha ou vermelho-violeta.

A cromatina das células imaturas apresenta coloração mais fraca do que a das células maduras.

Referência

1. Miale, J.B. - *Laboratory Medicine Hematology.* C.V. Mosby Company - Saint Louis, 1972.

Coloração para Ferro (Perls)

Reagentes

1. Solução de ferrocianeto de potássio:
   Ferrocianeto de potássio 2,0 g
   Água destilada 100 mL
2. Solução de HCl a 1%.
3. Solução de safranina a 0,1%.

Coloração:

1. Fixar o esfregaço com álcool metílico absoluto por 10 minutos e secar.
2. Corar por 10 minutos em uma solução contendo partes iguais da solução de ferrocianeto de potássio e HCl a 1%.
3. Lavar em água destilada.
4. Sobrecorar por 1 minuto com solução de safranina a 0,1%.
5. Lavar e secar.

Resultado

As células contendo ferro apresentam grânulos de coloração azul.

Referências

1. Hayhoe, F.G.J. & Flemans, R.J. - *Atlas de Citologia Hematológica.* Livraria Atheneu S.A., D'Alessandro, R. 1973.
2. Mills, H. & Lúcia, S.P. - *Blood,* 4:891, 1949.

Coloração para Corpúsculos de Heinz

Quando há sofrimento dos glóbulos vermelhos, pode haver desnaturação da hemoglobina e formação de corpúsculos que podem ser vistos usando-se corantes como o violeta de metila.

Reagentes

Solução de cristal violeta:

Cristal violeta . . . . 2,0 g
Solução de NaCl a 0,9% . . . . 100 mL

Misturar durante 5 minutos e filtrar. Conservar à temperatura ambiente.

Coloração

1. Colocar 2 gotas (0,025 mL) da solução de cristal violeta sobre uma lâmina.
2. Colocar 1 gota de sangue (0,01 mL) em uma lâmina e sobrepor a mesma sobre a gota de corante.
3. Deixar 5 minutos e examinar ao microscópio, com objetiva de imersão.

Resultado

Inclusões purpúreas no interior dos glóbulos vermelhos, principalmente nos localizados na periferia. (Esta técnica não cora os reticulócitos.)

Referências

1. Bleuter, E. & col. – *J. Lab. Clin. Med., 45:40,* 1955.

Sensibilidade à formação dos corpúsculos de Heinz.

Existem certos tipos de eritrócitos que são sensíveis à administração de certas drogas derivadas das anilinas. Esta sensibilidade é medida pela facilidade em se formarem os corpúsculos de Heinz.

Reagentes

1. Solução tampão
   a) Misturar:
   KH_2PO_4 - 0,067 M . . . . 1,3 partes
   Na_2HPO_4 - 0,067 M . . . . 8,7 partes
   b) Acrescentar solução de glicose a 200 mg%
   (Guardar em geladeira)
2. Solução de acetilfenilidrazina em pó . . . 100 mg
   Solução tampão (item 1) . . . . 100 mL
   (Esta solução é estável por 1 hora)
3. Solução de cristal violeta:
   Cristal violeta . . . . 2,0 g
   Solução NaCl 0,73% . . . . 100 mL
   Agitar 5 minutos e filtrar. É estável por meses, à temperatura ambiente.

Método

1. Colher sangue venoso do paciente e de um controle normal, com heparina. As amostras devem ser usadas dentro de 1 hora após a colheita.
2. Colocar 2 mL da solução de acetilfenilidrazina em um tubo de 12 mm de diâmetro e, usando-se uma pipeta de sopro, colocar 0,1 ml de sangue.

Misturar fazendo o ar borbulhar na solução. Incubar a 37°C por 2 horas.
3. Misturar novamente e colocar uma gota da mistura em uma lamínula.
4. Sobre uma lâmina colocar 2 gotas da solução de cristal violeta.
5. Colocar a lamínula sobre a lâmina. Esperar 5 a 10 minutos e examinar com objetiva de imersão.
6. Contar as células que contêm 5 ou mais corpúsculos de Heinz (contar 100 a 200 células).

Resultado

Nos casos de sensibilidade, encontramos numerosos glóbulos vermelhos contendo 5 ou mais corpúsculos de Heinz. Quando os glóbulos não são sensíveis, encontramos poucos corpúsculos de Heinz.

Referência

1. Bleuter, E. & col. - /. *Lab. Clin. Med. 45:*40, 1955.

Coloração do N.B.T. (Nitro-Blue-Tetrazolium)

Reagentes

1. Heparina (Liquemine)
2. Solução tampão:

$Na_2HPO_4.7H_2O$	1,2875 g
$NAH_2PO_4.H_2O$	0,1070 g
Glicose	0,10 g
Água destilada q.s.p	100 mL

(pH - 7,4)

3. Solução de N.B.T.

N.B.T.* 0,1%	0,050 g
NaCl	0,450 g
H_2O q.s.p	50 mL

Método

1. Colher na hora 2 mL de sangue com 100 U.I. de heparina.
2. Colher 8 gotas do sangue heparinizado com 4 gotas da solução tampão e 4 gotas da solução de N.B.T. (item 3).
3. Colocar em banho-maria por 15 minutos.
4. Esfregar em lâmina de vidro. Secar ao ar e corar pelo Leishman.
5. Contar os neutrófilos que contêm inclusões azuis ou tintura azulada na célula (tintura de redução).

* Sigma ou Calbiochemical.

Resultado

Valores normais vão de 2 a 17% de neutrófilos contendo inclusões azuis.

Mais de 20% de neutrófilos com inclusões indicam aumento da ação fagocitária dos mesmos. Pode haver fagocitose sem tintura de redução.

Nas infecções bacterianas os valores ultrapassam 30%.

Referência

1. Gifford, R. & Malawista, S.J. - Lab. & Clin. Med., 75: 511, 1970.

Importância das Reações Citoquímicas

O estudo das células sanguíneas e medulares pelos corantes usados na rotina hematológica como Leishman, May-Grünwald, Giemsa e Wright, pode não ser suficiente para caracterizar o tipo de leucemia.

As reações citoenzimáticas como mieloperoxidase, fosfatases (alcalina e ácidas) e esterases são importantes para a classificação das leucemias.

Para caracterizar o tipo de proliferação leucêmica, o estudo dos esfregaços sanguíneos e medulares com colorações habituais nos permitem sem dificuldade identificar:

- as Leucemias Agudas Promielocíticas cujo tipo celular predominante é o Promielócito, célula com morfologia e diferenciação celular bem característica;
- as Leucemias Mielóides Agudas que apresentam o bastão de Auer, característico desse tipo celular;
- as Leucemias Mielomonocíticas quando a medula é caracteristicamente mieloblástica e no sangue encontramos o componente monocítico;
- as Eritroleucemias quando associadas à proliferação das células mieloblásticas encontramos uma alteração eritroblástica, com megaloblastos de formas anômalas além de uma dismegacariocitopoese.

Nos casos de dúvida há necessidade de se fazer as reações de peroxidase e sudan B, que diferenciam a proliferação mielóide (com reações positivas) da proliferação linfóide (com reações negativas). Se essas reações forem positivas em poucas células (cerca de 5% ou menos) pode tratar-se de uma Leucemia Mielóide Aguda pouco diferenciada ou de uma Leucemia Aguda Monoblástica. Por diferenciação deve-se fazer a reação com alfa naftol-acetatoesterase e a inibição pelo fluoreto de sódio. Se a reação for positiva e se inibe pelo fluoreto de sódio caracteriza a série monoblástica.

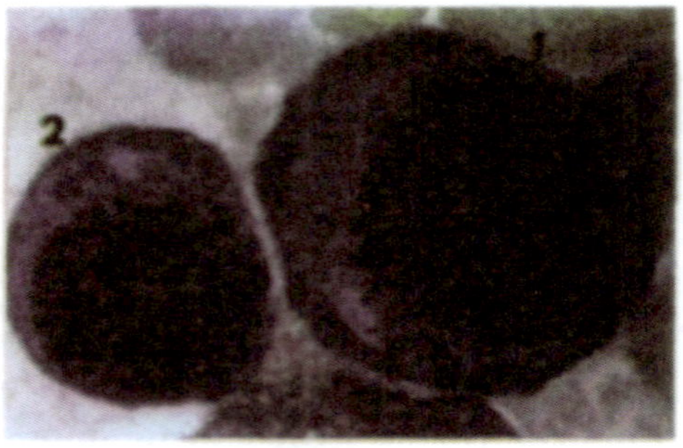

1 - Proeritroblasto
2 - Eritroblasto basófilo

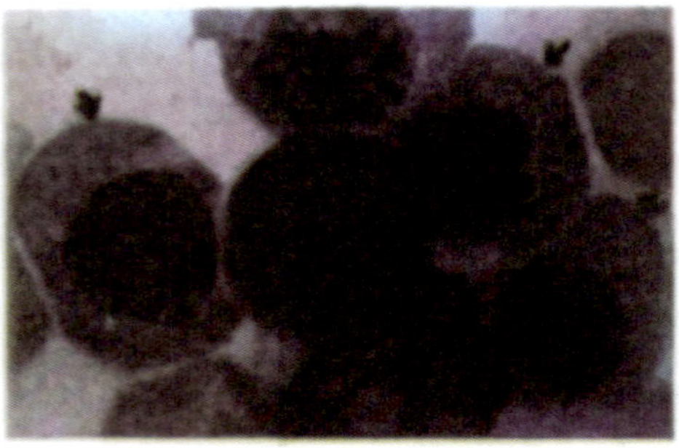

Eritroblastos policromatófilos

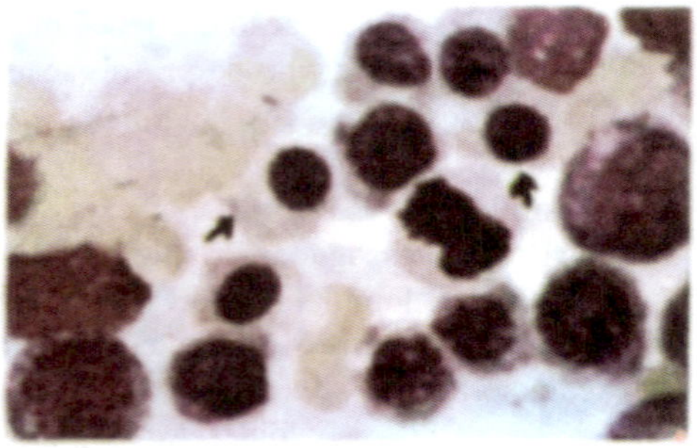

Eritroblastos ortocromáticos

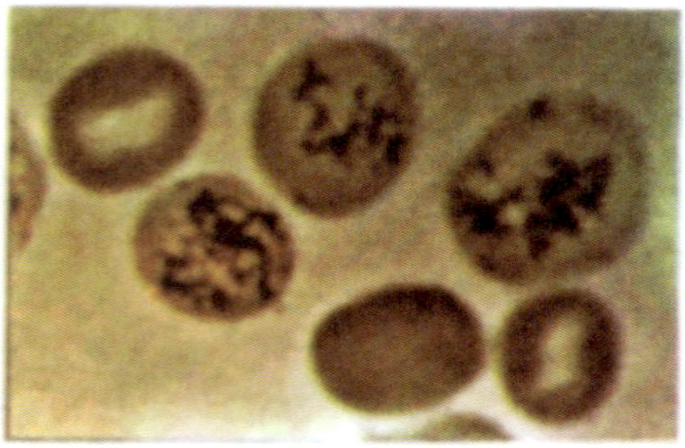

Reticulócitos

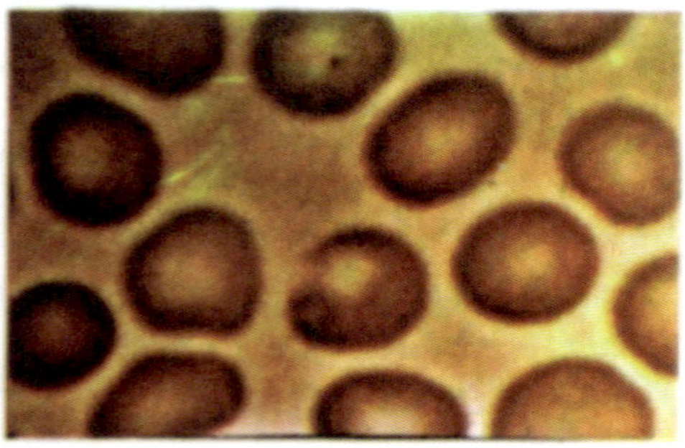

Eritrócitos normocíticos normocrômicos

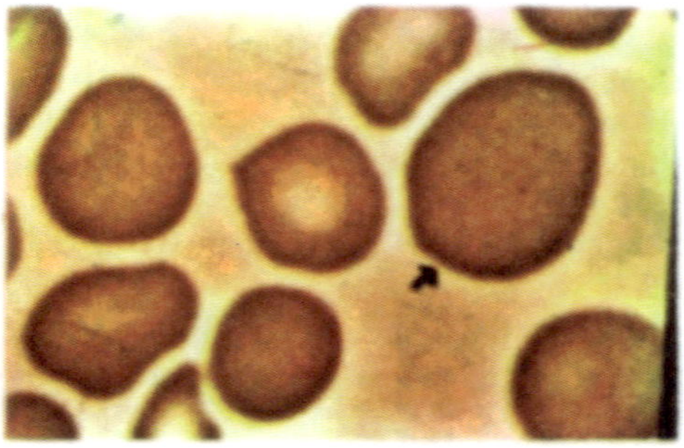

Macrócito

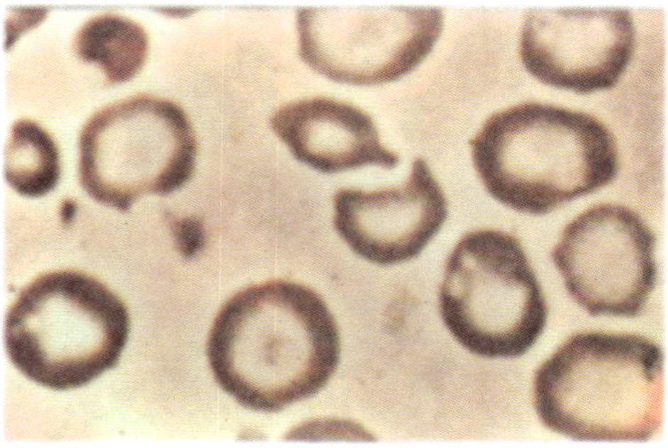

Eritrócitos hipocrômicos

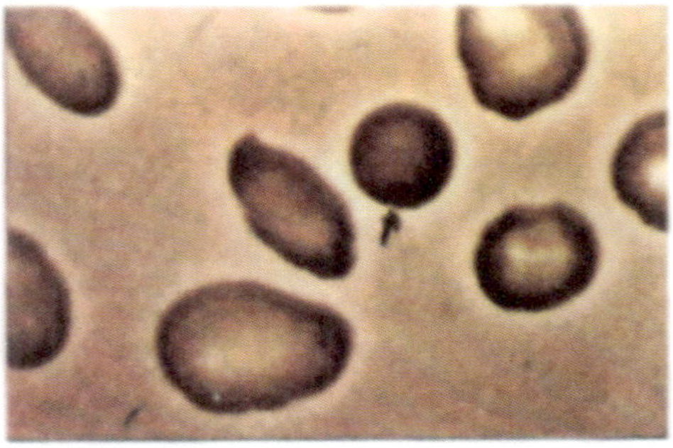

Esferócito

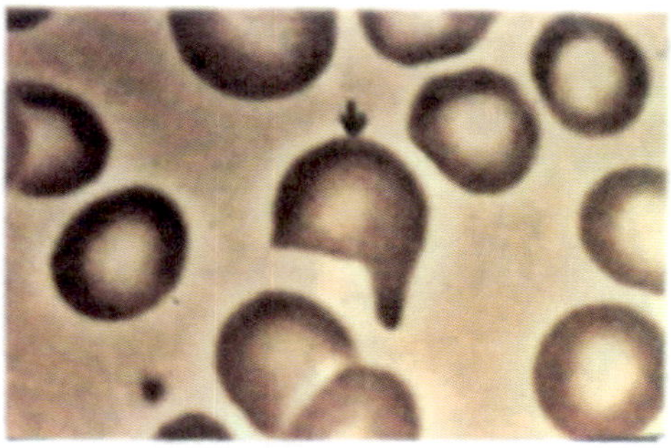

Hemácia em elmo

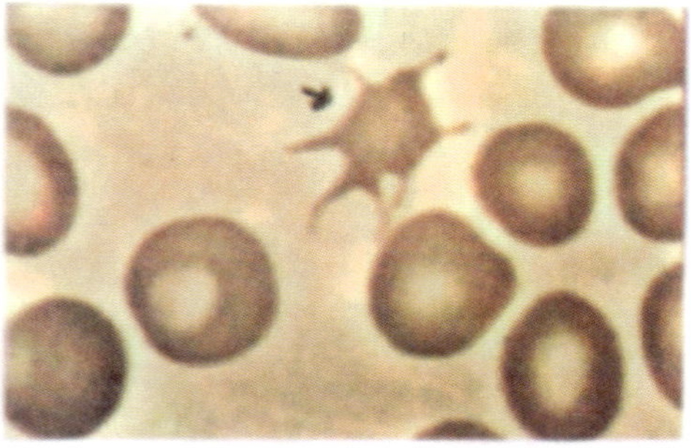

Hemácia espicubda

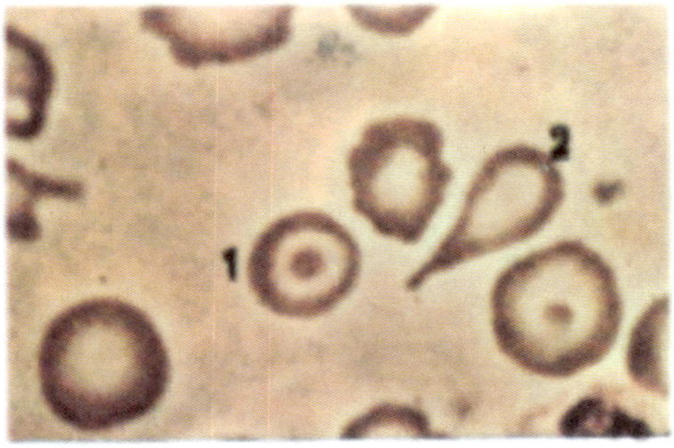

1. Hemácia em alvo
2. Hemácia em lágrima

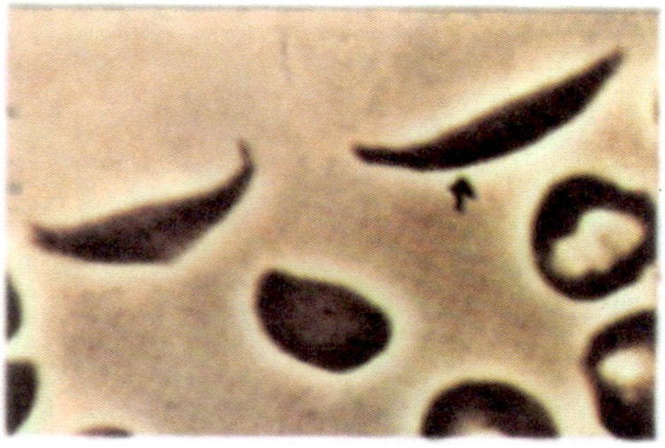

Hemácia falciforme

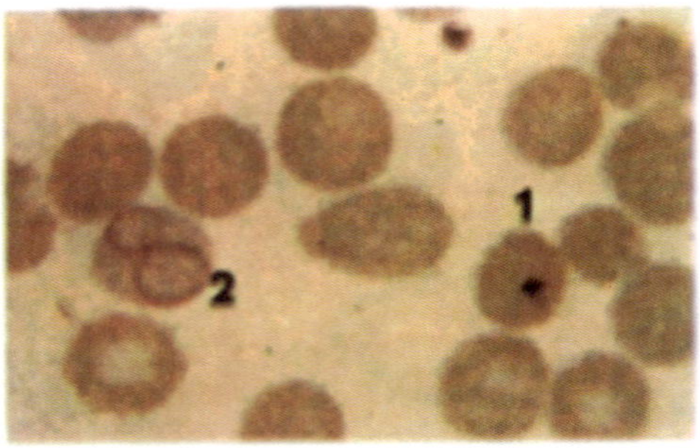

1. Hemácia com corpúsculo de Howelljolly
2. Hemácia com anel de Cabot

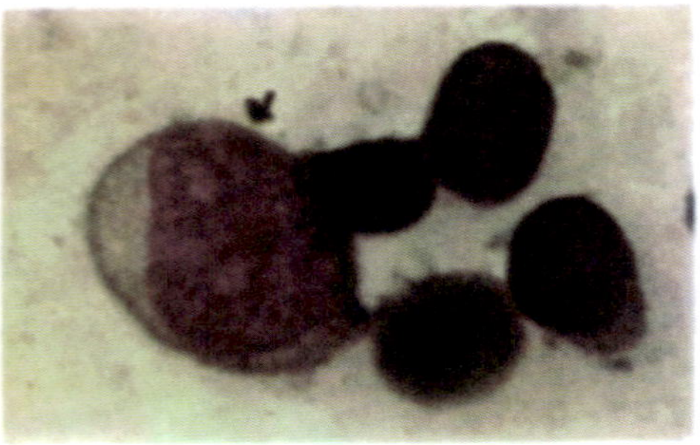

Linfoblasto

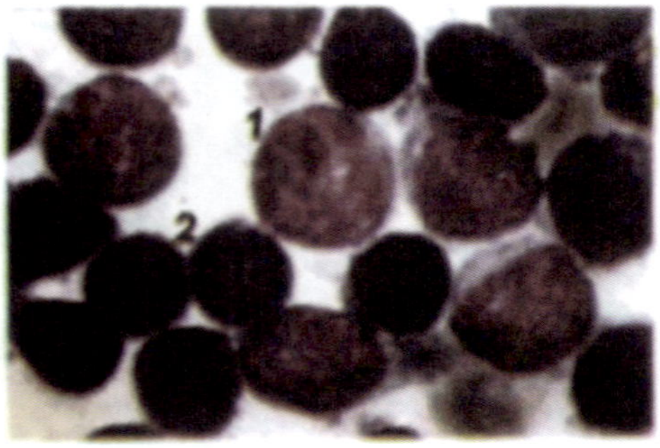

1. Prolinfócitos
2. Linfócitos

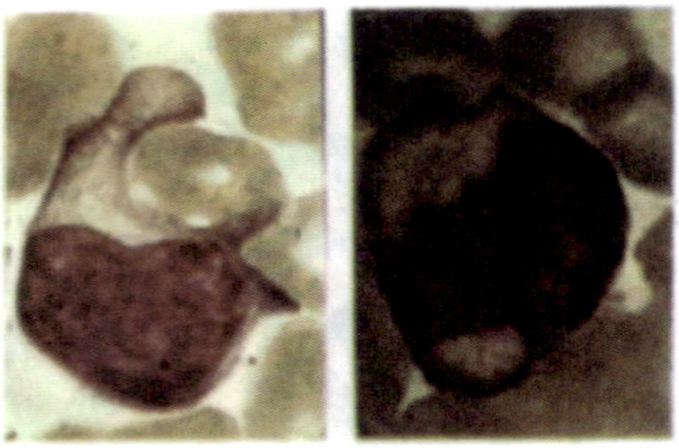

Linfócitos atípicos

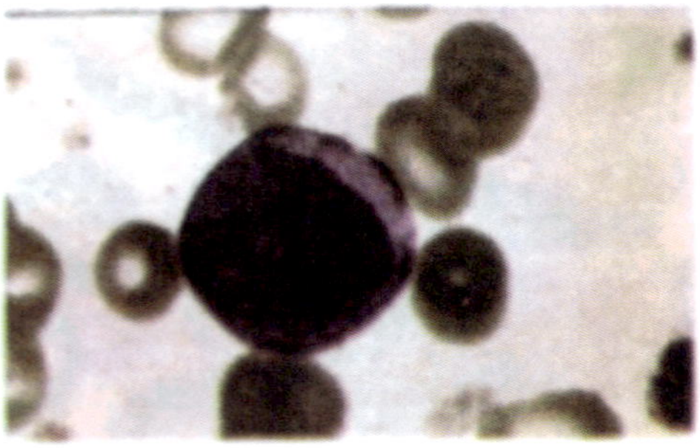

Hemocitoblasto

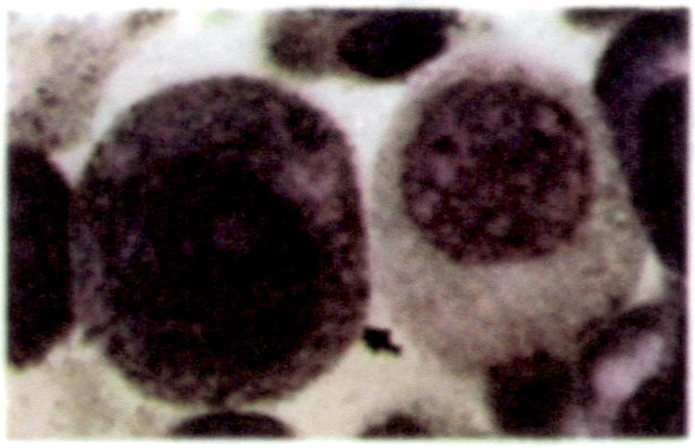

Mieloblasto

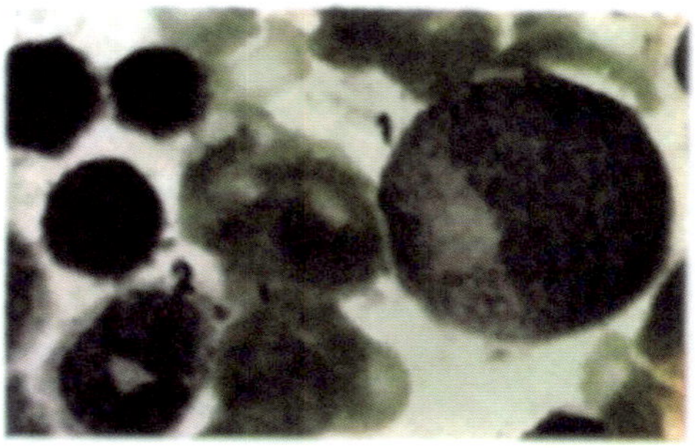

1. Promielocito neutrófilo
2. Bastonete neutrófilo

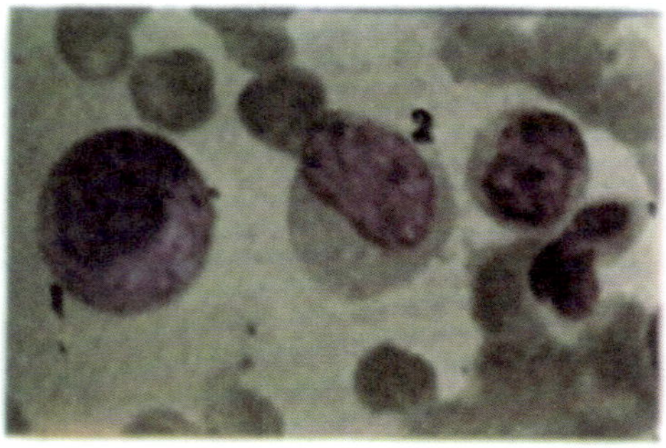

1. Mielócito neutrófilo
2. Metamielócito neutrófilo

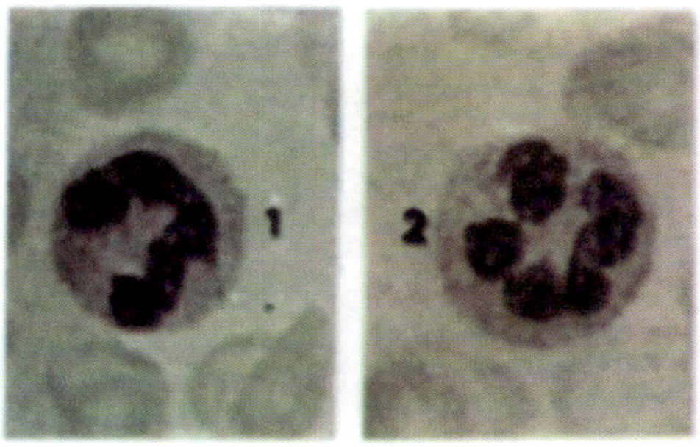

1. Bastonete neutrófilo
2. Segmentado neutrófilo

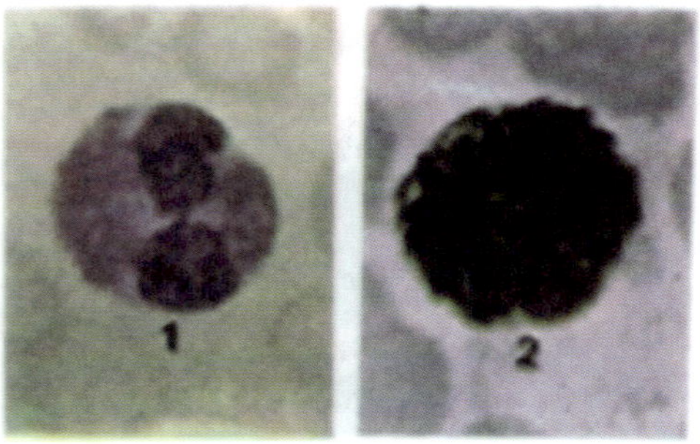

1. Eosinófilo
2. Basófilo

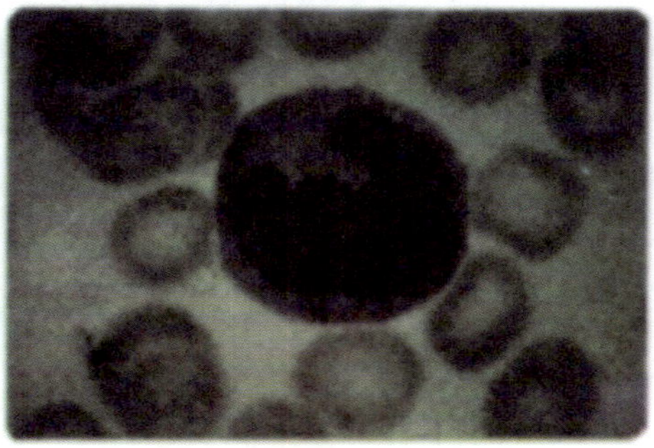

Monócito

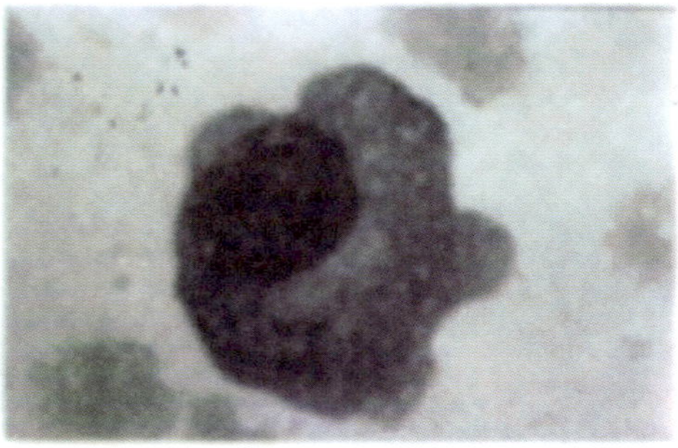

Plasmócito

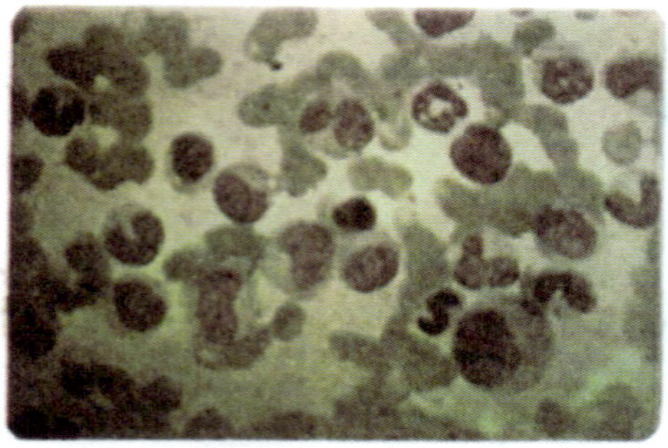

Leucemia mielóide crônica

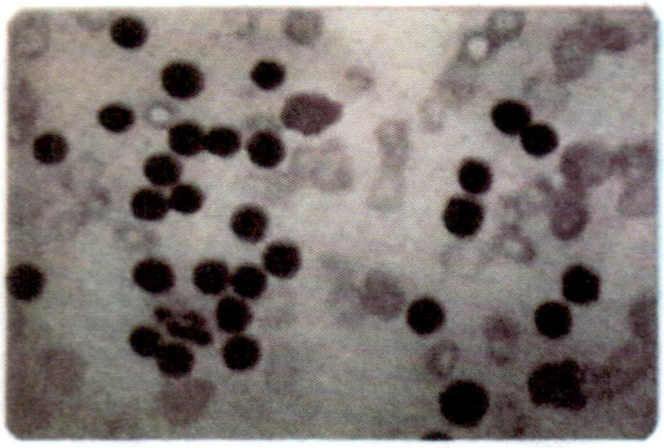

Leucemia linfóide crônica

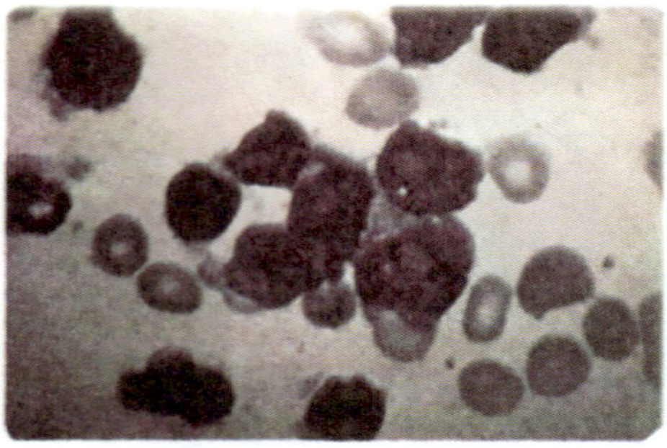

Leucemia linfóide aguda

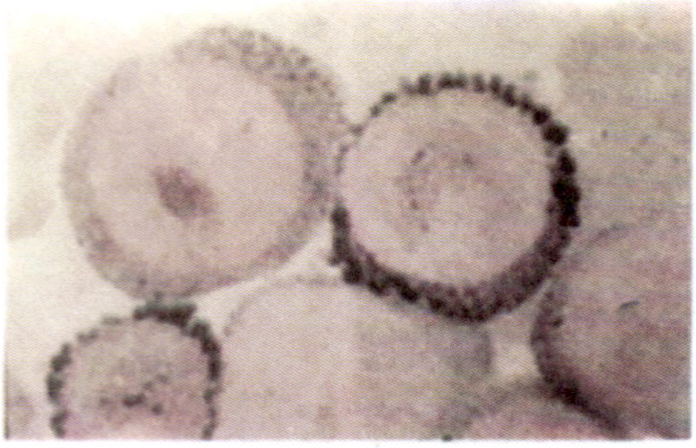

Reação P.A.S. positiva

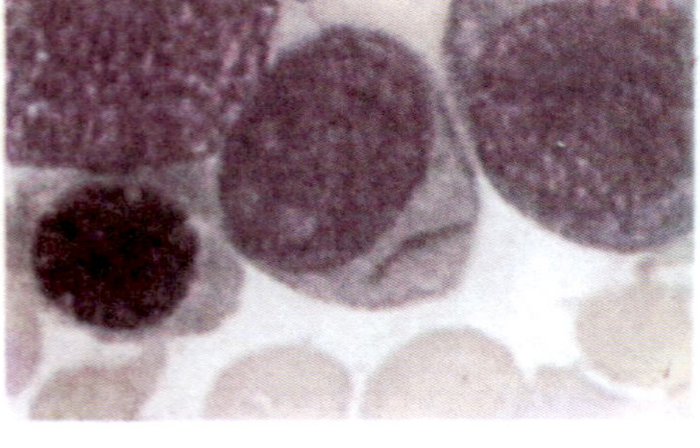

Leucemia mielóide aguda
Célula com bastão de Auer

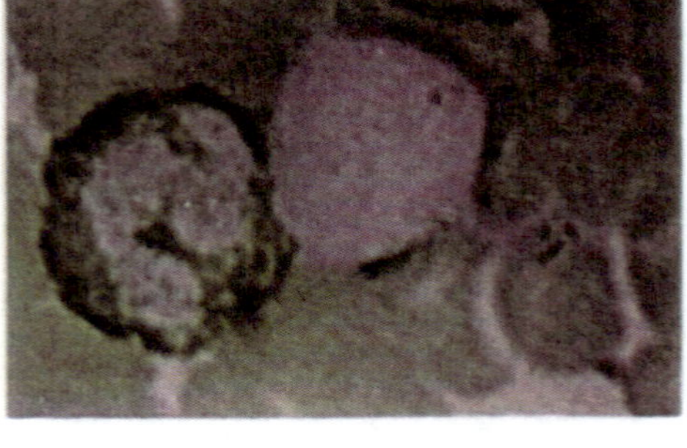

Reação de peroxidase positiva

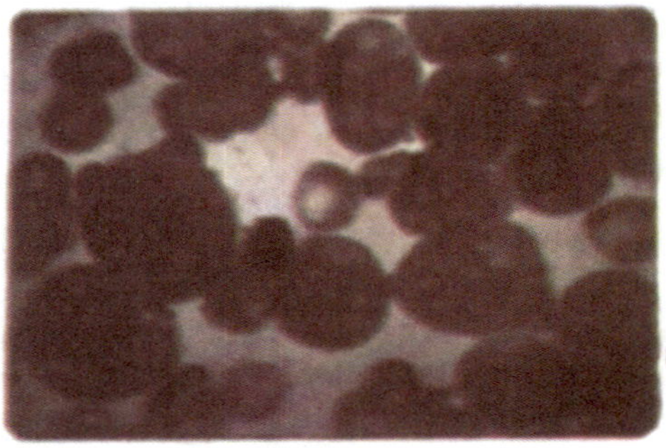

Leucemia monocítica aguda

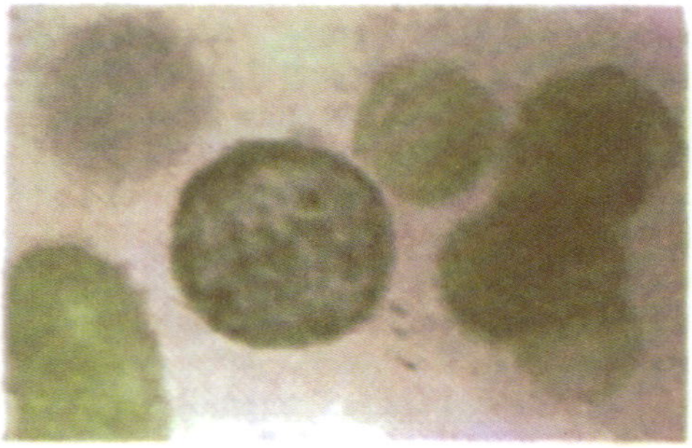

Reação de esterase positiva

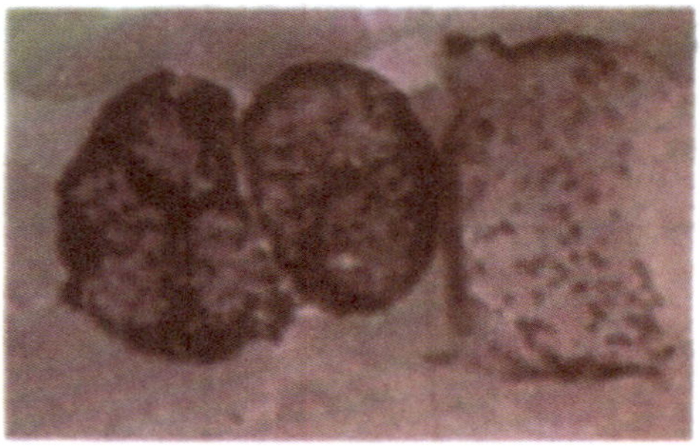

Reação de Sudam positiva

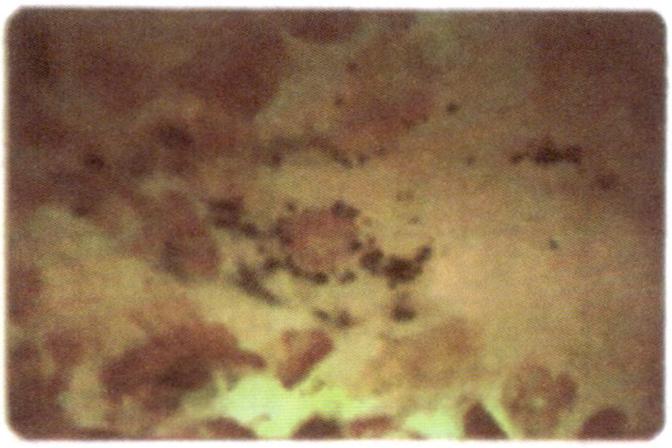

Reação de Pearls positiva

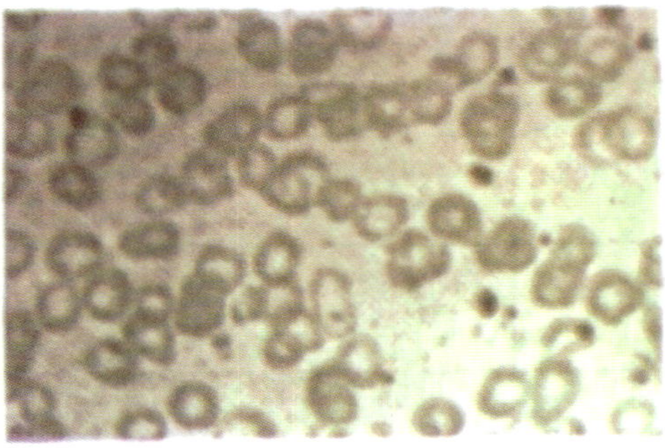

Plaquetas

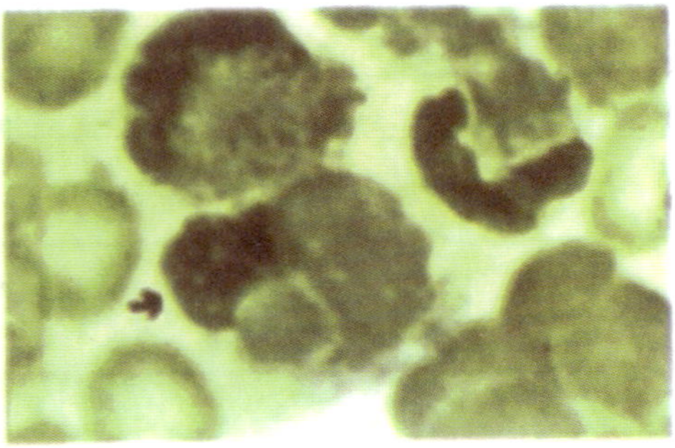

Células LE

Se a peroxidase e o sudan B forem negativos pode se tratar de uma Leucemia Aguda Linfóide. Neste tipo de Leucemia com proliferação da linhagem linfóide podemos demonstrar por marcadores específicos as células B, T e "null".

Para as Leucemias de Células T teremos:

a. presença de rosetas espontâneas com hemácias de carneiro;
b. positividade de fosfatase ácida;
c. ausência de imunoglobulina de membrana e de receptor para o complemento.

Para as Leucemias de Células B, teremos:

a. Presença de imunoglobulinas (IgG) de membrana;
b. Evidência para um receptor para o complemento;
c. Ausência da reação de fosfatase ácida.

Quando a célula é linfóide e não se pode demonstrar nenhum marcador, a Leucemia Aguda linfóide é por célula "null".

O quadro abaixo sintetiza a relação da citoquímica com os vários tipos de Leucemia.

	Leucemia Aguda Linfóide			*Leucemia Aguda Mielóide*	*Leucemia Aguda Mielomonocítica*	*Leucemia Aguda Monocítica*
	T	*B*	*Null*			
PAS	– a +	–	+a++ grânulos densos	b a ++ difuso	+ a ++ difuso com grânulos	+ a ++ difuso com grânulos
Peroxidase e sudan B				+ a ++	++ na série mielóide ± na série monocítica	+ a –
Esterase cloracetato	–	–	–	+ a ++	+ a ++ em certas células (mielóides)	–
NASDA	–	–	–	+	+ a ++ na série monocítica	++
NASDA FNa	–	–	–	ausência de inibição	inibição no componente monocitário	inibição nítida
Fosfatase Ácida	++	–	–	+ a ++	+ a ++	++

33

Estudo dos Glóbulos Vermelhos

Já vimos no capítulo anterior a contagem dos glóbulos vermelhos. Vamos nos preocupar neste capítulo com os exames relacionados com o conteúdo dos eritrócitos — hemoglobina, ferro, enzimas, com o comportamento da membrana etc. Estes testes vão caracterizar os diversos tipos de glóbulos vermelhos e são auxiliares para o diagnóstico das diferentes patologias relacionadas com a série vermelha do sangue.

Hemoglobina

Principio

Existem vários métodos propostos para a determinação da hemoglobina. Diferem no diluente hemolítico que se usa e no tipo de hemoglobina que se dosa. O princípio das técnicas é o da lise dos eritrócitos com soluções hipotônicas e transformação da hemoglobina em oxiemoglobina ou cianometa-hemoglobina, que são avaliadas em espectrofotômetros e comparadas com padrões rigorosamente preparados.

MÉTODO DA CIANOMETA-HEMOGLOBINA

Material e reagentes

1. Tubos de ensaio de 75 x 100 mm.
2. Pipetas tipo Sahli, de 0,02 mL.
3. Pipetas de 10 mL com divisões de 1 mL ou diluidores automáticos para 6 mL.
4. Espectrofotômetro.
5. Solução de Drabkin:

Bicarbonato de sódio	1 g
Cianeto de potássio	0,05 g
Ferrocianeto de potássio	0,20 g
Água destilada q.s.p	1.000 mL

Esta solução já existe no comércio, pronta para o uso. Uma vez preparada, deve ser guardada em frascos escuros e cuidadosamente manipulada por conter cianeto (veneno). Pode ser usada até 1 mês após o preparo.

Método

1. Pipetar 6 mL da solução de Drabkin (de preferência com pipetas diluidoras automáticas, devido ao cianeto) em um tubo de ensaio.
2. Pipetar rigorosamente 0,02 mL de sangue da polpa digital ou venoso colhido com anticoagulante (sequestreno, mistura de Wintrobe) e transferir para o tubo contendo a solução de Drabkin.
3. Lavar a pipeta 3 vezes na solução, homogeneizar e ler no espectrofotômetro contra a solução de Drabkin, em comprimento de onda de 540 a 545 nm.
4. Ler em D.O. e multiplicar pelo fator encontrado na curva de diluição do padrão de hemoglobina.

MÉTODO DA OXIEMOGLOBINA

Material e reagentes

1. Tubos de ensaio de 74 x 100 mm.
2. Pipetas tipo Sahli, de 0,02 mL.
3. Pipetas de 10 mL com divisões de 1 mL ou automáticas para 6 mL.
4. Espectrofotômetro.
5. Água destilada.
6. Hidróxido de amônio a 1%.

Método

1. Pipetar 6 mL de água destilada em um tubo de ensaio.

2. Pipetar rigorosamente 0,02mL de sangue e transferir para o tubo contendo água destilada. Lavar a pipeta 3 vezes na água do tubo.
3. Colocar 1 gota da solução de hidróxido de amônio a 1% no tubo. Homogeneizar por inversão e ler no espectrofotômetro contra água, em comprimento de onda de 540 a 545 nm.
4. Ler em D.O. e multiplicar pelo fator encontrado na curva de diluição do padrão de hemoglobina.

Curva padrão de hemoglobina

Os padrões de hemoglobina encontrados no comércio são variáveis. Em geral, contêm 10 g de hemoglobina por mL. Cada padrão fornece com precisão o seu conteúdo de hemoglobina por mL.

A partir da solução-padrão, preparar soluções com 5 a 20 g de hemoglobina e fazer as determinações conforme o método a ser usado (cianometa ou oxiemoglobina), até a leitura no espectrofotômetro. Condições como líquido diluente, método de diluição e aparelho devem ser mantidas posteriormente nas dosagens habituais.

A densidade óptica obtida, dividida pela concentração de hemoglobina da solução de origem, nos dará um fator que deverá ser o mesmo para as várias determinações. Se houver pequenas variações, então, o fator final será a média dos fatores encontrados.

As curvas-padrão de hemoglobina devem ser refeitas ou testadas com o padrão de tempos em tempos (no mínimo anualmente).

Cuidados com o método

1. O sangue venoso colhido não deve conter coágulos e o sangue capilar deve fluir facilmente durante a pipetagem.
2. As diluições devem ser rigorosas, usando-se atualmente pipetas ou diluidores automáticos.
3. Deve-se ter o cuidado de controlar periodicamente as curvas, com padrões de hemoglobina.
4. As cubas do espectrofotômetro devem conter quantidade suficiente da solução de hemoglobina preenchendo toda a fenda por onde passa a luz do aparelho.

Valores normais

Sexo masculino	15,8 g/100 mL(14,0 - 18,0)
Sexo feminino	13,9 g/100 mL (11,5 - 16,0)

Referência

1. Albriton, E.C. - Standard Values, *in Blood* - W. B. Saunders Co., Philadelphia, 1953.

Hematócrito

Princípio

O método é simples, podendo variar o tipo da centrífuga e a quantidade de sangue usados. Consiste na centrifugação do sangue, medindo-se a percentagem obtida de glóbulos vermelhos da coluna sanguínea.

Existem dois métodos: o macro e o micro, sendo que este último vem substituindo o primeiro com vantagem, pois é mais rápido e usa menor quantidade de sangue.

MACROMÉTODO

Material

1. Tubos de vidro para hematócrito (de Wintrobe).
2. Pipetas de Pasteur, longas (de vidro), ou pipetas plásticas.
3. Centrífuga para 3.000 r.p.m.

Método

1. Com auxílio da pipeta de Pasteur, colocar sangue colhido com anticoagulante (seqüestreno ou mistura de Wintrobe) no tubo de Wintrobe até a marca de 0 – 10.
2. Centrifugar a 3.000 r.p.m. por 30 minutos.
3. Ler no próprio tubo a coluna de glóbulos vermelhos e expressar o número em percentagem.

MICROMÉTODO

Material

1. Tubos capilares resistentes e de diâmetro de 0,6 a 0,8 mm (simples ou heparinizados).
2. Microcentrífuga.

Método

1. Colher sangue capilar em tubo capilar heparinizado ou encher um capilar simples com sangue venoso colhido com anticoagulante (seqüestreno ou mistura de Wintrobe) por uma das extremidades, até que falte 1 cm para encher o capilar.
2. O sangue colhido em tubo heparinizado deve ser homogeneizado, fazendo-se o mesmo correr várias vezes ao longo do tubo.
3. Fechar a extremidade parcialmente vazia do tubo com massa ou fundir o vidro com calor (bico de gás), evitando atingir a coluna de sangue.
4. Colocar na microcentrífuga, com a extremidade fechada voltada para o círculo externo, e centrifugar a 11.000 r.p.m. durante 5 minutos.

5. Ler, no gráfico ou no aparelho de leitura que acompanha a microcentrífuga, a percentagem da coluna de glóbulos vermelhos e dar o resultado em %.

Valores normais

Sexo masculino	40 - 54%
Sexo feminino	37- 47%

ÍNDICES ERITROCITOMÉTRICOS

Conhecendo o número de glóbulos vermelhos ou eritrócitos, a quantidade de hemoglobina e o valor do hematócrito, podemos calcular os chamados índices eritrocitométricos. Esses índices são muito úteis para caracterizar o tipo de anemia, porém devem ser complementados com o estudo morfológico dos glóbulos vermelhos para o diagnóstico definitivo.

Os índices mais empregados são:

V.G. = Valor Globular

É o resultado da relação existente entre a porcentagem da hemoglobina encontrada com a percentagem da hemoglobina normal e o número de eritrócitos encontrado com o número de eritrócitos normal:

$$VG = \frac{\text{Hb encontrada}}{\text{Hb normal}} \div \frac{\text{N° eritrócitos encontrado}}{\text{N° eritrócitos normal}}$$

$$VG = \frac{Hb\%}{100} \div \frac{NE}{5.000.000} = \frac{Hb\%}{100}\ x$$

$$x\ \frac{5.000.000}{N\ 000.000} = \frac{Hb\%\ x\ 50}{100\ x\ NO}$$

$$VG = \frac{Hb\%}{2\ x\ NO}$$

O VG é calculado tomando-se a taxa de Hb encontrada em % (Hb%) dividindo-se pelo dobro dos dois primeiros números de eritrócitos encontrados.

Valores normais: 0,9 – 1,1.

VCM = Volume Corpuscular Médio

É calculado a partir dos números obtidos na contagem dos eritrócitos e do valor do hematócrito.

É a relação entre o hematócrito e o número de eritrócitos.

$$VCM = \frac{\text{Ht (em mm3)}}{\text{n° hemácias (por mm}^3\text{)}} = \frac{\text{Ht mm}^3}{\text{Eo mm}^3}$$

Sendo o Ht até 0,45 mm³ e os eritrócitos da ordem de milhões por mm³, a divisão do primeiro pelo segundo vai resultar em micrômetros cúbicos.

Praticamente, obtém-se o VCM dividindo o número encontrado do hematócrito previamente multiplicado por 100, pelos 2 primeiros números dos eritrócitos, dando-se o resultado em micrômetros cúbicos.

Valores normais: 80 – 94 micrômetros cúbicos (μm^3)

HCM = HEMOGLOBINA CORPUSCULAR MÉDIA

É a reação entre o valor encontrado da hemoglobina em g e o número de eritrócitos por mm³ de sangue.

$$HCM = \frac{\frac{Hbg}{100\ mL}}{E\ o\ por\ mm^3} = \frac{Hb\ g}{100\ x\ Eox\ 1000} = \frac{Hb\ g}{Eo\ x\ 10^5}$$

O resultado é dado em picogramas ou microgramas.

Valores normais: 27 – 32 picogramas (pg).

CHCM.= CONCENTRAÇÃO DA HEMOGLOBINA CORPUSCULAR MÉDIA

É a concentração da hemoglobina encontrada em cada eritrócito.

$$CHCM = \frac{\text{Hemoglobina (g/100 mL)}}{\text{Hematócrito (mL/100 mL)}}\ x\ 100$$

Praticamente, é calculada dividindo-se a hemoglobina, em gramas, pelo hematócrito e multiplicando por 100.

Valores normais: 30 – 35%.

DIÂMETRO MÉDIO DOS GLÓBULOS VERMELHOS

Faz-se a medida dos glóbulos vermelhos em microscópio, usando-se uma ocular com uma escala micrométrica gravada.

Procura-se medir o diâmetro de 100 hemácias (em micrômetros) colocando-se em papel milimetrado nas ordenadas o número de hemácias e nas abscissas o diâmetro em micrômetros. Obtém-se uma curva chamada de Price Jones. Este método não é muito usado na prática, pois sofre várias críticas. Os valores médios normais vão de 6,7 a 7,7 μm, com média de 7,2 μm.

ECM = ESPESSURA CORPUSCULAR MÉDIA

É obtida a partir do diâmetro médio e do volume médio, supondo-se o glóbulo vermelho como um cilindro.

$$ECM = \frac{VCM}{\pi \frac{DCM^2}{2}}$$

Valores normais: 1,7 – 2,5 nm.

Referência

1. Wintrobe, M. M. - *Clinical Hematology*. Lea & Febiger, Philadelphia, 1968.

FRAGILIDADE GLOBULAR

Fragilidade osmótica

Este método permite avaliar quantitativamente a hemólise dos glóbulos vermelhos nas diferentes soluções de cloreto de sódio.

Material e reagentes

1. 12 tubos de ensaio tamanho 75 x 100 mm.
2. Solução-mãe equivalente à solução de NaCl a 10%.

NaCl	180 g
Na_2HPO	27,31 g
(ou $Na_2HPO_4.H_2O_2$	34,23 g)
$NaH_2PO_4.H_2O$	4,86 g
Água destilada q.s.p	2.000 mL

Esta solução tem pH = 7,4 e guardada em geladeira é estável por vários meses.

3. Solução de trabalho:

Solução-mãe (item 2)	30 mL
Água destilada q.s.p	270 mL

Desta solução de NaCl a 1% preparar as soluções abaixo, completando o volume para 50 mL com água destilada.

Solução	*mL da sol. NaCl 1%*	*Concentração (%) final de NaCl*
1	42,5	0,85
2	37,5	0,75
3	32,5	0,65
4	30,0	0,60
5	27,5	0,55
6	25,0	0,50
7	22,5	0,45
8	20,0	0,40
9	17,5	0,35
10	15,0	0,30
11	10,0	0,20
12	5,0	0,10

Cada uma dessas soluções deve ser guardada em geladeira a 4°C e podem ser usadas enquanto estiverem bem límpidas.

Método

1. Colher o sangue venoso com heparina ou desfibrinar (vide Cap. 27) e fazer o teste dentro das 2 primeiras horas.
2. Numerar 12 tubos e colocar em cada um 5 mL da solução acima correspondente (1 a 12).
3. Acrescentar 0,05 mL de sangue bem homogeneizado em cada tubo e misturar por inversão.
4. Deixar todos os tubos à temperatura ambiente por 30 minutos.
5. Misturar novamente por inversão cada tubo e centrifugar por 5 minutos a 2.000 r.p.m.
6. Separar o sobrenadante, colocar uma gota de hidróxido de amónio e ler no espectrofotômetro em comprimento de onda de 545 nm, usando como *blank* o tubo contendo 0,85% de NaCl e como 100% o tubo com 0,1% de NaCl.
7. As percentagens de hemólise são colocadas sobre papel milimetrado, expressando uma curva de hemólise que será comparada com a faixa de hemólise normal.

Valores Normais

% de NaCl	*% de Hemólise*
0,30	97 – 100
0,35	90 – 99
0,40	50 – 90
0,45	5 – 45
0,50	0 – 5
0,55	0

Referência

1. DACIE. J.V. - *The Haemolytic Anaemias*. 2ª Ed., J. & A. Churchill, Ltd., London, 1960.

Fragilidade Osmótica após Incubação

O método já descrito pode ser repetido com o sangue do paciente após incubação a 37 C por 24 horas.

Neste caso, usamos sangue heparinizado colhido e mantido em tubo estéril.

Neste teste, a percentagem de hemólise para os normais é a seguinte:

% de NaCl	*% de Hemólise*
0,20	91 – 100
0,30	80 – 100
0,35	72 – 100
0,40	65 – 100
0,45	54 – 96
0,50	36 – 88
0,55	5 – 70
0,60	0 – 40
0,65	0 – 19
0,70	0 – 9
0,85	0

Referência

1. Dacie. J.V. - *The Haemolytic Anaemias*. 2ª Ed., J. & A. Churchill, Ltd., London, 1960.

Prova da Auto-Hemólise

Os glóbulos vermelhos, quando incubados no próprio soro, podem apresentar hemólise mostrando alteração do glóbulo com aumento da sua fragilidade.

Material e reagentes

1. Frascos de Ehrlenmeyer de 125 mL com 10 a 20 pérolas de vidro de 2 a 4 mm de diâmetro.
2. Tubos estéreis de 5 mL.
3. Pipetas de 5 mL, estéreis.
4. Solução estéril de NaC1 a 0,85%.
5. Solução estéril de glicose a 10% em solução estéril de NaC1 a 0,85%.
6. Solução de Drabkin.

Método

1. Colher 15 mL de sangue venoso com seringa estéril em frasco de Ehrlenmeyer contendo pérolas de vidro. Desfibrinar o sangue por movimento giratório (Capítulo 27).
2. Pipetar 2 mL desse sangue em 2 tubos de 5 mL contendo:

   Tubo A - 0,1 mL da solução de NaC1 a 0,85%

   Tubo B - 0,1 mL da solução de glicose a 10% em NaC1 a 0,85%.
3. Centrifugar 2 mL do sangue (item 1), separar o soro e guardar.
4. Incubar os tubos A e B durante 24 e 48 horas, a 37°C.
5. Tirar, dos tubos A e B, 2 amostras de sangue de 0,02 mL (com pipetas estéreis) e colocar em 10 ml da solução de Drabkin para determinar a concentração da hemoglobina.
6. Determinar, ao mesmo tempo, o hematócrito de cada amostra.
7. Fazer a determinação da hemoglobinano espectrofotômetro em comprimento de onda de 540 – 545 nm contra o *blank* de 0,2 mL de soro antes da incubação, acrescentando a 10 mL da solução de Drabkin ou pelo método da oxiemoglobina.
8. Fazer o cálculo da hemólise usando a fórmula:

$$\% \text{ de hemólise} = \frac{\text{D.O.s } (100\text{-Ht})}{\text{D.O.sg x } 10}$$

D.O.s = D.O. do soro no tempo determinado (24 horas ou 48 horas).

Ht = hematócrito.

D.O.sg = D.O. do sangue no tempo determinado (24 ou 48 horas).

Valores normais

Em geral, são menores do que 3,5% após 48 horas (sem acrescentar a glicose) e menores do que 0,6% após 48 horas (acrescentando-se a glicose).

Referências

1. Crosby, W.H. & Furth, F.W. - *Blood, 11*: 380, 1956, de Gruchy,& col., *Blood,* 76:1371, 1960.

HEMOGLOBINA LIVRE NO PLASMA

Reagentes

1. Solução de benzidina:
   Benzidina básica 1,0 g
   Ácido acético glacial 90 mL
   Após dissolver por agitação, colocar:
   Água destilada q.s.p 100 mL
   (guardar em geladeira por 2 semanas).
2. Solução de água oxigenada a 1%:
   H_2O_2 (30%) 3,3 mL
   Água destilada q.s.p 100 mL
   (guardar em geladeira em vidro escuro por 2 dias).
3. Ácido acético a 10%:
   Ácido acético glacial 10 mL
   Água destilada 100 mL

Método

1. Colocar 1,0 mL da solução de benzidina em um tubo de ensaio bem limpo, de preferência novo.
2. Acrescentar 0,02 mL do sobrenadante a ser tratado.
3. Acrescentar 1,0 mL da solução de água oxigenada a 1%.
4. Deixar 20 minutos para desenvolver cor.
5. Acrescentar 10 mL de ácido acético a 10%.
6. Deixar 10 minutos.
7. Ler em D.O. no espectrofotômetro, comprimento de onda de 515 nm contra *blank* de água. Ler a % de hemoglobina numa curva-padrão feita com o mesmo método, usando-se quantidade conhecida com diluições sucessivas.

Curva-padrão

Usamos solução de hemoglobina ou sangue contendo 10 mg de hemoglobina por mL.

Fazer soluções variando entre 5 e 200 mg%.

Proceder, como no teste acima, com as concentrações conhecidas de hemoglobina e fazer a curva determinando os pontos intermediários.

Pode-se também usar o padrão na hora do exame, empregando-se para o cálculo final a seguinte fórmula:

$$\text{mg\% de hemoglobina} = \frac{\text{D.O. do desconhecido}}{\text{D.O. do padrão}} \times \text{Concentração em mg de Hb do padrão}$$

Referência:

1. Crosby, W.H. & Furth, F.W. - *Blood, 11*:380, 1956.

HEMOGLOBINA NA URINA

O pigmento heme pode ser identificado na urina pela sua reação positiva com benzidina. Deve-se ter o cuidado de centrifugar antes a urina para separar os glóbulos vermelhos que podem, se presentes, falsear os resultados. A pesquisa qualitativa ou quantitativa deve ser feita no sobrenadante.

Para a dosagem da hemoglobina na urina, usamos o mesmo método descrito acima para a dosagem da hemoglobina no plasma.

Precisamos, entretanto, diferenciar a hemoglobina na urina da mioglobina, o que fazemos do seguinte modo:

a) Teste do sulfato de amônio.
   1. 5 mL de urina çentrifugada em um tubo de ensaio bem limpo.
   2. Acrescentar 2,8 g de sulfato de amônio.
   3. Centrifugar ou filtrar.

A hemoglobina se precipita enquanto a mioglobina permanece no sobrenadante.

Se o sobrenadante se tornar límpido, é porque houve precipitação da hemoglobina. Se continuar corado, trata-se da mioglobina.

b) Separação eletroforética.

Fazer correr em acetato de celulose (vide eletroforese de hemoglobina) o seguinte:

a) amostra de urina contendo o pigmento heme;
b) hemolisado de glóbulos vermelhos lavados, como controle;
c) soro + solução 100 mg% de hemoglobina, como para haptoglobina;
d) soro + amostra de urina em partes iguais.

Interpretação

A mioglobulina migra em direção ao anodo, mas atrás da hemoglobina, em pH - 9,1: (vide esquema adiante).

– não é encontrada mancha como quando se corre a haptoblogina (c);
– seu ponto de migração não muda quando acrescentamos soro à urina (d).

A hemoglobina, quando acrescentado ao soro (c), tem a mancha da haptoglobina e migra na faixa da haptoglobina.

Esquema de separação da haptoglobina e mioglobina.

	MIOG.	HAP.	Hb.	
a	0			urina
b			0	hemoglobina
c		0	0	soro + haptoglobina
d	0			soro + urina

Referências

1. Blondheim, S.H. e col., *JAMA, 167:* 453, 1058.
2. Desforges, J.F. & Merrit, J.A. - *Diagnostic Procedures in Hematology.* Year Book Med. Publishers, Inc., 1971.

METAEMOGLOBINA

Reagentes

1. Solução A:
   $Na_2NPO_4.7H_2O$ .... 17,8 g(M/15)
   Água destilada .... 1000 mL
2. Solução B:
   KH_2PO_4 .... 9,1 g(M/15)
   Água destilada .... 1000 mL
3. Tampão de fosfato, pH 6,6 (M/15):
   Solução A .... 125 mL
   Solução B .... 375 mL
   Acertar o pH para 6,6 acrescentando a solução A se o pH for mais ácido e a solução B se o pH for alcalino.
4. Tampão de fosfato M/60:
   Tampão M/15 (item 3) .... 250 mL
   Água destilada .... 750 mL
5. Cianeto de sódio .... 10% (sol. aquosa)
6. Ácido acético 12%
7. Ferrocianeto de potássio . 20% (sol. aquosa)

Método

a) Em uma cuba de espectofotômetro, colocar:
   - 10 mL do tampão (item 4) e 0,2 mL de sangue fresco. Deixar repousar por 5 minutos.
     Ler no espectrofotômetro em comprimento de onda de 635 nm contra água (T_1).
   - Acrescentar 1 gota de cianeto de sódio neutralizado (cianeto de sódio a 10% e ácido acético a 12% em partes iguais).
     Deixar repousar por 2 minutos.
     Ler em comprimento de onda de 635 nm contra água (T_2).

b) Colocar 8 mL do tampão de fosfato (item 3) em outra cuba de Coleman.
   - Acrescentar: 1 gota de ferrocianeto de potássio a 20%; 2 mL de solução do primeiro tubo.
   - Deixar repousar 2 minutos.
   - Acrescentar 1 gota de cianeto de sódio neutralizado. Misturar com um bastão de vidro.
   - Deixar em repouso 2 minutos.
     Ler em comprimento de 540 nm contra água contendo uma gota do cianeto de sódio e ferrocianeto de potássio (T_3).

OBS.: Deve-se ter cuidado de não pipetar o cianeto. Deve-se usar vidros com conta-gotas.

$$\text{Metaemoglobina \%} = \frac{T_1 - T_2}{T_3} \times 100$$

Valores normais: valores menos de 1%.

Referência

1. Evelyn, K. A. & Malloy, HT. - *J. Hiol. Chem.,* 726:655, 1938.

Haptoglobina

A haptoglobina do soro pode ser avaliada por método indireto. Acrescentamos uma quantidade conhecida de hemoglobina no soro, incubamos e depois fazemos eletroforese do mesmo (haptoglobina migra mais rapidamente para o cátodo do que a hemoglobina).

Usamos a eletroforese em acetato de celulose com tampão de pH 9,1.

Reagentes

1. Tampão pH 9,1:
   Trishidroximetilaminometana .... 16,6 g
   EDTA dissódico .... 1,56 g
   Ácido bórico .... 0,92 g
   Água destilada q.s.p .... 1500 mL
2. Solução de benzidina (estoque):
   Benzidina - HCl .... 1,0 g
   Ácido acético glacial .... 25 mL
   Água destilada q.s.p .... 100 mL
3. Solução para uso:
   Solução-estoque de benzidina .... 10 mL
   Peróxido de hidrogênio a 3% .... 10 mL
   Água destilada .... 10 mL
   (Preparar na hora do exame)

Método

1. Misturar o soro com solução de Hb em concentrações de 25 a 250 mg%.
2. Incubar a mistura por 10 minutos à temperatura ambiente.
3. Aplicar amostra da mistura incubada em acetato de celulose como para a eletroforese de hemoglobina.
4. Fazer correr em tiras de acetato de celulose, sendo uma com sangue de cordão que não tem haptoglobina e outra com soro, apenas para se ter certeza de que o mesmo não foi hemolisado na colheita.

5. Após a separação eletroforética, colocar as tiras de acetato com soluções de benzidina (solução de uso) que mostrará as faixas de hemoglobina e hemoglobina ligada à haptoglobina.

HB	Hp – Hb +

A faixa de Hp é pouco mais azul-esverdeada após a coloração, enquanto a Hb é mais oliva para verde-escuro. Deve-se ler a faixa após a coloração.

A leitura é dada pela tira que apresentar na maior concentração de Hb usada a faixa da haptoglobina. Ex.: se somente aparecer Hp na tira que se usou 200 mg de Hb, a concentração da haptoglobina será de 200 mg.

Valores normais: 30 — 200 mg.

Referência

1. Desforges, J.F. & Merritt, J.A. - *Diagnostic Procedures in Hematology.* Year Book Medical Plubishers, Inc., Chicago, 1971.

Determinação da G-6-P D (Teste de Brewer)

Reagentes

1.	Solução de glicose	0,28 M
	Glicose	5 g
	Água destilada	100 mL
2.	Solução de nitrito de sódio	0,18 M
	Nitrito de sódio	1,25 g
	Água destilada	100 mL
	Esta solução deve ser usada por 1 mês.	
3.	Solução de azul de metileno	0,0004 M
	Cloreto de azul de metileno triidratado	0,15 g
	Água destilada	1000 mL

Método

1. Colocar num tubo 2 mL de sangue colhido com heparina ou ACD.
2. Acrescentar 0,1 mL da solução de glicose 0,28 M por mL de sangue.
3. Acrescentar 0,1 mL de nitrito de sódio 0,18 M.
4. Acrescentar 0,1 mL da solução de azul de metileno 0,0004 M.
5. Misturar por inversão várias vezes.
6. Deixar o tubo em banho-maria a 37°C.
7. Após 1 e 2 horas, misturar a solução borbulhando ar com uma pipeta.
8. Após 3 horas medir a metaemoglobina pelo método já descrito.

Valores normais:

5% ou menos de metaemoglobina

Teste qualitativo

Método

1. Tubo I – colocar:
   0,1 mL da solução de glicose 0,28 M
   0,1 mL da solução de nitrito de sódio 0,18 M
   0,1 mL da solução de azul de metileno 0,0004 M
2. Tubo II – colocar:
   0,1 mL da solução de glicose 0,28 M
   0.1 mL da solução de nitrito de sódio 0,18 M
3. Colocar 2 mL de sangue nos tubos I e II e, num terceiro tubo, sem reagentes (III).
4. Misturar por inversão e incubar a 37°C durante 3 horas sem mais agitar.
5. Após a incubação, tirar 0,1 mL de cada tubo e colocar em um tubo com 10 mL de água e após 10 minutos comparar os três tubos.

Resultado

Normal — vermelho-claro, como no tubo de controle (III)

Deficiência de G-6-PD — castanho, como no tubo positivo (II).

Referência

1. Brewer G.J. & col., JAMA, *180:386,* 1962.

Identificação de Hemoglobinas Anormais

PROVA DA FALCIZAÇÃO

Principio

O fenômeno da falcização dos glóbulos vermelhos é provocado pela diminuição do oxigênio na atmosfera dos mesmos. Usamos como agente redutor o metabissulfito de sódio.

Reagentes

Metabissulfito de sódio	200 mg
Água destilada	100 mL

Método

1. No centro de uma lâmina de vidro, lapidada, colocar 1 gota de sangue capilar (polpa digital) ou venoso e 1 ou 2 gotas da solução de metabissulfito.
2. Misturar o sangue com o metabissulfito e colocar uma lamínula sobre a mistura, tendo-se o cuidado de evitar bolhas de ar.

3. Retirar o excesso de sangue das bordas da lamínula com gaze ou papel de filtro e untar as bordas da lamínula com cera ou esmalte.
4. Deixar descansar por 2 a 24 horas e examinar.
5. Anotar o aparecimento de glóbulos vermelhos com aspecto de foice.
6. Fazer a leitura comparando com um sangue normal e solução fisiológica.

Interpretação

A presença de células em foice indica o teste positivo. Hb S (Hemoglobina S); esta, acima de 7%, pode dar o teste positivo.

Referência

1. Daland G.A. & Castle, W.B. - J. Lab. Clin. Med.; *33*:1085, 1948.

TESTE PARA HEMOGLOBINAS INSTÁVEIS

Princípio

A Hb H e outras hemoglobinas podem não ser reconhecidas em eletroforese com papel, mas são demonstradas após precipitação com agentes corantes como azul-brilhante de cresil.

Reagentes

Azul-brilhante de cresil	1,0 g
Citrato de sódio – 0,4 g	
($Na_3C_6H_5O_7$ - $2H_2O$)	100mL
Solução fisiológica – 100 mL	

Método

a. Incubar 3 a 4 gotas de sangue total (sangue colhido com anticoagulante) em 0,5 mL da solução de azul-brilhante de cresil a 37°C.
b. Após 10 minutos, 1 hora e 24 horas fazer esfregaços da mistura, em lâminas, deixar secar e examinar sob imersão.
c. Aos 10 minutos, ler o número de reticulócitos presentes. Esta é a lâmina-controle.

Quando os esfregaços de 1 hora e de 24 horas forem mais corados, provavelmente depende de hemoglobinas instáveis, dando uma coloração difusa, azul pálida e com aspecto de bola de golfe.

Interpretação

Colorações positivas indicam a presença de Hb instável. Quando presente na lâmina de 1 hora, indica quase certamente a hemoglobina H, pois as outras Hb instáveis são mais lentas e só darão positividade após 24 horas.

No estigma talassêmico, ocasionalmente, um glóbulo vermelho poderá conter a Hb H, enquanto na doença por Hb H 50% ou mais das células no esfregaço são positivas.

TERMOESTABILIDADE

Principio

Sabendo-se que o calor aumenta a precipitação de hemoglobinas instáveis, foi proposto o teste seguinte, baseado na diferença de D.O. do sobrenadante de uma suspensão de glóbulos vermelhos antes e após o aquecimento.

Reagentes

1. Tampão Tris 0,1 M, pH 7,4

Tris-(2 amino-2) (hidroximetil)-1-3-propanodiol	12,1 g
HC1 (0,1 N)	25,0 mL
Água destilada q.s.p	1000 mL

Ajustar o pH a 7,4

2. Diluente para cianometaemoglobina:

Bicarbonato de sódio	1,0 g
Cianeto de potássio	50 mg
Ferrocianeto de potássio	200 mg
Água destilada	1000 mL

Método

1. Lavar 3 a 4 mL de sangue recentemente colhido com anticoagulante. Usar solução de NaC1 0,15 M, três vezes.
2. Lisar os glóbulos vermelhos lavados com 5 volumes de água destilada.
3. Acrescentar 1 volume de toluol. Misturar, agitando fortemente e centrifugar a 3.000 r.p.m. durante 15 minutos.
4. Retirar 3 mL do hemolisado claro com 1 pipeta e passar para um tubo limpo.
5. Colocar 3 mL filtrado com 3 mL do tampão de tris.
6. Pipetar 2 mL desta solução em dois tubos.
7. Colocar o tubo 1 na geladeira e o tubo 2 em banho-maria a 50°C durante 2 horas.
8. Após 2 horas, centrifugar os 2 tubos a 3.000 r.p.m.
9. De cada tubo retirar 0,1 mL do sobrenadante e diluir com 5mL de solução para cianometaemoglobina.
10. Remover o sobrenadante claro e ler as D.O. com comprimento de onda de 540 nm em espectrofotômetro, contra um *blank* feito com 0,1 mL de tampão tris e 5 mL da solução de cianometae moglobina.

Cálculo

$$\frac{\text{D.O. tubo I} - \text{D.O. tubo 2}}{\text{D.O. tubo I}} \times 100 = \%\text{ de Hb precipitada}$$

Interpretação

Em condiçõçs normais, menos de 5% de hemoglobina N se precipitam a 50°C. Quanto à cor do precipitado deve-se observar:

Quando houver aparecimento de precipitado branco, é porque a instabilidade da Hb é devida à mutação no heme, resultando na perda do heme das cadeias proteicas. Um precipitado de cor vermelho-marrom se forma quando as cadeias α e β se dissociam mais rapidamente do que o normal, com a ligação do heme à globina.

Referências

1. Dacie, J. V. e col. – Brit. J. Haemat., 70:388, 1964.
2. Jacob, H. S. & Winterhalter, K. H. - J. Clin. Inv., 49: 2008, 1970.

DETERMINAÇÃO QUANTITATIVA DA HB FETAL (M. DE SINGER)

Reagentes

1. Solução NaOH - 1/12 N:
   NaOH .... 3,33 g
   Água destilada .... 1000 mL
   (guardar em geladeira)
2. Solução de sulfato de amônio:
   Sulfato de amônio .... 400 g
   Água destilada .... 1000 mL

   Acrescentar HCl concentrado até pH 3,6 (cerca de 2,5 mL).

Método

Preparar o hemolisado do seguinte modo:

1. Lavar glóbulos vermelhos de 3 mL de sangue, 3 vezes com salina 0,85%.
2. Colocar para cada volume de glóbulos vermelhos 2 volumes de água destilada e 0,4 volume de toluol.
3. Agitar fortemente por 5 minutos. Colocar na geladeira no mínimo por 1 hora ou até o dia seguinte.
4. Centrifugar a 3.000 r.p.m. por 10 a 15 minutos, para remover o estroma. Remover 0,12 mL da parte límpida do hemolizado (parte mediana), para um tubo contendo 1 mL de água destilada.
5. Colocar 0,1 mL do hemolisado diluído em outro tubo contendo 5 mL de água destilada. Misturar. Este será o tubo-controle.
6. Colocar 0,1 mL do hemolisado diluído em outro tubo já no banho maria a 20°C contendo 1,6 mL de NaOH N/12. Disparar um cronometro e marcar exatamente 60 segundos, quando se coloca neste tubo 3,4 mL da solução de sulfato de amônio.
7. Misturar, por inversão, 6 vezes. Colocar o tubo de lado.
8. Repetir com outro tubo o mesmo processo: 0,1 mL do hemolisado diluído em 1,6 mL da solução de NaOH N/12 e após 60 segundos colocar 3,4 mL da solução de sulfato de amónio.
9. Filtrar após 10 a 30 minutos por gravidade, em papel de filtro (Whatman 42).
10. Ler no espectrofotômetro as D.O. com comprimento de onda de 540 nm contra água destilada como *blank*.

Cálculo

$$\%\text{ de Hb fetal} = \frac{\text{D.O. tubo não tratado (1)}}{\text{D.O. tubo tratado (g,h)}} \times 100$$

Interpretação

No período neonatal a Hb F pode ser elevada (60%), porém vai diminuindo rapidamente nos 3 primeiros meses e depois mais lentamente até atingir 2% no primeiro ano de vida.

Referência

1. Singer, K. Chernoff, A.J. Singer, L. Blood 6:413, 1951.

ELETROFORESE DE HEMOGLOBINA

Os glóbulos vermelhos podem conter vários tipos de hemoglobinas. Normalmente, sãô encontradas as hemoglobinas A_1, A_2 e F, sendo que a primeira predomina sobre as demais.

A_1 =96,5% – 98,0%
A_2 = 1,0$ – 3,0%
F = 0,5% – 1,0%

Essas hemoglobinas podem ser separadas em campo elétrico sobre material variável (papel, gel de amido, ágar, acetato de celulose etc.) ou por cromatografia. Cada método tem sua particularidade e apresenta vantagens e desvantagens. A mobilidade da Hb no campo elétrico depende da força iônica do tampão e da carga elétrica da molécula da Hb.

O exame consiste em fazei um hemolizado dos glóbulos vermelhos, que é o mesmo para qualquer método.

Este hemolisado deverá ser aplicado em quantidade variável, conforme o material usado para correr a hemoglobina.

Esse material, papel de filtro, acetato de celulose, gel de amido etc, é colocado em cubas de tamanho e forma variáveis, com tampões de pH variável, permitindo a mobilidade diferente dos vários tipos de Hb.

A migração das hemoglobinas no campo elétrico permite a separação e identificação das mesmas.

Sabemos que é muito grande o número de hemoglobinas já separadas, mas na prática tem importância, pela frequência, um pequeno número.

Com a separação eletroforética, identificam-se as Hb: A_1, A_2 F,S, H, C.

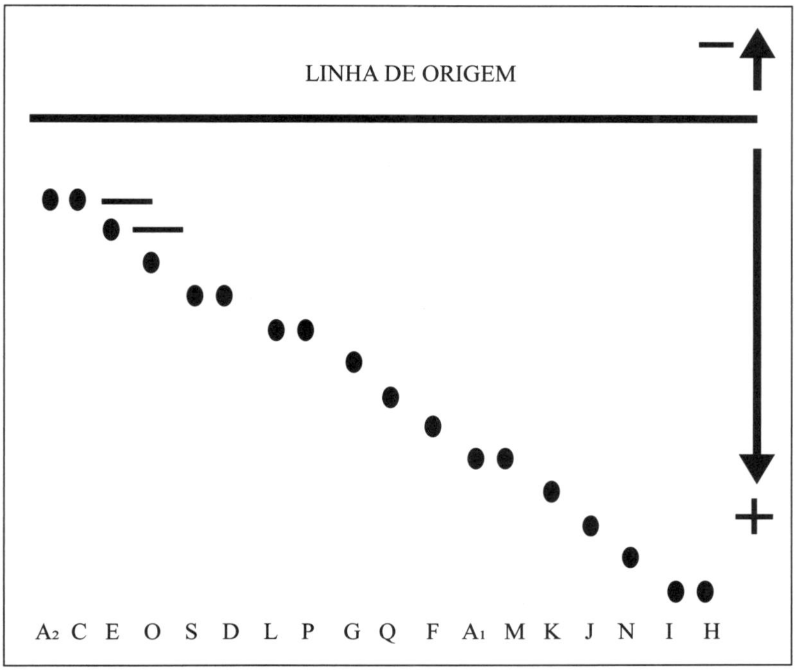

Fig. 33.1 – Esquema da separação eletroforética das hemoglobinas.

Reagentes

1. Tampão pH 8,6 a 8,8 força iônica 0,13
   Trishidroximetilaminometano .... 5,0 g
   EDTA .... 0,5 g
   Ácido bórico .... 0,4 g
   Água destilada .... 1.000 mL
   (manter em geladeira)
2. Corante de Ponceau:
   Ponceau S .... 1,0 g
   Metanol .... 400 mL
   Ácido acético glacial .... 50 mL
   Água destilada .... 500 mL
3. Ácido acético a 5%:
   Ácido acético glacial .... 5 mL
   Água destilada .... 100 mL
4. Ácido acético a 40%
   Ácido acético glacial .... 40 mL
   Água destilada .... 100 mL
5. NaOH-0,1 M:
   NaOH .... 4,0 g
   Água destilada .... 1000 mL

Hemolisado

a. Lavar 3 vezes os glóbulos vermelhos de 3 mL de sangue colhido com anticoagulante, em solução fisiológica a 0,9%, removendo completamente o sobrenadante da última lavada.
b. Para cada volume de glóbulos vermelhos colocar 1 volume de água destilada e 0,4 volume de toluol ou éter sulfúrico ou clorofórmio.
c. Agitar fortemente a mistura e centrifugar a 3.000 r.p.m. durante 20 minutos e separar o hemolisado. Determinar a concentração da hemoglobina e acertar com H_2O destilada para 3g/100 mL.

Eletroforese

1. Colocar as fitas de acetato celogel em tampão tris (1) para umedecer por 10 minutos.
2. Colocar nas cubas o tampão frio (mais ou menos a 4°C).
3. Conectar as cubas com a fonte de corrente.
4. Aplicar o hemolisado nas fitas umedecidas. A quantidade depende do material usado. Em geral, usa-se um aplicador, para depositar a quantida-

de exata a ser aplicada. Quando isto não ocorrer, pode-se aplicar com uma pipeta de Pasteur, ou tubo capilar, apenas tocando na fita. Com algumas aplicações, consegue-se praticamente calcular a quantidade a aplicar. A aplicação deve ser próxima a uma das extremidades da fita.

5. Colocar a fita (transportando-a na posição horizontal) na cuba com auxílio de uma pinça, de modo a ter o deslocamento do pólo para o ânodo, sendo que o hemolisado deverá estar do lado do pólo da cuba.
6. Ligar a corrente para 200 a 500 volts (ou 1,5 miliamperes para cada fita) e deixar correr à temperatura ambiente por 30 a 60 minutos. Este tempo é variável e deverá ser conseguido e fixado para o tipo de aparelho e material usados. Conseguem-se boas separações até com 20 minutos.
7. Desligar o aparelho e retirar as fitas na posição horizontal, transferindo-as para uma cuba contendo o corante.
8. Deixar a fita em contato com a solução de Ponceau por 4 a 5 minutos.
9. Remover cada fita separadamente, deixando o excesso de corante em um papel de filtro seco e colocar em outra cuba contendo ácido acético a 5%.
10. Deixar a fita no ácido acético a 5% até que se remova todo o corante.
11. Cortar as faixas de hemoglobina sem diafanizar, eluir e dosar as diferentes hemoglobinas.
12. Fazer correr sempre um padrão normal, que dará as posições das Hb A_1, A_2 e F.
13. A eluição deve ser feita após cortar as faixas contendo as manchas de Hb na seguinte solução de NaOH 0,1 M ou ácido acético a 80%.
14. Quantificar de acordo com o procedimento do capítulo de eletroforese de proteínas.
15. Ler no espectrofotômetro com comprimento de onda de 525 nm contra um *blank* de água destilada, usando-se cubas pequenas de mais ou menos 3 mL.

Cálculo

$$\%A2 = \frac{D.O.\ A2}{(D.O.\ A_1)\ 30 + D.O.A_2} \times 100$$

$$+A_1 = \frac{\text{diluído } 30 \times A_2}{N - 2 \text{ a } 3\%}$$

$$H\% = \frac{16 \times D.O.\ A_1 \text{ ou } (16\text{x } D.O.S.) \text{ ou } (D.O.A_2)}{(16 \times D.O.A_1)}$$

Referência

1. Miale, J. B. - Laboratory Medicine Hematology, 4ª ed.. Mosby Co., Saint Louis. 1972.

34

Imunoematologia

Os glóbulos vermelhos humanos têm em sua membrana muitas substâncias antigênicas. O sistema antigênico mais importante é representado pelo sistema ABO. Quase todos os glóbulos vermelhos podem ser classificados dentro desse sistema em um dos quatro grupos ou tipos: A - B - AB e O. A identificação dos antígenos dos glóbulos vermelhos é feita por anticorpos tipo aglutininas, naturalmente encontrados no soro. Assim, os indivíduos do tipo A têm antígenos A nos eritrócitos e aglutininas naturais no soro, contra eritrócitos tipo B; os do tipo B têm nos eritrócitos antígenos B e no soro anticorpos naturais tipo aglutininas, contra eritrócitos do tipo A; o soro dos indivíduos do grupo AB não contém tais anticorpos ou aglutininas e o soro dos indivíduos O tem anticorpos tipo aglutininas antieritrócitos A e também aglutininas antieritrócitos B.

A tabela abaixo resume estes dados.

Eritrócito	*Soro de tipagem*		*Anticorpo no soro*
	anti-A	*anti-B*	
A	+	–	anti-B
B	–	+	anti-A
AB	+	+	ausentes
O	–	–	anti-B e anti-B

O sistema ABO, o mais importante, apresenta transmissão genética tipo mendeliana dominante sendo sua expressão representada por 2 genes, 1 herdado do pai e outro da mãe. Há três alelos A, B e O para cada dois locus genéticos. A e B são dominantes. Assim o indivíduo de tipo A pode ter um ou dois genes A. Se ele tiver somente um tipo A, o outro será O.

A tabela a seguir mostra exemplos de hereditariedade dentro do sistema ABO.

		Resultado de cruzamentos com AB	
Fenótipos	*Genótipos*	*Genótipos*	*Fenótipos*
A	AO	AA AB	A, B, AB
A	AA	AO BO	A, AB
0	00	AA AB	A, B
B	BO	AO BO	A, B, AB
B	BB	AB BB	B, AB
		AO BO	
		AB BB	

Outros sistemas de grupos sanguíneos são conhecidos e outros ainda estão sendo descobertos quando o soro de um paciente não reage com nenhum dos antígenos conhecidos, ou seja, com um "painel de glóbulos vermelhos humanos".

O segundo sistema de grupo sanguíneo mais importante é chamado sistema Rh ou Rhesus.

Diferente do sistema ABO, os anticorpos deste sistema são produzidos por sensibilização e não naturalmente. Tem moléculas de menor tamanho (7S) do que as aglutininas ABO (17S macroglobulina). Existem no sistema Rh três antígenos: C, D, E, sendo o antígeno D o mais importante. Todos esses antígenos como no sistema ABO são determinados por dois genes em cada glóbulo vermelho. Cada gene é mais complexo pois é expresso por três locus e muitos alelos para cada um desses locus. Para o locus D, temos dois alelos importantes D e d, C e c para o locus C e E e e para o locus E. Os antígenos designados pela letra maiúscula são os dominantes como no genótipo: CD e/cD e com fenótipo CD e.

Outros sistemas conhecidos são: MNSs, Ii, P, Lewis, Kell, todos importantes principalmente nas sensibilizações por transfusões.

Determinação dos Grupos Sanguíneos Sistemas ABO

Material e reagentes

1. Soro aglutinante anti-A (soro anti-A).
2. Soro aglutinante anti-B (soro anti-B)
3. Suspensão de glóbulos vermelhos conhecidos, do grupo A (suspensão de 3 a 5% em salina a 0,85% = susp. de g.v.A.).
4. Suspensão de glóbulos vermelhos conhecidos do grupo B (suspensão de 3 a 5% em salina a 0,85% = susp. de g.v.B.).
5. Lâminas ou tubos de ensaio de 75 x 100 mm.
6. Centrífuga para 1.000 a 3.000 r.p.m.
7. Salina a 0,85%.

Método

a. Centrifugar o sangue colhido com anticoagulante, separando o plasma dos glóbulos.

a. Transferir o plasma para outro tubo.

b. Preparar uma suspensão de 3 a 5% dos glóbulos, com salina a 0,85% (susp. de g.v.).

c. Colocar em 4 tubos: ou lâminas de vidro, uma gota do anti-soro e acrescentar uma gota de suspensão de g.v.

Com um pequeno bastão (de vidro) misturar as duas gotas e observar macroscopicamente contra um fundo claro, após dois a três minutos.

Se em tubos, estes devem ser agitados delicadamente, depois centrifugados a 1.000 r.p.m. por 1 minuto.

Tubos	*Paciente*		*Conhecido*
1	2 gotas de susp. de g.v.	+	2 gotas do soro anti-A
2	2 gotas da susp. de g.v	+	2 gotas do soro anti-B
3	2 gotas do plasma	+	2 gotas da susp. de g.v.A.
4	2 gotas do plasma	+	2 gotas da susp. de g.v.B.

Resultado:

Soro anti-A	*Soro anti-B*	*Glóbulos A*	*Glóbulos B*		*Grupo Sanguíneo*
–	–	+	+	=	O
+	–	–	+	=	A
–	+	+	–	=	B
+	+	–	–	=	AB

+ aglutinação, - ausência de aglutinação.

Os anticorpos assim identificados são chamados completos (frequentemente IgM) e requerem apenas as células e salina para a reação. Os anticorpos anti-A e anti-B são de variedade incompleta (frequentemente IgG) e requerem albumina ou soro antiglobulinas ou ainda enzimas proteolíticas para desenvolver a reação.

OBS.: Podem ocorrer erros que falseiam a tipagem sanguínea, dependentes principalmente de suspensões muito concentradas de glóbulos vermelhos, anti-soros fracos ou mesmo pseudoaglutinações que ocorrem em doenças infecciosas devidas à presença de proteínas anormais.

Quando se determina o grupo sanguíneo dos glóbulos do cordão umbilical em recém-nascido, devemos ter o cuidado de lavar os eritrócitos 5 vezes em salina para evitar pseudoaglutinações.

Os anti-soros, bem como os glóbulos a serem usados nas reações, devem ser de boa procedência.

Determinação do Antígeno Rh

O método do tubo é melhor do que o método em lâmina.

Material e reagentes

1. Tubos de ensaio de 75 x 100 mm.
2. Centrífuga (1.000 a 3.000 r.p.m.).
3. Soro aglutinante anti-Rh (anti-D).
4. Solução fisiológica a 0,85% (salina).

5. Soro-albumina bovina de 22 a 30%.
   Método:
   a. Glóbulos vermelhos do paciente, suspenso em salina na concentração de 3 a 5%.
   b. Colocar 2 gotas da suspensão acima em 2 tubos de ensaio.
   c. Colocar 2 gotas do soro anti-D no tubo 1 e 2 gotas de soro-albumina bovina de 22 a 30% no tubo 2. Os dois tubos são tratados igualmente.
   d. Centrifugar a 3.000 r.p.m. por 15 segundos.
   e. Examinar os tubos, fazendo a suspensão oscilar levemente e anotar se há aglutinação.
   f. Se negativa, incubar a 37°C por 15 minutos, centrifugar e reexaminar.

Resultado

Se houver aglutinação no item e, o paciente é Rh positivo. Se não houver aglutinação em ambos os tubos (itens e e f) provavelmente os glóbulos vermelhos serão negativos para o antígeno Rh, mas deverá ainda ser pesquisada a presença do antígeno Du.

Determinação do Antígeno Du

1. Lavar os glóbulos vermelhos dos tubos do item f acima, 3 vezes em salina, decantando-se completamente a salina após a última centrifugação.
2. Acrescentar 2 gotas do soro antiglobulina humana (soro de Coombs) em cada tubo, e após homogeneizar bem com o botão de glóbulos vermelhos, centrifugar.
3. Ler a aglutinação rodando o tubo lentamente entre os dedos.

Resultado

Se não houver aglutinação em ambos os tubos dos testes (Rh e Du), os glóbulos vermelhos são Rh negativos.

Se a aglutinação for visível apenas na amostra onde se acrescentou o soro anti-D, o sangue é Du positivo e deverá ser classificado como Rh positivo.

Se a aglutinação ocorrer em ambos os tubos, já no primeiro teste, os glóbulos vermelhos são Rh positivos.

Cuidados

Para se evitar erros nas determinações, devemos ter os cuidados seguintes: lavagem cuidadosa dos glóbulos vermelhos, usar soros aglutinantes de boa qualidade e, após a colocação do soro anti-D, lavar as hemácias para evitar a neutralização do soro antiglobulina humana.

Observação

Para a determinação dos outros antígenos eritrocitários, usamos técnicas semelhantes às descritas, substituindo os anti-soros e as suspensões de glóbulos vermelhos por outros anti-soros e glóbulos vermelhos conhecidos, aos quais desejamos determinar.

Prova de Coombs

PROVA DIRETA

A prova de Coombs direta é usada para detectar anticorpos que ficam fixados às células.

Quando aplicada aos glóbulos vermelhos, indicam a presença de anticorpos antieritrocitários.

Existem no comércio dois tipos de soros de Coombs: 1 – ativo para componentes antigama* e

2 – anti-não gama**. Estes soros devem ser de boa qualidade para não falsear a prova.

Material e reagentes

1. Tubos de ensaio de 75 x 100 mm.
2. Solução fisiológica a 0,85% (salina).
3. Soro de Coombs (monovalente e polivalente).

Método

a. Colher sangue do paciente, em tubo simples, sem anticoagulante (5 ml) e deixar coagular à temperatura ambiente. Deve ser usado para o exame antes de 24 horas.
b. Preparar suspensão (3 a 5%, em salina) com os glóbulos vermelhos.
c. Colocar 2 gotas da suspensão de glóbulos em um tubo. Lavar 3 vezes com salina e após a última centrifugação descartar completamente o sobrenadante.
d. Acrescentar 2 gotas do soro de Coombs aos glóbulos vermelhos lavados e homogeneizar.
e. Centrifugar a 1.000 r.p.m. por 1 minuto.
f. Rodar cuidadosamente o tubo entre os dedos até ressuspender o botão de glóbulos e examinar se há aglutinação.

Resultado

Se houver aglutinação, a prova é positiva.

Caso a aglutinação não seja visível macroscopicamente, colocar 1 gota da amostra sobre uma lâmina de vidro e examinar ao microscópio.

---

* Anti-IgG, específico para a cadeia gama (soro monovalente).

** Soro polivalente, que deve conter um antí-IgG potente e um anticomplemento.

O resultado é dado conforme a intensidade da aglutinação em:

4 + aglutinação intensa.

3 + grandes grupos aglutinados.

2 + pequenos grupos aglutinados.

1 + raros grupos aglutinados visíveis macroscopicamente.

Traços — grupos de 4 a 6 glóbulos aglutinados, visíveis microscopicamente.

PROVA INDIRETA

A prova de Coombs indireta é usada para demonstrar a presença de anticorpos no soro do paciente.

Material e reagentes

1. Tubos de ensaio de 75 x 100 mm.
2. Soro de Coombs (mono e polivalente).
3. Solução fisiológica a 0,85% (salina).
4. Suspensão de glóbulos vermelhos normais. O Rh positivos lavados e suspensos de 3 a 5%, em salina.
5. Soro-albumina bovina a 22%.

Método

a. Separar o soro do sangue do paciente (antes de completar 24 horas de colheita) e colocar 2 gotas em cada um de 2 tubos de ensaio (tubos 1 e 2).
b. Acrescentar 2 gotas da suspensão de glóbulos em cada tubo (item 4).
c. Colocar 2 gotas de soro-albumina bovina a 22% no tubo 2.
d. Incubar a 37°C por 15 a 30 minutos.
e. Lavar 3 vezes com salina, desprezando completamente o sobrenadante após a última centrifugação.
f. Acrescentar 2 gotas de soro de Coombs sobre os glóbulos lavados e misturar.
g. Centrifugar a 1.000 r.p.m. durante 1 minuto.
h. Logo após a centrifugação, procurar ressus-pender delicadamente os glóbulos observando se há aglutinação.

Resultado

Ausência de aglutinação indica prova negativa ou ausência de anticorpos circulantes contra o antígeno (dos glóbulos).

Se houver aglutinação, a prova é positiva e indica presença de anticorpos circulantes no soro.

Quando a prova de Coombs indireta é positiva, devemos procurar identificar a especificidade do anticorpo usando-se o maior número possível de glóbulos com antigenicidade conhecida.

Pode-se também determinar o título do anticorpo, fazendo-se diluições progressivas do soro (1:2, 1:4, 1:8, 1:16, 1:32, 1:64, 1:128 etc.) e repetindo o teste. Considera-se o título aquele da diluição maior de soro, onde se verifica ainda aglutinação.

Podemos ter falsas reações positivas por:

a. contaminação bacteriana do soro;
b. excesso de centrifugação dos glóbulos;
a. em casos em que os reticulócitos ultrapassem 15%, a siderofilina que acompanha o reticulócito pode reagir com a anti-siderofilina que muitas vezes está presente no soro de Coombs, provocando aglutinação.

As reações podem ser falsas negativas, quando:

a. usamos tubos sujos;
b. lavamos insuficientemente os glóbulos;
c. usamos anti-soro inativo;
d. usamos anti-soro contaminado com soro humano;
e. incubamos em temperatura diferente de 37°C ou durante tempo inferior a 15 minutos.

Observação

Podemos encontrar prova de Coombs direta negativa e indireta positiva na incompatibilidade de grupo sanguíneo (por gestação ou transfusão).

Na ausência de transfusão anterior a 2 ou 3 meses, a prova direta positiva (com a indireta positiva ou negativa) indica presença de um anticorpo dirigido contra as próprias células do paciente. Nestes casos, indicamos a determinação de aglutininas frias. Para interferências, veja o Capítulo 13.

Titulagem de Anticorpos de Grupo Sanguíneo no Soro

O título de um anticorpo corresponde à mais alta diluição do soro que dá uma reação positiva, isto é, que aglutina os glóbulos vermelhos ou células contendo o antígeno específico.

Tipos de anticorpos

Os anticorpos anti-A, anti-Lewis e anti-P são geralmente do tipo completo e aglutinam os glóbulos vermelhos em meio salino, reagindo bem melhor a 4°C ou a 20°C. Quase todos os outros anticorpos de grupo sanguíneo são do tipo incompleto.

Alguns destes últimos requerem meio albuminoso ou ação de enzimas proteolíticas ou de soro antiglobulina para provocarem aglutinação. Alguns reagem melhor com um dos reagentes e quase todos os anticorpos reagem melhor a 37°C.

DETERMINAÇÃO DO TÍTULO DOS ANTICORPOS COMPLETOS

1. Preparar uma bateria de 11 tubos marcados.
2. Com exceção do primeiro tubo, colocar 2 mL de soro fisiológico nos demais.
3. Colocar 0,2 mL de soro no primeiro tubo.
4. Colocar 0,2 mL de soro no 2º tubo. Misturar com a pipeta aspirando e assoprando por 3 vezes, evitando a formação de bolhas.
5. Tirar 0,2 mL do tubo 2 e passar para o tubo 3 repetindo a mistura como no item anterior. Transferir 0,2 mL desta mistura e passar para o tubo seguinte, repetindo a mesma técnica até o último tubo quando deve-se desprezar 0,2 mL da solução.
6. Preparar uma suspensão (3 a 5%) de glóbulos vermelhos recentes e previamente lavados 3 vezes.
7. Acrescentar 0,2 mL da suspensão de células em cada tubo e misturar bem.
8. Incubar à temperatura ambiente por 1 hora se o anticorpo reagir bem a essa temperatura (como, por exemplo, o anti-A e o anti-B).
9. Centrifugar a 1.000 r.p.m. durante 1 minuto e examinar se há aglutinação.
10. Se suspeitar de anticorpo anti-A e anti-B, então incubar a 37°C por 20 minutos e depois ler qual o último tubo onde há aglutinação e/ou hemólise.
11. Nos tubos onde não há aglutinação as hemácias são lavadas 3 vezes com salina e em seguida adicionadas 2 gotas do soro de Coombs (antiglobulina humana) em cada tubo.
12. Misturar e centrifugar 1 minuto a 1.000 r.p.m. e ler se há aglutinação e/ou hemólise.
13. Uma variação na elevação do título após a adição do soro antiglobulina humana, com aglutinação e hemólise em um ou mais dos tubos, é indicação de presença de anti-A ou anti-B imune, como se encontra na incompatibilidade ABO.

Cuidados técnicos

Verificar se as hemácias para a reação não provêm de sangue colhido com EDTA, o qual inibe a atividade do complemento, impedindo a hemólise.

DETERMINAÇÃO DO TÍTULO DE ANTICORPOS INCOMPLETOS

Para esta determinação, precisamos saber qual o tipo de hemácia antigenicamente indicada para o teste. Deve-se determinar, *a priori,* pelo exame dos anticorpos com um painel de hemácias, qual a especificidade do anticorpo.

Para o teste, usar o glóbulo vermelho com o antígeno específico.

a. Fase com albumina
   1. Formar uma bateria de tubos marcados: 1, 2, 4, 8, 16, 32, 64, 128, 256, 512 e 1.024. Cada um corresponde à diluição do soro.
   2. Acrescentar a cada tubo, com exceção do 1º, 0,2 mL de albumina bovina a 22%.
   3. Colocar 0,2 mL de soro no 1º tubo.
   4. Colocar 0,2 mL no segundo tubo, misturar, tirar 0,2 mL e passar para o 3º tubo, misturar, passar 0,2 mL para o 4º tubo e assim sucessivamente até o último tubo, quando se deverá desprezar os 0,2 mL finais.
   5. Acrescentar 0,2 mL da suspensão (3 a 5%) de glóbulos vermelhos em cada tubo.
   6. Incubar a 37°C por 1 hora.
   7. Centrifugar durante 1 minuto a 1.000 r.p.m. e examinar se há aglutinação.

   O título será dado pelo último tubo da bateria onde ainda se encontra a aglutinação.

   Desprezar todos os tubos que mostrarem aglutinação e continuar a fase com o soro antiglobulina humana, com os tubos que não apresentarem aglutinação.

   Ex. Título albumina 1:16.

b. Fase do anti-soro humano (Coombs indireto):
   1. Lavar os tubos que não apresentarem aglutinação (na fase a) 3 vezes com salina, como para o Coombs indireto. Decantar o sobrenadante após a última lavada.
   2. Acrescentar 2 gotas do anti-soro (soro de Coombs) em cada tubo.
   3. Centrifugar a 1.000 r.p.m. durante 1 minuto e examinar se há aglutinação. O título é dado pelo último tubo onde há ainda aglutinação. Ex. Coombs indireto: título 1/256.

Prova Cruzada

É a prova para detectar anticorpos clinicamente significantes e capazes de causarem reação transfusional hemolítica no paciente.

1ª FASE

a. Colocar em 1 tubo de 75 x 100 mm (nº 1) o seguinte:
   1) 2 gotas do soro recente (menos de 48 horas) do paciente.
   2) 2 gotas de suspensão a 5% dos glóbulos vermelhos do doador (suspensas no próprio soro).
b. Colocar em outro tubo (nº 2) o seguinte:
   1) 2 gotas de soro (fresco) do receptor.
   2) 2 gotas da suspensão a 5% dos glóbulos vermelhos do doador, em seu próprio soro.

3) 2 gotas da solução de albumina bovina a 22%.

c. Centrifugar os tubos nº 1 e nº 2 imediatamente, por 1 minuto, a 1.000 r.p.m.
d. Examinar a presença de aglutinação e/ou de hemólise.
e. Se ambos os tubos não apresentarem aglutinação e/ou hemólise, passar para a fase seguinte:

2ª FASE

a. Colocar os tubos nº 1 e nº 2 em banho-maria a 37°C por 15 a 20 minutos (ou até 1 hora).
b. Remover ambos os tubos do banho-maria e centrifugar.
c. Examinar se há aglutinação e/ou hemólise.
d. Desprezar o tubo 1 se não apresentar aglutinação e/ou hemólise, passar para a fase seguinte.

3ª FASE

a. Lavar os glóbulos vermelhos do tubo nº 2 por 3 vezes com salina, desprezando o sobrenadante completamente após a última lavada.
b. Acrescentar 2 gotas do soro antiglobulina humana (soro de Coombs) e misturar.
c. Centrifugar a 1.000 r.p.m. durante 1 minuto e examinar se há aglutinação macro e microscópica.
d. Se não houver nenhuma aglutinação, a amostra de sangue é considerada compatível.

Interpretação

a. Na 1ª fase, são determinadas:
   1) as incompatibilidades do sistema ABO, no tubo nº 1;
   2) no tubo nº 2, são detidas as incompatibilidades devidas aos anticorpos do sistema Rh;
   3) a observação do tubo nº 2, antes da incubação, detecta incompatibilidade devida aos anticorpos anti-Rh, que podem não ser aparentes após a incubação a 37°C;
   4) no tubo nº 1 se detectarão muitos dos anticorpos que agem melhor a 4°C ou 20°C e aqueles que podem causar hemólise na presença de soro fresco.
b. Na 2ª fase, são determinadas:
   1) as incompatibilidades causadas por alguns anticorpos anti-Rh;
   2) as aglutinações causadas por outros anticorpos que reagem melhor após incubação a 37°C.
c. Na 3ª fase, são determinadas as incompatibilidades devidas aos anticorpos clinicamente importantes, podendo ser antigama e não gama e que envolvem os glóbulos vermelhos, mas não produzem aglutinação nas duas primeiras fases.

Causas de erro

a. presença de crioaglutininas;
b. agregação espontânea, devido à contaminação do material por bactérias. A amostra contaminada aparece de cor vermelha e exala odor desagradável;
c. agregação espontânea a 37°C, associada à anemia hemolítica adquirida. O teste de Coombs direto é frequentemente positivo;
d. formação de *rouleaux*. Este fenômeno ocorre principalmente em condições clínicas associadas a proteínas anormais, como no mieloma múltiplo. As células podem se dispersar com a junção de 1 a 2 gotas de soro fisiológico;
e. centrifugação demorada também pode dar falsa impressão de aglutinação.

Teste de Crioaglutininas

Para este teste, a colheita do sangue deve ser feita com material (seringa, tubos) aquecido a 37°C. Logo após a colheita, o sangue deve ser colocado em banho-maria a 37°C. Centrifugar em centrífuga com temperatura de +~20°C ou em caçapas contendo água aquecida. Separar o soro imediatamente.

Teste inicial

Colocar 2 gotas da suspensão (3 a 5%) das hemácias do paciente, em salina a 0,85% e 2 gotas do seu soro em tubo de ensaio de 75 x 100 mm.

Incubar em um Becker com gelo e água por 1 hora. Verificar se há aglutinação e/ou hemólise. A aglutinação diminui ou desaparece com a incubação a 37°C. Se a aglutinação for positiva, determinar o título da aglutinina fria.

Titulagem

a. Formar uma bateria de tubos 75 x 100 mm e numerar de 1 a 20.
b. A partir do 2º tubo colocar 0,2 mL de soro fisiológico a 0,85% em cada tubo.
c. Colocar 0,2 mL do soro do paciente no tubo 1.
d. Colocar 0,2 mL do soro do paciente no tubo 2. Misturar lavando a pipeta 3 vezes sem formar bolhas. Tirar 0,2 mL do tubo 2 e passar para o tubo 3, fazendo a mesma operação.
e. Repetir a mesma operação até o tubo 19, deprezando 0,2 mL após a mistura.
f. O tubo 20 só terá salina (tubo-controle).

g. Colocar 0,2 mL da suspensão de glóbulos vermelhos grupo O (3 a 5%) em cada tubo e misturar delicadamente.
h. Cada tubo deverá ter 0,4 mL de solução.

As diluições do soro serão:

Tubos nºs	*Diluição*	*Tubos nºs*	*Diluição*
1	1: 2	11	1: 2.000
2	1: 4	12	1: 4.000
3	1: 8	13	1: 8.000
4	1: 16	14	1: 16.000
5	1: 32	15	1: 32.000
6	1: 64	16	1: 64.000
7	1: 128	17	1:128.000
8	1: 256	18	1:256.000
9	1: 512	19	1:512.000
10	±1:1.000	20	Controle

i. Incubar por 2 horas à temperatura ambiente e ler se há aglutinação macroscópica.
j. Colocar os tubos em geladeira entre 2 e 5°C por 18 a 24 horas.

Ler em seguida se há aglutinação.

l. Colocar os tubos em banho-maria a 37°C por 1 hora e examinar novamente se há aglutinação.
m. A aglutinação deve ser observada delicadamente fazendo-se o tubo rodar entre os dedos. A agitação e o aquecimento podem dispensar as hemácias.

Observação

a. os glóbulos vermelhos do paciente podem ser substituídos por glóbulos de doador de grupo ABO compatíveis, principalmente nos casos de títulos elevados;
b. os glóbulos vermelhos devem sempre ser de colheita recente, porém o soro pode ser guardado em geladeira por alguns dias ou congelado se o tempo for mais longo.

Interpretação

O título é dado pela maior diluição do soro que provocou aglutinação. Até o título de 1:32, podemos encontrar em soros normais. Em anemia hemolítica por anticorpos frios, o título em geral é maior de 1:1.000.

Teste do Soro Acidificado – Teste de Ham

Hemoglobinúria paroxistica noturna

a. Colher 10 mL de sangue do paciente em um Ehrlenmeyr de 50 mL contendo de 8 a 10 pérolas de vidro. Fazer movimento rotatório até que haja formação de fibrina. Passar o sangue desfibrinado por um tubo e centrifugar a 2.000 r.p.m. por 5 minutos. Separar o soro. Lavar as hemácias 3 vezes com soro fisiológico. Fazer uma suspensão a 50% das hemácias, em solução fisiológica.
b. Preparar soro e glóbulos vermelhos normais do mesmo modo que no item a.
c. Numerar 7 tubos e colocá-los em banho-maria a 37°C.

Tubos	*Soro do paciente 0,5 mL*	*Soro N*	*Hemácias P*	*Hemácias N*	*Ácido HO 0,2 N 0,05*	*Hemólise + (teste positivo)*
1	+	–	+	–	–	–
2	+	–	+	–	+	+
3	–	+ (56°C 30')	+	–	+	–
4	–	+	+	–	–	–
5	–	+	+	–	+	+
6	+	–	–	+	–	–
7	+	–	–	+	+	–

d. Colocar 0,5 mL do soro do paciente nos tubos 1, 2, 6 e 7 e 0,5 mL de soro normal nos tubos 3, 4 e 5.
e. Incubar o tubo 3 em banho-maria a 56°C por 30 minutos e depois voltar a 37°C.
f. Acrescentar 0,05 mL de ácido clorídrico 0,2 N nos tubos 2, 3, 5 e 7.
g. Colocar 0,05 mL da suspensão das hemácias do paciente nos tubos 1 a 5 e igual quantidade de hemácias normais (N) nos tubos 6 e 7.
h. Incubar a 37°C todos os tubos por 1 hora.
i. Centrifugar a 1.000 r.p.m. durante 2 minutos e verificar em que tubo há hemólise.

Interpretação

a. Hemólise nos tubos 2 e 5 faz o diagnóstico de hemoglobinúria paroxística noturna. As hemácias do paciente no próprio soro ou soro N acidificado hemolisam. Pode-se verificar hemólise pequena nos tubos 1, 3 e 4.
b. Hemólise nos tubos 2 e 7 (ou 1, 2, 6 e 7) e negativa no 5 indica presença de hemolisi-nas quentes no soro do paciente.
c. Hemólise nos tubos 2, 3 e 5 indica presença de esferócitos (que hemolisam em soro acidificado), mas difere da H.P.N. por não haver hemólise no tubo 3, enquanto que na esferocitose o aquecimento não impede a hemólise.

Teste da Sacarose

Reagentes

1. Tampão
   Solução A:
   $NaH_2PO_4 . H_2O$ .... 690 mg
   Água destilada .... 1000 mL

   Solução B:
   $Na_2HPO_4 . 7H_2O$ .... 135 mg
   Água destilada .... 100 mL

   Misturar 910 mL da solução A e 90 mL da solução B. Esta solução é estável e deve ser guardada em geladeira.
2. Solução de sacarose:
   Tampão (1) 10mL
   Sacarose .... 924 mg

   Ajustar o pH para 6,1, com NaOH 0,75 N ou HC1 0,75 N. É aconselhável preparar uma mistura cada semana, para evitar solução contaminadas.
3. NaOH 0,75 N:
   NaOH .... 3,0 g
   Água destilada .... 100 mL
4. HC1 0,75 N:
   HC1 12 N (cone.) .... 6,25 mL
   Água destilada .... 10 mL

Método

a. Sangue do paciente (P) e doador (D) compatível pode ser oxalatado, citratado ou desfibrinado.
b. Tomar as hemácias dos sangues (P e D) e lavar 3 vezes com salina a 0,85% em tubos de 7 x 100 mm, centrifugando cada vez a 1.000 r.p.m. durante 1 minuto. Fazer suspensões de concentração igual a 50% com glóbulos vermelhos do paciente (P) e do doador (D).
c. Tomar 2 tubos de 75 x 100 mm e colocar em cada um:
   1) 0,85 mL de solução de sacarose;
   2) 0,05 mL do soro (ou plasma) normal;
   3) 0,1 mL da suspensão a 50% de glóbulos vermelhos do paciente no tubo 1 e glóbulos vermelhos do doador N no tubo 2.
d. Incubar 30 minutos a 37°C.
e. Inverter o tubo várias vezes para homogeneizar e centrifugar a 2.000 r.p.m. durante um minuto.
f. Verificar se há hemólise.

Interpretação

O teste é positivo para hemoglobinúria paroxística noturna quando há hemólise dos glóbulos vermelhos do paciente e ausência ou traços muito leves nos glóbulos vermelhos normais. Podemos determinar a % de hemólise do sobrenadante. Se a hemólise for maior do que 10%, o teste é positivo. Este teste deve ser confirmado pelo teste da hemólise em meio ácido, descrito anteriormente.

Teste de Donath Landsteiner para Hemoglobiniíria, a Frio

Reagentes

Não requer reagentes especiais.

Método

a. Colher 10 mL de sangue com material (seringa e tubos) aquecido e colocar em banho-maria a 37°C, deixando coagular por meia hora.
   Centrifugar a 2.000 r.p.m., por 10 minutos.
   Colocar o soro sobrenadante em outro tubo de vidro em banho-maria a 37°C.
   Separar os glóbulos vermelhos e lavar 30 vezes com salina a 0,85%. Fazer suspensão com 50% de glóbulos vermelhos em salina.
   Fazer o mesmo tratamento com o sangue do paciente e com o do doador normal de grupo sanguíneo ABO compatível.
b. Numerar 8 tubos e colocar em banho-maria a 37°C.
c. Colocar 0,5 mL de soro do paciente nos tubos 1, 3, 4 e 6; 0,5 mL de soro N nos tubos 5, 7 e 8; 0,25 mL de soro do paciente e 0,25 mL do soro N no tubo 2.
d. Incubar só o tubo 3 a 56°C por 30 minutos e voltar a 37°C com os demais.
e. Colocar 0,05 mL de glóbulos vermelhos (suspensão a 50%) do paciente nos tubos 1, 2, 3, 5, 6e7.

f. Colocar 0,05 mL de glóbulos vermelhos (suspensão a 50%) nos tubos 4 e 8.

g. Colocar os tubos 1 a 5 em geladeira (2°C) por 30 minutos e voltar a 37°C incubando por 1 hora. Centrifugar a 1.000 r.p.m. por 2 minutos e examinar hemólise no sobrenadan te.

h. Incubar os tubos o a 8 por 1 hora a 37°C. Centrifugar a 1.000 r.p.m. por 2 minutos e examinar se há hemólise no sobrenadante.

Interpretação

Hemólise somente nos tubos 1, 2 e 4 é encontrada na H.P. a frio.

Tubos	*Soro 0,5 mL*	*Glob. verm. 0,05 mL*	*Temperatura e tempo*	*Hemólise*
1	P	P		+
2	P + N	P	2°C por 1/2 h	+
3	P (aquecido)	P	37°C por 1 h	–
4	P	N		+
5	N	P		–
6	P	P		–
7	N	N	37°C por 1 h	–
8	N	P		–

Paciente = P Normal = N

Teste da Água (Teste de Sia)

Este teste consiste em se acrescentar 2 ou 3 gotas de soro em uma proveta, contendo água destilada. Quando aparece uma nuvem branca, diz-se que o teste é positivo.

Inicialmente, foi descrito como específico para identificar a presença de macroblobulinas, mas hoje sabe-se que o soro de alguns pacientes com outras globulinas elevadas, incluindo o mieloma múltiplo, dá o teste positivo.

Referências

1. Dacie J V. & Lewis S. M. - *Practical Hematology.* J. & A. Churchill, London, 1960.
2. Desforges, J. F. & Merrit J. A. - *Diagnostic procedures in Hematology.* Year Book Medicai Publishers Inc., Chicago, 1971.
3. Miale, J. B. - *Laboratory Medicine Hematology C. V. Mosby.* St. Louis, 1972.

Pesquisa de Células LE

Material e reagentes

a. Peneira de malhas finas.
b. Tubos de ensaio de 75 x 100 mm.
c. Placa de Petri.
d. Pipetas de Pasteur.

Método

a. Colher 10 mL de sangue e deixar coagular a 37°C por 2 horas.
b. Decantar o soro expelido pelo coágulo.
c. Passar o coágulo através das malhas da peneira com o auxílio do fundo de um outro tubo seco ou bastão de vidro, com pequena pressão.
d. O material recolhido em uma placa de Petri é transferido para um tubo de ensaio e centrifugado a 3.000 r.p.m. durante 5 minutos. O creme leucocitário (camada entre os glóbulos vermelhos e o plasma hemolisado) é aspirado como pipeta de Pasteur e colocado em lâminas.
e. Fazer a distensão do material sobre as lâminas (como no Capítulo I) e corar.
f. Examinar o material principalmente nas bordas, à procura da célula com as características seguintes: Neutrófilos segmentados com núcleo recalcado, apresentando arredondada inclusão de aspecto homogéneo e de coloração rósea (como fumaça). As formações que contêm aspecto de cromatina nuclear são chamadas de *tart cells* e devem ser diferenciadas da célula LE. A *tart cell* não tem significado diagnóstico. As rosetas são formações que também podem ser vistas nas prepações e consistem de aglomerados de neutrófilos em torno de substância amorfa, mas não têm significado diagnóstico.

Interpretação

A célula LE pode ser observada em pacientes de lúpus eritematoso sistêmico, de artrite reumatóide ou com outras doenças como reação a drogas, hepatite lupóide etc.

Referência

1. Zimmer, F. E. & Hargraves. M. M. - *Proc. Staff Mayo Clin.*, 27:424, 1952.

Hemossedimentação

A velocidade de sedimentação dos glóbulos vermelhos do sangue é influenciada por numerosos fatores dependentes dos próprios glóbulos, do plasma e dos tubos utilizados para exame. É uma prova empírica muito usada na clínica. Os métodos empregados para esta prova são variados, diferindo entretanto em particularidades de anticoagulantes, volume de sangue, tamanho dos tubos e tempo de leitura. Descreveremos aqui os mais comumente realizados.

MÉTODO DE WINTROBE

Material de reagentes

a. Sangue venoso colhido com EDTA.
b. Tubos de Wintrobe.
c. Pipetas de Pasteur alongadas, de plástico ou de vidro.

Método

a. Homogeneizar o sangue com o EDTA e colocar o mesmo (com auxílio da pipeta de Pasteur com a porção fina alongada) no tubo de Wintrobe até a marca 0 – 10.
b. Deixar o tubo na posição vertical (em estante apropriada) por uma hora.
c. Ler a altura da coluna de plasma de cima para baixo, até o encontro da mesma com a coluna dos glóbulos vermelhos.
d. Dar o resultado em mm na 1ª hora.
e. Determinar o hematócrito ou a hemoglobina do caso.

Valores normais

Sexo masculino	0 – 9	
Sexo feminino	0 – 15	± 1 mm/1ª hora
Criança	0 – 13	

Para os diversos valores de hematócrito (Ht), hemoglobina (Hb), podemos corrigir a velocidade de sedimentação dos glóbulos vermelhos (Hd), com a seguinte tabela:

Hb/100 mL	*Ht % plasma*	*Hd normal*
7,0	80	38
7,5	78	35
8,0	77	32
8,5	75	28
9,0	74	27
9,5	73	24
10,0	71	20
10,5	69	17
11,0	68	15
11,5	66	12
12,0	65	10
12,5	63	8
13,0	62	6

Referência

1. Miale, J. B. - *Laboratory Medicine Hematology*. 4. ed., C.V. Mosby Company, Saint-Louis, 1972.

MÉTODO DE WESTERGREEN

Material e reagentes

a. Sangue venoso colhido com EDTA.
b. Pipetas de Westergreen.
c. Estantes especiais para as respectivas pipetas.

Método

a. Homogeneizar o sangue colhido com o EDTA e encher a pipeta com o mesmo, até a marca superior 0.
b. Colocar a pipeta na posição vertical, fixando-a na estante.
c. Após 1 hora, ler a coluna de plasma formada, desde a marca O até o encontro da mesma com a coluna dos glóbulos vermelhos.
d. Dar o resultado em mm na 1ª hora.

Valores normais

Sexo masculino	0 – 15	
Sexo feminino	0 – 20	± 1 mm/1ª hora
Criança	0 – 10	

Referências

1. Miale, J. B. - *Laboratory Medicine Hematology*. 4. ed. C. V. Mosby Company, Saint-Louis.
2. Westergreen, A. - *Amer. Rev. Tuberc, 14*:94, 1926.

35

Hemostasia

Mecanismo da Coagulação

A hemostasia é um mecanismo fisiológico latente, através do qual o organismo se defende das perdas sanguíneas ou da solidificação do sangue em seu interior.

Quando os vasos estão íntegros e há equilíbrio fisiológico entre os fatores plaquetários, os da coagulação e os da fibrinólise, ao lado do fluxo da corrente sanguínea, o sangue flui normalmente.

Qualquer desequilíbrio do sistema vaso-plaquetas-coagulação pode iniciar o mecanismo de ativação da hemostasia e provocar uma série de reações que levam à formação do coágulo ou trombo.

Nas lesões de vasos de pequeno calibre (arteríolas ou vênulas), a hemostasia pode ser suficiente para evitar os sangramentos, porém quando o calibre do vaso é maior há necessidade de outros mecanismos auxiliares.

O estudo da hemostasia fisiológica depende principalmente dos conhecimentos adquiridos sobre o setor vascular, da função plaquetária, dos fatores da coagulação e anticoagulação do sistema fibrinolítico.

Os vasos contribuem para a hemostasia, não só com a sua integridade anatômica como também com as funções normais de permeabilidade, fragilidade, tonicidade e pela produção de prostaciclina (fator antiagregante plaquetário) e Fator von Willebrand (co-fator agregante plaquetário).

As plaquetas são elementos figurados do sangue que uma vez ativados pela lesão do vaso, com a exposição do colágeno ou presença de ADP (adenosina difosfato) sofrem uma série de modificações morfológicas e funcionais aderindo à lesão, agregando umas às outras e liberando por um mecanismo de extrusão fatores de seu interior como o ADP (agregante plaquetário), Tromboxane A2 (agregante plaquetário e vasoconstritor), serotonina (vasoconstritor), fator plaquetário 3, Ca^{++} e outras enzimas ativas na coagulação. A agregação plaquetária é limitada pela ação antiagregante da prostaciclina oriunda da parede vascular.

O mesmo estímulo que ativou as plaquetas inicia o mecanismo da coagulação, ativando os fatores (pró-enzimas) em enzimas ativas que seguem uma sequência chamada "em cascata" até a formação de uma rede de fibrina contendo nas suas malhas glóbulos vermelhos e brancos; o coágulo ou trombo.

Os fatores de coagulação conhecidos são em número de quinze, sendo que treze receberam pelo Comitê Internacional números romanos e destes o VI não é considerado mais como fator isolado mas como fator V ativado.

Os fatores ainda não incorporados à lista do Comitê Internacional são: Fator Fletcher (precalicreina), Fator Fitzgerald e Fator Passovoy.

São os seguintes os fatores conhecidos e a sua sinonímia.

O estímulo do mecanismo da coagulação ativa fatores como o F.XIIa que age sobre proativadores do plasminogênio,os quais, por sua vez, ativam o plasminogênio transformando-o em plasmina. Esta não diferencia o fibrinogênio da fibrina e pode agir sobre ambos, além de agir sobre outros fatores da coagulação como os fatores, V, VIII, XI e XII. A plasmina, agindo sobre o fibrinogênio e fibrina, degrada os mesmos em subprodutos ou fragmentos X, Y, D e E.

O mecanismo fibrinolítico procura dissolver o coágulo que obstrui o vaso, enquanto o sistema reparador refaz a parede do vaso lesado e/ou o endotélio do mesmo.

Existe um sistema moderador da hemostasia representado por antifatores que, uma vez ativados, limitam o processo, evitando que o trombo ou fibrinólise se estendam por todos os vasos, levando

Nomenclatura dos Fatores de Coagulação

*Número**	*Nomenclatura mais usada*	*Sinonímia*
I	Fibrinogênio	
II	Protrombina	
III	Tromboplastina	
IV	Cálcio	
V	Proacelerina	fator lábil, ac. globulina plasmática, fator acelerador da protrombina do plasma.
VII	Proconvertina	fator estável, fator acelerador da protrombina do soro.
VIII	Globulina anti-Hemofílica (G.A.H.)	fator anti-hemofílico, globulina anti-hemofílica A
IX	Componente trombo plástico do plasma (P.T.C.)	fator Christmas, fator anti-hemofílico B, globulina anti-hemofílica B
X	Fator Stuart	fator Prower, fator Stuart-Prower.
XI	Antecedente Tromboplástico do Plasma (P.T.A.)	fator anti-hemofílico C.
XII	Fator Hageman	fator contacto
XIII	Fator Estabilizador da Fibrina	fator de Lorandi-Laki (L.L.F.), fibrinase.

*Segundo o Comitê Internacional.

à morte. Esse sistema é representado pela heparina ou heparinóides (com potente ação antitrombina), as antitrombinas e os inibidores do plasminogênio e da plasmina.

São inúmeros os testes para estudo da hemostasia. Podemos escolher, entre eles, os que são chamados de testes habituais e que, feitos inicialmente, podem nos orientar para o diagnóstico laboratorial da doença.

Os testes podem ser simplificados nos seguintes:

a. Tempo de sangramento.
b. Tempo de protrombina.
c. Tempo de tromboplastina parcial.
d. Tempo de trombina.
e. Solubilidade do coágulo.
f. Contagem de plaquetas.

Estes são testes iniciais para a investigação. Se tivermos alteração de um ou mais dos testes, deveremos nos orientar para os exames seguintes, sabendo que:

a. Tempo de sangramento está aumentando em:
   1) plaquetopenia;
   2) doenças relacionadas com função alterada das plaquetas;
   3) doença de von Willebrand.
b. Tempo de protrombina está aumentado:
   1) na deficiência dos fatores I, II, V, VII e X.
c. Tempo de tromboplastina parcial está aumentado na:
   1) deficiência dos fatores VIII, IX, X, XI e XII;
   2) presença de anticoagulante circulante.
d. Tempo de trombina está aumentando na:
   1) deficiência de fibrinogênio;
   2) presença de inibidores da formação de fibrina (fibrinogeniopenia), presença de anticoagulantes.
e. Solubilidade do coágulo:
   – se alterada, nos permite diagnosticar casos de deficiência de Fator XIII (fator-estabilizador de fibrina).

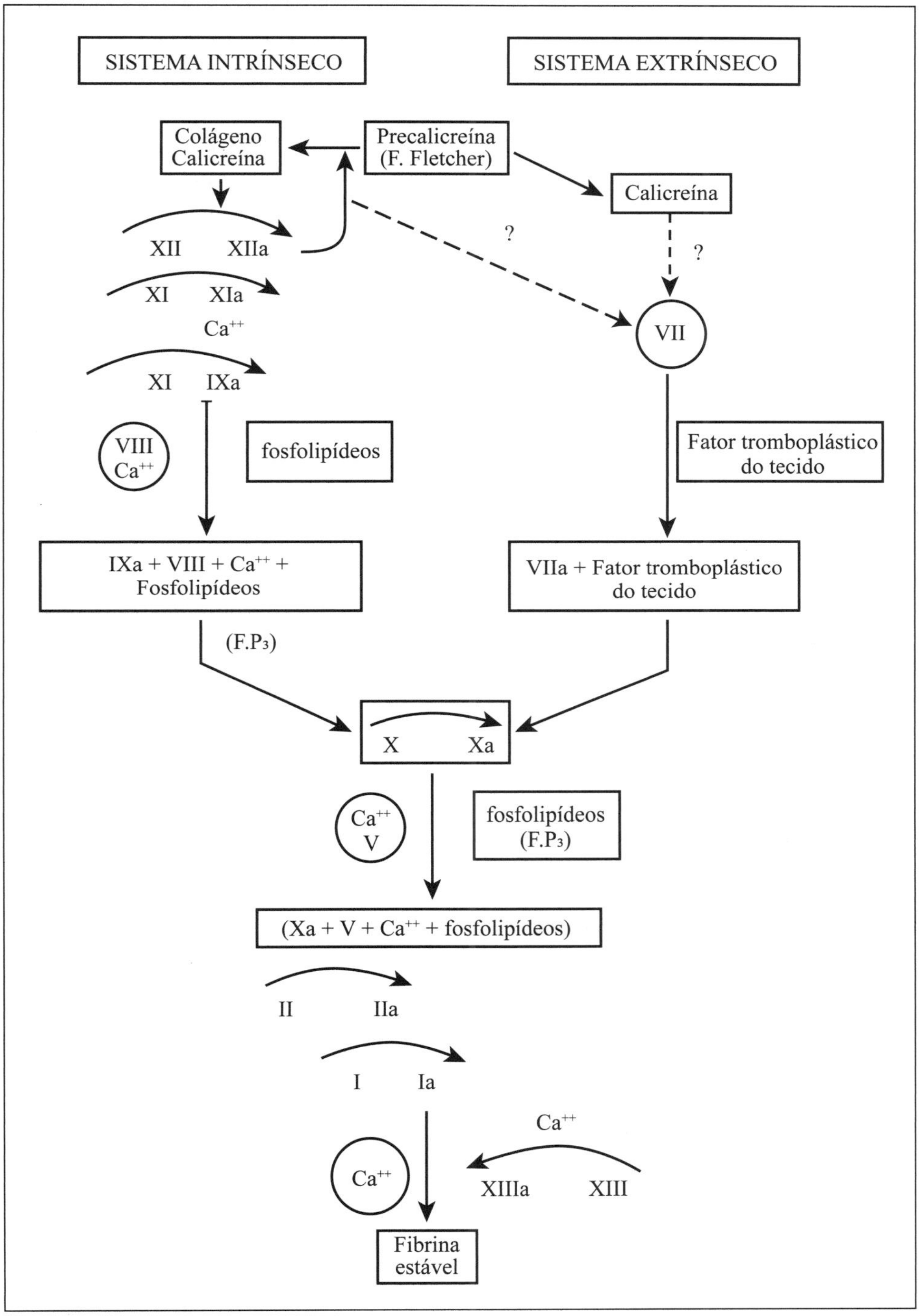

Fig. 35.1 – Mecanismo da coagulação.

f. Contagem de plaquetas diminuída é encontrada nas púrpuras plaquetopênicas; aumentada nas púrpuras hiperplaquetopênicas.

Na investigação laboratorial da hemostasia, consideremos os testes que avaliam os setores vascular, plaquetário e dos fatores de coagulação.

Tempo de Sangramento

MÉTODO DE DUKE

Após desinfecção da pele do lobo da orelha com álcool, faz-se uma incisão horizontal de 4 mm de comprimento, com um estilete de vacina ou uma lâmina cortante estéril. A incisão deverá ser feita nas bordas do lobo. Após a incisão, retira-se o sangue que vai afluindo ao local, a cada 30 segundos, com auxílio de um papel de filtro, sem tocar na incisão e sem comprimir o local, até a parada do sangramento (até quando o papel de filtro não é mais marcado de sangue).

O tempo será determinado contando-se o número de gotas absorvidas pelo papel e dividindo-se por 2.

Valores normais: 1 a 4 minutos.

Referência

1. Duke, W.W. — *Arch. Intem. Med.,* 70:445, 1912.

MÉTODO DE IVY

Este método é superior ao anterior por ser mais sensível.

Com auxílio de um esfigmomanômetro, faz-se uma compressão de 40 mm de Hg ao nível do braço. Com uma lâmina cortante estéril, ou lanceta descartável, com profundidade de 1 mm, fazem-se 2 incisões ao nível do antebraço 3 cm abaixo da prega do cotovelo, tendo-se o cuidado de evitar região de vasos visíveis. Após a incisão, absorver a cada 30 segundos com papel de filtro as gotas de sangue que forem surgindo da lesão até a parada total. O tempo que vai desde a incisão até a parada de saída do sangue será o tempo de sangramento.

Valores normais: 1 a 7 minutos.

Referência

1. Ivy, A. C. & Col. - *J. Lab. Clin. Med. 26*:1222, 1941.

TEMPO DE SANGRAMENTO SECUNDÁRIO

Após a determinação do tempo de sangramento pelo método de Ivy, aguarda-se 20 a 24 horas. Coloca-se novamente o esfigmomanômetro no braço com pressão de 40 mm de Hg e retira-se com uma lâmina cortante a crosta de incisão anterior. Determina-se pelo mesmo processo de sangramento da mesma lesão.

Valores normais: 0 — 6 minutos.

Referência

1. Borchgrevink, CF. & Waller, B.A. - *Acta Med. Scand.* 762:361, 1958.

Observação: Este teste é anormal nas donças de coagulação como hemofilia. Avalia o efeito da coagulação intrínseca, independentemente dos fatores que interferem no tempo de sangramento primário e na tromboplastina tecidual.

Prova de Fragilidade Capilar

Consiste em medir a fragilidade dos capilares ao nível do antebraço e da prega do cotovelo, a uma pressão positiva que se faz no braço, permitindo uma estase venosa.

Prova de pressão positiva (prova de Rumpel-Leede, prova do laço, prova da fragilidade capilar, prova da resistência capilar ou prova do torniquete.

Faz-se ao nível do braço (com o esfigmomanômetro) pressão positiva de 80 mm de Hg durante 5 minutos. Examina-se a região da prega do cotovelo numa área de 5 cm^2 antes e após os 5 minutos. Anota-se o número de pequenas sufusões hemorrágicas (petéquias) que aparecem na área.

Valores normais: 1 a 5 petéquias.

Acima de 10 petéquias a prova é positiva e indica fragilidade capilar ou resistência capilar diminuída.

Referência

1. Kramar, J. - *Blood* 20:83-93, 1962.

Contagem de Plaquetas (veja Cap. 32)

Retração do Coágulo

Mede a retração da fibrina após a coagulação do sangue total, pela quantidade de soro que é expelido pelo coágulo.

Material

a. Tubos de ensaio de 75 x 100 mm.
b. Banho-maria a 37°C.
c. Tubos capilares para hematócrito.

Método

a. Colher 5 mL de sangue, colocar em um tubo de ensaio cônico, graduado, sem anticoagulante e deixar coagular em banho-maria a 37°C.

b. Após a coagulação, continuar com o tubo no banho-maria por 3 horas.
c. Colher, ao mesmo tempo que (a), sangue para determinação do hematócrito.
d. Após 1 hora, retirar com cuidado o coágulo formado e centrifugar o soro e hemácias restantes.
e. Medir com pipeta graduada somente a quantidade de soro restante e aplicar a fórmula:

$$\% \ retração = \frac{\text{volume do soro}}{\text{volume de sangue}} \times \frac{\text{Ht do caso}}{\text{Ht normal}}$$

Valores normais: 48 a 64%.

Referência

1. Biggs, R. & Macfarlane, R. G. - *Human blood coagulation.* 3rd ed., Blackwell Scientific Publication, Oxford, 1962.

Agregação das Plaquetas

A avaliação da agregação das plaquetas pode ser feita em microscopia simples ou por exame direto ou em aparelhos automáticos (agregômetros). O tempo que levam as plaquetas para se agregarem entre si num plasma recalcificado, rico em plaquetas, nos dá o tempo de agregação.

Método

a. Colher sangue venoso com citrato de sódio a 3,8% na proporção de 1:9.
b. Centrifugar à baixa rotação (1.000 r.p.m. durante 5 minutos) e separar o plasma rico em plaquetas, em tubos siliconizados.
c. Colocar 1 gota do plasma rico em plaquetas sobre uma lâmina com 1 gota de cloreto de cálcio M/50 e disparar o cronômetro.
d. Fazer leitura microscópica da agregação das plaquetas marcando o tempo gasto até o aparecimento dos agregados plaquetários.
e. A agregação pode ser medida pela leitura direta, macroscópica.

Colocar em um tubo de ensaio 0,2 mL de plasma rico em plaquetas (itens *a* e *b)* e deixar em banhomaria a 37°C.

Juntar ao mesmo tubo 0,1 mL da solução de ADP (com 1 micrograma/mL).

Ler o tempo de aparecimento de agregados das plaquetas contra um fundo escuro.

O ADP pode ser substituído por adrenalina (sol. 1 x 10^{-4} M), por noradrenalina (sol. 1/80) ou por colágeno e ristocetina (15 mg/mL).

No aparelho (agregômetro) a leitura é automática.

Valores normais

Leitura microscópica, em lâmina, 2 a 3 segundos.
Leitura macroscópica com:

ADP	16 a 20 segundos
Adrenalina 1/400	16 a 20 segundos
Noradrenalina 1/80	22 a 25 segundos
Colágeno	20 a 25 segundos
Ristocetina	20 a 25 segundos

A agregação plaquetária é anormal principalmente nas tromboastenias e trombopatias. Na doença de Von Willebrand a agregação plaquetária com ristocetina é ausente ou diminuída.

Referência

1. Caen, J.P. & Cols. - *Méthodes dexploration de l'hemostase.* Gilanne, Paris, 1966.

Retenção Plaquetária

Material e reagentes

a. Tubo plástico.
b. Seringa plástica de 20 mL.
c. Bomba de infusão (Harvard Apparatus Co modelo 990).
d. Coluna de pérola de vidro contendo 2,6 g de pérola de vidro (Superbrite Type 070, Minnsota Mining and Manufacturing Co.) (0,50 a 0,57 mm de diâmetro).
e. Heparina sódica 500 U/mL. Diluir 0,1 mL de heparina sódica 5.000 U/mL em 0,9 mL de solução fisiológica.
f. EDTA a 7,5 g%.

Método

a. Colher com um equipo de sangria 10 mL de sangue diretamente para uma seringa descartável de 20 mL, contendo 50U de heparina e 1 mL em um outro tubo siliconizado contendo EDTA para contagem inicial de plaquetas.
b. Conectar o êmbolo da seringa e inverter cuidadosamente para homogeneizar sem fazer bolhas. Adaptar na bomba de infusão juntamente com a coluna de pérola de vidro.
c. Faz-se passar o sangue através das pérolas (tempo de contato do sangue com as pérolas entre 11" e 12"). Desprezar as 3 mL iniciais e coletar o 4º e 5º mL em um tubo de plástico contendo 0,05 mL de EDTA 37,5% (1 gota).
d. Conta-se o número de plaquetas do basal, do 4º e do 5º mL, e considerar a contagem mais baixa entre o 4º e 5º mL (contagem final).

Cálculo

% de retenção plaquetária =	$\frac{\text{Contagem basal – Contagem final x 100}}{\text{Contagem basal}}$

Constantes operacionais

a. Bomba de infusão sempre em 3.
a. Aparelho de comando: regular a voltagem sempre em 1 no mostrador.
b. Deixar o aparelho ligado pelo menos 5 minutos antes da operação.

Referência

1. Salzman, E.W. Measurement of platelet adhesiveness: a simples in vitro technique demonstrating an abnormality in von Willebrand's disease. *J. Lab. Clin. Med., 62:* 724-735, 1963.

Tempo de Coagulação

Método de Lee-White. Mede o tempo de coagulação do sangue em tubos de ensaio simples ou em tubos siliconizados.

Material e reagentes

a. 3 tubos de ensaio, de vidro, medindo 13 x 100 mm, rigorosamente limpos. Os tubos podem ser siliconizados do seguinte modo:
Colocar silicone (G.E.) diluído em toluol (sol. 10%) nos tubos (seringas e pipetas), deixando por 2 a 3 minutos. Remover o silicone e mergulhar o material de vidro em banho-maria destilada em ebulição, deixando por 20 minutos. Retirar o material da água e deixar secar em estufa a 60°C. Repetir o mesmo tratamento 3 vezes quando o material é novo e 1 vez quando já siliconizado para ser reusado.
b. Banho-maria a 37°C e cronômetro.

Método

a. Colher 4 a 5 mL de sangue venoso, traumatizando os tecidos o mínimo possível. Disparar o cronômetro logo que surgir sangue na seringa.
b. Colocar 1 mL de sangue em cada um dos 3 tubos de ensaio e deixá-los no banho-maria a 37°C.
c. Após 5 minutos começar a observar o primeiro tubo invertendo-o levemente cada minuto, até que o sangue gelifique. Marcar o tempo. Passar a observar do mesmo modo o segundo tubo e após a gelificação deste, o terceiro tubo. Anotar o tempo de cada um deles.
d. A média dos tempos de coagulação dos 3 tubos (tempo desde a colheita até a gelificação de cada um) nos dará o tempo de coagulação do sangue examinado. A substituição dos tubos e seringa simples por material siliconizado constitui o tempo de coagulação em tubo siliconizado.

Valores normais

Tubos simples	6 a 12 minutos
Tubos siliconizados	20 a 30 minutos

REFERENCIAS

1. Biggs, R. & Macfarlane, R. G. - *Human Blood Coagulation.* Blackwell Sc. Pub., Oxford, 1962.
2. Lee, R. I. & White, P. D. - *Amer. J. Med. Sc.,* 745:495, 1913.

Tempo do Howell (ou Tempo de Recalcificação do Plasma)

Material e reagentes

a. Tubos de ensaio medindo 13 x 100 mm.
b. Solução de cloreto de cálcio 0,01 M:

$CaCl_2$ anidro	0,11 g
NaCl	0,42 g
Água destilada q.s.p	100 mL

c. Banho-maria, cronômetro.

Método

a. Colher sangue venoso com oxalato de sódio 0,1 M.
b. Centrifugar a 2.500 r.p.m. por 5 minutos e separar o plasma sobrenadante.
c. Colocar em um tubo de ensaio:
0,1 mL de plasma;
0,2 mL do cálcio.
Disparar o cronômetro.
d. Colocar o tubo em banho-maria a 37°C e observar por inversão delicada o tempo de gelificação do plasma.

Valores normais: 80 a 180 segundos.

REFERENCIAS

1. Quick, A. J. - *The physiology and pathology of hemostasis.* Lea & Febiger, Philadelphia, 1951.

Tromboelastografia

Estuda a coagulação do sangue registrando todas as fases da mesma. Foi introduzida por Hartet, em 1948, e tem seu emprego no estudo do fenômeno desde o seu início até a fase de lise.

Material e reagentes

a. Tromboelastógrafo de Hartet.

b. Solução de cloreto de cálcio:
Solução-mãe.
$CaCl_2$ anidro .... 5,16 g
Água destilada q.s.p .... 100 mL
Solução para uso:
Solução-mãe .... uma parte
Água destilada .... 4 partes
(conservar ambas em geladeira).
c. Tubos e seringas siliconizados ou de polietileno.

Método

a. Colher sangue venoso com vidraria siliconizada ou de polietileno e citrato de sódio a 3,8% na proporção de 4:1.
b. Centrifugar a 1.000 r.p.m. por 5 minutos e separar o plasma rico em plaquetas.
c. Centrifugar o sangue total restante a 3.000 r.p.m. por 5 minutos e separar o plasma sem plaquetas.
d. Colocar na cuba do aparelho 0,25 mL do plasma rico em plaquetas e acrescentar com o auxílio da seringa (que acompanha o aparelho) 0,21 mL da solução para uso do cálcio. Abaixar o cilindro fazendo-o mergulhar na cuba com o plasma e cálcio. Ligar o registro do gráfico e deixar correr por 1 a 2 horas.
e. Repetir com outra cuba o item "d", usando plasma sem plaquetas.
f. Analisar o gráfico obtido e determinar os valores de r – k – am.

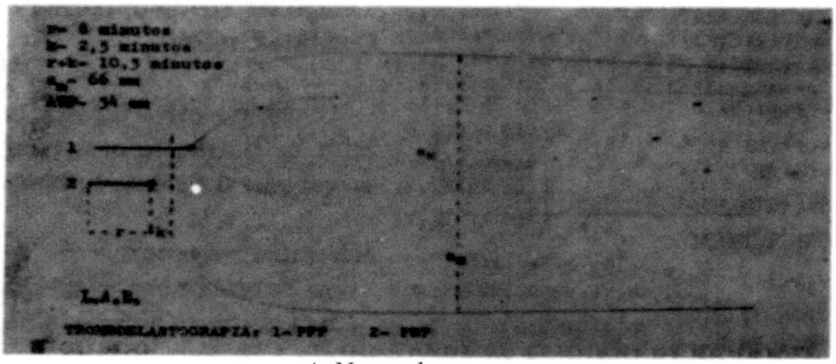

A. Normal

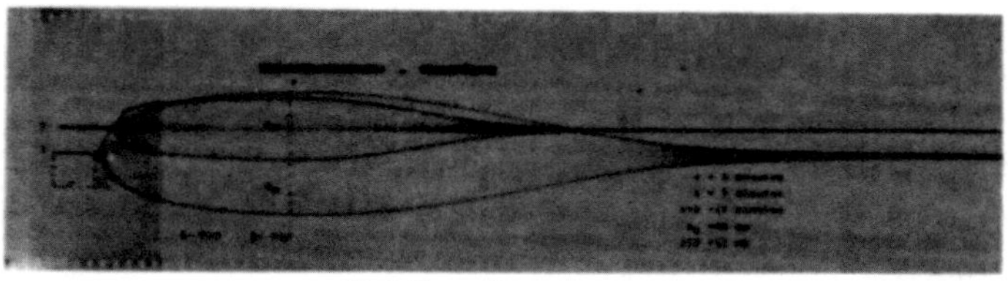

B. Fibrinólise

Fig. 35.2

r = tempo de repouso ou de reação (constante de tromboplastina).
k = velocidade de coagulação (constante de trombina).
am = amplitude máxima (constante dinâmica máxima).

Valores normais:

r = 10,7 ±0,36 mm
k = 7,77 ±0,20 mm
am = 54,33 ±0,57 mm

REFERÊNCIAS

1. Caen, J. & Cols. - *Méthodes d'exploration de l'hemostase.* Polycopíe Gilanne, Paris, 1966.
2. Parreira, F. - *Tromboelastografia.* Tese de doutoramento, Lisboa, 1961.

Teste para Evidenciar Anticoagulante

Empregamos o tempo de Howell, determinando o tempo de recalcificação das misturas de plasma (do paciente e normal).

Método

a. Em 5 tubos de ensaio, colocar os plasmas e cálcio conforme o esquema:

Tubos	*P.N.(mL)*	*P.P.(mL)*	*Ca Cl_2 0,2 M(mL)*
1	0,20	–	0,2
2	0,15	0,05	0,2
3	0,10	0,10	0,2
4	0,05	0,15	0,2
5	–	0,20	0,2

P.N. - plasma normal
P.P. - plasma do paciente
$CaCl_2$ 0,2 M = $CaCl_2$ anidro .... 2,22 g
Água destilada q.s.p .... 10 mL

b. Determinar o tempo de coagulação de cada tubo.

Interpretação

Se o plasma do paciente conseguir elevar o tempo de coagulação do plasma normal (tubos 2, 3 e 4), concluímos pela presença de um anticoagulante no plasma do paciente.

REFERENCIAS

1. Caen, J. & Cols. - *Méthodes d'explorotion de l'hemostase.* Polycopie Gilanne, Paris, 1966.
2 Miale, J. B. - *Laboratory Medicine Hematology,* 4ª éd., C. V. Mosby Co., Saint Louis, 1972.

Tempo de Protrombina (Tempo de Quick)

Material e reagentes

a. Tubos de ensaio medindo 13 x 100 mm
b. Cloreto de cálcio M/50
   $CaC1_2$ anidro 1,11 g
   Água destilada q.s.p 500 mL
c. Tromboplastina (preparado comercial).
d. Banho-maria, cronômetro.

Método

a. Colher sangue venoso com oxalato ou citrato de sódio (Cap. 27). Centrifugar a 2.500 r.p.m. por 5 minutos. Separar o plasma.
b. Colocar em um tubo de ensaio: 0,1 mL do plasma;
   0,1 mL de tromboplastina;
   0,1 mL de cálcio (previamente aquecido a 37°C).
c. Disparar o cronômetro e determinar o tempo de coagulação da mistura.
d. Ler na curva-padrão o correspondente em percentagem.

Curva-padrão

Determinar o tempo de protrombina de mistura de no mínimo 5 plasmas normais. Este tempo corresponderá a 100% de protrombina. Fazer diluições da mistura dos plasmas normais (10% - 20% - 30% - 40% - 50% - 60% - 80%) usando como diluidor plasma normal absorvido com fosfato tricálcico.

Colocar os resultados em papel milimetrado representando nas ordenadas as percentagens e nas abscissas, os tempos encontrados.

Valores normais

12 a 13 segundos
100 a 70% de atividade

Esses valores variam muito na dependência da tromboplastina.

Não aconselhamos o uso de tromboplastinas que dão tempos superiores a 15 segundos com plasmas normais testemunhos.

Interpretação

Tempo de Quick alongado (ou atividade diminuída) indica alteração de um ou mais fatores que são ativados no mecanismo extrínseco (Fatores: I - II - V - VII - X).

REFERÊNCIAS

1. Quick, A. J. - *Bleeding problems in Clinicai Medicine.* W. B. Saunders Co., Philadelphia, 1970.

Tempo de Tromboplastina Parcial com Caolim ou Cefalina-Caolim

O caolim ativa o fator contato (F XII), o qual ativa os outros fatores tromboplásticos, permitindo estudar o sistema intrínseco da tromboplastina.

Material e reagentes

a. Tubos de ensaio medindo 13 x 100 mm.
b. Caolim (Kaolin - China Clay, Braun Chemical Co.).
   Caolim . . . . 1 mg
   Solução fisiológica . . . . 1 mL
c. Cefalina
d. Cloreto de cálcio 0,025 M
   Solução-mãe . . . . 0,1 M
   $CaC1_2$ . . . . 11,10 g
   Água destilada q.s.p . . . . 1.000 mL
   Solução para uso:
   Solução-mãe . . . . 1 parte
   Água destilada . . . . 4 partes
   (conservar em geladeira por 2 a 3 dias).
e. Banho-maria, pipetas, cronômetro.

Método

a. Colher sangue venoso com citrato. Centrifugar a 2.500 r.p.m. e separar o plasma.
b. Colocar em um tubo de ensaio:
   0,2 mL do plasma citratado.
   0,2 mL da suspensão de caolim.
   Agitar por 30 segundos e acrescentar:
   0,2 mL de cefalina.
   Misturar, incubar a 37°C por 5 minutos e juntar:
   0,2 mL da sol. de cálcio (previamente aquecida a 37°C).
   Disparar o cronômetro e marcar o tempo de coagulação.

Valores normais: 60 a 100 segundos.

REFERÊNCIAS

1. Thomson, J. M. - *A practical guide to blood coagulation and hemostasis.* J. & A. Churchill, London, 1970.

Tempo de Trombina

Material e reagentes

a. Tubos de ensaio medindo 13 x 100 mm.
b. Trombina (preparado comercial) diluída com solução fisiológica de modo que 0,1 mL contenha 20 U.
c. Banho-maria, cronômetro.

Método

a. Colher sangue venoso com oxalato ou citrato (Cap. 27), centrifugar a 2.500 r.p.m. por 5 minutos e separar o plasma.
b. Em um tubo de ensaio, colocar:
   0,2 mL do plasma e deixar a 37°C por 5 minutos.
   0,2 mL da solução de trombina.
   Disparar o cronômetro e determinar o tempo de coagulação.
c. Fazer concomitantemente o teste com um plasma normal.

Valores normais: 15 a 18 segundos.

REFERÊNCIAS

1. Caen, J. & Cols. - *Méthodes d'exploration de l'hemostase.* Polycopie Gilanne, Paris, 1966.

Geração da Tromboplastina

Avalia quantitativamente a tromboplastina intrínseca que se forma durante a coagulação de um sistema contendo plasma, soro e plaquetas.

Material e reagentes

a. Tubos de ensaio medindo 13 x 100 mm.
b. Solução de cloreto de cálcio M/50.
c. Plasma desprotrombinizado.
   Fosfato tricálcico. Solução-mãe: 0,2 M
   1) Fosfato trissódico .... 158 g
      Água destilada .... 1.000 mL
   2) Cloreto de cálcio anidro .... 66,6 g
      Água destilada .... 1.000 mL

   Misturar as soluções *a* e *b*. Transferir o precipitado para um recipiente de vidro de 4 litros e lavar 3 vezes com água destilada, decantando o sobrenadante. Cada lavagem se faz durante 24 horas. Após a última decantação, colocar água destilada completando o volume para um litro.

   Acertar o pH para 7,2:
   Solução para uso

   Fosfato tricálcico M/125
   Solução-mãe 0,2 M .... 2,5 mL
   Água destilada q.s.p .... 100 mL

   Colocar 1 mL de plasma oxalatado sobre o sedimento de 1 mL de fosfato tricálcico M/125. Agitar e deixar em repouso por 5 minutos. Centrifugar a 2.500 r.p.m. por 10 minutos. Separar o sobrenadante. Diluir o plasma sobrenadante em solução fisiológica na proporção de 1:5.
d. Soro: Colher 2 mL de sangue e deixar coagular. Deixar em banho-maria a 37°C por 2 horas. Centrifugar, separar o soro e diluir em solução fisiológica na proporção de 1:10.
e. Plaquetas: Colher 20 mL de sangue com citrato de sódio a 3,8% na proporção de 9:1. Centrifugar a 1.000 r.p.m. por 10 minutos. Separar o sobrenadante (plasma rico em plaquetas) e centrifugar a 2.500 r.p.m. durante 10 minutos. Separar o sobrenadante que será usado como plasma substrato. O sedimento formado por plaquetas é suspenso em solução fisiológica e centrifugado por 3 vezes, lavando-se assim as plaquetas. Após a última lavagem, triturar o botão plaquetário com um bastão de vidro e suspender em solução fisiológica na proporção de 1/3 do volume inicial do plasma. Podem ser usadas até 2 dias após o preparo, sendo guardadas no congelador.
f. Plasma substrato. — Obtido no item anterior.
g. Cefalina: Pode substituir as plaquetas (item e). Colocar 1 g de tromboplastina em pó em 50 mL de clorofórmio. Agitar 2 horas, filtrar e desprezar o pó. Secar o filtrado a vácuo e suspender o resíduo em 50 mL de solução fisiológica. Diluir a 1/100 em solução fisiológica, para o teste.
h. Banho-maria, pipetas, 2 cronômetros.

Método

a. Em um tubo de ensaio colocar:

   0,3 mL do plasma diluído a 1:5,
   0,3 mL do soro diluído a 1:10;
   0,3 mL da suspensão de plaquetas ou de cefalina;
   0,3 mL de cálcio.

   Disparar o cronômetro. Deixar o tubo em banho-maria a 37°C.
b. Em tubos à parte colocar 0,1 mL de plasma substrato normal. Preparar 30 tubos para 5 determinações completas. Para cada determinação colocar 6 tubos em banho-maria a 37°C.

c. Após cada minuto retirar 0,1 mL do tubo *a* e transferir para o tubo *b* juntamente com 0,1 mL de cálcio e disparar o segundo cronômetro.
d. Determinar o tempo de coagulação dos 6 tubos contendo o plasma substrato, com as 6 amostras retiradas a cada minuto do tubo *a*. Os tempos conseguidos são lidos em uma curva-padrão achando-se o correspondente em % de tromboplastina.
e. Fazer as determinações com as seguintes misturas:

1º – plasma + soro e plaquetas normais
2º – plasma + soro e plaquetas do paciente
3º – plasma P + soro N e plaquetas N
4º – plasma N + soro P e plaquetas N
5º – plasma N + soro N e plaquetas P

P = paciente N = normal

Curva-padrão

A curva-padrão deverá ser feita com mistura de no mínimo 5 plasmas normais. O plasma desprotrombinizado, a 1:5, será considerado como 100% (o tempo mínimo obtido nos 6 tubos). A partir do plasma desprotrombinizado, a 1:5, fazer as diluições seguintes: 1:2, 1:4, 1:8, 1:16 com solução fisiológica. Usar na curva-padrão a cefalina.

Interpretação

A geração, da tromboplastina deve ser analisada em relação à geração do testemunho normal usado na prova. Os tempos mínimos correspondendo a 100% de tromboplastina variam de 9 a 11 segundos, em torno do 3º ao 6º tubo ou do 3º ao 6º minuto de incubação da mistura.

A interpretação prática pode ser resumida no quadro:

	Fontes de reagentes			
Misturas	*Plasma*	*Soro*	*Plaquetas*	*Deficiências com resultados anormais*
1	Normal	Normal	Normal	Testemunho feito com todos os testes
2	Paciente	Normal	Normal	Fator V* e VIII
3	Normal	Paciente	Normal	Fator IX e X
4	Normal	Normal	Paciente	Tromboastenia
5	Paciente	Normal	Paciente	Fator V
6	Paciente	Paciente	Normal	Fator XI e XII

* Valores muito próximos do normal.

REFERENCIA

1. Biggs, R. & Macfarlane, R. G. - *Human blood coagulation.* 3 ed., Blasckwell Scientific Publications, Oxford, 1962.

Dosagem do Fibrinogênio

Reagentes

a. Tampão irriídazol-salino
   1) Dissolver 1,36 g de imidazol em balão volumétrico de 100 mL com água destilada.
   2) Colocar 25 mL desta solução em balão volumétrico de 100 mL, adicionar 13,6 mL de HC1 0,1 N e completar o volume com água destilada. Ajustar o pH para 7,4.
   3) Adicionar 1 volume de tampão imidazol, pH 7,4 para 2 volumes de solução fisiológica.
   4) Para 300 mL de tampão imidazol-salino, adicionar: 2 mL de EACA (4 g) ou 8 mL de EACA (1 g).
b. Trombina – 1000 U/mL ou 2-5 segundos.
c. Biureto
   1) Dissolver 1,5 g de $CuSO_4$ $5H_2O$ em água destilada fervida.
   * Bell-Alton - *Nature, 174*:880,1954.
   2) Dissolver 6,0 g de $NaKC_4H_4O_6.4H_2O$ em água destilada fervida.
   3) Adicionar 300 mL de NaOH 10% (livre de carbonatos).
   4) Adicionar 2,0 g de K1 para prevenir a auto-redução.
   5) Completar o volume para 1.000 mL com água destilada e guardar em frasco escuro, na geladeira.

Método

a. Em um tubo 13 x 100 mm, colocar 1,0 mL de plasma citratado.
b. Colocar 4,0 mL de tampão imidazol salino pH 7,4.
c. Adicionar 0,1 mL de trombina. Inverter o tubo 3 vezes e colocar imediatamente um bastão de vidro.
d. Colocar no B.M. 37°C, e deixar durante 10 minutos.

Após 1 minuto de incubação, girar suavemente o bastão para que o coágulo se prenda.

e. Decorrido esse tempo, enrolar a fibrina (coágulo) no bastão por meio de giros suaves e suave pressão contra as paredes do tubo.
f. Retirar o bastão com o coágulo, retirar o excesso de tampão do bastão com o papel de filtro e lavar 3 vezes com água destilada.
g. Colocar o coágulo num tubo de ensaio e adicionar 0,5 mL de NaOH 0,5 M, mais 2,0 mL de reativo de biureto.
h. Colocar em B.M. 56°C, e dissolver o coágulo por agitação.
i. Preparar o branco da amostra, colocando em um tubo 0,5 mL de NaOH 0,5 M, mais 2,0 mL do reativo de biureto.
j. Após a dissolução do coágulo, colocar em B.M. 37°C, por 15 minutos, juntamente com o branco.
l. Ler no espectrofotômetro em 540 nm, contra o branco.

Curva de Calibração

Preparar uma solução padrão de albumina bovina 10 mg/mL.

Tubos mg	*mg%*	*mL padrão*	*mL NaOH 0,5N*	*Biureto*
B	–	–	0,50	2,0
1	50	0,05	0,45	2,0
2	100	0,10	0,40	2,0
3	200	0,20	0,30	2,0
4	300	0,30	0,20	2,0
5	400	0,40	0,10	2,0
6	500	0,50	0,00	2,0

REFERENCIA

1. Bowie, E.J.W.; Thompson, J.H.; Didishem, P.; Owen, CA. *Laboratory Manual of Hemostasis.* Philadelphia, W. B. Saunders Company, 1971.

Fator II (Protrombina)

Material e reagentes

a. Plasma bovino oxalatado adsorvido com fosfato tricálcico. Do mesmo modo que se usa o plasma humano da geração da tromboplastina.
b. Soro humano normal oxalatado. Colher 10 a 15 mL de sangue normal em tubos simples e juntar 1 a 2 gotas de tromboplastina diluída em solução fisiológica (1:4). Agitar e deixar 6 horas no banho-maria a 37°C. Separar o soro por centrifugação e deixar 24 horas em temperatura ambiente. Colocar 0,5 mL de oxalato de sódio (Cap. 27) em 4,5 mL de soro. Separar em pequenas porções e conservar no congelador até por 3 meses.
c. Tromboplastina (preparado comercial).
d. Cloreto de cálcio M/50.
e. Tubos de ensaio, banho-maria, pipetas, cronômetro.

Método

a. Colher sangue venoso com oxalato e diluir o plasma em solução fisiológica (1:10).
b. Em um tubo de ensaio colocar:
   0,1 mL da mistura de plasma bovino e soro humano oxalatado, em partes iguais;
   0,1 mL de plasma diluído 1:10;
   0,1 mL de tromboplastina;
   0,1 mL de cloreto de cálcio,
c. Disparar o cronômetro e determinar o tempo de coagulação da mistura. Ler na curva-padrão o correspondente em percentagem de fator II.

Curva-padrão

Fazer a curva com uma mistura de no mínimo cinco plasmas normais. A mistura de plasmas, diluída a 1:10, corresponde a 100% de protrombina (F. II). Fazer diluições a partir desta, com solução fisiológica (1:10, 1:20, 1:40, 1:80,1:100) e colocar os resultados em papel logarítmico.

Valores normais: 14 segundos = 100%.

REFERENCIA

1. Soulier, J. P. & Larrieu, M. J. - Sang, 23:549, 1952.

Fator V (Fator Lábil)

Material e reagentes

a. Plasma substrato deficiente em Fator V. Colher sangue normal em oxalato 0,1 M, na proporção 1:9 e separar o plasma (3.000 r.p.m. por 15 minutos). Fazer uma mistura de 5 plasmas normais. Deixar a mistura em banho-maria a 37°C até que o tempo de protrombina se prolongue por 60 a 80 segundos (3 a 5 dias). Dialisar o plasma por 24 horas a 4°C contra grandes volumes de solução de citrato de sódio a 3,8% e de solução fisiológica (1:9). Após a diálise, separar o plasma em pequenas porções e conservar em congelador.

b. Tromboplastina (preparado comercial).
c. Cloreto de cálcio M/50.
d. Tubos, pipetas, banho-maria, cronômetro.

Método

a. Colher sangue com oxalato 0,1 M, na proporção 1:9, separar o plasma (centrifugar a 3.000 r.p.m. por 5 minutos) e diluir em água destilada a 1:10.
b. Colocar em um tubo de ensaio a 37°C.
   0,1 mL do plasma diluído 1:10;
   0,1 mL do plasma substrato;
   0,1 mL de tromboplastina;
   0,1 mL de cálcio.
   Disparar o cronômetro e medir o tempo de coagulação da mistura. Ler na curva-padrão a percentagem correspondente do fator V.

Curva-padrão

Preparar uma mistura de no mínimo 5 plasmas normais. Determinar pelo método acima o tempo de coagulação da diluição 1:10, que corresponde a 100% do fator V e das diluições a partir desse plasma (1:10) nas seguintes proporções: 1:10, 1:20, 1:40, 1:60, 1:80 com água destilada. Colocar os resultados em papel logarítmico.

Valores normais: 18-20 segundos = 100%.

REFERÊNCIA

1. Spaet, T. H. - in *Thrombosis and Bleeding disorders* - Hils & Bang., C. Thiene Verlag, 1971.

Fatores VII (Fator Estável) e X (Fator de Stuart-Power)

Este método avalia conjuntamente os fatores VII e X. Para se fazer distinção entre ambos, determina-se em seguida o tempo de Stypvem ou do veneno Russell.

Material e reagentes

a. Plasma bovino livre de fator VII e X. Colher sangue bovino oxalatado 0,1 M, na proporção 1:9. Separar o plasma (centrifugar a 3.000 r.p.m. por 15 minutos) e colocar a 4°C por 24 horas. Centrifugar a 4.500 r.p.m. por 20 minutos. Filtrar o plasma lentamente (1 mL/minuto) sob pressão sobre um filtro de 20% de amianto, desprezando os primeiros mL. Passar através de outro filtro com 30% de amianto desprezando os primeiros mL. O tempo de protrombina do filtrado deve ser em torno de 120 segundos. Congelar o plasma em pequenas porções.
b. Tromboplastina (produto comercial).
c. Cloreto de cálcio 0,025 M.
d. Tubos de ensaio, cronômetro, pipetas, banho-maria.

Método

a. Colher sangue venoso com oxalato 0,1 M, na proporção 1:9 e separar o plasma.
b. Colocar em um tubo de ensaio:
   0,1 mL de plasma bovino sem fatores VII e X;
   0,1 mL do plasma do paciente;
   0,1 mL de tromboplastina;
   0,1 mL de cálcio.
   Disparar o cronômetro e medir o tempo de coagulação da mistura. Ler na curva-padrão o correspondente em percentagem.

Curva-padrão

Fazer uma curva-padrão usando no mínimo uma mistura de 5 plasmas normais. Essa mistura corresponderá a 100% dos fatores VII e X. Fazer diluições 1:10, 1:20, 1:40, 1:60, 1:80 com solução fisiológica. Ler os tempos de coagulação usando o método acima e colocar os resultados em papel logarítmico.

Valores normais: 17 segundos = 100%.

REFERÊNCIA

1. Koller, A. & Cols. - *Reme d'Hematologie,* 7:156, 1952.

A diferenciação entre os fatores VII e X é feita pelo Teste do Stypvem.

Fator VIII (Globulina Anti-Hemofílica A)

Material e reagentes

a. Plasma de hemofílico A. Colher sangue de hemofílico A, com citrato de sódio a 3,8% em tubo siliconizado. Centrifugar e guardar em pequenas porções numa temperatura de —20°C.
b. Cefalina (veja geração de tromboplastina) diluída a 1/100.
c. Cloreto de cálcio 0,025 M.
d. Solução-tampão de pH 7,3.
e. Plasma do paciente, colhido com citrato de sódio 3,8% em tubo siliconizado. Diluir o plasma na proporção 1:40 em solução-tampão.

Método

Colocar em um tubo de ensaio;

0,1 mL de plasma hemofílico;

0,1 mL de cefalina;

0,1 mL de plasma a testar diluído na proporção de 1:40;

0.1 mL de cloreto de cálcio.

Disparar o cronômetro e medir o tempo de coagulação da mistura. Ler na curva-padrão.

Para a curva-padrão usamos a mistura de 5 plasmas normais, diluídos 1:40, 1:80, 1:160, 1:320 em solução-tampão. Considerar a diluição 1:40 como 100%.

Este método é menos sensível que o anterior.

Valores normais: 70 – 100%.

Referência

1. Soulier. T. P. & M. J. - *Le Sang, 24*:3, 1953.

Dosagem Imunoeletroforética do Fator VIII Antígeno

Baseada no Méttodo de Laurell

Reagentes

a. Tampão Veronal pH = 8,6
Dissolver 0,8 g de barbital (Merck) e 4,12 g de barbital sódico (Merck) para 1 litro de água destilada.
b. Agarose
Solução a 1,1% em tampão veronal. Adicionar azida sódica para inibir o crescimento de bactérias (0,02%).
c. Solução clarificadora
450 mL de água destilada + 450 mL de metanol + 100 mL de ácido acético.
d. Solução corante
Azul de Coomassie R 0,5% em solução clarificadora.
e. Plasma padrão
Pool de plasmas normais.

Método

O gel é preparado e colocado em banho-maria fervente durante 1 hora e, em seguida, colocado a 60°C. O anti-soro é misturado com o gel. Em seguida colocar a mistura gel-anti-soro em lâminas de vidro com uma superfície completamente plana (12 mL de gel para a placa de vidro 95 x 75 mm e 30 mL de gel para a placa 205 x 110 mm).

Cada amostra de plasma deverá ser aplicada na placa, sem diluir. A amostra padrão é usada nas diluições (0, 1/2 e 1/3).

A concentração do padrão é determinada por dosagem biológica, sendo o valor compreendido entre 100 e 200%. As amostras são aplicadas na placa em 3μL de volume usando microsseringa. Cada amostra corre em duplicata.

Colocar a placa na cuba de imunoeletroforese, fazer a ponte com papel de filtro e ajustar para 10 mA e 70 V, deixar correr durante 20 minutos. Após esse tempo, deixar 4 horas a 20 mA e 140 V.

Retirar da cuba, colocar uma folha de papel de filtro sobre a agarose, envolver com papel alumínio e deixar imerso em solução fisiológica durante uma noite e depois 1 hora em água destilada.

Em seguida, colocar a placa na estufa ± 100°C com vários papéis absorventes com um peso, sobre o gel, os quais serão trocados até que a placa esteja seca. Finalmente deixar 5 minutos na solução corante (Azul de Coomassie) e em seguida fazer o descoramento na solução clareadora, até que os picos fiquem bem visíveis.

Cálculo

Determinar a atividade biológica de cada diluição do padrão e o comprimento, em mm, dos mesmos, levar estes dados a um papel milimetrado, colocando o comprimento em mm na abscissa e a atividade biológica nas ordenadas. Traça-se a curva unindo os pontos partindo do zero.

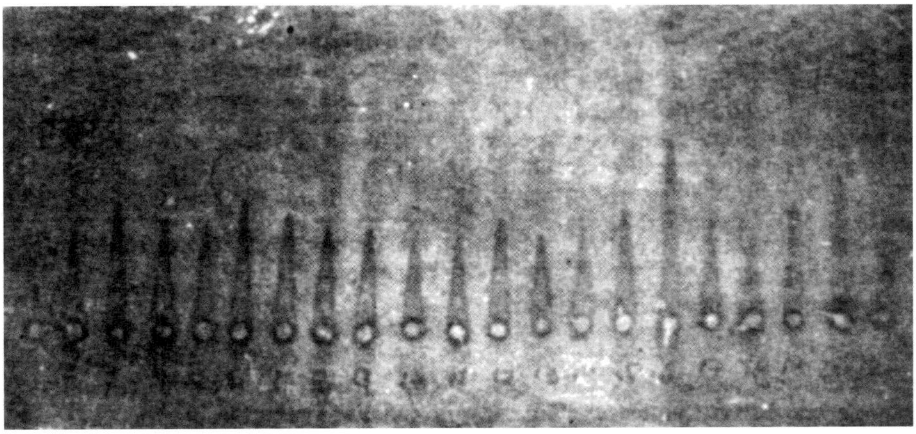

Fig. 35.3 – Determinação do F.VIII por eletroimunodifusão de normais e hemofílicos.

Com o resultado do comprimento em mm do "x", ler na curva a atividade biológica correspondente, sendo este o resultado da atividade antigênica do Fator VIII. O fator VIII:Ag é deficiente ou ausente, na Doença de Von Willebrand.

REFERENCIA

1. Laurell, C.B. - *And. Biochem. 15:*45, 1966.
2. Zimmerman, T. & cols. J. - *Oin. Invest.* 50:244,1971.

Fator IX (Globulina Anti-Hemofílica B)

Material e reagentes

a. Plasma de hemofílico B grave (vide determinação do fator VIII).
b. Cefalina (vide geração de tromboplastina).
c. Cloreto de cálcio 0,025 M.
d. Solução-tampão pH 7,3. (vide Fator VIII).
e. Tubos de ensaio, cronômetro, banho-maria.

Método

Colocar em um tubo de ensaio:

0,1 mL de plasma hemofílico B;
0,1 mL de cefalina a 1:100;
0,1 mL do plasma a testar diluído a 1:40;
0,1 mL de cloreto de cálcio.

Disparar o cronômetro e marcar o tempo de coagulação da mistura.

Ler na curva-padrão a percentagem de fator IX.

Curva-padrão

Fazer uma curva-padrão com mistura de 5 plasmas normais diluídos em solução tampão 1:40, 1:80, 1:160, 1:320, do mesmo modo que a determinação acima, considerando plasma a 1:40 como 100%.

Valores normais: 70-100%.

REFERÊNCIA

1. Soulier, J. P. & Larrieu, M. J. - *Le Sang. 24*:3, 1953.

Fator X (Fator Stuart-Prower)

Material e reagentes

a. Stypvem ou veneno Russell (Burroughs Welcome, Co.). Diluir a 1/10.000 na solução de H_2O e fenol que acompanha o frasco. A solução deve ser conservada a 4°C e não congelada. A solução de 1/10.000 é ainda diluída 30 vezes em tampão pH 7,3 (vide Fator VIII), e conservada em geladeira durante o teste.
b. Cloreto de cálcio 0,025 M.
c. Tubos de ensaio, cronômetro e banho-maria.

Método

a. Colher sangue com oxalato ou citrato. Centrifugar a 1.500 r.p.m. durante 5 minutos e separar o plasma rico em plaquetas.
b. Em um tubo de ensaio no banho-maria, a 37°C, colocar:

0,1 mL de plasma,
0,1 mL de veneno Russell diluído,
0,1 mL de cloreto de cálcio

Disparar o cronômetro e marcar o tempo de coagulação da mistura. Ler na curva padrão a percentagem correspondente.

A curva-padrão é feita com a mistura de 5 plasmas normais, diluída a 1:10,1:20,1:40,1:80, com solução-tampão.

Valores normais: 12 segundos = 100%.

Interpretação

O tempo de Stypvem é prolongado nas deficiências dos fatores II, V e X. Na deficiência do fator X, o tempo de protrombina (Quick), é prolongado e o tempo de Stypvem também. Na deficiência do fator VII o tempo de Stypvem é normal.

REFERENCIA

1. Miale, J. B. - *Laboratory Medicine Hematology*.4ª ed., Mosby Co., Saint-Louis, 1972.

Fatores XI (Fator Antecedente Tromboplástico do Plasma) e XII (Fator Hageman)

Material e reagentes

a. Celite.*
b. Cefalina (vide geração da tromboplastina).
c. Plasma normal tratado com celite. Acrescentar 6 mg de celite a 1 mL de plasma normal, colhido com citrato trissódico a 20% na proporção de 1:50 em tubo siliconizado. Incubar a 37ºC por 10 minutos. Cobrir com Parafilm e inverter a cada 2 minutos. Centrifugar 2 vezes a 2.500 r.p.m. por 10 minutos. Separar o plasma e incubar a 37°C por 18 a 36 horas em tubo siliconizado. Este plasma é desprovido de fator XI e pode ser usado como fonte de fator XII.
d. Cloreto de cálcio M/5:

Cloreto de cálcio 1,8 M (200 g/litro)	11,1 mL
Água destilada q.s.p	100 mL

e. Tubos siliconizados, banho-maria, pipetas e cronômetro.

Método

a. Colher sangue com oxalato 0;1 M na proporção 1:9 e separar o plasma centrifugando a 2.500 r.p.m. por 5 minutos.
b. Em um tubo de ensaio colocar:
   1,0 mg de celite;
   3,0 mL de plasma tratado com celite,
   0,1 mL do plasma do paciente.
c. Incubar a 37°C por 5 minutos agitando continuadamente.
d. Centrifugar a 2.500 r.p.m. por 5 minutos e decantar o sobrenadante para outro tubo de ensaio.
e. Pipetar 0,4 mL de plasma normal citratado em cada um de 5 tubos siliconizados.
f. Pipetar 0,2 mL do sobrenadante "d" para o 1º tubo. Fazer uma série de diluições passando 0,2 mL do 1º tubo para o 2º, 0,2 mL do 2º para o 3º tubo; 0,2 mL do 3º para o 4º tubo. Desprezar 0,2 mL do 4º tubo. O 5º tubo não recebe a mistura.
g. Colocar em outro tubo:
   0,2 mL de cefalina;
   0,3 mL de cálcio.
   Deixar em banho-maria a 37°C.
h. Pipetar 0,1 mL da mistura "g" para cada uma das diluições "f" e disparar o cronômetro determinando o tempo de coagulação de cada mistura.

O método deve ser feito com plasma do paciente e com plasma normal, para efeito comparativo e deve ser realizado logo após a ativação do plasma pela celite. As determinações do item "h" devem ser feitas ao mesmo tempo (podendo se utilizar 5 cronômetros).

Resultados

Na deficiência do fator XI o tempo será prolongado, em relação ao testemunho normal. Na deficiência do fator XII, o resultado é normal.

REFERÊNCIA

1. Nossel, H.L., in Thomson, J.M. - *A Practical guide to Blood coagulation and Hoemostasis.* J. & A. Churchill, London, 1970.
*Celite 512 (Johns-Manville Co. Ltd. - London).

Fator XIII (Fator Estabilizador da Fibrina)

Material e reagentes

a. Ureia — Solução 5 M:

Ureia	30 g
Água destilada	100 mL

b. Cloreto de cálcio M/50.
c. Tubos de ensaio, banho-maria, pipetas.

Método

a. Colher sangue venoso com citrato, do paciente e de um testemunho normal. Separar os plasmas.
b. Colocar em um tubo de ensaio:
   0,5 mL de plasma (do paciente ou normal).
   0,5 mL de cálcio.
c. Após 30 minutos colocar em cada tubo (com plasma normal e com plasma do paciente):
   5 mL da solução de ureia 5 M.
d. Deixar â temperatura ambiente uma noite e examinar o coágulo no dia seguinte.

Resultado

Na ausência do fator XIII, o coágulo se dissolve em poucas horas, o que não acontece com o tubo que contém o plasma normal.

A ureia pode ser substituída por ácido monocloroacético a 2%, sendo o resultado equivalente.

REFERÊNCIA

1. Lorand, L. & Dickerman, R. C. - *Proc. Soc. Exper. Biol. Med., 89*:45, 1955.

Tempo de Lise das Euglobulinas

Material e reagentes

a. Plasma oxalatado
b. Solução salina tamponada pH 7,3
c. Cloreto de cálcio M/10:

Cloreto de cálcio 1,8 M	13,75 mL
Água destilada	100 mL

d. Ácido acético a 1%:

Ácido acético glacial	1 mL
Água destilada	99 mL

e. Solução salina diluída:

Água destilada	90 partes
Solução fisiológica	1 parte

Ajustar o pH para 5,2 com ácido acético a 1%.

f. Tubos, pipetas (muito limpas ou ainda sem uso), centrífuga, banho-maria.

Método

a. Colocar em 2 tubos de ensaio 9 mL de água destilada.
b. Acrescentar 0,5 mL de plasma oxalatado (logo após a colheita do sangue).
c. Colocar em cada tubo 0,1 mL do ácido acético a 1%, homogeneizar os mesmos e deixar a 4°C por 30 minutos.

d. Centrifugar a 2.000 r.p.m. durante 5 minutos e desprezar totalmente o sobrenadante, enxugando as paredes do tubo com papel de filtro.
e. Colocar 5 mL de salina diluída (item e) e ressuspender o precipitado. Centrifugar novamente como no item "d".
f. Colocar 0,5 mL de salina tamponada (item b) e dissolver completamente o precipitado.
g. Colocar os tubos em banho-maria a 37 C e, após 2 minutos, juntar 0,5 mL do cloreto de cálcio. Quando se formar o coágulo, disparar um cronômetro e observar inicialmente a cada 15 minutos e quando começar a lise do coágulo, a cada 5 minutos. Anotar o tempo de lise total do coágulo. A média dos tempos dos tubos será considerada como o tempo de lise do coágulo de euglobulina.

Valores normais: 90 a 180 segundos.

REFERÊNCIA

1. Bloom, AL. - *Brit. M. J.*, 2:16, 1961.

Pesquisa de Produtos de Degradação da Fibrina

Estes métodos produzem a precipitação dos monômeros de fibrina e de alguns produtos de degradação da fibrina.

a. *Teste do sulfato de protamina*

Material e reagentes

a. Sulfato de protamina a 1%. Ajustar o pH para 6,5.
b. Solução fisiológica.
c. Plasma citratado.
d. Tubos e pipetas.

Método

a. Colocar em 5 tubos de ensaio 0,2 mL de sulfato de protamina a 1%, diluído em solução fisiológica, nas seguintes proporções: 1:5, 1:10, 1:20, 1:40 e 1:80.
b. Acrescentar a cada tubo 0,2 mL de plasma citratado (plasma pobre em plaquetas).
c. Homogeneizar e deixar em repouso durante 30 minutos à temperatura ambiente.
d. Fazer a leitura dos tubos, observando:

precipitado de fibrina	positivo
gelificação do plasma	positivo
precipitado amorfo	negativo

Valores normais: Negativo.

REFERÊNCIA

1. Niewiarowski, S. & Gurewich, V. - *J. Lab. Gin. Med.*, 77:665, 1971.

b. *Teste de gelificação pelo etanol*

Material e reagentes

a. Etanol a 10%.
b. Plasma citratado do paciente e normal.
c. Tubos, pipetas.

Método

a. Colocar em 2 tubos de ensaio:
   0,15 mL de etanol a 10%
   0,5 mL de plasma do paciente (tubo de nº 1)e
   0,5 mL de plasma normal (tubo nº 2).
b. Agitar levemente e deixar à temperatura ambiente por 5 minutos e fazer a leitura.

Gelificação do plasma	positivo
Plasma líquido	negativo

REFERÊNCIA

1. Breen, F. A Jr. & Tullis, T. L. - *Ann. Int. Med.*, 69:1197, 1968.

Parte 5
Parasitologia

36

A Parasitologia nos Laboratórios de Análises Clínicas

INTRODUÇÃO

As doenças parasitárias continuam a ser um problema significativo no mundo todo, especialmente nas áreas tropicais e subtropicais de países em desenvolvimento.

Doenças como a malária, que estava sob razoável controle em várias áreas, estão novamente aumentando sua incidência. Não apenas o relaxamento de medidas de controle como também o surgimento de cepas de insetos resistentes a inseticidas esfao contribuindo para isso.

É fundamental a importância do laboratório clínico na confirmação do diagnóstico das infecções parasitárias.

MÉTODOS EMPREGADOS

O diagnóstico de laboratório das parasitoses compreende métodos diretos e indiretos.

Os métodos diretos envolvem:

a) o encontro do parasita ou de um de seus estágios evolutivos, no material colhido de um paciente e
b) a multiplicação do parasita por meio de cultura ou pela inoculação de animais, possibilitando a demonstração dos mesmos.

Os métodos indiretos envolvem:

a) reações imunológicas com as quais se pesquisa, "in vitro", a presença de anticorpos produzidos pelo paciente contra os parasitos ou seus antígenos purificados e
b) leações intradérmicas, pesquisando-se a imunidade no próprio paciente.

Métodos diretos

Encontro do parasito ou de seus estágios evolutivos

No laboratório clínico o diagnóstico das parasitoses geralmente é feito pela demonstração do parasito ou de um de seus estágios evolutivos, através de seus aspectos macroscópicos ou microscópicos, após coloração ou não, dependendo do caso.

Cultura e inoculação

A demonstração da presença de alguns parasitos pode necessitar de métodos de cultura ou de inoculações de animais. Contudo, os laboratórios clínicos não estão preparados para isso e o custo envolvido na infra-estrutura necessária não poderia ser repassado aos clientes. Como exemplo, citamos as culturas para *Trichomonas vaginalis, Trypanosoa cruzi, Leishmania brasiliensis,* as inoculações de macacos, camundongos, cobaios, etc. ou o xenodiagnóstico (que utiliza ninfas de triatomídeos criados em laboratório e alimentados em aves).

Essas técnicas são reservadas a Centros especializados, ligados a Universidade ou a laboratórios centrais de Saúde Pública.

Métodos indiretos

Pesquisa de anticorpos "in vitro"

Os métodos sorológicos pressupõem a existência de antígenos confiáveis, bons anti-soros de referência, tecnologia apropriada e, no laboratório clínico, somente podem ser realizadas para algumas infecções parasitárias, cujos reagentes e seus controles são produzidos industrialmente.

Na parte deste livro referente à Imunologia, tratamos das técnicas mais usadas no diagnóstico sorológico das parasitoses, por parte dos laboratórios clínicos: reação de aglutinação passiva (do látex) para anticorpos antiamebianos, reações de fixação de complemento para doença de Chagas (reação de Machado Guerreiro), para a cisticercose (reação de Weinberg) e para toxoplasmose e reações de imunofluorescência para toxoplasmose e para doença de Chagas.

Várias outras reações estão sendo hoje introduzidas nos Centros de estudo de Parasitologia, mencionados acima, mas que não são de acesso aos laboratórios clínicos. O preparo dos reagentes é dificultado por antígenos diferentes por vezes presentes nos diversos estágios do ciclo evolutivo do parasita e pelas reações cruzadas dos anti-soros com antígenos não pertencentes ao parasita em estudo.

As técnicas das reações feitas no laboratório clínico devem seguir à risca as instruções dos fabricantes, para que os resultados tenham significado. Geralmente só há um resultado significativo se o título obtido no soro de um paciente, colhido na fase aguda, aumentar pelo menos quatro vezes no soro colhido em fase de convalescença. Em muitas parasitoses, que se cronificam, esse aumento de título não pode ser demonstrado. Em algumas situações, é possível a medida de anticorpos das classes IgG, IgM ou IgA.

Reações intradérmicas

Do mesmo modo que na bacteriologia e na micologia, as reações intradérmicas estão sendo cada vez menos usadas nos laboratórios clínicos.

Os antígenos encontrados à venda em geral não são confiáveis. A única exceção é a shistosomina, produzida industrialmente por um laboratório multinacional. Os demais antígenos, quando encontrados à venda, são produzidos por pequenos laboratórios não identificados, não são padronizados, não têm seu prazo de validade declarado nem indicação de sua potência.

Se confiáveis, os seguintes antígenos poderão ser úteis:

1) toxoplasmina:

   Inoculação intradérmica de 0,1 mL, na região do antebraço, sendo a leitura feita de 48 a 72 horas.

   Esse antígeno verifica a hipersensibilidade do tipo retardado à toxoplasmina.

   A positividade é indicada por um eritema de pelo menos 1 cm de diâmetro ou infiltração de 0,5 cm de diâmetro. Reações mais rápidas e fugazes não devem ser consideradas.

2) leishmanina (reação de Montenegro):

   Inoculação intradérmica de 0,1 a 0,2 mL de leptomonas mortas.

   Esse antígeno verifica a hipersensibilidade do tipo retardado à leishmanina.

   É útil para o diagnóstico da leishmaniose cutânea e mucocutânea mas é insatisfatória para as infecções viscerais.

   Em casos positivos forma-se uma pápula em 48 a 72 horas, que permanece por 4 a 5 dias. Em casos fortemente reagentes forma-se uma pequena escara no local.

3) shistosomina:

   Neste caso, trata-se uma reação de hipersensibilidade do tipo imediato.

   Aplicando o antígeno, de acordo com o fabricante, a leitura da reação é feita em 15 minuto e medida por meio de um gabarito fornecido juntamente com o antígeno.

CUIDADOS COM OS EXAMES PARASITOLÓGICOS

Com a evolução da mentalidade dos laboratoristas, está se dando uma importância cada vez maior à infecciosidade dos materiais colhidos dos pacientes.

Sabemos hoje que muitas amostras submetidas a exame parasitológico são potencialmente infecciosas.

Sangue ou amostras de tecido contendo parasitas da malária, tripanossomas, leishmanias ou toxoplasmas podem causar infecção se houver uma solução de continuidade na pele.

Podem ser também infecciosas amostras de fezes frescas contendo cistos de protozoários, trofozoítos de *Dientamoeba fragilis,* ovos de *Enterobius vermicularis, Hymenolepis nana* ou *Taenia solium* ou amostras contendo larvas filariformes do *Strongyloides stercoralis.*

Amostras de fezes colhidas há mais tempo podem conter larvas filariformes de ancilostomídeos, de *Strongyloides stercoralis* ou de *Trychostrongylus sp.* ou ovos embrionados de *Ascaris lumbricoides* ou de *Trichuris trichiura.* Eventualmente, ovos de *Ascaris lumbricoides* sobrevivem em formol e até chegam a desenvolver embriões.

Além disso, tanto as fezes como os outros materiais submetidos a exame parasitológico podem conter bactérias como *Salmonella, Shigella, Campylobacter,* etc., ou vírus altamente patogênicos como os rotavírus, poliovírus, vírus da hepatite, do AIDS e outros.

Todas as amostras devem ser consideradas infecciosas, do mesmo modo que qualquer outro material recebido no laboratório, para exame.

Devem ser tomadas as devidas precauções, utilizando-se ao máximo materiais preservados e fixados e evitando o uso de técnicas altamente contaminantes, como o método de Willis para a concentração de fezes.

Quando for necessária a manipulação de materiais a fresco, devemos empregar técnicas asssépticas e de desinfecção iguais às usadas em microbiologia.

37

Métodos para a Detecção de Parasitos

CONSIDERAÇÕES GERAIS

Muitos tipos de material podem sei submetidos a exame parasitológico. Os materiais mais comuns são amostras de fezes para pesquisa de protozoários e helmintos, preparações perianais para a pesquisa de *Enterobius* e esfregaços de sangue para o diagnóstico da malária e para o encontro de tripanossomas e microfilárias.

Podem ser pesquisados parasitos também em lesões de pele, no escarro, no sedimento urinário, nas secreções vaginais e uretrais, no líquido céfalo-raquidiano, em biópsias, em aspirados endoscópicos, etc.

Para permitir a identificação do parasito suspeito, o material deve ser apropriadamente colhido, e no tempo mais indicado, de acordo com as características da doença suspeitada.

As normas de colheita de todos os materiais utilizados em laboratório podem ser vistas no livro "Colheita de material para exames de laboratório", de R. A. Moura, publicado pela Livraria Atheneu.

Vamos nos ater aqui aos aspectos mais gerais da colheita e descrever separadamente as técnicas utilizadas para o preparo de fezes e de esfregaços de sangue.

No final do Capítulo trataremos, em conjunto, da colheita de outros materiais passíveis de exames parasitológicos.

EXAMES PARASITOLÓGICOS DE FEZES

Colheita de amostras de fezes

Fezes formadas devem ser colhidas em recipientes limpos ou mesmo sobre papel e transferidas (5 a 10 g) para uma latinha ou um frasco de boca larga com tampa, por meio de uma espátula descartável.

Fezes líquidas devem ser colhidas em recipientes limpos e transferidas para um frasco de boca larga, com tampa. Essas fezes líquidas são emitidas normalmente por pacientes com diarreia, na fase aguda de certas parasitoses ou podem ser induzidas pela administração de um purgativo salino (30 g de sulfato de sódio em um copo de água, para um adulto) ou por um enema com solução salina fisiológica.

Enquanto que em fezes formadas ou pastosas encontramos facilmente cistos de protozoários ou ovos e larvas de helmintos, a pesquisa de trofozoítos necessita de fezes liquefeitas.

As amostras de fezes não podem estar contaminadas com água, urina ou com terra, pois tais elementos causam a degeneração de alguns parasitos ou introduzem organismos de vida livre, que podem confundir o diagnóstico.

Amostras contendo bismuto, bário ou óleo mineral não são satisfatórias, bem como amostras colhidas após a administração de terapêutica anti-diarréica ou antiácida. Em todos esses casos, a amostra deve ser colhida pelo menos uma semana depois. A ministração de antibióticos pode baixar o número de protozoários detectáveis, especialmente amebas.

As amostras enviadas ao laboratório devem ser rotuladas com a identificação do paciente e com a hora e a data da colheita.

Para alguns parasitos, que são eliminados intermitentemente, são necessários vários exames (geralmente três), colhidos em intervalos de 2 a 3 dias.

Transporte das amostras de fezes

As amostras de fezes formadas devem ser enviadas ao laboratório logo após a colheita, à temperatura ambiente ou sob refrigeração, preferentemente antes de duas horas de colhidas. Para fezes pastosas ou líquidas esse tempo é crítico, pois, contendo provavelmente trofozoítos, estes vão se degenerar rapidamente. Nunca devemos conservar fezes em estufa, pois a temperatura acelera a degeneração de muitos parasitos.

Se a temperatura ambiente for elevada ou se houver uma previsão de maior demora (distância do laboratório, demora imposta pela rotina diária do laboratório ou pela colheita em fins de semana, se a colheita é realizada em hospitais ou em postos de colheita, as amostras de fezes devem ser preservadas em solução fixadora e conservadora de MIF, modificada, de acordo com a seguinte fórmula:

Mercuriocromo a 2%	0,8 mL
Formaldeído a 40%	50 mL
Glicerina pura	10 mL
Água destilada	900 mL

Alternativamente, pode ser usada uma solução de formalina a 5% (50 mL de formaldeído a 40% em 1 litro de água destilada).

O uso de conservador permite o exame das fezes até semanas após a colheita.

Coloca-se 3 a 5 g de fezes em frasco de boca larga com 20 mL de capacidade, contendo 5 a 10 mL do fixador. Porções representativas das fezes, contendo muco ou sangue, se presentes, devem ser incluídas na amostra para exame. Havendo vermes adultos, o ideal é que estes sejam enviados ao laboratório sem fixação, mergulhados em solução fisiológica ou mesmo em água, mas nunca dessecados.

O frasco com fixador e amostra de fezes deve ser bem agitado, para emulsionar o material. Em seguida, deve-se identificar a amostra e conservá-la em temperatura ambiente até ser entregue no laboratório.

Métodos para o exame parasitológico de fezes

MÉTODO DIRETO

No método direto as fezes são examinadas ao microscópio, entre lâmina e lamínula, diluídas numa densidade que dê para se ler as letras de um jornal através do preparado.

Podem ser usadas fezes normalmente emitidas (formadas, pastosas ou líquidas) ou após purgativo (líquidas), tanto preservadas em MIF ou formalina como sem preservativos (se colhidas antes de duas horas do exame).

Fezes preservadas são úteis para a detecção de cistos de protozoários e de ovos e larvas de helmintos, mas a pesquisa de trofozoítos deve ser feita, pelo método direto, com fezes frescas, não preservadas.

Para preparar uma lâmina para a realização do exame direto retiramos um pouco das fezes com um palito e a misturamos numa gota de solução fisiológica.

Numa só lâmina fazemos duas suspensões do mesmo material. Numa delas colocamos uma gota de lugol diluído a 1:5 (1 parte de lugol em 4 partes de água). Cobrimos as suspensões com lamínulas 24 x 32 mm.

O lugol é usado principalmente para corar os cistos e determinar o número e a estrutura dos núcleos. É melhor usar uma solução fraca de lugol, pois soluções concentradas coagulam as proteínas fecais e tendem a destruir a refratilidade dos cistos. A solução de lugol deve ser preparada a cada três semanas, de acordo com a seguinte fórmula:

Iodo	5 g
Iodeto de Potássio	10g
Água destilada	100 mL

Dissolver primeiro o iodeto na água. Juntar o iodo e agitar, até dissolver. Filtrar e guardar em frasco bem fechado. Para usar, diluir com água destilada a 1:5.

Num cisto corretamente corado, o glicogênio fica marrom-avermelhado, o citoplasma fica amarelo e os núcleos parecem corpúsculos mais claros, refráteis. A localização dos cariósomas pode ser mais facilmente determinada, mas os corpúsculos cromatóides são menos visíveis que na solução salina. Como o glicogênio é alimento de reserva, geralmente não aparece em cistos mais velhos.

Como alternativa, pode ser usada a solução de iodo de Dobell e O'Connor (iodo 1 g, iodeto de potássio 2 g e água destilada 100 mL). Essa solução é usada sem diluição, mas deve ser preparada no máximo a cada 10 dias.

Um erro comum, praticado por vários laboratórios, é usar em parasitologia o lugol de Gram (iodo 1 g, iodeto de potássio 2 g e água destilada 300 mL). Essa solução é muito diluída e não é satisfatória para a coloração de cistos de protozoários.

Os preparados do método direto são observados sistematicamente ao microscópio, com objetiva de 10X ou 20X e com luz reduzida, para à localização tanto de trofozoítos como de cistos. Quando são encontrados parasitas, são utilizadas objetivas de 40X ou 100X, para a observação de maiores detalhes.

Se não forem observados parasitos, a lâmina só pode ser considerada negativa depois de examinada intensamente, por 10 a 15 minutos.

O tipo de motilidade do parasito observado na preparação sem lugol, a partir de fezes frescas, recentes, frequentemente é suficiente para determinar a espécie. Podemos observar também a motilidade de trofozoítos de amebas mas geralmente a prova é insuficiente para uma caracterização mais detalhada de amebas, havendo a necessidade de uma coloração permanente, pela técnica de hematoxilina férrica.

Os cistos de protozoários, devido à sua refringência, podem ser localizados mais facilmente na preparação com salina. Com o lugol, porém, seus detalhes se acentuam.

Ovos de helmintos são melhor observados em salina, pois o lugol pode prejudicar suas características.

MÉTODOS DE CONCENTRAÇÃO DE FEZES

Foram descritos vários métodos de concentração de parasitos encontrados nas fezes.

Eles facilitam o encontro de parasitas diminuindo as matérias fecais na preparação a ser observada ao microscópio, concentrando os parasitas baseando nas diferenças de densidade existente entre as formas dos parasitas e o material fecal ou fazendo com que certas larvas migrem para fora do material fecal e sejam concentradas no fundo de um funil.

Os três métodos envolvem: a) Sedimentação, com os parasitos sendo concentradas no sedimento obtido por gravidade ou centrifugação: b) Flutuação, onde os parasitos flutuam ou são condensados num sedimento por meio de uma solução de densidade diferente da sua. A desvantagem destes métodos de flutuação é que se as fezes forem preservadas, podem causar **distorção** em cistos de protozoários e larvas ou mesmo causar a abertura de opérculos, impedindo o parasito de flutuar. Se a amostra for primeiramente fixada em formalina, essa inconveniência não ocorre; c) Migração, onde certas larvas vivas migram para fora do material fecal e são coletadas no fundo de um funil.

Método de concentração por sedimentação (ou método de Hoffmann)

Colocamos 3 a 4 g de fezes num recipiente e fazemos uma suspensão em cerca de meio copo de água de torneira, por meio de um bastão de vidro.

Tomamos um cálice afunilado (de sedimentação), de 250 mL de capacidade, colocamos sobre ele uma gaze ou uma peneirinha de *nylon,* para chá e coámos a suspensão de fezes. Completamos a água até cerca de 200 mL.

Deixamos o cálice em repouso por 30 a 60 minutos e, com uma pipeta Pasteur, colhemos amostra do sedimento e observamos ao microscópio, entre lâmina e lamínula, com aumento médio.

Em seguida, descartamos o sobrenadante, despejamos o sedimento numa placa de Petri e o observamos em microscópio entomológico ou em microscópio comum, com objetiva de pequeno aumento. O principal objetivo do exame da placa de Petri é a pesquisa de larvas de helmintos.

Esse método é recomendado para a pesquisa de ovos pesados, como o do *Shistosoma mansoni,* revelando também ovos e larvas de outros helmintos. Mesmo não sendo ideal para a pesquisa de cistos, estes poderão ser observados, especialmente se corarmos a preparação com uma gota de lugol diluído a 1:5.

Métodos de concentração por flutuação

Os métodos de flutuação se utilizam da centrifugação para a lavagem do material fecal, seguida da suspensão desse material em líquido de densidade determinada, cuja constituição e modo de uso dependem do método empregado.

Método de Ritchie (ou método da formalina-éter)

Esse método permite uma boa concentração de parasitas, se bem que cistos de *Giardia lamblia* e de *Iodamoeba butchlii* e ovos de *Hymenolepis nana* não se concentram bem. É o método preferido.

A principal desvantagem do método é o uso de éter, que pode causar acidentes.

O método serve tanto para fezes frescas como para fezes preservadas com MIF ou com formalina.

Como os parasitas ficam no sedimento, sendo desprezado o sobrenadante, os tubos podem ser arrolhados para evitar dessecamento e guardados para serem examinados mais tarde.

Método de Ritchie para fezes frescas

- Suspender 1 parte de fezes em 9 partes de solução fisiológica. Não convém usar água, para preservar a motilidade de formas vegetativas provavelmente presentes.
- Coar 10 mL da suspensão em gaze dobrada em dois ou em peneira plástica para chá, de malhas bem fechadas, usando um funil plástico ou de vidro, sendo o filtrado recolhido num tubo cónico, de centrifugação, de 15 mL de capacidade, devidamente identificado com o número do exame e as iniciais do paciente.
- Centrifugar a 2.000 rpm durante 1 minuto e decantar o sobrenadante.
- Ressuspender o sedimento até a marca anterior, com solução fisiológica.

– Centrifugar novamente e repetir a operação por uma vez mais ou até a obtenção de um sobrenadante claro.
– Desprezar o sobrenadante e juntar 9 mL de formalina a 10%. Misturar bem e deixar em repouso pelo menos durante 5 minutos.
– Juntar 3 mL de éter, tampar o tubo com rolha de borracha e agitar vigorosamente, em posição invertida, durante 30 segundos. Remover a rolha com cuidado.
– Centrifugar a 1.500 rpm por cerca de 1 minuto. Pela centrifugação, há a formação de 4 camadas: a de cima é de éter, em seguida há uma camada de detritos fecais, depois uma camada de formalina e por fim o sedimento, com os parasitos.
– Com um palito de madeira, removemos os detritos fecais que ficaram aderentes às paredes do tubo e decantamos o sobrenadante.
– Com um "swab" de algodão, removemos qualquer detrito que tenha restado nas paredes do tubo.
– Misturar o sedimento com a pequena quantidade de líquido que reflui das paredes ou, se necessário, juntar um pouco de solução fisiológica. Tampar o tubo até a hora do exame.
– Para examinar, retirar um pouco do material, com pipeta Pasteur e fazer preparações para exame direto com material a fresco e corado pelo lugol a 1:5.

Método de Ritchie para fezes preservadas

– Agitar o frasco de fezes preservadas, para obter uma suspensão homogênea.
– Coar 0,5 a 0,75 mL do material do tubo de centrifugação graduado (ver acima).
– Juntar água para completar 10 mL de suspensão e daí em diante proceder como acima. As lavagens são feitas com água, uma vez que não há agora necessidade de se preservar os trofozoítos vivos, como na técnica acima. Eles já estão preservados.

Método de Faust, modificado (ou método da flutuação em sulfato de zinco)

O método de Faust foi descrito em 1938, para a concentração de ovos e larvas de helmintos e de cistos de protozoários. Foram descritas várias modificações e hoje serve tanto para fezes frescas como conservadas em MIF ou em formalina.

A densidade da solução de sulfato de zinco é crítica para a eficácia do método. Deve ser de 1.200 e não pode ser abaixo de 1.195 ou acima da densidade 1.200.

Método de Faust para fezes frescas

– Suspender 1 parte de fezes em 9 partes de solução fisiológica. Usar solução fisiológica para preservar as formas vegetativas eventualmente presentes.
– Utilizando um funil de vidro ou de plástico e uma gaze dobrada duas vezes (ou uma peneira de malha fina, plástica, para chá), coar a suspensão e recolher o material em tubo de ensaio de 13 x 100 mm, até a metade de sua altura. Juntar solução fisiológica até a altura de 2/3 da altura. Misturar. Marcar o nível com lápis dermográfico ou com caneta para retroprojetor.
– Centrifugar a 1.800 rpm durante 3 minutos.
– Decantar o sobrenadante, acrescentar solução fisiológica até a marca, misturar e centrifugar novamente.
– Decantar novamente e repetir a lavagem até a obtenção de um sobrenadante claro.
– Juntar a solução de sulfato de zinco com densidade 1.200 até cerca de 2 cm do bordo superior do tubo.
– Agitar o tubo para suspender bem o sedimento e centrifugar a 1.500 rpm durante 1 minuto.
– Assim que a centrífuga parar, colocar o tubo numa estante, com cuidado, sem perturbar o filme que se formou na superfície.
– Esperar 1 minuto.
– Colocar 1 gota de salina fisiológica e 1 gota de lugol a 1:5 numa lâmina de microscopia.
– Com o auxílio de uma alça bacteriológica com sua haste dobrada em ângulo reto, para torná-la horizontal, transferir uma gota do filme da superfície para a gota de salina da lâmina e outra alçada para a gota de lugol.
– Com o ângulo da haste da alça misturamos primeiro o material da gota com solução fisiológica e depois com lugol.
– Flambar a alça antes de colher material de outro tubo. Esfriar.

Uma vez terminada a concentração pelo método de Faust, o exame deve ser feito dentro de 1 hora. Um período maior causa distorções e dificulta certos diagnósticos.

Método de Faust para fezes preservadas

– Agitar o frasco de fezes preservadas, para ter uma suspensão homogênea.

- Coar até a metade de um tubo de 13 x 100 mm e completar até 2/3 com água (não é necessário o uso de solução fisiológica uma vez que os trofozoítos, se presentes, já estarão preservados).
- Centrifugar e lavar, como na técnica acima.
- Acrescentar sulfato de zinco, como acima e seguir até o final.

Método de Willis (ou método da solução saturada de cloreto de sódio)

É um método ainda usado, mas devido à alta possibilidade de contaminar todo o local de trabalho, deve ser abandonado. Deveria ser imediatamente proibido em hospitais, mesmo se forem empregadas fezes preservadas. É substituído, com grandes vantagens, pelos outros métodos de rotina (sedimentação e Ritchie).

Técnica:

- Emulsionar 1 a 2 g de fezes em solução saturada, a frio, de cloreto de sódio, com densidade de 1.195, numa latinha ou no próprio frasco de boca larga usado para o transporte das fezes.
- Encher o recipiente com a mesma solução, até a boca.
- Colocar uma lâmina de microscopia grande (de 76 x 50 mm) na boca do recipiente, para que o líquido adira à face inferior da lâmina (sempre há extravasamento de material).
- Aguardar 5 minutos, para que os ovos flutuem e adiram à face inferior da lâmina.
- Retirar a lâmina, suspendendo-a e virando-a rapidamente. Frequentemente há respingos de material.
- Examinar ao microscópio. Frequentemente há infiltração de material na platina do microscópio. (Além de contaminar, o material, que contém cloreto de sódio concentrado, encurta a vida útil do microscópio).

Métodos de concentração por migração

Baseados na extração de larvas do solo, vários autores adaptaram métodos para a pesquisa de *Strongyloides stercoralis* em fezes humanas. A larva desse helminto, com grande avidez à água morna, migra através do material fecal até atingir a água e aí, não tendo sustentação, sedimenta no fundo do recipiente.

Método de Baermann

- Tomar um funil de vidro ou plástico, de 12 cm de diâmetro e adaptar em sua haste um tubo de borracha ligado a uma pipeta Pasteur. O tubo mantém-se fechado por meio de uma pinça de Mohr. Na parte de cima do funil, que é mantido numa estante especial, de madeira, coloca-se uma tela metálica recoberta de gaze dobrada. (Figura la.)
- Colocar 3 a 4 g de fezes moldadas, recentemente colhidas, sem preservativos, sobre a gaze.
- Adicionar, com cuidado, água aquecida entre 40 e 42°C, até que atinja as fezes e estas fiquem parcialmente submersas.
- Deixar em repouso por 30 minutos. Nesse tempo, as larvas migram para a água e se concentram na haste do funil, logo acima da placa de Mohr.
- Recolher o líquido da haste do funil num vidro de relógio ou numa placa de Petri, abrindo ligeiramente a pinça de Mohr.
- Examinar em microscópio entomológico ou em microscópio com pequeno aumento, no próprio recipiente que recolheu o material.
- Havendo larvas, retirá-las com pipeta Pasteur, colocá-las em lâmina de microscópio, recobri-las com lamínula e examiná-las ao microscópio comum, para identificação.

Método de Rugai

Rugai simplificou o método de Baermann, utilizando a própria latinha como receptáculo para as fezes e um cálice de sedimentação, em vez de funil.

Técnica:

- Abrir a latinha de fezes recente e sem preservativos e retirar o material suficiente para os outros exames. O restante das fezes permanece na latinha, que é envolvida por duas a quatro camadas de gaze (duas camadas para fezes formadas e quatro para fezes pastosas). A gaze é amarrada atrás da latinha, por meio de um barbante.
- Tomar um cálice de sedimentação, afunilado e encaixar dentro dele a latinha, de boca para baixo, deixando o barbante para fora do cálice.
- Com cuidado, juntar água morna, a 45°C, dentro do cálice, até que as fezes fiquem parcialmente submersas. (Figura lb).
- Deixar em repouso por 30 minutos. Nesse tempo, as larvas migram para a água e se concentram no fundo do cálice.
- Recolher o sedimento que se formou, por meio de uma pipeta Pasteur, num tubo de ensaio ou numa placa de Petri.

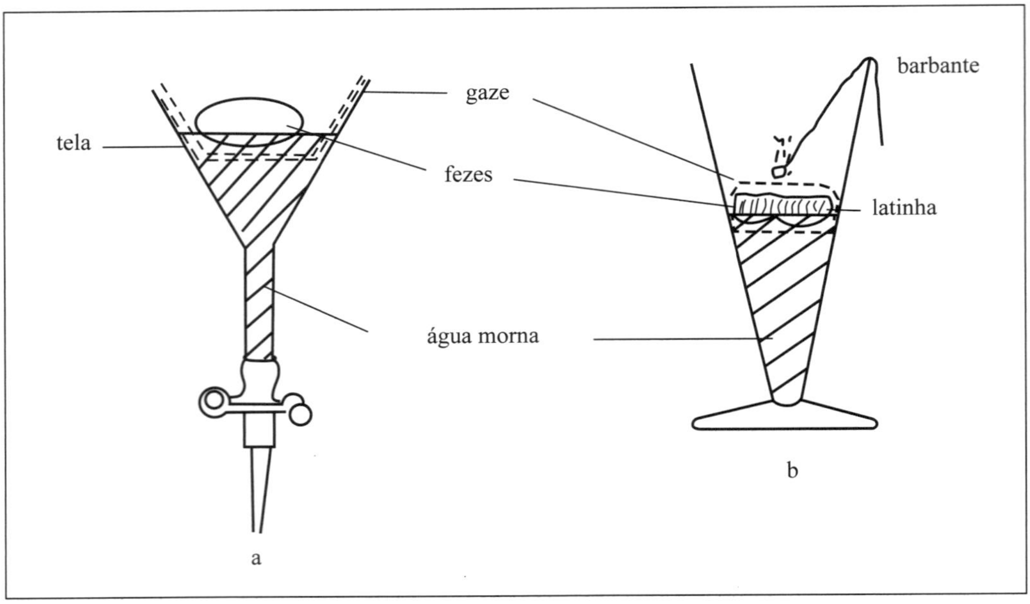

Fig. 37.1 – Concentração por migração, a - método de Baermann e b - método de Rugai

– Examinar ao microscópio entomológico ou em microscópio com pequeno aumento.
– Havendo larvas, retirá-las com pipeta Pasteur, colocá-las em lâmina de microscópio, recobri-las com lamínula e examiná-las ao microscópio comum, para identificação.

Métodos de contagem de ovos nas fezes

Em infecções de helmintos que apresentam uma liberação relativamente constante de ovos, tem sido usada a contagem de ovos para a avaliação da intensidade da infecção.

Apesar de desenvolvidos para a contagem de ovos de ancilostomídeos, esses métodos têm sido usados também para a contagem de ovos de *Ascaris lumbricoides* e de *Trichuris trichiura.* As contagens são apenas estimativas, uma vez que há variações diárias e que apresentam estreitas ligações com a dieta e com o sistema imunológico do hospedeiro.

A contagem pode ser útil na determinação do papel da infecção na doença (como, por exemplo, na anemia) e na verificação do sucesso ou não do tratamento.

Entre nós, a maior aplicação dos métodos é a contagem de ovos de *Shistosoma mansoni* nas fezes.

a) *Contagem de ovos nas fezes pelo método de Stoll*
– Usar um frasco de Stoll, que é um Erlenmeyer com duas marcas no gargalo, correspondendo aos níveis de 56 mL e de 60 mL.
– Encher o frasco até o nível de 56 mL com soda decinormal.
– Colocar fezes até atingir a marca dos 60 mL. A diluição se torna de 1:15, isto é, em 15 mL da suspensão há 1 g de fezes.
– Colocar pérolas de vidro dentro do frasco, tampar com rolha de cortiça ou de borracha e agitar bem até homogeneizar a suspensão de fezes.
– No dia seguinte (de 12 a 16 horas depois), estando os resíduos fecais bem homogeneizados, agitar bem o frasco e pipetar 0,15 mL do material numa lâmina de microscopia, recobrir com uma lamínula de 24 x 32 mm e contar os ovos existentes, ao microscópio, com aumento médio.
– O número de ovos encontrados, multiplicado por 100, dá o número de ovos por gramo de fezes.
– Se não encontrarmos ovos, o resultado deve ser de: menos de 100 ovos por gramo de fezes.

b) *Contagem de ovos nas fezes pelo método de Kato*
– Colocar uma pequena porção de fezes frescas ou conservadas em MIF ou em formalina sobre papel higiênico ou toalha de papel absorvente.
– Colocar sobre as fezes uma tela metálica de 7x5 cm, de malha 180 e comprimir com o auxílio de um bastão, até obter cerca de 100 a 200 mg de fezes coadas.
– Pesar 50 mg da amostra e colocar sobre uma lâmina de microscopia de 26 x 76 mm e cobrir com um retângulo de papel celofane absorvente embebido (pelo menos por 24 horas) em solução de glicerina-verde malaquita (glicerina

500 mL, água destilada 500 mL e solução a 3% de verde malaquita 5 mL).

- Comprimir o retângulo de celofane, de modo que as fezes se espalhem homogeneamente abaixo dele.
- Deixar a lâmina sobre a mesa durante 1 hora, para se obter a transparência do material.
- Contar os ovos dentro de 1 hora ou guardar (indefinidamente) a lâmina em caixa plástica bem fechada.
- O número de ovos contados, nos 50 mg de fezes, é corrigido para 1.000 mg (1 g), pela seguinte fórmula:

$$\text{N}^{\circ} \text{ por grama} = \frac{\text{N}^{\circ} \text{ encontrado x 1.000}}{50}$$

(P. ex.: Se contamos 8 ovos, o resultado é de 160 ovos por grama).

- Se não encontramos ovos na preparação de 50 mg, o resultado deve ser de: menos de 20 ovos por grama de fezes.

Preparações perianais

As preparações perianais são muito úteis para a detecção de infecções por *Enterobius vermicularis,* podendo ser também úteis no diagnóstico de infecções por *Taenia.*

Podem ser usados tanto o me'todo da fita adesiva como o do "swab" de vaselina-parafina.

As amostras devem ser colhidas entre as 9 horas da noite e a meia-noite ou bem cedo pela manhã, antes do paciente ter defecado ou tomado banho.

Um resultado negativo só pode ser feito após o exame de amostras colhidas em vários dias, pois as fêmeas de *Enterobius* podem não migrar todos os dias. Com um exame, cerca de 55% dos casos são detectados e com três exames a percentagem sobe para 90%.

Quanto menor o número de vermes presentes no paciente, maior a possibilidade da infecção passar sem ser diagnosticada.

Como os ovos de *Enterobius* se mantêm vivos e infectantes durante semanas, todas as amostras devem ser manuseadas com cuidado.

Recomendamos que não se use mais a técnica da fita adesiva, pelo menos em hospitais, e que seja usado o método de "swab" vaselinado.

Técnicas:

a) *Método da fita adesiva (ou método de "swab" anal)*

a.1. Preparo das lâminas para colheita:

- Colocar um pedaço de fita adesiva transparente (tipo Durex), de cerca de 11,5 cm de comprimento, com 1 cm de largura, sobre uma lâmina de microscopia, deixando que sobrem 2 cm em cada extremidade.
- Colar a extremidade de um dos lados dá fita no verso da lâmina.
- Na outra extremidade livre, colar um papel de 1 x 2 cm, para servir de rótulo.
- Fornecer 3 dessas lâminas à pessoa responsável pelo paciente e explicar a técnica de colheita.

a.2. Técnica de colheita:

- Imediatamente antes da colheita, pegando na parte da fita com papel, descolar a fita em toda a extensão da lâmina, menos na parte aderente à face posterior da mesma.
- Colocando atrás da lâmina uma espátula de madeira, rebater a fita adesiva que está solta, por trás da espátula, de modo a deixar a fita com sua face inerte apoiada na espátula.
- Segurando o conjunto lâmina-espátula-fita adesiva com uma das mãos, separar as nádegas do paciente com a outra mão e pressionar a superfície adesiva da fita em várias áreas da região perianal.
- Retirar o conjunto, desprezar a espátula e colar novamente a fita adesica (como o material já colhido) em sua posição original.
- Repetir o mesmo com as outras duas lâminas, usando espátulas novas.
- Embrulhar as lâminas em papel e levá-las ao laboratório.
- No laboratório, as lâminas são rotuladas com o número do exame e com as iniciais do paciente.

a.3. Exame microscópico:

- O exame das preparações é feito com objetiva de 10X e com luz reduzida. Qualquer achado deve ser confirmado com objetiva de maior aumento. Toda a superfície da fita deve ser observada ao microscópio. Para facilitar a visualização, a fita pode ser clareada com tolueno (desprender a fita, colocar o tolueno e pressionar a fita para o seu lugar, com uma gaze ou algodão).

b) *Método de "swab" vaselinado*

b.l. Preparo do "swab" vaselinado

- Mergulhar "swabs" de algodão numa mistura de 4 partes de vaselina e 1 parte de parafina, até a cobertura total do algodão, aquecida em banho-maria.
- Retirar os "swabs" e deixar esfriar.

– Colocar cada "swab" num tubo de 13 x 100 mm, tamponando com algodão.
– Conservar em geladeira.

b.2. Técnica de colheita
– Retirar o "swab" do tubo e segurá-lo numa das mãos.
– Com a outra mão, separar as nádegas do paciente e pressionar o "swab" vaselinado na superfície perianal, inclusive nas pregas perianais.
– Introduzir a metade do "swab" no orifício anal e girá-lo.
– Retirar o "swab", recolocá-lo em seu tubo de origem e enviá-lo ao laboratório. Rotular e identificar.

b.3. Exame da preparação:
– Colocar 2 a 3 mL de solvente no tubo contendo o "swab", espremer bem, para dissolver a vaselina e desprender a amostra colhida.
– Retirar, o "swab", desprezando-o com cuidado e centrifugar o tubo.
– Desprezar o sobrenadante e examinar o sedimento ao microscópio.

c) *Método de colocação de protozoários (coloração de hematoxilina férrica)*

Vários autores ressaltam a importância de se fazer colorações permanentes para a demonstração e a identificação precisa de protozoários intestinais.

Pelo exame direto, um microscopista experiente pode, eventualmente, confundir certas espécies de protozoários (p. ex., *Giardia lamblia* ou *Entamoeba colí).* Muitas vezes, só a coloração permanente permite a identificação de uma *Entamoeba histolytica.*

Entre nós, a coloração utilizada, em quase todos os laboratórios é a coloração pela hematoxilina férrica, de Heidenhein.

É fundamental que as fezes sejam diarréicas ou que os pacientes sejam submetidos a um purgativo salino ou a um enema. A coloração deve ser iniciada no máximo 20 minutos após a emissão, em material sem conservação.

Para se corar uma lâmina pela hematoxilina férrica, as fezes não podem ser preservadas em formalina ou em MIF, pois a fixação não é satisfatória para detalhes e há a tendência de se formar um precipitado turvo.

Não sendo possível obter o material fresco, o material tem de ser conservado em fixador de Shaudinn, com a seguinte fórmula: 140 g de bicloreto de mercúrio num litro de água destilada e 500 mL de álcool a 95%. Antes do uso, juntar 5 mL de ácido acético glacial para cada 100 mL de solução.

Para a preservação das fezes, fornecer ao paciente um frasco de boca larga, com tampa, contendo o fixador de Shaudinn até a metade de sua capacidade.

Instruir o paciente para colocar no frasco 1 volume de fezes para 3 de fixador. Para isso, convém marcar previamente o frasco no nível a ser atingido após a adição das fezes. Misturar bem e conservar o frasco em geladeira, se não for imediatamente enviado ao laboratório.

Técnicas:

a) *Reagentes necessários:* fixador de Shaudinn, álcoois a 50%, 70%, 80%, 90% e absoluto, álcool a 70%, iodado, alúmen de ferro a 2%, hematoxilina férrica a 0,5%, creosoto de faia, resina sintética ou bálsamo-do-canadá.

Hematoxilina férrica a 0,5%

Cristais de hematoxilina	0,5 g
Álcool a 95%	10 mL
Água destilada	90 mL

A hematoxilina tem de ser de boa qualidade (Merck ou Harleco), colocada em gral de vidro, triturada e, aos poucos, diluída com o álcool. Depois de completado o volume de álcool, juntar a água e filtrar em papel de filtro. Adicionar algumas gotas de água oxigenada a 10 volumes, colocar em frasco de cor âmbar com rolha de vidro esmerilhado.

Alúmen de ferro a 2%

Alúmen de ferro, p.a	2 g
Água destilada	98 mL

Somente usar cristais de alúmen de ferro com coloração bem violeta e produto p.a. (pró-análise). Preparar pouco tempo antes do uso e desprezar soluções mais antigas.

Álcool a 70%, iodado

Acrescentar cristais de iodo em álcool a 70% até obter uma solução escura, concentrada. Para uso, diluir essa solução concentrada com álcool a 70%, até tomar uma coloração de vinho do Porto.

b) *Preparo das amostras de fezes*

b.1. *Preparo de fezes recentes*
– Com fezes não fixadas e colhidas há menos de 20 minutos, fazer esfregaços em lamínulas finas, presas por um dos ângulos num pedaço de rolha de borracha, que serve de sustentação e possibilita sua manipulação durante todo o processo de coloração. Várias lamínulas podem ser

coradas ao mesmo tempo, sendo as identificações feitas nos suportes.

- Os esfregaços não devem ser muito finos nem muito espessos. Se as fezes forem muito líquidas ou se o material for proveniente do filme que se forma no método de Faust, conseguimos a aderência misturando-o em soro humano inativado ou em fezes humanas de pessoas sem protozoários intestinais.
- Os esfregaços nunca podem secar, durante todo o processo. Colocamos os suportes contendo as lamínulas no fixador de Shaudinn (em placa de Petri), com a face com material voltada para baixo. Fixar durante 15 minutos.

b.2. Preparo de fezes fixadas pelo liquido de Shaudinn

- O material fixado é homogeneizado, para se obter uma suspensão homogênea e em seguida é centrifugado a 2.000 rpm, durante 2 minutos.
- O sedimento é misturado com soro humano inativado.
- Ao preparar o esfregaço na lamínula, umedecê-la previamente com soro humano inativado e colocá-la no suporte descrito acima.
- Fixar novamente o material em líquido de Shaudinn, durante apenas 2 minutos, com a face com material voltada para baixo.

c) *Coloração de hematoxilina férrica e montagem*

Terminada a passagem no líquido de Shaudinn, os suportes contendo as lamínulas passam pelo seguinte:

- Álcool a 50% . . . . 2 minutos
- Álcool a 70% . . . . 2 minutos

Obs.: nesta fase, os suportes com as lamínulas podem ser guardados em álcool a 95%, para coloração posterior. Para continuar, então, a coloração, repetir a passagem de 2 minutos em álcool a 70%.

- Álcool a 70% . . . . 2 minutos
- Álcool a 50% . . . . 2 minutos
- Passar rapidamente em água
- Alúmen de ferro a 2% . . . . 5 minutos
- Água corrente . . . . 2 minutos
- Hematoxilina fétrica a 0,5% . . . . 5 a 19 minutos
- Água corrente . . . . 2 minutos
- Diferenciar em alúmen de ferro a 2% até o desaparecimento da coloração azulada
- Água corrente . . . . 15 minutos
- Álcool a 80% . . . . 2 minutos
- Álcool a 90% . . . . 2 minutos
- Álcool absoluto . . . . 2 minutos
- Passar em creosoto de faia, aquecendo até a emissão de vapores e continuar por 2 mintuos.
- Montar em resina sintética ou em bálsamo-do-canadá, diluídos.
- Rotular, deixar secar em estufa e examinar ao microscópio.

EXAMES PARASITOLÓGICOS DO SANGUE

Colheita de amostras de sangue

Em geral são colhidas amostras de sangue periférico, sem anticoagulantes, por punção da polpa digital ou do lobo da orelha. Pode ser usado sangue com anticoagulante se as preparações forem feitas dentro de 1 hora após a colheita, mas as colorações de preparações feitas com sangue sem anticoagulante se coram melhor.

Para determinados exames, como na pesquisa de microfilárias pelo exame a fresco, é colhido sangue venoso em EDTA. O exame microscópico desse sangue, logo após a colheita (sangue puro ou diluído com solução fisiológica), evidencia as microfilárias móveis.

Afora esses raros exames, no laboratório clínico não se faz pesquisa de parasitos em preparados de sangue a fresco, isto é, sem coloração. Mesmo quando o exame a fresco é possível, o encontro do parasito é problemático.

O sangue colhido é sistematicamente depositado em lâmina de microscopia, para a elaboração de esfregaço e de gota espessa.

Recomenda-se que as duas preparações sejam feitas, mas em lâminas separadas, pois são processadas de modo diverso.

As lâminas usadas devem ser novas, isentas de gordura e não podem estar riscadas.

Hora da colheita do sangue

O encontro de parasitos no sangue periférico varia com a espécie do parasito, com o ciclo evolutivo e com o grau de infecção. Algumas amostras de sangue contêm poucos parasitos e podem passar como negativas. Outras vezes, como na malária, os trofozoítos jovens se apresentam em forma de anel, o que dificulta a identificação da espécie.

O melhor horário para a colheita de amostras de sangue é a metade do tempo entre as crises de febre. Essa regra, no entanto, não é rígida. Se houver suspeita da presença de *Plasmodium faciparum,* especialmente no estágio agudo precoce, os parasitos podem ser numerosos no momento do pique da febre.

Algumas microfilárias (p. ex., a *Wuchereria bancrofti)* podem ser encontradas somente à noite, entre as 22 horas e as 2 horas da madrugada.

Preparo dos esfregaços de sangue

Os esfregaços de sangue apresentam uma grande área, na lâmina de microscopia, onde a camada celular é única e as hemácias estão ligeiramente separadas entre si.

As lâminas devem ser cuidadosamente preparadas, de acordo com a técnica de preparo de esfregaços de sangue descrita na parte referente à Hematologia.

Preparo de lâminas de gota espessa

Ao preparar uma lâmina de gota espessa, devemos tomar as mesmas precauções de limpeza da lâmina de microscopia exigidas na preparação de esfregaços hematológicos.

Colocamos 2 a 3 gotas de sangue no centro da lâmina de microscopia e com o canto de outra lâmina, espalhamos o sangue numa área de $1cm^2$.

Não pode ser colocado muito pouco sangue na lâmina, para que o material não seja apenas um esfregaço pequeno, nem o material pode ficar muito espesso, para não descolar durante o processo de coloração.

Espalhado o sangue na pequena área, deixamos a lâmina em posição horizontal, à temperatura ambiente, para secar.

Essa secagem leva pelo menos algumas horas. Em geral, a coloração é feita no dia seguinte.

Fixação do material

Enquanto os esfregaços de sangue têm de ser fixados por imersão em metanol (álcool metílico), por alguns segundos e secos ao ar, as preparações de gota espessa não podem ser fixadas.

No caso de gota espessa é necessário que o corante (aquoso) lise as várias camadas de hemácias, o que a fixação iria impedir. Se o corante não for aquoso, as lâminas devem ser antes desemoglobinadas com água destilada.

Coloração

COLORAÇÃO DE GIEMSA EM PARASITOLOGIA

Em parasitologia de laboratório clínico usa-se, em geral, a coloração de Giemsa, tanto para esfregaços (já fixados pelo metanol), como para gota espessa recente, preparada até 24 horas antes. Ultrapassado esse tempo, as preparações de gota espessa devem ser hemolisadas em água, antes da coloração. Se muito antigas, as lâminas devem sofrer o seguinte tratamento: Devem ser primeiramente mergulhadas em formalina a 2% durante 5 minutos e, sem serem lavadas, são mergulhadas em solução de Known (ácido acético a 2%, 80 mL e ácido tartárico a 2%, 20 mL). Lavar em seguida, por duas vezes, em água tamponada, pH 7,2 e secar ao ar.

O corante de Giemsa em pó é de difícil preparo no laboratório e deve ser comprado pronto, de boa procedência.

Solução estoque: 3 g de corante de Giemsa em pó em 260 mL de metanol. Juntar 140 mL de glicerol p.a. Juntar pérolas de vidro e misturar bem. Manter o frasco bem fechado. Filtrar, se necessário, ao usar.

Solução de uso para esfregaços e gotas espessas recentes: 1 parte de solução estoque em 50 partes de água tamponada com fosfatos, pH 7,2 (juntar 100 mL de tampão fosfato M/15, pH 7,2 a 900 mL de água destilada).

Solução de uso para gotas espessas antigas: partes iguais de solução estoque e de água tamponada com fosfato, pH 7,2.

Nota: as soluções de uso devem ser preparadas diariamente, a partir da solução estoque.

Para corar, mergulhar as lâminas em cuba contendo a solução de uso, mantendo-as aí durante o seguinte tempo:

esfregaços e gotas espessas	
recentes	45 minutos
gotas espessas antigas	60 minutos

Depois de coradas, as lâminas são lavadas em água tamponada, pH 7,2 e secas ao ar.

Pela coloração de Giemsa, os núcleos dos leucócitos ficam de cor azul-arrocheado e o citoplasma e grânulos citoplasmáticos ficam de cores diferentes, dependendo do tipo de leucócito. Os parasitos da malária apresentam uma cromatina violeta-avermelhada, um citoplasma azul, pigmentos de marrom-dourado a dourado ou pretos. Se o pH estiver correto, observam-se os corpúsculos de Schuffner como finos grânulos vermelhos ou róseos.

COLORACÃO DE MAY-GRUNWALD-GIEMSA EM PARASITOLOGIA

Para obter maiores detalhes das estruturas internas de formas em leishmania, usa-se a coloração de May-Grünwald-Giemsa.

Para isso, o laboratório clínico deve adquirir o corante de May-Grúnwald em pó e preparar uma solução estoque contendo 0,3 g do corante em 100 mL de metanol. Esperar 2 a 3 dias antes de usar. Para usar, filtrar e misturar volumes iguais da solução estoque com água tamponada de fosfatos, pH 7,2 (ver acima).

Para corar, cobrir o esfregaço com a solução de uso durante 1 minuto. Escorrer a lâmina, sem lavá-la e acrescentar solução de uso, de Giemsa (mas contendo 1 parte da solução estoque de Giemsa e 1 parte de água tamponada de fosfatos, pH 7,2). Corar por 20 a 30 minutos.

Lavar em tampão fosfato pH 7,2 e secar ao ar.

EXAMES PARASITOLÓGICOS DE SECREÇÕES, DE ÚLCERAS DA PELE E DE OUTROS MATERIAIS

Secreção vaginal

O exame da secreção vaginal para a pesquisa de *Trichomonas vaginalis é* um exame muito solicitado ao laboratório clínico, especialmente agora, que a tricomoníase é considerada doença sexualmente transmissível.

O material deve ser colhido pela manhã, antes da higiene íntima e sem que a paciente esteja em tratamento.

Deve ser colhido bastante material, se possível com pipeta e colocado em tubo estéril contendo solução salina estéril. Enviar imediatamente ao laboratório.

O melhor material é colhido com uso de espéculo vaginal sem lubrificante, diretamente do fundo de saco vaginal (saco de Douglas). Havendo suspeita médica e, mesmo sem a paciente ter se lavado, for encontrada pouca secreção, fazemos uma lavagem do fundo de saco com 4 a 6 mL de solução fisiológica estéril e recolhemos o líquido, para exame.

Se o material for abundante pode ser colhido com "swab" de algodão estéril e imediatamente mergulhado em solução fisiológica, também estéril.

O material colhido deve ser examinado entre lâmina e lamínula (a fresco), para se procurar formas de *Trichomonas,* móveis (trofozoítos). Se o material for muito espesso, diluímos com solução fisiológica. Se muito escasso, centrifugamos e examinamos o sedimento. Alguns livros recomendam colorações para *Trichomonas,* mas na prática, não funcionam a contento. São raras as formas que se coram, mesmo numa preparação rica em trofozoítos.

Secreção uretral

No homem, é difícil o encontro de *Trichomonas vaginalis,* pois estes parasitos estão aderentes ao epitélio do meato urinário e raramente são eliminados no material eliminado pela uretra, em quantidade suficiente para serem detectados.

É necessária uma raspagem da uretra, com uma pequena cureta ou mesmo com a alça bacteriológica. Para a raspagem, o instrumento usado é introduzido na uretra, numa profundidade de 2 a 2,5 cm, é rodado e retirado. O material é suspenso numa gota de solução fisiológica previamente colocada numa lâmina de microscopia, coberto com lamínula e examinado com médio aumento.

Não devemos usar "swab" na colheita, pois o material, que é escasso, iria ser absorvido pelo algodão e as *Trichomonas* não seriam detectados.

A pedido do médico assistente, podemos procurar *Trichomonas* na secreção uretral (ou no sedimento urinário da urina do 1º jato), após massagem prostática. A secreção uretral é colhida com alça bacteriológica e transferida para um tubo de ensaio contendo uma pequena quantidade de solução fisiológica (cerca de 0,5 mL).

Material de lesões cutâneas

Dependendo da região geográfica em que se situa o laboratório clínico, terá necessidade de procurar parasitos em úlceras cutâneas, para o diagnóstico da leishmaniose. Essas lesões são ulcerações de bordos endurecidos, fundo granuloso, indolores, sangram facilmente e só se apresentam nas partes descobertas do corpo.

Os esfregaços (do tipo usado em bacteriologia) são preparados do seguinte modo:

- limpar bem a área com álcool a 70% e depois com solução fisiológica.
- raspar as bordas com uma espátula de metal sem corte e esperar a exsudação da linfa no local raspado.
- colher a linfa (evitar pus ou detritos celulares) e preparar duas ou mais lâminas. Secar ao ar e enviar ao laboratório.
- a fixação é feita pelo metanol e a coloração pelo Giemsa.

Outros materiais

Dependendo do tipo de laboratório de análises clínicas, se particular, de hospital ou de Saúde Pública, da região em que funciona e do tipo de especialistas médicos que enviam exames para o laboratório, outros materiais também são examinados para a pesquisa de parasitos.

Na maioria das vezes, os parasitos são pesquisados pelo exame direto, sendo líquidos, são previamente centrifugados e o exame é feito a partir do sedimento.

Eventualmente, os materias podem ser preservados em MIF e corados pelo método de Giemsa.

Hoje em dia, em que exames endoscópicos são rotineiros para um grande número de suspeitas clínicas, é comum o laboratório receber materiais colhidos por endoscopistas para diagnóstico microbiológico, micológico e parasitológico.

Outras vezes, o laboratório recebe líquido céfalo-raquidiano, materiais de abscessos, de nódulos subcutâneos, de gânglios linfáticos ou então biopsiais de tecido retal, de músculo esquelético, etc.

Como, em geral, o material é destinado a vários exames, o parasitologista separa uma alíquota, para os exames a seu encargo e envia o restante para os outros setores do laboratório.

Nos casos de biópsias de tecidos, tritura um pouco o seu material e examina uma suspensão do mesmo ao microscópio (exame direto) ou prepara lâminas com a impressão do tecido e as cora posteriormente.

Para se ter uma noção dos materiais não fecais que são geralmente submetidos a exames parasitológicos, veja a Tabela abaixo.

Tabela 37.1

Amostras não fecais, para diagnóstico parasitológico

Amostra	*Parasito*	*Estágio encontrado*
Aspirado duodenal	*Strongyloides stercoralis*	larvas
	Giardia lamblia	trofozoítos
Biópsia de fígado	*Shistosoma mansoni*	ovos
	ascarídeos não humanos (larva migrans visceral)	larvas
	Entamoeba histolytica	trofozoítos
	Echinococcus granulosus	cisto hidático
	Trypanosoma cruzi	leishmania
	Leishmania donovani	leishmania
Biópsia de músculo	*Trichinella spirallis*	larvas
Biópsia retal	*Shistosoma mansoni*	ovos
Biópsias (outras)	*Taenia solium*	cisticerco
	Echinococcus granulosus	cisto hidático
	filarias	adulto
	Trypanosoma cruzi	leishmania
	Entamoeba histolytica	trofozoítos
	Pneumocistis carinii	cistos e trofozoítos
	Toxoplasma gondii	cistos e trofozoítos
	Leishmania brasiliensis	leishmania
Cisto líquido	*Ecchinococcus granulosus*	areia hidática
	Entamoeba histolytica	trofozoítos
Escarro	*Ascaris lumbricoides, Ancylostomidae* ou *Strongyloides stercoralis* (raramente)	larvas
Líquido céfalo-raquidiano	Amebas de vida livre	trofozoítos
	Toxoplasma gondii	trofozoítos
Sangue	plasmódios	trofozoítos, esquizontes e gametócitos
	Toxoplasma gondii (raramente)	trofozoítos,
	Leishmania donovani (raramente)	leishmania
	filarias	microfilárias
	Trypanosoma cruzi	tripanossomo
“Swab” anal	*Enterobius vermicularis*	ovos
	Ascaris lumbricoides	ovos
Urina	*Trichomonas vaginalis*	trofozoítos

38

Protozoários Intestinais e Cavitários

INTRODUÇÃO

Vários protozoários habitam o intestino e algumas áreas cavitárias do homem. Alguns deles podem produzir doença no homem: *Entamoeba histolytica, Dientamoeba fragilis, Giardia lamblia, Trichomonas vaginalis, Balantidium coli, Isospora belli* e *Sarcocystis* sp.

O diagnóstico é geralmente morfológico, pela demonstração de cistos ou trofozoítos.

É importante que se reconheça também os protozoários não patogênicos e que sejam diferenciados dos patógenos potenciais acima mencionados. Entre esses protozoários não patogênicos vamos estudar: *Entamoeba hartmanni, Entamoeba coli, Endolimax nana, Iodamoeba butschlii, Trichomonas hominis* e *Chilomastix mesnili.*

Vamos considerar também alguns erros diagnósticos baseados em objetos não parasitários e que podem ser confundidos com parasitos, como, por exemplo, a levedura *Blastocystis hominis,* confundida com cisto de protozoário.

AMEBAS

As amebas, pertencentes à classe *Rhizopoda,* movem-se pela emissão de pseudópodos.

Dentre as amebas encontradas nas fezes do homem, três pertencem ao gênero *Entamoeba: Entamoeba histolytica, Entamoeba hartmanni* e *Entamoeba coli* e três a outros gêneros: *Endolimax nana, Iodamoeba butschlii* e *Dientamoeba fragilis.*

Como a diferenciação, em laboratório clínico, deve ser feita entre as amebas patogênicas e outras formas que com elas possam ser confundidas, vamos estudar a *Entamoeba histolytica,* comparando-a com a *Entamoeba hartmanni* e a *Entamoeba coli* e a *Dientamoeba fragilis,* comparando-a com a *Endolimax nana* e a *Iodamoeba butschlii.*

Entamoeba histolytica

A amebíase é contraída pela ingestão de alimentos ou água contaminados com cistos de *Entamoeba histolytica.* No ciclo evolutivo surge uma forma trofozoítica pequena (minuta), que vive na luz intestinal e que é comensal, não produzindo doença. Essa forma, eventualmente, transforma-se na forma invasiva (magna), patogênica. Aparece a colite amebiana, com períodos alternados de constipação e diarreia, com intervalos assintomáticos. Ocasionalmente surge a disenteria amebiana, com graves ulcerações hemorrágicas do cólon, com toxicidade e que pode evoluir para perfuração intestinal, peritonite e morte. Outra evolução invasiva é a disseminação pela via hematogênica e formação de abscessos metastáticos em outros órgãos, geralmente no fígado (em 5% dos casos não tratados).

Na identificação da *Entamoeba histolytica,* a partir de fezes recentes, vamos estudar os aspectos de seu trofozoíto e de seu cisto, tanto em exame a fresco como após coloração, comparando-os com as formas das outras duas *Entamoebas,* não patogênicas.

TROFOZOÍTOS

Exame a fresco dos trofozoítos

Trofozoítos de *Entamoeba histolytica* presentes em fezes recentes, líquidas, suspensas em solução fisiológica, se apresentam com movimento direcional uniforme, emitindo longos pseudópodos a partir de um ectoplasma bem diferenciado do endoplasma, que é mais granuloso. Os trofozoítos são geralmente alongados. Os núcleos não são visíveis.

Os trofozoítos da *Entamoeba hartmanni* são menores, de movimentação semelhante porém abrupta.

Os trofozoítos de *Entamoeba coli* são mais arredondados, não apresentam movimentação direcional e podem apresentar vários pseudópodos, que são pouco diferenciados do endoplasma. Os núcleos podem ser visíveis.

Exame dos trofozoítos corados

Pela coloração dos trofozoítos podem ser vistos detalhes importantes para a classificação das *Entamoebas*. (Fig. 38.1).

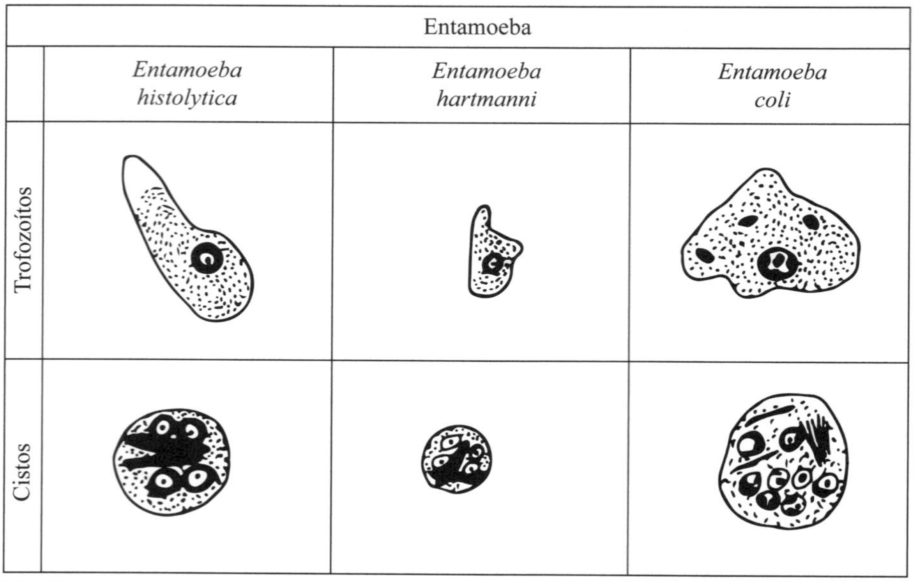

Fig. 38.1 – Entamoeba.

Os núcleos dos trofozoítos corados

Tipicamente: nos casos típicos os núcleos de *Entamoeba histolytica* apresentam cromatina homogeneamente distribuída pela face interna da membrana nuclear e um cariossomo arredondado central, delicado. Os núcleos da *Entamoeba hartmanni* são semelhantes e os da *Entamoeba coli* apresentam cromatina mais irregularmente distribuída, o cariossomo é maior e mais irregular, algumas vezes apresentando fragmentos de cromatina na cariolinfa (Fig. 38.2).

Atipicamentè: em casos atípicos, há variações. Podem ocorrer *Entamoeba histolytica* e *Entamoeba hartmanni* com cariossomos excêntricos e com cromatina mal distribuída na periferia do núcleo. Pode ainda aparecer *Entamoeba coli* com cariossomo central, delicado e cromatina bem distribuída. Devido a essas atipias, não podemos considerar nenhuma característica de núcleo, por si só, suficiente para a classificação de uma entamoeba.

Os citoplasmas dos trofozoítos corados

O citoplasma da *Entamoeba histolytica* e o da *Entamoeba hartmanni* geralmente apresentam poucas inclusões fagocitárias e são delicadamente corados. Em trofozoítos velhos, em degeneração, aparecem vários vacúolos e fungos. O citoplasma dos trofozoítos da *Entamoeba coli* cora-se mais intensamente, apresenta numerosas bactérias fagocitadas e é bastante vacuolizado.

CISTOS

Exame a fresco dos cistos

Os cistos de *Entamoeba* a fresco, suspensos em solução fisiológica, aparecem como estruturas redondas, refráteis. Os corpos cromatóides podem ser visíveis. Os núcleos da *Entamoeba histolytica* não são visíveis no material a fresco suspenso em solução fisiológica. Em material fixado pela formalina, os núcleos de *Entamoeba* podem ser visíveis, o mesmo acontecendo com cistos corados pelo lugol diluído a 1:5.

Exame dos cistos corados

Cistos de *Entamoeba histolytica* e de *Entamoeba hartmanni* são semelhantes. Em materiais recentemente preparados podem conter glicogênio, que, pela coloração do lugol diluído a 1:5 ficam de coloração marrom-avermelhada. Em preparados mais velhos vê-se apenas vacúolos, sem coloração.

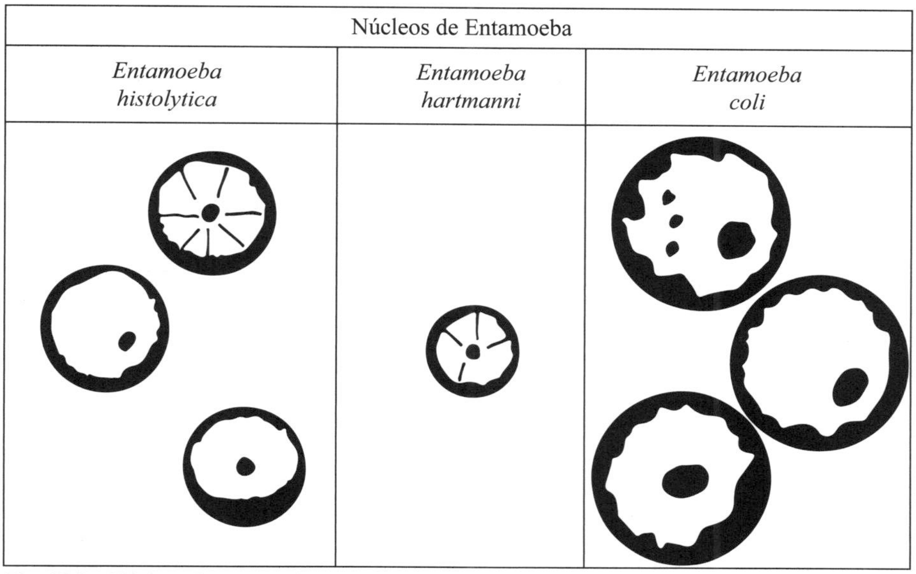

Fig, 38.2 – Núcleos da Entamoeba.

Os cistos podem conter corpos cromatóides de diferentes formatos, geralmente apresentando extremidades arredondadas.

Os cistos maduros apresentam 4 núcleos, cada um com o tamanho médio representando 1/6 do diâmetro do cisto. Cistos imaturos apresentam de 1 a 3 núcleos.

Cistos de *Entamoeba coli* podem conter glicogênio, especialmente quando imaturos e podem apresentar corpos cromatóides, geralmente como feixes ou angulares. Os cistos maduros apresentam 8 núcleos, podendo, eventualmente, mostrar 16 ou 32 núcleos. Raramente apresentam 4 núcleos, mas, quando isso acontece, o tamanho de cada núcleo é, em média, de 1/4 do diâmetro do cisto.

OBSERVAÇÕES SOBRE O DIAGNÓSTICO DA ENTAMOEBA HISTOLYTICA

A diferenciação entre *Entamoeba histolytica* e *Entamoeba hartmanni é* feita principalmente pelo tamanho, tanto dos trofozoítos como dos cistos. Como há variações de tamanho nessas duas amebas, é possível o erro diagnóstico, uma vez que as outras características são semelhantes.

Pacientes com disenteria amebiana geralmente apresentam trofozoítos de *Entamoeba histolytica* com hemácias fagocitadas em seu citoplasma. Em geral, a *Entamoeba histolytica* não ingere bactérias ou leveduras, a não ser quando em sua forma comensal, "minuta".

Essas dificuldades, somadas às observadas pelos exames a fresco e após coloração, podem impossibihtar o diagnóstico preciso de uma amebíase, no laboratório clínico.

Recentemente foi comercializado, nos Estados Unidos da América, um método imunológico, de reação enzimática (ELISA), que detecta antígenos de *Entamoeba histolytica.* É um método sensível e específico que poderá auxiliar bastante nossos laboratórios, quando puder ser usado entre nós. Infelizmente, não diferencia entre antígenos das formas minuta e magna.

Dientamoeba fragilis

A *Dientamoeba fragilis* causa uma amebíase mais branda que a produzida pela *Entamoeba histolytica,* não apresentando abscessos hepáticos. Tem sido identificada em casos de diarreia. Não há estágio de cisto e tem sido sugerido que a infecção pode ser adquirida por ovos de *Enterobius vermicularis* infectados com trofozoítos de *Dientamoeba fragilis.* Recentes estudos toxonômicos (mas ainda não oficiais) sugerem que a *Dientamoeba fragilis* seria um flagelado.

TROFOZOÍTOS

Exame a fresco dos trofozoítos

Trofozoítos de *Dientamoeba fragilis* presentes em fezes recentes, líquidas, suspensas em solução fisiológica, apresentam movimentos angulares, causados por pseudópodos denteados ou por amplos lobos hialinos, quase transparentes. Em preparações não coradas, o núcleo não é visível.

Os trofozoítos da *Iodamoeba butschlii* apresentam movimentos lentos, geralmente não progressivos. Os núcleos não são visíveis em preparações não coradas.

Os trofozoítos de *Endolimax nana* apresentam movimentos lentos, geralmente não progressivos, lançando pseudópodos bruscos. Os núcleos são ocasionalmente visíveis em preparações não coradas.

Exame dos trofozoítos após coloração

Os trofozoítos dessas três espécies são de tamanho semelhante (Fig. 38.3).

Os núcleos

Os núcleos dessas três amebas não apresentam cromatina perinuclear, como no caso das *Entamoebas*.

Em 80% dos casos a *Dientamoeba fragilis* apresenta 2 núcleos. Os cariossomos da *Dientamoeba fragilis* se apresenta como 4 a 8 grânulos, visíveis em preparados bem corados. Em alguns organismos, os grânulos parecem um grande cariossoma.

Se a *Dientamoeba* apresentar 1 só núcleo (o que acontece em 20% dos casos), a diferenciação com as outras amebas é difícil.

O núcleo da *Endolimax nana* apresenta um grande cariossoma central, sem cromatina periférica. Há núcleos com cariossomas triangulares, outros em forma de faixa e outros, ainda, com áreas separadas.

A *Iodamoeba butschlii* tem um grande cariossoma, sem cromatina na membrana nuclear. Eventualmente, os núcleos da *Endolimax nana* e da *Iodamoeba butschlii* podem ser idênticos. Contudo, os núcleos da *Iodamoeba butschlii* apresentam grânulos acromaticos que se agrupam como uma calota num lado do cariossoma ou como um círculo a envolvê-lo, chegando a turvar a cariolinfa. Infelizmente, nem sempre os grânulos acromaticos são demonstráveis, o que dificulta a diferenciação com *Endolimax nana* (Fig. 38.4).

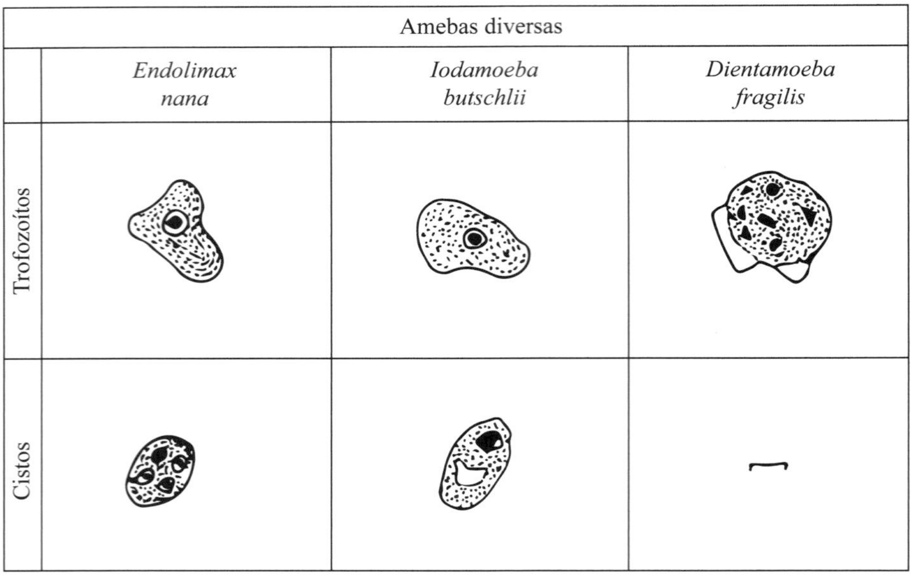

Fig. 38.3 – Amebas diversas.

Os citoplasmas

Os citoplasmas dos trofozoítos das 3 espécies são diferentes. A *Iodamoeba butschlii é* muito voraz, apresentando muitos vacúolos, bactérias e fungos. O trofozoíto da *Endolimax nana é* semelhante, com menor quantidade de material fagocitado. O citoplasma da *Dientamoeba fragilis* cora-se menos que os das outras duas amebas. Às vezes, apresenta também bactérias ingeridas.

CISTOS DE IODAMOEBA BUTSCHLII E DE ENDOLIMAX NANA

A *Dientamoeba fragilis* não tem cisto. A diferenciação entre os cistos de *Iodamoeba butschlii* e de *Endolimax nana* é geralmente fácil de ser feita.

A *Iodamoeba butschlii* apresenta cistos de formas diferentes: ovóides, elípticos, triangulares ou outras formas. O núcleo é único, apresentando um cariossoma excêntrico, com uma calota de grânulos acro-

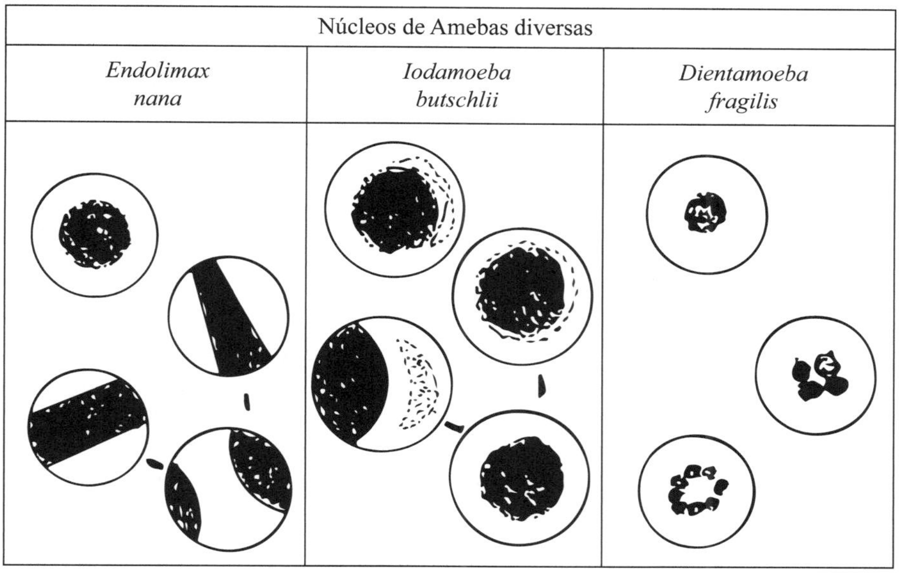

Fig. 38.4 – Núcleos de amebas diversas.

maticos adjacente. Há frequentes variações: algumas vezes o cariossoma é central, às vezes não existem os grânulos acromaticos. O cariossoma não se cora pelo lugol. Preparações recentes apresentam um grande vacúolo de glicogênio, enquanto que preparações mais antigas só apresentam vacúolo.

Os cistos de *Endolimax nana* se apresentam de forma esférica, ovóide ou elíptica. Os cistos maduros apresentam 4 núcleos, menores que o único núcleo da *Iodamoeba butschlii.* Os cariossomas coram-se pelo lugol e tomam a coloração marrom escura. Cistos jovens contêm glicogênio e se coram pelo lugol. Os cistos podem conter fibrilas cromatóides mas geralmente não apresentam os corpos cromatóides proeminentes que são encontrados nas *Entamoeba.*

Pelo visto, a simples presença de vacúolo corado pelo lugol não é suficiente para diagnosticar uma *Iodamoeba butschlii.* Pode tratar-se de um cisto de *Entamoeba histolytica* ou de um cisto jovem de *Endolimax nana.*

FLAGELADOS

Os flagelados intestinais pertencem à classe *Mastigophora.* Dentre os três que se encontram no intestino do homem *(Giardia lamblia, Chilomastix mesnili* e *Trichomonas hominis),* apenas a *Giardia lamblia é* patogênica.

Giardia lamblia

A *Giardia lamblia* é um patógeno universal. A giardíase é uma infecção parasitária do duodeno e do jejuno que causa alternâncias de diarreia e constipação, acompanhadas de desconforto abdominal alto (acima da região umbilical). Pode causar epidemias (geralmente de origem hídrica) ou casos isolados. Vários animais podem ser reservatórios de *Giardia lamblia.*

Os trofozoítos habitam o duodeno e o jejuno, onde causam inflamação da mucosa, produzindo uma síndrome de má-absorção. Os sintomas podem variar um pouco a cada dia, mas diarreias de mais de 10 dias são uma forte suspeita de giardíase.

O diagnóstico consiste na demonstração do parasito nas fezes ou no aspirado duodenal.

O número de parasitos nas fezes varia de dia a dia. Para um diagnóstico seguro, se o exame for negativo, deve ser repetido três vezes, com fezes colhidas a cada 3 dias. Se ainda negativo e houver fortes suspeitas clínicas, deve ser colhido material duodenal.

TROFOZOÍTOS

Exame a fresco dos trofozoítos

Os trofozoítos de *Giardia lamblia,* em preparações feitas de material recente, suspenso em solução fisiológica, apresentam um movimento descrito como "folha caindo". No exame a fresco não se individualiza os núcleos nem os flagelos.

Exame dos trofozoítos após coloração

Os trofozoítos de *Giardia lamblia* apresentam-se com a forma de uma pêra cortada longitudinalmente, tendo uma ventosa em forma de disco ocupando de 1/2 a 2/3 da face ventral do parasito. O parasito tem dois núcleos com grandes cariossomas, geralmente centrais, sem cromatina perinuclear.

Apresentam 4 pares de flagelos (2 ventrais e 2 caudais) e 2 axonemas; no eixo longitudinal e no centro dos organismos há um corpúsculo mediano. (Fig 38.5).

CISTOS

Exame a fresco dos cistos

Os cistos de *Giardia lamblia,* em preparados suspensos em solução fisiológica são ovóides, refringentes e apresentam fibrilas (axonemas e corpúsculo mediano) longitudinais. Não se observam os núcleos.

Exame dos cistos após coloração

Os cistos de *Giardia lamblia* são ovais. Enquanto os cistos maduros apresentam 4 núcleos, os imaturos apresentam 2 ou 3, sempre localizados em um dos pólos. O citoplasma dos cistos frequentemente se retraem de uma porção da parede celular.

Em amostras de fezes podem aparecer cistos degenerados, sem núcleos ou fibrilas. O encontro dessas formas sugere uma intensa busca de cistos típicos de *Giardia lamblia.*

Chilomastix mesnili

O *Chilomastix mesnili é* um flagelado intestinal não patogênico.

TROFOZOÍTOS

Exame a fresco dos trofozoítos

Os trofozoítos de *Chilomastix mesnili* são piriformes e quando suspensos em solução fisiológica apresentam movimentos acentuados e rotatórios. Em preparações não coradas apresentam um citóstoma e fibrilas, mas núcleos e flagelos não são visíveis.

Exame dos trofozoítos após coloração

O parasito apresenta três flagelos anteriores e 1 posterior, envolvendo o citóstoma.

O núcleo tem geralmente um cariossoma gra-nuloso e pode existir cromatina na membrana nuclear, geralmente ramificada ou com maior concentração de cromatina em um dos lados. O cariossoma pode ser central. O citóstoma, que ocupa de 1/3 a 1/2 do tamanho do trofozoíto está ao lado do núcleo e pode ser útil ao diagnóstico e deve ser focalizado com cuidado para ser visível. Transversalmente ao corpo há um sulco, que geralmente só é visível como uma irregularidade no contorno do parasito.

O trofozoíto é alongado, com uma extremidade afilada e o núcleo se situa no pólo oposto. Isso o diferencia do trofozoíto de várias amebas.

Geralmente os flagelos não são visíveis, nem com coloração.

CISTOS

Exame a fresco dos cistos

Os cistos de *Chilomastix mesnili,* suspensos em solução fisiológica, são arredondados, sem núcleos visíveis.

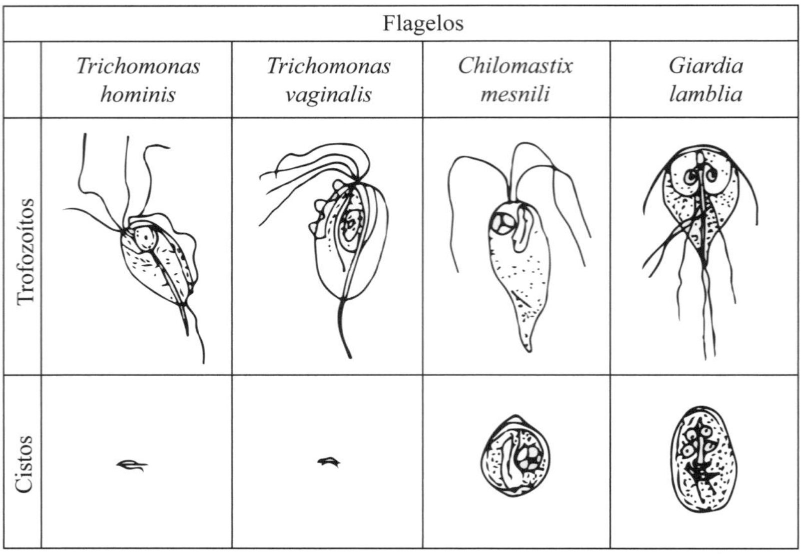

Fig. 38.5 – Flagelados intestinais e cavitários.

Exame dos cistos após coloração

Os cistos de *Chilomastix mesnili,* corados, são alongados e em forma de limão, com uma estrutura hialina semelhante a um mamilo numa das extremidades.

O núcleo geralmente é lateral e se parece com o núcleo do trofozoíto, descrito acima. Geralmente vê-se o citóstoma, com as fibrilas que o sustentam.

Trichomonas hominis

Trichomonas hominis é um flagelado comensal, que pode habitar o trato intestinal do homem. Não forma cistos e é bem pequeno. Apresenta de 3 a 5 flagelos anteriores e 1 posterior.

Suspenso em solução fisiológica, apresenta movimentos rápidos e aos solavancos e, quando retido em material fecal, pode ser vista uma membrana ondulante que nasce na extremidade anterior e que percorre toda a extensão do parasito, terminando no flagelo posterior, livre. Estendendo-se pelo centro do organismo estão um axostilo e uma haste encurvada, que marca a ligação da membrana ondulante com o organismo.

Os trofozoítos de *Trichomonas hominis* não se coram bem e podem ser difíceis de diferenciar de amebas. Quando visíveis, os núcleos apresentam vários aspectos, às vezes com cromatina periférica. A membrana ondulante também é dificilmente visível, mesmo em preparações cuidadosamente coradas.

Trichomonas vaginalis

Trichomonas vaginalis é semelhante a *Trichomonas hominis,* sendo, no entanto, uma causa de vaginite. No homem, pode causar uretrite e, ocasionalmente, prostatite. Frequentemente é assintomático no homem, portando-se este como um portador. A tricomoníase é hoje considerada uma doença sexualmente transmitida.

Trichomonas vaginalis é um pouco maior do que *Trichomonas hominis* e sua principal diferença é que, enquanto *Trichomonas hominis* tem uma membrana ondulante que se estende por toda a extensão do corpo do parasito, *Trichomonas vaginalis* apresenta uma membrana que atinge até a metade do corpo do parasito.

O diagnóstico é feito pelo exame a fresco, com o material suspenso em solução fisiológica. Os movimentos são bruscos, observando-se frequentemente a movimentação da membrana ondulante, mas não se observam detalhes.

Devido aos diferentes *habitats,* geralmente não é necessária a diferenciação dos dois parasitos.

CILIADOS

Balantidium coli

O único ciliado que parasita o homem é o *Balantidium coli.* É um parasito comum do intestino dos suínos mas pode infectar pessoas que lidam com esses animais ou com suas vísceras. A doença é semelhante à colite amebiana e pode haver doença invasiva, com ulceração do cólon, sem haver invasão de outros órgãos.

Os trofozoítos são grandes, ovóides, com a extremidade anterior mais fina e apresentam movimentos rotatórios, em parafuso. Apresentam um grande núcleo em forma de rim e um núcleo pequeno, ao seu lado. O macronúcleo é às vezes visível em preparações não coradas, como uma massa hialina. A superfície do protozoário é coberta de fileiras de cílio, espirais e longitudinais. Os trofozoítos apresentam também vacúolos retrateis.

Os cistos são grandes, esféricos ou ovais, com um grande macronúcleo visível em preparações não coradas, como uma massa hialina. Em cistos jovens são vistos o macronúcleo e os vacúolos contráteis. Em cistos velhos, a estrutura interna é granulosa (Fig. 38.6)

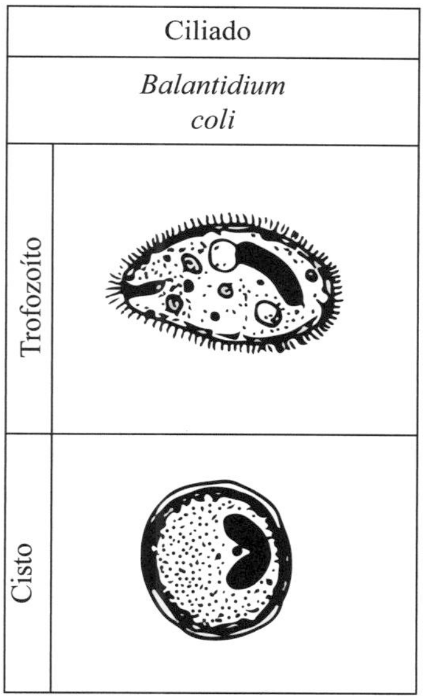

Fig. 38.6 – Ciliado intestinal.

COCCÍDEOS

Dois coccídeos podem causar doença no homem: *Isospora belli* e *Sarcocystis* sp. (antigamente conhecido como *Isospora hominis).* Ambos afetam a mucosa do intestino delgado.

Isospora belli

A *Isospora belli* causa a isosporíase, doença adquirida por contaminação fecal-oral e que determina uma síndrome de má-absorção e que geralmente e' autolimitante. A infecção da mucosa intestinal é tanto assexuada (com esquizogonia), como sexuada (com a formação de oocistos). Em fezes recentes aparecem oocistos imaturos, elipsóides, imóveis, que contêm zigotos. Posteriormente, cada zigoto se divide para formar 2 esporoblastos. Cada esporoblasto desenvolve uma parede de cisto e se torna um esporocisto, onde há 4 esporozoítos euros, em forma de salsicha (Fig. 38.7).

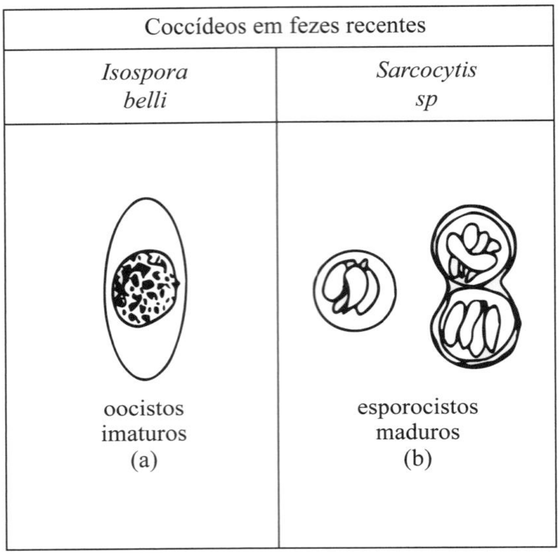

Fig. 38-7 – Coccídeos intestinais.

O diagnóstico é feito pela demonstração de oocistos imaturos pelo exame direto, por concentração ou em biópsias endoscópicas. Dentro do oocisto observa-se uma única massa granulosa. Os cistos de *Isospora belli* se assemelham a ovos *de Ancylostomidae,* mas são menores.

Sarcocystis sp.

Várias espécies de *Sarcocystis* infectam músculos de animais domésticos e podem infectar pessoas que se alimentam de carne mal passada. O homem desenvolve o estágio sexuado do parasito no epitélio do trato intestinal.

Nas fezes frescas aparecem esporocístos maduros, isolados ou aos pares, redondos ou ovais e não os oocistos imaturos encontrados na *Isospora belli.*

Antigamente os *Sarcocystis* eram chamados de *Isospora hominis.*

ARTEFATOS QUE CONFUNDEM OS EXAMES PARA A DETECÇÃO DE PARASITOSES INTESTINAIS E CAVITÁRIAS

Células

Leucócitos polimorfonucleares

Estas células, que são frequentes na disenteria e em outras doenças inflamatórias do intestino, podem ser confundidas com cistos de *Entamoeba histolytica,* em preparações coradas. A fresco geralmente não há problema, devido aos grânulos no citoplasma e os contornos celulares irregulares. Em preparações coradas, o citoplasma dos leucócitos é menos denso, frequentemente espumoso e os bordos são menos demarcados do que os da ameba. Os núcleos são mais grosseiros, grandes em relação ao tamanho da célula e de forma e tamanho irregulares. A cromatina não é distribuída homogeneamente. Estrias de cromatina podem estar unidas ao núcleo.

Macrófagos

Estas células são vistas na disenteria e em outras doenças inflamatórias do intestino e podem estar presentes também em fezes normais, sujeitas a purgativo. A confusão é com trofozoítos de amebas, especialmente de *Entamoeba histolytica.* O exame a fresco dessas células revela núcleos maiores e irregulares, com distribuição irregular de cromatina. O citoplasma é granuloso e pode conter restos de materiais ingeridos. Os limites celulares são irregulares e tênues. Os movimentos são irregulares e os pseudópodes não são bem delimitáveis. No material corado, os macrófagos são de citoplasma grosseiro. Os núcleos dos macrófagos são frequentemente irregulares, a cromatina é irregularmente distribuída, há muitos grânulos e os núcleos podem frequentemente se apresentar desintegrados.

Células epiteliais escamosas, de mucosa anal

Assemelham-se a trofozoítos de amebas. Em exame a fresco essas células apresentam núcleo refrátil e grande, citoplasma homogéneo e bordas celulares bem delimitadas. Células coradas apresentam citoplasma homogêneo, sem inclusões e um único núcleo, grande. Uma grande massa cromatínica pode simular cariossoma.

Células epiteliais colunares, da mucosa intestinal

Simulam trofozoítos de amebas. Em exame a fresco essas células apresentam um grande núcleo, refrátil, citoplasma homogéneo e bordos celulares bem delimitados. Preparados corados revelam que essas células apresentam citoplasma de aspectos variáveis, podendo ser vacuolizados. Os núcleos são grandes, com cromatina grosseira na membrana nuclear. Frequentemente há uma grande massa cromatínica central, simulando um cariossoma.

Blastocystis hominis

O *Blastocystis hominis* é um organismo leveduriforme que frequentemente cresce nas fezes e se rompe na água. Pode simular cistos de protozoários. O exame de material a fresco demonstra células esféricas a ovais, com uma área central clara. Grânulos refráteis periféricos podem se assemelhar a núcleos. Exames de materiais corados mostram que o citoplasma do *Blastocystis* apresenta massa central que pode se corar levemente ou mais acentuadamente e uma parede celular bem desenvolvida. O organismo não apresenta núcleo mas pode simular um pelo acúmulo de grânulos de vários tamanhos e aspectos.

Leveduras

Constituintes normais das fezes, as leveduras podem simular cistos de protozoários. Ao exame a fresco são ovais, de parede grossa, não apresentam estrutura interna e podem ser vistas formas em brotamento. Em preparações coradas o citoplasma é oval, com pouca estrutura interna. A parede celular é refrátil e podem ser observadas formas em brotamento. O núcleo não é confundido com núcleo de ameba.

Grãos de amido

Simulam cistos de protozoários. Ao exame a fresco se apresentam redondos ou angulares, muito refráteis e sem estrutura interna. Pelo lugol, coram-se de róseo a violeta. Em preparação coradas não apresentam problema.

39

Helmintos Intestinais

INTRODUÇÃO

No homem encontramos duas classes de helmintos intestinais: os vermes filiformes, cilíndricos (nemaltelmintos) e os vermes achatados (platelmintos).

Entre os nematelmintos estão *Enterobius vermicularis, Trichura trichiuris, Ascaris lumbricoides, Ancylostomidae* e *Strongyloides stercoralis.*

Entre os platelmintos, dois grupos de vermes infectam o homem: trematódeos e cestódeos.

Os trematódeos, entre nós, são representados pelo *Shistosoma mansoni.* Apesar de ser um helminto que vive nos vasos sanguíneos vamos descrevê-lo aqui porque seus ovos são frequentemente encontrados nas fezes.

Os cestódeos são representados pelas tênias: *Taenia solium, Taenia saginata, Hymenolepis nana* e *Hymenolepis diminuta.*

Cada helminto tem o seu ciclo evolutivo. Há ciclos simples, onde o ovo é eliminado pelas fezes, já infectado, ou se torna infectado logo após. Outros ciclos são bem complexos, havendo necessidade de uma passagem prévia por um ou mais hospedeiros intermediários.

Muitas infecções provêm da ingestão de ovos embrionados ou de larvas infectantes. Outras vêm da penetração de larvas na pele. Alguns helmintos permanecem localizados no trato gastrintestinal e outros migram por vários órgãos até se localizar no seu *habitat.*

A maioria desses helmintos é restrita ao homem mas há alguns que podem ter reservatórios em animais.

No laboratório clínico o diagnóstico das helmintoses intestinais é feito pela demonstração de um dos estágios do ciclo do parasito nas fezes ou eventualmente em outro material.

Vermes adultos ou parte deles podem ser eliminados pelas fezes e são identificados por suas características.

É importante que as fezes sejam apropriadamente colhidas e sejam recentes, para evitar a presença de helmintos de vida livre e de larvas de insetos.

Os aspectos teóricos de cada helmintose devem ser procurados em outras fontes, uma vez que nosso objetivo é apenas tratar dos exames de laboratório.

Vamos descrever as características dos helmintos encontrados em nossos laboratórios de análises clínicas, descrevendo suscintamente os seus ciclos evolutivos, para que se tenha o conhecimento necessário para examinar a amostra enviada para exame.

Veremos que o principal meio para o diagnóstico dos helmintos é a identificação dos ovos, através de suas características.

Uma característica muito importante, citada em todos os livros, é o tamanho dos ovos. Quando tratarmos dos helmintos citaremos suas medidas. No entanto, o analista experiente, mesmo sem medir os ovos encontrados, os compara mentalmente com milhares de ovos observados em exames anteriores.

A forma dos ovos e a estrutura de sua casca podem também ser importantes. A presença de estruturas, como a espícula de um *Shistosoma mansoni* pode determinar um diagnóstico.

Os ovos de um único helminto podem variar de aspecto de acordo com o seu desenvolvimento. Alguns ovos eliminados pelas fezes são inférteis, outros estão em divisão ou já se encontram embrionados, contendo larva. (Fig. 39.1).

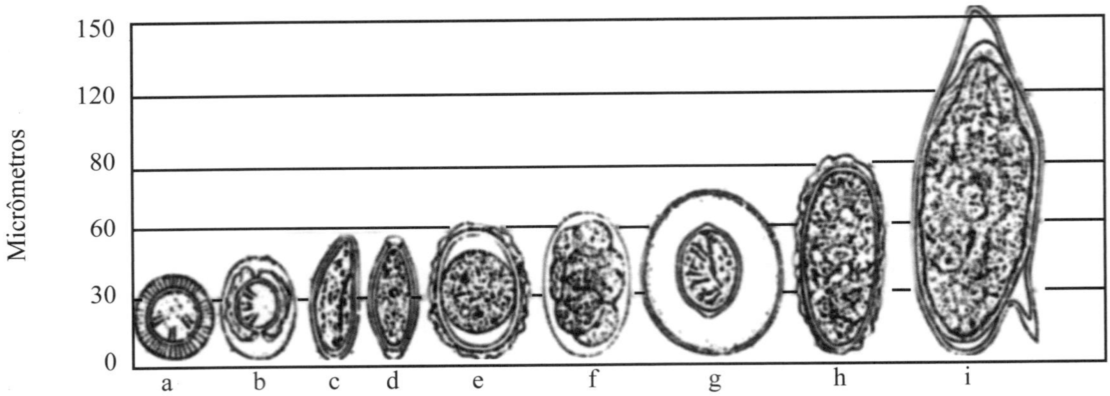

Fig. 39.1 – Tamanho relativo dos ovos de helmintos. a - Taenia; b - Hymenolepis nana; c - Enterobius vermicularis; d - Trichuris trichiura; e - Ascaris lumbricoides fértil; f - Ancylostomidae; g - Hymenolepis diminuta; h - Ascaris lumbricoides infértil; i - Schistosoma mansoni.

NEMATÓDEOS

Os nematódeos são os helmintos mais comumente encontrados, em todo o mundo. Suas infecções são diagnosticadas, em laboratório clínico, pelo encontro de ovos ou de larvas.

Enterobius vermicularis

Esse parasita causa uma das infecções mais comuns entre nós, afetando principalmente crianças, que é a enterobíase, também conhecida como oxiuríase.

CICLO EVOLUTIVO

O verme adulto vive na região cecal e adjacências. A fêmea grávida migra para o ânus geralmente quando o paciente está dormindo e deposita numerosos ovos nas pregas perianais ou em fissuras. Isso causa prurido anal e irritabilidade, na maioria dos casos.

Os ovos são infectantes ao serem emitidos ou se tornam logo depois e a infecção é adquirida por sua ingestão. Os ovos podem se espalhar pela roupa de cama e outras pessoas podem se infectar pela ingestão acidental desses ovos.

DIAGNÓSTICO DE LABORATÓRIO

Como os ovos são depositados pela fêmea na região perianal, somente 5 a 10% dos casos são diagnosticados pelo exame de fezes. É necessária uma colheita especial (ver "anal-swab" ou "swab" vaselinado, no Capítulo sobre as técnicas parasitológicas).

Eventualmente há o encontro de ovos em outros locais, como na vagina ou na cavidade peritoneal, podendo levar à formação de granulornas.

Verme adulto

A fêmea adulta mede 13 mm de comprimento, tem a extremidade posterior afilada e apresenta aletas cefálicas. Às vezes são encontradas fêmeas grávidas na região perianal ou nas fezes, que são identificadas pela morfologia do verme e dos ovos que contêm.

Ovo

O ovo é alongado, mede de 50 a 60 μm de comprimento e 20 a 30 μm de largura e apresenta uma casca de espessura moderada. O ovo se alarga em um dos lados e contém uma larva, dobrada (Fig. 39.2).

Trichuris trichiura

Esse parasito causa uma infecção comum, de ampla incidência mundial, especialmente nas áreas tropicais e subtropicais.

O verme adulto infecta o cólon, mantendo sua porção anterior fixa, dentro da mucosa intestinal, onde permanece toda sua existência (de 4 a 5 anos). Pequenas infecções são assintomáticas. 150 vermes ou mais podem causar episódios diarréicos e um número maior de vermes causa sérias disenterias.

CICLO EVOLUTIVO

Os ovos são eliminados sem estarem embrionados e necessitam de 3 semanas e de condições apropriadas para desenvolver larva. A ingestão de ovos com larva faz com que haja eclosão no intestino, completando o ciclo.

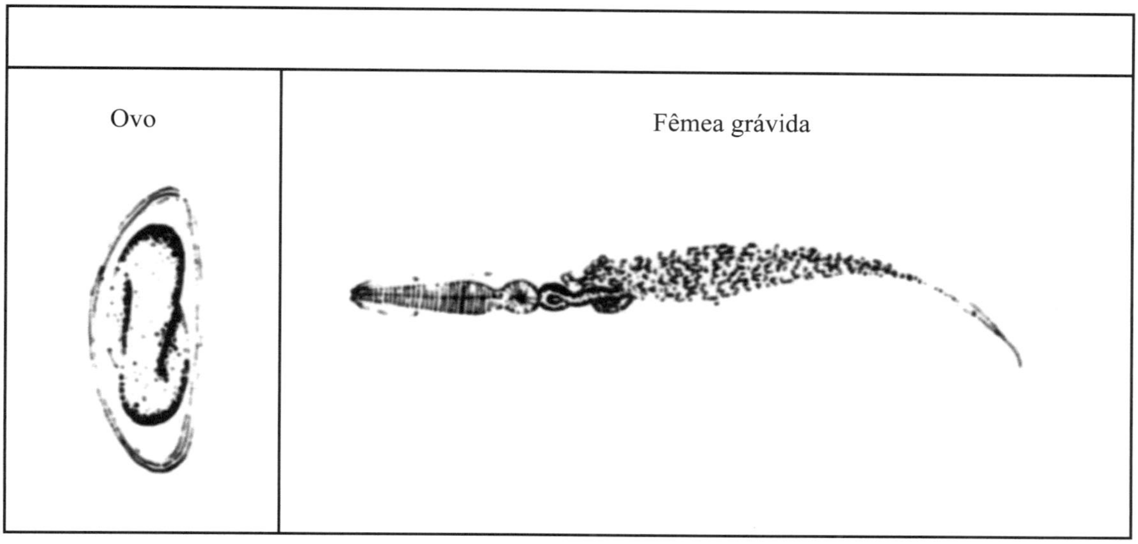

Fig. 39.2 – *Enterobius vermicularis.*

DIAGNÓSTICO DE LABORATÓRIO

Verme adulto

O verme adulto não é normalmente encontrado em laboratório clínico. Mede até 50 mm de comprimento e tem uma porção anterior longa e afilada, que dá ao verme o aspecto de um chicote.

Ovo

O aspecto do ovo de *Trichuris trichiura é* típico, em forma de um pequeno barril. É alongado, mede de 52 a 57 µm de comprimento e 22 a 24 µm de largura, com tampões polares característicos. A casca é de espessura média. Pela ação anti-helmíntica podem aparecer ovos atípicos.

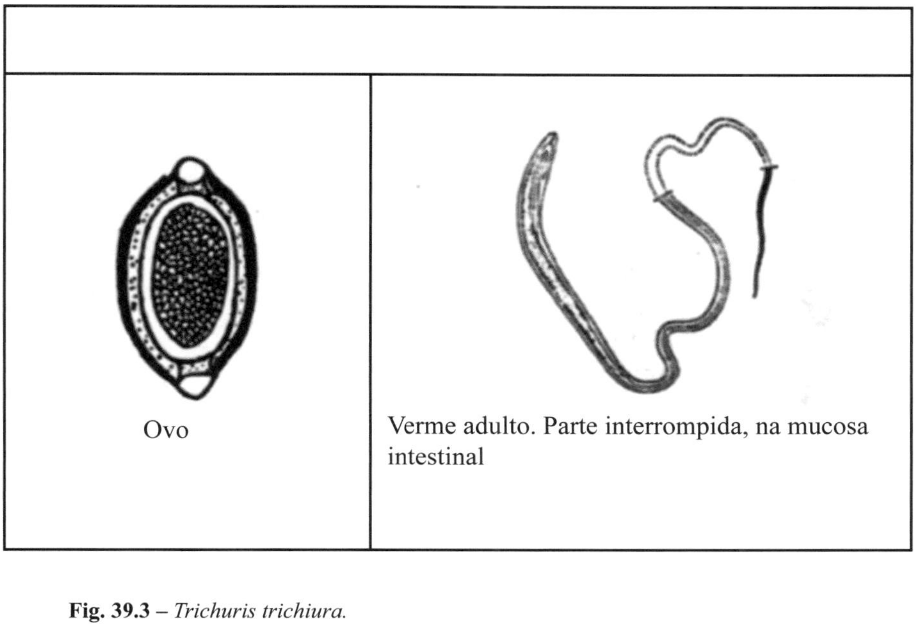

Fig. 39.3 – *Trichuris trichiura.*

Ascaris lumbricoides

O *Ascaris lumbricoides* é o maior nematódeo que parasita o intestino do homem. Causa a ascaridíase e é de distribuição universal.

CICLO EVOLUTIVO

Os vermes adultos vivem na parte superior do intestino delgado e não se fixa à mucosa.

Uma fêmea elimina cerca de 200.000 ovos por dia. São ovos imaturos ao serem eliminados mas em 2 a 4 semanas, em meio apropriado, se desenvolvem e tornam-se infectantes, com larva. Quando os ovos infectantes são ingeridos, eclodem no intestino delgado e as larvas penetram na mucosa intestinal, passam para a circulação sanguínea e vão aos pulmões. Nos pulmões, as larvas amadurecem um pouco, migram pela árvore respiratória, são engolidos e atingem o intestino delgado, onde crescem até a maturidade. Leva 2 meses para o ciclo se completar.

DIAGNÓSTICO DE LABORATÓRIO

O diagnóstico de laboratório é feito pela identificação do verme adulto ou, mais comumente, pelos ovos nas fezes.

Verme adulto

A fêmea de *Ascaris lumbricoides* chega a medir 35 cm de comprimento por 6 mm de diâmetro. O macho é pouco menor e tem um órgão copulador na extremidade posterior, que é recurvada.

Como os vermes não estão lixos na mucosa, podem migrar para cima ou para baixo. A migração é frequentemente estimulada por febre ou por terapêutica, especialmente por anestesia. A migração pode causar obstrução intestinal, obstrução de vias biliares ou apendicite. Ocasionalmente os vermes adultos migram para o estômago e são vomitados. Outras vezes são eliminados pelas fezes.

Ovos

Dependendo do estágio de maturação, os ovos *de Ascaris lumbricoides* podem ser:

- *Ovos férteis:* são redondos ou ligeiramente ovais e apresentam uma cobertura irregular, mamelonada, de coloração castanho-escura (corada pela bile). Medem de 45 a 75 μm de comprimento por 34 a 50 μm de largura. A casca é bem espessa. Internamente, os ovos apresentam as duas extremidades mais claras. Os ovos férteis sobrevivem à preservação pela formalina a 5%, por grandes períodos e tornam-se embrionados.
- *Ovos decorticados:* os ovos de *Ascaris lumbricoides* eventualmente perdem a cobertura ma-melonada e a casca fica bem nítida. Esses ovos podem ser confundidos com ovos de *Ancylostomidae,* especialmente em fezes antigas, quando podem aparecer ovos de *Ascaris* segmentados.
- *Ovos inférteis:* os ovos inférteis de *Ascaris lumbricoides* são em geral maiores, atingindo de 94 μm de comprimento por 44 μm de largura. A camada mamelonada externa é mais irregular, a casca é mais delgada e transparente e os ovos se apresentam com um material interno irregular, sem aparecerem as áreas claras dos extremos (Fig. 39.4).

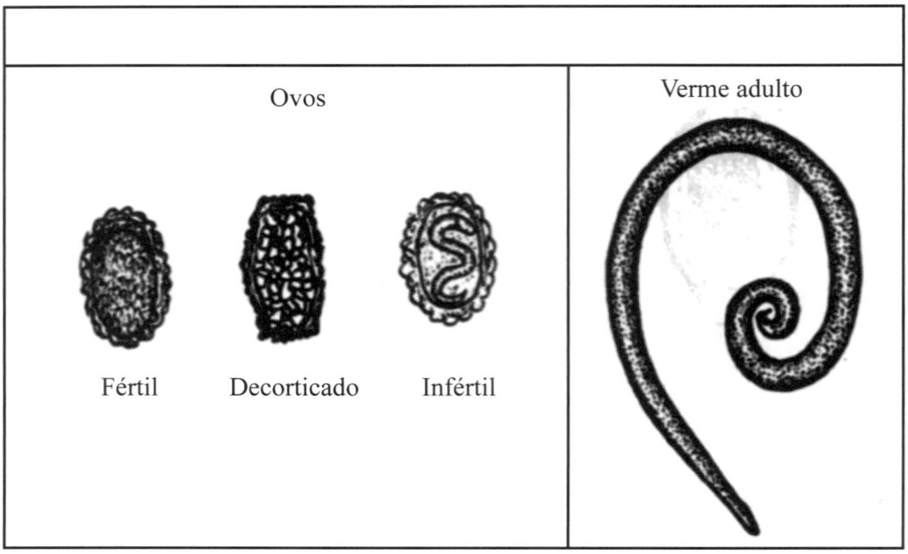

Fig. 39.4 – *Ascaris Lumbricoides.*

Ancylostomidae

No Brasil são encontrados os dois vermes causadores da ancilostomíase, *Ancylostoma duodenale e Necator americanus.* A prevalência deles varia de região para região, com predominância para o *Necator americanus.*

CICLO EVOLUTIVO

Os vermes infectam o intestino delgado, onde os vermes aderem à mucosa intestinal. Cada verme adulto causa a perda de até 0,25 mL de sangue por dia. As fêmeas põem seus ovos na luz intestinal, que são eliminados pelas fezes.

Em condições apropriadas os ovos eliminados se embrionam e produzem larvas rabditóides que, em cerca de 7 dias passam a filarióides (larvas infectantes). As larvas infectantes penetram pela pele do paciente (geralmente pelos pés descalços) e vão para a corrente circulatória, migram para o pulmão, penetram nos alvéolos, migram pela árvore brônquica, são engolidas e chegam ao intestino delgado, onde os vermes, adultos, se fixam na mucosa. Está completado o ciclo.

DIAGNÓSTICO DE LABORATÓRIO

Larvas e vermes

Em fezes antigas, não preservadas, os ovos podem continuar a se desenvolver e a eclodir, sendo encontradas larvas rabditóides ou mesmo filarióides. Essas larvas têm de ser diferenciadas de larvas rabditóides e filarióides de *Strongyloides stercoralis* (ver adiante).

As fêmeas adultas medem até 12 mm de comprimento. Os machos são ligeiramente menores e apresentam uma bolsa copulatória na extremidade posterior.

Ovos

Os ovos de *Ancylostomidae* são ovais, medem de 58 a 76 μm de comprimento por 38 a 40 μm de largura e têm uma casca fina. São idênticos os ovos de *Ancylostoma duodemle* e de *Necator americanus.* Por causa disso, o diagnóstico é feito como sendo de *Ancylostomidea.*

Geralmente o ovo apresenta um estágio evolutivo de 4 a 8 segmentos ao ser emitido pelas fezes. Em casos de diarreia os ovos podem não apresentar segmentos e em graves prisões de ventre podem ser eliminados já embrionados.

Os ovos de *Ancylostomidae* podem, eventualmente, ser confundidos com ovos de *Meloidogyne (Heterodera)* sp., que é um nematódeo de plantas cujos ovos são ingeridos quando se alimenta com raízes de vegetais (p. ex., cenoura) mal lavadas. (Fig. 39.5).

Strongyloides stercoralis

Esse helminto é um pequeno nematódeo que vive na intimidade da mucosa do intestino delgado superior.

CICLO EVOLUTIVO

No homem, a fêmea se reproduz partenogeneticamente (não há machos). A fêmea depõe seus ovos na mucosa, que eclodem antes de atingir a luz do intestino, liberando larvas rabditóides.

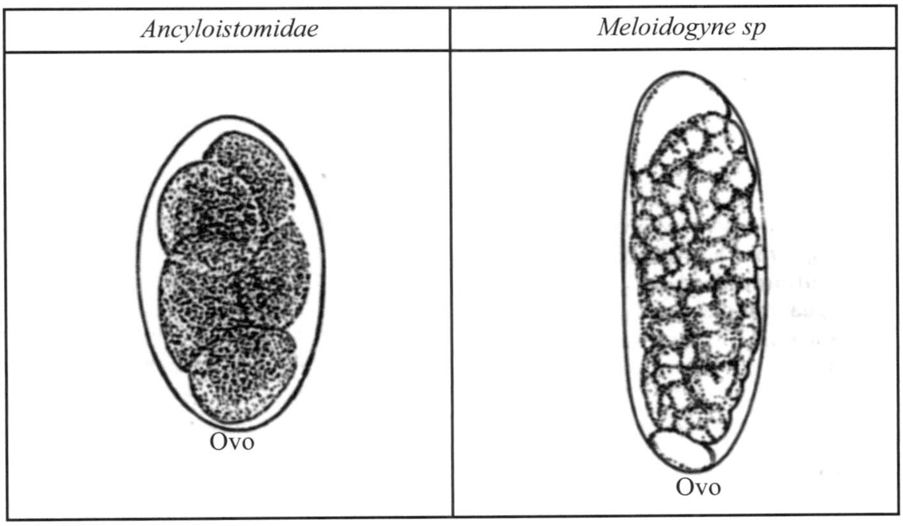

Fig. 39.5 – Ovos de *Ancylostomidae* e de *Meloidogyne sp.*

Essas larvas são eliminadas pelas fezes e em pouco tempo passam a larvas filarióides que penetram na pele do paciente, migram pelo sistema circulatório aos pulmões e daí são deglutidas e vão ao intestino delgado, penetrando na mucosa.

Em determinadas circunstâncias, as larvas podem desenvolver um ciclo autônomo nas fezes emitidas, com a produção de adultos machos e fêmeas, ovos e larvas.

Eventualmente, as larvas rabditóides se transformam em filarióides ainda no trato intestinal, penetram na mucosa e causam uma superinfecção, que pode ser fatal, especialmente em pacientes mal nutridos ou imunossuprimidos.

DIAGNÓSTICO DE LABORA TÓRIO

Larvas e vermes

Larvas rabditóides e filarióides de *Strongyloides stercoralis* são semelhantes às dos *Ancylostomidae*. No caso do *Strongyloides* aparecem larvas rabditóides em fezes recentes e, tanto rabditóides como filarióides, em fezes antigas. No caso dos *Ancylostomidae,* enquanto nas fezes recentes só aparecem ovos, em fezes antigas podem aparecer os dois tipos de larva.

Fezes colhidas há algum tempo, assim, exigem que se faça o diagnóstico diferencial das larvas (Fig. 39.6).

Ancylostomidae:

Larva rabditóide: longa cavidade bucal e pequeno primórdio genital.

Larva filarióide: esôfago curto (cerca de 1/4 da larva e cauda pontiaguda).

Strongyloides:

Larva rabditóide: cavidade bucal curta e primórdio genital grande.

Larva filarióide: esôfago mais longo (cerca de 1/2 da larva e cauda com ponta bipartida).

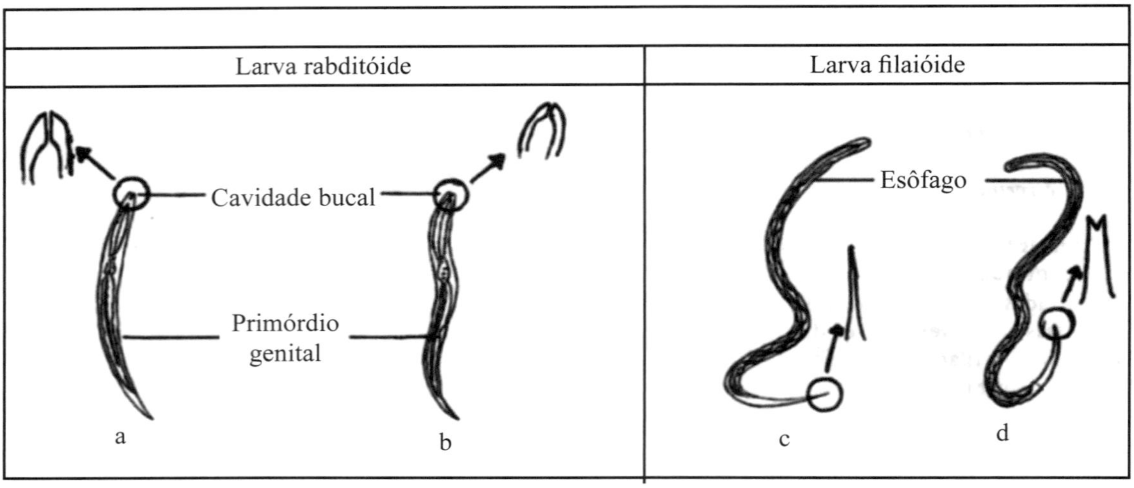

Fig. 39.6 – Larvas de Strongyloides stercoralis (b e d) e de Ancylostomidae (a e b).

DIAGNÓSTICO DE LABORA TÓRIO

O diagnóstico é feito pelo encontro das larvas. Se o exame for negativo e houver suspeita clínica, procede-se à concentração das larvas forçando sua migração para água morna (veja métodos de Baerman e de Rugai, no Capítulo sobre Métodos de detecção de parasitos).

TREMATÓDEOS

Entre os trematódeos, o único que interessa aos nossos laboratórios de análises clínicas é o *Shistosoma mansoni.*

Shistosoma mansoni

Esse helminto é o causador da esquistossomose.

CICLO EVOLUTIVO

As fêmeas adultas medem até 26 mm de comprimento e 0,5 mm de diâmetro. Os machos são mais curtos e apresentam longitudinalmente em seu corpo uma dobra que forma um canal ginecóforo, onde vive a fêmea. Os vermes vivem em pequenas vênulas da mucosa do cólon descendente, do sigmóide e do reto, onde atingem a maturidade sexual. Cada fêmea produz cerca de 300 ovos por dia. Os ovos são depositados nas vênulas da submucosa e eventualmente vão para a luz intestinal, sendo eliminados pelas fezes. No momento da oviposição na vênula, os ovos são imaturos mas, em 6 dias, ainda sem terem chegado ao intestino, tornam-se maduros, contendo em seu interior uma larva inteiramente desenvolvida, o miracídio. O ovo permanece vivo nos tecidos por 12 dias e morre se não for expulso com as fezes.

Depois de expulsos pelas fezes, se entrarem em contato com água fresca os ovos eclodem e os miracídios, que se movimentam ativamente à custa de cílios e por contrações de seu corpo, nadam até seu intermediário apropriado, que é um caramujo.

No caramujo o miracídio evolui e são liberadas centenas de cercarias, que são larvas infectantes, com cauda bifurcada. Essas larvas nadam por algum tempo (até 60 horas) e penetram (em 10 segundos) na pele do hospedeiro suscetível. Uma pessoa que se banha numa lagoa infectada de cercarias sofre nessa ocasião uma dermatide pruriginosa.

Da pele, o helminto atinge o sistema circulatório, vai ao fígado, onde se estabelece e se desenvolve. Daí, os vermes migram para as vênulas mesentéricas, atingem a maturidade sexual, se acasalam e fecham o ciclo evolutivo.

DIAGNÓSTICO DE LABORATÓRIO

No laboratório clínico, o diagnóstico se restringe à pesquisa dos ovos de *Shistosoma mansoni.* Recentemente foi introduzida uma reação intradérmica (veja o Capítulo inicial desta parte de Parasitologia).

A pesquisa de ovos é feita a partir das fezes (ou de materiais colhidos por médicos, de biópsias endoscópicas ou de raspagem de mucosa anal).

Os ovos são grandes, medindo de 120 a 180 μm de comprimento e 45 a 58 μm de largura e apresentam uma cor castanha. No terço posterior e lateral os ovos apresentam uma espícula bem visível, voltada para a parte posterior. Se a espícula não for prontamente evidente, o ovo pode ser rodado tocando-se a lamínula, levemente, com um objeto qualquer.

No interior do ovo observa-se uma larva ciliada, o miracídio. No ovo vivo o miracídio apresenta contrações e batimentos dos cílios. Após a eclosão pode ser observada apenas uma casca rompida, com um espículo visível.

Os ovos mortos variam de aspecto, dependendo do tempo em que ocorreu a morte, após a maturação: presença de miracídios paralisados, de uma massa granulosa ou de apenas uma massa semitransparente, hialina (Fig. 39.7).

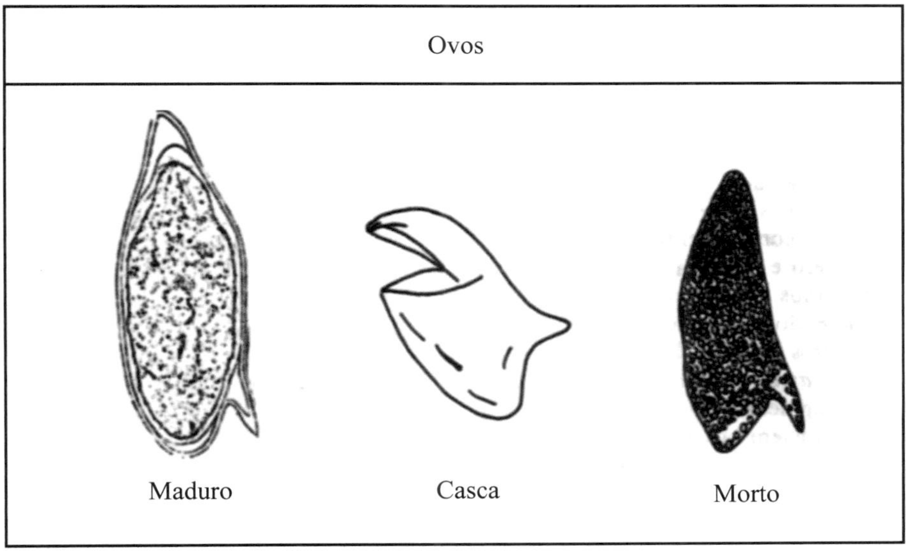

Fig. 39.7 – Ovos de *Shistosoma mansoni.*

CESTÓDEOS

Os cestódeos são helmintos achatados, com uma extremidade anterior conhecida como escólex, que apresenta estruturas para aderência à mucosa intestinal e um corpo composto de uma cadeia de segmentos (proglotes). Os proglotes se desenvolvem a partir do escólex e cada um deles tem órgão masculino e feminino, que se reúnem num ponto chamado poro genital. Os proglotes mais afastados do escolex são os mais desenvolvidos.

Em algumas espécies os ovos são liberados por proglotes separados mas na maioria delas os ovos são armazenados no útero. Os proglotes cheios de ovos são chamados de proglotes grávidos. Tanto ovos como proglotes grávidos são eliminados pelas fezes.

Os ovos da maioria das espécies contêm larva. Os de algumas espécies são subdesenvolvidos e necessitam de um hospedeiro intermediário para o desenvolvimento dos estágios larvais assexuados. O estágio infectante se desenvolve nos tecidos do hospedeiro intermediário e o ciclo se fecha quando a larva infectante é ingerida.

Eventualmente, o homem serve como intermediário para estágios larvais da *Taenia solium,* causando a cesticercose ou de uma tênia de cães, o *Echinococcus,* que causa a hidatidose.

Os diagnósticos dessas teníases são sorológicos e fogem ao alcance do laboratório clínico (a não ser pela reação de fixação de complemento de Weinberg, para a cesticercose).

Taenia sp.

Duas espécies de tênias causam a infecção humana. O homem é o único hospedeiro definitivo para a tênia dos bovinos *(Taenia saginata)* e para a tênia dos suínos *(Taenia solium).*

CICLO EVOLUTIVO

As duas espécies de tênia vivem no intestino delgado e produzem vermes com proglotes que chegam até 7 m de comprimento. Os ovos são armazenados no útero e atingem o exterior quando os proglotes grávidos se desprendem ou se rompem no intestino e são eliminados pelas fezes.

Os hospedeiros intermediários apropriados (bovinos para a *Taenia saginata* e suínos para a *Taenia solium)* engolem os ovos contendo cistos larvais e se desenvolvem nos tecidos (cesticercos).

O homem se infecta ingerindo carne mal passada, desses animais.

Geralmente, em cada infecção há apenas um único verme adulto (e daí o nome popular de "solitária").

DIAGNÓSTICO DE LABORATÓRIO

O diagnóstico é baseado no encontro de ovos ou de proglotes.

Ovos

Os ovos das duas espécies de *Taenia* são indistinguíveis. São detectados nas fezes ou em material colhido das pregas anais, pelo "anal swab". São esféricos, medindo de 31 a 43 μm de diâmetro, com uma casca espessa e com estrias radiais. Contêm um embrião hexacanto (com 6 ganchos ou acúleos).

Proglotes

A pesquisa de proglotes é feita pela peneiragem das fezes. Os proglotes existentes não devem ser fixados, mas clarificados de um dia para o outro, em geladeira, mergulhados em glicerina, para permitir a contagem dos ramos uterinos e o diagnóstico da espécie. Alternativamente, os progcotes podem ser clarificados numa mistura de 1 parte de fenol em 3 partes de xilol ou o útero pode ser injetado, pelo poro genital, com tinta Nankin.

O proglote de *Taenia saginata* tem 15 a 20 ramificações laterais e o de *Taenia solium* tem 7 a 13.

Se a *Taenia* foi expelida mteira podemos diferenciá-la também pelo escólex. O escólex da *Taenia solium* apresenta um rostelo com 2 camadas de acúleos e o da *Taenia saginata* não tem rostelo nem ganchos (Fig. 39.8).

Hymenolepis nana

É um helminto pequeno, parasita do rato e seus ovos podem se desenvolver em larvas infectantes em vários artrópodes vetores, intermediários, quando adulta, a *Hymenolepis nana* mede até 40 mm de comprimento e o escólex tem um rostelo saliente, com acúleos.

CICLO EVOLUTIVO

O homem é infectado pela ingestão de ovos recentemente emitidos. As larvas são liberadas dos ovos, penetram nas vilosidades da mucosa e se desenvolvem as larvas infectantes. As larvas então saem para a luz intestinal e se desenvolvem em adultos na proporção direta dos ovos ingeridos. O estágio larval nos tecidos, que dura apenas alguns dias, é suficiente para conferir imunidade ao hospedeiro.

Quando a infecção se dá pela infecção acidental de artrópodes intermediários infectados, a imunidade não ocorre e os ovos de vermes adultos podem eclodir no intestino delgado do próprio hospedeiro e produzir uma superinfecção. Nesses casos

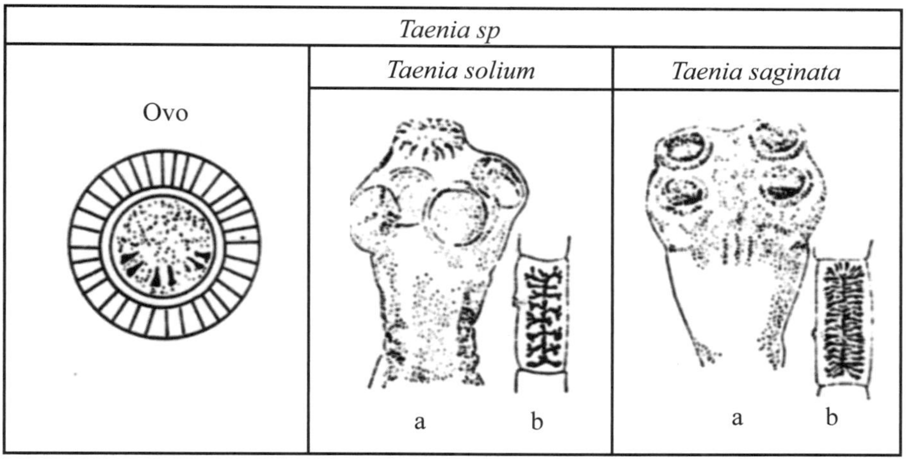

Fig. 39.8 – Ovos, escólex (a) e proglotes (b) de *Taenia.*

encontramos pacientes com um grande número de vermes.

DIAGNÓSTICO DE LABORATÓRIO

O diagnóstico e' feito pelo encontro dos ovos, que são ovais, incolores, medindo de 30 a 55 μm de comprimento. Os ovos apresentam um espessamento polar proeminente, de onde saem 4 a 8 filamentos. O tamanho do ovo e a presença de filamentos polares são caracteres particularmente úteis na diferenciação entre *Hymenolepis nana* e *Hymenolepis diminuta.* (Fig. 39.9).

Hymenolepis diminuta

Esse helminto geralmente infecta ratos, camundongos e outros roedores, mas podem ocasionalmente infectar o homem.

CICLO EVOLUTIVO

Os ovos embrionados são ingeridos por pulgas ou outros artrópodes e neles se desenvolvem as larvas infectantes. O homem é contaminado pela ingestão acidental desses artrópodes infectados.

Os vermes adultos medem até 60 cm de comprimento e o escólex não tem acúleos. Geralmente as pessoas infectadas são assintomáticas. Os ovos são liberados quando os proglotes grávidos se destrõem e se desintegram no intestino.

DIAGNÓSTICO DE LABORATÓRIO

O diagnóstico é feito pelo encontro de ovos ovais ou redondos, medindo de 60 a 82 μm por 72 a 86 μm. Apresentam uma membrana interna com dois espessamentos polares rudimentares, mas sem filamentos. Os ovos contêm um embrião com 6 acúleos (Fig. 39.9).

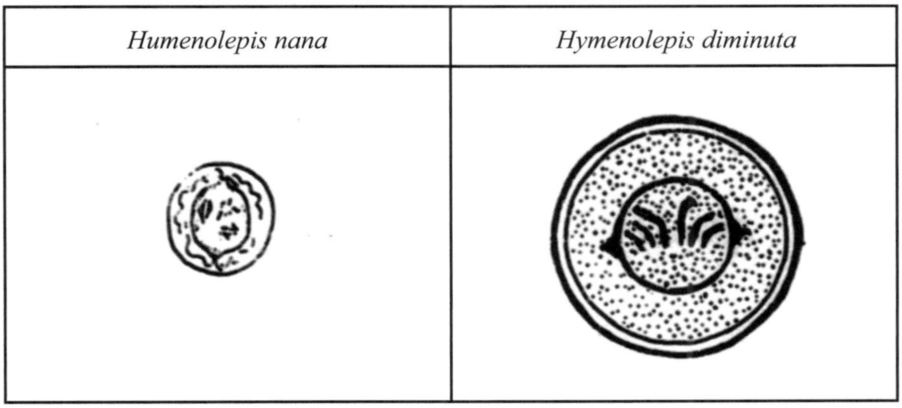

Fig. 39.9 – Ovos de *Hymenolepis nana* e *Hymenolepis diminuta.*

40

Parasitos do Sangue e dos Tecidos

INTRODUÇÃO

Os parasitos encontrados no sangue e nos tecidos humanos pertencem a vários grupos, dentro de protozoários e helmintos.

Entre os protozoários, temos os parasitos da malária, da toxoplasmose, da doença de Chagas e da leishmaniose. Recentemente tem sido dada ênfase ao *Pneumocystis carini,* um parasita oportunista que tem sido encontrado em cerca da metade dos casos de AIDS.

Entre os helmintos, os de interesse para nós são algumas filarias e os agentes da "larva migrans", uma larva de verme canino (Toxocara), que pode infectar a pele humana.

Esses parasitos apresentam seus ciclos próprios, envolvendo, muitas vezes, vetores intermediários.

Várias dessas infecções são passíveis de diagnóstico parasitológico, pela pesquisa de um dos estágios do parasito. Vamos estudá-las. Outras infecções, apesar de sua importância clínica, serão apenas mencionadas, uma vez que o diagnóstico é sorológico e cabe ao setor de imunologia do laboratório clínico, quando existem os reagentes à venda.

PROTOZOÁRIOS

Os parasitos da malária

Das quatro espécies de parasitos da malária humana, *Plasmodium vivax, Plasmodium falciparum, Plasmodium malariae* e *Plasmodium ovale,* as três primeiras ocorrem no Brasil e a elas vamos nos restringir.

Os casos mais graves e frequentemente fatais, se não tratados, são causados pelo *Plasmodium falciparum,* enquanto que o *Plasmodium vivax* é o mais comum.

CICLO EVOLUTIVO

O ciclo evolutivo de todos os plasmódios é semelhante e envolve um desenvolvimento sexuado (esporogonia) no vetor (vários mosquitos do gênero *Anopheles)* e o desenvolvimento assexuado (esquizogonia), no homem (Fig. 40.1)

O mosquito introduz no homem, pela picada, o produto final de seu ciclo esporogônico, o esporozoíto.

Essa forma vai ao sistema circulatório e é transportada para o fígado, onde penetra nas células e sofre extenso desenvolvimento e multiplicação (de esquizonte imaturo a esquizonte maduro e a dezenas de merozoítos. Essa fase dura de 1 a 2 semanas (dependendo da espécie), não causa danos e se chama fase extra-eritrocitária.

Liberados pela ruptura das células parenquimatosas do fígado, os merozoítos passam para a corrente circulatória e iniciam a fase eritrocitária do ciclo evolutivo da malária. Os merozoítos não penetram em outras células hepáticas. Organismos residuais (hipnozoítos) permanecem no fígado de pessoas infectadas por *Plasmodium vivax* e são responsáveis pelas recorrências da malária causada por esse plasmódio. No caso dos dois outros plasmódios, *Plasmodium malariae* e *Plasmodium falciparum,* não há resíduos da fase exoeritrocitária e, portanto, não há recorrências.

Os sintomas, contudo, podem voltar, mas são provenientes de infecções sanguíneas subclínicas e são chamadas de recrudescências. São comuns recrudescências de malária causada pelo *Plasmodium malariae,* anos após o episódio clínico inicial.

Em casos de malária transmitida por transfusão de sangue de doadores infectados não há fase hepática e não há recorrências. Recrudescências são possíveis:

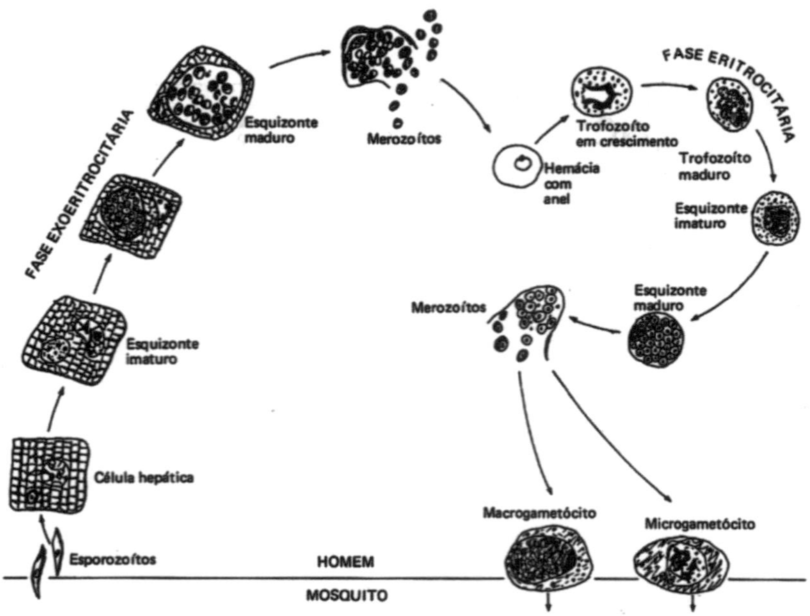

Fig. 40.1 – Ciclo evolutivo da malária no homem (esquizogônico).

Os sintomas da malária são produzidos pelo crescimento cíclico dos estágios assexuados no sangue circulante. O *Plasmodium malariae* completa seu crescimento em 72 horas. Assim, febre e calafrios ocorrem nos dias 1 e 4 (é a chamada malária quarta). As outras espécies completam seu crescimento em cerca de 48 horas e apresentam um quadro de malária terçã, com febre e calafrios nos dias 1 e3.

DIAGNÓSTICO DE LABORATÓRIO

O diagnóstico de laboratório é baseado na morfologia dos estágios dos parasitos encontrados em lâminas do sangue periférico, coradas. Como a doença, a terapêutica e a epidemiologia podem variar com as espécies, é importante a identificação. São preparados sempre esfregaços e gotas espessas (veja o Capítulo sobre métodos usados em Parasitologia).

Em lâminas apropriadamente coradas, são demonstrados os três componentes do parasito: citoplasma (em azul), cromatina do núcleo (vermelha e vermelho-arroxeada) e pigmento (que não se cora pelo corante mas varia de marrom dourado a negro, dependendo da espécie).

Para se identificar uma estrutura como parasito, todos os três componentes devem estar presentes (a não ser no caso de jovens trofozoítos em anel, quando não são observados pigmentos).

No homem (ciclo eritrocitário), os plasmódios apresentam dois estágios: assexuado e sexuado (Fig. 40.2).

No *estágio assexuado,* apresentam trofozoítos esquizontes.

Trofozoítos (Parasitos não divididos, em crescimento)

- *Trofozoítos jovens, em anel:* é o estágio mais jovem do trofozoíto, consistindo num vacúolo circundado de citoplasma com uma massa de cromatina. Ocasionalmente há duas massas de cromatina, fenômeno que se chama de fragmentação e não representa divisão nuclear.
- *Trofozoítos em crescimento:* forma mais velha, com citoplasma característico e uma massa de cromatina. Pode ser amebóide ou compacto. Presença de grânulos de pigmento.
- *Trofozoítos maduros: é* o maior estágio dos trofozoítos, que geralmente ocupam toda a hemácia. Apresentam uma única massa de cromatina. O pigmento está presente.

Esquizontes (parasitos em divisão)

- *Esquizontes imaturos:* estágio onde aparecem 2 ou mais massas de cromatina. Os citoplasmas não são divididos. Os pigmentos começam a se aglutinar.
- *Esquizontes maduros:* a divisão do núcleo e do citoplasma está completa e o estágio é composto de um agrupamento de parasitos individuais. É chamado de merócito ou rosácea. Os pigmentos estão aglutinados.
- *Merozoíto: é* o parasita individual, componente da rosácea. É produzido como resultado da esquizogonia (reprodução assexuada). Contém

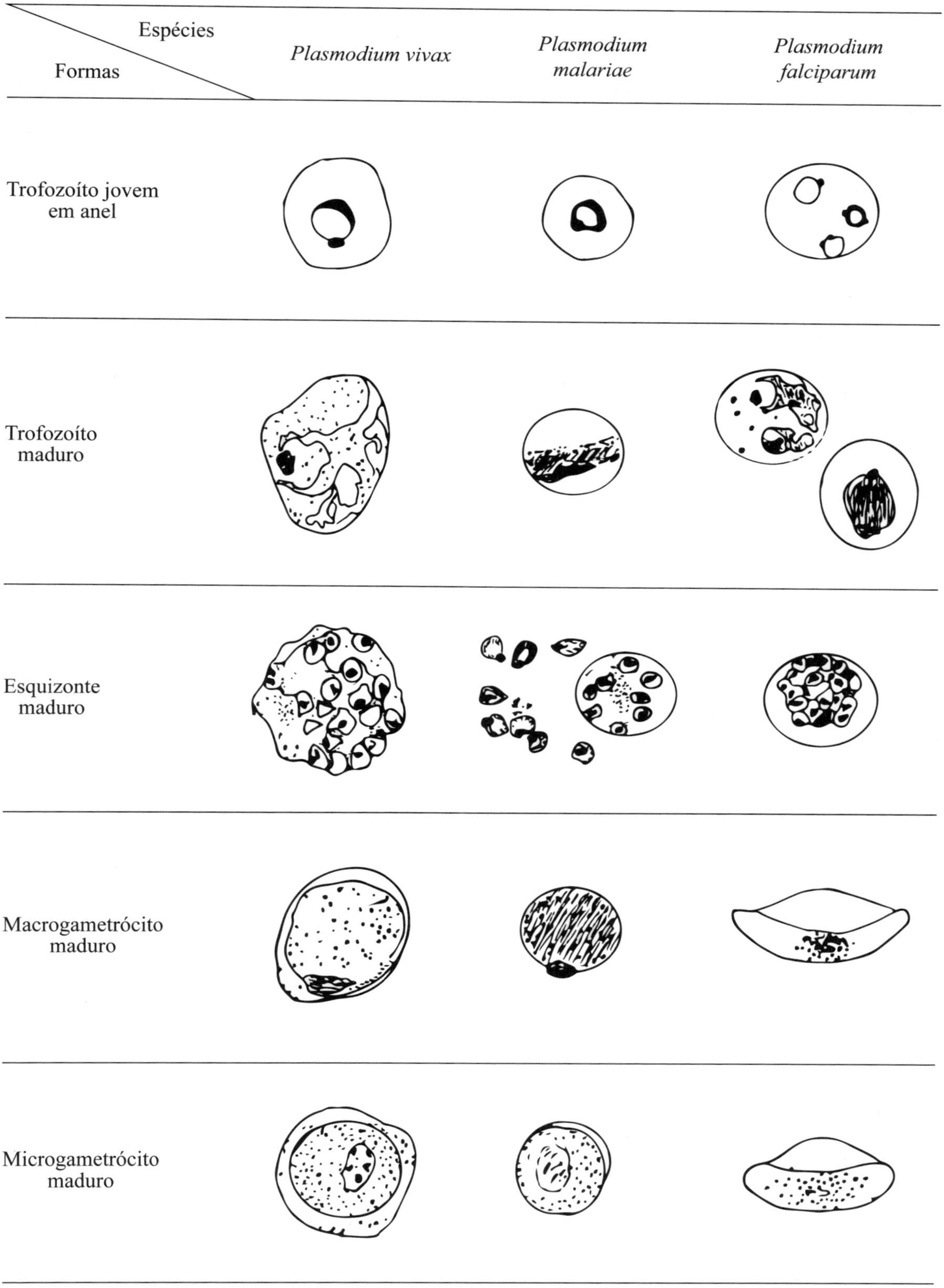

Fig. 40.2 – Plasmódios no sangue periférico do homem.

uma massa de citoplasma e uma única massa de cromatina. É liberado quando a hemácia se rompe e logo penetra em outra hemácia. Raramente é visto fora de hemácia.

No *estágio sexuado ou gametócito:* apresentam-se duas formas: macrogametócito (célula do sexo feminino) e microgametócito (célula do sexo masculino). São células infectantes para o mosquito intermediário, onde se desenvolvem os gametas.

No estágio sexuado os parasitas se desenvolvem também nas hemácias e circulam pelo sangue enquanto estas se mantêm íntegras.

A determinação da espécie de plasmódio se baseia no aspecto do parasito e também no aspecto e no tamanho da hemácia.

Vamos analisar os aspectos mais relevantes, de acordo com as espécies de *Plasmodium* existentes entre nós:

Tamanho e forma da hemácia

Hemácias normais – *Plasmodium malariae* e *Plasmodium falciparum.*

Hemácias aumentadas, de 1,5 a 2 vezes; 6% podem ser ovais – *Plasmodium vivax.*

Aspecto do parasito

Cioplasma

Irregular e amebóide, nos trofozoítos – *Plasmodium vivax.*

Arredondado, compacto nos trofozoítos, eventualmente trofozoítos em faixa – *Plasmodium malariae.*

Anéis jovens pequenos, geralmente com dois pontos. Gametócitos em crescente ou alongados - *Plasmodium falciparum.*

Pigmentos

Marrom-dourados, pouco acentuados – *Plasmodium vivax.*

Marrom-escuros, grosseiros, acentuados – *Plasmodium malariae.*

Negros, grosseiros. Acentuados, os gametócitos – *Plasmodium falciparum.*

Número de merozoítos

6 a 12, em média 8, ocasionalmente esquizontes em rosácea — *Plasmodium malariae.*

12 a 24, em média 16 — *Plasmodium vivax.*

6 a 32, em média 20 a 24 - *Plasmodium falciparum.*

Estágios encontrados no sangue circulante

Todos os estágios. Grande variedade de estágios em lâmina. *Plasmodium vivax.*

Todos os estágios. Geralmente não se vê grande variedade de estágios. Geralmente poucos anéis ou gametócitos – *Plasmodium malariae.*

Anéis ou gametócitos. Outros estágios são raros no sangue periférico, a não ser em infecções graves – *Plasmodium falciparum.*

Para determinar a altenção do tamanho da hemácia, devemos observar pelo menos 50 hemácias parasitadas.

Ocasionalmente podem ocorrer infecções mistas, em pacientes de determinadas regiões.

Eventualmente são vistos apenas alguns trofozoítos jovens, em anel e como essa forma é essencialmente a mesma para as três espécies de plasmódios, o resultado do exame deve ser: "Malária, espécie não determinada. Aconselhamos a repetição do exame em 12 a 24 horas". No entanto, quando forem vistos muitos anéis, pode ser diagnosticado *o Plasmodium falciparum.*

Artefatos

A presença de artefatos pode, às vezes, trazer confusão com plasmódios e causar erro diagnóstico. O principal problema são as plaquetas. Plaquetas isoladas, aderentes às hemácias, podem simular forma em anel ou trofozoíto jovem, em crescimento. Grupos de plaquetas podem simular esquizontes maduros ou, se alongados, podem parecer gametócitos de *Plasmodium falciparum.*

Em gota espessa, fragmentos de leucócitos e plaquetas podem ser confundidos com parasitos.

Além destas plaquetas, tem sido causa de problemas o encontro de precipitados de corante, poeira, bactéria, fungos, fibras de algodão ou gaze, etc.

Toxoplasma gondii

CICLO EVOLUTIVO

O *Toxoplasma gondii* é um esporozoário do grupo dos coccídios. É parasita intracelular obrigatório, com um ciclo intestinal em gatos ou outros felinos e ciclo extra-intestinal em vários mamíferos (inclusive no homem) e em aves.

No felino dão-se a gametogonia, a produção de oocisto e a esporogonia, no epitélio da mucosa intestinal, sendo o oocisto (a forma infectante) eliminado pelas fezes.

O homem ou outros animais adquirem a infecção pela ingestão de cisto através da carne mal cozida de animais infectados ou pela ingestão acidental dos oocistos das fezes dos felinos contaminados ou ainda pela contaminação com poeira contendo essas fezes. É possível a infecção através de placenta.

Após a ingestão o oocisto se divide em duas células filhas, que são capazes de invadir qualquer célula do organismo e nela se proliferar.

INFECÇÃO AGUDA

No homem, a infecção aguda causa três importantes manifestações:

– *infecção genital* em mulheres, geralmente assintomáticas, que podem infectar o feto através da placenta. Se a infecção se der no 1º ou 2º trimestre da gravidez, as consequências são piores, levando ao aborto, a natimortos ou a graves anomalias congénitas (como, por exemplo, a hidrocefalia).

– *infecção ocular,* que pode levar à coriorretinite e à cegueira. Crianças nascidas de mães infectadas podem ser assintomáticas ao nascer e desenvolver coriorretinite na infância ou na adolescência.

Anos depois de uma toxoplasmose aguda um paciente pode apresentar uma coriorretinite.

– *infecção adquirida:* geralmente é branda e não diagnosticada mas pode haver uma infecção aguda com linfadenopatia ou pneumonia, que lembram um pouco a mononucleose.

INFECÇÃO CRÔNICA

Na maior parte das vezes a infecção passa despercebida, fica latente e aparece em casos de imunossupressão, surgindo doença neurológica e pulmonar. É que após a infecção aguda há o desenvolvimento de imunidade, podendo ser encontrados cistos contendo numerosos organismos em tecidos, especialmente do músculo cardíaco e do sistema nervoso central. Esses cistos podem permanecer latentes por muitos anos.

DIAGNÓSTICO DE LABORATÓRIO

O diagnóstico de laboratório é geralmente sorológico. Ocasionalmente o parasito pode ser demonstrado em material colhido por biópsia ou através de inoculação em animais de laboratório, técnicas essas que escapam da rotina do laboratório de análises clínicas.

Pneumocystis carinii

Ainda de taxonomia incerta, o *Pneumocystis carinii é* considerado um esporozoário, transmissível pela via respiratória a animais experimentais.

Causa infecções pulmonares em crianças mal nutridas e prematuras. É diagnosticado em pessoas imunossuprimidas (transplantadas, portadoras de leucemia e outras doenças neoplásicas) e atualmente, nos Estados Unidos, tem sido encontrado em mais de 50% dos casos de AIDS.

CICLO EVOLUTIVO

O *Pneumocystis carinii* se apresenta em duas formas: cistos e trofozoítos.

Os trofozoítos em crescimento são extracelulares mas estão ligados a células e são capazes de se dividir por fissão binária.

Os cistos se formam a partir dos trofozoítos, que se arredondam e produzem a parede do cisto.

Dentro do cisto ocorre divisão e o cisto maduro contém 8 organismos (Fig.40.3).

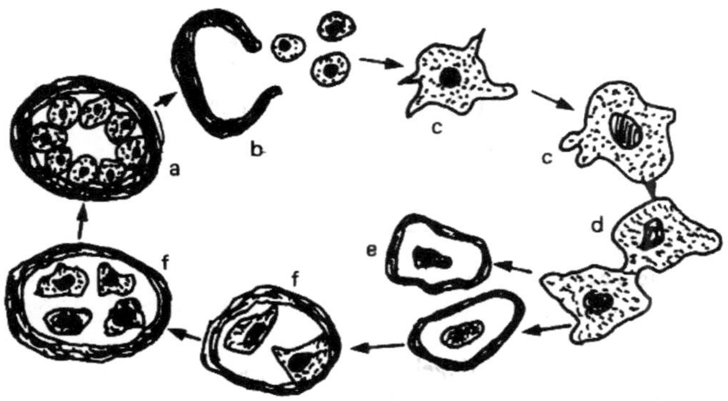

Fig. 40 3 – Ciclo evolutivo de Pneumocystis carinii; a - cisto maduro; b - eclosão; c - trofozoítos em crescimento; d - fissura binária; e - trofozoítos divididos e f - formação de novo cisto.

DIAGNÓSTICO DE LABORATÓRIO

O diagnóstico de laboratório é feito pela demonstração dos organismos no material pulmonar. O escarro expectorado geralmente não é material apropriado. Eventualmente têm sido encontrados *Pneumocystis* em materiais colhidos por endoscopia ou por lavagem brônquica.

O melhor material é a biópsia do pulmão, retirada da área infectada. Além do material fixado em formalina, destinado ao patologista, o laboratório de análises deve receber uma porção de biópsia, sem fixação, num tubo contendo uma pequena quantidade de solução fisiológica estéril.

No laboratório, são feitas algumas lâminas com esse material, por impressão, enxugando o excesso de líquido com um papel de filtro e apertando firmemente o tecido pulmonar na lâmina, várias vezes. Se os tecidos estiverem muito úmidos quando a impressão é feita, os organismos permanecem nos alvéolos e não aderem à lâmina. Havendo pouco material, fazemos um círculo bem no meio da lâmina, com um marcador de diamante e utilizamos apenas essa área. Depois de preparadas, as lâminas são fixadas em álcool metílico e coradas pelo método de Giemsa.

Se forem encontrados raros cistos, o diagnóstico é impossível, uma vez que não podem ser diferenciados de leveduras.

O corante de Giemsa cora os trofozoítos e o conteúdo dos cistos mas não cora a parede dos oocistos. Os parasitos apresentam um núcleo vermelho e citoplasma azul. O diagnóstico é mais fácil quando se encontra um cisto típico, contendo 6 a 8 organismos.

A diferenciação entre trofozoítos livres e fragmentos de células pode ser difícil. Métodos mais específicos, existentes nos Estados Unidos, como provas de imunofluorescência ou de imunoperoxidase, para a identificação de antígenos de *Pneumocystis,* ainda não são disponíveis aos nossos laboratórios.

HEMOFLAGELADOS

Os hemoflagelados incluem os tripanossomos e as leishmanias e podem apresentar 4 estágios morfológicos, que variam com as espécies. Esses estágios são denominados de acordo com sua flagelação (Fig. 40.4).

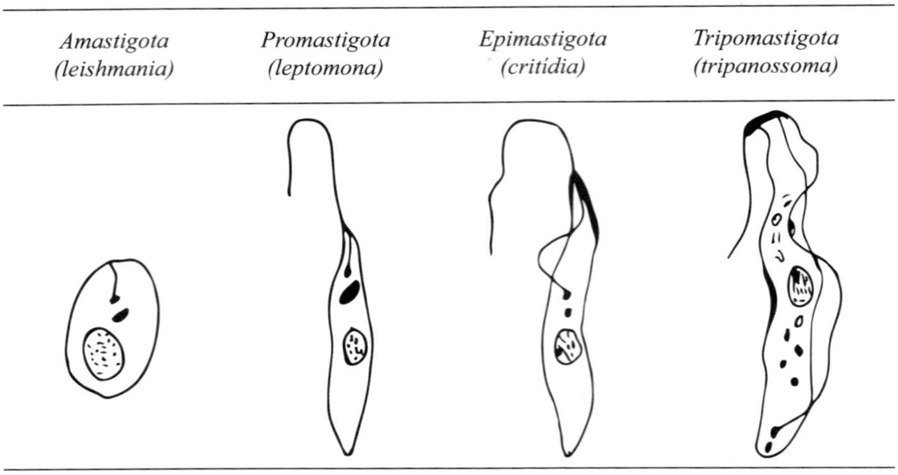

Fig. 40.4 – Formas de hemoflagelados.

Amastigota (leishmania): não apresenta flagelo e é obrigatoriamente intracelular.

Promastigota (leptomona): com um flagelo livre mas sem membrana ondulante.

Epimastigota (critídia): com uma membrana ondulante que surge acima do núcleo e com um flagelo livre.

Tripomastigota (tnpanossoma): com um flagelo livre e uma membrana ondulante que se estende por toda a extensão do organismo.

Trypanosoma cruzi

Das 4 espécies de tripanossomas que infectam o homem, o *Trypanosoma cruzi* e o *Trypanosoma rangeli* são as únicas que interessam à América do Sul e à América Central. O *Trypanosoma cruzi* causa a doença de Chagas, que infesta desde a Argentina até o México. O *Trypanosoma rangeli* não é patogênico para o homem, podendo ser encontrado no sangue periférico de habitantes de áreas do Norte da

América do Sul, até a América Central. Vamos nos ater ao *Trypanosoma cruzi.*

CICLO EVOLUTIVO

O *Trypanosoma cruzi* infecta homens e animais selvagens (gambás, tatus, etc), que são os reservatórios do parasito e é transmitido por insetos triatomídeos. As formas infectantes do parasito (tripomastigotos jovens) estão no intestino do inseto vetor e são eliminadas pelas fezes. À medida que se alimenta de sangue o inseto defeca na pele do paciente. Coçando-se, o paciente se contamina no local da picada do inseto, com as fezes infectantes.

No homem, o *Trypanosoma cruzi* ocorre como tripomastigoto (tripanossomo) no sangue e como amastigoto (leishmania) nos tecidos (células do SRE, do sistema nervoso central ou do miocárdio e na medula óssea).

DIAGNÓSTICO DE LABORATÓRIO

O diagnóstico da doença aguda pode ser feito por métodos parasitológicos. A doença crônica é diagnosticada apenas por métodos imunológicos, nos laboratórios de análises clínicas.

A demonstração de tripanossomos no sangue periférico é diagnóstica. Contudo, a probabilidade de detecção de parasitos é baixa porque as parasitemias são geralmente escassas. Métodos mais completos, como culturas e inoculações, escapam da possibilidade dos laboratórios de análises clínicas.

Formas amastigotas (em leishmania) podem ser detectadas em medula óssea ou em biópsias de tecido. Contudo, como essas formas são semelhantes às de *Leishmania,* não servem para o diagnóstico parasitológico da doença.

Exame a fresco, sem coloração

No início da fase aguda (2 a 4 semanas após a picada do inseto contaminado), nos períodos febris, podem ser detectados tripomastigotos em sangue periférico colhido em anticoagulante (EDTA) e colocado entre lâmina e lamínula. Um exame positivo revela a presença do parasito refringente movendo-se entre as hemácias. Não se observam detalhes.

Exame de esfregaços, após coloração

Os tripomastigotos apresentam um grande cinetoplasto perto da extremidade inferior e se apresentam tipicamente em forma de "C" e "S". Como os parasitos se distorcem muito em preparações de gota espessa, apenas preparamos esfregaços, mas observamos também as lâminas em seu início, onde há várias camadas de hemácias (isso aumenta a possibilidade de encontro de parasitos).

Leishmanias

As leishmanias apresentam formas viscerais e cutâneas. O diagnóstico de laboratório reflete a localização do parasito. Entre nós, a forma visceral (calazar) é causada pela *Leishmania donovani* e a forma cutânea pela *Leishmania braziliensis.*

CICLO EVOLUTIVO

O ciclo das duas espécies de *Leishmania* é c mesmo e apresenta só dois dos quatro estágios descritos acima, para os hemoflagelados: no homem, o estágio é de amastigoto ou leishmania e no inseto vetor *(Phlebotomus* ou *Lutziomyia),* o estágio de promastigoto ou leptomona.

O inseto pica o homem doente e em uma semana a forma amastigota se transforma em promastigota. Essa forma, que é infectante, é inoculada no homem pela picada do inseto.

Na infecção cutânea os parasitos são encontrados principalmente nos monócitos e macrófagos da pele. Na infecção visceral, os parasitos estão nas células do sistema retículo-endotelial das vísceras e, menos comumente, nos mastócitos e leucócitos do sangue ou em monócitos e macrófagos da pele.

DIAGNÓSTICO DE LABORATÓRIO

O diagnóstico definitivo da leishmaniose é feito pela demonstração do parasito. No laboratório de análises clínicas o parasito é procurado diretamente, por meio de esfregaços corados. Os métodos de cultura e de inoculação em animais não são disponíveis aos laboratórios de análises clínicas.

Como já vimos no Capítulo inicial desta parte de Parasitologia, a reação de Montenegro (reação intradérmica) é útil no diagnóstico da leishmaniose cutânea mas não serve para a forma visceral.

No caso da leishmaniose cutânea fazemos esfregaços do material da úlcera (raspada da lesão) ou de punção de lesões fechadas.

Na leishmaniose visceral o material mais usado é a medula óssea. O exame das biópsias é de competência de patologista, escapando da alçada do laboratório clínico.

Os parasitas da leishmaniose cutânea e da visceral são idênticos e são observados com maiores detalhes pela coloração de May-Grunwald-Giemsa. As leishmanias são intracelulares (ou extracelulares, se as células estão rompidas). A presença do cinetoplasto em forma de bastão diferencia de *Toxoplasma* e de *Histoplasma.*

A separação das espécies é feita pela origem do material: *Leishmania brasiliensis* se for de lesões cutâneas ou mucosas e *Leishmania donovani* se for de lesão visceral ou da medula óssea.

HELMINTOS

Dentre os helmintos que podem ser encontrados no sangue e nos tecidos humanos (filarias, *Trichinella,* estágios larvais de *Taenia solium* e estágios larvais de parasitos de animais inferiores, como *Echinococcus* e *Toxocara canis),* apenas as filarias podem ser diagnosticadas pelo parasitologista do laboratório clínico. A não ser pela reação de Weinberg (para cesticercose), outros diagnósticos sorológicos não são feitos no laboratório clínico, pela inexistência de reagentes confiáveis e pelos muitos cruzamentos antigênicos entre os agentes etiológicos.

Filarias

As filarias são helmintos da classe *Nematoda.* Os vermes adultos, machos e fêmeas, vivem nos tecidos ou nas cavidades serosas humanas.

As espécies encontradas na América do Sul são a *Wuchereria bancrofti,* a *Manzonella ozzardi,* a *Dipetalonema perstans* e a *Onchocerca volvolus.*

A Onchocerca volvolus apresenta microfilárias apenas nos tecidos e é diagnosticada apenas por biópsia. As outras filarias apresentam um estágio no sangue periférico e são consideradas juntamente com os parasitos do sangue.

CICLO EVOLUTIVO

O ciclo evolutivo de todas as filarias é semelhante. São transmitidas por mosquitos hematófagos (para a *Wuchereria bancrofti)* ou por moscas (para as outras filarias).

O inseto apropriado pica um paciente e ingere microfilárias, que são formas pré-larvais. Estas microfilárias se desenvolvem em larvas infectantes nos músculos torácicos do vetor, que em 1 a 2 semanas se alojam em sua boca. Quando o vetor pica novamente, injeta larva infectante. Em cerca de 1 ano os parasitos amadurecem e as fêmeas começam a liberar microfilárias.

Como as microfilárias necessitam de passagem por vetor, para se tornarem infectantes, não há perigo de contaminação homem a homem, nem por transfusão de sangue infectado.

DIAGNÓSTICO DE LABORATÓRIO

O diagnóstico é feito, na fase aguda, pelo en contro de microfilárias no sangue, menos no caso da *Onchocerca volvolus.* Em casos crônicos pode não haver microfilárias no sangue, sendo o diagnóstico feito apenas por métodos sorológicos, o que escapa à possibilidade de nossos laboratórios clínicos.

Eventualmente, na doença caudada pela *Wuchereria bancrofti,* o parasito pode ser encontrado na linfa obtida de gânglios linfáticos enfartados.

As microfilárias têm uma estrutura complexa, com uma coluna de núcleos entremeada de estruturas anatômicas como anel nervoso, poro excretor, célula excretora, corpo interno, poro anal e 4 células precursoras do sistema digestivo inferior. Uma espécie de filarias de nosso interesse *(Wechereria bancrofti)* tem uma bainha transparente a envolvê-la.

A colheita de material pode ser feita na ponta do dedo ou, preferentemente, na veia, em EDTA, uma vez que esse anticoagulante só destrói a bainha de microfilárias depois de algumas horas.

Para *Wuchereria bancrofti* a colheita deve ser feita à noite, entre 22 horas e 2 horas da madrugada.

Exame do material a fresco

O exame entre lâmina e lamínula do sangue (ou linfa) sem diluição ou diluído em solução fisiológica é feito para a triagem de casos. Observa-se as microfilárias movendo-se entre as hemácias. Não se vê detalhes.

Exame do material após coloração

Esse exame é obrigatório, para a demonstração de detalhes. Preparamos apenas gotas espessas e examinamos várias lâminas.

Como a coloração de Giemsa pode não corar a bainha da *Wuchereria bancrofti,* se esta não estiver corada, temos de preparar outras lâminas, corando-as pela coloração de Meyer:

Feita a gota espessa, devemos secá-la a 60°C, desemoglobinar em água destilada e secar. Fixamos em álcool metílico durante 3 minutos. Coramos pelo corante de Meyer a frio, por duas horas ou a quente, até a emissão de vapores. Lavamos em água destilada e secamos. Cobrimos com bálsamo-do-Canadá e colocamos uma lamínula. O corante de Meyer tem a seguinte composição: hemateína 0,4 g, alúmen de ferro 5 g, glicerina pura 30 mL e água destilada 70 mL.

Eventualmente, a ponta da cauda da *Wuchereria bancrofti* está dobrada e parece que a coluna nuclear vai até a ponta. Temos de examinar vários parasitos.

O diagnóstico diferencial das microfilárias, em lâminas coradas, é feito pela presença ou ausência de bainha, pela configuração da ponta da cauda e pela presença ou não de núcleos na ponta da cauda (Fig. 40.5) .

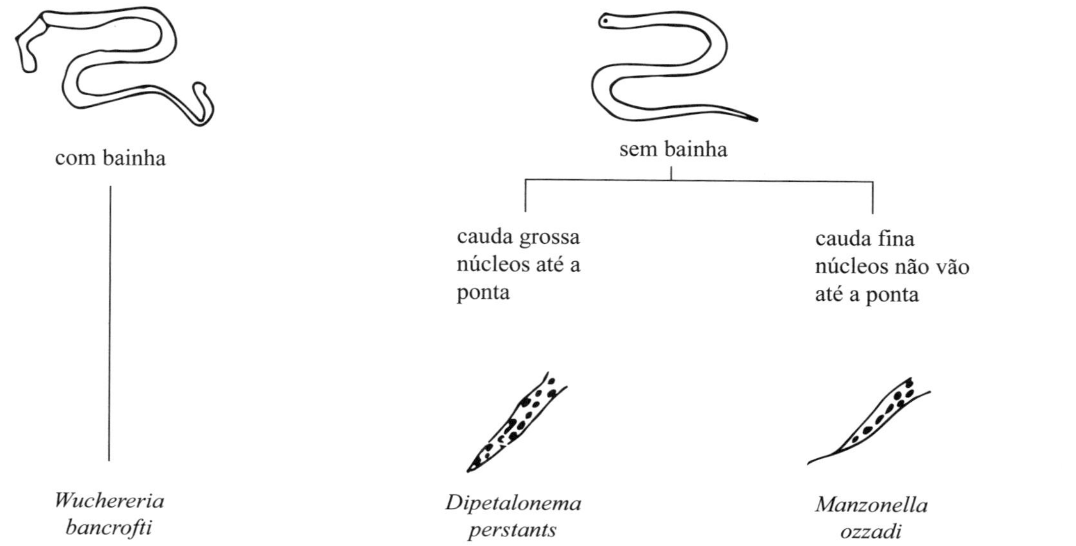

Fig. 40.5 – Diagnóstico diferencial das microfilárias do sangue periférica.

Parte 6
Microbiologia

41

Técnicas Laboratoriais para o Diagnóstico das Micoses

Introdução

As micoses, de uma maneira geral, têm assumido, ultimamente, papel de destaque entre as entidades mórbidas que afetam a saúde e o bem-estar da população brasileira e isto devido a uma série de fatores extrínsecos e intrínsecos, como também pela disseminação do ensino da Micologia Médica resultando em casuística mais representativa e crescente. Para que esta evolução se concretize efetivamente em termos práticos, é mister que os laboratórios de análises clínicas, assim como os próprios dermatologistas, possam contar com metodologia diagnostica simples, atualizada e objetiva. Aqui reside a finalidade destes capítulos nos quais evitaremos entrar em detalhes quer sejam eles de ordem clínica ou sistemática, pois poderão ser encontrados em livros especializados.

Os fungos, na atualidade, são incluídos num reino à parte — Fungi — em virtude de suas características conflitantes com os vegetais (ausência de clorofila, ausência de celulose, não formam tecido verdadeiro, não armazenam amido), por apresentarem características de célula animal (reserva de glicogênio e presença de substâncias quitinosas em suas paredes celulares e ainda por suas características exclusivas como a hifa (estrutura somática) e a dicariofase (coexistência simultânea na célula de 2 núcleos haplóides sexualmente opostos).

Apenas os microfungos apresentam importância como agentes etiológicos de micoses, estando distribuídos entre as classes dos *Deuteromycetes* ou *Fungi Imperfectii, Ascomycetes, Zygomycetes* e *Endomycetes* (seg. Von Arx).

Em geral, os métodos micológicos de diagnóstico laboratorial seguem a sequência clássica da análise bacteriológica, isto é: exame direto (a fresco, após coloração ou histopatológico), cultivo do material em meios apropriados, provas bioquímicas, de virulência e sorológicas e, finalmente, os exames auxiliares. Pela multiplicidade dos fungos e por suas características intrínsecas veremos que, para identificação completa de alguns, necessitamos, praticamente, da utilização da sequência inteira da metodologia acima exposta, enquanto que para outros pode-se dar o diagnóstico definitivo com o encontro de uma forma característica ao exame direto a fresco! Mas, se de um lado os fungos são facilmente evidenciáveis através de seus atributos morfológicos macroscópicos e microscópicos, de outro, devemos assinalar a necessidade de muito critério para afirmar que um determinado fungo é responsável por um quadro clínico com várias hipóteses diagnósticas. Citaremos, a seguir, algumas dificuldades que frequentemente surgem na rotina e que servem para exemplificar a necessidade do estudo criterioso de cada caso.

Existem inúmeros fungos que habitam saprofiticamente determinados compartimentos do organismo humano, como é o caso da *Candida albicans* (mucosa intestinal), da *Candida parakrusei* (tegumentos), do *Aspergillus fumigatus* (mucosas das vias respiratórias) e de alguns *Zygomycetes* (pele). Em determinadas condições do hospedeiro estes agentes podem originar manifestações patológicas que vão desde um simples "sapinho" até septicemias, endocardites e tromboses.

Ao se fazer um exame histopatológico de uma biópsia de micose profunda tem-se, via de regra, uma reação tecidual traduzida por um granuloma ou um infiltrado inflamatório, mas no caso de uma criptococose, por exemplo, existe uma inércia total dos tecidos parasitados no que se refere aos dois tipos de reação citados, mesmo na presença do agente etiológico.

Do escarro de certos pacientes, podemos isolar o *Aspergillus fumigatus,* fungo saprófita existente no ar atmosférico e com diversos substratos mas para relacioná-lo a uma infecção primária ou secundária dos pulmões há necessidade de se realizar uma triagem rigorosa, não somente clínica como laboratorial, sendo difícil, mesmo assim, estabelecer-se um diagnóstico definitivo.

As dificuldades acima apontadas somadas às de ordem técnica, como, por exemplo, a invasão das placas de isolamento por fungos saprófitas de crescimento rápido, através de acarianos ou insetos que contaminam as culturas ou por bactérias existentes no próprio material a ser analisado, exemplificam a necessidade de metodologia criteriosa e amplos recursos técnicos de que o laboratorista deve lançar mão para estabelecer com segurança um diagnóstico micológico.

Diagnóstico laboratorial das micoses

ORIENTAÇÃO GERAL

Para adentrar ao estudo específico da metodologia diagnóstica referente às micoses impõe-se a apresentação de uma classificação sucinta das mesmas. Podemos subdividi-las em dois grandes grupos: as de localização superficial e as de localização profunda. No primeiro grupo incluiríamos: a) micoses superficiais; b) micoses cutâneas; c) ceratomicoses. No segundo grupo, teríamos: a) micoses subcutâneas; b) micoses sistêmicas.

Seguiremos a sequência apresentada, dando ênfase especial às micoses que são mais frequentes em nosso meio. Destacaremos, como subitem do estudo das micoses de localização subcutânea e profunda, as micoses raras ou delimitadas geograficamente. Resta lembrar que o estudo do diagnóstico laboratorial da *Candida albicans,* fungo responsável, em caráter oportunístico, por micoses superficiais e profundas, é realizado na parte referente às micoses sistêmicas.

A estruturação e a sequência diagnóstica deste capítulo seguem os exames clássicos da Bacteriologia. Assim é que, quando necessário, decrevemos a coleta e o preparo do material, o exame microscópico, as técnicas de cultivo, a atividade bioquímica e as técnicas imunológicas. Tratando-se de técnicas alheias ao laboratório clínico geral, não mencionaremos as técnicas histopatológicas.

Chamamos a atenção do leitor para a importância do exame microscópico a fresco do material obtido de certas infecções fúngicas como dermatomicoses, paracoccidioidomicose, criptococose e cromomicose, as quais, mercê de um diagnóstico microscópico positivo, podem ser tratadas imediatamente.

Quando houver premência do isolamento e identificação do fungo, realizam-se culturas do material para estudar-se as características macroscópicas e microscópicas, em sua vida saprofítica e num meio adequado de desenvolvimento.

Para o estudo microscópico da amostra, existem dois métodos clássicos:

1) Estudo microscópico de um fragmento da colónia entre lâmina e lamímula, geralmente com o auxílio de um corante (lactofenol-azul algodão).

2) Cultivo em lâmina (técnica de Beneke, modificado) — utiliza-se placa de Petri com lâminas dispostas sobre bastão de vidro dobrado em U (previamente esterilizado em forno de Pasteur). Coloca-se com todo o cuidado de assepsia, pequeno retangulo de ágar-Sabouraud a 2% em camada fina, sobre a lâmina. Com alça de platina, semeiam-se os lados do citado retangulo, com o cogumelo a ser cultivado (semear apenas esporos e filamentos micelianos). Coloca-se uma lamínula limpa e previamente flambada sobre o referido meio. Adiciona-se na placa, cujo fundo é protegido com papel de filtro, água destilada para evitar dessecamento do meio.

Em seguida, datamos e cultivamos à temperatura ambiente, protegendo a placa com campânula de vidro. Observamos diariamente o crescimento. Quando houver desenvolvimento satisfatório, submetemos à ação do formol (0,5 mL - 1 hora); retiramos a lamínula, bem como o fragmento do meio de cultura. A lamínula e a lâmina são submetidas à ação de um fixador (álcool a 70°) e depois coradas com lactofenol — azul algodão. Untamos com esmalte de unha incolor ou com mistura de lanolina - 20 g e breu — 80 g (Cera de Dunoyer) ou com Araldite.

Examinamos os órgãos vegetativos e de frutificação do fungo cultivado. Este método é de muita valia para o laboratorista, pois há manutenção das estruturas fúngicas, o que não acontece quando se retiram fragmentos da colónia no primeiro método descrito.

Características gerais para o diagnóstico laboratorial das micoses

Doenças	*Material coletado*	*Exame microscópico*	*Meios de cultura*
Micoses Superficiais			
Pityriasis versicolor	Escamas de pele (Fita Durex ou KOH 20%)	Esporos em cachos	
Piedra preta	Pelo cortado (KOH 20%)	Nódulo escuro (marrom)	Ágar-Sabouraud (T.A.)*
Piedra branca	Pelo cortado (KOH 20%)	Nódulo claro (amarelado)	Ágar-Sabouraud (T.A.)*
Tinea nigra palmaris	Escamas de pele (KOH 20%)	Filamentos micelianos escuros	Ágar-Sabouraud c/ou s/antibióticos temperatura ambiente (T.A.)*
Ceratomicoses	Raspado de córnea (a fresco)	Filamentos micelianos	Ágar-Sabouraud (T.A.) com ou sem antibióticos
Micoses Cutâneas			
Tinea capitis (Microspórica)	Pelo depilado (KOH 20%)	Esporos pequenos envolvendo o pelo	Ágar-Sabouraud c/ou s/antibióticos ou Dermatophyte Test Medium (D.T.M.) (T.A.)*
Tinea capitis (Tricofítica)	Pelo depilado (KOH 20%)	Filamentos micelianos dentro ou fora do pelo	*Idem (T.A.)*
Tinea corporis	Escamas de pele (KOH 20%)	Filamentos micelianos refringentes	*Idem (T.A.)*
Tinea unguim (onicomicose)	Escamas de unha (KOH 20%)	Filamentos micelianos refringentes	*Idem (T.A.)*

Características gerais para o diagnóstico laboratorial das micoses

Doenças	*Material coletado*	*Exame microscópico*	*Meios de cultura*
Candidíase (estudada entre as micoses sistêmicas)	Escamas de pele (KOH 20%) Escamas de pele (KOH 20%) Raspado da mucosa (a fresco)	Leveduras (células globosas individuais ou com gemulação simples)	Ágar-Sabouraud c/ou s/antibióticos e meios especiais para caracterização da C. albicans (T.A.)
Micoses Subcutâneas Esporotricose			
	Pus de lesões ulceradas Fluidos aspirados	Raramente se identificam leveduras em naveta ao exame microscópico	Ágar-Sabouraud c/ou s/antibióticos Fase Filamentosa (T.A.)
Cromomicose	Raspados da lesão Crostas (KOH 20%) Exsudatos (a fresco)	Corpúsculos marrons, globosos, empilhados. Às vezes com septo na zona equatorial (cissiparidade)	Ágar-Sabouraud c/ou s/antibióticos (T.A.) Ágar Czapeck Fase Leveduriforme (37°C) -Ágar sangue Ágar infusão de cérebro-coração (BHI)
Micetomas (Eumicetomas)	Pus de fístulas. Fluidos aspidos (a fresco) Material de biópsia (corado)	Grãos ou drusas parasitários com filamentos e clamidósporos em seu interior	Ágar-Sabouraud. Ágar infusão cérebro-coração (BHI)
Rinosporidiose (Estudada entre as micoses raras)	Biópsia de pólipos (corada) Raspados de pele	Grandes esporângios com ou sem esporangiósporos em seu interior	Não se cultiva

Características gerais para o diagnóstico laboratorial das micoses

Doenças	*Material coletado*	*Exame microscópico*	*Meios de cultura*
Micoses Sistêmicas			
Paracoccidioidomicose	Raspados de pele ou mucosa. Lavados brônquicos. Escarro (Exames a fresco). Material de biópsia (corado pelo Gomori, H.E. etc.)	Leveduras de paredes grossas, com diâmetro de 10 a 60 um. Com gemulação simples ou característica (exosporulação múltipla)	Fase Filamentosa. Temp. ambiente: Ágar-Sabouraud c/ ou s/ antibióticos Fase leveduriforme. 37°C. Ágar-Sangue, Meio de Fava Netto
Histoplasmose	Escarro, sangue, medula óssea, lavados brônquicos. Líquido cefalorraquidiano (LCR). Pus. Raspados das lesões (a fresco ou corado pelo Giemsa, de preferência)	Leveduras redondas ou ovaladas com diâmetro de 2-5 um dentro de células mononucleares ou poli-morfonucleares. Corar o material pelo Giemsa	Fase Filamentosa. Temp. ambiente Ágar-Sabouraud c/ou s/antibióticos Fase leveduriforme, 37°C Ágar infusão do cérebro e coração (BHI) com ou sem antibióticos. Meio sintético de Salvin
Criptococose	LCR, Escarro. Pus. Raspado da lesão. Urina (a fresco ou com tinta nanquim diluída)	Leveduras esféricas ou ovaladas de paredes espessas, gemulantes com diâmetro de 5 a 20 um, en-volvidas por cápsula evidente ou não.	Cultivo a 37°C ou T.A. em Ágar-Sabouraud c/ ou s/antibióticos, meio de Shields & Ajello
Candidíase ou Monilíase	Escarro. Lavados brônquicos, fezes, urina, LCR. Rapados da lesão. Sangue. (A fresco ou corado pelo Gram = +)	Leveduras ovaladas de paredes finas, gemulantes, com diâmetro de 2 a 6 um. Podem aparecer formas em pseudomicélio	Cultivo em T.A. em Ágar-Sabouraud c/ou s/antibióticos. Ágar malte

Características gerais para o diagnóstico laboratorial das micoses

Doenças	*Material coletado*	*Exame microscópico*	*Meios de cultura*
Actinomicetomas (estudados em conjunto com os Eumicetomas)	Escarro. LCR. Pus de fístulas. Fluidos aspirados (a fresco)	Grãos ou drusas parasitárias sem estruturação interna (amorfos). Às vezes, presença de clavas na periferia	Cultivo a 37°C em meio de Tioglicolato (anaerobiose) – *Acti-nomyces israelli*
	Material de biópsia (H.E. ou Gram)		Cultivo em T.A. – em Ágar-Sabouraud c/ou s/antibióticos – *Nocardia* spp. e *Streptomyces* spp.
Micoses raras ou delimitadas geograficamente			
Zigomicose	Escarro, lavados bronquiais (a fresco) Material de biópsia (H.E.)	Filamentos micelianos cenocíti-cos (sem septos), às vezes ramificados	Cultivo em T.A.,em Ágar-Sabouraud c?ou s/antibióticos
Micoses por fungos pigmentados	LCR, pus, escarro (a fresco)	Filamentos micelianos pigmentados (marrons, verdes ou negros)	Cultivo em T.A. em Ágar-Sabouraud c/ou s/antibióticos
Blastomicose de Jorge Lobo (Norte e Nordeste do Brasil)	Raspado ou biópsia de lesão (Exame a fresco ou após fixação)	Leveduras globosas ou subglobo-sas com membrana espessa medindo 6,0 - 13,5 x 5,0 - 11,0 µm. Gemulação simples, formas em cadeia	Não foi, até o presente, cultivado em meios de cultura usuais
Blastomicose Norte-americana (continente Norte-Americano)	Raspados, pus, escarro, urina e LCR (Exame a fresco). Material de biópsia	Leveduras esféricas simples ou gemulantes, com diâmetro de 8 a 15 µm.	Fase Filamentosa: Ágar-Sabouraud (TA.) Fase leveduriforme: Ágar Sangue (37°C)

Características gerais para o diagnóstico laboratorial das micoses

Doenças	*Material coletado*	*Exame microscópico*	*Meios de cultura*
Coccidioidomicose Vários países da A. do Norte, A. Central e A. do Sul. (Brasil: 2 casos descritos, por achados histológicos)	Escarro, LCR, pus, exsuda tos (Ex. a fresco)	Esporângios, com 20 a 60 µm de diâmetro apresentando endósporos	Ágar-Sabouraud (T.A.)
Histoplasmose Africana	Raspados da lesão ou biópsia de abscessos	Leveduras ovóides de 10 a 13 µm de diâmetro	Fase Filamentosa: Ágar-Sabouraud (T.A.) Fase leveduriforme: BHI, Ágar Sangue (37°C)
Adiaspiromicose (Um caso no Brasil, não comprovado)	Material de biópsia	Esférulas com 200 a 525 µm de diâmetro de paredes espessas e multinucleadas (adiásporos)	Ágar-Sabouraud (T.A.)

**T. A. - Temperatura ambiente.*

42

Micoses de Localização Superficial (Micoses Superficiais)

Os fungos produtores de micoses superficiais invadem as camadas mais externas da pele ou dos pêlos. Estudaremos, neste grupo, o diagnóstico laboratorial de quatro moléstias e de seus respectivos agentes etiológicos.

1) Pityriasis versicolor ou Tinea versicolor – *Malassezia furfur*(*)-(1) *(Pityrosporwn ovale* ou *P. orbiculare);* 2) Piedra preta ou "Black piedra" - *Piedraia hortai;* 3) Piedra branca ou "White piedra" – *Trichosporon beigelii (Trichosporon cutaneum);* 4) Tinea nigra ou Ceratomicose nigracans palmaris – *Cladosporium werneckii.*

PITYRIASIS VERSICOLOR

Coleta e preparo do material

a) Escamas epidérmicas obtidas através do raspado de áreas com máculas hiper ou hipocrômicas. A raspagem pode ser realizada através de um bisturi ou mesmo com os bordos afiados de uma lâmina de microscopia partida.
b) Escamas de caspa, obtidas por fricção do couro cabeludo. O material assim obtido é clareado pela potassa a 10% entre lâmina e lamínula, podendo ser ligeiramente aquecido ou então, visualizado através de montagem com lactofenol-azul-algodão.

Outro método para coleta de material é realizado através de um pedaço de fita adesiva incolor e transparente, pressionada sobre a pele, no local das lesões. Através de uma variante desta técnica pode-se sobrepor o local utilizado da fita sobre uma gota de corante como a violeta de genciana ou lugol. Em seguida pressiona-se a fita adesiva sobre uma lâmina de microscopia.

Para se localizar todas as áreas afetadas pode-se empregar a luz de Wood, em ambiente escuro. Os locais infectados apresentarão fluorescência amarelada.

Exame direto

O material coletado e preparado como descrito é examinado ao microscópio e deverá revelar a presença de cachos de células ovais ou arredondadas, de paredes espessas, com 3 a 8 µm de diâmetro cada uma. Estes são os elementos que fornecem o diagnóstico definitivo. Podem ser encontradas ainda hifas curtas, espessas, de formas bizarras, com 2,5 a 4 µm de diâmetro.

Técnica de cultivo

Sem interesse para o diagnóstico laboratorial, dada a facilidade e a certeza diagnóstica conferida pelo exame direto. O fungo pode ser cultivado em ágar-Sabouraud recoberto com azeite de oliva.

PIEDRAS

Coleta e preparo do material

Cortar pêlos infectados e depositá-los em recipiente estéril.

Transferir assepticamente:

1) um pêlo com nódulo para uma lâmina de microscopia contendo uma gota de KOH a 10%. Aquecer ligeiramente;
2) um ou mais pêlos infectados para tubos de ensaio contendo ágar-Sabouraud ou ágar-Sabouraud com cicloheximida.

Exame direto

Os nódulos produzidos pela *Piedraia hortai* (piedra preta)(*)-(2) são escuros (marrom-fuliginosos) e

(*) Ver Prancha

variam em tamanho e forma. São constituídos por estroma formado por hifas septadas, fortemente cimentadas entre si, medindo 4 a 8 μm de diâmetro. Se o nódulo for rompido, libera ascos contendo 8 ascósporos fusiformes.

Os nódulos produzidos pelo *Trichosporon beigelii* (piedra branca) são mais claros (amarelados), variam em tamanho e não são tão duros e aderidos aos pêlos quanto os anteriores, destacando-se dos mesmos com facilidade. Ao exame microscópico encontram-se células arredondadas a retangulares com 2 a 4 μm de diâmetro. Pode-se encontrar ar trósporos ovalados mas não são encontrados, neste caso, ascos com ascósporos.

Técnica de cultivo

Utiliza-se na rotina, para o isolamento da *P. hortai* e do *T. Beigelii o* ágar-Sabouraud com ou sem antibióticos.

A *P. hortai* cresce lentamente em ágar-Sabouraud, podendo-se acelerar seu crescimento com a inclusão de tiamina (0,01 mg/mL) no meio de cultivo. Colônias marrons a negras, lisas ou com micélio aéreo escasso, são características deste fungo. Não se formam esporos nos meios de cultivo usuais.

As colônias de *T. cutaneaum* são esbranquiçadas ou amareladas tornando-se enrugadas ou vincadas com o envelhecimento. A identificação do gênero *Trichosporon* baseia-se na demonstração do micélio hialino que se fragmenta em artrósporos e na produção de blastósporos. Para se distinguir as diversas espécies deste gênero deve-se realizar provas bioquímicas. Sabe-se que o *T. beigelii* não fermenta açúcares e assimila a glicose, galactose, maltose e sacarose, não assimilando o nitrato de potássio (ver técnicas de fermentação e assimilação para *C. albicans).*

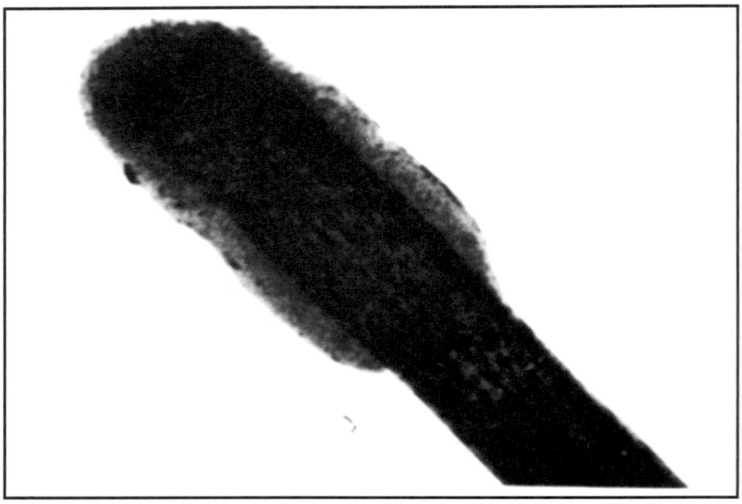

Fig.42.1 – Nódulo de *Trichosporon cutaneum em pêlo* (Piedra branca).

TINEA NIGRA

Coleta e preparo do material

Deve-se realizar um raspado das lesões pigmentadas a recolher as escamas em recipiente esterilizado.

Parte deste material é colocada sobre uma gota de KOH a 10%, depositada numa lâmina de microscopia e, a seguir, recoberta com lamínula, podendo-se aquecer ligeiramente. A outra porção de material coletado será distribuída, em condições assépticas, em tubos contendo meio inclinado de ágar-Sabouraud com ou sem antibióticos e incubados à temperatura ambiente.

Exame direto

As escamas de pele, clarificadas pela potassa, apresentar-se-ão com hifas pigmentadas em marrom-claro ou verde-escuro, septadas, ramificadas, com 1,5 a 3 μm de diâmetro. Podem ser encontrados clamidósporos.

Técnica de cultivo

As colônias desenvolvem-se lentamente em ágar-Sabouraud e apresentam coloração negra brilhante, com aspecto cremoso (leveduriforme), atingindo um máximo de tamanho em 2 semanas. Com o envelhecimento da colônia ela passa a ser menos úmida tornando-se verde-escura com micélio aéreo cinzento. Microscopicamente, a porção negra leveduriforme apresenta blastósporos e células gemulantes que se desenvolvem lateralmente às hifas. Os blastósporos apresentam-se em cachos ao longo das hifas como no caso da *Candida sp.* Pequenos conidióforos podem produzir cadeias ou cachos de conídios escuros, uni ou bicelulares.

CERATOMICOSES

Coleta e preparo do material

Geralmente, empregando-se *swabs* para a obtenção de material da córnea e da conjuntiva, não se conseguem bons resultados. Isso porque o fungo está na superfície da córnea ou abaixo dela. Raspados mais profundos serão eficientes para um exame direto adequado e para as culturas. Deve-se escolher como locais de preferência as margens e o centro da úlcera. Um bisturi estérilzado ou outro instrumento adequado servirá ao cirurgião para tal finalidade.

Exame direto

Podemos realizar montagens a fresco ou corar os esfregaços pelo Gram. Os preparados a fresco revelarão o micélio dos *Eumycetes* e os corados indicarão as bactérias, os *Actinomyces* e as *Nocardia.*

Técnica de cultivo

O meio de eleição será o ágar-Sabouraud com ou sem antibióticos e a incubação deve ser realizada em temperatura ambiente. Além dos meios utilizados para isolamento bacteriano, deveremos introduzir, caso haja suspeita, o meio de tioglicolato para isolamento de anaeróbios *(Actinomyces sp.)* a 37°C.

Os fungos mais importantes nesta patologia são: *Fusarium, Aspergillus* e *Curvularia.*

MICOSES CUTÂNEAS

Dermatomicoses

CONSIDERAÇÕES GERAIS

As dermatomicoses são infecções da pele, dos pêlos e das unhas dos homens e dos animais, produzidas por um grupo de fungos denominados dermatófitos.

Estes microrganismos são, em geral, incapazes de se desenvolver no tecido subcutâneo ou em tecidos mais profundos, talvez pela existência de fatores humorais responsáveis por essa inibição.

As configurações clínicas destas micoses são conhecidas por "tinhas" ou "tineas" e filiadas, etiologicamente, a 3 gêneros de dermatófitos: *Microsporum, Trichopyton* e *Epidermophyton.* Queremos lembrar que existem certas manifestações clínicas semelhantes às tinhas e que são produzidas por fungos do gênero *Cândida,* cuja rotina de diagnóstico laboratorial difere frontalmente da empregada para os dermatófitos citados.

A grande maioria dos agentes etiológicos englobados nos três gêneros fundamentais é classificada entre os *Deuteromycetes (Fungi Imperfectii).* À medida que são descritas suas formas perfeitas (sexuadas) de reprodução, passam a ser classificados entre os *Ascomycetes. É* o caso, por exemplo, de alguns fungos do gênero *Microsporum* que recebem a denominação de *Nannizzia* (estágio perfeito) e de alguns *Trichophyton* que passam, então, a denominar-se *Arthroderma.*

As principais dermatomicoses e seus agentes etiológicos são classificadas, segundo Beneke & Rogers, de acordo com dois critérios: o primeiro de ordem clínica, formulado segundo a localização do processo micótico; o segundo, baseado na forma dos fusos ou macroconídios (órgãos assexuados de reprodução) dos diferentes gêneros de dermatófitos. Assim, temos:

Moléstia	*Fungo*
Tinea capitis	*Microsporum* (qualquer espécie) e *Trichophyton* (qualquer espécie) Exceção: *T. concentricum;*
Tinea barbae	*T. mentagrophytes, T. rubrum, T. violaceum, T. verrucossum* e *M. canis;*
Tinea corporis	*T. mentagrophytes, T. rubrum, T. concentricum, T. audouinii, M. Canis* ou qualquer outro dermatófito;
Tinea cruris	*Epidermophyton floccosum, T. mentagrophytes* e *T. rubrum (Cândida albicans);*
Tinea pedis	*E. floccosum, T. mentagrophytes* e *T. rubrum (Cândida albicans);*
Tinea unguium	*T. mentagrophytes, T. rubrum;* (Raramente *T. violaceum* ou *T. schoenleinii).*

Apresentando incidência universal, os dermatófitos podem ser classificados segundo a afinidade pelo parasitismo humano ou animal como também por seu habitat natural, a terra. Assim é que temos os chamados antropofílicos, os zoofílicos e os geofílicos, respectivamente.

Os antropofílicos mantêm seu ciclo vital através do contágio inter-humano direta ou indiretamente, pois sabe-se que eles podem apresentar-se viáveis, durante semanas ou meses, em material córneo depositado em pisos e outros substratos úmidos.

Os zoofílicos são próprios de diversos animais tanto os de grande como os de pequeno porte. Podem infectar o homem, mas o inverso ocorre excepcionalmente.

Os geofílicos podem infectar tanto o homem como os animais.

EXAME DO PACIENTE E COLETA DO MATERIAL

Um exame bastante útil na prática laboratorial é a exposição da área afetada à luz de Wood, em ambiente escuro. Em presença de uma dermatomicose provocada por fungos do gênero *Microsporum* sp., a lesão ou os pêlos parasitados fluorescerão emitindo coloração verde-amarelada (exceção feita ao *M. gypsewn).* Os *Trichophyton* sp., em sua grande maioria, não apresentam este fenômeno. Às vezes, podem ocorrer resultados falsos positivos quando o paciente tiver usado óleos ou loções para cabelos e mesmo certas medicações. Nestes casos, retira-se o pêlo e examina-se se sua raiz emite fluorescência.

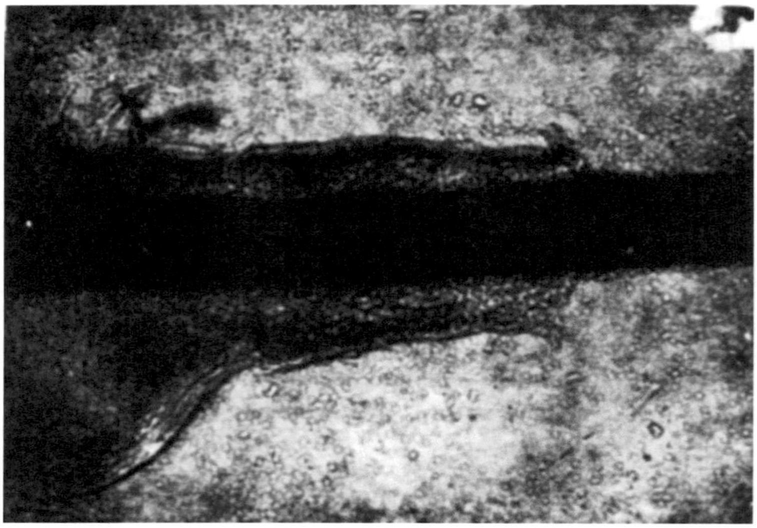

Fig. 42.2 – *Microsporum sp.* parasitando o pêlo (Tinea microspórica) 6,3x.

Além da luz ultravioleta auxiliar na triagem etiológica, é também de valia para diferenciar algumas afecções clínicas que são muito semelhantes às dermatomicoses. Por exemplo, em casos de *Tinea corporis,* que podem ser confundidas com o eritrasma, observamos que, sendo infecção fúngica, não há délineação das lesões, enquanto que no eritrasma seus contornos fluorescem em tonalidades laranja a vermelho-coral.

Para um diagnóstico correto, deve-se levar em consideração uma série de normas a serem observadas na coleta do material.

Todo o equipamento deverá estar desinfetado e as condições de higiene e assepsia da sala de coleta deverão ser rigorosamente asseguradas.

É muito fácil haver contaminação do material, como já dissemos, por esporos de fungos existentes na atmosfera, por técnica de transferência asséptica incorreta ou através de insetos, acarianos ou aracnídios que penetrem eventualmente nas placas ou nos tubos semeados.

Fragmentos de cabelos e raspados de pele ou unha constituem-se nos materiais a serem coletados sob luz visível ou ultravioleta. De preferência, deve-se retirá-los dos bordos ativos das lesões, pois é justamente onde teremos mais chances de isolar o agente etiológico.

As escamas epidérmicas ou ungueais podem ser obtidas através de raspagem realizada por bisturi ou com os bordos afiados de uma lâmina de microscopia.

Os pêlos ou seus fragmentos são coletados através de uma pinça depilatória.

O material assim obtido, pode ser acondicionado entre duas lâminas de microscopia ou num envelope de papel-manteiga. Não se recomenda guardá-lo em tubos arrolhados, devendo evitar-se umidade, pois esta favorece o crescimento de bactérias e fungos saprófitas que dificultam o isolamento do agente etiológico.

EXAME DIRETO

Pêlos – Devem ser selecionados para exame aqueles que apresentam fluorescência, os que possuem uma bainha envolvente acinzentada, os esbranquiçados ou mesmo os opacos.

Coloca-se o material sobre uma gota de KOH a 10% numa lâmina de microscopia e cobre-se com uma lamínula. Pode-se aquecer ligeiramente (sem ferver) ou esperar de 30 a 40 minutos para examinar ao microscópio sob pequeno aumento e luz reduzida.

Os pêlos atacados por dermatófitos apresentam hifas em seu interior apenas nos primeiros estágios da infecção. Posteriormente, por fragmentação dos filamentos micelianos, formam-se artrósporos dentro dos pêlos (parasitismo tipo endótrix) ou podem aparecer fora do pêlo, envolvendo-o (tipo ectótrix) ou ainda por fora e por dentro (tipo neoendótrix). Alguns autores referem o parasitismo tipo fávico, no qual o pêlo encontra-se repleto de longas hifas com poucos artrósporos visíveis.

Salientamos dois pontos básicos de observação: 1. o tipo de parasitismo, que varia segundo a espécie de dermatófito envolvido e 2. o tamanho e a distribuição dos artrósporos no pêlo.

Escamas de pele ou unha[(*)-(3)] – Depois da fase de clarificação pela potassa, as escamas infectadas apresentam hifas hialinas septadas com 3 a 8 μm de diâmetro e artróporos, frequentemente em cadeias. Deve-se tomar cuidado para não confundir os filamentos micelianos com as bordas das células epiteliais. As hifas são bastante refringentes e hialinas, sendo distinguíveis mais precisamente quando se movimenta o parafuso micrométrico.

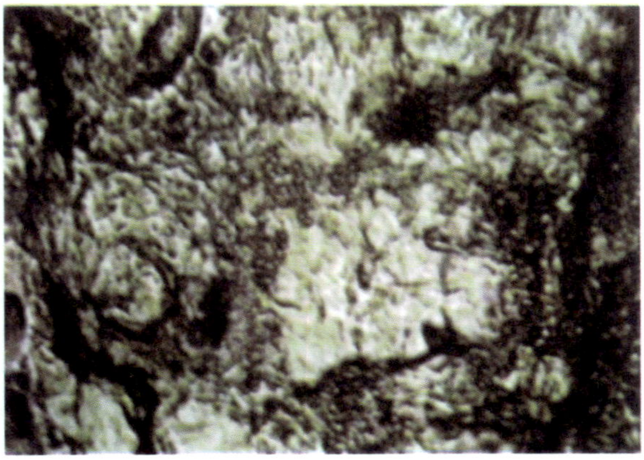

Fig. 42.3 – *Malassezia furfur* em escamas epidérmicas (pityriasis: versicolor). (*)

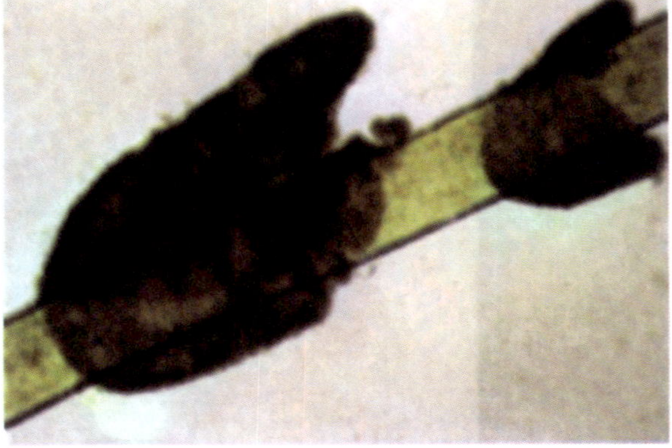

Fig. 42.4 – Nódulo de *Piedraia hortai* em pêlo (Piedra preta). (*)

(*) Ver Prancha

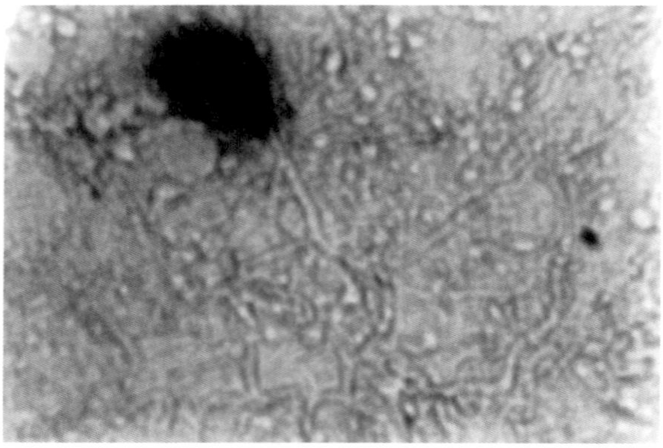

Fig. 42.5 – Hifas de dermatófitos em escamas de pele. (*)

TÉCNICAS DE CULTIVO

O meio mais difundido para o isolamento dos dermatófitos é o ágar-Sabouraud, com ou sem antibióticos. Atualmente, algumas alterações foram introduzidas como a diminuição da concentração de dextrose e a alteração do pH (passando de 5,0 a 6,0 para 6,8 a 7,0). Comercialmente, este meio modificado é conhecido como *Mycosel Agar* ou *Mycobiotic Agar.*

De introdução recente no laboratório de Micologia é o *Dermatophyte Test Medium* (D.T.M.). em sua composição básica, entram fitona, elicose e ágar além de antibióticos (cicloheximida, gentamicina e clortetraciclina), além de um indicador de pH, o vermelho de fenol. Com o crescimento dos dermatófitos, o meio, originalmente amarelo, torna-se vermelho devido aos produtos alcalinos formados pelo metabolismo fúngico. Além disso, os antibióticos incorporados impedem o crescimento de bactérias e de fungos contaminantes (cicloheximida).

Para a manutenção das culturas destes fungos, pode-se utilizar o ágar-batata, principalmente no caso de dermatófitos geofílicos.

O material é semeado em um dos meios seletivos, podendo, em caso de alta contaminação, ser purificado previamente em solução aquosa de antibióticos (cloranfenicol e cicloheximida) em concentrações semelhantes às empregadas nos meios de cultivo.

A incubação é processada em temperatura ambiente (25 a 30°C) e as culturas devem ser examinadas a partir do quarto dia até 4 semanas antes de serem consideradas negativas. É óbvio que este prazo depende do meio de cultivo utilizado.

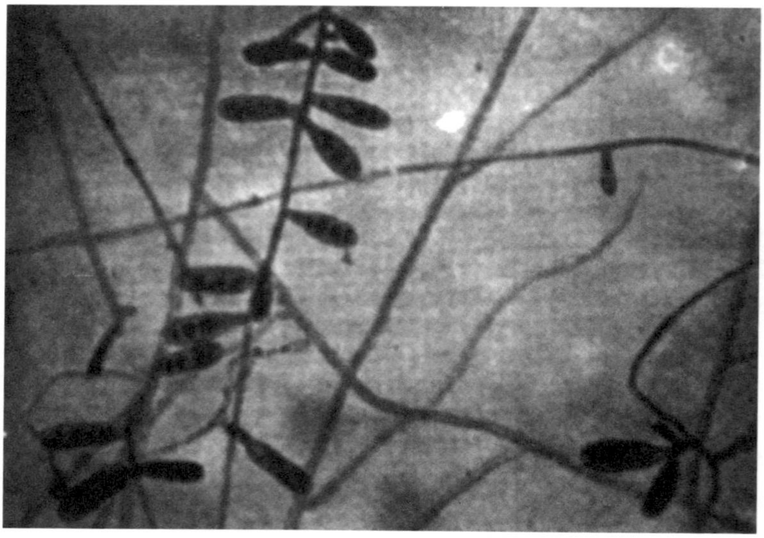

Fig.42.6 – Fusos de *Epidermophyton floccosum* (lactofenol-azul-algodão).

A colônia suspeita deve ser examinada microscopicamente: retiramos um pequeno fragmento da mesma e o depositamos em uma gota de lactofenol-azul-algodão previamente colocada sobre uma lâmina de microscopia. Recobrimos o fragmento com lamínula e observamos ao microscópio, com objetiva de 40x.

Em casos de ausência de elementos diagnósticos, tais como os microconídios (aleuriósporos) ou os macroconídios (macroaleuriósporos), deve-se repicar a colônia em identificação em meios que favoreçam a esporulação como o ágar-batata, por exemplo. A técnica do cultivo em lâmina pode ser realizada quando se deseja obter preparados permanentes.

Para a produção dos pigmentos característicos de algumas espécies, é necessário que os tubos sejam tamponados com algodão, a fim de que haja penetração suficiente de oxigênio. Outro atributo necessário para o isolamento dos dermatófitos é a quantidade suficiente de meio de cultura (8-10 mL para cada tubo de ensaio), a fim de proporcionar teor nutritivo e umidade adequados.

Atualmente, um teste útil para identificação é a formação de ascósporos por parte de determinadas espécies destes fungos.

Queremos lembrar que os dermatófitos se pleomorfizam com muita facilidade. Este fenômeno ocorre com bastante frequência na prática e traduz-se pela perda da capacidade de produção de macroconídios por parte dos referidos fungos, quando mantidos através de repiques sucessivos em meios de cultivo artificiais. Isto vem acarretar inúmeros transtornos para a manutenção desses microrganismos, podendo-se cultivá-los sob óleo mineral ou manter as culturas congeladas ou liofilizadas.

PROVAS NUTRICIONAIS

Para caracterização dos *Trichophyton* sp., os quais, muitas vezes, não produzem macroconídios, tem-se necessidade de realizar provas bioquímicas tais como a utilização de vitaminas e aminoácidos. No primeiro caso, usa-se como meio básico o ágar-caseína (isento de vitaminas), ao qual adiciona-se, isoladamente, soluções de vitaminas. O meio básico puro é utilizado como controle. No segundo caso, o meio básico utilizado é o ágar-nitrato de amônio, incorporado de soluções de aminoácidos, isoladamente. Deve-se levar em consideração que a quantidade de inóculo é importante, devendo ter, aproximadamente, o tamanho da cabeça de um alfinete, a fim de não transportar o meio de cultura usual (e completo), para o meio mínimo utilizado na prova, falseando desta forma a interpretação dos resultados. Estes meios são encontrados prontos no comércio, sob forma dessecada e conhecidos como *Trichophyton agars*.

TESTES DE PERFURAÇÃO DE PÊLOS

Para a diferenciação de certas espécies, como por exemplo o *T. rubrum* do *T. mentagrophytes,* pode-se utilizar uma técnica que permite a verificação da penetração do fungo em pêlos, como é o caso do *T. mentagrophytes*. Já o *T. rubrum* não tem a capacidade de perfurar mais sim a de promover uma erosão gradual dos mesmos.

Cultura *in vitro,* em pêlos, para a diferenciação entre *T. mentagrophytes* e *T. rubrum.*

Pêlos expostos ao *T. mentagrophytes* são radialmente perfurados por grupos organizados de hifas que não formam, todavia, perfurações cuneiformes. *Trichophyton rubrum* não perfura os pêlos. A prova é assim executada: colocamos pequenos fragmentos de cabelos esterilizados em placas de Petri; em seguida, adicionamos 25 mL de água destilada estéril e duas a três gotas de extrato de levedura a 10%; semeamos fragmentos pequenos da cultura em prova, a partir de ágar-Sabouraud; incubamos a 25°C ou à temperatura ambiente, durante 4 semanas. Periodicamente, retiramos pequenos fragmentos dos pêlos, examinando-os ao microscópio com auxílio de lactofenol-azul-algodão, aquecendo ligeiramente a preparação. Os testes são considerados negativos quando as perfurações não são observadas após 28 dis de crescimento.

Reconhecimento prático dos principais dermatófitos encontrados em nosso meio.

Através da Tabela a seguir, podem ser observados os principais elementos capazes de caracterizar, de uma maneira geral, os fungos em questão, através de seus macroconídios.

CHAVE PARA O DIAGNÓSTICO PRELIMINAR DE DERMATOMICOSES

Exame direto da pele, unhas ou fragmentos de pêlos pela luz de Wood: ausência de fluorescência na pele ou nas unhas.

Exame direto após clareamento pela potassa: hifas hialinas, ramificadas, septadas, 4 a 8 μm de diâmetro, parcialmente seccionadas em cadeias ou artrósporos: todas as espécies de dermatófitos.

Exame direto dos pêlos pela luz de Wood: (1) fluorescência brilhante amarelo-esverdeada: *Mzcrosporum canis, M. distortum, M. ferrugineum* e, raramente, o *Trichophyton schoenleinii;* (2) nenhuma fluorescência: todos os outros dermatófitos.

Exame direto após clareamento pela potassa:

Tipos-padrões de crescimento de algumas espécies de *Thichophyton* em *Bacto-trichophyton ágar*

	Nº 1	*Nº 2*	*Nº 3*	*Nº 4*	*Nº 5*	*Nº 6*	*Nº 7*
Dermatófito	(Livre Vit.)	(Inositol)	Inos. + (Inositol)	(Tiamina)	(Ac. nicot.)	(Livre Vit. + Nitrato am.)	(Histidina)
T. verrucosum							
84%	0	±	4 +	0			
16%	0	0	4 +	4+			
T. schoenleinii	4 +	4 +	4 +	4 +			
T. concentricum							
50%	4 +	4 +	4 +	4 +			
50%	2 +	2 +	4 +	4 +			
T. tonsuram	± a 1 +			4 +			
T. mentagrophytes	4 +			4 +	4 +		
T.rubrum	4 +			4 +			
T. ferrugineum	4 +			4 +			
T. violaceum	± a 1 +			4 +			
T.megnini						0	4 +
T.gallinae						4 +	4 +
T.equinum							

Características gerais dos macroconídios dos dermatófitos

Gênero	*Frequência*	*Tamanho (em µm)*	*Número de septos*	*Espessura da parede*	*Superfície da parede*	*Modo de inserção*
Microsporum	Muito numerosa exceção: *M. audouinii*	5 - 100 x 3 – 8 µm	3 – 15	Espessa exceção: *M. gypseum* *M. nanum*	Rugosa	Isolada
Trichophyton	Usualmente raros	20-50 x 4 – 6 µm	2 – 8	Fina	Lisa	Isolada
Epidermophyton	Numerosos	20-40 x 6 – 8 µm	2 – 4	Intermediária	Lisa	Em grupos (2 ou 3)

(1) Ectótrix

a) esporos com 2 a 3 µm de diâmetro em mosaico, formando bainha envolvendo o pêlo: *M. audouinii, M. canis, M. distortum, M. ferrugineum;*

b) esporos com 3 a 5 µm, formando uma bainha ou em cadeias isoladas na superfície dos pêlos: *T. mentagrophytes;*

c) esporos com 5 a 8 µm, formando uma bainha ou em cadeias isoladas na superfície do pêlo: *T. equinum;* raramente o *T. rubrum;*

d) esporos com 5 a 8 µm, em cadeias ou em massas irregulares na superfície do pêlo: *M. fulvum, M. gypseum, M. nanum, M. vanbreuseghmii;*

e) esporos com 8 a 10 µm, formando uma bainha, ou em cadeias isoladas na superfície do pêlo : *T. verrucosum.*

(2) Endótrix

Pequenos fragmentos de cabelos, grossos e usualmente torcidos, repletos de cadeias com grandes esporos de 4 a 8 µm: *T. sudanense, T. tonsuram, T. violaceum, T. yaoundii.*

(3) Tipo fávico

Cabelos invadidos, em todo comprimento, por filamentos micelianos. Áreas vazias (túneis) onde as hifas degeneram e gotas de gordura dentro do pêlo: *T. schoenleinii.*

Em seguida, apresentamos uma súmula das características macro e microscópicas dos principais dermatófitos com desenhos esquemáticos extraídos da obra de Rebell & Taplin, 1970.

IDENTIFICAÇÃO DO MICROSPORUM CANIS(*)-(4)

Achados microscópicos no parasitismo do pêlo

Esporulação ectórix em massas, sendo os esporos bastante pequenos, necessitando objetiva de 40x. Usualmente, os pêlos parasitados são fluorescentes.

Aspectos macroscópicos da cultura

A colônia é branca, cotonosa, apresentando geralmente um pigmento dourado em seu reverso.

Aspectos microscópicos da cultura

Os macroconídios também chamados de macroaleuriósporos são bastante numerosos e de forma característica. São longos, fusiformes, de paredes espessas e de extremidade assimétrica e rugosa. Apresentam-se, em geral, com mais de 6 compartimentos. Podemos observar a presença de micro-conídios piriformes não típicos.

IDENTIFICAÇÃO DO MICROSPORUM GYPSLIUM

Achados microscópicos no parasitismo do pêlo

Esporulação principalmente ectótrix mais esparsa e em cadeias. Fluorescência do pêlo ausente. Perfura o pêlo *in vitro.*

Aspectos macroscópicos da cultura

A colônia desenvolve-se rapidamente com tex tura de camurça tornando-se pulverulenta devido à infinidade de macroconídios. Esta cultura torna-se rapidamente pleomorfizada.

Aspectos microscópicos da cultura

Macroconídios numerosos, simétricos, elípticos, de superfície espinhosa, de paredes finas, com mais de 6 compartimentos.

IDENTIFICAÇÃO DO EPIDERMOPHYTON FLOCCOSUM

Não invade os pêlos.

Aspectos macroscópicos da cultura

Colônia de aspecto granuloso, esparsa, de coloração amarelo-mostarda e verde-oliva. Subculturas: aparência pregueada, penugenta, de coloração verde-oliva. Frequentemente, desenvolve tufos pleomorfizados. Colônias de difícil manutenção (não resistem à refrigeração).

Aspectos microscópicos da cultura

Macroconídios em forma de clavas, de extremidade obtusa, inseridos em grupos. Nas colônias mais velhas, transformam-se em clamidósporos. Não se observam microconídios. Às vezes, aparecem hifas espiraladas, mas sem interesse diagnóstico.

IDENTIFICAÇÃO DO TRICHOPHYTON MENTAGROPHYTES

Achados microscópicos no parasitismo do pêlo

Produz esporulação tipo ectórix, de tamanho moderado visível com o pequeno aumento do microscópio. O pêlo não é fluorescente. Todas as variedades do *T. mentagrophytes* perfuram o pêlo *in vitro.*

Aspectos macroscópicos da cultura

Colônia de aspecto chato, pulverulento, de coloração amarelada. Este "pó" tem aparência de talco

(*) Ver Prancha

e distribui-se em anéis concêntricos e em raios formados pelo acúmulo de grandes quantidades de microaleurósporos. Produz pigmentação amarronzada e, algumas vezes, vermelho-escura. As colônias deste fungo tendem rapidamente a se pleomorfizar.

Aspectos microscópicos da cultura

São típicos os aglomerados de microaleuriósporos como se fossem cachos de uvas verdes. Os macroaleuriósporos ou macroconídios podem estar presentes e têm a forma de charuto. Podem ser observadas, ainda, hifas em espiral.

IDENTIFICAÇÃO DO TRICHOPHYTON RUBRUM

Achados microscópicos no parasitismo do pêlo

Produz esporulação tipo ectótrix de tamanho grande. Não apresenta fluorescência e são raras as infecções do couro cabeludo. Não forma órgãos de perfuração nem invade a unha.

Aspectos macroscópicos da cultura

Colônia de aspecto cotonoso, branca, de desenvolvimento lento e que produz no reverso pigmento vermelho-sangue. Às vezes, algumas amostras desenvolvem macroconídios em profusão. Estas amostras esporuladas são mais frequentemente isoladas de *Tinea corporis,* de lesões granulomatasas e de *Tinea capitis* do que casos de *Tinea cruris* e *Tinea manum.*

Aspectos microscópicos da cultura

Hifas longas que apresentam lateralmente microconídios em forma de lágrimas. Os macroconídios são bastante raros ou ausentes. Nas amostras esporuladas citadas anteriormente, os macroaleuriósporos são finos, longos e em forma de lápis, desenvolvendo-se ou diretamente do fim de hifas grossas ou inseridos em conjunto. Os microconídios são grandes, dispersos ou em cachos abertos; as hifas e os macroconídios tendem a se fragmentar em numerosos artrósporos.

IDENTIFICAÇÃO DO TRICHOPHYTON SCHOENLEINII

Achados microscópicos no parasitismo do pêlo

A invasão do pêlo através do *T. schoenleinii é* característica. Podem ser observadas hifas e bolhas de ar como também espaços ocupados por hifas degeneradas. Frequentemente, observa-se fluorescência azulada e os chamados *godets* nos folículos (crostas de bordas levantadas como se fossem pequenas xícaras).

Aspectos macroscópicos da cultura

Colônia de aspecto céreo, esbranquiçada, com superfície apresentando altos e baixos. Colônias recém-isoladas são semelhantes às de leveduras. Com o desenvolvimento da colônia, há invasão do meio em profundidade, promovendo quebra do mesmo.

Aspectos microscópicos da cultura

Quase nunca se observam os macro e os microconídios. As estruturas típicas são os chamados candelabros fávicos (hifas em forma de candelabros), geralmente produzidos abaixo da superfície do meio de cultivo. O crescimento inicial, oriundo de material biológico, consiste em artrósporos com forma de leveduras.

43

Micoses Profundas (Subcutâneas)

ESPOROTRICOSE

Coleta e preparo do material

O pus pode ser coletado por aspiração diretamente de nódulos não abertos; pode-se também colher material com *swabs,* ou por meio de raspados. Podem ser feitas biópsias de lesões ulcerosas.

Exame direto

O pus ou outro material pode ser examinado a fresco, microscopicamente, entre lâmina e lamínula ou mesmo em esfregaços corados, para observação das formas em charuto. Mesmo assim, é difícil visualizar-se essas formas, de modo que, frequentemente, temos de usar métodos de coloração pelo PAS ou pela metenamina-prata ou ainda de anticorpos fluorescentes para facilitar o contraste.

Culturas

O meio utilizado para o isolamento do *Sporothrix schenckii*(*) (5) é o ágar-Sabouraud-cloranfenicol com sem ciclohexímida.

As colônias apresentam inicialmente (após 3 a 5 dias) coloração branca ou creme, tornando-se posteriormente de marrons e negras, às custas da produção de um pigmento escuro. O fungo é dimórfico apresentando, portanto, morfologia diversa quando cultivado à temperatura ambiente ou a 37°C em meios enriquecidos.

Colônias em temperatura ambiente

São brancas inicialmente, com aspecto coriáceo, enrugadas, tornando-se lisas com o passar dos dias. A coloração pode variar de acordo com a amostra em estudo (creme e negra).

(*) Ver Prancha

Colônias a 37°C

O fungo pode transformar-se para a fase parasitária quando cresce em meios enriquecidos com vitaminas e proteínas, a 37°C. Diversos autores recomendam o ágar-infusão-cérebro-coração com ou sem sangue ou o meio de Francis glicose-cistina e ágar-sangue. Às vezes, é necessário realizar-se duas transferências para se obter a fase leveduriforme. Mantendo-se o meio úmido durante o crescimento, as colônias aparecerão suaves, de coloração branca e creme e de superfície irregular lembrando colônias de leveduras.

Observando-se, microscopicamente, a cultura mantida em temperatura ambiente, vemos hifas septadas (2 µm de diâmetro) com conídios piriformes ou globosos, pedunculados ou sésseis, dispostos muitas vezes em "forma de margarida".

Com relação à microscopia da cultura mantida a 37°C, observamos células redondas ou ovaladas, gemulantes, ou então células fusiformes, denominadas formas em charuto. Estas células são Gram-positivas.

Fatores Estimulantes

Existem alguns fatores nutritivos especiais para o crescimento deste fungo na fase leveduriforme: tiamina, biotina (estimulante), fonte orgânica de nitrogênio (aminoácido), 5% de tensão de CO_2; 37°C para conversão e crescimento da fase leveduriforme do *S. schenckii;* fase miceliana: tiamina, nitrogênio orgânico (estimulante), enquando pode-se utilizar também nitrogênio inorgânico no meio de cultura.

Inoculações

O pus das lesões ou as suspensões salinas das culturas em fase miceliana ou leveduriforme (0,5 — 1 mL) podem ser inoculadas, por via intra-peritoneal, em ratos ou camundongos. Os animais desenvolvem peritonite e granulomas no mesentério após 3 semanas e o microrganismo pode ser visualizado pelo exame direto do líquido ascítico ou pela cultura em meio apropriado. Pode-se utilizar a via testicular (0,2 mL de suspensão fúngica) para inoculação de camundongos e estes apresentarão orquite após 2 a 3 semanas.

Técnicas Imunológicas

O soro de pacientes com esporotricose apresenta anticorpos que podem ser demonstrados por reações de fixação de complemento, reações de aglutinação e de precipitação, mas na rotina laboratorial estas provas não são utilizadas.

A imunofluorescência, para certos estudos, pode ser empregada como método rápido de triagem sorológica ou na identificação do fungo.

Esporotriquina

É usada para teste de hipersensibilidade do tipo retardado. O antígeno é constituído pela fração polissacarídica do fungo ou pela suspensão de fungos mortos pelo calor. O teste pode ser positivo desde o 5º dia da infecção até semanas, meses ou anos. A leitura é feita após 24-48 horas da injeção intradérmica.

Obtenção da Esporotroquina
(cultura em forma de charuto ou naveta)

1) Cultivar diversas amostras de *Sporotrix schenckii* em meio que favoreça o crescimento em fase leveduriforme; 2) obter a variante em naveta; 3) fazer esfregaços de cada tubo, corando pelo método de Gram; 4) suspender as colônias em solução fisiológica com pérolas de porcelana e agitar bem. Filtrar em gaze e deixar decantar diversas vezes, até obter suspensão bem homogênea, colocando mertiolato a 1/10.000; 5) aquecer a 60°C, durante 3 dias, por 60 minutos, repetindo a coloração de Gram; 6) efetuar controles de esterilidade, de acordo com a Farmacopeia Brasileira, em meios para aero e anaerobiose, durante pelo menos 10 dias; 7) padronizar a suspensão no tubo 5 da Escala de Mac Farland; 8) distribuir e efetuar novos controles de esterilidade, como os acima; 9) datar e conservar em geladeira; 10) realizar a prova de potência em pacientes com esporotricose (0,1 mL).

CROMOBLASTOMICOSE (CROMOMICOSE OU DERMATITE VERRUCOSA CROMOPARA SITÁRIA)

(Gêneros Phialophora, Cladosporium, Fonsecaea(*)-(6), Wangiella e Exophiala)

Coleta e Preparo do Material

Crostas e materiais exsudativos devem ser colhidos das lesões e imersos em KOH a 10% entre lâmina e lamínula e aquecidos ligeiramente. É conveniente promover um raspado enérgico, até que haja um pequeno sangramento, para que possamos isolar o fungo.

Exame Direto

Em caso positivo, serão observados os elementos arredondados ou ovóides, pigmentados em marrom. Estes corpúsculos medem de 4 a 12 μm de diâmetro e são unicelulares ou de diversos planos de divisão. Raramente, são observadas hifas nas escamas de pele.

Técnicas de Cultivo

Todos os agentes etiológicos são isolados através da semeadura do material em ágar-Sabouraud com ou sem antibióticos. As culturas devem ser incubadas em temperatura ambiente e serem observadas durante 3 semanas antes de serem descartadas. A macro e a micromorfologia são essenciais para a identificação das culturas.

Chave Diagnostica de Fundos da Família *Dematiaceae* de Importância em Micologia Médica

I. Colônia inicialmente leveduriforme, tornando-se filamentosa
   A) Levedura septada, de aspecto fusiforme ou bizarro: *Cladosporium werneckii.*
   B) Levedura não septada ou raramente septada, elipsóide a redonda.
      1. Produtora de esporos, esterigma em forma de pino presente nas hifas, porém mais ou menos não evidente; conidióforo formado por diversas células, formando frequentemente um ramo lateral; bom crescimento a 37°C: *Wangiella dermatitidis.*
      2. Esporógena, esterigma em forma de pino, evidente, escuro e elevado; conidióforos tubulares, facilmente distinguíveis das células das hifas; crescimento pequeno ou ausente a *37°C: Phialophora gougerotii.*

(*) Ver Prancha

3. Esporógena, esterigma em pino relativamente incomum; conidióforos escuros, rígidos e espinescentes, crescimento pequeno ou ausente a *37°C. Phialophora spinifera.*

II. Colônia típica de fungo durante os estágios iniciais e finais de crescimento

A) Conídios produzidos predominantemente em locais semi-endógenos.

1. Fiálides em forma de frasco, com extensões em forma de xícara: *Phialophora verrucosa.*
2. Fiálides longas e tubulares, extensões chatas ou em forma de pires: *Phialophora richardsiae.*

B) Conídios produzidos de locais exógenos e endógenos; esporóforos reduzidos tipo *Cladosporium;* às vezes acompanhados de conidióforos tipo *A crotheca* e *Phialophora.*

1. Esporos elípticos a alongados: *Fonsecaea pedrosoi.*
2. Esporos comprimidos, ovais e redondos: *Fonsecaea compactum.*

C) Conídios produzidos inteiramente em locais exógenos; conidióforos do tipo *Cladosporium.*

1. Proteolíticos: saprófitas *Cladosporium sp.*
2. Não proteolíticos.
   a) Colônias de crescimento moderado; temperatura máxima 42 a 43°C; conídios medindo 4 a 11 μm; neurotrópicos. *Cladosporium trichoides.*
   b) Colônias de crescimento lento; temperatura máxima 35 a 36°C; conídios medindo 1,5 a 7,5 μm; não neurotrópicos: *Cladosporium carrionii.*

Fig. 43.1 – Fusos de *Microsporum canis* (lactofenol-azul-algodão).(*)

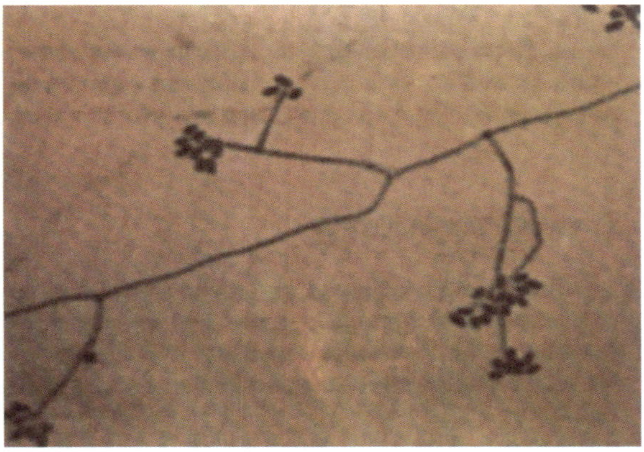

Fig. 43.2 – *Sporothrix schenckii* – formas em "margarida". (*)

Fig. 43.3 – *Wangiella dermatitidis* – forma saprofítica.(*) O)

Fig. 43.4 – *Fonsecaea pedrosoi* – forma saprofítica.

Inoculações

Para finalidades diagnósticas, as culturas são muito mais valiosas do que as inoculações. Para determinados estudos, no entanto, injetam-se, por via intraperitoneal, suspensões salinas do fungo, em ratos ou camundongos, obtendo-se lesões granulomatosas nos pulmões, rins e, às vezes, no cérebro.

Provas Bioquímicas

Estes agentes etiológicos não hidrolisam o amido, não coagulam o leite, nem liquefazem a gelatina. Estas propriedades são úteis de serem observadas na prática para diferenciá-los das espécies saprofíticas do *Cladosporium,* que são proteolíticas.

Técnicas Imunológicas

Foram demonstrados anticorpos fixadores de complemento e precipitinas no soro de pacientes portadores de cromoblastomicose. Na rotina, estes testes e o da imunofluorescência não são utilizados.

MICETOMAS

Os micetomas são infecções crónicas, granulomatosas, produzidas por fungos verdadeiros

(Eumycetes) e que induzem o aparecimento de tumorações subcutâneas, principalmente nos membros inferiores. Os agentes etiológicos dos eumicetomas (maduromicose) estão distribuídos entre duas classes de fungos, ou seja: *Ascomycetes (Petriellidium boydi, Leptosphaeria senegalensis* e *Neotestudina rosatti)* e *Deuteromycetes (A. biliense, Chephalosporium recifei, Madurella grisea, Madurella mycetomii, Exophiala jeanselmei e Pyrenochaeta romeroi).*

Para facilitar a exposição e a consulta por parte do leitor, incluiremos neste grupo o estudo dos *Actinomycetes,* atualmente definidos como bactérias mas incluídos entre os agentes produtores de micoses sistêmicas, por tradição. Os chamados *actinomicetomas* são provocados mais frequentemente por *Nocardia brasiliensis, Streptomyces madurae, S. somaliensis* e *S. pelletieri.* Existe certa confusão entre os autores, como por exemplo o fato de alguns preferirem incluir certos *Streptomyces* como o *S. madurae* entre as *Nocardia (N. madurae).* Outro agente importante é o *Actinomyces israelii* (anaeróbio) que, hoje em dia, como todos os *Acinomycetes,* está incluído entre as bactérias.

A maioria dos agentes etiológicos tem origem exógena (solo, plantas etc). O *A. israelii* tem origem endógena, sendo encontrado como saprófita da cavidade oral (cáries dentárias, criptas amigdalianas etc).

Coleta e Preparo do Material

O material principal é representado pelo pus que é drenado pelas fístulas ou aspirado através de agulhas e seringas estéreis de áreas não abertas. Outros materiais podem ser obtidos através de curetagens, biópsias. Para coletar os grãos parasitários convém usar compressa de gaze estéril.

Macroscopicamente, pode-se observar no pus ou em material de biópsia a presença de grânulos (drusas parasitárias) irregulares, pequenos, ovalados com 0,5 a 2 mm de diâmetro, podendo ser brancos, vermelhos, amarelos ou negros. Há observações na literatura que evidenciam a presença de grãos na própria gaze do curativo sendo referidos pelos pacientes como "grãos de areia". Coletar estes grãos e colocá-los em KOH a 10% entre lâmina e lamínula para observação microscópica.

Exame Direto

Os grãos produzidos por *Eumycetes* contêm hifas pigmentadas de 2-4 µm de diâmetro com inúmeros clamidósporos na periferia. A diferença entre essas drusas com as produzidas pelos *Actinomycetes* pode ser realizada ao microscópio, pois estas últimas não apresentam estruturação interna como as hifas e clamidósporos. Às vezes, podem ser observadas estruturas gelatinosas na periferia do grão actionomicótico, denominadas clavas. Esta diferenciação microscopia é importante para auxiliar o clínico e iniciar o tratamento rapidamente.

Técnicas de Cultivo

Os agentes etiológicos dos eumicetomas desenvolvem-se muito bem, em meio de ágar-Sabouraud,

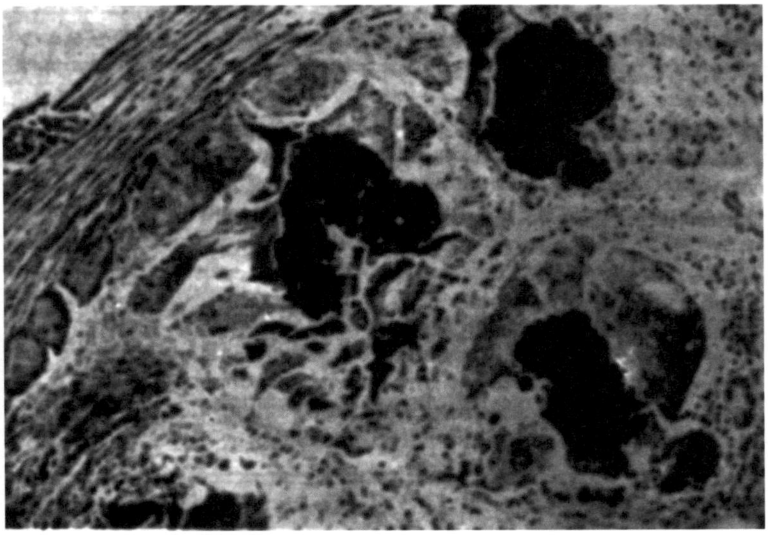

Fig. 43.5 – Grãos de *Eumycetes* em tecido (maduromicose).

em temperatura ambiente. O uso de antibióticos incorporados ao meio é recomendável devendo-se não utilizar a ciclo-heximida pois esta interfere no crescimento dos referidos microrganismos.

Com relação ao cultivo dos actinomicetomas, tanto as *Nocardia* como os *Stremptomyces* crescem bem em ágar-Sabouraud, enquanto que o *A. israelii* deve ser cultivado em meio de tioglicolato de sódio, a 37°C.

De preferência, após o isolamento dos grãos, estes devem ser lavados em solução fisiológica estéril, para diminuir a contaminação bacteriana.

Meios especiais para provas bioquímicas da atividade proteolítica e atividade amilolítica.

a) *Prova de liquefação da gelatina* (atividade proteolítica): caldo de infusão de coração 25 g; gelatina 120 g, água destilada 1.000 mL. Distribuir 5 mL por tubo, após ter ajustado o pH entre 7,2 e 7,4 e esterilizar.

b) *Prova da hidrólise do meio de amido* (atividade aminolítica); peptona 5 g; extrato de carne 3 g; ágar 15 g; água destilada 1.000 mL. Suspender 10 g de amido de batata em 40 mL

Características morfológicas dos agentes de maduromicose

Agente etiológico	*Atividade proteolítica*	*Atividade amilolítica*	*Fermentação*				
			Glicose	*Galactose*	*Lactose*	*Maltose*	*Sacarose*
Petriellidium boydii	+	+					
A. biliense	±	0					
Madurella mycetomi	±	+	+	+	+	+	0
Madurella grisea	±	+	+	+	0	+	+
Exophiala jeanselmei	0	0	+	+	0	+	+

Características morfológicas dos agentes de maduromicose

Microrganismo	*Morfologia Macroscópica*	*Morfologia Microscópica*	*Grânulos*
P. boydii *(Monosporium apiospermum* – forma imperfeita)	Crescimento rápido, colônias cotonosas, de cinza para marrom com a idade; cleistotécio às vezes presentes.	Hifas com 1-3 µm de diâmetro. Conídios em forma de pêra ao longo da hija; esporos marrons 4-9 m x 6 — 10 µµm	Brancos ou Amarelos
A. biliense	Crescimento lento, colônias cotonosas, avermelhadas a amareladas (camurça), reverso avermelhado.	Hifas com 3-4 µm de diâmetro; conídios em forma de foice nascendo na extremidade de conidióforos e sendo empurrados para formar cachos.	Brancos ou Amarelos

continua

Características morfológicas dos agentes de maduromicose

Microrganismo	*Morfologia Macroscópica*	*Morfologia Microscópica*	*Grânulos*
Madurella grisea	Colônia de crescimento lento; acobreadas a pardas, com aparência velutina.	Hifas com 1-3 µm de diâmetro ou cadeias de gêmulas escuras e espessas de 3-5 µm de diâmetro; sem conídios.	Negros
M. mycetomi	Colônia de crescimento lento; amarela a amarronzada; pode ser membranosa ou fofa na aparência.	Hifas variáveis com 1-6 µm de diâmetro; numerosos clamidósporos; conídios produzidos por fiálide.	Negros
Exophiala jeanselmei	Colônia de crescimento lento; negras mas desenvolvendo micélio aéreo cinza aveludado, de reverso negro.	Culturas jovens contêm células gemulantes em arranjos catenulados; conídios nascem de fiálides cilíndricas.	Negros

de água destilada gelada. Aquecer a mistura para dissolver o ágar, adicionar a solução gelada de amido e autoclavar. Depois que ocorrer o crescimento fúngico despejar na placa álcool a 95%. Se houver hidrólise, esta será indicada por um halo claro ao redor da cultura.

Inoculações

Não são realizadas de rotina.

Técnicas imunológicas: também não são empregadas na rotina laboratorial para o diagnóstico dessa micose. Atualmente, estão sendo estudadas técnicas de imunodifusão em gel de ágar para confirmar diagnóstico de micetomas.

ACTINOMICETOMAS

Encontra-se com frequência leucócitos em áreas de necrose envolvidas por tecido granulomatoso. O grão apresenta em sua composição elementos ramificados, frouxos ou compactos, com ou sem clavas na periferia. A aparência de "grão de enxofre" é apenas apanágio de algumas espécies de *Actinomyces.*[(*)-(7)] Para a caracterização das espécies devem ser realizadas culturas.

Inoculações

Não são realizadas de rotina.

Técnicas imunológicas: como *o Actinomyces é* saprófita da cavidade bucal de alta percentagem de indivíduos e a actinomicose, como doença, não é frequente, é de se supor que exista uma acentuada imunidade natural, bem como fatores desconhecidos para que a infecção se inicie.

Foram demonstrados, em soros de pacientes, anticorpos fixadores de complemento e aglutininas, porém essas técnicas não são utilizadas na rotina laboratorial.

Provas bioquímicas

Hidrólise da caseína

A *Nocardia asteróides* não hidrolisa a caseína, mas a *N. brasiliensis* e os *Streptomyces* sp. dão resultados positivos.

Esta prova é realizada, semeando-se placas com meios à base de caseína e incubando-se a 28°C por 7 a 14 dias.

Preparar, separadamente: a) leite desnatado 10 g; água destilada 100 mL. Autoclavar a 120°C, durante 20 minutos; b) água destilada 100 mL; ágar 2 g. Autoclavar a 45°C. Misturar e distribuir em placas de Petri.

Crescimento em gelatina (0,4%)

Nocardia asteróides - geralmente não cresce; quando o crescimento ocorre, formam-se pequenos flocos esbranquiçados.

Características morfológicas dos principais *Actinomyces*

Características	*A. israelii*	*A. bovis*	*A. eriksonii*	*A. naeslundii*
Colônias em ágar BHI, 7-10 dias a 37°C (anaerobiose)	Colônia rugosa (R) iniciando-se como aranha ou granulosa. Mais tarde lobulada, brilhante, Colônia lisa(s), transparente.	Colônia tipo gota de orvalho, depois mais espalhada, convexa, cor de creme (forma S). Raras formas R de bordas em concha e superfície encaroçada.	Semelhante ao *A. bovis;* branca e creme, convexa e cônica, lisa ou pedregosa, superfície em concha.	Colônias similares ao *A. bovis* ou *A. israelii.* Formas "S", lisas, são mais comuns.
Colônia em tioglicolato líquido a 37°C	Colônia lobulada e rugosa com superfície pilosa, meio claro, colônias não quebradiças.	Colônias leves, difusas, semelhantes a migalhas de pão, friáveis.	Colônias leves, lobuladas, crescimento difuso, meio turvo se agitado.	Colônias de crescimento rápido, granular ou flocoso, difuso, algo turvo.
Microscopia (todos Gram-positivos)	Formas em bastonetes algumas com extremidades clavadas. Às vezes filamentos longos. Formas "S" de difteróides.	Formas de difteróides usuais, raras ramificações. Raras formas de "R" com filamentos longos e ramificados.	Bastonetes retos ou curvos, usualmente difteróides, alguns filamentosos e ramificados, extremidades em clavas presentes.	Hifas curtas, com ramificações irregulares, hifas longas variando de espessura. Algumas formas imitando difteróides

Características fisiológicas dos principais *Actinomyces*

Reações (37°C)	*A. israelii*	*A. bovis*	*A. eriksonii*	*A. naeslundi*
Necessidade de O_2	anaeróbio a microaerófilo	anaeróbio a microaerófilo	obrigatoriamente anaeróbio	facultativo com aumento de taxa de CO_2
Catalase	0	0	0	0
Liquefação da gelatina	0	0	0	0
Reação de Littmus (leite)	reduzido	reduzido	reduzido (coágulo)	reduzido (coágulo)
Redução do nitrato	+ (80%)			
Hidrólise do amido		0	0	
Fermentação de açúcares (formação de ácidos)	0 (usualmente)	4 +	4 +	0 (usualmente)
Glicose	+	+	+	+
Manitol	+ (80%)	0	+	0
Manose	+	0 ou ±	+	+
Rafinose	variável	0	+	+ (80%)
Xilose	+ (80%)	0	+	0

Características morfológicas das principais espécies de *Nocardia e Streptomyces* produtoras de actinomicetomas

Observação	*Nocardia brasiliensis*	*Nocardia asteróides*	*Nocardia caviae*	*S. madurae*	*S. pelletieri*
Macroscópica (ágar-Sabouraud)	Colônia pregueada, aspecto cerebriforme de cor amarela a alaranjada, superfície pilosa branca. Odor de terra característico.	Colônia baixa, pregueada, irregular ou granulosa e de cor amarela a alaranjado intenso. Pode apresentar odor de terra.	Mesmo aspecto da *N. brasiliensis e N. asteróides.*	Colônia lisa, úmida, de cor creme. Certas vezes, rugosa com nuances de coloração roxa.	Colônia de crescimento lento, rugosa de cor rósea a coral.
Microscópica	Hifas finas 1 µ m 0 fragmentando-se em formas bacilares Gram + e parcialmente ácido-resistentes -	Hifas ramificadas e finas, µm *d* que se fragmentam em formas bacilares de comprimentos variáveis. Gram + e parcialmente ácido-resistentes.	Mesmo aspecto das antecedentes.	Hifas finas 1 µ m que não se desintegram em fragmentos. Gram +, não ácido-resistentes.	Hifas finas iguais às do *S. madurae* Gram + e não ácido-resistentes.

Características das espécies de *Nocardia e Streptomyces*

Espécies	*Grãos ou Drusas*	*Hifas fragmentadas*	*Ácido-residência*	*Tipo de parede celular**	*Hidrólise da caseína*	*Decomposição da tirosina*	*Decomposição da xantina*	*Atividade anilolítica*	*Utilização da parafina*	*Liquefação da gelatina*	*Urease*
N. asteróides	brancos a amarelos, se presentes cerca de 1 mm; ausentes se sistêmicos	+	+	IV	–	–	–	–	+	–	+
N. brasiliensis	como acima, grãos mais comuns, com ou sem clavas	+	+	IV	+	+	–	–	+	+	+
Actinomadura madurae	brancos e amarelos ou vermelhos; grandes (1-10 mm), macios e lobulados	–	–	III	+	+ (– em 14%)**	–	+	–	+	–
S. pelletierii ou *N. pelletierii*	vermelho de bordas lisas, duros, 0,3-0,5 mm	–	–	III	+	+	–	–	– (+ em 13%)**	+	–
S. somaliensis	amarelo a marrom, duro, 1 - 2 mm, arredondado	–	–	I	+	+	–	±	–	+	–
Streptomyces sp. – *(saprófitas)*	-	–	Esporos usualmente	I	±	+	± (usual)	+	– (usual)	+	±

* As paredes celulares dos *Actinomycetes* têm glicosamina, ácido murâmico, ácido glutâmico e alanina. Grupos individuais contêm os seguintes componentes: (I) ácido IX diaminopimélico e glicina; (III) ácido-mesodiaminopimélico;(IV) ácido-mesodiaminopimélico, arabinose e galactose.
** Gordon (1996).

N. brasiliensis – crescimento abundante, sob a forma de colônias compactas.

Streptomyces – crescimento reduzido a satisfatório.

Meio indicado: Gelatina 4 g em água destilada 1.000 mL. Ajustar o pH a 7,0. Distribuir em tubos (aproximadamente 5 mL por tubo). Esterilizar em autoclave durante 5 minutos a 120°C. Semear pequenos fragmentos da colônia desenvolvida previamente em ágar-Sabouraud. Incubar a 25°C durante 21 a 25 dias. Examinar, anotando a quantidade e tipo de crescimento.

Inoculações

A inoculação é feita por via peritoneal (1 mL de uma suspensão espessa do microrganismo em mucina gástrica a 5% (partes iguais). Autopsiar os animais depois de 2 a 3 semanas, observando as lesões sobre as paredes do peritônio, o diafragma, o fígado e o baço. Fazer esfregaço, observando os filamentos micelianos parcialmente álcool-ácido resistentes.

N. asteróides é patogênica para cobaios, enquanto que a *N. brasiliensis* é patogênica para camundongos.

44 Micoses Sistêmicas

PARACOCCIDIOIDOMICOSE (BLASTOMICOSE SUL-AMERICANA)

Coleta e Preparo do Material

O material destinado ao exame laboratorial deve ser coletado através de raspados da mucosa da boca, dos lábios, das lesões cutâneas, de exsudatos, de punção-biópsia de gânglios linfáticos e de tecidos e, mais comumente, do escarro.

O exame microscópico é realizado com pequeno volume do material colocado entre lâmina e lamínula. Desejando-se obter preparações permanentes a partir do pus, onde são obtidas com maior facilidade as formas características de exosporulação múltipla, pode-se fazer um esfregaço e corar pelo método de Giemsa.

Exame Direto

O *Paracoccidioides brasiliensis* caracteriza-se nos preparados por ser uma levedura única ou multibrotante, dê paredes espesas, com um diâmetro variando entre 10 e 60 µm. As células-filhas, nas formas de exosporulação, medem, em geral, de 1 a 5 µm.

No escarro, encontram-se, com mais frequência, células únicas, de paredes grossas, esverdeadas, com membrana interna enrugada e a externa lisa.

Técnica de Cultivo

O *P. brasiliensis* apresenta o fenômeno de dimorfismo. Quando colhido de paciente e observado ao exame direto encontra-se na fase leveduriforme. A cultura em meios enriquecidos e a 37°C conserva o fungo nesta fase, mas se for cultivado à temperatura ambiente e em meio de ágar-Sabouraud passa à fase filamentosa.

O cultivo a 37°C, utilizando o meio de ágar-sangue ou o meio de Fava Netto, evidenciará colônias lisas e cerebriformes de coloração branco-amarelada e acobreada, composta de células leveduriformes após 3 semanas, aproximadamente, de incubação.

O cultivo em temperatura ambiente utilizando o meio de Sabouraud (com ou sem antibióticos) é lento e revela colônias de 2 cm de diâmetro após 34 semanas de incubação. Deve-se semear, no mínimo, de 8 a 10 tubos para se obter um ou dois isolamentos. Este fato deve-se não somente à dificuldade de cultivo do *P. brasiliensis* como também à presença de contaminantes. A colônia pode ser lisa a princípio, desenvolvendo micélio aéreo curto, de coloração branca a amarronzada. A superfície pode ser achatada, aveludada e flocosa, parcialmente glabra até cerebriforme.

Microscopicamente, as colônias obtidas a 37°C mostram células únicas ou gemulantes, semelhantes às encontradas em vida parasitária, enquanto que as obtidas em temperatura ambiente mostram alguns conídios piriformes e arredondados com 2 a 3 µm de comprimento, ligados diretamente a esterigmas curtos. As hifas ramificadas e septadas podem apresentar clamidósporos intercalares ou terminais ou, então, ambos, concomitantemente.

Inoculação

O animal de eleição é o cobaio inoculado por via intratesticular. Depois de 2 semanas já existem lesões não observadas macroscopicamente mas comprovadas através da aspiração do pus que revelará as formas características do fungo. Com 3 semanas, o animal já pode apresentar um quadro de orquite experimental que regredirá espontaneamente.

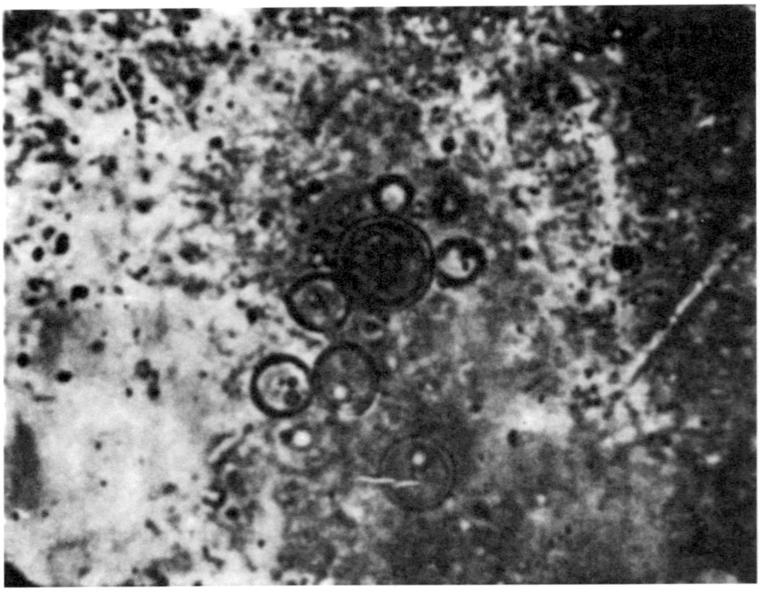

Fig. 44.1 – *Paracoccidioides brasiliensis* em exame a fresco.

Outro animal que pode ser utilizado e' o rato, por via intraperitoneal, apesar de ser um processo de infecção mais lento, demorando aproximadamente 49 dias para aparecerem lesões nodulares no diafragma, baço e fígado.

Técnicas Imunológicas

Das reações sorológicas empregadas para o diagnóstico da paracoccidioidomicose destacam-se pela sua importância a da fixação de complemento e a da precipitação que utilizam como antígeno a fração polissacarídica do *P. brasiliensis.* O mesmo antígeno pode ser empregado na reação intradérmica da paracoccidioidina, com leitura após 24 a 48 horas.

A técnica de preparo do antígeno é uma modificação introduzida por Fava Netto (1969) e tem sido aplicada com sucesso na obtenção de antígeno polissacarídico, a partir de *Paracoccidioides brasiliensis, Histoplasma capsulatum, Blastomyces dermatitides, Cryptococcus neoformans, Sporothrix schenckii* e *Cândida albicans.*

As reações de fixação de complemento e de precipitação são especializadas e para elas os leitores devem recorrer aos trabalhos de Fava Netto (1955) e se utilizar dos micrométodos padronizados pelo NCDC, de Atlanta, Geórgia, conforme consta da apostila do Curso Sobre Aspectos Fundamentais de Micologia Médica, realizado em 1973 no Instituto de Medicina Tropical de São Paulo, sob os auspícios da Organização Pan-Americana de Saúde.

As reações intradérmicas têm sido empregadas para fins epidemiológicos ou como auxiliar de dignóstico.

HISTOPLASMOSE

Coleta de Preparo do Material

O material a ser coletado varia de acordo com a sintomatologia da doença: sangue periférico, medula óssea, gânglios linfáticos, biópsias, escarro, raspados de lesões cutâneas ou mucosas ou ainda líquidos cefalorraquidiano.

O escarro deve ser colhido, em todas as manifestações, em recipientes estéreis. A amostra colhida de manhã cedo deverá ser transferida (1 mL ou mais) para uma solução de cloranfenicol 0,2 mg/mL). Deve-se repetir algumas vezes esse procedimento para se poder determinar a histoplasmose pulmonar.

Se houver envolvimento das meninges ou do cérebro, deve ser examinado o líquido cefalorraquidiano.

A pesquisa microscópica do agente etiológico deverá ser feita em esfregaços praticados com o sangue ou escarro e em exames anatomopatológicos. O tratamento tintonal deverá seguir uma das seguintes técnicas: PAS, nitrato de pratametenamina, ou Giemsa.

Exame Direto

Microscopicamente, com objetiva de imersão, observaremos pequenas formas em levedura, redondas ou ovaladas, com 2,5 μm de diâmetro, dentro de células mononucleares ou polimorfonucleares. Às vezes, podem ser encontradas formas livres. O corante de Giemsa revela a parede celular em azul-claro como um espaço claro entre esta e o protoplasma corado em azul-escuro. Este espaço claro nos dá a impressão de que o organismo é capsulado, o que na realidade não ocorre. Se a coloração for realizada através do

PAS a parede toma coloração violeta e o protoplasma apresenta-se mais descorado.

Técnicas de Cultivo

Para o isolamento do *H. capsulatum,* (*)-(8) é necessário o emprego de meios de cultura enriquecidos como o ágar-infusão de cérebro e coração adicionado ou não de antibióticos (cloranfenicol 0,05 mg/mL e cicloheximida 0,5 mg/mL) ou o mesmo meio adicionado de 6% de sangue. Outros meios recomendados são o ágar-sangue-glicose + cistina, de Francis, e o meio sintético de Salvin.

Como o fungo é dimórfico, incubam-se esses meios a 37°C, semeando-se várias placas ou tubos para assegurar o isolamento da fase leveduriforme.

Nos meios líquidos (caldo-infusão de cérebro e coração), a 37°C, após algum tempo, há crescimento de pequenas massas constituídas de hifas septadas com microconídios escassos ou ausentes. Nos meios sólidos, a 37°C (isolamento primário), surgem colônias membranosas, cerebriformes, de cor rosada que, com o tempo, passam a pardo-avermelhada. A microscopia, podem ser observadas as formas ovaladas do fungo semelhantes às encontradas no exame direto após coloração.

A partir dessas colônias, obtém-se a reversão de fase, repicando-as para ágar-Sabouraud-glicose, com ou sem antibióticos, à temperatura ambiente. O crescimento é lento, levando até 3 semanas. O fungo apresenta-se com micélio aéreo branco, cotonoso que passa a pardo com o decorrer do tempo.

Ao exame microscópico, vamos encontrar hifas septadas e ramificadas com pequenos microconídios, lisos ou não, piriformes ou esféricos, com pedúnculos curtos ou sésseis e macroconídios piriformes ou esféricos típicos (7,5 µm de diâmetro). Estes últimos recebem o nome de estalagmósporos ou conídios ornamentados.

Se, a partir da fase filamentosa, quiser-se obter a forma em levedura, repica-se para o meio de Francis, a 37°C, resultando em colônias brancas, úmidas, semelhantes às de *Staphylococcus.* Ao exame microscópico, observam-se leveduras de 1 a 5 µm de diâmetro e providas de um núcleo.

Inoculações

Praticamente, todos os animais são suscetíveis às duas formas de *H. capsulatum,* porém o mais empregado é o camundongo. Inoculando-se os esporos ou as leveduras por via intraperitoneal, após 4 semanas pode-se recuperar o agente etiológico através de culturas do fígado e baço ou em esfregaços de sangue.

Técnicas Imunológicas

Reação de Hipersensibilidade à Histoplasmina

Histoplasmina é o nome que se dá ao antígeno obtido de *H. capsulatum* e constituído de filtrado da cultura do fungo em meio líquido sintético e à temperatura ambiente.

Esta reação intradérmica (0,1 mL de diluição: 1:1.000 aplicados no antebraço) é de leitura tardia 48-72 horas com reação máxima até 4 ou 5 dias com leitura tipo tuberculínica. A positividade desta reação indica infecção presente ou passada e é útil para estudos epidemiológicos. Geralmente, torna-se positiva após 1 a 2 meses da infecção. Em crianças com 1 a 2 anos de idade, reação positiva indica infecção em atividade. Às vezes, a reação se negativa na forma aguda da doença. Nos Estados Unidos, são praticados testes concomitantes de coccidioidina e de blastomiscina por apresentarem reações cruzadas com a histoplasmina.

Reação de Fixação do Complemento

A sensibilidade do antígeno preparado com a fase leveduriforme do *H. capsulatum é* maior do que a obtida com o antígeno preparado com a fase miceliana (histoplasmina), mas a especificidade é inversa para os dois tipos de antígenos. Desta forma, preconiza-se o uso dos dois antígenos para esta reação.

O título de anticorpos fixadores de complemento aumenta gradualmente após algumas semanas ou meses da infecção. Nas formas disseminadas, os títulos permanecem altos por longos períodos. Se o paciente evolui para a cura, o título vai caindo progressivamente. Em casos fatais, observa-se rápida queda nos títulos antes do desenlace.

Reação de Precipitação

O teste das precipitinas é bastante importante, principalmente em casos de sintomatologia pulmonar aguda, onde pode haver altos títulos de anticorpos precipitantes, mas inexistência de anticorpos fixadores do complemento.

CRIPTOCOCOSE

Coleta e Preparo do Material

O material a ser coletado (pus, escarro, urina, líquido cefalorraquidiano ou outro fluido orgânico) deve ser inicialmente mantido em recipiente estéril. É de boa norma promover a centrifugação do líquido

(*) Ver Prancha

cefalorraquidiano para se realizar a análise no sedimento, caso o exame direto seja negativo.

Exame Direto

Pequena quantidade do material coletado deve ser montada entre lâmina e lamínula com tinta nanquim (se necessário diluída a 50%). Ao exame microscópico observam-se células esféricas ou ovaladas, de paredes espessas, gemulantes, com 5 a 20 μm de diâmetro, envolvidas por cápsulas gelatinosas de material mucopolissacarídico, bastante refringentes. A cápsula, neste preparado, destaca-se como um halo claro pois não é impregnada pela tinta nanquim. Muitas vezes, ela é quase invisível, chegando praticamente a confundir-se com a parede celular. Isto acontece, por exemplo, em exames de líquido cefalorraquidiano onde ressaltamos cuidados especiais para um diagnóstico correto. Para facilitar a pesquisa desse agente nesse material pode-se juntar 1 gota de azul de toluidina a 0,1%. *C. neoformans* fica rosado e a cápsula incolor. Os leucócitos tingem-se de azul e os eritrócitos não são afetados. O escarro deve ser tratado com KOH a 10%, que destruirá as células e os leucócitos, restando somente o *Cryptococcus* sp. A cápsula pode sofrer fenómenos de intumescimento ou *quellung,* isto é, quando o agente etiológico é posto em contato com um soro hiperimune de coelho, ela se dilata. Também por inoculação intracerebral em camundongos, com suspensão do *C. neoformans,* recupera-se este agente com cápsulas medindo até 2 vezes mais que o diâmetro da levedura. (*)-([9])

Técnicas de Cultivo

O *Cryptococcus neoformans* cresce bem tanto em temperatura ambiente como a 37°C. Meios como o ágar-Sabouraud e o ágar-infusão de cérebro e coração podem ser utilizados, assim como alguns meios específicos. Pode-se incorporar, caso necessário, cloranfenicol para reduzir contaminações bacterianas, não se aconselhando a ciclohexímida por retardar o crescimento. As espécies saprófitas do gênero *Cryptococcus* não crescem a 37°C.

Morfologia Macroscópica das Colônias (Cultivo a 20°C)

No meio de ágar-Sabouraud, pode-se observar, depois de 7 dias, colônias elevadas, lisas, brilhantes, de consistência mucóide. Se o tubo contendo o meio de cultivo permanecer na posição vertical as colônias tendem a deslizar para o fundo. A coloração das colônias varia do creme ao pardo.

No meio de Littman, esta levedura cresce mais lentamente. Colônias inicialmente azuladas e depois rosadas e cinzentas, de superfície lisa e consistência butirosa tornam-se depois de algum tempo mucóides.

Cultivo a 37°C

As colônias crescem bem mais rapidamente no meio de Littman (24 horas) e são circulares, densas, de cor creme e consistência butirácea.

O meio de Shields & Ajello é útil para materiais altamente contaminados e contém glicose, creatinina e um extrato de semente de cardo *(Guizotia abissinica).* As colônias do *C. neoformans* assimilam a creatinina e absorvem a cor do extrato da semente, resultando colônias amarronzadas.

O meio seletivo de *Vogel* utiliza entre outros componentes ureia e antibióticos, além de apresentar um pH final de 3,5. O crescimento é restrito aos gêneros *Cândida* e *Cryptococcus* diferenciando-os pelo halo vermelho que envolve a colônia do segundo agente resultante da hidrólise da ureia. Com a incubação a 37°C há eliminação das espécies saprófitas do *Cryptococcus,* como já referimos anteriormente.

As características microscópicas são as mesmas descritas no exame direito, acrescentando-se o fato de que, às vezes, pode-se observar tubos germinativos curtos como se a amostra quisesse produzir pseudofilamentos.

Propriedades Bioquímicas

1) O *C. neoformans* não assimila o nitrato de potássio, sendo esta a prova de maior importância, pois todas as espécies saprófitas deste género utilizam esta substância como fonte única de nitrogénio, com exceção do *C. laurentii* e do *C. luteolus.*
2) Assimila galactose (exceções: *C. laurentii, C. luteolus* e *mucorugosus).*
3) Hidrolisa e ureia. A variedade *innocuous,* também é urease positiva e as espécies não capsuladas são negativas.
4) Produz amino extracelular quando se cultiva em meio sintético de ágar-glicose-tiamina num pH 5. Após 2 semanas de incubação a 20°C evidencia--se a presença do amido com 2 gotas de lugol, que confere coloração azulada ao redor da colônia.
5) O *C. neoformans* cresce a 37°C, podendo ser cultivado até em temperaturas de 39°C. A variedade *innocuous* não cresce a 37°C.
6) É patogênico para o camundongo, não o sendo para o rato e cobaio.

(*) Ver Prancha

Inoculação

O camundongo de aproximadamente 45 dias é o animal de escolha. Injetando-se, por via intra-cerebral, 0,02 a 0,04 mL de suspensão do cultivo nestes animais, decorre infecção e morte dos mesmos num período de 5 a 14 dias. Realizando-se a necropsia, evidencia-se no exsudato cerebral a presença de leveduras capsuladas típicas.

Pode-se utilizar a via endovenosa (mata o animal em 2 semanas) e a via intraperitoneal (mais cómoda e mais lenta). Nesse último caso, se o animal não morrer ao fim de 30 dias, o sacrificamos e fazemos preparados do fígado, baço e cérebro para observar o agente etiológico.

Técnicas Imunológicas

Reação de Fixação do Complemento - Pela falta de reatividade do organismo consequente à presença do fungo, títulos baixos (1:4) são significativos.

Atualmente, certos autores apontam o teste da aglutinação do látex e da imunocluorescência como métodos de valia para o diagnóstico da criptococose. Por outro lado, costuma-se, atualmente, realizar pesquisa de antígenos através de provas de precipitação, simultaneamente à pesquisa de anticorpos.

CANDIDÍASES OU MONILÍASES

Coleta e Preparo do Material

O tipo de coleta e o material variam de acordo com a manifestação clínica. Raspados de pele ou unhas, raspados das mucosas, escarro, sangue, líquido cefalorraquidiano ou fezes devem ser coletados em recipientes estéreis (quando se deseja fazer culturas) ou semeados diretamente em meios de cultura. Note-se que o material deve ter sido colhido recentemente para finalidade diagnóstica.

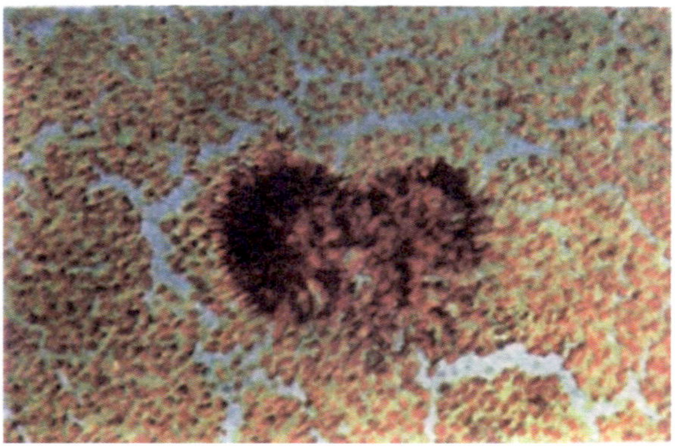

Fig. 44.2 – Grãos de Actinomicetos em tecidos , (Actinomicose). 16x (*)

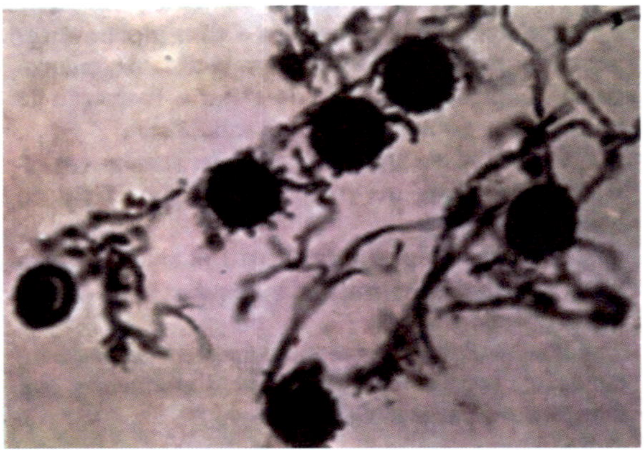

Fig. 44.3 – Conídios ornamentados (Estalagmosporos) de *Hostoplasma capsulatum.* (*)

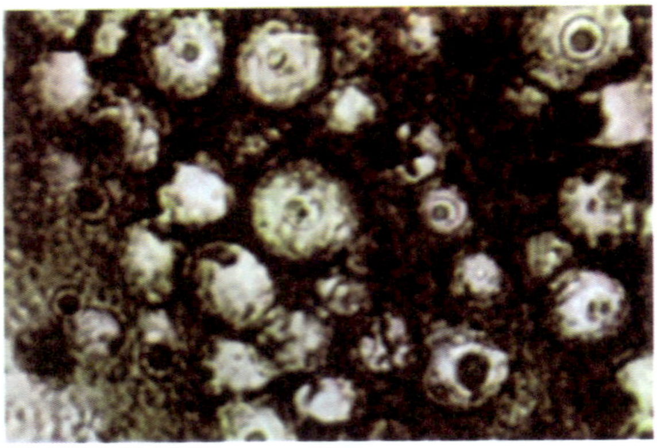

Fig. 44.4 – Exame a fresco de *Cryptococcus neoformans* com tinta nanquim. (*)

Exame Direto

Escamas de pele ou unha são colocadas entre lâmina e lamínula com KOH a 10% e aquecidas ligeiramente.

Escarro e material de mucosa são visualizados diretamente, sem necessidade de clarificação. Este material pode ser corado pelo método de Gram ou do PAS.

À microscopia, a *Cândida se* apresentará com 2-6 µm de diâmetro, sob a forma de células ovais de paredes finas e gemulantes. Podem aparecer formas em pseudomicélio. Pelo exame direto não se diferenciam as formas patogênicas das saprófitas. As leveduras, assim como os fungos filamentosos, são Gram-positivas. (*) -([10])

Técnicas de Cultivo

A literatura descreve uma variedade de meios para isolamento e identificação das *Cândida.* Na rotina laboratorial, pode-se utilizar o ágar-Sabouraud-cloranfenicol (com ou sem actidione) para o isolamento. As culturas são incubadas à temperatura ambiente ou a 37°C. As colônias se desenvolvem em 3 a 4 dias e são cremosas, de coloração amarelada, lisas e de cheiro característico (fermento).

Microscopicamente, observaremos células leveduriformes ovais com 2,5 a 4 por 6 µm de diâmetro e pseudomicélios, se retirarmos porções do crescimento submerso. O pseudomicélio consiste de células alongadas unidas com cachos de blastósporos nas constrições.

Identificação das Espécies

Como já salientamos, a *C. albicans é* a mais importante e sua característica principal é produzir estruturas de resistência denominadas clamidósporos. Pode-se completar o diagnóstico laboratorial, inclusive para outras espécies, utilizando-se testes de fermentação è assimilação, assim como produção de tubo germinativo.

Quando julgamos o valor da presença de *C. albicans* em material biológico, é mister recordar que o número elevado de leveduras é bastante importante em se tratando de sangue, urina ou outros líquidos biológicos. Também é conveniente repetir-se o exame para se comprovar a patogenicidade. No escarro, a presença de *Candida* spp. pode ser significativa desde que em grande quantidade e se outra doença for a causa primária.

Técnicas Especiais

Produção de Clamidósporos

Material utilizado: placas de Petri; tubos de vidro recurvado (em U); lâminas e lamínulas; papel de filtro (ou algodão hidrófilo); água destilada esterilizada; alça ou agulha de platina; estufa (regulada para 21-25°C); ágar-fubá-Tween 80 (ou corn meai desidratado-Difco ou Oxoid), pipetas Pasteur.

Técnica

Fundir o meio de cultura e com pipeta verter pequena quantidade sobre uma lâmina de microscopia, tendo-se o cuidado de evitar a formação de bolhas de ar no meio. Deixa-se solidificar.

Com alça ou agulha de platina, semear em estrias finas (duas ou três) sobre a superfície do meio.

Umedecer o papel de filtro (ou algodão) com água, destilada e esterilizada. Incubar a 21-25°C, durante 4 a 5 dias.

Examinar ao microscópio após 24 horas de incubação, repetindo os exames diariamente, até completar o período de 5 dias.

(*) Ver Prancha

Diferenciação do gênero Cryptococcus

Cryptococcus	*Crescimento a 37°C*	*Patogenicidade para camundongos*	*Assimilação KNO3*	*Assimilação de C*					*Cápsula*	*Amido extracelular*
				Dext.	*Mse*	*Sac.*	*Lact.*	*Gse*		
C. neoformans	+	+	0	+	+	+	0	+	+	+
C. laurentii	0x	0	0	+	+	+	+	+	+	+
C luteolus	0x	0	0	+	+	+	0	+	+	+
C. mucorugosus	0x	0	+	+	+	+	+	+	+	+
C. albidus										
C. diffluens										
C. neoformans var. *innocuous*	0	0	+	+	+	+	0	0	+	+

X = Algumas vezes, ligeiro crescimento a 37ºC.

Leitura

Observar a presença e disposição dos pseudomicélios, micélios verdadeiros (quando presentes), blastósporos globosos ou ovais agrupados e clamidósporos terminais abundantes.

Observações

a) *Cândida stellatoidea,* variante de *Cândida albicans,* pode apresentar escassos clamidósporos, com tendência a formar pequenas cadeias. Esta espécie é, porém, pouco encontrada.

b) O Tween 80 é adicionado ao meio de ágar-fubá, para estimular a produção de clamidósporos.

Formação de Tubos Germinativos
(Efeito de Reynolds e Baude)

Material utilizado: placas de Petri; bastões de vidro recurvado (em forma de U); lâminas para microscopia; lamínulas; alça ou agulha de platina; algodão hidrófilo ou papel de filtro; água destilada esterilizada (em tubos de ensaio); soro sanguíneo normal de cavalo (em ampolas); estufa regulada à temperatura de 37°C.

Técnica

Abrir a ampola e adicionar 2 a 3 gotas de soro com a alça de platina, ou simplesmente inverter a extremidade aberta da ampola e adicionar pequena quantidade sobre uma lâmina. Com alça ou agulha de platina, semear pequena quantidade de cultura pura e recente (2448 horas de incubação) e misturar com o soro sanguíneo. Cobrir com uma lamínula ligeiramente flambada na chama do bico de Bunsen. Umedecer o papel de filtro (ou algodão) com água destilada e esterilizada, a fim de manter a umidade necessária à cultura e impedir que o soro seja evaporado durante a incubação. Levar a placa à estufa regulada a 37ºC, por um período de 2 a 3 horas. Retirar as placas da estufa e examinar ao microscópio a cultura, em lâmina.

Resultado negativo: ausência de tubos germinativos.

Resultado positivo: blastósporos globosos a ovais, apresentando tubos germinativos.

Cuidados a observar

a) não usar inóculos pesados, pois iriam determinar intensa proliferação leveduriforme, em detrimento da filamentação;

b) não usar culturas velhas e Contaminadas por bactérias, que apresentariam células com vitalidade diminuída, as quais inibiriam a formação de tubos germinativos.

Observações

a) não confundir pseudomicélio com tubos germinativos.

b) *Cândida stellatoidea* pode õu não apresentar tubos germinativos.

c) clara de ovo e outros substitutos do soro ou plasma sanguíneo podem ser usados.

PRODUÇÃO DE ASCOS E ASCÓSPOROS
(LEVEDURAS ASCOSPORADAS)

Material necessário: tubos com ágar-V8 inclinado ou *Mac Clarys acetate agar;* lâminas para microscopia; alça de platina; bateria de corantes (para Wirtz modificado, ou Ziehl-Neelsen); tubos com solução fisiológica; cultura de *Saccharomyces* sp.

Técnica: semear cultura pura (em estria) em tubos com meio de V8 inclinado. Incubar a 25°C, durante 24 a 48 horas. Fazer esfregaço não espesso em lâmina (após diluição do inoculo em solução fisiológica). Fixar e corar pelo método de Wirtz modificado ou de Ziehl-Neelsen.

Leitura

1º. Leveduras ascosporadas coradas pelo método de Wirtz apresentam:

   a) ascos em rosa-pálido e ascósporos com tonalidade verde;

   b) blastósporos em rosa-intenso.

2º. Leveduras coradas pelo método de-Ziehl-Neersen:

   a) ascos rosados (difíceis de observar, por serem geralmente destruídos pelo calor na fixação) e ascósporos vermelhos;

   b) blastósporos azuis.

ZIMOGRAMA - PROVA DE FERMENTAÇÃO

Material necessário: pipetas Pasteur; tubos para fermentação, com os seguintes carboidratos: glicose, galactose, maltose, lactose e sacarose; estantes.

CALDO EXTRATO DE CARNE

(Para fermentação de carboidratos)

Fórmula: extrato de carne 3 g; NaC1 5 g; peptona 10 g; água destilada 900 mL.

Preparação

Aquecer até a ebulição, esfriar e ajustar o pH a 7,2. Adicionar 100 mL de solução do indicador, filtrar e distribuir 10 mL em tubos de fermentação (com tubos de Durham). Autoclavar a 120°C por 15 minutos. A cada tubo, adicionar 0,5 mL da solução a 20% de cada carboidrato esterilizado por filtração em Seitz ou por tindalização. O caldo não poderá ser conservado por mais de duas a três semanas, porque podem ocorrer alterações de pH.

Solução do indicador: azul de bromotimol 0,04 g; água destilada 100 mL.

Preparação

Adicionar pequena quantidade de soda N/l para tornar a solução alcalina (azul) e deixar permanecer até o dia seguinte. Depois que o corante está em solução, adicionar, gotas de HCL N/l, se necessário, até que o ponto neutro seja alcançado, quando uma gota tanto de ácido como de base irá alterar completamente a cor.

Técnica

Semear 3 a 4 gotas de cultura *(Candida* sp.) a cada tubo de fermentação contendo: glicose, galactose, maltose, lactose e sacarose. Agitar os tubos para homogeneizar e incubar a 25-27°C durante 48 a 96 horas. A leitura deve ser efetuada diariamente até completar o período de incubação.

Anotar os resultados obtidos e consultar as tabelas para classificação e identificação das espécies. Observar a formação de "A" e "AG" (acidificação do meio e formação de gás nos tubos de Durham).

Observações

1) podem ser usados os seguintes indicadores: azul de bromotimol ou púrpura de bromocresol;
2) alguns autores não utilizam indicador na prova de fermentação, sendo a leitura realizada apenas pela produção de gás nos tubos de Durham.

AUXANOGRAMA
(PROVA PARA ASSIMILAÇÃO DE C E N)

Material necessário: pipetas Pasteur; placas de Petri; tubos com água destilada esterilizada; tubos com 20 mL do meio de cultura (para fontes de carbono — Meio "C"); pinça de dissecção; discos de papel de filtro com 6 mm de diâmetro embebidos em: glicose, galactose, maltose, lactose, sacarose. Consultar a fórmula para preparo dos discos; cultura de *Cândida* sp.; lápis dermográfico.

Prova para Assimilação do Carbono: $(NH_4)_2SO_4$ 5 g; KH_2PO_4 1 g; $MgSO_4 . 7H_2O$ 0,3 g; água destilada quente 500 mL.

Dissolver e adicionar:

Ágar aquoso límpido a 3% q.s.p. 500 mL; distribuir 20 mL por tubo. Autoclavar a 110-115°C por 15 minutos; discos de papel de filtro esterilizados com 6 mm de diâmetro.

Preparar solução a 20%, estéril, de cada carboidrato a ser testado. Pipetar e colocar 0,06 mL das soluções em cada disco, deixar secar e guardar em recipientes esterilizados. Verter em cada placa o meio, incorporando com suspensão da cultura de 24-48 horas do microrganismo a ser testado, uniformemente distribuído. Deixar solidificar e, por meio de pinça estéril, colocar os discos cuidadosamente sobre a superfície, de modo a obter bom contato com o ágar. Quatro ou cinco diferentes carboidratos podem ser testados em uma única placa. Utilizar discos-controle sobre o meio. Incubar a 25°C e efetuar leituras com 48 a 96 horas.

Técnica

Fundir em banho-maria o meio de cultura em tubos de ensaio, e esfriar à temperatura de 40-45°C.

Datar e identificar na tampa da placa de Petri a cultura a ser estudada. No fundo da placa, assinalar (com lápis dermográfico) os açúcares que serão utilizados para a tipificação da amostra.

Fazer suspensão da cultura (pura e recente) em um tubo com água destilada estéril e agitar a mistura.

Adicionar em placa de Petri, 1 a 2 mL da suspensão. Verter 20 mL do meio basal (na temperatura mencionada) e homogeneizar bem o meio e a suspensão. Deixar solidificar.

Colocar com pinça (previamente flambada) cada disco, já embebido em açúcar sobre os pontos assinalados no fundo da placa. Comprimir ligeiramente os discos com a própria pinça, para que os mesmos fiquem bem aderidos à superfície do meio e não se desloquem ao inverter-se as placas para a incubação. Levar as placas para a estufa a 25°C, durante 48 a 72 horas.

Leitura

a) prova positiva: halo de assimilação (crescimento da levedura) ao redor do disco de papel;
b) prova negativa: ausência de halo de assimilação.

Observação

A suspensão da cultura será também adicionada (na mesma quantidade) a uma outra placa de Petri para estudo das fontes nitrogenadas, utilizando-se porém o meio "N".

AUXANOGRAMA (PROVA PARA ASSIMILAÇÃO DO NITROGÊNIO)

Material necessário: placas de Petri; tubos com 20 mL do meio (para fontes nitrogenadas — meio "N"); discos de papel de filtro, de 6 mm de diâmetro, embebidos nas seguintes soluções: nitrato de potássio e sulfato de amônio a 3%; cultura de *Candida* sp.; pinças de dissecção; pipetas de Pasteur.

Provas de Assimilação de Nitrogênio: Dextrose 20 g; KH_2PO_4 1 g; MgSCv $7H_2O$ 0,5 g; 16,5 g; água destilada 1.000 mL.

Autoclavar todos os ingredientes, com exceção da dextrose, à temperatura de 115-120°C por 20 minutos. Adicionar dextrose esterilizada por filtração e distribuir o meio na quantidade de 10 mL por tubo. Os discos de prova são embebidos em solução a 3% de KNO_3 e em sulfato de amônio a 3%.

Técnica

Fundir em banho-maria o meio "N" e esfriar à temperatura de 40-50°C.

Identificar a amostra na tampa e no fundo da placa. Assinalar (com lápis dermográfico) os pontos onde serão colocados os discos embebidos com: a) nitrato de potássio, e b) sulfato de amónio (sendo o último disco utilizado para fins comparativos).

Fazer a suspensão da cultura (pura e recente) em tubo com água destilada estéril e agitar a mistura.

Identificação de leveduras do género *Cândida*

Espécie	*Morfologia em dgar-fubd*	*Caldo-Sabouraud--glicose. Característica do crescimento*	*Fermentação de açúcares*				*Assimilação de açúcares*						
			G	*M*	*S*	*L*	*Glicose*	*Galactose*	*Lactose*	*Maltose*	*Rafinose*	*Sacarose*	*Celobiose*
C albicans	Amontoados irregulares ou esféricos de blastósooros. *Clamidósporos* simples ou em cacho (estes não se desenvolvem a 37°C).	Sem crescimento na superfície	A	Ag	A ou 0	0	+	+	0	+	0	+	0
C guiliiermondii	Micélios finos. Pequenos amontoados de blastósporos.	Sem crescimento na superfície	0 ou Ag	0	0 ou Ag	0	+	+	0	+	+	+	+
C krusei	Células alongadas, formando micélio ramificado, facilmente desintegrado.	Extensa película na superfície	Ag	0	0	0	+	0	0	0	0	0	0
C parapsilosis	Micélio fino (formas gigantes). Blastósporos simples ou em pequenas cadeias.	Sem crescimento na superfície	Ag ou A	0 ou A	0 ou A	0	+	+	0	+	0	+	0
C. pseudotropicalis	Células muito alongadas, as quais são prontamente destacáveis ligadas em paralelo.	Sem crescimento na superfície	Ag	0	Ag	Ag	+	+	+	0	+	+	+ ou 0
C stellatoidea (provavelmente variante de C albicans)	Micélios muito extensos com grupos esféricos ou irregulares de blastósporos. Raros *clamidósporos* como célula de suporte.	Sem crescimento na superfície	Ag	Ag	A ou 0	0	+	+	0	t+	0	0	0
C tropicalis	Blastósporos ao longo do micélio ou em amontoados irregulares. *Clamidósporos* muito raros.	Estreita película na superfície com bolhas	Ag	Ag	Ag	0	+	+	0	+	0	+	+ ou 0

Adicionar em placa de Petri 1 a 2 mL de suspensão e verter 20 mL no meio "N" (a 40-50°C). Homogeneizar e deixar solidificar.

Colocar com pinça (previamente flambada) cada disco (embebido em nitrato de potássio e sulfato de amônio), comprimindo-os ligeiramente com a pinça, de modo a obter-se bom contato com o meio basal.

Leitura

a) *resultado positivo:* presença de halo de assimilação; 2) *resultado negativo:* ausência de halo.

Inoculações

A *C. albicans* e algumas outras espécies são patogênicas para camundongos e coelhos. Se injetarmos suspensão salina do microrganismo a 1% através da veia marginal de orelha do coelho, o animal morrerá em 4 a 5 dias, apresentando à necropsia microabscessos renais.

Outras espécies de *Candida* podem produzir lesões, mas não são letais.

TÉCNICAS IMUNOLÓGICAS

Devido à diversidade de localizações da *Cândida* sp. no organismo, em vida saprofítica, as provas imunoalérgicas não têm maior significado.

Tem-se estudado mais intensivamente a produção de precipitinas e pode-se realizar também identificação sorológica por imunofluorescência, utilizando-se anti-soros específicos depois de absorção.

MICOSES RARAS OU DELIMITADAS GEOGRAFICAMENTE

Rinosporídiose (Rhinosporidium seeberi)

Coleta e Preparo do Material

Coleta-se a secreção nasal, o exsudato da lesão ou fragmentos desta através da biópsia. O exame pode ser realizado a fresco ou após coloração (Hematoxilina-Eosina ou Romanowsky).

Exame Direto

O achado de esporângios com 300 a 350 μm de diâmetro nas massas polipóides fecha diagnóstico. São bastante grandes, redondos, envoltos por parede espessa e, quando maduros, repletos de esporos. Estas estruturas típicas são bem maiores que o esporângio do *Coccidioides immitis* (50 μm de diâmetro).

Técnica de Cultivo

Até o momento, é um fungo que não se conseguiu cultivar e nem se obteve sucesso em inoculações experimentais.

MICOSES PRODUZIDAS POR FUNGOS OPORTUNISTAS

Por definição, os fungos oportunistas são todos aqueles sapróﬁtas ou ocasionalmente patogênicos que invadem o organismo humano ou de outros ani-

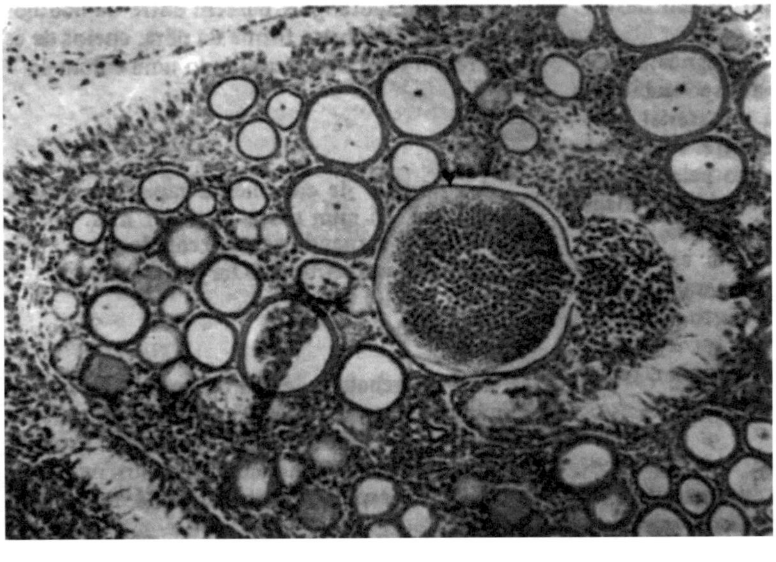

Fig. 44.5
Esporângios de *Rhinosporidium seeberi* em tecido.

mais, graças a determinados fatores predisponentes do hospedeiro (diabetes, leucemias, linfomas, antibioticpterapia prolongada, neoplasias, corticoterapia etc).

Fungos predominantemente saprófitas podem provocar processos micóticos diversos. Cogumelos dos gêneros *Mucor, Absidia, Rhizopus, Neurospora, Cephalosporium, Alternaria* são apontados como exemplares pela literatura.

É bastante conhecido o fato de que o *Aspergillus fumigatus* pode se localizar em cavidade pulmonar preexistente, de natureza tuberculosa, gerando o quadro de aspergiloma intracavitário.

A *C. albicans* também é enquadrada como oportunista por excelência, pois pode ser isolada, em condições saprofíticas, das cavidades naturais do homem ou da mulher.

Portanto, grande parte dos fungos microscópico conhecidos pode produzir micose e, desta forma, difícil seria enumerá-los e descrevê-los, tendo em vista um diagnóstico laboratorial correto. A metodologia a seguir variará de acordo com o tipo de lesão e, consequentemente, teremos tipos diferentes de coletas de material seguidas de exame direto, culturas etc, como descrito anteriormente. Para muitos casos, deveremos consultar manuais especializados de morfologia que permitirão elucidação no caso em apreço.

ZIGOMICOSES RHIZOPUS, MUCOR, ABSIDIA, MORTIERELLA, BASIDIOBOLUS E ENTOMOPHTORA

Coleta e Preparo do Material

Deve-se levar em consideração que os agentes etiológicos citados são fungos oportunistas apresentando pequena habilidade de produzir doença e necessitando, na maioria dos casos, de uma deficiência imunológica do paciente ou um desvio metabólico, para se instalar.

A responsabilidade primária do diagnóstico de zigomicose pertence ao clínico e a responsabilidade do laboratorista é de examinar o material e comunicar todo e qualquer achado a este. Portanto, o exame direto do material clareado pela KOH é bastante rápido e pode fornecer ao médico o diagnóstico necessário para iniciar o tratamento.

O material biológico consiste em exsudatos do sinus, raspados da mucosa oral ou nasal ou mesmo líquido cefalorraquidiano. Escarro, lavados brônquicos ou fezes também podem ser examinados conforme a suspeita clínica. A biópsia é recomendada sempre que possível.

Exame Direto

Faz-se a montagem em KOH de qualquer material obtido. Em se tratando de material purulento ou necrótico, vamos visualizar apenas hifas cenocíticas (não septadas) degeneradas ou mortas, podendo não crescer, conforme o caso, no meio de cultura.

Exame direto do tecido envolvido revelará invasão do mesmo por hifas ramificadas.

O líquido cefalorraquidiano deverá ser centrifugado e o sedimento examinado diretamente ou com o auxílio do lactofenol-azul-algodão.

Técnicas de Cultivo

Os zigomicetos não exigem meios nutritivos especiais. Ágar-Sabouraud dextrose a 2% é um meio de eleição para tal finalidade. Pode-se acrescentar antibióticos antibacterianos devendo-se excluir a cicloheximida, que impedirá o desenvolvimento desses fungos.

CARACTERÍSTICAS DAS COLÔNIAS

Rhizopus sp.

Colônia de crescimento rápido com volumoso micélio aéreo branco a acinzentado. As hifas são cenocíticas e incolores. Os esporangióforos são longos, não ramificados e inseridos em nódulos opostos aos rizóides. Os esporângios apresentam paredes escuras, esféricas e cheias de esporos redondos hialinos. Columelas estão presentes.

Absidia sp.

A morfologia macroscópica e a velocidade de crescimento são idênticas às do *Rhizopus.*

Microscopicamente os rizóides estão presentes, mas os esporângios nascem entre os nódulos. Os esporângios são em forma de pêra, cheios de esporos redondos a ovais, contendo uma columela.

Mucor sp.

A colônia é de crescmento rápido, invadindo a placa de Petri num prazo de 5 a 7 dias. Micélio aéreo branco, tornando-se acinzentado com o tempo. Microscopicamente, não há rizóides.

Mortierella sp.

Colônia achatada, cinza ou amarelada, poucos esporângios e pouco micélio. Microscopicamente, esporângios e conídios estão presentes. Esporângios redondos sem columela. Conídios redondos, unicelulares e espinescentes, nascendo de um conidióforo.

Basidiobolus sp.

Cresce rapidamente como colônia de aspecto aéreo, chata, cinza e amarelada, recoberta com numerosos conídios e micélio aéreo branco, curto. Microscopicamente, as hifas são septadas e formam grande número de clamidósporos e zigósporos.

Entomophtora sp.

Colônia semelhante à anterior, mas com maior esporulação. Microscopicamente, as hifas são septadas e produzem muitos clamidósporos. Não apresentam, via de regra, os zigósporos. Conídios globosos nascem de conidióforos finos e curtos. Os conídios diferem do *Basidiobolus* sp., pois apresentam papilas proeminentes.

MICOSES RARAS PRODUZIDAS POR FUNGOS PIGMENTADOS (DEMATIACEAE)

Coleta e Preparo do Material

Estando-se em presença de um caso de infecção do SNC deveremos obter o líquido cefalorraquidiano ou pus (obtido através da cirurgia dos abscessos cerebrais) ou em casos de lesão pulmonar primária, o escarro. Quando a manifestação clínica for através de abscessos da pele, deveremos obter o conteúdo sebáceo dos mesmos.

Exame Direto

É realizado a fresco ou após clarificação pela potassa, conforme o material em questão. As hifas são pigmentadas (marrons, esverdeadas ou negras) sendo Schiff-positivas, corando-se em negro pelo Gomori.

Características de Cultivo

1) *Cladosporium bantianum* – Cresce bem, em ritmo moderado, em ágar-Sabouraud-glicose, à temperatura ambiente, produzindo colônia compacta negra ou cinza-esverdeada de aspecto aveludado, formando rugas com o envelhecimento.
   À microscopia, as hifas são escuras, septadas, medindo 1 a 2 μm de diâmetro. Os conidióforos variam em comprimento, sendo retos ou em forma de escudo, suportando um ou vários conídios em cadeias ramificadas.
   Em vida parasitária, as hifas são septadas, de cor marrom com dilatações bulbosas nas extremidades e distribuídas irregularmente. Às vezes, encontra-se este fungo em células gigantes multinucleadas.

Inoculação

O *C. bantianum é* altamente patogênico para o camundongo, rato, cobaio e coelho quando inoculado por via intraperitoneal ou intracerebral, produzindo lesões cerebrais, principalmente.

2) *Phialophora gougeroti* - Cresce bem no meio de ágar-Sabouraud-glicose, em temperatura ambiente, produzindo colônias cinza de reverso negro. Inicialmente, a colónia tem aspecto leveduriforme, de coloração negra, recobrindo-se com o passar dos dias com um micélio cinza-escuro. A 37°C, ao contrário, as colônias são lisas, de superfície negra-brilhante.
   Pela microscopia observamos que o fungo produz grande quantidade de esporos, a partir de pequenos apêndices existentes nas hifas e nas extremidades dos conidióforos. Os filamentos micelianos são septados e ramificados com 2 ura de diâmetro. Os esporos possuem, em geral, 2x3 um.
   Em vida parasitária, as três espécies de *Phialophora* possuem as mesmas características como cadeias curtas de células leveduriformes, algumas em gemulação, ao lado de fragmentos de hifas. Todos estes elementos apresentam pigmentação escura.
3) *Phialophora spinifera* - Essa espécie cresce bem e rapidamente no meio de ágar-Sabouraud-glicose. No início aparecem colônias escuras, úmidas, leveduriformes e segmentos de hifas que, com o desenvolvimento das colônias, formam micélio com filamentos curtos.
   Ao exame microscópico, observamos esporulação abundante a partir de pequenos apêndices curtos existentes nas hifas e de conidióforos dispostos como uma espinha, isto é, formando ângulos de 45 a 90° com a hifa. São intensamente pigmentados, simples ou ramificados e com aspecto rígido. No extremo dos conidióforos, aparecem os conídios com 2 a 3 μm de diâmetro.
4) *Phialophora richardsiae* — Esta espécie cresce rapidamente, produzindo micélio aéreo curto. A coloração da colônia é cinza-escura em zonas concêntricas, com o centro em negro. Após 2 semanas em temperatura ambiente, o diâmetro da colônia é de 6 cm.
   Pela microscopia observa-se que os esporos se originam nos extremos de conidióforos que, em geral, possuem forma de barril e que quando maduros apresentam, em suas extremidades, formações em taça. Os esporos são hialinos e elípticos de 1,5 x 4 μm ou então globosos e escuros com 3 μm de diâmetro.

BLASTOMICOSE DE JORGE LOBO OU BLASTOMICOSE QUELOIDEANA

(Paracoccidioides loboi)

Coleta e Preparo do Material

O material deve ser obtido por raspado ou biópsia das lesões e estudado microscopicamente a fresco ou após fixação.

Exame Direto

Os parasitas aparecem como células globosas e subglobosas com membrana de duplo contorno, medindo 6,0 — 13,5 x 5,0 — 11,0 µm nos tecidos parasitados, reproduzindo-se por gemulação simples. Aparecem formas catenuladas, com 3 a 6 células, muitas de'as unidas por uma haste formando estrutura em rosário. (*)-([11])

ADIASPIROMICOSE

É uma micose pulmonar de roedores e outros pequenos animais e que pode incidir na raça humana. É provocada pela *Emmonsia parva* e *Emmonsia crescens.* Pelos poucos casos humanas existentes na iiteraiura, não há predomínio regional.

Exame Microscópico

Em peças de biópsias e coradas pelo PAS observamos esférulas de 200 a 525 µm de diâmetro, de paredes espessas (70 µm) e multinucleadas *(E. crescens).* Com relação à *E. parva,* suas esférulas medem menos de 75 ura de diâmetro.

Técnica de Cultivo

Ambas as espécies crescem bem em meios comuns a 25°C, resultando colônias branco-acinzentadas e planas.

Principais meios de cultura e reagentes empregados em micologia médica

Ágar-Sabouraud

Dextrose 40 g; peptona 10 g; ágar 15 g; água 1.000 mL. Na rotina pode ser usado o mesmo meio com apenas 20 g de dextrose por litro.

Ferver a água e acrescentar o ágar até dissolução completa e depois dissolver a dextrose e a peptona. Agitar sempre o líquido. Distribuir e autoclavar a 115°C durante 15 minutos.

Pode-se empregar também meios já prontos da Difco, Oxoid ou BBL.

Há meios preparados, que são modificações do Sabouraud-sólido, ou caldo, que empregam *mycological peptone* ou peptona de soja (Soyton ou Phytone). A peptona de soja apresenta a vantagem de conter vitaminas do complexo B.

Pode-se substituir a dextrose pela maltose, conforme o uso previsto.

Ágar-Sabouraud

Cicloheximida (Actidione): actidione 500 mg; acetona 10 mL; ágar-Sabouraud fundido a 45°C, 1.000 mL. Autoclavar a 110°C - 15 minutos.

Agar-Sabouraud

Cicloheximida - Cloranfenicol: a) Cicloheximida 500 gm e acetona 10 mL; B) Cloranfenicol 100 mg e álcool 95° 10 mL; c) Ágar-Sabouraud 1.000 mL; solução de ciclohexímida 10 mL e solução de cloranfenicol 10 mL. Autoclavar a 110°C — 15 minutos.

Meio de Czapeck Sólido

Sacarose 30 g; nitrato de sódio 3 g; fosfato dipotássico 1 g: sulfato de magnésio 0,5 g; cloreto de potássio

Características principais da *E. crescens e E. parva* (24)

	E. crescens	*E. parva*
Crescimento a 25°C	Hifas de 0,5 a 2 µm de diâmetro. Conidióforos perpendiculares medindo de 2 a 10 µm, simples ou compostos. Conídios isolados ou em pequenas cadeias.	Micélio e conídios arredondados medindo 3-4 µm. Esporóforos simples ou compostos.
37°C (Ágar-Sangue)	Formação de adiásporo.	Formação de adiásporos medindo 10 a 75 µm, uninucleares e vacuolizados.
Passagem de 37°C para 25°C	Germinação múltipla dos adiásporos.	Germinação única dos adiásporos.

0,5 g; sulfato ferroso 0,01 g; ágar 15 g; água destilada 1.000 mL. Dissolver o ágar a quente e misturar o restante. Distribuir e autoclavar a 120°C - 15 minutos.

Dermatophyte Test Médium (DTM).

Phytone 10 g; glicose 10 g; ágar 20 g; solução de fenol vermelho 40 mL; HC1 - 0,8 M 6 mL; cicloheximida 0,5 g; sulfato de gentamicina 100 mg; clortetraciclina 100 mg.

Solução de Fenol Vermelho: fenol vermelho 0,5 g; NaOH - 0,1 N 15 mL; água destilada até completar 100 mL.

Solução de Cicloheximida: cicloheximida 0,5 g; acetona 2 mL.

Solução de Gentamicina: ampolas de garamicina (Schering) 100 mg.

Solução de Clortetraciclina: cloridrato de clortetraciclina 100 mg; água estéril 25 mL.

Preparo: 1. dissolver o ágar a quente e acrescentar: Phytone e glicose; 2. agitando o meio, adicionar fenol vermelho em solução; 3. adicionar o HC1 0,8 M;4. adicionar a cicloheximida; 5. adicionar a gentamicina; 6. autoclavar a 115°C — 10 minutos e esfriar o meio até 47°C, aproximadamente; 7. agitando o meio, adicionar a clortetraciclina.

NOTA: O meio com pH 5,5 deve ser amarelo.

Ágar-Mycosel

Peptona de Phytona 10 g; glicose 10 g; ágar 16 g; água destilada 1.000 mL. Pode-se incluir antibióticos como: cicloheximida 0,4 g e cloranfenicol 0,05 g.

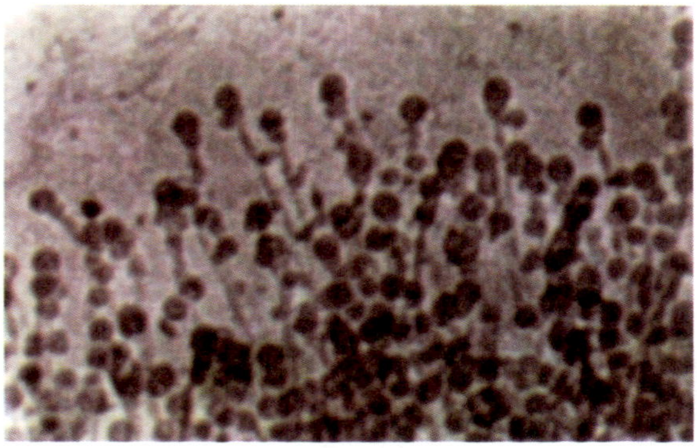

Fig. 44.6 – Clamidósporos de *Candida albicans.*

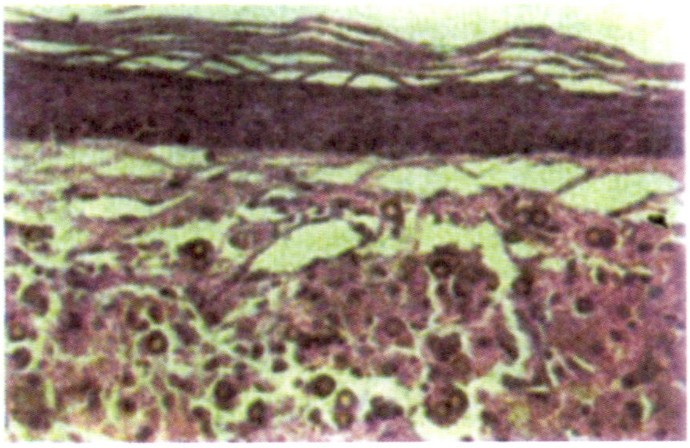

Fig. 44.7 – *Paracoccidioides loboi* em tecido (Met. de Gomori) 16x.(*)

(*) Coleção do Dt. ADHÉMAR PURCHIO.

Ágar Infusão Cérebro-Coração (BHI)

Infusão de cérebro e coração 37 g; cicloheximida 0,5 g; cloranfenicol 0,05 g; ágar 20 g; água destilada 1.000 mL.

Ágar fubá (Com meai-ágar)

Fubá 40 g; água 1.000 mL; ágar 2 g.

Técnica

Cozinhe o fubá e a água por uma hora. Filtre ou decante e leve o volume final para 1.000 mL e adicione ágar; funda e filtre novamente, se necessário. Autoclave.

Meio de Tioglicolato

Tripticase 20 g; NaC15 g; fosfato dipotássico 2 g; tioglicolato de sódio 1 g; azul de metileno 0,02 g; ágar 0,5 g; água 1.000 mL.

Meio de Shields & Ajello (1966)

Glicose 10 g; creatinina 780 mg; cloranfenicol 50 mg; difenil (dissolvido em 10 mL de etanol a 95%) 100 mg; extrato de *Guizotia abyssinica* (caldo) 200 mL; água destilada 800 mL; ágar 20 g.

Meio de Salvin

Proteose-peptona (Difco) 10 g; neopeptona 3,25 g; triptona 3,25 g; glicose 2,00 g; NaCl 5,00 g; ágar 2,50 g; água destilada 1.000 mL. Ajustar o pH a 6,5 — 7,5 e dissolver pelo aquecimento. Distribuir em tubos e esterilizar.

Meios para Auxanogramas (modificado por Lodder):

a) *Assimilação de açúcares:* ágar lavado 20 g; SO_4(NH_4)$_2$ 2 g; PO_4 H_2 K 1,5 g; SO_4MG 0,25; biotina 10^{-9}; tiamina; ciamina 10^{-6}; piridoxina $^{10-6}$; solução mineral (*) 0,5 mL; água bidestilada 1.000 mL.

b) *Assimilação do nitrogênio:* mesmo meio que o anterior, com a substituição do sulfato de amónio por 20 g de glicose.

Meio de Littman

Peptona 10 g; glicose 10 g; bile desidratada (Oxgali Difco) 15 g; cristal violeta 0,01 g; ágar 20 g; água destilada 1.000 mL.

Ágar Batata

Batata-inglesa 140 g; glicose 10 g; ágar 20 g; água destilada 1.000 mL.

Técnica

Descascar as batatas e pesar 140g cortando-as em fatias finas. Juntar 700 mL de, água destilada e levar ao fogo sem mexer. Quando estiver bem cozida, triturar até formar pasta. Filtrar e acrescentar água destilada até completar 1.000 mL. Adicionar as outras substâncias e levar ao fogo para homogeneizar, esterilizando posteriormente a 120°C durante 20 minutos; pH final ao redor de 7,0.

Clareadores e Corantes

1. *Potassa a 30%* (solução aquosa e hidróxido de potássio a 30%).
2. *Liquido de Berlese:* hidrato de cloral 74 g; goma arábica pulverizada 8 g; xarope de glicose a 98% 5 g; ácido acético cristalizável 3 mL água destilada 10 mL.
3. *Glicerina — Azul de metileno:* a um certo volume de glicerina, colocar azul de metileno, agitando, até coloração azul-clara.
4. *Lactofenol-Azul-Algodão* (Lactofenol de Amann): ácido fênico 20 g; ácido láctico 20 mL; glicerina 40 mL; água destilada 20 mL. Dissolver pelo calor. Adicionar 0,05 g do azul-algodão (Azul de Poirrier) após o preparo da solução, para tornar mais distintas as estruturas hialinas dos fungos.

---

* Solução mineral - B03H3 28,5 mg; CuSO4. 5H2O. 93 mg;-Fe2 (SO4)3(NH4)2 SO4.24H2O 865 mg;MnSO4. H2O 30,5 mg; ZnSO4, 7H2O 395 mg;H2O para 500 mL.

BIBLIOGRAFIA

AJELLO, L.; GEORG, L. K.; KAPLAN, W. & KAUFMAN, L. - *Laboratory Manual for MedicalL Mycology.* 2ª ed., Atlanta, U. S. Department Health, Educationand Welfare, 1966.

BENEKE, E. S. & ROGERS, A. L. - *Medical Mycology Manual.* 3ª ed., Minneapolis, Burgess Publishing Company, 1971.

BLAIR, J. E.; LENNETTE, E. H. & TRUANT, J. P. - *Manual of Clinical Microbiology,* Baltimore, American Society for Microbiology, 1970.

CONANT, N. F.; SMITH, D. T.; BAKER, R D. & CALAWAY, J. L. - *Micologia,* 3ª ed., México, Nueva Editorial Interamericana, S. A. de C. V., 1972.

FAVA NETTO, C. - Estudos Quantitativos sobre a Fixação do Complemento na Blastomicose Sul-Americana, com Antígeno Polissacarídico. *Ar. Cir. Clin. Exp.. 18:* 197-254, 1955.

FAVA NETTO, C; VIEGAS, V. S.; SCIANNAMEA, I. M. & GUARNIERI, D. B. - Antígeno Polissacarídico do *Paracoccidioides brasiliensis.* Estudo do tempo de cultivo do *P. brasiliensis* necessário ao preparo do antígeno. *Rev Inst Med. Trop. São Paulo. 11:* 181,1969.

LACAZ, C. da S. - *Micologia Médica.* 69 ed., São Paulo, Sarvier & MEC, 1977.

NEGRON1, P. - *Micosis Cutâneas y Viscerales.* 4ª ed. Buenos Aires, Lopes Libreros Editores S. R. L.,1969.

REBELL, C. & TAPL1N, D. - *Dermatophytes. Their Recognition and Identification* Miami, University of Miami Press, 1970.

ZAPATER, R. C. - *Atlas de Diagnóstico Micológico.* 34 ed., Barcelona, Editorial El Ateneo S/A., 1973.